HANDBUCH DER MIKROSKOPISCHEN ANATOMIE DES MENSCHEN

HERAUSGEGEBEN VON

WILHELM v. MÖLLENDORFF
ZÜRICH

SECHSTER BAND

BLUTGEFÄSS- UND LYMPHGEFÄSSAPPARAT INNERSEKRETORISCHE DRÜSEN

VIERTER TEIL

INNERSEKRETORISCHE DRÜSEN III
THYMUS · PARAGANGLIEN · EPIPHYSE

LYMPHGEFÄSSAPPARAT
ERGÄNZUNG ZU BAND VI/1

BERLIN
SPRINGER-VERLAG
1943

BLUTGEFÄSS- UND LYMPHGEFÄSSAPPARAT INNERSEKRETORISCHE DRÜSEN

VIERTER TEIL

INNERSEKRETORISCHE DRÜSEN III
THYMUS · PARAGANGLIEN · EPIPHYSE

LYMPHGEFÄSSAPPARAT
ERGÄNZUNG ZU BAND VI/1

BEARBEITET VON

W. BARGMANN-KÖNIGSBERG
T. HELLMAN-LUND · M. WATZKA-PRAG

MIT 236 ZUM TEIL FARBIGEN
ABBILDUNGEN

BERLIN
SPRINGER-VERLAG
1943

ISBN 978-3-540-01294-8   ISBN 978-3-642-47835-2 (eBook)
DOI 10.1007/978-3-642-47835-2

Vorwort.

Der erste Teil des sechsten Bandes wurde bereits 1930 veröffentlicht. Es erscheint daher angebracht, den Schlußteilen des sechsten Bandes, die an sich für die Darstellung der inkretorischen Organe vorgesehen waren, Ergänzungen zu den Beiträgen des ersten Teiles beizufügen. Leider bewirkt die Ungunst der Zeitumstände, daß bis jetzt nur der ergänzende Abschnitt für das Lymphgefäßsystem fertiggestellt wurde. Es steht aber in Aussicht, daß in den noch folgenden fünften Teil des sechsten Bandes Ergänzungen zu den übrigen Abschnitten des ersten Teiles aufgenommen werden können.

Zürich, im August 1943.

WILHELM V. MÖLLENDORFF.

Inhaltsverzeichnis.

Seite

Der Thymus. Von Professor Dr. med. W. Bargmann, Königsberg i. Pr. (Mit 87 Abbildungen) 1

Einleitung 1

I. Makroskopische Anatomie und topisches Verhalten des Thymus . 7
    1. Säugetiere 7
    2. Vögel 13
    3. Reptilien 13
    4. Amphibien 14
    5. Fische 15

II. Die Organentwicklung des Thymus 18
    1. Allgemeines 18
    2. Die Entwicklung des Thymus beim Menschen und bei den Säugetieren 18
    3. Die Entwicklung des Thymus der Vögel. 24
    4. Die Entwicklung des Thymus der Reptilien 25
    5. Die Entwicklung des Thymus der Amphibien 25
    6. Die Entwicklung des Thymus der Fische 26
        a) Dipnoer 26
        b) Teleostier 26
        c) Ganoiden 27
        d) Selachier 27
        e) Myxinoiden 27

III. Die Histogenese des Thymus 28
    1. Die Einwanderung von Lymphocyten in die epitheliale Organanlage . . 28
    2. Die Entstehung des Thymusretikulums 36
    3. Die Differenzierung der Rinden- und Markzone 38
    4. Die Entstehung der Hassallschen Körperchen. 39
    5. Die Bindegewebsstrukturen des embryonalen Thymus. 40
    6. Die Innervation des embryonalen Thymus. 41

IV. Der Feinbau des Thymus 41
    1. Untersuchungsmethoden 41
    2. Die Architektur des Thymus. 46
    3. Der Feinbau des Thymusläppchens 50
    4. Die entodermale Retikulumzelle 51
    5. Die myoiden Zellen 63
    6. Die Hassallschen Körperchen 71
    7. Irreguläre epitheliale Zellgruppen im Thymusmark 87
    8. Schleimzellen und verschleimte Retikulumzellen 88
    9. Flimmerzellen und verwandte Differenzierungsprodukte des Thymusretikulums 90
  10. Cysten 91
  11. Die Lymphocyten 92
  12. Keimzentren (Sekundärfollikel) 99
  13. Plasmazellen 100
  14. Die Granulocyten und Mastzellen des Thymus und die Frage ihrer lokalen Entstehung 100
  15. Die Frage der Erythropoese im Thymus 105
  16. Das Bindegewebsgerüst des Thymus 105
        a) Kapsel und interlobuläres Bindegewebe 105
        b) Das Gitterfasersystem des Thymus 107
        c) Das Fettgewebe 112
  17. Die Blut- und Lymphgefäße des Thymus 113
  18. Knorpeleinschlüsse. 119
  19. Die Nerven des Thymus. 119
  20. Sequesterbildung und Desaggregation 122
  21. Dissoziationsherde 124

Seite

V. Die Involutionsveränderungen des Thymus 125
  1. Die strukturellen und quantitativen Veränderungen des Thymus während
     des postfetalen Lebens und die Altersinvolution 126
  2. Die akzidentelle Involution 138
  3. Veränderungen des Thymus unter dem Einflusse inkretorischer Organe . 140
VI. Die Hyperplasie des Thymus 144
Literatur 145

Lymphgefäße, Lymphknötchen und Lymphknoten. Von Professor Dr. T. Hellman,
Lund. (Mit 21 Abbildungen) 173
  I. Die Lymphgefäße 173
    A. Allgemeines 173
    B. Morphologie 178
      1. Lymphgefäßstämme. Der Milchbrustgang 178
      2. Die Lymphgefäße (im engeren Sinne) 179
      3. Die Lymphcapillaren 183
      4. Lymphscheiden 189
    C. Embryologie 190
    D. Altersanatomie 191
    E. Vergleichende Anatomie 192
    F. Physiologie 193
  Literatur 195
  II. Die Lymphknötchen und die Lymphknoten 200
    A. Einleitung 200
    B. Die Lymphknötchen, die Solitärknötchen, Noduli lymphatici solitarii . . 204
    C. Lymphknoten 207
      1. Allgemeines 207
      2. Morphologie 209
        a) Übersicht 209
        b) Das lymphatische Gewebe 209
        c) Die Lymphsinus 212
        d) Die Solitärknötchen, die Reaktionsherde 214
        e) Die Gefäße 223
      3. Embryologie 226
      4. Altersanatomie 227
      5. Die Neubildung der Lymphknoten im postfetalen Leben 228
      6. Status lymphaticus 229
      7. Vergleichende Anatomie 231
      8. Physiologie 233
  Literatur 254

Die Paraganglien. Von Professor Dr. M. Watzka, Prag. (Mit 31 Abbildungen) . . 262
  I. Einführung; Wesen und Einteilung der Paraganglien 262
  II. Das paraganglionäre Gewebe des Sympathicus. Die chromaffinen
     Paraganglien (chromaffine Organe) des Menschen 263
    1. Allgemeine Übersicht 263
    2. Entwicklung 264
    3. Vorkommen und Lage 265
    4. Größe und Form 267
    5. Aufbau der chromaffinen Paraganglien und feinerer Bau der chromaffinen
       Zelle 268
    6. Beziehungen der chromaffinen Zellen zum sympathischen Nervensystem 272
    7. Beziehung des chromaffinen Gewebes zum Gefäßsystem 274
    8. Rückbildungsvorgänge der außerhalb der Nebenniere gelegenen (freien)
       chromaffinen Paraganglien 274
    9. Zur Physiologie und Pathologie der chromaffinen Paraganglien . . . 277
    10. Vergleichendes 279
  III. Das paraganglionäre Gewebe des Vagus und Glossopharyngicus.
     Nicht chromierbare (nicht adrenalinbereitende) Paraganglien . . 280
    A. Paraganglion caroticum 280
      1. Entwicklung 281
      2. Form, Größe und Lage des Carotisparaganglions 284
      3. Histologischer Aufbau 285
      4. Nerven- und Gefäßversorgung 290

Seite

5. Zur Physiologie und Pathologie 293
6. Vergleichendes. (Sinus caroticus) 294
B. Paraganglion supracardiale 297
Literatur 302

Die Epiphysis cerebri. Von Professor Dr. med. W. BARGMANN, Königsberg i. Pr. (Mit
97 Abbildungen) 309
I. Einleitung. Die Frage der Funktion der Epiphyse 309
II. Die Stellung der Epiphyse unter den Organen der Parietalgegend 323
III. Die Entwicklung der Epiphyse 338
1. Mensch, Säugetiere 338
2. Vögel 343
3. Reptilien 344
4. Amphibien 345
5. Fische 346
a) Dipnoer 346
b) Teleostier 346
c) Ganoiden 347
d) Elasmobranchier 347
e) Cyclostomen 348
IV. Topik, makroskopische Anatomie und quantitatives Verhalten
der Epiphyse 348
1. Säugetiere 348
2. Vögel 355
3. Reptilien 356
4. Amphibien 358
5. Fische 358
a) Dipnoer 358
b) Teleostier 358
c) Ganoiden, Elasmobranchier 360
d) Cyclostomen 360
V. Die mikroskopische Anatomie der Epiphyse 360
1. Untersuchungsmethoden 360
2. Die Architektur der Epiphyse 363
a) Mensch 363
b) Säugetiere 365
c) Vögel 368
d) Reptilien 368
e) Amphibien 368
f) Teleostier, Ganoiden, Elasmobranchier 368
g) Cyclostomen 368
3. Die Bauelemente der Epiphyse des Menschen und der Säugetiere . . . 368
a) Die Pinealzellen 369
b) Die Entwicklung der Pinealzellen 387
c) Die Natur der Pinealzellen 389
d) Kernkugeln und Kernexkretion 391
e) Ependymzellen 398
f) Glia 403
g) Nervenzellen 412
h) Der Gefäß- und Stützapparat der Epiphyse 413
α) Die Bindegewebshülle und das ekto-mesodermale Stützgerüst der
Epiphyse 413
β) Die Blut- und Lymphgefäße der Epiphyse 420
γ) Die Zellelemente im Stroma der Epiphyse 423
δ) Die Entwicklung des Gefäß- und Stützapparates der Epiphyse . . 426
i) Quergestreifte Muskelfasern 426
k) Glatte Muskelzellen 428
l) Die Innervation der Epiphyse 428
m) Konkremente 434
n) Cysten 445
4. Der Feinbau der Epiphyse der Vögel 449
5. Der Feinbau der Epiphyse und des Parietalauges der Reptilien 452
6. Der Feinbau der Epiphyse und des Stirnorgans der Amphibien 458

Seite

a) Urodelen, Apoda 459
b) Anuren 459
7. Der Feinbau der Epiphyse der Fische 464
    a) Dipnoer 464
    b) Teleostier 464
    c) Ganoiden 466
    d) Elasmobranchier 466
    e) Der Feinbau der Epiphyse und des Parapinealorgans der Cyclostomen 469

VI. Der Feinbau der Epiphyse in seiner Abhängigkeit von inneren und äußeren Faktoren 475
  1. Altersveränderungen 475
  2. Die Beeinflussung der Epiphyse durch das endokrine System 477
    a) Keimdrüsen und Epiphyse 477
    b) Nebenniere und Epiphyse 480
    c) Hypophyse und Epiphyse 481
    d) Schilddrüse und Epiphyse 481
    e) Epithelkörper und Epiphyse 483
    f) Thymus und Epiphyse 483
    g) Pankreasinseln und Epiphyse 483
  3. Die Beeinflussung der Epiphyse durch äußere Faktoren 483

VII. Schlußbetrachtung 483

Literatur 484

Namenverzeichnis 503

Sachverzeichnis 519

Der Thymus.

Von **W. Bargmann**, Königsberg (Pr.).

Mit 87 Textabbildungen.

Einleitung.

Die Eingliederung des ursprünglich dem Lymphsystem zugerechneten
Thymus in die Reihe der inkretorischen Organe entspricht einem seit rund
100 Jahren geübten Brauche: Henle (1841) faßte Thymus, Schilddrüse, Nebennieren und Milz zur Gruppe der Blutgefäßdrüsen zusammen. Der Aufschwung
der mikroskopischen Anatomie brachte allerdings die Erkenntnis, daß die Zuordnung des Thymus zu den innersekretorisch tätigen Drüsen vom morphologischen Standpunkt aus auf Schwierigkeiten stößt, läßt doch das histologische
Bild des Organs das Kennzeichen inkretorischer Drüsen, nämlich epithelial
angeordnete Zellverbände in engster Verbindung mit Capillarnetzen vermissen[1].
Mit Recht weist Gudernatsch (1926) dem Thymus wegen seines strukturellen
Abweichens vom Allgemeintypus der innersekretorischen Drüsen eine Ausnahme-
stellung zu, die vielleicht einer nichtendokrinen Tätigkeit entspricht. Als
Gründe für das Verbleiben des Thymus in der Gesellschaft der Hormondrüsen —
man werfe einen Blick in unsere Lehr- und Handbücher — könnten immerhin
Beobachtungen der Kliniker und Pathologen, ferner Ergebnisse der physiologischen Forschung ins Treffen geführt werden, aus denen hervorgeht, daß
dieses Organ den Produzenten eines besonderen und nur ihm eigenen Wirkstoffes darstellt. Schon eine erste Orientierung zeigt indessen, daß wir zwar mit
Über- oder Unterfunktion einhergehende typische Erkrankungen beispielsweise
der Schilddrüse, Nebennieren und des Inselapparates kennen, deren Artung
auf die endokrine Tätigkeit dieser Organe schließen läßt, daß aber hinsichtlich
des Thymus noch immer der Satz von Chvostek (1917) gilt: „Wir kennen beim
Menschen kein Krankheitsbild, das auf den Funktionsausfall dieser Drüse,
ebenso kein Krankheitsbild, das auch nur mit einiger Wahrscheinlichkeit auf
die Überfunktion dieses Organs zu beziehen wäre." Die Lehre vom plötzlichen
Thymustod gehört wohl bereits der Medizingeschichte an (vgl. hierzu Kopp 1830).
Bomskov, Hölscher und Hartmann (1942) führen zwar den Thymustod auf
eine starke Abnahme des Glykogengehaltes der Herzmuskulatur, bedingt durch
die Wirkung des Thymushormons, zurück. Eine ganze Reihe von Untersuchern (s. u.) konnten indessen Bomskovs Angaben über Existenz und Eigenschaften dieses Hormons nicht bestätigen (vgl. dagegen Tronchetti 1942).
Die ursächliche Beteiligung des Thymus an der Entstehung der Myasthenie
wurde behauptet, ist jedoch nicht erwiesen. Die Krankheitslehre leistet somit
für die Erforschung des Organcharakters des Thymus keine Hilfestellung (s. a.
Bargmann 1941). Es erscheint daher notwendig, die experimentell gewonnenen

---

[1] Da der Thymus — in der griechischen Form Masculinum — weder nach Bau nach Funk-
tion etwas mit einer Drüse zu tun hat, halte ich es nicht nur aus sprachlichen Gründen
(H. Günther 1937) für unrichtig, „die" Thymus zu sagen und dabei stillschweigend
„Drüse" zu ergänzen (vgl. hierzu Marchand 1924, Gräper 1928, Elze 1939).

Befunde der Thymusforschung ins Auge zu fassen. Angesichts der meisterhaften Darstellungen Hammars, ferner der Abhandlungen Mattis (1913), Biedls (1922), Thomas (1928), Löwenthals (1932) und Trendelenburgs (1934) darf ich hierbei auf Vollständigkeit verzichten.

Seit Restelli (1845) hat eine Reihe von Forschern versucht, durch das etwaige Auftreten von Ausfallserscheinungen nach der operativen Entfernung des Thymus Aufschlüsse über dessen Funktion zu erhalten. Eine große Zahl von Untersuchern berichtet über das Einsetzen von Störungen des Kalkhaushaltes und der Skeletentwicklung, Veränderungen der Knochenbeschaffenheit, über Verzögerungen des Wachstums und der Entwicklung nach Thymektomie (Friedleben 1858, Basch 1905, 1906, Ranzi und Tandler 1909, Klose 1910, Klose und Vogt 1910, Soli 1911, Matti 1912, Olkon 1918, Lit., Asher 1934, Sato 1938, Comça 1939, Weise 1940, Bomskov und Hölscher 1942, Bomskov 1942 u. a.). Ganz vereinzelt steht bisher die Angabe von J. W. Harms (1926), derzufolge die Exstirpation des Thymus bei *Rana fusca* im Frühling eine bedeutende Lymphentwicklung zur Folge hat. Die thymektomierten Tiere nehmen eine auffallend unförmige Gestalt an. Andere Forscher, wie Fischl (1907), Hart und Nordmann (1910), Nordmann (1914), Park (1917), Park und McClure (1919), Turpin und May (1940) sowie Reinhardt (1940) beobachteten dagegen keine derartigen Erscheinungen im Anschluß an die Exstirpation des Thymus. Paul Trendelenburg (1934) glaubt sogar im Hinblick auf die negativ verlaufenen Thymektomien sagen zu dürfen: „Die Thymektomie führt bei einer einwandfreien Tierhaltung nicht — oder in der Regel nicht — zu irgendwelchen sicheren Störungen der Gesundheit, speziell auch des Knochenaufbaues." Es erscheint allerdings fraglich, ob man bei der Beurteilung experimenteller Untersuchungen den negativ verlaufenen Versuchen den Vorzug geben soll. Zumindest ist es gerechtfertigt, auf Grund der vorliegenden Befunde die Möglichkeit des Auftretens der Störungen im Aufbau des Skeletsystems nach Thymusentfernung zuzugeben, zumal umgekehrt nach Zufuhr von Thymusextrakten Kalkanreicherung im Knochengewebe bei Senkung des Blutcalciumspiegels beobachtet wurde (vgl. hierzu Nitzschke 1929, Reiss 1929, 1934, Lenart 1936). Bei chronischer Extraktinjektion soll ferner der Kalkgehalt des Skeletes von *Kaninchen* steigen (Reiss). Schließlich seien noch die Angaben von Asher und seinen Mitarbeitern (1930, 1931, 1932, 1933) erwähnt, denen zufolge gereinigter Thymusextrakt das Wachstum des Skeletes und besonders der Keimdrüsen junger Tiere beschleunigen soll (vgl. hierzu Trendelenburg 1934, Reiss 1934, Lenart 1936, Levie, Uylderd und Dingemanse 1939, Comça 1939), sowie von Bomskov (1940), der in der Ölfraktion des Thymus das sog. Thymushormon ermittelt haben will, welches angeblich neben einer diabetogenen eine Wachstumswirkung entfaltet (s. a. Bomskov und Mitarbeiter 1940, 1941, 1942, Schulte 1941). Die Existenz eines lipoidlöslichen Thymushormons ist allerdings keineswegs gesichert (Anselmino und Hoffmann 1941, Anselmino und Lotz 1941, Huf und Ripke 1942, Oberdisse 1942, Biehler, Hanisch und Wollschitt 1942, Rechenberger, Güthert und Schairer 1942, Anselmino 1942, Güthert, Schairer und Rechenberger 1942). Sehr widerspruchsvoll sind, wie Romeis (1929) und Gudernatsch (1933) darlegten, die Ergebnisse der Verfütterung von Thymusgewebe an *Amphibien*larven. Natürlich darf nur der Thymus junger Tiere verfüttert werden, da man andernfalls mit einer mehr oder weniger starken Fettwirkung zu rechnen hat. Nach Dessy (1930) erscheinen die hinteren Gliedmaßen der *Kaulquappen*, welche mit dem Thymus alter Tiere gefüttert wurden, später als diejenigen mit jugendlichem Thymus gefütterter *Froschlarven*. Durch Verfütterung von Thymus an *Kaulquappen* bzw. *Urodelen*larven konnten Gudernatsch (1912, 1914), Dustin

(1914), HART (1917, 1920, 1926), UHLENHUTH (1918) und andere Forscher im Gegensatz zu SWINGLE (1917) eine Steigerung des Wachstums bei gleichzeitiger Hemmung der Entwicklung erzielen. WEGELIN und FISCHER (1928) führen jedoch die besondere Größe der Versuchstiere im Einklang mit ABDERHALDEN, HART und ROMEIS auf abnorme Wasserretention zurück (vgl. hierzu auch ROMEIS 1940), betrachten sie mithin nicht als das Resultat einer echten Wachstumsförderung (s. auch MIYAZAKI 1931). Nach den Beobachtungen von ROMEIS (1925) kann die Darreichung von frischem Kalbsthymus bei *Kaulquappen* sowohl Wachstums- und Differenzierungsförderung als auch Wachstums- und Differenzierungshemmung ergeben. Welche dieser Wirkungen erzielt wird, hängt davon ab, ob die Versuchstiere ausschließlich Thymus erhalten oder ob sie außerdem noch andere Stoffe aufnehmen. Reine Thymuskost wirkt hemmend. Wachstumssteigerung und Entwicklungsbeschleunigung erfolgt auch nach Verabfolgung wasserlöslicher entfetteter, an Nukleoproteiden reicher Thymusextrakte, während die acetonlösliche Fraktion eines Ätherextraktes Hemmung von Wachstum und Entwicklung bedingt. Die letztere Erscheinung dürfte auf den Gehalt der Fraktion an Fetten durchzuführen sein. Es gelang ROMEIS jedoch, eine entwicklungshemmende fettfreie Substanz aus frischem Thymus zu gewinnen, wohl der Gruppe der Amine angehörend, in welcher er seinerzeit „das vital vorgebildete Sekret" vermutete. Wie ROMEIS (1940) neuerdings ausführlich schildert, hängt die Stärke der durch Thymusfütterung hervorgerufenen Entwicklungshemmung von der Art des im Aquarium befindlichen Bodenbelages und der Größe des Lebensraumes ab (vgl. hierzu auch SCHWARZ 1940). Merkwürdigerweise werden bei Thymustieren, welche über Sandboden gehalten wurden, vielfach Formbildungshemmungen, Defektbildungen und Stellungsanomalien der Hinterbeine beobachtet. ROMEIS führt die Wirkung der Thymusfütterung auf das Fehlen eines Ergänzungsstoffes und den Einfluß eines im Thymus enthaltenen hemmenden Wirkstoffes zurück (vgl. hierzu auch ROMEIS 1920). Nach Injektion von Thymus, Thymocrescin (ASHER), HANSONs Extrakt, Glutathion, Cystein und Froschmuskel trat nach Versuchen von GORDON, D'ANGELO und CHARIPPER (1939) eine schwache Beschleunigung der Metamorphose *(Rana pipiens)* nur unter der Wirkung von HANSONs Extrakt ein. In keinem Falle wurde das Fortschreiten der Metamorphose gehindert. Neuerdings berichten BOMSKOV und KÜCKES (1940, vgl. auch BOMSKOV 1942) über Steigerung von Gewicht und Längenwachstum sowie Formveränderungen der *Kaulquappen*, denen das für spezifisch gehaltene Thymushormon (Thymusöl) zugeführt wurde. Wie bereits erwähnt, wird indessen die Existenz dieses Hormons von einer Reihe von Forschern angezweifelt. Durch Implantation mit Thymusextrakt (BOMSKOV) getränkter Agar-Agar-Stückchen unter die Haut vom *Axolotl* sind nach H. GERSCH (1942) keine spezifischen Integumentveränderungen zu erzielen. Die Angaben von KARRAS (1941), der nach Verfütterung oder Injektion von Thymussubstanz bei weiblichen *Mäusen* Ausbleiben der Brunst und des Metoestrus, bei infantilen Weibchen eine Hemmung der Reifungsvorgänge in den Ovarien feststellte, lassen sich noch nicht in die Reihe der geschilderten Versuchsergebnisse einordnen.

Unabhängig davon, ob alle erwähnten Befunde als gesichert und richtig gedeutet betrachtet werden dürfen oder nicht, kann man sich nun die Frage vorlegen, welcher Wert ihnen für das Problem der Thymusfunktion im Falle der endgültigen Bestätigung beigemessen werden soll. Es unterliegt trotz der Resultate der Verfütterungsversuche offenbar keinem Zweifel, daß die Ergebnisse des Experimentes am *Säugetier* zugunsten des Bestehens einer sich auf Skeletentwicklung und Wachstum erstreckenden Thymusleistung sprechen. Fraglich ist nur, ob und mit welchen anderen Organen der Thymus sich vielleicht in das Vollziehen dieser Leistung teilt und ob seiner Rolle im Stoffwechsel durchaus ein Prozeß der inneren Sekretion zugrunde liegen muß! Mit Recht bemerkt bereits Falta (1927), daß wir nicht wissen, ob die geschilderten Eigenschaften des Thymusgewebes „irgend etwas mit einer Inkretion dieses Organs zu tun haben".

Zunächst sei daran erinnert, daß über das Auftreten von Wachstums- und Ossifikationsstörungen auch nach Entfernung der Milz, also eines wie der Thymus lymphocytenreichen Organes berichtet wird (Macciota 1927, 1928, Binet 1927, Kostic und Vlatkovic 1936) ferner über Steigerungen des Wachstums von *Salamander*larven nach Verfütterung von *Säugetier*milzen (Kostic 1936). Zufuhr von Extrakten aus Milz und Lymphknoten führt wie diejenige von Thymusextrakten zur Anreicherung von Kalksalzen im Skeletsystem und zur Senkung des Blutcalciumspiegels (Nitzschke 1929, Reiss 1934). Miwa (1932) verzeichnet eine Senkung des Calciumspiegels im Serum nach Injektion von Milzextrakt. Diese Beobachtungen legen den Schluß nahe, daß die biologische Wirksamkeit des Thymus im Experiment keine organspezifische ist. Sie könnte auf den Gehalt des Thymus an Lymphocyten zurückzuführen sein, also an Zellmaterial, welches überaus reich an Kernsubstanzen ist und außerdem der Träger charakteristischer, an das Cytoplasma gebundener Eiweißsubstanzen sein dürfte (vgl. hierzu Uhlenhuth 1918, P. E. und Ch. Grégoire 1934). Für die funktionelle Zusammengehörigkeit der von Lymphocyten durchsetzten Organe Thymus, Milz, Lymphknoten und Tonsillen spricht überdies das gleichsinnige Verhalten dieser Organe bei Änderungen der Ernährungsweise (vgl. hierzu Glimstedt 1936, Hoepke 1938) besonders bei Inanition, ferner ihre Reaktion auf die Zufuhr von Bakterientoxinen (vgl. hierzu Hammar 1936). Wenn es nun vom Standpunkt der Verfechter der inneren Sekretion des Thymus durchaus logisch erscheint, auch der Milz, den Lymphknoten und den Tonsillen — was in der Tat geschehen ist (z. B. Peller 1933, Halasz 1937) — eine innersekretorische Funktion zuzuschreiben, so bedeutet doch ein derartiges Vorgehen meines Erachtens eine Ausweitung des Begriffes der inneren Sekretion ins Uferlose, welche dem Fortschreiten der Erkenntnis der Organleistungen nicht förderlich sein dürfte. Die innersekretorische Leistung eines Organs ist nicht an dem Gehalt von im Tierversuch biologisch irgendwie wirksamen Substanzen zu messen — denn solche Wirkungen sind mit Preßsäften oder Extrakten aller Gewebe zu erzielen —, sondern an der Hervorbringung eines spezifischen, nur ihm eigenen Hormones von charakteristischer Wirkung. Wenn von manchen Forschern darauf hingewiesen wird, daß die Entfernung des Thymus zu Veränderungen an anderen, zum Teil inkretorischen Organen führt, oder umgekehrt die Exstirpation solcher Organe im Gefüge des Thymus zum Ausdruck kommt, so ist hierzu zu bemerken, daß aus solchen Befunden allein noch nicht auf die innersekretorische Tätigkeit des Thymus geschlossen werden kann. Es ist nicht erstaunlich, wenn schwere, mit Organentfernung verbundene Eingriffe in die Harmonie des Organismus zu Strukturwandlungen in anderen Körperprovinzen führen, denen Störungen des Korrelationsapparates zugrunde liegen, der bekanntlich nicht nur durch das inkretorische System verkörpert wird.

Es ist, zumindest vom heuristischen Standpunkt aus, das unbestreitbare Verdienst von Hammar, Rowntree, Glanzmann und anderen Untersuchern, der Thymusforschung eine neue, nicht mehr auf die klassische Hormonlehre abgestellte Blickrichtung gegeben zu haben. Zunächst seien jene Beobachtungen hervorgehoben, die für eine Beteiligung des Thymus an Immunisierungsvorgängen sprechen. Thymusentfernung ist nach Angaben verschiedener Untersucher von einer Herabsetzung der Widerstandskraft des Organismus gegenüber Toxinen von Kokken und Spirochäten gefolgt (vgl. Lenart 1936).

In einer Reihe eingehender Untersuchungen gelang ferner HAMMAR (1918, 1923, 1927, 1929) der Nachweis, daß bei Infektionskrankheiten eine Neubildung von HASSALLschen Körperchen des Thymus erfolgt. In diesem Verhalten könnte die Beteiligung des Organs an Immunisierungsvorgängen zum Ausdruck kommen. Die experimentelle Prüfung der Richtigkeit dieser Arbeitshypothese — in einer Untersuchung der Titermengen normaler und ekthymierter *Kaninchen* nach Immunisierung mit Paratyphus B-Bacillen bestehend — ergab nach neueren Mitteilungen HAMMARs (1938) in der Tat eine Unterwertigkeit der ekthymierten Tiere bezüglich der Titermenge, ferner eine quantitative Unterwertigkeit der Reaktionen von Milz und Lymphknoten, die nach den Beobachtungen von HELLMAN und WHITE (1930) in der Bildung bzw. Vergrößerung von Sekundärfollikeln — als der Reaktionszentren — in Erscheinung treten. Es lag nun nahe, Beziehungen zwischen dem durch zahlreiche Befunde erhärteten Gehalt des Thymus an Vitaminen und der immunisierenden Kraft des Organs zu ermitteln (HAMMAR 1938, 1939). Eine Reihe von Untersuchungen hat ergeben, daß der Thymus Vitamin B enthält und weiterhin verhältnismäßig reich an histochemisch darstellbarem Vitamin C ist (v. EULER 1933, WILLSTÄDT 1938, MATUKURA 1939, SCHUDY 1939, SCHAFFER, ZIEGLER und ROWNTREE 1938, TONUTTI 1940), welches er nach neueren Untersuchungen von GLIMSTEDT (1942, Versuche am *Meerschweinchen*) geradezu zuspeichern vermag. Da ein Vitamin C-Verbrauch bei Immunisierungsvorgängen nachgewiesen wurde, glaubt HAMMAR das Immunisierungsvermögen des Thymus auf seinen Gehalt an Askorbinsäure zurückführen zu dürfen (vgl. hierzu SCHUDY 1939, TONUTTI 1940). Mit der Altersinvolution des Thymus treten die Geschlechtshormone an die Stelle der Askorbinsäure, denen ebenfalls eine entgiftende und immunisierende Wirkung zukommen soll (MOSONYI 1937, SANCHEZ-RODRIGUEZ und SARDA 1937, AGDUHR 1935 u. a.).

Der Nachweis von Vitamin B im Thymus macht jene Untersuchungsergebnisse verständlich, die für eine wachstumsfördernde Wirkung des Thymus sprechen, also jene Wirkung, die von älteren Autoren, und neuerdings wieder von BOMSKOW (1940), als hormonale aufgefaßt wird. HAMMAR (1937) konnte zeigen, daß *Frosch*larven, die mit B-Vitamin-haltiger Hefe, Thymussubstanz und Lymphknoten gefüttert wurden, größere Ausmaße erreichen als solche Tiere, welche dieselben Substanzen nach vorheriger Autoklavierung erhalten hatten. Die Wirkung von Thymus, Lymphknoten und Hefe war gleichartig. Da involvierter Thymus geringere biologische Wirksamkeit besitzt, darf man vielleicht annehmen, daß die Lymphocyten den Träger des Vitamins B verkörpern. Von weiteren, die Bedeutung des Thymus im Vitaminhaushalt beleuchtenden Untersuchungen seien noch diejenigen von EULERs und KLUSSMANs (1933) genannt, nach deren Angaben roher *Kalbs*thymus die B-Avitaminose von *Ratten* günstig beeinflußt, ferner von HIROTA (1937), der durch Verfütterung von Thymussubstanz das Auftreten der B-Avitaminose bei *Ratten* verhindern konnte. Mangel an Vitamin A und besonders B$_2$ soll einen hohen Verlust des Thymus an Vitamin C zur Folge haben (SURE, THEIS und HARRELSON 1939). Ob die von ROWNTREE (1934, 1935, 1937) durch Darreichung von Thymusextrakt (HANSON) erzielten Ergebnisse als Vitaminwirkung zu deuten sind, steht noch dahin; bekanntlich beobachtete ROWNTREE bei der Nachkommenschaft kontinuierlich mit Extrakt behandelter *Tiere* von der zweiten Generation an das Auftreten von Frühreife (vgl. hierzu HAMMAR 1940). CHIODI (1938) sowie TURPIN, MAY und VALETTA (1940) konnten die Angaben von ROWNTREE nicht bestätigen.

Die angeführten Forschungsergebnisse — denen weitere zur Seite gestellt werden könnten —, lassen es wohl als berechtigt erscheinen, wenn man der neuen

Auffassung des Thymus als Vitaminträger (vgl. hierzu GLIMSTEDT 1942) den Vorzug vor der älteren Hypothese gibt, derzufolge er eine Hormondrüse wie Schilddrüse, Epithelkörper und Hypophyse darstellt (vgl. hierzu LAQUER 1934). Von diesem neuen Gesichtspunkte aus, der durch weitere Forschungen noch mancherlei Variationen erfahren mag, erscheint der Thymus als Glied eines die Milz, Lymphknoten und Tonsillen sowie die Bursa Fabricii umfassenden Systems, das — im Zusammenhang mit seiner unbestreitbaren Rolle als Organ der Blutzellbildung — der Produktion von Abwehrstoffen und der Vitamin- versorgung des Organismus obliegt. Der Morphologe muß die Einreihung des Thymus, dessen Struktur ja kaum etwas mit der einer Hormondrüse gemeinsam hat, in das System der lymphatischen Organe begrüßen, deren Wirksamkeit auf dem Vorhandensein von Lymphocyten beruht, welche vielleicht — hier fehlen sichere Anhaltspunkte — in wichtige funktionelle Beziehungen zu dem sie beher- bergenden Zellschwamm treten. Die Zukunft muß lehren, ob qualitative oder quantitative Unterschiede in der Wirksamkeit des Thymus und anderer lymphati- scher Organe darauf beruhen, daß in einem Falle ein entodermales Retikulum, im anderen ein mesodermales einen Einfluß auf die Lymphocyten ausübt. Sollte sich dies bewahrheiten, so dürfte die bezüglich der Funktion nichts prä- judizierende, der strukturellen Eigenart des Organs aber eher gerechtwerdende Bezeichnung des Thymus als lympho-epithelialen Organes, als welches der Thymus in unseren Lehrbüchern nach dem Vorgang von JOLLY (1911, 1913, 1914), PETERSEN (1930), POLICARD (1934), ASCHOFF (1939) und anderer Forscher innerhalb der Gruppe der lymphatischen Organe behandelt werden sollte, auch der neuen Erkenntnis auf dem Gebiete der physiologischen Forschung entsprechen. Den Umstand, daß der Ausdruck „lymphoepithelial" bei Zugrunde- legen des morphologischen Epithelbegriffes nicht restlos befriedigt, mag man zunächst in Kauf nehmen.

Das Verstehen der Morphologie des menschlichen Thymus und seiner Stel- lung in der Reihe der Organe wird durch das Heranziehen von Beobachtungen der vergleichenden Anatomie fraglos erleichtert. Beispielsweise erhält die An- schauung von der Zusammengehörigkeit des Thymus und der Tonsillen meines Erachtens durch die Feststellung des Tonsillencharakters des Teleostierthymus eine gute Stütze. Die histophysiologische Thymusforschung ferner wird ihre Befunde in erster Linie durch Bearbeitung tierischen Untersuchungsgutes gewinnen müssen. Aus diesen Gründen habe ich der vergleichenden Histologie und mikroskopischen Anatomie wie in meinen früheren Handbuchdarstellungen verhältnismäßig breiten Raum gewährt. Ein Verzicht auf die vergleichende Betrachtungsweise wäre unzweifelhaft gleichbedeutend mit einer Einengung unseres biologischen Blickfeldes. Daß ich mich um eine konzentrierte Form der Darstellung bemühte, dürfte im Interesse der Übersichtlichkeit des weit- läufigen Forschungsgebietes gelegen sein.

Von einer eingehenden Darstellung der Geschichte der Thymusforschung konnte angesichts der Veröffentlichungen von LUCAE (1811), HAUGSTED (1832), FRIEDLEBEN (1858) und HAMMAR (1909) abgesehen werden.

Bei der Illustration der vorliegenden Monographie unterstützte mich Herr Prof. J. A. HAMMAR-Uppsala durch die liebenswürdige Überlassung von Originalzeichnungen, ferner Herr Prof. PISCHINGER-Graz. Mein Dank gilt ferner den Herren Prof. E. ACKERKNECHT (Leipzig), Doz. Dr. R. BACHMANN (Leipzig), Prof. M. CLARA (München), Prof. HOEPKE (Heidelberg), Prof. SCHOPPER (Leipzig) und Prof. H. VOSS (Posen), welche mir Unter- suchungsgut zur Verfügung stellten. Herr Prof. VOSS war mir beim Lesen der Korrekturen in freundlicher Weise behilflich. Herr Universitätszeichner K. HERSCHEL-Leipzig ließ mir auch diesmal seine wertvolle Unterstützung angedeihen. Ein Teil der Abbildungen wurde von mir selbst gezeichnet.

I. Makroskopische Anatomie und topisches Verhalten des Thymus.

1. Säugetiere.

Der Thymus des *Menschen* besteht aus zwei, in der Regel mit ihren medialen Rändern einander berührenden Lappen (Corpora thymica). Der kraniale verjüngte Abschnitt jedes Lappens wird dem umfangreicheren Caudalabschnitt, der Basis, als Thymushorn gegenübergestellt. Die Thymushörner können durch Einkerbungen vom Hauptteil des Organs abgesetzt sein. Die caudalen Enden der Thymuslappen sind vielfach hakenartig gekrümmt, in der Regel in dorsalkranialer Richtung. HAMMAR schildert die Form des Thymus als scharfrandigprismatisch. ROUVIÈRE (1924) und andere Forscher unterscheiden eine ventrale, eine dorsale und zwei seitliche Thymusflächen. Eine konstante Eigenform besitzt der Thymus jedoch nicht. Die individuellen Schwankungen der Organform sind, wie besonders Untersuchungen von WAHEED (1936) an Feten ergeben haben, beträchtlich (vgl. Abb. 1). Die Mannigfaltigkeit der Thymusformen erklärt sich aus dem wechselnden Verhalten der Nachbarorgane und dem Ausmaße normaler oder krankhafter Umbauvorgänge im Thymus selbst. Die Thymen von Zwillingen ähneln nach RÖSSLE (1940) einander weitgehend, während HAMMAR (1926, 1932) auf Grund der Untersuchungen an Thymen menschlicher Zwillinge und Thorakopagen eine Überdeckung des Einflusses der Erbfaktoren durch die Umwelt feststellte. Anatomische Geschlechtsunterschiede des Thymus von Kindern sind nach GROSSER (1922) nicht bekannt. Nach BRATTON (1925) soll der Thymus der Knaben während der ersten vier Lebensjahre schwerer als derjenige der Mädchen sein. Nach dem 11. Jahre neigt der Thymus des Mädchens zu einem höheren absoluten Gewicht (weitere Einzelheiten bei BRATTON). Wie H. GÜNTHER (1942) ausführt, reichen die bisher vorliegenden statistischen Grundlagen indessen nicht aus, die Frage der Geschlechtsunterschiede des Thymus zu entscheiden.

Über Untersuchungen, welche sich mit Rasseverschiedenheiten des Thymus beschäftigen, berichtet HAMMAR (1936) unter dem Hinweise darauf, daß eine Herausschälung rassisch bedingter Unterschiede des reaktionsbereiten Organes nur bei genauer Kenntnis und Berücksichtigung der jeweiligen Umweltsverhältnisse gelingen kann. BRATTON (1925) fand das absolute und relative Thymusgewicht jüdischer Kinder etwas höher als dasjenige britischer Kinder. Die Gewichtsunterschiede sind nach BRATTON aber zu gering, um als zuverlässige Charakteristiken betrachtet werden zu können. Über die Varietäten der Thymusform sowie über akzessorische Thymen, deren Verständnis durch die Kenntnis der Organentwicklung ermöglicht wird (vgl. S. 22), unterrichten die Darstellungen von SOBOTTA (1914), GG. B. GRUBER (1920) und VAN DYKE (1941).

Als durchschnittliche Organdurchmesser gibt HAMMAR die Werte 8,5:3,5:0,5 cm an. Der linke Thymuslappen ist nach TOBARI (1938) beim japanischen Neugeborenen breiter als der rechte. Wegen des starken Formwechsels haben Bestimmungen der Organdurchmesser jedoch nur begrenzten Wert. An ihre Stelle tritt daher die Ermittlung des Organgewichtes (s. BRATTON 1925, HAMMAR 1926, ROESSLE und ROULET 1932, TOBARI 1938). Die Oberfläche des Thymus weist eine den Läppchen entsprechende feinhöckerige Felderung auf, wie sie auch der Oberfläche von Drüsen mit Ausführungsgängen eigen ist (ARNOLD 1847 u. a.). Die Farbe des Organs ist rosa, rötlich-grau oder — je nach dem Ausmaße der Fettgewebseinlagerung — gelblich. Die Konsistenz des Thymus ist weich.

Der Thymus des *Menschen* liegt mit seiner Hauptmasse im vorderen Mediastinum (Thoracalthymus) hinter der pleurafreien dreieckigen Fläche des Manubrium sterni, wo der zentrale Teil des Organs zu finden ist. Der Sinus costo-

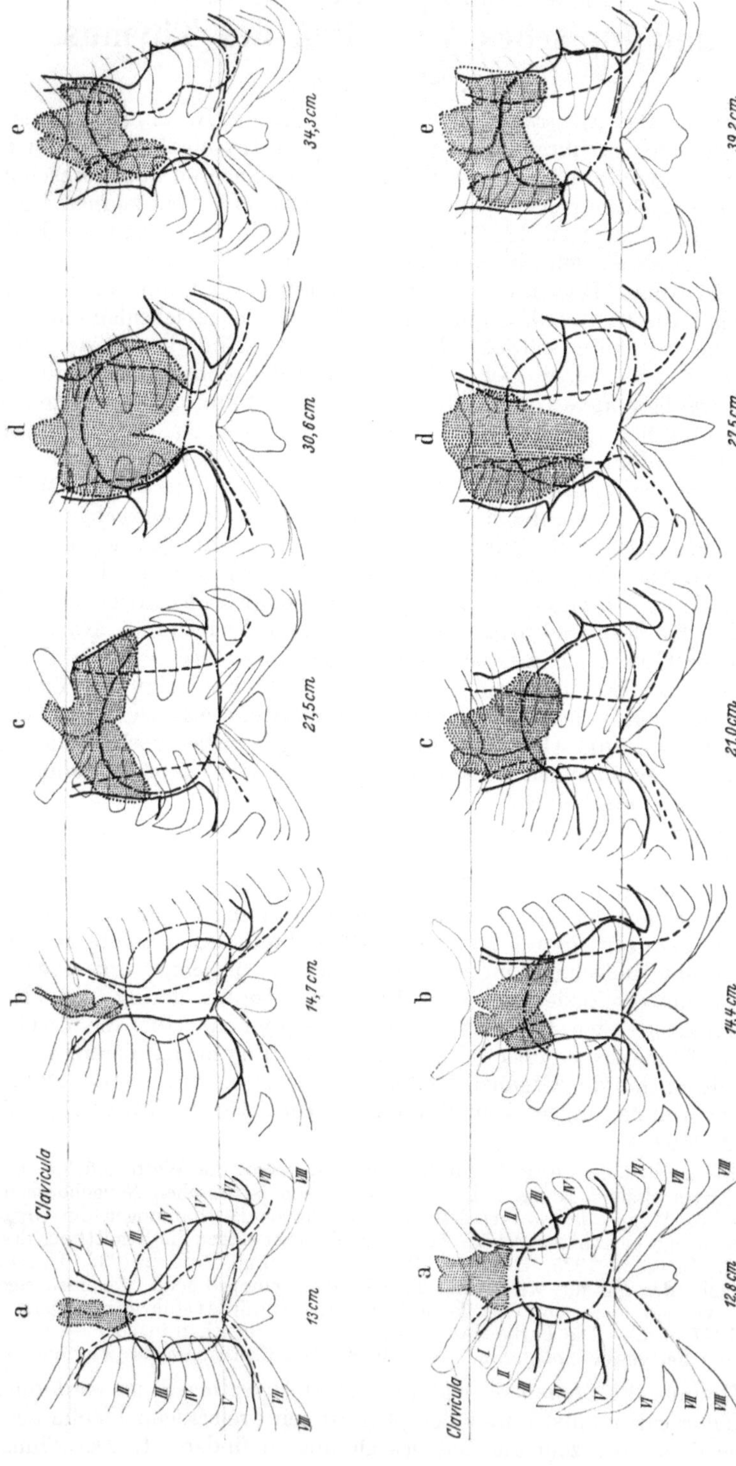

Abb. 1. Projektion der Brustorgane auf die vordere Brustwandung bei menschlichen Feten verschiedener Sitzhöhe; Thymus punktiert. (Aus Waheed 1936.)

mediastinalis überlagert die seitlichen Partien des Thymus. Der caudale Abschnitt des Organs schmiegt sich mit seiner Dorsalfläche dem Perikard an (Abb. 2). Rund $^2/_3$ der Vorderfläche des Herzbeutels können in der Blütezeit des Thymus von diesem überlagert werden. Die Thymushörner, falls vorhanden, lagern sich als sog. Cervicalthymus dem untersten Halsabschnitt der Trachea an. Nach

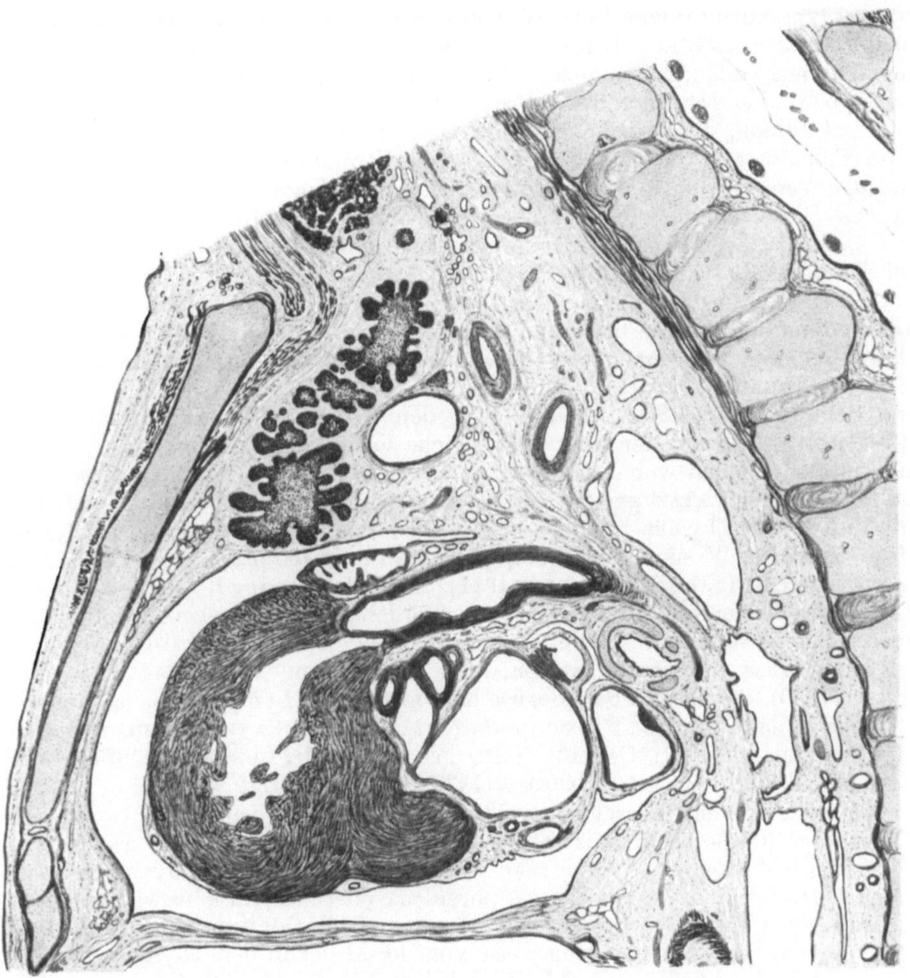

Abb. 2. Sagittalschnitt durch den Thorax eines *menschlichen* Fetus von 13 cm Sitzlänge. Thymus hinter dem Manubrium sterni gelegen. (Fixation Formol 10%, Celloidineinbettung, Schnittdicke 30 μ, Azanfärbung nach M. HEIDENHAIN, etwa 10fache Vergr., auf $^3/_5$ verkl., gez. K. HERSCHEL-Leipzig.)

ROUVIÈRE (1924) ist der Thymus in eine besondere Loge eingeschlossen, deren Wandungen ventral von dem tiefen Blatt der mittleren Halsfascie und seiner Fortsetzung in das Mediastinum, dem Ligamentum sterno-pericardiacum, und dorsal von einem Bindegewebsblatte gebildet werden, das sich von der Vorderfläche der Schilddrüse über die Vena anonyma zum Perikard erstreckt (LAME thyro-pericardiaque). Der seitliche Abschluß erfolgt durch die Bindegewebshülle des Gefäßnervenstranges am Halse und die Faserzüge zwischen Venae anonymae und Vasa mammaria einerseits, Clavicula und Thorax andererseits. Beim Fetus und Neugeborenen erreichen die Thymushörner nicht selten die

Schilddrüse, während sich die caudalen Thymusenden bis zum Zwerchfell erstrecken können. Der von Sunder-Plassmann (1940) unter der Bezeichnung „weiße Thymusstraße" der Schilddrüse geschilderte kontinuierliche Übergang zwischen Thymus und Schilddrüse des Neugeborenen dürfte mit den Thymushörnern identisch sein. Nach Gg. B. Gruber (1920) und Waheed (1936) unterliegt das Verhältnis des fetalen Thymus zu den großen Venen erheblichen Schwankungen (vgl. auch Cooper 1832, W. Gruber 1867, 1872, 1876, 1880, Schmincke 1920, Lucien und Guibal 1924). Die V. anonyma sinistra, welche meistens dorsal vom Thymus verläuft, kann gelegentlich ventral liegen oder zwischen zwei Thymuslappen hindurchtreten. Die Abtrennung des Thymus von der vorderen Thoraxwandung, der er beim Fetus in verhältnismäßig weiterem Umfange als beim Erwachsenen anlagert, hängt mit den Veränderungen des Mediastinums und den Verschiebungen der vorderen Pleuraumschlagsstelle zusammen, welche an das Einsetzen der Atmung nach der Geburt geknüpft sind (vgl. hierzu L. Gräper 1928). Bezüglich der Röntgenanatomie des Thymus des Kindes vgl. Reyher (1931), Grävinghoff (1934).

Die Arterien des Thymus (Aa. thymicae) vom *Menschen* entstammen den Aa. mammariae internae bzw. mediastinales ventrales oder der A. pericardiacophrenica, ferner den Aa. thyreoideae caudales sowie der A. thyreoidea ima (Sobotta, Adachi 1928, Rouvière, Yamada 1936 u. a.). Zwischen den Thymus- und Schilddrüsengefäßen bestehen ausgedehnte Anastomosen (Olivier 1911, 1923, 1924). Einzelheiten über die arterielle Versorgung des Thymus enthalten die Untersuchungen von Afanassiew (1877), Versari (1897), Rieffel und Le Mée (1909), Latarjet und Murat (1911), Uscow (1927), Yamada (1936). Die Venen des Thymus münden in die Vv. mammariae internae, Vv. thyreoideae caudales, V. anonyma sinistra, Vv. pericardiaco-phrenicae (vgl. hierzu Lucien und Guibal 1924, Olivier 1911). Der Abfluß der Lymphe soll nach den peritrachealen und bronchialen sowie vorderen mediastinalen Lymphknoten hin erfolgen (Severeanu 1906, Bartels 1909). Ein Teil der Lymphbahnen folgt den Vasa mammaria interna. Die Behauptung von Williamson und Pears (1930), die aus der Schilddrüse hervorgehenden Lymphgefäße leiteten die Lymphe in den Thymus ab, konnte durch Mahorner, Caylor, Schlotthauer und Pemberton (1927), Caylor, Schlotthauer und Pemberton (1927) sowie Chouke, Whitehead und Parker (1932) nicht bestätigt werden.

Die Nerven des menschlichen Thymus folgen teils den in das Organ eindringenden Blutgefäßen, teils stellen sie Äste des Nervus vagus, des Nervus phrenicus, seltener des Nervus recurrens und der Ansa nervi hypoglossi dar. Möglicherweise sind die im Nervus phrenicus oder der Ansa nervi hypoglossi verlaufenden Fasern sympathischer Natur. Nach Cordier und Coulouma (1933) treten die Nerven vorzugsweise von dorsal her in den Thymus ein. Die Thymuskapsel schließt ein wohl entwickeltes Nervengeflecht ein.

Genauere Angaben enthalten die Untersuchungen von Bovero (1899), Jossifow (1899), Kaplan (1903), Olivier (1911), Sjölander und Strandberg (1915), Bräeucker (1923), Cabanac (1931), Cordier und Coulouma (1931), Hammar (1935, 1936). Hinweise auf das ältere, die Thymusinnervation betreffende Schrifttum enthält die Veröffentlichung von Braeucker (1921).

Der Thymus der übrigen *Säugetiere* nimmt bald wie beim *Menschen* eine gänzlich oder vorwiegend intrathorakale Lage ein (Brustthymus), bald findet man einen nur im Halsbereich liegenden Thymus (Halsthymus), in anderen Fällen wiederum ist sowohl Hals- als auch Brustthymus nachweisbar. Hammar bezeichnet als Gruppe I die der cervicalen und thorakalen Thymen, Gruppe II die der thorakalen und Gruppe III der cervical gelegenen Organe. Einen mehr oder weniger intrathorakalen Thymus besitzen z. B. *Troglodytes niger*,

Macaca (INAY 1940), *Vespertilio, Erinaceus europaeus, Sorex vulgaris, Balaena, Felis domestica, Canis familiaris, Mus musculus* (vgl. Abb. 3), *Mus decumanus, Lepus cuniculus, Equus cabalus, Didelphys.* Auf dem Herzbeutel befindliche Thymusreste werden nicht selten beim *Hunde* beobachtet (WEISE 1940). Cervical ist der Thymus folgender Species gelegen: *Talpa europaea, Cavia cobaya, Phascolarctes, Phascolomys.* Hals- und Brustthymus besitzen: *Pan* (INAY 1940), *Cercocebus* (INAY 1940), *Lemur, Pteropus edulis, Galeopithecus volans,*

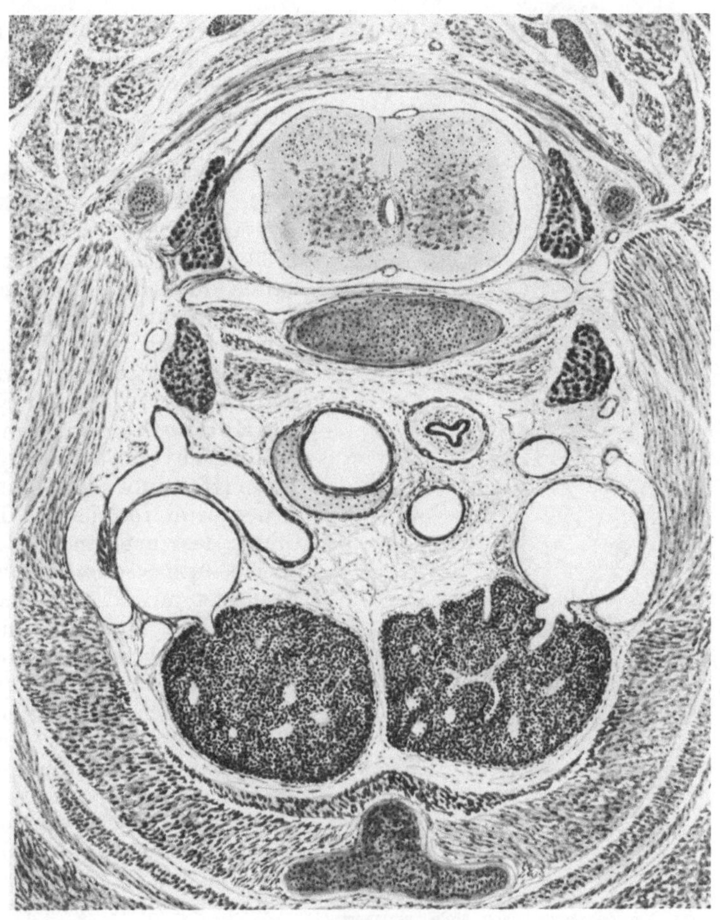

Abb. 3. Querschnitt durch die Halsregion einer neugeborenen *Maus* in der Nähe der oberen Thoraxapertur. Retrosternale Lage der beiden Thymuslappen. (Fixation Bouin, Schnittdicke 12 μ, Hämatoxylin-Eosin-Färbung, Vergr. etwa 25fach, auf ³/₄ verkl., gez. K. HERSCHEL-Leipzig.)

Bos taurus, Cervus capreolus, Sus scrofa, Delphinus delphis, Vesperugo pipistrellus (MASSART 1940). Der thorakale Abschnitt des *Schweine*thymus ist oft nur gering entwickelt (ROSSI 1913).

Angaben über andere Species enthalten die Zusammenstellungen von J. SIMON (1845), OTTO (1898), SOBOTTA (1914), PISCHINGER (1937); über den Thymus der *Haustiere* berichten insbesondere ELLENBERGER und BAUM (1926), MARTIN und SCHAUDER (1938). Eine Darstellung der Lage des Thymus beim *Hunde* enthält die Monographie von ELLENBERGER und BAUM (1891). — Bezüglich des Gewichtes des Thymus der *Primaten* vgl. INAY (1940). Über das Gewicht des Thymus des *Rindes* unterrichten die Veröffentlichungen von BERGFELD (1922), KRUPSKI (1924), SQUADRINI (1910) sowie MARTIN und SCHAUDER (1938), über das Gewicht des *Ziegenthymus* die Arbeiten von SCHIRBER (1930) und VATHAUER (zit. nach MARTIN und SCHAUDER). Angaben über das Gewicht des *Kaninchenthymus* findet man bei BROWN, PEARCE und VAN ALLEN (1926), über dasjenige des *Rattenthymus* bei PLAGGE (1941).

Akzessorische Thymusläppchen werden häufig beim *Rind* angetroffen (ROSSI 1913, 1941). KINGSBURY (1940) macht auf das Vorkommen akzessorischer Thymen aus der 3. Schlundtasche bei *Didelphys virginiana* aufmerksam.

Innerhalb der Schilddrüse gelegene Thymen — Abkömmlinge der vierten Schlundtasche — kommen besonders bei der *Katze*, bei der *Ratte*, beim *Meerschweinchen* und *Hund* vor (BUROWS 1938, KLOSE 1914, KOHN, WINIWARTER, FLORENTIN, BARGMANN 1939, GODWIN 1939 u. a.). Das refraktäre Verhalten mancher Tiere gegenüber der Thymektomie dürfte auf die Einsprengung von Thymusinseln in die Schilddrüse zurückzuführen sein (KLOSE 1914). Der Einschluß von Epithelkörperchen im Inneren des Thymus ist häufig bei der *Katze* (HARVIER und MOREL 1909), ferner beim *Igel* (eigene Beobachtung) festzustellen, gelegentlich auch beim *Menschen* (DUPÉRIÉ 1928, ERDHEIM u. a., vgl. BARGMANN 1939). Wie DUPÉRIÉ mit Recht bemerkt, stehen Epithelkörper und Thymus in diesen Fällen nicht in kontinuierlichem Zusammenhang. Eine Umwandlung des einen Gewebes in das andere ist entgegen den Ausführungen WINIWARTERs weder nachweisbar noch wahrscheinlich. Bezüglich der Nachbarschaft von Thymus und „Winterschlafdrüse" bei *Arctomys marmotta*, die makroskopisch leicht miteinander verwechselt werden können, vgl. CONINX-GIRARDET (1937).

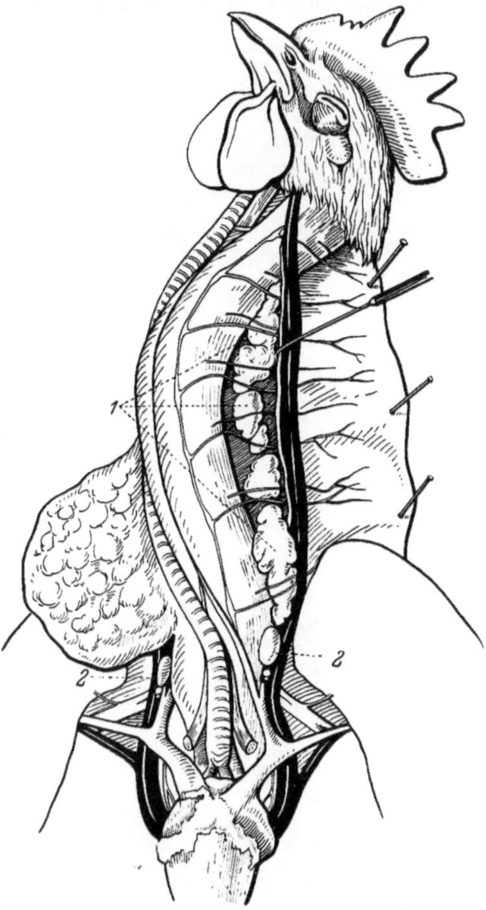

Abb. 4. Halsregion eines jungen *Hahnes (Gallus dom.)*. Jugularvene und Nervus vagus nach links verlagert. *1* Thymus, *2* Thyreoidea. (Aus NONIDEZ und GOODALE 1927.)

Die Arterien des Thymus der *Haustiere* entstammen nach ELLENBERGER und BAUM (1926) der A. thoracica interna, A. subclavia, A. carotis communis. Der Abfluß des Venenblutes erfolgt in die Vena cava cranialis. Die Lymphgefäße des cervicalen Thymusabschnittes vom *Rinde* führen nach BAUM zu den Lymphonoduli cervicales und den Lnn. retropharyngici laterales diejenigen des thorakalen Thymus auf der linken Seite zu dem Ln. mediastinalis cranialis sinister, rechts zum Ln. sternalis cranialis und den Lnn. der oberen Thoraxapertur. Die Thymusnerven sind Äste des Nervus vagus und des Sympathicus. Beim *Orang* ziehen nach RIEGELE (1926) Äste des Herzplexus, des Vagus, des Plexus der A. anonyma, der A. mammaria interna und der A. pericardiaco-phrenica zum Thymus. Der Nervus phrenicus enthält nach RIE-GELES Vermutung sympathische, zum Thymus führende Fasern.

Bezüglich der Methodik der Thymusexstirpation vgl. VAN ALLEN (1926, *Kaninchen*), VON SPRETER (1934, *Ratte*), sowie BOMSKOV und HÖLSCHER (1942, *Meerschweinchen*). Als Versuchstier der Wahl ist nach BOMSKOV und HÖLSCHER das 2—3 Tage alte *Meerschweinchen* anzusprechen, das nach der Operation von der Mutter gepflegt wird (vgl. auch BOMSKOV 1942).

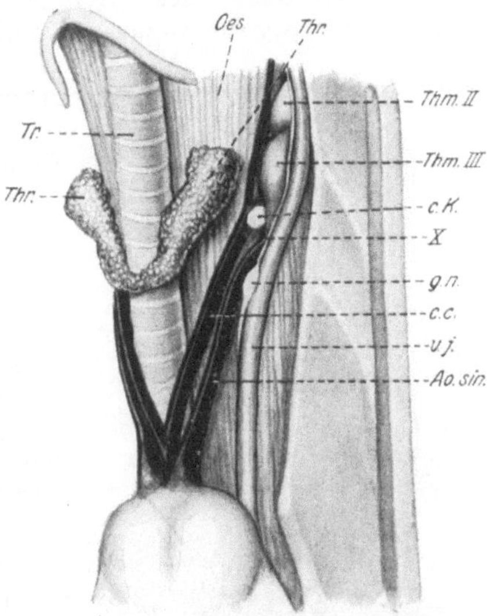

2. Vögel.

Der Thymus der *Vögel*, erstmalig von SIMON (1845) eingehend untersucht, erscheint bald in Form eines bandartigen Stranges längs der Vena jugularis, bald in Gestalt segmental angeordneter Läppchen, welche das große Gebiet von der Schädelbasis bis zum Herzen beiderseits der Trachea einnehmen können (*Passer domesticus*, CUÉNOT (1889). Das caudale Ende des Thymus pflegt die Schilddrüse zu berühren. Die Lage des segmentierten Thymus von *Gallus* zeigt Abb. 4; indessen kommen beim *Huhn* auch bandförmige Thymen vor. Die Thymussegmente werden durch Cervicalnervenäste voneinander getrennt (SICHER 1921). Bei der *Taube* werden sowohl in 5—6 Organe aufgegliederte, bis zur Gabelung der Trachea sich erstreckende (CUÉNOT 1889) als auch bandartig geformte Thymen beobachtet (VOIGT und YOUNG, R. KRAUSE 1921). Einen in Lappen aufgeteilten, vom Kopfe bis zur Schilddrüse zu verfolgenden Thymus besitzt die *Amsel* (PISCHINGER 1937); gelappt ist ferner der Thymus von *Sturnus vulgaris*, *Corvus corax* (PENSA 1902), *Anser domesticus*, *Anas domestica*.

Weitere Einzelheiten enthalten die Veröffentlichungen von ECKER (1853), PENSA (1902), WEISSENBERG (1907), ferner die Handbuchdarstellung von PISCHINGER (1937).

Abb. 5. Halsgegend von *Anguis fragilis* (Halbprofil) nach Abtragung des Schultergürtels. Vergr. 4½fach. *Oes.* Oesophagus, *c.K.* Carotiskörperchen, *g.n.* Ganglion nodosum vagi, *c.c.* Carotis communis, *Ao.sin.* Aorta. Übrige Bezeichnungen wie bei Abb. 6. (Aus PISCHINGER 1937.)

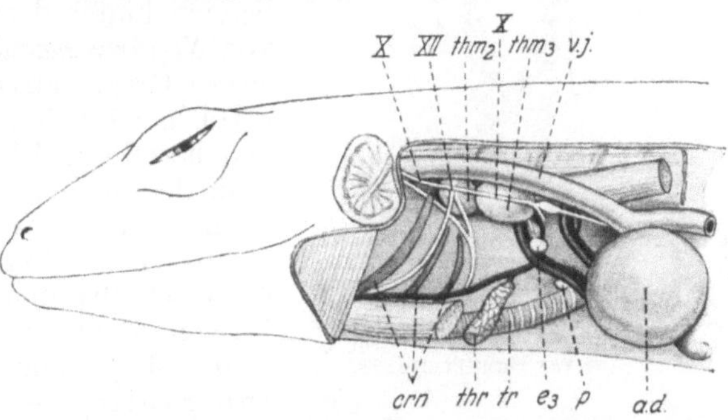

Abb. 6. Halsgegend von *Lacerta agilis* nach Abtragung der vorderen Extremität und des Brustgürtels. *a.d.* Atrium dextrum, *e₃* Epithelkörperchen III, *p* Ultimobranchialkörper, *XII* N. hypoglossus, *thm₂* und *thm₃* Thymuslappen der 2. und 3. Tasche, *thr* Thyreoidea, *tr* Trachea, *v.j.* Vena jugularis. (Umzeichnung nach MAURER 1899 aus PISCHINGER 1937.)

3. Reptilien.

Der Thymus der *Reptilien* zeigt hinsichtlich Form, Gliederung und Lage ein recht wechselndes Verhalten. Im folgenden werden daher nur die Verhältnisse bei einigen leicht zu beschaffenden Arten skizziert. Bei *Lacerta* findet man zwei abgeflachte Thymuslappen (Thymus II und III), der Vena jugularis etwa in Höhe der Schilddrüse ventral und medial angeschmiegt. Über die lateralwärts gelegene Oberfläche des Thymus II zieht der Nervus hypoglossus (Abb. 6), während der Nervus vagus der Außenfläche von Thymus III benachbart ist.

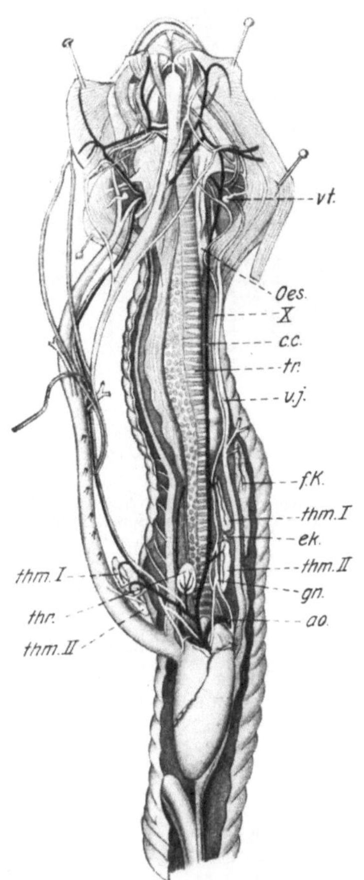

Abb. 7. Halsgegend von *Tropidonotus natrix* nach Resektion der Rippen. Die rechte V. jugularis, N. vagus und Thymus mit einem Haken nach rechts gezogen. *f.K.* Fettkörper, *v.t.* Epithelkörper. Übrige Bezeichnungen wie bei Abb. 5 und 6. (Aus van Bemmelen 1888.)

Nach Pischinger (1937) nimmt der Thymus von *Anguis* (Abb. 5) eine ähnliche Lage ein. Bei *Tropidonotus natrix* (Abb. 7) und *Coronella laevis* findet man nach van Bemmelen (1888) gleichfalls zwei Thymuslappen, die unmittelbar vor dem Herzen neben der A. carotis, A. jugularis und dem N. vagus lagern (Abb. 7). Der länglich geformte Thymus von *Emys* liegt in der Halsregion oberhalb der Aufzweigung der A. subclavia neben der Carotis communis.

Bezüglich genauer Daten über die Thymuslage bei anderen Reptilienarten verweise ich auf die Darstellungen von Maurer (1899, *Lacerta*), Simon (1845), van Bemmelen (1888, *Saurier*) und Pischinger (1937, Lit.).

4. Amphibien.

Der Thymus der *Amphibien* nimmt eine oberflächliche Lage am Halse ein, so daß er präparatorisch oder operativ leicht zu erreichen ist. Bei *Proteus anguineus* findet man das Organ hinter den Kiemen oberhalb der Vorderextremität; nach Pischinger (1937) wird es teilweise vom M. dorso-humeralis bedeckt. Der gelappte Thymus von *Salamandra maculosa* liegt wie auch derjenige von *Triton taeniatus* im dorsalen Halsbereich hinter dem Gehörorgan. Der Thymus von *Necturus maculosus* ist beidseitig in Gestalt zweier Organe ausgebildet, deren größeres, kranial liegendes als keilförmig, deren caudales als annähernd ovoid bezeichnet werden kann. Der kraniale Thymus besitzt eine Länge von etwa 5 mm, der caudale von 1,5—2,5 mm (James 1939). Die Thymusarterien gehen aus der A. vertebralis und A. pulmonalis hervor; die Venen münden in die V. jugularis externa bzw. in den Jugularsinus. Nach James erfolgt die Innervation des Thymus von *Necturus* durch Äste des Glossopharyngicus-Vagus-Stammes. Die Thymen von *Urodelen*larven werden, wie durch Abb. 8 veranschaulicht wird, durch eine nur dünne Bindegewebsschicht vom Hautepithel geschieden. Der *Anuren*thymus liegt ebenfalls in der dorsalen Halsregion. Nach Gaupp (1904) ist der bei 8 cm großen Tieren 3 mm lange Thymus von *Rana esculenta* in ein Spatium thymicum auf der Außenfläche des M. trapezius eingebettet. Man kann das Organ nach R. Krauses (1921) Vorschrift leicht gewinnen, wenn man vom Mundwinkel aus einen etwa 1 cm langen Schnitt in caudaler Richtung und von dessen Ende wiederum einen dorsalwärts gerichteten führt. Nach Zurückklappen des Hautlappens liegt der Rand des M. depressor mandibulae vor. Der Muskel wird nach Präparation aufgehoben. Auf seiner ventralen Fläche tritt der gelblich gefärbte Thymus in Erscheinung. Die A. thymica von *Rana esculenta* geht aus dem Ramus auricularis der A. cutanea magna hervor; die am caudalen Rande des Körperchens sichtbare V. thymica mündet in die V. jugularis (weitere Einzelheiten bei GAUPP). Bei *Bufo* findet man den Thymus unterhalb der Parotiden. Die *Gymnophionen* weichen bezüglich des topographischen Verhaltens des etwa 1 mm langen Organes voneinander ab. So befindet sich der Thymus von *Coecilia annulata* nach LEYDIG (1853) unmittelbar unter der Haut hinter und über dem Oberkieferwinkel, während er bei *Ichthyophis glutinosus*, wie KLUMPP und EGGERT (1934) feststellten, erst nach Abtragung des dorsalen Teiles des M. omo-humero-maxillaris in Gestalt dreier Läppchen sichtbar wird.

Eine Zusammenstellung des die Thymustopik der *Amphibien* behandelnden Schrifttums gibt PISCHINGER (1937).

5. Fische.

Der Thymus der *Teleostier*, nach HAMMAR (1909) eine strukturelle Modifikation des Epithels der Kiemenhöhle (vgl. Abb. 9 und 10), ist als beetartig erhabener weißlicher Fleck an deren Innenwand zu erkennen, soweit er nicht von der Oberfläche in die Tiefe abgerückt ist. Das Organ läßt sich wegen seiner oberflächlichen Lage den Tonsillen der *Säugetiere* und *Amphibien* (KINGSBURY 1912) vergleichen. Bei *Anguilla* liegt der Thymuswulst gegenüber dem oberen Rande des Kiemendeckels ventral-

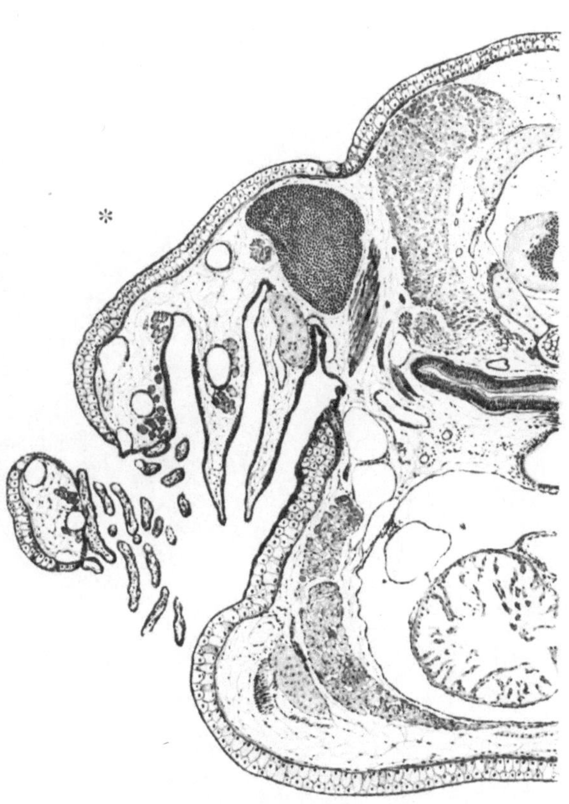

Abb. 8. *Rippenmolch*larve, Querschnitt, nur linke Hälfte gezeichnet. In Höhe des * der subepithelial gelegene Thymus. (Fixation Bouin, Schnittdicke 12 μ, Hämatoxylin-Eosin-Färbung, Vergr. etwa 25fach, gez. K. HERSCHEL-Leipzig, auf ¹/₂ verkl.)

caudal vom Gehörorgan an der medialen Wand der Kiemenhöhle. Beim *Glasaal* greift der Thymus nach v. HAGEN (1937) auf das Kiemendeckelepithel über. Bei *Cyprinus carassius* dehnt sich das Organ von der Höhe der ersten bis hinter die vierte Kiemenspalte aus. Der Thymus von *Esox lucius* bildet einen dreieckigen Wulst an der medialen Seite des Kiemenvorhofes, der oberhalb des ersten Kiemenbogens beginnt. Zur Präparation löst man nach KRAUSE (1921) den oberen Rand des Kiemendeckels ab. *Salmo salar* besitzt einen aus 5 schräg verlaufenden Wülsten bestehenden Thymus, der sich oberhalb der Kiemenbogen hinzieht HAMMAR (1909). Die vier caudalen Wülste sind zu einer Platte verschmolzen.

Die Lage des Thymus bei anderen Spezies schildert HAMMAR (1909).

Die Topik des Thymus der *Ganoiden* entspricht nach den Untersuchungen von ANKARSVÄRD und HAMMAR (1913) an *Amia calva* und *Lepidosteus osseus* weitgehend derjenigen des *Teleostier*thymus. Das bei *Amia* unvollständig in Läppchen aufgegliederte, abgeplattete rundlich-dreieckige, bei *Lepidosteus*

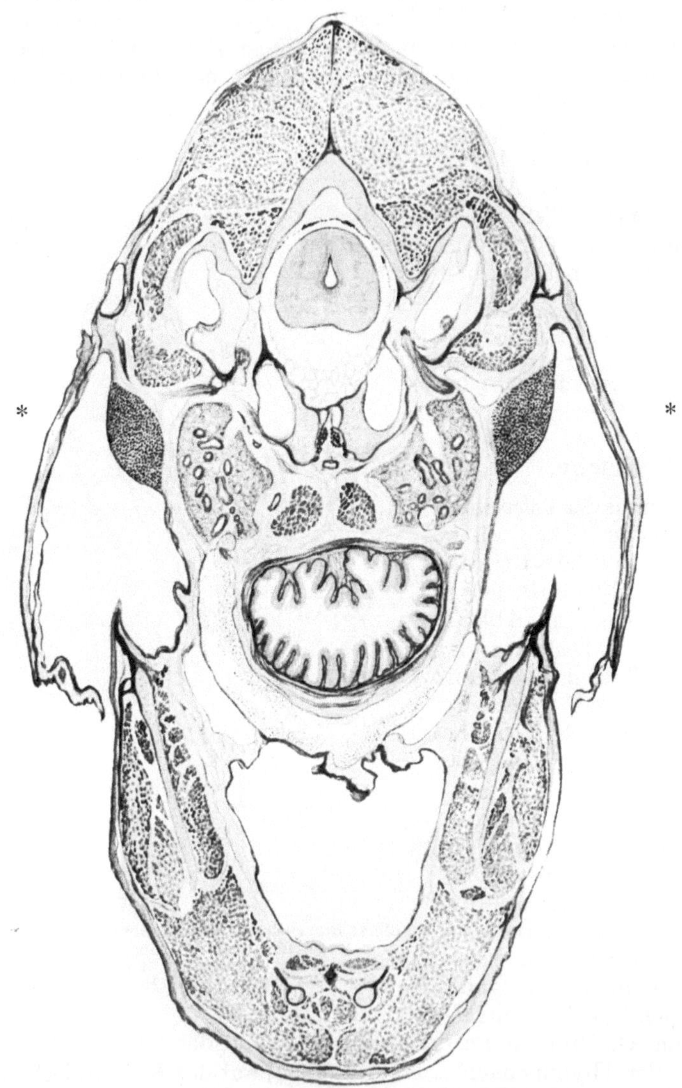

Abb. 9. *Sargus vulgaris*, Jungfisch. Querschnitt durch die Kiemenregion im Bereiche der Kopfniere. Thymus beiderseits in Höhe des *. (Fixation Bouin, Schnittdicke 12 μ, Azanfärbung nach M. HEIDENHAIN, Leitz Summar 35 mm, Ok. 4, auf ²/₃ verkl., gez. K. HERSCHEL-Leipzig.)

längliche Organ ist an der medialen Wand der Kiemenhöhle, vom caudal-dorsalen Abschnitt des Kiemendeckels überlagert, zu finden. Nach der Involution tritt eine typische Form des Thymus nicht mehr deutlich in Erscheinung.

Auch bei den *Selachiern* nimmt der Thymus, wie die Abb. 11 zeigt, eine dorsale Lage ein. Der Thymus von *Raja radiata* und *R. clavata* liegt in einer hinter dem Spritzloch gelegenen, medial durch die Mm. latero-dorsales und

trapecius, lateral durch die Schleimhaut der Kiemenhöhle und kranial durch den
M. levator hyomandibularis begrenzten Nische (HAMMAR 1912). An dem medialen

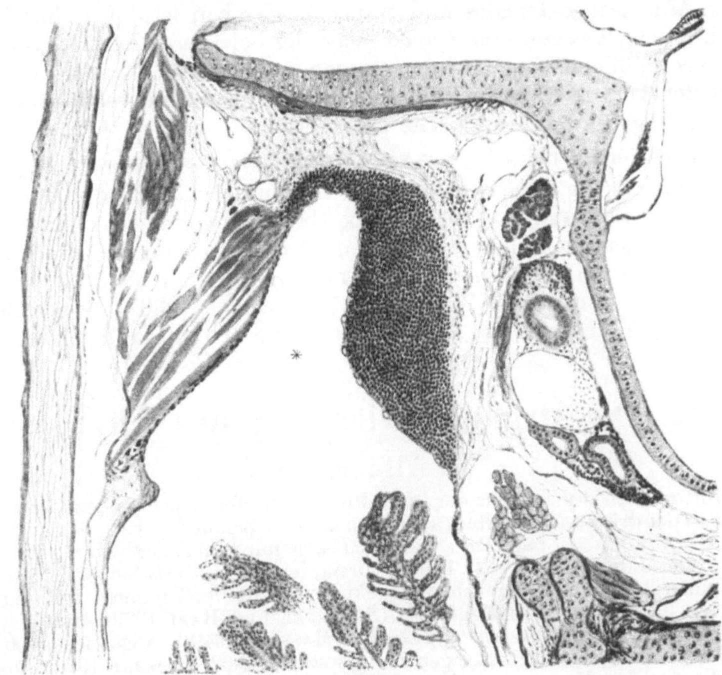

Abb. 10. *Sargus vulgaris*, Jungfisch. Querschnitt durch die Kiemenregion im Bereiche der Kopfniere. Thymus
in Höhe des *. Beachte das Übergreifen des Thymus auf die mediale Fläche der Basis des Kiemendeckels.
(Fixation Bouin, Schnittdicke 12 μ, Färbung mit Hämatoxylin-Eosin, Zeiss Obj. B, Ok. 2, auf ²/₃ verkl., gez.
K. HERSCHEL-Leipzig.)

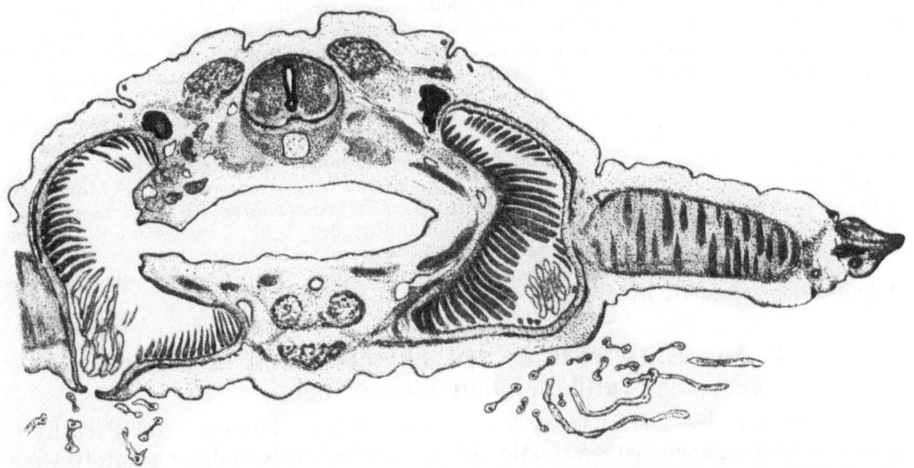

Abb. 11. *Torpedo ocellata*, Embryo 30 mm lang, Querschnitt. Der dorsal gelegene Thymus ist beiderseits nahe
der Kiemenhöhle als dunkelgefärbtes Gebilde zu erkennen. (Fixation Formol 10%, Schnittdicke 15 μ,
Hämatoxylin-Eosin-Färbung, Vergr. etwa 25fach, auf ¹/₃ verkl., gez. K. HERSCHEL-Leipzig.)

Rand des Thymus verläuft der Seitenlinienkanal. Das Organ besteht aus vier eng
benachbarten Lappen, ebenso der Thymus von *Torpedo*, zu dessen Freilegung

man nach Krause (1921) die Haut und den M. levator rostri abpräpariert. Bei *Acanthias vulgaris* nimmt der Thymus nach Hammar eine seichte Rinne ein, deren Begrenzung ventral durch die vier kranialen Kiementaschen, dorsal durch die Mm. latero-dorsales und trapecius gegeben ist. Eine ähnliche Lage kennzeichnet den Thymus von *Spinax niger*, der bei älteren Feten durch die Haut hindurch als weißlicher Fleck wahrgenommen werden kann. Nach der Geschlechtsreife fällt der Thymus der Rückbildung anheim. Für seine histologische Untersuchung sind somit nur Jungfische geeignet.

Das topische Verhalten des Thymus von *Chimaera monstrosa* beschreibt Hammar (1912).

Die Frage, ob die *Cyclostomen* einen Thymus besitzen, ist noch nicht endgültig geklärt. Schaffers (1894) Angabe, bei *Petromyzon* seien 28 dorsale und ventrale Thymusanlagen nachzuweisen, steht mit späteren Untersuchungen von Schaffer (1906) selbst, ferner von Salkind (1915) nicht in Einklang (vgl. hierzu Castellaneta 1913, Wallin 1917, Hammar 1936). Stockard (1906) konnte an Keimlingen von *Bdellostoma* keine Thymusanlagen nachweisen.

II. Die Organentwicklung des Thymus.

1. Allgemeines.

Der Mutterboden des Thymus der Wirbeltiere ist in der Regel das entodermale Epithel vorzugsweise der dritten und vierten, aber auch anderer Schlundspalten. Unter den *Säugern* besitzen z. B. *Kaninchen, Schaf, Ratte* und *Hund* einen nur vom *Entoderm* gebildeten Thymus. Bei einer Reihe anderer Arten, z. B. beim *Schwein*, ferner bei *Marsupialiern*, liefert auch das *Ektoderm* einen Beitrag zur Thymusbildung (ekto-entodermaler Thymus). Rein ektodermaler Herkunft ist der Thymus des *Maulwurfs* (Schaffer und Rabl 1909) sowie der Cervicalthymus der *Fledermaus Vesperugo pipistrellus* [Massart 1940]), angeblich auch derjenige der *Feldmaus* (Roud 1900, vgl. dagegen Zuckerkandl 1902, Hammar 1910, Crišan 1935). Der Thymus des *Menschen* stellt nach Norris (1938) eine Bildung des entodermalen Epithels der 3. Schlundtasche sowie des Ektoderms des Sinus cervicalis dar; nach Hammar dagegen ist der *Menschen*thymus rein entodermaler Abkunft. Ein der 4. Schlundtasche entstammender Thymus gelangt beim *Menschen* nur sehr selten zur Ausbildung (Groschuff 1900, Jedlicka 1928, Politzer und Hann 1935); immerhin kann die 4. Schlundtasche gelegentlich *akzessorische Thymen* hervorbringen. Auch bei den übrigen *Säugern* geht das Organ in erster Linie aus der 3. Tasche hervor. Einige Arten besitzen jedoch aus der 3. und 4. Schlundtasche entstandene Thymen (vgl. hierzu Godwin 1939, 1940, Kingsbury 1940). In seltenen Fällen scheint sich auch die zweite Tasche an der Thymusbildung zu beteiligen. Der Thymus der *Vögel* ist in der Regel ein Thymus III bzw. III und IV; vielleicht liefert auch die I., II. und V. Schlundtasche Thymusgewebe. Bei den *Reptilien* entwickelt sich der Thymus aus der II., besonders aber aus der III., ferner aus der IV. Schlundtasche. Rudimentäre Thymusanlagen sollen aus der I. und V. Tasche entstehen. Der bleibende Thymus der *Amphibien* ist eine Bildung teils der III,—V. *(Urodelen)*, teils der II. Schlundtasche *(Anuren)*. Die Anlagen des Thymus der *Fische (Teleostier, Ganoiden, Selachier)* stellen Sprossungen der dorsalen Abschnitte der Schlundtaschen I—V *(Teleostier)* dar, welche sich mehr oder weniger vollzählig zu Thymusmetameren entwickeln. Das Vorkommen von *Thymusaplasie*, deren Nachweis die Untersuchung lückenloser Schnittserien erfordert, ist durchaus fraglich (B. G. Gruber 1935).

2. Die Entwicklung des Thymus beim Menschen und bei den Säugetieren.

Die Anlage des Thymuskomplexes, aus welchem Thymus und Parathyreoidea III hervorgehen, ist erstmalig bei menschlichen Keimlingen mit 10 Ursegmenten von etwa 4 mm Länge deutlich morphologisch faßbar (Weller 1933). Der Komplex tritt somit später als die Anlage der Schilddrüse auf. Durch Zellvermehrung entwickelt sich die Thymusknospe beiderseits aus der ventral-lateralen Wandung der III. Schlundtasche (Abb. 12), wobei die proliferierenden Zellelemente längliche Gestalt annehmen. Infolge der Größenzunahme der Organanlage treten Entoderm und Ektoderm miteinander in Berührung. Nach WELLERs Ansicht besteht indessen kein Anlaß, in diesem Vorgange den Ausdruck einer Einbeziehung ektodermalen Zellmaterials in den Parathyreoidea III-Thymuskomplex zu erblicken (s. unten).

Gleichzeitig erfolgt die Ausbildung eines die wachsende Anlage umgebenden Gefäßnetzes. Die ursprünglich knospenförmige Thymusanlage hat bereits bei 5—8 mm langen Keimlingen schlauchförmige Gestalt angenommen (HAMMAR 1911) und sich in ventral-medial-caudaler Richtung eingestellt. Ihr Lumen kommuniziert mit der Pharynxlichtung. Bei Keimlingen von 10 mm Länge (WELLER), nach HAMMAR (1911) bereits von 8,3 mm Länge (Stadium Normentafel Nr. 40) vollzieht sich die Differenzierung der Parathyreoideaanlage (Parathymus, WELLER) am Thymus III-Komplex. Die Parathyreoidea III-Anlage entsteht am kranial-lateralen Rande der Schlundtasche (Abb. 12); sie legt sich nach HAMMARs (1911) auf plastischen Rekonstruktionen fußenden Beobachtungen an den Ursprung des III. Aortenbogens aus der Aorta ascendens an. Thymus und Parathyreoidea III-Anlage hängen durch einen kurzen Stiel mit der Pharynxwand zusammen. Bei Keimlingen von 14,5 mm Länge finden wir diese von HAMMAR als Ductus thymopharyngeus bezeichnete stielartige Verbindung bereits unterbrochen. Ductusreste sind

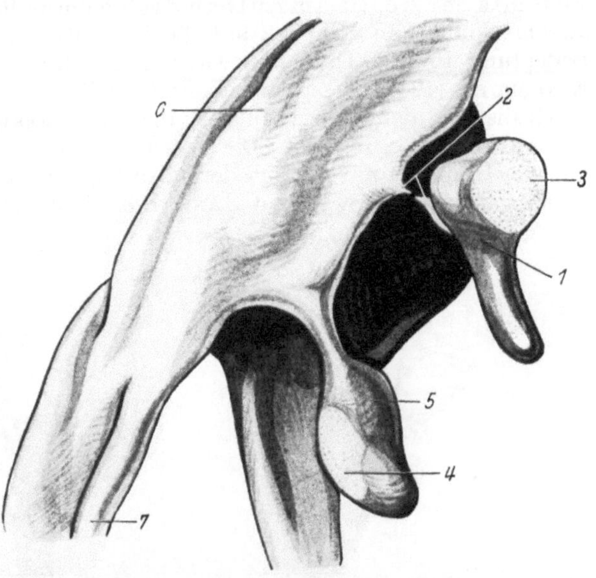

Abb. 12. Rechter Thymus (*1*), Parathyreoidea III (*3*), Parathyreoidea IV (*4*), Pharynx (*6*), Oesophagus (*7*), Thyreoidea lateralis (*5*), von lateral gesehen. Ablösung des Thymus vom Pharynx. Thymusstiel (*2*) durchtrennt. Menschlicher Keimling, 14,5 mm Sch.-St.-Länge. (Umzeichnung aus WELLER 1933.)

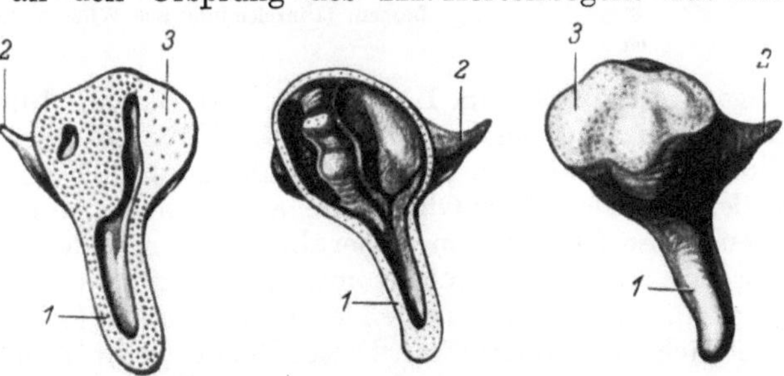

Abb. 13. Rechte Thymusanlage eines menschlichen Keimlings von 11,5 mm Länge. *1* Thymus, *2* Thymusstiel, *3* Parathyreoidea III. (Umzeichnung aus WELLER 1933.)

an der Oberfläche des losgetrennten Organkomplexes sowie des Pharynx als zipfelartige Ausziehungen noch zu erkennen (POLITZER und HANN 1935, WELLER, vgl. Abb. 12, 13, 14). HAMMAR sah den Ductus thymopharyngeus bereits bei einem 11,7 mm langen Keimling verschwinden. Der Zeitpunkt der Einschmelzung des Ganges ist von Fall zu Fall etwas verschieden. Gelegentlich nehmen Cysten von dem Ductus thymopharyngeus ihren Ausgang (ERDHEIM 1904, BRÊCHET 1938, Lit., u. a.).

Der in Mobilisierung begriffene Thymuskomplex stellt ein keulenförmiges Gebilde dar, dessen verdickter Abschnitt kranial gelegen ist. Die engen Nachbarbeziehungen des Komplexes zu dem ektodermalen Ductus cervicalis bzw. zu den Gangbildungen der Vesicula cervicalis haben zur Erörterung der Frage geführt, ob sich die der kranialen Partie der Thymusanlage dorsal anschmiegende Vesicula cervicalis am Aufbau des Thymus beteiligt. Während HAMMAR diesem Gebilde im Hinblick auf die frühzeitige Rückbildung der Blase keine Bedeutung für die Thymusentwicklung zuschreibt — ebenso WELLER, ferner KINGSBURY (1941) —, spricht NORRIS (1938) von einer Vereinigung des Sinus cervicalis mit der Thymusanlage, die zur Entstehung eines ento-ektodermalen Thymus führt. Die Verschmelzung der Vesicula cervicalis (NORRIS' „Cervical Sinus") mit der entodermalen Thymusanlage ist, wie auch den Untersuchungen von POLITZER und HANN (1935) entnommen werden kann, bei Keim-

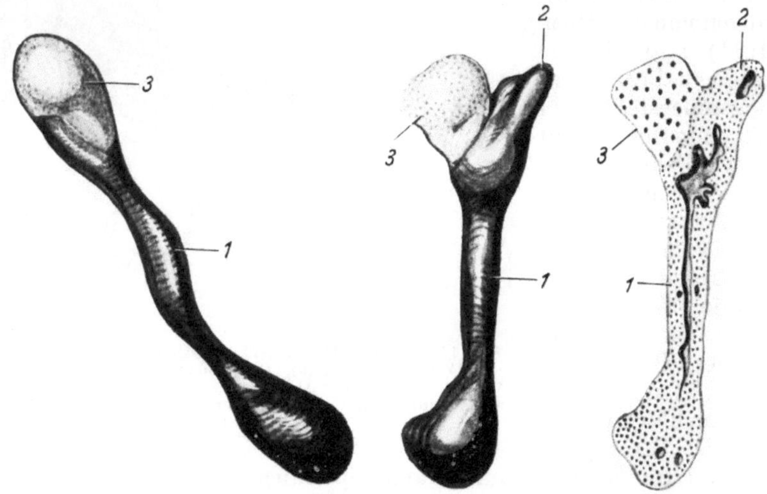

Abb. 14. Rechte Thymusanlage eines *menschlichen* Keimlings von 14 mm Länge. Ventralansicht. *1* Thymus, *2* Thymusstiel, *3* Parathyreoidea III. Rechts Sagittalschnitt durch die Anlage. Beachte das unregelmäßige Lumen. (Umzeichnung aus WELLER 1933.)

lingen von 20—30 mm Länge in vollem Gange. Infolge der sich während des Descensus abspielenden Drehung der Thymusanlage um ihre Längsachse wird die Vesicula bald am lateralen Umfange des Thymuskomplexes, bald an einer anderen Stelle seiner Oberfläche angetroffen. Allmählich verschmilzt das Bläschen unter Obliteration seiner Lichtung mit dem entodermalen Thymus, ein Vorgang, der nach NORRIS mit einer Ausbreitung des der Vesicula entstammenden, sich dunkel färbenden ektodermalen Zellmaterials auf der Thymusoberfläche verbunden ist. Diese Außenschicht stellt eine einschichtige Zellage, eine sog. primitive Rindenzone der Thymusanlage dar. Der Sinus cervicalis soll die Anlage der primitiven Thymusrinde und die Quelle der HASSALLschen Körperchen bilden (vgl. hierzu S. 40). Angesichts der Gründlichkeit der Untersuchungen NORRIS' bedürfen diese Angaben über eine Beteiligung des Ektoderms am Aufbau des Thymus sorgfältiger Nachprüfung. Als sehr wahrscheinlich kann angenommen werden, daß die Einbeziehung der Vesicula cervicalis in den Thymuskomplex zum Auftreten von Cysten im Komplex der III. Schlundtasche führt (POLITZER und HANN 1935). Nach POLITZER und HANN kann ein Teil dieser Bildungen seine Entstehung vielleicht auch Zellgruppen verdanken, welche aus dem Sinus cervicalis in das Schlundtaschenepithel aufgenommen wurden.

Die Thymuscysten liegen, wie wir seit den Untersuchungen von ERDHEIM (1904) wissen, vorzugsweise in dem kranialen Zipfel des Organs (vgl. B. G. GRUBER 1935, Schrifttum, BRÊCHET 1938 sowie S. 91).

Wie den Untersuchungen von HAMMAR, WELLER sowie POLITZER und HANN zu entnehmen ist, weist die Wandung des Thymuskomplexes erhebliche Dickenunterschiede auf (Abb. 13). Die kranial-ventrale Partie des Komplexes als die Anlage der Parathyreoidea III sowie der ihr gegenüberliegende dorsale Abschnitt zeichnen sich durch Zellreichtum aus. HAMMAR (1911) schildert die dorsale Wandverdickung als in das Anlagenlumen vorgewölbte spiralige, aus kurz verzweigten Zellen bestehende Leiste (Spiralleiste), welche sich in caudaler Richtung auf die laterale Wand verfolgen läßt (Abb. 17 bei POLITZER und HANN 1935). Vielleicht verkörpert diese schon von TOURNEUX und VERDUN (1897) beschriebene Verdickung nach HAMMARs Vorstellung die primäre Anlage des Thymus, dem dorsal entstehenden Thymus niederer Wirbeltiere vergleichbar. Die Dickenunterschiede in der Wandung des Thymuskomplexes bedingen die unregelmäßige Gestalt seines Lumens. Die Läppchengliederung der Thymusanlage soll nach den Angaben von NORRIS (1938) mit einer Kerbenbildung an der Oberfläche des Epithelbalkens einsetzen. Durch das Wachstum der aus dem Sinus cervicalis ausgewanderten Zellelemente werden diese Kerben angeblich vertieft. Sie stellen nach NORRIS die Vorläufer der endgültigen Rindenläppchen dar. Das weitere, zur Ausbildung der typischen Organarchitektur führende Geschehen wird auf S. 28 f. behandelt.

Das Schicksal des vom Pharynx abgelösten Thymuskomplexes besteht in einer caudalwärts gerichteten Verlagerung unter gleichzeitiger Längenzunahme der Thymusanlage, einer Lageveränderung, die man mit Vorbehalt als Descensus bezeichnen kann. KINGSBURY (1940) führt die Verlagerung des Thymus auf den Descensus cordis zurück. Das Längenwachstum der Thymusanlage, mit einer Einengung der Lichtung innerhalb des Komplexes verbunden, ist so erheblich, daß der Thymus eines 16 mm langen Keimlings 6mal größer als der eines 14 mm messenden ist (WELLER). Der Längenzuwachs des Thymus scheint nach HAMMAR nicht nur durch das Wachstum der Anlage bedingt zu sein, sondern auch von der Dehnung abzuhängen, welche die mit ihrem Caudalende fixierte Thymusanlage bei der Aufrichtung des Kopfes des Fetus erfährt (HAMMAR 1936, S. 356). Während des Descensus, in dessen Verlauf die Parathyreoidea III zum unteren, d. h. caudal von Parathyreoidea IV gelegenen Epithelkörperchen wird (vgl. auch dieses Handbuch VI/2), bleibt die schon frühe Entwicklungsstadien auszeichnende Berührung der Arteria anonyma mit dem caudalen Ende des Thymus erhalten, mit welcher zusammen das Organ in den Thorax eingeschlossen wird. Die Annäherung von Thymus und Thyreoidea während der caudalwärts gerichteten Wanderung des ersten ist der Ausdruck einer Verlagerung des Thymuskomplexes nach medial.

Die Längenzunahme des Thymuskomplexes geht mit einer Atrophie (HAMMAR) der Thymusanlage einher, die zu einer erheblichen Kaliberabnahme der kranialen Anlageteile führt. Eine genauere histologische Untersuchung dieses Rückbildungsvorganges wäre besonders im Hinblick auf die Angaben von SUNDER-PLASMANN (1940) angezeigt, demzufolge eine kontinuierliche Verbindung zwischen Thymus und Schilddrüse besteht, deren hellkernige epitheloide Elemente SUNDER-PLASMANN als neurohormonale Zellen auffaßt. Ich halte es für nicht ausgeschlossen, daß diese neurohormonalen Zellen wenigstens teilweise den Resten des atrophischen Cervicalthymus entsprechen. HAMMARs (1911) Anschauung, die Einleitung der Atrophie des cervicalen Thymusabschnittes bilde dessen Dehnung und Verdünnung bei der Aufrichtung des Kopfes, muß man wohl als zu grob mechanisch betrachten. Gleichzeitig mit diesem Rückbildungsvorgang nimmt das caudale Ende der Thymusanlage stark an Umfang zu. Beispielsweise findet Hammar (1911) bei einem 21 mm langen Keimling als Durchmesser des kranialen Thymusstranges 0,07 mm, des caudalen Teiles 0,23—0,29 mm. Während der Rückbildung des kranialen Thymusabschnittes erfolgt die Trennung der Parathyreoidea III vom Thymus, welche nach Weller bereits bei Stadien von 20 mm Länge stattgefunden hat. Der dünne, der Einschmelzung anheimfallende Abschnitt der Thymusanlage entspricht dem cervicalen, der verdickte caudale Teil dem späteren thorakalen Thymus. Die durch eine Krümmung ausgezeichnete Übergangsstelle zwischen beiden Partien bezeichnet Hammar (1911) als Aperturkrümmung, da sie sich etwa in Höhe der oberen Thoraxapertur befindet. Asymmetrien der Form des Thymus liegt vielfach eine ungleichmäßige Rückbildung der Thymusstränge zugrunde. So kann sich z. B. ein Cervicalthymus einseitig oder auch doppelseitig bis zur Höhe der Schilddrüse oder noch weiter kranialwärts erstrecken (Türck, Hammar, Bien 1906, B. G. Gruber 1922, Schmincke 1926, Norris 1937), ein Verhalten, welches übrigens das gleichzeitige Vorhandensein eines ausgedehnten thorakalen Thymus keineswegs ausschließt (B. G. Gruber 1932). In solchen Fällen wird die Parathyreoidea III unter Umständen noch im Zusammenhang mit dem kranialen Ende des Cervicalthymus gefunden. Bleiben Fragmente des cervicalen Thymusstranges in der Halsregion liegen, so können sie zur Entwicklung akzessorischer Thymen Veranlassung geben (vgl. hierzu Politzer und Hann 1935). Diese dürfen somit nicht ohne weiteres als Abkömmlinge der IV. Schlundtasche betrachtet werden.

Nach dem Eintritt des Thymus in die Brusthöhle liegt das caudale Ende des Organs, wie Hammar (1911, vgl. auch 1936) an einem 18 mm langen Keimling feststellen konnte, zunächst im hinteren Mediastinum hinter der Wölbung des Perikards. Später, d. h. bei 24,4—29 mm langen Stadien, ist es auf der Kuppe des Herzbeutels zu finden, um sich von hier aus auf die ventrale Oberfläche des Perikards zu begeben (Abb. 2, vgl. hierzu das Verhalten der Thymusanlage des *Rindes*, Anderson 1922). Die Vena anonyma sinistra entwickelt sich nach dem Eindringen des Thymus in die Brusthöhle hinter, in seltenen Fällen vor diesem (bezüglich des unterschiedlichen topographischen Verhaltens der Vene zum Thymus vgl. Hammar 1911, B. G. Gruber 1932, Waheed 1936).

Während ihrer caudalwärts gerichteten Verlagerung haben sich die Thymusanlagen einander in der Mittellinie genähert, ohne jedoch miteinander zu verschmelzen. Beide Anlagen werden durch eine dünne Bindegewebsschicht voneinander geschieden.

Das Vorhandensein eines Thymus IV stellte van Dyke (1941) bei 42% von 24 *menschlichen* Embryonen fest. Die Organanlage soll der Parathyroidea IV oder der Schilddrüse angelagert sein bzw. mit deren Anlagen zusammenhängen. Bezüglich der Bildung eines der IV. Schlundtasche entstammenden Thymus vgl. die Untersuchungen von Jedlicka (1928) sowie Politzer und Hann (1935), ferner S. 18.

Ein Überblick über die bisher bekannten Forschungsergebnisse zeigt, daß die Entwicklung des Thymus bei den übrigen *Säugern* ihren Ausgang zwar vorwiegend von der III. Schlundtasche nimmt, jedoch keineswegs einem starren Entwicklungsschema entspricht. Die Unterschiede in der Organentwicklung des Thymus bestehen einmal im wechselnden Ausmaße der Beteiligung des Ektoderms, zweitens des Epithels anderer Schlundtaschen als nur der dritten an seinem Aufbau. Einen nur aus dem Entoderm der III. Schlundtasche hervorgegangenen Thymus besitzt das *Rind* (Hagström 1921, Anderson 1922, Fedolfi 1933), bei welchem die Vesicula cervicalis keine Verbindung mit dem Thoraxkomplex eingeht, sondern dorsal vom unteren Pole der Parathyreoidea IV zu liegen kommt, bevor sie gänzlich rückgebildet wird. Auch der Thymus des *Hundes* (Salkind 1915) und der *Fledermaus* (Selle 1935) ist auch der Thymus der *Feldmaus* sei eine Bildung des Ektoderms, haben sich nicht bestätigen lassen (ZUCKERKANDL 1902, RABL 1909, HAMMAR 1910, CRIŠAN 1935).

Die Frage nach der Homodynamie des Schlundtaschenepithels, d. h. ob auch kranial oder caudal von der III. gelegene Schlundtaschen an der Thymusbildung beteiligt sind, ist je nach Tierart verschieden zu beantworten. Nach den Angaben von FRASER und HILL (1915) geht aus der IV. Schlundtasche von *Trichosurus vulpecula* eine Thymusanlage hervor, ferner vermutet VARIČAK (1938), daß es bei der *Ziege* zur Entwicklung eines Thymus II kommt, da bei jungen *Ziegen* Thymusläppchen in den Gaumensegeln gefunden werden. Eine genaue Untersuchung der Entwicklung dieses Thymus II der *Ziege* steht indessen noch aus. Der IV. Schlundtasche entsprossene Thymen — Läppchen des Thymus IV sollen beim *Menschen* gelegentlich auftreten (GROSCHUFF 1900 u. a., s. S. 22) — werden besonders bei der *Katze* angetroffen; sie liegen in der Nachbarschaft der Schilddrüse oder auch inmitten dieses Organs (KOHN 1900, MASON 1931, FLORENTIN 1932). Die Ansicht DE WINIWARTERs (1927) und FLORENTINs (1932), diese Thymusinseln seien durch Umwandlung von Schilddrüsengewebe entstanden, ist unzweifelhaft irrig (vgl. MASON 1931, KINGSBURY 1936, HAMMAR 1936). Auch bei dem *Kaninchen* (KOHN 1895), beim *Kalb* (KINGSBURY 1936), bei *Hund* (GODWIN 1939 u. a.) und *Fledermaus* (GROSCHUFF 1896) sowie bei einigen *Beuteltieren* (FRASER und HILL 1915, KINGSBURY 1940, *Didelphys virginiana*) konnten, um nur einige Beispiele zu nennen, Thymen der IV. Schlundtasche nachgewiesen werden.

BOMSKOV (1942) hält es für möglich, daß vom Thymus IV des *Meerschweinchens* die Regeneration operativ entfernter Hauptthymen ihren Ausgang nimmt.

Aus dem *Ultimobranchialkörper* geht nach GODWIN (1939, *Hunde*thymus) kein Thymusgewebe hervor. VAN DYKE (1941) hält die Bildung von Thymus aus dem Ultimobranchialkörper des *Menschen* für ein sehr seltenes Vorkommnis.

3. Die Entwicklung des Thymus der Vögel.

Die bisher am genauesten erforschten Thymen des *Sperlings*, der *Ente* und des *Kiebitz* sind rein entodermale, aus der III. Schlundtasche hervorgegangene Organe (HAMILTON 1914, HELGESSON 1913, SICHER 1921, KOSEKI 1929), denen sich der Ductus ectobranchialis anlagert, um später rückgebildet zu werden. Eine Beteiligung des Ektoderms an der Bildung des Thymus konnte bisher nicht nachgewiesen werden (vgl. SICHER). Der Thymus des *Sperlings* entsteht aus dem ventralen und dorsalen Bereiche der III. Schlundtasche. Beim *Kiebitz* entsteht der Thymus fast aus der gesamten III. Tasche (SICHER 1921); nur aus ihrer ventro-medialen Wand geht die Parathyreoidea III hervor. Mit der Entwicklung des Halses nimmt das Organ strangförmige Gestalt an. Sein Kopfteil ist beim *Kiebitz* stets in Höhe des Hyoidbogens gelegen (SICHER). Die Lappung des Thymusstranges läßt sich nach HAMILTON sowie HELGESSON angeblich auf das „Einschneiden" des Nervus hypoglossus und der ventralen Halsnerven zurückführen. Diese rein mechanische Erklärung der Formentwicklung erscheint allerdings unbefriedigend. Es ist nach HAMILTON sowie SICHER (1921) nicht ausgeschlossen, daß beim *Hühnchen* und beim *Kiebitz* ein Thymus IV zur Entwicklung kommt, was bereits von VERDUN (1898) für *Huhn, Ente, Taube* und andere *Vögel*, weiterhin von SALKIND (1915), BRUNI (1931) und PIROCCHI (1935) für das *Huhn* behauptet wurde. Rudimentäre Thymusanlagen aus der II. Schlundtasche, vielleicht auch aus der I. und II. Tasche sollen nach VAN BEMMELEN (1886) sowie HAMILTON (1914) bei *Hühner*embryonen vorkommen.

Eine Übersicht über das ältere Schrifttum über die Entwicklung des *Vogel*thymus ist in den Untersuchungen von HELGESSON (1913) und SICHER (1921) enthalten.

auch der Thymus der *Feldmaus* sei eine Bildung des Ektoderms, haben sich nicht bestätigen lassen (Zuckerkandl 1902, Rabl 1909, Hammar 1910, Crišan 1935).

Die Frage nach der Homodynamie des Schlundtaschenepithels, d. h. ob auch kranial oder caudal von der III. gelegene Schlundtaschen an der Thymusbildung beteiligt sind, ist je nach Tierart verschieden zu beantworten. Nach den Angaben von Fraser und Hill (1915) geht aus der IV. Schlundtasche von *Trichosurus vulpecula* eine Thymusanlage hervor, ferner vermutet Varičak (1938), daß es bei der *Ziege* zur Entwicklung eines Thymus II kommt, da bei jungen *Ziegen* Thymusläppchen in den Gaumensegeln gefunden werden. Eine genaue Untersuchung der Entwicklung dieses Thymus II der *Ziege* steht indessen noch aus. Der IV. Schlundtasche entsprossene Thymen — Läppchen des Thymus IV sollen beim *Menschen* gelegentlich auftreten (Groschuff 1900 u. a., s. S. 22) — werden besonders bei der *Katze* angetroffen; sie liegen in der Nachbarschaft der Schilddrüse oder auch inmitten dieses Organs (Kohn 1900, Mason 1931, Florentin 1932). Die Ansicht de Winiwarters (1927) und Florentins (1932), diese Thymusinseln seien durch Umwandlung von Schilddrüsengewebe entstanden, ist unzweifelhaft irrig (vgl. Mason 1931, Kingsbury 1936, Hammar 1936). Auch bei dem *Kaninchen* (Kohn 1895), beim *Kalb* (Kingsbury 1936), bei *Hund* (Godwin 1939 u. a.) und *Fledermaus* (Groschuff 1896) sowie bei einigen *Beuteltieren* (Fraser und Hill 1915, Kingsbury 1940, *Didelphys virginiana*) konnten, um nur einige Beispiele zu nennen, Thymen der IV. Schlundtasche nachgewiesen werden.

Bomskov (1942) hält es für möglich, daß vom Thymus IV des *Meerschweinchens* die Regeneration operativ entfernter Hauptthymen ihren Ausgang nimmt.

Aus dem *Ultimobranchialkörper* geht nach Godwin (1939, *Hund*ethymus) kein Thymusgewebe hervor. Van Dyke (1941) hält die Bildung von Thymus aus dem Ultimobranchialkörper des *Menschen* für ein sehr seltenes Vorkommnis.

3. Die Entwicklung des Thymus der Vögel.

Die bisher am genauesten erforschten Thymen des *Sperlings*, der *Ente* und des *Kiebitz* sind rein entodermale, aus der III. Schlundtasche hervorgegangene Organe (Hamilton 1914, Helgesson 1913, Sicher 1921, Koseki 1929), denen sich der Ductus ectobranchialis anlagert, um später rückgebildet zu werden. Eine Beteiligung des Ektoderms an der Bildung des Thymus konnte bisher nicht nachgewiesen werden (vgl. Sicher). Der Thymus des *Sperlings* entsteht aus dem ventralen und dorsalen Bereiche der III. Schlundtasche. Beim *Kiebitz* entsteht der Thymus fast aus der gesamten III. Tasche (Sicher 1921); nur aus ihrer ventro-medialen Wand geht die Parathyreoidea III hervor. Mit der Entwicklung des Halses nimmt das Organ strangförmige Gestalt an. Sein Kopfteil ist beim *Kiebitz* stets in Höhe des Hyoidbogens gelegen (Sicher). Die Lappung des Thymusstranges läßt sich nach Hamilton sowie Helgesson angeblich auf das „Einschneiden" des Nervus hypoglossus und der ventralen Halsnerven zurückführen. Diese rein mechanische Erklärung der Formentwicklung erscheint allerdings unbefriedigend. Es ist nach Hamilton sowie Sicher (1921) nicht ausgeschlossen, daß beim *Hühnchen* und beim *Kiebitz* ein Thymus IV zur Entwicklung kommt, was bereits von Verdun (1898) für *Huhn, Ente, Taube* und andere *Vögel*, weiterhin von Salkind (1915), Bruni (1931) und Pirocchi (1935) für das *Huhn* behauptet wurde. Rudimentäre Thymusanlagen aus der II. Schlundtasche, vielleicht auch aus der I. und II. Tasche sollen nach van Bemmelen (1886) sowie Hamilton (1914) bei *Hühner*embryonen vorkommen.

Eine Übersicht über das ältere Schrifttum über die Entwicklung des *Vogel*thymus ist in den Untersuchungen von Helgesson (1913) und Sicher (1921) enthalten.

4. Die Entwicklung des Thymus der Reptilien.

Soweit die verhältnismäßig geringe Zahl von Untersuchungen ein Urteil gestattet, stellt in erster Linie die III. Schlundtasche den Mutterboden des Thymus der *Reptilien* dar. Die Hauptmasse des Thymus von *Chrysemys picta* und *Chrysemys marginata* geht nach SHANER (1921) aus einer dorsalen Anlage der III. Tasche hervor (vgl. auch JOHNSON 1922), während der Thymus IV quantitativ in den Hintergrund tritt. Der Thymus IV von *Trionyx japonicus* verschwindet gleichfalls im Verlaufe der Embryonalentwicklung (KIKUTI 1936). Der auf den Nachweis von Thymusgewebe im Myokard von *Testudo iberica* gegründeten Annahme von WEIS (1930), auch die V. Schlundtasche vermöge Thymusanlagen zu liefern, fehlt Beweiskraft. Der Thymus von *Gongylus* ist nach BRUNI (1931) ebenfalls ein Produkt der III. und IV. Schlundtasche. PRENANT (1898) sowie SAINT-REMY und PRENANT (1903) wiesen bei *Gongylus ocellatus* Thymusanlagen der II. und III. Tasche nach. Bei *Schlangen* fand VAN BEMMELEN (1886) Thymusanlagen der IV. und V. Schlundtasche. Nach KIKUTI (1936) geht der Thymus IV der *Giftschlange Agkistrodon blomhoffii* aus dem lateralen Teil der IV. Kiementasche, der Thymus V aus dem distalen Abschnitt der V. Tasche hervor. Die Organanlagen stellen zunächst blasige Auftreibungen dar. Der Thymus von *Lacerta muralis* wird nach VAN BEMMELEN (1886, 1888) von der II. und III. Tasche gebildet, ebenso derjenige von *Lacerta agilis, Lacerta viridis* und *Anguis fragilis* (PRENANT und SAINT-REMY 1902). Nur vorübergehend auftretende, der I. Tasche entstammende Anlagen wurden von MAURER (1899) und PETER (1901) festgestellt. Bei *Alligator mississippensis* (5 mm lang) wird die Thymusanlage durch ein beiderseits vorhandenes Divertikel an der dorsalen Wand der III. Schlundtasche verkörpert (HAMMAR 1936). In der Folge eilt die linke Organanlage der rechten im Wachstum voraus, so daß bei einem 12 mm langen Keimling die rechte Anlage noch ein Divertikel darstellt, während die linke bereits die Gestalt eines langen Schlauches angenommen hat. Während der Ablösung der Anlagen, welche sich zu soliden Epithelsträngen entwickeln, bleiben die Thymusanlagen mit den Anlagen der Epithelkörperchen III in Zusammenhang. Der caudal sich verzweigende Abschnitt des Thymus umwächst die Epithelkörperanlage. Ein Thymusmetamer IV scheint sich bei *Crocodilus porosus* zu entwickeln.

5. Die Entwicklung des Thymus der Amphibien.

Die Bildung des Thymus der *Amphibien* wird von dem entodermalen Material der Kiementaschen in einem bei den einzelnen Spezies wechselndem Ausmaße bestritten.

Der bleibende Thymus von *Siredon* geht nach MAURER (1888) aus soliden, dorsal gelegenen Epithelknospen der III.—V. Kiemenspalten hervor, welche später miteinander verschmelzen sollen; die Knospen der beiden ersten Spalten sind bereits bei Larven von 13,5 mm Länge zurückgebildet. Diese Angaben wurden von DRÜNER (1904) für die *Urodelen* dahingehend erweitert, daß die Organanlagen auch ektodermales Zellmaterial enthalten (vgl. auch GREIL 1906). Nach MIZOGUCHI (1930) trifft diese Behauptung für den japanischen *Riesensalamander* nicht zu, dessen Thymus rein entodermaler Herkunft ist. Der Thymus von *Salamandrina perspicillata* wird nach LIVINI (1902) nur von der V. Schlundtasche geliefert. MAXIMOW (1912) fand bei 7,5 mm langen Larven von *Siredon* 5 Thymusknospen, von denen die beiden ersten frühzeitig atrophieren (vgl. auch BALDWIN 1918). Beim japanischen *Riesensalamander* dagegen sollen alle fünf Thymusanlagen erhalten bleiben (MIZOGUCHI 1930). Die Thymusanlage der *Anuren* tritt nach MAURERs Untersuchungen an *Frosch*larven (6 mm lang) an der dorsalen Wandung des Schlundes als Epithelknospe an jener Stelle auf, welche der II. Kiemenspalte entspricht (vgl. ferner Stöhr 1906, Goette 1875, de Meuron 1886, Salkind 1915, Mazzeschi 1940). Die Knospe der ersten Spalte stellt nach Drüner auch bei *Bufo* eine vorübergehende Bildung dar, während sie nach Spemann (1898) und Greil (1906) überhaupt nicht zur Entwicklung gelangt. Der aus dem letzten Kiemenbogen von *Rana agilis* hervorgehende akzessorische Thymus ist nach Mazzeschi (1940) einer Weiterentwicklung nicht fähig. Bei *Hynobius nebulosus* entwickeln sich die beiden ersten Thymusanlagen aus der Dorsalwand der ersten Kiementasche, die dritte Anlage entsteht aus der zweiten Kiementasche (Hattori 1932). Nach Dustin (1920) hat sich die Thymusanlage II von *Rana fusca* am 12. Tage (14 mm Länge) vom Entoderm abgelöst; Maximow (1912) sieht den Thymus einer 10 mm langen Larve von *Rana temporaria* bereits abgeschnürt und von zahlreichen Lymphocyten umgeben. Bei 12,5 mm langen Embryonen von *Rana agilis* ist die Abschnürung der Anlage schon vollzogen (Mazzeschi 1940). Frühe Entwicklungsstadien des Thymus zeichnen sich durch den Besitz zahlreicher Dotterkörnchen aus (Stöhr 1910, Untersuchungen an *Hyla*, Dustin 1920, Sklower 1925, Mazzeschi 1940, *Rana agilis*). Die Thymusanlage von *Rana agilis* enthält außerdem zahlreiche Pigmentkörnchen (Mazzeschi 1940). Nach Mazzeschi lassen sich Mark und Rinde bereits bei 22 mm langen Larven von *Rana agilis* unterscheiden; der Thymus dieser Tiere weist cystische, von großen Zellen umgebene Hohlräume auf, ferner myoide Zellen.

Der Thymus des *Gymnophionen Hypogeophis* entsproßt nach Marcus (1908) der II.—V. Schlundtasche; eine sekundäre Vereinigung der Anlage führt zur Bildung eines einheitlichen Organes.

6. Die Entwicklung des Thymus der Fische.

a) Dipnoer. Der endgültige Thymus von *Lepidosiren paradoxa* wird von miteinander verschmelzenden Anlagen der III. und IV. Schlundspalte gebildet; die Anlagen der II. und V. Spalte sind rudimentär. Die der III. Spalte entsprechende Anlage erfährt durch Einwachsen eines Muskelzuges und eines Nerven aus dem Ganglion n. vagi eine Lappung (Bryce 1905, 1907). Von den Thymusanlagen der II.—VI. Tasche des *Ceratodus forsteri* (Bryce 1906) scheinen sich nur die der II.—V. Schlundtasche zuzurechnenden Organanlagen weiter zu entwickeln (s. Hammar 1906, S. 146).

b) Teleostier. Wie die in erster Linie an *Forellen*embryonen vorgenommenen Untersuchungen von Maurer (1886, 1902) gezeigt haben (vgl. auch Nusbaum und Prymak 1901), treten die Thymusanlagen der *Teleostier* als Verdickungen des Epithels im dorsalen Bereiche der II.—V. Kiemenspalte auf, um später, am 60. Tage nach dem Streichen der Eier zu einem spindelförmigen Organ zu verschmelzen, dessen kraniale Abschnitte zurückbildet werden. Auch die Thymusanlagen II—V von *Symbranchus marmoratus* vereinigen sich zu einem geschlossenen Gebilde (Taylor 1918). Nach einer späteren Aussage Maurers (1902) liefert auch die VI. Kiemenspalte eine Thymusknospe. Die Thymusknospen von *Salmo salar* werden nach Hammar (1908, 1910) durch nur schwache, wulstige Verdickungen der Epithelbekleidung der Kiemenspalte dicht an ihrem vorderen Ende verkörpert. Da ferner bei *Siphonostoma typhle* überhaupt keine Thymusknospe nachgewiesen werden konnte, das kubische Epithel des Thymusbezirkes sich vielmehr von Anfang an als einheitliches Feld über das Gebiet oberhalb der zwei letzten Kiemenbogen erstreckt und keiner Rückbildung mehr unterworfen ist, wirft Hammar die Frage auf, ob man berechtigt ist, von einer Beteiligung wirklich knospenförmiger Thymusanlagen auch bei der Thymusbildung beim *Lachs* zu sprechen, oder ob es sich auch hier lediglich um eine direkte Umwandlung des Oberflächenepithels zu Thymus handelt (HAMMAR 1910, S. 145). Der vollentwickelte *Teleostier*-Thymus stellt jedenfalls nach HAMMARs (1909) Darlegungen nur eine strukturelle Modifikation des Oberflächenepithels der Kiemenhöhle dar. Diese Tatsache scheint mir insofern ganz besondere Beachtung zu verdienen, als sie den Vergleich des Thymus mit den gleichfalls oberflächlich gelegenen Tonsillen, auf den in der Einleitung bereits angespielt wurde, wesentlich erleichtert! Nach DEANESLEY (1927) geht der Thymus von *Salmo fario* aus 3 Knospen hervor, welche sich im Epithel oberhalb des I.—III. Kiemenbogens entwickeln.

c) Ganoiden. Der offenbar entodermale Thymus der *Ganoiden Amia calva* und *Lepidosteus osseus* geht ähnlich dem Thymus des Teleostiers *Siphonostoma* aus einer unsegmentierten, im Epibranchialgebiet befindlichen Anlage hervor, die jedoch nach ANKARSVÄRD und HAMMAR (1913) insofern metameren Ursprunges ist, als ihr Mutterboden dem dorsalen Ende der Kiementaschen entstammt. „Die epibranchiale nichtmetamere Thymusbildung stellt sich demnach als eine sekundäre Abänderung der branchialmetameren dar," eine Auffassung, welche durch Befunde von HILL (1935) bestätigt wird. Nach HILL besitzt nämlich die linsenförmige Thymusplakode von *Amia* Vorläufer in Gestalt dreier Paare primordialer Anlagen, welche am dorsolateralen Ende der II. bis IV. Kiementasche entstehen und später verschmelzen. Die III. primordiale Anlage vereinigt sich nach HILL gelegentlich nicht mit den anderen Organanlagen. Die Trennung des Thymus vom Epithel der Kiemenhöhle durch gefäßhaltiges Bindegewebe setzt nach der histologischen Differenzierung des Organs ein (vgl. ferner CASTELLANETA 1916/17).

d) Selachier. Die Anlagen des Thymus von *Scyllium, Mustelus, Pristiurus, Raja* und *Torpedo* treten nach DOHRN (1884) an den dorsalen Enden der I. bis V. Kiemenspalte in Form von Knospen auf, deren letzte allerdings frühzeitig rückgebildet wird oder, wie DE MEURON (1886) bei *Acanthias* feststellte, im Wachstum zurückbleibt (vgl. auch HAMMAR 1911). Eine am Spritzloch auftretende plakodenartige Epithelverdickung (vgl. FRITSCHE 1910, MAXIMOW 1912) gehört nach HAMMAR (1911) möglicherweise zu den Thymusanlagen. Die bei den *Haien* soliden, bei den *Rochen* zunächst hohlen Knospen werden von den Kiemenspalten abgeschnürt bzw. sind bei *Mustelus, Scyllium* und *Pristiurus* eine Zeitlang durch einen nur schmalen Epithelstrang mit dem Mutterboden verbunden. Während ihres Wachstums durchbrechen die Thymusknospen, wie HAMMAR (1911) an Embryonen von *Acanthias* und *Spinax* feststellte, den Musculus constrictor superficialis arcuum visceralis.

Nach MAXIMOW (1912) werden die Thymusanlagen von *Raja* in Plakodengestalt an der II.—V. Spalte gebildet; eine V. Thymusanlage der VI. Schlundspalte gelangt nicht zur vollen Ausbildung. Bei *Scyllium* sind die drei Thymusplakoden am Rande der II.—IV. Spalte als die eigentlichen Vorläufer des Thymus angelegt, da die rudimentären Anlagen der V. und VI. Spalte untergehen. Mit vorübergehend auftretenden Ausführungsgängen versehene Thymusanlagen kommen nach VAN WIJHE (1923) bei *Heptanchus cinereus* vor; die Gänge deuten nach VAN WIJHE auf den ursprünglich exokrinen Charakter des Thymus.

Bezüglich des älteren, die Organentwicklung des *Selachier*thymus betreffenden Schrifttums sei auf die Zusammenstellung bei HAMMAR (1910, 1912) verwiesen.

e) Myxinoiden. Nach den Untersuchungen von STOCKARD (1906), der bei *Bdellostoma*-Embryonen keine Thymusanlagen feststellen konnte, ist es fraglich, ob die Myxinoiden überhaupt einen Thymus besitzen. Dasselbe gilt bezüglich der *Cyclostomen* (BEDDARD 1894, SCHAFFER 1906).

III. Die Histogenese des Thymus.

1. Die Einwanderung von Lymphocyten in die epitheliale Organanlage.

Die frühen, zahlreiche Mitosen enthaltenden Entwicklungsstadien des *menschlichen* Thymus bestehen aus dicht zusammengefügten Zellelementen mit locker strukturierten, sich dunkel anfärbenden Kernen, welche sich zunächst nicht wesentlich von denen der medianen Schilddrüsenanlage unterscheiden lassen (Weller). Das die innerhalb der Anlage vorhandenen Lumina begrenzende Zellager wird von schmalen Elementen gebildet, deren Längsachse senkrecht zu dieser Grenzschicht verläuft. Bei *Säuger*embryonen fand Maximow (1909) im Lumen der Thymusanlage abgestoßene Epithelzellen, die unter Umständen mit Wanderzellen verwechselt werden können. Bei etwa 30 mm langen *menschlichen* Keimlingen findet man die gebuckelte Oberfläche der Organanlage von einer einzelligen Schicht länglicher Zellen mit ovoiden Kernen überzogen (Weller), welche Norris (1938) als „cortical layer" bezeichnet. Nach Norris stellt diese Rindenzone einen ektodermalen Zellschleier dar, welcher sich vom Sinus cervicalis aus über den entodermalen Thymus ausbreitet (vgl. hierzu S. 20) und zur Entstehung von Kerben an der Außenfläche der Anlage führen soll. Der Vorgang der Auswanderung ektodermalen Zellmaterials aus dem Sinus cervicalis beginnt nach Norris bereits bei Keimlingen von 23—24 mm Länge; er ist bei 30 mm langen Embryonen in vollem Gange. Angeblich bildet Norris' Rindenzone die Quelle der Hassallschen Körperchen (s. S. 39). Es unterliegt nach den älteren Untersuchungen von Hammar sowie Maximow keinen Zweifel, daß diese sog. Rindenzone wirklich existiert; sie läßt sich auch am Thymus des Erwachsenen noch feststellen. Dagegen erscheint es mir durchaus fraglich, ob Norris' Behauptung, sie sei ektodermaler Herkunft, den Tatsachen entspricht. Nach meinen Beobachtungen ist die fragliche Zellschicht nämlich dort, wo sie sich noch nicht über die gesamte Oberfläche der Anlage erstreckt (Abb. 15), durch Übergangsformen mit den Zellen der tiefer gelegenen Gewebsbezirke verbunden. Dies dürfte nicht der Fall sein, wenn die zylindrischen Zellen einem vom Sinus cervicalis bzw. der Vesicula cervicalis aus über die entodermale Anlage ausgebreiteten selbständigen Schleier angehören. Maximows (1909) auf dem Studium von *Säuger*embryonen beruhende Meinung, nach welcher die äußerste Zellage der sackartigen Thymusanlage bei deren Dickenzunahme ihre ursprüngliche prismatische Form bewahre, während die Zellen der inneren Schicht polygonale Umrisse annehmen, dürfte den wirklichen Verhältnissen gerecht werden. Infolge Vakuolisierung des Cytoplasmas gewinnen die Zellen in der Peripherie der Anlage, besonders die der geschilderten Rindenzone, ein helles Aussehen. Es sei darauf hingewiesen, daß die Zellen der Außenzone der Parathyreoideaanlage sowie des vollentwickelten Organs sich gleichfalls durch prismatische Formen auszeichnen (Palisadenzellen, vgl. dieses Handbuch VI/2). Die erwähnten Buckelbildungen an der Oberfläche der Anlage sind auch den Thymussäckchen von *Säuger*embryonen eigen; sie werden von Maximow auf eine Proliferation des Epithels zurückgeführt.

Wie die Thymusanlagen des *Menschen* und der *Säuger,* so zeichnen sich auch diejenigen der *Sauropsiden, Amphibien* und *Fische* durch lückenlosen Zusammenschluß der polygonalen entodermalen Zellelemente aus, deren Abgrenzung, wie Stöhr (1906) und Maximow (1912) hinsichtlich der Thymusknospen von *Amphibien* bemerken, durch Einlagerung von Dotterkörnchen verwischt sein kann. Neben Dotterkörnchen findet man auch Pigmentgranula in den Thymuszellen (Maximow, Dustin 1920, Sklower 1925, Choi 1931, Mazzeschi 1940). Bei den *Teleostiern (Siphonostoma, Salmo salar)* entwickelt sich aus der einschichtigen Thymusplakode ein mehrschichtiges Epithel, welches durch eine Basalmembran vom subepithelialen Bindegewebe getrennt ist (HAMMAR 1909). Die der Basalmembran benachbarten kegelförmigen Zellen mehrschichtiger Anlagen stehen durch sich verjüngende Fortsätze mit der obersten Zellage in Zusammenhang. Die Immigration von Lymphocyten führt zu der netzigen Auflockerung des ursprünglich geschlossenen epithelialen Verbandes. Die Thymusplakoden von *Raja* bestehen zunächst aus einer Reihe zylindrischer, gleichfalls unscharf gegeneinander abgegrenzter Zellen, die bald fließend in das Schlundepithel übergehen, bald scharf gegen letzteres abgesetzt sind (MAXIMOW 1912). Allmählich entwickelt sich die Plakode zu einem Epithelpolster, welches unmittelbar, d. h. ohne Zwischenschaltung einer Membrana

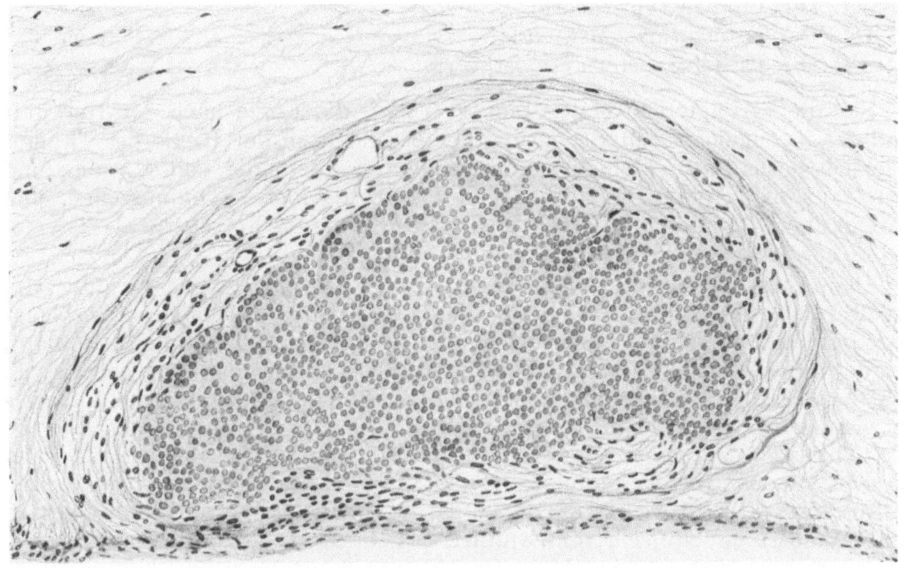

Abb. 15. Strang der Anlage des Thymus eines 20 cm langen *menschlichen* Keimlings, quergetroffen. Bei * Perikard. (Fixation Formol 10%, Schnittdicke 12 μ, Azanfärbung nach M. HEIDENHAIN. Obj. Zeiss B, Ok. 4fach, auf ²/₃ verkl., gez. K. HERSCHEL-Leipzig.)

propria, an das darunterliegende Mesenchym angrenzt. Das Cytoplasma der Epithelzellen in der Plakode zeichnet sich durch wabige Struktur aus; die in mitotischer Teilung befindlichen Elemente fallen durch helles Cytoplasma auf. MAXIMOW (1912) findet bei *Raja* und *Scyllium* innerhalb der Plakodenzellen acidophile, zum Teil auch basophile, kugelige oder schollige Einschlüsse, welche er als Sekretionsprodukte glaubt ansprechen zu sollen. Die bei *Scyllium*keimlingen von 20—24 mm Länge im Plakodenepithel nachzuweisenden degenerierenden Zellen — sie dürften HAMPERLs Onkocyten entsprechen — bilden an der Oberfläche der Anlage eine Reihe eckiger, dunkler, homogener Körper (MAXIMOW 1912, S. 76). Vereinzelte, auch bei *Scyllium* anzutreffende schmale dunkle Zellen mit pyknotischen Kernen stellen gleichfalls degenerierende Elemente dar. Ähnliche Gebilde kommen nach MAXIMOW auch in der Thymusanlage der *Säuger* vor, wo sie unter Umständen zu der Diagnose Übergangsformen zwischen Epithelzellen und Lymphocyten verleiten können.

BELL (1906) und HILL (1935) schildern die Thymusanlage des *Schweines* bzw. von *Amia calva* als Syncytien, da sie in ihnen keine Zellgrenzen nachzuweisen vermochten. Wie weit das Fehlen von Zellgrenzen im Schnittpräparat der Art der Fixierung zur Last zu legen ist, wäre zu prüfen.

Die Anlagen des Thymus sämtlicher Wirbeltiere stellen, wie aus dem Gesagten hervorgeht, völlig solide oder nur zeitweise kleine Lichtungen enthaltende Epithelkörper (Maximow 1912) dar, die voll entwickelten Organe dagegen von Lymphocyten durchsetzte Zellschwämme, welche in der Regel — wenn man von den Hassallschen Körperchen und der sog. Randzone absieht — ein typisch epitheliales Gefüge nicht mehr erkennen lassen. Eine große Zahl ausgezeichneter Forscher hat viel Mühe auf die Lösung der Frage verwandt, in welcher Weise die Umgestaltung der kompakten Thymusanlage zu einem lymphatischen oder lympho-epithelialen Organe erfolgt. Vier Anschauungen über die Histogenese des Thymus folgten einander bzw. standen miteinander in Wettstreit:

    I. Die Theorie der Pseudomorphose.
   II. Die Immigrationstheorie.
 III. Die Transformationstheorie.
 IV. Die Pseudotransformationstheorie.

Sie alle verfolgten in erster Linie das Ziel, die Frage nach der Herkunft und der morphologischen Bedeutung der besonders in der Rinde des Thymus reichlich enthaltenen kleinen runden Zellen zu lösen, die von Maurer und Schaffer als Thymusrundzellen, von Stöhr als kleine Thymuszellen, von Kölliker als lymphkörperartige Zellen, von anderen Forschern als Thymocyten bezeichnet werden.

Die Lehre von der Pseudomorphose der Thymusanlage, worunter His (1880, 1883) deren Umwandlung und Verdrängung durch adenoides, der Nachbarschaft entstammendes Gewebe versteht (vgl. auch Stieda, Dohrn, Gullad), wurde verhältnismäßig rasch als unzutreffend erkannt und aufgegeben (vgl. Hammar 1910). Dasselbe gilt bezüglich jener, der Pseudomorphosetheorie in manchen Punkten ähnelnden Anschauungen, nach welchen das Gewebe des Thymus aus einem Mischgewebe (ver Eecke 1899) bzw. aus einer mesenchymalen Rindenzone und einer epithelialen Markregion aufgebaut sein soll (Schaffer 1893, v. Ebner 1902). Auch van Bemmelens (1888) Meinung, die Thymusrinde leite sich vom Epithel, das Markgewebe vom Mesenchym ab, ist längst verlassen.

Als Ausgangspunkt der Transformationslehre ist die Darstellung von Kölliker (1897) zu betrachten, nach welcher die Thymusrundzellen durch Kleinerwerden der Epithelzellen der Organanlage und Verwischung ihrer Zellgrenzen entstehen, während gleichzeitig Blutgefäße und Bindegewebe in die Thymusanlage eindringen, eine Ansicht, die auch neuerdings noch durch Choi (1931) vertreten wird. Die sog. Thymusrundzellen stellen mithin umgewandelte Epithelzellen dar. Ph. Stöhr sen. (1906) wendet sich zwar gegen die Behauptung, Kölliker sei der erste Verfechter der Transformationslehre, weil er nur von lymphkörperartigen Zellen gesprochen habe. Da jedoch in der Frühzeit der mikroskopischen Thymusforschung nicht die Frage nach einer Wesensgleichheit von Lymphocyten und Thymusrundzellen, sondern nach dem Mutterboden der letzteren zur Diskussion stand, darf man in Kölliker sehr wohl den Vater der Umwandlungstheorie erblicken. Maurer (1888) hielt es für nicht ausgeschlossen, daß die Epithelzellen der Thymusanlage — und zwar durch Teilung — Lymphocyten bilden könnten, ebenso Prenant (1893), nach dessen Vorstellungen aus den Epithelzellen auf dem Wege der Knospung sowie der indirekten Zellteilung Lymphoblasten als die Mutterzellen der Lymphocyten hervorgehen sollten (vgl. ferner O. Schulze 1897, Retterer 1893, Tourneux und Herrmann 1887). Beard (1894, 1899, 1900, 1902) prägte auf Grund seiner Untersuchungen am Thymus von *Raja batis* sogar den Satz:

„The thymus is the parent source of all the lymphoid structures of the body" (vgl. hierzu auch PRYMAK 1902).

In einer Zeit, in welcher die Vorstellung von der Spezifität der Keimblätter weitaus fester als heute begründet erschien, mußte die Behauptung, aus dem entodermalen Epithelkomplex der Thymusanlage gingen echte Lymphocyten hervor, schon aus grundsätzlichen Erwägungen heraus besonders zum Widerspruch reizen. Sollten wirklich genetische Beziehungen zwischen den lymphoiden und epithelialen Elementen des Thymus bestehen, „so wären dadurch unsere geläufigsten und scheinbar am besten begründeten Vorstellungen von der Spezifität der Keimblätter stark ins Wanken gebracht" (MAXIMOW 1909). Die Untersuchungen von BEARD, MAURER und anderen Forschern berührten, wie STÖHR mit Recht hervorhebt, nicht allein die Frage nach dem Bau des Thymus, sondern das Problem des Ursprunges der Leukocyten, d. h. aller weißen Blutzellen, gleichviel welcher Unterart sie angehören. Auch STÖHR sprach sich an Hand seiner Beobachtungen an Thymusanlagen und voll entwickelten Organen von *Mensch, Maus, Rind, Schaf, Katze, Schwein* sowie *Hyla* zugunsten einer lokalen Entstehung der Rundzellen aus dem Epithel des Thymus aus. Freilich sind diese Rundzellen keine lymphoiden Elemente, Lympho- oder Leukocyten, sondern „sie sind Abkömmlinge von Epithelzellen und bleiben Epithelzellen, solange sie bestehen" (STÖHR 1910, S. 413), ja die lymphoiden Zellen können bei den *Säugern* wieder zu Epithelzellen werden. Es sei beiläufig bemerkt, daß STÖHRs Ansicht von der epithelialen Natur der Thymusrundzellen sich mit dem morphologischen Epithelbegriff nicht in Einklang bringen läßt. Der Gedanke einer Rückverwandlung epithelogener lymphoider Zellen in Epithelzellen war übrigens bereits von MAURER (1898, 1899) im Hinblick auf den Thymus von *Lacerta* ausgesprochen worden.

MARCUS hegt die Meinung, die Thymusrundzellen gingen infolge einer Störung der Kern-Plasmarelation aus den Epithelzellen hervor.

Die von STÖHR vorgetragene, als Pseudotransformationstheorie bezeichnete Anschauung, welche auch CHEVAL, MARCUS, SCHRIDDE, BASCH, DUSTIN und einige andere Forscher vertraten, wurde einmal durch den Nachweis der Identität von Thymusrundzellen und Lymphocyten, deren große Ähnlichkeit auch STÖHR zugibt, erschüttert (HAMMAR 1905, 1907, 1908, 1909, RUDBERG, WEILL 1913, WEIDENREICH 1912, vgl. S. 92), ferner aber durch die heute nicht mehr abzustreitende Tatsache, daß die Anwesenheit von Rundzellen im Thymus sämtlicher *Wirbeltiere* das Ergebnis einer Einwanderung von Leukocyten in die epitheliale Organanlage darstellt (HAMMAR, MAXIMOW, SALKIND 1915, KINGSBURY 1936, NORRIS 1938, TOBARI 1938, GODWIN 1939 u. a.). Daß eine derartige Einwanderung sich tatsächlich abspielt, gehört zum gesicherten Bestande unseres Wissens. Man sollte daher nicht mehr von einer Immigrationshypothese, sondern von einer Immigrationslehre sprechen. STÖHR hat diesen Einwanderungsprozeß zwar als möglich anerkannt, jedoch bezweifelt, daß die in der Nähe der Thymusrinde gelegenen, verhältnismäßig spärlich anzutreffenden Zellelemente für das massenhafte Vorkommen von Rundzellen im Thymus verantwortlich sein könnten. Andere Forscher, darunter MARCUS, haben Einwanderungsbilder gänzlich vermißt, was nach HAMMAR (1910) zum Teil darauf beruht, daß die Phase der Lymphocyteneinwanderung gelegentlich nur kurze Zeit andauert. Wie HAMMAR (1936) außerdem weiter betont, darf man zum Studium der Thymushistogenese auch nicht ausgesprochen ungünstige Objekte wie *Frosch* und *Meerschweinchen* mit ungenügender Methodik bearbeiten. Der einwandfreie Nachweis einer Lymphocytenimmigration in die Anlage des Thymus ist erstmalig durch HAMMAR (1909) an der gefäßfreien, einfach gebauten Thymusplakode von *Teleostiern* erbracht worden; unbegreiflicherweise behauptet neuerdings v. Hagen (1936), die bisher über den *Teleostier*thymus vorliegenden Befunde sprächen zugunsten der Transformationstheorie.

Der Einwanderung von Lymphocyten in die Thymusanlage von *Mensch* und *Säuger* geht eine Verdichtung des die Anlage umgebenden Gewebes voraus, welche zur Ausbildung einer kapselartigen Hülle mit schaliger Anordnung der Mesenchymzellen führt (Abb. 15). Diese Hülle umschließt nach Norris' Untersuchungen an *menschlichen* Embryonen (1938) den Sinus cervicalis und den entodermalen Thymusabschnitt. Hat der Keimling eine Länge von etwa 24 mm erreicht, so kommt es zum Eindringen vereinzelter Mesenchymzellen sowie zartwandiger Blutcapillaren in den Epithelkomplex, in deren Gefolge feine Reticulinfäserchen auftreten. Zu diesem Zeitpunkte kann man nach Norris erstmalig verhältnismäßig wenige Lymphocyten innerhalb des Thymus des *menschlichen* Embryos, besonders in der subcorticalen Zone, beobachten. Solange die Thymusanlage noch nicht von Capillaren und Mesenchymzellen durchsetzt ist, sind nach den Angaben von Norris keine Lymphocyten oder lymphocytenähnliche Zellelemente in ihrem Inneren vorhanden. Bei auf eine Körpergröße von 30—40 mm geschätzten *menschlichen* Keimlingen sieht Hammar (1911) die Lymphocyteneinwanderung hauptsächlich von den innerhalb der Organanlage befindlichen Gefäßen in zentrifugaler Richtung sich abspielen. Nach Weller (1933) geht der Lymphocyteneinwanderung die bereits erwähnte Bildung von Epithelhöckern (s. S. 28) an der Oberfläche der Anlage voraus, in welche die Rundzellen eindringen sollen. Ob dies durch Vermittlung von Capillaren geschieht, läßt sich Wellers Darstellung nicht entnehmen. Wie aus den gründlichen Untersuchungen Maximows (1909) an den Anlagen des Thymus von *Kaninchen, Ratte, Maus* und anderen *Säugern*, aber auch von *Amphibien* und *Selachiern*, ferner der *Ringelnatter* (Dantschakoff 1915) hervorgeht, ist die Vaskularisierung der Organanlage bei diesen Species keineswegs die unerläßliche Voraussetzung für ihre Durchsetzung mit Lymphocyten. Bei älteren Entwicklungsstadien freilich stellen die Gefäße die Ausgangspunkte der Immigration dar (Maximow 1909, s. S. 35). Ebenso enthalten Hammars Beobachtungen über die Histogenese des Thymus der *Teleostier* keine Hinweise auf eine wesentliche Beteiligung des Gefäßsystems an der Durchdringung der Thymusanlage von Lymphocyten. Ich selbst sehe die Lymphocyteninvasion bei *Sargus* gleichfalls unabhängig von der Vaskularisierung der Organanlage vonstatten gehen. Vielmehr dringen die von Maximow als ,,lymphocytoide Wanderzellen" bezeichneten Elemente allenthalben von außen aktiv an deren Oberfläche ein. Anscheinend übt das Thymusepithel, so meint Maximow auch hinsichtlich des Thymus der *Amphibien* und *Selachier* (1912), eine positiv chemotaktische Wirkung auf die Wanderzellen aus, welche sich mit Hilfe ihrer Pseudopodien zwischen den Leibern der Epithelzellen hindurchzwängen, wobei sie starke Verformungen erfahren können. Der an der Oberfläche der Anlage befindliche Lymphocyt (Beobachtungen am Thymus von *Kaninchen*embryonen) gräbt sich zuerst eine Grube im Epithel; dann schließen sich die Ränder der Grube hinter oder über ihm wieder zu (Maximow 1909, S. 555). Auch an der Thymusanlage von *Siredon* konnte Maximow (1912) in grubenartige Einziehungen des Epithels versenkte Lymphocyten beobachten. Die ins Innere des Epithels eingedrungenen Zellen pflegen sich abzurunden; sie sind durch das Fehlen von Dotterkörnchen und die dunkelblaue Färbung ihres Cytoplasmas bei der Eosin-Azurfärbung (Abb. 16) deutlich von den Epithelzellen unterschieden, während bei den *Anuren* Rund- und Epithelzellen dotterhaltig sind. In besonders augenfälliger Weise tritt die Einwanderung von Rundzellen in die epitheliale Thymusanlage auch bei den *Teleostiern* (Hammar) und den

Selachiern (MAXIMOW) in Erscheinung. Bereits bei sehr frühen Entwicklungsstadien des Thymus von *Teleostiern*, welche noch aus einer einschichtigen Epithellage bestehen, läßt sich — wie HAMMAR (1909) zeigen konnte — eine Durchwanderung von Lymphocyten durch die Basalmembran hindurch

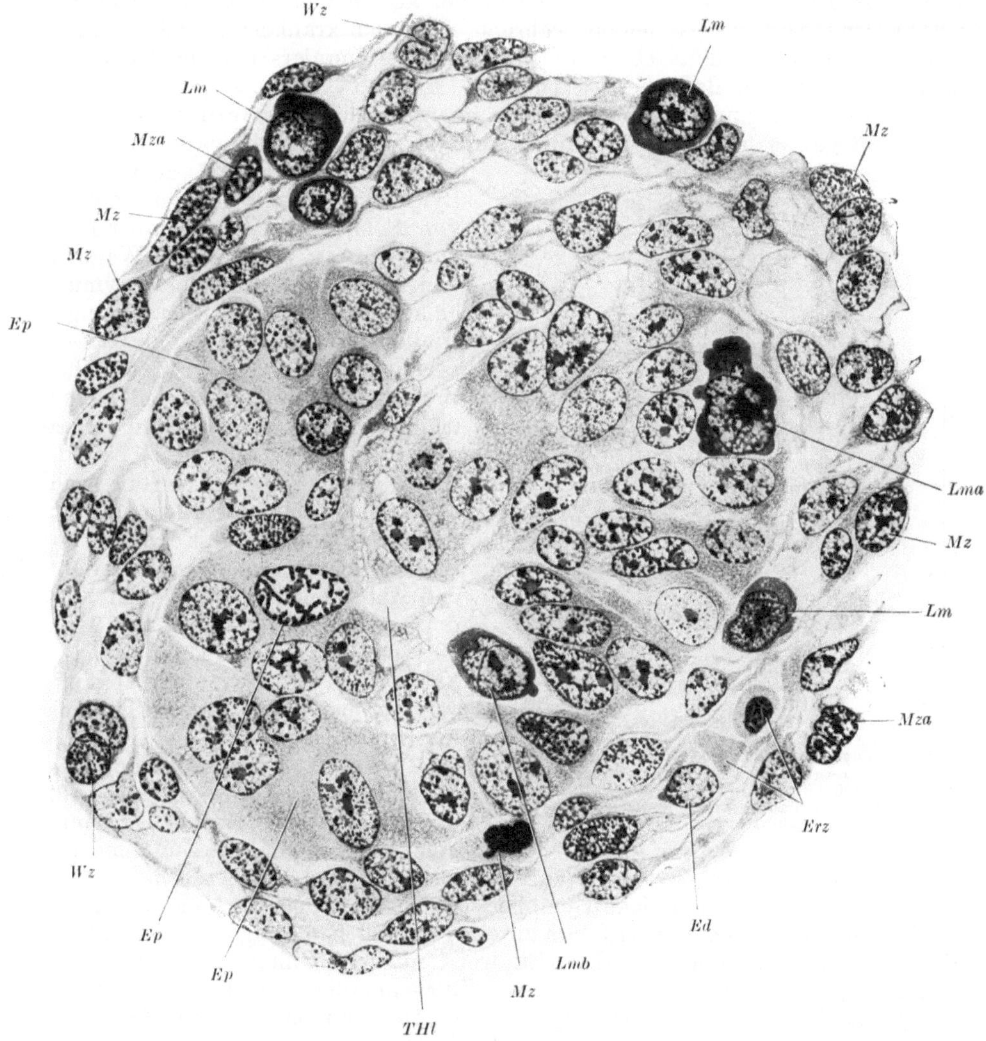

Abb. 16. Querschnitt des rechten Thymus eines *Kaninchen*embryos von 14,5 mm Länge. Die im Mesenchym entstehenden Lymphocyten (*Lm*) wandern in das Epithel (*Ep*) ein. *Ed* Endothelzellen, *Ep* Epithelzellen der Thymusanlage, *Erz* Erythrocyten, *Lm* große basophile Lymphocyten, *Lma* in die Anlage einwandernde Lymphocyten, *Lmb* im Thymusepithel liegende große Lymphocyten, *Mz* Mesenchymzellen, *Mza* Mesenchymzellen, in Umwandlung in bewegliche Elemente begriffen, *THl* Lumen der Thymusanlage, *Wz* polymorphe Wanderzellen (ZENKER-Formol, Celloidinschnitt, Eosin-Azurfärbung, Komp. Ok. 8, Ölimmers. Apochr. 2,0 mm) etwas verkl.). (Aus MAXIMOW 1909.)

verfolgen. Je mehr die Anlage an Dicke gewinnt, desto mehr kommt es, wie ich selbst auch an Thymusanlagen von *Sargus* feststellen kann, zu einer Auflockerung der Basalmembran (vgl. auch GRANEL 1931, Befunde bei *Lepidosteus*), so daß die Grenze zwischen Epithel und Mesenchym stellenweise verwischt erscheint, zumal beide Gewebsarten von zahlreichen Rundzellen durchsetzt sind. Bei den *Selachiern (Raja, Scyllium)* sammeln sich zunächst an der Basalfläche des Plakodenepithels amöboide Lymphocyten an, wo sie sich den Epithelzellen anschmiegen, um sich später mit Hilfe breiter Pseudopodien einen Weg in das Epithel hinein zu bahnen (Maximow), dessen äußere Oberfläche sie zum Teil erreichen. Die Zahl der den Thymusplakoden angelagerten Zellelemente ist an den kranialen Plakoden größer als an den caudalen, denen sie unter Umständen sogar fehlen, während sie an den kranialen Anlagen bereits reichlich vertreten sind. Umgekehrt beginnt die Immigration bei der *Katze* zuerst im caudalen Bereiche des Thymus (Maximow 1909).

Um die Auslegung des Schnittbildes im Sinne einer Zelleinwanderung vom Bindegewebe in das Epithel hinein auf eine sichere Grundlage zu stellen — nach Deanesley (1927) z. B. sollen Lymphocyten aus der Thymusanlage von *Salmo fario* auswandern —, hat Hammar die auf der Wägung von Plattenmodellen der Thymusanlage zahlreicher Entwicklungsstadien von *Siphonostoma* und *Salmo* beruhenden Kurven des Organwachstums, ferner die Kurven der Zahlen der Thymusmitosen, der Zahl der im subthymischen Bindegewebe befindlichen Rundzellen und der dort sich abspielenden Mitosen zueinander in Beziehung gesetzt. Aus der die Verhältnisse bei *Siphonostoma* betreffenden Abb. 17 kann entnommen werden, daß bei den Stadien von 9 bis 10,6 mm Länge, deren Thymusanlage kaum Lymphocyten enthält, kein wesentliches Wachstum des Thymus stattfindet, wohl aber bei den 10,6 bis 15 mm langen Individuen. Die Vermehrung der Mitosen innerhalb des Thymus setzt erst bei 11,3 mm langen Tieren ein. Die Zunahme der

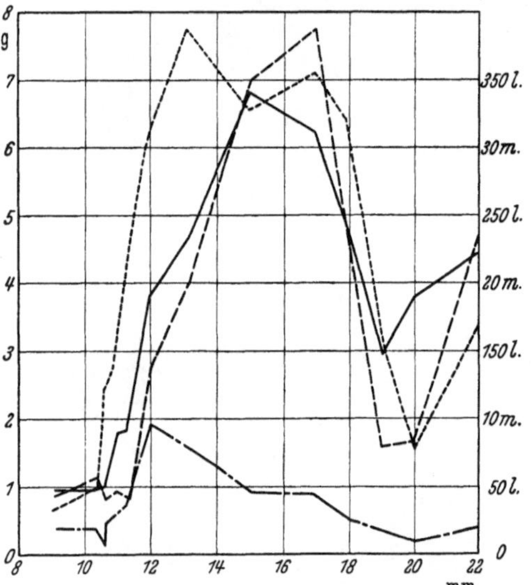

Abb. 17. Kurvenmäßige Darstellung der Entwicklung des Thymus von *Siphonostoma typhle*. ————— Gewichtskurve der Thymusmodelle. — — — — Zahl der Thymusmitosen. · · · · · · · · Zahl der im subthymischen Bindegewebe liegenden Rundzellen. — · — · — · — Zahl der im subthymischen Bindegewebe befindlichen Mitosen. (Aus Hammar 1909.)

subthymischen Lymphocyten verläuft zunächst langsam. Haben sich im subthymischen Gewebe zahlreiche Lymphocyten angesammelt, so kommt es nach Erreichen einer Länge von 11,3 mm zu einer erheblichen Steigerung der Zahlen der subthymischen Mitosen. Hammar weist nun die Unhaltbarkeit der Auswanderungshypothese auf Grund dieser kurvenmäßig festgelegten Beobachtungen nach: Zufolge dieser Hypothese ergäbe sich nämlich an Hand der Tabelle, „daß das Organ, schon ehe die inneren vermehrenden Kräfte nach 11,3 mm Körperlänge einen Zuwachs zeigen, nicht nur eine innere größere Menge von Zellen in der Form von Lymphocyten an das Bindegewebe abgeben sollte, ohne daß seine Masse dabei abnähme, sondern daß es in der Zeit 10,2—11,3 mm sogar einen Zuwachs erfahren sollte, was offenbar absurd ist".

Der Entstehungsort der in die Thymusanlage einwandernden Zellelemente ist bei der Mehrzahl der *Wirbeltiere* wohl in erster Linie das dem Thymus benachbarte Mesenchym, in welchem vor und während der Immigration mehr oder weniger große Ansammlungen von Rundzellen angetroffen werden können (Badertscher 1915, *Schwein*, A. Hartmann 1915, *Kaninchen*, Maximow 1909, 1912, *Säuger, Amphibien, Selachier*, Hammar 1909, *Teleostier*, Mietens

1910, *Kröte*, DANTSCHAKOFF 1908, 1910, 1916, *Hühnchen*, *Ringelnatter*, HILL
1935, *Amia calva*, HAMMAR 1936, *Alligator mississippensis*, HAMMAR 1905, 1911,
STÖHR 1906, *Mensch*). Frühzeitig vascularisierte Thymen, wie beispielsweise
derjenige des *Menschen* oder des *Ganoiden Amia calva* (HAMMAR), erhalten
höchstwahrscheinlich schon zu Beginn der Immigration auch aus anderen
Körperprovinzen auf dem Blutwege Zufuhr von Rundzellen, wie es von
GODWIN (1939) auch für ältere Thymusanlagen des *Hundes* angenommen wird.

Die in der Nachbarschaft des Thymus auftretenden und in die Organanlage
eindringenden Rundzellen stellen zum Teil sog. große Lymphocyten (WELLER
1933, *Mensch*, BADERTSCHER 1915, *Schwein*, MAXIMOW 1909, verschiedene
Säuger, DANTSCHAKOFF 1910, *Ringelnatter*, „lymphoide Hämocytoblasten")
dar, teilweise „kleinkernige blasse Wanderzellen" oder „Übergangsformen"
zwischen beiden (MAXIMOW 1909), welche nach der Einwanderung in den Thymus das Aussehen großer Lymphocyten annehmen. Letztere zeichnen sich
nach MAXIMOW durch helle Kerne mit deutlichen Nucleolen und einen schmalen
basophilen Cytoplasmasaum aus. Diese amöboid beweglichen, Pseudopodien
entsendenden Elemente gehen aus sich abrundenden Mesenchymzellen hervor,
weiterhin aus den Adventitialzellen der dem Thymus sich anschmiegenden Blutgefäße. Nur bei Anwendung unzulänglicher Methoden (s. S. 31) können die
außerhalb des Thymus befindlichen Rundzellen und ihre Vorstufen übersehen
werden. In den großen Lymphocyten in der Umgebung der Thymusanlage des
Axolotls findet MAXIMOW (1912) nach der Eosin-Azurfärbung gelegentlich eine
rote Cytoplasmagranulation, die jedoch mit der eosinophilen Körnung der poly-
morphkernigen Granulocyten nicht identisch ist, welche aus den indifferenten
Lymphocyten im Mesenchym entstehen und ebenfalls in den Thymus eindringen.
Die in den Thymus der *Säuger*, aber auch der übrigen *Wirbeltiere*, einwandernden oder bereits in ihm angelangten Rundzellen teilen sich auf mitotischem
Wege, wobei sie sich — wie auch WELLER bemerkt — zu dunkelkernigen kleinen
Lymphocyten (Thymusrundzellen) differenzieren. Ist die Immigrationswelle
verebbt, so geht die Durchdringung der Thymusanlage mit Lymphocyten von
den sich lebhaft teilenden, zwischen den Epithelzellen gelegenen Rundzellen
aus, die infolge ihrer starken Vermehrung eng zusammenrücken, um sich, wie
MAXIMOW (1912) es im *Amphibien*thymus beobachtete, unter Umständen
gegenseitig abzuplatten. Bei den *Säugern*, der *Ringelnatter* und dem *Axolotl*
entwickelt sich eine geringe Zahl von Lymphocyten innerhalb des Thymus
zu acidophilen Myelocyten und Granulocyten (DANTSCHAKOFF 1910, 1916,
MAXIMOW 1912, WEILL 1913), ein Verhalten, das der Vorstellung einer Transformation der entodermalen Epithelzellen in Thymusrundzellen weitere
Schwierigkeiten bereitet.

Aus diesen Befunden kann geschlossen werden, daß der Thymus schon während der
Embryonalzeit den blutbildenden Organen zuzurechnen ist. Bezüglich der im Thymus
stattfindenden Granulopoese s. S. 100. Erythroblasten wurden von MAXIMOW im embryonalen Thymus nicht gefunden, wohl aber in seiner Umgebung.

Bei *menschlichen* Keimlingen von 30—100 mm Länge kann man eine lympho-
cytenfreie Randzone (NORRIS „ektodermal zone"), eine von Rundzellen durchsetzte Zwischenzone und eine Markzone der Thymusanlage unterscheiden
(NORRIS 1938). Auch bei *Säuger*embryonen bleibt die Peripherie der Thymusanlage, wie MAXIMOW (1909) angibt, längere Zeit hindurch von Lymphocyten
frei *(Katze, Meerschweinchen, Kaninchen)*; schließlich wird auch sie von der Infiltration erfaßt, die nach MAXIMOW nun hauptsächlich von innen her erfolgt.
Die bereits von PRENANT (1893, 1894) beim *Schafe* gesehene, jedoch für die den
Keimzentren vergleichbare Bildungsstätte der Lymphocyten gehaltene Randschicht kann bei Involutionsvorgängen im postfetalen Leben wieder deutlich

hervortreten (vgl. Abb. 27 sowie S. 52). Die Entwicklung des Markes
mit Hypertrophie der Epithelzellen und ihrer Vereinigung zu einem verhältnismäßig engmaschigen Syncytium ist mit einer Abwanderung oder Verdrängung
der Lymphocyten aus der Zentralpartie der Anlage und teilweise auch der
Degeneration der Rundzellen (Maximow) verbunden. Ob die Markbildung auch
bei *menschlichen* Keimlingen für die Lymphocytenarmut des Anlagezentrums
verantwortlich ist oder ob die Rundzellen von vornherein die Zone der späteren
Markregion meiden, ist ungewiß. Die Thymusanlage *niederer Wirbeltiere (Amphibien, Fische)* wird zunächst diffus von Rundzellen durchsetzt; erst die Entstehung des Markes führt zu einer Verminderung der Lymphocytenzahl im
Organzentrum (vgl. hierzu z. B. Ankarsvärd und Hammar 1913, Maximow
1912).

2. Die Entstehung des Thymusreticulums.

Die Frage, ob die Umgestaltung des soliden Epithelgefüges der Thymusanlage zu einem syncytialen Zellschwamm causal mit der Einwanderung der
Lymphocyten verknüpft ist oder doch wenigstens zeitlich mit ihr zusammen-
fällt, muß je nach Tierart verschieden beantwortet werden. Beim menschlichen Keimling von 21 mm Länge findet Hammar (1905) neben ausgesprochen
epithelial gebauten Abschnitten der Thymusanlage solche, deren Zellen bereits
— unabhängig von der Lymphocytenimmigration — verästelte Formen
angenommen haben und nur durch schmale Fortsätze miteinander verbunden
sind (Abb. 18). Die Reticulumzellen vermehren sich mitotisch, wobei sie allmählich an Größe abnehmen sollen. An der

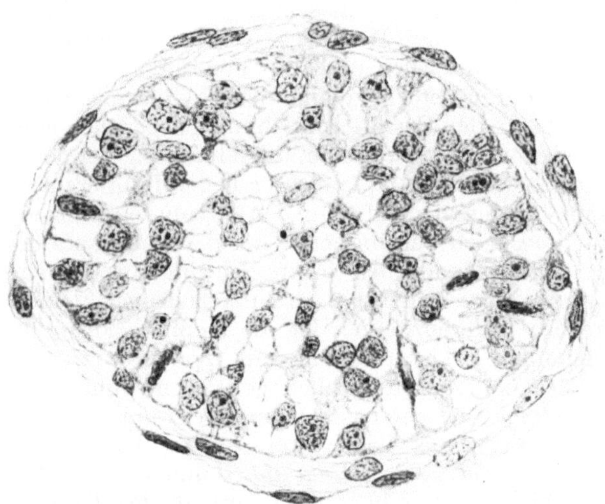

Abb. 18. Linke Thymusanlage eines *menschlichen* Keimlings von
21 mm Nl. Netzige Umwandlung des Epithels. (Fixation Sublimat,
Hämatoxylin-Eosinfärbung, Vergr. 865fach, auf ²/₃ verkl.)
(Aus Hammar 1905.)

dem Mesenchym zugewandten Oberfläche der Anlage sind die zylindrischen
Epithelzellen vielfach radiär angeordnet (vgl. hierzu S. 28, Palisadenzellen).
Bei einigen *Säugetieren*, ferner bei *Amphibien* und *Selachiern* dagegen soll die
Entstehung des epithelialen Reticulums nach Maximows (1909, 1912) Ansicht
rein mechanisch durch die Einwanderung und Vermehrung der Lymphocyten
bedingt sein, welche die Epithelzellen auseinanderdrängen und ihren Zusammenhang auflockern (vgl. Castellaneta 1917, *Amia calva*). Schon vor der Einwanderung der Lymphocyten treten im Cytoplasma der Epithelzellen mit
Flüssigkeit gefüllte Vakuolen auf (vgl. auch Godwin 1939, Harland 1940),
die den größten Teil des Zellleibes beanspruchen und dabei eine Abplattung
des Kernes herbeiführen. Möglicherweise stammt die in den Intercellularräumen
des Reticulums befindliche, die Lymphocyten umspülende Flüssigkeit aus
diesen Vakuolen. Übrigens weisen Maximows Abbildungen der Zellvakuoli-
sierung (Maximow 1909, Abb. 7 auf Tafel XXVII, sowie Abb. 19) eine gewisse

Ähnlichkeit mit HAMMARs (1905) bildlicher Darstellung des Thymusreticulums beim *menschlichen* Keimling auf, so daß der Verdacht nahegelegt wird, die Vakuolenbildung stelle den Beginn der Reticulumentstehung dar. Neuerdings faßt denn auch HARLAND (1940) die Vakuolisierung des Epithels der Thymusanlage der *Ratte* als Einleitung der Reticulumbildung auf. In diesem Zusammenhange sei auf die Angaben von A. HARTMANN (1915) verwiesen, nach denen das Epithel der Thymusanlage des *Kaninchens* sich unabhängig von der Lymphocyteneinwanderung zu einem Netzsyncytium umgestaltet, ferner auf die Bemerkung von GODWIN (1939, *Hunde*thymus): ,,Even before lymphocytes appear the epithelium itself may become somewhat reticulated in appearance."

Bei *Teleostiern* kommt es offenbar zu einer Auseinanderdrängung der Epithelzellen durch die eingewanderten und sich teilenden Lymphocyten, die allerdings im Schnittpräparat nicht so deutlich wie bei den *Säugern* unterschieden werden können, da die Kerne der Reticulumzellen nur wenig größer als die der Rundzellen sind (HAMMAR 1909). Auch bei dem *Ganoiden Lepidosteus* gehen Lymphocyteneinmarsch und Umbildung des Thymusepithels zu einem Reticulum Hand

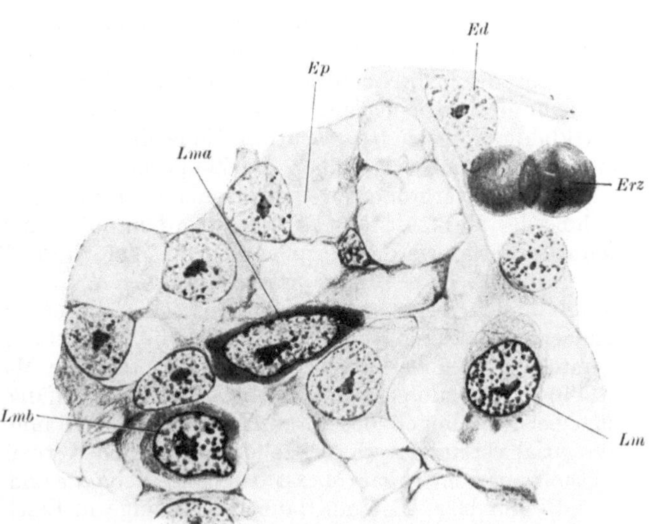

Abb. 19. Einwanderung von großen Lymphocyten in das vakuolisierte Epithel der Thymusanlage eines *Katzen*embryos von 38 mm Länge. *Ed* Endothelzellen, *Ep* Epithelzellen, *Erz* Erythrocyten, *Lm* große basophile Lymphocyten, *Lma* in das Thymusepithel einwandernde große Lymphocyten, *Lmb* im Thymusepithel liegende große Lymphocyten. Sonstige Angaben wie bei Abb. 16. (Aus MAXIMOW 1909.)

in Hand. Dagegen nimmt das Epithel der Thymusanlage des *Ganoiden Amia calva* wie beim *Menschen* bereits vor der Einwanderung der Lymphocyten den Charakter eines aus sternförmigen Zellen bestehenden Reticulums an (ANKARSVÄRD und HAMMAR 1913). Nach CASTELLANETAs (1917) nicht ganz klarer Schilderung soll das Epithel der Thymusanlagen 7 mm langer Stadien von *Amia calva* zwar noch kein Reticulum darstellen, sondern einen ,,gefensterten Zellverband", in dessen Lücken gelegentlich Lymphocyten liegen. CASTELLANETAs gefenstertes Epithel ist wohl mit dem Reticulum identisch. Nach der gleichfalls auf *Amia* bezugnehmenden Darstellung von HILL (1935) dagegen wird die Organanlage von einem Syncytium unregelmäßig geformter entodermaler Zellen aufgebaut, welche durch Cytoplasmabrücken miteinander verbunden sind. Bei der Lymphocyteninfiltration wird das Gewebe entfaltet, wobei diese Brücken sich verlängern und dünner werden. Die peripher gelegenen entodermalen Zellen bilden auch bei den niederen *Wirbeltieren* eine zusammenhängende Randschicht eng benachbarter Elemente, welche in der Regel von einer zarten Bindegewebshülle überzogen wird.

Für eine Eingliederung mesodermaler Reticulumzellen in das entodermale Zellnetz — solche Elemente könnten mit den Blutgefäßen in die Organanlage eindringen — sind keine sicheren Anhaltspunkte gegeben. ADELE HARTMANN (1915) glaubte auf Grund ihrer Untersuchungen am *Kaninchenthymus* eine Auflockerung des entodermalen Reticulums infolge seiner Durchdringung mit Mesenchym annehmen zu sollen, die zu einer Verwischung der Grenzen zwischen beiden Geweben führt. Demgegenüber macht Hammar (1936) mit Recht darauf aufmerksam, daß den Angaben von Hartmann eine irrtümliche Auslegung von Schnitten zugrunde liegt, welche schief zu der Grenze der Rinde und bindegewebsreicher Zonen gelegt wurden. Letztere sind bei Auswanderungsprozessen im Verlaufe einer akzidentellen Involution zu beobachten.

3. Die Differenzierung der Rinden- und Markzone.

Die Bildung der Marksubstanz des Thymus wird bei sämtlichen *Wirbeltieren* mit einer allgemein als Hypertrophie bezeichneten Vergrößerung der zentral bzw. bei der plakodenförmigen Thymusanlage basal gelegenen entodermalen Reticulumzellen eingeleitet. Nach Hammars (1905) Feststellung beginnt die Markbildung beim *Menschen* am Ende des 2. bzw. Anfang des 3. Embryonalmonats. Zunächst gewinnen die Zellkerne an Umfang und verlieren an Färbbarkeit; die vergröberten Cytoplasmaleiber rücken enger zusammen. Die Zunahme der Marksubstanz erfolgt außerdem auf dem Wege der mitotischen Zellteilung. Ferner werden peripher gelegene, den Markzellen angelagerte Reticulumzellen in den Hypertrophieprozeß einbezogen. Zwischen den hypertrophierten, durch helle Kerne ausgezeichneten Zellen liegen verästelte Zellelemente mit kleineren dunkleren Kernen (Hammar), die vermutlich zugrunde gehende Elemente darstellen. Degenerierende, blasig aufgetriebene Markzellen findet Maximow (1909) insbesondere bei *Ratte* und *Maus*. Die Anfänge der Markbildung machen sich bei Keimlingen des *Kaninchens* von 23—25 mm Länge als Inselbildungen syncytial vereinigter Epithelzellen mit großen Kernen und locker strukturiertem Cytoplasma bemerkbar (Maximow 1909); bei *Ratte* und *Maus* treten sie im Thymus 14—15 mm bzw. 11,5 mm langer Keimlinge in Erscheinung. Beim *Axolotl* beginnt die Ausbildung des Markes nach dem Eindringen von Lymphgefäßen in die Organanlage (Larven von 17 mm Länge), und zwar in der Nachbarschaft der Capillaren (Maximow 1912), deren Endothel sogar oft an die hypertrophierten Reticulumzellen angrenzt. Maximow hält es für möglich, daß die Markbildung durch die einwuchernden Gefäße geradezu ausgelöst wird. Der Thymus 25 mm langer Larven ist bereits durch eine gut entwickelte Markschicht ausgezeichnet. Das Cytoplasma der sich vergrößernden Zellen nimmt ein netzig-vacuoläres Aussehen an. Die zur Markbildung führende Hypertrophie der Epithelzellen beginnt bei den *Teleostiern Siphonostoma* (Hammar 1909) und *Anguilla vulgaris* (v. Hagen 1936) in den mehr basal gelegenen, d. h. von der Kiemenhöhle entfernten Abschnitten der Thymusanlage. Der Thymus des *Aales* weist nach v. Hagen (1936) im *Leptocephalus*-Stadium noch keine Gliederung in Mark und Rinde auf; diese soll jedoch beim *Glasaal* gegen Ende der Metamorphose deutlich ausgeprägt sein. Im *Selachierthymus* geht die Markbildung in gleicher Weise wie bei den höheren *Wirbeltieren* vonstatten (Maximow 1912).

Innerhalb der sich entwickelnden Marksubstanz findet man bei allen *Wirbeltieren* verhältnismäßig wenige Lymphocyten, sei es infolge Verdrängung der Rundzellen durch die zahlen- und volumenmäßig anwachsenden Reticulumzellen im Zentrum des Organes oder deshalb, weil — wie Maximow (1909) im Hinblick auf die Verhältnisse beim *Kaninchen* meint — „die betreffenden Stellen für die Lymphocyten aus irgendeinem Grunde unzugänglich geworden sind und von ihnen infolgedessen gemieden werden".

Durch besondere Größe unter den Markzellen auffallende Zellelemente und Gruppen zusammengesinterter Zellen sind als Jugendstadien der später zu besprechenden m y o i d e n Zellen bzw. der Hassallschen Körperchen zu betrachten.

Bezüglich der gleichfalls von den entodermalen Markzellen abzuleitenden Cysten, Schleimzellen und anderer epithelialer Bildungen verweise ich auf S. 88, 100.

Die Differenzierung des Markes im *menschlichen* Thymus führt zur Entstehung eines die gesamte Organanlage durchziehenden Gewebsstranges (Tractus centralis). Seine Außenfläche trägt die sog. Rindenfollikel (s. unten). Bereits bei 85 mm langen *menschlichen* Keimlingen entstehen an dem Tractus centralis knospenartige Auswüchse, welche sich in die Rindenfollikel hinein erstrecken. Daneben kommt es auch innerhalb der Rinde zur Ausbildung von Markinseln, welche erst sekundär Anschluß an den zentralen Markstrang erhalten. Bei *Kaninchen* und *Meerschweinchen* wird das Thymusmark primär in Gestalt von Inseln angelegt (MAXIMOW 1909). Das Mark des Thymus älterer *menschlicher* Stadien bzw. jeder der Thymuslappen stellt in seiner Gesamtheit eine bäumchenartige Gewebsmasse dar (vgl. hierzu die Ausführungen über die Architektur des Thymus). Im Thymus der *Katze* erfolgt die Differenzierung meist getrennt bleibender Markherde (DUSTIN und BAILLEZ 1920).

Die an den geschilderten Hypertrophievorgängen nicht beteiligten peripheren Abschnitte des Thymusgewebes, durch Lymphocytenreichtum und zierlich gebaute Reticulumzellen charakterisiert, werden dem Mark als die Rinde gegenübergestellt. Auch die Reticulumzellen der Rinde vermehren sich auf dem Wege der Mitose. Das Wachstum der Rinde führt zur Bildung der sog. Follikel, d. h. jener buckelartigen, bereits erwähnten Erhöhungen an der Thymusoberfläche, in welche Markgewebe vom Tractus centralis aus vordringt. In manchen Fällen entwickeln sich, wie gesagt, auch isolierte Markherde innerhalb des Rindengebietes. Die aus Rinden- und Markgewebe bestehenden Follikel werden als Primärläppchen bezeichnet (vgl. hierzu S. 49).

4. Die Entstehung der HASSALLschen Körperchen.

Durch die Größenzunahme gruppenweise sich zusammenfügender, im Schnittbilde als helle Inseln auffallender Markzellen entstehen die HASSALLschen Körperchen. Eine Reihe älterer Autoren leitet diese Gebilde irrtümlicherweise von Mesenchymzellen, Gefäßwänden oder Resten eines Thymusganges ab (vgl. hierzu S. 46) bzw. betrachtet sie als Überbleibsel der epithelialen Organanlage. BEARD (1902) erblickt in den HASSALLschen Körperchen Abkömmlinge innerhalb des Thymus gelegener Epithelkörperchen. Neuerdings vertritt DE WINIWARTER (1932) die abwegige Ansicht, die HASSALLschen Körperchen gingen aus Schilddrüsenepithelzellen hervor. — In der Regel wird die Bildung eines HASSALLschen Körperchens mit der Hypertrophie einer einzelnen Markzelle eingeleitet, die sich zu einem kugeligen Gebilde abrundet, welchem sich benachbarte, an Umfang zunehmende Reticulumzellen nach Art von Schalen anschmiegen. Die an Verhornungsprozesse erinnernden Veränderungen der zu konzentrischen Körperchen zusammengefügten Elemente werden auf S. 71 eingehend besprochen. Bereits während des intrauterinen Lebens sind Vakuolen- und Cystenbildungen in den HASSALLschen Körperchen des *menschlichen* Thymus festzustellen (NORRIS 1938).

Die HASSALLschen Körperchen des *menschlichen* Thymus treten nach NORRIS' (1938) Feststellungen zum ersten Male bei Keimlingen von 50—60 mm Länge, nach den Angaben von HAMMAR von 65—70 mm Länge in Erscheinung. Beim *Kaninchen* findet man die ersten HASSALLschen Körperchen nach MAXIMOW und A. HARTMANN (1915) kurz vor der Geburt am 27. Tage des fetalen Lebens, allerdings in spärlicher Menge. Die Thymusanlage 70 mm langer Keimlinge des *Kalbes* enthält bereits kleine HASSALLsche Körperchen (KINGSBURY 1936).

Die ersten konzentrischen Körperchen treten im Thymus der *Ratte* bei Keimlingen von 19 mm, des *Meerschweinchens* von 29—30 mm, der *Katze* von 70 mm Länge in Erscheinung (Maximow 1909). Im Thymus des *Hühnchens* entstehen Hassallsche Körperchen am 20. Tage der Bebrütung (Pirocchi 1935).

Während die überwiegende Mehrzahl der Forscher in den Hassallschen Körperchen ein Produkt der entodermalen Reticulumzellen vorzugsweise des Thymusmarkes erblickt — die Bildung Hassallscher Körperchen in der epithelialen Randschicht alternder Thymen ist ein seltenes Vorkommnis (vgl. Hammar 1905) —, kommt Norris (1938) auf Grund seiner Untersuchungen an *menschlichen* Keimlingen zu der Überzeugung, diese Gebilde stellten in Wirklichkeit Abkömmlinge des Ektoderms, d. h. der von der Vesicula cervicalis stammenden schmalen epithelialen Rindenzone der Thymusanlage dar. Während der Entstehung der Rindenläppchen sollen sich einzelne Elemente als Mutterzellen Hassallscher Körperchen von der ektodermalen Randzone ablösen und in das Mark verlagert werden, wo sie sich infolge des Wachstums der Markzellen unregelmäßig verteilen. Bei Keimlingen von 30—40 mm Länge sind sie an ihren großen bläschenartigen Kernen gut von den übrigen Zellen des Thymusreticulums zu unterscheiden. Daß einzelne Zellen des Thymusreticulums in der Peripherie der Organanlage größer als ihre Nachbarzellen sind, entspricht den Tatsachen. Ob man aber aus dem Schnittbilde eine Ablösung aus den Elementen der Randzone und eine Verlagerung dieser Zellen in die zentralen Thymusabschnitte folgern muß, ist keineswegs ausgemacht. Bedauerlicherweise hat Norris diesen Punkt seiner Ausdeutung des histologischen Präparates nicht bildlich belegt. Die Behauptung, die Randzone der Thymusanlage sei ektodermaler Abstammung, bedarf, wie bereits hervorgehoben, der kritischen Nachprüfung. Die grundsätzlich wichtige Frage, ob dem Ektoderm überhaupt die Fähigkeit der Bildung von Thymusgewebe und damit auch von Hassallschen Körperchen eigen ist, dürfte durch den Nachweis des Vorkommens eines Thymus ectodermalis bei *Maulwurf* (Schaffer und Rabl 1909) und *Vesperugo pipistrellus* (Cervicalthymus, Massart 1940) in bejahendem Sinne beantwortet zu sein (s. S. 22 f.).

Typische, d. h. konzentrisch geschichtete Hassallsche Körperchen kommen im Thymus der *Vögel*, besonders aber der *Reptilien* und *Amphibien* anscheinend selten vor. Bei den *Fischen* fehlen regelrechte Hassallsche Körperchen überhaupt. Die im Thymus der verschiedensten *Wirbeltiere* anzutreffenden Äquivalente der Hassallschen Körperchen in Gestalt unregelmäßiger Epithelzellgruppen gehen wie diese aus hypertrophierenden Markzellen hervor (s. S. 87). Bezüglich der sog. einzelligen Hassallschen Körperchen (s. S. 71).

5. Die Bindegewebsstrukturen des embryonalen Thymus.

Kollagene Fibrillen und Fasern sowie elastische Fasern begleiten die während des Lobulierungsvorganges in die Anlage des Thymus einwachsenden Blutgefäße in recht geringer Menge (s. Maximow 1909). Mit dem Eindringen von Blutcapillaren in die Thymusanlage, die bei 30 mm langen *menschlichen* Keimlingen bereits wohl entwickelt sind (Norris 1938), ist die Ausbildung eines zarten, zunächst auf die Umgebung der Gefäße beschränkten, später sowohl Mark als auch Rinde durchsetzenden Netzwerkes argyrophiler Fäserchen verbunden, welches sich an der Grenze von Mark und Rinde zum sog. circummedullären Bindegewebe verdichtet (Strandberg 1917/18). Die Angabe von Canelli (1922), der Thymus enthalte während der ersten 5—6 Monate keine Gitterfasern, ist somit — wie auch aus den Untersuchungen von Danelon u. a. (1938) ersichtlich — unzutreffend. Neben den an die Gefäße gebundenen Reticulinfasern sollen im Thymus des 4 Monate alten Keimlings besonders feine, durch die Tätigkeit der Epithelzellen im Thymus gebildete Fibrillen zwischen den Reticulumzellen nachzuweisen sein. Als Anhaltspunkt für die Richtigkeit seiner Auffassung betrachtet DANELON den Umstand, daß die in die Organanlage eingewanderten Mesenchymzellen in zu geringer Zahl vertreten sind, um als Bildner sämtlicher im Thymus vorhandener Fibrillen in Betracht zu kommen. Irgendwelche Beweiskraft kann man dieser Behauptung freilich nicht zuerkennen, zumal die Frage nicht endgültig geklärt ist, ob argyrophile Fibrillen nicht auch ohne unmittelbare Beteiligung von Zellen entstehen können. Bekanntlich hat MAXIMOW (1928, s. auch BLOOM 1929) die Bildung solcher Fibrillen in Gewebekulturen des Thymus unabhängig von Zellelementen beschrieben (vgl. hierzu auch TEICHMANN 1940).

6. Die Innervation des embryonalen Thymus.

Im Gegensatz zu den Anlagen der Schilddrüse, der Nebenniere und anderer inkretorisch tätiger Organe treten im embryonalen *menschlichen* Thymus schon frühzeitig Nervenfasern in Erscheinung (HAMMAR 1935). Noch während der cervicalen Lage des Thymus schmiegen sich ihm Äste des Nervus vagus an, um in die Tiefe der Organanlage einzudringen, in deren Mark sie sich verzweigen. Die ersten, dem Nervus vagus zugehörenden Nervenfasern innerhalb des Thymus fand HAMMAR bei einem 12,9 mm langen Keimling. Bei älteren Keimlingen von 23,5 mm und mehr Länge treten Sympathicusfäserchen in die Oberfläche der Thymusläppchen ein, meistens dem Wege der interfollikulären Venen folgend; sie entstammen sympathischen Ganglienzellen in der Nähe der oberen Thoraxapertur. Während die Vagusfasern innerhalb der Markzone ein verhältnismäßig dichtes Netzwerk bilden (vgl. Abb. 73), sind die sympathischen, die Rinde durchsetzenden Fäserchen — welche wohl Gefäßnerven darstellen —, nach HAMMAR ziemlich spärlich vertreten. Auch KOSTOWIECKI (1938) fand im Thymus 4 bis 9 Monate alter Feten im Mark ein dichteres Nervengeflecht als in der Rinde. An der Markrindengrenze begegnen die Fasern des Vagus und Sympathicus einander, um sich zu einem Ringgeflecht zu vereinigen (HAMMAR). HAMMAR erblickt in diesem Befunde den Grundplan der Thymusinnervation (vgl. hierzu S. 119.

Ein großer Teil der HASSALLschen Körperchen des embryonalen Thymus wird von Nervenfäserchen umhüllt, von welchen einige bis ins Innere der konzentrischen Körperchen zu verfolgen sein sollen. Diese Fäserchen sind jedoch nicht als Nerven der HASSALLschen Körperchen zu betrachten (KOSTOWIECKI 1938); sie stellen in die Körperchen eingemauerte Fasern dar, die im Verlaufe regressiver Veränderungen der konzentrisch geschichteten Reticulumzellen degenerieren und damit auch die Eigenschaft der Imprägnierbarkeit mit Silbersalzen verlieren.

Über die im geweblich weitgehend gereiften Thymus älterer Feten von KOSTOWIECKI erhobenen Befunde bezüglich der Nervenversorgung des Organs wird auf S. 119 berichtet.

IV. Der Feinbau des Thymus.

1. Untersuchungsmethoden.

Die präparatorische Gewinnung des Thymus zum Zwecke der Fixierung muß außerordentlich schonend, d. h. unter Vermeidung von Drücken und Zerren des weichen Organes erfolgen. Es empfiehlt sich, Thymen kleinerer *Säuger* in situ zu fixieren. Die recht kleinen Thymen von *Reptilien* und *Amphibien* werden im Zusammenhang mit den Nachbarorganen in die Fixierungsflüssigkeit eingelegt und mit diesen in Paraffin oder Celloidin eingebettet. Der Thymus von *Amphibien*larven und *Fischen* wird an Serienschnitten der Kopfregion (vgl. hierzu Abb. 8 und 9) untersucht. Die bei großen Organen allerdings nicht zu vermeidende Zerstückelung der Thymuslappen kann ein Ausfließen von Cysteninhalt und Abströmen beweglicher Gewebselemente zur Folge haben (HAMMAR 1927). Wie wichtig die

Fixierung des Thymus in möglichst frischem Zustand ist, lehrt die Geschichte der Thymusforschung. Ein guter Teil von Angaben über das Vorhandensein eines Thymusgangsystems beruht unzweifelhaft auf der Untersuchung postmortal veränderter Organe.

Als Fixationsflüssigkeiten empfiehlt Stöhr-von Möllendorff (1928) Kaliumbichromat-Essigsäure, Hammar (1914, 1927) Tellyesnizkysche oder Bouinsche Flüssigkeit oder Formalin. Da die Formalinfixierung nach Hammar (1914) an dem Frischgewicht des Thymus nicht viel ändert, kann das Gewicht des formolfixierten Organes als Ersatz des Frischgewichtes dienen. Sublimat und angesäuerte Sublimatlösungen rufen unter Umständen Verklebungen der Rundzellen untereinander oder mit den Reticulumzellen hervor. Ich selbst habe jedoch mit dem Susa-Gemisch (M. Heidenhain) recht gute Resultate erzielt. Romeis (1932) berichtet über ausgezeichnete Erfolge mit Stieves Sublimatgemisch, das auch größere Organstücke gut durchdringt. Granuläre Ablagerungen intravital zugeführten Trypanblaus werden am besten durch die Fixierung in angesäuerten Formalingemischen oder Susa (Pfuhl 1931) erhalten. Der Analyse der Ein- und Auswanderungsbilder wie überhaupt der Thymusrundzellen setzt die Anwendung der in der Hämatologie gebräuchlichen Fixationsmittel voraus. Maximow (1909) und Weill (1913) bedienen sich besonders der Fixierung in warmem Zenker-Formolgemisch nach Helly. Die Darstellung der argyrophilen Fibrillen des Thymus erfolgt am besten nach Fixation mit Formol oder Formolalkohol. Mikrotomschnitte werden quer zur Längsachse des Thymus gelegt, sofern man nicht beabsichtigt, die Kontinuität des Markbaumes zur Darstellung zu bringen, die am eindruckvollsten auf Längsschnitten zutage tritt (Abb. 83).

Der Differenzierung von Übersichtspräparaten dienen die üblichen Färbungen mit Hämatoxylin-Eosin, Azan, Mallorys Gemisch, Eisenhämatoxylin-Eosin, Orange-Eosin-Toluidinblau (Dominici). Die Sichtbarmachung des entodermalen Reticulums gelingt befriedigend an Hungertieren (Jonson 1909, Levin 1912) oder Versuchstieren, welche einer Röntgenbestrahlung unterworfen wurden (Rudberg 1907, 1909, Hammar 1910), doch können diese Organe nicht mehr als völlig normal gelten. Die besten Ergebnisse lassen sich unzweifelhaft durch die mechanische Entfernung der Lymphocyten aus dem Zellschwamm erzielen, sei es durch vorsichtiges Auspinseln von Rasiermesserschnitten in Kaliumbichromat gehärteter Organe (His 1860, vgl. Abb. 25) oder von dicken Gefrierschnitten in Formol 10% fixierten Materials. Nach Romeis (1932) legt man Stückchen von frischem Thymus für 2—3 Tage in Drittelalkohol, überträgt sie in Wasser und fertigt dann 30—40 μ dicke Gefrierschnitte an. Letztere werden nach Färbung mit Hämalaun geschüttelt oder ausgepinselt. Fragmente des Thymusreticulums bekommt man auch in Zupfpräparaten von frischem Thymusgewebe, am besten nach vorherigem Fasten des Versuchstieres, zu Gesicht. Die Ausfärbung der Zellfortsätze der Reticulumzellen am Schnitt gelingt recht gut mit der Azanmethode (M. Heidenhain), wenn man eine nur geringgradige Differenzierung in Anilinöl-Alkohol vornimmt. Dem Nachweise von Lipoiden und Fettablagerungen im Cytoplasma der Reticulumzellen dienen die üblichen Osmiumsäure- und Sudanmethoden. Die Sudanfärbung sollte nach Hammars (1927) Erfahrungen in jedem Falle angewandt werden. Schleimig degenerierte Reticulumzellen werden durch das Anilinblau der Mallory-Färbung deutlich erfaßt. Für die Sichtbarmachung im Cytoplasma der Reticulumzellen vorhandener fibrillärer Strukturen eignen sich die Eisenhämatoxylinmethoden (M. Heidenhain) sowie die Azanfärbung (M. Heidenhain), die auch eine klare Darstellung der Querstreifung der myoiden Elemente ermöglicht, ferner die Kristallviolettfärbung (Benda) nach Fixierung in Flemmingscher Lösung (Hammar 1927). Auch in Präparaten, die zur Darstellung der Nerven nach Cajal versilbert wurden, sind die Fibrillen der myoiden Elemente gut zu erkennen (Terni 1929). Der Feinbau der Hassallschen Körperchen kann an Hämatoxylin- oder Azanpräparaten gut studiert werden. Nach Wallraff und Beckert (1939) können die Hassallschen Körperchen mit der Polysaccharidreaktion von H. Bauer elektiv dargestellt werden. Nach Loele (1920) lassen sie sich durch die Oxydasereaktion hervorheben (s. a. W. H. Schultze 1927). Der Nachweis von Vitamin C in den Reticulumzellen glückte Hammar (1938) mit der von Giroud und Leblond angegebenen Silbermethode (vgl. ferner Schudy 1939, Tonutti 1940, Teichmann 1942).

Die Thymuslymphocyten sind der Lebendbeobachtung in der Gewebekultur zugänglich (Wassén, Pappenheimer 1913, Schopper 1934). Eine Supravitalfärbungsmethode mit Brillantkresylblau oder Neutralrot zur Darstellung von Purpurgranulis wurde von Hammar (1912) angegeben. Ausstrichpräparate von Thymus liefern in der Regel unbefriedigende Bilder. Pinner (1915) tupft ein kleines Stückchen frischen Thymusgewebes mit der Schnittfläche in einen stecknadelgroßen Tropfen Serum. Der Tropfen wird mit einem Deckglase ausgestrichen. Die Färbung des lufttrockenen Ausstriches erfolgt nach Leishman-Giemsa. Für die Darstellung der Lymphocyten und Granulocyten des Thymus im Schnittpräparat eignet sich in erster Linie die von Maximow (1909) ausgearbeitete Methode. Maximow fixiert in körperwarmem Zenker-Formolgemisch und nimmt anschließend eine Einbettung in Celloidin vor. Das Celloidin wird aus den 6—7 μ dicken, mit Eiweiß nach Rubaschkin aufgeklebten Schnitten mit Nelkenöl und Alkohol gelöst. Die Färbung der

Schnitte erfolgt nach GIEMSA oder mit Eosin-Azur. WEILL (1913) färbte Paraffinschnitte vom Thymus des *Menschen* und der *Ratte*, welche in ZENKER-Formol fixiert worden waren, mit Triacid nach EHRLICH, Methylgrün-Pyronin nach PAPPENHEIM sowie der GIEMSA-Mischung. Die CARDOS-Färbung wird von PETER (1937, Untersuchungen am *Igel*thymus) für die Darstellung von Eosinophilen, ferner Plasma- und Mastzellen empfohlen (s. ferner HOEPKE und GRUNDIES 1935). Auch mit Hilfe der Oxydasereaktion können die Granulocyten innerhalb des Thymusgewebes hervorgehoben werden.

Die Darstellung der Bindegewebsstrukturen im Thymus erfolgt durch die bekannten Färbemethoden nach VAN GIESON oder MALLORY, ferner durch die Azanfärbung HEIDENHAINS. Zur Sichtbarmachung der Gitterfasern (vgl. Abb. 67) sind besonders die Silberimprägnationen nach PAP, ACHÚCARRO-HORTEGA sowie BIELSCHOWSKI zu empfehlen.

Für die Darstellung der Blutgefäße des Thymus und ihres Verlaufes ist die Anfertigung von Injektionspräparaten mit gefärbter Leimmasse (Abb. 69), chinesischer Tusche oder Gelatine erforderlich. Die Gefäßarchitektur des Thymus tritt am besten an Korrosionspräparaten zutage, wie sie durch die Verfahren von STORCH oder SCHUMMER gewonnen werden können. Nähere Angaben über die genannten und weitere Methoden enthält das Taschenbüchlein von H. VOSS (1939).

Die Sichtbarmachung der Nerven des Thymus gelang TERNI (1927) bei *Sauropsiden*, HAMMAR (1935) bei *menschlichen* Feten mit der Methode von CAJAL; durch Glasrekonstruktionen wurde die Anordnung der intrathymischen Nervenfasern von HAMMAR ermittelt (Abb. 73). KOSTOWIECKI (1938) bediente sich zur Darstellung der Nerven einer Modifikation der von PEREZ angegebenen Vorschrift.

Die außerordentlichen Schwankungen des Mengenverhältnisses von Rinde und Mark, der Größe sowie der Zahl der HASSALLschen Körperchen im Verlaufe der physiologischen und akzidentellen Involution des Thymus hat die Ausarbeitung quantitativer Untersuchungsmethoden des Organs erforderlich gemacht, über die wir nun dank den Bemühungen HAMMARs verfügen (HAMMAR 1914, 1926, vgl. ferner HAMMARs Zusammenfassung in der Enzyklopädie der mikroskopischen Technik II, 1927). Das Prinzip der schwierigen Methode HAMMARs ist aus der folgenden, eng an die Darstellung des Forschers in der Enzyklopädie der mikroskopischen Technik sich haltenden Schilderung ersichtlich. Eine Reihe von Einzelheiten muß in HAMMARs Veröffentlichungen nachgelesen werden. — Um die absolute und prozentuale Menge von Rinde, Mark und interstitiellem Gewebe im Gesamtthymus des ·*Menschen* (bezüglich des *Kaninchen*thymus s. S. 45, 83) zu ermitteln, geht man nach HAMMAR folgendermaßen vor: Zunächst wird das Totalgewicht des frischen Thymus bestimmt, was bei kleineren Objekten auf Schwierigkeiten stoßen kann. HAMMAR (1926) gibt eine Methode an, um das Organgewicht von Thymen zu ermitteln, die im Keimling belassen und mit diesem eingebettet wurden. Als Mindestzahl werden 4 mikroskopische Schnittpräparate (Formolfixierung, Paraffineinbettung, Hämatoxylin-Eosinfärbung, Dicke 12 μ) benötigt, die zwei verschiedenen Stellen jedes der Thymushauptlappen entsprechen und quer zur Längsachse des Lappens liegen. Jeder Schnitt für sich soll „einen größeren Umfang als die Hälfte des maximalen Querschnittes des Lappens" besitzen. Die Schnitte müssen sich auf den gesamten Lappenquerschnitt erstrecken. Jeder Schnitt wird bei etwa 17facher Vergrößerung mit dem Projektionszeichenapparat gezeichnet, wobei die Konturen des Präparates, der Regionen von Rinde, Mark und Binde- bzw. Fettgewebe wiederzugeben sind. Die relative Größe der entsprechenden Gebiete der 4 Präparate wird entweder mit Hilfe des Planimeters oder der Wägung festgestellt. Will man sich der Wägungsmethode bedienen, so müssen die Zeichnungen auf gleichmäßig dickem Papier angelegt werden. Die Zeichnungen werden mit der Schere ausgeschnitten und als Ganzes gewogen. Dann erfolgt die Ausschneidung der aufgezeichneten Regionen; die gesammelten Ausschnitte der verschiedenen Gewebsbestandteile werden gewogen. Man erhält somit „Papiergewichte" von Rinde, Mark und interstitiellem Gewebe. Weiterhin wird an zwei voneinander entfernten Stellen des Zeichenpapieres je ein Quadrat von 20 mm Seitenlänge ausgeschnitten; 4 auf 4 verschiedene Bogen aufgezeichneten Schnitten entsprechen also 4 Paare von Quadraten. Die Gewichtswerte der Quadrate werden für die Berechnung des absoluten Flächeninhaltes der Schnitte benutzt. Für die Berechnung von Rinde, Mark und interstitiellem Gewebe hat HAMMAR verschiedene Gleichungen mit folgenden Faktoren aufgestellt: r% = prozentuale Menge der Rinde, m% des Markes, i% des interstitiellen Gewebes, Gr = absolute Menge (g) der Rinde, Gm des Markes, Gi des interstitiellen Gewebes. R, M, I bedeuten die Papiergewichte von Rinde, Mark und interstitiellem Gewebe, durch Wägung aller entsprechenden Zonen der zerlegten Zeichnungen gewonnen. Gk bedeutet das Gewicht des frischen Thymuskörpers, s das spezifische Gewicht des Thymusgewebes (1,075), s_1 dasjenige des interstitiellen Gewebes. Für bindegewebiges Interstitium gilt $s_1 = 1,1$, für fettzellenreiches 0,95. Der Schrumpfungskoeffizient f des Thymusparenchyms hat den Wert von 1,087, der entsprechende Koeffizient des Zwischengewebes f_1 von 1,190. Die Gleichungen für die Berechnung der Rindensubstanz lauten:

$$r\% = \frac{R \cdot s \cdot f \cdot 100}{(R + M) \cdot s \cdot f + I \cdot s_1 \cdot f_1} \quad \text{und} \quad Gr = \frac{r\% \cdot Gk}{100}.$$

Für die quantitative Erfassung der Marksubstanz gelten die Gleichungen:

$$m\% = \frac{M \cdot s \cdot f \cdot 100}{(R+M)\,s\,.\,f + I\,s_1\,f_1} \quad \text{sowie} \quad Gm = \frac{m\% \cdot Gk}{100}.$$

Die Gleichung für die prozentuale bzw. absolute Menge des interstitiellen Gewebes lautet:

$$i\% = \frac{I \cdot s_1 \cdot f_1 \cdot 100}{(R+M) \cdot s \cdot f + I \cdot s_1 \cdot f_1} \quad \text{bzw.} \quad Gi = \frac{i\% \cdot Gk}{100}.$$

Der Rinde-Markindex (Ind) gibt das Mengenverhältnis von Rinde und Mark wieder; er läßt sich nach der Formel $Ind = \dfrac{g_r}{g_m}$ berechnen.

Die Zahl der Hassallschen Körperchen wird — soweit sie nicht durch direkte Auszählung von Schnittserien (kleine Organe) erhalten werden kann — nach Hammar in folgender Weise ermittelt: Die Umrisse sämtlicher in den 4 Schnitten enthaltener Körperchen werden bei 100facher Vergrößerung mit einem Zeichenapparat gezeichnet, wobei man die Zeichnungen verkalkter, cystischer oder sonstwie veränderter Hassallscher Körperchen durch Buchstaben besonders hervorhebt. An der Zeichnung wird der Durchmesser jedes Körperchens mit einer Millimeterskala gemessen. An länglichen oder unregelmäßig geformten Körperchen werden der größte Durchmesser und der größte der zu diesem senkrecht stehenden Durchmesser ermittelt. Ihre halbe Summe dient als Symbol der Größe des Hassallschen Körperchens. 1 mm der Skala entspricht $10\,\mu$. Entsprechend seiner Größe wird jedes Körperchen in die folgenden Größengruppen des Protokolls eingetragen:

Gruppe   I: 10— 25 μ,   Gruppe II: 26— 50 μ,   Gruppe III: 51—100 μ,
Gruppe IV: 101— 150 μ,   Gruppe   V: 151—200 μ,   Gruppe VI: 201—300 μ,
Gruppe VII: 301— 400 μ,   Gruppe VIII: 401—500 μ,   Gruppe IX: 501—800 μ,
Gruppe   X: 801—1100 μ.

Nicht jedes Hassallsche Körperchen ist jedoch im Schnitt zentral getroffen. Andererseits können Anschnitte der Hassallschen Körperchen geringe Dimensionen der geschilderten Gebilde vortäuschen. Infolgedessen nimmt Hammar eine Korrektion des Protokolls mit folgenden Korrektionszahlen vor:

Gruppe I		II		III		IV	
—10% II		+10% II	—40% III	+ 3% III	—80% IV	+20% IV	—50%
— 3% III			—20% IV	+40% III	—40% V	+80% IV	—20%

Gruppe V		VI		VII	
+ 40% V	— 50% VI	+ 25 VI	— 70% VII	+ 25% VII	—100% VIII
+ 50% V	— 25% VII	+ 50% VI	— 70% VIII	+ 70% VII	— 30% IX
			— 25% IX		— 60% X
			— 60% X		

Gruppe VIII		IX		X
+ 70% VIII	— 50% IX	+ 25% IX	—160% X	+ 60% X
+100% VIII	— 90% X	+ 30% IX		+60 % X
		+ 50% IX		+ 90% X
				+160% X

„Das Minuszeichen besagt hier, daß eine Zahl von der aus den Protokollen hervorgegangenen Primärzahl der Gruppe abgezogen, das Pluszeichen, daß eine Zahl zu der Primärzahl der Gruppe hinzugefügt werden soll. Die Größe des Betrages wird in beiden Fällen in Prozent der im Protokolle aufgeführten — also unkorrigierten — Primärzahl der Hassallschen Körperchen einer Gruppe angegeben; — 40% unter Gruppe II besagt also, daß eine Zahl, die 40% von der im Protokolle unter Gruppe III aufgenommenen Zahl gleichkommt, von der Ziffer der Gruppe II subtrahiert und zu der Ziffer der Gruppe III addiert („+ 40% III") werden soll usw.". Da die überwiegende Zahl der Hassallschen Körperchen sich durch mehrere Schnitte hindurch erstreckt, müssen die korrigierten Werte einer Reduktion unterzogen werden. Unter der Voraussetzung einer Schnittdicke von $12\,\mu$ gelten nach HAMMAR für die Gruppen I—X folgende sog. Reduktionszahlen:

Gruppe I 0,90,   Gruppe II 0,50,   Gruppe III 0,25,   Gruppe IV 0,10,   Gruppe V 0,08, Gruppe VI 0,06,   Gruppe VII 0,04,   Gruppe VIII 0,03,   Gruppe IX 0,02,   Gruppe X 0,01.

Die tatsächliche Häufigkeit der Größenklassen erhält man durch Multiplikation der Reduktionszahlen mit den entsprechenden korrigierten Gruppenzahlen.

Will man die Gewichtsmenge des in den vier Schnitten vorhandenen Parenchyms oder Markes bestimmen, so ermittle man zunächst die Flächenausdehnung der Organausschnitte aller 4 Zeichnungen zusammen nach den Gleichungen $A = 800 \cdot \left(\dfrac{p_1}{q_1} + \dfrac{p_2}{q_2} + \dfrac{p_3}{q_3} + \dfrac{p_4}{q_4}\right)$ und

$A = 800 \cdot \left(\dfrac{m_1}{q_1} + \dfrac{m_2}{q_2} + \dfrac{m_3}{q_3} + \dfrac{m_4}{q_4}\right)$. Es bedeuten A_p bzw. A_m die Quadratmillimeterflächen von Parenchym bzw. Mark, 800 die gesamte Flächenausdehnung in Quadratmillimeter, q_1—q_4 das Milligrammgewicht der erwähnten quadratischen Papierstücke, p_1—p_4 die Papiergewichte des aus der Zeichnung herausgeschnittenen Parenchyms bzw. des Markes. Das Gewicht des Parenchyms (mg) wird bestimmt durch die Gleichung $G = \dfrac{A_p \cdot d \cdot 1{,}1 \cdot 1{,}075}{v^2}$,

das des Markes durch die Gleichung $G = \dfrac{A_m \cdot d \cdot 1{,}1 \cdot 1{,}075}{v^2}$; d bedeutet die Schnittdicke (0,012 mm), v die Vergrößerung (17fach), 1,1 den Koeffizienten der Volumenschrumpfung 1,075 das spezifische Gewicht des Parenchyms. Für die Errechnung der HASSALLschen Körperchen in den Größenklassen I—X pro Milligramm Parenchym ($n_p^{I} - n_p^{X}$) gilt die Gleichung: $n_{\frac{I}{p}} = n_{\frac{I}{g_p}}$ usw. Die Zahl der in den vier Schnitten vorhandenen Körperchen wird durch n^I usw. bis n^X bezeichnet. Die Zahl der im Mark enthaltenen Körperchen ist entsprechend durch die Gleichung $n_{\frac{I}{m}} = n_{\frac{I}{g_m}}$ usw. zu ermitteln. Die Gesamtzahl der HASSALLschen Körperchen jeder Größenklasse im ganzen Thymus berechnet HAMMAR nach der Gleichung: $n_o^{I} = n_p^{I} \cdot (Gr + Gm)$ usw. Zur Bestimmung der Gesamtmenge der Körperchen sind die Gruppenwerte derselben pro Milligramm Parenchym zu summieren.

Die geschilderte numerische Methode, die sich auf nur vier Schnittpräparate beschränkt, gilt für ältere Feten. Die Thymen kleiner 3—$4\frac{1}{2}$ Monate alter Keimlinge sind in Schnittserien zu zerlegen, aus denen Schnitte in bestimmten Abständen herausgezeichnet werden. HAMMAR wählt je nach Fall jeden 5.—12. Schnitt.

Die Bestimmung des spezifischen Gewichtes nimmt AGDUHR (1941) folgendermaßen vor: das Organ wird unter der Lupe unmittelbar nach der Tötung des Tieres in feuchter Luft oder nach Fixierung in situ mit Formol 8—10% präpariert, in mit Feuchtigkeit gesättigter Luft getrocknet und dann gewogen. Die Wägung erfolgt durch Einsenken des Organes in ein Gemisch von Kohlentetrachlorid (spez. Gew. 1,6) und Toluol (spez. Gew. 0,8723) in einem Gefäß einer WESTPHALschen Waage oder in Glasröhrchen, welche in einen automatisch arbeitenden Wasserthermostaten eingebaut sind. Die Röhrchen enthalten verschiedene Mischungen von Kohlentetrachlorid-Toluol. Einzelheiten der Apparatur siehe bei AGDUHR (1941).

Die von HAMMAR für den Thymus des *Menschen* ausgearbeitete quantitative Methode kann nach den Feststellungen von SANDEGREN (1917, 1918) auch auf den Thymus des *Kaninchens* Anwendung finden, wenn die 4 Organquerschnitte eine Dicke von $18\,\mu$ aufweisen, bei 200 facher Vergrößerung gezeichnet und in andere Größengruppen eingeteilt werden. Ferner sind andere Korrektions- und Reduktionszahlen einzusetzen. Bezüglich dieser Einzelheiten sei auf die Veröffentlichung von SANDEGREN verwiesen. KINUGASA (1930) untersuchte den Thymus der *Ratte* vermittels Gewichtsbestimmung ausgeschnittener Zeichnungen.

Das Bild der akzidentellen Involution des Thymus kann durch Hungern, Vitaminmangel, Zufuhr von karyoklastischen Giften, Röntgenbestrahlung u. a. Faktoren im Tierversuch leicht erzeugt werden. Bezüglich der Dosierung der Röntgenstrahlen vgl. v. ALBERTINI (1932).

Angaben über die Methodik der Transplantation von Thymusgewebe enthalten die Veröffentlichungen von GRIMANI 1905, MAUCLAIRE (1923), GOTTESMAN und JAFFÉ (1926), sowie CH. GRÉGOIRE (1932).

Über das gewichtsmäßige Verhalten akzidentell involvierter Thymen *(Kaninchen)* im Vergleich mit den Gewichtsveränderungen anderer Organe berichten BROWN, PEARCE und VAN ALLEN (1926).

2. Die Architektur des Thymus.

Die Oberfläche des *menschlichen* Thymus zeichnet sich durch eine ziemlich gleichmäßige höckerige Felderung aus, die dem Organ eine weitgehende, bereits den alten Anatomen (z. B. SYLVIUS) aufgefallene Ähnlichkeit mit einer echten Drüse verleiht. Schon durch die flüchtige Entfernung der Bindegewebshülle und der größeren, in das Organ eindringenden Bindegewebssepten läßt sich eine Gliederung des Thymus in Läppchenbezirke darstellen (Abb. 20), deren jeder wieder in kleinere Läppchen aufgeteilt zu sein scheint. An der Oberfläche jedes der Läppchen beobachtet man rundliche „Drüsenkörner" (KÖLLIKER 1902), von manchen älteren Untersuchern auch als Beeren, Follikel oder Acini bezeichnet.

Die scheinbare Übereinstimmung der Gliederung der „inneren Brustdrüse" mit derjenigen anderer, ein Gangsystem besitzender Drüsen macht die Suche der Anatomen nach dem Ausführungsgang des Thymus verständlich, die freilich zu recht verschiedenen Anschauungen führte. LORENZ HEISTER ließ den Thymusgang an der Zungenwurzel münden, V. VERHEYEN in den Herzbeutel, ST. HILAIRE in die Vena anonyma sinistra, RUYSCH in die Vena summaria interna (vgl. hierzu HEINEMANN 1941), MARTINEAU in den Oesophagus. Nachdem die Erkenntnis des Nichtvorhandenseins eines derartigen Ganges sich durchgesetzt hatte, wurde der Thymus unter die Blutdrüsen eingereiht, freilich unter der Annahme, er enthalte wie die exokrinen Drüsen ein wenn auch blind endigendes Hohlraumsystem. So schildert F. ARNOLD (1847) den Bau des Thymus auf Grund eigener makroskopischer und mikroskopischer Untersuchungen in seinem „Handbuch der Anatomie des Menschen" folgendermaßen: „Die beerenartigen Drüsenkörner ... liegen gruppenweise beisammen, sind im Inneren hohl und zeigen sich mit einer weißlichen Flüssigkeit erfüllt. Die kleinen zellenartigen Räume, aus denen jedes Läppchen zusammengesetzt ist, münden mit weiter Basis in ein Säckchen, das durch eine enge Öffnung in eine zentrale Höhle führt, die gleichfalls mit einer milchweißen Flüssigkeit erfüllt ist. Dieser gemeinsame Behälter nimmt durch zahlreiche kleine Öffnungen, die man an seinen Wänden erkennt, die größeren und kleineren Nebenräume oder Säckchen auf, an denen die Beerchen gruppenweise sitzen. Er ist von einer dünnen und glatten Membran (wahrscheinlich einer Schleimhaut), welche sich in die Nebenräume fortsetzt, ausgekleidet". Nach ECKER (1853) kann der Thymus „einer acinösen Drüse verglichen werden, welche statt eines Ausführungsganges eine geschlossene zentrale Höhle besitzt". FRIEDLEBEN (1858) läßt den Thymus aus Blasen aufgebaut sein, deren Sekret neben einzelnen Zellen runde Kerne enthält, welche in die Venen übergehen. Schon LUCAE (1811) hatte die Thymusläppchen für sekretorisch tätige hohle Bläschen erklärt (vgl. hierzu auch ECKER 1846, 1853). Das chylusartige Absonderungsprodukt der Thymusdrüse besteht nach ARNOLDs Lehrbuchschilderung aus runden kernhaltigen Körperchen, Faserstoff, Eiweiß, Extraktivstoffen und Salzen. Auch nach anderen Darstellungen, wie beispielsweise von LEYDIG (1857), KÖLLIKER (1852) und BOURGERY und JACOB (1844) wird der Thymus des *Menschen* und anderer *Säuger* von einem, wenngleich dünnen, so doch immerhin für eine Sonde durchgängigen Zentralkanal durch-

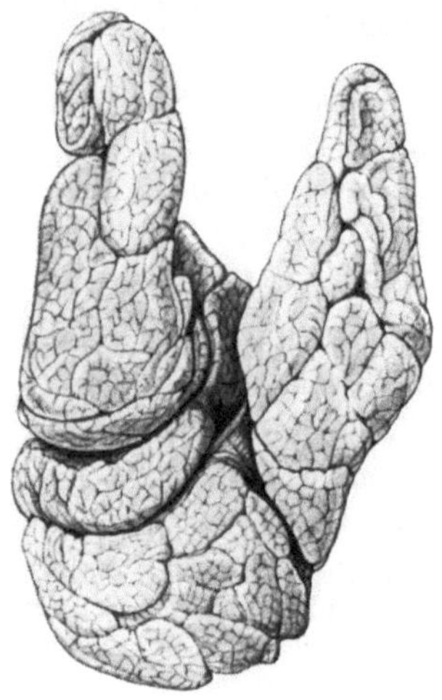

Abb. 20. Thymus eines neugeborenen Kindes. Natürliche Größe. (Gez. K. HERSCHEL-Leipzig.)

zogen (Abb. 21), der eine rahmige Flüssigkeit enthält (vgl. ferner I. F. Meckel 1820, J. Simon 1845, Sobotta 1914 sowie Hammars ausführliche historische Darlegung 1909). Kölliker hält das Vorhandensein eines engen Kanals für das ursprüngliche Verhalten; nur unter besonderen Umständen soll sich dieser zu einer regelrechten Höhle erweitern. Noch im Jahre 1860 setzte sich His für die Existenz eines mit opalisierendem Inhalt gefüllten Zentralkanales ein, „der seinen drüsigen Charakter dadurch dokumentiert, daß er stellenweise mit kleinen Acinis besetzt erscheint".

Wir wissen heute, daß Jendrássik, Berlin und andere Forscher durchaus im Rechte waren, wenn sie im Gegensatz zu der herrschenden Lehrmeinung die Gang- und Höhlenbildungen im Thymus als postmortale Erweichungsherde oder Artefakte einer derben Präparier-methode auffaßten (vgl. hierzu Henle 1866). Ein in meinem Besitz befind-liches, mit der Aufschrift „Zentralkanal" versehenes Originalpräparat von His läßt eindeutig erkennen, daß der ver-meintliche Kanal einem Gewebsdefekte entspricht. Der Thymus ist — wenn wir einmal von ungewöhnlichen Cysten-bildungen in seiner Marksubstanz ab-sehen — ein völlig solides Organ, dessen zentrale Partien allerdings wenig form-beständig sein können. Gleichwohl ber-gen die von so trefflichen Beobachtern wie Kölliker, Arnold und His erho-benen Feststellungen einen wertvollen Kern, haben doch die entwicklungs-geschichtlichen Forschungen Hammars gezeigt, daß der Thymus in der Tat eine axiale, das gesamte Organ der Länge nach durchsetzende Struktur enthält, nämlich den sog. Markbaum. Der postmortale Zerfall oder das Ausfließen eben dieses Markbaumes bei der makro-skopischen Präparation täuschen die Existenz von Thymuskanälen vor.

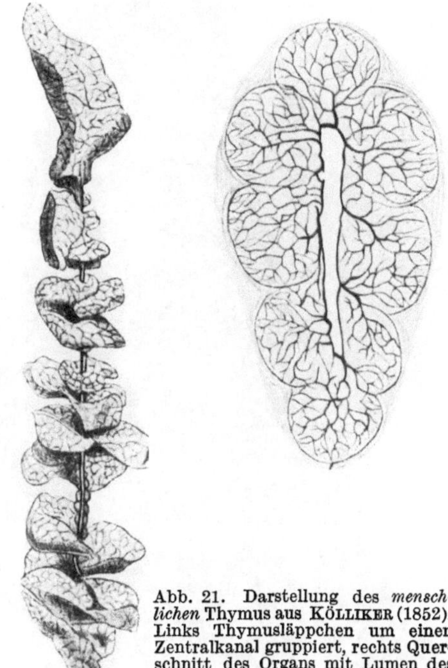

Abb. 21. Darstellung des *menschlichen* Thymus aus Kölliker (1852). Links Thymusläppchen um einen Zentralkanal gruppiert, rechts Quer-schnitt des Organs mit Lumen des Ganges (auf ⁹/₁₀ verkl.).

Auf die Entstehung des Markbaumes wurde bereits in dem Kapitel über die Histogenese kurz hingewiesen: Die zentrale, rechts strangförmige, links platten-artige Markmasse ragt schon bei 85 mm langen Keimlingen mancherorts in die aus Rindengewebe bestehenden buckelartigen Erhabenheiten der Thymus-oberfläche hinein, so daß eine plastische Rekonstruktion des Markes mit verein-zelten Knospen besetzt erscheint (Hammar 1911). Der Marktractus eines 120 mm langen Keimlings besitzt überwiegend einfache Knospen, daneben solche, die bereits Ansätze zu Verzweigungen aufweisen. Der Thymus von 250 mm langen Feten enthält schon einen reich verästelten Markbaum, dessen Äste teils durch Wachstum des Markkontinuums, teilweise aber auch durch Anbau ursprünglich freier Markinseln an die zentrale Gewebsmasse entstanden sind. Ein Blick auf Hammars plastische Rekonstruktionen des Thymusmarkes läßt erkennen, daß die Wuchsform des Thymus in höherem Maße als diejenige der Schilddrüse mit der meistens sehr weitgehenden Dissoziation ihrer Formglieder der einer echten Drüse ähnelt. Während die Organarchitektur jugendlicher Thymen durch die reiche Entfaltung der Rindensubstanz verdeckt ist und erst durch die Rekonstruktion des Markes sichtbar wird, tritt sie im Verlaufe der physiologischen, in besonderem Maße die Rinde erfassenden Involution bei Thymen älterer Individuen vielfach eindrucksvoll zutage (Abb. 83). Allerdings ist der Zentralstrang in solchen Fällen nicht rein aus Markgewebe aufgebaut, sondern mit einem mehr oder weniger schmalen Saum von Rinde versehen, wie es von Hammar auch für Thymen der Geburtsperiode und des Kindes beschrieben wird, weshalb er vorschlägt, nicht von einem Markstrang, sondern von einem Parenchymstrang zu sprechen. Die Bezeichnung Markstrang oder -baum ist meines Erachtens aber die glücklichere, da der aus Rindengewebe bestehende Saum, verglichen mit dem Markbaum, die labilere Struktur verkörpert. Außerdem entspricht die Bezeichnung Markstrang durchaus den Verhältnissen beim *menschlichen* Keimling. Hammar (1911) schreibt diesbezüglich: „Aus dem Fetalleben des Menschen habe ich kein Objekt untersucht, wo der Zentraltractus in seiner Zusammensetzung nicht rein medullar war." Die Dicke des Stranges wird von Kölliker mit 1—3 mm angegeben. Durchbrechungen des Markstranges dürften auf das Eindringen des perithymischen Bindegewebes zurückzuführen sein (Hammar).

Der Kontinuität des Markbaumes entsprechend gibt es im nichtinvolvierten Thymus des *Menschen*, aber auch des *Kalbes, Kaninchens, Hundes* und anderer *Säuger* keine völlig isolierten Läppchen, wie das Schnittbild (Abb. 22) vermuten lassen könnte. Bei manchen *Säugern* und niederen *Wirbel-*

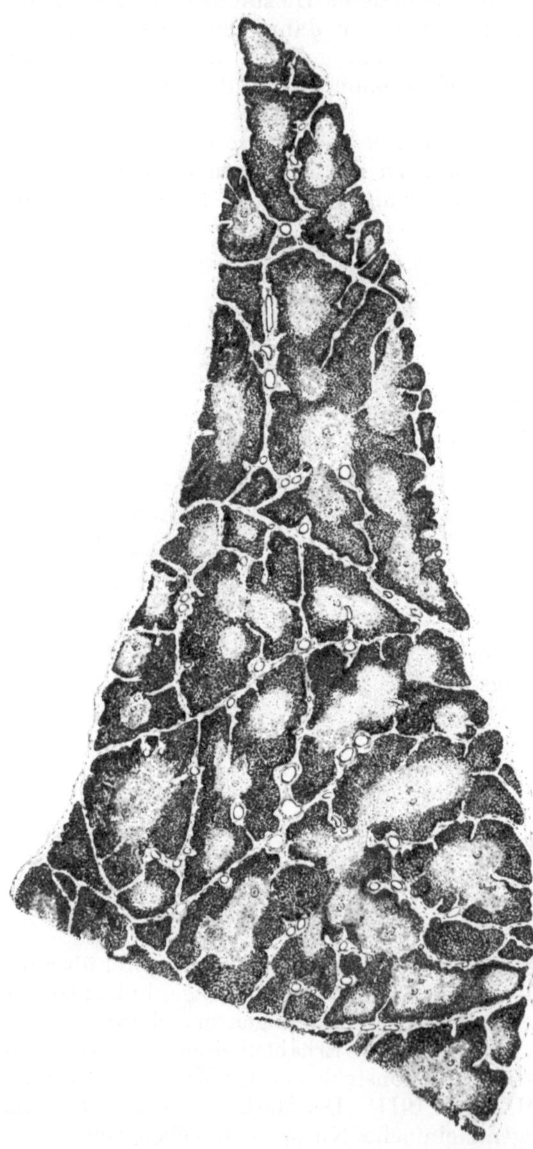

Abb. 22. Thymus eines 2¹/₂ Jahre alten Kindes. Läppchengliederung. (Fixation Formol 10%, Celloidineinbettung, Schnittdicke 20 µ, Hämatoxylin-Eosinfärbung, Vergr. etwa 20fach, auf ³/₅ verkl., gez. K. Herschel-Leipzig.)

tieren wird das Vorhandensein getrennter Läppchen gelegentlich durch die enge Aneinanderlagerung von Thymus III und IV vorgetäuscht. In solchen Fällen hat jeder vermeintliche Lobulus den morphologischen und genetischen Wert eines Gesamtorgans. Eine Ausnahme stellen auf Absprengung von der Organanlage zurückzuführende kleine akzessorische Thymen dar.

Bei der Definition des Thymusläppchens gehen wir von den Verhältnissen beim voll entwickelten Organ aus. Als Läppchen niederster Ordnung
bezeichnet man das kleinste, im Relief des Thymus abgrenzbare Formglied,
welches eine Sonderung in Mark und Rinde aufweist (Grundläppchen, RAUBER-
KOPSCH 1939). Die Größe dieses Gebildes schwankt zwischen 0,5—2 mm
(POLICARD 1934). Die Oberfläche der Läppchen ist vielfach mit buckelartigen,

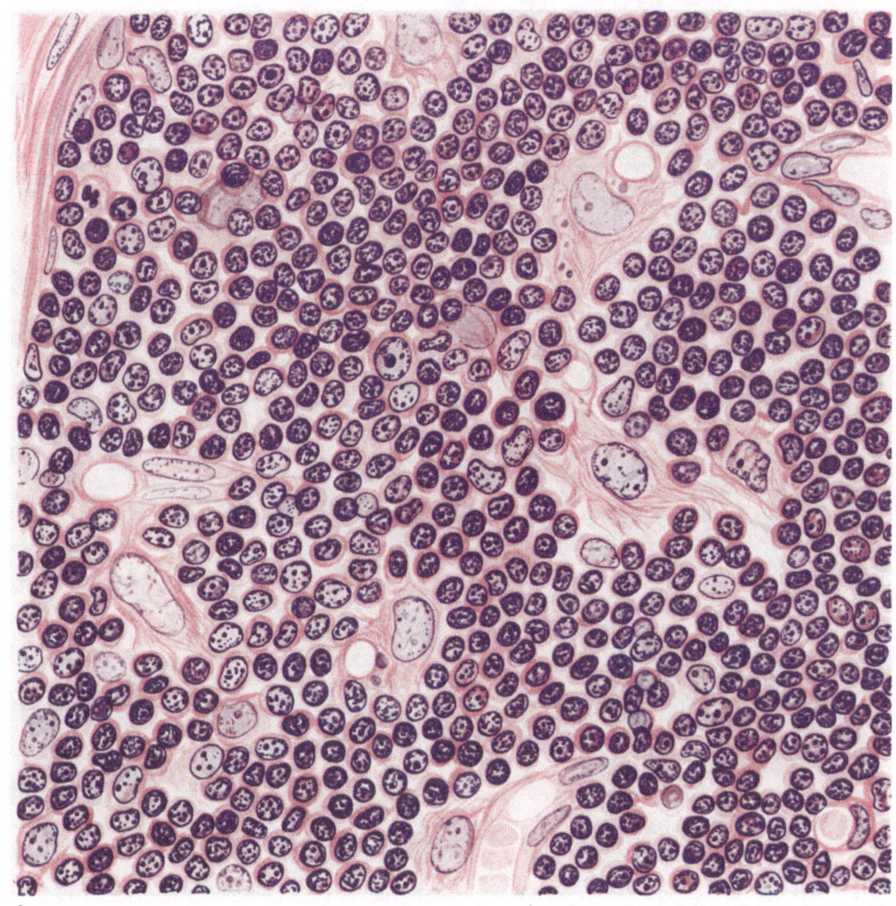

Abb. 23. Rinde des Thymus eines Kindes. Beachte die großen hellen Kerne der Reticulumzellen. (Fixation
Formol, Paraffinschnitt 8 μ, Hämatoxylin-Eosinfärbung, Zeiss Ok. 10×, Ölimmersion HI100, auf ⁶/₁₀ verkl.,
gez. K. HERSCHEL-Leipzig.)

aus Rindengewebe bestehenden Erhabenheiten besetzt, den sog. Follikeln
bzw. Drüsenkörnern oder Acini des älteren Schrifttums, die nach KÖLLIKER
eine Größe von 0,4—0,7 mm erreichen. Das zwischen den Follikeln befindliche
Bindegewebe enthält die in das Organinnere eindringenden bzw. aus ihm heraus-
führenden Blutgefäße. Durch Differenzierung des Markes kann sich der Rindenfollikel zum Primärläppchen entwickeln (HAMMAR). Ein Lobulus, dessen
Oberfläche mehrere solcher Primärläppchen trägt, kann als Sekundärläppchen bezeichnet werden. Die Definition des Thymusläppchens, wie sie
von KÖLLIKER-V. EBNER (1902) gegeben wird, gilt offenbar für das Sekundärläppchen. Sie lautet nämlich: „Man kann sich jedes Läppchen als eine

zusammenhängende Masse von Marksubstanz vorstellen, welche an ihrer Oberfläche von den Drüsenkörnern bedeckt ist, die mit ihrer Rindensubstanz die
Marksubstanz umfassen."

Die Gefäßarchitektur und die Verteilung der intrathymischen Nerven werden in
Kapitel 17 und 19 geschildert.

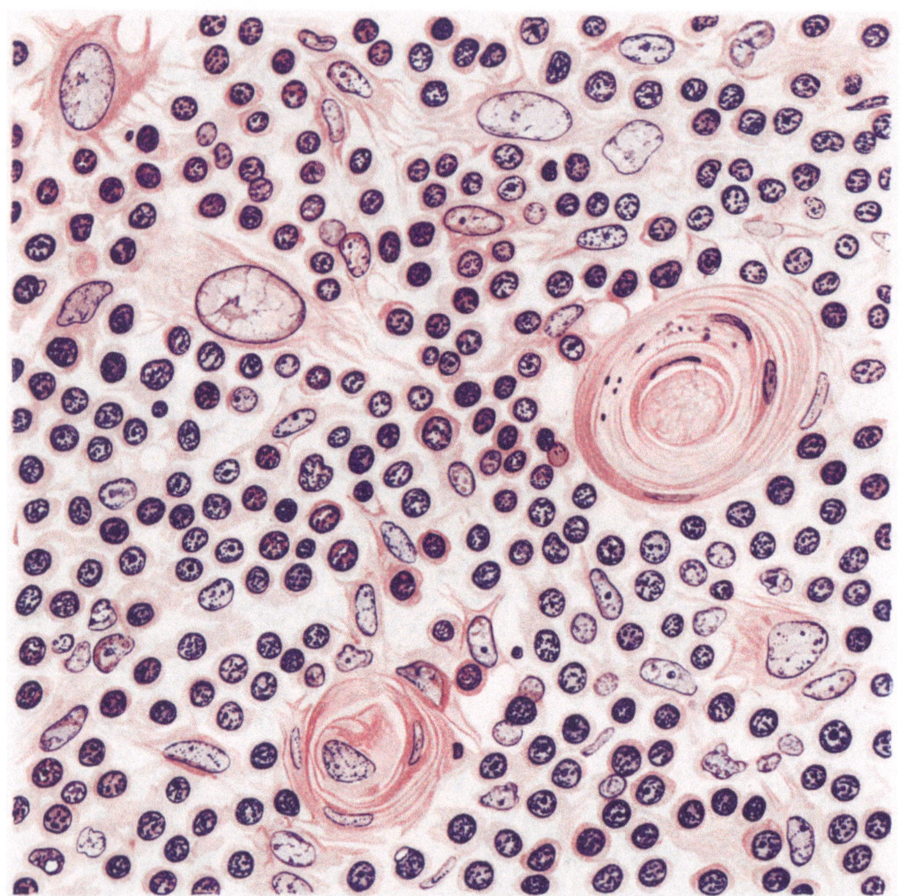

Abb. 24. Mark des Thymus eines Kindes mit Hassallschen Körperchen und Reticulumzellen (große helle Kerne).
(Fixation Formol, Paraffinschnitt 8 μ, Hämatoxylin-Eosinfärbung, Zeiss Ok. 10×, Ölimmersion HI 100, auf
$^6/_{10}$ verkl., gez. K. Herschel-Leipzig.)

3. Der Feinbau des Thymusläppchens.

Jedes Thymusläppchen wird von einer aus argyrophilen Fibrillen und
Kollagenfäserchen bestehenden, mit dem interlobulären Bindegewebe kontinuierlich verbundenen Hülle umscheidet. Das zellige Grundgerüst des Lobulus wird
durch dem Entoderm entstammende, verästelte Elemente verkörpert, die entodermalen Reticulumzellen. Ob dem Thymusreticulum Zellen mesodermaler
Herkunft beigesellt sind, ist fraglich. Auf jeden Fall aber muß die Ansicht
Aschoffs (1939), nach welcher an dem mesenchymalen Charakter der Reticulumzellen der Thymusrinde kaum ein Zweifel besteht, als irrig bezeichnet werden.
Die im Läppchenzentrum befindlichen Reticulumzellen zeichnen sich gegenüber den Elementen der Läppchenperipherie durch größere Dimensionen und

dichtere Lagerung aus. Sie bilden in ihrer Gesamtheit, von Lymphocyten umgeben, das Mark des Thymusläppchens, welches sich schon makroskopisch infolge seiner hellen Tönung von der Rinde unterscheiden läßt, aber keinesfalls einen von der Rinde scharf abgrenzbaren und gesondert von ihr zu betrachtenden Organabschnitt verkörpert, sondern fließend in die Rindenregion übergeht. Auf diese Tatsache muß angesichts der Behauptung von WEISE (1940) hingewiesen werden, nach welcher das Thymusmark „eine echte innersekretorische Drüse" darstellt. Mißverständlich ist auch die Formulierung von SIEGLBAUER (1940), der von einer „Symbiose zwischen einem endokrinen Apparat, dem reticuloendothelialen Gewebe des Markes, und der an Lymphocyten reichen und sie bildenden Rinde" spricht, welche er als „lymphatischen Apparat" bezeichnet. Die Neigung der Reticulumzellen der Markzone, sich zu dichten Verbänden zu vereinigen, findet ihren charakteristischsten Ausdruck in der Bildung der konzentrisch geschichteten HASSALLschen Körperchen oder unregelmäßig gestalteter epithelialer Zellherde, die zum Teil die Bezeichnung „Epithelzöpfe" verdienen (BARBANO 1912). Das Markgewebe kann außerdem langgestreckte, mit wenigen Fortsätzen versehene Zellen enthalten, die wegen des Besitzes quergestreifter intracytoplasmatischer Fibrillen als myoide Zellen bezeichnet werden; sie kommen besonders reichlich im Thymus der *Sauropsiden* vor.

Das Schwammwerk der Reticulumzellen enthält eingewanderte Lymphocyten, welche besonders die verhältnismäßig weiten Intercellularräume der Läppchenperipherie durchsetzen und damit das histologische Bild der Rinde bestimmen. In manchen Fällen sind in der Rinde auch Granulocytenherde vorhanden. Auf die Gliederung der Rindenzone in sog. Rindenfollikel wurde bereits hingewiesen.

Die Blutversorgung des Läppchens erfolgt durch Arterien, die in das Innere des Lobulus eindringen und an der Rindenmarkgrenze in Zweige aufbrechen, aus denen verhältnismäßig wenige Capillaren für die Durchblutung des Markes, sehr zahlreiche dagegen für die Berieselung der Rinde hervorgehen. Der Abstrom des Blutes aus dem Thymusläppchen erfolgt in Venen, die zum größten Teil an der Rinden-Mark-Grenze, zum kleineren an der Oberfläche der Lobuli verlaufen (MONROY 1940, s. a. S. 113). Der Gefäßarchitektur entsprechend befindet sich · an der Rinden-Markgrenze das aus argyrophilen Fibrillen bestehende „zirkummedulläre Bindegewebe" sowie ein besonders dichtes Geflechtwerk von Nervenfäserchen.

4. Die entodermale Reticulumzelle.

Die syncytial miteinander verbundenen Reticulumzellen des Thymus stellen verästelte, im Schnittbilde häufig sternförmige Elemente mit großen und hellen, d. h. chromatinarmen Kernen dar, die nach KÖLLIKER-V. EBNER (1902) Durchmesser von etwa 6—8 μ besitzen. Den genauen Messungen JACOBJs (1935) zufolge liegen die Maxima der Durchmesser der Reticulumkerne des *Menschen* bei 6 und 7,5 μ (Mittelwert). Die Kerndurchmesser der Reticulumzellen von *Proteus anguineus* betragen nach KLOSE (1931) etwa 5—10 μ. Wie die Abb. 32 erkennen läßt, enthalten die Zellkerne der Reticulumzellen Nukleolen. Den vielfach gruppenweise beisammenliegenden Zellen des Markes sind recht dicke und vielfach über lange Strecken hin zu verfolgende Ausläufer eigen. Die meist zarteren Fortsätze der Reticulumzellen des Rindengebietes werden durch die große Masse der Lymphocyten verdeckt; sie treten nur an ausgepinselten oder geschüttelten Schnitten deutlich als Zellverband in Erscheinung (Abb. 26). Manche Reticulumzellen fallen durch geringe Größe und länglich gestreckte Form ihrer Kerne sowie zierliche Fortsätze auf; möglicherweise handelt es sich um besondere Funktionsstadien der Reticulumzellen. Unmittelbar unter der die Läppchen

überziehenden Bindegewebshülle fügen sich die Reticulumzellen zu einer Zell-
lage zusammen, die stellenweise das Bild eines einschichtigen, kubisch-zylin-
drischen Epithels darbietet (Stöhrs Rindenepithel, Terni 1929, Abb. 27). Die
Kerne dieser Schicht weisen Durchmesser von rund 5 μ auf (Jacobj 1935). Nach
Hammar (1907) sind die Zellen der Randschicht durch markwärts gerichtete
Ausläufer mit dem Zellnetz der Rinde kontinuierlich verbunden. Meinen Beobachtungen zufolgen entbehren sie jedoch häufig dieser Fortsätze. Während die

Abb. 25. Reticulumzellen des *Kalbs*thymus in Zusammmmenhang mit den Wandungen der Blutgefäße. Die
Lymphocyten wurden ausgepinselt. (Härtung in Kaliumbichromat, Vergr. 270fach.) (Aus His 1860.)

Randschicht in vollentwickelten Thymen unklar oder überhaupt nicht hervor-
tritt, wird sie durch die Verarmung der Rinde an Lymphocyten während der
Involution frei gelegt (Rudberg 1907, Jonson 1909). Die Zellen der Randschicht dürfen nicht mit Säumen von Plasmazellen verwechselt werden (Schaffer
1909); sie sind an der Beschaffenheit der Zellkerne gut zu erkennen.

Das Schwammwerk der Reticulumzellen spannt sich zwischen der Randschicht und den Wandungen der den Thymus durchsetzenden Blutgefäße aus
(Abb. 25 und 26). Ob in Begleitung der Gefäße in das Organinnere eingedrungene
mesenchymale Elemente mit den autochthonen Reticulumzellen in Verbindung

treten, kann am Schnittpräparat nicht entschieden werden. Bereits MAXIMOW (1909) wies im Hinblick auf den Thymus der *Säuger* auf die schwere Unterscheidbarkeit von Mesenchym- und Thymusreticulumzellen hin, welche die neuerdings wieder erfolgte Bezeichnung der letzteren als „histioiden Elemente" durch MUSOTTO und DI QUATTRO (1941) verständlich macht. Auf keinen Fall jedoch lassen sich Anhaltspunkte dafür gewinnen, daß beispielsweise im Mark „ineinandergeschoben zwei selbständige Netze" (WETZEL 1936) existieren, nämlich ein engmaschiges Epithelsyncytium und ein weitmaschigeres

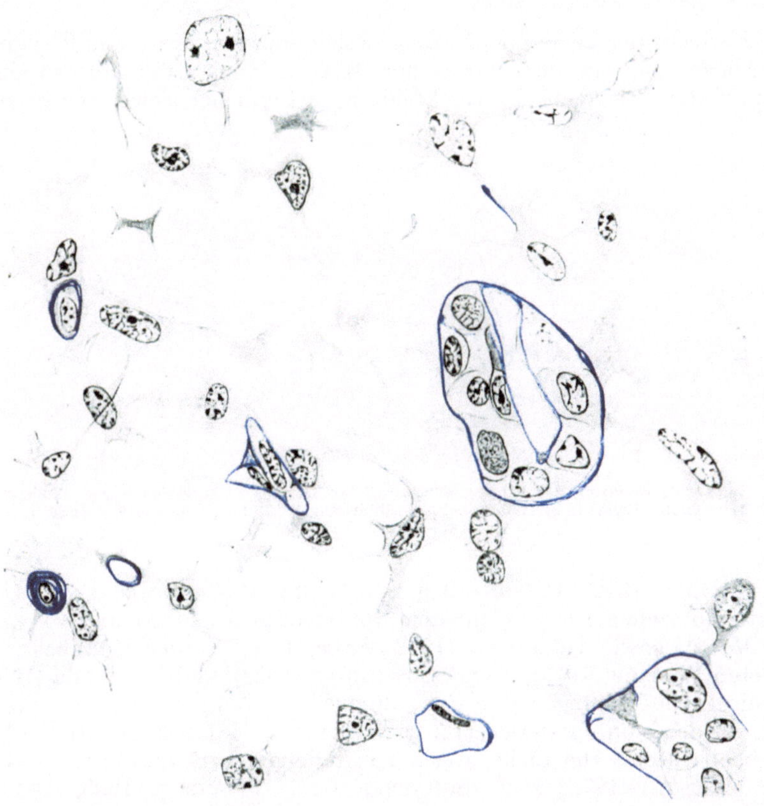

Abb. 26. Reticulumzellen aus der Thymusrinde des *Igels*. Die in den Intercellularspalten gelegenen Lymphocyten wurden der Übersichtlichkeit halber nicht mitgezeichnet. In der Mitte rechts ein Blutgefäß mit epitheloiden Wandzellen. (Fixation Bouin, Schnittdicke 12 μ, Azanfärbung, Okular 10×, Ölimmersion 1/12, auf 2/3 verkl., rote Farbwerte grau wiedergegeben, gez. W. BARGMANN.)

Mesenchymsyncytium. Wenn auch die Möglichkeit einer Beteiligung reticulären Bindegewebes am Aufbau des Thymus zuzugeben ist, so kann man doch auf Grund der Beobachtungen über die Histogenese des Organes behaupten, daß ein solcher mesenchymaler Anteil quantitativ kaum ins Gewicht fallen würde. Aus der Tatsache, daß manche in Gefäßnähe befindlichen Reticulumzellen phagocytieren, deren mesenchymale Natur mit TERUI (1929) zu postulieren, halte ich für verfehlt, da einmal Phagocytose seitens unbestreitbar entodermaler Reticulumzellen beobachtet wurde und zweitens eine Reihe von Beispielen zeigt, daß Epithelzellen unter besonderen Umständen phagocytotische Fähigkeiten an den Tag legen (vgl. hierzu BARGMANN 1936). Ebensowenig kann der Lipoidgehalt der Reticulumzellen als Beweis für ihre mesenchymale Abstammung dienen, wie gegenüber Schridde (1923) betont sei. Das funktionelle Verhalten der Zellen allein läßt kein Urteil über ihre Genese zu. Eine ganze Reihe von Gewebezüchtern, darunter Tschassownikow (1927) und Deanesly (1928) hat sich allerdings, wie noch zu erörtern ist, von diesem Gesichtspunkt nicht leiten lassen. Die Thymusreticulumzelle wird am besten als entodermale Reticulumzelle bezeichnet. Der vielfach gebräuchliche Ausdruck epitheliale Reticulumzelle oder „reticulo-epitheliale Zelle" (Lewin 1928, Kopač 1939) birgt einen Widerspruch in sich, denn die Elemente eines Syncytiums verästelter Zellen können unmöglich in den Nachbarbeziehungen zueinander stehen, welche für epitheliale Verbände charakteristisch sind.

Die Vermehrung der entodermalen Reticulumzellen des reifen Thymus geht unter Abrundung auf dem Wege der Mitose vonstatten, ebenso diejenige der retikulären Elemente in Rückbildung befindlicher sowie regenerierender

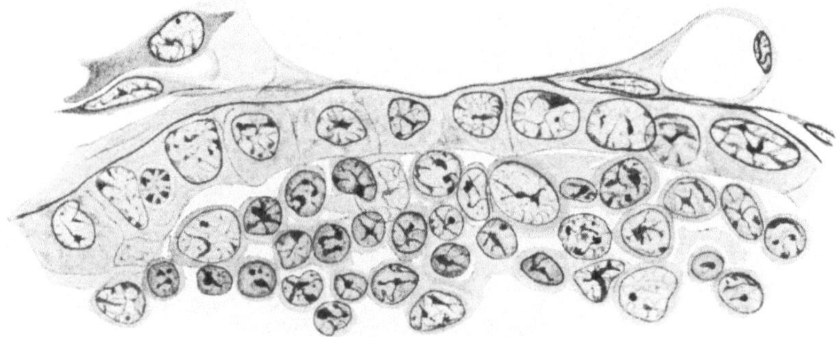

Abb. 27. Epitheliale Randzone der Rinde des *menschlichen* Thymus. (Hingerichteter ♂, 43jährig, Fixation Susa, Celloidinschnitt, Dicke 12 μ, Hämatoxylin-Eosinfärbung, Ok. 10×, Ölimmersion Zeiss ¹/₁₂, Abb. auf ³/₄ verkl., gez. W. Bargmann.)

Thymen (Hart 1912, Jonson 1909, Deanesly 1928, James 1939). Mitosen der Reticulumzellen nach Colchicinzufuhr stellten Musotto und di Quattro (1941, *Maus*), sowie Grégoire (1942, *Ratte*) fest. In der Gewebekultur beobachteten Wassén (1915), Tschassownikow (1929) und Schopper (1934) lebhafte mitotische Teilungen der Reticulumzellen. Zweikernige Reticulumzellen wurden von Prenant (1894), ferner von Hammar (1909) sowie Hill (1935) beobachtet. Die nicht selten zu findenden mehrkernigen Riesenzellen (Watney 1878, 1882, Schaffer 1893, Pflücker 1906, Bell 1906, Rudberg 1907, Musotto und di Quattro 1941, Colchicineinwirkung, *Maus*), wie sie z. B. im Thymus von *Raja* vorkommen, stammen von Reticulumzellen ab, mit denen sie durch Cytoplasmafortsätze zusammenhängen. Sie dürften ihre Entstehung teils einer Kernvermehrung, teils einer Vereinigung von Reticulumzellen verdanken (Hammar 1909). Der letztgenannte Entstehungsmodus ist nach Ssyssojew (1924) zu Beginn der akzidentellen Involution im *menschlichen* Thymus zu beobachten, bei der die mit zerfallendem Zellmaterial beladenen, vergrößerten und unscharf begrenzten Reticulumzellen miteinander verschmelzen. Tschassownikow (1927) beobachtete auch in der Gewebekultur eine Vereinigung mit phagocytiertem Material gefüllter Reticulumzellen zu mehrkernigen Riesenzellen. Kerneinschlüsse in Gestalt heller lichtbrechender Gebilde mit geradlinigen unregelmäßigen Umrissen wurden von Barbano (1912) in Kernen von Reticulumzellen *menschlicher* Thymen beobachtet. Sie lassen sich mit Sudan III gut anfärben. Barbano läßt die Frage offen, ob es sich um Fettkörper handelt.

In gleicher Weise, wie sich Mesenchymzellen oder Elemente retikulären Bindegewebes bei besonderer funktioneller Beanspruchung aus ihrem Verbande unter Abrundung ablösen, können auch die entodermalen Reticulumzellen des Thymus Selbständigkeit erlangen. Dies ist, wie HAMMAR (1923, 1929) gezeigt hat, in den sog. Dissoziationsherden der Fall, in welchen mit Fettkörnchen beladene Elemente den Zusammenhang mit den Reticulumzellen aufgeben, ferner in der Marksubstanz des *Selachier*thymus (HAMMAR 1912) im Verlaufe der Einschmelzung von Gewebspartien. Die wohl durch einen Degenerations-

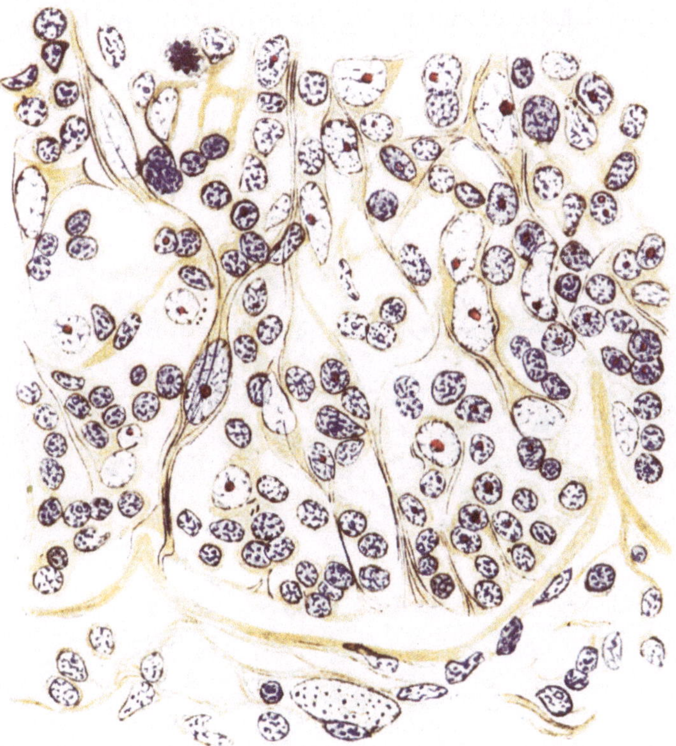

Abb. 28. Ausschnitt aus dem Marke des Thymus von *Esox lucius* (400 mm). Intracelluläre Fibrillen im Cytoplasma der Reticulumzellen. (Fixation Flemming, BENDAS Krystallviolett, Zeiss Apochr. 2 mm, Komp. Ok. 4.) (Aus HAMMAR 1909.)

prozeß entstandenen Zellformen enthalten neben hyalinen Granulis gleichfalls Fette und Lipoide.

Das Cytoplasma der Reticulumzellen zeigt ein sehr verschiedenes Aussehen. Neben homogenen oder zart gekörnten Zelleibern findet man von Vakuolen durchsetzte, die in vivo vermutlich Fettkörnchen enthielten. Die Zelleiber der Reticulumzellen besonders alternder Organe lassen sich mit sauren Farbstoffen mehr oder weniger stark anfärben. Im Azanpräparat kann das Cytoplasma dunkelviolette Töne aufweisen. Mikrozentren wurden von HAMMAR (1912) in hypertrophischen, als Jugendformen von Schleimzellen (s. S. 88) betrachteten Elementen des Thymusmarkes von *Acanthias* nachgewiesen, „hypertrophische Diplosomen" von TSCHASSOWNIKOW (1929) in hypertrophierten Zellen des Markes vom *Kaninchen*thymus. Der GOLGI-Apparat und seine Formwandlungen innerhalb der Reticulumzellen des Thymus haben bisher recht geringe Beachtung gefunden, desgleichen die Mitochondrien. Nach TSCHASSOWNIKOW (1929) wird

der Golgi-Apparat der Reticulumzellen des *Kaninchen*thymus durch ein dem
Kern eng anliegendes „kompaktes Klümpchen" verkörpert, während sich die
hypertrophierten Zellelemente und einzelligen Hassallschen Körperchen durch
den Besitz eines vergrößerten netzigen Golgi-Apparates im Bereiche der Sphäre
auszeichnen (Präsubstanz, G. Chr. Hirsch 1939). Im Thymusreticulum von
Necturus maculosus konnte E. S. James (1939) einen netzförmigen Golgi-Apparat
nachweisen; die Angabe, dieses Gebilde sei bipolar entwickelt, bedarf der Nachprüfung, da sie auf einer Täuschung (Schnittrichtung) beruhen kann. Ob sich
die Angabe von Uno (1932, Ref. Mori), der Golgi-Apparat der Thymuszellen
zeige nach Schilddrüsenentfernung eine besonders gute Ausbildung, auf die

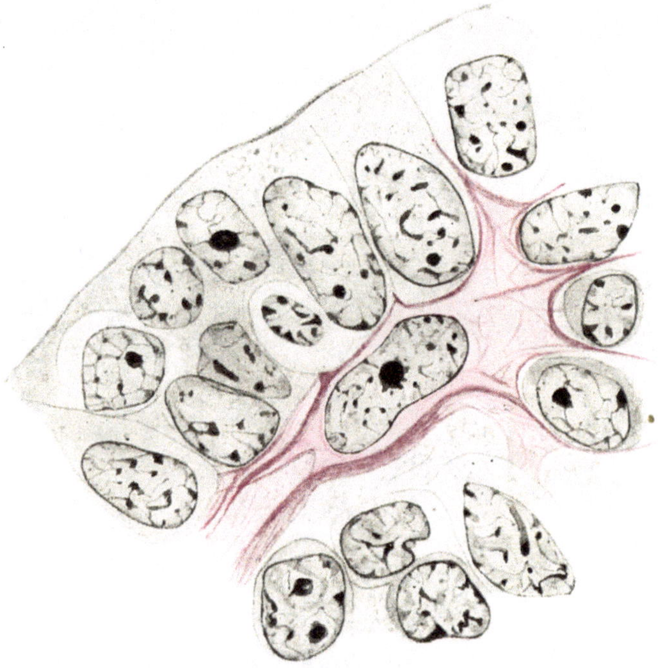

Abb. 29. Reticulumzelle mit intracellulären Fibrillen aus dem in Epithelialisierung begriffenen Zentralstrang
des Thymus vom *Menschen*. (Hingerichteter, 43jährig, Fixation Bouin, Celloidinschnitt 12 μ, Hämatoxylin-
Eosinfärbung, Ok. 20×, Ölimmersion Zeiss $^1/_{12}$, auf $^9/_{10}$ verkl., gez. W. Bargmann.)

Reticulumzellen bezieht, ist unklar. Die Mitochondrien sind in Gestalt
zahlreicher feiner Granula, teilweise auch kurzer Fädchen, im Cytoplasma verteilt (Tschassownikow 1929, Seemann 1930); nach Tschassownikow (1929)
sollen sie in hypertrophierten Zellen, vor allem aber in einzelligen Hassallschen Körperchen zahlreicher vorhanden sein. Im Cytoplasma der letzteren
sind sie in charakteristischer Weise verteilt, die Zellperipherie ist frei von
Mitochondrien, während der ihr angeschlossene zentrale Cytoplasmabereich durch
Reichtum an Mitochondrien auffällt. In Kernnähe sind die Mitochondrien in
geringerer Zahl, aber in gleichmäßiger Verteilung anzutreffen. Möglicherweise
gehen die in den sog. einzelligen Hassallschen Körperchen nachweisbaren
„basophilen Schöllchen" aus Mitochondrien hervor (Tschassownikow 1929).
Die von Salkind (1913) abgebildeten, als Chondriokonten bezeichneten fädigen
Strukturen dürften mindestens teilweise intracelluläre Fibrillen, nicht aber
Mitochondrien verkörpern.

Im Cytoplasma der Reticulumzellen lassen sich häufig mit Hilfe der Krystall-violett-, Mallory- und Azanfärbung, aber auch der Hämatoxylin-Eosinfärbung

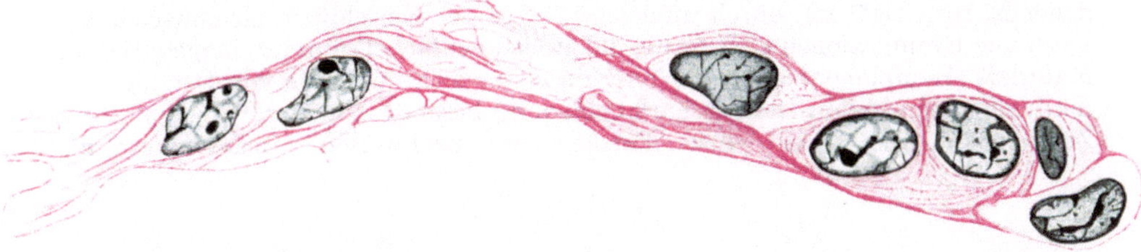

Abb. 30. Strangartige Zusammenlagerung von Reticulumzellen mit intracellulären Fibrillen. (*Mensch ♂,* Hingerichteter, 43jährig, Fixation Susa, Celloidinschnitt 12 μ, Hämatoxylin-Eosinfärbung, Ok. 10×, Ölimmersion Zeiss $^1/_{12}$, auf $^3/_4$ verkl., gez. W. BARGMANN.)

zarte Fibrillen nachweisen. Sie treten besonders in den voluminöseren Zellen des Markes deutlich in Erscheinung, kommen aber auch in den Reticulumzellen der Rinde vor. Wie aus Abb. 28, 29 und 30 (vgl. auch die Beobachtungen HAMMARS) hervorgeht, sind diese fädigen Strukturen den Reticulumzellen des Thymus der verschiedenartigsten *Wirbeltiere (Mensch, Krähe, Star, Teleostier, Selachier)* eigen. HAMMAR (1908) schildert die intracellulären Gebilde als stark lichtbrechende Fädchen, welche von einem Zellausläufer in den nächsten ziehen. In Kernnähe weichen sie auseinander, wobei sie in noch feinere Fibrillen aufsplittern, die sich vielfach wiederum zu stärkeren Fibrillenbündeln vereinigen. Man darf diese Fadenstrukturen wohl den für die Epithelzellen der Haut bekannten Epithelfasern zur Seite stellen. Mit mesenchymalen Fibrillenstrukturen haben sie jedenfalls — nach dem morphologischen und färberischen Verhalten zu schließen — nichts zu tun. Nach meinen Beobachtungen zeichnen sich die fibrillenhaltigen Zellelemente durch Acidophilie des Cytoplasmas aus, so daß sie sich schon in Hämatoxylin-Eosinpräparaten durch eine kräftige Rotfärbung des Cytoplasmas (s. Abb. 29, 30) verraten. Eine nicht selten vorhandene zarte Querstreifung

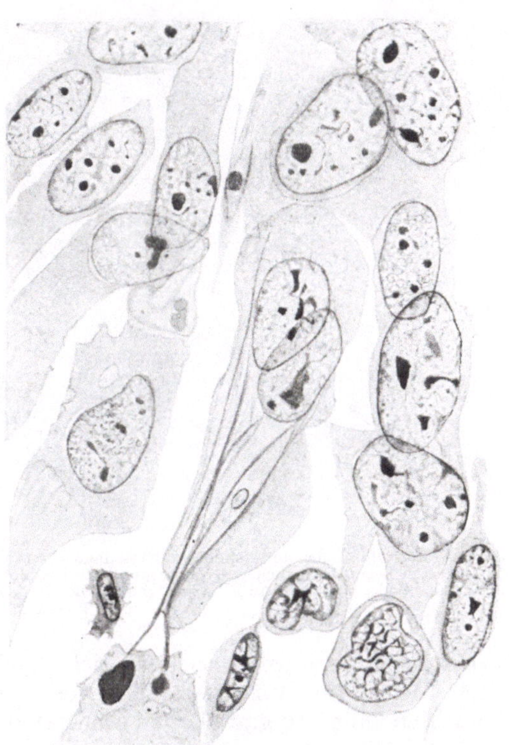

Abb. 31. Gewebekultur vom Thymus des *Kaninchens*; intracelluläre Fibrillen. (Deckglaskultur, 4. Passage, 10 Tage alt, Hämatoxylinfärbung, Ok. 5×, Ölimmersion Zeiss, Abb. auf $^9/_{10}$ verkl., Präp. von Prof. W. SCHOPPER-Leipzig, gez. W. BARGMANN.)

der Fibrillen (HAMMAR 1912 z. B.) weist auf die enge Verwandtschaft von Reticulumzellen und myoiden Elementen hin, welche auf S. 63 beleuchtet wird. Daß Fibrillen in Reticulumzellen auch unter den in der Gewebekultur

herrschenden Bedingungen bestehen können, zeigt die nach einem Präparat von
Schopper gewonnene Abb. 31.

Die im Cytoplasma der Reticulumzellen enthaltenen Granula sind uneinheit-
licher Natur. Gröbere, durch ungleiche Größe der Einschlüsse gekennzeichnete
basophile Granulationen z. B. (Abb. 32) stellen vielfach Trümmer phagocytierten
Materials (Lymphocyten) dar. Weiterhin lassen sich mit Hilfe von Osmierungs-
methoden, der Sudan- und Scharlachfärbung besonders in der Umgebung des
Zellkernes kleine Lipoid- bzw. Fettkörnchen nachweisen. Insbesondere die

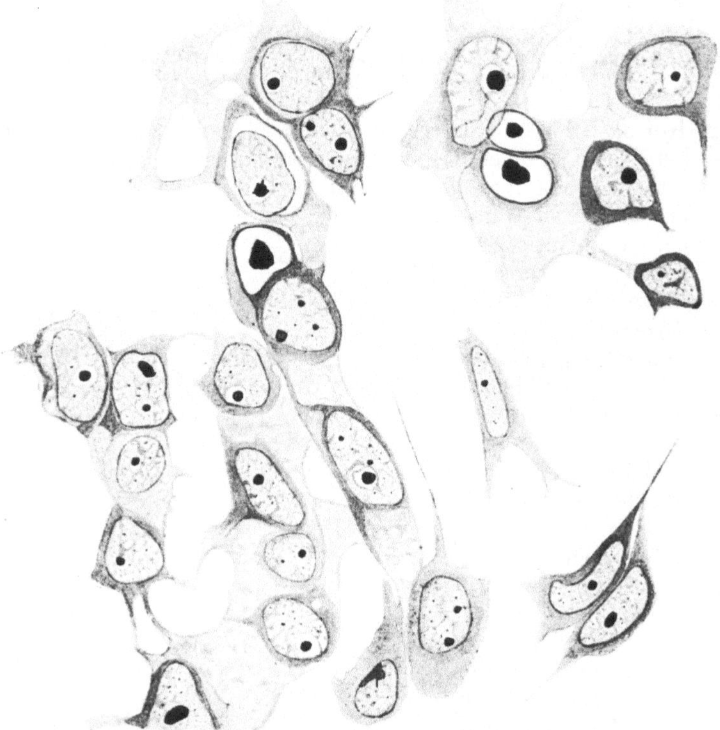

Abb. 32. Reticulumzellen mit scholligen Einschlüssen aus der Markregion des Thymus vom *Menschen;* die
zwischen den Zellen befindlichen Lymphocyten wurden nicht gezeichnet. (Hingerichteter ♂, 43jährig, Fixation Bouin, Celloidinschnitt, 15 μ, Azanfärbung, Ok. 10×, Ölimmersion Zeiss ¹/₁₂, Abb. auf ⁹/₁₀ verkl., gez.
W. Bargmann.)

Zellen der Rindenregion zeichnen sich durch den Besitz fettiger Granula aus,
deren Menge im Anfangsstadium von Involutionsprozessen außerordentlich
anwachsen kann. In granulärer Form treten auch die Vorstufen des Schleimes
in Erscheinung, der seitens zu Schleimzellen differenzierter Abkömmlinge des
Reticulums im Thymus *niederer Wirbeltiere* (z. B. *Selachier*, Hammar 1912)
produziert wird. Ob die von Klose (1931) im Thymus von *Proteus anguineus*
gefundenen, 0,1—0,03 mm im Durchmesser erreichenden Zellen mit exzentrisch
liegenden, unregelmäßig gestalteten Kernen, deren netzig strukturiertes Protoplasma bald mehr, bald weniger stark eosinophile Granula umschließt, den
Reticulumzellen zuzurechnen sind, ist unklar. Dasselbe gilt für die von E. S.
James (1939) für *Necturus* beschriebenen, mit den erwähnten Zellen offenbar
identischen Elementen, deren Verarmung an Granulis James als Ausdruck eines

Sekretionsvorganges glaubt ansprechen zu müssen. Die Natur der kleinen tafelförmigen Krystalle, welche HAMMAR (1929) in Gemeinschaft mit sudanophilen Granulis im Cytoplasma der Rindenreticulumzellen in späten Involutionsstadien beobachtete, ist gleichfalls ungeklärt. — Der histochemische Nachweis von Vitamin C in granulärer Form innerhalb der Reticulumzellen gelang HAMMAR (1938), SCHUDY (1939), GLIMSTEDT (1942) und TEICHMANN (1942); die Umgebung der Kerne der Rindenreticulumzellen ist besonders reich an granulären Ablagerungen, die als Trägersubstanz aufzufassen sind (TONUTTI, BARGMANN 1942). Auch die aus den Reticulumzellen hervorgegangenen Riesenphagocyten sind nach TONUTTI (1940) mit Vitamin C beladen (vgl. auch SCHUDY 1939).

Wie erwähnt, beherbergen die Reticulumzellen — und zwar in erster Linie diejenigen des Rindengebietes — häufig feine granuläre Einlagerungen von Fettsubstanzen (HART, LUBARSCH, HAMMAR, SCHAFFER, BARBANO, KAWAMURA, SSIPOWSKY, WASSÉN), welche zum großen Teile Cholesterin enthalten. Einfach brechende Lipoide wurden von LUBARSCH sowie HART (1912) in den Reticulumzellen des *Menschen*, von HONDA (1926) im Thymus einiger *Säuger* nachgewiesen. Bei starker Lipoidablagerung findet man nach HONDA (1926) auch doppelbrechende Substanzen. Sehr treffend vergleicht HART das Schnittbild der leicht verfetteten Thymusrinde im Sudanpräparat mit einem Sternenhimmel. Die Meinung SCHRIDDEs, in dem verschiedenen Fettgehalt von Rinden- und Markreticulumzellen komme die genetische Verschiedenheit beider Zellformen — die Rindenreticulumzellen sollen nämlich bindegewebige Elemente darstellen — zum Ausdruck, entspricht nicht den Tatsachen. Den von SCHRIDDE beobachteten Bildern liegen lediglich quantitative Unterschiede der Fettablagerung zugrunde. Nach HAMMARs (1929) am Thymus des *Menschen* erhobenen Feststellungen nimmt die granuläre Fettablagerung in den Reticulumzellen bei akzidenteller Involution zu; die Zellen der Randzone bleiben jedoch verhältnismäßig fettarm. Ferner beobachtete CONINX-GIRARDET (1927) eine stärkere Vermehrung der Fettkörnchen in den Reticulumzellen des *Igel*thymus an der Rindenmarkgrenze in und kurz vor dem Winterschlafe. In Präparaten vom Thymus hungernder *Kaninchen* dagegen, die H. Voss mir liebenswürdigerweise zur Einsicht überließ, fallen besonders die in der Peripherie der Rinde befindlichen Reticulumzellen durch ihren Reichtum an Fettkörnchen auf (Sudanfärbung). Im Verlaufe der Verarmung der Rinde an Lymphocyten lagern sich die vergrößerten fetthaltigen Elemente nach HAMMARs Wahrnehmungen zu Strängen und Nestern zusammen. Vielfach kommt es zur Ablösung der sich abrundenden fetthaltigen Zellen aus dem Verbande des Reticulums (SSIPOWSKY, Dissoziationsherde HAMMAR 1923, 1929). Ob die abgelösten Elemente mit den freien, insbesondere in der Nachbarschaft, aber auch im Lumen von Gefäßen sowie in HASSALLschen Körperchen anzutreffenden Fettkörnchenzellen identisch sind, kann dem Schnittpräparat zwar nicht sicher entnommen werden. Auch in der Gewebekultur kommt es mit zunehmender Stapelung von Rundzellen oder Detritus zur Abrundung der Reticulumzellen (Abb. 33), welche in diesem Zustande mit mesodermalen Makrophagen verwechselt werden können. Im allgemeinen ist die Fettgranulierung der Fettkörnchenzellen gröber als die der Reticulumzellen. Im Thymus von *Selachiern* sind gleichfalls — und zwar bei Gewebseinschmelzungen — fett- und lipoidhaltige, aus dem Reticulum hervorgegangene Zellen anzutreffen (HAMMAR 1912, s. auch S. 124 u. 136). Auch beim Morbus GAUCHER wurden abgerundete lipoidhaltige Reticulumzellen beobachtet; manche der sog. GAUCHER-Zellen fand HAMPERL (1929) noch mit Fortsätzen versehen (s. a. KRAUS 1921, RUSCA 1921, REBER 1924). Nach HAMPERL sind die Reticulumzellen des Thymus allerdings nur während des ersten Lebensjahres der Aufnahme der GAUCHER-Substanz fähig.

Bei der Niemann-Pickschen Erkrankung scheint es gleichfalls zur Speicherung von Lipoiden im Thymusreticulum zu kommen (Löwenthal 1932, Lit.). Nach intraperitonealer Injektion von Cholesterin in Öl tritt eine Lipoidspeicherung im Thymus der *Maus* nicht in Erscheinung (Löwenthal). Angaben wie z. B. diejenige Barbanos (1912), denen zufolge die Reticulumzellen sich in echte Fettzellen verwandeln können, müssen heute auf Grund unserer Kenntnisse von der Genese des Thymus als unrichtig bezeichnet werden. Wie Hart (1912) und andere Forscher betonen, gehen die Fettzellen innerhalb des Thymus stets aus mesodermalen Elementen hervor (vgl. hierzu S. 112).

Abb. 33. Phagocyten aus der Gewebekultur vom Thymus des *Kaninchens* mit Einschlüssen von Lymphocytentrümmern. (Deckglaskultur, 1. Passage, 5. Tag; Formolfixation, Hämatoxylinfärbung, Ok. 5×, Ölimmersion Zeiss ¹/₁₂, Abb. auf ⁹/₁₀ verkl., Präparat von Prof. W. Schopper-Leipzig, gez. W. Bargmann.)

Wie Fette und Lipoide, so wird auch Hämosiderinpigment, und zwar in erster Linie bei Ernährungsstörungen und Infektionskrankheiten, im Cytoplasma der Reticulumzellen der Rinde in körniger oder scholliger Form abgelagert (Lubarsch 1921, Saito 1924, vgl. dagegen Löwenthal 1932). Auch das von H. J. Schneider (1940) in Reticulumzellen des *Ratten*thymus nachgewiesene gelbbraune Pigment stellt wohl Hämosiderinpigment dar. Somit entsprechen die Verteilungsbilder von Lipoiden und eisenhaltigem Pigment im Thymus einander weitgehend (vgl. hierzu die Abbildung bei Schmincke, 1926). Die Untersuchungen von Saito haben überdies ergeben, daß in Fällen von Ernährungsstörungen bei Säuglingen Lipoide und Hämosiderinablagerungen in den Rindenreticulumzellen ein und desselben Thymus vorkommen können. In Fällen von starker Atrophie stellte Saito einen Schwund der Lipoide und eine erhebliche Zunahme des Hämosiderinpigmentes in den Reticulumzellen fest. Ob die Hämosiderinablagerung wirklich, wie Lubarsch und Saito meinen, auf einen vermehrten Blutzerfall zurückzuführen ist, erscheint mir angesichts unserer geringen Kenntnisse über den Eisenstoffwechsel mindestens unsicher (vgl. hierzu Hueck 1937). Man darf sich die Frage vorlegen, ob die Ablagerungen eisenhaltigen Pigmentes im Cytoplasma der Reticulumzellen den Ausdruck einer direkten Speicherung von Zerfallsstoffen des Blutes darstellen oder ob sie vielleicht in einem inneren Zusammenhang mit einer vorherigen Lipoidstapelung oder intracellulären Lipoidbildung entstanden sind. Die Lipoide könnten gewissermaßen Kondensationsorte des Eisens verkörpern. In diesem Fall wäre es zu verstehen, wenn die Ablagerung von Lipoiden durch diejenige eisenhaltigen Pigmentes — wie in den von LUBARSCH und SAITO untersuchten Fällen — abgelöst würde. Die lipoidreiche Rinde der Nebenniere stellt anscheinend eine Parallele zu den geschilderten Verhältnissen dar (BACHMANN 1939). Die Beziehungen zwischen der Ablagerung der Lipoide und eisenhaltigem Pigment im Cytoplasma der Reticulumzellen des Thymus scheinen mir nach dem Gesagten der Untersuchung unter allgemeinen Gesichtspunkten zu bedürfen.

Die Fähigkeit der Reticulumzellen, körpereigene Substanzen in ihrem Cytoplasma zu stapeln, tritt besonders auffällig in ihrer Bereitschaft zur Phagocytose bei Involutionsprozessen in Erscheinung. Nach den Untersuchungen von RUDBERG (1907, 1909) und TSCHASSOWNIKOW (1929) werden die durch Röntgenbestrahlung des Thymus erzeugten Lymphocytentrümmer von den Reticulumzellen phagocytiert, in deren Zelleibern besonders die basophilen Kernfragmente auffallen. Allmählich gehen diese Trümmer ihrer Basophilie verlustig und treten im Cytoplasma färberisch nicht mehr scharf hervor. HART (1912) spricht von „Kernschatten" im Cytoplasma der Reticulumzellen in Rückbildung begriffener Thymen, die er jedoch für Kerne abgestorbener Reticulumzellen hält. Desgleichen berichten SSYSSOJEW (1924) und TSCHASSOWNIKOW (1927, 1929) über die Phagocytose von Lymphocyten seitens der Reticulumzellen kindlicher und tierischer Thymen (akute Infektion, Röntgenbestrahlung) bzw. in vitro gezüchteter Reticulumzellen des *Kaninchen*thymus, welche infolge Abrundung eine große Ähnlichkeit mit Bindegewebspolyblasten erlangen (vgl. auch PAPPENHEIMER 1913, WASSÉN 1915). An der Markrindengrenze können Ansammlungen derartiger Speicherzellen vorkommen (TSCHASSOWNIKOW 1929, röntgenbestrahlter *Hunde*thymus). SCHUDY (1939) erwähnt die starke Beladung entodermaler Phagocyten mit Kerntrümmern im Thymus des mit Diphtherietoxin vergifteten *Meerschweinchens*. Nach TSCHASSOWNIKOW phagocytieren die Reticulumzellen auch größere Carminschollen. Wie HAMMAR (1927) beobachtete, sammeln sich die pyknotischen Kerne der Lymphocyten sowie die Kernreste in den Reticulumzellen oft in so großer Zahl in der Nachbarschaft des Kernes, „daß die betreffenden Reticulumzellen zu wirklichen Kernballen rundlicher Form" anschwellen. In Präparaten von Gewebskulturen im *Kaninchen*thymus, die W. SCHOPPER (Leipzig) mir zur Verfügung stellte, sind zahlreiche derartige „Kernballen" enthalten, die indessen nicht mit völliger Gewißheit als phagocytierende Reticulumzellen angesprochen werden können. Diese Zellen, die SCHOPPER (1934) als mesodermale Makrophagen betrachtet, ähneln weitgehend den von M. v. MÖLLENDORFF (1932) beschriebenen phagocytierenden Fibrocyten der Gewebekultur. WASSÉN (1915) beobachtete an Gewebekulturen vom Thymus des *Frosches* ebenfalls Reticulumzellen mit phagocytierten Kerntrümmern.

Die Erfahrung, daß syncytial verbundene, reticulär angeordnete Zellen mit den Eigenschaften der Phagocytose und der Neigung zur Speicherung von Fettstoffen und Pigmenten auch parenteral zugeführte saure Vitalfarbstoffe in sich aufzunehmen pflegen, gab den Anstoß zu einigen Untersuchungen über die Speicherung von Vitalfarbstoffen und anderen Substanzen seitens der Reticulumzellen des Thymus. Eine Reihe dieser Untersuchungen sollte die Frage der Zugehörigkeit des Thymus zum reticuloendothelialen

System beantworten. Kiyono (1914) berichtet über Carminspeicherung in mesenchymalen Elementen der Thymusrinde, Wallbach (1928) erwähnt die Ablagerung von Diaminschwarz in „Rindenzellen" des *Mäuse*thymus. Eine geringe Steigerung der Trypanblauablagerung im Thymus des *Meerschweinchens* unter der Wirkung des thyreotropen Vorderlappenhormones beobachtete Howe (1933), ohne jedoch nähere Angaben über die Natur der Speicherzellen zu machen. Baginski und Borsuk (1939) haben im Thymus von *Kaninchen* und *Ratten* niemals eine Farbstoffspeicherung in den Reticulumzellen festgestellt. Nach ihren Wahrnehmungen kommt es lediglich innerhalb mesenchymaler Elemente des interlobulären Bindegewebes und in der Nachbarschaft der Rindengefäße zur Ablagerung saurer Vitalfarbstoffe. Dieselben Ergebnisse erzielte Bujard (1939) mit der intravenösen Zufuhr von chinesischer Tusche und Eisensaccharat, die beide von den Reticulumzellen des *Ratten*thymus nur in Spuren aufgenommen werden. Auch Popoff (1927), der das Verhalten des Thymusgewebes in der Kultur verfolgte, vermißte eine Carminspeicherung in den Reticulumzellen. Diesen Angaben stehen allerdings andere, von Baginski und Borsuk übersehene Beobachtungen gegenüber. So stellte Tschassownikow (1927) eine Speicherung von Carmin im Cytoplasma in vitro gezüchteter Reticulumzellen fest, die sich nach der Farbstoffaufnahme abrundeten. Ferner beschreibt Mandelstamm (1928) eine granuläre Speicherung des subcutan verabfolgten Trypanblaus, nicht — wie Hammar (1929) irrtümlicherweise schreibt — des basischen Toluidinblaus, in den Reticulumzellen akzidentell involvierter Thymen von *Kaninchen*. Bei jungen Tieren wurde in verästelten Zellen des Markes ebenfalls eine Speicherung beobachtet. Mandelstamm läßt jedoch die Frage nach der Natur dieser Elemente offen. Die Diskrepanz der Befunde beruht möglicherweise auf der Heranziehung biologisch verschiedenwertigen Untersuchungsgutes. Zur Klärung dieser Fragen wurden durch meine Schüler H. J. Schneider (1940) und Teichmann (1942) Reihenuntersuchungen über das Verhalten des Thymusreticulums gegenüber Vitalfarbstoffen an Gruppen von Tieren verschiedener Altersklassen und verschiedenen Ernährungszustandes vorgenommen.

Nach subcutaner Injektion der sauren Vitalfarbstoffe Trypanblau, Diaminschwarz und Lithiumcarmin läßt sich im Thymusreticulum von *Ratte* und *Maus* lediglich eine granuläre Ablagerung von Trypanblau (Abb. 34) nachweisen, die jedoch bei weitem nicht das Ausmaß der Speicherung in Lymphknoten, Sternzellen der Leber und Histiocyten erreicht. Wie die Untersuchung der Thymen von Hungertieren, also von akzidentell involierten Organen, ergibt, besteht offenbar keine Abhängigkeit der Intensität der Trypanblauablagerung vom Funktionszustande des Thymus. Ebenso zeigt das Speicherungsbild des altersinvolvierten Thymus keine wesentlichen Unterschiede von demjenigen des voll entwickelten Organs. Ein Teil der blauen Einschlüsse dürfte übrigens aus phagocytiertem, intracellulär zerfallenem Zellmaterial bestehen, welches sekundär durch Trypanblau tingiert wurde. Auch die Reticulumzellen des *Schlangen*thymus enthalten nach intraperitonealer Trypanblauzufuhr nur vereinzelte zarte Farbstoffgranula.

Es dürfte somit kein Zweifel darüber bestehen, daß von einer Zugehörigkeit des Thymus zum reticulo-endothelialen System nicht die Rede sein kann, da die Speicherung allein von Trypanblau — noch dazu von verhältnismäßig geringen Mengen dieser Substanz — nicht als ein spezifisches funktionelles Merkmal gewertet werden darf. Lubarsch (1921) hat ohne Berücksichtigung der von Aschoff (1924) unterstrichenen genetischen Verschiedenheit Thymusreticulum und reticulo-endotheliales System zu einem „makrophagen System" zusammengefaßt. Die Fähigkeit zur Aufnahme von Pigmenten, Zelltrümmern oder anderen Korpuskeln ist jedoch, wie SCHNEIDER (1940) hervorhebt, ebenfalls kein derart spezifisches Merkmal, daß ihr Nachweis zur Aufstellung eines funktionellen Systems genügen könnte (vgl. hierzu ·BARGMANN 1936).

Die Frage, ob die Reticulumzellen des Thymus an der vitalen Entfärbung parenteral zugeführter Farbstoffe, wie z. B. Methylenblau in besonderem Maße beteiligt sind, ob sie vielleicht Reduktionsorte darstellen, ist ungeklärt. Nach einer Angabe von MIETZSCH (1934) nimmt der nach intraperitonealer Injektion von Methylenblau hellgrau getönte Thymus der *Maus* nach Zusatz von Eisenchlorid eine kräftige Blaufärbung an.

Die entodermalen Thymuselemente treten zwar vorwiegend, aber nicht ausschließlich in Gestalt eines reticulären Syncytiums in Erscheinung. Wie erwähnt, besteht die Grenzschicht der Thymusrinde, welche der die Läppchen umhüllenden Membrana propria anliegt, aus einer als Randzone bezeichneten, epithelial zusammengefügten Zellage, welche fließend in das unter ihr gelegene Reticulum übergeht. Die Reticulumzellen besitzen, insbesondere im Verlaufe von Involutionsvorgängen, die Neigung, sich zu mehr oder minder ausgedehnten Epithelinseln zusammenzuschließen (Abb. 57, 58), ein Vorgang, der sich auch in dem in der Gewebekultur wachsenden Thymusparenchym abspielt. Neben epithelialen Membranen oder soliden Strängen, die ich in Bestätigung der Angaben von TSCHASSOWNIKOW (1927) und SCHOPPER (1934) in Kulturen vom Thymus neugeborener *Kaninchen* feststellen konnte, entstehen in vitro regelrechte Epithelinseln (TSCHASSOWNIKOW 1927), deren Elemente durch zarte Cytoplasmabrücken untereinander verbunden sind. Ein Teil

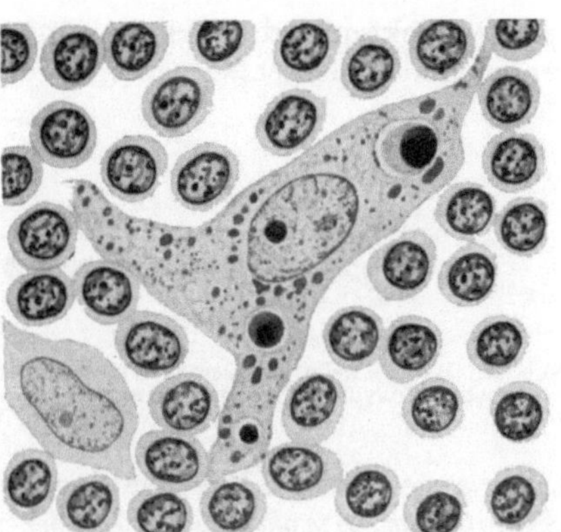

Abb. 34. Trypanblauablagerung in Reticulumzelle des Thymusmarkes der *Maus* (1 ccm Trypanblau in 5 Tagen, Fixation Susa, Schnittdicke 6 μ, Kernechtrotfärbung). Im Cytoplasma der Reticulumzelle Einschlüsse degenerierter Lymphocyten. (Ölimmersion Zeiss H I. 100, Okular 4mal, auf ²/₃ verkleinert, gez. K. HERSCHEL-Leipzig.) (Aus H. J. SCHNEIDER 1940.)

dieser Bildungen stellt wohl Vorstufen HASSALLscher Körperchen dar. Nach Röntgenbestrahlung ziehen die Reticulumzellen, wie TSCHASSOWNIKOW (1929) beobachtete, ihre Ausläufer ein, um sich zu kompakten epitheloiden Strukturen zu vereinigen, von denen aus regelrechte epitheliale Knospen in die Umgebung vordringen. Auch die Randzone von Thymustransplantaten zeichnet sich durch epitheliale Struktur aus (JAFFE und PLAVSKA 1925, GOTTESMANN und JAFFE 1926). Auf die Fähigkeit des Thymusreticulums, geschlossene Wandbeläge von Cysten zu bilden, wird an anderer Stelle eingegangen.

Einzelne Reticulumzellen können infolge von Hypertrophie erheblich an Umfang zunehmen. Über diese als einzellige HASSALLsche Körperchen bezeichneten Gebilde wird auf S. 71 berichtet.

5. Die myoiden Zellen.

Im Cytoplasma der Reticulumzellen des Thymus — insbesondere des Markes — differenzieren sich nicht selten Fibrillen, welche eine deutliche Querstreifung aufweisen, die den Zellen eine mitunter weitgehende Ähnlichkeit mit Skeletmuskelfasern verleiht (Abb. 35, 36; s. MAYER 1888, SCHAFFER 1893, BOLAU 1899, PENSA 1902, 1904, HAMMAR 1905, KRAUSE 1931, TEICHMANN 1942 u. a.). Wegen dieser Ähnlichkeit werden die quergestreiften Zellen als myoide Zellen

bezeichnet (HAMMAR 1905). Diese Benennung deutet gleichzeitig an, daß die
Zellen von echten quergestreiften Muskelfasern wesensverschieden sind. Neben

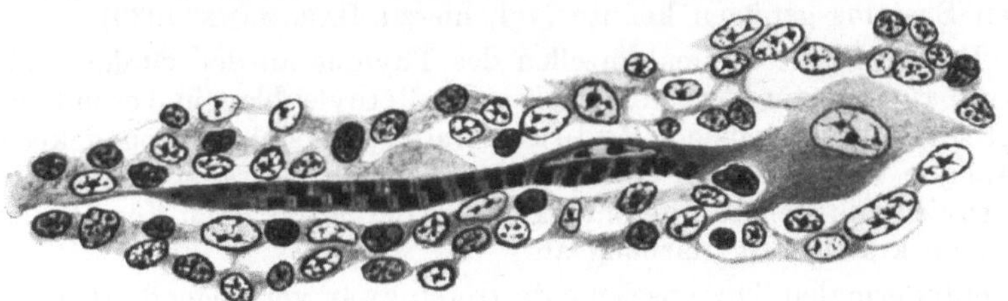

Abb. 35. Myoide Zelle aus dem Thymus eines 2 Monate alten *Hühnchens*. (Fixation nach TELLYESNICZKY,
BENDAs Krystallviolett, Vergr. 865fach.) (Aus HAMMAR 1905.)

langgestreckten und verästelten myoiden Zellen kommen auch radiär gestreifte,
große rundliche Elemente vor, deren Zelleib von zirkulär verlaufenden konzen-

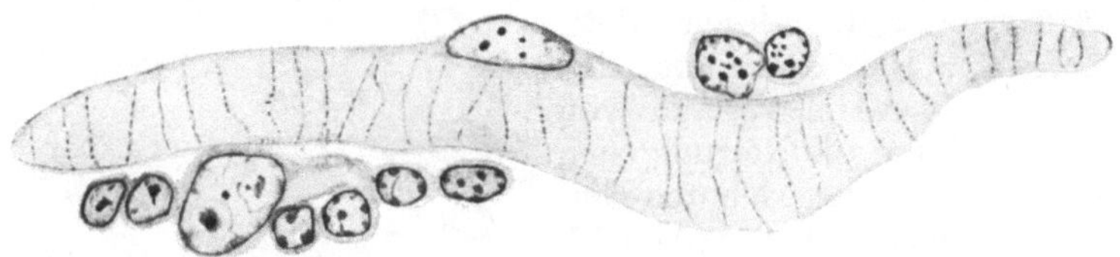

Abb. 36. Myoide Zelle aus dem Thymus des erwachsenen *Huhnes*. (Fixation Bouin, Schnittdicke 12 μ,
Eisenhämatoxylinfärbung nach HEIDENHAIN, Ok. 10×, Ölimmersion Zeiss ¹/₁₂, Abb. auf ⁹/₁₀ verkl.,
gez. W. BARGMANN.)

trisch angeordneten Fibrillen durchsetzt wird (PENSA 1902, 1904, HAMMAR 1910,
Sauropsiden, Amphibien, Teleostier u. a.), ferner solche, deren Fibrillenbündel

Abb. 37. Umriß eines Läppchens aus dem Thymus der *Ringelnatter (Tropidonotus natrix*. Anhäufung der myoiden Zellen
(schwarze Punkte) an der Mark-Rinden-Grenze. (Hämatoxylin-
Eosin-Färbung, Schnittdicke 8 μ, Vergr. etwa 30fach,
auf ¹/₃ verkl., gez. K. HERSCHEL-Leipzig.)

sich innerhalb des Cytoplasmas anscheinend verfilzen (HAMMAR 1905, *Anuren*, v. HAGEN 1934, *Anguilla*, TEICHMANN 1942, *Schlangen*, Abb. 39). Die von LEYDIG (1857) im Thymus von *Amphibien* beobachteten geschichteten Körperchen dürften, den Abbildungen des Autors nach zu urteilen, mit den myoiden Zellen identisch sein. Der Thymus der *Selachier Raja radiata, Raja clavata, Acanthias vulgaris, Spinax niger* und *Chimaera monstrosa* enthält zufolge den Untersuchungen HAMMARs (1912) keine myoiden Zellen. Nach HAMMARs (1905) auf die myoiden Zellen von *Anuren* bezugnehmenden Angaben verflechten sich die Fibrillen vielfach im Inneren des Zelleibes, während sie an seiner Oberfläche zirkulär verlaufen, so daß Flächenansichten die Fibrillen im Längsschnitt zeigen, Medianschnitte durch die Zellen jedoch sowohl die COHNHEIMsche Felderung als auch die quergestreiften Fibrillenbündel in Längsansicht. Der Zellkern kann von einem fibrillenfreien Cytoplasmabezirk

umgeben sein. Die Querstreifung beschränkt sich häufig nur auf einzelne Ab-
schnitte des Zelleibes; vielfach ist sie ausgesprochen ungleichmäßig entwickelt.
Die Untersuchung des Fibrillenaufbaues durch Weissenberg (1907) hat für die
myoiden Zellen des *Vogel*thymus das Vorhandensein der Glieder Q und I sowie des
Streifens Z ergeben, den auch Dustin und Baillez (1914) in den myoiden Zellen
des *Kätzchens* sowie Terni (1929) in denjenigen des *Sauropsiden*thymus feststellten.
In den myoiden Zellen der *Anuren* sind die Zwischen- und Mittelscheiben der
Fibrillen, wie Hammar (1905) bemerkt, nur ausnahmsweise zu sehen. Sie wurden
dagegen durch v. Hagen (1936) in den myoiden Zellen von *Anguilla* einwandfrei
nachgewiesen. Der Nachweis der charakteristischen Segmentierung entkräftet
die Ansicht von Jordan und Looper (1928), die Schichtung der myoiden Zellen

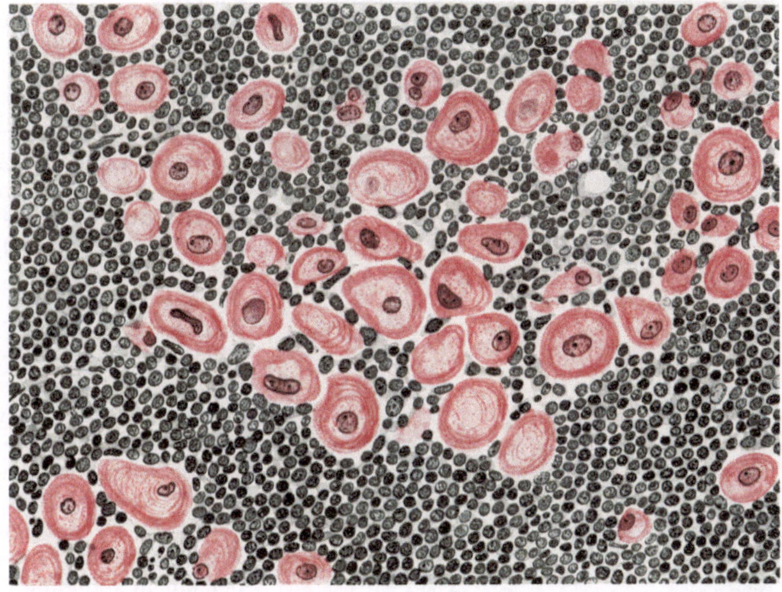

Abb. 38. Thymus der *Ringelnatter (Tropidonotus natrix)*. Herd myoider Zellen. (Fixation Bouin, Schnittdicke 8 μ, Hämatoxylin-Eosin-Färbung. Ok. 2, Obj. Zeiss DD, auf ⁴/₅ verkl., gez. K. Herschel-Leipzig.)

entspreche der konzentrischen Schichtung einer halbflüssigen acidophilen
Masse innerhalb des Cytoplasmas. Das Cytoplasma der rätselhaften Zellen gibt
nach Terni (1929) schwache Glykogenreaktion. Ich halte es jedoch mit
Teichmann (1942) für wahrscheinlich, daß die Anwesenheit von Schleim-
substanzen für den positiven Ausfall dieser keineswegs streng spezifischen
Reaktion verantwortlich ist (vgl. hierzu M. Clara 1940). Teichmann (1942)
zweifelt auf Grund folgender Feststellungen an der Richtigkeit der Auffassung
Ternis vom Glykogengehalt der myoiden Elemente: 1. Die Jodreaktion fällt
an den myoiden Zellen negativ aus. 2. Auch nach Lösung des Glykogens durch
Fixation und Nachbehandlung läßt sich eine Rotfärbung von Granulis durch
Bestsches Carmin erzielen. 3. Aufeinanderfolgende Schnitte eines und desselben Thymus, welche abwechselnd der Speichelverdauung und der Bauerschen
Polysaccharidreaktion bzw. nur letzterer oder der Bestschen Färbung unterworfen wurden, zeigen keinerlei färberische Unterschiede. Nach der Speichelverdauung wäre eine Abschwächung der Bauerschen oder Bestschen Reaktion
zu erwarten gewesen. — Vitamin C tritt in den myoiden Zellen des *Schlangen*-
thymus auch nach parenteraler Redoxonzufuhr nicht auf (Teichmann 1942).

Die Kerne der myoiden Elemente nehmen oft eine randständige, meistens aber eine zentrale Lage innerhalb des Cytoplasmas ein. Nicht selten erscheinen manche myoiden Zellen kernlos; in solchen Fällen hat man es mit Zellen zu tun, welche — ähnlich den HASSALLschen Körperchen — regressive, zur Homogenisierung oder zum Zerfall des Kernes führende Veränderungen durchmachen. Der Nuclealgehalt der Kerne der myoiden Zellen ist gering, nur der Nucleolus fällt durch stärkere positive Reaktion auf (TEICHMANN).

Eine dem Sarkolemm vergleichbare reticulär gebaute Hülle fehlt den myoiden Zellen (TERNI 1929, TEICHMANN 1940, 1942, *Sauropsiden*thymus), doch werden zugrunde gehende myoide Zellen des *Schlangen*thymus zunächst gruppenweise, später einzeln von Gitterfasern umscheidet (TEICHMANN 1942, Abb. 44).

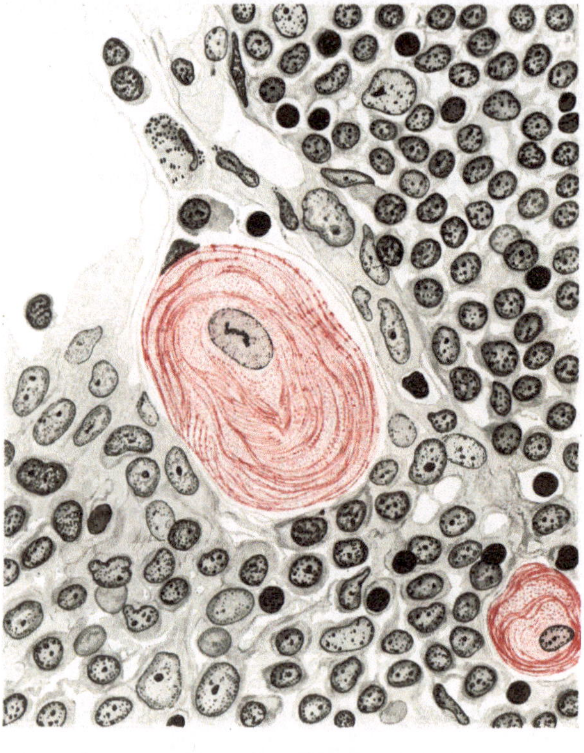

Myoide Zellen kommen in erster Linie im Marke bzw. an der Mark-Rindengrenze des Thymus von *Sauropsiden* (Abb. 37), ferner von *Amphibien* und *Fischen* vor, wurden aber in einer Reihe von Fällen auch im *Säugetier*thymus beobachtet. PAPPENHEIMER (1910) konnte myoide Elemente insbesondere in der Thymusrinde bei einem $5^1/_2$ Monate alten *menschlichen* Fetus nachweisen, WASSJUTOTSCHKIN (1918) bei einem Säugling; SALKIND (1915) sowie DUSTIN und BAILLEZ (1914) sahen sie bei der *Ziege* bzw. beim 3 Monate alten *Kätzchen*. Bei *Hund* und *Rind* wurden myoide Zellen von HAMMAR (1905), beim *Schweine*embryo von GAMBURZEW

Abb. 39. Thymus der *Ringelnatter (Tropidonotus natrix)*. Myoide Zelle mit zirkulär angeordneten quergestreiften Fibrillen, aus dem aufgelockerten Rindengebiet in das angrenzende rundzellenreiche Bindegewebe verlagert (Fixation Bouin, Schnittdicke 8 μ, Hämatoxylin-Eosin-Färbung, Ok. 4, Zeiss Ölimmersion H I 100, auf $^2/_3$ verkl., gez. K. HERSCHEL-Leipzig.)

(1908) beobachtet. Im Thymus der *Sauropsiden* liegen die myoiden Zellen häufig in Gruppen beisammen (TERNI 1929, TEICHMANN 1942, *Schlangen*), welche nicht selten — wie auch Einzelelemente — in der Nachbarschaft von Blutgefäßen anzutreffen sind. Manche der Zellen schmiegen sich auch, wie aus TERNIs Beobachtungen am Thymus des *Hühnchens* hervorgeht, einander eng an. Wie die Abb. 39 erkennen läßt, kommen einzelne myoide Zellen gelegentlich außerhalb der Thymusrinde, d. h. im rindennahen Bindegewebe vor, und zwar an jenen Stellen, an denen im Verlaufe von Involutionsvorgänge eine Auflockerung und Rückbildung der Thymusrinde stattgefunden hat.

Eine ganze Reihe von Untersuchern erblickt in den myoiden Zellen Elemente mesodermaler Herkunft, die gleich den in der Schilddrüse befindlichen Muskelfasern als Ausstrahlungen der dem Thymus benachbarten Skeletmuskulatur aufzufassen oder — wie DUSTIN (1909) meint — aus den Adventitialzellen der Thymusgefäße hervorgegangen sein sollen oder aus Myoblasten, die während der Entwicklung des Thymus in die Organanlage hineingerieten (WASSJUTOTSCH-KIN 1913, 1914, 1918). PENSA betrachtet die myoide Zelle als ein muskuläres, dem Coelomepithel des II. Schlund-bogens entstammendes Element, wel-ches im Thymus eingeschlossen wurde. Nach den Untersuchungen HAMMARs kann indessen die Zugehörigkeit der myoiden Zellen zum entodermalen Reticulum als sicher gelten. Einmal gelingt in vielen Fällen der Nachweis des kontinuierlichen Zusammenhanges langgestreckter und verästelter myo-ider Zellen mit dem Ausläuferwerk der Reticulumzellen (HAMMAR 1905, WASSÉN 1915, TERNI 1929, TEICHMANN 1942, eigene Beobachtungen); daß ein Teil der myoiden Zellen die Verbin-dung mit den Reticulumzellen aufgibt, ist kein Beweis der genetischen Ver-schiedenheit beider Zellformen. Weiter-hin existieren nicht selten Übergangs-formen zwischen myoiden und Reti-culumzellen. Ferner besteht nach den Untersuchungen HAMMARs kein Zwei-fel daran, daß die myoiden Elemente gänzlich unabhängig von dem Ein-dringen mesenchymaler Zellen oder von Gefäßen innerhalb der Thymus-anlage auftreten. Im *Teleostier*thymus nämlich erscheinen myoide Zellen

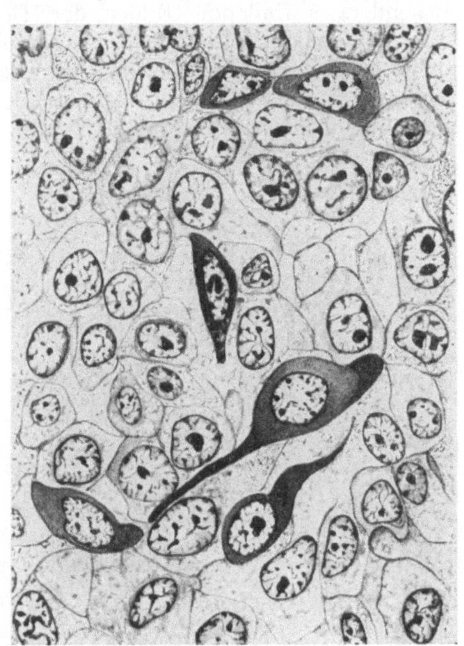

Abb. 40. Mark des Thymus eines Embryo von *Anguis fragilis* (6 cm lang) mit dunkelgefärbten geschwänzten Zellen. (Fixation Bouin, Schnittdicke 10 μ, Azanfär-bung nach M. HEIDENHAIN, Zeiss Ölimmersion $^{1}/_{12}$, Ok. 10fach, auf $^{9}/_{10}$ verkl., gez. W. BARGMANN.)

bereits zu einer Zeit, in welcher sich noch keine Mesenchymderivate in der Organanlage vorfinden (HAMMAR 1909). Daß die Querstreifung allein nicht als Kriterium einer mesodermalen Herkunft gelten kann, sei nur beiläufig er-wähnt. — Die fibrillenfreien Vorstufen der myoiden Zellen in der Thymusanlage von *Anguis* zeichnen sich nach meinen Beobachtungen durch Acidophilie des Cytoplasmas aus (Abb. 40).

Die Zugehörigkeit der myoiden Ele-mente zu den entodermalen Reticulum-zellen wird übrigens durch die Tatsache unterstrichen, daß sie regressiven Veränderungen (Abb. 41—43) unter-liegen, welche den an den HASSALL-schen Körperchen sich abspielenden ent-

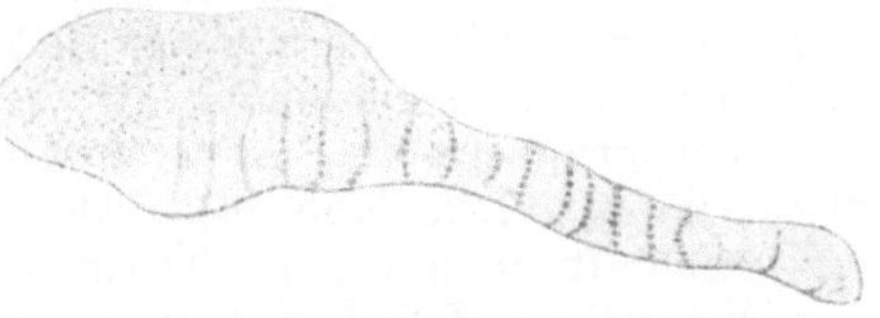

Abb. 41. Degenerierte myoide Zelle aus dem Thymus des *Huhnes*. (Fixation Bouin, Schnittdicke 12 μ, Eisenhämatoxylinfärbung nach HEIDENHAIN, Ok. 5×, Ölimmersion Zeiss $^{1}/_{12}$, Abb. auf $^{9}/_{10}$ verkl., gez. W. BARGMANN.)

sprechen (DUSTIN, HAMMAR, TERNI, JORDAN und LOOPER 1928, TEICHMANN 1940, 1942). Die Veränderungen bestehen nach meinen Beobachtungen am *Hühner*thymus in einer insbesondere bei älteren Tieren festzustellenden Homo-genisierung des Zelleibes, welcher seine Querstreifung völlig verlieren kann; ebenso läßt sich nicht selten ein Zugrundegehen des Kernes beobachten (Abb. 41). Gleichzeitig nimmt die myoide Zelle, vielleicht durch Quellung, an Umfang zu, während ihr Cytoplasma lebhaft acidophil wird. Schon bei schwacher

Vergrößerung sind derart veränderte myoide Zellen im Schnittpräparat gut zu erkennen. Man glaubt zunächst eine Reihe Hassallscher Körperchen vor sich zu haben. Nach Terni fällt das Cytoplasma dieser Elemente nach Behandlung mit der Methode von Cajal durch seine granuläre Struktur auf. Besonders auffallende Bilder der Degeneration zeigen nach Feststellungen meines Schülers Teichmann die myoiden Zellen im Thymus von *Schlangen* (Abb. 43), deren von Fibrillen durchsetztes Cytoplasma sich in eine körnig-wolkige Masse verwandelt, um schließlich zu einem intercellulär gelegenen schleimigen Gerinnsel zu zerfließen. Während sich die intakten Zellen

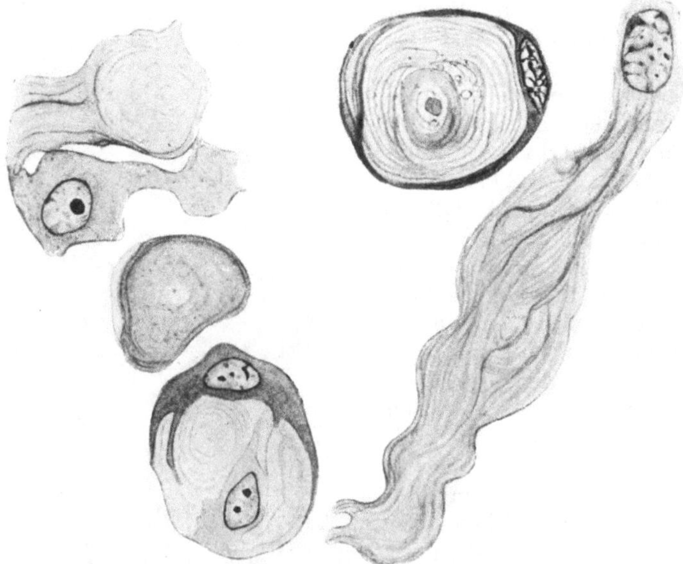

Abb. 42. Degenerierende myoide Zellen aus dem Thymus des *Huhnes*. (Fixation Bouin, Schnittdicke 12 μ, Hämatoxylin-Eosin-Färbung, Ok. 10×, Ölimmersion Zeiss $^1/_{12}$, Abbildung auf $^9/_{10}$ verkl., gez. W. Bargmann).

mit Azocarmin anfärben, tingieren sich die absterbenden Elemente bei Anwendung der Azanfärbung lebhaft mit Anilinblau, so daß sie trotz Verringerung ihres Umfanges bereits bei schwacher Vergrößerung sehr deutlich im Schnittpräparat hervortreten. Wie die zugrunde gehenden Zellen in anderen Organen, so werden die myoiden Zellen des *Schlangen*thymus, die ursprünglich in keiner näheren Beziehung zu dem Gitterfasergerüst des Thymus stehen, zunächst gruppenweise, dann einzeln von argyrophilen Fibrillen umschlossen (Teichmann 1942, Abb. 44). Als Ergebnis regressiver Veränderungen sind unzweifelhaft auch die im Thymus von *Anuren* zu beobachtenden vakuolisierten myoiden Zellen zu betrachten, die Hammar (1905) bei Hunger*fröschen* etwas vermehrt fand, obwohl sie auch bei gut genährten Tieren angetroffen werden. Dasselbe gilt für die sog. sarkolytenähnlichen Zellformen im *Anuren*thymus. Eine eingehende Untersuchung der Frage, welche Bedingungen das Auftreten degenerativer Formen der myoiden Zellen begünstigen, ob sich vielleicht ein cyclisches Geschehen in ihren Veränderungen widerspiegelt, wäre sehr erwünscht.

Die Innervation der myoiden Zellen erfolgt nach Ternis (1929) Untersuchungen am Thymus der *Sauropsiden* durch Fasern, welche sich der Zelloberfläche mit Schlingen, Endfüßchen, Endknöpfen und Keulen anlagern (neuromyoide Verbindungen). Hammar (1905) vermochte seinerzeit keine

Anhaltspunkte für eine direkte Innervation der fraglichen Gebilde zu gewinnen. Außerdem beschreibt TERNI „interstitielle Zellen" (CAJAL) als teils autonome effektorische, zum kleineren Teile receptorische Neurone, welche sich vielfach den

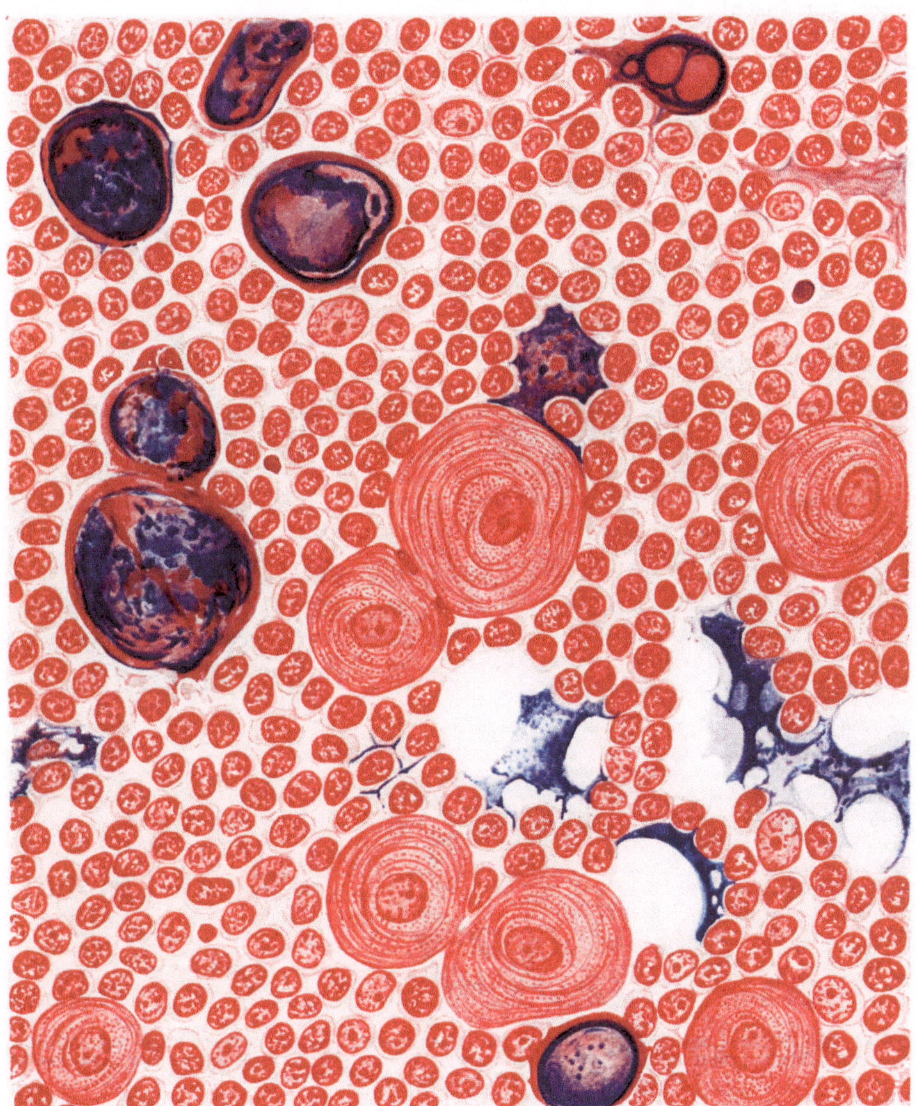

Abb. 43. Thymus der *Ringelnatter (Tropidonotus natrix)* mit myoiden Zellen, zum Teil in Degeneration. (Fixierung Susa, 8 μ, Azan, Präp. cand. med. TEICHMANN, Ok. 4, H I 100, verkl., gez. K. HERSCHEL-Leipzig.)

myoiden Zellen anschmiegen und sie mit verästelten Ausläufern umgreifen (paramyoide Zellen). Bei Betrachtung der Abbildungen TERNIS tauchen mir allerdings Zweifel an der nervösen Natur mancher der wiedergegebenen Zellen (s. z. B. TERNIS Abb. 32, 35, 36, 40) auf. Wie HAMMAR (1915) lehrt, findet man nicht selten „eine kernhaltige Protoplasmamasse" — wohl dem Reticulum entstammend — der Oberfläche fadenförmiger myoider Elemente angelagert. Diese Beobachtung kann ich bestätigen. Auch sind gelegentlich verästelte Reticulumzellen engstens mit myoiden Zellen verbunden. Es ist durchaus denkbar, daß die Imprägnation solcher Zellen die Existenz von Nervenzellen vortäuscht.

Die Frage nach der funktionellen Bedeutung der myoiden Zellen ist völlig ungeklärt. Elektrische Reizung des Thymus vom *Hühnchen* (HAMMAR

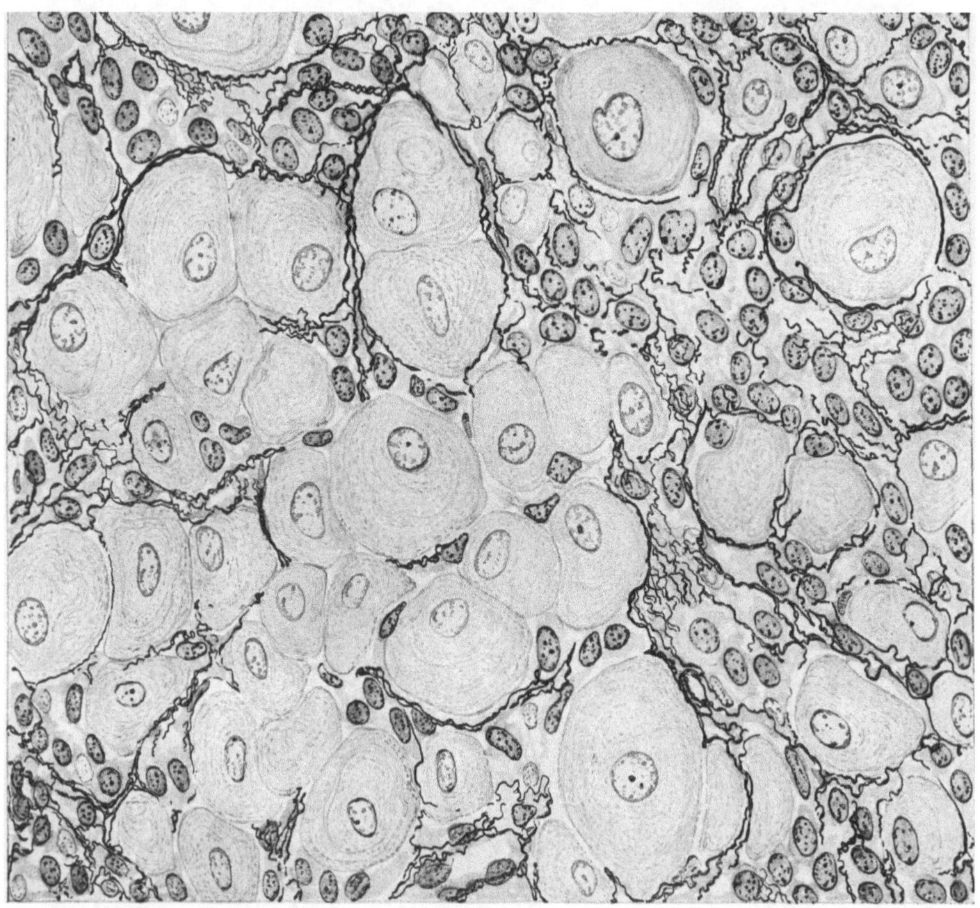

Abb. 44. Myoide Zellen aus dem Thymus von *Tropidonotus natrix*, von Gitterfasern umsponnen (Fixation SUSA. 8 μ, Silberimprägnation nach T. PAP, Kernechtrotfärbung, Ok. 4, Zeiss-Ölimmersion H.-I 100, auf ²/₃ verkl., gez. K. HERSCHEL-Leipzig). (Aus TEICHMANN 1942).

1905) führte zu keiner Kontraktion des Organes, was jedoch nicht als Beweis für die Unfähigkeit der Zellen zur Kontraktion gelten kann, da ihre Zahl im Verhältnis zur Thymusmasse so gering ist, daß die Kontraktion am Gesamtorgan nicht in Erscheinung treten muß. Vielleicht kann uns das Studium des *Sauropsiden*thymus in der Gewebekultur Aufklärung bringen. Nach den Erfahrungen von WASSÉN (1915), der an den myoiden Zellen in Gewebekulturen vom Thymus des *Frosches (Rana temporaria)* keine Kontraktionen wahrnahm, sind freilich positive Befunde nicht zu erwarten. An den myoiden Zellen des *Schlangen*thymus lassen sich nach TEICHMANN (1942) keine Kontraktionsbilder nachweisen. Anzeichen für eine sekretorische Funktion der myoiden Zellen sind nicht gegeben. Ver Eeckes (1899) Deutung der Vakuolen im Inneren mancher myoider Elemente als Sekreträume wird von Hammar (1905) wohl mit Recht wegen des Fehlens äußerer Öffnungen abgelehnt.

Eingehende experimentelle Untersuchungen über die Frage, unter welchen Bedingungen quantitative und qualitative Veränderungen der myoiden Zellen auftreten, liegen offenbar nicht vor. Grégoire (1941) erwähnt eine inkonstant nach Injektion von thyreotropem Vorderlappenhormon zu beobachtende Hyperplasie der myoiden Zellen des *Hühnchens*.

6. Die Hassallschen Körperchen.

Im Jahre 1846 beschrieb Hassall, dessen Name trotz der Hinweise Hammars (1927), von Schumachers (1931) und Grubers (1932) nach wie vor von manchen Autoren unrichtig (Hassal) wiedergegeben wird, in der Thymusflüssigkeit vorkommende „Zellen", die zum Teil mehrere Kerne enthalten, „deren jeder von einer oder mehreren konzentrischen Lamellen umgeben ist, so daß sie den in den Zwischenwirbelknorpeln befindlichen Knorpelzellen sowie auch gewissen Arten von Mikrocystis, einer Art Süßwasseralgen ähnlich sind". Hassall bezeichnet sie auch als Mutterzellen. Seit Henle werden diese Formelemente, welche nach Hassalls Meinung bereits von Simon (1845) gesehen worden waren, als Hassallsche Körperchen, vielfach auch als Virchow-Hassallsche oder konzentrische Körperchen bezeichnet. Sie sind jedoch nicht den höchstwahrscheinlich nur myo-

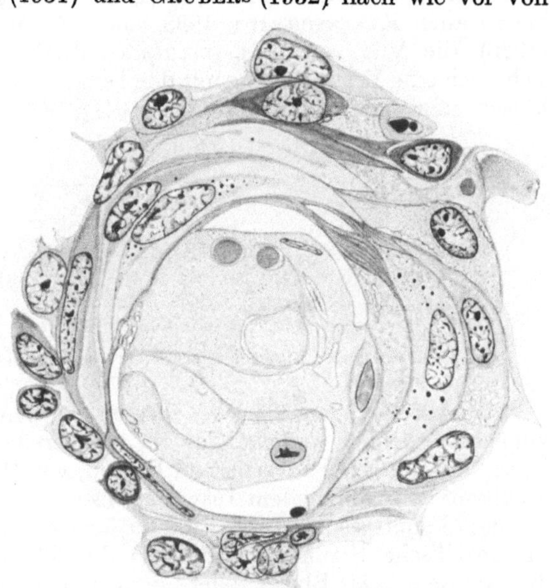

Abb. 45. Hassallsches Körperchen (progressiv) aus dem Thymus eines *Kindes*. (Formolfixation, Schnittdicke 8 μ, Hämatoxylin-Eosin-Färbung, Ok. 10×, Ölimmersion Zeiss ¹/₁₂, auf ²/₃ verkl., gez. W. Bargmann.)

iden Zellen entsprechenden konzentrischen Körperchen gleichzusetzen, welche von Leydig (1857) im *Amphibien*thymus gefunden wurden, vermutlich aber den gleichfalls von Leydig geschilderten „runden, geschichteten Körperchen", „die wohl nicht pathologischer Natur sind, da sie auch bis zu niederen Wirbeltieren herab sich finden". Hierzu muß allerdings bemerkt werden, daß bei den niederen *Wirbeltieren* — Selachiern (Beard 1894, 1902, Hammar 1909), *Teleostiern* (Hammar 1909), *Amphibien* (Maurer 1888, Toldt 1868, Hammar 1909) — typische konzentrisch geschichtete Hassallsche Körperchen entweder gänzlich zu fehlen scheinen *(Selachier)* oder sehr selten vorkommen. H. Voss (1923) hat allerdings Hassallsche Körperchen im Thymus von *Kaulquappen (Rana fusca)* gesehen. Im Thymus von *Anguilla vulgaris* fand ferner v. Hagen (1936) anscheinend regelmäßig Hassallsche Körperchen. Auch im Thymus der *Sauropsiden* lassen sie sich, wie Hammars (1909) Darstellung zu entnehmen ist, nur ausnahmsweise beobachten. Für den Thymus der *Taube* und *Eidechse* jedoch beschreibt Krause (1921) typische Hassallsche Körperchen (vgl. hierzu Jordan und Looper 1928, *Schildkröte*). Ebenso erwähnt Landauer (1929) das Vorkommen einzelner gut ausgebildeter Hassallscher Körperchen im Thymus des *Hühnchens* (chondrodystrophische Embryonen). Die konzentrischen Körper bilden indessen einen regelmäßig anzutreffenden Bestandteil des *Säugetier*thymus während des Höhepunktes seiner Entwicklung. Auffallend wenige Hassallsche Körperchen soll der Thymus des *Rindes* aufweisen (Kyrilow 1925). Außerhalb des Thymus konnten echte Hassallsche Körperchen nach Angaben von Petersen (1930, 1935) im epithelialen Reticulum eines Zungenbalges vom *Menschen*, von Varičak (1936) in der Tonsilla palatina des *Hundes* gefunden werden (Abb. 46). Mollier (1913) beobachtete in Tonsillarkrypten vom Neugeborenen den Hassallschen Körperchen zum Verwechseln ähnliche Bildungen, desgleichen hebt Romieu (1931) die Ähnlichkeit in der Tonsilla pharyngea vorhandener epithelialer Formationen mit den Thymuskörperchen hervor (vgl. hierzu auch Kleinschmidt 1938 sowie S. 80). Der Behauptung Hemmeters (1926), die Milz von *Alopias vulpes* enthalte Hassallsche Körperchen, liegt sicherlich eine Verwechslung mit den bei *Fischen* sehr stark entwickelten Capillarhülsen zugrunde (vgl. Bargmann 1941).

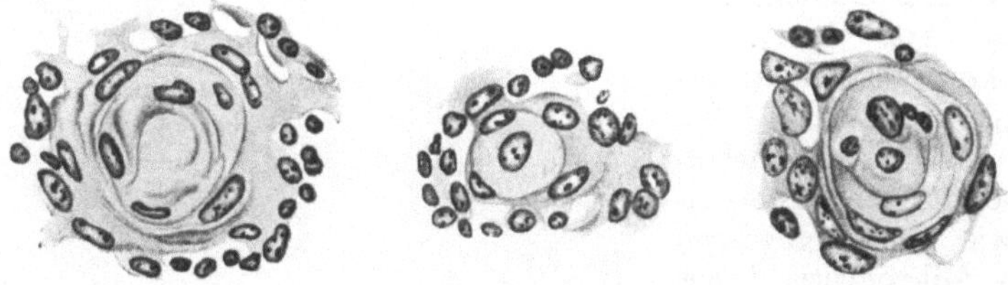

Abb. 46. Hassallsche Körperchen aus der Tonsilla palatina des *Hundes*. (Aus Varičak 1938.)

Die Auffassungen über das Wesen der Hassallschen Körperchen wichen zunächst erheblich voneinander ab, wie bereits Hammar (1909) eingehend darlegte. Da von Hassall selbst im Herzen, von Henle (1849) in anscheinend dem Kehlkopf entstammendem Auswurf konzentrisch geschichtete Elemente gefunden wurden, konnte es zur Diskussion darüber kommen, ob diese Gebilde überhaupt als spezifische Strukturbestandteile des Thymus anzusprechen seien, ob sie Bestandteile des Blutes oder Parasiten darstellten (Henle, Ecker 1853). Berlin (1857) lehnte die Wesensgleichheit der konzentrisch geschichteten Körper des Thymus und des Blutes ab; in letzteren dürfen wir heute im Hinblick auf den Stand der histologischen Methodik der damaligen Forschungsperiode wohl Kunstprodukte erblicken. Es war weiterhin eine Streitfrage, ob die konzentrischen Körper vielleicht geschichtete Bildungen nichtzelliger Natur verkörperten. Beispielsweise wurden sie von Kölliker (1852) als den Prostatasteinchen vergleichbare Kugeln angesehen, deren aus kolloider Masse bestehende Schalen ein Zentrum von Zellen umschließen (vgl. auch Jendrassik 1856). Ecker (1853), His (1860—1861) und vor allem Paulitzky (1863) wiesen jedoch den zelligen Aufbau der eigenartigen Körperchen einwandfrei nach. Wie Ecker sowie His z. B. zeigen konnten, lassen sich die konzentrischen Körperchen durch Maceration in einzelne Zellen auflösen. Nach Bruch (zit. nach Henle 1866) quellen die kernhaltigen Schüppchen, aus denen die Körper bestehen, in Kalilösung wie Epithelzellen zu Blasen auf.

Die Frage nach der Herkunft des die Hassallschen Körperchen aufbauenden Zellmaterials wurde in einer großen Zahl von Veröffentlichungen sehr verschieden beantwortet. Friedleben (1858) hält die konzentrischen Körper für in Zerfall begriffene Follikel. Forscher wie Ammon (1882), His, Maurer (1899), Goldner (1925) — um nur einige Namen zu nennen — lassen die Hassallschen Körperchen aus den Thymusrundzellen hervorgehen, andere, darunter in erster Linie AFANASSIEW (1877) aus den Endothelzellen besonders von Capillaren und Venen (vgl. auch SANT'ELIA 1939). Durch ihre Wucherung kommt es angeblich zur Obliteration der Gefäße (vgl. auch JORDAN und HORSLEY 1929), die in einzelne perlenartige Gebilde aufgegliedert werden. Nach BEARD (1902) sollen die HASSALLschen Körperchen Reste im Thymus eingeschlossener Glandulae parathyreoideae darstellen. SCHAMBACHER (1903) hält sie für den geschichteten Inhalt von Thymusgängen mit epithelialer Auskleidung. TOLDT (1877), HIS (1880), STIEDA (1881), CAPOBIANCO, MARINE (1915), OKAMURA (1929) und andere Untersucher erblicken in den konzentrischen Thymuskörperchen Überbleibsel der epithelialen Thymusanlage. Dieser Auffassung steht besonders die Feststellung der reaktiven Neubildung der Körperchen im Thymus des Erwachsenen entgegen. Ferner sei die Ansicht von BECLÈRE und PIGACHE (1911) sowie PIGACHE und WORMS (1912) erwähnt, derzufolge die HASSALLschen Körperchen aus konzentrisch um große mononucleäre Zellen gruppierten, in Degeneration begriffenen Leukocyten bestehen sollen. POPOFF (1927) gewinnt es sogar über sich, die HASSALLschen Körperchen als rudimentäre Ansätze von Geschlechts- und Follikelzellen zu bezeichnen. Während die ebengenannte Gruppe von Forschern jeweils wenigstens eine unitarische Auffassung von der Abstammung der HASSALLschen Körperchen vertritt, unterscheiden andere Untersucher genetisch verschiedene Arten dieser Gebilde. So erblickt BARBAROSSA (1911) in den HASSALLschen Körperchen der Blütezeit des Thymus Abkömmlinge des Epithels, in denen in Rückbildung befindlicher Organe Produkte des Gefäßendothels. GRÉGOIRE (1932) unterscheidet aus den Reticulumzellen entstehende HASSALLsche Körperchen und solche, deren Mutterboden die metaplastisch sich verändernden Perithelzellen von Capillaren darstellen. Nach KOSTOWIECKI (1930) enthält der *menschliche* Thymus neben HASSALLschen Körperchen, welche seitens der Reticulumzellen gebildet werden, eine zweite Art konzentrischer Körper, deren Zentrum aus einem degenerierten Blutgefäß besteht, welches von hypertrophischen Reticulumzellen umscheidet wird. Eine Beteiligung des Bindegewebes am Aufbau der überwiegend aus Epithelzellen bestehenden HASSALLschen Körperchen wird von DE WINIWARTER (1923) angenommen. Angesichts HAMMARs (1909, 1936) kritischer Würdigung erübrigt sich eine ins einzelne gehende Auseinandersetzung mit diesen Hypothesen und ihren hier nicht vollständig erwähnten Spielarten über die Entstehungsweise der konzentrischen Körperchen, deren Ableitung von den Reticulumzellen — seien sie nun ento- oder ektodermalen Ursprunges — als gesichert betrachtet werden muß. Auf die neuerdings von NORRIS (1938) im Hinblick auf den Thymus des *Menschen* aufgestellte Behauptung, die Quelle dieser Gebilde sei im ektodermalen Zellmaterial der Vesicula cervicalis zu suchen, habe ich bereits hingewiesen. Der Beweis für die Richtigkeit dieser Anschauung dürfte wegen methodischer Schwierigkeiten kaum zu erbringen sein. Anders liegen die Verhältnisse bei Thymen, deren ekto- und entodermale Abschnitte in sich geschlossene Organe verkörpern (*Vesperugo pipistrellus*, MASSART 1940). MASSART hat sowohl im ektodermalen Cervicalthymus als auch im entodermalen Thorakalthymus von *Vesperugo* HASSALLsche Körperchen nachgewiesen. Die von KENT (1939) hervorgehobene Tatsache, daß sich in experimentell in die Muskulatur verlagertem epidermalem Material von *Triturus* konzentrische Körper entwickeln, kann — wie ich gegenüber KENT betonen möchte — nicht als Hinweis auf die ektodermale Herkunft der HASSALLschen Körperchen gelten. Es sind keine Anhaltspunkte dafür gegeben, daß die Fähigkeit mit konzentrischer Anordnung nur ektodermalem Zellmaterial innewohnt.

Wie man der Untersuchung von Schnittpräparaten des Thymus fetaler wie adulter *Säuger* (HAMMAR 1905, DEARTH 1928, JUBA und MIHALIK 1929),

besonders aber von Gewebekulturen des Thymus entnehmen kann, wird die
Bildung eines Hassallschen Körperchens mit der konzentrischen Aneinanderlagerung von Elementen des Markreticulums um eine durch Kern- und Cyto-
plasmahypertrophie ausgezeichnete Zelle eingeleitet. Die peripher gelegenen
Zellen sind durch Ausläufer mit dem Marksyncytium kontinuierlich verbunden.
Einzelne, öfter mit einem fibrillär strukturierten Cytoplasma versehene hypertrophierte Reticulumzellen können als einzellige Hassallsche Körperchen
schon bei schwacher Vergrößerung infolge der Acidophilie ihres Zelleibes in Erscheinung treten. Sie dürfen wohl als Äquivalente der myoiden Zellen betrachtet

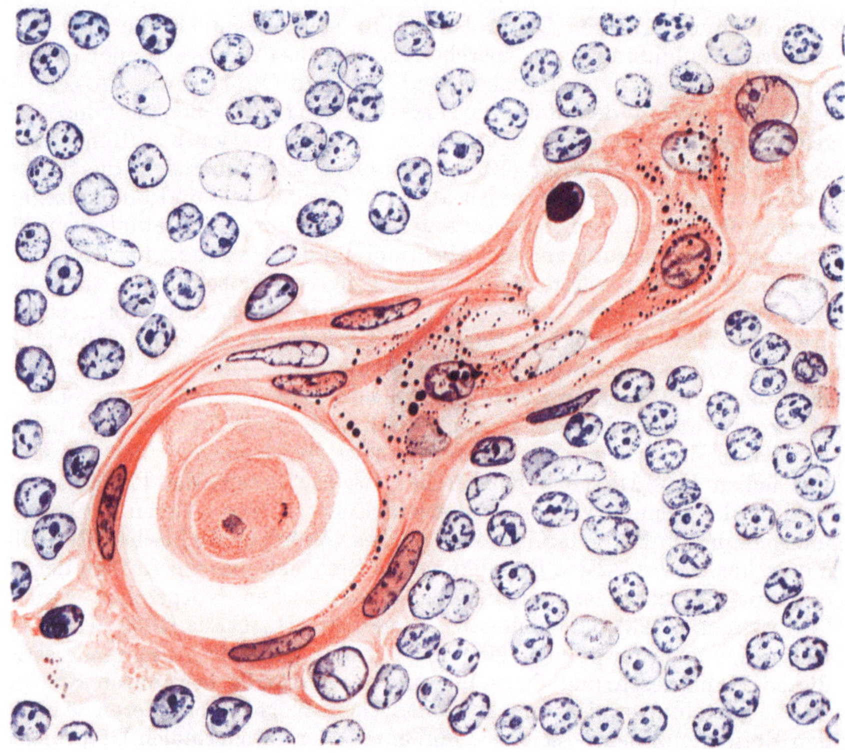

Abb. 47. Asymmetrisches Hassallsches Körperchen aus dem Thymus eines *Kindes*. Zahlreiche Chromatinkörnchen. (Hämatoxylin-Eosin, Schnittdicke 10 μ, Zeiss Ok. 4fach, Ölimmersion Zeiss HI 100, auf ²/₃ verkl.,
gez. K. Herschel-Leipzig.)

werden (vgl. Juba und Mihalik 1925). Die zentral im Hassallschen Körperchen
des *Säugetier*thymus gelegene Zelle — vielfach handelt es sich auch um eine
kleine Gruppe hypertrophierter Zellen —, welche den Kern des Hassallschen
Körperchens bildet, rundet sich frühzeitig ab. Allmählich fallen auch die dem
Zentrum benachbarten, mitunter feine sudanophile Granula enthaltenden
schalenförmigen Zellen dem Hypertrophieprozeß anheim, wobei sie sich ebenfalls
zu klumpigen Gebilden umgestalten (Abb. 45). Gleichzeitig lagern sich der Peripherie des Knötchens weitere Reticulumzellen in konzentrischer Schichtung
an, wodurch das Hassallsche Körperchen an Größe zunimmt. Nicht selten zeigen
sich die Zellschalen um den Kern des Körperchens ungleichmäßig gelagert
(Abb. 47). Zwischen ihnen liegende Rundzellen können im Verlaufe der Schichtung eingeschlossen worden sein, soweit sie nicht in das Hassallsche Körperchen eingewandert sind. Einander benachbarte Hassallsche Körper vereinigen

sich häufig im Verlauf ihrer Größenzunahme miteinander. Solche sog. zusammengesetzte HASSALLsche Körperchen wurden von VARIČAK (1938) auch in der Tonsilla palatina des *Hundes* festgestellt. Die Bildung kleinerer HASSALLscher Körperchen beansprucht nach HAMMARs Ansicht unter Umständen nur einen oder wenige Tage.

Während der Größenzunahme der HASSALLschen Körperchen können angrenzende Bindegewebszellen und Capillaren, ferner Nerven (KOSTOWIECKI 1935, 1938) in das Innere der Gebilde eingemauert werden. Wie KOSTOWIECKI (1938) beobachtete, verlieren in die Körperchen hineingeratende Fasern ihre Imprägnierbarkeit mit Silbersalzen. Es bedarf keiner

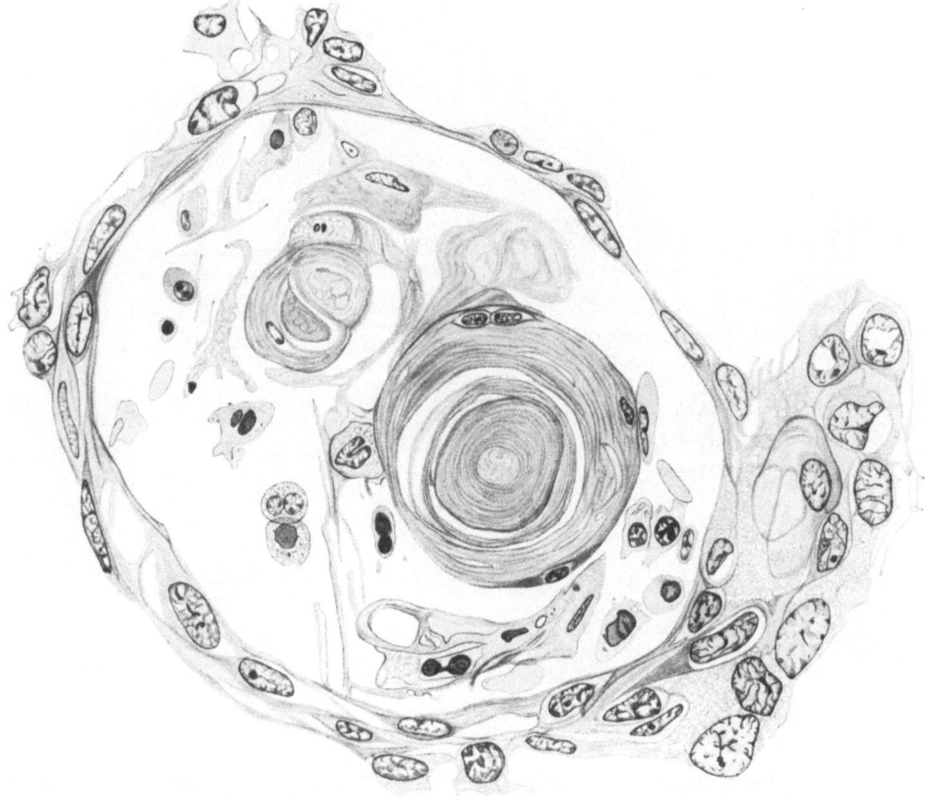

Abb. 48. HASSALLsches Körperchen aus dem Thymus eines *Kindes*. (Formolfixation, Paraffinschnitt 8 μ, Hämatoxylin-Eosin-Färbung, Ok. 10×, Ölimmersion Zeiss ¹/₁₂, auf ²/₃ verkl., gez. W. BARGMANN.)

Erörterung darüber, daß diese akzidentelle Einbeziehung nichtentodermaler Elemente in die Thymuskörperchen nicht als Beweis für deren gemischte Herkunft gelten kann.

Die Faktoren, welche den eigentümlichen Schalenbau der HASSALLschen Körper bestimmen, sind uns nicht bekannt. Dem Vergleich der HASSALLschen Körperchen mit Cancroidperlen (R. VIRCHOW) oder Epithelperlen in verlagerter Amphibienhaut (KENT 1939) kommt ein erklärender Wert nicht zu, da wir über den Mechanismus der Entstehung dieser Bildungen gleichfalls im unklaren sind. HAMMAR (1905, 1909) meint, die schalige Aneinanderlagerung der Reticulumzellen lasse sich auf den Wachstumsdruck seitens der hypertrophierenden zentralen Zellen zurückführen, während HART (1912) die Ansicht äußert, die sich in die Länge streckenden Reticulumzellen würden durch den Widerstand des umgebenden Gewebes gezwungen, „sich um sich selbst herum anzusammeln, und zwar in einer Form, die wie die kreisrunde, sie in den Stand setzt, einen äußerst minimalen Raum auszufüllen". Mit diesen mechanischen Erklärungen stehen jedoch die an Gewebekulturen zu erhebenden Beobachtungen nicht in Einklang, in denen zweifellos ganz andere mechanische Bedingungen als im geschlossenen Organ walten, handelt es sich doch im wesentlichen um flächenhaft ausgebreitete Zellverbände. Wie ich selbst an Deckglaskulturen vom *Kaninchen*thymus feststellen konnte, bilden sich in den ersten Tagen nach der Explantation im epithelialen Randschleier knötchen-

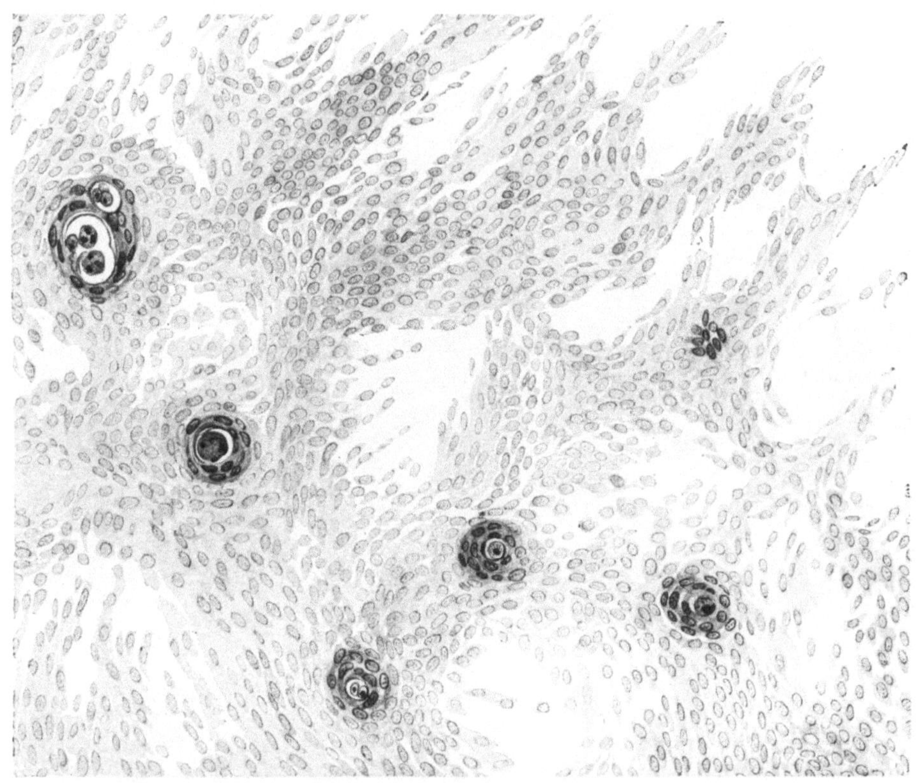

Abb. 49. Randschleier einer Gewebekultur vom Thymus des *Kaninchens*. (Deckglaskultur, 10 Tage alt, 4. Passage, Hämatoxylin-Färbung, Zeiss Ok. 4, Obj. Seibert 10, auf ²/₃ verkl., Präparat von Prof. Schopper-Leipzig, gez. K. Herschel-Leipzig.)

artige Zellverdichtungen, die eine wenn auch geringe Ähnlichkeit mit Anfangsstadien Hassallscher Körperchen aufweisen. Die von Emmart (1936) in Kulturen von *menschlichem* Thymusgewebe nachgewiesenen bläschenartigen Formationen stellen möglicherweise Vorstufen Hassallscher Körperchen dar. Daß eine Berechtigung zu dieser Deutung besteht, wird durch die Untersuchungen von Tschassownikow (1927) erhärtet, der in Thymuskulturen *(Kaninchen)* Epithelinseln nachwies, deren periphere Zellen „manchmal konzentrisch übereinander geschichtet wie Zwiebelschuppen" gefunden werden. In besonders klarer Ausprägung konnte Schopper (1934) konzentrische Schichtungen von Epithelzellen in neugebildeten Membranen der Reticulumzellen beobachten, Zellansammlungen, „die vollkommen die Struktur von Hassallschen Körperchen nachahmen". Den mir vorliegenden Originalpräparaten Schoppers glaube ich sogar mit Gewißheit entnehmen zu dürfen, daß die von Schopper geschilderten Strukturen mit HASSALLschen Körperchen völlig identisch sind (Abb. 49, 50, 51, BARGMANN 1941). Der Einwand, die beobachteten Gebilde könnten im explantierten Gewebe bereits enthaltenen, nicht aber in vitro gewachsenen HASSALLschen Körperchen entsprechen, wird durch die Tatsache widerlegt, daß alle möglichen Entwicklungsstadien konzentrischer Körperchen in dem Randschleier der Kultur anzutreffen sind (Abb. 49). (Vgl. auch DEANESLY 1928).

Das Beispiel der in vitro entstehenden HASSALLschen Körperchen zeigt übrigens zur Genüge, daß die Behauptung von WEISE (1940) ganz unhaltbar ist, derzufolge die konzentrischen Thymuskörperchen aus absterbenden „Primitivkörpern" hervorgehen, d. h. aus Epithelkugeln oder -schläuchen, welche von einer Basalmembran umhüllt werden (vgl. H. J. SCHNEIDER 1940, BARGMANN 1941).

Die HASSALLschen Körperchen treten innerhalb des Markes in keine typischen Lagebeziehungen zu irgendwelchen für den Thymus nicht spezifischen Gewebsanteilen. HIS' (1860) Angabe, sie fänden sich in der Regel in Verbindung mit kleineren Gefäßen, welche sie oft umgeben oder deren Teilungswinkeln sie aufsitzen, läßt sich nicht allgemein bestätigen. Da die Reticulumzellen mit den Wandungen von Blutgefäßen verbunden sind, können sich natürlich auch in Gefäßnähe befindliche Zellen gelegentlich zu HASSALLschen Körperchen entwickeln (vgl. hierzu die Abbildungen bei CH. GRÉGOIRE 1932). Die Behauptung von MATSUNAGA (1928), die Thymuskörperchen seien durch feine Capillaren an das Lymphgefäßnetz angeschlossen (vgl. hierzu S. 119), verdient äußerst skeptisch aufgenommen zu werden. Bezüglich der Angabe von HEMMETER (1926) über die Beziehungen der HASSALLschen Körperchen in der Milz von *Alopias vulpes* zu den Blutgefäßen verweise ich auf S. 72.

An den im Zentrum der Körperchen gelegenen Zellelementen vollziehen sich degenerative Veränderungen, welche nach und nach auch die peripheren Abschnitte des konzentrischen Körpers ergreifen. Die Kerne der zusammengelagerten Zellen gehen unter dem Bilde der Karyorrhexis und Karyolysis zugrunde, während der Zelleib eine fibrilläre Struktur gewinnt, um sich anschließend in eine stark lichtbrechende, kolloidartige Masse zu verwandeln, die BELL (1906) irrtümlicherweise als ein dem Schilddrüsenkolloid vergleichbares Sekret auffaßt. Nach parenteraler Zufuhr von Trypanblau tritt eine granuläre und diffuse Farbstoffablagerung in Kern und Cytoplasma mancher HASSALLscher Körperchen auf (MANDELSTAMM 1928, BAGINSKY und BORSUK 1939, H. J. SCHNEIDER 1940). Die Kerntrümmer durchsetzen die Zelleiber häufig in granulärer Form (Abb. 47), um sich mit dem Cytoplasma zu einer körnigen oder homogenen Masse zu vereinigen. Manche der zugrunde gehenden Zellen enthalten Vakuolen, daneben basophile Granula, welche aus den Kernen ausgetretenen Chromatinpartikelchen entsprechen (HAMMAR 1905). Der Vitamin C-Gehalt der HASSALLschen Körperchen normaler Thymen *(Meerschweinchen)* ist nach den Untersuchungen HAMMARs sowie TONUTTIs (1940) nur gering; dagegen zeichnen sich die Thymuskörperchen von Tieren, welche mit Diphtherietoxin vergiftet wurden, durch den Besitz zahlreicher „Vitamin C-Granula aus" (bezüglich der Problematik des histotopochemischen Vitamin C-Nachweises vgl. LEOPOLD 1941, PFUHL 1941, BARGMANN 1942). Nach KYRILOW (1924) enthalten die HASSALLschen Körperchen Kephaline. Eine positive Eisenreaktion der hyalinen Zentren wurde von ROMANOFF (1895) beobachtet. Der hyaline Kern der HASSALLschen Körperchen kann mit der Polysaccharidreaktion von H. BAUER in rotvioletter Farbe dargestellt werden (WALLRAFF und BECKERT 1939), ein Beispiel dafür, daß diese Reaktion nicht als spezifische Kohlehydratreaktion zu gelten hat. Die das Ergebnis einer sog. hyalin-kolloiden Degeneration verkörpernde Substanz im Inneren des Thymuskörperchens kann durch körnigen Zerfall zur Bildung einer Detritus enthaltenden Cyste Veranlassung geben (Abb. 48, s. unten), in welche unter Umständen Granulocyten und Lymphocyten eindringen. Godwin (1939) beschreibt sogar Hassallsche Körperchen aus dem Thymus IV junger *Hunde*, deren zentraler Hohlraum von mit Flimmerhärchen versehenen Zellen begrenzt wird. Da Godwin diese Gebilde als in Zusammenhang mit Kanälchen befindlich schildert, erscheint der Verdacht gerechtfertigt, daß sie Anschnitte von schlauchartigen Sequester-

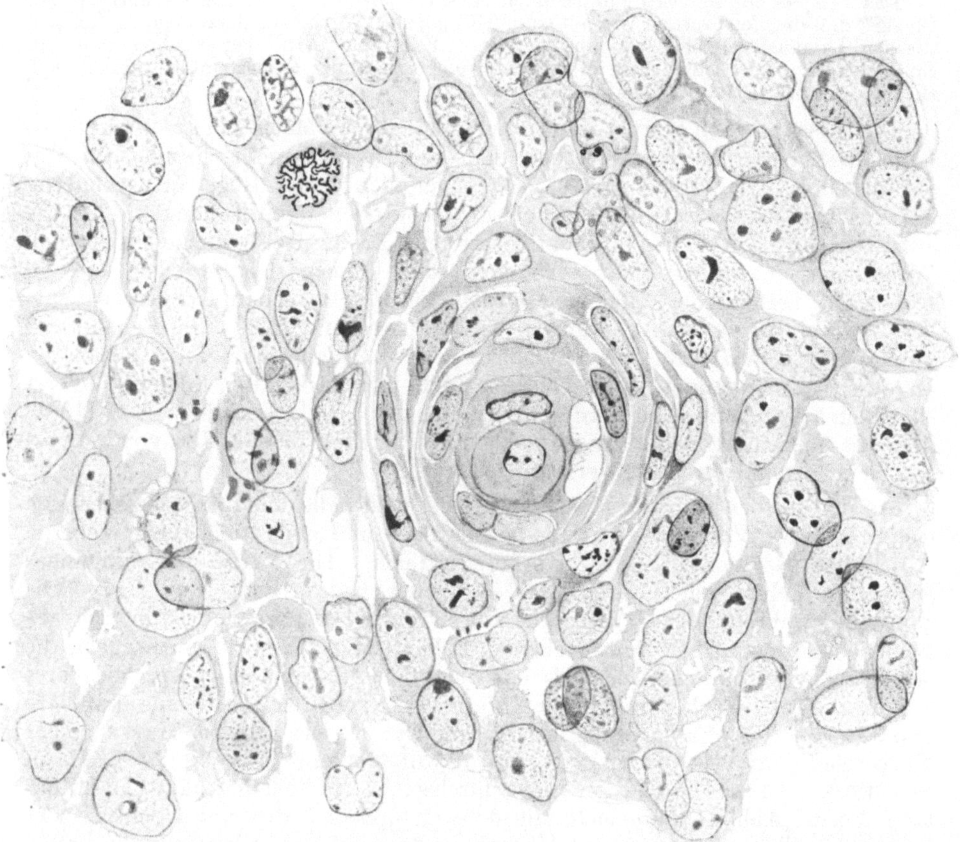

Abb. 50. Hassallsches Körperchen im Randschleier einer Gewebekultur vom *Kaninchen*thymus. (Deckglaskultur, 10 Tage alt, 4. Passage, aus Bargmann 1941. Formolfixation, Hämatoxylin-Färbung, Ok. 5×, Ölimmersion Zeiss ¹/₁₂, auf ³/₄ verkl., Präparat von Prof. W. Schopper-Leipzig, gez. W. Bargmann.)

cysten (s. S. 122) verkörpern, deren Wandung stellenweise aus geschichteten Reticulumzellen besteht.

Die zentrale Masse degenerierter Zellen fällt gelegentlich einer Verkalkung anheim, welche mit der Ablagerung lamellärer, bröckeliger oder granulärer Kalkkörperchen beginnt, um schließlich zur Entstehung einer regelrechten Kalkkugel zu führen. Die Kalkkugeln können nach Abbau des sie umgebenden Gewebes als isolierte Gebilde auftreten. Ihre mitunter intra vitam erfolgende Entkalkung läßt eine organische Grundmasse als ursprünglichen Träger des Kalkes zurück. Im Verlaufe der Kalkablagerung im Inneren des Hassallschen Körperchens kann die peripherie Zellschale nach wie vor durch Hypertrophie und Apposition von Reticulumzellen an Dicke zunehmen. In Ausnahmefällen beginnt die Kalkablagerung in den peripheren Abschnitten der HASSALLschen Körperchen (SCHMINCKE 1926). Nach SCHMINCKE geben manche verkalkten Körperchen eine positive Eisenreaktion. Während partiell verkalkte HASSALLsche Körperchen gelegentlich schon in fetalen Thymen auftreten, kommen die total verkalkten vorzugsweise in Organen der postfetalen Entwicklungsperiode vor. Besonders häufig treten beide Arten um das 6.—10. Lebensjahr herum in Erscheinung. Mit der Zahl der HASSALLschen Körperchen sinkt auch die Zahl der

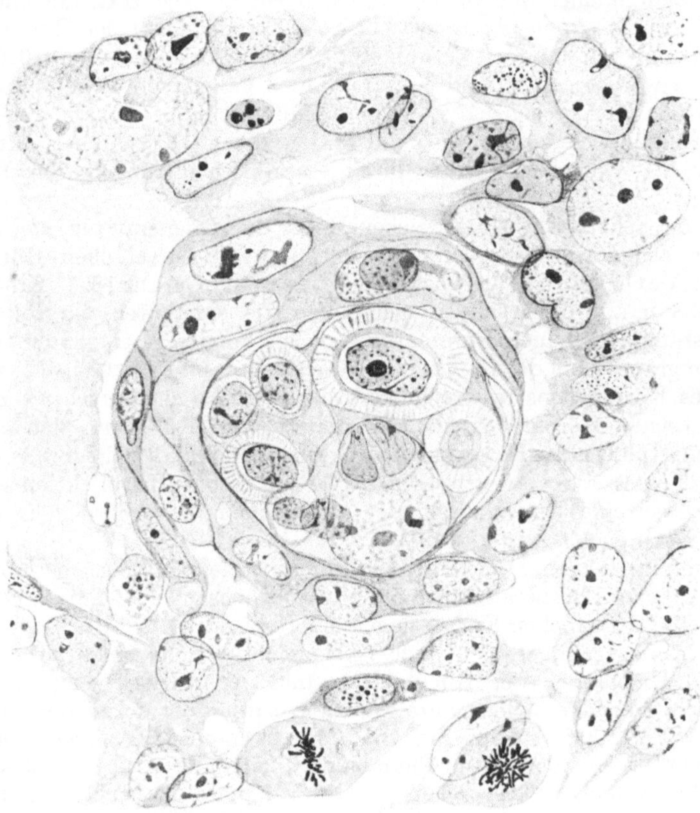

Abb. 51. HASSALLsches Körperchen mit intracellulären radiären Strukturen zentral gelegener Zellelemente aus einer Gewebekultur vom *Kaninchen*thymus. (Deckglaskultur, 10 Tage alt, 4. Passage, Formolfixation, Hämatoxylin-Färbung, Ok. 10×, Ölimmersion Zeiss $^{1}/_{12}$. auf $^{3}/_{4}$ verkl., Präparat Prof. SCHOPPER-Leipzig, gez. W. BARGMANN.)

verkalkten Körper. Im höheren Lebensalter kann die Mehrzahl, ja Gesamtzahl der konzentrischen Körper verkalkt sein. Nach HAMMAR (1926) enthält mehr als die Hälfte aller normalen Thymen des Postfetallebens verkalkte HASSALLsche Körperchen.

Die zentral gelegenen degenerierten Zellen des HASSALLschen Körpers bzw. ihre Fragmente umschließen häufig vereinzelte Fett- bzw. Lipoidtropfen. Fetthaltige Körperchen wurden bereits im Thymus 5 Monate alter *menschlicher* Feten nachgewiesen (HAMMAR 1926), jedoch ist ihr Lipoidgehalt gering. Nach KYRILOW (1925) enthalten die HASSALLschen Körperchen des *Menschen* regelmäßig Phosphatide (Kephaline), ausnahmsweise Cholesterinester oder Cholesterinfettsäuregemische. Reichlichen Lipoidgehalt stellte HONDA (1926) in den

HASSALLschen Körperchen des Thymus einer *Katze* fest, geringe Lipoidmengen in den Thymuskörperchen von *Hund, Kaninchen, Meerschweinchen, Ratte* und *Maus*. Kleine HASSALLsche Körperchen sind nach HAMMAR stets fettfrei. Der Annahme HAMMARs (1926, 1936), das in den HASSALLschen Körperchen eingeschlossene sudanophile Fett sei durch von außen eingedrungene, dem Zerfall entgegengehende Fettkörnchenzellen eingeschleppt und nicht lokal entstanden, kann ich nicht beipflichten, da die Fettkörnchen im Innern der degenerierten Zellen und Zelltrümmer und nicht nur extracellulär, wie HAMMAR angibt, zu finden sind. Ein Zusammenhang zwischen dem Lipoidgehalt der HASSALLschen Körperchen und bestimmten Krankheiten konnte von KYRILOW (1925) nicht nachgewiesen werden, doch fand KYRILOW in 3 Fällen von Urämie auffallend fettreiche große Körperchen. Mit diesem Befund steht die Angabe von HONDA (1926) in Einklang, derzufolge sich die HASSALLschen Körperchen akzidentell involvierter Thymen von *Katzen* durch starke Ablagerungen von Lipoiden auszeichnen.

Manche der sehr abwechslungsreichen Bilder der degenerativen, zur Hyalinisierung der Zellen führenden Veränderungen der HASSALLschen Körperchen erinnern an Verhornungsvorgänge (STIEDA 1881, CHIARI 1894, KOHN 1895, DEARTH 1928 u. a.). Insbesondere gemahnen die erwähnten, im Cytoplasma verteilten staubartig feinen Chromatinkörnchen an die Keratohyalinkörnchen des Stratum granulosum der Epidermis. Nach JOLLY und LEVIN (1912) wird das Zentrum des Körperchens regelrecht keratinisiert. Manche Forscher bezeichnen die HASSALLschen Körperchen als Hornperlen. Ob sich hinter den analogen histologischen Bildern der HASSALLschen Körperchen und der Epidermis wirklich gleichartige Prozesse verbergen, wissen wir jedoch nicht. Teerinjektion soll beim *Meerschweinchen* eine Umwandlung der Körperchen in verhornendes Plattenepithel hervorrufen (OKAMURO 1928).

Den bei nur geringer Degeneration ihrer zentralen Partien oder überhaupt bei Fehlen jeglicher Degenerationsvorgänge heranwachsenden sog. progressiven Formen der HASSALLschen Körperchen stellt HAMMAR (1924, 1936) die regressiven Formen gegenüber, d. h. jene Körperchen, welche unter normalen wie krankhaften Umständen der Rückbildung und der Auflockerung unter Verschwinden der lebenden Zellelemente sowie Resorption der degenerierten Anteile unterliegen. Pro- und regressive Stadien HASSALLscher Körperchen kommen gleichzeitig in ein und demselben Thymus nebeneinander vor. Die Rückbildung kleinerer HASSALLscher Körperchen beruht auf einer Auflockerung der Zellschalen in unregelmäßig geformte Reticulumzellen, welche den ursprünglichen, aus einer hypertrophierten Zelle bestehenden Kern des Körperchens umgeben. „Der Körper löst sich gleichsam wieder in Reticulumzellen auf" (HAMMAR 1924). Dieser als Desaggregation bezeichnete Vorgang ist wohl dafür verantwortlich zu machen, daß im Thymus des *Menschen* und des *Kaninchens* (SANDEGREN 1917, BLOM und ADERMAN 1923) die kleinen HASSALLschen Körperchen zahlenmäßig überwiegen.

Der Abbau des degenerierten Kernes umfangreicherer HASSALLscher Körperchen führt zur Entstehung cystischer Gebilde, deren Wandung aus einer dünnen, vielfach sehr unregelmäßig gebauten Zellschale besteht (Abb. 48, 52). Die Zellelemente dieser Schale hängen mit den Reticulumzellen kontinuierlich zusammen (Abb. 48). [In der Tonsilla palatina eines *Gorilla* beobachtete übrigens KLEINSCHMIDT (1938) mit Detritus gefüllte Epithelcysten, deren Ähnlichkeit mit den cystisch veränderten HASSALLschen Körperchen des *menschlichen* Thymus augenfällig war.] Dem Auftreten vielfach ausgedehnter Spalträume zwischen Wandung und Inhalt der Cyste dürfte eine Verflüssigung des abgestorbenen Materials vorausgegangen sein, dem sich von außen eingedrungene, später ab-

sterbende Lymphocyten und Granulocyten beizugesellen pflegen. „Leukocyteninvadierte Körper" wurden von HAMMAR (1929) besonders häufig bei Fällen
von Lues congenita beobachtet, ferner in Thymen Anencephaler. In anderen
Fällen kann man einen Zerfall des Degenerationskernes in bizarr geformte,
färberisch sich sehr verschieden verhaltende Bruchstücke beobachten. Da nicht
selten kavernöse oder spaltartige, nur wenig Detritus enthaltende Räume mit
dünner Wandung im Thymus gefunden werden, darf man eine fast völlige Resorption des abgebauten Eiweißmateriales vermuten. Ob der mitunter im Schnittbilde nachzuweisende Durchbruch des Cysteninhaltes durch die verdünnte
Wandung des Bläschens intravital erfolgte oder als Resultat einer unsanften
Behandlung des weichen Thymusgewebes angesehen werden muß, steht dahin.

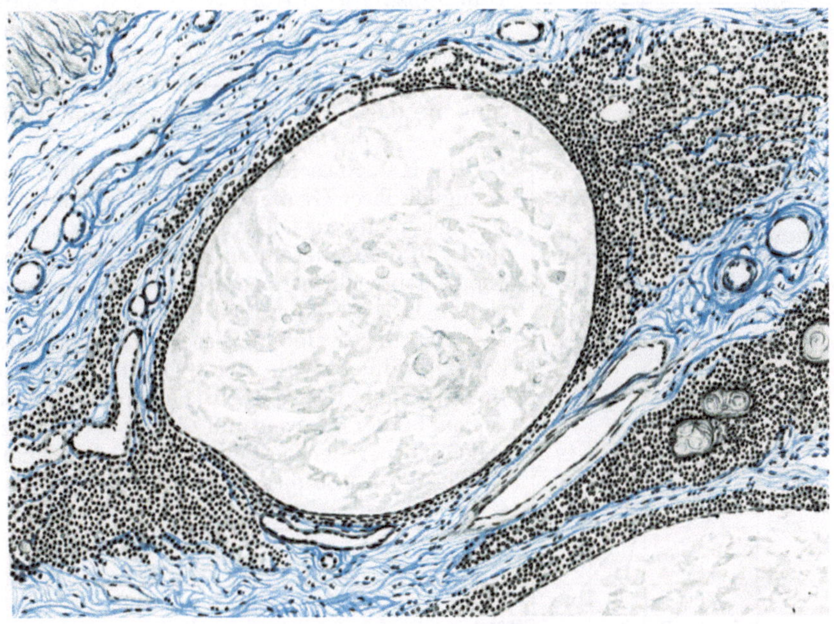

Abb. 52. Cyste innerhalb eines Läppchens des Thymus von *Macacus nemestrinus*; unten rechts Anschnitt
einer zweiten Cyste. (Fixation ZENKER, Schnittdicke 12 μ, Azanfärbung nach M. HEIDENHAIN, Vergr. etwa
150fach, auf ²/₃ verkl., rote Farbwerte schwarz wiedergegeben, gez. K. HERSCHEL-Leipzig.)

Bei aller Vorsicht in der Beurteilung derartiger Befunde muß man wohl mit
lokalen Einschmelzungen der Cystenwände rechnen, welche ein Ausfließen des
Inhaltes der HASSALLschen Körperchen ermöglichen. CHIARI (1894) und HAM-
MAR (1905) beschreiben sogar das Eindringen von Thymusparenchym in das
Innere der Cyste nach Eröffnung ihrer Wandung. In das Reticulum entleerte
degenerierte Massen werden außerhalb der Cysten abgebaut. Die bereits er-
wähnten, ganz oder auch teilweise verkalkten sowie die entkalkten Körper, deren
Oberfläche von einer schmalen Zellschale überzogen wird, gehören gleichfalls
der Reihe der regressiven HASSALLschen Körperchen an. Wie im einzelnen die
Resorption der Kalkknoten vonstatten geht, ist unklar. Die Grübchen an der
Oberfläche der verkalkten Massen weisen nach HAMMAR vielfach eine weitgehende
Ähnlichkeit mit HOWSHIPschen Lacunen auf, ohne jedoch mit Osteoclasten
besiedelt zu sein. Gelegentlich kommen Fett und Kalk gemeinsam im Zentrum eines HASSALLschen Körperchens vor (HART 1912, HAMMAR 1926); angesichts des getrennten Auftretens der Substanzen in anderen Fällen lassen sich
jedoch keine eindeutigen Beziehungen zwischen ihnen erkennen. Besonders

zahlreiche regressive Hassallsche Körperchen sind im Thymusmarke bei starker Einwirkung toxischer Stoffe vorhanden. Sie kennzeichnen Thymen, die einer akzidentellen Involution unterliegen. Progressive Formen können solange gefunden werden, als das Mark in seiner Vitalität nicht allzu erheblich eingeschränkt ist.

Die Tatsache, daß in vielen Fällen die Zugehörigkeit der Hassallschen Körperchen zur Gruppe der progressiven oder regressiven Elemente infolge des Vorhandenseins von Zwischenformen nicht eindeutig ermittelt werden kann, ist nach Hammar (1924) für die Bevorzugung der Zählmethode zwecks Beurteilung des funktionellen Verhaltens eines Thymus verantwortlich zu machen. Das Auftreten solcher Zwischenformen kann einmal mit dem exzentrischen Wachstum Hassallscher Körperchen zusammenhängen (Hammar 1924, 1936). Ferner ist die Möglichkeit in Betracht zu ziehen, daß degenerierende Körper bei Änderung der Stoffwechsellage des Organismus in das Stadium der Progression zurückkehren.

Die Hassallschen Körperchen stellen weder bezüglich ihrer Größe noch ihrer Zahl konstante Formelemente des Thymus dar. Hammar erblickt in der Entstehung Hassallscher Körperchen „den wichtigsten Ausdruck der Organfunktion". Er hat daher der quantitativen Erfassung dieser Gebilde besondere Aufmerksamkeit gewidmet (vgl. den Abschnitt Methodik, S. 41). Nach Hammars Erfahrungen empfiehlt es sich, bei der Messung und Zählung der Hassallschen Körperchen des Menschen 10 Größengruppen in den Durchmessergrenzen von 10—1100 μ

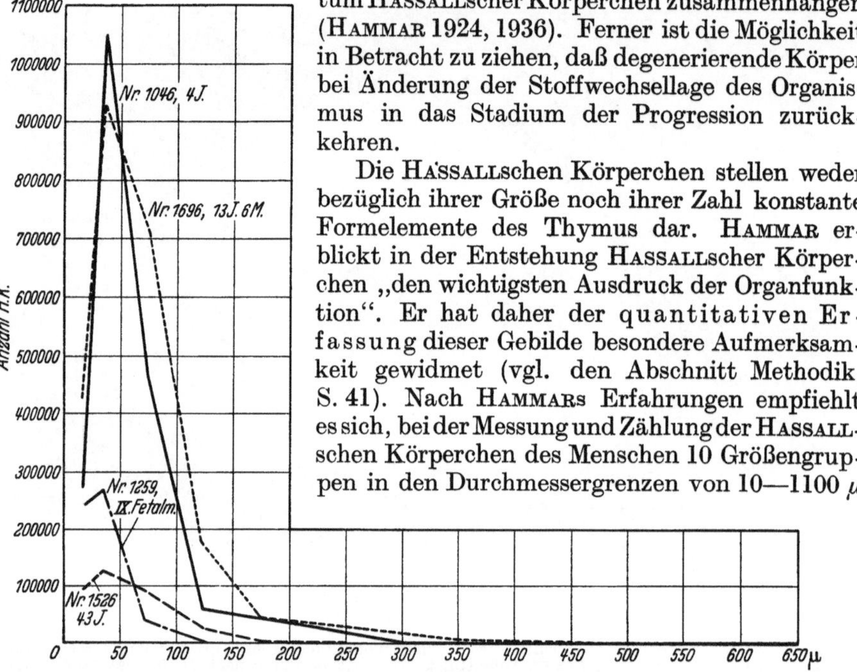

Abb. 53. Kurvenmäßige Darstellung der Größengruppen der Hassallschen Körperchen des *menschlichen* Thymus. 1. Hauptform. (Aus Hammar 1926.)

aufzustellen, deren Einzelwerte bereits auf S. 44 wiedergegeben wurden. Enthält ein Thymus zahlreiche Hassallsche Körperchen der Größenklasse I (10—25 μ), so kann eine Steigerung der Produktion der Hassallschen Körperchen angenommen werden. Umgekehrt ist das Fehlen dieser Körperchen als Anzeichen einer Einschränkung bzw. Einstellung ihrer Bildung anzusprechen. Die mit unbewaffnetem Auge schon wahrnehmbaren Körperchen der Gruppen IX und X, deren Durchmesser 0,5—1,0 mm und noch mehr betragen, werden verhältnismäßig selten beobachtet. Ihre funktionelle Bedeutung ist unklar.

Eine graphische Darstellung der Häufigkeit der Größenklasse I (10—25 μ Durchmesser), II (26—50 μ Durchmesser), III (51—100 μ Durchmesser) der Hassallschen Körperchen des normalen *menschlichen* Thymus läßt nach Hammars Untersuchungen vier typische Kurven unterscheiden, wenn man die Zahl der Hassallschen Körperchen durch die Ordinate, ihre Größe durch die Abscisse bezeichnet. Die 1. Hauptform der Kurven (Abb. 53), welche am häufigsten angetroffen wird, ist jene, deren höchster Punkt in der Gruppe II liegt. Von diesem Punkte aus fällt die Kurve nach beiden Seiten steil ab. Das Verhältnis II/I ist größer als 1,0, das Verhältnis III/II kleiner als 1. Hammar schließt hieraus, „daß eine Größe von 26—50 μ für die meisten der Körper einen Wendepunkt in ihrem Dasein bildet, in dem sie dann zurückgebildet werden". Unter 300 von HAMMAR untersuchten normalen Organen gilt diese Kurvenform für alle bis auf 70.

Die 2. Hauptform der Kurven wird durch fallenden Verlauf gekennzeichnet (Abb. 54). Das Verhältnis II/I, ferner III/II ist kleiner als 1,0. Von den 25 Thymen, welche diesem Kurventypus zugrunde liegen, entstammen 18 Feten des 3. und 6. Monats, also einer Periode der ersten Bildung HASSALLscher Körperchen, während sich der Rest auf Altersklassen vom 21. Lebensjahre an aufwärts verteilt. Entsprechend dem Vorwiegen der fetalen Thymen kann diese Kurvenform als Ausdruck der Vermehrung der Thymuskörperchen betrachtet werden. Auch die in Fällen von infektiösen Erkrankungen zu gewinnenden Kurven gehören meist der 2. Hauptform an. Das Überwiegen der Größenklasse I ist unter pathologischen Umständen aber auch dann zu verzeichnen, wenn die HASSALLschen Körperchen einen 25 μ überschreitenden Durchmesser nicht erreichen.

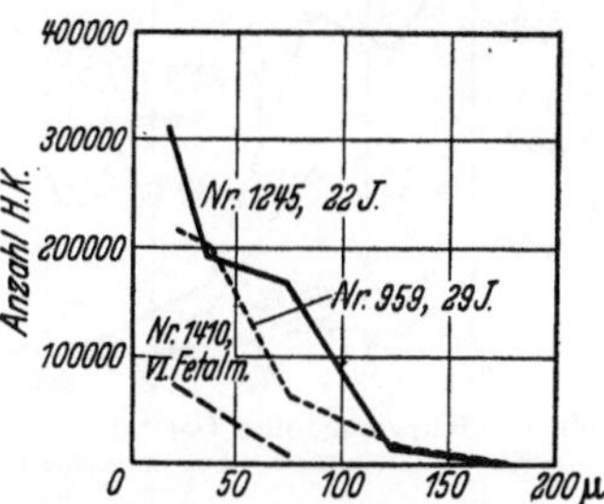

Abb. 54. Kurvenmäßige Darstellung der Größengruppen der HASSALLschen Körperchen des *menschlichen* Thymus. 2. Hauptform. (Aus HAMMAR 1929.)

Der Höhepunkt der 3. Hauptform der Kurven liegt in der Größenklasse III (Abb. 55). HAMMAR zählt zu dieser Form auch Fälle mit gleichen Zahlen HASSALLscher Körperchen der Klasse II—III. Das Verhältnis I : II ist größer als 1,0, das von II : III beträgt mindestens 1,0. Der 3. Kurvenform liegen 23 Thymen zugrunde, von denen einer der fetalen Entwicklungsperiode, der Rest der postfetalen Zeit angehören. Die Kurve kann durch Verminderung der HASSALLschen Körperchen der Größenklasse II oder Vermehrung derjenigen von Klasse III bzw. durch beide Prozesse zugleich zustande kommen; sie stellt wohl den Ausdruck der Neubildung und des Zuwachses der HASSALLschen Körperchen dar. In 5 Fällen möchte HAMMAR „eine Vermehrung der Zufuhr zu Gruppe III" annehmen. Bezüglich der Einzelheiten der Auswertung dieser wie auch der übrigen Kurven muß ich auf HAMMARs eingehende Darstellung verweisen.

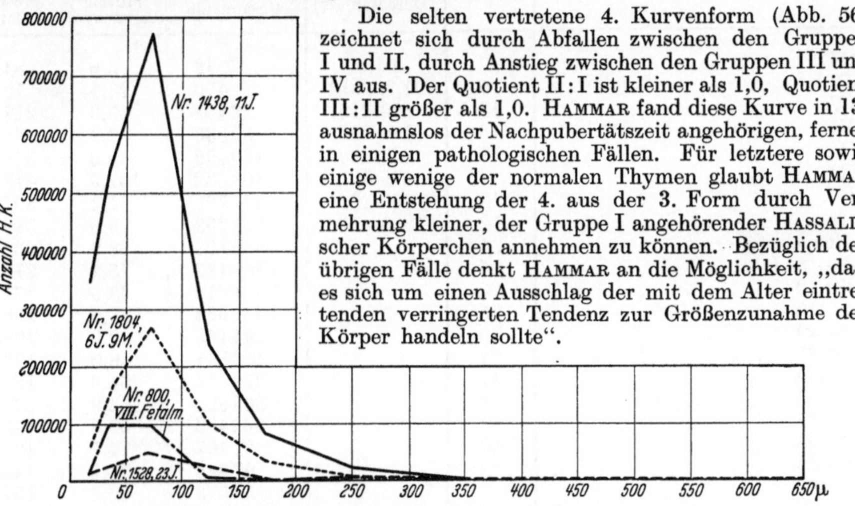

Die selten vertretene 4. Kurvenform (Abb. 56) zeichnet sich durch Abfallen zwischen den Gruppen I und II, durch Anstieg zwischen den Gruppen III und IV aus. Der Quotient II : I ist kleiner als 1,0, Quotient III : II größer als 1,0. HAMMAR fand diese Kurve in 13, ausnahmslos der Nachpubertätszeit angehörigen, ferner in einigen pathologischen Fällen. Für letztere sowie einige wenige der normalen Thymen glaubt HAMMAR eine Entstehung der 4. aus der 3. Form durch Vermehrung kleiner, der Gruppe I angehörender HASSALLscher Körperchen annehmen zu können. Bezüglich der übrigen Fälle denkt HAMMAR an die Möglichkeit, „daß es sich um einen Ausschlag der mit dem Alter eintretenden verringerten Tendenz zur Größenzunahme der Körper handeln sollte".

Abb. 55. Kurvenmäßige Darstellung der Größengruppen der HASSALLschen Körperchen des *menschlichen* Thymus. 3. Hauptform. (Aus HAMMAR 1926.)

Die Gesamtzahl der in *menschlichen* Thymen verschiedener Altersstufen enthaltenen HASSALLschen Körperchen vermittelt nachstehende, auszugsweise wiedergegebene tabellarische Zusammenstellung der von HAMMAR errechneten Durchschnittswerte, in welcher auch die durchschnittlich auf 1 mg Parenchym sowie 1 mg Mark entfallenden Mengen HASSALLscher Körperchen geführt werden. Entsprechende, auf große Thymen von *Kaninchen* bezugnehmende Angaben finden sich bei HAMMAR (1926, S. 476); auf 1 cmm Parenchym entfallen 25,0—84,1 HASSALLsche Körperchen (BLOM und ADERMAN). Die Gesamtzahl der HASSALLschen Körperchen in den Thymen 5 Monate alter *Kaninchen* bewegt sich mit

±29321 um den Durchschnittswert von 85164 (Hammar 1932). Wie bereits Syk (1909) darlegte, enthält der *Kaninchen*thymus bei Beginn der Geschlechtsreife die höchste Menge konzentrischer Körper. Später erfolgt ein Absinken ihrer Zahl. Bei der *Ratte* ermittelte Kliwanskaja-Kroll (1929) 12000 bis 29000 Hassallsche Körperchen im Gesamtorgan. Angaben wie diejenigen von Hewer (1916), Dustin (1921, 1927) und Kyrilow (1924), nach welchen die Thymen mancher *Säuger* der Hassallschen Körperchen normalerweise gänzlich entbehren, beruhen entweder auf der Bearbeitung involvierter Organe oder ungenügender Untersuchung. Nur die Auswertung lückenloser Schnittserien kann ein zuverlässiges Bild von dem mengenmäßigen Verhalten der Körper geben.

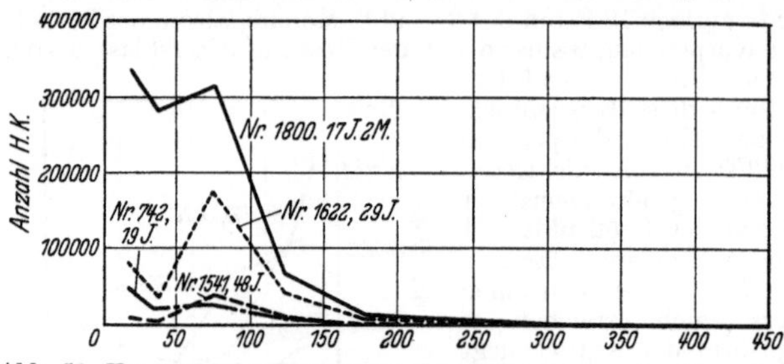

Abb. 56. Kurvenmäßige Darstellung der Größengruppen der Hassallschen Körperchen des *menschlichen* Thymus. 4. Hauptform. (Aus Hammar 1926.)

Tabelle I. (Aus Hammar 1926.)

Alter	Zahl der Fälle	Sitzhöhe Standhöhe (Durchschnitt)	Hassallsche Körperchen		
			Gesamtzahl	pro mg Parenchym	pro mg Mark
III. Fetalmonat	18	54,0	42	6,6	84
IV. ,, ...	15	91,8/130,1	470	23,1	72,3
V. ,, ...	13	140/215	12405	85,6	248,0
VI. ,, ...	16	188/289	53833	97,9	328,3
VII. ,, ...	12	235/350	160490	89,6	348,8
VIII. ,, ...	9	275/401	406832	107,3	415,2
IX. ,, ...	13	296/426	411793	81,4	307,4
X. ,, ...	12	338/481	698203	75,6	310,3
Neugeborener	24		1059197	88,9	332,1
1— 5 Jahre	27		1409127	75,2	279,1
6—10 ,, ...	25		1391618	63,5	174,3
11—15 ,, ...	25		1551979	73,9	196,7
16—20 ,, ...	19		704135	50,9	108,1
21—25 ,, ...	24		492591	49,0	102,5
26—30 ,, ...	17		378516	64,3	129,4
31—35 ,, ...	13		305622	62,9	129,6
36—45 ,, ...	12		262482	69,3	143,4
46—55 ,, ...	10		91767	74,7	195,3
56—65 ,, ...	12		97325	71,5	143,1
66—90 ,, ...	8		53573	52,5	157,6

Eine Vermehrung der Zahl der Hassallschen Körperchen über die angeführten Werte hinaus wird bei einer Reihe von Erkrankungen beobachtet. So enthält der Thymus Basedow-Kranker (vgl. hierzu S. 141) mehr Hassallsche Körperchen als derjenige gesunder Menschen; besonders zahlreich sind die Körperchen der Größenklasse II vertreten. Tritt eine Komplikation der Erkrankung durch Infektion auf, so kann jedoch das charakteristische Überwiegen der Klasse II über Klasse I hinfällig werden. Ferner kommt es unter Umständen, wie Hammars (1929) Untersuchungen zeigten, im Falle einer Infektion, auch der Schwangerschaft, zur Verringerung der Zahl der Hassallschen Körperchen. Diese Angaben Hammars stützen sich auf die Bearbeitung von 42 Basedow-Thymen, von denen 32 eine die Gesamtmenge der Körperchen 2,38—21,63mal übertreffende Zahl HASSALLscher Körperchen enthielten. Sieben weitere Fälle waren durch überdurchschnittliche Werte gekennzeichnet, 3 Fälle mit akzidenteller Involution dagegen durch unter dem Durchschnitt gelegene Werte. Eindeutige Hinweise auf die Vermehrung HASSALLscher Körperchen bei Erkrankungen anderer inkretorischer Organe (Pankreasinseln, Nebenniere, Hypophyse, Parathyreoidea, Keimdrüsen) konnten nicht gewonnen werden. Eine Steigerung der Zahl HASSALLscher Körperchen (H.K.-Exzitation) wurde von HAMMAR bei einer ganzen Reihe von Infektionskrankheiten nachgewiesen, so z. B. bei Influenza epidemica, Diphtherie, Scharlach, Poliomyelitis, Tetanus. Auf die starke Vermehrung der HASSALLschen Körper im Thymus an Diphtherie gestorbener *Menschen* hatte bereits LAGERGREN (1918) aufmerksam gemacht. Wie HAMMAR annimmt, erfolgt nur in der ersten Phase der auf die Influenza zurückzuführenden Involution eine Vermehrung der HASSALLschen Körperchen, während es in den Endstadien zum Absinken ihrer Zahl kommt. Die unmittelbare Folge einer Giftwirkung scheint die verstärkte Neubildung HASSALLscher Körper nach Schlangenbiß darzustellen. Drogenvergiftungen wirken sich im numerischen Verhalten der HASSALLschen Körperchen nicht im Sinne einer Steigerung aus. Da als gemeinsamer Grundzug der genannten Infektionen und des Morbus Basedow ein toxisches Moment hypothetisch angenommen werden kann, gelangt HAMMAR (1929) zu dem Schlusse: „Eine vermehrte Neubildung HASSALLscher Körper kommt unter verschiedenen toxischen Zuständen, jedoch nicht bei Drogenvergiftungen vor." Es gelang HAMMAR (1927), durch experimentelle Vergiftung von *Kaninchen* mit Bakterientoxinen, insbesondere mit Diphtherietoxin, eine Vermehrung der HASSALLschen Körperchen zu erzielen, und zwar erstreckt sich diese rasch abklingende Vermehrung auf kleine HASSALLsche Körperchen. Auf die Bedeutung dieser Feststellungen für das Problem des funktionellen Wertes der HASSALLschen Körper wird im folgenden noch eingegangen.

Eine Verringerung der Zahl der HASSALLschen Körperchen bzw. die Einstellung ihrer Neubildung (H.K.-Depression) vollzieht sich bei der Hungerinvolution, ferner bei einer Reihe von Erkrankungen wie chronische Tuberkulose, Krebs, Nephritis, Anaemia perniciosa, Leukämie sowie bei Drogenvergiftungen (Hungertypus der akzidentellen Involution). Über eine starke Abnahme der Zahl der Körperchen im Thymus des *Murmeltieres* während des Winterschlafes berichtet CONINX-GIRARDET (1927). Nach Behandlung von jungen *Meerschweinchen* und *Ratten* mit Schwangerenurin will NEVENCA NENCEVA (1939) eine Verringerung der Menge der konzentrischen Körperchen festgestellt haben. Ganz allgemein kann gesagt werden, daß jede Herabsetzung der Lebenskraft des entodermalen Markreticulums eine Einschränkung der Bildung HASSALLscher Körperchen nach sich zieht. Bezüglich der in Frage kommenden Zahlenwerte sei auf HAMMARs (1929) Darstellung verwiesen.

Die Frage nach der funktionellen Bedeutung der HASSALLschen Körperchen ist insofern einer Beantwortung wenigstens nähergebracht, als wir in ihnen heute — besonders unter dem Eindruck der quantitativen Analysen HAMMARs — keine Überbleibsel aus der Periode der Frühentwickelung des Thymus (STIEDA u. a.) mehr erblicken.

RUDOLF VIRCHOW (1858) rechnete die Thymuskörperchen zu den „Physaliden", d. h. Zellen, in deren Inneren „Bruträume" für die Bildung neuer Zellelemente entstehen. Die blasenhaltigen Zellen bezeichnete er als „Physaliphoren". Wie VIRCHOWs Abb. 125 erkennen läßt, liegt der Unterscheidung von Physaliphore und Blaseninhalt die durch Schrumpfung bedingte Trennung der zentral gelegenen Zelle des HASSALLschen Körperchens von der peripheren, konzentrisch geschichteten Zellschale zugrunde.

Die Bildung Hassallscher Körperchen muß als Ausdruck der Vitalität des Thymusmarks gewertet werden. Begreiflicherweise suchten manche Forscher unter dem Banne der Vorstellung, der Thymus zähle zu den inkretorischen Organen, nach Anzeichen einer Sekretion seitens seiner epithelialen Bestandteile. Anhaltspunkte für eine sekretorische Tätigkeit der Hassallschen Körperchen haben sich mit Hilfe der morphologischen Methodik jedoch nicht erbringen lassen; der Vergleich der hyalinen Degenerationsprodukte im Zentrum der Körper mit dem Kolloid der Schilddrüse hält weder einer physiologischen noch morphologischen oder chemischen Nachprüfung stand. Die Behauptung einer Entleerung der degenerierten Massen der konzentrischen Körper in die Blutbahn (Magni 1903) kann heute höchstens historisches Interesse beanspruchen. Die an den Zellelementen der Hassallschen Körper zu beobachtenden, übrigens recht verschiedenartigen Veränderungen ähneln in keiner Weise denen, welche sich an erwiesenermaßen sezernierenden Zellen anderer Organe abspielen. Die Hypothese von Beard (1928), in der Degeneration innerhalb der konzentrischen Körper sei die Quelle jener Stoffe des Thymus zu erblicken, welche einen Einfluß auf das Skeletsystem (vgl. hierzu auch Goldner 1925) und die Keimdrüsen ausüben, läßt sich meines Erachtens mit der Steigerung der Zahl der Hassallschen Körper im Thymus von Erwachsenen im Verlaufe von infektiösen Erkrankungen sowie beim Morbus Basedow kaum in Einklang bringen.

Einen Bruch mit den überkommenen, meistens von dem Axiom einer innersekretorischen Tätigkeit des Thymus ausgehenden Anschauungen über die Bedeutung der Hassallschen Körperchen stellen die in den letzten Jahren von Hammar durchgeführten Untersuchungen dar, welche den Thymus in funktionellem Zusammenhang mit dem lymphatischen System erkennen lassen, der übrigens schon von einer Reihe von Klinikern und Pathologen vermutet wurde. Infektiöse Erkrankungen wie experimentelle Zufuhr von Bakterientoxinen rufen, wie bereits erwähnt, eine Neubildung Hassallscher Körper hervor, die von Hammar als Ausdruck einer entgiftenden Tätigkeit des Thymus angesehen wird (vgl. Hammar 1931). Mit dem Fortschreiten der akzidentellen Involution geht eine Herabsetzung dieser Reaktionsfähigkeit einher. Der Neubildung Hassallscher Körperchen im Thymus entsprechen die von Hellman und White (1929) an den lymphatischen Organen von *Kaninchen* festgestellten Veränderungen, welche bei aktiver Immunisierung durch intravenöse Injektion von Paratyphus-B-Kulturen auftreten. Diese Veränderungen bestehen in erster Linie in einer Vergrößerung oder Vermehrung der Sekundärfollikel der Milz, welche mit einer Steigerung des Immunkörpertiters verbunden ist. Desgleichen beobachteten A. und H. Sjövall (1930) eine beträchtliche Neubildung von Sekundärfollikeln in poplitealen Lymphknoten des *Kaninchens* nach Injektion der Aufschwemmungen von Bacillus pyocyaneus unterhalb der Kniekehle. Auf der anderen Seite konnte Glimstedt (1932, 1936) den Nachweis führen, daß die sterile Aufzucht von *Meerschweinchen* ein Fehlen von Sekundärknötchen bedingen kann. Da Hammar (1931) an den Thymen der von Hellman und White untersuchten *Meerschweinchen* — von einem Falle abgesehen — zwar keine Vermehrung kleiner Hassallscher Körperchen feststellte, wohl aber teilweise sehr hohe Werte in den Gruppen größerer Körper, wie sie nach vorausgegangener, von Rückbildung abgelöster Neubildung Hassallscher Körperchen beobachtet werden können, hält er es für nicht unwahrscheinlich, daß die labilen konzentrischen Körperchen den Sekundärknötchen — als Reaktionszentren — vergleichbare Bildungen verkörpern, welche den Ausdruck des Abwehrkampfes des Organismus gegen Infektionen und Vergiftungen darstellen (vgl. hierzu auch Hammar 1938). Recht gut steht diese Anschauung meines Erachtens mit dem Nachweise Hassallscher Körperchen in den Infektionen unmittelbar ausgesetzten Ton-

sillen (VARIČAK 1928 u. a., s. S. 72) in Einklang. Eine planmäßige Untersuchung krankhaft veränderter Tonsillen auf das Vorhandensein konzentrischer
Körperchen wäre daher erwünscht. Sieht man von der Verschiedenheit der Herkunft des Reticulums im Thymus, Milz und Lymphknoten ab, so ergeben sich
sogar zwischen den Sekundärfollikeln und den Thymuskörperchen insofern
übereinstimmende Züge, als in beiden hypertrophierte und dichter gelagerte
Reticulumzellen enthalten sind. Ob allerdings die Bildung der HASSALLschen
Körperchen im Dienste der Produktion von Antikörpern oder, wie BIEDL (1922)
meint der Neutralisierung giftiger Substanzen steht, ist unbekannt. Neuere
Untersuchungen SCHUDYs (1939) und TONUTTIS (1940) legen jedoch den Gedanken an eine Toxinabwehr näher, da die HASSALLschen Körperchen mit
Diphtherietoxin vergifteter *Meerschweinchen* im Gegensatz zu den Thymusperlen
normaler Organe vielfach reich an Vitamin C-Granulis sind. Diese „Granula"
sind jedoch nicht als „Vitamingranula" aufzufassen, sondern als an Vitamin C
reiche granuläre Zelleinschlüsse.

7. Irreguläre epitheliale Zellgruppen im Thymusmarke.

Die Neigung des entodermalen Reticulums zu lokaler Verdichtung unter
gleichzeitiger Hyperthrophie der Zellen kann zur Entstehung mehr oder weniger
ausgedehnter, unregelmäßig geform-
ter Zellkomplexe führen, die sich
von den HASSALLschen Körperchen
durch dasFehlen einer konzentrischen
Schichtung unterscheiden (Abb. 57,
58). Übergangsformen zwischen irregulären Zellgruppen und HASSALL-
schen Körperchen werden indessen
nicht selten beobachtet, in besonderer Ausdehnung beim *Hunde*
(HAMMAR 1905). Die irregulären
Komplexe kommen im Thymus des
Menschen und der übrigen *Säuger*
verhältnismäßig häufig vor (ERD-
HEIM 1906, PFLÜCKE 1906, SCHAF-
FER 1909 u. a.). Ziemlich oft sind
sie in den Marksträngen involvierter Thymen (Abb. 58) anzutreffen.

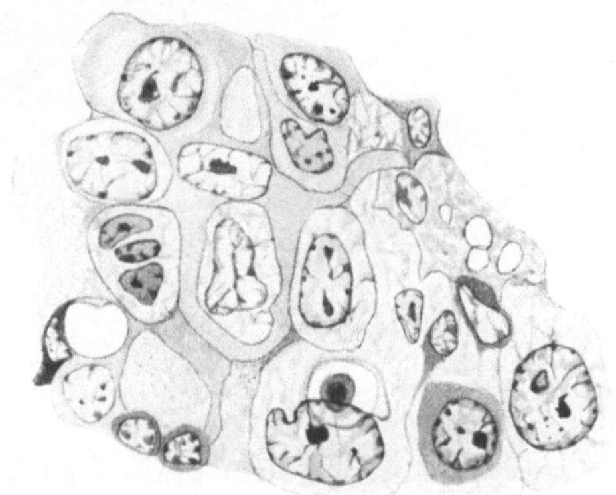

Abb. 57. Irreguläre Epithelzellgruppe aus dem Marke
des *Hühner*thymus; erwachsenes Tier. (Fixation Bouin,
Paraffinschnitt 12 μ, Eisenhämatoxylin nach M.HEIDEN-
HAIN, Ok. 10×, Ölimmersion Zeiss ¹/₁₂, auf ⁹/₁₀ verkl.,
gez. W. BARGMANN.)

Die einzelnen Zellelemente der Herde
tragen vielfach Anzeichen der Hyalinisierung; sie werden ferner häufig von
intracytoplasmatischen Fibrillen durchsetzt. Besonders reich an irregulären
Zellgruppen ist das Mark des Thymus der *Vögel* (WATNEY 1882, PENSA 1902,
LEWIS 1904, 1905, HAMMAR 1905, CIACCIO 1906). TERNI (1929) beschreibt
außerdem epitheliale, von Nervenfäserchen durchsetzte Zellnester im Thymus
des *Huhnes*, welche Höhlungen umschließen. Wie die Abb. 57 sowie die Schilderung von LEWIS (1905) erkennen lassen, verraten diese Komplexe den Ablauf
von Degenerationsvorgängen, die wohl infolge Zellverfalles zur Entstehung
solcher Hohlräume führen können. Degenerative Veränderungen wurden von
WATNEY (1882) auch in den Epithelherden des Thymus von *Reptilien* festgestellt. DUSTINs Vorstellung, die irregulären Zellgruppen im *Reptilien*thymus
seien bindegewebigen Charakters, wird heute mit Recht als irrig angesehen.
Weniger häufig scheinen die irregulären Verbände im Thymus von *Amphibien* zu
sein; HAMMAR (1905) fand sie jedenfalls beim *Frosche* nur vereinzelt. Gruppen

dichtgelagerter Zellen wurden im Thymus von *Teleostiern* von Maurer (1886), Schaffer (1893), Prymak (1902) und Hammar (1909) beobachtet; sie können gelegentlich eine oberflächliche Ähnlichkeit mit Hassallschen Körperchen annehmen. Das Thymusmark von *Selachiern*, insbesondere von *Rochen*, enthält öfter unregelmäßig geformte epitheliale Zellkomplexe, deren Elemente in der Regel polygonale Umrisse aufweisen (Hammar 1912). Selten umschließen die Zellhaufen eine Höhlung. Manchmal erstreckt sich die epitheliale Gewebsverdichtung auf die gesamte Markzone.

Irgendwelche klaren Aussagen über die funktionelle Bedeutung der irregulären Zellverbände können nach dem jetzigen Stande der Forschung nicht gegeben werden, zumal Hammar (1936) Beziehungen zwischen ihrer Ausbildung und Erkrankungen nicht festzustellen vermochte. Ich halte es trotzdem für wahrschein-

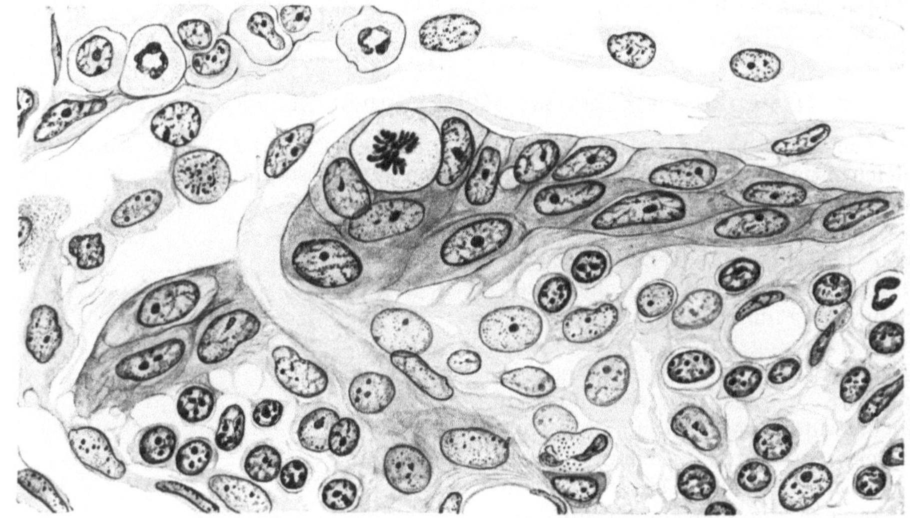

Abb. 58. Irreguläre epitheliale Zellgruppe mit Mitose an der Oberfläche des Markstranges; Rinde rückgebildet. Thymus der *Katze*. (Fixation Held, Schnittdicke 12 μ, Hämatoxylin-Eosin-Färbung, Ok. 4fach, Zeiss Im. HI 100, auf ²/₃ verkl., gez. K. Herschel-Leipzig.)

lich, daß sie gemeinsam mit den myoiden Zellen das funktionelle Äquivalent der Hassallschen Körperchen darstellen, da sie besonders gut bei jenen Arten entwickelt sind, deren Thymen keine echten Hassallschen Körperchen enthalten.

8. Schleimzellen und verschleimte Reticulumzellen.

Im Marke, seltener in der Rinde des Thymus von *Selachiern* und *Teleostiern* (Hammar 1909, 1912, Krause 1921), des *Frosches* (Hammar 1905) und anscheinend auch der *Reptilien* (Dustin 1902) finden sich hypertrophische, von Körnchen oder Fäden durchsetzte Zellelemente, deren Inhalt sich mit Schleimfarbstoffen deutlich hervorheben läßt. Krause (1921) findet die verschleimten Reticulumzellen besonders an den Grenzen von Thymus und subthymischem Bindegewebe ballenweise beisammenliegen. Die Kerne dieser Zellen nehmen in der Regel eine exzentrische Lage ein (Abb. 59). Während die kleineren, nur wenige Schleimgranula enthaltenden Elemente nach Hammars Beobachtungen in kontinuierlichem Zusammenhange mit den verästelten Reticulumzellen stehen, stellen die größeren Schleimzellen aus dem netzigen Verbande gelöste abgerundete Gebilde dar. Manche der Zellen umschließen schleimerfüllte intracelluläre Hohlräume (Abb. 59). Mitunter schmiegen sich einer abgerundeten verschleimten Zelle (HAMMAR 1909, *Teleostier*, v. HAGEN 1934, *Anguilla*) einige Reticulumzellen in konzentrischer Schichtung an, so daß den HASSALLschen Körperchen ähnelnde Bildungen zustande kommen. Während HAMMAR im *Selachier*thymus keine Anzeichen für eine Ausstoßung des Schleimes aus dem Zelleibe bei Erhaltung der Zelle wahrzunehmen vermochte, findet er im *Teleostier*thymus, wenngleich relativ selten, Bilder von offenen Zellen mit austretendem Sekret; letzteres kann in die Maschen des Reticulums entleert werden, wo es z. B. im Thymus des *Frosches* gefunden wurde. Das Schicksal der vom Reticulum abstammenden Schleimzellen besteht in der Regel in völligem Zerfall, der zur Bildung von Höhlungen führt (s. auch S. 122).

Der *Teleostier*thymus enthält nicht nur Schleimzellen im Zusammenhang mit dem Zellreticulum, sondern auch von Zellen, welche „geradezu verkehrt liegen, d. h. mit dem kernführenden Ende nach der freien Oberfläche des Organs hin, das Stoma nach dem Bindegewebe zugekehrt" (HAMMAR), in die Tiefe versprengte Schleimzellen des Kiemenhöhlenepithels. Im Thymus von *Sargus* habe ich solche in das Thymusgewebe verlagerten Schleimzellen des Oberflächenepithels gelegentlich beobachtet, wie sie auch durch v. HAGEN (1934) für den Thymus von *Anguilla* beschrieben werden. KLUMPP und EGGERT (1934) sahen ferner eine versprengte Becherzelle im Thymus einer Larve von *Ichthyophis glutinosus*.

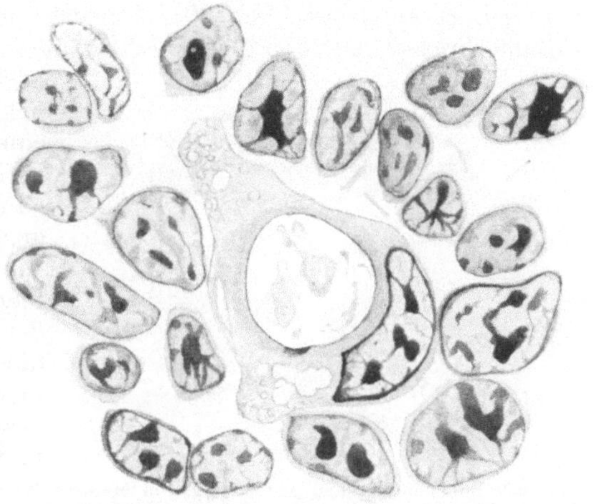

Abb. 59. InVerschleimung begriffene Reticulumzelle im Thymus einer Larve vom *Rippenmolch (Pleurodeles)*. (Fixation Bouin, Schnittdicke 8 μ, Hämatoxylin-Eosin-Färbung, Ok 10×, Öl-immersion Zeiss ¹/₁₂, Abb. auf ⁹/₁₀ verkl., gez. W. BARGMANN.)

Der von HETT (1940) erwähnte Nachweis einer als Gewebsmißbildung betrachteten verschleimten Drüse in der Thymusrinde einer *Maus* steht bisher offenbar vereinzelt da.

Neben den erwähnten Zellformen stellte HAMMAR (1909) im Thymus von *Teleostiern* ovale oder langgezogene Elemente mit kleinem polständigem Kern, einer stark lichtbrechenden, einer Knorpelkapsel vergleichbaren Außenschicht und einem aus kommaförmigen Stäbchen bestehenden Inhalt fest, welchen er zu den Schleimzellen glaubt zählen zu müssen. Nach der Schilderung HAMMARs sowie der von ihm gegebenen Abbildung halte ich Zweifel an dieser Deutung für angebracht. Es ist sehr wahrscheinlich, daß es sich nicht um für den Thymus spezifische Elemente, sondern um einzellige Parasiten handelt, wie sie nach meinen Erfahrungen in den verschiedensten Organen mariner *Teleostier* zu finden sind.

Die Frage nach der funktionellen Bedeutung der verschleimten Zellen muß, wie so manche andere der morphologischen Thymusforschung, noch unbeantwortet bleiben. Sehr wahrscheinlich stellt das Auftreten dieser Zellen den Ausdruck eines Degenerationsprozesses dar. Ihre Zahl steigt mit dem Lebensalter, um das Maximum mit der Altersinvolution des Thymus zu erreichen, während welcher der Zerfall der verschleimten Reticulumzellen vonstatten geht. Besonders reich an verschleimten Zellen ist nach HAMMARs Angabe (1912) der Thymus älterer Exemplare von *Raja radiata*.

9. Flimmerzellen und verwandte Differenzierungsprodukte des Thymusreticulums.

Die Reticulumzellen des Thymusmarks entwickeln sich nicht selten zu polar differenzierten Elementen, deren Oberfläche einen Flimmer- oder Bürstenbesatz, in anderen Fällen einen Cuticularsaum trägt. Diese Zellen können an der Auskleidung von Cysten oder Schlauchbildungen teilhaben (s. S. 122) oder einzeln bzw. in kleinen Gruppen in das entodermale Zellnetz eingelassen sein, in dessen weite Intercellularspalten die Flimmer- oder Bürstenhaare hineinragen. So beobachtete Hammar (1905) bei einem *menschlichen* Fetus Flimmerzellen, welche gemeinsam mit verzweigten Reticulumzellen die Begrenzung einer Intercellularspalte bildeten. Besonders reichlich scheinen derartige mit Flimmern und häufig Basalknötchen versehenen Zellen im Thymusmarke des *Hundes* vorzukommen (Hammar, Salkind 1915), wo sie schon kurz nach der Geburt auftreten (Abb. 60). Ein sehr merkwürdiges Bild bieten die sog. Flimmerkrater, halbmondförmige Lichtungen im Marke, in welche Flimmerhärchen hineinragen. Mitunter begegnet man auch scheinbar im Zelleib einer abgerundeten Reticulumzelle befindlichen kreisrunden Höhlen, die gänzlich von einem Flimmerbesatz ausgekleidet sind (Abb. 60). Derartige Flimmercysten (Hammar) habe ich hier und da auch im Thymusmarke des *Huhnes* gesehen. Die Deutung dieser Gebilde ist schwierig. Hammar meint, Flimmerkrater und Flimmercysten seien verschiedene Schnittbilder ein und desselben Zellelementes. Es ist denkbar, daß es sich um in verschiedenen Ebenen liegende Durchschnitte durch schalenförmige Zellen handelt, deren Konkavität mit Flim-

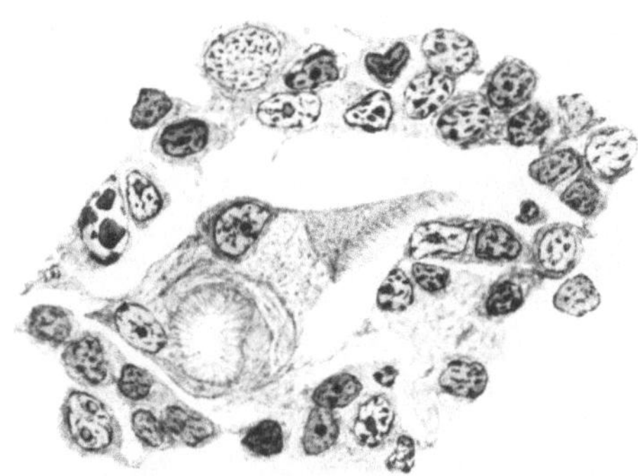

Abb. 60. Flimmercyste und Flimmerzelle im Mark des Thymus eines 4 Jahre alten *Hundes*. (Fixation Carnoy-Sublimat, Hämatoxylin-Erythrosin-Färbung, 865fach vergr.) (Aus Hammar 1905.)

mern besetzt ist. Mit zunehmendem Alter flachen sich die Flimmerkrater offenbar ab. Die beim *Huhn* sowie beim *Frosch* zu beobachtenden Krater und Cysten tragen ebenso wie diejenigen des *Teleostier*- und *Selachier*thymus (Hammar 1909, 1912) kurze Härchen, welche einen Bürstenbesatz bilden. Die Krater und Cysten umschließen vielfach ein Klümpchen sekretartiger Substanz, welches — so meint Hammar — als Fremdkörper vielleicht die Bildung der Härchen provoziert hat.

Neben verschleimten Reticulumzellen enthält das Thymusmark *niederer Wirbeltiere* häufig Schleimzellen, die eine polare Differenzierung des Zelleibes insofern verraten, als es sich um längliche, vielfach birnenförmige Elemente handelt, deren verjüngter Abschnitt den Kern umschließt. Das Stoma der Schleimzellen ragt in die intercellulären Räume hinein, in welchen gelegentlich Sekret gefunden wird. Zwischen Reticulumzellen und Schleimzellen können sich nach Hammars Feststellungen *(Frosch, Teleostier)* kontinuierliche Cytoplasmabrücken ausspannen. Die Schleimzellen, welche nicht mit versprengten Becherzellen verwechselt werden dürfen (s. S. 89) und die verschleimten Reticulumzellen sind durch fließende Übergänge miteinander verbunden.

Mit einem Cuticularsaum versehene Zellen wurden von Hammar (1905, 1909) besonders für den Thymus von *Hund* und *Frosch* beschrieben.

10. Cysten.

Neben cystisch veränderten Hassallschen Körperchen und Dermoidcysten (Schmincke 1926) kann das Gewebe des Thymus des *Menschen* und sämtlicher *Wirbeltiere* Cysten verschiedener Herkunft umschließen, deren Wandungen endotheloide, kubische und zylindrische Epithelzellen auskleiden. Die freie Oberfläche dieser Zellen zeichnet sich vielfach durch den Besitz von Flimmerhaaren, Bürstenbesätzen und Cuticularsäumen aus. Neben diesen Zellformen sind häufig schleimbildende Elemente vorhanden. In sehr vielen Fällen bildet die Cystenwandung infolge des Nebeneinanders verschieden hoher und verschieden differenzierter Zellen ein abwechslungsreiches Bild. Der Cysteninhalt kann aus kolloidartigen Massen bestehen (Sultan 1896, Wertheim 1904), ferner aus Detritus (Schaffer 1904, Vasjutockin 1937 u. a.), dem freie Zellen beigemengt zu sein pflegen. Über Pigmentablagerungen im Epithel von Thymuscysten zweier Erwachsener berichtet Gruber (1932). Die Wandungen der Thymuscysten werden nach Teichmanns (1940) Untersuchungen am *Ratten*thymus nur soweit von einer argyophilen Basalmembran unterlagert, als sie mit Bindegewebe in Berührung treten.

Die im Thymus des *Menschen* vorkommenden, vielfach gangartigen Cysten (Sultan 1896, Versati 1897, Tourneux und Verdun 1897, Kürsteiner 1900, Schambacher 1903, Erdheim 1904, Hammar 1905, Tarozzi 1906, Huguenin 1921, Gruber 1932, Kopač 1939) liegen nach Erdheims Feststellungen vorzugsweise in den kranialen Organabschnitten, wo sie bald inmitten des Thymusparenchyms, bald gruppenweise im interlobulären Bindegewebe angetroffen werden; öfter münden tubuläre Drüsen in diese Hohlraumbildungen ein, deren Auskleidung aus teils abgeplattetem, teils zylindrischem Epithel besteht. In fetalen Thymen scheinen Cysten häufiger als in den Organen Erwachsener vorzukommen. Hammar (1905) beobachtete sie bereits bei 4 Monate alten Feten. Dem von Renaut (1897) abgebildeten «vestige du thymus epithélial» aus dem Thymus eines 3 Monate alten *menschlichen* Feten dürfte gleichfalls eine gangartige Cyste zugrunde liegen.

Es kann nicht immer mit Sicherheit ausgemacht werden, ob diese Gebilde autochthone Thymuscysten oder sekundär in das Thymusgewebe einbezogene branchiogene Cysten verkörpern, wie sie in unmittelbarer Nachbarschaft der Epithelkörper (Nicolas 1896, vgl. hierzu Bargmann 1939) gefunden werden. In auffallender, mit dem Lebensalter zunehmender Häufigkeit treten Cysten im Thymus des *Hundes* in Erscheinung (Watney 1882, Hammar 1905, Cheval 1908, Weise 1940), die zum großen Teil auf den Vorgang der Sequesterbildung (s. S. 122) zurückzuführen sind. Auf der Grundlage von Nekrosen und Markdegenerationen im Thymus des erwachsenen *Menschen* entstandene Cysten werden ferner von Kopač (1939) beschrieben. Wie die Abb. 74 und 75 erkennen lassen, stellen die Cysten im *Hunde*thymus gewundene Kanäle dar, deren Wandungen aus zweireihigem Zylinderepithel, streckenweise aus Flimmerepithel mit deutlichen Basalknötchen bestehen. Innerhalb der Epithelschicht liegen stark aufgequollene abgerundete Elemente, welche in das Cystenlumen übertreten können. Sie ähneln den auch in Schilddrüsenfollikeln nachgewiesenen protozoenartigen Zellen (vgl. meinen Beitrag „Schilddrüse" in diesem Handbuche). Der Wandbelag der Cysten steht mit kleinen Thymusläppchen in kontinuierlichem Zusammenhang. Weiterhin wurden Flimmerepithelcysten im Thymus der *Katze* und der *Maus* festgestellt (Remak 1843, Capobianco 1891, Verdun 1896, 1898, Hammar 1905, Hett 1940). Kolloidhaltige, wohl aus dem Reticulum hervorgegangene Follikel sahen Florentin (1932) im *Katzen*thymus sowie Hoepke und Peter (1936) verschiedentlich im Thymus des *Igels*. Weitere Angaben über Cystenbildungen des *Säugetier*thymus enthält die Zusammenstellung Hammars (1909).

Im Thymus von *Amphibien* konnten Maurer (1888), Nusbaum und Machowski (1902), Pensa (1905), Vasjutockin (1937) von prismatischem Epithel ausgekleidete Cysten nachweisen. Nach Vasjutockin wird die Wandung der Höhlen stellenweise durch ein Syncytium oder Symplasma dargestellt. Vielfach erinnert ein Härchenbesatz des Epithels an den Bürstensaum im Hauptstück des Nierenkanälchens. Manche der Wandzellen zeichnen sich durch den Besitz intracellulärer Vakuolen mit intracellulären Cilien aus. Möglicherweise stellt dieses Verhalten eine Parallele zu den eigentümlichen Flimmercysten dar, welche Hammar (1905) im Thymusmarke verschiedener *Wirbeltiere* sah. Die im Thymusmark von *Teleostiern* (Hammar 1909) eingelagerten Cysten besitzen einen vorwiegend aus Zellen mit Bürsten- oder Cuticularsaum oder aus Schleimzellen bestehenden Wandbelag. Ungeklärt ist die Natur der von Hammar selten bei *Labrus*, öfter aber bei *Gobius* angetroffenen, von Zylinderepithel ausgekleideten Schläuche, welche ein sehr enges Lumen aufweisen, Gangbildungen, die meistens in das subthymische Bindegewebe hineinragen.

Wie bereits angedeutet, sind die im Thymusmarke gelegenen Cysten nicht einheitlicher Natur. Über sichere Kriterien der Herkunft völlig von Epithel ausgekleideter Hohlräume verfügen wir nicht. Ein Teil dieser Gebilde, insbesondere die dem Thymus angelagerten oder zwischen seinen Läppchen befindlichen Cysten, gehört höchstwahrscheinlich den auch in anderen Abkömmlingen des Schlunddarmes auftretenden branchiogenen Cysten an, welche sich aus Zellmaterial des Schlundtaschenepithels entwickeln, das bei der Ablösung der Organanlage vom Mutterboden mit in diese einbezogen wurde. Möglicherweise stellt auch die Vesicula cervicalis eine Quelle von Thymuscysten dar. Ein großer Teil dieser Hohlgebilde aber stammt unzweifelhaft von der Anlage oder dem noch differenzierungsfähigen Gewebe des Thymusmarkes selbst ab. Aus diesem Grunde wurde die Schilderung der Thymuscysten an dieser Stelle gegeben. Nach Hammars (1909) Darlegungen könnten z. B. die bereits im 2. Fetalmonat von der Organanlage sich abschnürenden, teilweise hohlen Knospen sowie Epithelreste des Thymusstranges als Material zur Bildung von Cysten in Frage kommen. Daß aus dem Thymusreticulum des voll entwickelten Organes gleichfalls Cysten mit einer Auskleidung von Flimmer- oder Schleimzellen hervorgehen können, darf aus der Tatsache des Zusammenhanges einzelner polar differenzierter Elemente mit verästelten Reticulumzellen gefolgert werden. Durch Zusammenschluß mehrerer derartiger Zellen kann man sich ein Bläschen entstanden denken. Hammar hält es auch für möglich, daß die Vereinigung intracellulär gebildeter Flimmer- oder Bürstencysten zum Aufbau einer Thymuscyste führt. Das Vorhandensein von Gewebsspalten, an deren Begrenzung sowohl zylindrische Epithelzellen als auch Reticulumzellen beteiligt sind, spricht gleichfalls zugunsten der Annahme einer autochthonen Genese mancher Thymuscysten. Anzeichen für das Bestehen einer spezifischen sekretorischen Tätigkeit von Cysten sind nicht gegeben. Merkwürdigerweise treten sie im Thymus mancher Tiere gerade während der Involutionsperiode in gesteigerter Zahl und Ausdehnung *(Hund)* auf.

11. Die Lymphocyten.

Die Frage, ob die in den Maschen des Thymusreticulums gelegenen, in der Rindenzone angereicherten kleinen Rundzellen (Thymusrindenzellen, Thymocyten) mit den durch die lymphatischen Organe produzierten Lymphocyten identisch sind, suchten zahlreiche Forscher auf recht verschiedenen Wegen zu beantworten. So glaubten Maurer (1899), Stöhr (1905, 1906, 1908) und andere Untersucher teils im Studium der Histogenese der Thymusrundzellen Anhaltspunkte für deren epitheliale, somit entodermale Natur gefunden zu haben, so daß diese Zellen trotz ihrer unbestreitbaren Ähnlichkeit mit echten Lymphocyten (STÖHR) nach ihrer Meinung ein für den Thymus spezifisches Element verkörperten, teils wurde ihre Stellungnahme durch theoretische Erwägungen bestimmt (vgl. hierzu HAMMAR 1905, 1909). Eine zweite Gruppe von Histologen wähnte zwischen Lymphocyten und Thymusrindenzellen morphologische und funktionelle Unterschiede feststellen zu können (HASSALL 1846, WATNEY 1882, MARCUS 1908, SCHRIDDE 1909), welche für eine Sonderstellung der letzteren zu sprechen schienen. MARGOLIS (1930) lehnt eine Beziehung zwischen Lymphocyten und Thymusrundzellen wegen der Nichtbeteiligung des Thymus bei der lymphatischen Leukämie ab. Seit den gründlichen, bereits in dem Kapitel über die Histogenese des Thymus erörterten Untersuchungen von MAXIMOW und HAMMAR muß indessen die Lehre von der epithelogenen Abstammung der Thymusrindenzellen als hinfällig betrachtet werden. Die kleinen Thymuszellen verdanken ihre Ansiedlung im Thymusparenchym einem Einwanderungsprozeß. Im folgenden werden nur jene Angaben ins Auge gefaßt, die sich auf die Struktur und das funktionelle Verhalten der Thymusrundzellen und ihre vermeintlichen Abweichungen vom Bilde und der Reaktionsweise des echten Lymphocyten beziehen.

Die kleinen Rundzellen des *menschlichen* Thymus, welchen größere, noch zu besprechende Formen beigesellt sind, zeichnen sich durch den Besitz eines runden, mitunter auch schwach eingedellten chromatinreichen Kernes aus, den ein schmaler Cytoplasmamantel umhüllt. Ihre Größe entspricht derjenigen der Blutlymphocyten. Diese Angabe gilt nach den Untersuchungen von LAURELL (zit. von HAMMAR 1909) sowie MAXIMOW (1909) auch für die Thymusrundzellen anderer *Wirbeltiere*. Die kleinsten dunkelkernigen Elemente ähneln mitunter, wie MAXIMOW (1909) bemerkt, reifen Normoblasten. Nach den Feststellungen von MAXIMOW, welche an Thymen von *Kaninchen, Ratte, Maus, Meerschweinchen* und *Katze* erhoben wurden, treten die Nucleolen in den Kernen der kleinen Zellen nur schwach hervor. Der Häufigkeitsgipfel der Kerndurchmesser der *menschlichen* Thymocyten liegt bei 4—4,25 μ, derjenige der die Magenschleimhaut durchwandernden kleinen Lymphocyten bei 4,25 μ, während für die Lymphocyten in den Follikeln der Lymphknoten der Wert von 4,5 μ gilt (JACOBJ 1935). Die Gründe für diese Unterschiede dürften in der Verschiedenheit des Reifegrades der Rundzellen zu suchen sein. Daß die Kerne der Thymocyten und Lymphocyten in anderen Fällen völlig gleiche Größe besitzen können, läßt sich den Ausführungen von PETER (1935) sowie HOEPKE und PETER (1935, Untersuchungen am *Igel*thymus) entnehmen. Gelegentlich zu beobachtende Kernvakuolen (vgl. Abb. 24, unten links) dürften auf Fettablagerungen zurückzuführen sein. In Thymuspräparaten, welche nach der Methode von MAYGRÜNWALD gefärbt wurden, erscheint das Cytoplasma der kleinen Rundzellen in blauer Färbung (HAMMAR 1907), während die Zelleiber der Reticulumzellen rot gefärbt sind. Somit stimmen, wie auch MAXIMOW (1909) betont, die Thymusrundzellen hinsichtlich der Basophilie ihres Cytoplasmas mit den echten kleinen Lymphocyten überein (PINNER 1915, 1920, SEEMANN 1930). Die Behauptung von KOMOCKI (1930, 1931), die Thymocyten besäßen in der Mehrzahl kein Cytoplasma, entspricht — wenn man von Degenerationsvorgängen einmal absieht — nicht den Tatsachen (BRODERSEN 1930, SEEMANN 1930, vgl. Abb. 23, 24, 61); sie läßt sich auch mit dem Nachweise der amöboiden Beweglichkeit der Thymusrundzellen nicht vereinbaren. Die Thymusrindenzellen enthalten, wie SEEMANN (1930) zeigte, zahlreiche teils granuläre, teils stäbchenförmige Mitochondrien. Ihr Mitochondrienbild gleicht demjenigen der Lymphocyten völlig. Die Oxydasereaktion fällt bei den Thymusrundzellen wie bei den Lymphocyten negativ aus (Laurell, zit. nach Hammar 1909). Die Zahl der in den kleinen Thymuszellen enthaltenen Mitochondrien gibt Emmart (1936) zwar als gering an; da diese Angabe sich jedoch nur auf die Vitalfärbung der Zellen mit Neutralrot stützt, ist es fraglich, ob die von Emmart gesehenen Gebilde wirklich Mitochondrien und nicht paraplasmatische Einschlüsse darstellen. Für die Berechtigung dieses Zweifels scheint mir die Beobachtung von Seemann zu sprechen, der neben den mit Janusgrün färbbaren Mitochondrien Neutralrotgranula im Cytoplasma der Rindenzellen darstellen konnte (Supravitalfärbung der Thymocyten der *Ratte*). Lipoidtröpfchen treten nach Hammar (1929) im Verlaufe einer Stunde in den Zelleibern der Thymusrundzellen in Erscheinung, wenn man auf ein frisches, in homologem Serum befindliches Isolationspräparat vom *Kaninchen*thymus Brillantkresylblau oder Neutralrot einwirken läßt. Dieselben etwas größeren Granula — sie sind nicht sudanophil — lassen sich auch in den Lymphocyten von Lymphknoten nachweisen. Thymusrundzellen aus Organen, welche einer akzidentellen Involution unterliegen, können in seltenen Fällen wenige, mit Sudan III färbbare Fettgranula enthalten (Fettpunktierung Hammar). Da diese Granulierung nicht einmal in allen jenen Fällen beobachtet werden kann, in denen fettreiche Thymen vorliegen, handelt es sich nach Hammar vielleicht um eine nur kurz anhaltende Einlagerung. Ob die Fettkörnchen intracellulär entstehen oder auf eine Fettaufnahme seitens der Rundzellen zurückzuführen sind, ist unbekannt. Die in den Gewebekulturen am 2.—3. Tage im Cytoplasma der Rundzellen auftretenden Fetttröpfchen betrachtet Schopper (1934) wohl mit Recht als Degenerationsgranula. Die Silberreaktion zum Nachweise von Vitamin C läßt sowohl Thymusrundzellen als auch Lymphocyten anderer Organe vitaminfrei erscheinen (Hammar 1938), eine Angabe, die ich auf Grund von Untersuchungen meines Schülers Leopold bestätigen kann. Kurloffkörper kommen in den Thymusrundzellen des *Meerschweinchens* ebenso wie in den echten Lymphocyten vor (Jolly und Ferester 1929, Ch. Grégoire 1932, Redaelli und Nenceva 1939, Nenceva 1939, Nenceva und Redaelli 1939, Økland 1940).

Auf den Nachweis der Kurloff-Körperchen in den Thymusrundzellen und Knochenzellen des *Meerschweinchens* gründet sich die Anschauung von Økland (1940), die kleinen Thymusrundzellen seien „prospektive Knochenzellen". Auf diese Hypothese braucht man nicht näher einzugehen.

Unter den erwähnten morphologischen Eigentümlichkeiten der sog. Thymocyten befindet sich keine einzige, die als spezifisches, zur Unterscheidung von den kleinen Lymphocyten berechtigendes Merkmal angesprochen werden könnte. Dasselbe gilt bezüglich des funktionellen Verhaltens dieser Elemente, so daß die Thymocyten unbedenklich als Lymphocyten des Thymus bezeichnet werden dürfen. Wie andere Lymphocyten besitzen sie die Fähigkeit der amöboiden Bewegung (Hammar 1907, 1909, Maximow 1909, Pappenheimer 1913, Jolly 1914, Salkind 1917), die nicht nur an Hand des Schnittpräparates vermutet, sondern in der Gewebekultur unmittelbar beobachtet werden kann (Pappenheimer 1913, Wassén 1915, Schopper 1934, Emmart 1936, Tschassownikow 1929, Galustian 1939). Nach den Beobachtungen der Thymuslymphocyten an Filmzeitrafferaufnahmen, die Schopper durchführte, nehmen die in der Gewebekultur wandernden Zellen gestreckte Form an; über den Zelleib verlaufen Kontraktionswellen, welche mit einer Einschnürung an der Zellspitze beginnen. Die Wanderung der Zellen läßt sich oft über Tage hin verfolgen. Die gelegentlich zu beobachtende Überschwemmung des Thymusmarks mit Lymphocyten dürfte ebenso wie die Infiltration des perithymischen Bindegewebes mindestens teilweise auf Wanderungen der Thymusrundzellen zurückzuführen sein. Dustins

Behauptung, die Thymocyten seien unbewegliche Elemente, entspricht nicht den Tatsachen.

Lymphocyten und Thymusrundzellen zeichnen sich weiterhin durch hohe Empfindlichkeit gegenüber chemischen und physikalischen Einflüssen sowie Schwankungen der Stoffwechsellage des Organismus aus, die sich in einem raschen Auftreten von Pyknosen und Fragmentierung der Zellkerne — einer „Crise caryoclasique" (Dustin) — bei akzidenteller Involution, ferner nach Röntgenbestrahlung, unter der Wirkung von Diphtherietoxin, artfremdem Eiweiß, Arsenverbindungen, Colchicin und anderen Substanzen äußert (vgl. hierzu Heinecke 1903, 1904, 1905, Rudberg 1907, 1909, Dustin 1921, 1922, 1924, 1925, Jolly 1925, 1926, Hammar 1927, Tschassownikow 1929, Dustin und Leroy 1931, Bujard und Ickowicz 1935, Ickowicz 1935, 1936, 1937, Bertschinger 1937, Chodkowski 1937, J. A. Thomas und Chèvremont 1938, Leblond und Segal 1938, Musotto und di Quattro 1941 u. a., siehe Hammars Zusammenstellung 1936 sowie Ries 1939). Der vielfach beobachtete zeitliche Abstand zwischen dem Eintreten von Veränderungen an den Lymphocyten des Thymus und denjenigen anderer Organe dürfte mit den Schwankungen der Funktionslage des Thymus und eben dieser Organe zusammenhängen; es ist sicherlich kein Grund vorhanden, in ihm den Ausdruck einer Wesensverschiedenheit der Rundzellen des Thymus und der lymphatischen Organe zu erblicken.

Neben den zahlenmäßig am stärksten vertretenen kleinen Lymphocyten beherbergen die Maschenräume des Reticulums auch des Erwachsenenthymus größere, durch zarte, mit deutlichen Nucleolen versehene, manchmal ovale Kerne gekennzeichnete Rundzellen, welche als Vorstufen der kleinen Formen zu betrachten sind. Im embryonalen Thymus der *Ratte* (22 mm) stellte Maximow (1909) seiner Meinung nach vorübergehend seßhafte große und mittelgroße Lymphocyten fest, die sich den Ausläufern der Reticulumzellen anlagern, wobei sie sich abplatten und mit ihrem vakuolisierten Cytoplasma den Zellleibern der Reticulumzellen so eng anschmiegen, daß sie vielfach nicht scharf von ihnen abgegrenzt werden können. Diese an ruhende Wanderzellen oder seßhafte Polyblasten erinnernden Elemente sind jedoch schon bei Keimlingen von 23—30 mm Länge nicht mehr zu beobachten. Nach Maximows Abbildung zu schließen, könnten die von ihm beschriebenen Zustandsbilder meiner Ansicht nach durch die Fixation gebannte Phasen aus dem Wanderleben großer Lymphocyten darstellen, welche auf dem Gerüstwerk der Reticulumzellen herumkriechen (Abb. 61). Die Abschnürung von Cytoplasmateilchen der großen Zellen schildert Weill (1919). Die großen und mittelgroßen basophilen Lymphocyten, welche Maximow (1909) von in die Thymusanlage eingedrungenen mesenchymalen Wanderzellen ableitet (vgl. hierzu S. 32), liefern nach den Untersuchungen Maximows auf dem Wege der mitotischen Teilung kleine Lymphocyten (vgl. auch Weill 1913). Die großen Lymphocyten sind, wie Maximow annimmt, mit den kleinen Zellen durch eine lange Reihe von Generationen immer kleinerer Zellen verbunden. Da die Zahl der großen und mittelgroßen Lymphocyten im Thymus der postfetalen Entwicklungsperiode jedoch — verglichen mit derjenigen der kleinen Zellen — verhältnismäßig gering ist, erhebt sich die Frage, ob diese Zellen als alleinige Quelle des Lymphocytenbestandes im Thymus angesprochen werden dürfen oder ob neben ihnen auch die kleinen Lymphocyten selbst die Fähigkeit der mitotischen Teilung besitzen. Im Einklang mit den an den kleinen Lymphocyten lymphatischer Organe gemachten Beobachtungen (vgl. hierzu Maximow 1927) stellten Hammar (1905), Maximow sowie Weill in Übereinstimmung mit früheren Untersuchungen von Schedel (1885) und Prenant (1894) fest, daß die Thymuslymphocyten des *Menschen* und der *Säuger*, aber auch der *Ringelnatter* (Dantschakoff 1916) das Teilungsvermögen nicht eingebüßt haben. Nach der Lymphocyteninfiltration der Thymusrinde sind Mitosen der kleinen Zellen nach MAXIMOW (1909) sogar sehr häufig anzutreffen; das basophile Cytoplasma der in Teilung begriffenen Elemente umschließt sehr dicht gelagerte, vielfach den Eindruck der Verklumpung hervorrufende Chromosomen. Regelrechte Caryokinesewellen stellte DUSTIN (s. a. CHODKOWSKI 1937) an den Lymphocyten des Thymus nach Kakodylatzufuhr fest. Dagegen sollen die aus dem Thymus ausgewanderten oder ausgeschwemmten kleinen Lymphocyten sich wenigstens vorübergehend nicht mehr mitotisch teilen. Die Behauptung von PRENANT (1893, 1894), die Mitose der kleinen Thymuszellen vollzöge sich ohne die Ausbildung einer Spindel, entspricht nicht den Tatsachen (HAMMAR 1905). Eine Einschränkung des Teilungsvermögens der Thymuslymphocyten ist bei der akzidentellen Involution angeblich nicht zu beobachten.

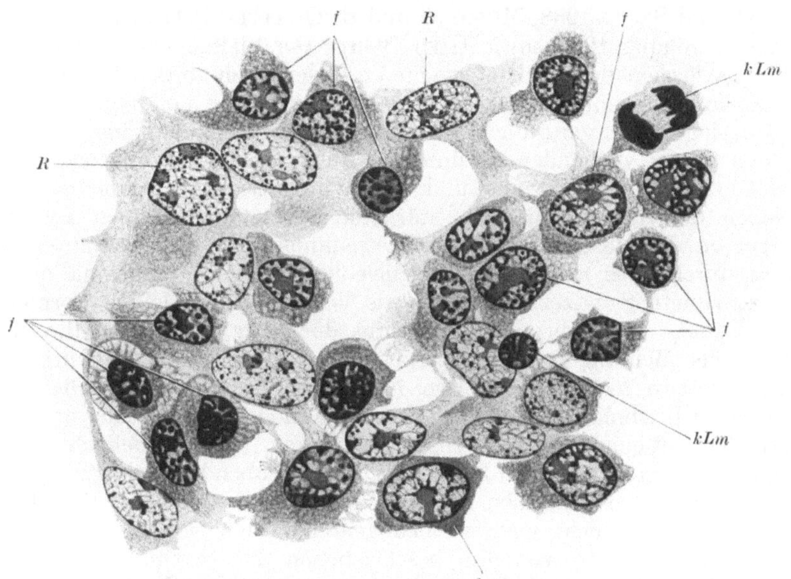

Abb. 61. Thymus eines *Ratten*embryos von 22 mm Länge. Auf den Reticulumzellen (*R*) größere (*Lm*) und kleinere (*kLm*) Lymphocyten, die sich vorübergehend in polyblastenähnliche Elemente (*f*) umgewandelt haben. (Angaben wie bei Abb. 16.) (Aus MAXIMOW 1909.)

Die Frage nach dem Differenzierungsvermögen der Lymphocyten des Thymus — ein Problem der Hämatologie — soll an dieser Stelle nur kurz berührt werden (vgl. hierzu die Monographie MAXIMOWs in diesem Handbuche II/1 sowie S. 100). Nach der Ansicht von MAXIMOW (1909) entwickeln sich aus den kleinen Zellen unter günstigen Bedingungen durch Volumenzunahme große Lymphocyten, aus welchen granulierte Elemente des Blutes hervorgehen können. Der gleichen Anschauung huldigen ferner WEIDENREICH sowie WEILL (1913), welche den Thymuslymphocyten die Fähigkeit zur Bildung von eosinophilen und neutrophilen Granulocyten, ferner von Mastzellen sowie Plasmazellen zuschreiben. JORDAN und LOOPER (1928, *Schildkröte*) leiten Plasmazellen, eosinophile und basophile Granulocyten ebenfalls von Thymuslymphocyten ab.

Die Lymphocyten sind innerhalb des Thymusgewebes in charakteristischer Weise verteilt; der größte Teil der Rundzellen liegt in der peripheren Schicht des Organs, die infolgedessen als Rindenzone in Erscheinung tritt. Der Reichtum der Thymusrinde an Mitosen, deren Zahl nach den auf den *Kaninchen*thymus sich beziehenden Schätzungen von SYK (1909) diejenige der Mitosen des Thymusmarkes während der ersten 6 Wochen etwa um das 8fache übertrifft, dürfte in erster Linie auf dem Rundzellengehalt der Rinde beruhen (vgl. hierzu auch JONSON 1909). Eine Umkehr des Verteilungsbildes der Lymphocyten wurde von HAMMAR (1926) als umschriebene Überinfiltration des Zentralstranges geschildert, die vorzugsweise an Thymen von älteren Feten und Kindern zu beobachten ist. Der Reichtum des Markstranges an Lymphocyten kann sich schon bei der makroskopischen Organuntersuchung durch das Ausfließen einer rahmigen Masse an der Schnittfläche bemerkbar machen. Die funktionelle Bedeutung der Überinfiltration — eine Überinfiltration wurde von HOEPKE und PETER (1936) auch in Thymen vom *Igel*, von mir im Thymus der *Ratte*, festgestellt und als Ausdruck eines vermehrten Zustromes von Lymphocyten gedeutet — ist unbekannt.

Das Schicksal der Thymuslymphocyten besteht, wenn man von der durch MAXIMOW, WEIDENREICH und WEILL, ferner von JORDAN und LOOPER (1928, *Schildkröte*) angenommenen Möglichkeit der Weiterentwicklung dieser Zellen absieht, teils in Degeneration innerhalb des entodermalen Zellschwammes, teils in Abwanderung in das perithymische Bindegewebe bzw. Ausschwemmung auf dem Blut- oder Lymphwege. Im Verlaufe der Alterung, besonders aber infolge einer irgendwie gearteten Schädigung können die Lymphocytenkerne, wie bereits erwähnt, pyknotisch werden und schließlich in basophile Partikelchen zerfallen, die als tingible Körperchen teils in den Intercellularräumen des Reticulums (SCHEDEL 1885, HAMMAR 1909), teils im Cytoplasma von Reticulumzellen gefunden werden (HAMMAR 1905, RUDBERG 1907, 1909, AUBERTIN und BORDET 1909). Tingible Körperchen kommen nach HAMMAR (1905) reichlich im Thymus des *Huhnes*, und zwar schon im embryonalen Organ vor, wo sie besonders um die Kerngebiete der Reticulumzellen des Rindengebietes herum angetroffen werden. Ich selbst habe tingible Körperchen in großer Menge im Thymus von *Schlangen* feststellen können. Merkwürdigerweise bestreitet PETERSEN (1935) das Vorkommen der tingiblen Körperchen in der Thymusrinde. In dem Zerfall der Thymuslymphocyten erblickt DA COSTA (1923) den Ausdruck einer holokrinen, zur Belieferung des Organismus mit Nukleinen führenden Sekretion. Nicht selten werden auch intakte, aber bereits geschädigte Zellen von den Reticulumzellen phagocytiert. Da die Lymphocyten sehr rasch postmortalen Veränderungen, zu denen auch die Kernknospung (vgl. hierzu HAMMAR 1927 gegenüber DUSTIN 1921) gehört, anheimfallen (ANGLAS 1909, LAURELL, zit. nach HAMMAR 1909), können sichere Befunde über etwa intravital sich abspielende Degenerationsprozesse nur an frisch fixiertem Untersuchungsgut gewonnen werden.

Die Abwanderung der Lymphocyten aus dem Thymusgewebe, wie sie z. B. im Verlaufe der akzidentellen Involution erfolgt, kann geradezu zu einer Überschwemmung des den Thymus und seine Läppchen umhüllenden Bindegewebes führen, von wo aus ein großer Teil der Zellen Gefäßbahnen zuströmen dürfte. Eine Füllung der Lymphgefäße sowie der Venen des Thymus mit Lymphocyten (Abb. 62) wurde von HIS (1861, Lymphgefäße), WATNEY (1882, Lymphgefäße), HAMMAR (1905, Lymphgefäße und Venen, *Mensch*, *Säuger*), DANTSCHAKOFF (1908, Gefäße), WEILL (1913, *Säuger*, WATANABE 1929, *Ratte*, Venen) sowie HOEPKE und PETER (1936, *Igel*) beobachtet. Mit Lymphocyten gefüllte Lymphgefäße sah HAMMAR (1926) bereits im Thymus eines 3 Monate alten *menschlichen* Feten. In der Blütezeit des Thymus dürfte die Lymphocytenausfuhr gegenüber der Zellzerstörung überwiegen. Angesichts der erwähnten Befunde ist es nicht recht verständlich, wenn TAKASHIMA (1928) die Abgabe von Rundzellen auf dem Blut- oder Lymphwege seitens des Thymus bestreitet.

Es muß nach den bisher vorliegenden Beobachtungen als sicher gelten, daß der Thymus eine quantitativ ins Gewicht fallende Rolle bei der Belieferung des Organismus mit Lymphocyten spielt, wie bereits Flemming (1885) und Weill (1913) hervorheben. Bergel (1921) hält es für möglich, daß die bei Kindern zu beobachtende Lymphocytose wenigstens teilweise auf einer Zellabgabe seitens des Thymus beruht. Ob die Thymuslymphocyten mit spezifischen physiologischen Fähigkeiten ausgestattet sind, welche mit ihren innigen Beziehungen zu dem entodermalen Reticulum zusammenhängen, läßt sich mit der uns zur Verfügung stehenden Methodik nicht ermitteln. Wie die Lymphocyten anderer Organe sind sie Träger von Vitamin B, auf dessen Anwesenheit die wachstums-

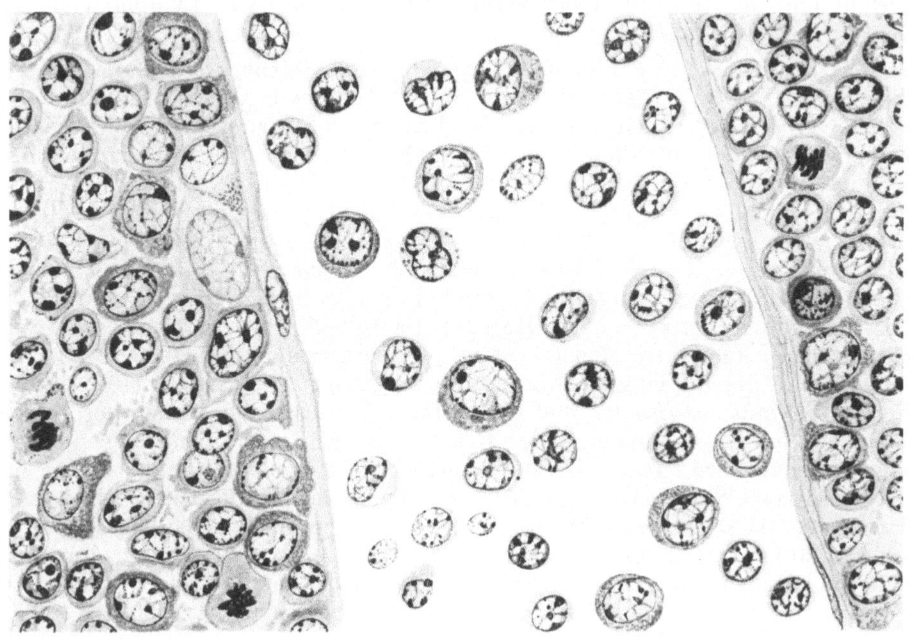

Abb. 62. Interlobuläre, große und kleine Lymphocyten führende Vene aus dem Thymus des *Igels*. (Schnittdicke 8 μ, Kardosz-Färbung, Präp. Prof. Hoepke-Heidelberg, Zeiss Ok. 4fach, Ölimmersion Zeiss HI 100, auf ²/₃ verkl., gez. K. Herschel-Leipzig.)

steigernde Wirkung von Thymus und Milz zurückgeführt werden kann. Vielleicht wird sich auch herausstellen, daß das nach Bomskov (1940) an die Lymphocyten als die Träger des Wachstums gebundene sog. Thymushormon vitaminhaltig ist. Nach den morphologisch nicht haltbaren Vorstellungen Bomskovs werden die Lymphocyten im Thymusmark mit „Hormon" beladen, in der Rinde gestapelt und auf dem Blutwege den Bedarfsstellen zugeführt, wo ihre „Öffnung" erfolgt (Konservendosentheorie Bomskov, s. a. Bomskov und Sladovic 1940, vgl. dagegen Bargmann 1941). Die Richtigkeit der Hypothese von Parhon (1937), der in den Thymuslymphocyten innersekretorisch tätige Elemente erblickt, läßt sich durch keinerlei Befunde erhärten. Ebenso ist eine äußerste Skepsis gegenüber der Hypothese von Sunder-Plasmann (1940) angebracht, derzufolge die Thymuslymphocyten in der Lage sein sollen, „Thyreoideainkret in irgendeiner Form zu fixieren".

Angaben über chemische Besonderheiten der Thymuslymphocyten gegenüber den Blutlymphocyten (z. B. Bang 1904), die sich auf Analysen des gesamten Organs stützen, sind wertlos, da sie die Mitverarbeitung des Reticulums und seiner Derivate nicht berücksichtigen. Die Prüfung des serologischen Verhaltens der Thymuslymphocyten (vgl. HAMMARs Zusammenstellung 1936) läßt keine spezifischen Merkmale dieser Zellen erkennen. In diesem Zusammenhange darf darauf hingewiesen werden, daß bei der Beurteilung der biologischen Bedeutung der Thymuslymphocyten nicht nur an eine Beeinflussung dieser Zellen durch das Reticulum gedacht werden muß. Möglicherweise geht umgekehrt von den Lymphocyten eine Stärkung ·der natürlichen lebendigen Abwehrkräfte (WATZKA 1932) der entodermalen Thymuskomponente aus. HAMMAR (1939) spricht von einem „konservierenden Einfluß" der Lymphocyten auf die Reticulumzellen, deren Fähigkeit zur Bildung HASSALLscher Körper durch das Abwandern oder Verschwinden der Lymphocyten eingeschränkt bzw. aufgehoben wird.

12. Keimzentren (Sekundärfollikel).

Das Vorkommen typischer Keimzentren inmitten des Thymusgewebes des *Menschen* muß nach den bisher vorliegenden Beobachtungen als ausgesprochen selten bezeichnet werden. Wegen des Fehlens von Sekundärknötchen mit Keimzentren in der Thymusrinde möchte ASCHOFF (1939) den Thymus, wenigstens in seinem Rindenteil, den lymphoiden Organen zurechnen. WEGELIN (1918) berichtet über den Nachweis von Lymphfollikeln mit Zentren in der Marksubstanz des Thymus einer 27jährigen Frau und eines 11jährigen Mädchens. Ihre periphere Lymphocytenzone wird durch zarte, zirkulär verlaufende Bindegewebsfäserchen vom Markgewebe geschieden. Irgendwelche morphologischen Unterschiede der Rundzellen innerhalb der Follikel und der Thymuslymphocyten ergaben sich nicht. Wie in den Keimzentren lymphatischer Organe teilen sich die größeren hellen Zellelemente der Thymusfollikel auf dem Wege der Mitose (Lymphoblasten). Die zwischen den Lymphoblasten liegenden Reticulumzellen gleichen nach WEGELIN in jeder Beziehung den entodermalen Reticulumzellen. Ob sie mit ihnen identisch sind, kann am Schnittpräparat natürlich nicht festgestellt werden; vermutlich stammen die Reticulumzellen der Follikel von mesenchymalem, mit den Gefäßen in den Thymus eingedrungenem Zellmaterial ab. Da in den beiden von WEGELIN geschilderten Fällen eine Hyperplasie des Thymus („Status thymolymphaticus") vorlag, darf man wohl annehmen, daß das Auftreten von Follikeln im Thymusmarke keinen normalen Befund darstellt. Dementsprechend haben SCHRIDDE, HAMMAR, HART und andere Untersucher im Thymus des *Menschen* Keimzentren vermißt. Im *Säugetier*thymus scheinen Keimzentren bisher nur einmal, nämlich im Thymusmarke einer $3^1/_2$ Monate alten *Katze* gefunden worden zu sein (JOLLY und DE TANNENBERG 1924, 1931). Irgendwelche Bedeutung für die Frage nach der Wesensart der Thymusrundzellen kommt der Feststellung intrathymischer Keimzentren nicht zu. Die Bildung und Vermehrung von echten Lymphocyten ist nicht an die Anwesenheit von Keimzentren gebunden, die überdies vermutlich nicht als Zellbildungsorte, sondern als Reaktionszentren (HELLMAN) zu gelten haben. HAMMAR (1936) hält es für nicht ausgeschlossen, daß auch die Keimzentren des Thymusmarkes den Ausdruck eines Immunisierungsprozesses verkörpern.

Der von FLEMMING (1885) als unzutreffend erkannte, später von NÄGELI (1908) und PRENANT (1894) wieder aufgegriffene Vergleich des gesamten Thymusmarkes mit den Keimzentren der Lymphfollikel mag in funktioneller Beziehung gelten, da Mark und Zentren offenbar Orte einer lebhaften Reaktionsbereitschaft darstellen. Eine Homologisierung beider Gewebsbezirke ist jedoch nicht berechtigt. Einmal entstammen ihre Reticulumzellen verschiedenen Ausgangsmaterial, zweitens ist der Reticulumzelle des Thymusmarkes nicht die Fähigkeit der Bildung von echten histiocytären Elemente eigen.

13. Plasmazellen.

Plasmazellen — charakterisiert durch verhältnismäßig reichlich entwickeltes basophiles Cytoplasma mit verwaschener Granulation (Methylgrün-Pyronin-färbung) und Radspeichenstruktur des Kernes — werden in erster Linie in der Rindenzone des Thymus von *Mensch* und *Säuger* angetroffen (SCHAFFER 1908, SCHAFFER und RABL 1909, RONCONI 1909, BARBANO 1912, WEILL 1913, HOEPKE und PETER 1936), wo sie mitunter gruppenweise — durch Zusammendrängung abgeplattet — in Arkadenreihen unmittelbar unter der epithelialen Randzone liegen. Nach WEILL weist das Cytoplasma der Plasmazellen des Thymus einen neben dem Zellkerne befindlichen hellen Fleck auf; es handelt sich um die exzentrische Attraktionssphäre, welche die Centriolen umschließt (vgl. MAXIMOW 1926). Wie die in den lymphatischen Organen vorkommenden Plasmazellen scheinen auch diejenigen des Thymus aus Lymphocyten, in diesem Falle aus den Thymuslymphocyten, hervorzugehen. BARBANO sowie SCHAFFER und RABL nehmen an, daß die Zunahme des Cytoplasmas der Rindenzellèn bzw. deren Hypertrophie zur Bildung der Plasmazellen führt. WEILL findet alle möglichen Übergangsformen zwischen Lymphocyten und Plasmazellen, eine Angabe, welche mit Beobachtungen von MAXIMOW (1926) in Einklang steht. Die Plasmazellen des Thymus sind somit nicht als eingeschwemmte, sondern autochthon ent-standene Zellformen aufzufassen. Ob diese Anschauung auch für die Nester von Plasmazellen zutrifft, welche PETERSEN (1935) in der Nachbarschaft von Blutgefäßen im kindlichen Thymus fand, steht dahin. Mitotische Teilung dieser Elemente konnte nicht nachgewiesen werden. Welche Rolle den Plasmazellen des Thymus zufällt, worin ihr weiteres Schicksal besteht, ist nicht bekannt. Sicherlich wird ein Teil dieser Elemente dem Organismus zugeführt, während ein anderer durch Pyknose des Kernes und Kernauflösung innerhalb des Thymus zugrunde geht (SCHAFFER).

14. Die Granulocyten und Mastzellen des Thymus und die Frage ihrer lokalen Entstehung.

Mark, Rinde und Bindegewebe des Thymus des *Menschen* wie der übrigen *Wirbeltiere* enthalten häufig vereinzelte oder auch herdweise auftretende Gra-nulocyten, unter denen besonders die eosinophilen Elemente auffallen, zumal dann, wenn sie sich — wie ich es z. B. an Präparaten von *Pferde-* und *Kalbs*thymus gesehen habe — in der Markregion in schon bei schwacher Vergrößerung sichtbaren Nestern angereichert haben oder gruppenweise in unmittelbarer Nachbarschaft kleinerer Gefäße sich ansammeln (BARBANO 1912). Infolgedessen nehmen die meisten Angaben über das Vorkommen von Granulo-cyten im Thymus der verschiedensten *Wirbeltiere* auf eosinophile Elemente Bezug (z. B. SCHAFFER 1891, GHIKA 1901, HAMMAR 1905, 1919, LEWIS 1905, PFLÜCKE 1906, DUSTIN 1909, BARBANO 1912, SALKIND 1915, R. KRAUSE 1921, SSYPOWSKY 1928). Einen Teil dieser Zellen betrachten SCHAFFER (1909) und LEVIN (1912) als Phagocyten, welche eosinophile Detrituskörnchen in sich aufgenommen haben; BARBANO (1912) ist sogar der heute freilich nicht mehr anzuerkennenden Meinung, die eosinophilen Elemente seien Thymuszellen, welche Fragmente von Erythrocyten umschließen. Die Angabe WATANABEs (1929), im Thymus der *Ratte* seien Eosinophile in der Zeit vor der Geschlechts-reife fast nie zu finden, wurde bisher nicht bestätigt. Pseudoeosinophile Zellen treten nach GOODALL (1905) häufig in der Nachbarschaft HASSALLscher

Körper des *Meerschweinchen*thymus auf. Nach MAXIMOW (1909) sind pseudo-eosinophile Elemente besonders reichlich im Thymus des *Kaninchens* zu finden. Es handelt sich um Zellen mit hellen polymorphen Kernen, deren Granula sich mit Eosin-Azur rot, mit Alkohol-Thionin rot-violett färben lassen. Über den Nachweis fetthaltiger eosinophiler Granulocyten im Thymus des *Menschen* berichten KYRILOW (1925) und TAKASHIMA (1928).

Neben eosinophilen Granulocyten enthält der Thymus des *Menschen* und der *Säuger* (MAXIMOW 1909, WEILL 1913, PINNER 1920, ARGAUD und PASQUÉ 1929, HOEPKE und PETER 1934, PETER 1936), von *Vögeln* (DANTSCHAKOFF 1908) und *Reptilien* (DUSTIN 1909) sowohl im Thymusparenchym als auch im interlobulären Bindegewebe angesiedelte basophil granulierte Elemente, die allgemein Mastzellen genannt werden. Hinter dieser Bezeichnung verbergen sich jedoch recht verschiedenartige basophile Zellen, nämlich die von EHRLICH und anderen Forschern beschriebenen Bindegewebsmastzellen (histiogene Mastzellen, MAXIMOW 1913), basophile Myelocyten sowie basophile Granulocyten — (hämatogene Mastzellen, MAXIMOW 1913) —, welche von den Untersuchern nicht immer in klarer Weise gegeneinander abgegrenzt wurden. Wie aus MAXIMOWS (1909) subtilen Untersuchungen hervorgeht, muß mit dem Auftreten aller drei genannten Zellarten gerechnet werden. Die Bindegewebsmastzellen stellen jedoch das Hauptkontingent der basophil granulierten Zellen des Thymus.

Neutrophile Granulocyten kommen nach WEILL (1913) häufig in Gruppen innerhalb der Rinde des *menschlichen* Thymus vor, wo sie sich wie die Plasmazellen vielfach in Reihen unter der epithelialen Randschicht anordnen (vgl. auch LÖW 1911). Im Thymus von *Ratten*embryonen wurden neutrophile Granulocyten von MAXIMOW (1909) beobachtet.

Die Feststellung von Granulocyten in den Intercellularräumen des Thymusreticulums läßt die Frage auftauchen, ob diese Zellen in bereits ausgereiftem Zustande in den Thymus eingeschwemmt wurden bzw. einwanderten — wie es z. B. von LEWIS (1905) für die Eosinophilen im *Vogel*thymus angenommen wird — oder ob sie innerhalb des Thymus entstanden. Auch HAMMAR (1919), nach dessen Angaben die Granulocyten in wenig involvierten Thymen des *Menschen* am auffälligsten hervortreten, denkt an die hämatogene Herkunft dieser Zellen, deren Auftreten durch einen chemotaktischen, vom Thymus ausgehenden Reiz bedingt sein könnte. Der erstgenannte Modus der Einwanderung polymorphkerniger Spezialleukocyten wird jedoch nach MAXIMOWS (1909) Beobachtungen in offenbar nur bescheidenem Umfange während der Organentwicklung verwirklicht. Als weitere Möglichkeit muß die Einwanderung von Myelocyten in Betracht gezogen werden, welche sich erst im Thymus zu Granulocyten differenzieren. In der Tat sind neben pseudoeosinophilen zahlreiche eosinophile Myelocyten (Abb. 63) — nach meinen Wahrnehmungen vorzugsweise im Marke — im Thymus des *Menschen* und der *Säuger*, auch des Neugeborenen (PINNER 1920, HOUCKE 1927, PETERSEN 1935, BERTELSEN 1937, VIDARI und LOCATELLI 1941), ausgesprochen häufig anzutreffen. Man findet im Thymus ein und desselben Individuums nebeneinander Herde dicht gedrängter, durch Übergangsformen miteinander verbundener eosinophiler Myelo- und Granulocyten (Abb. 63). Es kann somit wohl kein Zweifel darüber bestehen, daß sich im Thymus Myelocyten zu reifen Granulocyten entwickeln, wie auch BERTELSEN (1937) hervorhebt. WEIDENREICH (1912) und WEILL (1913) sowie BERTELSEN sahen überdies Mitosen, besonders häufig bei der *Ratte*, von eosinophilen Myelocyten. Infolgedessen kann von einer Einschwemmung aller Vorstufen der eosinophilen Granulocyten nicht gesprochen werden, wie gegenüber HART (1912) hervorgehoben werden muß, welcher den Umstand unberücksichtigt läßt, daß die Annahme einer hämatogenen Herkunft dieser Zellen eine Ausschwemmung unreifer Elemente aus dem Knochenmarke bereits unter normalen Bedingungen voraussetzt. Es ist ferner möglich, sich von dem Vorhandensein typischer neutrophiler Myelocyten im *menschlichen* Thymus zu überzeugen (WEILL 1913, PETERSEN 1935), welche durch zahlreiche Zwischenstadien zu den

Abb. 63. Eosinophile Myelocyten (*1*) und eosinophile Granulocyten (*2*) aus dem Marke ein und desselben Thymus vom *Pferde*. (2 Jahre alter *Wallach*, Hämatoxylin-Eosin-Färbung, Schnittdicke 10 μ, Präparat des Veterinär-Anatomischen Institutes der Universität Leipzig, Zeiss Ok. 4fach, Ölimmersion Zeiss HI 100, auf $^2/_3$ verkl., gez. K. HERSCHEL-Leipzig.)

gelapptkernigen neutrophilen Granulocyten überleiten. Auch sie vermehren sich auf mitotischem Wege. Eine Abnahme der Myelocytenherde des *menschlichen* Thymus mit steigendem Lebensalter wurde nicht festgestellt. Jugendformen von Mastzellen glaubt WEILL (1913) in jenen in der Thymusrinde gelegenen Zellen erblicken zu sollen, die nur einige Granula aufweisen und im übrigen die Merkmale von Plasmazellen tragen. Da mitotische Teilungen von basophil gekörnten Zellen nicht beobachtet wurden, ist ein Ursprung der Mastzellen aus nichtgranulierten Zellen anzunehmen.

Es liegt nach dem Gesagten nahe, die Quelle der granulierten Zellformen des Thymus mit GRÉGOIRE (1938) und ASCHOFF (1939) in den im Thymus eingeschlossenen Rundzellen zu suchen; die Behauptung LEWINS (1928), aus den „reticulo-epithelialen Zellen" des Thymus könnten sich pseudoeosinophile Promyelocyten und Myelocyten entwickeln, verdient nur historisches Interesse. MAXIMOW (1909) läßt die Granulocyten des Säugerthymus „durch Ausarbeitung von Körnchen im Plasma" aus den lymphocytoiden Wanderzellen, den großen Lymphocyten (vgl. S. 32) hervorgehen, welche in den Thymus eingedrungen sind oder sich angeblich aus kleinen Lymphocyten an Ort und Stelle durch Hypertrophie entwickelt haben. Neuerdings berichtet CH. GRÉGOIRE (1938, 1939) über die Umwandlung mittelgroßer und großer Lymphocyten in röntgenbestrahlten Autotransplantaten von Thymusgewebe in Promyelocyten und Myelocyten. Vermutlich sind die von BERTELSEN (1937) im *menschlichen* Thymus gefundenen, als Vorstufen von Promyelocyten und Myelocyten aufgefaßten ungranulierten Elemente mit MAXIMOWS Wanderzellen identisch. Auch im Thymus der *Ringelnatter* nimmt die Bildung der Granulocyten — und zwar eosinophiler — ihren Ausgang von den in die Organanlage eingedrungenen „lymphoiden Hämocytoblasten" (DANTSCHAKOFF 1910, 1916), in deren Cytoplasma eosinophile Körnchen entstehen. Solange die Lymphocyteninvasion noch nicht erfolgt ist, gelangen im Thymus auch keine granulierten Elemente zur Beobachtung. Ebenso leiten WEIDENREICH sowie WEILL die eosinophilen Myelocyten des Thymus von *Mensch* und *Säuger* in Übereinstimmung mit SCHAFFER (1908) und MIETENS unmittelbar von den Thymuslymphocyten ab, desgleichen die neutrophilen Elemente. Aus den großen wie kleinen Lymphocyten sollen unter Kernumwandlung über das Stadium der Myelocyten echte Granulocyten entstehen können. Kleine Myelocyten stammen nach WEILL von kleinen, große von großen Lymphocyten ab; letztere können ihre Entstehung auch einem Reifungsprozeß kleiner Lymphocyten verdanken. Zugunsten der Anschauung von MAXIMOW, WEIDENREICH und WEILL lassen sich, wie MAXIMOWS (1926) Monographie entnommen werden kann, zahlreiche Beobachtungen der Hämatologen ins Treffen führen, deren Erörterung an dieser Stelle ich mir versagen muß. Es sei nur erwähnt, daß MAXIMOW (1913, 1923) über die Entstehung eosinophiler und pseudoeosinophiler Myelocyten aus großen und kleinen Lymphocyten des in vitro gezüchteten Lymphknotens vom *Kaninchen* berichtet (vgl. hierzu auch LATTA und JOHNSON 1934). Ferner hat BLOOM (1937) die Umwandlung von Lymphocyten aus dem Ductus thoracicus des *Kaninchens* in pseudoeosinophile Granulocyten in der Gewebekultur verfolgen können. Dagegen weicht die von WEIDENREICH und WEILL vorgetragene Behauptung, die Mastzellen des Thymus gingen aus Elementen von Plasmazellentypus hervor, welche ihrerseits durch Umwandlung von Rindenzellen entstanden sein sollen, von der vorherrschenden Meinung ab, nach welcher die Plasmazellen nicht weiter differenzierungsfähige Zellformen verkörpern. Möglicherweise müssen WEILLs Mastzellen des Thymus als Plasmamastzellen im Sinne von SCHRIDDE, DOWNEY u. a. (vgl. MAXIMOW 1926) betrachtet werden, welche von den Gewebsmastzellen und Blutmastzellen zu unterscheiden sind. Eine Klärung der Frage, ob die innerhalb des Thymus sich entwickelnden Granulocyten lediglich für den Export bestimmt sind oder ob ihnen eine besondere lokale Bedeutung zukommt, wird sich vorerst kaum herbeiführen lassen. Das Vorherrschen der eosinophilen Elemente glaubt MENSI (1904) auf eine positiv chemotaktische Wirkung der absterbenden Elemente in den HASSALLschen Körperchen zurückführen zu sollen.

Die Bildung von Granulocyten kann sich nicht nur innerhalb des spezifischen
Thymusgewebes, sondern auch in dem perilobulären Bindegewebe des Organs
abspielen. So zeigt die Abb. 64 einen aus großen und kleinen Lymphocyten sowie
eosinophilen Myelocyten bestehenden Herd außerhalb der epithelialen Randzone,
wie er nicht selten in involvierten *menschlichen* Thymen gefunden wird. Wenngleich die Möglichkeit zuzugeben ist, daß derartige Zellansammlungen aus
mesenchymalen Elementen des perithymischen Bindegewebes hervorgehen, so
darf man ihre Entstehung aus emigrierten Rundzellen des Thymus wohl als

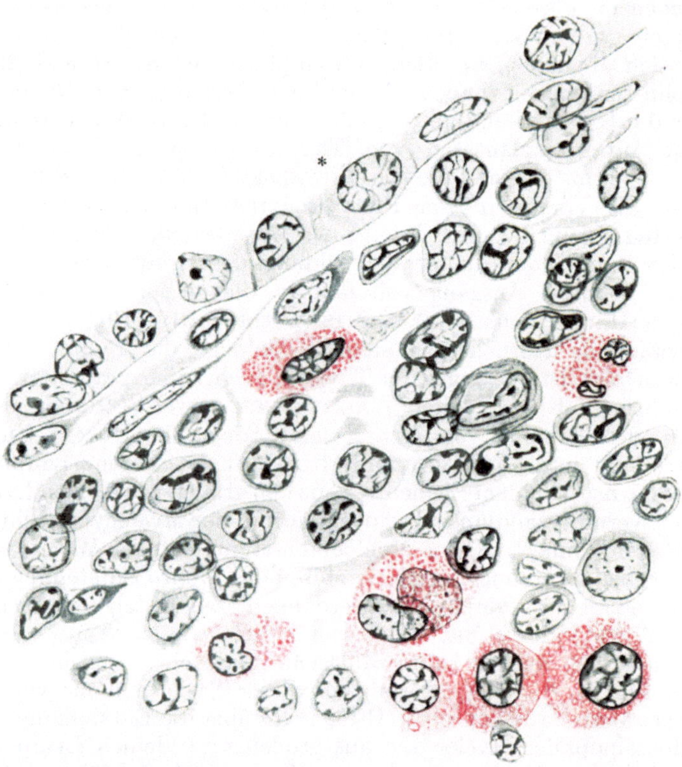

Abb. 64. Der Außenfläche der epithelialen Randschicht (*) des Thymus vom Erwachsenen benachbarter Herd
von Rundzellen und eosinophilen Myelocyten. (Hingerichteter ♂, 43jährig, Fixation Zenker, Celloidinschnitt
12 μ, Hämatoxylin-Eosin-Färbung, Ok. 10×, Ölimmersion Zeiss ¹/₁₂, Abb. auf ⁹/₁₀ verkl., gez. W. Bargmann.)

wahrscheinlicher annehmen. Bekanntlich kommt es gerade im Verlaufe der
Thymusinvolution zu einer Abwanderung von Lymphocyten in das benachbarte
Bindegewebe oder auch in Gefäße. Der von Ssyssoew (1922) festgestellten
intracapillären Granulopoese im Thymus an Infektionskrankheiten gestorbenen Kinder liegt möglicherweise eine derartige Abwanderung zugrunde.
Vermutlich gehen auch die bei Leukämie zu beobachtenden Infiltrationen des
Thymus und seiner Nachbarschaft wenigstens teilweise auf die krankhaft gesteigerte Proliferation und Differenzierung seitens der Thymusrundzellen zurück.
Hammar (1929, 1936) betrachtet allerdings die Beteiligung des Thymusparenchyms an der leukämischen Infiltration als eine nur scheinbare, da die Lymphocyten des Thymus und die infiltrierenden Zellen, auch bei Infiltrationen lymphocytären Charakters, morphologisch voneinander verschieden sind. Demgegenüber
muß indessen auf die im Schrifttum niedergelegten Beobachtungen über die

thymische Leukämie hingewiesen werden (vgl. SCHMINCKE 1926). Da den
Thymusrundzellen die Fähigkeit der Teilung und Differenzierung innewohnt, so
ist die Möglichkeit der thymischen Leukämie auch vom Standpunkte des
Normalhistologen aus durchaus zuzugeben.

15. Die Frage der Erythropoese im Thymus.

Innerhalb des Thymusparenchyms kann man vielfach Erythrocyten antreffen,
welche entweder — wenn wir einmal von intra vitam erfolgten Blutungen ab-
sehen (vgl. hierzu ACKERKNECHT 1914) — durch präparatorisch bedingte Capillar-
risse in das Reticulum gelangt sein dürften, was bestimmt für viele Fälle zutrifft,
oder lokal entstanden sein könnten. Zugunsten der an zweiter Stelle genannten
Möglichkeit scheint eine Reihe von Beobachtungen über das Auftreten von Erythroblasten inmitten des Thymusgewebes zu sprechen. So will SCHAFFER (1897)
hämoglobinhaltige, mit Kernen versehene Blutelemente, vielfach in mitotischer
Teilung begriffen, in Thymen von *Katze* und *Kaninchen* neben freien, zerfallenden
Erythroblastenkernen gesehen haben. Desgleichen berichten PRENANT (1894),
ROGER und GHIKA (1900), v. EBNER (1902), BELL (1906) und RUDBERG (1907,
Röntgenbestrahlung des *Kaninchen*thymus) über den Nachweis von Erythroblasten im *Säugetier*thymus. Diesen positiven Angaben steht eine Reihe negativer
gegenüber, so z. B. von VER EECKE (1899), HAMMAR (1905) und MIETENS (1908),
in gewissen Sinne auch von MAXIMOW (1909), der erythropoetische Herde nur im
perithymischen Mesenchym bei einigen *Säuger*keimlingen feststellte. In Zupfpräparaten des Thymus können Erythroblasten somit zwar gefunden werden;
sie stammen indessen nicht aus dem Thymusgewebe. Manchen Aussagen über
das Vorkommen von Erythroblasten im Thymus liegen höchstwahrscheinlich
Falschdeutungen von kleinen Lymphocyten zugrunde. Immerhin muß betont
werden, daß eine genaue, schon 1909 von HAMMAR als erwünscht bezeichnete
Bearbeitung des Problems der Erythropoese im Thymus an Hand eines großen,
verschiedene Tierarten umfassenden Untersuchungsgutes, fehlt.

Was die Verhältnisse im Thymus des *Menschen* betrifft, so darf allerdings
schon heute gesagt werden, daß er als Bildungsstätte roter Blutkörperchen keine
Rolle spielt, haben doch HAMMARs sehr gründliche Bearbeitungen eines riesigen
Materials keinerlei Anhaltspunkte für das Bestehen einer Erythropoese im
normalen und krankhaft veränderten Thymus ergeben. Nur PANSINI (1931)
will in einem hyperplasierten Thymus mit „myeloischer Metaplasie" Erythroblasten festgestellt haben. Ferner erwähnen VIDARI und LOCATELLI (1941) das
Vorhandensein von Erythroblasten im Thymus eines an schwerem Ikterus
gestorbenen Neugeborenen. Die Autoren lassen die Frage offen, ob diese Zellen
aus kleinen Hämorrhagien stammen oder lokal entstanden sind.

16. Das Bindegewebsgerüst des Thymus.

a) Kapsel und interlobuläres Bindegewebe.

Der Thymus des *Menschen* und der *Säuger* wird von einer Schicht lockeren,
gefäßhaltigen Bindegewebes umhüllt (Abb. 22), welche sich in Gestalt von
Septen in alle Vertiefungen der Organoberfläche einsenkt. An den markwärts
gerichteten Enden der interfollikulären und interlobulären Septen fallen gefäß-
führende, im Schnittbilde kolbige Verbreiterungen auf, welche insbesondere für
den altersinvolvierten Thymus bezeichnend sind (STRANDBERG 1917). Die Adventitia der innerhalb des Thymus befindlichen Blutgefäße stellt die Fortsetzung
des interlobulären Bindegewebes dar. Die Thymushülle enthält zahlreiche feine
elastische Fasern (HENLE 1866, KLEIN 1871, KÖLLIKER-v. EBNER 1902). Die

Menge an Fettzellen und fetthaltigen Fibroblasten (Hammar) innerhalb des Bindegewebsmantels nimmt mit steigendem Lebensalter zu. Das Astwerk in der Involutionsphase befindlicher Thymen pflegt gänzlich in Fettgewebe eingebettet zu sein (Abb. 83, 87). Das Bindegewebsgerüst des Thymus kann, besonders während der Involutionsperiode, Infiltrationen von Lymphocyten, Myelocyten und Granulocyten sowie Mastzellen umschließen; es beherbergt ferner zahlreiche Makrophagen, deren Anwesenheit nach subcutaner Injektion von Trypanblau außerordentlich klar zutage tritt. Der Thymus kleinerer *Säuger*, von *Sauropsiden*, *Amphibien* und *Fischen* wird von einer dünnen, vorwiegend aus Kollagenfäserchen bestehenden Kapsel überzogen. Die Thymuskapsel der *Eidechse* enthält zahlreiche verästelte Pigmentzellen (W. Krause 1921).

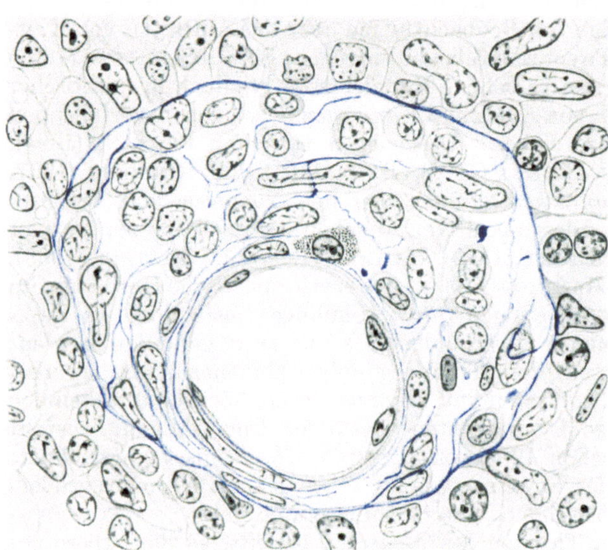

Abb. 65. Perivasculärer Rundzellenherd inmitten epithelialisierten Thymusgewebes, von Bindegewebsfibrillen durchsetzt. Beachte die an der ehemaligen Rindenoberfläche befindliche bindegewebige Grenzmembran. (*Mensch ♂*, 43jährig, Hingerichteter, Fixation Bouin, Celloidinschnitt 12 μ, Azanfärbung, Ok. 10×, Ölimmersion ¹/₁₂, auf ²/₃ verkl., gez. W. Bargmann.)

Wie bereits Kölliker-v. Ebner (1902) bemerkt, verdichtet sich das perithymische Bindegewebe an der Rindenoberfläche zu einer häutchenartigen Lage. Mit der Azanmethode gefärbte oder silberimprägnierte Schnitte lassen klar erkennen, daß diese Lage eine regelrechte, aus feinsten Fibrillen aufgebaute bindegewebige Grenzmembran (Gitterfasermembran, vgl. Abb. 65 und 66) darstellt (vgl. auch Lunghetti 1916, *Kinder*thymus, Monroy 1935, Danelon 1938, „retikuläre Kapsel", Teichmann 1940). Eine derartige zarte Membran bildet auch die Grenze des plakodenartigen Thymus der *Teleostier* (Hammar 1909), welche von Blutgefäßen, häufig auch von Rundzellen, durchsetzt wird. Diese Membran verkörpert die unmittelbare Fortsetzung der Basalmembran des Kiemenhöhlenepithels.

Die einzelnen Lappen des *Selachier*thymus werden von tief eindringenden, radiär angeordneten Bindegewebssepten durchzogen, welche sich bei den *Rochen* in der Markzone jedes Lappens zu einer gefäßhaltigen Bindegewebsinsel vereinigen (Hammar 1912). Dieses „Hilusbindegewebe" tritt insbesondere im Verlaufe der Involution deutlich hervor.

Ein sehr eigentümliches Verhalten zeigt das die Oberfläche des Markbaumes involvierter Thymen überziehende Bindegewebe (Abb. 67). Neben einer Vermehrung kollagener Fasern wird es durch eine Verdichtung des Gitterfasergerüstes gekennzeichnet, das zahlreiche Lymphocyten, aber auch Myelocyten und ihre Vorstufen in sich birgt. Dieses Gerüstwerk hängt mit den Fibrillen der Fettzellenmembranen zusammen. Abb. 65 gibt einen Tangentialschnitt durch die Thymusoberfläche wieder, der ein in den Markbaum sich einsenkendes Gefäß quer getroffen hat. Zwischen der Wandung des Gefäßes und der Bindegewebshülle des Markbaumes spannen sich feine Fäserchen aus — das Azanpräparat läßt nur die gröbsten Gitterfasern erkennen —, zwischen denen die verschiedensten mesenchymalen Zellelemente liegen. Es handelt sich um retikuläres Bindegewebe, dessen Einbruch in den Thymus (s. u.) zur Aufgliederung des Organs in kleinere Gewebsinseln führt.

Die zahlenmäßige Analyse des thymischen Bindegewebes behandelt HAMMAR (1919), der hervorhebt, daß Angaben über eine wirkliche Vermehrung des interlobulären Bindegewebes insofern mit Vorbehalt aufzunehmen sind, als bei akzidenteller Involution ein Organ relativ bindegewebsreicher wird. Tatsächliche Bindegewebsvermehrung dürfte in der Regel mit scheinbarer verwechselt werden.

b) Das Gitterfasersystem des Thymus.

Das Gitterfasernetz des Thymus, kontinuierlich mit dem Kollagenfasergerüst des Organs zusammenhängend, spannt sich zwischen der die Organoberfläche überziehenden fibrillär gebauten, an der Grenze von Bindegewebe und epithelialer Randschicht gelegenen Membran (PLENK 1927, MONROYs retikuläre Kapsel) und den das Thymusgewebe durchziehenden Gefäßen aus, welche von Gitterfaserhüllen umscheidet bzw. von argyrophilen Fäserchen begleitet werden. Argyrophile Fibrillen wurden von NORRIS (1938) schon im Thymus eines 30 mm langen *menschlichen* Keimlings etwa gleichzeitig mit dem Auftreten größerer Capillaren gefunden.

Das von SALKIND (1912) durch Imprägnation dargestellte „reticulum conjonctif" des Thymus der verschiedensten *Wirbeltiere* entspricht, wie die Abbildungen des Autors einwandfrei zu erkennen geben, dem Netzwerk der entodermalen Reticulumzellen.

Man darf nach dem Gesagten erwarten, das Bild des Gitterfasersystems des Thymus im groben mit demjenigen seiner Gefäßarchitektur zur Deckung bringen zu können. Wie den Darlegungen von STRANDBERG (1917), ferner seines Lehrers HAMMAR sowie von TERUI (1929), TSCHASSOWNIKOW (1930), MONROY (1935), DANELON (1938) und TEICHMANN (1940, 1942) zu entnehmen ist, zeichnet sich die Grenzzone zwischen Rinde und Mark im *menschlichen* Thymus durch besonderen Reichtum an argyrophilen Fibrillen aus, welche sich von dieser Region aus in das Mark verfolgen lassen („zirkummedulläres Bindegewebe" HAMMAR, 1926). Die Rinde ist verhältnismäßig fibrillenarm. Dieser Befund gilt nach den Angaben von TSCHASSOWNIKOW (1930) und TEICHMANN (1940) sowie meinen eigenen Beobachtungen auch für den Thymus der *Säuger* (Abb. 66). Wie Injektionspräparate erkennen lassen, verlaufen gerade an der Grenze von Mark und Rinde Blutgefäße stärkeren Kalibers, welche die Capillaren der beiden Gebiete speisen. Die in diesem Bezirke vorhandenen argyrophilen Fibrillennetze gehören unzweifelhaft dem die Gefäße begleitenden Bindegewebe an. Ferner konnte TEICHMANN (1940, 1942) zeigen, daß die mengenmäßige Entwicklung des Fibrillennetzes von der Stärke der Gefäßversorgung abhängt: das an kräftigen Blutgefäßen reiche Thymusmark von *Tropidonotus* z. B. zeichnet sich durch größeren Fibrillenreichtum als das schwächer vascularisierte Mark des Thymus von *Coronella* aus.

Die argyrophilen Fibrillen bilden nach den Beobachtungen von TEICHMANN (1940, 1942) im Thymus von *Schlangen* den Gefäßwänden unmittelbar angeschlossene Gitter, in deren Maschen epitheloide Muskelzellen eingelassen sind (vgl. hierzu PERRI 1939 sowie S. 117).

Das Gitterfasernetz des Thymusmarks tritt zu den HASSALLschen Körperchen in keine innigen charakteristischen Beziehungen (LUNGHETTI 1916, STRANDBERG 1917, CAMELLI 1922, MONROY 1935, TEICHMANN 1940). CAMELLIs (1922) und TSCHASSOWNIKOWs (1930) Angaben, der Oberfläche HASSALLscher Körperchen schmiegten sich Fibrillennetze an, konnten bisher nicht bestätigt werden. HAMMAR (1936) hält es für möglich, daß die von TSCHASSOWNIKOW imprägnierten „Gitterfasern" in Wirklichkeit nicht bindegewebiger Natur sind. Angaben wie diejenigen von A. HARTMANN (1914), nach welchen mit Hilfe der Silberimprägnationsmethode von BIELSCHOWSKY im Inneren der konzentrischen Körper Faserstrukturen nachgewiesen werden können, liegt sicherlich eine fehlerhafte Anwendung der Imprägnationsmethode zugrunde (vgl. hierzu JORDAN 1928). Wie STRANDBERG (1917) durchaus zutreffend bemerkt, stellt gerade das völlige Fehlen fibrillärer Strukturen in den HASSALLschen Körperchen in BIELSCHOWSKY-

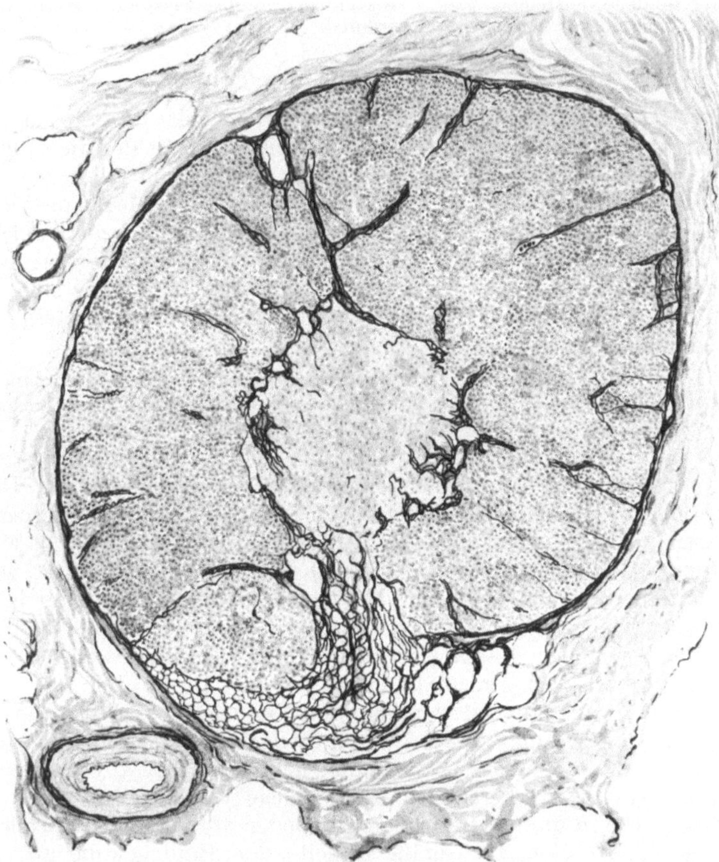

Abb. 66. Thymus der *Katze*. Imprägnation der Gitterfasern nach PAP. (Formolfixation, Schnittdicke 8 μ, Obj. Seibert Nr. 10, Ok. 4fach, auf ²/₃ verkl., gez. K. HERSCHEL-Leipzig.)

Präparaten eines der Argumente gegen die Theorie ihrer vasogenen Herkunft dar, insbesondere aber gegen die von DUSTIN (1914) aufgestellte Behauptung, die Körperchen könnten aus Bindegewebszügen hervorgehen. Daß die in Degeneration begriffenen myoiden Zellen des *Schlangen*thymus von Gitterfasern umsponnen werden (TEICHMANN 1942), wurde bereits dargelegt (vgl. S. 66).

Nach den Vorstellungen von PLENK (1927) verraten die argyrophilen Fibrillen des Thymus die Anwesenheit retikulären Bindegewebes: „Wo sich ein faseriges Reticulum befindet, dort ist retikuläres Bindegewebe und überhaupt kein Thymusgewebe mehr." Für das fetale und vollentwickelte Organ trifft diese Behauptung nach den Feststellungen TEICHMANNs (1940) insofern nicht zu, als die Fibrillen keinerlei enge topische Beziehungen zu mesodermalen —

wie übrigens auch zu entodermalen — Reticulumzellen, also zu dem zelligen Anteil des retikulären Bindegewebes, erkennen lassen. Die Angabe von HOUCKE (1927), in der Nachbarschaft der entodermalen Reticulumzellen des Thymus von Neugeborenen befänden sich gewundene argyrophile Fibrillen, konnten wir nicht bestätigen. Vielleicht darf man sich des intrathymische Fibrillennetz ohne unmittelbare Beteiligung zelliger Elemente differenziert denken; nach den Untersuchungen von MAXIMOW (BLOOM 1929) sollen sich in Kulturen vom Thymus des *Kaninchens* sowie von Granulocyten des *Meerschweinchens* argyrophile Fibrillen als selbständige Bildungen entwickeln können (vgl. auch BLOOM und SANDSTROM 1935, HUZELLA 1941). Für den sich rückbildenden Thymus dagegen trifft PLENKs Anschauung nach TEICHMANN zu; dort kommt es nämlich zu einem Einbruch retikulären, an Rundzellen reichen Gewebes in das Thymusparenchym, verbunden mit einem Eindringen argyrophiler Netze in die Rinden- und Markregion (s. u.).

Das Gitterfasergerüst des Thymus ist im Zusammenhang mit der Alters-involution weitgehenden quantitativen und qualitativen Veränderungen unterworfen. Einmal ist im Blickfelde des Mikroskopes eine Vermehrung der Fibrillen in Rinde und Mark altersinvolvierter Thymen festzustellen (STRANDBERG 1917, SMITH 1941). Ob allerdings dieser Vermehrung eine Neubildung von Fibrillen zugrunde liegt oder ob sie durch das Zusammensinken des an freien Zellen verarmten Thymusgewebes vorgetäuscht wird (vgl. DANELON 1938, TEICHMANN 1940), steht dahin. Nach den an anderen Organen gemachten Erfahrungen muß jedenfalls grundsätzlich mit dem erstgenannten Modus gerechnet werden. Nach meinen Beobachtungen wird die durch das an der Markrindengrenze befindliche, den Gefäßen zugeordnete Fibrillennetz (zirkummedulläres Bindegewebe) bedingte Gliederung des Organs nach anfänglichem stärkerem Hervortreten mit steigendem Alter mehr und mehr verwischt; der Markbaum erweist sich von zahlreichen Capillaren unregelmäßig durchsetzt, deren Wandungen zirkulär verlaufende Gitterfasern umgeben. Von den Capillaren aus ziehen zahlreiche, teilweise stark geschlängelte Fibrillen durch die Masse der entodermalen Zellen hindurch (Abb. 67). Sie stehen mit den an der Oberfläche des Tractus centralis befindlichen, bereits erwähnten dichten Fibrillennetzen in kontinuierlichem Zusammenhang.

Eine einwandfreie Vermehrung der argyrophilen Fibrillen läßt sich in den interfollikulären und interlobulären Bindegewebssepten feststellen, deren Gefäße von Rundzellenansammlungen und fibrocytären Elementen begleitet werden. Die Verbreiterung der Septen, welche schließlich zu einer Aufgliederung des Organs in kleinere Abschnitte führt, fällt im Schnittbilde durch charakteristische kolbige Umrisse auf (DANELON, TEICHMANN); ihr Gitterfasergerüst zeichnet sich durch ziemlich regelmäßige wabenartige Maschen an der die Rinde überziehenden Basalmembran aus. Die im involvierenden Thymus aus retikulärem Bindegewebe bestehenden Septen haben als die Vorhut des angrenzenden Fettgewebes zu gelten, mit dem sie durch fließende Übergänge verbunden sind (Abb. 67). An manchen Stellen kommt es zu einer Verwischung der Grenzen von perithymischem Bindegewebe und Thymusgewebe unter Aufsplitterung der das Rindenepithel überziehenden Basalmembran, und zwar gerade dort, wo sich Rundzellenherde und Capillaren vorfinden. Diese Auflockerung der Gitterfasermembran hängt, wie TEICHMANN (1940) meint, möglicherweise mit der aktiven Einwanderung der Rundzellen in die Thymusrinde zusammen. Sie kann als der Ausdruck des Eindringens retikulären Bindegewebes in den Thymus gelten, auf das PLENK (1927) bereits hinwies. In den Bezirken der mutmaßlichen Einwanderung von Zellen und Capillaren läßt sich dementsprechend auch das Vorhandensein argyrophiler, bis in das Mark hinein zu verfolgender

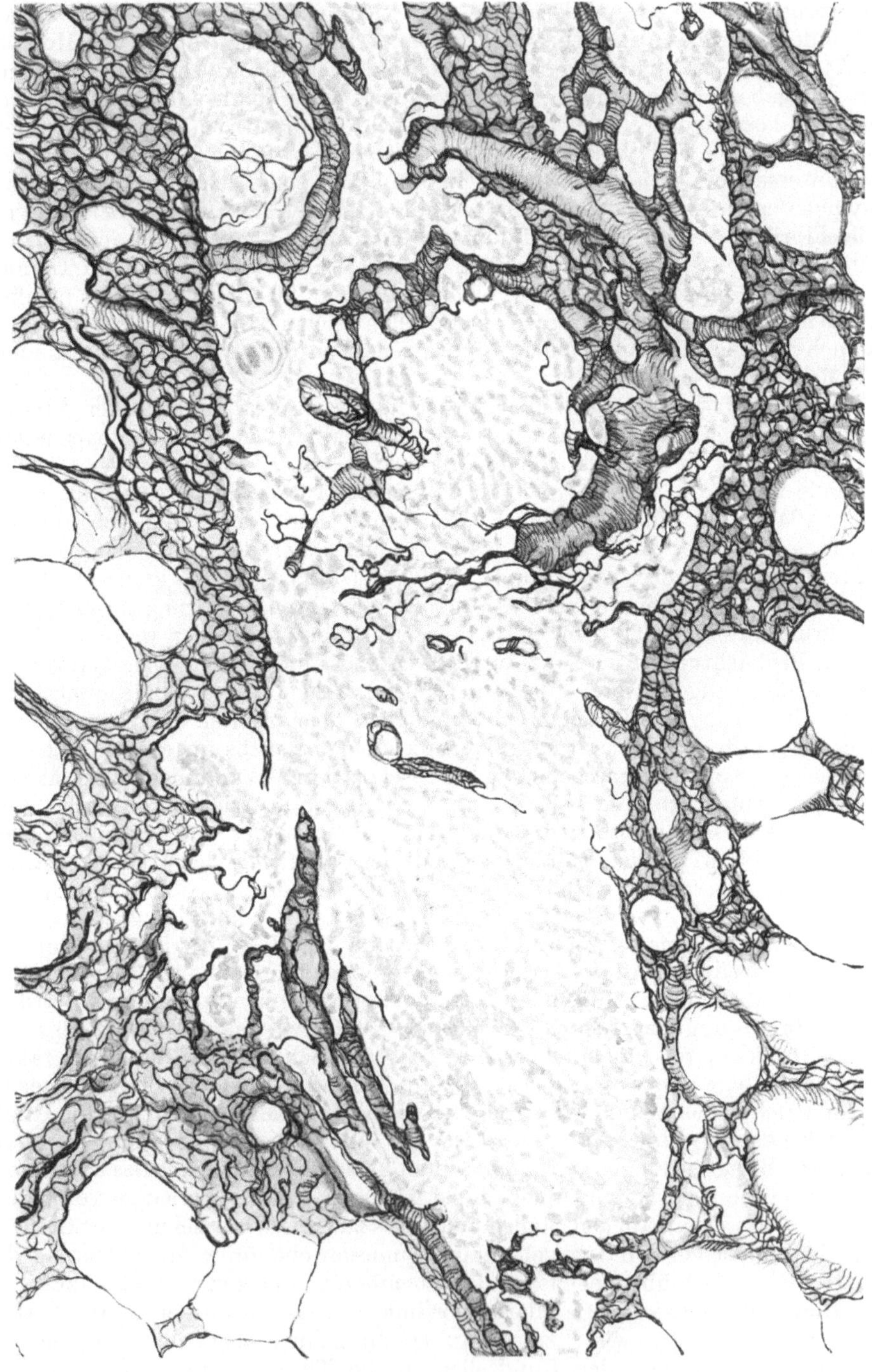

Abb. 67. Thymus eines 42 Jahre altes Mannes (Hingerichteter). Darstellung der Gitterfasern nach Pap. Marksubstanz hell. Argyrophile Fibrillen in Begleitung der Capillaren. (Fixation Susa, Schnittdicke 12 μ, Ölimmersion
Zeiss HI 100, Okular 2, auf ¹/₂ verkl., Präparat Prof. Dr. M. Clara-München, gez. K. Herschel-Leipzig.)

Fibrillennetze nachweisen. Der Reichtum des alternden Thymus an Silberfibrillen ist somit von Ort zu Ort verschieden, während das argyrophile Netz des jugendlichen Thymus ein regelmäßiges Bild darbietet.

Die qualitativen Veränderungen der argyrophilen Fibrillen, wie sie insbesondere bei der akzidentellen Involution auftreten, bestehen in einer Vergröberung des Fibrillenkalibers. An den Knotenpunkten des Netzes kommt es zur Bildung feinster, Schwimmhäuten vergleichbarer Membranen. Vielfach verklumpen die Fäserchen auch zu Bündeln (TSCHASSOWNIKOW 1930, MONROY 1935, DANELON 1938, SMITH 1941); an den Fibrillen treten nicht selten variköse Bildungen auf (MONROY, TEICHMANN). MONROY (1935) bezeichnet die Fibrillenveränderungen als Umwandlung in kollagenes Gewebe (vgl. auch FUKUCHI 1928). Diese Umwandlung geht mit einer Abnahme der Imprägnationsbereitschaft der Fibrillen einher, die sich in typische Kollagenfäserchen fortsetzen sollen. Häufiger jedoch bilden die verdickten und teilweise varikösen Fibrillen gröbere, dem „skleroretikulären Gewebe" LUNAs entsprechende Netze, die in Achúcarro-Präparaten in braunem Tone erscheinen. Diese Fibrillen enden gleichfalls in Kollagenfäserchen. Daß auch die Hüllen der Capillaren von diesem Prozeß getroffen werden, der insbesondere bei der fetalen Involution zur Gefäßverödung führen kann (DANELON 1938, MONROY 1940), ist angesichts der Zusammengehörigkeit von Capillaradventitia und Gitterfasernetz nicht erstaunlich. Durch die Umwandlung des perivasalen skleroretikulären Gewebes in kollagenes kommen kräftige Hüllen von Kollagenfasern um die Blutgefäße herum zur Ausbildung.

Der Umstand, daß eine scharfe Unterscheidung zwischen entodermalen und mesodermalen, möglicherweise in den Thymus eingewanderten Reticulumzellen mittels der morphologischen Methodik nicht möglich ist, hat wohl die Erörterung der Frage begünstigt, ob die Gitterfasern des Thymus als Produkt der entodermalen Reticulumzellen anzusprechen sind oder ob ihre Anwesenheit als Hinweis auf die mesodermale Herkunft der Reticulumzellen gelten kann. TSCHASSOWNIKOW (1930) z. B. hat verschiedentlich eine intracelluläre Lage der argyrophilen Fibrillen in tierischen Thymen beobachtet, die er als Fingerzeig auf die bindegewebige Natur der Reticulumzellen anspricht. Diese Auffassung ist jedoch nicht stichhaltig. Einmal läßt sie die Tatsache außer Betracht, daß erst mit und nach der Vascularisierung der Thymusanlage Gitterfasern in ihr zu finden sind. Zweitens ist mit der Möglichkeit zu rechnen, daß die entodermalen Reticulumzellen als bewegliche Elemente das Gitterfasergerüst stellenweise mit ihren Cytoplasmen umfließen. Die Untersuchungen von TEICHMANN (1940) haben allerdings keinerlei Anhaltspunkte für das Bestehen derart enger topischer Beziehungen zwischen Reticulumzellen und Fibrillen ergeben. Für die sog. epitheliale, d. h. entodermale Abkunft eines Teiles der argyrophilen Fibrillen — nämlich der zarten, frei durch das Gewebe hindurchziehenden — setzt sich neuerdings DANELON (1938) ein. Hierzu muß zunächst bemerkt werden, daß die Existenz selbständiger freier Fibrillen durch das Schnittbild vorgetäuscht werden kann. Man vermag sich an zahlreichen Stellen guter Imprägnationspräparate von dem netzigen Zusammenhang auch der feinsten Fibrillen überzeugen. Ferner lassen sich die Beziehungen der Gitterfasern zu den Thymuscysten nicht mit der Behauptung DANELONs vereinbaren. Wäre entodermalem Zellmaterial die Fähigkeit zur Bildung von argyrophilen Fibrillen eigen, so dürfte man mit TEICHMANN das Vorhandensein von Gitterfaserhüllen der Cysten erwarten. In der Tat aber weisen die Cysten im Thymus der *Ratte* nur dort eine fibrilläre Hülle auf, wo sie mit Bindegewebe in Kontakt treten. An den nur mit entodermalen Reticulumzellen verbundenen Wandabschnitten der Cysten fehlen argyrophile Fibrillen. Nach dem oben

Gesagten muß man also die intrathymischen Gitterfasern als Differenzierungs-produkt der mesodermalen Organkomponente betrachten, eine Anschauung, welche auch durch die von J. MATHIS (1938) an der Bursa Fabricii erhobenen Befunde gestützt wird. Nach MATHIS fehlen nämlich dem gefäßfreien lympho-epithelialen Anteil der Follikel der Bursa Fabricii argyrophile Fibrillen gänzlich, während der lymphoretikuläre Follikelanteil Gitterfasern enthält.

c) Das Fettgewebe.

Die bindegewebige Hülle des Thymus enthält neben von Fetttröpfchen durch-setzten Fibrocyten Fettzellen, die nach HAMMAR (1926) vom 8. Fetalmonate an verhältnismäßig selten fehlen, wenn sie auch zunächst nur hier und da, teilweise in kleinen Gruppen, anzutreffen sind (vgl. auch HOSONO 1936). Während der Kindheit erfolgt eine Vergrößerung und Vermehrung der im Interstitium ge-legenen Fettzellen. Dieser Prozeß erfährt nach und mit der Pubertät eine wesent-liche Steigerung (vgl. auch TAMMEMORI 1914), jedoch kommt er auch noch in Thymen 21—25 Jahre alter Individuen zur Beobachtung, welche ausgesprochen arm an Fettgewebe sind. Organe mit starker Fettgewebsentwicklung, wie die Thymen erwachsener und greiser *Menschen*, lassen vielfach noch die typische Läppchengliederung erkennen (vgl. Abb. 83 und 86); die Läppchengrenze wird durch einen schmalen Bindegewebsmantel bezeichnet, unter welchem sich das Fettgewebe bis zur Oberfläche des reduzierten Thymusparenchyms erstreckt. Von einem thymischen Fettkörper sollte nach HAMMAR erst dann gesprochen werden, wenn das Parenchym bis auf geringfügige Reste verschwunden ist. Nach den Erfahrungen ASCHOFFs (1938) bestehen zwischen der Entwicklung des Fettthymus im Greisenalter und dem Ernährungszustande des Organismus Beziehungen. Der thymische Fettkörper läßt sich bei starker Ausbildung des mediastinalen Fettgewebes von letzterem nicht abgrenzen. In Fällen von Kachexie ist der Fettkörper häufig fast ganz verschwunden. Die vielfach sehr rasch verlaufende akzidentelle Involution ist, wenigstens zunächst, nicht mit einer Fettgewebsentwicklung im Interstitium verknüpft (HART 1912).

Der Thymus von *Kaninchen, Ratte, Pferd, Ziege, Igel* und *Meerschweinchen* wird in grundsätzlich gleicher Weise mit zunehmendem Lebensalter mehr und mehr von Fettgewebe durchsetzt (GODALL 1905, SÖDERLUND und BACKMAN 1909, SHIMPEI 1921, WINTER 1924, WATANABE 1929, SCHIRBER 1930, PETER 1935, HOEPKE und PETER 1936). HIS (1860) spricht von einem infolge Fett-gewebseinlagerung getigerten Aussehen der Schnittfläche des Thymus älterer *Kälber* und *Ochsen*. Die kompakter gebauten Thymen *niederer Wirbeltiere* lassen eine Durchsetzung mit Fettgewebe vermissen. Der in einzelne Abschnitte auf-gegliederte Thymus 15—20 cm langer *Aale* liegt nach v. HAGEN (1934) innerhalb eines Fettkörpers. Der während der kalten Jahreszeit reduzierte Thymus des *Murmeltieres* wird nach CONINX-GIRARDET (1927) vom thorakalen Teil der Winterschlafdrüse umhüllt, deren Gewebe sich jedoch mit der Volumen-zunahme des Thymus im Frühjahr wieder zurückbildet. Diese Wechselbezie-hungen zwischen der mengenmäßigen Entfaltung des braunen Fettgewebes und des Thymus sind jedoch nicht mit der skizzierten Durchsetzung des Organs von Fettgewebe zu vergleichen, welches sich im perithymischen Bindegewebe entwickelt.

Obwohl die Frage nach der Entstehungsweise des Fettgewebes als geklärt zu betrachten ist und keinerlei Unterschiede zwischen den Fettzellen innerhalb des Thymus und anderer Organe bestehen, findet die alte, seit ECKER (1853) von MIETENS (1908) und anderen Forschern vertretene Anschauung von der Entwicklung des gesamten oder eines Teiles des thymischen Fettgewebes aus dem spezifischen Gewebe des Thymus noch immer Anhänger. Beispielsweise hält

PETER (1935) — obwohl er nach eigener Aussage im *Igel*thymus niemals „Fettzellen epithelialer Natur" sah — eine Umwandlung von Reticulumzellen über das Stadium der Bindegewebszellen für möglich und sogar wahrscheinlich. Hierzu muß betont werden, daß man im Schnittpräparat zwar verschiedene Stadien der wohl degenerativen Fettablagerung in den Reticulumzellen feststellen kann — ASCHOFF (1939) spricht irrigerweise von einer Verfettung des mesenchymalen Reticulums der Rinde —, niemals aber regelrechte Übergangsformen zwischen den letzteren und echten Fettzellen. Schließlich darf auch die verschiedenartige Herkunft der mesodermalen Fettzellen und der entodermalen Thymuselemente nicht übersehen werden. Die histologische Untersuchung des Thymus gestattet übrigens unschwer die Feststellung, daß die Fettzellen des Thymus sich in gleicher Weise wie in anderen Organen entwickeln, nämlich aus den in der Nachbarschaft von Gefäßen befindlichen mesenchymalen Elementen, in welchen man kleine Fetttröpfchen beobachten kann. Schon WALDEYER (1890) sowie RENAUT (1897) erblickten die Quelle des thymischen Fettgewebes im Bindegewebsgerüst des Organes. Die von HAMMAR (1919—1926) erwähnten, auch von HART beobachteten fetthaltigen Fibrocyten — PLENK (1927) möchte sie wohl mit Recht lieber als bindegewebige Reticulumzellen bezeichnen — stellen wohl zum Teil Übergangsformen zwischen Bindegewebs- und Fettzellen dar, insbesondere die von HERXHEIMER (1903) und KAWAMURA (1911) in perivasculärer Lage gefundenen Elemente. Manche der fetthaltigen Fibrocyten im Thymus des Erwachsenen enthalten doppeltbrechende Tröpfchen (KAWAMURA). Da die Fettfüllung der Fibrocyten eine gewisse Parallele zu derjenigen der Rinde zeigt, denkt HAMMAR (1919) an die Möglichkeit eines Fetttransportes.

Die Frage nach der Wesensart der im Thymus des *Menschen* befindlichen Fettstoffe beantwortet KYRILOW (1925) dahingehend, daß das thymische Fettgewebe außer Neutralfetten auch Cholesterinester, Cholesterinfettsäuregemische oder auch Cholesterin-Glycerinestergemische enthält. Phosphatide, Fettsäuren und Seifen ließen sich nur ausnahmsweise in Spuren darstellen. Die Menge der Lipoide steigt mit dem Lebensalter an.

17. Die Blut- und Lymphgefäße des Thymus.

Die innerhalb der Bindegewebssepten verlaufenden, in das Parenchym des *menschlichen* Thymus sich einsenkenden Arterien bilden nach ihrer Verzweigung längs des Tractus centralis an der Grenze von Mark und Rinde ein Geflecht dünnwandiger, mit nur wenigen Muskelzellen versehener präcapillarer Arteriolen. TONDO (1941) unterscheidet im Thymus von *Katze* und *Meerschweinchen* Aa. lobulares, welche als Äste der Aa. interlobulares durch den Hilus der Läppchen eindringen.

Gelegentlich treten sog. akzessorische Arterien an der Läppchenoberfläche in die Rinde ein (RENAUT 1897); im Injektionspräparat habe ich sie jedoch selten gesehen. Dagegen scheint die arterielle Versorgung des Thymus von der Läppchenoberfläche her bei *Ratte* und *Katze* häufiger vorzukommen (MONROY 1940, vgl. dagegen TONDO 1941). Regelrechten arteriellen Gefäßbögen begegnet man, wie Abb. 69 zeigt, an der Markrindengrenze besonders im Thymus der *Katze*; sie dürften den von HIS (1860) für den Thymus des *Kalbes* beschriebenen, die Acinushöhle — also das Mark — umgebenden Ringgefäßen entsprechen (s. a. JOLLY 1914/15). Aus diesen Gefäßen gehen Capillaren hervor, welche vorzugsweise senkrecht zur Läppchenoberfläche hinziehen, wobei sie sich jedoch innerhalb der Rindenschicht zu einem Netzwerk vereinigen. Die Marksubstanz zeichnet sich gegenüber der Rinde durch geringere Capillarversorgung aus (vgl.

auch Sobotta 1914) (Abb. 68). Sie enthält vorzugsweise venöse Capillaren (Tondo 1941, *Katze, Meerschweinchen*). Den Hassallschen Körperchen sollen Verdichtungen des Capillarnetzes entsprechen (Tondo).

Wie v. Ebner (1860, 1902) betont, verfügt der Thymus des *Menschen* über ein doppeltes Venensystem, nämlich ein oberflächliches und ein in der Marksubstanz gelegenes, in welches aus der Rinde kommende kleine Venen einmünden. Die postcapillären Venen an der Oberfläche der Rinde, in welche die Rindencapillaren einmünden, leiten das Blut in die interlobulären Venen. Renaut (1897) vergleicht die Randvenen mit den an der Oberfläche des Lungenläppchens verlaufenden Venen. Die Venen der Marksubstanz scheinen das Organ auf demselben Wege zu verlassen, auf welchem die Arterien in den

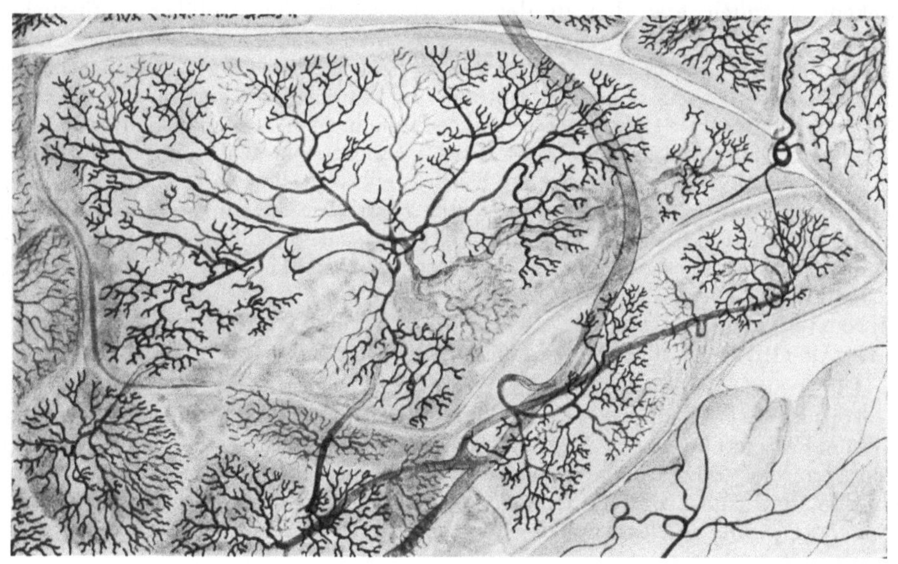

Abb. 68. Thymus vom Neugeborenen. Injektion der Arterien mit Zinnober. (Aufhellung nach Spalteholz.) Beachte die vom Organinneren her erfolgende Gefäßversorgung der Läppchen. (Vergr. etwa 10fach, auf ²/₃ verkl., gez. K. Herschel-Leipzig.)

Thymus eindringen. Nach den neueren sorgfältigen Untersuchungen von Monroy (1940) und Tondo (1941, *Katze, Meerschweinchen*) kann man tatsächlich ein oberflächliches und tiefes Venensystem unterscheiden. Der Abfluß des venösen Blutes erfolgt in erster Linie durch Rindencapillaren, welche in an der Mark-Rindengrenze befindliche große Venen einmünden (tiefe Venen), in recht geringerem Umfange durch perilobuläre Venen (oberflächliche Venen). Beim *Meerschweinchen* jedoch ist das periphere, sog. Randvenensystem stark ausgebildet (Tondo 1941). Perilobuläre wie corticomedulläre Venen enden in interlobulären Sammelvenen. Beide Systeme sind durch corticale Stämmchen miteinander verbunden. Das ziemlich regelmäßig entwickelte perilobuläre Gefäßnetz (Abb. 70) wird durch Anastomosen der randständigen Capillarschlingen (Monroy) sowie durch perilobuläre Venen gebildet. Die Thymusvenen sind starker Erweiterung fähig (Cowdry 1932), die besonders bei der Ausschwemmung von Lymphocyten in Erscheinung tritt (Abb. 62).

Arteriovenöse Anastomosen beobachtete Monroy (1940) ziemlich häufig im *menschlichen* Thymus. Sie werden durch kurze, eng benachbarte Gefäße verbindende Stämmchen verkörpert. Ein zweiter Typus des Abkürzungskreis-

laufes besteht aus Arteriolen, welche nach Abgabe von Capillaren in Venen-
ästchen einmünden. Monroys Angaben nehmen auf Injektionspräparate
Bezug, welche bekanntlich keine eindeutigen Aussagen über die Beschaffenheit
der sog. arteriovenösen Anastomosen gestatten (vgl. hierzu M. Clara 1939).

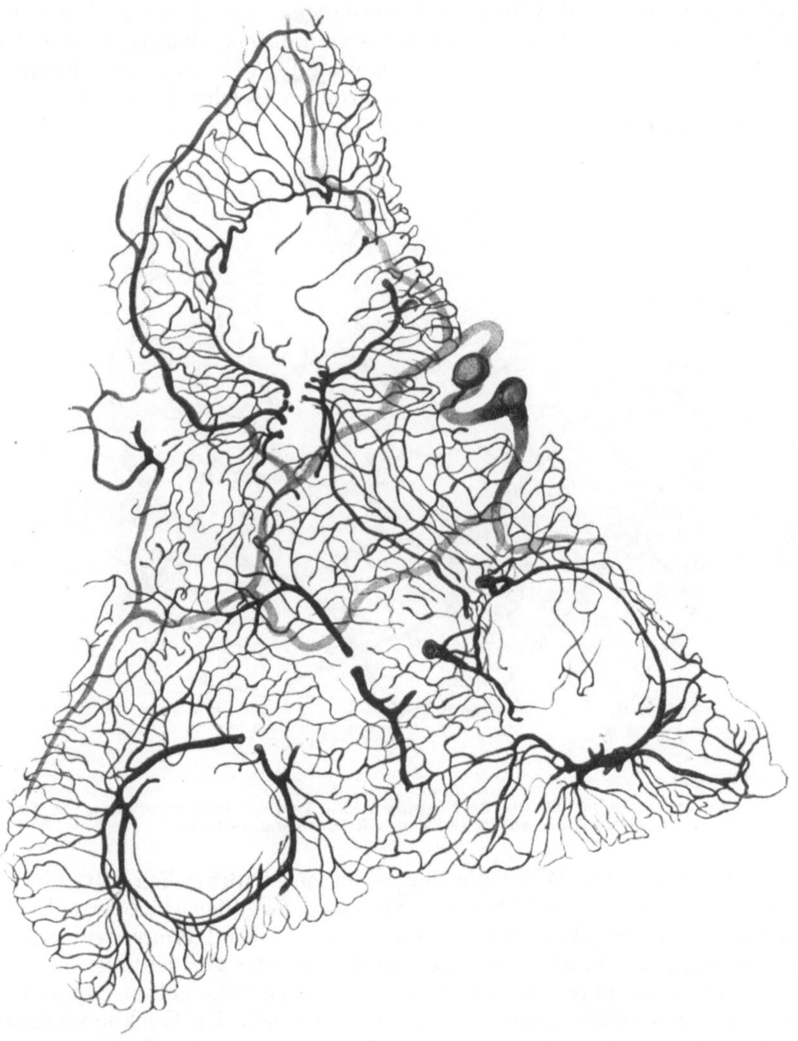

Abb. 69. Thymus der *Katze*, Gefäßinjektion. Gefäßarmut der Markregion. (Präparat des Veterinär-anatomischen Institutes der Universität Leipzig, Seibert Obj. 10, Ok. 3, auf ¹/₂ verkl., gez. K. Herschel-Leipzig.)

Nach Tondo (1941) kommen arteriovenöse Anastomosen häufig im Thymus von
Katze und *Meerschweinchen* vor.

Die bisher vorliegenden Untersuchungen über die Gefäße des Thymus des
Menschen (s. o.) und verschiedener *Säuger* (Salkind 1915, *Hund, Katze, Ratte,*
Cortivo 1933, *Meerschweinchen, Kaninchen, Katze, Ratte,* Pigache und Worms
1910, *Hund, Kaninchen,* Afanassiew 1877, *Hund, Katze,* Watney 1882, Monroy
1940, *Katze, Hund, Nager, Mensch,* Tondo 1941, *Katze, Meerschweinchen*),
ferner von *Sauropsiden* und *Amphibien* (Salkind 1915) haben übereinstimmend

8*

ergeben, daß die Rinde sich, wie ich im Einklang mit Sobotta (1914) gegenüber Cortivo (1933) hervorheben muß — der von einer gleichartigen Vascularisierung von Rinde und Mark spricht — durch besonders starke Capillarisierung auszeichnet (vgl. Abb. 69). Es ist nicht uninteressant, eine Ähnlichkeit zwischen der Gefäßarchitektur des Lymphknotens, wie sie durch Dabelows (1939) Untersuchungen klargelegt wurde, und derjenigen des Thymus festzustellen, der möglicherweise funktionelle Gemeinsamkeiten entsprechen (vgl. auch Tondo 1941). Die dichteste Capillarversorgung weisen jene Bezirke von Thymus und Lymphknoten auf, welche sich durch den größten Reichtum an Lymphocyten auszeichnen, nämlich die Rindenzonen.

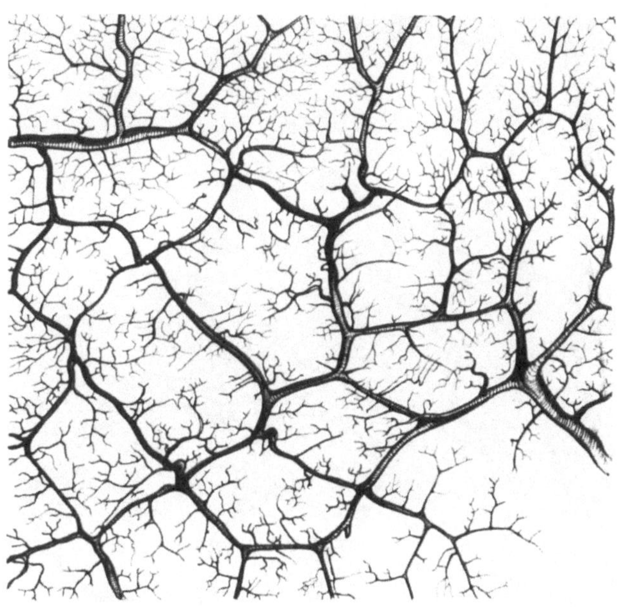

Abb. 70. Gefäße der Thymuskapsel (injiziert) des Neugeborenen in Aufsicht. (Originalpräparat von His, Vergr. etwa 20fach, auf ¹/₂ verkl., gez. K. Herschel-Leipzig.)

Der Frage, in welcher Weise die tiefgreifenden strukturellen Veränderungen des Thymus im Verlaufe der Altersinvolution sowie der akzidentellen Involution sich im Verhalten der Gefäßarchitektur des Thymus widerspiegeln, hat sich neuerdings Monroy (1940) zugewandt. Bei der akzidentellen Involution des menschlichen Thymus drängen sich die stark geschlängelten Capillaren der Rinde auf engem Raume zusammen, um so mehr, als der Rückbildungsprozeß fortschreitet. Daneben kommt es zur Obliteration der Capillaren (s. u.). Die Altersinvolution geht mit einem Verschwinden besonders der feineren Capillaren einher. Der Einbruch des Fettgewebes in den Thymus führt zur kontinuierlichen Verbindung der Capillaren des Parenchyms und des angrenzenden Fettgewebes. Das Capillarnetz der Parenchymreste zeichnet sich durch die Weite seines Maschenwerkes und annähernd radiäre Anordnung seiner Haargefäße aus. Bei fortgeschrittenen Stadien der Involution findet man die Parenchymreste manschettenartig um Venen herum gruppiert.

Der Feinbau der Thymusgefäße des *Menschen* weist offenbar keine Abweichungen von dem gewohnten Bilde der Arterien und Venen auf. Der Vollständigkeit halber sei erwähnt, daß Afanassiew (1877) kleine Venen aus dem

Thymus des *Menschen* „mit verdicktem Endothel" beschreibt; letzteres wird von ihm als kubisches Epithel abgebildet. Arteriovenöse Anastomosen, im Thymus von *Katze* und *Meerschweinchen* häufig (Tondo 1941), wurden im Thymus des *Menschen* bisher nur in Injektionspräparaten (Monroy) nachgewiesen. Kleine, mit Quellzellen (epitheloiden Zellen) versehene Arterien fand Märk (1941) im *menschlichen* Thymus. Die Natur der neuerdings von Perri (1939) beschriebenen Zellmäntel epitheloider, mit bläschenartigen Kernen versehener Elemente, welche die Capillaren im Thymus von *Vipera aspis* als angeblich hormonbildende Zellen umhüllen, ist durch Untersuchungen Teichmanns als geklärt anzusehen. Teichmann (1940, 1942) konnte im Thymus von *Tropidonotus natrix*, *Tr. tessellatus*, *Vipera blorus*, *Zamenis gemonensis* und *Coronella* gleichartige perivasale Zellmäntel (Abb. 71) nachweisen, deren zart granulierte Elemente in ein Gitterfasernetz eingelassen sind. Trypanblau wird von diesen Zellen in äußerst geringem Ausmaße gespeichert. Es erscheint mir mit Teichmann kaum zweifelhaft zu sein, daß die von Perri als Hormonbildner angesprochenen Zellen in Wirklichkeit epitheloide Muskelzellen verkörpern (vgl. hierzu M. Clara 1939). Den mit Manschetten ausgestatteten Gefäßen fehlt eine deutlich entwickelte Elastica interna (Teichmann). Ähnliche Bildungen beobachtete ich an kleineren Gefäßen des Thymus vom *Igel* (Abb. 26). Den Nachweis von Pericyten im Thymus erwähnen H. und E. Loeschke (1934).

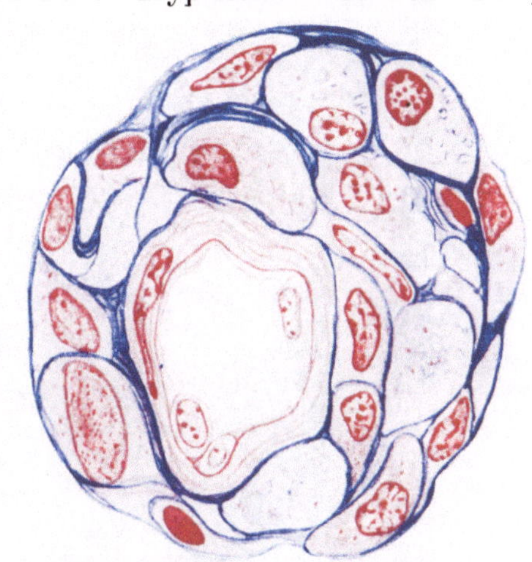

Abb. 71. Thymus von *Tropidonotus natrix*. Quer getroffene Arterie mit einem Mantel epitheloider Muskelzellen. (Fixation Susa, 8 μ, Azanfärbung, Ok. 5fach, Ölimmersion Zeiss H I 100, auf ⁴/₅ verkl., Präparat W. Teichmann, gez. W. Bargmann.)

Die Involutionsveränderungen der Thymusarterien des *Menschen* bestehen in einer Dickenabnahme der Adventitia, welche an elastischen Fasern verarmt (Thede 1936/37); die Thymusarterien von über 50 Jahre alten *Menschen*, deren Thymus noch verhältnismäßig gut entwickelt war, fand Thede von diesen Veränderungen in wesentlich geringerem Umfange betroffen. Für die Richtigkeit der Behauptung Thedes, diese Feststellung lasse „wohl kaum eine andere Deutung zu, als daß eben die Arterien bei größeren erhaltenen Resten von spezifischem Thymusgewebe stärker hinsichtlich ihrer Stützfunktion beansprucht bleiben, und dementsprechend auch der Abbau ihrer Wand ..... mindestens deutlich verzögert wird", wird sich kaum ein Beweis erbringen lassen. Es liegt meines Erachtens näher, den wechselnden Grad der Durchblutung für das verschiedene strukturelle Verhalten der Arterien verantwortlich zu machen. Mit dieser Auffassung steht auch die Tatsache in Einklang, daß es im involvierten Thymus zu einer Obliteration nicht nur von Arterien, sondern besonders von Capillaren und Venen kommt (Abb. 72, Hammar 1917, 1926, Monroy 1940, Smith 1941). Der Obliteration der Capillaren liegt im wesentlichen eine kollagene Umwandlung der Reticulinfaserhüllen zugrunde (Monroy 1940). Nach Kopač (1939) treten die Reste veröderter Blutgefäße im Thymusparenchym in Gestalt kleiner Anhäufungen elastischer Fasern in Erscheinung.

Eine Ablagerung von Fettkörnchen in den Wandzellen größerer Gefäße involvierter Thymen wird von Hart (1912) erwähnt, desgleichen auch in den Adventitialzellen und Endothelien der Thymuscapillaren (Hart, Herxheimer).

Herxheimer deutete diese Verfettung als Ausdruck einer Fettzufuhr aus den Gefäßen, während sie nach Hart auf den Zerfall verfetteter Thymuszellen zurückgehen soll. Wahrscheinlich handelt es sich jedoch um eine degenerative Fettablagerung.

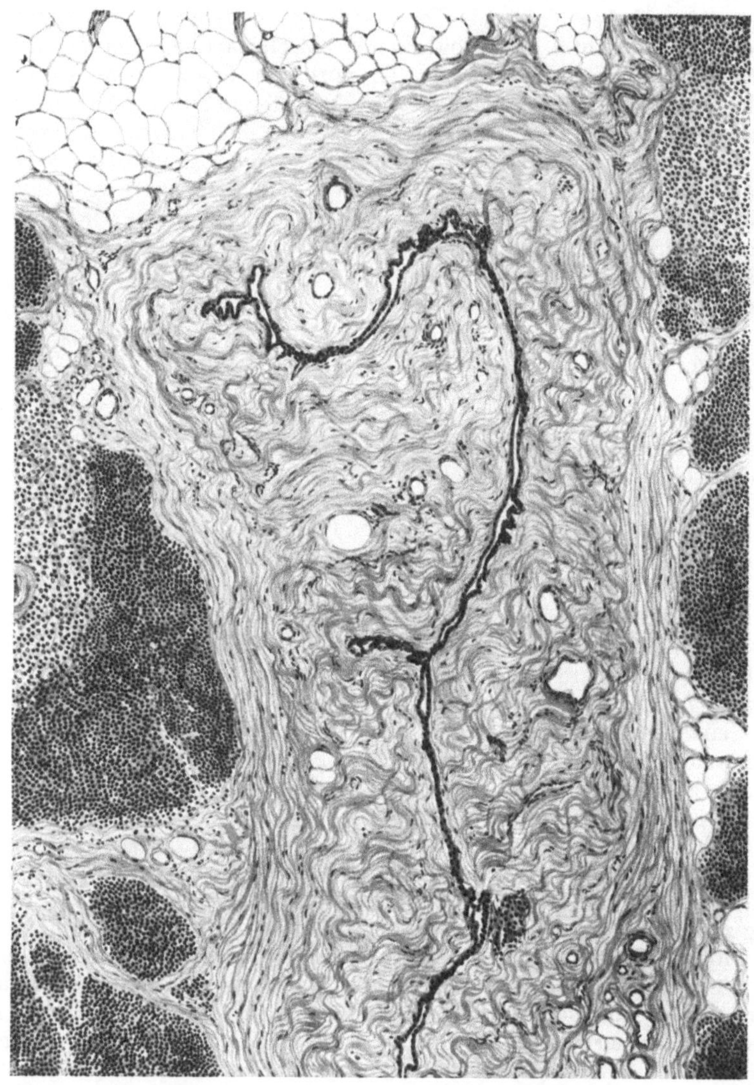

Abb. 72. Obliterierte interlobuläre Vene aus dem Thymus eines Hingerichteten. (♂, 27 Jahre alt, Fixation Bouin, Schnittdicke 12 μ, Hämatoxylin-Eosin-Färbung, Zeiss Ok. 4, Obj. Seibert 10, auf ²/₃ verkl., gez. K. Herschel-Leipzig.)

Über die Vitalspeicherung von Trypanblau in den Endothelzellen von Capillaren des *Ratten*thymus berichtet Schneider (1940). Tschassownikow (1929) stellte die Speicherung von Lithiumcarmin in den Capillarendothelien des Thymus von *Kaninchen* fest, die einer Röntgenbestrahlung ausgesetzt waren.

An dem Vorhandensein von Lymphgefäßen innerhalb des Thymus kann, wie den zusammenfassenden Darstellungen Sobottas (1914) und Hammars

(1936) zu entnehmen ist, nicht gezweifelt werden (s. a. W. KRAUSE 1876). Freilich sind, wie HAMMAR treffend bemerkt, nicht alle von den älteren Forschern mit Hilfe der Injektionstechnik dargestellten Hohlraum- und Spaltbildungen als Lymphgefäße bzw. deren „Wurzeln" (PFLÜCKE 1906) anzusprechen. Nach den Untersuchungen von MATSUNAGA (1910, 1928, *Mensch, Kalb*), PIGACHE und WORMS (1910), PETER (1935, *Igel*), HOEPKE und PETER (1936, *Igel* u. a.), HOEPKE und SPANIER (1939, *Ratte*) muß die Anwesenheit interlobulärer, die Venen begleitender Lymphgefäße als erwiesen gelten. Diese Gefäße treten infolge praller Füllung mit Lymphocyten mitunter auffällig in Erscheinung. Die interlobulären Gefäße hängen mit einem an der Oberfläche der Thymusrinde befindlichen Lymphgefäßnetz zusammen, von welchem sich nach MATSUNAGAS Einstichinjektionspräparaten Äste in die Rinde einsenken (interfollikuläre Lymphgefäße), um in ein an der Rindenmarkgrenze ausgebreitetes Netzwerk überzuleiten. In den interfollikulären Lymphgefäßen und ihren Ausbreitungen an der Grenze von Rinde und Mark erblickt HAMMAR (1936) die Wurzeln der thymischen Lymphbahnen. MATSUNAGA bildet ferner zarte, Rinde und Mark durchziehende Bahnen ab, welche sowohl in die größeren Lymphgefäße als auch in das erwähnte, an der Markoberfläche befindliche Geflecht einmünden. Die von MATSUNAGA geschilderten „pericellularen feinsten Lymphcapillaren", welche ein Netzwerk um jede einzelne Zelle herum bilden, sind wohl — nach den Abbildungen des Autors zu schließen — als Extravasate aufzufassen. Im Marke des *menschlichen* Thymus scheinen nach HAMMARS (1927, 1936) Beobachtungen keine Lymphgefäße vorzukommen; dagegen enthält das Thymusmark von *Kaninchen* fast regelmäßig mit Lymphocyten gefüllte Lymphbahnen, ferner erwähnen HOEPKE und SPANIER (1939) das Vorhandensein von Lymphgefäßen im Thymusmarke der *Ratte*. MATSUNAGAS (1928) Angabe, die HASSALLschen Körperchen seien von Lymphgefäßnetzen umhüllt, von denen zarte Capillaren in das Innere der Körperchen eindringen, dürfte einer Nachprüfung nicht standhalten. Angesichts der Unsicherheit unserer Kenntnisse über die Lymphbahnen des Thymus des *Menschen* muß man über die Sicherheit staunen, mit der WEISE (1939) das Sekret des Thymus aus dem „Tubulus" als der neu entdeckten „morphologisch funktionellen Einheit des Thymusmarkes" durch ein „Stoma" in das Lymphgefäßnetz abfließen läßt.

18. Knorpeleinschlüsse.

Einschlüsse von hyalinem Knorpel wurden von TOYOFUKO (1910) bei *Ratten* im kranialen Thymusabschnitt gefunden und als Gewebsmißbildung gedeutet. Ferner schildet HAMMAR (1909) rundliche bzw. stäbchenförmige Stückchen von Hyalinknorpel im perivasculären Bindegewebe des Thymus zweier Exemplare des *Teleostiers Labrus rupestris*. HAMMAR betrachtet diese Knorpelbildungen als Ergebnis der mit der Altersinvolution verbundenen Umwandlung des perivasculären Bindegewebes. Ich halte es für nicht ausgeschlossen, daß die intrathymischen Knorpelinseln Schlundbogenresten entsprechen.

19. Die Nerven des Thymus.

Der überwiegende Teil der Thymusnerven — Äste des Nervus vagus und des Sympathicus (BRAEUCKER, RIEGELE, TERNI 1930) — scheint auf dem Wege der Blutgefäße in das Organinnere zu gelangen (BOVERO 1899, SALKIND 1915, PINES 1929, 1931, TERNI 1929, KOSTOWIECKI 1936, 1938). Nervenzellen wurden bisher nur von TERNI (1929) im Thymus von *Sauropsiden* nachgewiesen. Es soll sich um sympathische Elemente sowie um interstitielle Zellen (CAJAL) handeln (vgl. auch TERNI und MURATORI 1933). Letztere fand TERNI teilweise der

Oberfläche myoider Zellen angeschmiegt. Wie bereits erwähnt (s. S. 70), scheint es mir fraglich zu sein, ob die letzteren „autonomen effektorischen Neurone" wirklich mit Sicherheit als nervöse Elemente angesprochen werden können. Die in Begleitung der Blutgefäße verlaufenden Nerven dienen zum Teil wohl deren Innervation. Pines (1929, 1931) sowie Pines und Maiman (1929) beschreiben Nervengeflechte in der Adventitia und in der Media von Gefäßen des *Säuger*thymus, ferner Kostowiecki (1938, *Mensch*), nach dessen Angaben die dünnsten sympathischen Fasern des Mediageflechtes sich zu einem zwischen den Muskelzellen gelegenen und in deren Cytoplasma eindringenden Grundplexus ausbreiten. Auch in der Intima interlobulärer Arterien soll ein zartes, mit dem Mediaplexus verbundenes Geflecht vorhanden sein. Wie weit die von Kostowiecki dargestellten kugeligen, ovoiden und ringförmigen Endigungen der sympathischen Fasern in der Media von Arterien, ferner die verdickten gabelförmigen Endigungen sog. zentraler Fasern in der Adventitia Artefakte der Imprägnationsmethode verkörpern, sei dahingestellt. Die innerhalb der Venenwände gelegenen Plexus sind schwächer als diejenigen der Arterien entwickelt. Knopfartige Nervenendigungen an den Capillaren kommen nach Kostowiecki selten vor; letztere werden durch Schlingen zentraler Herkunft und sympathische Geflechte innerviert, welche sich hier und da zu Fasern verbinden. Der von Kostowiecki vorgenommenen, nur auf das Imprägnationsbild sich stützenden Unterscheidung von dickeren Fasern zentraler, d. h. cerebraler und spinaler, sowie dünnerer sympathischer Herkunft darf man wohl einige Skepsis entgegenbringen. Die sog. zentralen Fasern sind teils in enger Begleitung der Gefäße, teils unabhängig von diesen mit den sympathischen Fasern zusammen anzutreffen. Ein kleiner Teil zentraler Fasern endet nach Kostowiecki mit birnen- und schalenförmigen Verdickungen im interlobulären Bindegewebe, wo auch Pines sog. Endapparate feststellte.

Die Frage, in welcher Weise das entodermale Zellgerüst des Thymus an das Nervensystem angeschlossen ist, harrt der Bearbeitung mit neuen Methoden. Wie in anderen Organen, so wurden auch im Thymus Endanschwellungen von Nervenfibrillen (Bovero, *Maus*, Salkind, *Kröte*) gefunden, welche sich nach Pines (1929, 1931) der Oberfläche von Zellen anlagern. Schalen- und birnenförmige Nervenendigungen angeblich zentraler Fasern schildert Kostowiecki (1938) für Mark und Rinde des Thymus *menschlicher* Feten. Große birnenförmige Endigungen wurden nur in der Markzone beobachtet. Ein Teil der sympathischen Fasern bildet nach Kostowiecki präterminale Netze im Cytoplasma der Reticulumzellen. Die Hassallschen Körperchen werden nach Kostowiecki nicht innerviert (vgl. hierzu S. 75). Pines stellte nur in ihrer Nachbarschaft Fasern und ovoide Endigungen fest.

Als sicher kann angenommen werden, daß das Thymusparenchym von Nervenfasern durchsetzt wird, doch sind wir über das Ausmaß der Nervenversorgung des Organs sowie über seine Nervenarchitektur infolge der Schwierigkeit, eine befriedigende Imprägnation der Thymusnerven zu erzielen, nur mangelhaft unterrichtet. Hammar (1935) glaubt auf Grund der Untersuchung fetalen Materials einen Grundplan der Innervation des *menschlichen* Thymus annehmen zu können, der sich durch „reichliche vagische Innervation des Thymusmarkes und eine spärliche Innervation der Thymusrinde, oder wenigstens der Rindengefäße und das Zusammentreffen beider an der Rindenmarkgrenze" auszeichnet (vgl. Abb. 69, Hammar 1936, s. a. Agduhr 1932). Da die zentrale Vagusausbreitung bereits vor der Sonderung der Organanlage in Mark und Rinde nachzuweisen ist, wirft Hammar das Problem auf, „ob nicht diese Innervation mit der Markbildung in kausalem Zusammenhang steht. Man ist versucht, an eine Einwirkung des Vagusstoffes zu denken". Die etwa der

Grenze von Rinde und Mark entsprechende Geflechtbildung (Abb. 73) scheint mir allerdings die Frage zu rechtfertigen, ob die Nervenverteilung im Thymus nicht in erster Linie durch die Gefäßarchitektur bestimmt wird. Die funktionelle Bedeutung der vagischen Thymusinnervation besteht vielleicht, so

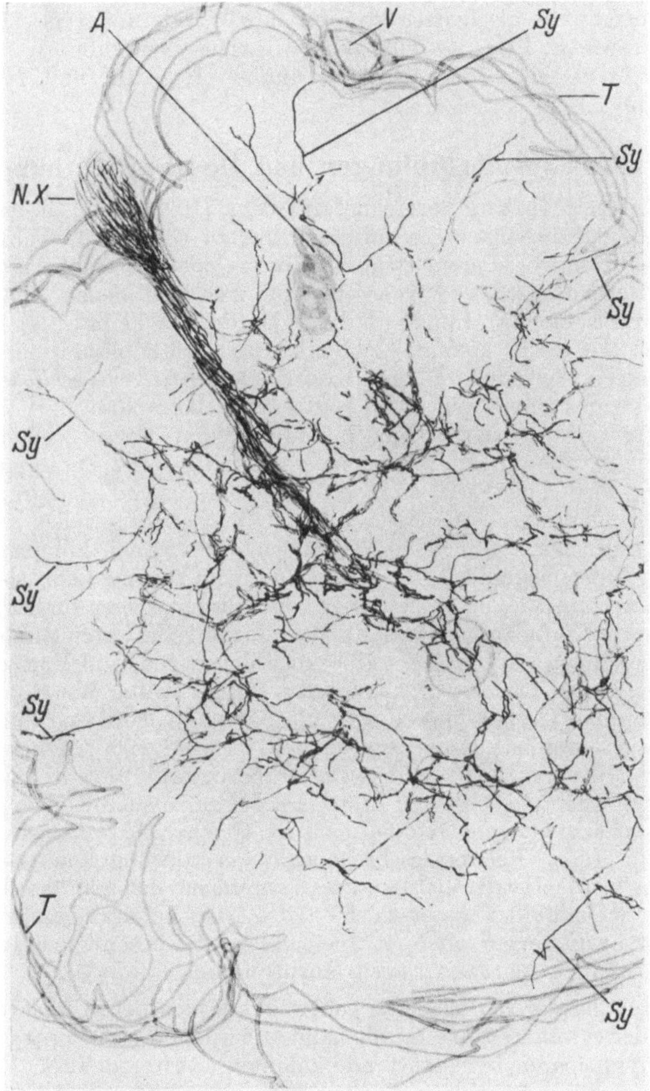

Abb. 73. Nervenverteilung im rechten Lappen des Thymus eines 55 mm langen *menschlichen* Keimlings. Glasrekonstruktion von 6 Schnitten am Eintritt des Vagusastes. *A* Arterie, *N.X* N. vagus, *Sy* Sympathische Fäserchen, *T* Umriß des Thymuslappens, *V* Vena. 280fache Vergrößerung. (Aus HAMMAR 1935.)

meint neuerdings HAMMAR (1939), in der Steuerung der Vitaminabgabe seitens des Thymus. Als Anhaltspunkt für diese Hypothese dient die Feststellung von MINZ (1938), nach welcher Reizung des Vagusstammes zur Freimachung von Vitamin B führt. Nach den Vorstellungen von SUNDER-PLASSMANN (1939, 1941) soll dem Parasympathicus die Rolle zufallen, Thymus und Schilddrüse

„zu einem biologischen Komplexmechanismus besonderer Art" zu verbinden. Unter dem Einfluß des Vagus nämlich wandern — so meint Sunder-Plassmann — sog. neurohormonale Zellen vom Thymus in die Schilddrüse, um dort Kolloid zu resorbieren!! Diese Zellen benutzen angeblich das Schwannsche Plasmodium des perivasalen Nervenplexus und das Neuroreticulum im peritrachealen Fettgewebe als Leitstruktur für ihre Wanderung (vgl. hierzu Bargmann 1941 sowie S. 141). — Die sympathischen Nervenfasern des Thymus stehen wohl im Dienste der Vasokonstriktion (Hallion und Morel 1911, Hammar 1939).

20. Sequesterbildungen und Desaggregation.

Als Sequesterbildung bezeichnet Hammar (1905, 1929) die erstmalig im Thymus des *Hundes* beobachtete umschriebene, zu völligem Gewebszerfall führende Degeneration von Parenchymbezirken, welche mit einer scholligen Entartung der Reticulumzellen eingeleitet wird, zwischen denen sich zahlreiche Lymphocyten ansammeln. Innerhalb dieser Herde, welche in erster Linie in der Marksubstanz auftreten, kommt es offenbar zu Gefäßobliterationen; ob man den herdförmigen Gewebszerfall mit Kopač (Cysten im *menschlichen* Thymus, 1939) als Folge des Unterganges von Blutgefäßen betrachten darf, ist fraglich. Die Sequester werden durch Spaltbildungen vom angrenzenden normalen Gewebe getrennt, allerdings nicht immer vollständig. Der Zusammenhang mit der Umgebung wird in der Regel an einer oder mehreren Stellen aufrechterhalten. Gegenüber der Sequesteroberfläche ordnen sich die Reticulumzellen zu mehr oder weniger ausgesprochen epithelialen Verbänden, die vielfach Flimmerzellen enthalten. Beim *Hunde* beginnt die Sequesterbildung im zweiten Lebensjahr, um mit steigendem Alter an Umfang zu gewinnen. Bei älteren *Tieren* findet man an der Stelle des Markes häufig ausgedehnte Kanäle, die mit reduzierten Rindenabschnitten zusammenhängen. Die Abb. 74 gibt einen derartigen, von Epithel (Abb. 75) ausgekleideten Kanal wieder (vgl. hierzu auch Weise 1940). Wie Hammar (1905) berichtet, kann das Thymusgewebe sehr alter *Hunde* vorwiegend durch Epithelkanäle verkörpert werden. Auch beim *Huhne* (Hammar 1905), ferner im Thymus der *Teleostier* (Hammar 1909) und *Selachier* (Hammar 1912) treten Sequesterbildungen in Erscheinung; bei den *Selachiern* beginnen sie mit einer Abrundung der Reticulumzellen, deren Cytoplasma sich gleichzeitig mit teilweise osmiophilen Granulis füllt. Bei fortgeschrittener Sequestrierung kommt es offenbar zur Blutung in die Detritusherde. Die Wandungen der Sequesterhöhlen sind vielfach mit Schleimzellen besetzt. Ist der Zerfallsherd aufgesogen, so legen sich die Cystenwandungen offenbar aneinander. In besonderem Ausmaße ist die Sequesterbildung bei *Raja clavata* anzutreffen.

Die Entstehung der Zerfallsherde gehört zum Bilde der Altersinvolution des Thymus der erwähnten Arten. Sie kann außerdem durch Röntgenschädigung des Thymusparenchyms zustande kommen (Rudberg 1907, 1909), ferner wurden Sequester in erheblichem Umfang bei Lues congenita-Kranken beobachtet (Hammar 1929). Hart (1921) macht die Spirochäten für die Nekrosen verantwortlich. Im Thymus von Luetikern werden große Bezirke des Markes zu einer Höhle oder mehreren Spaltbildungen eingeschmolzen, deren Wandungen Plattenepithel überzieht. Dem zerfallenden Gewebe sind Lymphocyten und Blutextravasate beigesellt. Das zirkummedulläre Bindegewebe, welches an Masse zuzunehmen scheint, begrenzt die Höhlenbildung auf die Markregion. Hammar (1929, 1936) hält einen großen Teil der im pathologischen Schrifttum geschilderten Duboisschen Abscesse für luetische Sequestercysten (vgl. ferner Tuve 1904, Thomsen 1912, Hammar 1920, Bienert 1923, Benjamin 1930, Chiari 1894,

sowie die abweichende Auffassung von Schmincke 1926). Schmincke (1926)
pflichtet dagegen der von Eberle vertretenen Anschauung bei, nach welcher
die Duboisschen Abscesse als Ergebnis einer durch die luische Infektion bedingten

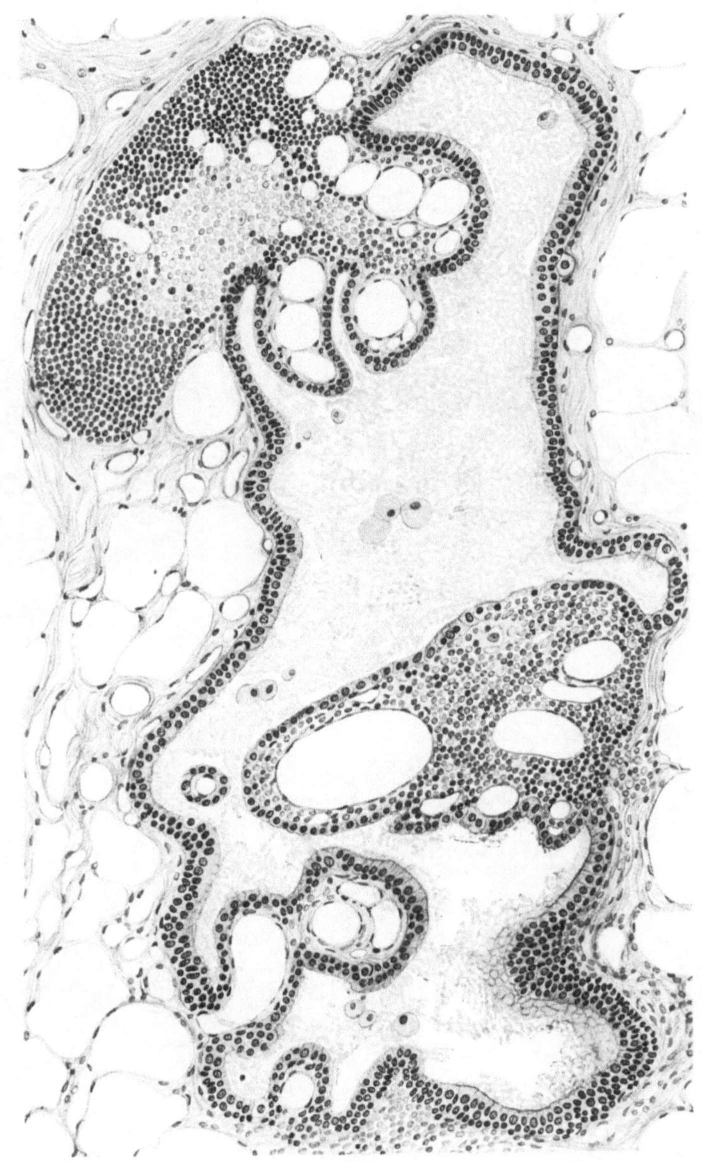

Abb. 74. Sequestercyste aus dem Thymus eines 2 Jahre alten *Hundes*. (Hämatoxylin-Eosin-Färbung, Zeiss Ok. 2,
Obj. DD, auf ¹/₂ verkl., Präparat des Veterinär-Anatomischen Institutes Leipzig, gez. K. Herschel-Leipzig.)

Entwicklungshemmung aufzufassen sind, bei der es zur Eiteransammlung in
präformierten, der Thymusanlage entstammenden Hohlräumen kommt.

Die Desaggregation des Thymusparenchyms zeichnet sich durch eine
Auflockerung des Gewebes in einzelne, Degenerationsmerkmale tragende Zellen

oder Zellgruppen aus, wie sie von Hammar (1912) für den *Selachier*thymus beschrieben wurden. Die Desaggregation gehört zum Bilde der Altersinvolution des *Selachier*thymus. Sequesterbildung und Desaggregation darf man wohl als verschiedene Erscheinungsformen ein und desselben degenerativen Prozesses auffassen.

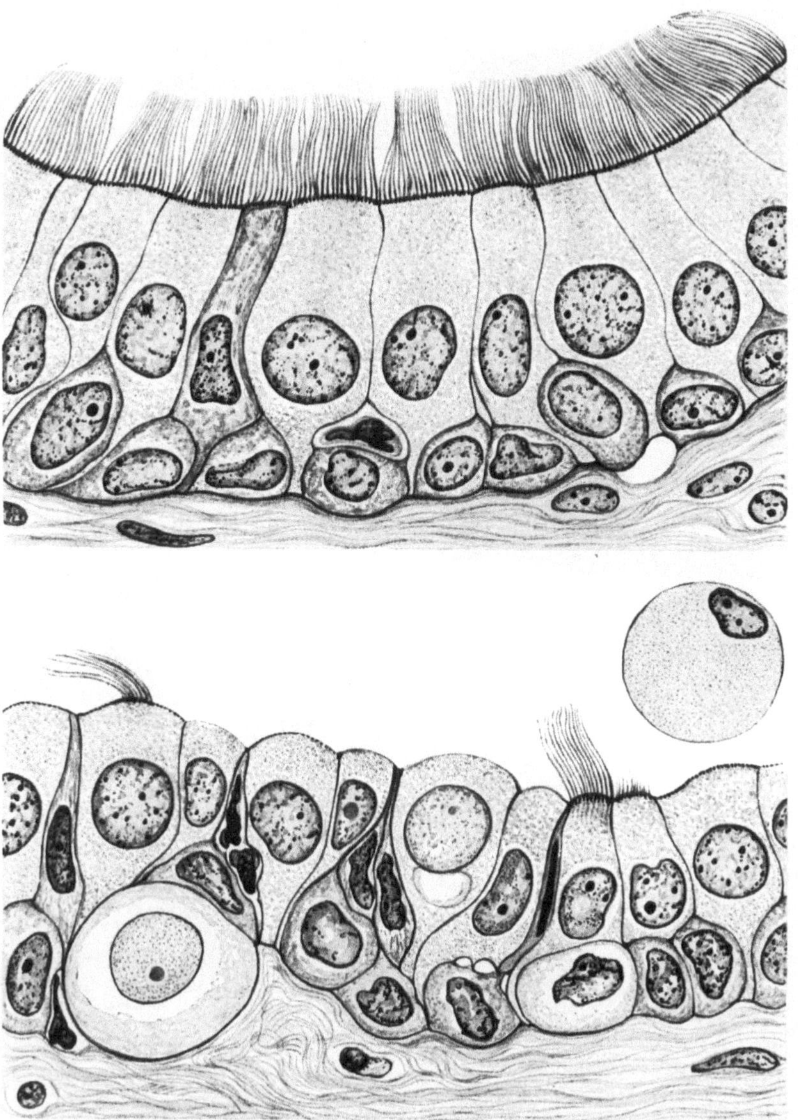

Abb. 75. Ausschnitte aus der Wandung der in Abb. 74 wiedergegebenen Sequestercyste. Thymus eines 2 Jahre alten *Hundes*. (Angaben wie bei Abb. 70; Ok. 4fach, Ölimmersion Zeiss HI 100, auf ⁴/₅ verkl., gez. K. Herschel-Leipzig.)

21. Dissoziationsherde.

Während sich die Entwicklung der Sequester vorzugsweise im Thymusmarke abspielt, entstehen die sog. Dissoziationsherde in der Rindenzone des *menschlichen* Thymus. Ihre Bildung geht von einer Anhäufung sudanophiler Granula im Zelleibe von Gruppen der Reticulumzellen aus, welche sich abrunden,

anschwellen und mitunter den syncytialen Zusammenhang aufgeben. Da sich
zwischen den Zellen keine Lymphocyten befinden, lagern sie dicht beisammen.
Verringerung des Fettgehaltes der Zellen kann wieder zu deren Zusammenschluß
durch Ausläufer führen. Die von HAMMAR (1923, 1929) in einer Reihe von Erkrankungen festgestellten Dissoziationsherde sind als Ausdruck der akzidentellen Involution zu werten.

V. Die Involutionsveränderungen des Thymus.

Die Strukturelemente des Thymus sämtlicher *Wirbeltiere* sind ausnahmslos
sowohl quantitativen als auch qualitativen Veränderungen katabiotischen
Charakters unterworfen, welche in ihrer Gesamtheit das Bild der Involution

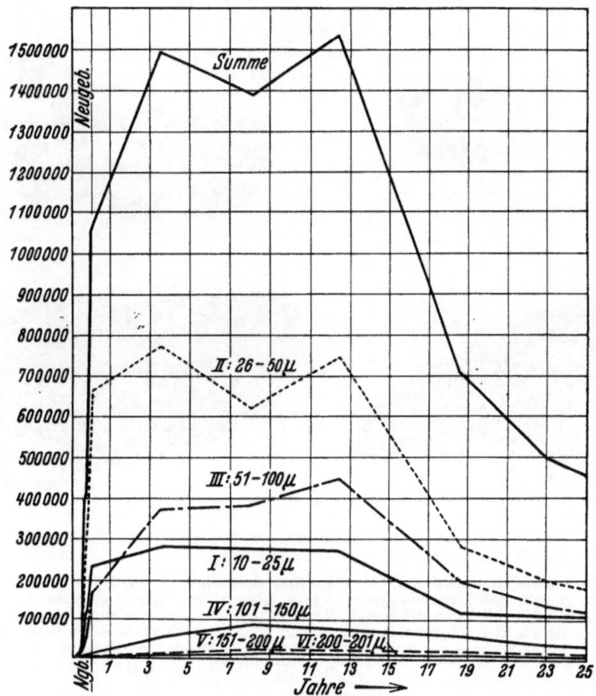

Abb. 76. Kurvenmäßige Darstellung der Verteilung der HASSALLschen Körperchen
verschiedener Größenklassen auf die Altersstufen. (Aus HAMMAR.)

des Thymus bestimmen. Die Rückbildung des Thymus kann durch endogene
und exogene Faktoren bedingt sein. Das Organ erfährt normalerweise eine
Altersinvolution (Pubertätsinvolution, HAMMAR 1940), deren Ergebnis
der fettgewebsreiche Thymusrest darstellt. Die Altersrückbildung wird bereits
von CHARLETON (1659) kurz geschildert. Weiterhin ruft jegliche Beeinträchti-
gung der Ernährung des Organismus — sei es durch ungenügende Nahrungszufuhr
oder Erkrankung oder sonstige Schädigung — eine Thymusrückbildung hervor,
welche als akzidentelle Involution bezeichnet wird. Mit einer experimentellen Erzeugung der akzidentellen Involution befaßte sich bereits FRIEDLEBEN
(1858). Beiden Involutionsformen, welche auch für das lymphatische Gewebe
bekannt sind, entprechen verschiedene Strukturbilder des Thymus. Wie noch
ausgeführt wird, gehören die Schwangerschaftsinvolution und die im
Jahreszyklus auftretende Thymusrückbildung (Saisoninvolution) dem Typus
der akzidentellen Involution an.

Das Ausbleiben der Thymusinvolution bzw. ihr verspätetes Einsetzen entspricht dem Bilde des sog. Status thymicus, der vielleicht als Ausdruck einer Unterwertigkeit der Keimdrüsen (vgl. hierzu S. 136) betrachtet werden darf (Parabutschew 1929).

1. Die strukturellen und quantitativen Veränderungen des Thymus während des postfetalen Lebens und die Altersinvolution.

Die breit angelegten, mit sorgfältig abwägender Kritik durchgeführten Untersuchungen Hammars über das Verhalten des Thymus des *Menschen* in verschiedenen Lebensphasen, wie sie besonders in den Monographien der Jahre 1926 und 1936 niedergelegt wurden, haben die Unterscheidung verschiedener, im folgenden anschließend an Hammar geschilderter Hauptstadien der Thymusentwicklung

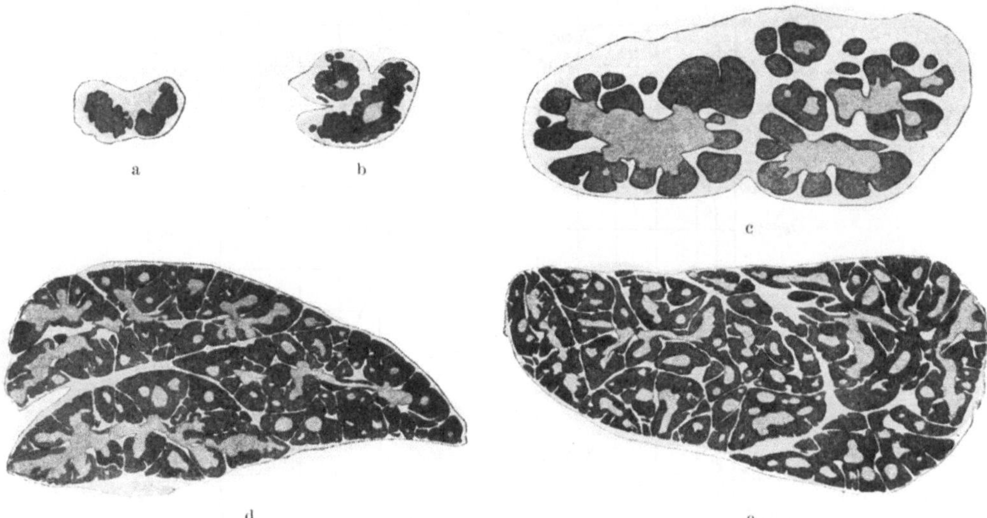

Abb. 77a—e. a Thymus eines männlichen Fetus (34,9 mm Sitzhöhe). Noch keine Differenzierung von Mark und Rinde. Parenchym 40% des Thymuskörpers. Vergr. 12fach. b Thymus eines weiblichen Fetus (50 mm Sitzhöhe). Parenchym 47,7% des Thymuskörpers. Vergr. 12fach. c Thymus eines männlichen Fetus (115 mm Sitzhöhe). Parenchym 51,5% des Thymuskörpers. Vergr. 12fach. d Thymus eines Fetus aus dem 10. Monat. Parenchym 80% des Thymuskörpers. Breite Rinde. Vergr. 2,6fach. e Thymus einer reifen Totgeburt. Rinde 58% des Thymuskörpers. Vergr. 3fach. (Aus Hammar 1929.)

(vgl. hierzu Abb. 76—80) als zweckmäßig erscheinen lassen, deren erstes als Organisationsstadium bezeichnet wird. Die Thymen dieses Stadiums, dem 3. und 4. Fetalmonat angehörend, werden in ihren jüngsten Entwicklungsphasen durch epitheliale Organanlagen verkörpert, in welche noch keine Lymphocyten eingewandert sind; ferner ist es noch nicht zur Differenzierung des Markes gekommen. In Hammars 33 Fälle umfassendem Untersuchungsgut wurde der Beginn der Markbildung bei einem Keimling von 36,8 mm Sitzhöhe festgestellt. Im 3. Monat wird die Rinde von Bindegewebssepten durchzogen, durch deren Verbreiterung zu Beginn des 4. Monats die Rindenfollikel geprägt werden. Die innerhalb der Follikel einsetzende Markbildung führt zur Differenzierung von Läppchen. Durch Anschluß der Markinseln der Läppchen an das Markzentrum wird der verzweigte Markstrang gebildet. Die Einwanderung der Lymphocyten in die Rinde ist gegen Ende des 4. Monats so erheblich, daß die epitheliale Randschicht verschwindet. Zu diesem Zeitpunkt erreicht die Zahl der Hassallschen Körperchen einen Höchstwert von 2,574 Körperchen im gesamten Thymus. Das perithymische Bindegewebe erweist sich frühzeitig von Lymphocyten, gegen

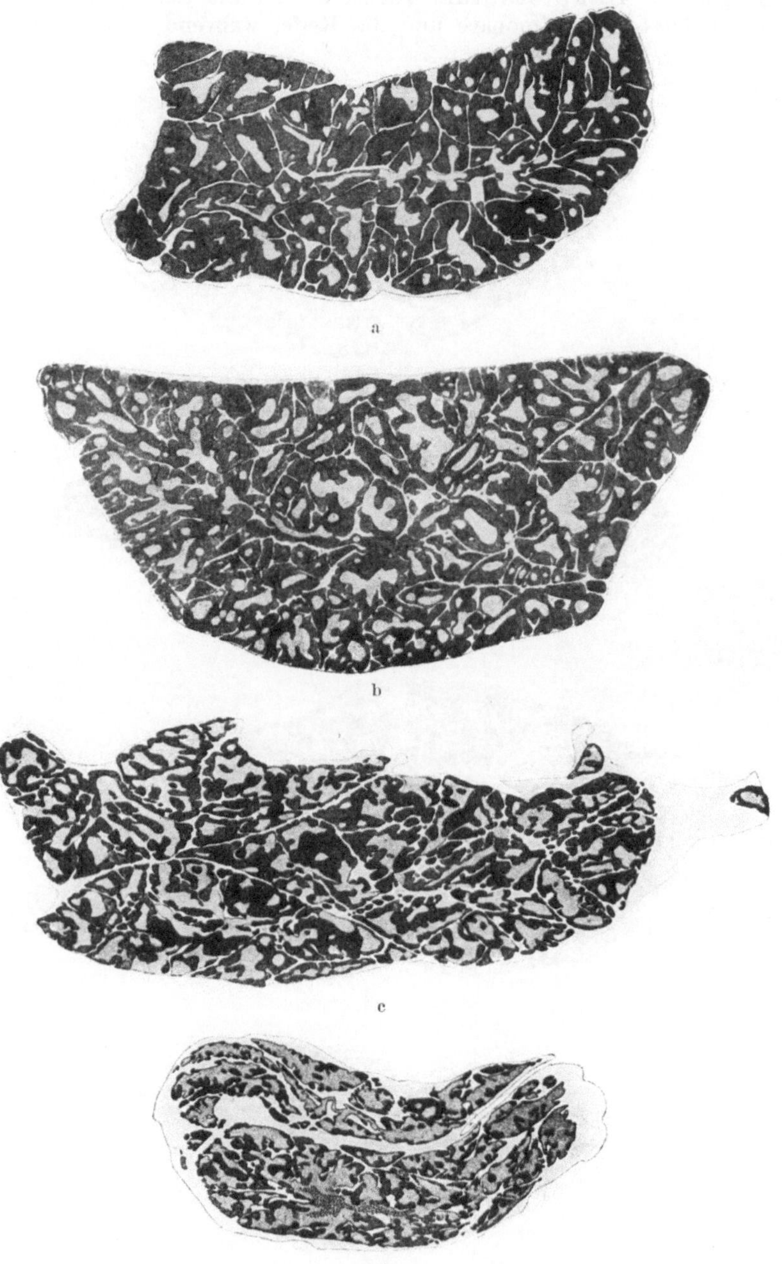

Abb. 78a—d. a Thymus eines 1 Monat alten Knaben. Rinde 71,4% des Thymuskörpers. b Thymus eines 5 Monate alten Mädchens. Rinde 64,8% des Thymuskörpers. c Thymus eines 2 Jahre alten Knaben. Rinde 51,3% des Thymuskörpers. d Thymus eines 2 Jahre alten Knaben. Rinde 31,1% des Thymuskörpers. Überinfiltration des Markes (punktiert). Infolge niedriger Ernährungszustände verschmälerte Rinde und geringe Parenchymmenge. Vergr. 3fach. (Aus HAMMAR 1929.)

Ende der in Rede stehenden Phase von Myelocyten durchsetzt. Schon im Stadium der Organisation ist mit einer Lymphocytenabgabe seitens der Thymusanlage zu rechnen, die auf dem Wege der Lymphgefäße vonstatten geht.

Das zweite Hauptstadium HAMMARs umfaßt das spätere Fetalleben, d. h. die 6 letzten Fetalmonate und die Reife, während welcher Periode das

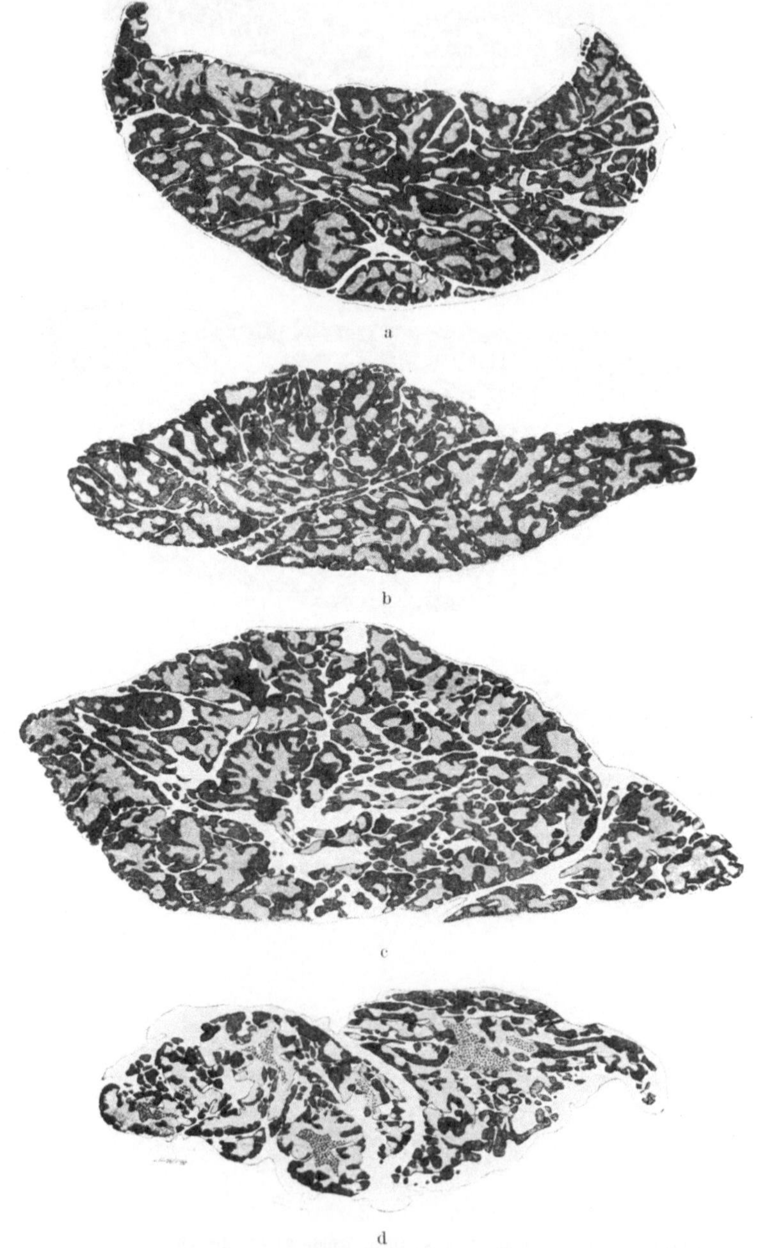

Abb. 79a—d. a Thymus eines 5 Jahre, 4¹/₂ Monate alten Knaben. Rinde 54,3% des Thymuskörpers. b Thymus eines 8 Jahre alten Knaben. Rinde 50,1% des Thymuskörpers. c Thymus eines 10 Jahre alten Knaben. Rinde 47,4% des Thymuskörpers. d Thymus eines 10 Jahre, 2 Monate alten Mädchens. Stellenweise Überinfiltration des Markes. Rinde 35,6% des Thymuskörpers. Vergr. 3fach. (Aus HAMMAR 1929.)

Gewicht des Parenchyms von 0,145 g (5. Monat) auf 11,92 g — ermittelt an Hand von 105 Fällen — anwächst. Die Parenchymzunahme ist mit Entwicklung neuer Rindenfollikel und Aufgliederung der Anlage in Läppchen verbunden. Die Rinde überwiegt das Mark meistens mengenmäßig. Etwa vom 5. Fetalmonat an treten meistens freie lipoidhaltige Zellen im Thymus auf, die beim Neugeborenen öfter nahe der Markrindengrenze gefunden werden. In den HASSALLschen Körperchen läßt sich schon im 5. Fetalmonat Fett nachweisen. Fetthaltige Fibrocyten sind vom 7. Monat an fast regelmäßig anzutreffen. In den 3 letzten Fetalmonaten sowie beim Neugeborenen treten Fettzellen regelmäßig im interstitiellen Bindegewebe auf. In einigen Fällen von HAMMARs Material war eine Überinfiltration des zentralen Parenchymstrangs durch Lymphocyten, in anderen eine epitheliale Umwandlung des Stranges vorhanden.

Während der Kindheit (1.—15. Lebensjahr, 77 Fälle), dem 3. Stadium, ist ein durchschnittlich geringes Wachstum des Thymusparenchyms zu verzeichnen; am stärksten ist es während der ersten 5 Jahre (Durchschnittsgewicht des Parenchyms 19,82 g). Die Marksubstanz erfährt zu Beginn der Kindheit eine ansehnliche Zunahme, während das durchschnittliche Gewicht der Rinde von 14,48 auf 13,08 g absinkt. Der Markrindenindex (vgl. hierzu S. 44) fällt im Verlaufe der Kindheit

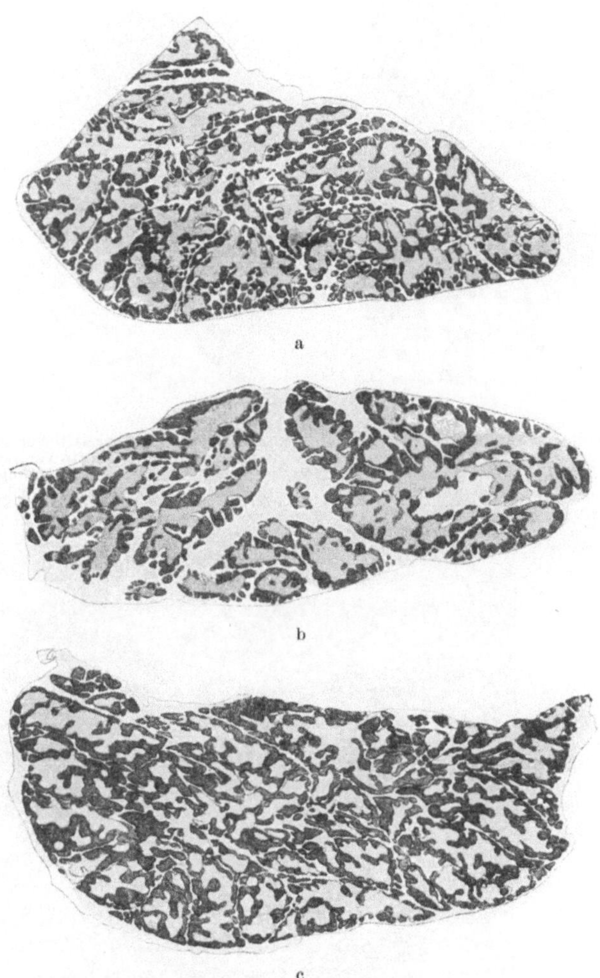

Abb. 80 a—c. a Thymus eines 14jährigen Knaben ohne krankhafte Veränderungen. Rinde 39,2% des Thymuskörpers. b Thymus eines 15jährigen Knaben ohne krankhafte Veränderungen. Rinde 39,2% des Thymuskörpers. c Thymus eines 15 Jahre, 2 Monate alten Knaben ohne krankhafte Veränderungen. Rinde 45,2% des Thymuskörpers. Vergr. 3fach. (Aus HAMMAR 1929.)

von 2,7 auf 1,7 ab. Interstitielles Bindegewebe und Fettgewebe nehmen an Masse zu, so daß Läppchen und Follikel weniger eng beisammen liegen. Desgleichen beginnt das sog. zirkummedulläre Bindegewebe sich deutlicher zu entwickeln. Lipoidhaltige Zellen, darunter Reticulumzellen der Rinde, werden regelmäßig beobachtet. Die Zahl der HASSALLschen Körperchen wächst von etwas über 1 Million zum Geburtstermin auf rund 1,5 Millionen am Ende der Kindheitsperiode. Überinfiltration des Parenchymstranges wurde von HAMMAR in 40% der Fälle, epitheliale Umwandlung desselben in 7 Fällen nachgewiesen.

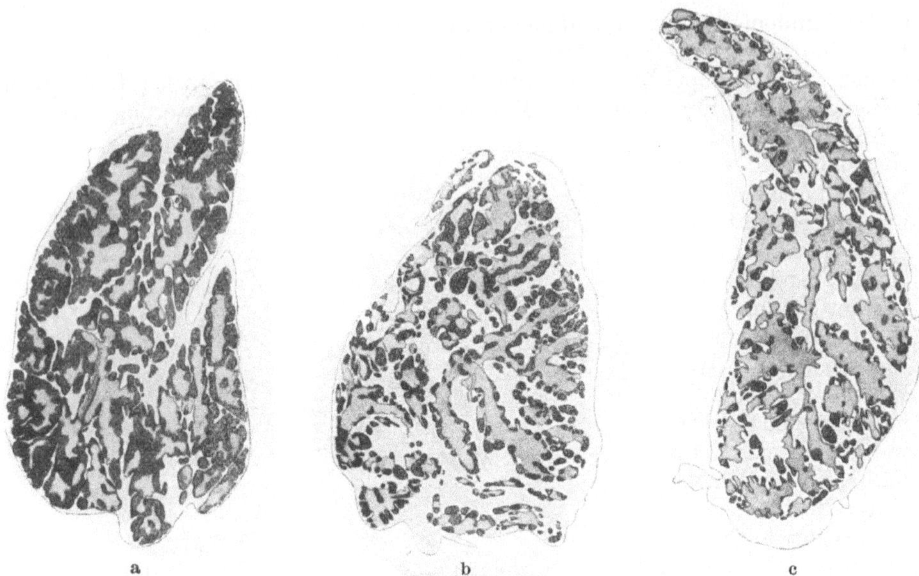

Abb. 81 a—c. a Thymus eines 17jährigen Jünglings ohne krankhafte Veränderungen. Rinde 47,9% des Thymus-körpers. b Thymus eines 18jährigen Jünglings ohne krankhafte Veränderungen. Rinde 28,0% des Thymus-körpers. c Thymus eines 20jährigen Mannes ohne krankhafte Veränderungen. Rinde 17,0% des Thymuskörpers. Vergr. 3fach. (Aus Hammar 1929.)

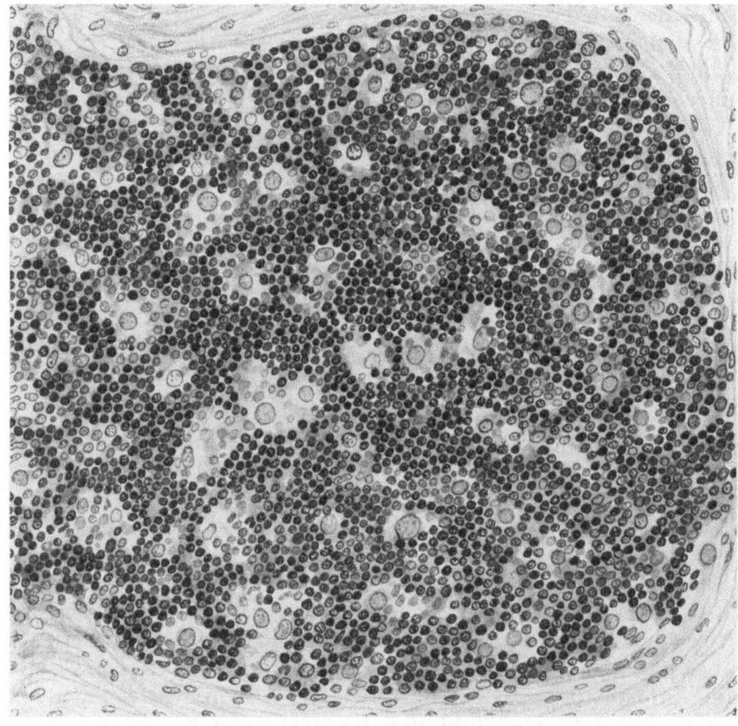

Abb. 82. Rindenfollikel aus dem Thymus eines Kindes. (Formolfixation, Hämatoxylinfärbung, Schnittdicke 12 μ.) Fleckenartiges Hervortreten der Reticulumzellen mit ihren großen hellen Kernen infolge beginnender Lymphocytenverarmung. (Zeiss Obj. DD, Ok. 4, auf ³/₅ verkl., gez. K. Herschel-Leipzig.)

Der Thymus des Jünglingsalters (16—20 Jahre, 19 Fälle) wird durch eine ansehnliche Mengenabnahme des Parenchyms (vgl. auch BOYD 1927) — von 20,97 g auf 13,85 g — gekennzeichnet, welche besonders die Rinde betrifft, deren Reduktion das Mark deutlich hervortreten läßt. Das besonders aus Fettgewebe bestehende Interstitium bestreitet annähernd die Hälfte des Thymuskörpers. Infolge Verringerung der Zahl der Lymphocyten in der Thymusrinde taucht deren epitheliale Randschicht auf; bezeichnend ist auch das deutliche Sichtbarwerden vergrößerter Reticulumzellen, welche dem Schnittbilde ein eigentümlich fleckiges Aussehen verleihen (Abb. 82). Die Zahl der HASSALLschen Körperchen sinkt auf 704135, mithin um fast 55%. Da die Verringerung die ersten 5 Größenklassen der konzentrischen Körper erfaßt, während die HASSALLschen Körperchen der 5 letzten Klassen mit hohen Werten vertreten sind, kann man sagen, daß die Neubildung der Körper eingeschränkt wird, während das Wachstum einzelner HASSALLscher Körperchen nicht behindert ist. Überinfiltration des Markes beobachtete HAMMAR in einem einzigen zweifelhaften Falle. In 3 Fällen gelangte eine partielle Epithelialisierung des Zentralstranges zur Feststellung.

Im Mannesalter, von 21 Jahren an aufwärts, kommt es bei Unterscheidbarkeit von Mark und Rinde zur Verschmälerung der Parenchymzüge, welche im allgemeinen von reichlich entwickeltem interstitiellem Fettgewebe umgeben werden. Die Reduktion der Rinde, deren Labilität bereits SCHRIDDE (1911) hervorhob, führt schließlich zu ungleichmäßiger Verteilung schwach entwickelter Rindenbuckel auf dem Markstrang (Abb. 83, 86). Hinter geringen Gewichtsschwankungen des Thymuskörpers verbirgt sich eine stetige Parenchymabnahme

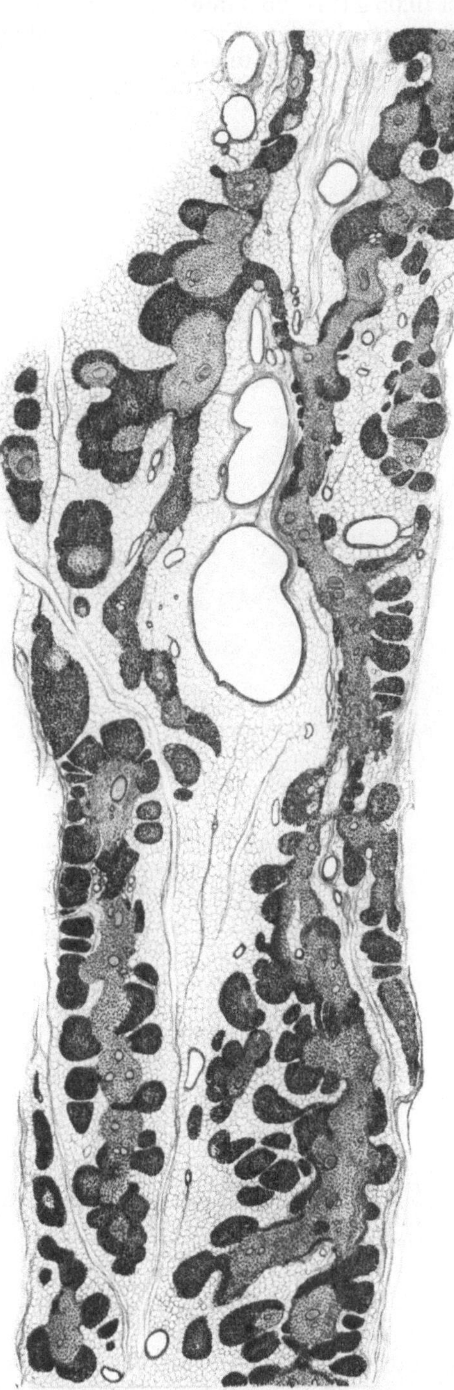

Abb. 83. Thymus eines 42 Jahre alten Mannes. (Hingerichteter, Fixation nach ZENKER, Schnittdicke 15 μ, Celloidineinbettung, Hämatoxylin-Eosin-Färbung, Präp. Dr. BACHMANN-Leipzig, Vergr. etwa 20fach, auf ¹/₂ verkl. gez. K. HERSCHEL-Leipzig.)

von 10,05 g (21—25 Jahre) auf 3,79 g (36—45 Jahre), d. h. $^1/_5$ des Thymuskörpers; die entsprechenden Werte für die Rindenreduktion betragen 5,24 g und 1,96 g, für das Mark 4,81 g und 1,83 g. Die durchschnittliche Gesamtzahl der HASSALLschen Körperchen fällt von 492 591 (21—25 Jahre) auf 262 482 (36—45 Jahre).

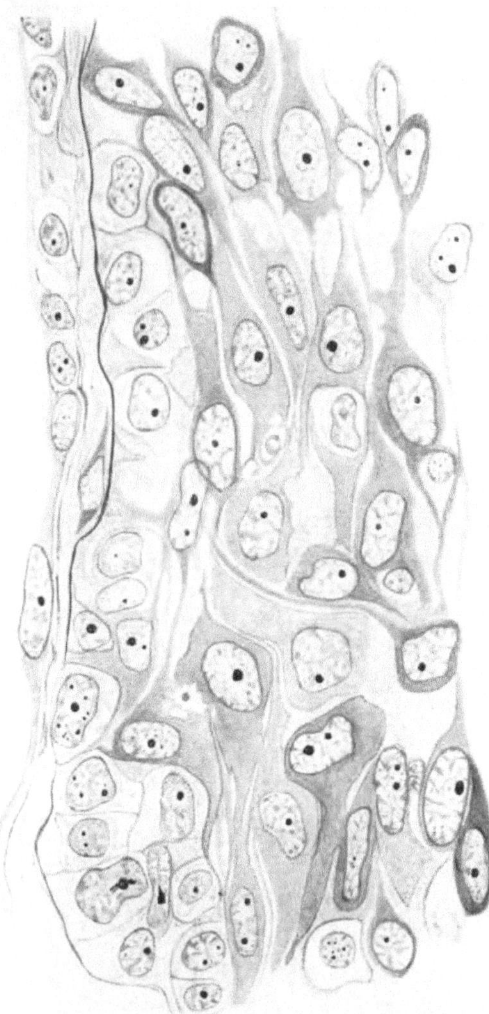

Abb. 84. Beginnende Epithelialisierung des Zentralstranges, Thymus eines 43jährigen Mannes. Dichte Zusammenfügung der Reticulumzellen; Lymphocyten verschwunden. (Hingerichteter, Fixation Bouin, Celloidinschnitt 12 μ, Azanfärbung, Ok. 10×, Ölimmersion $^1/_{12}$, auf $^9/_{10}$ verkl., gez. W. BARGMANN.)

Wie im Thymus des Jünglingsalters treten in demjenigen des Mannesalters die epitheliale Randschicht der Rinde (vgl. auch MIETENS 1908) und Größenzunahme der Reticulumzellen in Erscheinung. Überinfiltration des Zentralstranges konnte nur in einigen Fällen beobachtet werden. Häufiger dagegen die epitheliale Umwandlung des Zentralstranges, dessen Zellen sich allmählich in dicht zusammenliegende cytoplasmaarme Elemente verwandeln (Abb. 84). HAMMAR betrachtet diese Erscheinung als Einleitung der Atrophie. Anschnitte knospenartiger Buckel des epithelialisierten Marktractus können das Vorhandensein von Epithelinseln vortäuschen, wie ich sie in Abb. 85 wiedergegeben habe. Die neuerdings von WEISE (1939) geschilderten jugendlichen „Tubuli" oder „Primitivkörper" des Thymus fassen BARGMANN (1941) und H. J. SCHNEIDER (1940) als verkannte An- bzw. Durchschnitte des Zentralstranges involvierter Thymen auf. Das Bindegewebe des Thymus enthält, wie HAMMAR bemerkt, nicht selten obliterierte Blutgefäße. Am sog. zirkummedullären Bindegewebe fallen die früher schon erwähnten Verdichtungen auf (Sklerose, vgl. S. 109). Auf das Verhalten der Gitterfasern bei der Involution des Thymus wurde bereits auf S. 109 eingegangen (vgl. PLENK 1927, MONROY 1935, DANELON 1938, TEICHMANN 1940, SMITH 1941).

Im Thymus des Greisenalters — der Greisentypus des Organs kann übrigens bereits vor der allgemein als Greisenalter bezeichneten Lebensperiode angetroffen werden — ist der Zentralstrang streckenweise verödet, so daß er in Züge oder Inseln von Parenchym aufgelockert erscheint (vgl. auch WALDEYER 1890, PFLÜCKE 1906), an denen Mark und Rinde nur undeutlich gegeneinander abzugrenzen sind, sofern sie nicht gänzlich verschwanden. Der Zentralstrang pflegt in letzterem Falle epithelialisiert zu sein. Hier und da ist eine epitheliale Randschicht ausgeprägt. An anderen Stellen kommt es zu einer Verwischung der Konturen der Thymusoberfläche (Abb. 87) infolge des Eindringens retikulären Bindegewebes in den Organrest (vgl. hierzu PLENK, TEICHMANN sowie S. 109). Das perithymische, an myeloischen Elementen und Capillaren reiche retikuläre Bindegewebe stellt, wie bereits an anderer Stelle hervorgehoben, den Vorläufer des mehr und mehr andrängenden Fettgewebes dar. Nach Abbau der Parenchymreste liegt der thymische Fettkörper vor. Das Thymusgewicht schwankt nach HAMMARs Ermittlungen zwischen 12 und 16 g;

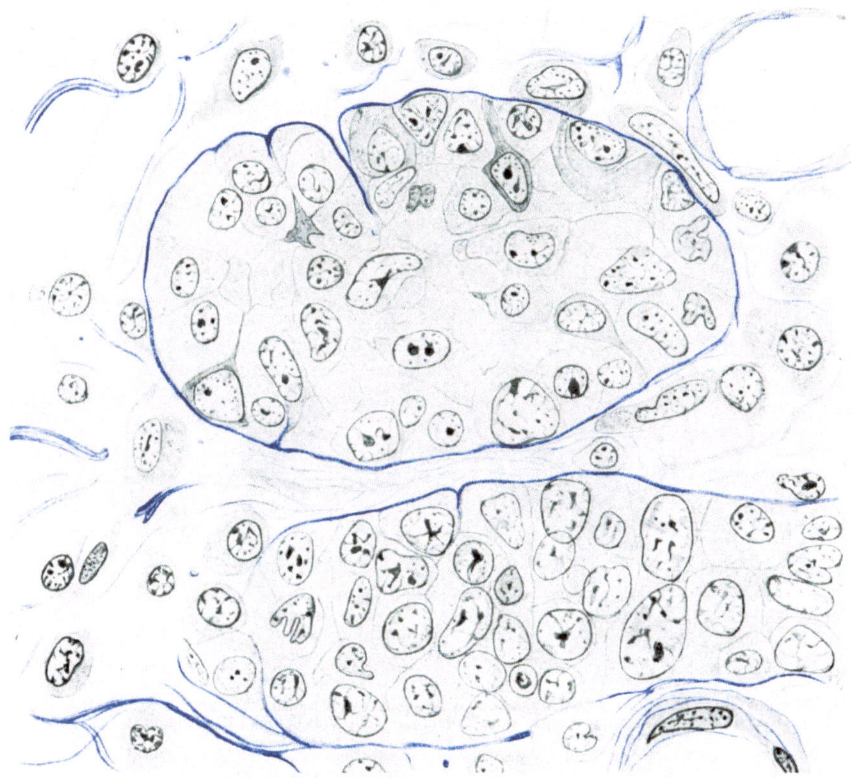

Abb. 85. Anschnitte epithelialisierter Partien des Zentralstranges aus dem Thymus eines 43 Jahre alten Mannes. (Hingerichteter, Fixation Susa, Celloidinschnitt 15 µ, Azanfärbung, Ok. 10×, Ölimmersion Zeiss ¹/₁₂, auf ⁴/₅ verkl., gez. W. BARGMANN.) (Aus BARGMANN 1941.)

auf das Parenchym entfallen nur 9,6—7,6% des Thymusgewichtes. Eine Neubildung HASSALLscher Körperchen, die z. B. von TAMMEMORI (1914) angenommen wird, erfolgt nicht. Unter den Spezialformen der Körperchen sind die gänzlich verkalkten am meisten vertreten. Vergrößerung oder Persistenz des Thymus im höheren Alter sind als Ausdruck eines krankhaften Geschehens zu betrachten (ASCHOFF 1938).

Die Altersveränderungen des Thymus der *Säugetiere*, als deren hervorragendstes Merkmal die Mehrzahl der älteren Forscher seit ALBRECHT VON HALLER die Verfettung des Organs schildert, verlaufen in grundsätzlich gleicher Weise. Sie sind bei allen Spezies mit einer Verringerung des Lymphocytenbestandes des Thymus verbunden. In besonders eingehender Weise wurden die Strukturwandlungen des *Kaninchen*thymus untersucht (SÖDERLUND und BACKMAN 1909,

Gellin 1910, Lindberg 1910, Utterström 1910, Gedda 1921, Blom und Aderman 1922, Hammar 1932), dessen Rinde bei der Altersinvolution durchschnittlich
nicht stärker als das Mark rückgebildet wird, was Gedda auf die bedeutende
Rolle der Lymphocyten im Kaninchenorganismus zurückführt. Bei 1—2jährigen
und noch älteren *Kaninchen* finden Söderlund und Backman annähernd dieselbe Flächenausdehnung des Thymus wie vor der Involution, jedoch eine erhebliche Dickenabnahme. Die Parenchymstränge 1jähriger Tiere werden durch
starke Schichten von Fett- und Bindegewebe voneinander getrennt. Die Thymusrinde ist stark reduziert. Bei älteren Tieren, deren Thymuskörper größtenteils
aus Fettgewebe besteht, lassen sich Rinde und Mark meistens nicht mehr unter-

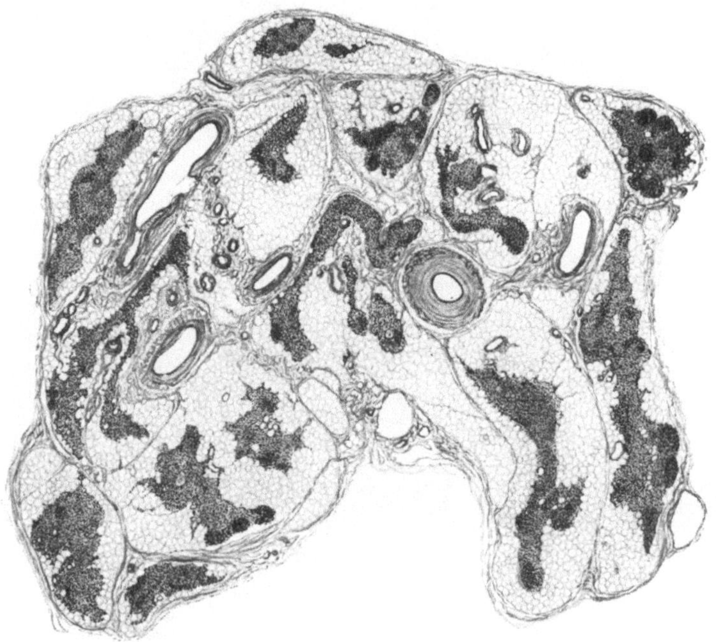

Abb. 86. Thymus eines 50 Jahre alten Mannes. (Hingerichteter, Fixation Formol 10%, Schnittdicke 12 μ,
Hämatoxylin-Eosin-Färbung, Vergr. etwa 20fach, auf ³/₅ verkl., gez. K. Herschel-Leipzig.)

scheiden. Die Abnahme der Rindenmenge setzt mit der Einleitung der Spermiogenese im 4. Monat ein, während die Reduktion der Markmenge etwa zur
Zeit der Bildung reifer Spermiocyten vonstatten geht. Die Ursache der Involution
könnte nach Ansicht beider Forscher im Verhalten des Keimepithels begründet
sein. Eine Beziehung zwischen der Ausbildung des Thymus und der Keimdrüsen läßt auch die Feststellung von Syk (1909) vermuten, nach welcher
die Hassallschen Körperchen des *Kaninchen*thymus das Maximum der Zahl
und des Gesamtvolumens zur Zeit der Geschlechtsreife erreicht haben, um
dann abzunehmen. Wie Hammar (1932, 1936) auf Grund der Untersuchungen
von Blom und Aderman feststellte, folgt auf die nach der Pubertät zu beobachtende Reduktion der Hassallschen Körperchen nach dem ersten Lebensjahre
ein erneuter Anstieg. Auch bei der *Ratte* beginnt die Altersinvolution des Thymus
um die Zeit der Geschlechtsreife herum bzw. nach der Pubertät (Jackson 1913,
Winter 1924, Kinugasa 1930, Plagge 1941), ferner beim *Meerschweinchen*
(Jolly und Lieure 1929). Das Sinken des Thymusgewichtes setzt bei der
Ratte nach dem 60. Tage ein; die Geschlechtsreife wird bei Männchen am 50.,

bei Weibchen am 45. Tage erreicht (PLAGGE 1941). Zum Bilde der Altersinvolution des *Hunde*thymus, welche mit einer Vermehrung des Organbinde-
gewebes verbunden ist (NATUCCI und MONZARDO 1939), gehört die Entwicklung
von Sequestern. Für die Involution des *Pferde*thymus soll nach EZIMA (1938)
das Auftreten von „perihassalian cells" charakteristisch sein, die als epitheliale
Elemente gedeutet werden.

Das Verhalten des Thymus der *Ratte* behandeln ferner die Veröffent-
lichungen von HATAI (1914), DONALDSON (1924), WATANABE (1929), KINU-
GASA (1930), der *Maus* diejenigen von MASUI und TAMURA (1925); die
Veränderungen des Thymus von *Pferd, Ziege, Schwein, Rind* und *Hund*
schildern HAMMAR (1905), SQUADRINI (1910), ROSSI (1913), SALKIND (1915),
KLOSE (1921), SHIMPEI (1921), KRUPSKI (1922), HESSDÖRFER (1925),
WASCHINSKY (1925), SCHIRBER (1930), HAMMAR (1936, zusammenfassende
Darstellung), EZIMA (1938).

Die Altersinvolution des Thymus der *Vögel* scheint nach HAMMARs (1905)
Beobachtungen am Thymus des *Huhnes* bei weitem nicht so tiefgreifende
Veränderungen der Organstruktur nach sich zu ziehen. Die Rindenzone nimmt
allmählich an Breite ab, um im 7.—12. Lebensjahre der Marksubstanz in Gestalt
fleckenhafter Gebiete angelagert zu sein. Sequester treten vom 4. Monate an auf,
allerdings nicht in solchem Ausmaße wie beim *Hunde*. Bei wild lebenden *Vögeln*
sollen die Veränderungen ähnlich sein. Die Reduktion des Thymusgewebes ist
mit einer Vermehrung des thymischen Fett- und Bindegewebes verbunden
(SALKIND 1915). Der Thymus älterer *Vögel* soll nach SALKIND weniger

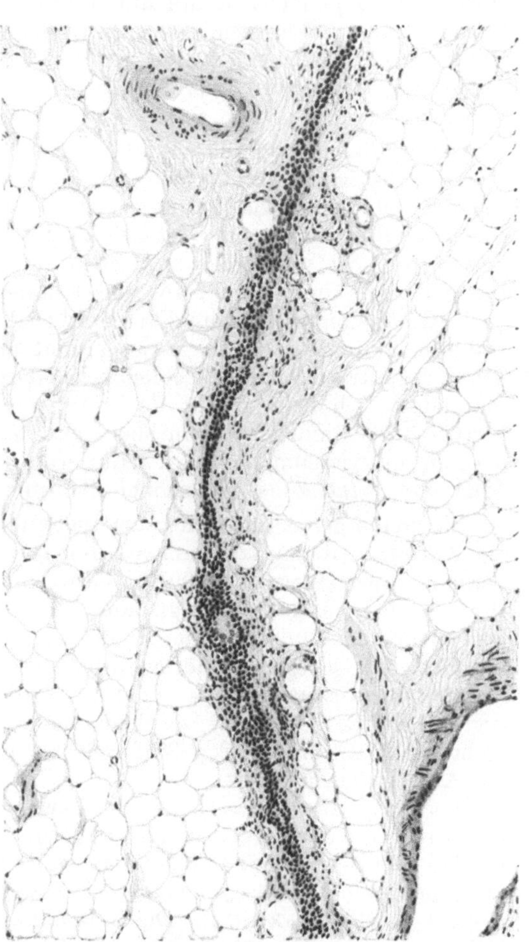

Abb. 87. Thymus eines 55 Jahre alten Mannes. (Hingerichteter, Formolfixation, Hämatoxylin-Eosin-Färbung, Ok. 10fach, Obj. Seibert 10, auf ³/₅ verkl., gez. K. HERSCHEL-Leipzig.)

HASSALLsche Körperchen — gemeint sind wohl irreguläre Epithelgruppen —
enthalten als derjenige junger Tiere. Mit zunehmendem Alter kommt es, wie
TERNI (1927, 1928) feststellte, zu einer beträchtlichen Hypertrophie der
myoiden Zellen im Thymus des *Huhnes*. Die Frage, ob auch bei den *Vögeln*
Beziehungen zwischen der Ausbildung des Thymus und der Differenzierung der
Keimdrüsen bestehen, bedarf einer genauen Prüfung. Zu Beginn der Geschlechtsreife zeichnet sich der Thymus des *Huhnes* nach JOLLY (1911, 1913) noch durch
das Fehlen von Involutionserscheinungen aus, während die Bursa Fabricii
mit dem Einsetzen der geschlechtlichen Reifungsprozesse der Rückbildung anheimfällt (JOLLY 1914, JOLLY und FERROUX 1928). Bei der *Taube* setzt die

Involution im Alter von 3 Monaten ein, also vor der Geschlechtsreife des Weibchens (Riddle und Frey 1924, 1925). Ob diese Differenzen der Befunde etwa akzidentellen Involutionen zur Last zu legen sind, sei dahingestellt.

Über die Altersinvolution des Thymus der *Reptilien* liegen lediglich allgemein gehaltene Angaben vor, welche auf die geringere Größe des Organs bei älteren Tieren hinweisen (Simon 1845, Stannius 1854, Maurer 1899, Salkind 1915). Hammar (1936) macht darauf aufmerksam, daß bei Untersuchungen des *Reptilien*thymus an Saisonveränderungen gedacht werden muß. Ob die von Teichmann (1940, 1942) erwähnten regressiven Veränderungen der myoiden Zellen im *Schlangen*thymus den Ausdruck einer Altersinvolution darstellen, ist unbekannt (vgl. hierzu S. 68).

Sehr auffällig sind die Veränderungen, welchen der Thymus des *Frosches (Rana temporaria)*, der anscheinend als einziger Vertreter der *Amphibien* bisher genauer untersucht wurde, ausgesetzt ist (Hammar 1905). Das Thymusgewebe 40—60 g schwerer Tiere erweist sich als von häufig rundlichen Bezirken gallertgewebiger Natur durchsetzt, neben denen cystische Räume vorkommen. Das gallertige Gewebe geht aus dem entodermalen Reticulum hervor, vielleicht auch aus vereinigten Cysten, deren epitheliale Wandungen sich zu einem netzigen Zellverband umordnen. Hammar nimmt an, daß die gallertige Substanz das Sekret der intrathymischen Schleimzellen darstellt. Wie bei anderen Wirbeltieren, so nimmt auch beim *Frosch* das Kaliber der Rindenschicht ab, während das perivasculäre Bindegewebe an Masse zunimmt. Das Fehlen Hassallscher Körperchen im massenmäßig stark reduzierten Thymus erwachsener Exemplare von *Ichthyophis glutinosus* verzeichnen Klumpp und Eggert (1934).

Die ersten genaueren Untersuchungen über die Altersinvolution des Thymus der *Teleostier*, deren Vorkommen schon von Stannius (1854) vermutet wurde, verdanken wir Hammar (1909). Mit zunehmendem Alter verarmt der *Teleostier*thymus an Lymphocyten (vgl. auch Deanesley 1927), die Rindenschicht verliert an Ausdehnung, d. h. die Rindenreticulumzellen lagern sich teils dicht zusammen, teils erliegen sie degenerativen Prozessen, auf welche an anderer Stelle bereits hingewiesen wurde (s. S. 122). Weiterhin können sich Cysten entwickeln (vgl. auch Picchio 1933). Der Abnahme des Thymusparenchyms geht eine Vermehrung des perivasculären Bindegewebes parallel. Beim *Aal* (15—20 cm) soll die Altersinvolution mit einem Einwachsen von Fettgewebe in den Thymus beginnen (v. Hagen 1934). Nach Hammar setzt die Thymusinvolution etwa zur Zeit der Geschlechtsreife ein (vgl. dagegen Deanesley 1927), ebenso bei den *Selachiern (Raja radiata, Raja clavata)*. Gleichartige, mit Lymphocytenauswanderung und Zerfall einhergehende Prozesse spielen sich im *Selachier*thymus ab (Hammar 1912). Die Reticulumzellen des Thymus von *Raja radiata* fallen vorzugsweise einer schleimigen Entartung anheim, diejenigen von *Raja clavata* einer lipoiden Degeneration, während bei *Acanthias* und *Chimaera* beide Arten der Degeneration gleichmäßig auftreten. Im Thymus von *Raja clavata* kommen ausgedehnte Sequester vor, welche zur Verödung des Markes führen.

Die Altersinvolution des Thymus sämtlicher *Wirbeltiere* ist, wie ein Überblick zeigt, durch eine stetig zunehmende Verarmung des Organs an Lymphocyten gekennzeichnet, welche mit einer Abnahme der Rindenzone verbunden ist. Diese Involution findet übrigens ihre Parallele im Verhalten anderer lymphatischer Organe: Die Wachstumskurven von Thymus und lymphatischem Gewebe zeigen beim einwandfrei ernährten Kinde ein gleichsinniges Verhalten (Boyd 1937). Die bereits geäußerte Vermutung kausaler Beziehungen zwischen Involution des Thymus und Entwicklung der Keimdrüsen erhält einmal durch eine Reihe von Beobachtungen über die Wirkung der Kastration auf den Thymus eine gewisse Stütze (vgl. HAMMAR 1936, PLAGGE 1941). Die Ausführung der Kastration nach der Pubertät zeitigt, wie man z. B. den Beobachtungen von KNIPPING und RIEDER (1924) entnehmen kann, keine sichtbaren Veränderungen des Thymus, während sie vor der Pubertät eine Hypertrophie und Hyperplasie des Thymus und geringere Reduktion der Rinde hervorruft (vgl. hierzu TANDLER 1908, GELLIN 1910, SQUADRINI 1910, HALNAN und MARSHALL 1914, ASADA 1923, TERNI 1927, KIYONARI 1928, JOLLY und LIEURE 1929, GREENWOOD 1929, MADRUZZA 1929, CHIODI 1938, 1940, PLAGGE 1939, 1941, SAI 1939, TANG 1941 u. a., vgl. HAMMAR 1936). Nach PLAGGE (1941) allerdings führt auch die nach der Thymusinvolution vorgenommene Kastration zu einer erheblichen Gewichtsvermehrung des Thymus, der wieder die Struktur des jugendlichen Organs gewinnt. Interessanterweise kommt es bei Kastration vor der Pubertät auch zu einer leichten Gewichtszunahme der Lymphknoten der *Ratte* (CHIODI 1938). Schon CALZOLARI (1898) wies auf das Fehlen der Altersinvolution des Thymus bei kastrierten Tieren hin. Nach BÜHLER (1936) allerdings soll die bei frühzeitig kastrierten *Ratten* zu beobachtende Thymusvergrößerung nur eine scheinbare, durch den Thymusfettkörper vorgetäuschte Organvergrößerung sein. Der Thymus der Versuchstiere soll an der durch die Kastration bedingten allgemeinen Fettsucht besonderen Anteil haben. TERNI will eine Vermehrung und Größenzunahme der myoiden Zellen im Thymus des *Huhnes* nach Kastration beobachtet haben. Wie PLAGGE bemerkt, sind die Thymuskeimdrüsenbeziehungen keine Wechsel-, sondern einseitige Beziehungen, da die Thymektomie die Keimdrüsen unbeeinflußt läßt (Versuche an der *Ratte* vgl. dagegen BOMSKOV 1942).

Die bisher vorliegenden Befunde lassen HAMMAR (1936) die Anschauung vertreten, daß die Altersinvolution des Thymus — besser als Pubertätsinvolution bezeichnet (HAMMAR 1940) — nicht zuletzt durch die Einwirkung von den Keimdrüsen herrührender Stoffe bedingt ist, welche eine Abnahme des Lymphocytengehaltes hervorrufen (Lc-depressorische Stoffe HAMMAR). Das wirksame Element der männlichen Keimdrüsen wird vielleicht durch die interstitiellen Zellen verkörpert (s. HAMMAR 1929, 1932, 1936), deren Fehlen HAMMAR in einem Falle (1929) mit Thymushyperplasie verknüpft fand. Die bei ekthymierten *Meerschweinchen* nach BOMSKOV (1942) zu verzeichnende Hypertrophie der Zwischenzellen des Hodens deutet dieser Autor als Ausdruck eines Antagonismus zwischen Thymus- und Keimdrüsenhormon. Nach unseren heutigen Vorstellungen von der Natur der Hodenzwischenzellen scheint mir allerdings ein spezifisch hormonaler Zusammenhang zwischen Thymushyperplasie und Zwischenzellen recht fraglich zu sein. Höchstwahrscheinlich sind die Lc-depressorischen Stoffe mit den Geschlechtshormonen identisch, deren parenterale Zufuhr bei beiden Geschlechtern zur Thymusinvolution führt (ARWIN und ALLEN 1928, BÜHLER 1936, UCHINO 1936, CHIODI 1938, 1940), mag es sich um kastrierte oder nichtkastrierte Tiere handeln (PLAGGE 1941). Man kann ferner vermuten, daß die Involution bei jungen *Ratten* und *Kaninchen* nach Injektion des Blutes geschlechtsreifer Tiere (FIORE und FRANCHETTI 1911, 1913, 1914, vgl. hierzu HAMMAR 1927) durch den Gehalt des letzteren an Geschlechtshormonen bedingt ist. Allerdings muß darauf hingewiesen werden, daß auch anderen Faktoren eine depressorische Wirkung auf den Lymphocytenbestand des Thymus zukommt (HAMMAR 1938, vgl. hierzu S. 97). Auch die hemmende Wirkung gonadotropen Hypophysenhormones (Antuitrin S) auf die Entwicklung des Thymus junger *Ratten* beruht offenbar auf einer Abgabe von Wirkstoffen seitens der Keimdrüsen, da die Hormonzufuhr bei Kastraten keine Thymusveränderungen hervorruft (BUTCHER und PERSIKE 1938, s. a. PLAGGE 1941).

2. Die akzidentelle Involution.

Außer der Altersinvolution, welche sich normalerweise an jedem Thymus vollzieht, gelangt nicht selten eine als akzidentelle Involution bezeichnete Rückbildung dieses Organs zur Beobachtung, die bereits von His (1860) im Anschluß an ECKER der physiologischen als die pathologische Verödung des Thymus gegenübergestellt wurde. Die Ursachen der akzidentellen Involution sind verschiedener Natur: Infektiöse Erkrankungen, Neoplasmaentwicklung, Ernährungsstörungen, experimentelle Avitaminosen, beim *Kalbe* der Übergang von der Milchnahrung zur Fütterung mit Heu oder Gras (KRUPSKI), Vergiftungen, Röntgenbestrahlung und Schwangerschaft werden von dem empfindlichen Thymus mit histologisch nachweisbaren, auffälligen Veränderungen beantwortet, deren eingehende Schilderung an dieser Stelle nicht beabsichtigt ist. Es sei auf das in epischer Breite angelegte Werk HAMMARs (1929, 1936) sowie auf die Untersuchungen von RUDBERG, SALKIND, DUSTIN, ICKOWICZ, BABES (1930), CHODKOWSKI (1937), LEBLOND und SEGAL (1938), SURE (1938), GINESTE (1941) u. a. verwiesen. Der Studien über die funktionell bedingten Strukturwandlungen des Thymus obliegende Normalhistologe muß allerdings stets der erstaunlichen Reaktionsbereitschaft des Thymus eingedenk sein. Offenbar hat TOMASCHEK (1933) die Beeinflußbarkeit des Thymus durch Umweltfaktoren ganz außer acht gelassen, sonst hätte er nicht behauptet, die Rinde des Thymus von *Rana temporaria* aus Davos sei größer, dichter und an myoiden Zellen ärmer als diejenige von *Fröschen* aus München. In diesen Verschiedenheiten erblickt TOMASCHEK Unterschiede der Davoser und Münchener Rasse von *Rana temporaria*.

Die eigenartige Tatsache, daß qualitativ gleichartige Faktoren die Thymen nahe verwandter Tiere in diametral entgegengesetzter Weise beeinflussen können, bedarf der Erklärung. Beispielsweise nimmt der Thymus der *Ratte*, wie HOEPKE und SPANIER (1939) berichten, nach saurer Ernährung an Größe zu und zeichnet sich ferner durch gute Entwicklung von Mark und Rinde aus, während der kleine Thymus der *Maus* fast keine Rindenzone erkennen läßt.

Die akzidentelle Involution des *menschlichen* Thymus, deren Ablauf im wesentlichen dem der Rückbildung des *Säuger*thymus entspricht, kommt in einer häufig sehr lebhaften Auswanderung von Lymphocyten zum Ausdruck, welche mit einer Abnahme der Rindenstärke verbunden ist. Infolge dieser Emigration ist das interstitielle Bindegewebe vielfach von Rundzellen überschwemmt. HAMMAR (1929) nimmt an, daß die Lymphocytenabwanderung in erster Linie über das Mark erfolgt, von wo aus die Zellen beim *Menschen* in die interfollikulären Scheidewände gelangen; beim *Kaninchen* verlassen sie das Mark auf dem Wege von Lymphgefäßen. Der Lymphocytenschwund führt zu einer Verwischung der Markrindengliederung. Infolge lebhafter Rundzellenausfuhr aus der Rindenzone ist die Markregion im Schnittpräparat mitunter infolge größeren Kernreichtums dunkler gefärbt („invertierter Thymus"). Dem Involutionsprozeß kann der mit Pyknosen eingeleitete örtliche Zerfall von Lymphocyten und die anschließende Phagocytose der Trümmer durch Reticulumzellen (s. S. 61) beigeordnet sein. Diese Vorgänge sind besonders zu Beginn toxisch bedingter Involutionen festzustellen (vgl. hierzu die Untersuchungen von DUSTIN 1929, 1939, ICKOWICZ 1936, BUJARD 1937, CHODKOWSKI 1937 u. a.). Bereits 48 Stunden nach Trypaflavininjektion ($1^0/_{00}$, 1 ccm) zeigt der Thymus der *Maus* infolge Phagocytose der geschädigten Lymphocyten in der Rindenzone das Bild des Thymus inversus (DUSTIN, CHODKOWSKI). Bei Arsenschädigung des *Meerschweinchenthymus* sah v. ALBERTINI (1932) die Anfänge der Zellzerstörung an den arteriellen Capillaren der Rinde auftreten, von denen sich der Zellzerfall auf die übrigen Rindenbezirke ausbreitete. Auf die bei der akzidentellen Involution vorkommende Fett- und Lipoidkörnung der hypertrophierenden Reticulumzellen der Rinde sowie auf das Auftreten von Fettkörnchenzellen, ferner auf die Fettpunktierung der Lymphocyten wurde bereits hingewiesen (s. S. 94). Im Verlaufe der Rückbildung nimmt der Fettgehalt der Reticulumzellen ab. Diese selbst erfahren eine zahlenmäßige Verringerung, teils — in geringerem Umfange — durch Degeneration, teils auch durch Auswanderung nach Abrundung. Große, schaumig strukturierte Reticulumzellen werden bei der Röntgeninvolution beobachtet (RUDBERG). Ist die Rindenreduktion vorgeschritten, so lagern sich die Reticulumzellen zu epithelialen Gruppen zusammen. Die epitheliale Randschicht wird deutlich. Dissoziationsherde fand HAMMAR (1923) besonders bei der spanischen Grippe.

Zu Beginn der akzidentellen Involution erfährt die **Marksubstanz** keine quantitative Verringerung. Der bei fortgeschrittener Organrückbildung festzustellende Markschwund scheint nach HAMMAR in erster Linie durch eine Verkleinerung der Reticulumzellen des Markes bedingt zu sein. Wenngleich unter den Markzellen involvierter Thymen in der Regel fetthaltige Elemente vorkommen, so ist doch der Fettgehalt des Markes im Vergleich zur Rinde unerheblich zu nennen. Bei der *Katze* dagegen soll der Lipoidgehalt des Markes des involvierten Thymus überwiegen (HONDA 1926), während Mark und Rinde bei *Hund* und *Maus* annähernd gleiche Mengen von Körnchen enthalten.

Das numerische Verhalten der HASSALLschen Körperchen im Verlaufe der akzidentellen Involution ist uneinheitlich. Bei Erkrankungen wie chronische Tuberkulose, Krebs, Anämien, Leukämien nimmt die absolute Menge der konzentrischen Körper zunächst langsamer als das Parenchym ab. Infolge der späteren Rückbildung der HASSALLschen Körper jedoch fällt ihre Zahl bei gleichzeitigem Parenchymschwund vielfach unter die Norm, ja die HASSALLschen Körper können völlig verschwinden. Da gleichartige Befunde auch am Thymus Hungernder zu erheben sind, bezeichnet HAMMAR den Typus der Involution bei den erwähnten Erkrankungen als **Hungertypus** der akzidentellen Involution, welchem er den **Infektionstypus** gegenüberstellt. Bei Erkrankungen wie Influenza epidemica, Diphtherie, Tetanus, Pyämie u. a. nämlich steigt die Zahl der HASSALLschen Körperchen, insbesondere ihrer kleinsten Formen (Gruppe I) zum Teil sehr stark an, d. h. es kommt unter dem Einflusse der Erkrankung zu einer Neubildung von HASSALLschen Körperchen („HK-Exzitation"). Möglicherweise stellt diese Exzitation den Ausdruck der mit Bildung von Immunstoffen verbundenen Krankheitsabwehr dar. Bezüglich des morphologischen Verhaltens der HASSALLschen Körperchen sei erwähnt, daß die Rückbildung der größten Körper bei Erkrankungen öfter zur cystischen Umwandlung als zur Verkalkung führt. Abnorme Mengen cystischer konzentrischer Körper sind anscheinend mit weitgehendem Gewebsschwund kombiniert. Beim Morbus Basedow sowie bei einigen Infektionskrankheiten treten zwar häufig leukocyteninvadierte HASSALLsche Körper auf, doch ist die Einwanderung von Leukocyten nicht als integrierender Wesenszug der akzidentellen Involution anzusprechen. Eine stärkere Ablagerung von Lipoiden in den HASSALLschen Körperchen akzidentell involvierter Thymen beobachteten KYRILOW (1925, *Mensch*) und HONDA (1926, *Katze*). — Auch das interstitielle **Bindegewebe** des Thymus ist einer Rückbildung unterworfen; sie verläuft allerdings weniger rasch als die Involution des Thymusgewebes. NIKOLAEFF (1923) fand den Thymus verhungerter Kinder nur aus Bindegewebssträngen bestehend, welche spärliche Inseln von Thymusgewebe umschlossen. Vielfach läßt sich ein deutliches Ödem des Bindegewebes beobachten (HAMMAR 1919), dessen Entstehung unklar ist. Die an der Oberfläche der Läppchen befindliche Basalmembran erscheint nicht selten in Fältchen gelegt. Nach der Pubertät äußert sich die akzidentelle Rückbildung meistens in einer Atrophie des Fettgewebes. Umgekehrt können die Fibrocyten durch ihren Gehalt an Fetttröpfchen auffallen. Ob die mitunter festzustellende Verdichtung des zirkummedullären Bindegewebes nur als Retraktionserscheinung zu werten ist, läßt HAMMAR dahingestellt. Bereits der **fetale Thymus** kann infolge Unterernährung oder Krankheit der Mutter der akzidentellen Involution anheimfallen (HAMMAR 1926, 1929, 1936, STEFKO 1928 u. a.).

Das Bild der durch Nahrungsmangel hervorgerufenen akzidentellen Involution des Thymus der *Teleostier* wird durch starken Rindenschwund, Verarmung an Lymphocyten infolge Hemmung der Zellteilung und gesteigerte Auswanderung sowie gelegentlich Durchsetzung des Markes mit Lymphocyten gekennzeichnet (HAMMAR 1909).

Wie eingangs erwähnt, wird auch die im Verlaufe der **Schwangerschaft** auftretende Rückbildung des Thymus, und zwar auf Grund des histologischen Bildes, der akzidentellen Involution zugeordnet (SQUADRINI 1910, *Rind*, FULCI 1913, Untersuchungen am *Kaninchen*, BOMPIANI 1914, HAMMAR 1926, *Mensch*, OHMURA 1928, JOLLY und LIEURE 1930, RONSISVALLE 1930, Injektion von Schwangerenharn und Placentarextrakt, BROUHA und COLLIN 1935, KLEIN 1936, Injektion von Schwangerenharn beim *Meerschweinchen*, HAMMAR 1926, 1936). In der Endphase der Schwangerschaft ist der Abbau des Thymus von *Kaninchen* am weitesten vorangeschritten; das Organ zeichnet sich durch geringe Größe der Läppchen, Fehlen einer Sonderung in Mark und Rinde, zahlen- und volummäßige Verminderung der HASSALLschen Körperchen und fettige Degeneration des perithymischen Bindegewebes aus (FULCI). Inmitten der Läppchen beobachtete FULCI lipoidhaltige Bindegewebszellen. Soweit die teilweise durch Krankheiten komplizierten Fälle, die HAMMAR (1926, 1936) einer quantitativen Untersuchung unterwarf, erkennen lassen, verläuft die Schwangerschaftsinvolution des *Menschen* in der von FULCI für das *Kaninchen* geschilderten Weise (Depression der Lymphocyten und HASSALLschen Körperchen). Möglicherweise wird diese Involution durch die Steigerung der Schilddrüsentätigkeit während der Schwangerschaft verursacht

(Brouha und Collin). Nach Ansicht anderer Forscher soll sie durch die im Blute kreisenden Geschlechtshormone (Thomas 1932, Seitz 1939), ausgelöst werden. Nach Beendigung der Schwangerschaft kann der Thymus sein normales Aussehen wieder gewinnen. Die Säugung wirkt jedoch hemmend auf die Regeneration (Bompiani, Ohmura 1928).

Auch die jahrescyclischen Veränderungen des Thymus dürften der Gruppe der akzidentellen Involution angehören. Die bei Winterschläfern wie *Maulwurf*, *Murmeltier* und *Igel* (Schaffer 1909, Coninx-Girardet 1927, Peter 1935) während der kalten Jahreszeit zu beobachtenden Rückbildungserscheinungen, welche im Frühjahr von einer Erholungsphase des Thymus abgelöst werden, lassen sich mit der Verschlechterung der Ernährungslage des Organismus in Zusammenhang bringen. Da der Thymus jedoch gleichzeitig einer Altersinvolution unterliegt, ist eine völlige Rückkehr des Thymus zum Entwicklungsstande des Vorjahres nicht zu erwarten. Der Ablauf der Altersinvolution wird zweifelsohne durch die Saisoninvolution beschleunigt. Daß auch die Thymen von *Reptilien* und *Amphibien* jahreszeitlich bedingte Strukturveränderungen zeigen, geht aus Forschungsergebnissen von ver Eecke (1899), Dustin (1909, 1913), Salkind (1915) und Sklower (1925) hervor. Über das Verhalten des Thymus der *Vögel* scheinen keine eingehenden Untersuchungen vorzuliegen, obwohl dieses ein besonderes Interesse insofern beanspruchen würde, als es in Beziehung zu den bekannten Saisonveränderungen der Milz zu setzen wäre. Auch wissen wir offenbar nichts über die Reaktionsunterschiede des Thymus von Zug- und Standvögeln. Der Thymus im Winterschlafe befindlicher *Schlangen* zeigt das Bild weitgehender Involution (Teichmann 1942). Beim *Aal (Anguilla vulgaris)* stellte v. Hagen (1936) eine Vermehrung der Thymuslymphocyten im Frühjahr bei unscharfer Abgrenzung von Mark und Rinde fest, eine Verminderung dagegen im Herbst bei deutlicher Unterscheidbarkeit beider Zonen.

Die Regeneration akzidentell rückgebildeter Thymen — auch von Transplantaten — erfolgt unter Einwanderung von Lymphocyten in das Thymusgewebe sowie mitotischer Teilung intakt gebliebener Reticulumzellen und Lymphocyten (Rudberg, Jonson, Crémieu, Grégoire; vgl. ferner Eggers 1912, Tschassownikow 1928, 1929). Grégoire (1939) beobachtete die Einwanderung kleiner dunkelkerniger Lymphocyten in regenerierende röntgenbestrahlte Autotransplantate von Thymusgewebe. Die Entfernung der Nebennieren nach Röntgenbestrahlung hat bei der *Ratte* angeblich eine raschere Regeneration zur Folge (vgl. auch Grégoire 1942). Das Auftreten großer Lymphocyten und ihrer Mitosen sowie die Einwanderung kleiner Lymphocyten lassen sich bei nebennierenlosen Tieren schon in den ersten 72 Stunden nach der Operation beobachten (Grégoire 1940). Die lymphoexzitatorische Wirkung der Nebennierenentfernung, über die schon Jaffe (1924) berichtet, erstreckt sich auch auf andere lymphoide Organe. Sie ist also nicht als Ausdruck einer spezifischen Korrelation zwischen Nebenniere und Thymus zu bewerten (vgl. hierzu Marine, Manley und Baumann 1924). Die Thymusregeneration soll besonders durch die Kombination von Nebennieren- und Keimdrüsenentfernung gefördert werden (Marine, Manley und Baumann). Die Angaben Fulcis über die im Dienste der Regeneration tierischer Thymen stehende, über mancherlei Zwischenformen führende Bildung von Lymphocyten aus dem entodermalen Reticulum sind unzutreffend.

3. Veränderungen des Thymus unter dem Einfluß inkretorischer Organe.

Während die Frage nach dem Sinn der Strukturveränderungen inkretorischer Organe unter der Einwirkung anderer Hormondrüsen wenigstens teilweise einer Beantwortung näher gebracht werden konnte — es sei nur an Hypophyse, Schilddrüse und Nebennieren erinnert —, tappen wir bezüglich des Problems der korrelativen Verknüpfung von Thymus und anderen inkretorischen Organen gänzlich im Dunkeln. Die Ursache hierfür ist in der — den „klassischen" inkretorischen Organen in diesem Umfange abgehenden — Reaktionsbereitschaft des Thymus gegenüber einer Schar heterogener Faktoren gegeben, welche zur Aufpfropfung einer akzidentellen Involution auf die Altersrückbildung führen kann.

Am meisten fand das Problem der Beziehungen zwischen Thymus und Schilddrüse Beachtung, ohne daß uns bisher ein klarer Einblick vergönnt gewesen wäre (Halsted 1914, Chvostek 1917, Križenecki 1926, Wegelin 1926, Reiss 1934, P. Trendelenburg 1934, Lenart 1936). Nach Bomskov (1942) ruft die Entfernung des Thymus beim jungen *Meerschweinchen* schwere degenerative Veränderungen der Schilddrüse hervor. Eine Reihe von Forschern berichtet über Thymusreduktion bei Athyreose (ERDHEIM, SCHILDER, RÖSSLE, E. J. KRAUS 1929 u. a., s. WEGELIN 1926) sowie im Anschluß an Thyreoidektomie (LUCIEN und PARISOT, TATUM, MARINE, CHIODI 1938, CARRIÈRE, MOREL und GINETTE 1938 u. a.), während GLEY, ferner BIEDL sowie PIGACHE und WORMS eine Einschränkung der Rückbildung bzw. eine Vergrößerung des Thymus nach Schilddrüsenentfernung feststellten. WEGELIN glaubt — auch auf Grund eigener Beobachtungen — dem Schilddrüsenmangel einen hemmenden Einfluß auf das Wachstum des Thymus zuschreiben zu sollen. Ob diese Schlußfolgerung richtig ist, möchte ich — soweit es sich um Hemmungsmißbildungen der Schilddrüse handelt — dahingestellt sein lassen. Es ist sehr wohl denkbar, daß die bei Athyreose oder Hypoplasie der Schilddrüse zu beobachtende Unterentwicklung des Thymus nicht die Folge des Schilddrüsenmangels, also des Fehlens von Schilddrüsenhormon, sondern den Ausdruck einer gleichzeitig vorhandenen, in der Anlage begründeten Entwicklungshemmung des Thymus darstellt. Widersprechend sind auch die Ergebnisse der Verfütterung von Schilddrüsengewebe, die teils Beschleunigung der Involution, teils Vergrößerung des Thymus (KLIWANSKAJA-KROLL 1928, 1929) bzw. Verlangsamung der Thymusinvolution hervorrufen soll (TRENDELENBURG 1934, Lit., s. ferner die Untersuchungen von UTTERSTRÖM 1910, COURIER 1921, 1928). Höchstwahrscheinlich manifestiert sich in den Thymusveränderungen unter der Wirkung des Inkretes der Schilddrüse nicht die Verknüpfung des funktionellen Systems Thyreoidea-Thymus, sondern die Beantwortung von Eingriffen in den Stoffwechsel des Organismus. Der Ausfall solcher Versuche hängt in hohem Maße von der Art der gleichzeitig erfolgenden Ernährung ab. Schilddrüsenzufuhr bei normaler Kostmenge oder auch Thyroxinverabfolgung (vgl. hierzu SCHULZE 1933, ANDREASEN 1937) hat eine Hungerinvolution des Thymus zur Folge.

Es steht offenbar fest, daß der Morbus Basedow mit einer Hyperplasie des Thymus einhergeht, welche sich auf Mark und Rinde — besonders aber auf letztere — erstreckt und mit einer Vermehrung der HASSALLschen Körperchen verbunden ist, solange es sich nicht um eine BASEDOW-Kachexie handelt (HABERER 1927, HAMMAR 1929, ZONDEK und KOEHLER 1930, BERBLINGER 1932, RATHKE 1937). Auch der Thymus von *Ratten* aus Kropfgegenden ist, wie MESSERLI und COULAUD (1926) angeben, hyperplastisch. Freilich muß die Frage offen gelassen werden, ob diese Hyperplasie, wie CHVOSTEK (1917) meint, „eine Teilerscheinung abnormer Konstitution ist, auf welcher der Morbus Basedow fußt", nicht aber Folge oder Ursache der Krankheit, oder ob sie im Zusammenhang mit der durch die Schilddrüse hervorgerufenen Stoffwechselsteigerung steht oder schließlich auf die unmittelbare Einwirkung des Inkretes auf den Thymus zurückzuführen ist. WANSER (1938) möchte der Hyperplasie des Ovars bei BASEDOWscher Erkrankung den Haupteinfluß auf die Thymushyperplasie einräumen. HAMMAR (1929) hält auf Grund einiger andersartiger Schilddrüsenerkrankungen die Mutmaßung für zulässig, „daß eine von der Schilddrüse bewirkte Neubildung HASSALLscher Körper ohne ausgebildete BASEDOW-Krankheit vorkommen kann". Im Tierexperiment findet GRÉGOIRE (1942) nach starker Stimulation der Schilddrüsentätigkeit durch thyreotropes Hormon eine nur mäßige Beschleunigung der Thymusregeneration (Rinde) nach Röntgenbestrahlung.

SUNDER-PLASSMANN (1939, 1940, 1941) vertritt neuerdings die Ansicht, der Thymus sei der Schilddrüse bis zu einem gewissen Grade insofern untergeordnet, „als die Schilddrüse aus dem Thymus immer neue Kraftreserven bezieht in Form der neurohormonalen Zellen des Vagussystems" (vgl. hierzu S. 122). Man muß SUNDER-PLASSMANN den Vorwurf machen, die Grenzen der morphologischen Methodik nicht berücksichtigt zu haben. Der Beweis des tatsächlichen

Ablaufes von Bewegungsvorgängen, wie sie die Verschiebungen der angeblich neurohormonalen Elemente in die Schilddrüse repräsentieren, kann mit den Methoden der statischen Histologie nicht erbracht werden (Bargmann 1941). Überdies ist es mehr als fraglich, ob die „neurohormonalen Zellen" wirklich bisher übersehene Elemente darstellen. Soweit die Abbildungen unzulänglicher Präparate Sunder-Plassmanns (1941, Abb. 92, 93) vom Thymus des *Kaninchens* ein Urteil ermöglichen, hat dieser Autor die entodermalen Reticulumzellen des Markes mit der Bezeichnung „neurohormonale Zellen" belegt!

Bezüglich der Beeinflussung des Thymus durch die Epithelkörperchen wissen wir nichts Sicheres. Mit großer Vorsicht stellt Hammar (1929) auf Grund der Beurteilung von 7 Fällen (6 mit Hypertrophie bzw. Hyperplasie der Epithelkörperchen, 1 mit Tetania parathyreopriva) fest, daß Epithelkörpervergrößerung mit Thymushyperplasie verknüpft sein kann. Der Thymus mit Parathormon behandelter *Ratten* zeigt nach Koana (1936) keine Involutionsveränderungen. Das Bestehen eines funktionellen Antagonismus im Calciumstoffwechsel zwischen Thymus und Epithelkörperchen wird von Vacirca (1940) im Gegensatz zu Uhlenhuth (1919) bestritten. Uhlenhuth konnte durch Verfütterung von Thymus an Urodelenlarven Tetanie erzeugen.

Der Hypophyse schreibt Hammar (1929) lediglich eine unter Umständen einsetzende Lc-excitatorische Wirkung auf den Thymus zu, während Löwenthal (1932) von übernormalen Parenchymwerten des Thymus bei Akromegalie und Involution bei Simmondsscher Krankheit spricht. Die Hypophysektomie ruft bei der *Ratte* im allgemeinen eine Involution des Thymus hervor [Ascoli und Legnani 1914, Smith 1930, Kaplans (1932) Beobachtungen am *Hunde*, vgl. dagegen Richter und Wislocki 1930], die ich indessen nicht als die Folge des Ausfalles von Hypophysenhormonen, sondern als Reaktion auf den operativen Eingriff betrachten möchte. Schockaert (1930) berichtet über Abnahme des Thymusgewichtes bei der jungen *Ente* nach wiederholter Injektion des thyreotropen Vorderlappenhormones (vgl. auch Arwin und Allen 1928, Watrin und Florentin 1932, Implantation, Carrière, Morel und Ginette 1938). Man muß bei derartigen Versuchen jedoch an die Möglichkeit einer unspezifischen akzidentellen Involution als Beantwortung der abnormen Hormonzufuhr denken. Nach Untersuchungen von Grégoire (1941) am *Huhn* wird die Injektion von thyreotropem Hormon nicht mit einer charakteristischen Thymusreaktion beantwortet. Besondere Vorsicht ist bei der Beurteilung von Thymusveränderungen geboten, die nach Verabfolgung von Glycerinauszügen des Vorderlappens beobachtet werden (vgl. z. B. Binotto 1938). Die hemmende Wirkung gonadotropen Hypophysenhormones auf den Thymus junger *Ratten* dürfte durch eine Steigerung der Wirkstoffabgabe seitens der Keimdrüsen bedingt sein (Butcher und Persike 1938, Plagge 1941, vgl. hierzu S. 137).

Die wenigen bisher bekannten Fälle von Kombination des Cushing-Syndroms mit Carcinomen des Thymus sind einer einleuchtenden Deutung noch nicht zugänglich (vgl. Marx 1941).

Carrière, Morel und Ginette (1938) vermuten, daß die Hypophyse den Thymus auf dem Umwege über die Schilddrüse beeinflußt, da die Thymushypertrophie nach Zufuhr von Hypophysenvorderlappenhormon ausbleibt, wenn eine Exstirpation der Schilddrüse vorgenommen wurde. Shay und Mitarbeiter (1939), die nach Röntgenbestrahlung des Thymus eine Einschränkung der Spermiogenese und Veränderung der Hypophyse im Sinne der Kastrationshypophyse wahrnahmen, vermuten, der Thymus gelange über die Hypophyse zur Wirkung. Lentini (1942) schreibt dem Thymus eine zügelnde Wirkung auf den Vorderlappen zu, da beim thymektomierten *Hündchen* eine Vermehrung der chromophilen Zellen, besonders der Eosinophilen, sowie das Auftreten von

Zellen mit umfangreichem Cytoplasma beobachtet wird, während Hyperthymisierung durch Extraktzufuhr eine Abnahme der Chromophilenzahl und geringere Färbbarkeit des Cytoplasmas dieser Elemente zur Folge hat. Nach BOMSKOV (1940) ist das **Wachstumshormon** der Hypophyse als thymotropes Hormon zu bezeichnen, da es angeblich über den Thymus zur Wirkung kommt. Die Richtigkeit der Angaben BOMSKOVS über das Thymushormon wird indessen von zahlreichen Nachuntersuchern angezweifelt (s. S. 3). ROMEIS (1940) hält — nach den bisher vorliegenden Befunden offenbar mit Recht — das Bestehen hormonaler Beziehungen zwischen Thymus und Hypophyse für nicht erwiesen.

Höchst unsicher sind auch unsere Kenntnisse über die Wechselwirkung zwischen **Nebenniere** und **Thymus**. MATTI (1913) beobachtete eine Hypertrophie des Nebennierenmarkes bei ekthymierten *Hunden*, BOMSKOV (1942) starke Vergrößerung der Nebennieren des ekthymierten *Meerschweinchens*, bei welcher besonders die Hypertrophie der Zona fasciculata auffällt. HEDINGER (1907) macht auf die nicht seltene Kombination von Morbus Addison und Status lymphaticus aufmerksam. Nach HAMMAR (1929) kann die ADDISONsche Erkrankung mit Thymushyperplasie verbunden sein, die sich jedoch durch kein abnormes Verhalten der HASSALLschen Körperchen auszeichnet. Mit diesen Angaben stehen die Ergebnisse der Nebennierenentfernung bei *Ratte* und *Meerschweinchen* insofern in Einklang, als dieser Eingriff Hemmung der Involution und Hyperplasie des Thymus zur Folge haben soll (BOINET, zit. nach BIEDL, JAFFÉ 1924, MARINE 1926, KIYONARI 1928). GRÉGOIRE (1942) berichtet über Steigerung der Teilungsbereitschaft der Reticulumzellen des Thymus nach Nebennierenentfernung *(Ratte)*. Nach E. HEWER (1922) sowie KIYONARI wird die Involution durch Verfütterung von Nebennierenrinde bei *Ratten* gefördert (s. auch WASTENSON, HAMMAR 1909). Ferner beobachteten EVANS, MOAN, SIMPSON und LYONS (1932) bei der *Ratte* nach Zufuhr von corticotropem Hormon Atrophie des Thymus. JAFFÉ (1924) vermutet, die Nebennierenrinde sei für die bei Kindern zu beobachtenden Thymushyperplasien verantwortlich zu machen. BERBLINGER (1932) meint, die thymusdepressorische Wirkung der Nebennieren werde durch den Umstand beleuchtet, daß die akzidentelle Involution des Thymus beim Morbus Addison trotz der Schwere der Erkrankung nicht einsetze. Angesichts des umfangreichen, neuerdings von GUTTMAN (1930) zusammengetragenen Materials von ADDISON-Fällen, die keine klaren Beziehungen zwischen dieser Krankheit und der Thymushyperplasie erkennen lassen, ist gegenüber Verallgemeinerungen indessen Vorsicht am Platze (vgl. auch LÖWENTHAL 1932, HAMMAR 1936). Meines Erachtens verdient das Problem der Nebennieren-Thymus-Beziehungen unter den neuen, durch die **Vitamin**forschung aufgestellten Gesichtspunkten besondere Beachtung. — Die Entfernung des Thymus scheint die operativ hervorgerufene Nebenniereninsuffizienz nicht zu beeinflussen (SEGALOFF und NELSON 1940, *Ratte*).

Das Problem der Beziehungen zwischen Nebennieren und Thymus **während des Fetallebens** wurde von TOBIN (1939) angeschnitten, der die Wirkung der intrauterinen Kauterisierung der Nebennieren 17 Tage alter *Ratten*keimlinge auf die endokrinen Organe untersuchte. Bei einigen die Operation 2—3 Tage überstehenden Feten will TOBIN eine Vermehrung der Reticulumzellen des Thymus und eine fortgeschrittene Differenzierung von Rinde und Mark festgestellt haben.

Ob dem **Inselapparat** des Pankreas eine direkte spezifische Einwirkung auf den Thymus zukommt, ist höchst zweifelhaft. Die von COLLIN, DROUET, WATRIN und FLORENTIN (1931) festgestellte Markhyperplasie (Rindenabnahme ? der Verf.) nach Verabfolgung geringer Insulinmengen *(Meerschweinchen)*, die Involution nach häufigen Insulingaben sind möglicherweise als Ausdruck der Veränderung der

Stoffwechsellage des Organismus zu bewerten. Die Insulininvolution darf man wohl als akzidentelle Rückbildung ansprechen. Die Angabe von Scapaticci (1939, *Hund*) über eine Hypertrophie des Thymus nach unvollständiger Entfernung des Pankreas beruht lediglich auf der Abschätzung des Schnittbildes, nicht auf quantitativen Erhebungen. Totale Pankreasentfernung ruft eine Thymusrückbildung hervor, eine Erscheinung, welche man unbedenklich als akzidentelle Involution wird bewerten dürfen und nicht als den Ausdruck einer Störung der endokrinen Korrelation zwischen Langerhansschen Inseln und Thymus.

Auch über die Frage der Abhängigkeit des Inselapparates vom Thymus sind wir kaum unterrichtet. Matti (1913) spricht von einer „gewissen Vermehrung" der Inseln in der Cauda pancreatis ekthymierter *Hunde*. „Zufälligkeit ist nicht ausgeschlossen." Bentivoglio und Fiumi (1937) berichten über Hyperplasie und Hypertrophie des Inselgewebes junger *Hunde* nach Röntgenbestrahlung des Thymus. Ferner stellte Bentivoglio (1937) Vermehrung von Zahl und Volumen des Pankreas eines 4jährigen Kindes fest, dessen ursprünglich hypertrophischer Thymus infolge Bestrahlung stark involviert war (vgl. hierzu auch Ortolani 1938). Bomskov (1942) faßt die erhebliche Zunahme des Inselgewebes beim ekthymierten *Meerschweinchen* als Ausdruck eines Antagonismus zwischen Thymus und Pankreas auf. Fadda (1940) dagegen vermißte eine Beeinflussung der Inseln durch Thymektomie *(Kaninchen)*. Die von Bomskov (1940) geschilderte diabetogene Wirkung des sog. Thymushormons soll sich in der Senkung des Leberglykogens und im Anstieg des Blutzuckerspiegels manifestieren. Sartori (1939) folgert aus der Steigerung der Insulinempfindlichkeit des *Kaninchens* nach Implantation von Thymus in das Omentum bzw. aus ihrer Herabsetzung nach Thymektomie synergistische Beziehungen zwischen Inselapparat und Thymus.

Auch die spärlichen Angaben über Beziehungen zwischen Zirbeldrüse und Thymus sind mit Vorbehalt aufzunehmen. Die Zerstörung bzw. operative Entfernung der Zirbeldrüse läßt den Thymus junger *Ratten* und der *Katze* nach den Feststellungen von Hofmann (1925) sowie Davis und Martin (1940) strukturell unverändert, während umgekehrt die Exstirpation des Thymus eine Epiphysenatrophie nach sich ziehen soll (Lindeberg 1934). Bei der jungen männlichen *Ratte* will Vecchi (1932) eine Hemmung der Thymusentwicklung nach Epiphysektomie beobachtet haben. Foà (1913) verzeichnet eine Herabsetzung des Thymusgewichtes von *Hähnen*, denen die Zirbeldrüse entfernt wurde. Die Schwere des Eingriffes läßt meines Erachtens die Deutung der Thymusveränderungen als akzidentelle Involution gerechtfertigt erscheinen. Bei Entfernung der Zirbel und der Hoden soll der Thymus des *Hähnchens* nach Yokoh (1927) einen Zustand der „progressiven Funktion" mit Rindenverbreiterung und Mitosen darbieten.

VI. Die Hyperplasie des Thymus.

Von einer Hyperplasie des Thymus kann, wie Hammar (1929) hervorhebt, erst dann gesprochen werden, wenn die Menge des Parenchyms übernormale Werte erreicht hat. Die Feststellung der Hyperplasie setzt somit genaue quantitative Erhebungen voraus. In erster Linie wird die Rindensubstanz von der abnormen Vergrößerung betroffen; der hyperplastische Thymus ist durch seinen gesteigerten Gehalt an Lymphocyten gekennzeichnet. Während der hyperplastische Basedow-Thymus abnorme Mengen Hassallscher Körperchen enthält, kann der hyperplastische Thymus in anderen Fällen eine normale oder auch subnormale Zahl Hassallscher Körper aufweisen. Die Thymushyperplasie kann einen progredienten Verlauf nehmen oder von einer Involution gefolgt sein. Der aus der Pubertätszeit her angeblich persistierende Thymus stellt in Wirklichkeit ein hyperplasiertes Organ dar.

Die Thymushyperplasie — nach WEISE (1940) die Ursache der Myasthenie, nach BOMSKOV (1940) eine Begleiterscheinung dieses Krankheitsbildes (auch BOMSKOV und MILZNER 1940) — verdankt ihre Entstehung möglicherweise der Tätigkeit inkretorischer Organe wie Schilddrüse, Nebenniere und Keimdrüsen (vgl. hierzu das vorhergehende Kapitel, SCHMINCKE 1926, FALTA 1927 sowie HAMMARs zusammenfassende Darstellung 1936). Vielleicht ist aber CHVOSTEK (1917) — wenigstens hinsichtlich der Thymushyperplasie beim Morbus Basedow— durchaus im Rechte, wenn er sie als Teilerscheinung einer abnormen Konstitution, als „konstitutionelles Stigma" betrachtet.

Über Thymushyperplasie bei *Tieren* liegt eine Reihe unklarer Angaben vor (JOEST 1923), die den Verdacht nahelegen, daß Thymustumoren oder entzündliche Erkrankungen des Thymus als Hyperplasie gedeutet wurden.

Thymushyperplasie ist nach HAMMAR (1939) nicht identisch mit Hyperthymie, d. h. einer Steigerung der Thymusfunktion, wobei an die entgiftende Rolle des Organs gedacht wird. Wäre dies der Fall, so müßte der hyperplasierte Thymus stets eine Steigerung der Zahl kleiner HASSALLscher Körperchen erkennen lassen. Es erscheint jedoch fraglich, ob nicht auch die starke Lymphocytenvermehrung als Ausdruck einer Steigerung der Organtätigkeit gewertet werden darf, welche jedoch eine andere als die entgiftende Funktion betrifft. Diese Möglichkeit räumt HAMMAR (1939) neuerdings auch ein.

Literatur.

Abbate, Raffaele: Correlazioni tra timo ed organi ed apparati di pertinenza otorinolaringoiatrica. Ann. Laring. ecc. **39**, 196—203 (1939). — **Abderhalden, E.:** Über das Wesen der Wirkung der Verfütterung von Thymusgewebe auf Wachstum und Entwicklung von *Frosch*larven. Pflügers Arch. **211**, 324—332 (1926). — **Abderhalden, E. u. T. Kashiwado:** (a) Studien über die von einzelnen Organen hervorgebrachten Substanzen mit spezifischer Wirkung. 1. Verbindungen, die einen Einfluß auf die Entwicklung und den Zustand bestimmter Gewebe ausüben. Pflügers Arch. **162**, 99—128 (1915). (b) Über das Wesen der Wirkung der Verfütterung von Thymusgewebe auf Wachstum und Entwicklung von *Frosch*larven. Pflügers Arch. **211**, 324—332 (1926). — **Ackerknecht, E.:** Recente Veränderungen des Pankreas und des Thymus und die Strychninvergiftung bei *Hunden*. Z. Tiermediz. u. vergl. Path. **18**, 49—76 (1914). — **Adachi, B.:** Das Arteriensystem der Japaner. Kiyoto 1928. — **Adler, L.:** Der Winterschlaf. Handbuch der normalen und pathologischen Physiologie, herausgeg. von BETHE, Bd. 17/III, S. 104—132. 1926. — **Afanassiew, B.:** (a) Über die konzentrischen Körper der Thymus. Arch. mikrosk. Anat. **14**, 1—6 (1877). (b) Weitere Untersuchungen über den Bau und die Entwicklung der Thymus und der Winterschlafdrüse der *Säugetiere*. Arch. mikrosk. Anat. **14**, 343—390 (1877). — **Agafonow, F. D.:** Zur Physiologie der Glandula thymus. Pflügers Arch. **216**, 682—686 (1927). — **Agduhr, E.:** (a) Beiträge zur Technik der quantitativen mikro-morphologischen Bestimmungen. Verh. anat. Ges. Lund **1932**, 207—220. (b) Glasrekonstruktionen zur Beleuchtung der frühen embryonalen Entwicklung der Thymusinnervation. Anat. Anz. **75**, 234—235 (1932/33). (c) Einiges über Methoden und Ergebnisse bei Forschung über resistenzfördernde Wirkungen der Sexualfunktionen. Z. mikrosk.-anat. Forsch. **49**, 589—615 (1941). — **Aimé, P.:** (a) L'évolution périodique du thymus chez les *chéloniens*. C. r. Soc. Biol. Paris **72**, 115, 116 (1912). (b) Note sur le thymus des chéloniens. C. r. Soc. Biol. Paris **72**, 889, 890 (1912). — **Albertini, A. v.:** (a) Experimentelle Erzeugung eines Status lymphaticus durch künstliche Hyperthyreose. Klin. Wschr. **1932** II, 2154, 2155. (b) Die „Flemmingschen Keimzentren". Beitr. path. Anat. **89**, 183—228 (1932). — **Allen, Ch. M. van:** Thymectomy in the *rabbit*. J. of experim. Med. **43**, 119—125 (1926). — **Allen, G. M.:** *Solenodon paradoxus*. Mem. Museum comp. Zool. Harvard Coll. **40**, 1—34 (1910). — **Alten, H. v.:** (a) Über die Entwicklung des Kiemendarms bei *Schildkröten*. Ber. naturforsch. Ges. Freiburg **20**, 99—105 (1914). (b) Beitrag zur Entwicklung des Kiemendarms einer *Schildkröte (Chrysemys marginata)*. Arch. mikrosk. Anat. **87**, 585—610 (1916). — **Amato, A.:** (a) Ricerche sulla fisio-patologia del timo. Accad. Sci. med. Palermo **1926**. (b) Ricerche sulla fisio-patologia di timo. I. Alcuni esperimenti preliminari. Sperimentale **81**, 5—14 (1927). — **Ambo, H.** u. **H. Nakamura:** Über das Reticulum des Thymus bei Leucaemia lymphatica thymica. Beitr. path. Anat. **103**, 165—169 (1939). — **Ammon, A.:** Beiträge zur Anatomie der Thymusdrüse. Diss. Basel 1882. — **Andersen** and **H. Dorothy:** (a) Studies on the physiology of reproduction. I. The effect of thymectomy and of season on the age and weight at puberty in the female *rat*. J. of Physiol. **74**, 49—64 (1932). (b) II. The effect of thymectomy on the age of puberty in the male *rat*. J. of Physiol. **74**, 207—211 (1932). (c) III. The effect of thymectomy on fertility in the *rat*. J. of Physiol. **74**, 212—223 (1932). (d) The effect of food and of exhaustion on the pituitary, thyroid, adrenal and thymus gland of the *rat*. J. of Physiol. **85**, 162—167 (1935). — **Andersen** and **Louise Ethel:** The development of the pharyngeal derivatives in the *calf (Bos taurus)*. Anat. Rec. **24**, 25—36 (1922). — **Andreasen, E.:** Studies on the thyroid gland. VI. Thymus in experimental hyperthyroidism. Acta path. scand. (København.) **14**, 121—136 (1937). — **Andrews, V. L.:** Infantile beriberi. Philippine J. Sci., Ser. B **7**, 69—90 (1912). — **Anglas, J.:** De l'histolyse et de l'autolyse des tissus foetaux macérés. J. Anat. et Physiol. norm. et path. **45**, 412 (1909). — **Ankarsvärd, G.** u. **J. A. Hammar:** Zur Kenntnis der *Ganoidenthymus (Amia calva, Lepidosteus osseus)*. Zool. Jb., Anat. u. Ontog. **36**, 293—306 (1913). — **Anselmino, K. J.:** Zur Frage des thymotropen Hormons des Hypophysenvorderlappens und des Thymushormons. Erwiderung auf die Bemerkungen von BOMSKOV Jg. 1942, S. 162 dieser Wochenschrift. Klin. Wschr. **1942 II**, 611, 612. — **Anselmino, K. J.** u. **Fr. Hoffmann:** Die Wirkstoffe des Hypophysenvorderlappens. In Handbuch der experimentellen Pharmakologie (Ergänzungswerk), Bd. 9. 1941. — **Anselmino, K. J.** u. **M. Lotz:** Zur Frage des thymotropen Hormons des Hypophysenvorderlappens und des Thymushormons. Klin. Wschr. **1941 II**, 1190—1192. — **D'Antona, Leonardo:** Lo stato attuale delle nostre conoscenze sulla funzione endocrina del timo. Rass. clin.-scient. **20**, 94—98 (1942). — **Argaud, R.** et **Marie Pesqué:** (a) Sur la pullulation des Mastzellen dans le thymus des diphtheritiques. C. r. Soc. Biol. Paris **100**, 833—835 (1929). (b) Sur l'hématolyse et l'hématophagie intrathymique. C. r. Soc. Biol. Paris **101**, 879—880 (1929). (c) Persistance de l'activité phagozytaire du thymus au cours de son involution. C. r. Soc. Biol. Paris **191**, 678—680 (1930). — **Arnold, F.:** Handbuch der Anatomie des *Menschen*, Bd. II/1. Freiburg i. Br. 1847. — **Arvin, G. C.** and **H. E. Allen:** Variations in weight of thymus glands following administration of ovarian hormone and anterior hypophysis. Anat. Rec. **38**, 39 (1928). — **Asada, T.:** Über die Thymusdrüse des kastrierten *Kaninchens*. J. med. Coll. Univ. Kuyshu **16** (1923). Zit. nach Jap. J. med. Sci. Abstr. **3**, 1, 13. — **Aschoff, L.:** (a) Über die Regeneration des Thymus. Trans. intern. Congr. med. London 1913, Sect. III, part. 2, p. 131—133. 1914. (b) Das reticulo-endotheliale System. Erg. inn. Med. **26**, 1—118 (1924). (c) Die lymphatischen Organe. Beih. 1, Med. Klin. **1926 I**. (d) Zur normalen und pathologischen Anatomie des Greisenalters. Berlin u. Wien 1938. (e) Über die lymphatischen Organe. Anat. Anz., Erg.-Bd. zu **87**, 152—178 (1939). — **Asher, Doris:** Weitere Isolierung des wachstumsfördernden Thymocrescins. Biochem. Z. **257**, 209—212 (1933). — **Asher, L.:** (a) Einfluß der Thymus auf das Wachstum und die Herstellung eines wirksamen Thymusstoffes Thymocrescin. Endokrinol. **7**, 321—327 (1930). (b) Die Funktion der Thymus. Wien. med. Wschr. **1934 I**, 565—566. — **Asher, L.** u. **E. Landolt:** Die wachstumsregulierende Funktion der Thymus. Klin. Wschr. **1934 I** 632—633. (b) Die Wirkung der Thymusexstirpation auf das Wachstum bei vitaminarmer Nahrung. Pflügers Arch. **234**, 605—613 (1934). — **Asher, L.** u. **V. W. Nowinske:** Fortgesetzte Untersuchungen zur Funktion der Thymus. Klin. Wschr. **1930 I**, 986, 987. — **Asher, L.** u. **P. Ratti:** Einfluß der Thymus auf das Wachstum unter normalen und anormalen Bedingungen. Klin. Wschr. **1929 II**, 2051. — **Asher, L.** u. **N. Scheinfinkel:** Untersuchungen über den Einfluß eines gereinigten Thymuspräparates auf die Muskelermüdung. Endokrinol. **4**, 241—248 (1929). — **Aubertin, Ch.** u. **E. Bordet:** (a) Über die Einwirkung der X-Strahlen auf die Thymus. Zbl. inn. Med. **30**, 977—979 (1909). (b) Actions des rayons X sur le thymus. C. r. Soc. Biol. Paris **66** (1909).

Babes, A.: (a) Les lésions du thymus chez le *lapin* consécutives a l'intoxication par le goudron. Bull. Assoc. franç. Etude Canc. **1929**. (b) Sur la nature du réticulum du thymus. C. r. Soc. Biol. Paris **101**, 196, 197 (1929). (c) Thymus et croissance. C. r. Acad. Sci. Paris **189**, 809—811 (1929). (d) Zur Frage der Ursache der akzidentellen Thymusinvolution. Virchows Arch. **272**, 93—122 (1929). (e) Thymus et cancer du goudron. C. r. Soc. Biol. Paris **103**, 165—167 (1930). (f) Thymus et thyroïde. C. r. Soc. Biol. Paris **103**, 168, 169 (1930). — **Bachmann, H.:** Fortgesetzte Untersuchungen über die Wirkungsweise des Thymocrescins. Biochem. Z. **268**, 272—284 (1934). — **Bachmann, R.:** Über die Nebennierenrinde des *Meerschweinchens* während der Tragzeit. Z. mikrosk.-anat. Forsch. **45**, 159—178 (1939). — **Badertscher, J. A.:** (a) The formation of red blood cells in the developing thymus of the *pig*. Anat. Rec. **8**, 102, 103 (1914). (b) The development of the thymus in the *pig*. I. Morphogenesis. II. Histogenesis. Amer. J. Anat. **17**, 317—338, 437—493 (1914/15). (c) Eosinophilic leucocytes in the thymus of postnatal *pigs*. Anat. Rec. **18**, 23—34 (1920). — **Baginski, S.** et

J. Borsuk: Le thymus et le système réticulo-endothélial. Bull. Histol. appl. **16**, 105—109 (1939). — **Baldwin, F. M.:** Pharyngeal derivatives of *Amblystoma*. J. Morph. a. Physiol. **30**, 605—680 (1918). — **Bang, I.:** Chemische Untersuchungen der lymphatischen Organe. Beitr. chem. Physiol. u. Path. **4**, 115—138, 331—361, 362—377 (1904); **5**, 317—320 (1904). — **Barbano, C.:** Die normale Involution der Thymus. Virchows Arch. **207**, 1—27 (1912). — **Barbàra, M.:** La fisiopatologia della tiroide e del timo nei rapporti colle infezioni. Milano 1918. — **Barbarossa, Adèle:** Note sull'origine dei corpuscoli di HASSALL nel timo e funzione dello stesso. Zit nach Pathologica (Genova) **4** (1911). — **Barbier, H.:** Contribution a l'étude pathologique de l'hypertrophie du thymus. Arch. Méd. Enf. **12** (1909). — **Bargmann, W.:** (a) Die Lungenalveole. In: Handbuch der mikroskopischen Anatomie des Menschen, Bd. V/3. Berlin 1936. (b) Die Schilddrüse. In: Handbuch der mikroskopischen Anatomie des Menschen, Bd. VI/2. 1939. (c) Die Epithelkörperchen. In Handbuch der mikroskopischen Anatomie des Menschen, Bd. VI/2. 1939. (d) Neuere morphologische Untersuchungen zum Thymusproblem. Eine kritische Betrachtung. Zbl. inn. Med. **62**, 713—720 (1941). (e) Zur Kenntnis der Hülsencapillaren der Milz. Z. Zellforsch. **31**, 630—647 (1941). (f) Zur Morphologie der Vitamin C-Speicherung und -Ausscheidung in Niere und Leber. Zbl. inn. Med. **63**, 441—454 (1942). — **Bartels, P.:** Das Lymphgefäßsystem. Handbuch der Anatomie des Menschen, Bd. IV. 1909. — **Basch, K.:** (a) Beiträge zur Physiologie und Pathologie der Thymus. III. Die Beziehungen der Thymus zur Schilddrüse. Z. exper. Path. u. Ther. **12**, 1—28 (1913). (b) Thymus. Lehrbuch der Organthérapie von JAUREGG und BAYER, 1913. (c) Über die Thymusdrüse. Dtsch. med. Wschr. 1913. — **Bastenié, P.:** (a) La genèse des corps de HASSALL dans les thymus *humains* pathologiques. C. r. Soc. Biol. Paris **106**, 55, 56 (1931). (b) Contribution à l'anatomie pathologique des thymus *humains*. Arch. internat. Méd. expér. **7**, 273—345 (1932). (c) Le thymus en pathologie *humaine*. Rev. franç. Endocrin. **12**, 36—52 (1934). — **Baum, H.:** Die Thymusdrüse des *Hundes*. Dtsch. Z. Tiermed. u. vergl. Path. **17** (1891). — **Bautzmann, H.:** Eine mit ihrem oberen Ende in einer Vagusschlinge hängende Halsthymus bei einem Neugeborenen. Anat. Anz. **71**, 109—111 (1930). — **Beard, J.:** (a) The development and probable function of the thymus. Anat. Anz. **9** (1894). (b) Functions of the thymus. Lancet **1899**. (c) The source of the leucocytes and the true function of the thymus. Anat. Anz. **18** (1900). (d) A thymus element of the spiracle in *Raja*. Anat. Anz. **18** (1900). (e) The origin and histogenesis of the thymus in *Raja batis*. Zool. Jb., Anat. u. Ontog. **17** (1902). — **Béclère, H. et R. Pigache:** (a) Action des rayons de Roentgen sur les corpuscules de HASSALL. Bull. Soc. Anat. Paris **86**, 47—51 (1911). (b) Régression du lobuthymique par les rayons de Roentgen. Bull. Soc. franç. Electrothér. et Radiol. méd. **1912**. — **Beddard, F. E.:** On some points in the structure of the venous system and the bloodglands of the neck in the *Cachelot (Physeter macrocephalus)*. Amer. Nat. hist. **13**, 274—282 (1924). — **Bell, E. T.:** The development of the thymus. Amer. J. Anat. **5**, 29—62 (1906). — **Bemmelen, van:** (a) Über vermutliche rudimentäre Kiemenspalten bei *Elasmobranchiern*. Mitt. zool. Stat. Neapel **6** (1885). (b) Die Visceraltaschen und Aortenbogen bei *Reptilien* und *Vögeln*. Zool. Anz. **9**, 528—532 (1886). (c) Ontwikkeling en metamorphose de Kieuw- of Visceralspleten en der aortabogen bij Embryonen van *Tropidonotus natrix* en *Lacerta muralis*. Medd. K. akad. Wetensch. Amsterdam, Afd. naturk. R. **3**, D. 2, 175 (1886). — (d) Die Halsgegend der *Reptilien*. Zool. Anz. **10**, 88—96 (1887). (e) Beiträge zur Kenntnis der Halsgegend bei *Reptilien*. I. Anatomischer Teil. Bijdragen tot de dierkunde uitg. d. K. zoöl. genootsh. Natura Artis Magistra. **16** (1888). (f) Over de Kieuwspleten en have overbliffsalen bij de hagedissen. Nederl. Tijdschr. Geneesk., Feestbündel van DONDERS, 1888. (g) Über die Entwickelung der Kiementaschen und der Aortabogen bei den *Seeschildkröten*, untersucht an den Embryonen von *Chelonia viridis*. Anat. Anz. **8**, 801—803 (1893). — **Benjamin, E. L.:** Dubois'sequestra of the thymus gland of nonsyphilitic origin. Amer. J. Dis. Childr. **39**, 586—590 (1930). — **Bentivoglio, G. C.:** Sui rapporti fra timo e funzione endocrina del pancreas. Riv. Clin. pediatr. **35**, 577 (1937). — **Bentivoglio, G. C. e C. Fiumi:** Gli effetti dell'irradiazione sulla struttura del pancreas. Sperimentale **91**, 219 (1937). — **Berblinger, W.:** Thymus. Physiologie und Pathologie dieses Organs. Neue Deutsche Klinik, Bd. 10, S. 457—477. 1932. — **Bergel, S.:** Die Lymphocytose, ihre experimentelle Begründung und biologisch-klinische Bedeutung. Erg. inn. Med. **20**, 36—172 (1921). — **Bergfeld, F.:** Ein Beitrag zur Anatomie des Thymus der *Rinder* und zu seiner Rückbildung. Inaug.-Diss. Berlin 1922. — **Bergstrand, H.:** (a) Tva fall av parathyreoideaförstoring kombinerad med thymushyperplasi. Sv. Läk.sällsk. förhandl. Sep. 1/3 (1919). (b) Studies on the parathyroids III. Two cases of combined enlargement of the thymus gland and of the lower parathyroids. Endocrinology **6**, 477—492 (1922). — **Berlin, W.:** Etwas über die Thymusdrüse. Arch. holl. Beitr. Naturheilk. **1** (1858). Zit. nach HAMMAR 1909. — **Beitelsen, A.:** Über das Auftreten von Myelocyten im normalen *Menschen*thymus und seine Beziehung zur Theorie der Blutzellen-Genese. Hosp.tid. (dän.) **1937**, 397—419. — **Bertschinger, D.:** Experimentelle Untersuchungen über den Einfluß des Arsens auf den lymphatischen Apparat. Fol. haemat. (Lpz.) **57**, 194—205

(1937). — **Biedl, A.:** Innere Sekretion, 4. Aufl. Berlin-Wien 1922. — **Biehler, W., G. Hanisch** u. **H. Wollschitt:** Zur Frage des thymotropen Hormons des Hypophysenvorderlappens und des Thymushormons. Bemerkungen zu der Arbeit von ANSELMINO und LOTZ, Jg. 1941, S. 1190 dieser Wochenschrift. Klin. Wschr. 1942 I, 63. — **Bien, G.:** (a) Über accessorische Thymuslappen im Trigonum caroticum. Anat. Anz. **29**, 325—329 (1906). (b) Über accessorische Thymuslappen im Trigonum caroticum bei einem Embryo von 17 mm größter Länge. Anat. Anz. **31**, 57—61 (1907). — **Bienert, H.:** Über Rückbildungsvorgänge im Thymus. Beitr. path. Anat. **71**, 338—360 (1923). — **Binet, L.:** La physiologie de la *rate.* (Cours et conférences de la fac. de méd. et des hôp. de Paris.) Paris: A. Chahine 1927. — **Binotto, A.:** Correlazioni ormoniche fra timo e preipofisi (Ricerche sperimentali). Endocrinologia **13**, 237—252 (1938). — **Birchner, E.:** (a) Zur experimentellen Erzeugung des Morbus Basedowii. Zbl. Chir. **39**, 138—140 (1912). (b) Zur Pathologie der Thymus. III. Experimenteller Morbus Basedowii und Beziehung der Thymus zur Schilddrüse. Dtsch. Z. Chir. **182**, 229—267 (1923). — **Bjure, A.:** Zur Altersanatomie der Parathyreoideadrüsen beim *Kaninchen.* Uppsala Läk.för. Förh. **23**, 175—228 (1917). — **Blom, T.** u. **N. Aderman:** Zur Altersanatomie der *Kaninchen*thymus. II. Zahlenmäßige Feststellung der Anzahl und Größe der HASSALLschen Körper. Uppsala Läk.för. Förh. **28**, 301—332 (1922). — **Bloom, W.:** Transformation of lymphocyte into granulocyte in vitro. Anat. Rec. **69**, 99—116 (1937). — **Bloom, W.** and **R. H. Sandstrom:** Development of connective tissue fibers in epithelium-containing cultures. Anat. Rec. **64**, 75—83 (1935). — **Bolau, H.:** Glandula thyreoidea und Glandula thymus der *Amphibien.* Zool. Jb., Anat. u. Ontog. **12** (1899). — **Bompiani, G.:** (a) Der Einfluß des Säugens auf die Restitutionsfähigkeit des Thymus nach der Schwangerschaft. Zbl. Path. **25**, 929—935 (1914). (b) L'influenza dell allattamento sulla capacità di reintegrazione del timo dopo la gravidanza. Gazz. internaz. Med. **18**, 65 (1915). — **Bomskov, Ch.:** (a) Über das Hormon des Thymus. Referat eines Vortrages in Klin. Wschr. 1940 I, 606, 607. (b) Das Hormon des Thymus. Arch. klin. Chir. **200**, 568—588 (1940). (c) Das Thymusproblem. Stellungnahme zu den vorstehenden Ausführungen von H. HOEPKE. Dtsch. med. Wschr. 1941 I, 148—150. (d) Zur Frage des thymotropen Hormons des Hypophysenvorderlappens und des Thymushormons. Bemerkungen zu der Arbeit von ANSELMINO und LOTZ, Jg. 1941, S. 1190 dieser Wochenschrift. Klin. Wschr. 1942 I, 162. (e) Untersuchung über das BOMSKOVsche Thymushormon unter besonderer Berücksichtigung des Status thymo-lymphaticus. Klin. Wschr. 1942 I, 502—503. (f) Untersuchungen an pankreaslosen Hunden zur Frage des BOMSKOVschen Thymushormons. Klin. Wschr. 1942 I, 547—548. (g) Hypophysenvorderlappen, Thymus und Kohlehydratstoffwechsel. Erg. inn. Med. **62**, 664—742 (1942). — **Bomskov, Ch.** u. **W. Bausch:** Thymushormon und Grundumsatz. Z. klin. Med. **139**, 121—126 (1941). — **Bomskov, Ch.** u. **F. Brachat:** Bildung und Transport des Thymushormons im Organismus. Die Lymphocyten als Träger des Thymushormons. Endokrinologie **23**, 145—161 (1940). — **Bomskov, Ch.** u. **B. Hölscher:** Die Thymektomie und ihr Erscheinungsbild. Pflügers Arch. **245**, 455—482 (1942). — **Bomskov, Ch., B. Hölscher** u. **J. Hartmann:** Der Thymustod. Pflügers Arch. **245**, 483—492 (1942). — **Bomskov, Ch.** u. **K. N. v. Kaulla:** (a) Erfahrung mit der biologischen Auswertung des Thymushormons im Glykogentest. Pflügers Arch. **245**, 493—510 (1942). (b) Über die Wirkung von Sterinderivaten auf den Stoffwechsel. II. Arch. f. exper. Path. **198**, 233—244 (1941). — **Bomskov, Ch., K. N. v. Kaulla** u. **J. Maurath:** Über die Wirkung von Sterinderivaten auf den Stoffwechsel. I. Arch. f. exper. Path. **198**, 213—231 (1941). — **Bomskov, Ch.** u. **K.-H. Kreft:** Die thymogene Lymphocytose. Pflügers Arch. **243**, 623—633 (1940). — **Bomskov, Ch.** u. **G. Kückes:** Über die Wirkung des Thymushormons auf *Kaltblüter*larven. Pflügers Arch. **244**, 246—280 (1940). — **Bomskov, Ch.** u. **H.-G. Lipps:** Über den Antagonismus zwischen Thymus und Keimdrüsen. Endokrinol. **23**, 239—251 (1941). — **Bomskov, Ch.** u. **E. Schweiger:** Die Beeinflussung der Kohlehydrattoleranz durch das Thymushormon. Z. klin. Med. **139**, 102—120 (1941). — **Bomskov, Ch.** u. **L. Sladović:** (a) Der Thymus als innersekretorisches Organ. Dtsch. med. Wschr. 1940 I, 589—593. (b) Das Thymushormon und seine biologische Auswertung. Pflügers Arch. **243**, 611—622 (1940). — **Bomskov, Ch.** u. **R. Spiegel:** Die Beteiligung des Thymus am Morbus Basedow nach Ergebnissen im Tierversuch. Endokrinol. **32**, 225—239 (1941). — **Bomskov, Ch.** u. **K. Stein:** Die Wirkung des Thymushormons auf den Blutzucker. Z. klin. Med. **139**, 96—101 (1941). — **Born, G.:** Über die Derivate der embryonalen Schlundbogen und Schlundspalten bei *Säugetieren.* Arch. mikrosk. Anat. **22**, 271—317 (1883). — **Bourgery, F. M.** et **N. H. Jacob:** Traité complet de l'anatomie de *l'homme.* Embryogénie, anatomie philosophique et anatomie microscopique, Tome 81. Paris 1854. — **Bovero, A.:** Sui nervi della *ghiandola* di timo. Giorn. Accad. Med. Torino **62**, 1—3 (1899). — **Boyd, Edith:** (a) The thymus gland. Colorade med. **24**, 66—68 (1927). (b) Growth of the thymus, its relation to status thymico-lymphaticus and thymic symptoms. Amer. J. Dis. Childr. **33**, 867—879 (1927). (c) The weight of the thymus gland in health and disease. Amer. J. Dis. Childr. **43**, 1162—1214 (1932). — **Brachet, J.:** Recherches sur la synthèse de l'acide thymonucléinique pendant le développement de l'oeuf *d'oursin.* Archives Biol. **44**, 519—576 (1933). — **Braeucker, W.:** (a) Die Nerven der Schilddrüse, der Epithelkörperchen und des Thymus. Klin. Wschr. 1923 I, 1074. (b) Die Nerven des Thymus. Z. Anat. 69, 309—329 (1923). — Bratton, A. B.: The normal weight of the *human* thymus. J. of Path. 28, 609—620 (1925). — Biêchet, J.: Über eine Cyste des Ductus thymopharyngeus. Zbl. Path. 69, 353—357 (1938). — Brewer, L. A.: The occurence of parathyroid tissue within the thymus: report of four cases. Endocrinology 18, 397—408 (1934). — Brodersen, J.: Über den Bau der Thymozyten und eine neue histologische Methode. Eine Entgegnung. Z. mikrosk.-anat. Forsch. 22, 142—144 (1930). — Brouha, L. et R. Collin: Equilibre hormonal et gravidité. Ann. de Physiol. 11, 773—880 (1935). — Brown, W. H., L. Pearce and Ch. M. van Allen: (a) Effects of spontaneous disease on organ weights of *rabbits*. J. of exper. Med. 43, 241—262 (1926). (b) Organ weights of normal *rabbits*. J. of exper. Med. 43, 733—741 (1926). — Bruni, A. C.: Morphogenesi degli organi derivati dall'intestino branchiale. Monit. zool. ital. 42, Suppl. 14—33 (1931). — Bühler, F.: Über den Einfluß der Keimdrüsenhormone auf den Geschlechtsapparat, den Thymus und die Hypophyse infantiler *Ratten*. Z. exper. Med. 98, 151—163 (1936). — Bujard: Quelques réflexions sur les réactions nucléaires a propos de mitoses provoquées par injection intraveineuse de sucre ordinaire. Rev. méd. Suisse rom. 57 (1937). — Bujard, Eug.: À propos du thymus et du système réticulo-endothélial. Bull. Histol. appl. 16, 177—179 (1939). — Bujard et Ickowicz: Caryoclasie et toxicité. Etude comparée de l'action d' encres de Chine GRÜBLER et RAL. Bull. Histol. appl. 12, 373—377 (1935). — Burne, R. H.: A contribution to the anatomy of the ductless glands and the lymphatic system of the *Angler fish (Lophius piscatorius)*. Phil. Trans. roy. Soc. Lond. 215, 1—54 (1926). — Burrows, R. B.: Variations produced in bones of growing *rats* by parathyroid extracts. Amer. J. Anat. 62, 234—290 (1938). — Butcher, Earl O. and E. C. Persike jun.: The effect of antuitrin-S on the thymus of the young albino *rat*. Endocrinology 23, 501—506 (1938).

Cabanac, J.: Les nerfs du thymus. Bull. Assoc. franç. Anat. 25, 97—100 (1931). — Calvin and D. Bailey: Effect of thyroid feeding and thyroidectomy on thymus size in the new-born *rat*. Proc. Soc. exper. Biol. a. Med. 34, 724, 725 (1936). — Calzolari, A.: Recherches expérimentals sur un rapport probable entre la fonction du thymus et celle des testicules. Arch. ital. Biol. 30, 71—77 (1898). — Canelli, A. F.: (a) Contributo allo studio anatomico e patologico del timo nella prima età. Pediatria 28, 753—764, 1002—1019, 1065—1070, 1108—1122 (1920). (b) III. Le fibre a graticcio (Gitterfasern). Pediatria 30, 58—64 (1922). — Capobianco, F.: (a) Della natura dei corpuscoli di HASSALL contribuzione alle conoscenze morphologiche del timo. Boll. Soc. Natur. Napoli I. s., 4 (1890). (b) Contribuzioni alla morphologia del timo. Giorn. Assoc. Natur. e Med. Napoli 2 (1891). (c) Contribuzioni alla morphologia del timo. Arch. ital. Biol. 17 (1891). — Carrière, G., J. Morel et R.-J. Ginette: Influence de l'extrait de lobe antérieur d'hypophyse sur la Morphologie du thymus chez le *rat* thyréoprive. C. r. Soc. Biol. Paris 128, 1151—1153 (1933). — Carrison and Robert: Involution of the thymus in *birds*. Indian med. Rec. 1919. — Castaldi, L.: Aplicazioni biometriche e statistiche di pesi timici, con determinazione del grado di influenza del timo sull'-accrescimento corporeo dell'*uomo*. Monit. zool. ital. 34, 136—156 (1923). — Castellaneta, V.: (a) Sulla questione del timo in „*Ammocoetes*". Monit. Zool. ital. 24, 161—174 (1913). (b) A proposito di alcune particolarità di sviluppo del timo in *Amia calva* e *Lepidosteus osseus*. Arch. ital. Anat. 15, 218—242 (1916/17). (c) Ancora sulla questione del timo in *Ammocoetes*. Monit. zool. ital. 28, 109—114 (1919). — Caylor, H. D., C. F. Schlotthauer and J. Pemberton: Observations on the lymphatic connections of the thyroid gland. Anat. Rec. 36, 325—333 (1927). — Charleton, W.: Exercitat. phys. anat. de oeconomia nimalium. Amstelod 1659. — Cheval, M.: Recherches sur les lymphocytes du thymus. Bibliogr. anat. 17 (1908). — Chèvremont, M. et J. Firket: (a) Recherches sur le métabolisme de respiration et fermentations des lobes thymiques après ischémie. C. r. Soc. Biol. Paris 114, 563—567 (1933). (b) Sur le rôle des fluctuations des métabolismes dans la radioresistance des organes ischémiés. C. r. Soc. Biol. Paris 114, 568—570 (1933). — Chiari, H.: Über Cystenbildung in der *menschlichen* Thymus. Z. Heilk. 15 (1894). — Chiodi, H.: (a) Action de la castration prépubérale sur le thymus. C. r. Soc. Biol. Paris 129, 866—868 (1938). (b) Influence des hormones sexuelles sur le thymus. C. r. Soc. Biol. Paris 129, 1258—1259 (1938). (c) Acción de la castración prepuberal sobre el timo y ganglios linfáticos de *ratas* albinas machas. Rev. Soc. argent. Biol. 14, 74 (1938). (d) Acción de la castración prepuberal sobre el timo y ganglios linfaticos de *ratas* albinos hembras. Rev. Soc. argent. Biol. 14, 22 (1938). (e) Acción de las hormonas sexuales sobre el timo. Rev. Soc. argent. Biol. 14, 309 (1938). (f) Acción de la tiroidectomiá y supra renalectomiá sobre el timo de *ratas* albinas castradas. Rev. Soc. argent. Biol. 14, 322 (1938). (g) Acción de la inyección del extracto de timo (HANSEN) sobre el crecimiento y desarrollo de 5 generaciones sucesivas de *ratas* albinas. Rev. Soc. argent. Biol. 14, 326 (1938). (h) Acción de la timectomia sobre el crecimiento y desarrollo de ratas albinas. Rev. Soc. argent. Biol. 14, 383 (1938). (i) Endocrinology 26, 107 (1940). — Chodkowski, K.: Die karyoklastischen Gifte, ihr Einfluß auf den Organismus und ihre Bedeutung für die Pathologie. Protoplasma (Berl.) 28, 597—619 (1937). — Choi, M. H.: (a) Experimental study of migration of the thymus gland in *amphibian* embryos. Fol. anat. jap. 9, 487—494 (1931). (b) Experimental study about histogenesis of the *amphibian* thymus gland. Fol. anat. jap. 9, 495—503 (1931). — **Chouke, K. S., R. W. Whitehead** and E. **Parker:** Is there a closed lymphatic system connecting the thyroid and the thymus gland? Surg. etc. 54, 865—872 (1932). — **Chvostek, F.:** Morbus Basedowi und die Hyperthyreosen. Encyklopädie der klinischen Medizin. Berlin: Springer 1927. — **Ciaccio, C.:** (a) Ricerche istologiche e citologiche sul timo degli *uccelli*. Anat. Anz. 29, 597—600 (1906). (b) Contributo alla conoscenza dei lipoidi cellulari. Anat. Anz. 35, 17—31 (1909). — **Clara, M.:** (a) Die arteriovenösen Anastomosen. Leipzig 1939. (b) Untersuchungen über den färberischen Nachweis des Schleimes in den Drüsenzellen beim *Menschen*. Z. mikrosk.-anat. Forsch. 47, 183—246 (1940). — **Clark, G. A.:** Analysis of forty thymus glands from infants. With special reference to HASSALLs corpuscles. Pennsylvania med. J. 35, 449—461 (1932). — **Collin, R., P. L. Drouet, J. Watrin** et P. **Florentin:** Action histophysiologique de l'hypoglycémie sur les glandes thyro:des et parathyro:des, le pancreas, les glandes salivaires et le thymus. C. r. Soc. Biol. Paris 108, 64—66 (1931). — **Collin, R.** et M. **Lucien:** (a) Nouveaux documents relatifs à l'évolution pondérale du thymus chez le foetus et chez l'enfant. C. r. Soc. Biol. Paris 59, 716, 717 (1905). (b) Sur l'évolution pondérale du thymus chez le foetus et chez l'enfant. Bibliogr. anat. 15, 24—38 (1906). — **Comça, J.:** (a) Nouvelles recherches sur l'état thymiprive chez le *cobaye*. C. r. Soc. Biol. Paris 132, 550—551 (1939). (b) Action de l'extrait de thymus sur la croissance et le développement génital du *cobaye*. C. r. Soc. Biol. Paris 132, 551—553 (1939). (c) Action de l'extrait de thymus sur le *cobaye* thymiprive. C. r. Soc. biol. Paris 133, 24—26 (1940). — **Coninx-Girardet, B.:** Beiträge zur Kenntnis innersekretorischer Organe des *Murmeltieres* (*Arctomys marmotta* L.) und ihrer Beziehungen zum Problem des Winterschlafs. Acta zool. (Stockh.) 8, 161—224 (1927). — **Cooper, Astley:** Anatomy of the Thymus-gland. London 1832. — **Cordier, P.** et **Coulouma:** (a) Les nerfs du thymus. Ann. d'Anat. path. 10, 1104—1113 (1933). (b) Les nerfs du thymus chez quelques *animaux domestiques*. Soc. path. Comp. 1934. — **Cortivo, B.:** (a) Sulla vascolarizzazione del timo. Arch. Zool. ital. 16, 799—801 (1931). (b) Sulla fine vascolarizzazione del timo. Monit. zool. ital. 43, 291—299 (1933). — **Costa, C. da:** Le rôle de l'histologie dans la connaissance de sécrétions internes. Rev. franç. d'Endocrin. 1, 377—390 (1923). — **Courrier, R.:** (a) Action sur le thymus de l'ingestion de la glande thyroïde. C. r. Soc. Biol. Paris 84, 226—228 (1921). (b) Action de l'ingestion de corps thyroïde sur le thymus, sur le testicule et sur la thyroide. Contribution à l'histophysiologie thyroïdienne. Rev. franç. Endocrin. 6, 10—48 (1928). — **Cowdry, E. V.:** Special Cytology. New York 1932. — **Crémieu, R.:** Etude des effets produits sur le thymus par les rayons X. Recherches expérimentales. Déductions histo-physiologiques. Applications thérapeutiques. Thèse de Lyon 1912. — **Crišan, C.:** Die Entwicklung des thyreo-parathyreothymischen Systems der weißen *Maus*. Z. Anat. 104, 327—358 (1935). — **Cutore, G.:** Sul modo di originarsi delle arterie timiche nell'*uomo*. Atti Accad. Catania 8 (1915). Zit. nach HAMMAR 1936.

Dabelow: Die Blutgefäßversorgung der lymphatischen Organe. Erg.-H. Anat. Anz. 87, 179—223 (1939). — **Dantschakoff, Wera:** (a) Über die Entwicklung der embryonalen Blutbildung bei *Reptilien*. Verh. anat. Ges. 24, 70—75 (1910). (b) The differentiation of cells as a criterion for cell identification considered in relation to the small cortical cells of the thymus. J. of exper. Med. 24, 87—105 (1906). (c) Über Entwicklung des Blutes in den Blutbildungsorganen ... bei *Tropidonotus natrix*. Arch. mikrosk. Anat. 87, 497—584 (1916). — **Davis, Loyal** and **John Martin:** Results of experimental removal of Pineal gland in young mammals. Arch. of Neur. 43, 23—45 (1940). — **Deanesly, Ruth:** (a) The structure and development of the thymus in *fish*, with special reference to *Salmo fario*. J. microsc. Sci. 71, 113—145 (1927). (b) Experimental studies on the histology of the *mammalian* thymus. J. microsc. Sci. 72, 245—275 (1928). — **Dearth, O. A.:** Late development of the thymus in the *cat*: nature and significance of the corpuscles of HASSALL and cystic formations. Amer. J. Anat. 41, 321—351 (1928). — **Dessy, G.:** Untersuchungen über den Einfluß der Ernährung mit einigen Organen mit innerer Sekretion von jungen und alten *Tieren* auf die Entwicklung von *Frosch*kaulquappen. Endokrinol. 7, 432—445 (1930). — **Dmitrieva, H. W.:** Thymus and viability. I. Weight of the thymus in the *chick* embryo. Bull. Biol. etMéd. expér. URSS. 8, 35—36 (1939). — **Dohrn, A.:** Studien zur Urgeschichte des Wirbeltierkörpers IV. Die Entwickelung und Differenzierung der Kiemenbogen der *Selachier*. Mitt. zool. Station Neapel 5 (1884). — **Donaldson, H. H.:** The *rat*. Data and reference tables for the albino *rat (Mus norvegicus albinus)* and the *Norway rat (Mus norvegicus)*. Mem. Wistar. Inst. 2nd Ed. 1924. — **Downs, A. W.** and N. B. **Eddy:** Effect of subcutaneous injections of thymus substance in young *rabbits*. Endocrinology 4, 420—428 (1920). **Drüner, L.:** Studien zur Anatomie der Zungenbein-, Kiemenbogen- und Kehlkopfmuskulatur der *Urodelen*. Zool. Jb., Morph. 19 (1904). — **Dubreuil, G.:** Leçons sur les organes lymphopoiétiques, hématopoiétiques et hématolytiques. Bordeaux 1922. — **Dupérié, R.:** Îlots parathyroïdiens intra — thymiques et glandule parathyroïdo — thymique chez le *nourrisson*. C. r. Soc. Biol. Paris 99, 324—326 (1928). — **Dustin, A. P.:** (a) L'origine et la signification des cellules „myoïdes" et „épithéloïdes" du thymus. Ann. Soc. roy. Sci. méd. et natur. Brux. **1908**. Zit. nach HAMMAR 1936. (b) Contribution à l'étude du thymus des *Reptiles*. C. r. Assoc. Anat. Paris **11**, 66—71 (1909). (c) Contribution à l'étude du thymus des *Reptiles*. Cellules épithéloides, cellules myoïdes et corps ·de HASSALL. Archives de Zool. **42**, 43—227 (1909). (d) La potentialité des élements thymiques étudiée par la méthode des greffes. Ann. Soc. roy. Sci. méd. et natur. Brux. **1911**. Zit. nach HAMMAR 1936. (e) Les greffes thymiques. C. r. Assoc. Anat. Paris **13**, 10—14 (1911). (f) Le thymus de *l'Axolotl*. Archives de Biol. **26**, 557—616 (1911). (g) Les variations saisonnières du thymus de la *grenouille*. Ann. Soc. roy. Sci. méd. et natur. Brux. **70**, 31—37 (1912). Zit. nach HAMMAR 1936. (h) Influence du jeûne sur le développement du thymus de *Rana fusca*. Ann. Soc. roy. Sci. méd. et natur. Brux. **70**, 174—177 (1912). (i) Influence de l'alimentation sur le développement du thymus de *Rana fusca*. C. r. Assoc. Anat. Paris **15**, 28—38 (1913). (k) Recherches d'histologie normale et expérimentale sur le thymus des *Amphibiens anoures*. P. 1. Structure normale, variations saisonnières, variations expérimentales. Archives de Biol. **28**, 1—110 (1913). (l) Nouvelles contributions à l'étude du thymus des *Reptiles*. Archives de Zool. **54**, 1—56 (1914). (m) Quelques mots à propos du thymus *humain*. Ann. Soc. roy. Sci. méd. et natur. Brux. **72**, 30, 31 (1914). Zit. nach HAMMAR 1936. (n) Thymus et thyroïde. Ann. Soc. roy. Sci. méd· et natur. Brux. **72**, 126—129 (1914). Zit. nach HAMMAR 1936. (o) A propos d'une thèse récente sur la biologie du thymus. Archives de Zool. **55**, 95—109 (1915/16). (p) Les réversions épithéliales dans le thymus *humain*. Archives de Zool. **56**, 73—87 (1916/17). (q) Thymus et thyroïde. Ann. Soc. roy. Sci. méd. et natur. Brux. **72**, 126—129 (1919). Zit. nach HAMMAR 1936. (r) Quelques mots à propos du thymus *humain*. Ann. Soc. roy. Sci. méd. et natur. Brux. **73**, 30—31 (1919). Zit. nach HAMMAR 1936. (s) A propos d'une note récente de M. J. JOLLY sur „les organes lymphoïdes céphaliques des *Batraciens*". C. r. Soc. Biol. Paris **82**, 282, 283 (1919). (t) Influence d'une alimentation riche en nucléine sur la régénération saisonnière du thymus de la *grénouille* adulte. C. r. Soc. Biol. Paris. **82**, 1068—1071 (1919). (u) Recherches d'histologie normale et expérimentale sur le thymus des *Amphibiens anoures*. Archives de Biol. **30**, 601—690 (1920). (v) Quelques idées actuelles sur les fonctions du thymus. Ann. Soc. roy. Sci. méd. et natur. Brux. **1921**. Zit. nach HAMMAR 1936. (w) Déclenchement expérimentale d'une onde cinétique par injection intrapéritonéale de serum. C. r. Soc. Biol. Paris **85**, 23—24 (1921). (x) Influence du mode d'introduction — sous-cutanée ou intrapéritonéale — d'une albumine étrangère sur le déclenchement de l'onde de cinèses. C. r. Soc. Biol. Paris **85**, 24—25 (1921). (y) L'onde de cinèses et l'onde de pycnoses dans le thymus de la *Souris*, après injection intrapéritonéale de sérum étranger. C. r. Soc. Biol. Paris **85**, 260, 261 (1921). (z) Les phénomènes de caryorhexis dans le thymus *humain*. C. r. Soc. Biol. Paris **85**, 1103, 1104 (1921). (aa) A propos des deux types de sclérose observées dans le thymus *humain*. Vol. jubil. cent. Ann. Soc. roy. Sci. méd. et natur. Brux. **1922**, 523—528. (bb) Influence d'injections intrapéritonéales répétées de peptone sur l'allure de la courbe des cinèses. C. r. Soc. Biol. Paris **86**, 953, 954 (1922). (cc) Thymocytes et lymphocytes, démonstration expérimentale de leurs différences de potentialité. Rev. franç. Endocrin. **1**, 332—345 (1923). (dd) Formation de cavités à épithélium cilié aux dépens de tractus vasculaires dans le thymus de la *Souris*. C. r. Assoc. Anat. Paris **18**, 213—216 (1923). (ee) A propos des „trephocytes" de CARREL et EBELING. C. r. Soc. Biol. Paris **90**, 371, 372 (1924). (ff) Etude expérimentale de la pycnose provoquée par variation brusque de la réaction du milieu interne. C. r. Soc. Biol. Paris **91**, 1439, 1440 (1924). (gg) L'onde de pycnose déterminé par les injections acides et l'onde des mitoses consécutives. C. r. Soc. Biol. Paris **92**, 217, 218 (1925). (hh) La pycnose expérimentale ou crise caryoclasique réalisé par l'injection de dérivés de l'aniline. C. r. Soc. Biol. Paris **93**, 465—467 (1925). (ii) A propos d'un travail de WÄTJEN sur l'action de l'arsenic sur les organes lymphoïdes. C. r. Soc. Biol. Paris **93**, 467, 468 (1925). (kk) Les sensibilités différentielles aux poisons caryoclasiques chez la *Souris* blanc. C. r. Soc. Biol. Paris **93**, 1535—1537 (1925). (ll) Comment faut — il concevoir des fonctions du thymus ? Arch. internat. Méd. expér. **3**, 367—380 (1927). (mm) Comparaison entre l'action des radiations et l'action des poisons caryoclasiques. Strasbourg méd. **85** (1927). Zit. nach HAMMAR 1936. (nn) Thymus et hématopoièse. Strasbourg méd. **85**, 192—198 (1927). Zit. nach Ber. Biol. **5**, 431. (oo) Les poisons caryoclasiques moyen d'analyses cytophysiologique. Archives Anat. microsc. **25**, 37—48 (1929). (pp) Les radiations à faibles doses ont elles des propriétés excitatrices de la division cellulaire ? Le Cancer **7**, 257—273 (1930). Zit. nach Ber. Biol. **19**, 506, 507. (qq) Action caryocinétique de l'acide arsénieux et alcalose. C. r. Soc. Biol. Paris **103**, 953—955 (1930). (rr) Remarques sur les effets caryoclasiques du benzol. C. r. Soc. Biol. Paris **107**, 1567—1569 (1931). (ss) Les chromatines euclastiques. C. r. Soc. Biol. Paris **108**, 1155, 1156 (1931). (tt) Nos connaissances actuelles sur le determinisme de la division cellulaire chez l'adulte. Ann. Soc. roy. Sci. méd. et natur. Brux. **1933**, 217—243. Zit. nach HAMMAR 1936. (uu) A propos d'une nouvelle explicative de l'histogenèse du thymus. Archives de Biol. **45**, 339—352 (1934). (vv) L'action des arsenicaux et de la colchicine sur la mitose. La stathocinèse. C. r. Assoc. Anat. Bâle **1938**, 1—8. (ww) A propos des applications des poisons caryoclasiques à l'étude des problèmes de pathologie expérimentale, de cancérologie et d'endocrinologie. Arch. exper. Zellforsch. **22**, 395—406 (1939). —

Dustin et **G. Baillez:** (a) Recherches sur les cultures de thymus „in vitro". Ann. Soc. roy. Sci. méd. et natur. Brux. **1913.** Zit. nach Hammar 1936. (b) L'origine des corps de Hassall et des formations kystiques du thymus des *mammifères*. Ann. Soc. roy. Sci. méd. et natur. Brux. **1914,** 44—46. Zit. nach Hammar 1936. (c) Sur l'existence de cellules myoïdes dans le thymus des *mammifères*. Ann. Soc. roy. Sci. méd. et natur. Brux. **1914,** 123—125. Zit. nach Hammar 1936. (d) Sur la lobation et la disposition des zones médullaires dans le thymus du *Chat*. C. r. Soc. Biol. Paris **84,** 1237, 1238 (1920). — **Dustin** et **G. Cambrelin:** Recherches sur les réactions radiobiologiques de l'amygdale. C. r. Soc. Biol. Paris **109,** 950—953 (1932). — **Dustin** et **P. Gérard:** Sur l'existence des rapports de continuité directe entre parathyroïdes, thyroïde et nodules thymiques chez les *mammifères*. C. r. Soc. Biol. Paris **85,** 876, 877 (1921). — **Dustin** et **J. Mlle Chapeauville:** (a) Les caractères de l'onde cinétique déclenchée par une injection intrapéritonéale de peptone. C. r. Soc. Biol. Paris **86,** 509—511 (1922). (b) Etudes de l'onde cinétique déclenchée chez la *Souris* par l'injection intrapéritonéale de sérin, de CO_2-globuline et de sérine globuline. C. r. Soc. Biol. Paris **86,** 953, 954 (1922). — **Dustin** et **Ch. Grégoire:** (a) Etude comparée de l'action des rayons X sur le thymus adulte et sur le thymus embryonnaire. C. r. Soc. Biol. Paris **107,** 1565—1567 (1931). (b) Contribution à l'étude de la mitose diminutive ou élassotique dans le thymus des *Mammifères*. C. r. Soc. Biol. Paris **108,** 1159—1161 (1931). (c) Greffes de thymus de *mammifères* aux différents stades de l'histogénèse. C. r. Assoc. Anat. Paris **28,** 269—274 (1933). (d) Action caryocinétique des composés arsénicaux sur les tumeurs greffés. C. r. Soc. Biol. Paris **114,** 195, 196 (1933). — **Dustin** et **Leroy:** Etude sur les propriétés caryoclasiques des toxines microbiennes. Bull. Acad. Méd. Belg., V. s. **11,** 100—118 (1931). Zit. nach Hammar 1936. — **Dustin** et **R. Piton:** Etudes sur les poisons caryoclasiques, les actions cellulaires déclenchées par les composés arsénicaux. Bull. Assoc. Anat. Paris **18,** 213—222 (1929). — **Dustin, R. Piton** et **P. Rocmans:** Etude comparative des alterations histologiques et des variations du pH sanguin après irradiation. C. r. Soc. Biol. Paris **107,** 1562—1565 (1931). — **Dustin** et **E. Zunz:** (a) Thymus et corps thyroïde. Ann. Soc. roy. Sci. méd. et natur. Brux. **72,** 27, 28 (1914). (b) A propos des corrélations fonctionnelles entre le thymus et le corps thyroïde. J. Physiol. et Path. gén. **17,** 905—911 (1917/18). — **Dustin** et **S. Zylberzac:** (a) Influence de la splénectomie sur la sensibilité du thymus aux agents caryoclasiques. C. r. Soc. Biol. Paris **108,** 1162, 1163 (1931). (b) Mise en évidence du S.R.E. par une substance sans effet caryoclasique. C. r. Soc. Biol. Paris **108,** 275, 276 (1933). — **Van Dyke, John Howard:** On the origin of accessory thymus tissue, thymus IV. The occurence in Man. Anat. Rec. **79,** 179—204 (1941).

Ebner, V. v.: Von der Thymus. A. Koellikers Handbuch der Gewebelehre, 6. Aufl., S. 328—340. 1902. — **Ecker, A.:** (a) Der feinere Bau der Nebennieren. Braunschweig 1846. — (b) Blutgefäßdrüsen. In: Handwörterbuch der Physiologie, Bd. IV, herausgeg. von R. Wagner. Braunschweig 1853. — **Eggers, H.:** Experimentelle Beiträge zur Einwirkung der Röntgenstrahlen auf den Thymus und das Blut des *Kaninchens*. Z. Röntgenkde **15,** 1—54 (1912). — **Einhorn, H. Nathan** and **Leonard G. Rowntree:** The biological effects of thymus implantation in normal *rats*. Accrewing acceleration in the rate of growth and development in successive generations of *rats* following frequent homologous thymus implants. Endocrinology **22,** 342—350 (1938). — **Ejima, S. H.:** Über die Involution der Thymusdrüse des *Pferdes*. Jap. J. med. Sci. **13,** 225 (1922). — **Elze, C.:** Pontinus, Thymus, Angulus Ludovici. Z. Anat. **109,** 649—652 (1939). — **Emmart, E. W.:** A study of the histogenesis of the thymus in vitro. Anat. Rec. **66,** 59—73 (1936). — **Erdheim, J.:** (a) Beitrag zur Kenntnis der branchiogenen Organe des *Menschen*. Wien. klin. Wschr. **1901 I.** (b) Über einige *menschlichen* Kiemenderivate. Beitr. path. Anat. **35** (1904). (c) Zur Anatomie der Kiemenderivate bei *Ratte, Kaninchen* und *Igel*. Anat. Anz. **29** (1906). — **Esima:** Studies on Hassalls bodies. Trans jap. path. Soc. **21** (1931). — **Euler, H. v.:** Reduktionsversuche an C-Vitamin und Zuckerarten. Naturwiss. **21,** 236 (1933). — **Evans, H. M., H. D. Moon, M. E. Simpson** and **W. R. Lyons:** Atrophy of thymus of the *rat* resulting form administration of adrenccorticotropic hormone. Proc. Soc. exper. Biol. a. Med. **38,** 419—420 (1938). — **Evans, E. M.** and **M. E. Simpson:** Reductions of the thymus by gonadotropic hormone. Anat. Rec. **60,** 423—435 (1934). — **Ezima, Sinpei:** On the involution of the thymus gland of the *horse*. Chuo Juik. Z., Tokyo **51,** 93—143 (1938). Ref. Jap. J. med. Sci., Anat. **8,** 102 (1940).

Fadda, A.: Timo e insule di Langerhans. Ormoni **2,** 599 (1940). — **Falta, W.:** Die Erkrankungen der Blutdrüsen. In: Handbuch der inneren Medizin, Bd. IV|2. 1927. — **Fedolfi, N.:** Sullo sviluppo del timo. Monit. zool. ital. **43** Suppl., 330—333 (1933). — **Fichelis, Ph.:** Beiträge zur Kenntnis der Entwickelungsgeschichte der Glandula thyreoidea und Gl. thymus. Arch. mikrosk. Anat. **25** (1885). — **Fiore, G.:** Fisiopatologia del timo. Morgagni **53,** 577—591, 625—640, 680—686 (1911). — **Fiore, G.** ed **U. Franchetti:** (a) Ricerche sperimentali sul timo. Contributo allo studio dell involuzione del timo. Riv. Clin. pediatr. Firenze **9,** 823—826 (1911). (b) Ulteriore contributo allo studio dell'involuzione del timo. 8. Congr. Soc. ital. Pediatr. **1913.** Zit. nach Hammar 1936. (c) Su di una particolare proprietà del siero di sangue studiata in rapporto all'accrescimento dell'organismo ed all'evoluzione del timo. Sperimentale 58 (1914). (d) Studi sperimentali sul timo. Sperimentale 58, 237—254 (1914). – **Firket, J.**: Pycnoses thymiques et régénération. C. r. Soc. Biol. Paris 97, 1818–1820 (1927). Zit. nach Hammar 1936. — **Firket et M. Chèvremont**: (a) Sur le rôle des fluctuations des métabolismes dans la radiorésistance des organes ischémies. C. r. Soc. Biol. Paris 114, 568—570 (1933). (b) Facteurs de la radiosensibilité des tissus. Bull. Acad. Méd. Belg. 15, 66—94, Disc. 95—98 (1935). — **Firket, J. et C. Linhoff**: Sur l'action des injections intra-péritonéales d'huile de paraffine et de solutions huileuses d'oléate ferreux sur les tissus lymphoides, le thymus et les séreuses péritonéales. C. r. Soc. Biol. Paris 92, 754—757 (1925). **Fischl, R.**: (a) Über die Folgen der Thymusausschaltung bei jungen *Hühnchen*. Mschr. Kinderheilk. 6, Nr 7 (1907). (b) Zur Analyse der Thymusextraktwirkung. Mschr. Kinder-heilk. 12, 515—532 (1913). — **Flemming, W.**: Schlußbemerkungen über die Zellvermehrung in den lymphoiden Drüsen. Arch. mikrosk. Anat. 24, 355—361 (1885). — **Florentin, P.**: (a) Présence d'îlots thymiques dans la parathyroide du *cobaye*. C. r. Soc. Biol. Paris 98, 1359, 1360 (1928). (b) Quelques remarques à propos d'un kyste de la médullaire thymique chez le *chat*. C. r. Soc. Biol. Paris 100, 109—111. (c) La glande thyroïde des *mammifères*. Nancy 1932. (d) Constitution et rôle du thymus. Rev. méd. Est 60, 581—586 (1932). — **Florentin, P. et M. Weis**: Structures hassalliennes et pseudohassalliennes. C. r. Assoc. Anat. Paris 27, 273—283 (1932). — **Foà**: Hypertrophie des testicules et de la crête après l'extir-pation de la glande pinéale chez le *coq*. Arch. ital. Biol. 57, 233 (1912|13). — **Fox, H.**: The pharyngeal pouches and their derivatives in the *mammalia*. Amer. J. Anat. 8, 187—250 (1908). — **Frank, Jerome D.**: Production of the alarm reaction in young *rats* by transection of the spinal cord. Endocrinology 27, 447—451 (1940). — **Fraser, E. A.**: The development of the thymus, epithelial bodies and thyroid in the *Marsupials* II. *Phascolarctos, Phascolomys* und *Perameles*. Philos. Trans. roy. Soc. ond. 207, 87—112 (1915). — **Fraser, Elizabeth A. and J. P. Hill**: The development of the tyhmus, epithelial bodies and thyroid in the *Marsupials*. I. *Trichosurus vulpecula*. Philos. Trans. roy. Soc. Lond. 207, 1—85 (1915). — **Friedländer, A.**: Enlargement of the thymus treated by the Roentgen rays. Amer. J. Dis. Childr. 14, 40—46 (1917). — **Friedleben, A.**: Die Physiologie der Thymusdrüse in Gesundheit und Krankheit. Frankfurt a. M. 1858. — **Fritsche, E.**: (a) Die Entwicklung der Thymus bei *Spinax niger*. Zool. Anz. 35, 85—93 (1910). (b) Die Entwicklung der Thymus bei *Selachiern*. Jena. Z. Naturwiss. 46, 77—112 (1910). — **Fukuchi, K.**: Über die Gitterfasern im Thymus unter besonderer Berücksichtigung ihres Verhaltens bei der Thymusinvolution. J. of orient. Med. 8 (1928); dtsch. Zusammenfass. 67—68. Zit. nach Hammar 1936. — **Fulci, F.**: (a) Sulla rigenerazione del timo dei *mammifèri* Pathologica (Genova) 5, 259, 260 (1913). (b) Die Restitutionsfähigkeit der Thymus der *Säuge-tiere* nach der Schwangerschaft. Zbl. Path. 24, 968—974 (1913). (c) Die Natur der Thymus-drüse nach Untersuchungen über ihre Regenerationsfähigkeit bei den *Säugetieren*. Dtsch. med. Wschr. 1913 II, 1776—1780. (d) I cosidetti ascessi di Dubois. Rend. Accad. Lincei, Cl. Sci. fis., mat. e nat. 23, 735—738 (1914). Zit. nach Hammar 1936. (e) Sui trapianti del timo. Rend. Accad. Lincei, Cl. Sci. fis., mat. a nat. 24, 995—1001 (1915).

Galustian, Sh. D.: General character of the growth and transformations of the elements of the X-rayed thymus outside of the organism. C. r. Acad. Sci. URSS., N. s. 23, 935, 936 (1939). — **Gamburzew**: Die Histogenese der Thymus. Diss. Moskau 1908. Zit. nach Wass-jutotschkin 1918. — **Gebele**: (a) Über experimentelle Versuche mit Basedowthymus. Beitr. klin. Med. 76, 823—828 (1911). (b) Über Thymus und Schilddrüse. Dtsch. Z. Chir. 215, 186—195 (1929). — **Gedda, E.**: Zur Altersanatomie der *Kaninchen*thymus. Uppsala Läk. för. Förh. 26, 1—27 (1921), Festskrift Tilläg nach Prof. J. Aug. Hammar. Uppsala 1921. — **Gellin, O.**: Die Thymus nach Exstirpation, bzw. Röntgenbestrahlung der Geschlechtsdrüsen. Z. exper. Path. u. Ther. 8, 1—21 (1910). — **Gérard, P.**: Sur une continuité tissulaire entre thymus et parathyroïde chez *l'homme*. Bull. Acad. Méd. Belg. 8, 26—28 (1928). — **Ghika, Ch.**: Étude sur le thymus. Thèse de Paris 1901. — **Gersch, H.**: Aufbau und Differen-zierung des Integumentes vom *Axolotl* auf Grund einer vergleichenden Untersuchung mit Hilfe vitaler und histologischer Färbemethoden. Z. mikrosk.-anat. Forsch. 51, 513—553 (1942). — **Gineste, P.-J.**: Vitamines et thymus. C. r. Soc. Biol. Paris 135, 974—975, 976—977 (1941). — **Ginsburg, A. S.**: Über das Verhalten der Gewebeelemente des *Ka-ninchen*thymus bei seiner Transplantation in die vordere Augenkammer. Über die Her-kunft der kleinen Thymuszellen. Bull. Biol. et Méd. expér. URSS. 3, 625—629 (1937). — **Glanzmann, E.**: (a) Die Rolle der akzessorischen Wachstumsfaktoren bei der Biochemie des Wachstums. Mschr. Kinderheilk. 25, 178—200 (1923). (b) Wachstumsstoffe und Blut-drüsen. Jb. Kinderheilk. 101, 1—12 (1923). — **Glaser, M.**: Thyroxinversuche an weißen *Mäusen*. Z. Anat. 80, 704—725 (1926). — **Glick, David and Gerson R. Biskind**: Studies in histochemistry. VII. The concentration of vitamin C in the thymus in relation to its histological changes at different stages of development and regression. J. of biol. Chem. 114, 1—7 (1936). — **Glimstedt, G.**: (a) Bakterienfreie *Meerschweinchen*. Kopen-hagen 1936. (b) Über das Anreicherungsvermögen der Zellen für die histochemisch faßbare Ascorbinsäure beim Vitamin-C-freien *Meerschweinchen*. Z. mikrosk.-anat. Forsch. **51**, 1—13 (1942). — **Godal:** Le thymus est — il un organe lymphopoëtique? Arch. méd. nav. **124**, 298—304 (1934). — **Godard, H.:** L'anatomo — physiologie du thymus. Rev. de Chir. **64**, 563—594 (1926). — **Godwin, M. C.:** (a) The *mammalian* thymus IV. The development in the *dog*. Amer. J. Anat. **64**, 165—192 (1939). (b) The development of complex IV in the pig: A comparison of the conditions in the *pig* with those in the *rat, cat, dog, calf* and *man*. Amer. J. Anat. **66**, 51—86 (1940). — **Goette, A.:** Die Entwickelungsgeschichte der *Unke*. Leipzig 1875. — **Goldner, J.:** (a) Action de l'adrénaline sur le thymus. C. r. Soc. Biol. Paris **88**, 545—548 (1923). (b) Histogénèse du corpuscule de HASSALL; unité cytogénique des cellules de charpente, des placards épithéliaux, des corpuscules unicellaires et des corpuscules hassalliens. C. r. Soc. Biol. Paris **88**, 947—950 (1923). (c) Reaktionen der Thymus während der Knochenbrüche. Arch. mikrosk. Anat. **104**, 72—87 (1925). — **Goodall, A.:** The postnatal changes in the thymus of *guineapigs* and the effect of castration on thymus structure. J. of Physiol. **32**, 191—198 (1905). — **Gordon, A. S., S. A. D'Angelo** and **H. A. Charipper:** Effect of thymus gland, thymus abstracts, and thymus derivatives on growth and metamorphosis of *amphibian* larvae. Anat. Rec. **75**, Suppl., **127**, Abstr. 224 (1939). — **Gottesmann, J. M.** and **H. L. Jaffe:** Studies on the histogenesis of autoplastic thymus transplantations. J. of exper. Med. **43**, 403—413 (1926). — **Gräper, L.:** (a) Anatomische Veränderungen im Mediastinum kurz nach der Geburt. Verh. anat. Ges. Jena **1920**, 103—106. (b) Die anatomischen Veränderungen kurz nach der Geburt. Anat. H. **59**, 43—75 (1920). (c) Die anatomischen Veränderungen nach der Geburt. IV. Zum Mechanismus der Erweiterung der Pleurahöhlen. Z. Anat. **79**, 391—394 (1926). (d) Brustorgane des Kindes. In Handbuch der Anatomie des Kindes, Bd. I/2. München 1928. — **Grävinghoff, W.:** Die Röntgenanatomie der Brust- und Bauchorgane. Handbuch der Anatomie des Kindes, Bd. I/3, 1934. — **Granel, F.:** Remarques sur le thymus des *ganoïdes*. Le rôle de la membrane basale. C. r. Assoc. Anat. Paris **25**, 154—159 (1931). — **Greenwood, A. W.:** Some observations on the thymus gland in the *fowl*. Proc. roy. Soc. Edinburgh **50**, 26—37 (1929/30). — **Grégoire, Ch.:** (a) Contribution expérimentale à l'étude du thymus de *Mammifère*. L-action comparée des rayons X sur le thymus au cours de l'histogénèse et chez l'adulte ... Arch. internat. Méd. expér. **7**, 513—629 (1932). (b) Action des rayons X sur le thymus au cours de l'histogénèse. C. r. Assoc. Anat. Paris **27**, 328—335 (1932). (c) Remarques au sujet du travail de M. H. DE WINIWARTER. Recherches sur l'évolution des dérivés branchiaux et l'histogenèse du thymus (*cobaye*). Archives de Biol. **45**, 353, 354 (1935). (d) Recherches sur la symbiose lymphoépithéliale au niveau du thymus de *Mammifère*. Archives de Biol. **46**, 717—820 (1935). (e) Apparition de foyers myéloides intraparenchymateux au cours de la régénération de transplants de thymus pré alablement irradiés par les rayons X. C. r. Soc. Biol. Paris **127**, 1481—1483 (1938). (f) Über das Verhalten des Lymphocyts bei der lymphoepithelialen Symbiose in der Thymus. Virchows Arch. **303**, 457—480 (1939). (g) Détection rapide d'un effet lymphoexcitateur au niveau du thymus. Adrénalectomie et régénération du thymus aprèsinvolution aiguë. C. r. Soc. Biol. Paris **134**, 271—273 (1940). (h) Influence de l'hormone thyréotrope antéhypophysaire sur les organes lympho-épithéliaux de l'*oiseau* (thymus, bourse de FABRICIUS). Arch. internat. Pharmacodynamie **65**, 32—51, 393—406 (1941). (i) Influence de l'hyperthyroidïe expérimentale (Thyroxine, Hormone thyréotrope antéhypophysaire) sur la régénération du thymus consécutive à une involution aiguë. Arch. internat. Pharmacodynamie **67**, 173—229 (1942). (k) Recherches sur les relations entre thymus et surrénales. 2. Les réactions des cellules du réticulum épithélial thymique à l'ablation des surrénales. Arch. internat. Pharmacodynamie **67**, 446—463 (1942). — **Grégoire, P. E.** et **Ch. Grégoire:** Elimination de l'acide nucléinique après involution aigue produite par les rayons X. Arch. internat. Méd. expér. **9**, 283—316 (1934). — **Greil:** Über die Entwicklung der Kiemendarmderivate von *Ceratodus* F. Verh. anat. Ges. Erg.-Bd., Anat. Anz. **29**, 115—181 (1906). — **Grimani:** Sugli effetti del trapianto del timo e sulle correlazioni funzionali fra testicolo e timo. Arch. anat. pat. e Sci. affin. **1905**, 3. — **Groschuff, K.:** Über das Vorkommen eines Thymussegmentes der vierten Kiementasche beim *Menschen*. Anat. Anz. **17**, 161—170 (1900). — **Grosser, P.:** Körperliche Geschlechtsunterschiede im Kindesalter. Erg. inn. Med. **22**, 211—224 (1922). — **Gruber, G. B.:** (a) Über Variationen der Thymusform und -lage. Z. angew. Anat. **6**, 320—332 (1920). (b) Die Entwicklungsstörungen der Thymusdrüse. In SCHWALBES: Die Morphologie der Mißbildungen des *Menschen* und der *Tiere*, Bd. 3, S. 710—757. Jena 1932. — **Gruber, Wenzel:** (a) Verlauf der Vena anonyma durch den Thymus. Arch. f. (Anat. u.) Physiol. **1867**, 256; Virchows Arch. **54**, 187 (1872); **56**, 435—436. (b) Verlauf der Vena anonyma sinistra vor dem Thymus. Virchows Arch. **66**, 462 (1876); **82**, 475 (1880). — **Gudernatsch, F.:** (a) Die Spielweite der inneren Sekretion. Z. Anat. **80**, 750—776 (1926). (b) Entwicklung und Wachstum. Handbuch der inneren Sekretion, herausgeg. von HIRSCH, Bd. II/2, S. 1493—1744. 1933. — **Günther, H.:** (a) Der Thymus. (Beitrag zur deutschen Rechtschreibung.) Endokrinol. **19**, 38—42 (1937). — (b) Die

Geschlechtsunterschiede der endokrinen Drüsen. Endokrinol. **24**, 290—306 (1942). — **Güthert, H., E. Schairer u. I. Rechenberger:** Die Wirkung des BOMSKOVschen Thymushormons auf Keimdrüsen und Blutlymphocyten von *Ratten*. Pflügers Arch. **246**, 457—468 (1942). — **Gulland, G. L.:** The development of adenoid tissue with special reference to the tonsil and thymus. Rep. J. Lab. of phys. Edinburgh **3** (1891). Zit. nach HAMMAR 1909. — **Guttmann, P. H.:** ADDISONs disease. Arch. of Path. **10**, 742—785, 895—935 (1930). **Haberer, H.:** Über Basedow. Wien. klin. Wschr. **1927** II, 1501—1504. — **Hagen, F. v.:** Die wichtigsten Endokrinen des *Flußaales*. Zool. Jb., Anat. u. Ontog. **61**, 467—538 (1936). — **Hagström, M.:** Die Entwicklung der Thymus beim *Rind*. Anat. Anz. **53**, 545—566 (1921). — **Halasz, G.:** Über die inkretorische Tätigkeit der Tonsillen. Endokrinol. **11**, 101–108 (1932). — **Haller, A. v.:** Elementa physiologiae. Lausannae 1766. — **Hallion, L. et L. Morel:** (a) L'innervation vasomotrice du thymus. C. r. Soc. Biol. Paris **71**, 382 (1911). (b) L'innervation vasomotrice du thymus. J. Physiol. et Path. gén. **14**, 1–6 (1912). — **Halnan, E. T. and F. H. A. Marshall:** On the relation between the thymus and the generative organs and the influence of the organs on growth. Proc. roy. Soc. Lond. **88**, 68—89 (1914). — **Halsted, W. St.:** The significance of the thymus gland in GRAVES' disease. Bull. Hopkins Hosp. **25**, 223—233 (1914). — **Hamilton, B.:** Zur Embryologie der *Vogel*thymus. II. Die Thymusentwicklung bei der *Ente*, neben einigen Beobachtungen über die Kiemenspaltorgane dieses Tieres. Anat. Anz. **44**, 417—439 (1913). — **Hammar, J. A.:** (a) Zur Histogenese und Involution der Thymusdrüse. Anat. Anz. **27**, 23—30, 41—89 (1905). (b) Über Gewicht, Involution und Persistenz der Thymus im Postfetalleben des *Menschen*. Arch. f. Anat. Suppl. **1906**, 91—182. (c) Über die Natur der kleinen Thymuszellen. Arch. Anat. **1907**, 83—100. (d) Zur Kenntnis der *Teleostier*thymus. Arch. mikrosk. Anat. **73**, 1—68 (1908). (e) Fünfzig Jahre Thymusforschung. Erg. Anat. **19**, 1—274 (1909). (f) Der gegenwärtige Stand der Morphologie und Physiologie der Thymusdrüse. Wien. med. Wschr. **1909** II, 2746—2750, 2795—2801, 2910—2916. (g) Zur Kenntnis der *Elasmobranchier*thymus. Zool. Jb., Anat. u. Ontog. **32**, 135—180 (1911). (h) Zur gröberen Morphologie und Morphogenie der *Menschen*thymus. Anat. H. **43**, 201—242 (1911). (i) Die Thymusliteratur im Referatenjahr 1911 (bzw. 1912, 1913). Zbl. exper. Med. **1**, 3—8 (1912); **3**, 3—10 (1913); **5**, 3—14 (1914). (k) Zur Nomenklatur gewisser Kiemenderivate. Anat. Anz. **43**, 145—149 (1913). (l) Methode, die Menge der Rinde und des Marks der Thymus, sowie die Anzahl und die Größe der HASSALLschen Körper zahlenmäßig festzustellen. Z. angew. Anat. **1**, 311—396 (1914). (m) Mikroskopische Analyse der Thymus in 14 Fällen sog. Thymustodes. Z. Kinderheilk. **13**, 153—217 (1915). (n) Beiträge zur Konstitutionsanatomie II. Zur ferneren Beleuchtung der Thymusstruktur beim sog. Thymustod. Z. Kinderheilk. **15**, 225—312 (1917). (o) Beiträge zur Konstitutionsanatomie I. Mikroskopische Analyse der Thymus in 25 Fällen BASEDOWscher Krankheit. Beitr. klin. Chir. **104**, 469—614 (1917). (p) VI. Verhalten der Thymus bei Infektionen. Z. angew. Anat. **4**, 1—107 (1918). (q) Beiträge zur Konstitutionsanatomie VII. Mikroskopische Analyse der Thymus in einigen Fällen von Lues congenita. Beitr. path. Anat. **66**, 37—91, 195—258 (1920). (r) The new views as to the morphology of the thymus gland and their bearing on the problem of the function of the thymus. Endocrinology **5**, 543—573, 731—760 (1921). Auch in Uppsala Läk.för. Förh. **27**, 147—221. (s) Zur Frage der Histogenese der Thymusdrüse. Zbl. Path. **33**, 505—513 (1923). (t) Die Thymus bei Influensa epidemica (hispanica). Acta med. scand. (Stockh.) **59**, 79—113 (1923). (u) Über progressive und regressive Formen HASSALLscher Körper. Z. Anat. **70**, 466—488 (1924). (v) A quelle époque de la vie foetale de *l'homme* apparaissent les premiers signes d'une activité endocrine? Uppsala Läk.för. Förh. **30**, 375—480 (1925). (w) Über Methoden, die Anzahl und Größe HASSALLscher Körper zahlenmäßig festzustellen, nebst einigen Worten über das numerische Korpuskelproblem überhaupt. Z. mikrosk.-anat. Forsch. **6**, 399—408 (1926). (x) Die *Menschen*thymus in Gesundheit und Krankheit. T. I. Das normale Organ. Zugleich eine kritische Beleuchtung der Lehre des Status thymicus. Z. mikrosk.-anat. Forsch. Erg.-Bd. **6**, 1—560 (1926). (y) Thymus. Encyclopädie der medizinischen Technik, 3. Aufl., Bd. 3, S. 2161—2168. Berlin 1927. (z) Zur Frage der Thymusfunktion. I. Über die angebliche Rolle der Thymus als Regulator des Nucleinhaushalts des Organismus. Z. mikrosk.-anat. Forsch. **9**, 49—67 (1927). (aa) II. Über Bakterientoxine als Anreger einer Neubildung HASSALLscher Körper. Z. mikrosk.-anat. Forsch. **9**, 68—78 (1927). (bb) III. Über das Vorkommen von thymusdepressorischen Substanzen im Blut des Erwachsenen. Z. mikrosk.-anat. Forsch. **10**, 50—74 (1927). (cc) On the asserted non-existence of the age involution of the thymus. Endocrinology **11**, 18—24 (1927). (dd) Die *Menschen*thymus in Gesundheit und Krankheit. II. Das Organ unter anormalen Körperverhältnissen. Zugleich Grundlagen der Theorie der Thymusfunktion. Z. mikrosk.-anat. Forsch. Erg.-Bd. **16** (1929). (ee) Kasuistischer Beitrag zur Frage nach dem Einfluß endokriner Erkrankungen auf die Thymusdrüse. Acta med. scand. (Stockh.) **70**, 449—459 (1929). (ff) Zur Frage der Thymusfunktion. IV. Ist es berechtigt, von einem thymolymphatischen System zu sprechen und solchenfalls aus welchen Gründen? Z. mikrosk.-anat. Forsch. **25**, 97—114 (1931). (gg) Über Wachstum und Rückgang, über Standardisierung, Individualisierung und bauliche Individualtypen im Laufe des normalen

Postfetallebens. Konstitutionsanatomische Studien an *Kaninchen*. Z. mikrosk.-anat. Forsch. **29**, 1—540 (1932). (hh) Glasrekonstruktionen zur Beleuchtung der frühen embryonalen Entwicklung der Thymusinnervation. Verh. anat. Ges. **41**, 234—235 (1932). (ii) Konstitutionsanatomische Studien über die Neurotisierung des *Menschen*embryos. IV. Über die Innervationsverhältnisse der Inkretorgane und der Thymus bis in den 4. Fetalmonat. Z. mikrosk.-anat. Forsch. **38**, 253—293 (1935). (kk) Die normal-morphologische Thymusforschung im letzten Vierteljahrhundert. Analyse und Synthese. Leipzig 1936. (ll) Zur Frage, ob der Thymus Vitamin B enthält. Z. mikrosk.-anat. Forsch. **42**, 447—466 (1937). (mm) Über die Lokalisation des C-Vitamins im Gewebe der Thymus und der Lymphknoten. Z. mikrosk.-anat. Forsch. **43**, 23—33 (1938). (nn) Experimentelle Untersuchung über die Rolle der Thymus bei der Immunisierung. Z. mikrosk.-anat. Forsch. **44**, 425—450 (1938). (oo) Bedeutet Hyperplasie der Thymus Hyperthymie? Klin. Wschr. **1939** II, 1452, 1453. (pp) Neues und Altes über die Thymusdrüse. Uppsala Läk.för. Förh., N. F. **44**, 319—348 (1939). (qq) Ergänzungen zu meiner Theorie der Thymusfunktion. Uppsala Läk.för. Förh., N. F. **45**, 347—353 (1939). (rr) Einige Randbemerkungen zu dem Aufsatz von H. Adler: Die Physiologie und Pathologie der Thymus. Dtsch. Z. Chir. **252**, 643—645 (1939). (ss) Die Beziehungen der Thymus zum Alternsvorgang. Z. Altersforsch. **2**, 129—133 (1940). (tt) Versuche, die Art der in der Thymus wirksamen wachstumsfördernden Stoffe zu ermitteln. Z. mikrosk.-anat. Forsch. **49**, 58—67 (1940). — (uu) Zur Frage nach der Thymusfunktion. Z. mikrosk.-anat. Forsch. **49**, 68—81 (1940). — **Hammet, F. S.:** (a) Studies in the thyroid apparatus. XXXVII. The rôle of the thyroid apparatus in' the growth of the thymus. Endcorinology **10**, 370—384 (1926). (b) A chemical study of the thymus involution. Physiol. Soc. Philadelphia **1927**. (c) Die Physiologie der Thymus. Fortschr. naturwiss. Forsch., N. F. **1928**, H. 4. — **Hamperl, H.:** (a) Über die pathologisch-anatomischen Veränderungen bei Morbus Gaucher im Säuglingsalter. Virchows Arch. **271**, 147—163 (1929). — (b) Über das Vorkommen von Onkocyten in verschiedenen Organen und ihren Geschwülsten. Virchows Arch. **298**, 327—375 (1936). — **Hanson, A. M.:** The *bovine* thymus. Minnesota Med. **13**, 17—21 (1930). — **Hanson, E. R.:** Über die Entwicklung der Parathyreoideae accessoriae und der Thymus beim *Kaninchen*. Anat. Anz. **39**, 545—570 (1911). — **Harland, M.:** Early histogenesis of the thymus in the white *rat*. Anat. Rec. **77**, 247—262 (1940). — **Harms, J. W.:** Körper und Keimzellen, I. Berlin 1926. — **Hart, C.:** (a) Thymusstudien I. Über das Auftreten von Fett in der Thymus. Virchows Arch. **207**, 27—55 (1912). (b) Thymusstudien II. Die Thymuselemente. Virchows Arch. **207**, 255—277 (1912). (c) Über die sog. lymphatische Konstitution (Lymphatismus, Status thymico-lymphaticus) und ihre Beziehungen zur Thymushyperplasie. Med. Klin. **1913**. (d) Thymusstudien III. Die Pathologie der Thymus. Virchows Arch. **214**, 1—83 (1913). (e) Thymusstudien IV. Die Hassallschen Körperchen. Virchows Arch. **217**, 239—255 (1914). (f) Thymusstudien VI. Eine *menschliche* Hungerthymus. Virchows Arch. **224**, 72—75 (1917). (g) Über die Funktion der Thymusdrüse. Jb. Kinderheilk. **86**, 318—332 (1917). (h) Der Status thymico-lymphaticus. Z. ärztl. Fortbild. **17** (1920). (i) Zum Wesen und Wirken endokriner Drüsen. Berl. klin. Wschr. **1920** I, 101. (k) Thymusstudien VII. Die Syphilis der Thymusdrüse. Virchows Arch. **230**, 271—288 (1921). (l) Beiträge zur biologischen Bedeutung der innersekretorischen Organe. I. Mitt. Schilddrüse und Metamorphose. Pflügers Arch. **196**, 127—176 (1922). (m) Die Lehre vom Status thymico-lymphaticus. München 1923. — **Hart, C. u. O. Nordmann:** Experimentelle Studien über die Bedeutung der Thymus für den *tierischen* Organismus. Berl. klin. Wschr. **1910** I, 814—817. — **Hartmann, Adele:** Die Entwicklung der Thymus beim *Kaninchen*. Arch. mikrosk. Anat. **86**, 69—112 (1914). — **Harvier, P. et L. Morel:** Topographie du tissu parathyroïdien chez le *chat*. C. r. Soc. Biol. Paris **66** (1909). — **Hassall, A. H.:** The microscopical anatomy of the *human body* in health and disease. London 1846. Deutsche Übersetzung: Leipzig 1852. — **Hatai, S.:** On the weight of some of the ductless glands of the Norway and of the albino *rat* according to sex and variety. Anat. Rec. **8**, 511—523 (1914). (b) On the weight of the thymus gland of the albino *rat (Mus norvegicus albinus)* according to age. Amer. J. Anat. **16**, 251—257 (1914). — **Hattori, H.:** Morphologische und entwicklungsgeschichtliche Untersuchungen der Schilddrüse, der Epithelkörperchen, der Thymus, der postbranchialen Körper und der Carotisdrüse von *Hynobius nebulosus*. Kaibô. Ż., Tokyo **5**, 383—441 (1932). Ref. Jap. J. med. Sci., Anat. **5** (1935). — **Haugsted, F. C.:** Thymus in *homine* ac per seriam *animalium* descriptio anatomico-physiologica. Hafniae 1832. — **Hedin, S. G.:** An explanation of the influence of acid and alkali on the autolysis of organs. Uppsala Lök.för. Förh. **11** Suppl., 1—20 (1906). — **Hedinger, E.:** Über die Kombination von Morbus Addisonii mit Status lymphaticus. Frankf. Z. Path. **1**, 527—543 (1907). — **Heinemann, K.:** Aus der Frühgeschichte der Lehre von den Drüsen im menschlichen Körper. Janus (Leyde) **45**, 219—240 (1941). — **Heister, L.:** Compendium anatomicum. Norimbergae 1750. — **Helgesson, C.:** Zur Embryologie der *Vogel*thymus I. Die Thymusentwicklung beim *Sperling (Passer domesticus)*. Anat. Anz. **43**, 150—172 (1913). — **Hellman, T.:** (a) Die normale Menge des lymphoiden Gewebes beim *Kaninchen* in verschiedenen postfetalen Altern. Uppsala Läk.för. Förh. 19 Suppl., 1—408 (1914). (b) Die Altersanatomie der *menschlichen* Milz. Z. Konstit.lehre 12, 270—415 (1926). — **Hellman, T. u. G. White:** Das Verhalten des lymphatischen Gewebes während eines Immunisierungsprozesses. Virchows Arch. 278, 221—257 (1930). — **Hemmeter, John C.:** The special histology of the spleen of *Alopias vulpes,* its relation to hemolysis and hematopoiesis. Z. Zellforsch. 3, 328—345 (1926). — **Henderson, J.:** On the relationship of the thymus to the sexual organs. I. The influence of castration. J. of Physiol. 31, 222—229 (1904). — **Henle, J.:** (a) Allgemeine Anatomie. Leipzig 1841. (b) Handbuch der rationellen Pathologie. Braunschweig 1847. (c) Über HASSALLs konzentrische Körperchen des Blutes. Z. ration. Med. 7 (1849). (d) Zur Anatomie der geschlossenen (lentikulären) Drüsen oder Follikel und der Lymphdrüsen. Z. ration. Med. 3, 8 (1860). — **Henneberg, B.:** Normentafel zur Entwicklungsgeschichte der *Wanderratte* (*Rattus norvegicus* Erxleben). In: Normentafeln zur Entwicklungsgeschichte der *Wirbeltiere.* Erg.-H. 15. Jena 1937. — **Herrmann, T.:** Das Auftreten des Fettgewebes im *menschlichen* Thymus. Anat. Anz. 47, 357—359 (1914). — **Herxheimer:** Fettinfiltration der Thymus. Verh. dtsch. path. Ges., 6. Tagg 1903/04. — **Hessdörfer, E.:** Ein Beitrag zur Anatomie und Rückbildung des Thymus beim *Schweine.* Inaug.-Diss. veter. Berlin 1925. — **Hett, J.:** Über den Leukocytenabbau im tierischen Körper. Experimentelle Untersuchungen an Benzol*mäusen.* Z. Zellforsch. 30, 339—388 (1940). — **Hewer, Evelyn E.:** (a) The structure of the thymus and reproductive organs in white *rats,* together with observations on the breeding capacity of these animals. J. of Physiol. 50, 434—437 (1916). (b) The direct and indirect effects of X-rays an the thymus gland and reproductive organs of white *rats.* J. Physiol. 50, 438—458 (1916). — (c) Some functions of the suprarenal glands. Brit. med. J. Nr 3187, 138—139 (1922). — **Hill, B. H.:** The early development of the thymus glands in *Amia calva.* J. Morph. a. Physiol. 57, 61—89 (1935). — **Himsel, H.:** Über die Natur der kleinen Thymuszellen. Diss. Leipzig 1913. — **Hirota, O.:** Beziehungen zwischen Thymus und Vitaminen (I). Beziehungen des Thymus zu den Avitaminosen. I. Mitt. Studien über den Einfluß des Thymus auf die B-Avitaminose. Fol. endocrin. jap. 13, H. 6 (1937). — **Hirsch, G. Chr.:** Form- und Stoffwechsel der GOLGI- Körper. Protoplasma-Monogr. 18 (1939). — **His, W.:** (a) Beiträge zur Kenntnis der zum Lymphsystem gehörigen Drüsen. I. Z. Zool. 10, 333—357 (1860). (b) Beiträge zur Kenntnis der zum Lymphsystem gehörigen Drüsen. II. Z. Zool. 11, 65—86 (1862). (c) Zur Anatomie der *menschlichen* Thymusdrüse. Z. Zool. 11, 164 (1862). — **Hoehl, E.:** Zur Histologie des adenoiden Gewebes. Arch. f. Anat. 1897, 133—152. — **Hoepke, H.:** Die Bedeutung der Lymphocyten. Anat. Anz. Erg.-Bd. 87, 230—235 (1938/39). — **Hoepke, H. u. H. Peter:** Das Verhalten des *Igel*thymus bei saurer und basischer Ernährung. Z. mikrosk.-anat. Forsch. 39, 263—314 (1936). — **Hoepke H., u. Th. Spanier:** Die Wirkung basischer und saurer Ernährung auf das Lymphgewebe der weißen *Ratte.* Z. mikrosk.-anat. Forsch. 46, 542—583 (1939). — **Hoepke, Hermann:** Das Thymusproblem. Dtsch. med. Wschr. 1941 I, 146—148. — **Hofmann, S.:** Zur Frage der inneren Sekretion der Zirbeldrüse. Pflügers Arch. 209, 685—692 (1925). — **Hohlfeld, M.:** Die Thymus. Handbuch von BRÜNING und SCHWALBE, Kap. 8, S. 546—557. Wiesbaden 1913. — **Holmström, R.:** Über das Vorkommen von Fett und fettähnlichen Substanzen im Thymusparenchym. Arch. mikrosk. Anat. 77, 323—345 (1911). — **Honda, I.:** Über Lipoide in der Thymusdrüse. Nagasaki-Igakkai Kio Z. 4 (1936). Ref. Jap. J. med. Sci. 1 (1928). — **Hoskins, E. R.:** (a) The growth of the body and the organs of the albino *rat* as affected by feeding various ductless glands (thyroid, thymus, hypophysis and pineal). J. of exper. Zool. 21, 295—346 (1916). (b) Is there a thymic hormone? Endocrinology 2, 241—257 (1918). — **Hoskins, E. R. and M. M. Hoskins:** Growth and development of *amphibia* as affected by thyroidectomy. J. of exper. Zool. 29, 1—69 (1919). — **Hoskins, Margaret M.:** (a) Extirpation and transplantation of the thymus in larvae of *Rana sylvatica.* Endocrinology 5, 763—772 (1921). (b) Extirpation and transplantation of the thymi in larvae of *Rana pipiens.* Anat. Rce. 21, 67, 68 (1921). — **Hoskins, R. G.:** Congenital thyreoidism. An experimental study of the thyroid in relation to other organs of internal secretion. Amer. J. Physiol. 26, 426—438 (1910). — **Hosono, Shichiro:** Neue Resultate der Studien über das Fett im *menschlichen* und *tierischen* Körper. V. Über das Fett in den innersekretorischen Organen. Niigata Byori. HK. (jap.) 42 (1936). Ref. Jap. J. med. Sci., Anat. Trans. a. Abstr. 7, 132 (1938). — **Houcke, E.:** Etude anatomopathologique d'un thymus hypertrophic. C. r. Soc. Biol. Paris 96, 1303—1304 (1927). — **Howe, J.:** Die Wirkung der thyreotropen Substanz der Hypophyse auf die Trypanblauverteilung beim *Meerschweinchen.* Z. Zellforsch. 20, 382—389 (1933). — **Hueck, W.:** Morphologische Pathologie. Leipzig 1937. — **Hueter, C.:** Über Thymuscysten. Beitr. path. Anat. 55, 117—130 (1913). — **Huf, E. u. O. Ripke:** Zur Frage der Existenz eines lipoidlöslichen Thymushormons. Pflügers Arch. 245, 802—818 (1942). — **Huguenin, B.:** Über Thymuscysten. Schweiz. Rdsch. Med. 21, 14—17 (1921). — **Huzella, Th.:** Die zwischenzellige Organisation auf der Grundlage der Intercellulartheorie und der Intercellularpathologie. Jena: Gustav Fischer 1941.

Ickowicz, M.: (a) A propos des poisons dits caryoclasiques: l'action de l'arsylène et des acétates de cobalt et de nickel. Ann. d'Anat. path. 12, 501—510 (1935). (b) Effets cytologiques d'un composé arsenical (arsylène). Thèse de Genève 1936, No 1567. (c) Etude comparée des effets de diverses substances introduites dans l'organisme par injection et par ionophorèse. Diss. Genève 1937. — **Inay, Meliha, Th. C. Ruch, S. Finan** and **J. F. Fulton:** The endocrine weights of primates. Endocrinology 27, 58—67 (1940).

Jackson, C. M.: (a) Postnatal growth and variability of the body and the various organs and systems in the albino *rat*. Amer. J. Anat. 15, 1—68 (1913). (b) Effects of acute and chronic inanition upon the relative weights of the various organs and systems of adult albino *rats*. Amer. J. Anat. 18, 75—116 (1915). (c) Changes in the relative weights of the various parts, systems and organs of young albino *rats* held at constant body weights by underfeeding for various periods. J. of exper. Zool. 19, 99—156 (1915). (d) The effects of inanition and malnutrition upon growth and structure. London 1925. — **Jackson, C. M.** and **C. A. Stewart:** (a) The effects of underfeeding and refeeding upon the growth of various systems and organs of the body. Minnesota Med. 1918, 1—28. (b) Recovery of weight in the various organs of albino *rats* on refeeding after underfeeding from birth for various periods. Amer. J. Dis. Childr. 17, 329—352 (1919). (c) The effects of inanition in the young upon the ultimate size of the body and of the various organs in the albino *rat*. J. of exper. Zool. 30, 97—128 (1920). — **Jacobj, W.:** Die Zellkerngröße beim *Menschen*. Ein Beitrag zur quantitativen Cytologie. Z. mikrosk.-anat. Forsch. 38, 161—240 (1935). — **Jacobson, L.:** Über die Thymus der Winterschläfer. Arch. Anat. u. Physiol. 2 (1817). — **Jaffe, H. L.:** (a) The influence of suprarenal glands on the thymus. I. Regeneration of the thymus following double suprarenalectomy in the *rat*. J. of exper. Med. 40, 325—342 (1924). (b) The influence of suprarenal glands on the thymus. II. Direct. evidence of regeneration of the involuted thymus following double suprarenalectomy in the *rat*. J. of exper. Med. 40, 619—625 (1924). — **Jaffe, H. L.** and **A. Plavska:** (a) Experimental studies on the formation of Hassalls corpuscles. Proc. Soc. exper. Biol. a. Med. 23, 91—93 (1925). (b) Autoplastic thymus transplants. II. With particular reference to the regeneration of the reticulum cells and the formation of Hassalls corpuscles. J. of exper. Med. 44, 523—532 (1926). — **Jaffé, H. L.** u. **H. Sternberg:** Die Drüsen mit innerer Sekretion. Handbuch ärztlicher Erfahrungen im Weltkriege, Bd. 8, S. 38—42. 1921. — **James, Emory S.:** The morphology of the thymus and its changes with age in the neotenous *amphibian (Necturus maculosus)*. J. Morph. a. Physiol. 64, 455—481 (1939) u. Diss. New York 1939. — **Jedlicka, V.:** Sur la persistance chez *l'homme* de restes du métamère thymique IV dans la vie postfoetale. Rev. franç. Endocrin. 6, 122—148 (1928). — **Jendrássik, A. E.:** Untersuchungen über den Bau der Thymusdrüse. Sitzgsber. Akad. Wiss. Wien, Math.-naturwiss. Kl. 22 (1856). — **Jörg, M. E.:** Das Vorhandensein einer epithelialen Drüse vom Typus der Nebenschilddrüse bei der Thymus. Bol. Inst. Clin. quir. Unic. Buenos Aires 9, 44—49 (1933). — **Joest, E.:** Spezielle pathologische Anatomie der Haustiere, Bd. III,1. Berlin 1923. — **Johnson, Ch. E.:** Branchial derivative in *turtles*. J. Morph. a. Physiol. 36, 299—319 (1922). — **Jolly, J.:** (a) Sur la dégénérescence du noyau des cellules lymphatiques „in vitro". C. r. Soc. Biol. Paris 50, 702 (1898). (b) La bourse de Fabricius et les organes lympho-épithéliaux. C. r. Assoc. Anat. Paris 13, 164—176 (1911). (c) Sur l'involution de la bourse de Fabricius. C. r. Soc. Biol. Paris 70, 564—567 (1911). (d) Sur les modifications histologiques de la bourse de Fabricius à la suite du jeûne. C. r. Soc. Biol. Paris 71, 323—325 (1911). (e) Sur les organes lympho-épithéliaux. C. r. Soc. Biol. Paris 74, 540—543 (1913). (f) Modifications de la bourse de Fabricius à la suite de l'irradiation par les rayons X. C. r. Soc. Biol. Paris 75, 120—122 (1913). (g) L'involution physiologique de la bourse de Fabricius et ses relations avec l'apparition de la maturité sexuelle. C. r. Soc. Biol. Paris 75, 638—640 (1913). (h) Recherches sur la bourse de Fabricius et les organes lymphoépithéliaux. Archives Anat. microsc. 16, 363—542 (1914). (i) Modifications des ganglions lymphatiques à la suite du jeûne. C. r. Soc. Biol. Paris 76, 146—149 (1914). (k) Sur les mouvements amiboides des petites cellules de la bourse de Fabricius et du thymus. C. r. Soc. Biol. Paris 77, 148—150 (1914). (l) Le tissu lymphoïde, considéré comme un tissu de réserve. C. r. Soc. Biol. Paris 83, 1209—1212 (1920). (m) Traité technique d'hématologie, Vol. 2. Paris 1923. (n) Le thymus est — il un organe lymphoïde. Bull. Histol. appl. 1, 176—179 (1924). (o) Le thymus et les organes lymphoïdes. C. r. Assoc. Anat. Paris 19 (1924). (p) Le noyau cellulaire et les réserves nucléaires dans l'inanition. Bull. Acad. Méd. Paris 91 (1924). Zit. nach Hammar 1936. (q) Mode d'action des rayons X sur les cellules. Irradiation d'organes isolés. C. r. Soc. Biol. Paris 91, 79, 80 (1924). (r) Action des rayons X sur les cellules. Modifications de la radiosensibilité par ligature des connexions vasculaires. C. r. Soc. Biol. Paris 91, 351—353 (1924). (s) Sensibilité comparée des différents organes lymphoïdes aux rayons X. C. r. Soc. Biol. Paris 91, 354—356 (1924). (t) Action des rayons X sur les cellules. Diminution de la réaction d'un organe sensible par la ligature des arterès afférentes. C. r. Soc. Biol. Paris 91, 532—534 (1924). (u) Mode d'action des rayons X sur les tissus. Peut-on modifier expérimentalement la radiosensibilité? Bull. Acad. Méd. Paris 93, 276—279 (1925). Zit. nach Hammar 1936. (v) Involution aigué du thymus par une injection d'alcool. C. r. Soc.

Biol. Paris 93, 478—480 (1925). (w) Action des rayons ultraviolets sur le tissu lymphoïde. C. r. Soc. Biol. Paris 93, 999—1001 (1925). (x) Modifications histologiques des organes lymphoïdes produites par les radiations lumineuses. C. r. Soc. Biol. Paris 94, 173 174 (1926). — Jolly, J. et M. Férester: Sur l'existence de corps de Kurloff dans les petites cellules thymiques. C. r. Soc. Biol. Paris 101, 767—769 (1929). — Jolly, J. et R. Ferroux: (a) L'action nocive des rayons X sur le tissus vivants est — elle une action directe ou une action indirecte ? C. r. Soc. Biol. Paris 92, 67—70 (1925). (b) Actions des rayons X sur les tissus. Diminution de la réaction d'un organe sensible au moyen de l'adrénaline. C. r. Soc. Biol. Paris 92, 125—127 (1925). (c) Sensibilité comparée au rayons X d'un thymus normal et d'un thymus involué. C. r. Soc. Biol. Paris 99, 718—720 (1928). (d) Etude histologique de rayonnement diffusé. C. r. Soc. Biol. Paris 99, 720—722 (1928). — Jolly, J. et A. Lacassagne: De la resistance des leucocytes du sang vis-à-vis des rayons X. C. r. Soc. Biol. Paris 89, 379—381 (1923). — Jolly, J. et S. Levin: (a) Sur les modifications de poids des organs lymphoïdes à la suite du jeûne. C. r. Soc. Biol. Paris 71, 321—323 (1911). (b) Sur les modifications du thymus à la suite du jeûne. C. r. Soc. Biol. Paris 71, 374—377 (1911). (c) Sur les modifications histologiques de la rate à la suite du jeûne. C. r. Soc. Biol. Paris 72, 146—149 (1912). (d) Evolution des corpuscules de Hassall dans le thymus de l'animal jeûneur. C. r. Soc. Biol. Paris 72, 642—644 (1912). — Jolly, J. et C. Lieure: (a) Influence de la castration sur l'involution du thymus. C. r. Soc. Biol. Paris 102, 762—764 (1929). (b) Influence de la gestation sur le thymus. C. r. Soc. Biol. Paris 104, 451—454 (1930). (c) Recherches sur la greffe du thymus. Phénomènes histologiques de la reconstitution du thymus greffé. Archives Anat. microsc. 28, 159—221 (1932). — Jolly, J. et A. Pézard: La castration retarde l'involution de la bourse de Fabricius. C. r. Soc. Biol. Paris 98, 379, 380 (1928). — Jolly, J. et Th. Saragea: Sur les modifications histologiques de l'appendice du Lapin au cours du jeûne. C. r. Soc. Biol. Paris 90, 618—620 (1924). — Jolly, J. et de C. Tannenberg: (a) Sur l'existence de centres germinatifs dans la substance médullaire d'un thymus de chat. C. r. Soc. Biol. Paris 90, 405—407 (1924). (b) Centres germinatifs dans le thymus. Archives Anat. microsc. 27, 127—147 (1931). — Jones, W.: On the enzyme of the thymus. Amer J. Physiol. 10, 24, 25 (1903). — Jonson, A.: Studien über die Thymusinvolution. Die akzidentelle Involution bei Hunger. Arch. mikrosk. Anat. 73, 390—443 (1909). — Jordan, H. E.: The distribution of reticulum in the thymus. Anat. Rec. 38, 50 (1928). — Jordan, H. E. and G. W. Horsley: Significance of concentric corpuscles of Hassall. Anat. Rec. 35, 279—303 (1927). — Jordan, H. E. and J. B. Looper: The histology of the thymus gland of the box-turtle Terrapene carolina, with special reference to the concentric corpuscles of Hassall and the eosinophilic granulocytes. Anat. Rec. 40, 309—337 (1928). — Jossifow, G.: Zur Frage über die Nerven der Gl. thymus beim Menschen. Diss. Charkow. Zit. nach Jber. Anat. 5, 3, 306 (1899). — Juba, A. u. P. v. Mihàlik: Über die Entstehung der Hassallschen Körperchen. Z. Anat. 90, 278—287 (1927).

Kaplan, L.: Bemerkungen zur normalen und topographischen Anatomie der Thymus mit besonderer Berücksichtigung der plötzlichen Todesfälle bei Thymushypertrophie. Diss. Berlin 1903. — Kapran, S.: Über die Wirkung der Hypophysektomie auf die Thymusinvolution. Ž. med. Ciklu (ukrain.) 2 (1932), dtsch. Zusammenfassung S. 515—517. Zit. nach Ber. Biol. 26, 417. — Karras, W.: Die Thymusdrüse und ihre Beziehungen zu den Keimdrüsen. Tierärztl. Rdsch. 1941, 27, 37. — Katsura, H.: Über den Einfluß des Thymus bzw. dessen Extraktes auf das Knochenwachstum sowohl durch Gewebskultur als auch durch Exstirpationsversuch. Mitt. med. Fak. Tokyo 30, 177—206 (1922). — Kawamura, R.: Die Cholesterinesterverfettung (Cholesterinsteatose). Jena 1911. — Kent jr. George C.: Epidermal concentric corpuscles and their significance in the interpretation of the corpuscles of Hassall: Triturus. Anat. Rec. 75, 275—287 (1939). — Kikuti, Noboru: Entwicklungsgeschichtliche Untersuchungen über Schilddrüse, Thymus und andere Kiemenderivate bei den Reptilien. Chiba Igakkai-Zasshi (jap.) 14, 219—273 (1936). Ref. Jap. J. med. Sci., Anat. Trans. a. Abstr. 7, 134 (1938). — Kingsbury, B. F.: (a) Amphibian tonsils. Anat. Anz. 42, 592—612 (1912). (b) The development of the human pharynx. I. The pharyngeal derivatives. Amer. J. Anat. 18, 329—386 (1915). (c) On the nature and significance of the thymic corpuscles (of Hassall). Anat. Rec. 38, 141—160 (1928). (d) On the mammalian thymus, particularly Thymus IV: The development in the calf. Amer. J. Anat. 60, 149—183 (1936). (e) The development of the pharyngeal derivatives of the opossum (Didelphys virginiana), with special reference to the thymus. Amer. J. Anat. 67, 313—435 (1940). (f) The interpretation of thymus bodies. Endocrinology 29, 155—160 (1941). — Kinugasa, S.: Functions of the cortex and the medulla of the thymus, especially their relation to the sexual glands. Keijo J. of Med. 1 (1930). Zit. nach Ber. Biol. 15, 458. — Kiyonari, Y.: (a) Über den Einfluß der Thymusdrüse auf das Knochenwachstum und die Beziehungen zwischen Thymusdrüse und Schilddrüse auf dasselbe. Fol. endocrin. jap. 3 (1927). Zit. nach Ber. Biol. 7, 818. (b) On the influence of various ductless glands upon the thymus gland of young rats. Fol. endocrin. jap. 4 (1928). Zit. nach Ber. Biol. 10, 70. (c) Über den Einfluß der Thymus- und der Geschlechtsdrüsen auf das Knochenwachstum und die Beziehungen zwischen diesem und verschiedenen endokrinen Drüsen. Fol. endocrin. jap. **1929**. Zit. nach Ber. Biol. **11**, 318. — **Kiyono, K.**: Die vitale Karminspeicherung. Jena 1914. — **Kiyotani, Hisashi:** (a) Entwicklungsstudien über die Thymusanlage. II. Untersuchungen an den *Anuren*, besonders bei den Larven von *Rhacophorus schlegelii*. Okayama-Igakkai-Zasshi (jap.) **48**, 1185—1202 (1936). (b) Entwicklungsstudien über die Thymusanlage. III. Mitt. Untersuchungen an den *Urodelen*, besonders bei den Larven von *Diemyctylus pyrrhogaster*. Okayama-Igakkai-Zasshi (jap.) **48**, 2013—2025 (1936). — **Klein, E.**: Die Thymusdrüse. In: Handbuch der Lehre von den Geweben, herausgeg. von STRICKER, Bd. 1. Leipzig 1871. — **Klein, F.**: Über den Einfluß von Schwangerenharn und Prolan auf die *Meerschweinchen-thymus*. Klin. Wschr. **1936 I**, 371—375. — **Klein, Fr.**: Über das Verhältnis zwischen Schilddrüse und Thymus. Virchows Arch. **301**, 736—745 (1938). — **Kleinschmidt, A.**: Zur Tonsilla palatina des *Gorilla*. Z. mikrosk.-anat. Forsch. **44**, 412—424 (1938). — **Kliwanskaja-Kroll, E.**: Zur Morphologie des experimentellen Hyperthyreoidismus. Das inkretorische System des im Wachstum begriffenen Organismus bei systematischer Fütterung mit Schilddrüsensubstanz. II. Mitt. Schilddrüse und Thymusdrüse. Virchows Arch. **268**, 374—394 (1928); **272**, 430—441 (1929). — **Klose, H.**: (a) Neuere Thymusforschungen und ihre Bedeutung für die Kinderheilkunde. Arch. Kinderheilk. **55**, 1—51 (1911). (b) Thymusdrüse und Rachitis. Zbl. Path. **25**, 1—7 (1914). — **Klose, H.** u. **H. Vogt**: Klinik und Biologie der Thymusdrüse. Beitr. klin. Chir. **69**, 1—200 (1910). (b) Chirurgie der Thymusdrüse. Neue Deutsche Chirurgie, Bd. 3, S. 1—283. 1912. — **Klose, W.**: Beiträge zur Morphologie und Histologie der Thymusdrüse und des postbranchialen Körpers von *Proteus anguineus*. Z. Zellforsch. **14**, 385—439 (1931). — **Klumpp, W.** u. **B. Eggert**: Die Schilddrüse und die branchiogenen Organe von *Ichthyophis glutinosus* L. Z. Zool. (A) **146**, 329 bis 381 (1934). — **Knipping, H. W.** u. **W. Rieder**: Beitrag zur Physiologie des Thymus. Über die Beziehungen zwischen Thymus und Generationsorganen. Z. exper. Med. **39**, 378—384 (1924). — **Koana, Akira:** Experimentelle Studien über die Einflüsse des Epithelkörperchenhormons auf die verschiedenen endokrinen Organe, insbesondere auf den Thymus. Trans. jap. path. Soc. **26**, 423—485 (1936). — **Koelliker, A.**: (a) Mikroskopische Anatomie. Leipzig 1852. (b) Handbuch der Gewebelehre, herausgeg. von V. v. EBNE Leipzig. 1902. — **Kohn, A.**: Die Epithelkörperchen. Erg. Anat. **9**, 194—252 (1900). — **Komocki, W.**: (a) Über den Bau der Thymozyten. Z. mikrosk.-anat. Forsch. **20**, 1—7 (1930). (b) Nochmals über den Bau der Thymozyten. Virchows Arch. **281**, 495—498 (1931). — **Komura, E.**: Experimentelle Studien über die Beeinflußbarkeit der Entwicklung der Thymus und des lymphatischen Gewebssystems durch erworbene Faktoren. Trans. jap. path. Soc. **21** (1931). Zit. nach Ber. Biol. **21**, 511. — **Kopač, Z.**: Beitrag zur Kenntnis des Thymus cysticus beim Erwachsenen. Beitr. path. Anat. **102**, 560—572 (1939). — **Kopp, J. H.**: Denkwürdigkeiten in der ärztlichen Praxis 1. Frankfurt a. M. 1830. — **Koseki, T.**: Entwicklungsgeschichtliche Untersuchung über die Organe aus den Visceraltaschen. Igaku-Kenkyu, Fukuoka (jap.) **3**, 1825—1826 (1929). Ref. Jap. J. of med. Sci., Anat. **3** (1933). — **Kostic, A.** e **B. Vlatkovic**: L'azione della milza nell accrescimento corporeo. Riv. Biol. **21**, 369—373 (1936). — **Kostowiecki, M.**: (a) Sur le rapport entre les corpuscules de HASSALL et les vaisseaux sanguins voisins dans le thymus des foetus *humains*. C. r. Soc. Biol. Paris **105**, 417, 418 (1930). (b) Über die Beziehung der HASSALLschen Körperchen zu den benachbarten Blutgefäßen in der Thymus *menschlicher* Feten. Bull. internat. Acad. polon. Sci. Cracovie **1930**. Zit. nach KOSTOWIECKI 1938. (c) Untersuchungen über Nervenendigungen in dem Thymus *menschlicher* Feten. Anat. Anz. **80**, 231—236 (1935). (d) Über die Nervenfasern und Nervenendigungen in der Thymus während der Fetalperiode. Zoologica Poloniae **3**, 23—86 (1938). — **Kraus, E. J.**: (a) Zur Kenntnis der Splenomegalie GAUCHER, insbesondere der Histogenese der großzelligen Wucherung. Z. angew. Anat. **7**, 186 (1921). (b) Zur Frage der Funktion endokriner Organe in der Fetalzeit. Endokrinol. **5**, 133—137 (1929). — **Krause**: Über die Thymusfunktion. Z. ärztl. Fortbildg **36**, 678—680 (1939). — **Krause, R.**: Mikroskopische Anatomie der *Wirbeltiere* in Einzeldarstellungen. Berlin-Leipzig: W. de Gruyter & Co. 1923. — **Križenecký, J.**: Über den Einfluß der Schilddrüse und der Thymus auf die Entwicklung des Gefieders bei den *Hühner*küken. Roux' Arch. **107**, 583—604 (1926). — **Krupski**: Über die akzidentelle Involution der Thymusdrüse beim *Kalb*. Schweiz. Arch. Tierheilk. **66**, 14—21 (1924). — **Kürsteiner, W.**: (a) Die Epithelkörperchen des *Menschen* in ihrer Beziehung zur Thyreoidea und Thymus. Anat. H. **11**, 353 (1899). (b) Epithelkörperchen und Thymusstrang beim *Menschen*. Korrespbl. Schweiz. Ärzte **30** (1900). — **Kyrilow, A.**: Über das Vorkommen und die Bedeutung von Lipoiden im Thymus. Z. Konstit.lehre **10**, 460—481 (1924).

    Lagergren, K. A. u. **J. A. Hammar**: V. Verhalten der Thymus in 21 Fällen von Diphtherie. Z. angew. Anat. **3**, 314—398 (1918). — **Laguesse, E.**: Structure et évolution du thymus. Echo méd. Nord. **17**, 461—469 (1913). — **Lampé, A.**: Die biologische Bedeutung der Thymusdrüse auf Grund neuerer Experimentalstudien. Med. Klin. **1912 I**, 1117—1120. — **Landauer, W.**: Untersuchungen über Chondrodystrophie. III. Die Histologie der Drüsen mit innerer Sekretion von chondrodystrophischen *Hühner*embryonen. Virchows Arch. **271**,

534—545 (1929). — **Lange, D. de** jr.: De Beteekenis der mikroskopische Anatomie voor de Kennis van bouw en funktie der zoogenaamd rudimentaire organen. Groningen 1913. — **Lange, S.:** (a) The present status of the X-ray therapy of enlarged thymus. Amer. J. Röntgenol. **1**, 74—80 (1913/14). (b) Der gegenwärtige Stand der Röntgenbehandlung der vergrößerten Thymus. Strahlenther. Orig. **5**, 295—305 (1914). — **Laquer, F.:** Hormone und innere Sekretion, 2. Aufl. Dresden u. Leipzig 1934. — **Latarjet, A.** et **J. Murard:** La vascularisation artérielle du thymus. Lyon chir. **1911.** Zit. nach HAMMAR 1936. — **Latimer, H. B.:** (a) The weights of the viscera of the *turtle*. Anat. Rec. **19**, 347—360 (1920). (b) The growth of organs and systems of the single comb white leghorn *chick*. Anat. Rec. **21**, 70 (1921). (c) Postnatal growth of the body, systems and organs of the single comb leghorn *chicken*. J. agricult. Res. **98**, 379—380 (1924). Zit. nach A. W. GREENWOOD 1929/30. (d) The relative postnatal growth of the systems and organs of the *chicken*. Anat. Rec. **31**, 233—253 (1925). — **Latimer and Rosenbaum:** Correlations of the weights and lengths of the body, organs and systems of *turkey hen*. Anat. Rec. **35**, 18, 19 (1927). — A quantitative study of the *turkey hen*. Anat. Rec. **34**, 15—26 (1926). — **Laurell, H.:** Zum Vergleich der Lymphozyten innerhalb und außerhalb der Thymusdrüse. Zit. nach HAMMAR 1909. — **Lauson, H. D., C. G. Heller** and **E. L. Severinghaus:** The effect of graded doses of estrin upon the pituitary, adrenal, and thymus weights of onature ovariectomised *rats*. Endocrinology **21**, 735—740 (1937). — **Leblond, C.-P.** et **G. Segal:** Action des toxiques sur le thymus de l'animal sans surrénale. C. r. Soc. Biol. Paris **129**, 838—840 (1938). — **Lenart, G.:** Die Thymusfunktion. Erg. inn. Med. **50**, 1—72 (1936). — **Lentini, S.:** Correlazioni fra timo e ghiandole a secrezione interna. I. Ormoni 4, 161—170 (1942). — **Lentini, S.** and **A. Cirenei:** Correlazioni fra timo e tonsille palatine. (Ricerche sperim.) Fisiol. e Med. 11, 401—431 (1940). — **Leone, P.:** Rapporti sperimentali tra timo, eteronarcosi e cloronarcosi. Arch. ital. Chir. **1925.** Zit. nach Rev. franç. Endocrin. **5**, 219. — **Leopold, P. G.:** Über den histotopochemischen Nachweis von Vitamin C im Zentralnervensystem. Z. Zellforsch. **31**, 502—512 (1941). — **Lepori, N. G.:** Esperienze sulla cicatrizzazione delle ferite sotto l'effetto degli estratti timici e tiroidei. Arch. di Sci. biol. **28**, 132—148 (1942). — **Leupold, E.:** Die Bedeutung der Thymus für die Entwicklung der männlichen Keimdrüsen. Beitr. path. Anat. **67**, 472—491 (1920). — **Levie, L. H., I. E. Uyldert** and **E. Dingemanse:** Influence of growth promoting and sex hormones and diethylstilboestrol on thymus weight. Effect of thymusextract upon growth. Acta brevia neerl. Physiol. **9**, 50—53 (1939). — **Levin, S.:** Recherches expérimentales sur l'involution du thymus. Thèse de Paris 1912. — **Lewin, J. E.:** Involution und Regeneration des Thymus unter dem Einfluß von Benzol. Virchows Arch. **268**, 1—16 (1928). — **Lewis, F. T.:** The first lymph glands in *rabbit* and *human* embryos. Anat. Rec. **3** (1909). — **Lewis, Th.:** (a) Observations upon the distribution and structure of haemolymphe glands in *mammalia* and *aves*, including a preliminary note on the thymus. J. Anat. a. Physiol. **38** (1904). (b) The *avian* thymus. J. of Physiol. **22**, 1 (1905). — **Leydig, Fr.:** Lehrbuch der Histologie des *Menschen* und der *Tiere*. Frankfurt a. M. 1857. — **Lindberg, G.:** Zur Kenntnis der Alterskurve der weißen Blutkörperchen des *Kaninchens*. Fol. haemat. (Lpz.) **9**, 64—80 (1910). — **Lindeberg, W.:** Über den Einfluß der Thymektomie auf den Gesamtorganismus und auf die Drüsen mit innerer Sekretion, insbesondere die Epiphyse und Hypophyse. Fol. neuropath. eston. **2**, 42—108 (1924). — **Lipps, F.:** Über ungewöhnliche Melaninablagerungen bei *Mensch* und *Tier* mit Beschreibung zweier Fälle zur Melaninpigmentierung der *Schweine*thymus. Anat. Diss. Heidelberg 1938. — **Livini, F.:** (a) Sulla distribuzione de tessuto elastico in vari organi del corpo *umano*. Monit. zool. ital. **10** (1899). (b) Paratiroidi e lobuli timici: ricerche citologiche. Ric. fisiol. Milano **1900.** (c) Sviluppo di alcuni organi derivati dalla regione branchiale negli *anfibi urodeli*. Monit. zool. ital. **12** (1901). (d) Organi del sistema timo-tiroideo nella *Salamandrina perspicillata*. Arch. ital Anat. **1** (1902). — **Lochte:** Zur Kenntnis der epitheloiden Umwandlung der Thymus. Zbl. Path. **10** (1899). — **Loele, W.:** Die Phenolreaktion (Aldaminreaktion) und ihre Bedeutung für die Biologie. Leipzig 1920. — **Loeschke, H. u. E.:** Pericyten, Grundhäutchen und Lymphscheiden der Capillaren. Z. mikrosk.-anat. Forsch. **35**, 533—550 (1934). — **Löw, J.:** Zur Frage der Blutbildung in der *menschlichen* Thymus. Wien. klin. Wschr. **1911 I**, 418, 419. — **Löwenthal, K.:** (a) Die makroskopische Diagnose eines Status thymico-lymphaticus an der Leiche und ihr Wert für die Beurteilung von plötzlichen Todesfällen und Selbstmorden. Vjschr. gerichtl. Med. **59**, 2—17 (1920). (b) Ein Fall von Thymushypertrophie mit scheinbarer Cystenbildung. Virchows Arch. **259**, 531—538 (1926). (c) Thymus. Handbuch der inneren Sekretion, herausgeg. von HIRSCH, Bd. 1, S. 709—866. 1932. (d) Die Lipoidablagerung bei der akzidentellen Involution der Erwachsenen. Virchows Arch. **283**, 448—457 (1932). — **Lubarsch, O.:** Zur pathologischen Anatomie der Erschöpfungs- und Ernährungskrankheiten. Beitr. path. Anat. Suppl. **69**, 242—251 (1921). — **Lucae:** Anatomische Untersuchung der Thymus. Frankfurt a. M. 1811. — **Lucien, M.** et **A. George:** Considérations sur l'évolution pondérale de quelques organes glandulaires et endocriniens chez le foetus *humain*. Rev. franç. Endocrin. **5**, 161—179 (1927). — **Lucien, M.** et **J. Guibal:** Rapports du thymus avec les troncs veineux de la base du cou. Rev. franç. Endocrin. 2, 90—102 (1924). — **Lucien, M.** et **J. Parisot:** La sécrétion interne du thymus. Rôle des corpuscules de HASSALL. C. r. Soc. Biol. Paris 67 (1909). — **Lucien, M., J. Parisot** et **G. Richard:** Traité d'endocrinologie. Paris 1927. — **Lunghetti, B.:** Sul comportamento delle Gitterfasern nel timo dell'uomo. Atti Accad. Fisiocritici Siena 225, 47—52 (1925).

MacCarrison, R.: Involution of the thymus in birds. Indian J. med. Res. 6, 557—559 (1919). — **Macciotta, G.:** (a) L'influenza del timo sul metabolismo dei corpi creatinici. Pediatria 33, 360—371 (1925). (b) Funzioni ed importanza della milza nei processi dello sviluppo e dell'accrescimento. Studio sperimentale e critico. Riv. Clin. pediatr. 25, 857—952 (1927). (c) Il rapporto timo — milza nell'accrescimento. Clin. pediatr. 10, 17—45 (1928). Zit. nach Ber. Biol. 7, 832. — **Madruzza, G.:** Contributo sperimentale alle correlazioni tra timo e genitali. Riv. ital. Ginec. 10, 641—673 (1929). Zit. nach Ber. Biol. 14, 725. — **Märk, W.:** Über arterio-venöse Anastomosen, Gefäßsperren und Gefäße mit epitheloiden Zellen beim Menschen. Z. mikrosk.-anat. Forsch. 50, 392—445 (1941). — **Magni, S.:** Über einige histologische Untersuchungen der normalen Thymusdrüsen eines fünfmonatlichen und eines reifen Fetus. Arch. Kinderheilk. 38, 14—17 (1903). — **Mahorner, H. R., D. Caylor, C. F. Schlotthauer** and **J. de J. Pemberton:** Observations on the lymphatic connections of the thyroid gland in man. Anat. Rec. 36, 341—347 (1927). — **Mandelstamm, M.:** (a) De l'action possible du thymus sur les organes génitaux. Thèse de Paris 1927. (b) Trypanspeicherung im Thymus wachsender Tiere. Z. Zellforsch. 7, 487—494 (1928). — **Mann, F. C.:** (a) The ductless glands and hibernation. Amer. J. Physiol. 41, 162—188 (1916). (b) The effect of splenectomy on the thymus. Endocrinology 3, 299—306 (1919). — **Marchand, F.:** (a) Über die Herkunft der Lymphozyten und ihre Schicksale bei der Entzündung. Verh. path. Ges. Marburg 1913. (b) Zbl. Path. 34 (1924). — **Marcus, H.:** (a) Über die Thymus. Anat. Anz. Erg.-Bd. 30 (Verh. anat. Ges. Würzburg), 237—248 (1907). (b) Beiträge zur Kenntnis der Gymnophionen. I. Über das Schlundspaltengebiet. Arch. mikrosk. Anat. 71, 695—774 (1908). — **Margolis, H. M.:** The thymus gland in lymphatic leukemia. Arch. of Path. 9, 1015—1026 (1930). Zit. nach Ber. Biol. 15, 423. — **Marine, D.:** (a) The frequency of ductlike spaces in the thymus gland, with remarks on the formation and fate of HASSALLs corpuscles. Cleveland med. J. 14, 186—195 (1915). (b) Relation of suprarenal cortex to thyroid and thymus glands. Arch. Path. a. Labor. Med. 1, 175—179 (1926). — **Marine** and **O. T. Manley:** Transplantation of the thymus in the rabbit. Relation of the thymus to the sexual maturity. J. Labor. a. Clin. Med. 3 (1917). — **Marine, D., O. T. Manley** and **E. J. Bowman:** The influence of thyroidectomy, gonadectomy, suprarenalectomy and splenectomy on the thymus gland of the rabbit. J. of exper. Med. 40, 429—443 (1924). — **Marotta, R.:** Sul significato dei corpuscoli di HASSALL. Ricerche istologiche e microchimiche. Fol. med. (Napoli) 1930. Zit. nach Rev. franç. Endocrin. 9, 475. — **Martin, P.** u. **W. Schauder:** Lehrbuch der Anatomie der Haustiere, Bd. III/3, 3. Aufl. Stuttgart 1938. — **Marx, H.:** Innere Sekretion. In Handbuch der inneren Medizin, Bd. VI/1. 1941. — **Mason, V. A.:** The fate of the ultimo-branchial body in the cat (Felis domestica) with special reference to cyst formation within the thyroid. Amer. J. Anat. 49, 43—63 (1931). — **Massart, C.:** (a) Morfologia e sviluppo del sistema tireo-paratireoideo con ricerche originali nei Chirotteri (Vesperugo pipistrellus). Arch. ital. Anat. 44, 79—22 (1940). (b) Morfologia e sviluppo del timo con ricerche originali nei Chirotteri (Vesperugo pipistrellus). Arch. ital. Anat. 44, 489—550 (1940). (c) Ulteriori osservazioni sullo sviluppo del timo nei Chirotteri. Monit. zool. ital. 52, 33—40 (1941). — **Masui, K.** and **Y. Tamura:** The effect of gonadectomy on the weight of the kidney, thymus and spleen of mice. Brit. J. exper. Biol. 3, 207—223 (1925/26). — **Mathis, J.:** Zum Feinbau der Bursa FABRICII. Z. mikrosk.-anat. Forsch. 43, 179—190 (1938). — **Matsuba, S.:** Über die Wirkung der Kastration auf Schilddrüse, Hypophyse, Thymusdrüse und Nebennieren bei der Ratte. J. jap. Soc. vet. Sci. 3 (1925). — **Matsunaga:** (a) Über die parenchymatösen Lymphgefäße der Thymus. Arch. f. Anat. 1910, 28—32. (b) Studien über die Lymphgefäße einiger innersekretorischer Organe. Kaibo. Z., Tokyo 1, 213—243 (1928). Ref. Jap. J. med. Sci., Anat. 2 (1931). — **Matsuno, G.:** Die Beziehungen zwischen Thymus, Milz und Knochenmark. Biochem. Z. 123, 27—50 (1921). — **Matti, H.:** (a) Untersuchungen über die Wirkung experimenteller Ausschaltung der Thymusdrüse. Mitt. Grenzgeb. Med. u. Chir. 24, 665—821 (1911/12). (b) Physiologie und Pathologie der Thymusdrüse. Erg. inn. Med. 10, 1—145 (1913). — **Mauclaires:** Les greffes des glandes endocrines. Rev. franç. Endocrin. 1, 58—71 (1923). — **Maurer, F.:** (a) Schilddrüse und Thymus der Teleostier. Morph. Jb. 11, 129—175 (1886). (b) Schilddrüse, Thymus und Kiemenreste der Amphibien. Morph. Jb. 13, 296—382 (1888). (c) Schilddrüse, Thymus und sonstige Schlundspaltenderivate bei Echidna und ihre Beziehungen zu den gleichen Organen bei anderen Wirbeltieren. Semons Forschungsreisen 3 (1899). (d) Die Schilddrüse, Thymus und andere Schlundspaltenderivate bei der Eidechse. Morph. Jb. 27, 119—172 (1899). (e) Die Entwicklung des Darmsystems. Handbuch der vergleichenden und experimentellen Entwicklungsgeschichte, Bd. 2. 1902. (f) Schilddrüse, Thymus und ihre Nebendrüsen bei Wirbeltieren und dem Menschen. Münch. med. Wschr. 1913 I, 724—726. — **Maximow, A.:** (a) Untersuchungen über Blut und

Bindegewebe. II. Über die Histogenese der Thymus bei *Säugetieren*. Arch. mikrosk. Anat. 74, 525—621 (1909). (b) IV. Über die Histogenese der Thymus bei *Amphibien*. Arch. mikrosk. Anat. 79, 560—611 (1912). (c) V. Über die embryonale Entwicklung der Thymus bei *Selachiern* Arch. mikrosk. Anat. 80, 39—88 (1912). (d) Untersuchungen über Blut und Bindegewebe. VI. Über Blutmastzellen. Arch. mikrosk. Anat. 83, 247—289 (1913). (e) Untersuchungen über Blut und Bindegewebe. VII. Über „in vitro" Kulturen von lymphoidem Gewebe des erwachsenen *Säugetier*organismus. Arch. mikrosk. Anat. 96, 494—527 (1922). (f) Untersuchungen über Blut und Bindegewebe. VIII. Die cytologischen Eigenschaften der Fibroblasten, Reticulumzellen und Lymphocyten des lymphoiden Gewebes außerhalb des Organismus, ihre genetischen Wechselbeziehungen und prospektiven Entwicklungspotenzen. Arch. mikrosk. Anat. 97, 283—313 (1923). (g) Bindegewebe und blutbildende Gewebe. Handbuch der mikroskopischen Anatomie des *Menschen*, Bd. II/1. 1927. (h) Development of Nongranular leucocytes (Lymphocytes and Monocytes) into Polyblasts (Macrophages) and Fibroblasts in vitro. Proc. Soc. exper. Biol. a. Med. 24, 570—572 (1927). (i) Development of argyrophile and collagenous fibres in tissue cultures. Proc. Soc. exper. Biol. a. Med. 25, 439—442 (1928). Anat. Rec. 38, 22, 23 (1928). (k) Über die Entwicklung argyrophiler und kollagener Fasern in Kulturen von erwachsenem *Säugetier*gewebe. Nach des Verfassers Tode geschrieben und veröffentlicht von W. BLOOM. Z. mikrosk.-anat. Forsch. 17, 625—659 (1929). — **Mayer, S.:** Zur Lehre von der Schilddrüse und Thymus bei den *Amphibien*. Anat. Anz. 3, 97—103 (1888). — **Mayr, T.:** Die Drüsenknospen Thymus und Tholus am Metapharynx der *Säuger*. Morph. Jb. 45, 1—56 (1912). — **Mazzeschi, A.:** Sulle correlazioni dell'apparato endocrino durante lo sviluppo di „*Rana agilis*". Arch. Zool. ital. 28, 297—322 (1940). — **Meckel, J. F.:** Handbuch der menschlichen Anatomie, Bd. 4. Halle und Berlin 1820. — **Mensi, E.:** Sull'origine e funzione dei corpuscoli di HASSALL. Pediatria 11 (1903). — **Messerli, Fr. M.** et **E. Coilaud:** Contribution a l'étude de l'étiologie du goitre endemique. Étude comparative du corps thyroïde et du thymus des *rats blancs* de Paris, Strasbourg, Lausanne et Zurich. Ann. Inst. Pasteur 40, 952—971 (1926). — **de Meuron, P.:** Recherches sur le développment du thymus et de la glande thyroïde. Rec. zool. Suisse S. I, 3, 517—628 (1886). — Diss. Genève 1886. — **Mietens, H.:** (a) Zur Kenntnis des Thymusretikulum und seiner Beziehungen zu dem der Lymphdrüsen, nebst einigen Bemerkungen über die Winterschlafdrüse. Jena. Z. Naturwiss. 44, 149—192 (1908). (b) Entstehung der weißen Blutkörperchen und der Milz bei *Bufo vulgaris*. Jena. Z. Naturwiss. 46, 301—360 (1910). — **Mietzsch, F.:** Über den vitalen Entfärbungsvorgang bei Triphenylmethanfarbstoffen. In: Medizin und Chemie, Bd. II. Abhandlungen aus den Medizinisch-chemischen Forschungsstätten der I. G. Farbenindustrie, A.G., Leverkusen 1934. — **Miwa, Taro:** Studies on the splenic hormone, especially on its rôle in calcium metabolism. Keijo J. of Med. 3, 403—444 (1932). — **Miyagawa, Y.** and **K. Wada:** Influence of the constituents of thymus gland cells on the growth of young organism. Jap. med. World 5/6, 163—182 (1925/26). — **Miyazaki, N.:** (a) Experimentelle Untersuchungen über den Einfluß der Thymus auf die weibliche Keimdrüse. I. Mitt. Vom Einfluß der Thymus auf dem Brunstzyklus. Nihon Fujinka GK. Z., Tokyo 26, 1272—1283 (1931). (b) II. Mitt. Von dem Wachstum und der Metamorphose der mit Thymus gefütterten infantilen *Kaulquappen*, insbesondere von der abhängigen Veränderung des Urogenitalapparates. Nihon Fujinka GK. Z., Tokyo 26, 1301—1347 (1931). (c) III. Mitt. Von den Einflüssen des Thymus auf die Milchdrüse, die weiblichen inneren Genitalorgane und verschiedene innersekretorische Organe. Nihon Fujinka GK. Z., Tokyo 26, 1453—1523 (1931). Ref. Jap. J. med. Sci., Anat. 4 (1934). — **Mizoguchi, H.:** Über die Entwicklung der Thymus des *Riesensalamander*. Kaibo. Z., Tokyo 3, 383—449 (1930). Ref. Jap. J. med. Sci., Anat. 3 (1933). — **Mollier, S.:** Die lymphoepithelialen Organe. Sitzgsber. Ges. Morph. u. Physiol. Münch. 29, 14—37 (1913). — **Monroy, A.:** (a) Il tessuto reticolare del timo. Monit. zool. ital., Suppl. 45, 60—62 (1934). (b) Studio sul tessuto reticolare del timo. Z. Anat. 104, 266—283 (1935). (c) Ricerche sulla fine vascolarizzazione del timo (normale ed in involuzione) dell' *uomo* e di alcuni *mammiferi*. Arch. ital. Anat. 45, 1—45 (1940). — **Musotto, G.** e **Carmelo di Quattro:** Sensibilità delle varie cellule dell'organismo verso dosi differenti di colchicina e sua stimolazione all'iperplasia cellulare. Sperimentale 95, 457—470 (1941). — **Muto, C.:** The relationship between the thymus and the sexual glands. Trans. jap. path. Soc. 21, 179—182 (1931).

Naegeli, O.: Blutkrankheiten und Blutdiagnostik. Leipzig 1908. — **Natucci, J.** e **E. Monzardo:** Sulle modificazioni anatomo-istologiche delle ghiandole endocrine in corso di alimentazione iperproteica. Ormoni 1, 257—290 (1939). — **Nenceva, N.:** La modificazione del timo, della milza e delle linfoghiandole in animali trattati con urina di donna gravida. Boll. Soc. med. chir. Pavia 53, 1—11 (1939). — **Nenceva, N.** e **P. Redaelli:** Timo e corpi di FOÀ-KURLOFF. (Osservazioni preliminari.) Boll. Soc. med.-chir. Pavia 53, 1—15 (1939). — **Nicolas, A.:** Recherches sur les vésicules à épithelium cilié annexées aux dérivés branchiaux. Bibliogr. anat. 4, 171—183 (1896). — **Nierstrasz, H. F.:** Die Embryonalentwicklung von Thymus und ultimobranchialem Körper bei *Tarsius* und *Nycticebus*. Zool. Jb. Suppl. 15, 229—256 (1914). — **Nikolaeff, L.:** Influence de l'inanition sur la morphologie des organes infantiles. Presse méd. **31**, 1007—1009 (1923). — **Nitschke, A.:** (a) Darstellung und Wirkung eines aktiven Thymusextraktes. Mschr. Kinderheilk. **41**, 128—134 (1928). (b) Bedeutung des lymphocytogenen Gewebes (Thymus, Milz, Lymphknoten) für die Pathogenese der Säuglingsspasmophilie. Klin. Wschr. **1929 I**, 1—5. (c) Darstellung zweier wirksamer und spezifischer Thymussubstanzen, ihr Einfluß auf Kalk- und Phosphorgehalt des *Kaninchen*serums. Z. exper. Med. **65**, 637—650, 651—654 (1929). — **Noback, G. J.:** (a) The developmental topography of the thymus, with particular reference to the changes at birth and in the neonatal period. Anat. Rec. **21**, 75 (1921). (b) A contribution to the topographic anatomy of the thymus gland, with particular reference to its changes at birth and in the period of the newborn. Amer. J. Dis. Childr. **22**, 120—144 (1921). — **Nonidez, J. F. and H. D. Goodale:** Histological studies on the endocrines of *chickens* deprived of ultraviolet light. I. Parathyroids. Amer. J. Anat. **38**, 319—347 (1927). — **Nordmann, O.:** Experimentelles und Klinisches über die Thymusdrüse. Arch. klin. Chir. **106**, 172 (1914).

Oberdisse, K.: (a) Untersuchungen am pankreaslosen *Hunde* zur Frage des Bomskovschen Thymushormons. Klin. Wschr. **1942 I**, 278—280. (b) Schlußwort. Klin. Wschr. **1942 I**, 548—549. — **Ohmura, T.:** (a) Experimentelle Studien über die Thymusdrüse. II. Zustand während der Schwangerschaft und nach der Entbindung. Jibin-Ko-Ka 1 (1928). Deutsche Zusammenfassung. (b) Über die Beziehung zwischen den Hassallschen Körperchen und dem Kiemengang. Trans. jap. path. Soc. **18**, 285—286 (1929). — **Okamuro, T.:** Über die Beziehungen zwischen dem Hassallschen Körperchen und dem Kiemengang. Kyoto Fur. Ikwadaigaku-Zasshi (jap.) 2, 305—320 (1928). Ref. Jap. J. med. Sci., Anat. 2 (1931). — **Økland, Fridthjof:** Thymus- und Knochenbildung. Die Kurloff-Körper als Markierung der prospektiven Knochenzellen. (Skr. norske Vid.-Akad., Oslo, Nr 3.) Oslo: Komm. Jacob Dybwad 1940. — **Olivier, E.:** (a) Anatomie topographique et chirurgie du thymus. Thèse de Paris **1911**. (b) Des rapports entre la morphologie du thymus et sa vascularisation artérielle. Thèse de Sci. Paris **1923**. (c) Les rapports des artères thymiques avec les artères thyroïdiennes. C. r. Assoc. Anat. Paris 18, 413—417 (1923). (d) L'artère thyroïdienne moyenne de Neubauer. Rev. franç. Endocrin. 2, 275—280 (1924). — **Olivier, E. et A. Bataille:** Le corps adipeux rétrosternal. C. r. Soc. Biol. Paris 91, 295—297 (1924). — **Olkon, D. M.:** The effect of thymus gland injection on the growth and behavior of the *guinea-pig.* Arch. int. Med. **22**, 815—829 (1918). — **Ortolani, M.:** Sindrome neuro-Ematica associata a turbe del ricambio dei glucidi legata a disfunzione timo-pancreatica. Il Lattante 9, 620, 663 (1938).

Pansini, G.: Iperplasia del timo con metaplasia mieloide in un caso di difterite. (Contributo alla morfologia e fisiologia del timo. Haematologica (Pavia) Arch. **12**, 297 bis 310 (1931). — **Pappenheimer, A. M.:** (a) A contribution to the normal and pathological histology of the thymus gland. J. med. Res. **22**, 1—73 (1910). (b) Further studies of the histology of the thymus. Amer. J. Anat. **14**, 299—326 (1913). (c) The effects of early exstirpations of the thymus in albino *rats*. J. of exper. Med. **19**, 319—338 (1914). (d) Experimental studies upon lymphocytes under various experimental conditions. J. of exper. Med. **25**, 632—650 (1917). (e) The action of immunsera upon lymphocytes and small thymus cells. J. of exper. Med. **26**, 163—179 (1917). — **Parhon, C. I.:** Aperçu général sur le thymus au point de vue endocrinologique. Bull. Soc. roum. Endocrinol. **3**, 181 (1937). — **Parhon, C. I. et T. Cahane:** Quelques observations sur la structure du thymus des *oiseaux* et sur ses variations dans certains états physiologiques ou pathologiques. Bull. Sect. Endocrin. Soc. roum. Neur. etc. **3**, 266—269 (1937). — **Parhon, C. I., T. Cahane** et **M. Cahane:** L'influence de la thymectomie et de cette dernière associée au traitement thyroïdien sur les gonades des *oiseaux*. (Note prélim.) Bull. Sect. Endocrin. Soc. roum. Neur. etc. **3**, 263—266 (1937). — **Parhon, C. I.** u. **B. Coban:** L'influence de la thymectomie sur la croissance chez les *oiseaux (Gallus domesticus).* Bull. Sect. Endocrin. Soc. roum. Neur. etc. **2**, 145—146 (1936). — **Park, E. A.** and **R. D. McClure:** The results of thymus extirpation in the *dog.* With a review of the experimental literature on thymus extirpation. Amer. J. Dis. Childr. **18**, 317—354 (1919). — **Parker, C. A.:** Surgery of the thymus gland. Thymectomy. Report of fifty operated cases. Amer. J. Dis. Childr. **5**, 89—122 (1913). — **Paton, D. N.:** (a) The Thymus and sexual organs. III. Their relationship to the growth of the animal. J. of Physiol. **42**, 267 bis 282 (1911). (b) The relationship of the thymus and testes to growth. Edinburgh med. J. **33**, 351—356 (1926). — **Paulitzky, A.:** Disquisitiones de stratis glandulae thymi corpusculis. Halis 1863. — **Parabutschew, A.:** Status thymicus bei Selbstmördern als morphologischer Ausdruck der Störungen der inkretorischen Systeme. Virchows Arch. **273**, 134—139 (1929). — **Peller, S.:** Über die Funktion der Tonsillen. Z. Konstit.lehre 17, 604—634 (1933). — **Pensa, A.:** (a) Osservazione a proposito di una particolarità di struttura del timo (nota preventiva). Boll. Soc. med.-chir. Pavia **1902**. (b) Ancora a proposito di una particolarità di struttura del timo ed osservazioni sullo sviluppo del timo negli *Anfibi Anuri.* Boll. Soc. med.-chir. Pavia **1904**. (c) Osservazioni sulla struttura del timo. Anat. Anz. **27** (1905). — **Persike, Edward C.** jr.: Involution of the thymus of the young albino *rat* under treatment with testosterone propionate. Amer. J. Physiol. **130**, 384—391 (1940). —

Peter, H.: Das histologische Bild des *Igel*thymus im jahreszeitlichen Zyklus. Z. Anat. **104,** 294—326 (1935). — **Peter, K.:** (a) Mitteilungen zur Entwicklungsgeschichte der *Eidechse.* Arch. mikrosk. Anat. **57,** 705—765 (1901). (b) Normentafel zur Entwicklungsgeschichte der *Zauneidechse (Lacerta agilis).* Jena 1904. — **Petersen, H.:** (a) Beobachtungen über den Feinbau verschiedener menschlicher Organe. Z. Zellforsch. **10,** 511—526 (1930). (b) Histologie und mikroskopische Anatomie, 1935. — **Pflücke, M.:** Die Thymus. Handbuch der vergleichenden mikroskopischen Anatomie der *Haustiere,* herausgeg. von Ellenberger, 1906. — **Pfuhl, W.:** (a) Silberreduzierende Zellgranula und Gewebsstrukturen und ihre Beziehungen zum Vitamin C-Stoffwechsel. Z. mikrosk.-anat. Forsch. **50,** 299 bis 338 (1941). (b) Die histologisch nachweisbaren Beziehungen des Abnutzungspigmentes. (Lipofuscins) zum Vitamin C-Stoffwechsel. Klin. Wschr. **1941 I,** 1137—1139. — **Picchio, T. S.:** Ricerche sul timo di *Lophius budegassa* Spina e sulle sue modificazioni nell'adulto. Arch. ital. Anat. **31,** 1—20 (1933). — **Piersol, G. A.:** Über die Entwicklung der embryonalen Schlundspalten und ihre Derivate bei *Säugetieren.* Z. Zool. **47,** 155—189 (1888). — **Pigache, R.** et **H. Béclère:** Kystes ciliés du thymus. Bull. Soc. Anat. Paris **86,** 1—32 (1911). — **Pigache, R.** et **G. Worms:** (a) Considérations sur l'état histologique du thymus. I. Action de la thyreoïdectomie. Archives Anat. microsc. **12,** 289—331 (1910). (b) Circulation du lobe thymique. Bull. Soc. Anat. Paris **85,** 837—854 (1910). (c) Les dégénérescences cellulaires du thymus. Bull. Soc. Anat. Paris **85,** 854—882 (1910). (d) Le thymus considéré comme glande à sécrétion interne. C. r. Acad. Sci. Paris **154,** 234—236 (1912). — **Pines, L.:** Über die Innervation der innersekretorischen Drüsen. Dtsch. Z. Nervenheilk. **107,** 178—181 (1929). — **Pines, L. and R. Maiman:** (a) The innervation of the thymus. J. nerv. Dis. **69,** 361—384 (1929). (b) Allgemeine Ergebnisse unserer Untersuchungen über die Innervation der innersekretorischen Organe. Pflügers Arch. **228,** 373—380 (1931). — **Pinner, M.:** (a) Zytologische Untersuchungen über die Natur der kleinen Thymuszellen. Fol. haemat. (Lpz.) **19,** 227—243 (1915). (b) Zur Frage der kleinen Thymusrindenzellen. Frankf. Z. Path. **23,** 479—498 (1920). — **Pirocchi, L.:** (a) Contributo alla conoscenza del timo degli *uccelli.* Rend. Ist. lombardo Sci. e Lette **68,** 707—716 (1935). Zit. nach Hammar 1936. (b) II. Arch. Zool. ital. **23,** 81—95 (1936). (c) III. Arch. Zool. ital. **23,** 409—420 (1936). — **Pischinger, A.:** Kiemenanlagen und ihre Schicksale bei *Amnioten,* Schilddrüse und epitheliale Organe der Pharynxwand bei *Tetrapoden.* Handbuch der vergleichenden Anatomie, Bd. 3. 1937. — **Piton, R.:** Recherches sur les actions caryoclasiques et caryocinétiques des composés arsénicaux. Arch. internat. Méd. exper. **5,** 355—411 (1929). — **Plagge, J. C.:** (a) Effects of gonadectomy on the involuted thymus of albino *rats.* Anat. Rec. **75,** Suppl., 76, Abstr. 93 (1939). (b) The thymus gland in relation to ser hormones and reproductive processes in the albino *rat.* J. Morph. a. Physiol. **68,** 519—545 (1941). — **Plenk, H.:** Über argyrophile Fasern (Gitterfasern) und ihre Bildungszellen. Erg. Anat. **27,** 302—412 (1927). — **Policard, A.:** Précis d'histologie physiologique. Paris 1934. — **Politzer, G.** u. **F. Hann:** Über die Entwicklung der branchiogenen Organe beim *Menschen.* Z. Anat. **104,** 670—708 (1935). — **Popoff, M.:** Über die Thymus in vergleichend-anatomischer und physiologischer Beziehung. Biol. Zbl. **47,** 55—57 (1927). — **Popoff, N. W.:** (a) The histogenesis of the thymus as shown by tissue cultures, transplantation and regeneration. Proc. Soc. exper. Biol. a. Med. **24,** 148—151 (1926). (b) The histogenesis of the thymus as shown by tissue cultures. Arch. exper. Zellforsch. **4,** 395—418 (1927). — **Prenant, A.:** (a) Recherches sur le développement organique et histologique des dérivés branchiaux. I. Thymus. C. r. Soc. Biol. Paris, IX. s. **5** (1893). (b) Contribution à l'étude organique et histologique du thymus, de la glande thyroïde et de la glande carotidienne. Cellule **10** (1894). (c) Sur les dérivées branchiaux des *Reptiles.* Bibliogr. anat. **6** (1898).

Rabl, H.: (a) Die Abkömmlinge der Kiementasche und das Schicksal der Halsbucht beim *Meerschweinchen.* Erg.-Bd. Anat. Anz. (Verh. Anat. Ges. 25. Verslg) **38,** 157—161 (1911). (b) Die Entwicklung der Derivate des Kiemendarmes beim *Meerschweinchen.* Arch. mikrosk. Anat. **82,** 79—147 (1913). (c) Weitere Beiträge zur Entwicklungsgeschichte der Derivate des Kiemendarmes beim *Meerschweinchen.* Arch. mikrosk. Anat. **96,** 210—339 (1922). — **Raso, Mario:** Contributo allo studio ponderale del timo dei feti e dei neonati e delle correlazioni ormoniche fetali. Pathologica (Genova) **31,** 525—533 (1939). — **Rathcke, L.:** Die Bedeutung der Thymus beim Basedow. I. Thymus und experimentelle Hyperthyreose. Arch. klin. Chir. **190,** 241—253 (1937). — **Rauber-Kopsch:** Lehrbuch und Atlas der Anatomie, Bd. II. Leipzig 1939. — **Reber:** Zur Splenomegalie Gaucher im Säuglingsalter. Jb. Kinderheilk. **105,** 277—289 (1924). — **Rechenberger, J., H. Güthert** u. **E. Schairer:** Schlußwort. Klin. Wschr. **1942 I,** 503—505. — **Redaelli, P.** e **N. Nenceva:** Timo e corpi di Foà-Kurloff. Boll. Soc. Biol. sper. **14,** 157—158 (1939). — **Reese, A. M.:** The ductless glands of *Alligator missisippiensis.* Smithson. misc. Coll. **82** (1931). — **Regaud, C.** et **Crémieu:** (a) Evolution des corpuscules de Hassall dans le thymus röntgénisé du *chat.* 1. Méchanisme de l'accroissement de ces corpuscules. C. r. Soc. Biol. Paris **71,** 325—326 (1911). (b) Régression, instabilité, signification de ces corpuscules (de Hassall). C. r. Soc. Biol. Paris **71,** 383 bis 384 (1911). (c) Sur les modifications provoquées par la röntgénisation dans le tissue conjonctif périlobulaire du thymus, chez le *chat*. C. r. Soc. Biol. Paris **71**, 501—503 (1911). (d) Données relatives aux petites cellules ou lymphocytes du parenchyme thymique, d'après les résultats de la röntgénisation du thymus, chez le *chat*. C. r. Soc. Biol. Paris **72**, 253—256 (1912). (e) Sur la formation temporaire de tissu myéloïde dans le thymus, pendant l'involution de cet organe consécutive à l'action des rayons X. C. r. Soc. Biol. Paris **74**, 560—564 (1913). (f) La leucocytose polynucléaire, dans le thymus röntgénisé. C. r. Soc. Biol. Paris **74**, 862—865 (1913). — **Reinhardt, William O.**: Effect of thymectomy in immature *rats*. Proc. Soc. exper. Biol. a. Med. **43**, 732—733 (1940). — **Reinhardt, W. O. and R. O. Holmes**: Thymus and lymph nodes following adrenalectomy and maintenance with NaCl in the *rat*. Proc. Soc. exper. Biol. a. Med. **45**, 267—270 (1940). — **Reiss, M.**: Die Hormonforschung und ihre Methoden. Berlin u. Wien 1934. — **Reiss, M., K. A. Winter u. N. Halpern**: Über den Einfluß von Thymus- und Milzextrakten auf den Kalkstoffwechsel. Endokrinol. **5**, 230—241 (1929). — **Remak, R.**: (a) Über die Entwicklung des *Hühnchens* im Ei. Arch. Anat., Physiol u. wiss. Med. **1843**. (b) Über Wimperblasen. Arch. Anat., Physiol. u. wiss. Med. **1854**. — **Renaud, J.**: Traité d'Histologie. Paris 1897. — **Restelli**: De thymo observ. anat. phys.-path. Ticini Regii. 1845. — **Retterer, E. et A. Lelièvre**: (a) Hémopoièse dans le thymus. C. r. Soc. Biol. Paris **74**, 445—448 (1913). (b) Evolution histogénétique du thymus du *boeuf*. C. r. Soc. Biol. Paris **74**, 593—596 (1913). — **Reyher, P.**: Das Röntgenbild der Thymusdrüse. Erg. inn. Med. **39**, 573—612 (1931). — **Ribbert, H.**: Die Entwicklungsstörung der Thymusdrüse bei kongenitaler Lues. Frankf. Z. Path. **11**, 209—218 (1912). — **Richter, C. P. and G. B. Wislocki**: Anatomical and behavior changes produced in the *rat* by complete and partial extirpation of the pituitary gland. Amer. J. Physiol. **95**, 481—492 (1930). — **Riddle, O.**: (a) A hitherto unknown function of the thymus. Anat. Rec. **26**, 341 (1923). — Amer. J. Physiol. **68**, 557—580 (1924). (b) Season of origin as a determiner of age at which *birds* become sexually mature. Amer. J. Physiol. **97**, 581—587 (1931). (c) Contemplating the hormones. Endocrinology **19**, 1—13 (1935). — **Riddle, O. and P. Frey**: The growth and age involution of the thymus in male and female *pigeons*. Amer. J. Physiol. **71**, 413—429 (1924/25). — **Rieffel, H. et J. le Mée**: Sur l'anatomie du thymus *humain*. C. r. Acad. Sci. Paris **148**, 105—106 (1909). — **Riegele, L.**: Über die Innervation der Hals- und Brustorgane bei einigen *Affen*. Z. Anat. **80**, 777—858 (1926). — **Ries, E.**: (a) Wann erlischt die mitotische Vermehrungsfähigkeit der Gewebe? Z. mikrosk.-anat. Forsch. **43**, 558—566 (1938). (b) Die Bedeutung spezifischer Mitosegifte für allgemeinere biologische Probleme. Naturwiss. **27**, 505 (1939). — **Rigoletti, Luigi**: Accrescimento, ormoni e iponutrizione. 1. Variazioni scheletriche. Ormoni **3**, 689—704 (1941). — **Robertson, T. B.**: The postnatal loss of weight in infants and compensatory overgrowth which succeeds it. Amer. J. Physiol. **37**, 74—85 (1915). — **Roessle, R.**: Die pathologische Anatomie der Familie. Berlin: Springer 1940. — **Roessle u. Roulet**: Maß und Zahl in der Pathologie. Berlin: Springer 1932. — **Roger, H. et C. Ghika**: Recherches sur l'anatomie normale et pathologique du thymus. J. Physiol. et Path. gén. **2** (1900). — **Romanow, F.**: Die mikrochemische Reaktion auf Eisen und ihre Anwendung auf einige konzentrisch geschichtete Körperchen. Nachr. K. Univ. Tansk **1895**. Zit. nach HAMMAR 1909. — **Romeis, B.**: (a) Die Wirkung der Verfütterung frischer Thymus auf *Froschlarven*. Arch. mikrosk. Anat. u. Entw.mechan. **104**, 273—312 (1912). (b) Experimentelle Untersuchungen über die Wirkung innersekretorischer Organe. II. Der Einfluß von Thyroidea- und Thymusfütterung auf das Wachstum, die Entwicklung und die Regeneration von *Anuren*larven. Arch. Entw.mechan. **40**, 571—652 (1914); **41**, 57—119 (1915). IV. Z. exper. Med. **5**, 99—124 (1915). (c) Experimentelle Untersuchungen über die Wirkung innersekretorischer Organe. V. Die Beeinflussung von Wachstum und Entwicklung durch Fett-, Lipoid- und Eiweißstoffe sowie eiweißfreie Extrakte der Schilddrüse und der Thymus. Z. exper. Med. **6**, 101—288 (1918). (d) Der Einfluß innersekretorischer Organe auf Wachstum und Entwicklung von *Frosch*larven. Naturwiss. **8**, 860—866 (1920). (e) Weitere Versuche über den Einfluß der Thymusfütterung auf *Amphibien* und *Säugetiere*. Klin. Wschr. **1926** I, 975—977. (f) Taschenbuch der mikroskopischen Technik, 13. Aufl. 1932. (g) Hypophyse. In: Handbuch der mikroskopischen Anatomie des Menschen, Bd. VI/3. Berlin 1940. (h) Fütterungsversuche an *Kaulquappen* bei verschiedenen Bodenverhältnissen. I. Die Beeinflussung von Entwicklung und Wachstum durch Verfütterung von Thymus, Milz oder Leber. Roux' Arch. **140**, 646—709 (1940). — **Romieu, M.**: Sur l'existence de perles épithéliales et des corpuscules de HASSALL dans l'amygdale de LUSCHKA hypertrophiée. C. r. Soc. Biol. Paris **107**, 361—364 (1931). — **Romieu, M. et A. Merland**: Sur la reconstruction histologique du thymus greffé. C. r. Soc. Biol. Paris **122**, 1689—1690 (1933). — **Ronconi, T. L.**: Comportamento del timo dell'*uomo* nelle varie età della vita ed in svariate condizioni morbosi. Mem. Accad. Sci. Modena, III. s. **9**, 1—42 (1909). — **Ronsisvalle, A.**: Le modificazioni istologiche del timo di *conigli* impubi trattate con ormone gravidico-aspecifico. Arch. Ostetr. **17**, 643—656 (1930). — **Rossi, R. P.**: (a) Le thymus chez les *animaux de boucherie*. Arch. ital. de Biol. (Pisa) **59**, 446—450 (1913). (b) Il timo negli *animali di macello*. Clin. vet. **36** (1913). — **Rouvière, H.**: Anatomie *humaine* descriptive et topographique. Paris: Masson & Cie. 1924. — **Rowntree, L. G.**: Die Thymusdrüse. In: Die Drüsen mit innerer Sekretion, herausgeg. von Raab. Wien-Leipzig 1937. — **Rowntree, L. G., J. H. Clark and A. M. Hanson**: The biological effect of the thymus extract. Proc. amer. physiol. Soc. **109**, 90 (1934). — **Rowntree, L. G. and A. Steinberg**: Biologic effect of thymus extract (Hanson) occurring acceleration in growth and development in five successive generations of *rats* under continuous treatment with thymus extract. Arch. int. Med. **56**, 1—29 (1935). — **Rowntree, L. G., A. Steinberg, A. M. Hanson, N. H. Einhorn and W. A. Shannon**: Further studies on the thymus and pineal glands. Ann. int. Med. **9**, 359—375 (1935). — **Ruben, R.**: Zur Embryologie der Thymus und der Parathyreoidea beim *Meerschweinchen*. Anat. Anz. **39**, 571—593 (1911). — **Rudberg, H.**: Studien über die Thymusinvolution. 1. Die Involution nach Röntgenbestrahlung. Arch. f. Anat., Suppl. **1907**, 123—174. — **Rusca**: Sul morbo de Gaucher. Haematologica **2**, (1921).

Sai, Seisyo: Über die Veränderungen der endokrinen Organe durch Kastration am männlichen *Kaninchen*. I. Über die Veränderungen durch Kastration nach der Pubertät. J. Chosen med. Assoc. (jap.) **29**, Nr 1, dtsch. Zusammenfassung 195—196 (1939). (b) Über die Veränderungen der endokrinen Organe durch Kastration am männlichen *Kaninchen*. II. Über die Veränderungen durch Kastration nach der Pubertät. J. Chosen med. Assoc. (jap.) **29**, Nr 1, dtsch. Zusammenfassung 196—197 (1939). (c) Über die Veränderungen der endokrinen Organe durch Kastration am männlichen *Kaninchen*. III. Über die Veränderungen durch Kastration vor der Pubertätszeit. J. Chosen med. Assoc. (jap.) **29**, Nr 1, dtsch. Zusammenfassung 197—198 (1939). — **Saint-Remy, G. et A. Prenant**: Recherches sur le développement des dérivés branchiaux chez les *Sauriens* et *Ophidiens*. Archives de Biol. **20**, 145—216 (1903). — **Saito, H.**: Beiträge zur pathologischen Anatomie und Histologie der Ernährungsstörungen der Säuglinge. Virchows Arch. **250**, 69 (1924). — **Salkind, J.**: (a) Sur l'organisation du thymus. Anat. Anz. **41**, 145—155 (1912). (b) Sur la thymectomie chez le *crapaud*. C. r. Soc. Biol. Paris **74**, 66—67 (1912). (c) Sur quelques structures fines et formes d'activité du thymus des *Mammifères*. Archives Anat. microsc. **15**, 315—348 (1913). (d) Contributions histologiques à la biologie comparée du thymus. Archives de Zool. **55**, 81—322 (1915). — **Sanchez-Rodriguez, J. u. F. M. Sarda**: Antiberiberiwirkung der Phenantrensubstanzen. Z. Vitaminforsch. **6**, 193—203 (1937). — **Sandegren, B.**: Beiträge zur Konstitutionsanatomie. 4. Über die Anpassung der von Hammar angegebenen Methode der mikroskopischen Analyse des Thymus an den Thymus des *Kaninchens*. Anat. Anz. **50**, 30—39 (1917). — **Sant'Elia, Rosanna**: Riflessioni sui corpuscoli di Hassall del timo sulla loro struttura, origine e significato fisiologico. Riv. Fis. Mat. Sci. Nat. **13**, 459—466 (1939). — **Sartori, E.**: Sul sinagismo funzionale fra timo e pancreas endocrino. Boll. Soc. Biol. sper. **14**, 323—324 (1939). — **Sato, Shigeru**: Untersuchungen über den Einfluß der Thymusexstirpation auf die Entwicklung der weißen *Ratte*. Keijo Ig., Tokyo **18**, 589—651 (1938). Ref. Jap. J. med. Sci., Anat. **8**, 105 (1940). — **Scammon, R. E.**: (a) A note on the relation between the weight of the thyroid and the weight of the thymus in *man*. Anat. Rec. **21**, 25—27 (1921). (b) A summary of the anatomy of the infant and child. Pediatrics **1** (1923). (c) The prenatal growth of the *human* thymus. Proc. Soc. exper. Biol. a. Med. **24**, 906—909 (1927). (d) The measurement of the body in childhood. Harris, Jackson, Paterson and Scammon: The measurement of *man*. Minneapolis 1930. — **Scapaticci, R.**: Ricerche sperimentali sui rapporti tra funzione endocrine del pancreas e timo. Arch. Ist. biochim. ital. **11**, 295—314 (1939). — **Schaffer**: (a) Über das Vorkommen eosinophiler Zellen in der *menschlichen* Thymus. Zbl. med. Wiss. **1891**. (b) Über den feineren Bau der Thymus und deren Beziehung zur Blutbildung. Sitzgsber. Akad. Wiss. Wien, Math.-naturwiss. Kl. III **102** (1893). — **Schaffer, J.**: (a) Über die Thymusanlage bei *Petromyzon planeri*. Sitzgsber. Akad. Wiss. Wien, Math.-naturwiss. Kl. **103**, 1—8 (1894). (b) Über die Thymus von *Talpa* und *Sorex*. Zbl. Physiol. **20**, Nr. 17 (1906). (c) Berichtigung die Schilddrüse von *Myxine* betreffend. Anat. Anz. **28**, 65—73 (1906). (d) Über Thymus und Plasmazellen. Zbl. Physiol. **22**, Nr. 26 (1908). — **Schaffer, J. u. H. Rabl**: Das thyreo-thymische System des *Maulwurfs* und der *Spitzmaus*. Sitzgsber. Akad. Wiss. Wien, Math.-naturwiss. Kl. **117**, 289—294, 551—659; **118**, 217—263, 549—628 (1909). — **Schaffer, N. K., W. M. Ziegler and L. G. Rowntree**: Certain jodine-reducing substances of thymus extract. Endocrinology **23**, 593—597 (1938). — **Schairer, E., H. Güthert u. I. Rechenberger**: Hemmt das Bomskovsche Thymhormon die Wirkung des thyreotropen Hormons auf die Schilddrüse? Virchows Arch. **309**, 137—144 (1942). — **Schambacher, A.**: Über die Persistenz von Drüsenkanälen in der Thymus und ihre Beziehung zur Entstehung der Hassailschen Körperchen. Virchows Arch. **172**, 368—394 (1903). — **Schedel, J.**: Zellvermehrung in der Thymusdrüse. Arch. mikrosk. Anat. **24**, 352—354 (1885). — **Schirber, A.**: Ein Beitrag zur Anatomie und Rückbildung des Thymus bei der *Ziege*. Diss. vet. Berlin 1930. — **Schmincke, A.**: (a) Demonstrationen. Münch. med. Wschr. **1920** I, 360. (b) Pathologie des Thymus. In Handbuch der speziellen pathologischen Anatomie und Histologie, Bd. 8. 1926. — **Schneider, H. J.**: Über die Speicherung von Vitalfarbstoffen im Thymusretikulum. (Mit Bemerkungen über die Architektur des Thymus.) Z. Zellforsch. **30**, 629—648 (1940). — **Schockaert, J.**: Action spécifique des extraits préhypophysaires de *Boeuf* sur le poids du thymus du jeune *Canard*. C. r. Soc. Biol. Paris **105**, 226—227 (1930). — **Schopper, W.**: Thymusgewebe in der Kultur mit vergleichenden kinematographischen Aufnahmen von Thymus- und Milzkulturen. Zbl. Path. **60**, Erg.-H. 216—221, 226—233 (1934). — **Schreiber, G.**: La struttura del timo nel *proteo*. Arch. Zool. ital. **16**, 207—212 (1931). — **Schridde, H.**: (a) Die Bedeutung der eosinophil-gekörnten Blutzellen vom *menschlichen* Thymus. Münch. med. Wschr. **1911 I**, 58. (b) Die Zellen der Thymusrinde. Zbl. path. Anat. **33**, 284—287 (1923). — **Schudy, G.**: Beitrag zur Funktion des lymphatischen Gewebes. Verh. anat. Ges., Anat. Anz., Erg.-H. **87**, 89—94 (1939). — **Schulte, Else-Marie**: Zur Kenntnis der durch das Thymusdrüsenhormon erzeugten Oxydationslage. Biochem. Z. **308**, 69—77 (1941). — **Schulze, H.**: (a) Das Verhalten der Thymus bei experimenteller Thyroxinvergiftung geprüft an verschiedenen *Säugetieren*. Beitr. path. Anat. **92**, 329—346 (1933). (b) Experimentelle Untersuchungen über Beziehungen der Thymus zum endokrinen und lymphatischen System. Virchows Arch. **291**, 461—477 (1933). — **Schwarz, E.**: Fütterungsversuche an *Kaulquappen* bei verschiedenen Bodenverhältnissen. II. Die Beeinflussung der Schilddrüse durch Verfütterung von Thymus, Milz oder Leber. Roux' Arch. **140**, 710—740 (1940). — **Segaloff, A.** and **W. O. Nelson**: The thymus-adrenal relationship. Amer. J. Physiol. **128**, 475—480 (1940). — **Seemann, G.**: Zur Frage der Natur der Thymusrindenzellen auf Grund vergleichender Plastosomenuntersuchungen. Z. Zellforsch. **11**, 738—745 (1930). — **Seitz, L.**: Wachstum, Geschlecht und Fortpflanzung. Berlin 1939. — **Selle, R. M. L.**: The embryology of the thyroid, parathyroid and the thymus of the *pacific pallid bat (Antrozous pacificus Merriam)*. Amer. J. Anat. **56**, 161—191 (1935). — **Severeanu, G.**: Die Lymphgefäße der Thymus. Arch. Anat. **1909**, 93—98. — **Shaner, R. F.**: (a) The development of the pharynx and the histology of its derivatives, in *turtles*. Anat. Rec. **21** (Proc. amer. Assoc. Anat.), 18 (1921). (b) The development of the pharynx and aortic arches of the *turtle* with a note on the fifth and pulmonary arches of *mammals*. Amer. J. Anat. **29**, 407—429 (1921). — **Shay, H., F. Gershon-Cohen, S. S. Fels, D. R. Meranze** and **Th. Meranze**: The thymus Studies of some changes in the gonads and pituitary following its destruction by Roentgen irradiation. J. amer. med. Assoc. **112**, 290—292 (1939). — **Shimpei, E.**: Über die Involution der Thymusdrüse des *Pferdes*. Jap. J. med. Sci. **1** (1921). — **Sicher, L.**: Die Entwicklungsgeschichte der Schlundtaschenderivate und der Thyreoidea beim *Kiebitz (Vanellus cristatus* Meyer). Z. Anat. **62**, 233—270 (1921). — **Sieglbauer, F.**: Lehrbuch der normalen Anatomie des Menschen, 4. Aufl. Berlin u. Wien 1940. — **Simon, J.**: A physiological essay on the thymus gland. London 1845. — **Sjölander, A.** u. **A. Strandberg**: Über die zur Thymusdrüse tretenden Nerven. Uppsala Läk.för. Förh. **20**, 243—266 (1915). — **Sklower, A.**: (a) Das inkretorische System im Lebenszyklus der *Frösche (Rana temporaria* L.). I. Schilddrüse, Hypophyse, Thymus und Keimdrüsen. Z. vergl. Physiol. **2**, 474—523 (1925). (b) Über Beziehungen zwischen Schilddrüse und Thymus. Zool. Anz. Suppl. **2**, 177—182 (1926). (c) Z. Biol., Abt. C **6**, 150—166 (1927). — **Smith, Christianna** and **Louise M. Ireland**: Studies on the thymus of the mammal. I. The distribution of argyrophil fibers from birth through old age in the thymus of the *mouse*. Anat. Rec. **79**, 133—153 (1941). — **Smith, P. E.**: The effect of hypophysectomy upon the involution of the thymus in the *rat*. Anat. Rec. **47**, 119—129 (1930). — **Sobotta, J.**: Anatomie der Thymusdrüse. In Handbuch der Anatomie des *Menschen*, Bd. 5. 1914. — **Söderlund, G.** u. **A. Backman**: Studien über die Thymusinvolution. Die Altersveränderungen der Thymusdrüse beim *Kaninchen*. Arch. mikrosk. Anat. **73**, 699—725 (1909). — **Sokoloff, A. S.**: Zur Entwicklungsgeschichte der Thymusdrüse bei den *Sterleten*. Mém. Sci. Univ. Karsan **79**, 1—33 (1912). Zit. nach Hammar 1936. — **Soli, U.**: Contribuzione alla funzione del timo nel *pollo* ed in alcuni *mammiferi*. Mem. Accad. Modena, III. s. **9** (App.) **1909**. (b) Influenza del timo sul ricambio del calcio nei *polli* adulti. Pathologica (Genova) **3**, 118—122 (1911). — **Soulié, A.** et **P. Verdun**: Sur les premiers développements de la glande thyroïde, du thymus et des glandules satellites de la thyroïde chez le *lapin* et chez la *taupe*. J. Anat. et Physiol. norm. et path. **6**, 604—653 (1897). — **Spemann, H.**: Über die erste Entwicklung der Tuba Eustachii und des Kopfskelets von *Rana temporaria*. Zool. Jb., Anat. u. Ontog. **11** (1898). — **Spence, A. W.**: The effect of vitamine deficiency on the structure of the thyroid and thymus glands. Brit. J. exper. Path. **13**, 157—166 (1932). — **Spreter, Th. v.**: Über die Technik der Thymusexstirpation bei der *Ratte*. Z. exper. Med. **94**, 632—637 (1934). — **Squadrini, G.**: Il comportamento del timo nelle varie età della vita postfetale nei *bovini*. Pathologica (Genova) **2**, 10—20 (1910). — **Ssipowsky, P. W.**: Über die histologischen Veränderungen der Gl. thymus von Kindern bei Scharlach. Frankf. Z. Path. **36**, 123—133 (1928). — **Ssyssoew, F.**: Über die Rolle der Retikulumzellen bei der pathologischen Involution der Thymusdrüse und über die Blutbildung in derselben bei Infektionskrankheiten. Verh. Petersburg. therap. Ges., März 1922. Zit. Kongreßzbl. inn. Med. **26** (1923). — **Ssyssojew, T.**: Über die Rolle der retikulären Zellen des Thymus bei seiner pathologischen Rückbildung und über die Blutbildung in ihm bei Infektionskrankheiten. Virchows Arch. **250**, 54—68 (1924). — **Stannius, H.**: (a) Über eine der Thymus entsprechende Drüse bei *Knochenfischen*. Arch. Anat., Physiol. u. wiss. Med. **1850**. (b) Handbuch der Zootomie,

2. Die *Wirbeltiere*, 1854. — **Stefko:** Les modifications des glandes a sécrétion interne à la suite d'une alimentation insuffisante chez l'homme. Rev. franç. Endocrin. **6**, 103—121 (1928). — **Stewart, F. W.:** On the (so called) thymus IV and the ultimobranchial body of the *cat (Felis domestica)*. Amer. J. Anat. **24**, 191—223 (1918). — **Stieda, L.:** Untersuchungen über die Entwickelung der Glandula thymus, Glandula thyreoidea und Glandula carotica. Leipzig 1881. — **Stockard, Chr. R.:** The development of the thyroid gland in *Bdellostoma Stouti*. Anat. Anz. **29**, 91—99 (1906). — **Stöhr, Ph.** sen.: (a) Über die Thymus. Sitzgsber. physik.-med. Ges. Würzburg **1905**. (b) Über die Natur der kleinen Thymuszellen. Anat. H. **31**, 409—457 (1906). (c) Über die Abstammung der kleinen Thymusrindenzellen. Anat. H. **41**, 107—127 (1910). — **Stöhr, Ph.-v. Möllendorff,:** Lehrbuch der Histologie, 21. Aufl. Jena: Gustav Fischer 1928. — **Stolz-Picchio, T.:** Ricerche sul timo di *Lophius budegassa* e sulle sue modificazioni nell'adulto. Arch. ital. Anat. **31**, 549—568 (1933). — **Strandberg, A.:** Zur Frage des intrathymischen Bindegewebes. Anat. H. **31**, 409—457 (1917). — **Strauss, O.:** Die Organogenese der Thymusdrüse bei den *Wirbeltieren*. Diss. Berlin 1915. — **Sultan, G.:** Beitrag zur Involution der Thymusdrüse. Virchows Arch. **144**, 548—562 (1896). — **Sunder-Plassmann, P.:** (a) Zum Basedow-Thymus-Problem. Dtsch. Z. Chir. **252**, 257—268 (1939). (b) Zum Basedow-Thymus-Problem. Dtsch. Z. Chir. **253**, 435—457 (1940). (c) Basedow-Studien. Berlin: Springer 1941. — **Sure, B.:** Influence of avitaminoses on weights of endocrine glands. Endocrinology **23**, 575—580 (1938). — **Sure, B., R. M. Theis** and **R. T. Harralson:** Vitamin interrelationshiper. I. Influence of avitaminosis on ascorbic acid content of various tissues and endocrines. J. of biol. Chem. **129**, 245 bis 253 (1939). — **Swingle, W. W.:** Experiments with feeding thymus glands to *frog* larvae. Biol. Bull. Mar. biol. Labor. Wood's Hole **33**, 116—133 (1917). — **Syk, I.:** Über Altersveränderungen in der Anzahl der HASSALLschen Körper nebst einen Beitrag zum Studium der Mengenverhältnisse der Mitosen in dem *Kaninchen*thymus. Anat. Anz. **34**, 560—567 (1909). — **Szarski, H.:** The blood vessels of the thymus gland in some of the *Salientia*. Bull. internat. Acad. polon. Sci., Cl. Sci. math. et natur. **2**, 139—149 (1937).

Taibel, Alula M.: (a) Effetto della bursectomia sul timo in „*Gallus domesticus*". Riv. Biol. **24**, 364—372 (1938). (b) Il timo nei *polli* bursectomizzati. Riv. Biol. **31**, 429—444 (1941). — **Takashima, T.:** Über die Thymusdrüse. Fukuoka-Ikwadaigaku-Zasshi (jap.) **1928**. — **Tamemori, Y.:** Untersuchungen über die Thymusdrüse im Stadium der Altersinvolution. Virchows Arch. **217**, 255—266 (1914). — **Tandler, J.:** Über den Einfluß der Kastration auf den Organismus. Münch. med. Wschr. **1908 I**, 147. — **Tandler, J. u. S. Grosz:** Untersuchungen an Skopzen. Wien. klin. Wschr. **1908 I**. — **Tang, Y. Z.:** Sex difference in growth in gonadectomised albino *rats*. Anat. Rec. **80**, 13—32 (1941). — **Taylor, M.:** The development of *Symbranchus marmoratus*. Quart. J. microsc. Sci. **59**, 1—51 (1913). — **Teichmann, W.:** (a) Über die Gitterfasern des Thymus. Z. Zellforsch. **30**, 689—701 (1940). (b) Über die sogenannten Zellmanschetten der Blutgefäße im *Schlangen*thymus. Endokrinol. **25**, 13—16 (1942). (c) Über die myoiden Zellen des Thymus. (Untersuchungen am Thymus von *Schlangen*.) Z. Zellforsch. **32**, 194—208 (1942). — **Teploff, J.:** Über den Entwicklungsgang der vitalen Carminspeicherung im Organismus. Z. exper. Med. **45**, 548—563 (1925). — **Terni, T.:** Modificazioni istologiche del timo degli *uccelli* in seguito a castrazione e nella vecchia. Atti Accad. naz. Lincei **6**, 335—337 (1927). (b) Sulle modificazioni istologiche prodotte nel timo dalla castrazione e dall'età. Monit. zool. ital. **38**, 300—308 (1927). (c) Les cellules myoïdes du thymus des *Sauropsides* et leur innervation. Bull. Assoc. Anat. Paris **3**, 448—451 (1928). (d) Ricerche istologiche sull'innervazione del timo des *Sauropsidi*. Z. Zellforsch. **9**, 377—424 (1929). (e) L'innervazione del timo. Arch. Zool. ital. **16**, 714—716 (1931). (f) Il simpatico cervicale degli *Amnioti*. Z. Anat. **96**, 289—426 (1931). — **Terni, T. e G. Muratori:** Sulla innervazione del timo e del corpo ultimobranchiale dopo exstirpazione del ganglio nodoso del Vago. Monit. zool. ital. **43** Suppl., 85—87 (1933). — **Terui, K.:** (a) On the nature of the thymus cells I, II. The reticulum of thymus. Trans. jap. path. Soc. **18**, 19 (1929). Zit. nach Ber. Biol. **13**, 15. (b) Contribution to the patology of the thymus gland. Trans. jap. path. Soc. **20** (1930). Zit. nach Ber. Biol. **18**. — **Testori, Ernesto:** L'influenza dell'estratto timico sul ricambio azotato. Clin. med. ital., N. s. **73**, 153—160 (1942). — **Thede, K.:** Über Wandbauveränderungen an den Thymusarterien. Anat. Anz. **83**, 216—223 (1936/37). — **Thomas, E.:** (a) Klinik des Thymus. In: Handbuch der inneren Sekretion, herausgeg. von HIRSCH, Bd. III/1. 1928. (b) Physiologie des Thymus. Handbuch der inneren Sekretion, herausgeg. von HIRSCH, Bd. II/1. 1933. — **Thomas, J.-A. et M. Chèvremont:** Activités différentes de trois Ammoniums quaternaires du groupe de la choline sur la radiosensibilité du thymus chez le *cobaye*. C. r. Soc. Biol. Paris **129**, 1085 bis 1087 (1938). — **Thomsen, O.:** Studien over de of den medfødte syfilis hos fosteret og det nyfødte barn foraarsgede pathologisk-anatomiske forandringa. København 1912. — **Tobari, Ko:** (a) Über die Entwicklung der Thymuszellen beim *Hühner*embryo. Kaibo. Z., Tokyo **11**, 534—561 (1938). Ref. Jap. J. Sci., Anat. **8**, 106 (1940). (b) Über die Thymusdrüse der Neugeborenen. Kaibo. Z., Tokyo **11**, 562—578 (1938). Ref. Jap. J. med. Sci., Anat. **8**, 106 (1940). — **Tobin, Ch. E.:** The influence of adrenal destruction on the prenatal development of the albino *rat*. Amer. J. Anat. **65**, 151—177 (1939). — **Tomaschek, K.**: Histologischer Vergleich einiger Drüsen mit innerer Sekretion (Nebenniere, Thymus, Schilddrüse, Hypophyse). Z. mikrosk.-anat. Forsch. **34**, 539—552 (1933). — **Tondo, Mario**: Ulteriori osservazioni sulla fine irrorazione del timo. Boll. Soc. ital. Biol. sper. **16**, 656—658 (1941). — **Tonutti, E.**: Die Vitamin C-Darstellung im Gewebe und ihre Bedeutung zu funktionellen Systemen von Histosystemen. Z. mikrosk.-anat. Forsch. **48**, 1—53 (1940). — **Tourneux, F.** et **G. Herrmann**: Sur l'évolution histologique du thymus chez l'embryon *humain* et chez les *mammifères*. C. r. Soc. Biol. Paris 8 (1887). — **Tourneux, F.** et **P. Verdun**: Sur les premiers développements et sur la détermination des glandules thyroïdiennes et thymiques chez *l'homme*. C. r. Soc. Biol. Paris, X. s. **4** (1891). — **Toyofuku, T.**: Über das Vorkommen von Kiemenknorpel in der Thymus der *Ratte*. Anat. Anz. **37**, 573—575 (1910). — **Trautmann, A.**: Drüsen mit innerer Sekretion. JOESTS Spezielle pathologische Anatomie der *Haustiere*, Bd. 3, S. 114—129. 1923. — **Trendelenburg, P.**: Die Hormone. Berlin: Springer 1934. — **Tronchetti, F.**: (a) Influenza degli estratti di timo sui ricambi glicidico e respiratorio. (Ricerche sperimentali.) Rass. Fisiopat. **13**, 521—555 (1941). (b) Influenza degli estratti di timo sui ricambi glicidico e respiratorio. (Ricerche sperimentali.) Rass. Fisiopat. Clin. e Terap. **12**, 1—36 (1942). — **Tschassownikow, N.**: (a) Über in vitro-Kulturen der Thymus. Arch. exper. Zellforsch. **3**, 250—276 (1926). (b) Einige Daten zur Frage von der Struktur der Thymusdrüsen auf Grund experimenteller Forschungen. Z. Zellforsch. **8**, 251—295 (1929). (c) Über in vitro-Züchtung von röntgenisiertem Thymus. Arch. exper. Zellforsch. **8**, 189—236 (1929). (d) Zur Frage nach dem Bau des Thymusretikulums im normalen und zurückgebildeten Organ. Z. mikrosk.-anat. Forsch. **19**, 338—372 (1930). — **Turpin, R.** et **R. M. May**: Les effets de la thymectomie sur la croissance. Étude de *rats* albinos thymectomisés un mois après leur naissance. C. r. Soc. Biol. Paris **134**, 185—187 (1940). — **Turpin, R.**, **R. M. May** et **J. Valletta**: Les effets de la thymectomie sur la croissance. Étude de *rats* albinos issus de plusieurs générations d'ascendants thymectomisés. C. r. Soc. Biol. Paris **134**, 187—188 (1940). — **Tuve, E.**: Über die sog. DUBOISSchen Thymusabszesse. Diss. Leipzig 1904.

Uchino, Kôsaku: Untersuchungen über die Wirkungen der Ovarialflüssigkeit. II. Über den Einfluß der Injektion von Ovarialflüssigkeit und Pelanin auf die Blutungen und das Wachstum der infantilen weiblichen *Mäuse*. Fol. endocrin. jap. **12**, 669—684 (1936). Ref. Jap. J. med. Sci., Anat. Trans. a. Abstr. 7, 140 (1938). — **Uhlenhuth, E.**: (a) Is the influence of thymus feeding upon development, metamorphosis and growth due to a specific action of that gland? J. of exper. Zool. **25**, 135—156 (1918). (b) The antagonism between thymus and parathyroid glands. J. gen. Physiol. 1, 23—32 (1919). (c) The functions of the thymus gland. Endocrinology 3, 285—298 (1919). — **Uno, Z.**: Über die Veränderung der Thymus nach der totalen Exstirpation der Schilddrüse beim *Kaninchen*. Okayama-Igakkai-Zasshi (jap.) **44** (1932). — **Uskow, B. N.**: Arterien der Thymusdrüse. 3. Congr. Russ. Leningrad 1927. Zit. nach CORTIVO 1932 sowie HAMMAR 1936. — **Utterström, E.**: Contribution à l'étude des effets de l'hyperthyroïdisation, spécialement en ce qui concerne le thymus. Arch. Méd. expér. et Anat. path. **22**, 550—599 (1910).

Vacirca, F.: Timo e calcio. Ormoni 2, 609—620 (1940). — **Varićak, Theodor D.**: (a) HASSALLsche Körperchen in der Tonsilla palatina des *Hundes*. Z. Anat. **108**, 390—393 (1938). (b) Thymus aus der Gegend der zweiten Schlundtasche. Z. Anat. **108**, 394—397 (1938). — **Verdun, P.**: (a) Sur les glandules satellites de la thyroïde du *chat* et les kystes qui en dérivent. C. r. Soc. Biol. Paris, X. s. **1896**. (b) Sur les dérivés branchiaux du *poulet*. C. r. Soc. Biol. Paris **50**, 243—244 (1898). (c) Glandules branchiales et corps postbranchiaux. C. r. Soc. Biol. Paris **50**, 1046—1048 (1898). (d) Contributions à l'étude des dérivés branchiaux chez les *Vertébrés supérieurs*. Thèse de Toulouse 1898. — **Ver Eecke, A.**: Structure et modifications fonctionelles du thymus de la *grenouille*. Bull. Acad. Méd. Belg. **1899**. — **Versari, R.**: (a) Le arterie timiche *nell'uomo* ed in altri *mammiferi*. Loro rapporti alle arterie tiroide. Bull. Soc. Lancis. ospedal. Roma 17, 1—21 (1897). Zit. nach HAMMAR 1936. (b) Permanenza del tubo timico in individuo adulto con timo ancora ben sviluppato. Boll. Soc. Lancis. ospedal. Roma 17 (1897). — **Vialleton, L.**: Sur le rôle topographique des arcs visceraux et la formation du cou. Archives Anat. microsc. 10 (1908). — **Vicari, E. M.**: The enlarged thymus as associated with tubular cysts. Anat. Rec. **55** (Abstr.), 40 (1933). — **Vidari, E.** e **L. Locatelli**: Mielosi eritremiche congenite, lue congenita precoce e „cellule protozoosimili". Haematologica (Archivio) **23**, 739—794 (1941). — **Vincent, S.**: The ductless glands. Science mogr. **1911**, Nr 11. — **Virchow, R.**: Die Cellularpathologie in ihrer Begründung auf physiologische und pathologische Gewebelehre. Berlin 1858. — **Voss, H.**: (a) Das Verhalten der Thymus bei parthenogenetischen *Kaulquappen* und *Jungfröschen*. Verh. anat. Ges., 32. Verslg **1923**, 181—185. (b) Studien zur künstlichen Entwicklungserregung des *Frosch*eies. III. Das Verhalten der Thymus bei parthenogenetischen *Kaulquappen* und *Jungfröschen*. Arch. mikrosk. Anat. **99**, 628—649 (1923). (c) Makroskopisch-anatomische Präparationstechnik. Taschenbuch der biologischen Untersuchungsmethoden, Bd. 2. Leipzig 1939.

Wätjen, J.: Zum Thymusproblem. Med. Welt **1941** I, 289—294. — **Waheed, A.:** Zur Topographie der Brustorgane beim *menschlichen* Fetus. Z. Anat. **106**, 558—574 (1936). — **Wallbach:** Studien über die Zellaktivität. I. Mitt. Z. exper. Med. **60**, 430—472 (1928). — **Wallin, I. E.:** The relationship and histogenesis of thymuslike structures in *Ammocoetes.* Amer. J. Anat. **22**, 127—167 (1917). — **Wallraff, J.** u. **H. Beckert:** Zur Frage der Spezifität des mikroskopisch-chemischen Nachweises von Glykogen und anderen Polysacchariden nach H. Bauer. Z. mikrosk.-anat. Forsch. **45**, 510—530 (1939). — **Wanser, R.:** Beitrag zur Frage der Thymushyperplasie bei endokrinen Störungen. Virchows Arch. **301**, 657—667 (1938). — **Waschinsky, G.:** Über den Thymus des *Schweines.* Diss. vet. Berlin 1925. — **Wassén, A. L.:** Beobachtungen an Thymuskulturen in vitro. Anat. H. **52**, 277—318 (1915). — **Wassjutotschkin, A.:** (a) Untersuchungen über die Histogenese der Thymus. I. Über den Ursprung der myoiden Elemente der Thymus des *Hühner*embryos. Anat. Anz. **43**, 349—366 (1913). (b) Untersuchungen über die Histogenese der Thymus. II. Über die myoiden Elemente der Thymus im Zusammenhange mit degenerativen Veränderungen der Muskelfaser. Anat. Anz. **46**, 577—600 (1914) (c) Untersuchungen über die Histogenese der Thymus. Anat. Anz. **50**, 547—551 (1918). — **Watanabe, T.:** (a) Thymusstudien. I. Die Altersveränderungen der Thymusgewichte und ihre Beziehungen zum Wachstum der Körpergewichte und der Geschlechtsdrüse. Trans. jap. path. Soc. **17**, 332—340 (1929). (b) Thymusstudien. II. Über das postfetale Wachstum und die Altersinvolution der Thymusdrüse der *Ratten.* Trans. jap. path. Soc. **18**, 286—289 (1929). (c) Thymusstudien. III. Über die histologische Messung der Thymusgewebskomponente der *Ratten.* Trans. jap. path. Soc. **20**, 257—262 (1930). — **Watney, H.:** (a) Note on the minute anatomy of the thymus. Proc. Soc. roy. Soc. **27** (1878). (b) Further note on the minute anatomy of the thymus. Proc. Soc. roy. Soc. **31** (1881). (c) The minute anatomy of the thymus. Phil. Trans. roy. Soc. Lond. **1882**, 1063—1123. (d) The minute anatomy of the thymus. Phil. Trans. roy. Soc. Lond. **3** (1882). (e) Further note on the minute anatomy of the thymus. Proc. Soc. roy. Soc. **33** (1883). (f) The minute anatomy of the thymus. Proc. Soc. roy. Soc. **33** (1883). — **Watrin, J.** et **P. Florentin:** Étude des glandes endocrines après implantation de lobe antérieure d'hypophyse chez la femelle impubère. C. r. Soc. Biol. Paris **110**, 1161—1163 (1932). — **Watzka, M.:** Epithel und Lymphocyt. Anat. Anz. **75**, 150—159 (1932). — **Webster, W. D.:** The development of the thymus bodies in *Necturus maculosus.* J. Morph. a. Physiol. **56**, 295—323 (1934). — **Wegelin, C.:** (a) Über Lymphfollikel mit Keimzentren im Thymusmark. Zbl. Path. **29**, 441—447 (1918). (b) Schilddrüse. In Handbuch der speziellen pathologischen Anatomie und Histologie, Bd. 8. 1926. — **Wegelin, C.** u. **M. Fischer:** Fütterungsversuche an *Kaulquappen* mit *menschlicher* Thymus. Endokrinol. **2**, 330—337 (1928). — **Weidenreich, F.:** Die Thymus des erwachsenen *Menschen* als Bildungsstätte ungranulierter und granulierter Leukocyten. Münch. med. Wschr. **1912** II, 2601—2605. — **Weill, P.:** Über die Bildung von Leukocyten in der *menschlichen* und *tierischen* Thymus des erwachsenen Organismus. Arch. mikrosk. Anat. **83**, 305—360 (1913). — **Weis, M.:** Nodule thymique intracardiaque chez *Testudo iberica.* C. r. Soc. Biol. Paris **104**, 1289, 1290 (1930). — **Weise, Werner:** (a) Neue Ergebnisse der normal-morphologischen Thymusforschung. Dtsch. med. Wschr. **1939** II, 1310, 1311. (b) Neue Ergebnisse der Thymusforschung. Arch. klin. Chir. **196**, 624—630 (1939). (c) Morphologie und Klinik des Thymus. Dtsch. Z. Chir. **253**, 145—236 (1940). — **Weissenberg, R.:** Über die quergestreiften Zellen der Thymus. Arch. mikrosk. Anat. **70**, 113—226 (1907). — **Weller, G. L.** jr.: Development of the thyroid, parathyroid and thymus glands. Carnegie Inst. Contrib. Embryol. **24**, 93—140 (1933). — **Wetzel, G.:** Thymus, Schilddrüse und Epithelkörperchen. In Handbuch der Anatomie des Kindes, Bd. II/4. München 1936. — **Wicksell, S. D.:** The corpuscle problem. A mathematical study of a biometric problem. Biometrik (Lond.) **17**, 84—99 (1925); **18**, 151—172 (1925). — **Wiedersheim, R.:** Die Anatomie der *Gymnophionen.* Jena 1879. — **Wiesel, J.:** (a) Pathologie des Thymus. Erg. Path. **15**, 416—782 (1912). (b) Thymus. In Handbuch der normalen und pathologischen Physiologie, Bd. 16/1, S. 366—400. 1930. — **Wijhe, J. W. van:** (a) Über *Amphioxus.* Anat. Anz. **8** (1893). (b) Beiträge zur Anatomie der Kopfregion des *Amphioxus lanceolatus.* Petrus Camper Deel 1. 1902. (c) Thymus, spiracular sense organ and fenestra vestibuli (ovalis) in a 63 mm long embryo of *Heptanchus cinereus.* Proc. Akad. Wetensch. Amsterd. **26**, 727—744 (1923). — **Williams, L.:** The thymus gland. N. Y. med. J. a. med. Rec. **115**, 388—393 (1922). — **Williamson, G. S.:** The applied anatomy and physiology of the thyroid apparatus. Brit. J. Surg. **13**, 466—496 (1926). — **Williamson, G. S.** and **I. H. Pearse:** The anatomy (comparative and embryological) of the special thyroid lymph system, showing its relation to the thymus: with some physiological and clinical consideration that follow therefrom. Brit. J. Surg. **17**, 529—550 (1930). — **Winiwarter, H. de:** (a) Origine des corps de Hassall du thymus des *mammifères (chien* et *chat).* C. r. Soc. Biol. Paris **89**, 834—836 (1923). (b) Ilôts thymiques des thyroïdes et des parathyroïdes. C. r. Assoc. Anat. Paris **27**, 579—586 (1932). (c) Continuités et mutations cellulaires. Bull. Histol. appl. **11** (1933). (d) Origine des thymocytes. Bull. Acad. méd. Belg. **13**, 218—230 (1933). (e) Histological continuities and mutations. J. of Physiol. **90** (1937). Weitere Angaben bei HAMMAR 1936. — **Winter, E.:** Die Altersinvolution der Thymusdrüse bei der weißen *Ratte*. Diss. Leipzig 1924. — **Worms** et **Klotz:** (a) Le thymus au cours de quelques intoxications chimiques. Ann. d'Anat. path. **11**, 1—20 (1934). (b) Le thymus au cours de quelques infections. Ann. Méd. **36**, 17—23 (1934).

Yamada, Susumu: Die Arterien der Thymusdrüsen bei japanischen Feten. Kaibo. Z., Tokyo **9**, 198—202 (1936). Ref. Jap. J. med. Sci., Anat. Trans. a. Abstr. **7**, 55 (1938). — **Yamanoi, S.:** Über autoplastische Transplantation der Thymus in die Milz bei *Kaninchen*. Frankf. Z. Path. **26**, 356—381 (1921). — **Yokoh, A.:** Experimentale Untersuchungen über die Doppelexstirpation der Epiphyse und der Keimdrüse. Z. exper. Med. **55**, 349—370 (1927). — **Yokoyama, Y.:** Über die Wirkung des Thymus im Organismus. Virchows Arch. **214**, 83—91 (1913). — **Young, M.** and **H. M. Turnbull:** An analysis of the data collected by the status lymphaticus investigation committee. J. of Path. **34**, 213—258 (1931).

Zotterman, A.: Die *Schweine*thymus als eine Thymus ectoentodermalis. Anat. Anz. **38**, 514—530 (1911). — **Zuckerkandl, E.:** Die Entwickelung der Schilddrüse und der Thymus bei der *Ratte*. Anat. H. **21** (1903). — **Zylberszack, S.:** (a) Le mécanisme d'action des agents chimiothérapiques et leurs propriétés caryoclasiques. C. r. Soc. Biol. Paris **108**, 1156—1158 (1931). (b) Contribution à l'étude des propriétés caryoclasiques du mercure. C. r. Soc. Biol. Paris **108**, 1158—1159 (1931). (c) A propos du mécanisme du choc caryoclasique. Comportement des organes lymphopoiétiques et du thymus de la *Souris* et du *Rat* blanc après nephrectomie double. C. r. Soc. Biol. Paris **115**, 411—413 (1934).

Nachtrag.

Ascoli, G. et **Legnani:** L'hypophyse est-elle un organe indispensable à la vie? Arch. ital. biol. Pisa **59**, 235 (1914). — **Cuénot, L.:** Ann. Zool. exper. et gén. **7** (1889). — **Danelon:** Studio sulla differenziazione el sull' involuzione fisiologica ed accidentale del timo con particulare riguardo ai mutamenti dello stroma. Arch. ital. Anat. **40**, 379—417 (1938). — **Ellenberger** u. **Baum:** Handbuch der vergleichenden Anatomie der Haustiere, 17. Aufl. Berlin 1932. — **Gaupp, E., A. Ecker** u. **R. Wiedersheim:** Anatomie des *Frosches*. Braunschweig 1904. — **Kastschenko, N.:** Das Schicksal der embryonalen Schlundspalten bei *Säugetieren*. Arch. mikrosk. Anat. **30**, 1—26 (1887). — **Norris:** The morphogenesis and histogenesis of the thymus gland in *Man*; in which the origin of the Hassalls Corpuscles of the *human* thymus is discovered. Publ. Carnegie Inst. Washington **1938**, 191—207. — **Nussbaum, J.** u. **Th. Prymak:** Zur Entwicklungsgeschichte der lymphoiden Elemente der Thymus bei den *Knochenfischen*. Anat. Anz. **19**, 6—19 (1901). — **Otto, M.:** Beiträge zur vergleichenden Anatomie der Glandula thyreoidea und Thymus der *Säugetiere*. Ber. naturf. Ges. Freiburg **10**, 33—86, 87—90 (1898). — **Perri:** Guaine reticolari dei vasi sanguiferi del timo in *Vipera aspis*. Anat. Anz. **88**, 240—245 (1939). — **Roud, A.:** Contribution a l'étude de l'origine et de l'évolution de la thyroïde latérale et du thymus chez le *campagnol*. Bull. Soc. Sci. natur. Vaudoise **36** (1900). — **Schumacher, S. v.:** Grundriß der Histologie des Menschen. Berlin 1943. — **Vathauer, R.:** Die Inkretionsorgane neugeborener *Ziegen*. Diss. München 1926. — **Zondek** u. **Koehler:** s. S. 502.

Lymphgefäße, Lymphknötchen und Lymphknoten[1,2].

Von T. HELLMAN, Lund.

Mit 21 Abbildungen.

I. Die Lymphgefäße.

A. Allgemeines.

Wenn man vor dem Jahre 1930 eine Frage über das Lymphgefäßsystem des *Menschen* beantwortet zu haben wünschte, schlug man in erster Linie die Monographie von P. BARTELS (im Handbuch von BARDELEBEN): „Das Lymphgefäßsystem", Jena 1909, auf, und man wurde hier in den verschiedensten Fragen regelmäßig sehr gut informiert. Diese Arbeit ist ein Standardwerk, das sicher immer seine große Bedeutung haben wird. Inzwischen sind im Jahre 1930 zwei andere Monographien über das Lymphgefäßsystem des Menschen herausgekommen, beide von Wissenschaftlern, die sich jahrelang mit Studien über das Lymphgefäßsystem beschäftigt haben. Die eine Arbeit ist von ROUVIÈRE, die andere von G. M. JOSSIFOW herausgegeben.

JOSSIFOWs Monographie wurde gleichzeitig, 1930, in russischer und in deutscher Sprache (G. Fischer, Jena) herausgegeben. Sie ist dem Andenken von P. BARTELS, „dem Urheber des literarischen Fundaments des Lymphgefäßsystems" gewidmet.

Durch diese beiden Arbeiten haben wir eine wertvolle Ergänzung zu der Arbeit BARTELS' erhalten. Es ist jedoch hauptsächlich der spezielle Verlauf der Lymphbahnen, ihre Anordnung und Topographie, die diese Verfasser behandeln; über die allgemeine Anordnung und den Aufbau des Lymphgefäßsystems und über die Mikroskopie dieses Systems geben sie nur wenig Auskunft. In solchen Fragen gibt die Handbucharbeit von BARTELS immer einen eingehenderen Bericht. In einigen Anfangskapiteln geht jedoch JOSSIFOW teils auf sein Vorgehen bei den Lymphgefäßinjektionen sehr genau ein, teils gibt er eine gute Darstellung über die phylogenetische Entwicklung des Lymphgefäßsystems, teils diskutiert er auch die Frage, welche Kräfte die Lymphe vorwärts treiben.

---

[1] In diesem Ergänzungsartikel werde ich die meisten Fragen, die ich in meiner Hauptarbeit behandelt habe, weiter besprechen und mit einigen Ausnahmen in derselben Ordnung, wie ich es dort gemacht habe. Die Einteilung dieses Artikels wird also im großen ganzen dieselbe sein wie dort. Die Form der Darstellung muß aber von derjenigen meiner Hauptarbeit ganz wesentlich abweichen. Dort war die Aufgabe, eine Übersicht über die Entwicklung und den damaligen Stand der Lehre des Lymphgefäßsystems zu geben, hier aber ist die Aufgabe, die in einer kurzen Zehnjahrperiode erscheinenden neuen Arbeiten zu präsentieren. Auf manchen Gebieten ist keine neue Arbeit erschienen, auf anderen nur einzelne. Nur gewisse Gebiete haben in dieser Zeit ein allgemeines Interesse auf sich gezogen; in diesem Falle können hier die neu herausgegebenen Arbeiten zahlreich sein. Unter allen Umständen muß aber in diesem Artikel eine überwiegend referierende Darstellung gegeben werden; die Einführung dieser Arbeiten in den allgemeinen Zusammenhang muß oft durch Hinweisungen auf meine Hauptarbeit erzielt werden. Rekapitulationen habe ich soweit wie möglich vermieden.

Die Hinweisungen auf die Hauptarbeit werden mit H. und Seitenangabe angegeben.

[2] Abgeschlossen Dezember 1939.

Besonders aus Japan liegen in dieser Zeitperiode zahlreiche Untersuchungen über das Lymphgefäßsystem vor. Beinahe alle diese Arbeiten stammen von Kihara oder Funaoka oder ihren Schülern am anatomischen Institut in Kyoto. Funaoka (1935/36) will den Namen „Lymphatologie", in Analogie mit der Bezeichnung „Hämatologie", einführen.

Die Forschungen über den Verlauf und die Anordnung der Lymphgefäße an den verschiedenen Stellen des Körpers sind eifrig fortgeführt worden. Hierbei ist die Einstichmethode bei den Injektionen die Rutinmethode geworden, und die von Gerota ausgearbeitete Injektionsmasse steht fortwährend in erster Reihe. Man arbeitet jedoch auch z. B. mit Tusche und kolloidalen Substanzen, besonders wenn man gleichzeitig auf physiologische Probleme eingestellt ist.

Die Chirurgen Hara (1930) und Ando (1930) bedienen sich bei Canceroperationen der Tuscheinjektionen, um die regionären Lymphknoten aufzufinden. Einige Stunden bis Tage vor der Operation injizieren sie in physiologischer Kochsalzlösung aufgeschwemmte Tusche in die Umgebung des Tumors. Bei der Operation sieht man die von dem Tumor auslaufenden Lymphgefäße, sowie die ihnen angehörenden Lymphknoten, gut injiziert und schwarzgefärbt. Damit ist eine größere Sicherheit für eine gründlichere Ausräumung als früher gegeben.

Die Methode von Magnus (H. S. 234) wird nur selten angewandt und hat sich kein größeres Vertrauen erworben. „Man kann aber", sagen Baum und Grau (1938) „diese Methode zwar oft mit Erfolg zur

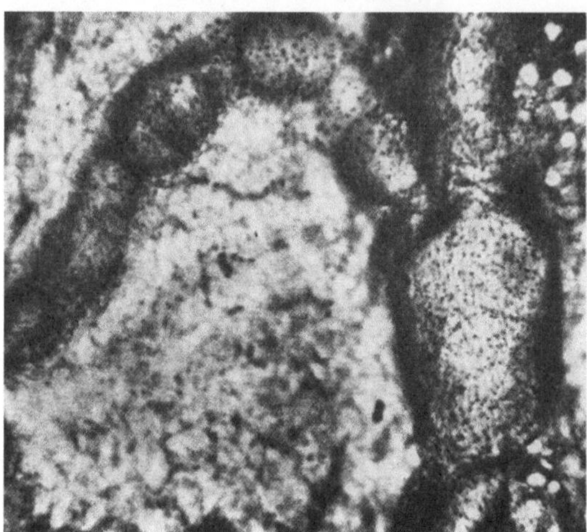

Abb. 1. „Luftfüllung" von Lymphgefäßen. Zusammenfluß zweier Lymphgefäße an der großen Kurvatur des Magens vom *Hund*. Kernfärbung mit Hämatoxylin. Vergr. 52fach. [Nach Becher und Fischer (1933) Abb. 6, S. 346.]

Unterstützung der bisherigen Injektionsmethoden anwenden". Winkler gibt jedoch (1934) dieser Methode ein sehr gutes Zeugnis.

Eine neue Methode, die eine gewisse Ähnlichkeit mit der von Magnus hat, ist von Becher (1931), später in Zusammenarbeit mit Fischer (1933) ausgearbeitet. Die zur Untersuchung bestimmten Stücke werden ausgeschnitten, in 10% Formol fixiert und dann am besten in ein mehrfaches Wechselbad von abwechselnd Wasser und Alkohol (96%) gelegt. Hierbei füllen sich die Lymphgefäße und ihre Zweige mit „Luft" und werden gut sichtbar (Abb. 1). Man kann sowohl Kernfärbung als Silberausfällung in die Endothelzellengrenzen auf dem Präparat durchführen. Die Haltbarkeit der erhaltenen Präparate ist gut, „wenigstens über Wochen", wobei die Aufbewahrung in Alkohol erfolgt (Becher 1931, 1932, 1936, Becher und Fischer 1933, Fischer 1933, 1934, 1935, 1936). Die Methode hat jedoch in gewissem Maße ihre Begrenzung, was schon daraus hervorgeht, daß nur herausgeschnittene Stückchen zur Untersuchung kommen können.

Die „Röntgenologische Methode" zum Studium der Gefäßbahnen wurde auch für die Lymphgefäße mit sehr gutem Erfolg angewandt (Abb. 8, S. 187). Man kann die Lymphgefäße größerer Abschnitte mittels Injektion von verschiedenen schattengebenden Substanzen, z. B. Quecksilber, Zinnober, Bleisalzen, Kollargol, organischen Jodpräparaten, Brominol, Thoriumhydroxydhydrosol, Thorotrast usw., im Röntgenbilde darstellen [Ottaviani (1930), Funaoka (1930), Kutami und Sone (1930), Fujita (1930), Funaoka, Tachikawa, Yamaguchi und Fujita (1930), Funaoka und Shirakawa (1930), Tachikawa (1930), Sakata (1930), Meller (1931), Rodriques (1932, 1935), Takabatake (1932), Shdanow (1932), Menville und Ané (1932, 1934), Mortensen und Sullivan (1933), Dotti (1934), Allodi (1936)]. Rodriques (1932) hat sogar Indigocarmin in die Lymphgefäße lebender *Menschen* mit gutem Bildresultat eingespritzt.

Baum wollte geltend machen, daß die Lymphgefäße nicht immer die Blutgefäße begleiten (*H*. S. 236). Ottaviani (1931) bestätigt dies, was die Lymphgefäße des Mesenteriums betrifft, nach einer vergleichenden Untersuchung. Bei den *Tieren*, bei welchen die Lymphknoten an der Radix mesenterii gesammelt sind, begleiten die Lymphgefäße im allgemeinen die Blutgefäße; liegen aber die Lymphknoten im Mesenterium verteilt, dann verlaufen die Lymphgefäße gerade zwischen diesen, ohne den Blutgefäßen zu folgen. Beim *Menschen* kommen jedoch beide Formen vor, wenn auch die Lymphgefäße hier keine näheren Beziehungen zu den Blutgefäßen haben.

Es ist gewiß so, daß es beim *Menschen* zu den größten Seltenheiten gehört, daß ein Lymphgefäß in das Venensystem einmündet ohne mindestens einen Lymphknoten passiert zu haben [das „Schaltungsgesetz" von BARTELS (*H.* S. 234)], oder daß ein Lymphgefäß in das Venensystem anderswo mündet als durch die zwei großen Lymphgefäßstämme, den Ductus thoracicus und den Ductus lymphaticus dexter. Was diese letzte Frage betrifft, so sagt z. B. BARTELS, daß die Fälle, wo bei *Menschen* solche Extra-Einmündungen beschrieben wurden, durchaus nicht beweisend sind. Wir finden jetzt, daß sowohl JOSSIFOW als ROUVIÈRE im großen und ganzen mit BARTELS einig sind. JOSSIFOW sagt, „daß bei allen *Wirbeltieren* die Vereinigung des Lymphsystems mit dem Venensystem nach einem Plan in vier Punkten stattfindet: zwei Vereinigungspunkte befinden sich im vorderen Rumpfabschnitt und zwei im hinteren". Bei den *Vögeln* und den *Säugetieren* sind die zwei oberen ausgebildet. Es ist also wenigstens ausgeschlossen, daß zahlreiche Verbindungen der Lymphgefäße mit den Venen in verschiedenen Körpergegenden vorhanden sein können, „als dem Gesetze des Lymphabflusses ins Blut nicht entsprechend". Weiter gibt er an, daß er selbst beim *Menschen* „niemals eine direkte Verbindung der Lymphgefäße mit den Venen außer in der Halsgegend gesehen hat". Er ist also mit dem Ausspruch BARTELS' ganz einverstanden. ROUVIÈRE gibt gewiß zu, daß bei den *Tieren* Lymphgefäße vorkommen, die in verschiedenen Venen des Körpers münden können. Er selbst hat solche besonders beim *Hunde* nicht selten gefunden. Dagegen haben weder er selbst noch seine Schüler beim *Menschen* unter mehr als 2000 Präparationen einen einzigen Übergang von einem Lymphgefäß in eine Vene außerhalb der normalen Venenwinkel am Halse gefunden.

Es liegen jedoch seit 1930 mehrere Beschreibungen über solche Verbindungen vor. So sind nicht weniger als 4 Fälle von lumbalen Lymphgefäßen, die in dem Bauchteil der Vena cava inferior münden, angeführt. TESHIMA (1932) fand eine solche Verbindung bei einem 53jährigen Japaner, POLONSKAJA (1934) an drei Leichen japanischer Neugeborener. In allen Fällen waren die Lymphgefäße Vasa efferentia eines Lymphknotens, was aus vorgelegten Abbildungen hervorgeht. Nach dem letzten Verfasser ist diese Anordnung theoretisch „vollständig klar und verständlich, da das Entstehen des Lymphgefäßsystems aus dem Venensystem bereits bewiesen ist". POLONSKAJA hat auch (1934) in 4 von 36 Fällen gefunden, daß Lymphgefäße von der Schilddrüse in die Vena jugularis interna mündeten. Zwei von diesen fand er bei einem 30jährigen Mann, zwei bei Neugeborenen. Es waren entweder Vasa efferentia eines Lymphknotens oder ein Lymphgefäß unmittelbar aus der Tiefe der Schilddrüse, die so ihren Weg zum Blute fanden. TESHIMA (1932) gibt weiter an, daß er bei 59 Japanern zweimal eine Verbindung zwischen D. thoracicus und V. azygos fand.

Die meisten Forscher haben bei den *Säugetieren* mehr oder minder oft Lymphgefäß-Venenverbindungen außerhalb des Angulus venosus gefunden, und dies z. B. in ungewöhnlich reichlichen Mengen beim *Hunde* (BAUM, JOSSIVOW u. a.). KISHI (1932) sah auch, wie nach Ligierung des Ductus thoracicus bei diesem *Tier* in mehreren Fällen eine direkte Verbindung zwischen dem Brustmilchgang und der V. azygos hervortrat. Gegen diese Angabe steht, daß NAITO (1932) nirgends eine einzige solche Verbindung beim *Hunde* fand, trotzdem er die Aufmerksamkeit besonders auf diese Frage gerichtet hatte. Endlich beschreiben BAUM und GRAU (1938) beim *Schweine* solche Verbindungen zwischen

Lymphgefäßen im Nierenhilus und der V. renalis und zwischen Leberlymphgefäßen und der V. Porta.

Aufs neue wird konstatiert, daß die Lymphcapillarnetze in Haut und Schleimhäuten tiefer in dem Gewebe liegen als die Blutcapillaren (*H.* S. 236). Yamao (1932) findet in den Papillen bis im 9. Fetalmonat keine Lymphcapillaren; sie müssen später ausgebildet werden und treten da vor allem in den gut entwickelten Papillen auf. Hierbei sind die Capillarschlingen „nicht so häufig wie bisher berichtet worden ist", sondern die Capillaren fingen in der Mitte der Papille fingerförmig an. Erst in der Subcutis treten Lymphgefäße mit Klappen auf. Über die Verhältnisse in den Darmzotten berichtet Shimizu (1932).

Der Sprossungsprozeß, den besonders E. R. und E. L. Clark studiert haben (*H.* S. 262—263), hat fortwährend viel Interesse auf sich gezogen. Bei fortgesetzten Untersuchungen gelang es den beiden genannten Forschern (1932, 1933, 1937, 1938) einen Defekt im *Kaninchen*ohr so herzustellen, daß eine „durchsichtige Kammer" entstand, in welcher sie auch bei stärkerer Vergrößerung das Hervorwachsen sowohl der Blutgefäße als der Lymphgefäße studieren, ja selbst photographieren konnten. Durch tägliche Beobachtungen während längerer Zeit konnten sie hierbei definitiv konstatieren, daß die Sprossung so vorgeht, wie man im allgemeinen angenommen hat. Die Gefäße senden von ihrem Endothel Protoplasmaknospen heraus, in welche die Kerne hineinwandern und sich teilen. Die Knospen wachsen, sich verlängernd, weiter vor, werden ausgehöhlt und fügen sich in den Lymphgefäßplexus ein. Der Prozeß ist auch bei älteren *Tieren* derselbe. Die Lymphgefäße machen also ein spezifisches System aus, von den Blutgefäßen und dem Bindegewebe unabhängig. Wenn ein Lymphgefäß von den übrigen isoliert wird, lebt es auch während Wochen und Monaten weiter und kann wieder mit dem Lymphgefäßnetz verbunden werden. Die Regeneration von Lymphcapillaren tritt langsamer ein als die der Blutcapillaren, was auch Gray (1938) beobachtet hat. Wenn man einen Lymphknoten exstirpiert, kann man nach mehreren Forschern [z. B. Rouvière und Valette (1937), Funaoka und seinen Schülern und vielen anderen] beobachten, wie sich am Orte des weggenommenen Lymphknotens ein Netz von Lymphgefäßen ausbildet und zur Wiederherstellung des Lymphstromes beiträgt. Es tritt also hier eine lebhafte Sprossung ein. Ich gehe auf diese Frage im Kapitel von der Neubildung von Lymphknoten S. 228 näher ein.

Die Neubildung von Lymphgefäßen bei pathologischen Prozessen ist auch weiter erforscht worden. Cavalli (1935) transplantiert beim *Kaninchen* ein Hautstück von dem einen Ohr zu dem anderen und studiert das Verhalten der Injektionen. Am 4. Tag fingen die Lymphgefäße an, in das Implantat hineinzuwachsen, nach 20 Tagen war das neugebildete Netz ebenso reichlich wie in der Umgebung. Rössle (1937) untersucht die Hautverbindungen bei den *Parabioseratten*. Von dem in der Regel kräftigsten Tiere erfolgt eine Neubildung und Hyperplasie der Lymphgefäße in das Granulationsgewebe. „Es lassen sich dabei Befunde erheben, welche für die örtliche Entstehung von Lymphcapillaren sprechen. Aber auch Sprossung größerer vorbestehender Lymphgefäße kommt zweifellos vor." Diese Auffassung, daß sich die Lymphgefäße direkt im Bindegewebe ausbilden können, steht gegenwärtig jedoch ganz allein da. McMaster und Hudach (1934) und Pullinger und Florey (1937) stellen fest, daß die Ausheilung bei akuten und chronischen Inflammationen zuerst durch eine Überproduktion neugebildeter Lymphgefäße gekennzeichnet ist. Später werden sie wieder reduziert. Die Lymphgefäße haben also eine gleich große Bedeutung für die Reparation eines solchen Schadens wie die Blutgefäße (Pullinger und Florey). Über Neubildung von Lymphgefäßen in Tumoren gibt uns Sampson (1936) Auskunft.

In diesem Zusammenhang will ich auf die zahlreichen Arbeiten, die über das Resultat bei Absperrungen der Lymphgefäße oder bei Ausräumungen gewisser Gebiete von Lymphgefäßen und Lymphknoten vorgelegt wurden, eingehen (*H. S.* 263 und 275). Sie zeigen uns auch unter anderem die Bedeutung dieser Sprossungen für die Wiederherstellung und die Erhaltung des Lymphgefäßsystems.

Was man zuerst beobachtet, wenn man ein solches Lymphgefäß ligiert, oder wenn es auf andere Weise, z. B. durch pathologische Veränderung des regionären Lymphknotens verstopft wird, ist eine Dilatation derjenigen Gefäße, die jenseits dieser Stelle liegen. Eine solche Dilatation kommt nach OKAMOTO (1935/36) sogar zustande, wenn man einen leichten Druck auf ein Lymphgefäß ausübt. Ob es sich nun um ein größeres oder ein kleineres Gefäß handelt, das von einem bestimmten Gebiet des Körpers die Lymphe aufnimmt, wird stets also eine solche Dilatation eintreten. Diese Dilatation verursacht, daß die Klappen insuffizient werden, und daß die Lymphe retrograd fließt; eine paradoxe Strömung entsteht, ein Verhalten, das von mehreren Forschern konstatiert wird. Man hat auch in diesem Zusammenhang die Bedeutung einer solchen Strömung für die Ausbildung retrograder, pathologischer Metastasen diskutiert.

Eine solche Dilatation ist jedoch nicht bleibend. Die Zirkulation der Lymphe wird bald wieder restituiert. Die Lymphe sucht sich den Weg entweder durch Kollateralen, die von Anfang an sehr klein sein können, aber sich bald erweitern und sich dem Strom anpassen, oder durch Hervorsprossung ganz neuer Lymphgefäße, die auf verschiedene Weise die peripheren Gefäße mit den zentralen verbinden [ROUVIÈRE (1930), SAKATA (1930), KUTAMI und SONE (1930), FUNAOKA und SHIRAKAWA (1930), SSYSGANOW (1931), TAKABATAKE (1932), RODRIQUES (1932), FUNAOKA (1932), WASA (1932, 1933), MOUCHET (1933), OTTAVIANI und CAVALLI (1933), OTTAVIANI und ROMUSSI (1933), OKAMOTO (1935/36), ASADA (1937), ROUVIÈRE und VALETTE (1937) u. a.]

Was oben gesagt ist, gilt gewiß auch, wenn der Ductus lymphaticus oder alle großen Lymphstämme des Halses ligiert werden. Hier können jedoch die Folgen der Operation sehr ernst werden. Besonders wenn die Ligierung vollständig gelingt, was man jedoch erst durch Injektionen nach dem Tode des Tieres konstatieren kann (NOSÉ, 1932), können die Tiere binnen einiger Stunden sterben [LATARJET und GABRIELLE (1926), RODRIQUES (1932), NAITO (1932)]. Dieselbe ernste Folge trifft auch in etwa 50% der Fälle ein, wenn alle Chylusgefäße unterbunden werden (ASADA, 1937). Wird aber die Ligierung nicht vollständig oder kann die Lymphe allmählich auf den einen oder anderen Umweg ins Blut gelangen, können die Tiere sich erholen [KISHI (1932), NOSÉ (1932), RODRIQUES (1932), RODRIQUES, CARVALHO und PEREIA (1933), SHDANOW (1936)]. Wenn gleichzeitig mit der Ligierung eine Sympathektomie gemacht wird, wird die kollaterale Lymphströmung schneller hergestellt, weil die Lymphgefäßlumina sich schneller erweitern und dadurch gleich eine relative Klappeninsuffizienz eintritt [RODRIQUES (1932), RODRIQUES, CARVALHO und PEREIA (1933)]. Durch die Erweiterung scheint die Anzahl der Kollateralen auch zahlreicher zu werden. SHDANOW (1936) hat übrigens in der Brusthöhle und in der unteren Halsgegend des *Menschen* das Vorhandensein der präformierten Kollaterallymphwege festgestellt, „welche Anfangs- und Endabschnitte des Brustmilchganges, den Brustmilchgang mit dem Ductus lymphaticus dexter... verbinden. Diese Kollaterallymphwege verlaufen durch das komplizierte System der mediastinalen, tiefen Hals- und Prätracheallymphknoten und durch die Geflechte der diese Knoten miteinander verbindenden Lymphgefäße". „Das Vorhandensein der Kollateralen zum Brust- und Halsteil des Ductus thoracicus", sagt er, „ermöglicht in gewissen Fällen die Unterbindung dieses wichtigsten Lymphstammes".

Im Gegensatz zu den meisten Forschern kommt Nosé durch experimentelles Untersuchen zum Resultate, daß eine Ligierung des Ductus lymphaticus in der Regel nicht lebensbedrohend ist. Er geht sogar so weit, daß er bei der Behandlung der operativen Verletzung des Ductus thoracicus eine Ligierung desselben vorschlägt. „Eine Zirkulationsstörung der Lymphe, die bisher befürchtet worden ist, wird, nach den obigen *Tier*experimenten zu schließen, auch am *Menschen* sicherlich nicht entstehen, da hier anatomisch zahlreiche Äste vorhanden sind, durch die sich durch retrograde Strömung der Ductus thoracicus höchstwahrscheinlich in den rechtseitigen Angulus venosus zu ergießen vermag."

B. Morphologie.

1. Lymphgefäßstämme.   Der Milchbrustgang.

Zu dem, was ich in *H.* S. 237—242 über den Ductus thoracicus gesagt habe, ist sehr wenig hinzuzufügen. Die zahlreichen Variationen im Verlauf und in der Einmündung im Venenwinkel dieses Hauptstammes sind besonders in den genannten Monographien über das Lymphgefäßsystem des Menschen (Rouvière, Jossifow) eingehend beschrieben, und ich weise auf diese Arbeiten hin. Auch Rodriques und Pereia (1930), wie Mouchet (1933) geben hierüber einen näheren Bericht.

Llorca (1935/36), der einen Fall von rechtsseitigem Verlauf des Ductus thoracicus und die Einmündung desselben in den rechten Venenwinkel beschreibt, nimmt an, daß diese Anomalie darauf beruht, daß die rechte „Aortenwurzel" erhalten geblieben ist. Eine Zusammenstellung aus der Literatur stützt diese Annahme. Er findet hierbei 29 Fälle publiziert, wo die rechte Aortenwurzel beibehalten war, und in 23 von diesen, also in 82%, lag der Ductus thoracicus rechts und mündete rechts ein. Teshima (1932) erzählt, daß er bei 59 japanischen Leichen in 2 Fällen den Milchbrustgang sich in zwei Äste teilen sah, von welchen der eine in die rechte, der andere in die linke Vena anonyma einmündete.

Butturini (1931) macht im Anschluß an Studien über einige pathologische Verhältnisse betreffend den Ductus thoracicus zahlreiche Beobachtungen, auch mikroskopische, über den Bau des normalen Ductus. Was den Bau betrifft, so hebt er vor allem hervor, daß eine große Variabilität in beinahe allen Verhältnissen vorhanden ist, was jedoch im ganzen nur eine Bekräftigung und Komplettierung der Untersuchungsresultate anderer Forscher ausmacht. So findet er, daß der Diameter des Ganges zwischen 1—5 mm wechselt, daß die Klappen bisweilen zahlreich und gut ausgebildet sind, bisweilen nur spärlich und in rudimentärer Form vorkommen und endlich in gewissen Fällen gar nicht zu finden sind. Die Wandstruktur ist an verschiedenen, auch an ganz nahe aneinanderliegenden Orten ganz verschieden. Dünne Wandpartien wechseln mit dicken. Die letzteren sind entweder durch ein reichliches Bindegewebe mit spärlicher Muskulatur oder durch reichliches Muskelgewebe bedingt. Man kann ein inneres, longitudinales und ein äußeres plexiformes Muskellager unterscheiden. Das elastische Gewebe bildet in der Wand ein feines Netz, das sich zu einer Elastica interna zusammenzuschließen pflegt.

Was die Anzahl und die Lage der Klappen im D. thoracicus betrifft, so muß man wohl nach allen Untersuchungen, die schon vorliegen (*H.* S. 242), konstatieren, daß große Variationen, wenigstens im späteren Alter, vorkommen. Gewöhnlich wird jedoch mit Bartels und Kopsch angegeben, daß die Klappen am Anfang und am Ende des Ganges reichlich vorkommen, dagegen

in der Mitte spärlich. Dies war auch das Resultat der Untersuchungen von
Teshima (1932). Die Angabe von Rouvière (1930), daß die Klappen an Zahl
abnehmen je größer die Lymphbahn wird, darf vielleicht nur als eine allgemeine
Grundregel gelten. Was man vor allem aus der Literatur herauslesen kann,
ist, daß die Zahl der Variationen sowohl im Embryonalstadium als nach der
Geburt außerordentlich groß ist. Kampmeier (1931), der die Anzahl der zuerst
angelegten Klappen bald und in manchen Fällen in erheblichem Grade reduziert
findet, sieht teilweise in diesem frühen Untergang der Klappen eine Erklärung
der großen Variationen im späteren Alter (*H*. S. 242).

2. Die Lymphgefäße (im engeren Sinne).

G. M. Jossifow geht in seiner Monographie (1930) darauf ein, daß man die
tiefen Lymphgefäße besser als früher von den oberflächlichen auseinanderhalten

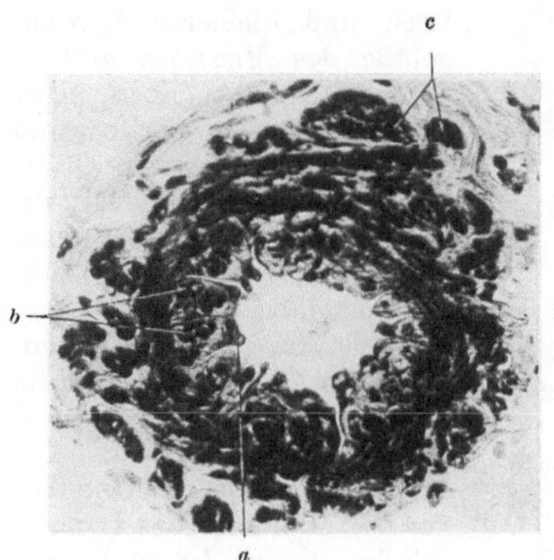

Abb. 2. Muskelstarkes Lymphgefäß aus dem Mesenterium des *Menschen*. Muskelfärbung. Säurealizarin-
blau-Phosphormolybdänsäure. Phot. 175/1. *a* Endothel, *b* innere, *c* äußere Längsmuskeln, dazwischen
Ringmuskeln.
[Nach Petersen (1935), Abb. 380. S. 321.]

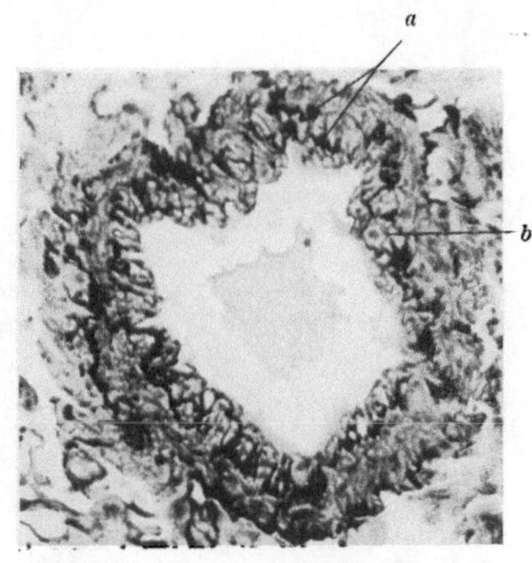

Abb. 3. Dasselbe Lymphgefäß wie in Abb. 2.
Elasticafärbung durch Orcein, Hämatoxylinnachfär-
bung. Phot. 175/1. *a* elastische Fasern, *b* Muskelzelle.
[Nach Petersen (1935), Abb. 381, S. 321.]

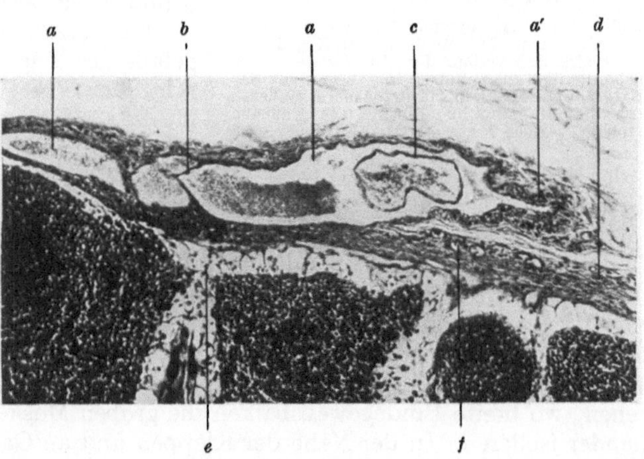

Abb. 4. Aus einem Mesenteriallymphknoten. Schnittserie, Säurealizarinblau-Mallory. Phot. 90/1. Übergang
des muskulösen Lymphgefäßes, Vas afferens (Abb. 2) in das intrakapsuläre, muskelfreie Lymphgefäßnetz.
a Lymphgefäß, *a'* dessen muskulöse Wand, *b* Taschenklappe, *c* Trichterklappe im Querschnitt, *d* Kapsel,
e Randsinus, *f* kleine Blutgefäße in der Kapsel. [Nach Petersen (1935), Abb. 417, S. 357.]

muß. Er selbst ist der Meinung, daß er durch ein spezielles Injektionsvorgehen die tiefen Lymphgefäße besser ausfüllen kann, als es anderen Forschern gelungen ist. Seine Beschreibung über das tiefe Lymphgefäßsystem ist daher, wie er sagt, „vollständiger" als diejenigen, die man früher gegeben hat.

Diese Auffassung wurde schon 1928 in einer Arbeit von J. M. Jossifoff unter Leitung von G. M. Jossifow über „Die tiefen Lymphgefäße des *Hundes*" vorgelegt. Baum wurde hierdurch unmittelbar (1928) zu einer eingehenden Kritik aufgefordert. Es entwickelte sich danach ein teilweise hitziger Meinungsaustausch zwischen diesen Forschern [J. M. Jossifoff (1929), G. M. Jossifow (1930), Baum (1929, 1930)]. Ich kann jedoch auf denselben hier nicht eingehen, sondern weise auf die hier angegebenen Publikationen hin.

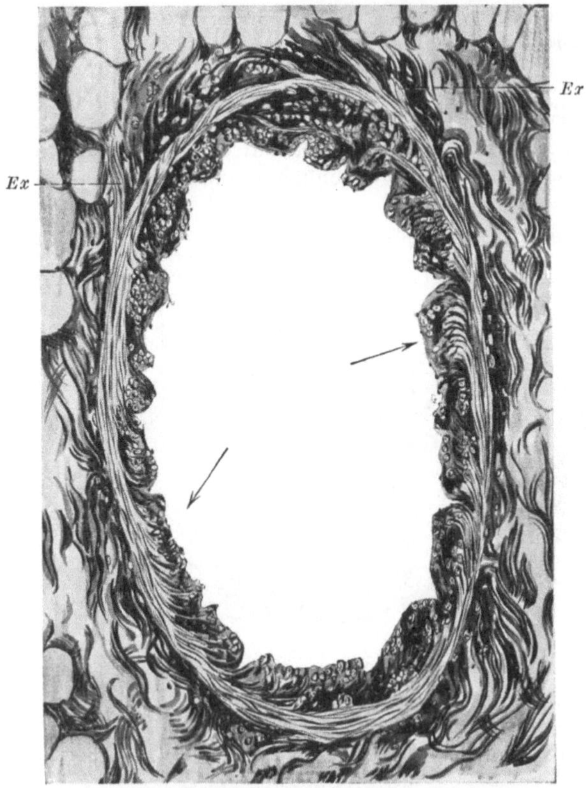

Über den Wandbau der mittleren und kleineren Lymphgefäße des *Menschen* gibt es nur einzelne Angaben, aber unsere Kenntnisse hierüber sind seit 1930 in gewissem Grade vertieft worden. Ich will zuerst einige Angaben von Petersen (1935) referieren: „Viele Lymphgefäße", sagt er, „sind muskelstark, so im Mesenterium... Ähnlich gebaute kommen auch in der Gegend der Fossa ovalis vor... Die Muskulatur hört unmittelbar vor der Mündung des Lymphgefäßes in den Lymphknoten auf." Um dies zu beleuchten, liefert er einige Mikrophotographien solcher Mesenterialgefäße, die ich hier in Abb. 2, 3 und 4 wiedergebe.

Mall (1933) hat die Lymphgefäße des Trigonum iliofemorale, der Fossa axillaris, des Mesenteriums und der Lunge untersucht. „Eine deutliche

Abb. 5. Querschnitt durch ein Lymphgefäß des Trigonum iliofem. Vergr. 50mal. Azan. Die Media ist straff gedehnt. Dadurch kommt der zirkuläre Verlauf der Muskelzüge in der Verflechtungsschicht deutlich zum Vorschein. Man sieht das Einstrahlen der Externamuskulatur in die Media bei *Ex*, ebenso die Übergänge der Mediamuskulatur in die Intima fast im ganzen Umkreis der Innenhaut. [Nach Mall (1933), Abb. 3, S. 529.]

Abgrenzung der 3 Wandschichten, Intima, Media und Externa, ist, sagt er, „häufig nicht möglich, da die Grenzen durch kontinuierliche Übergänge der Muskelzüge aus einer Schicht in die andere verwischt und vielfach unkenntlich sind." Er findet Muskelzüge, die von der longitudinalen Externamuskulatur einwärts abbiegen, wo sie sich mit der sich in zwei entgegengesetzt diagonalen Spiralen verflochtenen Medianmuskulatur vermischen, um schließlich in die Intima einzustrahlen (Abb. 5, 6 und 7). In der Media findet er nur sehr spärliche Bindegewebsbündelchen und Fibrillen eingeflochten, zum Unterschied von der Media der Venen, wo breite Bindegewebsbalken die groben Muskelbündel deutlich gegeneinander isolieren. In der Nähe der Klappen und an Gabelungsstellen ist die „Verflechtungsschicht", wie Mall die Media nennt, mehr oder weniger stark zurückgebildet, während die Längsmuskelzüge überwiegen und besonders an Gabelungsstellen in auffallend steilen Spiralen verlaufen.

In dem Bau der Lymphgefäßwand der Hilusgefäße und der anschließenden Vasa efferentia sind große Verschiedenheiten vorhanden. Unter anderem wechseln hier Wandabschnitte mit gut entwickelter Muskulatur mit Wandstellen, an denen überhaupt keine Muskelelemente beobachtet werden können.

Klappen findet MALL in den Lymphgefäßen in großer Anzahl. Ihre Verankerung in der Gefäßwand wird durch Bindegewebszüge vermittelt, die von der Externa ausgehend sich durch die hier spärlich gewordenen Muskelzüge der Media und Intima vorschieben und dann zwischen die Endothelblätter der Klappensegel eindringen. Hier verlaufen sie in großer Zahl in der Hauptsache parallel zum freien Klappenrande und dringen dann in die gegenüberliegende Gefäßwand ein, wo sie schließlich in das Bindegewebe der Adventitia auslaufen.

Um die Klappen in den Lymphgefäßen aufzufinden, empfiehlt OGO (1933) eine zweizeitige Injektion, einmal mit GEROTAscher Masse, dann mit Quecksilber. Das letztere verdrängt die Farbmasse vollständig, mit Ausnahme der Klappenstellen, wo die Klappentaschen mit scharfer Kontur hervortreten. Man kann auch nach BAUM und GRAU (1938) die Lymphgefäße nach der SPALTEHOLZschen Methode durchsichtig machen, wobei die Klappen deutlicher zu erkennen und leichter zu zählen sind.

Die Klappen bestehen, sagt OGO, aus 1—5 Segeln, am häufigsten aus 2. An der Stelle des Zusammenflusses zweier Lymphgefäße kommen regelmäßig Klappen mit 2 halbmondförmigen Segeln vor; bei der Gabelung eines Gefäßes haben die Zweiggefäße entweder keine Klappe oder je eine. Der Abstand zwischen zwei Klappen ist am häufigsten 2—6 mm, kann jedoch zwischen 1—20 wechseln. Im Stamm stehen sie dichter zusammen als in den Extremitäten, in den letzteren dichter in deren distalen Abschnitten.

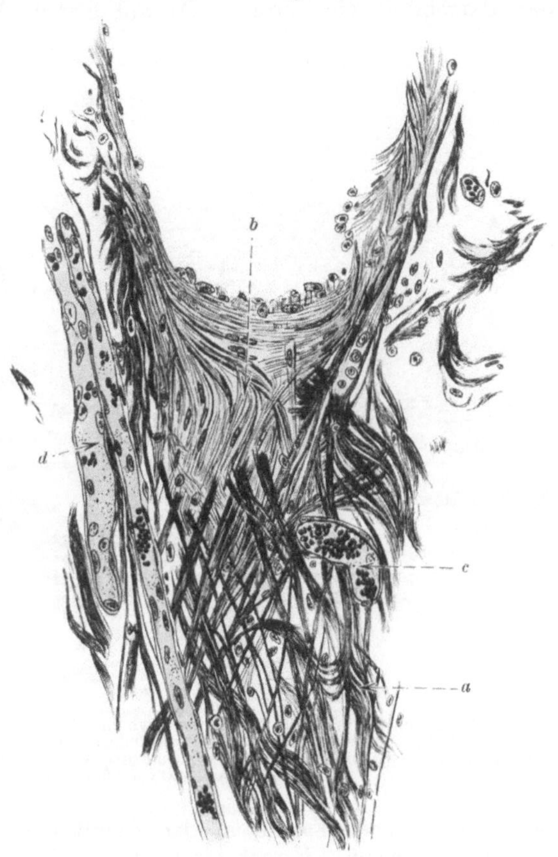

Abb. 6. Schrägschnitt durch die Wandung eines Lymphgefäßes des Trigonum iliofem. Vergr. 190mal. Azan. *a* Verflechtung des kollagenen Bindegewebes der Externa; *b* Einstrahlen der Externamuskulatur in die Media; *c* und *d* Blutcapillaren. [Nach MALL (1933), Abb. 4, S. 530.]

Es finden sich, nach PETERSEN (1935), in dem Lymphgefäßnetz, welches die Lymphknoten umgibt, außerordentlich zahlreiche Klappen. Dasselbe ist der Fall in den dünnwandigen und weiten Lymphgefäßen, die in der Kapsel verlaufen. „Darunter finden sich auch richtige Trichterventile", und PETERSEN gibt in seiner Arbeit S. 358, Abb. 418, ein schematisches Bild einer solchen „Trichterklappe" (vgl. S. 193).

Bei unseren *Haustieren* zeigen die Lymphgefäße nach TRAUTMANN und FIEBIGER (1931) „große Verschiedenheiten im Aufbau, in der Zahl und

Anordnung der baulichen Elemente nicht nur bei den einzelnen *Tierarten*, sondern auch in den einzelnen Körperregionen". Das Endothelrohr ist im großen „entweder von einer bindegewebig-elastischen oder bindegewebig-elastisch-muskulösen Hülle umgeben". Grau (1931) untersucht bei 40 *Hunden* den Wandbau des Truncus trachealis und der Vasa afferentia und efferentia der Popliteallymphknoten und findet unter anderem, daß die aufsteigenden Lymphgefäße der Extremität eine größere Anzahl glatter Muskelfasern und eine größere

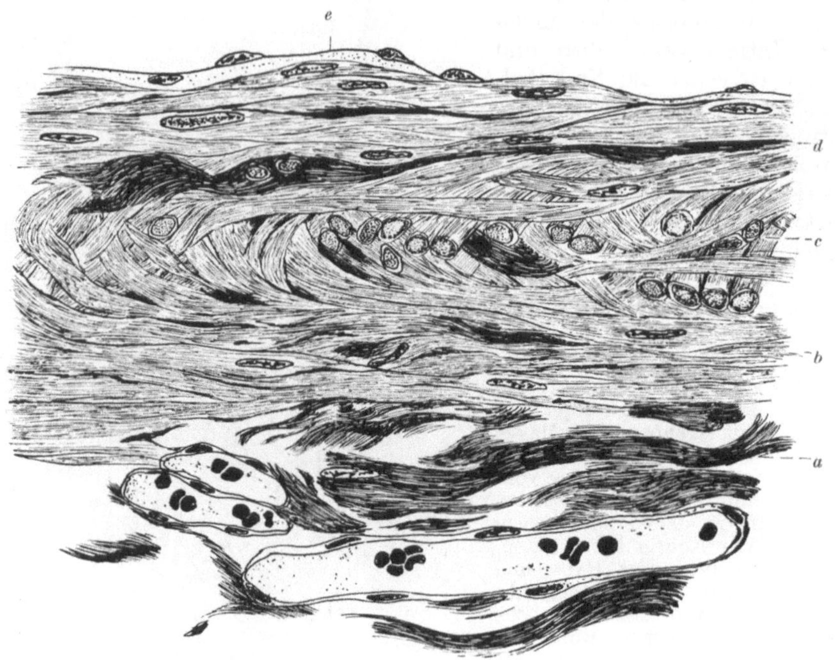

Abb. 7. Längsschnitt durch die Wand eines Lymphgefäßes des Trigonum iliofem. Vergr. 270mal. Azan. Deutliche Dreischichtung der Muskulatur. *a* Bindegewebe der Externa, *b* Längsmuskulatur der Externa, *c* Querschnitte der schrägen Verflechtungszüge der Media, *d* Längsmuskulatur der Intima, *e* Endothel. [Nach Mall (1933), Abb. 5, S. 532.]

Menge elastischer Fasern in der Gefäßwand aufweisen als der absteigende Truncus trachealis. Es scheint auch als ob die Vasa afferentia mehr Muskelelemente und stärkeres elastisches Gewebe enthalten als die V. efferentia.

Die Durchlässigkeit der Lymphcapillaren ist ein viel diskutiertes Kapitel man hat aber auch danach geforscht, wie sich die Lymphgefäße im engeren Sinne in dieser Hinsicht verhalten.

Teshima (1932) will eine nicht unwesentliche Durchlässigkeit, eine Ausscheidungsfunktion auch der Wände dieser Lymphgefäße gefunden haben. Er arbeitet mit *Kaninchen*, denen er Tusche in die Bauchhöhle einspritzt. Die Tusche wurde im Diaphragma resorbiert, gelangte in die Vasa mammaria und wurde von diesen in das umgebende Bindegewebe transportiert. Diese Arbeit, die von den Endothelzellen ausgeführt wurde, wurde in hohem Grade herabgesetzt, wenn man das Tier 6—10 Stunden vor der Injektion Röntgenstrahlen aussetzte.

Shdanow (1935) hat dasselbe Experiment gemacht und kommt zu demselben Resultat. Er arbeitet mit *Hund, Katze* und *Kaninchen*, führt Tusche oder Kollargol in die Bauchhöhle dieser *Tiere* ein und studiert das Verhalten in den Mediastinallymphgefäßen, besonders in den Vasa mammaria, welche „zu den

beinahe muskelfreien Lymphgefäßen gehören". Er findet, daß die genannten
Stoffe bald in diese mittleren und kleinen Gefäße kommen, wo sie von den
Endothelzellen absorbiert und dann in das umgebende Gewebe transportiert
werden. Das die Lymphgefäße bedeckende Endothel gehört, sagt er, demnach
zu dem retikuloendothelialen System, gleich wie das Sinusendothel und das
Reticulum der Lymphknoten. Es drainiert also nicht nur die Gewebe, sondern
nimmt auch einen aktiven Anteil an dem gegenseitigen Stoffwechsel zwischen
der Lymphe und den Geweben. In diesem Verhalten besteht ein qualitativer
Unterschied zwischen dem Endothel in Blut- und Lymphgefäßen. McMaster
und Hudach (1931, 1932) und Hudach und McMaster (1931, 1932) finden,
daß die Wand der Lymphgefäße im *Kaninchen*ohr unter normalen Verhältnissen
für gewisse Farbstoffe durchlässig ist, für andere undurchlässig. Ein geringfügiger Druck oder ein unbedeutender pathologischer Einfluß ruft jedoch schnell
für eine Zeit eine Permeabilität für alle angewandten Farbstoffe hervor. Inzwischen geht aus ihren Versuchen hervor, daß der Endothelwall kontinuierlich
sein muß.

3. Die Lymphcapillaren.

Die Frage, ob die Lymphcapillaren in den Geweben als offene Rohre beginnen
oder ein in sich geschlossenes Röhrensystem darstellen, scheint nicht länger
das große aktuelle Problem zu sein. Die allermeisten Forscher haben sich nämlich dieser letzteren Auffassung angeschlossen [so z. B. Jossifow (1930), Rouvière (1930), Drinker und Field (1933), Fischer (1934, 1935), Rouvière
und Valette (1937), Baum und Grau (1938)].

Weidenreich (1933) erinnert an ein Verhalten, das, wie mir scheint, nicht
so wenig aussagt. Die Annahme von offenen Lymphcapillaren steht, sagt er,
„in Widerspruch mit den Verhältnissen, die der Grundtypus des Lymphgefäßsystems, das Chylusgefäßsystem, zeigt. Hier ist einwandfrei nachzuweisen,
daß die Lymphcapillaren als axiale Zottengefäße blindsackförmig und nicht
irgendwie frei im Zottenbindegewebe beginnen".

Und doch gibt es Verhältnisse, die einen zum Nachdenken zwingen. Petersen
(1935) weist auf ein solches hin. „Der Beginn des Lymphcapillarsystems ist
unklar", sagt er. „Im Darm beginnt es mit blinden Aussackungen in den Zotten.
Ob es anderwärts mit blinden Enden oder mit einem Netz ohne Ende anfängt, ob
Öffnungen der Wand, ob offene Mündungstrichter vorkommen, ist ungeklärt.
Vielleicht sind die Vorkommnisse in verschiedenen Organen sehr verschieden.
Jedenfalls gelingt es durch Einstich von Hohlnadeln in das Bindegewebe, die
Lymphgefäße zu füllen. ... Bei den Blutgefäßen ist eine solche Füllung durch
Einstich ins Gewebe nicht möglich, es sei denn, es wurde zufällig ein Gefäß
unmittelbar angestochen." Wir können jedoch vielleicht annehmen, daß dieses
Verhalten sich durch den verschiedenen Bau und die verschiedene Durchlässig-
keit der Wände der Blut- und Lymphcapillaren wenigstens zum Teil erklären
läßt. Hierbei dürfen wir nicht vergessen, daß es im allgemeinen notwendig
ist, Bewegungen oder Massage am Injektionsorte auszuführen, um die Injektionsmasse in die Lymphgefäße zu treiben — also man muß einen gewissen
Druck ausüben, um zum Resultat zu kommen.

Es wird jedoch allgemein betont [z. B. Rouvière und Valette (1937)],
daß die Lymphgefäße in bedeutend höherem Grade durchlässig sind als die
Blutcapillaren. Die Wand der Lymphcapillaren ist nämlich (Mall 1933) nur
von einem Lager Endothelzellen aufgebaut, außerhalb dessen man nur eine
dünne „Adventitia capillaris" von allerfeinsten Gitterfasern finden kann. Die
Blutcapillaren sind dagegen außerhalb der Endothelzellen mit einer dünnen,
homogenen Membrane ausgerüstet.

„Am Übergang in die postcapillaren Gefäßabschnitte stellen sich verzweigte glatte Muskelzellen in der Wandung ein, welche ähnliche Verhältnisse zeigen wie die von Benninghoff beschriebenen Faserzellen des Endokards" (Mall 1933).

Die Existenz von Stomata und Stigmata der Lymphgefäßwand scheint immer mehr bezweifelt zu werden, so z. B. von Benninghoff, Pfuhl, Aschoff u. a. Je mehr eine physikalisch-chemische und cellular-physiologische Betrachtungsweise vorherrschend wird, desto mehr scheint man zu der Auffassung zu gelangen, daß hier die morphologischen Bilder mißdeutet worden sind (s. später).

Wenn man die Literatur über Stigmata und Stomata studiert, so wird man bald darüber klar, daß es wenigstens unmöglich ist, das Vorhandensein von solchen präformierten Bildungen bei höheren Tieren zu beweisen. Es scheint sogar überwiegend wahrscheinlich, daß die Beobachtungen, die dafür sprechen, daß es solche präformierte Öffnungen in den Endothelwänden der Lymphcapillaren gibt, in anderer Weise erklärt werden können. Sieht man die Frage über die Existenz dieser Bildungen vom cellularphysiologischen Standpunkt an, so scheint es mir, daß solche präformierten Öffnungen für das Durchdringen auch mikroskopisch wahrnehmbarer Körnchen durch ein Endothel nicht einmal nötig sind.

Wir sehen auch, daß G. M. Jossifow (1930) sich in dieser Frage sehr reserviert verhält. „Für Erklärung des Lymphkreislaufes hat diese oder jene Entscheidung der erwähnten Frage" (Vorhandensein oder nicht von Stigmata und Stomata) „keine große Bedeutung, da die Physiologie die Bewegung der Flüssigkeit auch durch die Endothelwände erklärte".

Betrachten wir z. B. die von den Physiologen Drinker und Field (1933) über die Entstehung der Lymphe gegebene Darstellung, so erwähnen sie bei der Erörterung des Übertritts verschieden großer Partikel durch die Endothelwand überhaupt nichts von Stigmata und Stomata. Es ist, sagen sie, in erster Linie der Wechsel im Druck und in der Bewegung, der die Partikel in die Gefäße hineinführt, und dieselben Kräfte führen sie in denselben weiter. Und sie heben hervor, daß dieses Eindringen und diese Bewegung der Partikel sehr schnell vor sich geht und ohne der Endothelwand zu schaden.

Rouvière und Valette (1937) diskutieren auch sehr eingehend die dynamischen, physikalisch-chemischen und cellularphysiologischen Faktoren, die sich bei der Lymphbildung geltend machen. Unter anderem heben sie die Selbstwirksamkeit der Endothelzellen hervor. Von präexistierenden Öffnungen in der Wand sprechen sie nicht. Was die durchdringenden Partikel betrifft, so geht, sagen sie, dieses Durchdringen „spontan", und es scheint, als können alle Bestandteile der Gewebsflüssigkeit die Endothelwand passieren ohne die normale Struktur derselben zu ändern. Die einzige Reservation, die man machen kann, ist, daß man sagen muß, daß die Reaktion der Endothelzellen gegen die Partikel, mit welchen sie in Kontakt kommen, nicht nur von der Größe der Partikel abhängig ist, sondern auch von ihren physikalischen Eigenschaften (elektrische Ladung usw.) und ihrer chemischen Konstitution.

In der Zeitperiode 1930—1939 sind diese Stigmata und Stomata in einigen Arbeiten behandelt worden, und ich gebe hier eine Übersicht derselben (vgl. *H.* S. 252—253).

Die Untersucher, welche die Stomata und Stigmata als präexistierende Öffnungen ansehen, ziehen im allgemeinen diesen Schluß daraus, daß sie sich nicht denken können, daß Partikel von einer gewissen Größe die Capillarwand ohne solche Öffnungen durchdringen können. Allen (1936) drückt sich aber sehr vorsichtig aus. Wir können zeigen, sagt er, daß eine Absorption von Partikeln, die in die Bauchhöhle hineingekommen sind, in dem subdiaphragmatischen Lymphgefäßnetz vonstatten geht. Die Lumina der Lymphgefäße sind aber von der Bauchhöhle durch eine Membran von lymphatischem Endothel und durch das peritoneale Mesothelium getrennt. Zwischen diesen beiden Lagern findet sich eine basale Membran, die jedoch mit Perforationen versehen ist, wo die zwei Zellager miteinander in Kontakt treten. Man hat sich drei Möglichkeiten für den Durchtritt von Partikeln zu denken: 1. Absorption durch Phagocytose oder durch mechanische Faktoren, 2. durch ein Durchdringen der Zelle oder 3. zwischen den Zellen. Selbst konnte ALLEN konstatieren, daß Erythrocyten, die in die Bauchhöhle eingespritzt wurden, oft zur Hälfte in der Bauchhöhle, zur Hälfte in einem Lymphgefäß lagen, und er schließt daraus, daß der Weg der Partikel durch die Öffnungen zwischen den Zellen ging. Es gibt, sagt er, hier jedoch keine „Stomata" im Sinne RECKLINGHAUSENs.

W. G. JOSSIFOW (1930) führt GEROTA-Masse teils in die Bauchhöhle, teils in die Dura unter die große Fontanelle ein, wonach er Atem- bzw. rhythmische Druckbewegungen auf die Fontanelle ausführt. Er findet, daß die Masse hierbei in die Lymphgefäße des Zwerchfells bzw. in die Dicke der Dura und weiter in die PACCHIONIschen Granulationen heineingekommen ist, und glaubt daraus ohne weiteres den Schluß ziehen zu können, daß Stomata und Stigmata als Direktverbindungen zwischen der Bauchhöhle und den Lymphgefäßen des Diaphragmas bzw. zwischen der Subduralhöhle und den Lymphgefäßen der Dura mater existieren. HENRY (1933) wollte mit Hilfe von Tuscheinjektionen gezeigt haben, daß normaliter in den Wänden der Lymphbahnen kleine Löcher existieren, durch welche die Tusche passieren kann. Und diese Löcher, glaubt er, müssen wenigstens einige Tage („bis 13 Tage") offen stehen.

WINKLER (1934) ist bei Arbeiten über die Lymphgefäße mit der MAGNUSschen Methode zu der Überzeugung gekommen, daß Stigmata in großer Ausdehnung existieren. „Wenn", sagt er, „auf ein ausgespanntes Stück eines frischen Bauchfells ein Tropfen Wasserstoffsuperoxyd gebracht wird, so füllen sich unter normalen Verhältnissen die unter dem Endothel liegenden Lymphcapillaren absolut sicher mit Sauerstoff. Das im Gewebe entwickelte Gas entweicht aus den Stomata und liefert damit den Beweis, daß die Verbindung mit der freien Oberfläche noch offen ist, denn überall, wo die Gefäßgeflechte aus der Oberfläche entspringen, perlt der Sauerstoff in Blasen auf; bei den eigentlichen „serösen Häuten" (Bauchfell, Pleura, Perikard, Dura mater) gelingt es — besonders am Centrum tendineum diaphragmatis — die Flüssigkeit durch die Stomata direkt einzufüllen. Zu dieser Behauptung WINKLERs kann gesagt werden, daß ein gasförmiger Körper wohl durch eine Zellenmembran ohne präformierte Öffnungen ohne Schwierigkeit diffundieren kann.

Es geht deutlich hervor, daß auch PETERSEN (1935) sich auf die Beobachtungen, die bei der MAGNUSschen Methode gemacht sind, stützt, wenn er sagt: „An den Leibeshöhlenwänden sind Öffnungen der Lymphgefäße bekannt. Unter dem Endothel liegt ein Netz ohne Ende mit Öffnungen, die zwischen den Cölom-Endothelien ausmünden. Wie sich dies bei anderen Hohlräumen, Gelenken, Schleimbeuteln verhält, ist unbekannt."

Am weitesten geht jedoch CHUNG (1937, 1938), der vor kurzem schreibt, daß er Röhrchenbildungen zwischen den Stomata des Peritonealepithels und denjenigen der subperitonealen Lymphgefäße gesehen hat, durch welche die Körnchen passieren. Er findet auch, 1938, daß die Lymphgefäße im großen Netz Partikel aufnehmen, was im allgemeinen bestritten wird (s. unten).

Weidenreich (1933) hält, nach morphologischen Studien, gegen Baum und Trautmann daran fest, daß im allgemeinen keine präformierten Öffnungen zwischen den Epithelzellen zu erkennen sind. Nur beim Frosch und der Kröte sind offene und verschließbare Stomata in der Wand des retroperitonealen Lymphsacks nachgewiesen worden.

Beim *Frosch* und der *Kröte* sind „Stomata" schon früher beschrieben worden (*H.* S. 252). Kihara und Nosé (1931) und Nosé (1931, 1932) geben uns aber eine genaue Beschreibung solcher Bildungen zwischen dem Sinus subvertebralis und der Pleuroperitonealhöhle und zwischen dem Sinus subscapularis und dieser Höhle. Sie beschreiben auch andere Kommunikationsostien der Lymphsäcke mit eigenartigen Bildungen, trichterförmigen Klappenvorrichtungen, die sie Trichterklappen nennen wollen (S. 193).

Zschau (1933) findet, daß in die Bauchhöhle eingeführte Tusche nicht von den Lymphgefäßen des großen Netzes aufgenommen wird, sondern daß diese erst bei subseröser Einspritzung von Tusche hervortreten. Er lehnt daher das Vorhandensein von offenen Verbindungen ab. In diesem Zusammenhang will ich betonen, daß auch Loeschke (1934) und Fischer (1936) gefunden haben, daß die Netzlymphgefäße keine Aufsaugung körperlicher Teilchen vermitteln, etwa wie die Zwerchfellymphgefäße und -capillaren.

Clark und Clark (1933) kamen bei lang dauernder Beobachtung lebender Lymphgefäße in ihrer „durchsichtigen Kammer" zu der bestimmten Überzeugung, daß die Lymphcapillaren ein ganz geschlossenes System ausmachten. Eine Kommunikation zwischen der Flüssigkeit in den Lymphcapillaren und der in der Umgebung derselben konnte nicht beobachtet werden. Nur unter nicht normalen Verhältnissen konnte als Artefakt ein Defekt in der Endothelwand auftreten. Dasselbe konnten auch McMaster und Hudach (1934) zeigen. Die Lymphgefäße können sich bisweilen bei Wunden gegen den Zerfallsherd breit öffnen, ein Defekt der Endothelwand kann entstehen, durch welchen eine unbehinderte Safteinströmung eintreten kann. Dieses Verhalten konnte einige Tage bestehen und beobachtet werden.

Die alte Frage, ob und wie die Saftbahnen des zentralen Nervensystems in Verbindung mit den Lymphgefäßen stehen (*H.* S. 255), hat manche Forscher immerfort interessiert. Die Untersuchungen bestehen großenteils darin, daß man eine farbige Masse in die Cerebrospinalflüssigkeit eingespritzt hat — also unter einem gewissen Druck — und dann erforscht, ob diese in die Lymphgefäße und Lymphknoten eindringt. Von allen Seiten wird konstatiert, daß dies der Fall ist, und manche sind sicher gleich bereit, daraus den Schluß zu ziehen, daß es direkte Kommunikationen zwischen den Safträumen der Cerebrospinalflüssigkeit und den Lymphgefäßen gibt. Es ist wohl ohne Zweifel so, daß z. B. Baum eine solche Auffassung hegte. Die meisten Forscher geben aber nicht näher an, wie sie sich die Verbindung dieser beiden Flüssigkeitssysteme denken.

Im allgemeinen nimmt man jedoch wohl an, daß die Cerebrospinalflüssigkeit und die Lymphe voneinander durch Endothelwände ganz getrennt sind. Im großen und ganzen sind nämlich alle darüber einig, daß die Lymphcapillaren als geschlossene Rohre anfangen. Der ausgiebige Austausch mit der Umgebung wird durch die große Durchlässigkeit der Endothelwand dieser Lymphcapillaren ermöglicht. So muß man wohl z. B. auch das interessante Verhalten, auf welches Petersen (1935) aufmerksam macht, daß subcutan injiizierte Farbmasse schnell in die Lymphcapillaren, nicht aber in die Blutcapillaren eindringt, vielleicht zum Teil erklären (s. näher S. 249); unter allen Umständen braucht man hierfür nicht ohne weiteres anzunehmen, daß die Lymphcapillaren offen in dem Gewebe beginnen. In gleicher Weise müssen auch die Safträume der

Nerven von „Endothel" ausgekleidet sein. Die Grenze zwischen Cerebrospinalflüssigkeit und Lymphe muß also hier wie zwischen der Bauchhöhle und den
Lymphcapillaren des Diaphragmas aus zwei Endothelhäuten bestehen, und wie
dort, können also auch hier sowohl Flüssigkeit als kleine Körperchen schnell
passieren.

Da es so regelmäßig gelingt, z. B. GEROTA-Masse oder Tusche von der
Cerebrospinalflüssigkeit in die Lymphgefäße vorzutreiben, muß man gewiß
in der Regel dem Umstande zuschreiben, daß die Injektion unter Druck geschieht, wobei die dünne Membran leicht gesprengt wird. Eine Arbeit von

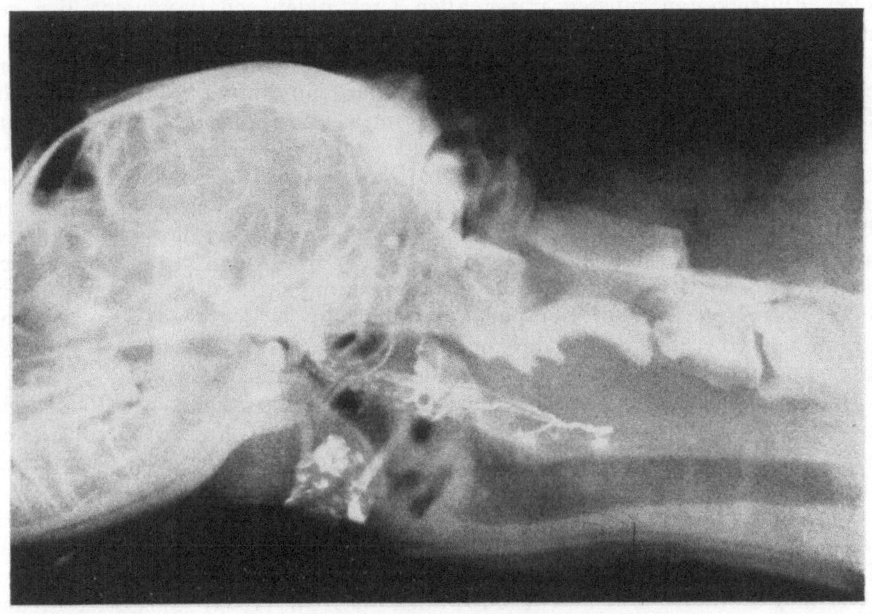

Abb. 8. Röntgenphoto der Halsgegend eines *Hundes*. Ausfüllung von Lymphgefäßen und Lymphknoten
6 Std. nach Zisternenpunktion und Einführen von etwa 2 ccm Thorotrast. [Nach MORTENSEN und SULLIVAN
(1933) Tafel 1, Fig. 2.]

MORTENSEN und SULLIVAN (1933) kann aber vielleicht darauf deuten, daß
gewisse Stoffe eine solche Membran äußerst leicht diffundieren können. Sie
führten durch eine Zisternenpunktur Brominol bzw. Thoriumdioxyd (Thorotrast) in die Cerebrospinalflüssigkeit bei lebenden *Hunden* ein, nachdem sie eine
etwa gleich große Menge Liquor weggenommen hatten und konnten dann im
Röntgenbild konstatieren, daß diese Stoffe schnell sowohl in die tiefen als in
die oberflächlichen Halslymphknoten eindringen (Abb. 8). Man kann hier nicht
behaupten, daß sie einen besonderen Druck bei der Punktur ausgeübt haben
und muß daher, wenn man daran festhalten will, daß eine trennende Membran
existiert, ohne Zweifel mit einer bedeutenden Durchlässigkeit derselben für die
genannten Stoffe rechnen. Indessen sind neue Untersuchungen erforderlich,
bevor man hierüber etwas näheres aussagen kann.

In der Literatur findet man die hier dargestellte Auffassung vorgelegt. So
sagt WEIDENREICH (1933): Es gibt Spaltbildungen und andere Räumlichkeiten,
„die gleichfalls von einem Epithel ausgekleidet sein und eine der Lymphe ähnliche Flüssigkeit enthalten können. Hierher gehören besonders die meningealen
Räume des Zentralnervensystems, die Cölomhöhlen, die vorderen Augenkammern,

die perilymphatischen Räume des Gehörganges[1], die Gelenkhöhlen sowie alle Spaltbildungen, die dort auftreten, wo stärkere Verschiebungen von Geweben und Organen gegeneinander stattfinden. In allen diesen Fällen handelt es sich jedoch nicht um eigentliche Lymphräume. Denn diese Spalten und Höhlen stehen mit dem Lymphgefäßsystem nicht in einem unmittelbaren Zusammenhang und lassen sich auch weder phylo- oder ontogenetisch von ihm ableiten. Doch scheint sich der Übertritt von Flüssigkeiten leicht zu vollziehen".

G. M. Jossifow (1930) gibt eine eingehende Beschreibung über das Saftsystem des zentralen Nervensystems. Leider wendet er für die Cerebrospinalflüssigkeit auch die Benennung Lymphe an, was sehr verwirrend ist. Diese beiden Flüssigkeiten müssen unter allen Umständen scharf voneinander getrennt werden, was besonders Aagaard (vgl. *H.* S. 254) und auch andere stark hervorheben. Jossifow sagt (S. 133): „der Bau des Gehirnlymphsystems unterscheidet sich von demjenigen der anderen Organe, und zwar: statt der Lymphgefäße gibt es im Gehirn submembranale und perivasculäre Räume, die einerseits mit den intercellulären Räumen und andererseits unmittelbar mit dem Blutsystem, nämlich mit den venösen Sinus, durch besondere Apparate, Granulationes arachnoidales, kommunizieren. Außerdem soll als bewiesen gelten, daß 1. die cerebrospinale Flüssigkeit aus den submembranalen Räumen durch die in den Rückenmarkknoten und -nerven und die in der Nasenschleimhaut vorhandenen Lymphgefäße eingezogen wird und daß 2. die submembranalen Räume von der Höhle der Lymphgefäße allein durch Endothelzellen getrennt sind, die den Übergang der cerebrospinalen Flüssigkeit aus den submembranalen Räumen in die Lymphgefäße nicht hindern."

Nach diesen Auffassungen ist die Cerebrospinalflüssigkeit sowohl von den Blutwegen als von den Lymphwegen ganz abgeschlossen. Es existiert also auch eine Lymph-Liquor-Barriere. Die Grenzflächen werden von „Endothelzellen" gebildet.

Die Injektionsversuche zeigen also, wie angegeben, daß in die Cerebrospinalflüssigkeit injizierte Stoffe schnell zu den Lymphgefäßen und Lymphknoten gelangen und dieselben ausfüllen können. Moschin und Tschudnossowjetow (1934) und Bobrowskij und Tschudnossowjetow (1934) konstatieren, daß bei subarachnoidaler Tuschezufuhr die Lymphgefäße der Nasenschleimhaut sich füllen, damit die alte Beobachtung von Key-Retzius bestätigend. Galkin (1930) findet bei solcher Tuschezufuhr, daß es die in der Nähe der Injektionsstelle liegenden Lymphgefäße und die Lymphknoten sind, die sich zuerst füllen. Es gibt, sagt er, übrigens ausgiebige Kommunikationen, besonders jedoch in der Nasenschleimhaut. Held (1939) beschreibt auch direkte Verbindungen zwischen den Intercellularräumen des Epithels der Nasenschleimhaut und den Lymphgefäßen und nennt sie „basale Lymphpforten". Die Intercellularräume sind aber von der Nasenhöhle abgeschlossen und münden nicht wie Baum und Trautmann (1926/27) glauben an der Oberfläche.

Shdanow (1931) findet, daß Lymphgefäße aus dem Inneren größerer Nervenstämme entspringen. „Geformte Lymphgefäße in der Form von feinstämmigen, durch die Lupe sichtbaren Geflechten gibt es nicht nur in dem den Nervenstamm bedeckenden Epineuralgewebe, sondern auch in seiner Dicke". Ludwig (1936) kann nichts Befremdendes darin sehen, daß die peripheren Nerven in ihren bindegewebigen Anteilen Lymphgefäße beherbergen, wie Shdanow nachgewiesen hat, „daß diese aber mit dem Stoffaustausch der Nervenfasern und ihrer ektodermalen Scheiden das gleiche zu tun haben wie mit dem Bindegewebe, ist auf Grund der negativen Lymphgefäßbefunde im Zentralorgan nicht anzunehmen". Miyazaki (1933) findet dagegen, daß die Lymphgefäße sich gegen

---

[1] Wohl des häutigen Labyrinthes gemeint.

die Riechnerven völlig indifferent verhalten. In der bindegewebigen Hülle der Nerven finden sich keine Lymphgefäße.

Als „Ausflußweg" der Cerebrospinalflüssigkeit wurden früher beinahe nur die PACCHIONIschen Granulationen angegeben. Heute muß man wohl zugeben, daß auch andere Wege zu Gebote stehen. In der posthumen Arbeit von BAUM [BAUM und GRAU (1938)] finden wir z. B. folgende Ausflußwege aufgenommen: 1. durch die Venen (die PACCHIONIschen Granulationen), 2. durch die Lymphgefäße, die aus den Bindegewebsscheiden der Gehirn- und Rückenmarksnerven abgehen und 3. durch die Lymphgefäße, die aus dem epiduralen Bindegewebe entspringen.

OSCHKADEROW (1936) hebt hervor, daß erst, wenn die Absonderung der Cerebrospinalflüssigkeit durch die PACCHIONIschen Granulationen in die Venen nicht ausreicht, der Weg durch die perineuralen Scheiden der Gehirn- und Rückenmarksnerven zu dem Lymphgefäßsystem geht. Im Jahre 1929 hatte ULJANOW eine ganz entgegengesetzte Auffassung ausgesprochen. Die Cerebrospinalflüssigkeit wird in erster Linie durch die Lymphgefäße abgeleitet, erst in zweiter Linie geschieht der Abfluß durch die PACCHIONIschen Granulationen. Auch Graf v. HALLER (1937) ist der Meinung, daß diese Granulationen nicht von hauptsächlicher Bedeutung für den Abfluß sind. Nach ihm muß man annehmen, daß die Cerebrospinalflüssigkeit in der Regel in den Nerven nach außen gepreßt wird, um dann in die in den Bindegewebsscheiden der Nerven liegenden Lymphgefäße zu gelangen. GALKIN (1930), der vor allem in der Nasenschleimhaut besonders ausgiebige Verbindungen zwischen den Saftbahnen der Nerven und den Lymphgefäßen fand (s. oben), spricht von dem Vorhandensein einer speziellen „Nasenabflußbahn".

4. Lymphscheiden.

Von vielen Forschern vor 1930 wurde die Frage über die Existenz von Lymphscheiden positiv beantwortet. Man glaubt, zeigen zu können, daß z. B. Gefäße, Nerven und Drüsen mit umgrenzenden Räumen ausgerüstet waren, Scheiden, die mit dem Lymphgefäßsystem in Zusammenhang standen (*H.* S. 253). BARTELS wollte aber ihre Existenz nicht anerkennen, sondern faßte sie als Gewebsspalten auf.

Im Jahre 1934 beschreibt LOESCHKE Spalträume, die alle Capillaren sowie die kleineren Arterien und Venen scheidenartig umgeben. Wenn er in eine der Körperhöhlen oder in das Gewebe kolloidale Vitalstoffe, gewöhnlich Trypanblau, injizierte, füllte sich ein zwischen dem Endothel und der Accessoria gelegener Spalt an allen benachbarten Capillaren, präcapillaren Arterien und postcapillären Venen mit dem Farbstoff. Etwa 1 Stunde nach der Farbeneinspritzung war die Scheide am stärksten gefüllt, nach etwa 2—8 Stunden hatte der Farbstoff die Scheiden wieder verlassen und der Verfasser nahm an, daß der Farbstoff in die Lymphgefäße transportiert wurde. Er konnte jedoch niemals eine Verbindung zwischen diesen „perivasculären Lymphscheiden" und den Lymphgefäßen finden.

Es ist inzwischen PFUHL (1935) gelungen, eine interessante Erklärung für die Entstehung dieser Spalträume zu finden, die sich auf eine Giftwirkung des Farbstoffes und einen Entgiftungsprozeß desselben durch Koppelung an Bluteiweiß aufbaut. Zwischen dem Endothel und dem Grundhäutchen (Accessoria) entsteht durch Giftwirkung ein erster Ödemmantel, an dessen Albumin größere Mengen des Farbstoffes gekoppelt werden. Es handelt sich bei den LOESCHCKEschen Scheiden also nicht um Lymphscheiden, die der Resorption dienen.

Auch Fischer (1934, 1935) gibt an, daß die Loeschckeschen Scheiden nicht in unmittelbarem Zusammenhang mit dem eigentlichen Lymphgefäßsystem stehen. „Ob überhaupt perivasculäre Lymphscheiden (und perineurale) existieren ... müssen erst genaue Untersuchungen ergeben."

C. Embryologie.

Über die Embryologie der Lymphgefäße entwickelte sich besonders während der 3 ersten Jahrzehnte dieses Jahrhunderts eine sehr lebhafte Forschung (*H*. S. 255—265). Die zwei Hauptfragen waren: 1. Gehen die ersten Lymphgefäße bzw. Lymphsäckchen aus dem Venensystem durch Sprossung hervor oder entstehen sie in dem Mesenchym durch von den Venen unabhängige, diskontinuierliche Mesenchymräume, die sich immer mehr zusammenschließen, und 2. Geht die weitere Entwicklung des Lymphgefäßsystems im frühen Embryonalleben durch einen zentrifugalen Zuwachs oder durch Zusammenfließen von in dem Mesenchym sich ausbildenden Hohlräumen zentripetal vor sich? In diesen Fragen konnte man jedoch zu keiner Einigkeit kommen und es entwickelte sich ein oft sehr lebhafter Streit zwischen den beiden Auffassungen. Jetzt, kann man sagen, ist dieser Streit erloschen, ohne daß diese Fragen schließlich gelöst sind. Es scheint aber, als ob die Auffassung, daß die Lymphgefäße, unabhängig vom Venensystem, durch allmähliches Zusammenfließen von Hohlräumen in zentripetaler Richtung in gewisser Ausdehnung hervorgehen, wie u. a. Huntington und McClure, wie auch Kampmeier geschildert haben (*H*. S. 257—260), den größten Anklang fand.

Im Jahre 1931 gibt Kampmeier eine sehr gute Darstellung über diese Meinungsunterschiede, die betreffs der Entstehung der Lymphgefäße zu verzeichnen waren. Er geht dabei auf eine spezielle Untersuchung über die embryonale Ausbildung des Ductus thoracicus beim Menschen ein. Auch jetzt findet er, daß die Resultate, zu denen er früher, betreffend die Entstehung des Lymphgefäßsystems und besonders dieses Ductus, gekommen war, bestätigt wurden, daß also das Lymphgefäßsystem unabhängig von den Venen angelegt wird, und daß der Ductus thoracicus durch zentripetale Zusammenschmelzung von in dem Mesenchym auftretenden Hohlräumen entsteht. Im großen und ganzen findet Zimmermann 1933 dasselbe beim *Opossum*.

1933 erscheint eine Arbeit von Kutsuna über die Entwicklung des Lymphgefäßsystems der *Ente*, worin er von einem doppelten Ursprung der Lymphgefäße spricht. Es handelt sich, sagt er, bei der primären Anlage gleichzeitig um einen venösen und einen mesenchymalen Ursprung. Bei den 6 tägigen *Ente*nembryonen sieht man kleine gewundene Kanälchen aus der vorderen Kardinalvene hervorsprießen, die lateralwärts in das Mesenchym der Jugulargegend dringen. Diese Kanälchen stehen beim 7 tägigen Embryo mit den Mesenchymräumen, die inzwischen in der Jugulargegend in reichlicher Zahl zum Vorschein gekommen sind, in Zusammenhang, und stellen als Ganzes einen Kanalplexus dar. Die beiden Ductus thoracici werden durch zusammenfließende Mesenchymalräume gebildet, mit Ausnahme des oberen Teiles, der aus dem jugularen Lymphplexus hervorgeht. Auch van der Jagt (1932) will den Ursprung der Lymphgefäße sowohl von dem Venensystem als von dem Mesenchym herleiten.

Wie sich die subcutanen Lymphsäcke bei den Anurenlarven ausbilden, beschreibt Ando (1930). Der Saccus submaxillaris entsteht zuerst, und zwar im Stadium, wo die Lymphgefäße noch nicht gut entwickelt sind (Körperlänge 10—12 mm). Die anderen Lymphsäckchen entwickeln sich später auf folgende Weise. Es bildet sich zuerst ein Netz von Lymphcapillaren aus, welche durch Zusammenschmelzung die Lymphräume entstehen lassen. Durch wiederholte

Verschmelzungen dieser Lymphräume kommen schließlich die voll ausgebildeten Lymphsäckchen hervor (*H*. S. 258, KAMPMEIER).

Über die Entwicklung der Klappen der Lymphgefäße gab uns KAMPMEIER (1927, 1928) einen guten Bericht (*H*. S. 264). In seiner Arbeit von 1931 geht er näher über die Klappenentwicklung beim *Menschen* ein. Die Perioden der stärksten Entwicklung fallen zwischen das Ende des zweiten (Embryonen von 30 mm Länge) und den Anfang des fünften Monats des fetalen Lebens. Sie kommen zuerst in dem Ductus thoracicus vor, wo man sie mit $4^1/_2$ Monaten in seiner ganzen Länge in allen Entwicklungsstadien findet. Am besten sind sie in den obersten Teilen des Ductus ausgebildet. Mit 3 Monaten beginnen auch die Klappen in den peripheren Lymphgefäßen aufzutreten und bilden sich dann rasch aus. Über eine spätere Reduktion der Klappen s. S. 179.

D. Altersanatomie.

BAUM und KIHARA veröffentlichen 1929 Untersuchungen über den Einfluß des Lebensalters auf den Bau der Lymphgefäße (*H*. S. 270). Die einzige eingehendere Arbeit, die ich nach dieser Zeit über diese Frage gefunden habe, ist von GRAU (1931), der den histologischen Bau des Truncus trachealis und der V. afferentia und efferentia des Popliteallymphknotens von 40 *Hunden* verschiedenen Alters untersuchte. Er fand, „daß die Menge der glatten Muskelfasern, die erstmals beim 6 Wochen alten *Hunde* festgestellt werden, in der Wand der untersuchten Lymphgefäße bis zum Alter von 8 Jahren zunimmt. Die verhältnismäßig meisten Muskelfasern finden sich bei Hunden im Alter von 8—10 Jahren. Im höheren Alter scheint die Zahl der Muskelfasern abzunehmen.“

Zu dieser Angabe von GRAU, daß die glatten Muskelfasern in den Lymphgefäßen beim *Hund* erst bei 6 Wochen alten *Tieren* zu finden sind, kann gesagt werden, daß KAMPMEIER 1931 solche im Ductus thoracicus beim *Menschen* schon im Embryonalleben fand.

Die Menge der elastischen Fasern in der Wand der untersuchten Gefäße hält nach GRAU im allgemeinen Schritt mit der Menge der vorhandenen Muskelfasern, d. h. „je stärker die Muskulatur im einzelnen Falle in der Gefäßwand ausgebildet ist, desto mehr und desto stärkere elastische Bestandteile finden sich gewöhnlich in ihr. Es hat nicht den Anschein, als helfe sich die Natur beim Fehlen der Muskelkomponente in der Lymphgefäßwand durch stärkere Ausbildung und durch größere Menge von elastischen Fasern. Altersveränderungen an den elastischen Fasern selbst sind nicht festzustellen.“

Hier und dort findet man in der Literatur einzelne Beobachtungen publiziert, die auf Altersveränderungen der Lymphgefäße hinweisen. So gibt z. B. FISCHER (1936) an, daß das reichliche Lymphgefäßnetz des großen Netzes beim *Kaninchen* mit dem Alter rückgebildet wird, und BAUM und GRAU (1938) berichten, daß von den einzelnen Einstichstellen sich bei den jungen *Schweinchen* mehr Lymphgefäße zu füllen scheinen als bei den älteren. Sie sind auch bei den jungen mehr geschlängelt. OTTAVIANI (1938) findet, daß eine Einspritzung in die Lymphgefäße viel leichter bei jungem als bei altem Material gelingt. Bei HASS (1936) findet man schließlich folgende deutliche Angaben: „Bei Frühgeburten oder reifen Neugeborenen lassen sich die größeren Kapsellymphgefäße der *Menschen*leber schon uninjiziert auf einem großen Teil der Oberfläche verfolgen.... Um und zwischen den größeren Aufzweigungen breitet sich bei den Injektionen ein so feines Netzwerk aus, daß es mit dem bloßen Auge nicht mehr aufgelöst werden kann. Erst mit dem Aufsichtsmikroskop sind die kleinen, fast quadratischen Maschen zu erkennen. Mit zunehmendem Alter können die Lymphgefäße schon makroskopisch nicht mehr in ihrer vollen Ausdehnung erkannt und mit Hilfe der Injektion gefüllt werden. Das Netz ist nicht mehr so vollständig ausgebildet. In den ersten Lebensjahren, später schnell zunehmend, fallen die Querverbindungen fort. Dadurch überwiegt eine fast fingerförmige Aufteilung. Im höheren Alter schrumpfen auch die längs verlaufenden Bahnen.‟

E. Vergleichende Anatomie.

In der Zeitperiode 1930—1939 ist eine große Menge Arbeiten über das Lymphgefäßsystem bei verschiedenen *Tieren* herausgekommen, die manchmal den Charakter ausgiebiger Monographien haben. Ich will hier dieselben in der Zeitfolge, je nachdem sie publiziert sind, angeben.

Baum, H.	Das Lymphgefäßsystem des *Huhnes*	1930
Jossifoff, J. M.	Das Lymphgefäßsystem der *Hühner* und *Tauben*	1930
Manabe, S.	Das Lymphgefäßsystem von *Anas domestica*	1930
Manabe, S.	Das Lymphgefäßsystem der *Katze*	1930/31
Hoyer, H.	Das Lymphgefäßsystem der *Eidechsen*	1931
Jossifoff, J. M.	Das Lymphgefäßsystem des *Kaninchens*	1931
Nosé, Z.	Das Lymphgefäßsystem der *Kröte*	1931
Ottaviani, G.	Das Lymphgefäßsystem des *Kaninchens*	1931
Sakamoto, S.	Das Lymphgefäßsystem des *Kaninchens* und des *Meerschweinchens*	1931
Jossifoff, J. M.	Das Lymphgefäßsystem des *Schweines*	1932
Balázsy, J. L.	Das Lymphgefäßsystem des *Kaninchens*	1933
Glaser, G.	Das Lymphgefäßsystem der *Fische*	1933
Baum, H. und A. Trautmann	Das Lymphgefäßsystem der *Vögel*	1933
Teshima, G.	Das Lymphgefäßsystem des *Macacus rhesus*	1935
	Das Lymphgefäßsystem des *Lemurs*	1935
	Das Lymphgefäßsystem des *Schimpansen*	1935
Ottaviani, G.	Das Lymphgefäßsystem der *Nager*	1934/1935/1937
Egehöj, J.	Das Lymphgefäßsystem des *Schweines*	1937
Baum, H. und H. Grau . . .	Das Lymphgefäßsystem des *Schweines*	1938

Unter den zusammenfassenden vergleichend-anatomischen Arbeiten steht in erster Reihe das Kapitel: Lymphgefäßsystem von Weidenreich, Baum und Trautmann im Handbuch der vergleichenden Anatomie der *Wirbeltiere*, Bd. 6. 1933. Weitere vergleichende Studien findet man bei G. M. Jossifow (1930, 1931), Trautmann und Fiebiger (1931), Ottaviani (1932, 1933) und Hoyer (1934). Ich weise auf diese Zusammenstellungen hin. Hier nur einige interessante Einzelangaben aus der Literatur.

Ando (1930) hat experimentelle Untersuchungen darüber angestellt, wie sich die *Kaulquappen* bei Exstirpation der vorderen Lymphherzen verhalten. Wenn man nur das eine wegnimmt, bilden sich Verbindungen mit dem Lymphherzen der anderen Seite aus, wenn man die beiden vorderen Lymphherzen exstirpiert, führt es zum Tode des Experiment*tieres*. Ein Lymphherz kann nicht regenerieren.

Über die embryonale Entwicklung der Lymphherzen bei *Anuren* berichten Jolly und Lieure (1932, 1933). Es kann auch von Interesse sein, zu erwähnen, daß Grodzinsky (1929) bei fossilen *Reptilien* Reste von den Lymphherzen gefunden hat.

Nosé (1931) hat zwischen den Muskeln der *Frosch*arten röhrenförmige Lymphbahnen gefunden, die er, trotzdem sie sinuöse Ausbuchtungen zeigen, Lymphgefäße nennen will. Sie bestehen nur aus einer Endothelschicht; Muskulatur und Bindegewebslager fehlen. Bei ihrer Einmündung in den tiefen Lymphsinus sind sie mit Trichterklappen versehen, andere Klappen findet man nicht. Es ist, wie G. M. Jossifow (1930) sagt: Im Grunde genommen gibt es bei den niederen *Wirbeltieren* keine „Hauptstämme", da die Lymphgefäße der Organe in die Sinus direkt einmünden.

Diese Trichterklappen, die KIHARA und NOSÉ (1931) und NOSÉ (1931, 1932) beschreiben, sind auch an gewissen Kommunikationsostien zwischen den Lymphsäcken zu finden (S. 186). Der Trichter sieht wie ein ausgezogener Sphinkter aus und wird durch zirkulär verlaufende, protoplasmareiche, glatte Muskelfasern, die in mehreren Lagern liegen, gebildet. Sowohl auf der Außen- als auf der Innenseite ist der Trichter von Endothel überzogen (Abb. 9).

MANABE (1930) untersucht bei erwachsenen *Enten* mikroskopisch die Wand des Ductus thoracicus, Truncus lymphaticus cervicalis, Truncus lymphaticus subclavius und die Trunci, die die A. sacralis und A. femoralis begleiten. In allen diesen großen Lymphstämmen findet er keine Wandmuskulatur, nur Endothel und Bindegewebe.

F. Physiologie.

Die Kräfte, die die Lymphe in den Lymphgefäßen vorantreiben, sind in *H.* S. 273f. hauptsächlich nach TENDELOO angegeben. G. M. JOSSIFOW gibt in seiner Monographie (1930) eine eingehende Übersicht über diese Frage und betont dabei schärfer als früher (*H.* S. 274), daß der rhythmische Druck, den der Zwerchfellschenkel bei der Inspiration und der Exspiration auf die Cisterna chyli ausübt, eine wesentliche Bedeutung für die Bewegung der Lymphe in dem Ductus thoracicus hat. Er hebt auch hervor, daß die Lymphe „von der rhythmischen Verkürzung der in den Lymphgefäß- und Knotenwänden gelegenen Muskeln" vorgetrieben wird. MALL (1933) ist der Meinung, daß die ansaugenden Kräfte des Herzens und der Lunge kaum auf die Lymphbewegung in den Lymphgefäßen distal von der Cisterna chyli wirksam sein können. In den großen thorakalen Lymphgängen, die sicher nicht kollabieren können, kann sich die Saugwirkung ohne weiteres entfalten.

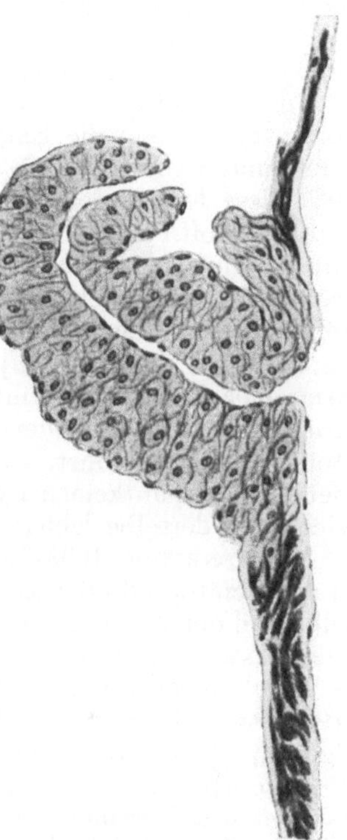

Abb. 9. Trichterklappe im Septum glutaeale profundum der *Kröte*. VAN GIESONSche Färbung. Vergr. 240/1. [Nach KIHARA und NOSÉ (1931), Tafel XXIV, Fig. 2.]

Sie wird durch den rhythmischen Pumpmechanismus des Zwerchfells auf die Cisterna chyli unterstützt. Auch ROUVIÈRE und VALETTE (1937) heben hervor, daß diese Saugwirkung von der Brusthöhle wie auch die Druckwirkung von der Bauchhöhle keinen Einfluß auf die Lymphströmung in den Extremitäten ausüben. Ihr Einfluß ist nur auf die Lymphbahnen des Thorax, des Abdomens und des Halses beschränkt.

Die Strömung der Lymphe in den peripheren Lymphgefäßen ist hauptsächlich durch die Kontraktionen der Extremitätenmuskeln bedingt. Zu diesem Resultat kommen FUNAOKA und seine Mitarbeiter [FUNAOKA (1930), FUNAOKA, TACHIKAWA, YAMAGUCHI und FUJITA 1930, TACHIKAWA (1930)]. Nach Injektionen von schattengebenden Substanzen in die Lymphgefäße lebender Tiere verfolgten sie die Fortbewegung derselben im Röntgenbild. Bei immobilisierten *Tieren* konnte man keine Bewegung des Schattenbildes, wenigstens binnen der ersten 50 Minuten, wahrnehmen, während eine aktive oder passive Bewegung des

Tieres gleich und schnell das Schattenbild änderte. Drinker und Field (1933) schreiben auch den Kontraktionen der Skeletmuskeln in dieser Hinsicht eine große Bedeutung zu. Auch Rouvière und Valette (1937) heben nach vielen auf diese Frage gerichteten Experimenten den großen Einfluß dieser Kontraktionen für die Lymphströmung stark hervor, wobei sie anderen Treibkräften wie der Vis a tergo und den Kontraktionen der eigenen Wandmuskulatur der Lymphgefäße eine geringere Bedeutung zuschreiben.

Hudach und McMaster (1931) kommen zu einer ganz anderen Auffassung. Sie injizieren beim *Menschen* unter die Haut des Unterarmes eine Farblösung, welche sie schon nach 10 Minuten in den Lymphgefäßen der Axilla wahrnehmen können, trotzdem der Arm die ganze Zeit immobilisiert war. Die Lymphe strömt also, sagen sie, in den peripheren Gefäßen des *Menschen* schnell voran, auch wenn die Extremität in Ruhe ist, ein Schlußsatz, der von Rouvière und Valette (1937) stark kritisiert wurde. McMaster nimmt inzwischen 1937 diese Frage wieder auf. Bei peripheren Injektionen intradermal mit dem Vitalfarbstoff Patent Blue V gelingt es, die Hauptlymphbahnen und den Lymphfluß in ihnen sichtbar zu machen. Der Farbstoff erreicht bald die tieferen, größeren, subcutanen Lymphbahnen, die sich als deutlich sichtbare Streifen abzeichnen. Länge und Schnelligkeit des Auftretens dieser Streifen dienen als Maßstab für die Lymphzirkulation. Es zeigt sich jetzt, daß im ruhenden Arm oder Bein nur geringer Lymphfluß vorhanden ist, im herabhängenden Arm oder Bein ruht der Lymphfluß fast völlig. Wird die Extremität in Horizontallage geführt, wird der Lymphstrom schnell. In ischämischen Gebieten kann man keinen Lymphstrom wahrnehmen, in hyperämischen Gebieten wieder ist derselbe lebhaft.

Weidenreich (1933) hebt hervor, daß die elastischen und die Muskelfasern in der Gefäßwand offenbar eine Rolle für die aktive Beteiligung der Gefäßwand selbst bei der Lymphbewegung spielen müssen. Hudach und McMaster (1932) wie Drinker[1] und Field (1933) lehnen die Auffassung, daß die Wand des Lymphgefäßes kontraktil ist, ab, weil sie niemals Kontraktionen gesehen haben. Mall (1933) tritt dagegen mit Bestimmtheit dafür ein, daß es in erster Linie die eigenen, gut entwickelten Muskelfasern der Lymphgefäßwand sind, die durch ihre Kontraktionen die Lymphe zentralwärts fortbewegen. „In diesem Falle kann man sich einfacherweise dahin ausdrücken, daß jeder zwischen 2 Klappen gelegene Leitgefäßabschnitt einem Lymphherzen vergleichbar ist." Pullinger und Florey (1935) konstatieren auch, daß bei der *Ratte* und beim *Meerschweinchen* die Lymphgefäße in bedeutender Ausdehnung rhythmisch kontraktil sind; dies trifft sogar für den Ductus thoracicus des *Meerschweinchens* zu. Webb (1933) kann die Kontraktionen der Lymphgefäße im Mesenterium der weißen *Ratte* sehen, und es ist ihm gelungen, dieselbe in Serien zu photographieren. Die Klappen waren gut wahrnehmbar. Die Kontraktionen treten 12—18mal in der Minute auf und schreiten segmental nacheinander fort.

„Eine ausgesprochene Längsmuskulatur", sagt Mall, „wie sie bei mittleren und größeren Lymphgefäßen in der Intima und Externa in Erscheinung tritt, würde bei ihrer Kontraktion eine Annäherung zweier benachbarter Klappen bewirken. Dabei würde sich die eine, peripherwärts liegende Klappe unter der Wirkung der Rückstauung schließen, während die zentralwärts liegende Klappe sich öffnen müßte, um die Lymphe teilweise hindurchpassieren zu lassen. Würde nun eine derartige Kontraktion kontinuierlich zentralwärts über das ganze Gefäß hinwegschreiten, wie es an den Mesenteriallymphgefäßen des *Meerschweinchens* beobachtet werden konnte, so würde die Lymphe durch die sich öffnenden und schließenden Klappen schleusenartig fortbewegt."

„Demselben Zwecke könnte eine fortschreitende Kontraktion der Ringmuskulatur dienen. Es würden hierbei zwar nicht die Klappen einander genähert, aber bei der Verengerung

---

[1] Drinker hat jetzt (1939) neue Untersuchungen über die Lymphströmungen publiziert (s. Literatur).

des Gefäßes muß die Lymphgefäßflüssigkeit ebenfalls einen Ausweg suchen. Während nach rückwärts der Weg durch die sich schließende Klappe versperrt wäre, würde nach vornhin eine Abflußmöglichkeit geboten sein."

„Wenn man der besonderen Wirkung der spiraligen Muskelfaseranordnung nachgeht, so zeigt sich, daß bei zwei diagonal übereinanderliegenden schrägen Muskelbündeln der Effekt der gleichzeitigen Verkürzung in der Richtung der Resultierenden bei weitem größer ist, als wenn eben diese beiden Schichten parallel gelagert sind."

ROUVIÈRE und VALETTE (1937) wollen geltend machen, daß die Lymphknoten einen Regulationsapparat der Lymphzirkulation ausmachen. Wenn die Lymphe in großer Menge durch die V. afferentes zuströmt, sammelt sie sich in den Lymphknoten, welche dabei ausgedehnt werden. Bei kleinerer Belastung ziehen sie sich wieder zusammen.

Die Geschwindigkeit der Lymphströmung in den Chylusgefäßen ist nach NORIOKA (1932) verschieden, von der verschiedenen Stärke der Darmperistaltik reguliert; bei starker Darmbewegung ist sie schnell, bei geschwächter langsam.

Literatur zum Abschnitt I.

(Die mit * bezeichneten Arbeiten sind mir weder im Original noch im Referat zugänglich gewesen.)

Allen, L.: (a) The relation of peritoneal mesothelium to lymphatic endothelium with reference to absorption of erythrocytes from the peritoneal cavité. Anat. Rec. **64**, 1, 2 (1936). (b) The peritoneal stomata. Anat. Rec. **67**, 89—104 (1936). — **Allodi, F.:** La radiologia delle vie linfatiche del fascio di His. Scritti biol. **11**, 39—85 (1936). Zit. Anat. Ber. **36**, 403. — **Ando, S.:** (a) Puncture injektion of the lymphatic system to panhysterectomy for cancer of the uterus. Jap. J. Obstetr. **13** (1930). (b) Untersuchungen über die Lymphgefäße und das Lymphherz der *Anuren*larven. 1. Mitt. 1. Die Entwicklung der subcutanen Lymphsäckchen des *Frosches*. Kaibô. Z. (Tokyo) **3**, 827—833 (1930). Ref. Jap. J. med. Sci., Anat. **3**, 107 (1933). (c) Untersuchungen über die Lymphgefäße und das Lymphherz der *Anuren*larven. 1. Mitt. 2. Ein Experiment mit dem Lymphherz der *Kaulquappe*. Kaibô. Z. (Tokyo) **3**, 834—837 (1930). Ref. Jap. J. med. Sci., Anat. **3**, 108 (1933). — **Asada, Y.:** (a) Unterbindung der abführenden Lymphgefäße verschiedener Organe und ihre Folgen. 2. Mitt. Unterbindung der abführenden Lymphgefäße des Darmes und ihre Folgen. Acta med. Rubae Crucis jap. Hosp. Osakanensis **1**, 419—429 (1937). (b) Experimentelle Untersuchung über die Regulation der Lymphbahnen nach Zerschmetterung derselben durch Lymphknotenausräumung. Acta med. Rubae Crucis jap. Hosp. Osakanensis **1**, 592 bis 608 (1937).

Balázsy, J. L.: Untersuchungen über die Lymphgefäße des *Kaninchens*. Közlem. az. öszehasonlító élete-es kórtan köréböl (ung.) **26**, 1—22 (1933). Zit. Anat. Ber. **31**, 414; **33**, 100. — **Baptista, B., A. P. Filho** e **J. Guilherme:** *Contribução ao estudo dos lymphaticos „in vivo". Arch. Inst. B. Baptista **3**, 5—16 (1937). — **Baum, H.:** (a) Zu dem Artikel von J. M. JOSSIFOFF: Die tiefen Lymphgefäße der Extremitäten des *Hundes"* im Anatomischen Anzeiger Bd. 65, S. 65. Anat. Anz. **65**, 421—428 (1928). (b) Zur Erwiderung auf den vorstehenden Artikel von J. M. JOSSIFOFF. Anat. Anz. **67**, 511—520 (1929). (c) Bemerkungen zu dem vorstehenden Artikel von J. M. JOSSIFOFF. Anat. Anz. **69**, 353—358 (1930). (d) Das Lymphgefäßsystem des *Huhnes*. Z. Anat. **93**, 1—34 (1930), auch Berlin 1930. — **Baum, H. u. H. Grau:** Das Lymphgefäßsystem des *Schweines*. Berlin 1938. — **Baum, H. u. A. Trautmann:** Das Lymphgefäßsystem der *Vögel*. Handbuch der vergleichenden Anatomie, Bd. 6, S. 843—854. Berlin-Wien 1933. — **Becher, H.:** (a) Eine einfache Methode zur Darstellung feiner Gefäße und Kanälchen. Z. Mikrosk. **48**, 474—481 (1931). (b) Vorweisung von Präparaten nach der Methode der selbsttätigen Luftfüllung. Verh. anat. Ges. Lund **1932**, 228—229. Anat. Anz. **75**, Erg.-Heft (1932). (c) Neue Präparate nach der Luftfüllungsmethode (Vorweisung). Verh. anat. Ges. Jena **1935**, 297. Anat.Anz. **81**. Erg.-Heft (1936). — **Becher, H. u. E. Fischer:** Weitere Erfolge mit der Methode der selbsttätigen Luftfüllung. Darstellung der Lymphgefäße. Anat. Anz. **76**, 340—348 (1933). — **Bobrowskij, N. A. u. W. A. Tschudnossowjetow:** Zur Injektion der Nasenschleimhaut bei subarachnoidaler Tuschezufuhr an totem menschlichen Material. Trudy Kasaro. Gos. Med. Inst. (russ.) **3**, 19—25 (1934). Zit. Anat. Ber. **34**, 341. — **Butturini, L.:** Contributio all'anatomica pathologica del dotto toracico. Bull. Soc. med. chir. Pavia **44**, 723—734 (1931).

Cavalli, M.: Sul comportamento dei vasi linfatici nell'innesto autoplastico della pelle. Sperimentale **89**, 504—508 (1935). — **Choh, H.:** *Studies of the permeability of the lymphatic vessels. Trans. Soc. path. jap. **24**. 153 (1934). — **Christiansen, Hj.:** Lymfekar og lymfekirtler.

København 1933. — Chung, Chun-Mo: (a) Die Stomata auf der peritonealen Fläche des Zwerch-fells und ihre Beziehung zu den Lymphgefäßen. Arch. jap. Chir. 14, 876—883 (1937). — (b) Über die Resorption corpusculärer Stoffe der Lymphgefäße des Omentum majus und Omentum minus. Arch. jap. Chir. 15, 25—38 (1938). — Clark, E. R. and E. L. Clark: (a) Ob-servations on the new growth of the lymphatic vessels as seen in transparent chambers introduced into the rabbit's ear. Amer. J. Anat. 51, 49—88 (1932). (b) Further observations on living lymphatic vessels in the transparent chamber in the rabbit's ear. Their relation to the tissue spaces. Amer. J. Anat. 52, 273—305 (1933). (c) Observations on living mammalian lymphatic capillaries — their relation to the blood vessels. Amer. J. Anat. 60, 253—298 (1936/37). (d) Observations on isolated lymphatic capillaries in the living mammal. Amer. J. Anat. 62, 59—92 (1937/38). — Cohrs, P.: Knochenmark und Körper-lymphknoten. Ein Beitrag zum gleichsinnigen funktionellen Verhalten bei Filter- und Abwehrvorgängen, besonders in Hinsicht auf die tuberkulöse Erkrankung. Arch. Tierheilk. 64, 152—159 (1932).

Dotti, E.: Erforschung der Funktion der Lymphgefäße und Lymphdrüsen mittels Röntgen-darstellung nach subcutaner Injektion von Thoriumdioxyd (Tierexperimente). Fortschr. Röntgenstr. 50, 615—618 (1934). — Drinker, C. K.: The formation and movements of lymph. Amer. Heart J. 18, 389—402 (1939). — Drinker, C. K. and M. E. Field: Lympha-tics, Lymph and Tissue Fluid. Baltimore 1933.

Egehöj, J.: Das Lymphgefäßsystem des Schweines, mit besonderer Berücksichtigung seiner Bedeutung für die Fleischbeschau. Berlin 1937.

Fischer, E.: (a) Untersuchungen getrockneter und luftgefüllter Gewebe mit dem Ultropak. Beitr. path. Anat. 92, 270—289 (1933). (b) Eine einfache Methode zur Darstellung der Lymphgefäße durch parenchymatöse Injektion von Luft. Arch. klin. Chir. 176, 17 (1933). (c) Über den Ursprung der Lymphgefäße und den Begriff der sog. „perivasculären Lymph-scheiden". Dtsch. Z. Chir. 243, 707—715 (1934). (d) Lymphgefäßuntersuchungen an serösen Häuten mit Luftfüllungsmethoden. Zbl. Path. 63, 94 (1935). (e) Die Kenntnis der Lymph-gefäße in den reticuloendothelialen Organen und ihre physiologische Rückbildung im großen Netz. Beitr. klin. Chir. 163, 139—154 (1936). — Fujita, S.: Das Kontrastmittel für die röntgenographische Darstellung des Lymphgefäßsystems. Arb. anat. Inst. Kyoto, Ser. D, 1, 1930, 21—24. — Funaoka, S.: (a) Untersuchungen über die Physiologie der Lymphbewegung. Die Röntgenographie des Lymphgefäßes. Arb. anat. Inst. Kyoto, Ser. D, 1, 1930. (b) Der Mechanismus der Lymphbewegung. Arb. anat. Inst. Kyoto, Ser. D, 1, 1930, 1—10. (c) Paradoxe Lymphströmung und als eine ihrer Folgen paradoxe Metastasenbildung auf dem Lymphwege bei Geschwülsten. Arb. anat. Inst. Kyoto, Ser. D, 2, 1932, 61—69. *(d) Untersuchungen über die Physiologie der Lymphbewegung. Paradoxe Lymphströmung. Funktionen der Lymphdrüse. Periphere Lymphe. Arb. anat. Inst. Kyoto, Ser. D 1933. (e) Lymphatologie. Untersuchungen über die Physiologie der Lymphbewegung. Funktionen der Lymphdrüse, Chemie und Immunologie der peripheren Lymphe, Zellen der Lymphe. Arb. anat. Inst. Kyoto, Ser. D, 5, 1935/36. (f) Zweite intermediäre Zusammenstellung der fortlaufenden Untersuchungen zur Lymphatologie. Physiologie der Lymphbewegung. Arb. anat. Inst. Kyoto, Ser. D, 6, 1937, 204—228. (g) Lymphatologie. Arb. anat. Inst. Kyoto, Ser. D: 7 1938. — Funaoka, S. u. S. Shirakawa: Über die Entstehung der kollateralen Lymphbahnen nach Ausschaltung des Stammstroms. Arb. anat. Inst. Kyoto, Ser. D, 1, 1930, 15, 16. — Funaoka, S., R. Tachikawa, O. Yamaguchi u. S. Fujita: Kurze Mitteilung über die Röntgenographie des Lymphgefäßsystems sowie über den Mechanismus der Lymph-strömung. Arb. anat. Inst. Kyoto, Ser. D, 1, 1930, 11—12.

Galkin, W. S.: (a) Über die Bedeutung der „Nasenbahn" für den Abfluß aus dem Sub-arachnoidalraum. Z. exper. Med. 72, 65—71 (1930). (b) Zur Methodik der Injektion des Lymphsystems vom Subarachnoidalraum aus (Bedeutung der Injektionsstelle). Z. exper. Med. 74, 482—489 (1930). — Glaser, G.: Beiträge zur Kenntnis des Lymphgefäßsystems der Fische. Z. Anat. 100, 433—511 (1933). — Grau, H.: Ein Beitrag zur Histologie und Alters-anatomie der Lymphgefäße des Hundes. Z. mikrosk.-anat. Forsch. 25, 207—237 (1931). — Gray, J. H.: Experiments on lymphatic regeneration. J. Anat. 72, 622 (1938). — Grod-zinski, Z.: (a) The lymphatic hearts of fossil reptiles. Anat. Rec. 42, 18 (1929). *(b) Über die Lymphherzen von fossilen Reptilien. Bull. int. Acad. pol. Cracovie 2, 433—439 (1929). *(c) Bemerkungen über das Lymphgefäßsystem der Myxine glutinosa L. Bull. int. Acad. pol. Cracovie 2, 221—236 (1932).

Haller, Graf von: Neuere eigene Forschungen auf dem Gebiete des Liquorstromes und ähnlichen Gebieten — und ihre Bedeutung für den Praktiker. Klin. Wschr. 1937 I, 325. — Hara, M.: Chirurgische Anwendung der Lymphgefäßinjektion. Arch. jap. Chir. 7 (1930). — Hass, H.: Die Architektur der Lymphgefäße der Lebergegend in ihren Beziehungen zur Bindegewebsstruktur und Flüssigkeitsströmung. Virchows Arch. 297, 384—403 (1936). — Held, H.: Über basale Lymphpforten. Verh. anat. Ges. Leipzig 1938, 224—226. Anat. Anz. 87, Erg.-Heft (1939). — Henry, C. G.: Studies on the lymphatic vessels and on the movement of lymph in the ear of the rabbit. Anat. Rec. 57, 263—278 (1933). — Hirschfeld,

H.: Die Lymphe. Handbuch der allgemeinen Hämatologie, Bd. I/2, S. 943, 947. Berlin-Wien 1933. — Hoyer, H.: (a) Sur les vaisseaux lymphatiques des Lézards. C. r. Assoc. Anat. Réun. 26, 281—283 (1931). (b) Über das Lymphgefäßsystem der *Eidechsen*. Anat. Anz. 73, 28—40 (1931). (c) Das Lymphgefäßsystem der *Wirbeltiere* vom Standpunkt der vergleichenden Anatomie. Mém. Akad. Polon. Sci. Lett. Cl. Med. 1934. Zit. Anat. Ber. 31, 430. — Hudach, S. S. and Ph. D. McMaster: (a) The breakdown of lymph transport. Proc. Soc. exper. Biol. a. Med. 28, 853, 854 (1931). (b) Normal and pathological permeability of the lymphatic capillaries in human skin. Proc. Soc. exper. Biol. a. Med. 29, 944, 945 (1931/32). (c) The permeability of the wall of the lymphatic capillary. J. of exper. Med. 56, 223—238 (1932).

Inaba, E.: *Does ligating the thoracic duct and all the other lymph paths entering into the blood circulation at the anguli venosi act fatally to animals? Tohoku J. exper. Med. 27, 117 (1935).

Jagt, E. R. van der: The origin and development of the anterior lymphsacs in the sea-turtle (*Thalassochelys caretta*). Quart. J. microsc. Sci. 75, 151—164 (1932). Zit. Anat. Ber. 30, 116. — Jolly, J. et C. Lieure: (a) Sur les coeurs lymphatiques des larves d'Anoures. C. r. Soc. Biol. Paris 110, 12—14 (1932). (b) Sur le dévelopment des coeurs lymphatiques des Anoures. C. r. Soc. Biol. Paris 114, 879—883 (1932). — Jossifoff, J. M.: (a) Die tiefen Lymphgefäße der Extremitäten des *Hundes*. Anat. Anz. 65, 65—76 (1928). (b) Erwiderung an Herrn BAUM auf: „Zu dem Artikel von J. M. JOSSIFOFF: Die Lymphgefäße der Extremitäten des *Hundes*" im Anatomischen Anzeiger 65, S. 421. Anat. Anz. 67, 507—511 (1929). (c) Das Lymphgefäßsystem der *Hühner* und *Tauben*. Anat. Anz. 69, 213—227 (1930). (d) Das Lymphgefäßsystem des *Kaninchens*. Anat. Anz. 71, 464—475 (1931). (e) Das Lymphgefäßsystem des *Schweines*. Anat. Anz. 75, 91—104 (1932). — Jossifow, G. M.: (a) Das Lymphgefäßsystem des *Menschen* mit Beschreibung der Adenoide und der Lymphbewegungsorgane. (Übersetzung von J. W. AUTOKRATOW.) Jena 1930. (b) Zu dem Artikel des Herrn HERM. BAUM: Zur Erwiderung auf den Artikel von J. M. JOSSIFOFF im Anatomischen Anzeiger, Bd. 67, 16. Aug. 1929, Nr. 22/23. Anat. Anz. 69, 346—352 (1930). (c) Ein vergleichend-anatomischer Abriß des Lymphsystems und seine phylogenetische Entwicklung. Anat. Anz. 71, 283—287 (1931). (d) Vergleichend-anatomische Studie über das Lymphgefäßsystem und ihre phylo- und ontogenetische Entwicklung. Arch. russ. d'Anat. etc. 10, 154—157 (1931). Zit. Anat. Ber. 30, 143. — Jossifow, W. G.: Zur Frage des Einsaugens durch die Lymphgefäße des Diaphragmas und der Dura mater. Anat. Anz. 69, 184—194 (1930).

Kampmeier, O. F.: Ursprung und Entwicklungsgeschichte des Ductus thoracicus nebst Saccus lymphaticus jugularis und Cisterna chyli beim *Menschen*. Morph. Jb. 67, 157—234 (1931). — Kihara, T. u. Z. Nosé: Muskulöse Trichterklappe an den Ostien der Froschlymphsäcke. Fol. anat. jap. 9, 143—147 (1931). — Kishi, S.: Die die Lymphströmung ableitenden Wege nach der Unterbrechung des Ductus thoracicus in der Brusthöhle. Arb. anat. Inst. Kyoto, Ser. D, 2, 1932, 50—54. — Kutami, F. u. G. Sone: Die Entstehung der Nebenlymphbahnen nach Ausschaltung der lokalen Lymphdrüse. Arb. anat. Inst. Kyoto, Ser. D, 1, 1930, 19—20. — Kutsuna, M.: Beiträge zur Kenntnis der Entwicklung des Lymphgefäßsystems der *Vögel*. Acta Scholae med. Univ. Imper. Kiotoensis 16, 6—35 (1933). Zit. Anat. Ber. 30, 140. — Kutsuna, M. and H. Enomoto: *On the lymphvessels in the normal and the regenerated tail of frog larvae. Acta Scholae med. Kioto 13, 296—302 (1931).

Latarjet et Gabrielle: La ligatur du canal thoracique chez le chien. Applications anatomiques et thoraciques. Lyon chir. 23, 369—380 (1926). — Llorca, F. O.: (a) Über den rechtsseitigen Verlauf des Ductus thoracicus bei erhaltener rechter Aortenwurzel. Anat. Anz. 81, 283—290 (1935/36). *(b) El ductus thoracicus y las vias linfaticas colaterales del thorax en el *Macasus rhesus*, con un estudio complementario del desarallo de estos vasos linfaticos en el embrion humano. An. Univ. Valencia 2 (1937/38). — Loeschcke, H.: Experimentelle Untersuchungen über Saftstrom- und Resorptionswege. Virchows Arch. 292, 281—309 (1934). — Ludwig, E.: Der lymphatische Apparat. Schweiz. med. Wschr. 1936 I, 349—353.

Mall, G. D.: Über den Wandbau der mittleren und kleineren Lymphgefäße des *Menschen*. Z. Anat. 100, 521—558 (1933). — Manabe, S.: (a) Über den Bau der Lymphgefäßwand der *Vögel*. Kaibô Z., Tokyo 3, 450, 451 (1930). Ref. Jap. J. med. Sci., Anat. 3, 129 (1933). (b) Untersuchungen des Lymphgefäßsystems der *Vögel*. 1. Lymphgefäßsystem von *Anas domestica* L. Kaibô Z., Tokyo 3, 119—131 (1930). Zit. Anat. Ber. 28, 335. (c) Studien über das Lymphgefäßsystem der *Katze*. Kaibô Z., Tokyo 3, 620—646 (1930/31). Ref. Jap. J. med. Sci., Anat. 3, 130 (1933). — Martin, C.: Étude du tronc intestinal et des origines du canal thoracique. Thèse de Paris 1932. — McMaster, Ph. D.: Changes in the cutaneous lymphatics of human beings and in the lymph flow under normal and pathological conditions. J. of exper. Med. 65, 347—372 (1937). — McMaster, Ph. D. and St. S. Hudack: (a) The permeability of the lymphatic wall. Proc. Soc. exper. Biol. a. Med. 28, 852, 853 (1931). (b) Induced alterations in the permeability of the lymphatic capillary.

J. of exper. Med. 56, 239—253 (1932). (c) The participation of skin lymphatics in repair of the lesions due to incisions and burns. J. of exper. Med. 60, 479—501 (1934). — Meller, A.: Beitrag zur Kenntnis der Lymphgefäße der Lunge. Eine anatomisch-röntgenologische Studie. Fortschr. Röntgenstr. 43, 66—71 (1931). — Menville, L. J. and J. N. Ané: (a) Roentgen visualization of lymphnodes in animals. J. amer. med. Assoc. 98, 1796 (1932). (b) A roentgen study of the absorption by the lymphatics of the thorax and diaphragm of thorium dyoxide injected intrapleurally into animals. Amer. J. Roentgenol. 31, 166—172 (1934). — Miyazaki, H.: Die feinere Verteilung der Lymphgefäße in der Nasenschleimhaut des *Menschen*. Fol. anat. jap. 11, 247—255 (1933). — Mortensen, O. A. and W. E. Sullivan: The cerebrospinal fluid and the cervical lymph nodes. Anat. Rec. 56, 359—364 (1933). — Moschin, R. I. u. B. A. Tschudnossowjetow: Zur Injektion der dritten Tonsille und der HIGHMORschen Höhle bei subarachnoidaler Tuschezufuhr. Trudy Kasan. Gos. Med. Inst. (russ.) 3, 13—18 (1934). Zit. Anat. Ber. 34, 431. — Mouchet, A.: Le chylothorax traumatique. Thèse de Paris 1933.

Naito, E.: Komplette Unterbrechung des Abflusses des Ductus thoracicus und der beiden Trunci jugulares in das Venensystem und ihre Folgeerscheinungen. Eine experimentelle Studie am *Hunde*. Arch. jap. Chir. 9, 955—961 (1932). — Navez, O.: Le système lymphatique des animaux domestiques. Ann. Méd. vét. 72, 347—354 (1927). Zit. Anat. Ber. 25, 266. — Neubert, K. u. Mall: Die Struktur der Lymphgefäßwandung und ihre funktionelle Bedeutung. Verh. anat. Ges. Breslau 1931, 282. Anat. Anz. 72, Erg.-Heft (1931). Nicolesco, J.: Un nouveau colorant pour les recherches de lymphatiques. Annal. d'Anat. path. 7, 150 (1930). — Norioka, E.: Die Geschwindigkeit der Lymphströmung im Darmgekröse. Arb. anat. Inst. Kyoto, Ser. D, 2, 1932, 11—14. — Nosé, Z.: (a) Studium über das tiefe Lymphgefäßsystem der *Frosch*arten. Fol. anat. jap. 9, 341—364 (1931). (b) Das Lymphgefäßsystem der Kröte, insbesondere seine Zirkulationsanordnung. Fol. anat. jap. 9, 371—428 (1931). (c) Komplette Unterbrechung des Abflusses des Ductus thoracicus und des Truncus jugularis sinister in das Venensystem und die darauffolgende Veränderung der Zirkulationsverhältnisse im Lymphgefäßsystem. Arch. jap. Chir. 9, 131—142 (1932). (d) Über die Verbreitung der kraterförmigen Stigmata bei der *Kröte*. Fol. anat. jap. 10, 11—16 (1932).

Ogo, M.: Über die Lymphgefäßklappen des *Menschen*. Kaibô. Z., Tokyo 6, 807—828 (1933). Ref. Jap. J. med. Sci., Anat. 5, 127 (1935). — Okamoto, K.: Über die Regulation der Lymphströmung, die Klappenfunktion und die paradoxe Stromrichtung. Arb. anat. Inst. Kyoto, Ser. D, 5, 1935/36, 193—206. — Oschkaderow, W. I.: Beiträge zur Frage der Abflußwege der cerebrospinalen Flüssigkeit des Gehirns und des Rückenmarks. Anat. Anz. 82, 441—471 (1936). — Ottaviani, G.: (a) Indagini radiografiche sul sistema linfatico. Arch. ital. Anat. 28, 38—58 (1930). (b) Ricerche comparative sui vasi linfatici del mesentere e sulle reti linfatiche dell'intestino tenue. Atti Soc. ital. Anat., 2. Congr. Firenze 1930. Monit. zool. ital., Suppl. 1931, 258—260. Zit Anat. Ber. 24, 18. *(c) Il sistema linfatico del coniglio. Arch. Ist. biochim. ital. 3, 51 (1931). (d) Ricerche comparative sui linfonodi sui tronchi collettori linfatici e sulle reti linfatiche dell'intestino crasso e ricerche comparative sul tronco mesenteriale. Arch. ital. Anat. 30, 293—451 (1932). (e) Ricerche comparative sulla topografia e sulla morfologia delle reti sanguifere e linfatiche dello stomaco, dell'intestino tenue, dell'intestino crasso e confronti tra le reti. Padova 1933. (f) Il sistema linfatico dei Roditori. Atti Soc. med.-chir. e Boll. Facolta med.-chir. Padova 1934, 812—844. (g) Contributi al sistema linfatico dei roditori. Parte seconda: *Sciurus italicus — Arctornis marmotta*. Atti Inst. Ven. Sci., Lett. ed. arti 94 11 895—991 (1935). (h) Contributi al sistema linfatico dei Roditori. Atti Mem. Accad. Verona 15, 129—162 (1937). (i) Contributi al sistema linfatiço dei Roditori. Arch. Ist. biochem. ital. 3, (1937). (j) Ricerche anatomiche sui vasi linfatici del pulmone umano. Morph. Jb. 82, 453—492 (1938). — Ottaviani, G. e M. Cavalli: Effetti della exstirpatione dei linfonodi del collo nel cane. Atti Soc. med.-chir. Padova 1933, 661—689. Zit. ROUVIÈRE et VALETTE, 1937. — Ottaviani, G. e E. Debiasi: Ricerche morfologiche e citometriche sull'endotelio dei vasi linfatici dell'utero in gravidanza ed in puerperio. Nota II. Ricerche comparative. Ann. Ostetr. 58, 1—34 (1936). — Ottaviani, G. e P. Romussi: Effetti della legatura dei tronchi collettari linfatici della avaie. Atti Soc. med.-chir. Padova 1933, 635—660.

Papilian, V. u. I. G. Russu: Über experimentelle Erzeugung lymphoider Bildungen. Virchows Arch. 297, 441—444 (1936). — Penza, A.: *Osservazioni e considerationi sulla genesi e sulla sviluppo dell'apparaccio linfatico degli uccelli. Monit. zool. ital. Suppl. 43, 297 bis 306 (1933). — Petersen, H.: Histologie und mikroskopische Anatomie. München 1935. Pfuhl, W.: (a) Die phsyiologische Anatomie der Blutkapillaren. Z. Zellforsch. 20, 390 bis 416 (1933). (b) Die LOESCHCKEschen perivaskulären Scheiden und ihre Bedeutung. Virchows Arch. 295, 616—622 (1935). — Polonskaja, R.: (a) Zur Frage der Klappen in den Lymphgefäßen der unteren Extremitäten des *Menschen*. Anat. Anz. 74, 395—397 (1932). (b) Über den Zusammenhang der Venen mit den Lymphgefäßen der Regio lumbalis bei menschlichen Neugeborenen. Anat. Anz. 78, 310—315 (1934). (c) Bemerkungen über die

Frage der Ontogenese des Lymphgefäßsystems der unteren Extremitäten des *Menschen.* Fol. anat. jap. **12**, 147—154 (1934). (d) Die Lymphgefäße der Schilddrüse und ihre Zusammenhang mit dem Venensystem. Fol. anat. jap. **12**, 311—317 (1934). — **Pullinger, B. D. and H. W. Florey:** (a) Some observations on the structure and functions of lymphatics: their behaviour in local oedema. Britt. J. exper. Path. **16**, 49—61 (1935). (b) Proliferation of lymphatics in inflammation. J. of Path. **45**, 157—170 (1937).

Rodrigues, A.: (a) Osistema linfatico e a sua importancia cirurgica. Fac. med. Porto, Trabalhos Lab. med. operatoria **1932**, 147—259, 391—393. Zit. Anat. Ber. **26**, 511. (b) Alguns problemas sôbre circulação linfatica. Med. Lisboa **1935**. Zit. Anat. Ber. **37**, 209. — **Rodrigues, A., R. Carvalho** et **S. Pereia:** Le canal thoracique et ses voies cóllatérales. C. r. Assoc. Anat. **28**, 566—577 (1933). Zit. Anat. Ber. **30**, 142. — **Rodrigues, A.** et **S. Pereia:** (a) Sur les gros troncs lymphatiques de la base de cou. Ann. d'Anat. path. **7**, 1019—1027 (1930). (b) Novas orientações no estudo do sistema linfatico. Arqu. de Path. **3** (1931). Zit. ROUVIÈRE et VALETTE, 1937. — **Rössle, R.:** Zur Frage der Entstehung und Rückbildung von Lymphgefäßen auf Grund von Untersuchungen bei Parabios. Virchows Arch. **300**, 31—45 (1937). — **Rouvière, H.:** (a) De la possibilité d'une circulatione lymphatique rétrograde en amont des ganglions du pédicule pulmonaire atteints d'adénite. Ann. d'Anat. path. **7**, 1109—1110 (1930). (b) Anatomie des lymphatiques de l'homme. Paris 1932. — **Rouvière, H.** et **G. Valette:** (a) De la progression de la lymphe dans les collecteurs lymphatiques périphériques. Ann. d'Anat. path. **13**, 801—816 (1936). (b) Physiologie du système lymphatique. Formation de la lymphe. Circulation lymphatique normale et pathologique. Paris 1937. (c) Sur les processus de néoformation des canaux lymphatiques en tissu sain après interruption du courant lymphatique. Ann. d'Anat. path. **14**, 843—845 (1937).

Sakamoto, S.: Über das. Lymphgefäßsystem des *Kaninchens* und *Meerschweinchens.* Trans. jap. path. Soc. **21**, 559—564 (1931). Ref. Jap. J. med. Sci., Anat. **4**, 155 (1934). — **Sakata, H.:** Die Regeneration der Lymphbahn. Arb. anat. Inst. Kyoto, Ser. D, 1, **1930**, 33—36. — **Sampson, J. A.:** The origin and significance of newly formed lymph vessels in carcinomatous peritoneal implants. Amer. J. Path. **12**, 437—468 (1936). — **Shdanow, D. A.:** (a) Die Lymphwege des peripherischen und Zentralnervensystems. I. Die abführenden Lymphgefäße von Nervenstämmen der Extremitäten des *Menschen.* Anat. Anz. **71**, 231—244 (1931). (b) Röntgenologische Untersuchungsmethoden des Lymphgefäßsystems des *Menschen* und der *Tiere.* Fortschr. Röntgenstr. **46**, 680—691 (1932). (c) Über einige histophysiologische Eigentümlichkeiten der Wand von Lymphgefäßen. Anat. Anz. **79**, 431—440 (1935). (d) Die Kollaterallymphwege der Brusthöhle des *Menschen.* Anat. Anz. **82**, 417—440 (1936). — **Shimizu, S.:** Darmzotten und ihre Gefäße, insbesondere die Chylusgefäße der *Säugetiere* und des *Menschen.* Fol. anat. jap. **10**, 193—227 (1932). — **Ssysganow, A. N.:** (a) Zur Untersuchungstechnik des Lymphsystems. Anat. Anz. **70**, 288 bis 293 (1930). (b) Über die kollaterale Lymphzirkulation. Z. Anat. **95**, 426—446 (1931).

Tachikawa, R.: Über die Treibkraft der Lymphbewegung. Arb. anat. Inst. Kyoto, Ser. D, 1, **1930**, 25—32. — **Takabatake, Y.:** (a) Die Lymphabflußbahnen aus der Schilddrüse nach der Ausschaltung der Hauptlymphbahn aus demselben Organ. Arb. anat. Inst. Kyoto, Ser. D, 2, **1932**, 20—24. (b) Wie viel Lymphe ist zur Anfüllung einer Lymphdrüse nötig? Fol. anat. jap. **10**, 419—422 (1932). — **Teshima, G.:** (a) Untersuchung über den Ductus thoracicus der Japaner. Kaibozaku Zassi **5**, 773—780 (1932). (b) Lymphatico-venöse Kommunikation zwischen dem Truncus lumbalis und der V. cava inferior beim *Menschen.* Kaibozaku Zassi **5**, 779—782 (1932). (c) Untersuchung über das Verhalten der Lymphgefäße bei der peritonealen Resorption. Arch. jap. Chir. **9**, 585—609 (1932). (d) Einfluß der Röntgenbestrahlung auf die Durchlässigkeit der Lymphgefäßwand. Arch. jap. Chir. **9**, 896—901 (1932). (e) Beiträge zur Anatomie des Lymphgefäßsystems des *Macacus rhesus.* Fol. anat. jap. **13**, 251—288 (1935). (f) Das Lymphgefäßsystem des *Lemurs* (*Lemur macaco* L.). Fol. anat. jap. **13**, 289—301 (1935). (g) Das Lymphgefäßsystem des *Schimpansen (Troglodytes niger).* Fol. anat. jap. **13**, 303—324 (1935). — **Trautmann, A.** u. **J. Fiebiger:** Lehrbuch der Histologie und vergleichenden mikroskopischen Anatomie der *Haussäugetiere.* Berlin 1931.

Uljanow, P. N.: Zur Frage der Verbindungen zwischen den subarachnoidalen Räumen des Gehirns und dem Lymphsystem des Körpers. Z. exper. Med. **65**, 621—626 (1929).

Wasa, A.: (a) Über retrograde Lymphströmung. Arb. anat. Inst. Kyoto, Ser. D, 2, **1932**, 77—79. (b) Die paradoxen Lymphströmungen im Kopf und Hals des *Kaninchens.* Arb. anat. Inst. Kyoto, Ser. D, 3, **1933**, 1—15. — **Webb, R. I.:** Observations of the propulsion of lymph through the mesenteric lymphatic vessels of the living rat. Anat. Rec. **57**, 345—350 (1933). — **Weidenreich, Fr.:** (a) Die Phylogenese des Lymphgefäßsystems und seine Bedeutung für das Verständnis der Blutbildungsorgane und der Blut- und Lymphzellen. Klin. Wschr. **1930** II, 2420. (b) Gefäßsystem. I. Allgemeine Morphologie des Gefäßsystems. Handbuch der vergleichenden Anatomie der *Wirbeltiere,* Bd. 6, S. 375—450. Berlin u. Wien 1933. (c) Lymphgefäßsystem. Handbuch der vergleichenden Anatomie der *Wirbeltiere*, Bd. 6, S. 745—788. Berlin u. Wien 1933. — **Weidenreich, Fr., H. Baum u. A. Trautmann:** Lymphgefäßsystem. Handbuch der vergleichenden Anatomie der *Wirbeltiere*. Bd. 6, S. 745—854. Berlin u. Wien 1933. — **Wetzel, G.:** Lymphgefäße. Handbuch der Anatomie des Kindes, Bd. 2, S. 398—402. 1938. — **Winkler, K.:** Lymphgefäße. Erg. Path. **28,** 1—114 (1934).

Yamao, O.: Feinere Verteilung der Lymphgefäße in der Haut des *Menschen*. Fol. anat. jap. **10,** 505—573 (1932).

Zimmermann, A.: On the development of the lymphatic system in *Oppossum* (*Didelphys virgineana*). Anat. Rec. **55,** 42, 43 (1933). — **Zschau:** Untersuchungen über das Lymphgefäßsystem des großen Netzes. Dtsch. Z. Chir. **240,** 395—402 (1933).

II. Die Lymphknötchen und die Lymphknoten.

A. Einleitung.

Schon lange hat man den großen Gewebekomplex, das „lymphoide Gewebe", in zweckmäßiger Weise aufzuteilen versucht (*H.* S. 283), denn es wurde allmählich den meisten Forschern klar, daß das, was man lymphoides Gewebe nannte, kein einheitliches Gewebe war. Man fing daher an, zwischen einem diffusen und einem organbildenden lymphoiden Gewebe zu unterscheiden. Dieses letztere wurde im allgemeinen als „echtes" oder „wirkliches" lymphoides Gewebe bezeichnet, wenn auch die Grenze gegen das diffuse lymphoide Gewebe etwas verschieden angegeben wurde. Ich selbst habe mich schon 1914 der Meinung angeschlossen, daß wir als „echtes lymphoides Gewebe" nur 1. die solitären Follikel (einzelne oder aggregierte), 2. die Tonsillen, 3. die weiße Milzpulpa und 4. die Lymphknoten rechnen können.

Auch in der jetzigen Literatur findet man ab und zu, daß man die ganze Milz als ein lymphoides Organ auffassen will. Es ist selbstverständlich nicht möglich, die rote Milzpulpa, die sich aus einem besonders beschaffenen venösen Capillarnetz und einer nur wenig hervortretenden Intercapillarsubstanz, die ein verschiedene Zellen enthaltendes Reticulum besitzt, aufbaut, mit dem echten lymphoiden Gewebe auf eine Stufe zu stellen.

Im Jahre 1926 führte Aschoff den alten Begriff „das lymphatische Gewebe" wieder in die Literatur ein. Diese Benennung schlägt er nicht für das Gewebe, das ich oben als „echtes lymphoides Gewebe" bezeichnet habe, sondern nur für einen gewissen Teil von diesem vor, nämlich für, wie er sagt, „die keimzentrenhaltigen Follikel".

Dieser Abgrenzung eines „lymphatischen Gewebes" konnte ich in meiner Handbucharbeit (*H.* S. 284) nicht beitreten, denn „die keimzentrenhaltigen Follikel" sind keine konstanten Gebilde in dem „lymphoiden Gewebe". Sie sind ja nur temporär ausgebildet. Eine Einteilung, die sich auf solche labilen Bildungen aufbaut, ist gewiß zum mindesten sehr unzweckmäßig, um nicht fehlerhaft zu sagen.

Wollen wir dieser Aschoffschen Einteilung des lymphoiden Gewebes folgen, so können z. B. in den Lymphknoten das Mark und große Teile der Rinde nicht dem lymphatischen Gewebe zugerechnet werden. Ja, bisweilen dürfte man auch die ganzen Lymphknoten nicht als lymphatisches Gewebe benennen können, denn es trifft doch nicht so selten ein, besonders bei älteren Individuen, daß man Lymphknoten antrifft, die überhaupt keine „keimzentrenhaltigen Follikel" enthalten, nicht einmal „Follikel ohne Keimzentren", d. h. ohne diese hellen Zentren. Mit dieser Auffassung, zu welcher ich gekommen bin, ist es ganz natürlich, daß ich fortwährend Abstand davon nehmen mußte, daß man, wie Aschoff will, diese zufälligen Ausdifferenzierungen (die auch Flemming als zufällig ansah) mit der Benennung lymphatisches Gewebe ausrüsten will. Ich halte es für viel besser, wie ich vorgeschlagen habe, die alte Benennung „lymphatisches Gewebe" einzuführen, und zwar für das, was man früher „echtes

lymphoides Gewebe" nannte, oder was z. B. Maximow und Heudorfer etwas
später unter dem Namen „lymphatisches Grundgewebe" heraustrennten. Hier
gibt es eine, wenn auch nicht ganz scharfe, so doch völlig genügende Grenze
gegen das diffuse lymphoide Gewebe (*H.* S. 285ff.). Diese Einteilung wird auch
von den meisten späteren Forschern benutzt, und v. Albertini (1932, 1936)
sagt geradezu, daß er die Aschoffsche Einteilung ablehnen muß. Conway
(1937) hebt hervor, daß die Aschoffsche Einteilung fehlerhaft sein muß, denn
man hat ja gezeigt, daß die Knötchen nicht permanent sind, sondern auf irgendeinem Platz sowohl in der Rinde als in dem Mark hervortreten und verschwinden
können. Auch Lang (1933) und Wolff (1933) schließen sich der von mir
angewandten Einteilung an.

Ich will also noch immer „das lymphatische Gewebe" folgendermaßen de-
finieren (*H.* S. 285): Das lymphatische Gewebe ist das gut oder wenigstens in gewissem Grade deutlich abgegrenzte Gewebe, welches
von einem reticulären, vom Mesenchym stammenden Grundgewebe
aufgebaut ist, in dessen Maschen so gut wie ausschließlich lymphocytäre Zellenelemente eingelagert sind. In diesem Gewebe treten
als zufällige Bildungen die Sekundärknötchen auf.

Aschoff suchte bei der Anatomenversammlung in Leipzig 1938 einen ver-
mittelnden Standpunkt einzunehmen, der meiner Meinung nach größtenteils
nur eine Wiederaufnahme der alten Einteilung: „diffuses und organbildendes
lymphoides Gewebe" ist. Er sagt nämlich: „Um aber der Verwirrung in der
Namengebung nach Möglichkeit ein Ende zu bereiten, stimme ich dem Vorschlag, das Ganze als lymphoides Grundgewebe zu bezeichnen, zu. Man
würde also einmal von diffus angeordnetem lymphoiden Grundgewebe sprechen.
Wenn dagegen das letztere organmäßig abgeschlossen ist und sich, wenigstens vorübergehend, Sekundärknötchen mit Keimzentren darin entwickeln,
von abgeschlossenem lymphoiden Grundgewebe oder lymphatischer Organ-
bildung. Den Vorschlag, für die Sekundärknötchen den Ausdruck lymphatisches Gewebe einzuführen, lasse ich zugunsten des Wortes „Sekundärknötchenbildung im lymphoiden Gewebe" fallen, obwohl lymphatisches Gewebe klar
und bündig den Unterschied gegenüber dem lymphoiden Gewebe betont. Dagegen möchte ich an dem Ausdruck „lymphatische Organe" auch im Hinblick
auf die geschichtliche Entwicklung festhalten."

Ich kann nur feststellen, daß der einzige Unterschied zwischen diesem
letzten Aschoffschen Vorschlag und dem meinigen sich jetzt auf einen Namen
beschränkt. Statt des von Aschoff vorgeschlagenen Namens „abgeschlossenes
lymphoides Grundgewebe" will ich den Namen „lymphatisches Gewebe" einführen. Diese beiden Begriffe bezeichnen nämlich dasselbe Gewebegebiet. Was
mir in der früheren Aschoffschen Einteilung unglücklich, um nicht zu sagen
fehlerhaft schien, war, daß er zufällige, sicher nur verhältnismäßig kurze Zeit
vorhandene Herausdifferenzierungen in dem Grundgewebe mit der Benennung
„lymphatisches Gewebe" ausrüsten wollte. Wenn er jetzt von „Sekundärknötchenbildung" für diese Herausdifferenzierungen sprechen will, so ist das
ja eine Benennung, die ich immer angewandt habe.

Wenn ich also den Namen „lymphatisches Gewebe" für das „abgeschlossene
lymphoide Grundgewebe" auch weiterhin anwenden will, so hat dies unter
anderem auch seinen Grund darin, daß diese Benennung sich schon ganz gut
eingebürgert und, soweit ich verstehen kann, als geeignet erwiesen hat.

Eine andere Nomenklaturfrage, deren Klärung von großer Wichtigkeit ist,
wäre, was wir mit den Namen „Sekundärknötchen" und „Keimzentren" meinen
und wie wir diese Bildungen abgrenzen.

Gehen wir zuerst zu dem Urheber dieser Benennungen, Flemming, so muß man zugeben, daß er sich nicht immer ganz klar ausspricht. Schon als ich die Arbeiten Flemmings zum erstenmal studierte, bin ich der Meinung gewesen, daß er unter diesen beiden Bezeichnungen dasselbe versteht, nämlich die ganzen knötchenförmigen Bildungen, die in dem lymphatischen Grundgewebe entstehen, und nicht nur die gewöhnlich in diesen Knötchen vorhandenen kleineren oder größeren Mittelpartien. Also, um mit Flemming zu sprechen, sowohl der „dunkle Ring" als auch die „helle Mitte". Die andere Deutungsmöglichkeit wäre, daß Flemming mit diesen beiden Bezeichnungen nur die „helle Mitte" meint. In *H*. S. 288 bin ich näher auf diese Frage eingegangen und suche dort die Richtigkeit meiner Auffassung durch einige Zitate zu zeigen. Auch Ehrich (1931) ist beim Studium der Flemmingschen Arbeiten zu derselben Auffassung wie ich gekommen.

Aschoff kommt (1939) mit einer dritten Deutung. Er hebt als seine Meinung hervor, daß nach Flemming an den Sekundärknötchen ein helleres Keimzentrum und eine dunklere Randzone zu trennen wäre. Sekundärknötchen und Keimzentren wären also zwei verschiedene Begriffe. Er gibt auch ein Zitat an, das diese Auffassung stützt. Gegen eine solche Auffassung können wir nur darauf hinweisen, daß Flemming auf einer anderen Stelle ganz geradezu sagt, daß „Keimzentrum die physiologische Bezeichnung" für das ist, was er in morphologischem Sinne „Sekundärknötchen" nennen will.

Geht man die Literatur durch, findet man in dieser Frage eine große Verwirrung, und man weiß oft nicht, was die Verfasser mit der einen oder der anderen Bezeichnung meinen. Im allgemeinen scheint es mir jedoch, daß man mit den Benennungen „Sekundärknötchen" und „Keimzentrum" dieselbe Bildung meint, nämlich nur „die helle Mitte" des Knötchens.

In meinen Arbeiten und in denen, die von meinem Institut ausgegangen sind, haben wir immer mit der Bezeichnung Sekundärknötchen das ganze Knötchen, den ganzen „Follikel", gleichgültig ob es eine „helle Mitte" in demselben gibt oder nicht, gemeint.

In diesem Handbuch, 1930 (*H*.), habe ich auch fast nur den Namen Sekundärknötchen für diese Bildungen angewandt, denn ich wollte noch in dieser Zeit eine ganz indifferente Bezeichnung wählen. Es ist jedoch, wie ich dort S. 291 hervorgehoben habe, keine gute Benennung, denn die Sekundärknötchen sind nicht in Knötchen, die man im Verhältnis zu denselben als primär nennen kann, eingelagert. Scheinbar ist dies gewiß der Fall in den Solitärknötchen, aber diese sind ja runde lymphatische Organe, die so klein sind, daß sie nur ein oder bisweilen zwei Sekundärknötchen in sich beherbergen können.

Besonders in meinen letzten Arbeiten versuchte ich, den Namen Sekundärknötchen mit der Benennung Reaktionszentrum auszutauschen. Ich kann dies jetzt nur bedauern, denn dies hat dazu geführt, daß man hier und dort geglaubt hat, daß ich damit nur das helle Zentrum des Sekundärknötchens gemeint habe, gleichwie man das Wort Keimzentrum bei Flemming gedeutet hat. Ich bin daher oft ganz mißverstanden worden.

Ich ziehe es daher vor, in dieser „Ergänzungsarbeit" den alten Namen Sekundärknötchen wieder als Hauptbezeichnung aufzunehmen. Damit erreiche ich in erster Linie Gleichförmigkeit in dieser Hinsicht mit der Hauptarbeit. Anderseits muß ich gestehen, daß es etwas verfrüht ist, zu versuchen, eine physiologische Benennung einzuführen, ehe eine größere Einigkeit über die Bedeutung dieser Bildungen erreicht ist. Meine Auffassung in dieser Frage wird noch von einigen Verfassern eifrig bekämpft.

Neben dem Namen Sekundärknötchen will ich jedoch hier und dort die Bezeichnungen Reaktionsknötchen, Reaktionsherde (also nicht Reaktionszentrum!) anwenden, was also ein Ersatz für den Namen „Keimzentrum" sein soll. Gleichwie FLEMMING diese Bildungen morphologisch Sekundärknötchen, physiologisch Keimzentren nannte, so sind hier die Reaktionsknötchen, Reaktionsherde die physiologische Bezeichnung für das, was ich in morphologischem Sinne immer Sekundärknötchen nennen will. Diese sogenannten Bildungen umfassen also alles, was ASCHOFF mit seinen Benennungen „Follikel mit Keimzentrum" oder „Sekundärknötchen mit Keimzentrum" bezeichnet.

Es wäre gewiß unnötig, verschiedene Namen für die verschiedenen Entwicklungsphasen der Sekundärknötchen einzuführen. Dies ist aber schon geschehen und hat seinen Grund darin, daß man von mehreren Seiten behauptet, daß diesen verschiedenen Entwicklungsphasen auch verschiedene Funktionen entsprechen. Wenn diese Namen eingebürgert werden, so ist gegen eine solche Benennung eigentlich nichts zu sagen. Ich will daher dieselben hier aufnehmen. Wir nennen also die Sekundärknötchen, die keine besonders herausdifferenzierte Mittelpartie besitzen, sondern beinahe nur aus kleinen Lymphocyten bestehen, die soliden Sekundärknötchen. Sie machen ein Stadium in der Entwicklung dieser Bildungen aus. Ist eine besondere Herausdifferenzierung in der Mittelpartie, eine „helle Mitte", vorhanden, was bedeutet, daß wir ein weiter vorgeschrittenes Entwicklungsstadium vor uns haben, so will ich für diese den Namen FLEMMINGsches Sekundärknötchen aufnehmen, ein Name, der wenigstens aus historischem Grunde wohl motiviert ist. Die Übergangssekundärknötchen sollen die FLEMMINGschen Sekundärknötchen in Zurückbildung sein. Bis wir dieses Stadium näher kennenlernen und näher abgrenzen können, scheint es mir jedoch am besten, diesen Namen so wenig als möglich zu gebrauchen.

Endlich haben wir die eigentümlichen Bildungen, die EHRICH (1929) Pseudosekundärknötchen genannt hat (H. S. 341), diese großen rundlichen Herde, die nur in den Lymphknoten vorhanden sind, wo sie in der Regel große Teile sowohl von der Rinde als vom Mark einnehmen. Man will dieselben jetzt in sehr nahe Verwandtschaft mit den Sekundärknötchen stellen, sie sollen sogar ein Entwicklungsstadium der Sekundärknötchen ausmachen. Die Vorsicht gebietet jedoch, scheint mir, neue Untersuchungen abzuwarten, bevor man zu dieser Frage Stellung nimmt. Ich komme später darauf zurück.

Was ich hier in diesem Einleitungskapitel gesagt habe, ist auf meine eigene Auffassung über die Sekundärknötchen und ihr Auftreten begründet. Es scheint mir daher am Platz zu sein, schon hier in einigen kurzen Worten meine Auffassung anzugeben, wenn ich auch später wiederholt auf dieselbe zurückkomme. 1. Die Sekundärknötchen entstehen direkt aus dem lymphatischen Grundgewebe als Antwort auf einen „Reiz". Es gibt keine präformierten herdförmigen Bildungen in dem lymphatischen Gewebe, in welchem sie entstehen. 2. Jedes Sekundärknötchen befindet sich entweder im Wachsen, in höchster Ausbildung oder in Rückbildung. Ruhende Sekundärknötchen gibt es nicht. 3. Wenn die Sekundärknötchen sich zurückgebildet haben, sind keine „Knötchen", „Follikel", in dem lymphatischen Gewebe zu sehen. Das Gebiet z. B. in einem Lymphknoten, der zufälligerweise keine Sekundärknötchen beherbergt, zeigt ein ganz homogenes lymphatisches Grundgewebe. 4. Die Sekundärknötchen können sich an jedem Platz sowohl in der Rinde als im Mark eines Lymphknotens ausbilden.

B. Die Lymphknötchen, die Solitärknötchen, Noduli lymphatici solitarii.

Die Lymphknötchen, Noduli lymphatici solitarii, sind unter normalen Verhältnissen wohl ausschließlich nur in unseren Schleimhäuten zu finden. Wenn man sie bisweilen anderswo antreffen kann, wie z. B. in dem Knochenmark, in der Gland. thyreoidea, in den Speicheldrüsen usw., entsteht unzweifelhaft die Frage, ob diese Einlagerung hier nicht von pathologischen Bedingungen abhängt. In letzterem Falle müssen wir damit rechnen, daß ihre Zellen wenigstens teilweise von den omnipotenten Mesenchymzellen unter Einfluß pathologischer Irritamente herstammen [Hellman (1935)]. Oft bilden sie nur schlecht abgegrenzte „Rundzelleneinlagerungen" in dem Bindegewebe aus, die also nicht mit retikulärem Stromagewebe ausgerüstet sind. In einem solchen Falle ist es also nicht zur Ausbildung eines lymphatischen Gewebes gekommen. Oft bildet sich aber ein retikuläres Stroma in diesen Rundzellenherden aus, sie grenzen sich mehr und mehr von der Umgebung ab und treten bald als Lymphknötchen, Solitärknötchen, hervor. In diesen Solitärknötchen können sich jetzt und nicht selten Sekundärknötchen ausbilden, die eine bedeutende Entfaltung, ganz wie in dem normal vorhandenen lymphatischen Gewebe, erreichen können. In dem ganzen Prozeß muß man eine lokale Verteidigungsmaßregel sehen, die durch die Entwicklung des Sekundärknötchens ihre größte Leistung erreicht (*H.* S. 299, 300).

In meiner Handbucharbeit habe ich über das Vorhandensein der Lymphknötchen in den Schleimhäuten unter normalen Verhältnissen berichtet und bin auf ihre Morphologie näher eingegangen (*H.* S. 291—298). Da sie aber ihren typischen Bau am besten in dem Digestionstraktus zeigen, wurde ihrem Auftreten hier besondere Aufmerksamkeit gewidmet, was auch teilweise darauf beruht, daß wir verhältnismäßig wenig über ihr Auftreten in anderen Schleimhäuten wissen. Zu dem, was dort gesagt ist, ist jetzt nur wenig nachzutragen, besonders seit wir in diesem Handbuch Bd. 5, 3 (1936) eine sehr eingehende Darstellung über die Verhältnisse im Darme von Patzelt finden, auf welche ich also hier hinweisen kann.

Von besonderem Interesse sind die Beobachtungen, die Glimstedt inzwischen über die Lymphocyteneinlagerung des Darmes bei bakterienfreien *Meerschweinchen* gemacht und vorläufig nur in schwedischer Sprache mitgeteilt hat (1933, 1937). Stenqvist erwähnt aber in einer Arbeit im Anat. Anzeiger (1934) diese Resultate Glimstedts kurz und beleuchtet dieselben mit einigen Mikrophotographien.

Leider kann ich auch jetzt keine näheren Angaben über diese Untersuchung machen, denn dieselbe ist noch nicht abgeschlossen. Das ist damit begründet, daß Glimstedt eine neue *Tier*art für seine Experimente ausfindig machen mußte, die weniger empfindlich ist als die *Meerschweinchen*, die nur eine Lebensfähigkeit von 25% in bakterienfreiem Milieu hatten. Mit *Hunden* sind die Versuche schon sehr glücklich ausgefallen. Experimente mit *Ratten* sind im Gange.

Glimstedt fand, daß bei 30 Tage alten bakterienfreien *Meerschweinchen*, die also keine einzige Bakterie in ihrem Darm beherbergten, das diffuse lymphoide Gewebe ganz verschwunden war. Wie es sich mit den Solitärknötchen und den Peyerschen Platten verhält, ist noch nicht genügend klargelegt. Sowohl in dem Bindegewebe der Darmzotten wie in der ganzen Schleimhaut war also kein einziger Lymphocyt zu sehen (Abb. 11), ein Bild, das von dem der Kontrolltiere mit ihrem reichlichen Rundzelleninfiltrat ganz verschieden war (Abb. 10). Man mußte erwarten, daß auch ganz neugeborene *Tiere*, die ja auch keine Bakterien in ihrem Darm beherbergten, keine Lymphocyten in ihrer Mucosa

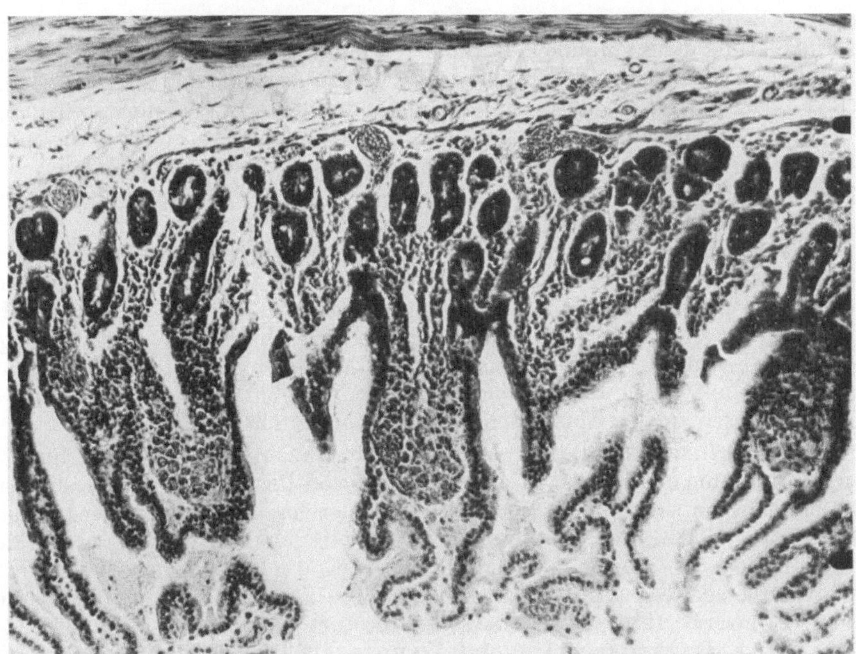

Abb. 10. Dünndarmschnitt von einem 30 Tage alten *Meerschweinchen*. Kontrolltier, mit sterilem Futter, aber außerhalb des bakterienfreien Käfigs aufgezogen. Gleichzeitig mit dem Experimenttiere in Abb. 11 von demselben Muttertier durch Kaiserschnitt entbunden. Vergr. 100/1. [Nach GLIMSTEDT (1933) Abb. 7, S. 276.]

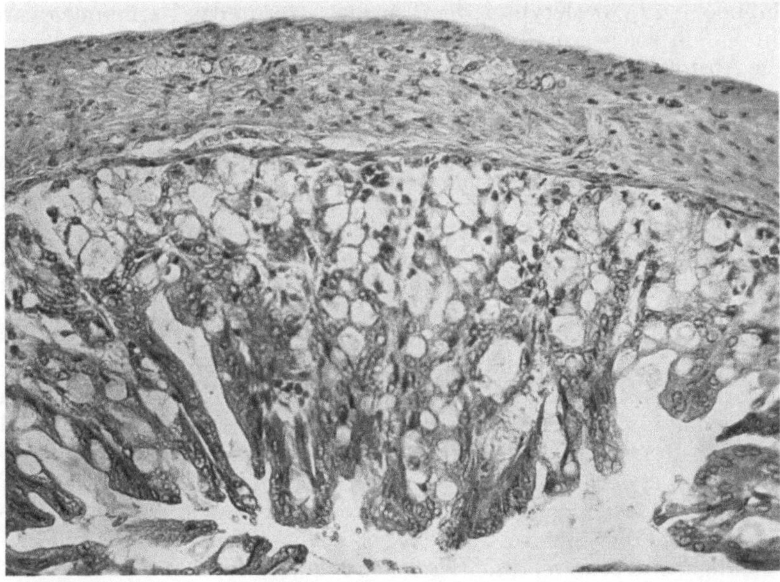

Abb. 11. Dünndarmschnitt von einem 30 Tage alten, im Käfig bakterienfrei gezüchteten *Meerschweinchen*. Entsprechendes Darmstück des Kontrolltieres ist in Abb. 10 wiedergegeben. Vergr. 250/1. [Nach GLIMSTEDT (1933) Abb. 8, S. 276.]

hatten, aber dies war nicht der Fall. In der Darmmucosa neugeborener *Tiere* waren reichlich Lymphocyten vorhanden.

Diese Beobachtungen konnten zu keinem anderen Schluß führen, als daß die Einlagerung der Lymphocyten in der Darmmucosa, die schon bei der Geburt vorhanden ist, verschwindet, wenn keine Bakterienflora sich im Darme entwickelt. Der Körper hat unter diesen Umständen für eine Lymphocyteneinlagerung in der Darmmucosa keine Verwendung. Andererseits müssen wir sagen, daß diese Einlagerung durch die im Darmlumen alltäglich vegetierenden Bakterien bedingt ist. Sie hat die Aufgabe, hier einen Schutzwall gegen diese Bakterien zu bilden.

Ich war schon 1932 bei Studien über die Lymphocyteneinlagerung im Tonsillarepithel zu dem Resultat gekommen, daß eine Lymphocytendurchwanderung, wie man sich eine solche gedacht hat, nicht vor sich geht. Hier haben wir vor allem eine Lymphocyteneinlagerung, die einen Schutzwall gegen die in den Tonsillarkrypten vegetierenden Bakterien bildet. Ich will aber hier nicht näher auf diese Frage eingehen, denn ich bin die letzten Jahre verhindert gewesen, meine Untersuchungen weiter durchzuführen.

Soweit ich finden kann, ist in letzter Zeit nur Szüts (1936/37) ganz für diese meine Auffassung eingetreten. Die Auffassung von Petersen (1935) nähert sich der meinigen, denn er nimmt einen etwas langwierigeren Aufenthalt der Lymphocyten in dem Epithel an. Er will aber wiederholte lokale Abstoßungen von dem mit Lymphocyten immer mehr ausgefüllten Epithel annehmen, wobei diese „Schwammkörper" in kleinen Stückchen in die Krypten abgesprengt werden. Sowohl Sobotta (1933), Wessel (1933), Loreti (1935), Eigler (1936), Zäh (1937), Wolf-Heidegger (1939) und Aschoff (1939) glauben, daß ich in dieser Frage auf einen falschen Weg gekommen bin. Ich bin auch der erste, der wünscht, daß neue Forschungen auf diesem Gebiet zustande kommen mögen. Besonders hoffe ich darauf, daß nähere Untersuchungen an bakterienfreien *Tieren* uns einen näheren Einblick in diese Fragen geben werden. Ein gewisses Eindringen der Lymphocyten in die Krypten der Tonsillen oder in das Darmlumen verneine ich nicht — ein solches muß in gewisser Ausdehnung vorkommen, denn oberflächliche Abstoßungen gehen ja immer vor sich — das Wichtigste ist aber, daß sie im großen ganzen im Tonsillarepithel bzw. in der Darmmucosa liegen bleiben, um von dort aus ihre wichtigste Funktion als Schutzwall auszuüben.

Bei Untersuchungen in dieser Hinsicht muß man aber immer darüber klar sein, daß bei den Manipulationen mit dem unfixierten Präparat der Zelleninhalt im Epithel und der Darmschleimhaut durch geringsten Druck ins Lumen gepreßt werden kann. Das Untersuchungsmaterial muß also in situ fixiert werden.

Schon nach diesen ersten vorläufigen Resultaten, zu welchen die Untersuchungen bakterienfreier Tiere geführt haben, versteht man, daß vielleicht manches in unserer Auffassung über die Bedeutung der Lymphocyten, des lymphoiden und des lymphatischen Gewebes geändert werden muß. Wir müssen jedoch eingehendere Untersuchungen abwarten, bevor wir hierüber diskutieren können. Schon jetzt bin ich aber davon überzeugt, daß man das reticuloendotheliale System und das Lymphocytensystem nicht so scharf trennen kann, wie ich es früher gemacht habe (*H.* S. 311). Es besteht ohne Zweifel eine nähere Zusammenarbeit dieser beiden Zellensysteme, und nicht nur so, „daß das Lymphocytensystem das reticuloendotheliale System bei seiner Verteidigungsarbeit unterstützt", sondern eher so, daß die beiden Systeme besondere Phasen in der Verteidigungsarbeit repräsentieren. Beide haben ihre spezielle und bedeutungsvolle Aufgabe in dieser Arbeit.

Es ist möglich, daß man, wenn man alle anatomischen Arbeiten, die über die verschiedenen Körpergebiete, wo Solitärknötchen vorkommen können, Auskunft geben, zur Hand hätte, hier und dort einige Angaben über diese Bildungen finden könnte. Arbeiten seit 1930, die in ihrem Titel direkt angeben, daß sie die Frage behandeln, gibt es nur einzelne. So beschreibt NEUMANN (1930) Noduli lymphatici in der normalen Schleimhaut des Uterus bei dem geschlechtsreifen Weib und sieht in ihnen Schutzvorrichtungen gegen eindringende Entzündungserreger, BEYER (1935) berechnet die Anzahl der Lymphknötchen, Solitärknötchen, in der Speiseröhre und findet bei Kindern in dem ganzen Schlauch nur 1—5, bei Erwachsenen 5—110, also eine Neubildung auch bei älteren Personen. Eine solche Neubildung hat man ja auch für die Solitärknötchen des Darmes konstatiert (HELLMAN 1921). BEYER faßt diese Knötchen als Schutzorgane gegen die Verunreinigungen in der Nahrung auf. Auch FERNANDEZ (1936) will experimentell bei *Kaninchen* gezeigt haben, daß das Auftreten von den Lymphfollikeln im Pelvis renis mit einer lokalen Abwehr verbunden ist. Er findet hier bei chronischen Reizen eine diffuse Rundzelleninfiltration der Schleimhaut — in welcher eine Ausbildung von Solitärknötchen auftritt, die oft Sekundärknötchen, nicht selten von FLEMMINGschem Typus, enthält.

Über die verschiedene Ausbildung der Solitärknötchen des Appendix berichten BERNADO-COMEL (1937) und STEFANELLI (1936).

Im Knochenmark gibt es in einem gewissen Prozentsatz Lymphknötchen, und man hat darüber diskutiert, ob sie normaliter oder nur pathologisch vorkommen (*H.* S. 299). JORDAN hat (1935) konstatiert, daß sie in verschiedenen *Tier*klassen vorkommen und will in denselben normal vorhandene lymphocytenproduzierende Bildungen sehen. Zusammen mit den vom Blute in großen Mengen in das Knochenmark einströmenden Lymphocyten sollen diese hier in den Lymphknötchen neugebildeten Lymphocyten an der Erythrocytenausbildung des Knochenmarks teilnehmen (JORDAN 1937).

Über die Blutversorgung der Solitärknötchen des Darmes berichten MURATORI (1938) und DABELOW (1939). HUMMEL (1935) berichtet über die Entwicklung des lymphatischen Gewebes im Darme der *Ratte*.

C. Lymphknoten.

1. Allgemeines.

Über den Einlagerungsmodus, die Anzahl, Form und Größe der Lymphknoten des *Menschen* habe ich in der Zeitperiode 1930—1939 nur wenig gefunden. PETERSEN (1935) will unter den Lymphknoten des *Menschen* zwei Typen unterscheiden, die durch allerlei Übergänge miteinander verbunden sind. „Der eine Typus wird gebildet durch kleinere Knoten von der Größe kleiner Erbsen bis Bohnen, mit glatter Oberfläche, der andere durch größere Exemplare bis zur Größe eines Finger-Endgliedes, von knolliger Gestalt mit buckliger Oberfläche. Man kann die ersteren auch als einfache, die letzteren als zusammengesetzte bezeichnen. Deren Bau wird am besten verständlich, wenn man sie als aus mehreren einfachen zusammengeflossen oder auch als unvollkommene Trennung einer Gruppe solcher einfacher Knoten betrachtet."

Diese Beobachtung wird durch eine Angabe von CAMPANA (1938) beleuchtet. Dieser Verf. konstatiert, daß die Lymphknoten bei Kindern weniger zahlreich, aber größer und lappiger sind als bei Erwachsenen. Dies will er dadurch erklären, daß eine Aufteilung der Lymphknoten bei der Vermehrung von statten geht (S. 106).

Hier will ich auf die Tatsache, die KLING zeigen konnte, hinweisen, daß, wo mehrere Lymphknoten auf einem Platz ausgebildet werden sollen, zuerst eine allgemeine Lymphknotenanlage entsteht, welche durch eine sehr irreguläre Teilung in spezielle Lymphknoten von verschiedener Größe zerfällt (*H.* S. 348

und Abb. 74, S. 349). Diese Aufteilung kann während des Wachstums sehr langsam vor sich gehen oder bisweilen nicht durchgeführt werden, wodurch die oben angeführten Beobachtungen wohl am besten erklärt werden können.

Shdanow (1930) untersucht die Anzahl und Einlagerung der Popliteallymphknoten in 47 Fällen. Er findet regelmäßig 3—4 Knoten, gibt es einen fünften, so hat dieser eine geringe Selbständigkeit. Man kann in diesem Befund eine Bestätigung der Regelmäßigkeit in der Einlagerung der Lymphknotenmasse an einem Ort sehen (*H*. S. 305).

Über die Form und Größe der Lymphknoten bei der „weißen *Ratte*" gibt uns Kindred (1938) einige Angaben.

Stahr (1898) wollte die Lymphknoten, die man hier und da in dem Verlauf der Lymphgefäße auf ihrem Wege zu den regionären Knotengruppen eingeschaltet fand, als Schaltknoten von den eigentlichen Hauptknoten trennen (*H*. S. 235). Diese Benennung ist auch von vielen Forschern aufgenommen worden, besonders in der späteren Literatur. Baum (1932) lehnt eine solche Trennung deutlich ab. „Ich halte es", sagt er, „nicht für angezeigt oder durchführbar, von Schaltknoten zu sprechen. ... Will man an dieser Bezeichnung festhalten, dann sollten nur solche bei einer *Tier*art inkonstant auftretende Lymphknoten verstanden werden, deren sämtliche Vasa efferentia konstant zu einem anderen Lymphknoten (Lymphknotengruppe) gehen, der als der primäre zu bezeichnen sein würde, und deren Vasa afferentia beim Fehlen des Knotens ausnahmslos den primären aufsuchen".

Was den verschiedenen Aufbau der Lymphknoten in den verschiedenen Körperregionen betrifft, so sagt Aschoff (1939): „Ich darf, wie schon früher (1926) betont, darauf hinweisen, daß zwischen den mesenterialen Lymphknoten, den Lymphknoten am Lungenhilus und an der Trachea sowie an den Achsel- und Halslymphknoten, denen die Aorten- und inguinalen Lymphknoten nahezustellen sind, erhebliche Unterschiede bestehen, ja bestehen müssen. Sind doch diese Lymphknotengruppen in die verschiedenen Lymphgefäßnetze eingebaut und haben diese Lymphgefäßnetze wiederum ihre getrennte Aufgabe." An anderen Stellen sagt er: „daß die Entwicklung der Sekundärknötchen in den verschiedenen Lymphknotengruppen ganz verschieden stark ist, läßt diese voneinander unterscheiden", und weiter: „Es ist nun sicher, daß man je nach der Wucherungsfähigkeit der einzelnen Bestandteile des Lymphknotens, d. h. des lymphoiden Grundgewebes, der Lymphsinus und der Sekundärknötchen verschiedene Formen trennen kann."

Es ist ohne Zweifel so, daß die Lymphknoten verschiedener Körperregionen einen mehr oder weniger verschiedenen Aufbau zeigen. So ist es gewiß leicht zu konstatieren, daß z. B. die Mesenteriallymphknoten gegenüber den peripheren Lymphknoten strukturell bedeutende Ungleichheiten aufweisen. Und es ist a priori anzunehmen, daß auch zwischen den übrigen Lymphknotengruppen Unterschiede „bestehen müssen". Welche diese Unterschiede sind, wissen wir aber nicht. Um nähere Kenntnis hierüber beim Menschen zu gewinnen, muß man vor allem nicht gewöhnliches Obduktionsmaterial verwenden, sondern soweit möglich Unfälle, wo der Tod die Individuen in voller Gesundheit getroffen hat. Denn es steht fest, daß das lymphatische Gewebe in seinem Aufbau von allen möglichen pathologischen Faktoren beeinflußt wird. Daß die Lymphknoten bei Individuen, die durch ernste und oft langwierige Krankheiten zugrunde gegangen sind, keine normalen Verhältnisse zeigen, darüber kann kein Zweifel vorliegen, und dies auch, wenn sie makroskopisch sogar normal aussehen. Besonders darf man bei solchem Material nicht die Sekundärknötchen als Unterscheidungsmerkmal heranziehen. Ihr Vorhandensein ist von zufälligen Faktoren bestimmt. Einen kleinen Einblick darin, wie die Sekundärknötchen bei den zum Tode führenden Krankheiten sich verhalten, gewähren uns z. B. die Untersuchungen von MILLBOURN (1931). Ich gehe S. 252 auf diese Frage etwas näher ein.

Andererseits muß es wohl so sein, daß die Lymphknoten, die im täglichen Leben, also normaliter, im höheren Grade „Reizungen" ausgesetzt sind, auch normaliter eine größere Anzahl der Sekundärknötchen aufweisen. Aber erst eine größere statistische Untersuchung eines einwandfreien Materials kann in dieser Frage den Ausschlag geben. Die Untersuchungen z. B. von NORDMANN, auf welche ASCHOFF sich stützt, sind mit krankhaftem Material ausgeführt und haben uns also nicht viel zu sagen.

VOIGT (1933) findet einen großen Unterschied zwischen den inneren Lymphknoten und den Fleischlymphknoten des *Schweines*. Dagegen läßt sich ein wesentlicher Unterschied zwischen den einzelnen Lymphknoten der gesunden und der Kümmerer nicht feststellen.

2. Morphologie.

a) Übersicht. (Siehe *H*. S. 307.)

b) Das lymphatische Gewebe.

Nach einer alten Auffassung machten die Noduli lymphatici die Elementarbestandteile aller lymphatischen Gewebe aus. In den Därmen lagen sie teils einzeln, teils bildeten sie sich als aggregierte, in einem Plan flach ausgebreitete PEYERschen Platten aus. Wenn man sich jetzt denkt, daß eine solche Platte sackförmig eingestülpt wurde, so hat man das Schema für den Aufbau der Tonsillen. Buchtet man dagegen die Platte in anderer Richtung, also auswärts, so erhält man das Schema für den Aufbau der Lymphknotenrinde. In der Milz sind sie wieder einzeln gelagert und durch lymphatische Arterienscheiden verbunden. Diese alte Auffassung hat BRAUS in sein Lehrbuch der Anatomie des Menschen 1924 übernommen, also die Noduli lymphatici als Grundbestandteile bei dem Aufbau aller lymphatischen Gewebe dargestellt. Was die Lymphknoten betrifft, so heißt es, daß die Rinde von in einer Schicht gelagerten Noduli lymphatici aufgebaut ist. Wie ich schon (*H*. S. 287) hervorgehoben habe, ist diese Auffassung fehlerhaft und hat zu vieler Verwirrung geführt. Sie taucht jedoch noch hier und dort wieder auf.

Es ist statt dessen festgestellt worden, daß die Lymphknotenrinde beim *Menschen* in großen kompakten, unregelmäßig geformten, durch Intermediärsinus voneinander teilweise getrennten Massen besteht (*H*. S. 308). Die Untersuchungen von DABELOW (1936, 1939) haben uns weiter gelehrt, daß diese Aufteilung durch die gröbere Gefäßanordnung in dem Knoten bedingt ist. Jeder Gewebsabschnitt entspricht „dem Versorgungsgebiet einer sich meist dichotom verzweigenden, also rindenwärts divergierenden — keilförmig ausgebreiteten Arterie". In *H*. S. 287 schlage ich vor, diese großen, kompakten „Rindenhaufen" (v. EBNER) Rindenknoten statt Rindenknötchen zu benennen, um dadurch zu betonen, daß es sich hier um größere lymphatische Haufen handelt. Jetzt will FISCHER (1937), von DABELOW und BECHER angeregt, diese Bildungen in Analogie mit den Bezeichnungen in verschiedenen anderen Organen als Läppchen, Lymphknotenläppchen, Lobuli lymphatici, bezeichnen. Dies ist ein sehr glücklicher Vorschlag, den ich hier gern aufnehme. Dieser Name, Lymphknotenläppchen, gibt uns eine sehr gute Vorstellung über den wirklichen Aufbau eines Lymphknotens und wird die falsche Auffassung, daß die Lymphknotenrinde aus Noduli lymphatici aufgebaut ist, bald ausrotten.

Über den cellulären und fibrillären Aufbau des lymphatischen Gewebes kann ich hauptsächlich auf meine Darstellung in *H.* S. 311 usw. hinweisen. Mit diesen Fragen hat man sich übrigens in der letzten Zeit wenig beschäftigt. Auf die allgemeinen Fragen, wie sich Fibrillen ausbilden, intra- oder extracellulär, wie sich die Gitterfasern verhalten usw., kann ich hier nicht eingehen. Es wird auf die zahlreichen Arbeiten z. B. von Levi, Huzella, Plenk u. a. hingewiesen.

Statt morphologischer Untersuchungen über das lymphatische Gewebe sind in letzter Zeit beinahe alle Hauptforschungen auf diesem Gebiet experimentell, und sie beabsichtigen alle, ein klareres Licht auf die Funktion des lymphatischen Gewebes zu werfen.

Es scheint mir jedoch notwendig zu sein, hier kurz auf eine allgemeine Frage einzugehen, welche ich 1930 nicht erwähnt habe. Es ist die Frage über das Vorhandensein und die Bedeutung der sog. „undifferenzierten, omnipotenten Mesenchymzellen." Kurz nach der Jahrhundertwende hat sich allmählich mehr und mehr die Auffassung geltend gemacht (z. B. v. Moellendorff, Benninghoff und Maximow), daß besonders in dem lockeren und in dem retikulären Bindegewebe, auch bei erwachsenen Individuen zwischen und in nahem Anschluß an die mehr ausdifferenzierten Fibroblasten bzw. Reticulumzellen, eine große Anzahl Mesenchymzellen gelagert sind, die sich immer noch nicht ausdifferenziert haben, sondern weiterhin ihren embryonalen Charakter mit seinen omnipotenten Eigenschaften besitzen. Wie sie eingelagert sind, darüber ist man nicht ganz einig. Gehen wir zu der Handbucharbeit (1926) von Maximow, so lesen wir dort, daß „im lymphoiden Gewebe solche Zellen mit ungeschmälerten Potenzen in großen, syncytienähnlichen Ansammlungen vorhanden sind." Unter gewöhnlichen Bedingungen sind sie jedenfalls im Gewebe als ruhende Zellen verankert. Erst bei „Reizen" treten sie in Wirksamkeit. „Morphologisch", sagt er weiter, „können und müssen sie ... von gewöhnlichen Fibrocyten nicht immer zu unterscheiden sein, da ja auch die gewöhnlichen fixen embryonalen Mesenchymzellen den späteren Fibrocyten sehr ähnlich sehen".

Je mehr man mit dieser Auffassung vertraut wird, je besser versteht man, daß dieselbe von der größten Bedeutung ist, in erster Linie als eine Erklärung des Zellbestandes bei pathologischen Reizzuständen. So ist z. B. die Entstehung sowohl der myeloiden wie auch der lymphoiden Metaplasien ohne Schwierigkeit im Anschluß an diese Auffassung zu verstehen (Hellman 1935). „Das ungeformte Bindegewebe", sagt z. B. Petersen (1935), „ist ein großes Reservoir der mannigfachsten form- und gewebebildenden Potenzen. Es ist sicher, daß unter verschiedenen krankhaften und experimentellen Bedingungen an den verschiedensten Stellen des ungeformten Bindegewebes sowohl lymphatisches wie myeloides Gewebe während des ganzen Lebens neu entstehen kann".

Nun befindet sich das lymphatische Gewebe zu jeder Zeit unseres Lebens im Zustand gewisser Reizung, die durch Giftstoffe hervorgerufen wird. Bisweilen ist dieselbe vielleicht ganz unbedeutend, in anderen Fällen kann man, auch bei übrigens ganz normalen Verhältnissen, etwas stärkere und verschiedene Reizungsstadien finden. Ich bin dafür eingetreten, daß wir es in diesen leichteren Reizzuständen, bis eine gewisse obere Grenze überschritten ist, die man jedoch nicht näher angeben kann, mit einer physiologischen, sehr wichtigen Schutzfunktion dieses dazu speziell angepaßten Gewebes zu tun haben (Hellman 1914, 1926, 1935, 1939). Wenn diese obere Grenze passiert ist, löst eine pathologische Schutzfunktion die physiologische ab; der Kampf geht fort, aber unter ungünstigeren Verhältnissen. Diese alltägliche, physiologische Reaktion gibt sich in der Regel dadurch zu erkennen, daß Reizungsherde, nämlich die Sekundärknötchen, in dem lymphatischen Gewebe auftreten. Sie können sicher auch wenigstens eine Zeitlang während eines pathologischen Zustandes noch arbeiten, wenn sich auch jetzt der Prozeß in der Regel wohl ausbreitet und diffus wird und zu demselben Bild führt, welches man gewöhnlich bei stärkeren pathologischen Reizungen schon vom Anfang an findet (s. später S. 216).

Die morphologischen Veränderungen, die in diesen Reaktionsherden, den Sekundärknötchen, auftreten, müssen, wie ich auch mehrmals hervorgehoben habe, von derselben Art sein, gleichviel ob die Reaktion als physiologische oder als pathologische zu bezeichnen ist. Nur dem Grade nach trennen sie sich voneinander. Es handelt sich also bei dieser alltäglichen, physiologischen Schutzfunktion im allgemeinen um leichtere Reizzustände. Wir können hier also Veränderungen finden, die wir gewöhnt sind, als pathologische zu rubrizieren, die aber hier nur einen mäßigen Grad erreichen (S. 215). Und wenn wir auch annehmen, daß die undifferenzierten, omnipotenten Mesenchymzellen bei Reizungen sich in verschiedenen Richtungen herausdifferenzieren, so können wir hier unter keinen Umständen einen größeren Ausschlag dieses Prozesses erwarten. Es darf uns jedoch nicht wundernehmen, daß wir mitunter in dem lymphatischen Gewebe und in den Sekundärknötchen hier und dort z. B. myeloide Zellen finden können.

MAXIMOW gibt in diesem Handbuch, Bd. II, 1, S. 422, nach LANG eine Abbildung eines „Keimzentrums" wieder (s. auch in LANG 1933), dessen Mittelpartie beinahe nur aus myeloiden Zellen besteht. In diesem Falle sind einige spezielle Gifte (Phenylhydrazin und Sapotoxin) einem *Kaninchen* während längerer Zeit zugeführt worden.

Wenn wir also mit dem Vorhandensein dieser omnipotenten Mesenchymzellen rechnen, so müssen wir annehmen, daß die großen, freien Zellen auch in diesen „physiologisch" vorkommenden Reaktionsherden von drei Quellen stammen können, entweder von den Reticulumzellen oder von den lymphoiden Zellen oder von diesen omnipotenten Mesenchymzellen.

PFUHL (1939) will in den Monocyten diese omnipotente Mesenchymzellen erblicken.

Übrigens sind bei Erwachsenen die myeloischen Elemente in dem lymphatischen Gewebe sehr spärlich (*H.* S. 322). Nur bei Neugeborenen kommen sie als Zeichen einer fortgesetzten embryonalen Blutbildung etwas reichlicher vor. Bei neugeborenen *Katzen* und *Hunden* hat RÖHLICH (1930, 1932, 1933) eine ausgesprochene Leukopoese in den Lymphknoten gefunden, welche jedoch allmählich aufhört, um durch eine Lymphopoese ersetzt zu werden. Dies geschieht schon nach einer Woche in den Mesenteriallymphknoten, kann jedoch in anderen Lymphknoten bis in die 6. Woche verzögert sein.

Daß die Plasmazellen erst nach der Geburt auftreten, haben schon SCHRIDDE und seine Mitarbeiter gezeigt. Dieselbe Angabe findet man bei MAXIMOW. ASCHOFF (1939) will in dieser Umwandlung von Lymphocyten in Plasmazellen ein Zeichen eines Reizzustandes des Lymphknotens sehen, das jedoch als physiologisch zu bezeichnen ist. Ich hege auch, wie früher gesagt, dieselbe Auffassung, welche ich auch in einer Arbeit, BERGGREN und HELLMAN (1930), eingehend diskutiert habe.

Die interessanten glandulären Einlagerungen, vorzugsweise im Mark, aber auch in der Rinde der Lymphknoten, die wohl im allgemeinen Einsprengungen von embryonalen Drüsensprossungen naheliegender Drüsen oder Reste von Hohlkanälchen sind (*H.* S. 324), hat man weiter beobachtet (BAIRATI 1931, 1932), BINDER (1938). BAIRATI findet solche in zahlreichen Fällen besonders in den Lymphknoten, die im Anschluß an die Speicheldrüsen liegen, und dies sowohl im fetalen als postfetalen Leben, bis in die 80er Jahre. Diese Drüsengänge stehen, sagt er, oft in direkter Verbindung mit dem übrigen glandulären Gewebe und zeigen durchaus den Charakter sezernierenden Gewebes. Manchmal bilden sie jedoch indifferente Zellhaufen. Binder schließt sich der Auffassung an, daß die Epithelschläuche eine entzündliche Genese haben. Hansmann und Schenker (1933) beschreiben eine Endometriosis in einigen Lymphknoten in der Umgebung des Uterus.

Oft findet man in dem lymphatischen Gewebe mehr oder minder langgestreckte, fadenförmige Bildungen, die sich mit Hämatoxylin färben. Man kann auch alle Übergänge von Zellkernen, im allgemeinen Lymphocytenkernen, zu diesen Fäden verfolgen, und bisweilen hat man den Eindruck, daß es sich um kriechende Zellen handelt. Man findet sie auch oft in pathologischen Präparaten, wo Rundzellen besonders im Anschluß an hyalinisiertes Bindegewebe vorkommen. Aschoff hat sie als Artefakte, durch Quetschungen des Gewebes hervorgerufen, erklärt. Ich selbst habe früher, trotzdem ich keine näheren Untersuchungen über diese Bildungen gemacht hatte, gegen eine solche Auffassung eine kurze Einwendung gemacht (Berggren und Hellman 1930). Hoepke (1931) will in diesen, wie er sie nennt, Spießen, wandernde Zellen sehen, die durch eine chronische Entzündung in Wanderung gekommen sind. Sie sterben aber schließlich und werden passiv von der Lymphe fortgeführt. So kommen sie in die Lymphgefäße und in die Venen hinein, wo sie mit dem Strom mitgerissen werden. Von welcher Bedeutung sie für den Körper in der Folge werden können, darüber stellt Hoepke einige meiner Meinung nach unwahrscheinliche Hypothesen auf, die ich hier nicht referiere. Nach den Untersuchungen von Bauer (1936) scheint es mir übrigens, als ob die Aschoffsche Auffassung über dieses Gebilde sich durchgesetzt hat. Sie müssen Kunstprodukte sein.

Ich will hier eine Anmerkung von Aschoff (1939) hervorheben. Einzelne Autoren unterscheiden nicht zwischen Kohle und Ruß. „Zwischen Kohlenstaub und Rußstaub besteht aber ein wesentlicher Unterschied." Es ist also im allgemeinen nicht richtig von Kohlenpigment in den Lymphknoten zu sprechen.

Shimada (1933) konstatiert Glykogen in den Zellen aller Arten der Lymphknoten des Menschen, aber in wechselnder Menge. Hamazaki (1938) beschreibt in den Gekröselymphknoten sowohl bei gesunden als bei kranken erwachsenen *Menschen*, seltener bei den *Tieren*, spindelförmige Körperchen, die in die Reticulumzellen eingelagert sind und die er als eine Art von braunem Abnutzungspigment auffaßt. „Sie werden durch eine Nucleinstoffwechselstörung von dem örtlichen Zellkern gebildet." Bei weiblichen, graviden, weißen *Mäusen* oder solchen, die abgeworfen hatten, fand Hett (1931) in einigen Zellen der Markstränge der paraaortalen Lymphknoten Krystalloide.

c) Die Lymphsinus.

Die Art der Einmündung der V. afferentia in den Marginalsinus hat Férester (1930) studiert. Sie bestätigt, daß diese Lymphgefäße in einem mehr oder weniger spitzen Winkel die Lymphknotenkapsel durchdringen. Es zeigt sich bisweilen, daß sie hierbei oft eine nicht unbedeutende Strecke in die Kapsel hinein verlaufen können. Diese Beobachtung hat sie sowohl beim *Menschen*, wie auch bei *Hund, Katze, Kaninchen, Meerschweinchen, Ratte* und *Affe* gemacht. Bei dem Eintritt in die Kapsel oder in unmittelbarer Nähe dieser Stelle ist das Vas afferens regelmäßig mit einem Klappenpaar ausgerüstet. Petersen (1935) hat gezeigt, daß, wenn die V. afferentia muskelstarke Lymphgefäße sind, wie z. B. im Mesenterium, sie ihre Muskulatur erst beim Eintritt in die Kapsel verlieren (Abb. 4).

In diesem Zusammenhang will ich anführen, daß man nach Teshima auch in der Kapsel des menschlichen Lymphknotens oft glatte Muskelfasern finden kann; also außerhalb der Gefäßwände. Sie liegen in der inneren Schicht der Kapsel. In gewissen Knotengruppen fehlen sie jedoch, in anderen sind sie spärlich, in einzelnen zahlreich vorhanden. TESHIMA sieht in dieser Einlagerung eine die Bewegung der Lymphe fördernde Vorrichtung.

In *H*. S. 326 bin ich dafür eingetreten, daß die Wände der Lymphsinus von Endothelzellen ausgekleidet sind und daß das Sinusretikulum aus diesen entstanden ist (KLING). Sie sind aber in eine so intime Verbindung mit den Retikelzellen des lymphatischen Gewebes eingetreten, daß man morphologisch keine Grenze ziehen kann. PETERSEN (1935) gibt jedoch an, daß man diese beiden Zellarten leicht voneinander trennen kann. Die letzteren sind „immer sehr viel körniger als die annähernd homogenen Endothelien". Einige funktionelle Verschiedenheiten kann man jedenfalls beobachten (zuletzt NISHII 1929). PETERSEN (1935) und ASCHOFF (1939) sind auch der Meinung, daß alle diese Lymphsinus mit Endothelien oder Deckzellen ausgekleidet sind. Es scheint mir auch, daß man, wenn man die embryonale Entwicklung berücksichtigt, zu'keinem anderen Resultat kommen kann.

DRINKER, WISLOCKI und FIELD (1933) behaupten nach Studien unter anderem mit Tuscheinjektionen beim *Hunde*, daß die Sinuswände mit zusammengepreßtem Reticuloendothel des lymphatischen Gewebes (von manchen als Uferzellen bezeichnet) ausgekleidet sind und nicht mit Endothelzellen, von derselben Art wie diejenigen, die die afferenten und efferenten Lymphgefäße abgrenzen. Die Sinuswände sind, sagen sie, auch nicht geschlossen, sondern die Lymphe kann durch sie in das lymphatische Gewebe einströmen.

Was das Sinusretikel betrifft, so führt PETERSEN (1935) die Auffassung an, daß es sich hier um einen modifizierten Klappenapparat handeln kann. „Dieser hört auf, wo das Reticulum beginnt und beginnt wieder, wo dieses aufhört. Beide Bildungen treten also füreinander ein. Die Klappen bestehen bei den Lymphgefäßen größtenteils aus einer Zellage, also nicht aus einer Intimafalte. Erhält eine solche Klappe Löcher, so bleibt ein Reticulum übrig."

Man kann verschiedene Zellen frei im Lymphsinus finden. Zu denen, welche ich früher (*H*. S. 328) angegeben habe, können jetzt Plasmazellen hinzugefügt werden, vielleicht auch Lymphoblasten. Die Forscher, die die Monocyten von lymphatischem Gewebe herleiten, finden hier auch diese Zellen. „In der Regel spielen nur die Lymphocyten und Monocyten sowie die abgelösten Reticuloendothelien und Endothelzellen in der Lymphe eine Rolle" (ASCHOFF 1939).

Wenn die Lymphzirkulation durch einen Lymphknoten unterbrochen wird, wenn alle zu- und abführenden Lymphgefäße bei Schonung der Blutgefäße unterbunden werden, tritt binnen 9—11 Wochen eine bindegewebige Entartung in dem kleiner gewordenen Lymphknoten ein (TESHIMA). HOLMAN und SELF (1938) heben hervor, daß dagegen schon die Lymphe allein einen Lymphknoten genügend ernähren kann. Sie haben an den Popliteallymphknoten des *Hundes* experimentell gezeigt, daß derselbe am Leben bleibt, wenn ein oder das andere zu- und abführende Lymphgefäß geschont wird, während der Lymphknoten aller übrigen, sowohl der Blut- als der Lymphgefäße, rund herum beraubt wird.

In seinem Lehrbuch gibt BRAUS (1924) an, daß man in dem lymphatischen Gewebe das Vorhandensein von intralymphatischen Lymphcapillarästen voraussetzen muß (*H*. S. 328). Für eine solche Auffassung fand man anderswo in der Literatur damals nur wenig Unterstützung. Jetzt sind aber vom KIHARA-Institut in Kyoto einige Arbeiten herausgekommen, in welchen man zu zeigen versucht, daß solche intralymphatischen Lymphcapillaren vorhanden sind. SHIMUZU (1932) findet beim *Menschen* und beim *Affen* in der Zellmasse der Solitärfollikel des Darmes „stachelförmige Fortsätze", von den umgebenden netzbildenden Lymphgefäßen eindringend. MIYAZAKI (1933) bestätigt dies und geht besonders auf das Verhältnis in den Rachenmandeln ein. „Die Lymphgefäße in der lymphatischen Grundsubstanz sind zahlreich entwickelt und zu einem dichten Netz verbunden. In den Sekundärknötchen, die sich in der Grundsubstanz hier und da vorfinden, sind sie dagegen nicht mehr nachzuweisen. Das Lymphgefäßnetz der lymphatischen Grundsubstanz hört nämlich in der Umgebung der Sekundärknötchen auf, und zwar in der Zone, wo die lymphoiden Zellen am dichtesten angehäuft sind, und dringt nicht in die Sekundärknötchen ein.“

d) Die Sekundärknötchen, die Reaktionsherde.

Seitdem ich dieses Kapitel in *H.* S. 328—341 niederschrieb, hat so viel in unserer Kenntnis dieser Bildungen und ihrer Bedeutung eine festere Form angenommen, daß die Darstellung dieses Kapitels, wie mir scheint, auch eine positivere Form erhalten kann.

Durch eine Anzahl Untersuchungen, die meistens von meinen Schülern ausgeführt sind (s. später), bin ich wenigstens selbst zu der bestimmten Auffassung gekommen, daß meine Theorie, daß sie Reaktionsherde gegen Giftsubstanzen sind, nicht länger bezweifelt werden kann. Im höchsten Grade haben auch die schönen Untersuchungen von Dabelow (1939) hierzu beigetragen. Ich hoffe daher, daß meine Leser mit mir einverstanden sind, wenn ich diese meine Auffassung meinen Darstellungen hier zugrunde lege, wie ich es schon in den ersten Kapiteln gemacht habe. Andere Auffassungen sollen jedoch nicht vergessen werden.

Die Sekundärknötchen sind temporäre Herausdifferenzierungen im lymphatischen Gewebe, die direkt aus diesem vorher ganz homogen gebauten Gewebe entstehen. Sie „kommen und gehen“ (Flemming). Wenn sie nicht mehr vorhanden sind, wenn sie verschwunden sind, ist das lymphatische Gewebe wieder ganz homogen. Sie können bisweilen in einem Lymphknoten zahlreich vorhanden sein, bisweilen können sie vollständig fehlen. Ihr Aussehen und ihr Bau in einem gewissen Zeitpunkt sind von ihrem zufälligen Ausbildungsstadium zu dieser Zeit bedingt. Im Anfang ihrer Entwicklung und vielleicht auch in einem gewissen Stadium ihrer Zurückbildung (was aber sehr fraglich ist), können sie als solide Sekundärknötchen auftreten, auf der Höhe ihrer Entwicklung haben sie das bekannte Aussehen des Flemmingschen Sekundärknötchens. Sie werden ausgebildet, um eine zufällige Funktion zu erfüllen und verschwinden wieder nach vollendeter Arbeit.

Die Lebenszeit eines Sekundärknötchens ist nicht näher bekannt, kann jedoch sicher nicht allzulang sein. Ihr Heranwachsen bis zur höchsten Entwicklung kann man gewöhnlich auf 10—20 Tage schätzen. Bei der Geburt sind sie nicht vorhanden. Röhlich (1933) gibt an, schon einige kleine Herde bei 6 Tage alten *Tieren* gesehen zu haben, und schon in der Mitte des ersten Lebensmonats kann man sie voll ausgebildet finden. Die experimentellen Untersuchungen stützen eine solche Zeitangabe. A. und H. Sjövall (1930) konstatierten bei Pyocyaneusinfektion, Rudebeck (1932) bei Staphylokokkeninfektion (S. 236), daß die zahlreichen, neugebildeten Sekundärknötchen zwischen dem 10. bis 20. Tag voll ausgebildet werden. Auch Dabelow findet am 15. Tag nach Pyocyaneusinfektion eine große Menge neuausgebildeter Sekundärknötchen (S. 223) sowohl in der Rinde als in dem Mark, mit den „Gefäßknäueln“ in lebhafter Entwicklung.

Wie schnell die Reaktion der Sekundärknötchen abklingt, wissen wir nicht. Aber nach allem zu urteilen, kann man diesen Rückbildungsprozeß auch nach Tagen rechnen; sagen wir höchstens in einigen Wochen, dann sind wir wahrscheinlich auf dem richtigen Wege. Wie aber dieser Rückbildungsprozeß vor sich geht, ist meiner Meinung nach noch nicht ganz sichergestellt (*H.* S. 339). Die alte Auffassung, daß die Sekundärknötchen bei ihrem Verschwinden dieselben Stadien, aber in umgekehrter Ordnung, durchmachen wie bei ihrer Ausbildung, hat in der letzten Zeit keine Verteidiger gefunden. Dagegen will man konstatiert haben, daß sie nach Aufhören ihrer Funktion sich diffus auflösen. EHRICH (1931) gibt an, daß die FLEMMINGschen Sekundärknötchen nach einem „Übergangsstadium" sich in der Regel in diffuses lymphatisches Gewebe umwandeln, und in derselben Weise drückt sich JECKELN (1932/33) aus. WOLFF (1933) sagt, „unter Zellverarmung, Faservermehrung und Verkleinerung bilden sich die Knötchen zurück".

VON ALBERTINI (1936) liefert ein „Schema über Zentrenbildung und Umwandlungsmöglichkeiten". In demselben kann man diesen Bildungen von ihrer ersten Entstehung im Grundgewebe an als „ruhendem Zentrum" bis an ihre Zurückbildung in dem lymphatischen Gewebe folgen. Der ganze Zyklus kann, sagt er, in relativ kurzer Zeit (im Röntgenstrahlungsversuch in 60 Stunden) ablaufen. Diese letzte Angabe steht allein da und wird von den oben angegebenen Beobachtungen nicht gestützt.

Diese Sekundärknötchen sind also meiner Meinung nach die lokalbegrenzten, reaktiven Veränderungen, die entstehen, wenn Giftstoffe nicht allzustark auf das Gewebe einwirken, sondern lokal bekämpft werden können. Ich will schon hier diese meine Auffassung etwas näher begründen.

Sucht man sich zuerst das Bild von der Einwirkung giftiger Reize auf das lymphatische Gewebe in Analogie mit den Verhältnissen in anderen Geweben zu konstruieren, und zwar ganz nach dem Grade der Giftwirkung, so wird man eine bemerkenswerte Übereinstimmung zwischen der theoretisch erwarteten und in Wirklichkeit vorhandenen Art und dem Grad des Reizzustandes der Sekundärknötchen feststellen können. Man kann nämlich in ihnen solche Zeichen, die für eine lokale Giftreizung typisch sind, finden, also sowohl proliferative wie degenerative und exsudative Veränderungen.

Die Menge der täglich in das lymphatische Gewebe hineinkommenden Giftstoffe und ihre Giftwirkung ist sicher unter alltäglichen Verhältnissen im allgemeinen gering. Sicher dringen sie normal nur selten durch die Blutgefäße hinein (hauptsächlich endogene Gifte), sondern von den tributären Gebieten der Lymphknoten durch die Lymphgefäße (Bakterien und Toxine). Die geringe Menge der Giftstoffe, die von der Außenwelt in unseren Körper eindringt, bewirkt es auch, daß wir in der Regel nur mit lokalen und leichteren Reizzuständen dieses Gewebes zu rechnen haben. Es kann in erster Linie und in solchen Fällen, wo die Reizung vielleicht unbedeutender ist, an der betreffenden Stelle meist nur eine lokale Ansammlung von Lymphocyten, die sog. „soliden Keimzentren", entstehen. Woher diese Lymphocyten stammen, ist nicht leicht zu sagen. Wahrscheinlich sammeln sie sich aus der Umgebung; es ist wohl kaum anzunehmen, daß sie auf Grund einer so unbedeutenden Reizung der Giftstoffe von den undifferenzierten, omnipotenten mesenchymalen Elementen in größerer Anzahl neu gebildet werden. Im weiteren Verlauf beginnen die zentralen Zellen eine starke proliferative Entwicklung durchzumachen, wodurch die hellen Zentren entstehen. Sie treten dabei in einer durch Mitosen hervortretenden Zellvermehrung und Zellvergrößerung in Erscheinung. Hierbei werden die Lymphocyten zur Seite geschoben, um zusammen mit evtl. neu zugewanderten Lymphocyten den dunklen Ring zu bilden, ein FLEMMINGsches Sekundärknötchen wird ausgebildet.

In anderen Fällen — so, wie es scheint, stets in den Tonsillen — findet sich kein solches solides Sekundärknötchen als Anfangsreaktionsherd, sondern eine herdförmige Proliferation und Vergrößerung von Zellen ist das erste Stadium. Dabei bildet sich im lymphatischen Gewebe ein „heller Herd", der schnell oder mehr allmählich mit Lymphocyten umgeben wird. Auf diese Weise bildet sich also mehr direkt ein FLEMMINGsches Sekundärknötchen aus.

Die degenerativen Veränderungen in den Flemmingschen Sekundärknötchen geben sich öfters in einem sehr mäßigen Grade zu erkennen. Als Ausdruck für diesen kann man die tingiblen Körperchen betrachten, die durch
einen Zellenuntergang entstanden sind. Eine Phagocytose dieser Zellzerfalls-
produkte stellt sich auch ein. Als Ausdruck von exsudativen Veränderungen
können wir z. B. Ödem, Leukocyten und Plasmazellen, die letzteren hauptsächlich in der Umgebung des Reizungsherdes, finden. Die Reaktion von seiten
der Gefäße besteht in einer Ausbildung neuer Capillaren nebst einer Anschwellung ihres Endothels.

Dieser Aufbau der Sekundärknötchen zeigt also im großen und ganzen
das Bild, das man bei lokalen, leicht inflammatorischen Reizzuständen in verschiedenen Gestaltungen findet. Die gewöhnliche Struktur dieser Bildungen
kann man daher mit einer Auffassung dieser Knötchen als Reaktionsherde
erklären.

Ist die Giftwirkung der lokal eindringenden Giftstoffe etwas kräftiger, wie
es bisweilen gewiß schon normaliter der Fall sein kann, treten in den Sekundärknötchen weitere Veränderungen auf, wie z. B. stärkerer Zellzerfall und Phagocytose, Ödem, Blutungen und Fibrinausfällungen, was man auch zuweilen bei
ganz gesunden Individuen finden kann.

Wir wissen schon lange, daß das lymphatische Gewebe gegen eindringende
Giftstoffe reagiert. Wir sehen z. B., wie die regionären Lymphknoten bei Lokal-
infektionen anschwellen. Untersucht man einen solchen Lymphknoten, so findet
man in vielen Fällen oder vielleicht in dem größten Teil der Fälle eine ganz
diffuse Hyperplasie des ganzen Lymphknotens, aber in manchen Fällen findet
man eine reichliche Anzahl großer Reaktionszentren.

Dies können wir folgenderweise erklären: Die Sekundärknötchen sind lokale
Bildungen; sie können also, wenn man von meiner Auffassung ausgeht, nur
auftreten, wenn „Giftstoffe" in so geringer Menge hineinkommen, daß die
Reaktion lokal abgegrenzt wird. Wir finden sie daher unter „normalen Verhältnissen" durch die täglich in das lymphatische Gewebe eindringenden Irritamente hervorgerufen, sowie auch bei solchen Entzündungsprozessen, wo der
Giftstoff nicht reichlicher oder virulenter ist, als daß die Reaktion gegen denselben eine herdförmige lokale Begrenzung bekommen kann. In den Fällen
dagegen, wo der Giftstoff reichlich oder virulenter ist, breitet er sich in dem
lymphatischen Gewebe aus, wobei das ganze Gewebe in die Reaktion mitein-
bezogen wird — man bekommt das wohlbekannte Bild eines diffus geschwollenen
Gewebes, eines überall relativ gleichartigen Reaktionsprozesses ohne Sekundärknötchen.

Ich war lange gegen diese soliden Knötchen als ein mehr regelmäßiges Anfangsstadium zweifelhaft eingestellt, denn besonders bei meinen Tonsillen-
untersuchungen gelang es mir beinahe regelmäßig, auf Serienschnitten auch
in den kleinen Herden eine „helle Mitte" zu finden. Ich sah auch oft kleine,
helle Herde vergrößerter Zellen, die Mitosen zeigten, mit nur einer beginnenden
unbedeutenden Lymphocytenumlagerung (H. S. 332, Abb. 57). Ich war also
der Meinung, daß diese Reaktion sehr häufig das erste Stadium in der Herd-
ausbildung war, oder daß dieselbe wenigstens gleichzeitig mit der Lympho-
cytenansammlung auftrat. Ein solches Entstehen der Sekundärknötchen ohne
ein Vorstadium von soliden Knötchen beschreibt auch Ehrich (1931). Erst
durch die Untersuchungen von A. und H. Sjövall, Rudebeck und Glimstedt kam ich zu der Überzeugung, daß diese „soliden Knötchen" wenigstens
in den Lymphknoten als ein mehr regelmäßiges Anfangsstadium vorkommen.
Sicher ist jedoch, daß das, was man in den einzelnen Schnitten als solide Knötchen

deutet, oft Tangentialschnitte durch den peripheren dunklen Rand des Sekundärknötchens sein können. Erst Serienschnitte können uns bestimmt sagen, ob man ein solides Sekundärknötchen vor sich hat oder nicht.

Meistens und beinahe immer in den Tonsillen tritt also ein kleiner Herd von neugebildeten, vergrößerten und teilweise freigebliebenen Zellen gleichzeitig mit der Ansammlung der Lymphocyten auf. Der Herd vergrößert sich, die helle Mitte sondert sich mehr und mehr von der dunklen Peripherie ab, die Grenzen zwischen den beiden Partien werden scharf. Bald treten Zerfall und Phagocytose in der hellen Mitte auf. Dies ist ohne Zweifel ein Zeichen, das darauf deutet, daß der Rückbildungsprozeß des ganzen Herdes einzutreten beginnt, und dieser Prozeß hört nicht auf, ehe der Ort wieder den charakteristischen Bau des homogenen lymphatischen Gewebes zeigt.

Aus dieser Darstellung geht hervor, daß ich keine „ruhenden Sekundärknötchen" erkennen kann, wie viele Forscher es annehmen (z. B. v. ALBERTINI, HOEPKE und ASCHOFF). Auch JECKELN (1932/33) hat nichts gefunden, was für ruhende Knötchen spricht, und LUDWIG (1936) sagt: „in Ruhe im eigentlichen Sinne des Wortes sind sie im Leben nie". Wir sehen also in den verschiedenen Bildern der Sekundärknötchen nur verschiedene Stadien in einem einheitlichen stets vor sich gehenden Zuwachs- oder Rückbildungsprozeß.

Es gibt also keine in dem lymphatischen Gewebe bestehenden Knötchen; wenn die Sekundärknötchen „zur Ruhe" gehen, so ist dies so zu verstehen, daß sie sich ganz in dem lymphatischen Gewebe verlieren. Wenn neue sich ausbilden, so können sie an jeder beliebigen Stelle eines Lymphknotens entstehen. Dies geht auch aus den Untersuchungen von DABELOW (1939) und CONWAY (1937) hervor.

Die Sekundärknötchen entstehen beinahe allen Angaben gemäß erst einige Zeit nach der Geburt, was ich damit in Zusammenhang gesetzt habe, daß erst in dieser Zeit das Kind mit den Giftstoffen der Außenwelt in Kontakt kommt. Und nach dem, was ich selbst gesehen habe, gilt dieses für Sekundärknötchen aller Art. Es scheint aber, daß man sowohl bei Feten als bei Neugeborenen Lymphocytenansammlungen in dem lymphatischen Gewebe gefunden hat, die man als solide Sekundärknötchen gedeutet hat. EHRICH (1929) findet beinahe regelmäßig solide Knötchen in den Axillarlymphknötchen bei den Feten von der 22. Fetalwoche an. Pseudosekundärknötchen sind gleichzeitig vorhanden. HEILMANN (1931) äußert sich folgenderweise: „Bei Feten (Frühgeburten) konnte ich immer nur solide Lymphknötchen finden", und „auch bei Neugeborenen fand ich immer nur solide Follikel, keine Keimzentren". RAMSAY (1935) fand bei *Katzen*embryonen in der Tonsilla palatina „solide Knötchen", und dies schon bei einer Länge von 120 mm. „Sekundärknötchen traten erst 3—4 Wochen oder mehr nach der Geburt auf". SNOOK (1934) wie EHRICH (1929) liefern auch einige Abbildungen, wo solche Knötchen zu sehen sind. HOEPKE geht auch in mehreren Arbeiten davon aus, daß „solide Knötchen" sich schon im Embryonalleben vorfinden.

Bei seinen Gefäßinjektionen der Lymphknoten fand DABELOW (1936) bei neugeborenen und nur wenige Tage alten *Tieren* bereits zahlreiche rundliche Gefäßkomplexe, die er als Ausdifferenzierungen für die werdenden Sekundärknötchen deutet. Dieses Untersuchungsresultat scheint die Angaben, daß sich solide Knötchen schon während der Embryonalzeit entwickeln können, zu stützen. Meiner Auffassung, daß die Sekundärknötchen erst nach der Geburt entstehen können, und daß ihre Gefäßknäuel erst mit der beginnenden Ausbildung dieses Knötchens entstehen, stehen diese Untersuchungsresultate bis auf weiteres entgegen.

Hier sind neue Untersuchungen notwendig. Es ist möglich, daß es sich hier um konzentrische Zuwachsprozesse des lymphatischen Gewebes handelt, die nichts mit den soliden Knötchen, die als Anfangsstadien der Sekundärknötchen anzusehen sind, zu tun haben. Auch in solchen Zuwachsherden muß man mit einer Ausbildung von Gefäßknäueln rechnen. Vielleicht kann es sich um Reaktionen gegen endogen entstandene Gifte handeln, vielleicht um Gifte, die, bevor die innersekretorischen Drüsen sich gegeneinander eingestellt haben, auftreten. Mit unseren jetzigen Kenntnissen ist aber zur Zeit eine Diskussion hierüber aussichtslos.

Ehrich (1931) hat eine Beschreibung der „verschiedenen" Sekundärknötchen gegeben und dieselben dabei in bestimmte Gruppen eingeteilt. Da er außerdem in seiner Auffassung über die Bedeutung der Sekundärknötchen sich sehr nahe der Flemmingschen Theorie anschließt (s. unten Kapitel Physiologie), so gebe ich hier seine Darstellung in kurzer Übersicht wieder.

Ehrich trennt zwischen soliden Sekundärknötchen, Flemmingschen Sekundärknötchen, Übergangssekundärknötchen und Pseudosekundärknötchen.

Die soliden Sekundärknötchen sind, sagt er, die kleinsten und genetisch jüngsten Sekundärknötchen. Sie bestehen fast ausschließlich aus kleinen Lymphocyten, die aus undifferenzierten Mesenchymzellen auf dem Weg über große Lymphocyten entstehen. „Manchmal enthalten sie vereinzelte große und mittelgroße Lymphocyten, die im wachsenden Zustand dieser Knötchen vermehrt sind. Für gewöhnlich enthalten sie auch einige gleichmäßig verteilte Reticulumzellen und undifferenzierte Mesenchymzellen." Sie können sich zu den Flemmingschen Sekundärknötchen oder zu den Pseudosekundärknötchen ausbilden oder sich diffus im lymphatischen Gewebe auflösen.

Die Flemmingschen Sekundärknötchen entstehen entweder aus den soliden Knötchen „besonders bei schwachen Reizen" oder direkt aus dem lymphatischen Gewebe, „besonders nach stärkeren Reizen". Die hellere Mitte enthält· Reticulumzellen und undifferenzierte Mesenchymzellen, zum größten Teil aber mittelgroße Lymphocyten. Große und kleine Lymphocyten sind spärlich. Die letzteren zeigen regressive Zeichen und man kann übrigens alle Übergänge von diesen Lymphocyten zu den tingiblen Körperchen finden. Die Mitosen will Ehrich hauptsächlich in die großen, aber auch in die mittelgroßen Lymphocyten verlegen. Diese Sekundärknötchen können sich in Übergangssekundärknötchen und Pseudosekundärknötchen umwandeln, dagegen können sie, sagt er, nicht wieder in solide Knötchen übergehen, was bedeuten muß, daß Ehrich nicht mit der Auffassung, daß die Sekundärknötchen bei ihrer Rückbildung dieselben Stadien, aber in umgekehrter Ordnung wie bei ihrer Entwicklung durchmachen, einverstanden ist.

Die Übergangssekundärknötchen sind in der Regel „Auflösungsstadien der Flemmingschen Sekundärknötchen und zeigen alle Übergänge von diesen zu lymphoidem Gewebe". Sie sind besonders durch ihren Reichtum an Reticulumzellen charakterisiert und sie enthalten auch undifferenzierte Mesenchymzellen, dagegen nur einzelne große Lymphocyten. Die Anzahl der mittelgroßen Lymphocyten variiert und allmählich überwiegt die Zahl der kleinen, bis die Auflösung eingetreten ist. Die Übergangssekundärknötchen können, wenn die Lymphknoten von einem neuen Reiz getroffen werden, auch wieder neu zu wachsen anfangen, neue große Lymphocyten erscheinen, die sich dann zu mittelgroßen und kleinen weiter ausbilden. So gehen sie in Pseudosekundärknötchen über, werden aber niemals wieder Flemmingsche Sekundärknötchen.

Die Pseudosekundärknötchen (*H.* S. 341) können also aus allen genannten Sekundärknötchen entstehen. Sie sind das Resultat der in diesen stattgehabten Bildung kleiner Lymphocyten und sind „nichts weiteres als knötchenförmig angeordnetes lymphoides Gewebe, d. h. Ansammlungen von blutreifen Lymphocyten, die teils durch die Sinus und teils durch die Venen auswandern. Die für das lymphoide Gewebe charakteristischen Venen sind in ihnen besonders gut entwickelt".

Diese Einteilung und Beschreibung der verschiedenen Sekundärknötchen ist von verschiedenen Forschern mit Billigung aufgenommen worden. JECKELN (1932/33) will aber die EHRICHschen Übergangssekundärknötchen „Umbauknötchen" benennen. Sie sind auch nicht so schwierig zu erkennen, sagt er, denn „die ausgesprochen hellen Zentren gehören.... fast immer Umbauknötchen... was leicht verständlich ist. Während die Keimzentren in der Hauptsache aus Lymphmutterzellen, also Zellen mit chromatinreichem Kern und basophilem Protoplasma bestehen, treten in den Umbauknötchen die Stützzellen mehr oder weniger hervor (unter Schwund der Lymphzellen)". Sie müssen daher „einen lichteren Eindruck machen". Das Schicksal der Umbauknötchen scheint im allgemeinen die Auflösung in diffuses lymphatisches Gewebe zu sein. Die Gefäßuntersuchungen DABELOWs (1939) lassen sich in die Darstellungen EHRICHs sehr gut einpassen (S. 224).

Trotzdem die Darstellungen über die Entstehungsweise der Pseudosekundärknötchen, die EHRICH und DABELOW geben, im ganzen miteinander übereinstimmen, bin ich jedoch nicht davon überzeugt, daß sie in so naher Beziehung zu den Sekundärknötchen stehen. Soweit ich aus der Darstellung DABELOWs herauslesen kann, bilden sich die Pseudosekundärknötchen in folgender Weise aus. Um ein größeres FLEMMINGsches Sekundärknötchen entstehen rund herum eine Menge solider Sekundärknötchen, die bald zu FLEMMINGschen Sekundärknötchen herauswachsen, um darauf mit dem großen, zentralen Knötchen zusammenzufließen. Dies ist gewiß nur der Beginn der Entwicklung des Pseudosekundärknötchens. Derselbe Prozeß muß sich wenigstens einige Male wiederholen, ehe die Pseudosekundärknötchen die bedeutende Größe erreichen können, die sie ganz regelmäßig aufweisen. Sie nehmen ja in der Regel große Partien sowohl der Rinde als des Markes ein. EHRICH ist nicht ganz derselben Meinung über die Ausbildung der Pseudosekundärknötchen wie DABELOW. Er gibt an, daß die neuen FLEMMINGschen Sekundärknötchen, die zum Aufbau der Pseudosekundärknötchen dienen sollen, nur an der Seite der Hauptsekundärknötchen zu finden sind, die an die Rinde stößt. Eine volle Einigkeit in der Pseudosekundärknötchenfrage haben also noch nicht einmal diese beiden Experten erreicht. Ich glaube, es ist am besten, neuere Untersuchungen über das Vorhandensein, Form, Lage, Aufbau usw. der Pseudosekundärknötchen abzuwarten, ehe etwas Sicheres in dieser Frage gesagt werden kann. Die Pseudosekundärknötchen sind unter allen Umständen keine regelmäßigen, ja kaum gewöhnliche Umwandlungsformen der Sekundärknötchen.

Der Einteilung der Sekundärknötchen, die EHRICH gegeben hat, schließen sich FISCHER (1937) und DABELOW (1939) im ganzen an, wollen aber andere Namen einführen. Sie sprechen von Primär-, Sekundär- und Tertiärknötchen. Die Primärknötchen sind EHRICHs solide Sekundärknötchen, die Sekundärknötchen sind EHRICHs FLEMMINGsche Sekundärknötchen und die Tertiärknötchen die Pseudosekundärknötchen. Es wäre jedoch auch hier am besten, noch etwas abzuwarten bevor wir neue Bezeichnungen einführen. Unsere Kenntnis über die Pseudosekundärknötchen muß auf einer etwas festeren Basis stehen, bevor wir sie Tertiärknötchen nennen; die Primär- und Sekundärknötchen sind nur verschiedene Herausdifferenzierungen desselben einheitlichen Prozesses und die „Primärknötchen" sind oft nicht als Vorgangsstadium der „Sekundärknötchen" vorhanden. Alle diese Bezeichnungen müssen wir also jetzt wenigstens als überflüssig ansehen.

Was die Zellen der Sekundärknötchen .betrifft, so ist man ja darüber ganz einig, daß die soliden Sekundärknötchen wie auch der periphere, dunkle Teil der Flemmingschen Sekundärknötchen fast ganz von dichtgedrängten, kleinen und vielleicht einzelnen mittelgroßen Lymphocyten aufgebaut sind. Über die Natur der Zellen, die in „der hellen Mitte" des Flemmingschen Sekundärknötchens auftreten, sind dagegen die Meinungen nicht übereinstimmend. Die Reticulumzellen, wie auch die kleinen Lymphocyten, sind ja in der Regel ohne größere Schwierigkeiten von den übrigen zu unterscheiden. Es sind diese unzweifelhaft jungen Zellen mit großer, stark .basophiler Cytoplasma, deren Natur zur Diskussion steht. Einige machen geltend, daß sie, wenigstens zum größten Teil von den Reticulumzellen neu gebildete und freigemachte Zellen sind. Lymphocytäre Zellen sollten bei der höchsten Funktion der Sekundärknötchen nur spärlich vorhanden sein. Andere sind der Meinung, daß der Hauptteil oder alle diese Zellen junge lymphocytäre Zellen sind, „Lymphoblasten" oder mittelgroße und große Lymphocyten. Erst in dem Auflösungsstadium der Flemmingschen Sekundärknötchen treten phagocytierende, dem Reticulum gehörende Zellen in den Vordergrund. Die Meinungen sind auch darüber verschieden gewesen, ob die Mitosen in den fixen oder freien Zellen eingelagert sind, wie auch darüber, ob die Lymphoblasten von den Reticulumzellen stammen oder nur aus Zellen gleicher Art gebildet werden können.

In *H.* S. 314 und S. 330—331 habe ich die verschiedenen Auffassungen in diesen Fragen bis 1930 angegeben, und ich weise auf diese Darstellung hin. Zusammenfassend kann man sagen, daß man sich damals mit großer Vorsicht zu diesen Fragen äußerte.

Heute ist es aber nicht so. Beinahe allgemein sagt man nun geradeaus, daß die Zellen in der hellen Mitte der Flemmingschen Sekundärknötchen lymphocytäre Zellen sind; man kann ohne weiteres jede Zelle in einem Sekundärknötchen benennen, man kann ohne Schwierigkeit dem Entwicklungsvorgang von der Reticulumzelle bis zum Lymphocyt folgen, und auch leicht bestimmen, in welchen Zellen die Mitosen sich abspielen. Ja Conway (1937, 1938) kann an im Druck wiedergegebenen Mikrophotographien von Flemmingschen Sekundärknötchen ablesen, welche Zellen sie beherbergen.

Soweit ich finden kann, liegen aber keine genügenden Untersuchungen vor, die einwandfrei gezeigt haben, daß die älteren, vorsichtigeren Erwägungen nicht berechtigt waren. Gewiß hat Maximow seine ganze Autorität für die jetzige Auffassung in die Waage geworfen, aber andererseits hebt man hervor, wie schwierig die Differentialdiagnose dieser Zellen besonders in Schnittpräparaten ist.

Aber auch aus gewissen Aussprachen der Anhänger von Maximow geht hervor, daß auch für diese die Differentialdiagnose nicht immer leicht ist. Wenn z. B. Heilmann (1931) hervorhebt, daß die Flemmingschen Sekundärknötchen aus Reticulumzellen aufgebaut sein müssen, kann Jeckeln (1932/33), der die Meinung Maximows teilt, „das nicht recht verstehen", denn „bei Anwendung stärkerer Objektive und an geeignet gefärbten Schnitten ist die Zusammensetzung der Knötchen meist gut zu beurteilen". „Ich gebe", sagt er aber weiter, „ohne weiteres zu, daß es bisweilen sehr schwierig, manchmal vielleicht auch nicht möglich ist, den Charakter der Zellen eines Knötchenzentrums einwandfrei zu erkennen, besonders wenn nicht genügend dünne und nicht distinkt gefärbte Schnitte vorliegen. Besonders schwierig kann die Zelldiagnostik an Knötchen sein, in denen sich regressive Prozesse abspielen oder abgespielt haben." Auch Gregoire (1931) betont die Schwierigkeit, geschwollene Reticulumzellen und lymphocytäre Zellen zu unterscheiden. Naegeli ist auch für die Anwendung der Ausstrichpräparate und nicht der Schnittpräparate bei feineren Differentialdiagnosen der Blutzellen eingetreten. Unter anderem hebt er hervor, daß man erst in Ausstrichpräparaten und bei geeigneter Blutkörperchenfärbung freigebliebene Makrophagen und Lymphoblasten voneinander trennen kann.

Die meisten Forscher in jetziger Zeit nehmen also ohne weiteres an, was später hervorgehen wird, daß die freien Zellen der „hellen Mitte" der Sekundärknötchen aus lymphocytären Zellen bestehen (z. B. EHRICH und HOEPKE). Nur vereinzelt findet man eine andere Meinung ausgesprochen. So sagt z. B. HEILMANN (1931): „Die Reaktionszentren bestehen aus funktionierenden, also schon ausdifferenzierten Zellen, die sich nicht mehr in andere Zellen, z. B. in Lymphzellen verwandeln können." Sie müssen also von Retikelzellen aufgebaut sein. HAMMAR (1932) spricht von „dem wesentlich aus hypertrophierten Reticulumzellen bestehenden hellen Zentrum" der Sekundärfollikel. HARANGY (1934, 1935) ist der gleichen Meinung. „Da die Hauptmasse der Keimzentrenzellen keine ALTMANN-Granula besitzt, da das Protoplasma, die Zelleneinschlüsse und Kerne dieser Zellen völlig den wuchernden Reticulumzellen entsprechen, stammen dieselben gewiß von Reticulumzellen." Von Interesse ist, daß er hervorhebt, daß die Bilder von Präparaten, die er „mit der Zupfnadel von Follikelmaterial in physiologischer Kochsalzlösung verfertigte und nach Blutpräparaten untersuchte, besonders einleuchtend waren".

Die Frage über die Natur der sog. „Keimzentrenzellen" kann gewiß erst durch neue eingehende Zellenstudien gelöst werden. Und hierbei muß man ohne Zweifel die Forderungen von NAEGELI, dem großen Kenner der Hämatologie, erfüllen, also mit Ausstrichpräparaten und speziellen Blutfärbungen arbeiten.

HELLMAN konnte bei Milzstudien (1926) konstatieren (*H.* S. 339, erster Absatz), daß alle Sekundärknötchen in derselben Milz im großen und ganzen dasselbe mikroskopische Aussehen haben, aber in verschiedenen Milzen verschiedenen Aufbau zeigen. Dieses sehr interessante Verhalten wird von WOLFF (1933) bestätigt. „Man kann", sagt er, „mit HELLMAN feststellen, ... daß sich also die" (in der Milz) „vorhandenen Zentren entweder alle in dem Zustand der Blüte oder dem der Involution oder irgendeinem Zwischenzustand befinden". MILLBOURN (1931) findet dasselbe Verhalten in den Milzen von an verschiedenen Krankheiten gestorbenen Individuen.

Jetzt hat man auch in den Lymphknoten dasselbe Verhalten gefunden. MAXIMOW sagt jedoch schon 1927 in diesem Handbuch Bd. II/1: „Als Regel befinden sich ... alle Sekundärknötchen eines Lymphknotens ... in einem gegebenen Zeitpunkt in annähernd gleichem Verwandlungszustande. In den Tonsillen und überhaupt in den peripheren Lymphknötchen scheint in dieser Beziehung eine größere Mannigfaltigkeit zu herrschen." Dasselbe gibt auch LANG (1933) an. Nach LUDWIG (1936) aber sind sie einander gleich in demselben Lymphknoten, in derselben Milz und auch in denselben Tonsillen. Was die Lymphknoten betrifft, so sagt RÖHLICH (1930): „Die qualitativen und quantitativen Verhältnisse des hellen Teils sind in jedem Lymphknoten anders. Auffallend ist aber, daß in einem und demselben Knoten alle Keimzentren beinahe dieselbe Struktur haben."

RÖHLICH (1930) macht auch bei der *Katze* die interessante Beobachtung, daß die helle Mitte der Sekundärknötchen nicht durchgehend homogen gebaut ist. Wenn man die Sekundärknötchen parallel zu ihrer Längsachse in Serien schneidet, so tritt die äußere Partie, die gegen die Kapsel liegt, heller als die innere hervor. Die äußere Partie besteht aus Makrophagen, Reticulumzellen, die oft reichlich phagocytiert haben, und einer kleinen Anzahl Lymphocyten verschiedener Größe, manche in Degeneration. Die innere Partie enthält reichlich mittelgroße Lymphocyten, die oft Mitosen zeigen, aber nur spärliche

Reticulumzellen und Makrophagen. Etwa das gleiche hat Roemer (1933) bei den Flemmingschen Sekundärknötchen des *Igels* gefunden. Kindred (1936, 1938) kann im großen und ganzen dasselbe bei *Ratte, Katze, Hund* und *Mensch* bestätigen. Die kleineren Lymphocyten, sagt er, sind zahlreicher in dem äußeren hellen Teil, die mittelgroßen in dem dunklen. Die Reticulumzellen und Makrophagen sind in beiden Partien etwa gleich viel vorhanden, die Mitosen sind zahlreicher in dem dunklen.

Im Anschluß an diese Beobachtung berichtet Röhlich (1930) etwas über die mannigfaltige Variation im Aufbau „der hellen Mitte", „der Zentren" der Sekundärknötchen, was ich hier anführen will. „Es sind Zentren", sagt er, „in denen der helle Teil sehr zellreich, wieder andere, in denen er sehr zellarm ist. Im letzteren Falle sieht man sehr große Zellen, oft mit kaum wahrnehmbaren Zellgrenzen. Das ganze Gebiet sieht wie eine große Protoplasmamasse aus, in der sich hier und da einige Kerne befinden", und weiter, „es sind Keimzentren, in denen der dunkle Teil vorherrscht ... wieder Zentren wo der helle Teil überwiegend ist, ... nebst vielen Übergangsformen. Es ist sehr auffallend, daß der wechselnde Grad der Ausbildung der beiden Teile keinesfalls von der Größe des Keimzentrums abhängig ist. In einem und demselben Lymphknoten bieten alle Keimzentren ungefähr denselben Ausbildungsgrad der beiden Teile dar. Sie stehen wahrscheinlich unter der Wirkung eines einheitlichen, den ganzen Knoten beeinflussenden Faktors".

Die postcapillaren Venen, aber auch in gewissem Grade die Capillaren, besonders im Anschluß an die Sekundärknötchen, zeigen ein hohes Endothel (*H*. S. 345). Die funktionelle Bedeutung dieses so herausdifferenzierten Endothels ist umstritten. Nach Ehrich (1931) wird der Übergang der Lymphocyten ins Blut an dieser Stelle erleichtert. Dabelow (1939) sieht in diesen hohen Endothelien eine Schutzeinrichtung für das Endothel selbst, „welche es ermöglicht, daß zahlreiche Lymphocyten auf einem verhältnismäßig kleinen Bezirk durchwandern können, ohne einen nennenswerten und störenden Wanddefekt hervorzurufen". Er bestreitet, daß es hier Stomata zwischen den Zellen gibt, denn er hat bei seinen Injektionen niemals Extravasate erhalten. Er findet auch keine Stütze für die Auffassung, daß sie eine besondere Resorptions- oder Sekretionstätigkeit besitzen. Auch fand er, daß das Endothel bei Nahrungskarenz, bei normaler Aufnahmemenge und bei Mästung durchaus gleichartig aus gebildet war. Die Höhe dieser Endothelien ist also „von der Art der Ernährung völlig unabhängig". Watzka (Äußerung in der Diskussion, Leipzig 1938) glaubt, daß das hohe Endothel durch den Einfluß der benachbarten Lymphocyten entstanden ist und weist auf seine Beobachtungen (1932), daß in dem von Lymphocyten durchsetzten Magen- und Darmepithel die Zellen bedeutend höher erscheinen, hin. Selbst habe ich das hohe Epithel mit Giftreizung in Verbindung setzen wollen (S. 216).

Chun-Mo Chung (1937) behauptet, daß hier zwischen den postcapillaren Venen und den Intercellularlücken des Lymphknotenparenchyms Kommunikationen bestehen, die eine Passage corpusculärer Stoffe gestatten.

Waldapfel (1931) kann durch Unterbindung der zuführenden Arterien des Tonsillargebietes sowohl in den Tonsillen als in hier liegenden Lymphknoten schon nach 12 Stunden eine bedeutende Vermehrung besonders der tingiblen Körperchen der Sekundärknötchen hervorrufen. Bartels und Voit (1931) können zeigen, daß die tingiblen Körperchen die Nuclealreaktion geben; sie stammen also von echter Kernsubstanz. Meyer (1933) behauptet aber, daß sie „die Reste der frei gewordenen Gitterfasern" sind.

Die Kerngrößen der Zellen der Sekundärknötchen sind von Vorbech (1935), Krause (1935), Schwermer (1935) und Mondry (1937) bestimmt. Sie finden drei Größenklassen, die sich wie 4 : 2 : 1 verhalten. Im umgebenden Gewebe, wie in den soliden und in den Pseudosekundärknötchen, gibt es noch kleinere Klassen.

Inzwischen tritt in den Sekundärknötchen Hyalin auf, was schon GROLL und KRAMPF (1920) näher beschreiben und als Zeichen der Involution deuten. Nach HOEPKE (1931) bildet sich Hyalin bei dem *Igel* und der *Fledermaus* während des Sommers aus, um während des Winterschlafes wieder zu verschwinden. In dieser Zeit wird es durch die Lymphocyten und die Retikelzellen resorbiert. HEILMANN (1931) setzt dieses Auftreten von Hyalin in Zusammenhang mit den Immunisierungsprozessen, die in den Sekundärknötchen vor sich gehen.

e) Die Gefäße.

Unsere Kenntnis von dem Gefäßsystem der Lymphknoten ist durch die Untersuchungen von DABELOW (1936, 1939) im hohen Grade gefördert worden. Besonders durch die Arbeit von HEUDORFER (1921) kannten wir früher im großen und ganzen den Verlauf der Gefäße (*H.* S. 344—345). DABELOW kann nach seinen eingehenden Studien eine noch nähere Darstellung hierüber geben.

Die Arterien können nach DABELOW entweder nach kurzem Verlauf, unter welchem sie viele kleine Zweige an das Gewebe der Markstränge abgeben, sich gänzlich in Capillaren auflösen, oder sie gehen geradewegs zu der Rinde, wo sie meist in die Lücken zwischen die Sekundärknötchen verlaufen; dort lösen sie sich auf, oder sie durchdringen die Kapsel und enden in dem umgebenden Fettgewebe. „Ihr Blut fließt von da aus nunmehr in Venen über, welche teils

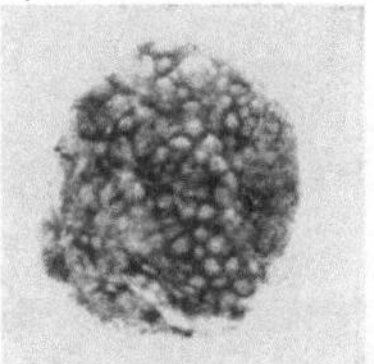 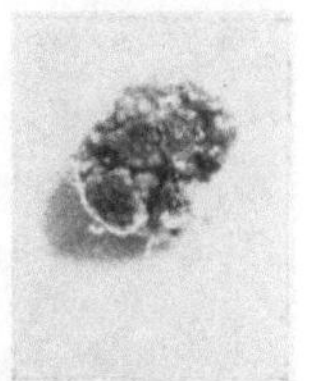

Abb. 12. Die Popliteallymphknoten von einem *Kaninchen*, das eine 7 Tage durch Xylolverband gereizt und nach 14 Tagen entnommen, der andere ungereizt. Man beachte die erhebliche Vergrößerung und die erhebliche Vermehrung der Sekundärknötchen des gereizten Lymphknotens.
[Nach DABELOW (1939), Abb. 13, S. 196.]

in entlegenere Gebiete hinein abführen, teils aber in solche Venen übergehen, welche wieder durch die Kapsel in den Knoten eindringen und diesen am Hilus verlassen.“

Die Venen laufen, wie auch HEUDORFFER es angibt, auf von den Arterien getrennten Wegen. Sie gehen aber nicht einfach radiär zum Hilus. „Das Blut der Rinde“, sagt DABELOW, „sammelt sich vielmehr zunächst in nur kurzen, aber dicken Stämmchen, welche senkrecht zur Kapsel verlaufen. Diese nehmen sowohl die Stromgebiete der Knötchen als auch der diffusen Rindenteile in sich auf. Sie laufen nun aber nicht einfach in der einmal begonnenen Richtung weiter, sondern gehen in ein System von anastomosierenden Randvenen ein. Diese Randvenen liegen meist an der Innenfläche der Rinde“. Die Mark-Rindengrenze wird durch diese Venen recht deutlich dargestellt.

In dem Mark bilden die Venen „ein dreidimensionales Netzwerk, welches an der Rindengrenze in die früher geschilderte Venenkuppel übergeht“. Hierdurch ist für eine große Menge von Abflußmöglichkeiten gesorgt.

DABELOW wollte sich zuerst durch eigene Experimente überzeugen, daß die Sekundärknötchen bei bakteriellem und chemischem Reiz sich vermehren. Er konnte auch durch seine Untersuchungen die Angaben von A. und H. SJÖVALL, EHRICH, RUDEBECK u. a. bestätigen und wird sich darüber klar, daß es sich hier „nicht nur um eine Volumenzunahme der Gewebemasse, sondern auch um eine zahlenmäßige Vermehrung der Sekundärknötchen handelt“. Er legt auch eine Abbildung vor, die ich hier als Abb. 12 wiedergebe, von welcher man die hochgradige Neubildung der Sekundärknötchen ablesen kann. Die Sekundärknötchen müssen also in verschiedenen temporären Entwicklungszuständen vorkommen, und wenn es gilt, die Gefäße der Sekundärknötchen zu erforschen, so muß man nachsehen, wie sich diese Gefäße in diesen verschiedenen Stadien verhalten.

„In den soliden Knötchen entwickelt sich", sagt Dabelow, „ein Gefäßknäuel von großer Dichtigkeit und mit ziemlich gleichmäßiger Dicke ihrer Capillaren. Wenn sich die soliden Knötchen zu Flemmingschen Sekundärknötchen entwickeln, verändert sich dieses Gefäßnetz. Das genannte gleichmäßige Capillarnetz wird auf die Randzone des Knötchens beschränkt. Es setzt sich ziemlich scharf gegen ein großes, heller erscheinendesMittelgebiet ab. Hier hat eine Differenzierung der Gefäße in dickere und dünnere eingesetzt, gleichzeitig mit einer Verarmung an Capillaren. Die beiden Verteilungsgebiete entsprechen der hellen Mitte und der dunklen Außenzone der üblichen histologischen Präparate. Die umgebenden Venen erreichen bei maximal entfalteten Knötchen oft eine auffallende Dicke ... Diese Venen nehmen ... nicht

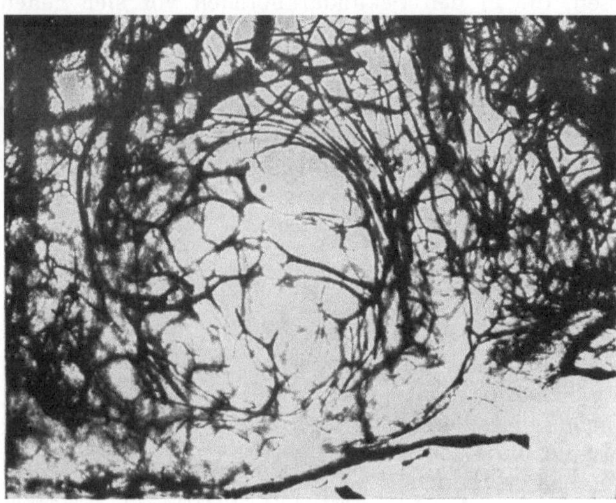

Abb. 13. Gefäßanordnung eines Flemmingschen Sekundärknötchens beim *Menschen*. Zahlreiche, vom Mark (oben) aufsteigende Arteriolen gehen tangential von peripher in das Capillarnetz. Am weitesten nach außen der venöse Mantel. Mitte gefäßarm mit starken Kaliberschwankungen. [Nach Dabelow (1939), Abb. 16, S. 198.]

nur aus dem umschlossenen Gebiet, sondern auch aus der Umgebung des Knötchens Blut auf und zeigen damit wiederum die Zugehörigkeit und trennungslose Eingliederung des Knötchens in die übrigen Rindenteile." Die Arterien legen sich beim *Menschen* tangential häufig als viele, kleinste Arterien an das Knötchen an, um sich teils an der Peripherie entlang zu ziehen, teils nach innen zu verästeln und in Capillaren aufzuteilen (Abb. 13).

Das alte Schema von Calvert, auf welches sich Röhlich bei seinen Untersuchungen (1933) stützt, trifft also nicht ganz zu. Nach diesem geht die Arterie durch den basalen Pol des Knötchens ein, verläuft eine Strecke unverzweigt, um sich dann „springbrunnenartig" gegen die Peripherie des Knötchens aufzuteilen und in Capillaren überzugehen, die sich in den peripher gelegenen Venen sammeln.

Eine solche Blutgefäßversorgung hat jedoch Fischer (1937) in den *Schweine*lymphknoten gefunden, und Baum und Grau (1938) sagen, daß „diese Blutgefäßanordnung bei den Knötchen des *Schweine*lymphknotens als Regel zu bezeichnen ist".

Die in Rückbildung begriffenen Sekundärknötchen zeigen einen Schwund der inneren Capillarversorgung bis das ursprüngliche Verhältnis wieder hergestellt wird, was man besonders schon bei dem Verschwinden der durch eine Infektion reichlich hervorgerufenen Sekundärknötchen beobachten kann.

Es gibt direkte arteriovenöse Verbindungen, von wo das Blut entweder durch das Capillarnetz des Knötchens geleitet wird oder direkt von der Arterie in die Vene abfließen kann.

DABELOW hat also durch Gefäßinjektionen verfolgen können, wie z. B. bei Pyocyaneuseinwirkung diese Gefäßknäuel in mehreren Lagern in der Rinde bis weit in das Mark hinein entstehen als Zeichen dafür, daß neue Sekundärknötchen hier in großer Menge sich bilden, und wie diese Gefäßknäuel gleichzeitig mit den Sekundärknötchen verschwinden. Er hat also definitiv gezeigt,

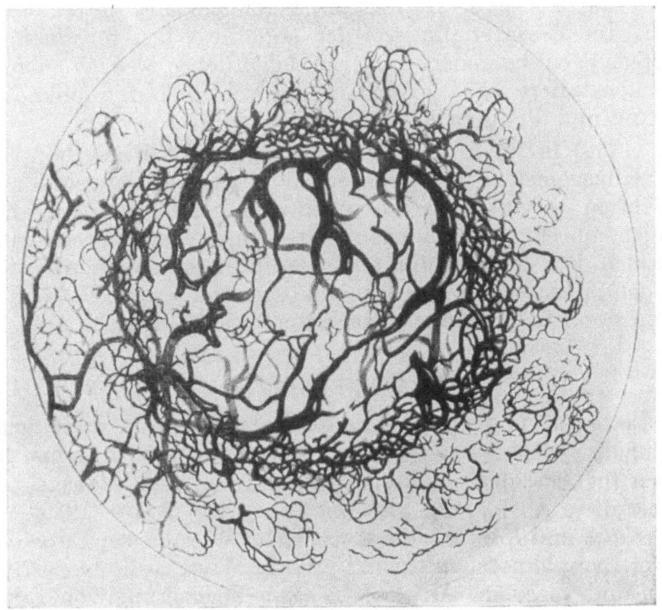

Abb. 14. Gefäßversorgung eines großen FLEMMINGschen Sekundärknötchens. Grobe venöse Gefäße. Starke Kaliberschwankungen im Innennetz. Venöser Mantel und Capillarmantel mit aussprossenden soliden Sekundärknötchen. [Nach DABELOW (1939), Abb. 22, S. 205. Zeichnung.]

daß das Hervorwachsen und die Rückbildung der Sekundärknötchen mit einer Neubildung bzw. Rückbildung eines besonderen Capillarnetzes verbunden ist.

Ich kann in diesem Zusammenhang nicht unterlassen hervorzuheben, mit welcher Klarheit FLEMMING schon 1885 einen solchen Vorgang erkannte. Die Sekundärknötchen sind Herde, sagt er, „welche temporär auftreten, aus kleinen Anfängen anwachsen und sich nach verschieden langem Bestehen wiederum verkleinern und verlieren können". Die Anordnung der Capillaren widerspricht dem seiner Ansicht nach nicht, denn diese entstehen erst mit der beginnenden Ausbildung des Sekundärknötchens und gehen mit ihm wieder unter, wie es auch beim Wachstum und bei der Atrophie des Fettgewebes und bei entzündlichen und vielen anderen pathologischen Vorgängen der Fall ist. Es war aber erst DABELOW, dem es gelingen sollte, Aufbau und Rückbildung der Capillaren festzustellen, und dies, weil er bei seinen Untersuchungen darauf Rücksicht genommen hat, daß die Sekundärknötchen temporäre Bildungen sind, deren Gefäßversorgung in den verschiedenen Entwicklungsstadien studiert werden muß.

Die Ausbildung eines Pseudosekundärknötchens (vgl. S. 218) schildert DABELOW, auf Studien der Gefäßnetzanordnung gestützt, in folgender Weise (Abb. 14). Es gibt außerhalb des Venenringes eines Sekundärknötchens einen umziehenden Capillarmantel. Wenn jetzt ein solches Sekundärknötchen sich zu einem Pseudosekundärknötchen ausbildet, sprossen von diesem Mantel, was sich bei experimenteller Infektion zeigt, ringsum kleine neue Capillarknäuel aus, die im Anfang das Bild des Knäuels des soliden Knötchens zeigen, um sich dann weiter zu dem Knäuel des Flemmingschen Sekundärknötchens zu entwickeln und mit den Capillaren des zentralen Knötchens zusammenzufließen. „Dieser Vorgang kann sich mehrmals wiederholen." Auch im Hilusmesenchym können bei Infektion Gefäßknäuel entstehen. Es bilden sich also die Sekundärknötchen ein über das andere Mal an der Peripherie eines älteren Sekundärknötchens, und auf diese Weise entsteht allmählich durch einen Zusammenschmelzungsprozeß dieser Sekundärknötchen ein Pseudosekundärknötchen.

Die Pseudosekundärknötchen bleiben, nach Dabelow, in den meisten Fällen längere Zeit bestehen. Die Neigung zur Bildung der Pseudosekundärknötchen ist bei den einzelnen *Tieren* verschieden. Besonders sind sie bei den *Nagetieren* oft zu sehen. Im Mesenterialknoten der *Ratte* liegt fast regelmäßig an jedem Pol des Knotens je ein besonders großer und deutlicher, was ich auch beim *Meerschweinchen* konstatiert habe. Auch im menschlichen Lymphknoten sind sie nach Dabelow und Fischer leicht zu finden.

Watzka (1936) findet in den pankreo-intestinalen Rinderlymphknoten die Venen des Hilusgebietes mit zahlreichen ringförmig angeordneten glatten Muskelbündelchen ausgestattet, die Arterien mit zahlreichen in die Lichtung vorspringenden, aus längsverlaufenden glatten Muskelfasern bestehenden Intimawülsten versehen, und im Anschluß an diese Formationen arteriovenöse Anastomosen. An den muskelschwachen Lymphknoten der Kopf-, Hals- und Thymusgegend waren derartige Gefäßbesonderheiten jedenfalls nicht aufzufinden.

3. Embryologie.

Was die Embryologie der Lymphknoten betrifft, so ist diese schon so klargelegt, daß nicht viel hinzuzufügen ist. Schon Sabin u. a. heben hervor, daß Lymphknoten im Anschluß an die primären Lymphsäcke ausgebildet werden können. Über diese Ausbildung wird man auch von Ando (1930) unterrichtet. Bei *Mensch, Katze* und *Kaninchen* unterscheidet er nach der Entwicklungsweise zwischen zwei Lymphknotenanlagen: Cystische Anlage, die einer Bildung eines Lymphsacks, und vasculäre Anlage, die einer Wucherung von Lymphgefäßen vorausgeht. Bei der cystischen Anlage findet man zuerst mesenchymatöse, strangartige Fortsätze in der Lymphsackwand, die sich vermehren und die inneren Wände des Sacks überbrücken. Durch die Anhäufung von Lymphocyten in den Fortsätzen entsteht allmählich der Lymphknoten. Der ganze Lymphsack geht im allgemeinen nicht in einen Lymphknoten über, teilweise bildet er sich zu einem Lymphplexus um. Die vasculäre Anlage entwickelt sich auch nach Ando, wie in *H. S.* 346 angegeben ist, aus. Weber (1938) beschreibt, wie sich die Lymphknoten und die Lymphgefäße in der Lumbosacralgegend von einem Lymphsack entwickeln, der sich in der 8. Embryonalwoche in dem subperitonealen Mesenchym ausbildet.

Kampmeier (1931) beobachtet bei seinen Studien über den Ductus thoracicus, daß einige Lymphknoten sich in engstem Anschluß an diesen Gang entwickeln können (Abb. 15). Im 4. Embryonalmonat findet er die ersten Zeichen in Form von Lymphocyteneinlagerungen unmittelbar an der Außenfläche des Gefäßendothels. „Die Beziehung des Ductus thoracicus zu der Ausbildung seiner Lymphfollikel ist tiefer begründet als in einer bloßen Berührung. Kleine Ausläufer aus seinem Lumen dringen in das lymphoide Gewebe ein, gewöhnlich an dessen Peripherie." Dann stimmt die Entwicklung zum Lymphknoten mit der Beschreibung Klings überein.

Bei einer Untersuchung über einen schmalen Fettlappen der Bauchwand in der Inguinalgegend bei der *Maus*, in welcher ein makroskopisch sichtbarer Lymphknoten regelmäßig eingelagert ist, fand Wasserman (1932, 1933), daß

das Fettgewebe und das lymphatische Gewebe sich von Anfang an einheitlich
bildeten. Das adventitielle Gewebe, das zum Lymphknotenparenchym wird,
ist kein anderes als dasjenige, aus welchem das Fettkeimlager hervorgeht (S. 228).

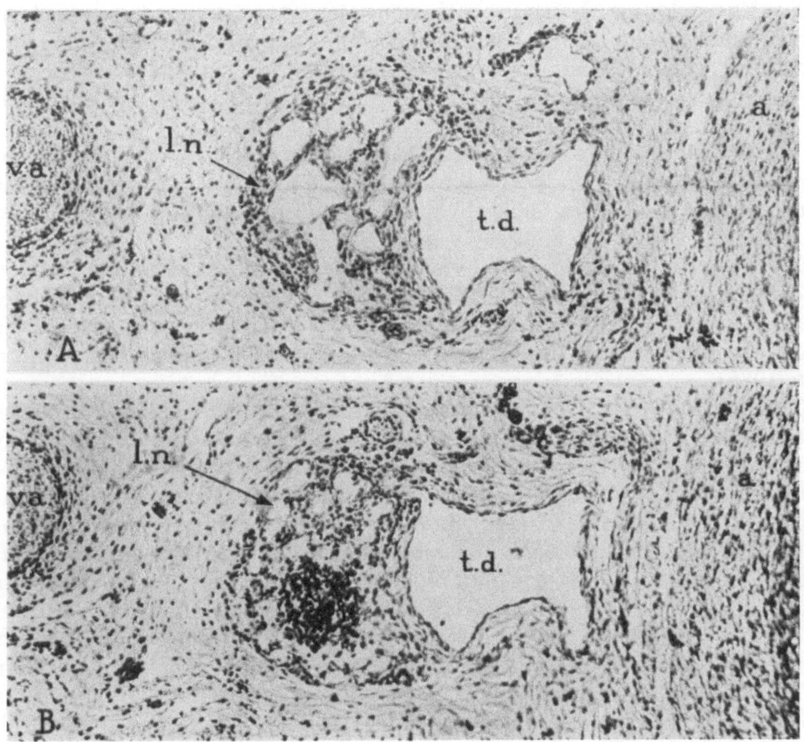

Abb. 15. Photogramm von Schnitten durch den Hauptkanal des Ductus thoracicus (t.d.) und einen Lymph-
knoten (l.n.), der sich in Verbindung mit ihm entwickelt. Menschlicher Fetus, 105 mm lang (3,7 Monate). Die
Schnitte sind etwas oberhalb des Zwerchfells genommen. A geht B eine Anzahl von Schnitten voran. Die
Anlage des Knotens zeigt den lymphatischen Plexus, cellulare Verdichtung und Bildung eines lymphoiden
Zentrums (in B); a Wand der Aorta; v.a. Vena azygos. Vergr. 100fach. [Nach KAMPMEIER (1931), Abb. 43, S. 221.]

4. Altersanatomie.

Die Hals-, Leisten- und Axillarlymphknoten untersucht WISCHNEWEZKAJA
(1932) in ihrer sowohl embryonalen als postembryonalen Entwicklung vom
2. Monat im Embryonalleben bis zum 17. Lebensjahr. „Einzelne Knötchen
entstehen schon am Ende des 2. Embryonalmonats. Zwischen 1—3 Jahren sind
die lymphatischen Elemente schon gut entwickelt", die reticuloendothelialen
Apparate und die Lymphsinus entwickeln sich in der Zeit von 4—8 Jahren,
und erst bei etwa 12 Jahren erreicht der Lymphknoten seine endgültige Form,
seitdem das Bindegewebsgerüst ausgebildet ist. „Ihren endgültigen Bau erhält
die Lymphdrüse erst im Pubertätsalter."

CAMPANA (1938) untersuchte mikroskopisch die Lymphknoten in der Achsel-
höhle und Leistengegend an 30 Kinderleichen zwischen einem Fetus von 6 Monaten und dem 5. Lebensjahr. Bei kleinen Kindern war die Zahl der Knoten
viel geringer, aber sie sind verhältnismäßig umfangreicher und lappiger als bei
älteren (vgl. *H*. S. 349, Abb. 74). Er nimmt an, daß die Lymphknoten bei dem
Wachstum des Kindes sich teilen, was gewiß geschieht. Wir wissen ja auch, daß
sich neue Lymphknoten während der Kindheit ausbilden können, wahrscheinlich

aus kleinen früher angelegten Gebilden. Ich habe z. B. gezeigt (*H*. S. 363, Abb. 81), daß unter anderem an der Radix mesenteriae neben den großen Lymphknoten eine Menge kleiner, noch nicht ausgebildeter Lymphknoten vorhanden ist, was auch Ottaviani (1931) gefunden hat.

Die Entwicklung des lymphatischen Gewebes ist in den verschiedenen Altersstufen von dem Zustand der kleinen und kleinsten Gefäße abhängig, sagt Schwanen (1929). Wenn diese gesund sind, so ist das lymphatische Gewebe auch im hohen Alter gut entwickelt, wenn sie krank sind, so ist der Entwicklungszustand auch in der Jugend schlecht.

Vom 20. Lebensjahre an wandert nach Azuma (1931), vom Hilus her zunehmend, Fettgewebe in den Lymphknoten ein. Eine Parenchymverfettung kommt in den Sinus, im eigentlichen Lymphknotengewebe oder interstitiell vor, und wird im Alter häufiger.

Es gibt auch etwas, was man vielleicht akzidentelle Verfettung der Lymphknoten nennen könnte. Bei der Fettsucht des *Menschen* und beim Mästen des *Schweins* können die Lymphknoten ganz wie im Alter zum großen Teil in Fettgewebe übergehen (Trautmann). Der Prozeß ist reversibel (Baum und Grau 1938).

Krumbhaar (1938) geht auf die Altersveränderungen aller lymphatischen Gewebe und die Thymusdrüse des *Menschen* näher ein. Was die Lymphknoten betrifft, sagt er, so ist es eine allgemeine Auffassung, daß sie ihre maximale Größe bei der Pubertät erreichen und daß sie sich danach in Regression befinden. Es ist jedoch eine reine Hypothese, die nicht mit einer Menge klinischer Beobachtungen übereinstimmt. Sie ist in Analogie mit den Verhältnissen bei den *Tieren* aufgestellt, und bei diesen hat man nicht mehr gezeigt, als daß die Lymphknoten ein schnelleres Wachstum haben, daß sie ihre maximale Ausbildung frühzeitiger erreichen und auch frühzeitiger einer Involution unterliegen als die übrigen Gewebe des Körpers. Nach mikroskopischen Studien über die Lymphknoten des *Menschen* glaubt Krumbhaar sagen zu können, daß die Lymphknoten noch bei 60 Jahren nur eine unbedeutende Atrophie zeigen. Die Altersinvolution besteht neben einer Einwanderung von Fettgewebe vom Hilus her auch in einer allgemeinen Atrophie, die erst in der Rinde beginnt. Die Menge der Lymphocyten wird vermindert, eine Fibrosis tritt in dem Reticuloendothel ein, sowohl die Rinde als das Mark schrumpfen ein.

Krumbhaar (1938), Hwang, Lippincott und Krumbhaar (1938) und Krumbhaar und Lippincott (1939) haben ein großes menschliches Milzmaterial gesammelt, davon nicht weniger als 2000 Fälle von „plötzlichem Tod". Von 300 dieser Fälle haben sie die Menge des Sekundärknötchengewebes bestimmt. In einzelnen Punkten weichen ihre Resultate etwas von denselben Hellmans (1926) ab, was aber sicherlich durch Verschiedenheiten im Material bedingt ist.

1937 gibt Aschoff eine kurze Zusammenstellung über die blutbereitenden und blutzerstörenden Organe und ihre Gerüstsubstanzen im Greisenalter.

5. Die Neubildung der Lymphknoten im postfetalen Leben.

Die alte Frage, ob neue Lymphknoten im postfetalen Leben entstehen können, hat fortwährend Interesse auf sich gezogen. Die Arbeit von Wassermann (1932, 1933) ist in diesem Zusammenhang von Interesse, denn dieselbe beleuchtet die nahe Verwandtschaft des Fettgewebes und des lymphatischen Gewebes und zeigt, daß diese beiden Gewebe sich aus demselben Muttergewebe bilden. Dieses Verhältnis sagt jedoch nichts darüber aus, ob Lymphknoten postfetal aus dem Fettgewebe entstehen können. Die neueren Untersuchungen, die in einer Ausräumung des Lymphknotens mit den nächsten dazugehörenden

Lymphgefäßen und danach einer genauen Besichtigung in gewissen Zeitabständen bestanden, sind im allgemeinen negativ ausgefallen. Man kann nur einen Wiederaufbau des Lymphgefäßnetzes konstatieren (KUTAMI und SONE 1930, OTTAVIANI und CAVALLI 1933, ROUVIÈRE und VALETTE 1937, ASADA 1937). WASA (1932) dagegen konstatiert nach Entfernung eines Lymphknotens zuerst das Herauswachsen eines neuen Lymphgefäßgeflechtes, dann aber auch im weiteren Verlauf eine Entstehung neuer Lymphknoten. Dasselbe findet auch AUCHÉ (1930). Der letztere räumt bei *Meerschweinchen* die Axillarhöhle aus und kann in 15 Fällen nach $2—2^1/_2$ Monaten neue Lymphknoten an diesem Platz konstatieren, die dasselbe Aussehen wie die alten haben und die auch funktionell ihre Ersatzaufgabe erfüllen. Sie haben sich aus dem Binde- und Fettgewebe ausgebildet.

Wenn ein Teil des Lymphknotens oder seiner Kapsel bei der Operation zurückgelassen wird, scheint eine gewisse Regeneration leichter eintreten zu können. OKUBO (1935/36) findet nach 45 Tagen in der ausgeräumten Kapsel eine wohlausgebildete Rinde mit Sekundärknötchen und im Zentrum ein „markähnliches Netz". Dasselbe finden im ganzen HORIO und SAKAI (1937). ROUVIÈRE und VALETTE (1937) konstatieren, daß der Popliteallymphknoten in 11 Fällen von 15 regeneriert, auch wenn ein bedeutender Teil desselben weggenommen wird. Die Regeneration finden sie jedoch mangelhaft. Wenn man einen Lymphknoten halbiert und dann die beiden Hälften zusammennäht, stellen sich nach etwa 20 Tagen bis 4 Wochen die Lymphgefäßkommunikationen wieder ein (TAKABATAKE 1932, HÔJÔ 1938).

FÉRESTER (1931, 1932) transplantiert bei 48 jungen *Meerschweinchen* Lymphknoten autoplastisch teils unter die Haut, teils intramuskulär und untersucht die Transplantate nach 2 Stunden bis 60 Tagen. Erst gehen die Lymphocyten unter, so daß gegen den 3.—5. Tag das Reticuloendothel beinahe ohne Lymphocyten erscheint. Dann erfolgt eine Neubildung von Lymphocyten in situ, vasculäre Verbindungen treten am 8. Tage ein, ein Marginalsinus wird ausgebildet, und schließlich zwischen dem 10.—20. Tag oder später bilden sich Sekundärknötchen aus. Trotz dieser schnellen, großartigen Entwicklung des Transplantats und trotzdem dasselbe sich so innig in das umgebende Gewebe eingefügt hat, kann es jedoch nicht am Leben bleiben. Nach etwa 2 Monaten ist das Transplantat wieder verschwunden und von banalem Bindegewebe ersetzt.

ASADA (1937) hat beim *Kaninchen* kleine Stücke Lymphknotengewebe aus den Mesenteriallymphknoten in das lockere Bindegewebe des Mesenteriums sowie in die Milz transplantiert. An beiden Stellen bildeten sich, nachdem zuerst die Lymphocyten zugrunde gegangen waren, aus den Transplantaten neue normal gebaute Lymphknoten mit Kapsel und Lymphsinus, die sich mit den Lymphgefäßen vereinigten, aus, also dasselbe Resultat wie FÉRESTER.

PAPILIAN und RUSSU (1936) exstirpieren bei *Hunden* die Mesenteriallymphknoten und schalten durch Unterbindung der Milzvenen die Milz aus. Hierbei kommt es zu einer „Neubildung von lymphoidem Gewebe in allen Gegenden des Abdomens in Form von diffusen Infiltrationen und lymphatischen Follikeln." Die letzten bilden Stränge von kleinen lymphatischen Knoten, die gewöhnlich Linsenkorngröße nicht übersteigen. Nach 1—2 Monaten ist auch das Lymphgefäßnetz wiederhergestellt.

6. Status lymphaticus.

Die Frage über die angeborenen Konstitutionsanomalien, Status lymphaticus, Status thymico-lymphaticus, Status hypoplasticus, steht weiterhin auf demselben Standpunkt wie im Jahre 1930, weshalb ich mich hier kurz fassen kann.

In England wurde einem Komitee aufgetragen, den Stand der Frage des Status thymico-lymphaticus zu erforschen. Das Gutachten dieses Komitees lautete, daß nichts dafür spricht, daß ein sog. Status thymico-lymphaticus existiert (s. Brit. med. J. 1931, S. 468—469 und Young und Turnbull 1931).

Gegen dieses Gutachten protestiert Gray unmittelbar (1931). Symmers (1934), der eine nähere Auseinandersetzung darüber gibt, wie er sich diesen „Status lymphaticus" denkt, beginnt seine Darstellung mit dem Ausspruch, daß eine große Menge „Nonsens" über den Status lymphaticus geschrieben ist, wozu auch der Schluß der britischen Komission gehöre, daß es eine solche Konstitution nicht gibt. Mir scheint es, daß er selbst durch seine Auslegungen die Frage keineswegs ihrer Lösung näher gebracht hat.

In dieser Frage scheint mir die Auseinandersetzung von Hammar, der nach jahrelangen und eingehenden Forschungen ein vorzüglicher Kenner sowohl des Thymus als des lymphatischen Gewebes geworden ist, von größtem Belang zu sein. „Aus meiner hier gegebenen Darstellung", sagt Hammar (1930), „erhellt, daß die Vorstellungen, die zur Lehre vom Status thymicus als einer Konstitutions-anomalie geführt haben, offenkundig falsch sind und daß die Beobachtungen, die zur Aufstellung eines konstitutionellen Status lymphaticus geführt haben, außerordentlich wenig Beweiskraft besitzen. Wo Vergrößerungen innerhalb des thymicolymphatischen Systems wirklich vorliegen, ist zur Zeit kein Grund vorhanden, sie anders als sekundärer Natur zu betrachten".

Eine, meiner Meinung nach, außerordentlich gute und kritische Auseinander-setzung liefert auch Schwarz in „Ergebnisse der Pathologie" (1932). Und diese führt ihn zu folgendem Schluß: „Für die konstitutionelle Auffassung der lymphatischen Reaktion fallen also alle anatomischen und funktionellen Belege weg. Es gibt keinen Status lymphaticus im Sinne einer anlagemäßigen Hyper-plasie und Bereitschaft des lymphatischen Apparates, und es gibt auch bei erweitertem Status hypoplasticus keine lymphatische Reaktion auf leukotaktische Reize." Auch Munk (1933) gibt wenigstens zu, daß der Begriff des „Status lymphaticus" als Konstitutionsanomalie in seinem ursprünglichen Sinne weder anatomisch noch klinisch ausreichend begründet ist, ebensowenig die Bartelsche Modifikation des „Habitus hypoplasticus".

Wenn man diese Arbeiten liest und sie mit den Angaben von z. B. Lubarsch und Hart (*H*. S. 365—366) vergleicht, so muß man, wenn man nur etwas kritisch eingestellt ist, von der Aufstellung dieser „Konstitutionsanomalien" bestimmt Abstand nehmen. Jedoch gibt es mehrere Forscher (z. B. Mautner 1932, Ehrich und Voigt 1934, Fischer 1936, Aschoff 1939), die an dem Begriff des Status lymphaticus festhalten. Es scheint aber davon abzuhängen, daß sie diesem Begriff Status lymphaticus eine ganz andere Abgrenzung geben, wodurch, wie es mir scheint, auch erworbene, also sekundäre Hyperplasien des lymphatischen Gewebes in diesen Begriff eingeschlossen werden. Anders kann man die Darstellung Aschoffs (1939) nicht deuten; er sagt übrigens geradezu: „Ich bekenne mich offen als Anhänger eines angeborenen, d. h. in der Schwanger-schaft erworbenen und eines später erworbenen Status lymphaticus." Wenn man aber erworbene Hyperplasien des lymphatischen Systems als Status lym-phaticus bezeichnen will, dann ist man von der ursprünglichen Auffassung, daß es sich um eine „angeborene Konstitutionsanomalie" handeln sollte, abgekommen. Denn da könnte man z. B. bei der Mehrzahl der Infektionen einen Status lym-phaticus diagnostizieren oder z. B. die lymphatische Hyperplasie, die nach allem zu urteilen bei Morbus Basedowi entstehen kann, ohne weiteres als Status lymphaticus bezeichnen, trotzdem auch hier sicher toxische Momente eine Rolle spielen (z. B. Gloor-Meyer 1936).

Übrigens kennen wir nur wenig über „die normale Menge" des lymphatischen Gewebes beim *Menschen*. Es ist jedoch sichergestellt, daß Individuen, die bei voller Gesundheit durch Unfall sterben, mit einer bedeutend größeren Menge lymphatischen Gewebes ausgerüstet sind, als was wir in den meisten Fällen von an verschiedenen Krankheiten gestorbenen Individuen, d. h. bei dem gewöhnlichen Obduktionsmaterial, finden. Schon dies sagt uns, daß die Frage, ob eine Hyperplasie in dem einen oder anderen Falle vorliegt oder nicht, äußerst schwierig zu beantworten ist. Und wenn wirklich eine Hyperplasie vorhanden wäre, wie können wir abmachen, ob diese Hyperplasie in ihrer Ganzheit von zufälligen Faktoren sekundär hervorgerufen ist, oder ob ein vorhandener Status lymphaticus zu derselben beigetragen hat. Es ist niemals möglich, einen Status lymphaticus auch nur mit der geringsten Sicherheit zu diagnostizieren.

7. Vergleichende Anatomie.

Was die vergleichende Anatomie betrifft, so will ich in erster Linie auf die Arbeiten von JOSSIFOW (1930), OTTAVIANI (1932), WEIDENREICH, BAUM und TRAUTMANN (in dem Handbuch der vergleichenden Anatomie, 1933) wie auch auf die S. 192 angegebenen Spezialuntersuchungen über das Lymphgefäßsystem verschiedener Tiere hinweisen. Daneben findet man kurze Beschreibungen über die Lymphknoten z. B. des *Igels* von ROEMER (1933), des *Meerschweinchens* von WINKELMANN (1937) und der weißen *Maus* von HOEPKE, HEMFRING und DESAGA (1938). JAFFÉ (1931) macht auch einige Angaben über die Anatomie der Lymphknoten bei den kleinen Laboratorium*stieren* in seiner Arbeit über die Spontanerkrankungen dieser *Tiere*.

Es ist nur eine Sache, die ich in diesem Kapitel hervorheben will. In allen Hand- und Lehrbüchern ist angegeben, daß die Lymphknoten in der *Tier*reihe erst bei den *Vögeln* auftreten, und dies nur bei einigen *Wasservögeln*, und nur als Cervicothorakal- und Lumbalknoten. Man hat auch sehr gute Beschreibungen über ihren interessanten Aufbau gegeben (*H.* S. 367).

Viele neuere Untersuchungen über die *Vogel*lymphknoten sind jetzt vom Institute KIHARAs in Kyoto durchgeführt, die zeigen, daß Lymphknoten, wenn auch nicht in ganz vollausgebildetem Zustand, in viel größerer Ausdehnung bei den *Vögeln* vorhanden sind als man früher geglaubt hat. MANABE ist (1930) näher auf den Bau der *Enten*lymphknoten eingegangen. Bei dieser Untersuchung entdeckte er viele neue kleine Knoten an verschiedenen Stellen. Gleich danach kann MANABE (1930/31) berichten, daß er auch bei vielen anderen *Vogel*arten solche Lymphknoten aufgefunden hatte. Es gibt bei allen sowohl cervicofaciale, cervicothorakale, lumbale, mesenteriale und inguinale Knoten, deren Entwicklungsgrad und Bau je nach der Art der Lymphknoten sowie der *Vögel* verschieden sind. 1933 untersuchen KIHARA und NAITO aufs neue die *Enten*lymphknoten. Sie können die Beobachtungen MANABEs teilweise bestätigen und erweitern. Die kleinen Knoten zeigen dasselbe Bild wie die in Entwicklung befindlichen Lymphknoten (Abb. 16). Um diese kleinen lymphatischen Anhäufungen leichter aufzufinden, wenden sie die Methode von HELLMAN zur Fleckendarstellung des lymphatischen Gewebes der Darmwand an (Abb. 17).

KONDO verfolgt 1937 in drei Arbeiten diese Untersuchungen und geht zuerst auf die Verhältnisse beim *Huhn* ein, wo er konstatiert, daß es überall in den Wänden der Lymphgefäße lymphoide Infiltrationen gibt; wohl ausgebildete Lymphknoten, wie bei den *Wasservögeln*, gibt es dagegen nicht. Er studiert auch die Entwicklung dieser lymphoiden Anhäufungen beim *Huhn* und findet die ersten Spuren dieser Bildungen erst am 28. Tage nach der Ausbrütung. Nach 40 Tagen werden die zellreichen Herde abgegrenzt und schon nach 42 Tagen kann man in ihnen Sekundärknötchen wahrnehmen. Schließlich macht er eine Untersuchung bei 13 verschiedenen *Vogel*arten und findet bei allen „lymphatische Gebilde“ in Form vereinzelter Lymphknötchen und Lymphinfiltrationen in den Lymphgefäßwänden, gleichmäßig verteilt, die entweder in das umgebende

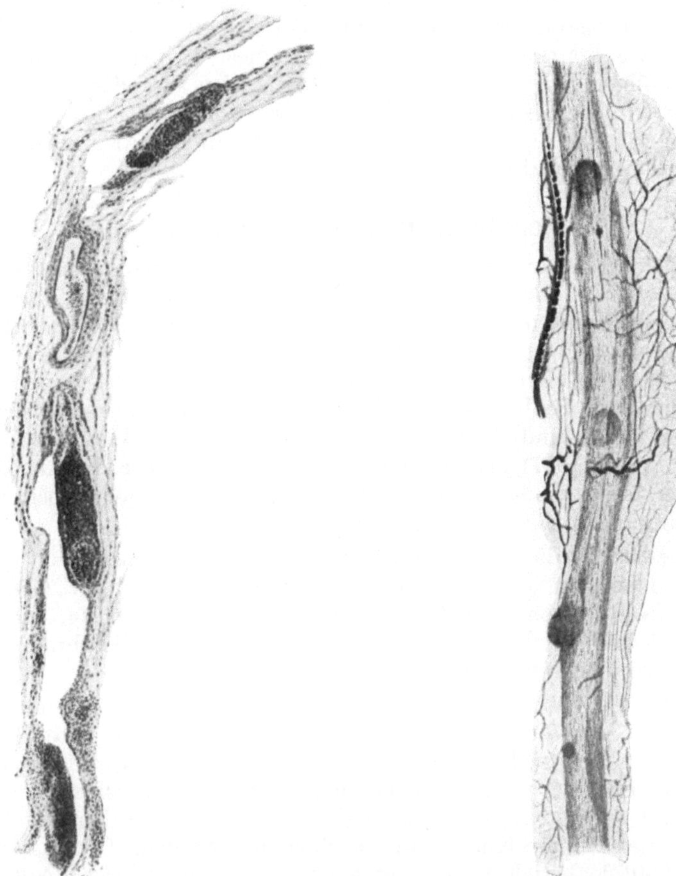

Abb. 16. Längsschnitt durch das V. tibialis posterior begleitende Lymphgefäß in der Mitte des linken Oberarmes bei der *Ente*. Vergr. 40/1. [Nach Kihara und Naito (1933), Tafel VI, Fig. 3.]

Abb. 17. Vas lymphaticum jugulare sinistrum in der Höhe des dritten Halswirbels bei der *Ente*. Flächendarstellung der Lymphknoten mit Hellmans Methode. Vergr. 8/1. [Nach Kihara und Naito (1933), Tafel VII, Fig. 4.]

lockere Bindegewebe oder in das Lymphgefäßlumen hineinragen. Bei *Phalacrocorax capillatus*, *Pelecanus onscrotalus* und *Milvus ater melanolis* sind die Lymphknötchen zu einer knotigen und strangartigen Masse zusammengeschmolzen. Bei keinem der untersuchten *Vögel* sind Lymphknoten, die den Lymphknoten bei den *Wasservögeln* gleich sind, gefunden worden. Doch die Lymphgefäße verästeln sich und kanalisieren das lymphatische Gewebe, so daß man sagen muß, daß diese lymphatischen Gebilde „als den Lymphknoten der *Lamellirostren* ähnelnd aufzufassen sind“. Die zahlreichen Lymphknötchen wachsen aber nicht nach innen in die Lymphgefäße, sondern nach außen in das perivasculäre Bindegewebe.

8. Physiologie.

Man kann gut sagen, daß der größte Teil der morphologischen Untersuchungen, die in dem letzten Dezennium ausgeführt sind, direkt darauf zielt, einen besseren Einblick in die Physiologie der Lymphknoten zu erhalten. Viele experimentelle Studien, die in dieser Zeit ausgeführt sind, haben uns in noch höherem Grad erlaubt, die physiologische Wirksamkeit des Lymphknotens etwas näher als früher kennenzulernen. Dessenungeachtet stehen noch in vielen Beziehungen die Meinungen gegeneinander.

Die erste Hauptfunktion der Lymphknoten ist, die Lymphocyten auszubilden (*H.* S. 371). Hierüber herrscht jetzt keine Meinungsverschiedenheit. Wo in den Lymphknoten aber diese Lymphocytenproduktion hauptsächlich vonstatten geht, ist fortwährend eine Streitfrage. Die FLEMMINGsche Lehre, daß die Sekundärknötchen Hauptbildungsstätten der Lymphocyten sind, wird von mehreren Forschern verteidigt, wenn sie auch gleichzeitig beinahe alle zugeben, daß die Sekundärknötchen auch eine Aufgabe in der Meinung HELLMANs in der Verteidigung gegen die Giftstoffe haben. Daß die Lymphocyten überall in dem lymphatischen Gewebe entstehen können, darüber besteht kein Zweifel. Einzelne Verfasser wollen aber die Lymphocytenproduktion allein oder hauptsächlich hierher verlegen und sehen in den Sekundärknötchen nur Reaktionsherde gegen Giftstoffe (s. später).

Die Lymphocytenproduktion in dem lymphatischen Gewebe wird wohl allgemein als sehr lebhaft und rege geschätzt, wobei man sich in erster Linie auf die kolossale Zuströmung der Lymphocyten in das Blut aus dem Ductus thoracicus stützt (z. B. YOFFEY 1931, 1932, 1933, HORII 1938). SJÖVALL (1936) ist aber bei seinen sehr exakten Untersuchungen über das Blut und die blutbildenden Organe (besonders das lymphatische Gewebe) des *Kaninchens* bei wiederholten Aderlässen zu der bestimmten Auffassung gekommen, daß die Lymphocytenproduktion innerhalb des lymphatischen Gewebes normalerweise ziemlich mäßig ist. „Durchweg hinterlassen die lymphatischen Blut- und Gewebsbilder einen deutlichen Eindruck von Inaktivität und Trägheit, der zu dem Bilde schäumender Energie, welches das erythropoetische System ausstrahlt, in besonderem Gegensatz steht." „Das lymphopoetische System hat normalerweise eine relativ gesehen geringe Umsetzung und seine Möglichkeit, gesteigerte Verluste an Lymphocyten zu kompensieren, ist also unbedeutend. Die Lebensdauer der Lymphocyten dürfte mit anderen Worten relativ lang sein." SJÖVALL glaubt daher eine Zirkulation von Lymphocyten im Organismus aus dem lymphatischen Gewebe durch das Blut nach den Geweben des Körpers und zurück zum Ausgangsort annehmen zu müssen. Er findet weiter bei seinen Untersuchungen nichts, was dafür spricht, daß die Sekundärknötchen etwas mit der Ausbildung von Lymphocyten zu tun haben (s. S. 239).

Ich will in diesem Zusammenhang anführen, daß auch LEVIN (1932), der 23 *Kaninchen* auf einmal $^2/_5$ ihrer Blutmenge entnahm und nach verschiedenen Zeitintervallen (bis zu 24 Tagen) untersuchte, keine Anhaltspunkte finden konnte, „die für eine stärkere Regeneration der Lymphocyten seitens der Lymphknoten sprachen". BISCHOFF (1930) untersucht unter anderem die Einwirkung von Blutverlusten auf die Milz. Seine Experimente sind aber allzu kompliziert, um eine klare Auskunft über das Verhalten des lymphatischen Gewebes geben zu können, und der Verfasser selbst zieht auch nur reservierte Schlüsse. HORII (1938) hat den Zellproduktionsgrad eines Lymphknotens experimentell untersucht und dabei auch den Lymphknoten selbst studiert. Er kommt dabei zu folgendem Resultat: „Für den Zellproduktionsgrad einer Lymphdrüse ist der Entwicklungsgrad des lymphatischen Gewebes der Drüse maßgebend, insbesondere ist der Entwicklungsgrad der Rindenknoten und Markstränge von Wichtigkeit. Dabei scheinen die sog. Keimzentren Flemmings eine relativ geringere Rolle zu spielen, ja haben sogar fast keine Bedeutung für die Zellproduktion."

Der Forscher, der in der Frage der Lymphocytenbildung der Flemmingschen Lehre am nächsten steht, ist Ehrich (1929, 1931). Er hat (s. S. 218) die Sekundärknötchen in vier verschiedene Erscheinungsformen eingeteilt. In bezug auf die Flemmingschen Sekundärknötchen weicht er etwas von der Auffassung Flemmings, wie sich die Lymphocyten hier verhalten, ab. Flemming wollte geltend machen, daß die kleinen Lymphocyten sich in dem zentralen Teil dieser Knötchen bildeten, worauf sie in die Peripherie getrieben und wo sie zunächst abgelagert wurden und die periphere dunkle Schale bildeten. Dann werden sie in die Lymphsinus weitergeführt, was alles durch „eine Art langsamer, zentrifugaler Druckmechanik" zustande kommt. Ehrich aber lehnt eine Ausbildung von kleinen Lymphocyten im Zentrum des Flemmingschen Sekundärknötchens ab, sondern hier sollen sich große und mittelgroße Lymphocyten ablagern, „die hier im Sinne einer Regeneration im Überschuß gebildet wurden". Sie liegen also hier in Reserve. Ehrich will seine Auffassung als Reservedepottheorie bezeichnen. Bei Bedarf wandeln sie sich nämlich schnell in kleine Lymphocyten um. Wir werden später (S. 248) finden, daß diese Auffassung von Hoepke aufgenommen wurde. Er spricht aber anstatt von einem Reservedepot von einer „Vorratwirtschaft" der Sekundärknötchen. Ehrich ist also, kann man sagen, nur über die Entstehungsweise der kleinen Lymphocyten in den Flemmingschen Sekundärknötchen anderer Auffassung als Flemming.

In allen den übrigen Formen der Sekundärknötchen geht nach Ehrich eine Produktion der kleinen Lymphocyten vonstatten. Seine soliden Sekundärknötchen bilden kleine Lymphocyten, seine Übergangssekundärknötchen, die gewöhnlich Auflösungsstadien sind, können plötzlich anfangen, wieder zu wachsen und kleine Lymphocyten zu produzieren, seine Pseudosekundärknötchen sind Ansammlungen von fertigen „Blutlymphocyten", die für die Auswanderung ins Blut durch die mit hohem Epithel ausgerüsteten Venen fertig sind.

Es erscheint dabei etwas eigentümlich, daß Ehrich sich so scharf gegen die Auffassung Flemmings wendet. Er sagt z. B.: „Während Flemmings Theorie somit abgelehnt werden muß, spricht nichts gegen meine Reservedepottheorie." Die Einwände, die Hellman gegen die Flemmingsche Theorie gemacht hat (*H.* S. 372), sind, setzt er fort, „in der Folgezeit zum größten Teil bestätigt worden"; er ist selbst teils mit diesen Einwänden in wichtigen Punkten einverstanden, teils hat er dieselben „um einige vermehren können". Es mag so sein; einige meiner Einwände können jedoch in gleichem Grade gegen Ehrichs Reservedepottheorie wie gegen die Flemmingsche Theorie gelten.

Ehrich hat auch (1929) durch subcutane und intravenöse Einspritzungen von abgetöteten Staphylokokken konstatieren können, daß dabei die Flemmingschen Sekundärknötchen in den Lymphknoten bzw. in der Milz allmählich zahlreicher und größer werden. Er setzt diese Untersuchungen mit etwas geänderter Fragestellung 1934, zusammen mit Voigt, fort. Sie finden, daß die Flemmingschen Sekundärknötchen bei Immunisierungen der *Tiere* zuerst verschwinden, d. h. die Zelldepots werden jetzt zur Ausbildung kleiner Lymphocyten benutzt; bei dem Abklingen der Reaktion treten sie wieder hervor und werden wieder Zelldepots. Die Zelldepottheorie Ehrichs wird also auch durch diese Experimente mit Bakterieneinspritzungen gestützt (S. 247).

Die zweite Hauptfunktion des lymphatischen Gewebes, ist die vor allem mit der Lymphe hereinkommenden Fremdkörper abzufiltrieren

(*H. S.* 373). Diesen Prozeß darf man sich aber nicht nur als eine einfache Filtration denken, sondern in der Regel tritt hierbei eine „biologisch-phagocytäre Tätigkeit" in den Vordergrund. Und unzweifelhaft treten, wenn es Giftstoffe der einen oder der anderen Art sind, auch mehr bedeutende Reaktionszustände des Gewebes ein, die ihrem Vordringen einen noch größeren Widerstand entgegensetzen. Hierbei werden sie auch, wie wir später näher erörtern wollen, bekämpft und in glücklichen Fällen vernichtet. Ein Immunisierungsprozeß stellt sich gleichzeitig ein.

Es ist durch zahlreiche Beobachtungen sichergestellt, daß nicht nur die Zellen der Lymphsinus bei dieser phagocytären Filtrierung in Tätigkeit treten, sondern auch die Zellen des lymphatischen Gewebes selbst.

Schon z. B. bei dem Fettstoffwechsel kann man beobachten, wie sowohl das Reticuloendothel der Lymphsinus wie die Reticulumzellen des eigentlichen lymphatischen Gewebes in lebhafter, phagocytotischer Wirksamkeit sind (DABELOW 1930 u. a.). Wenn es körperfremden Stoffen gilt (Vitalfarbstoffe, Ruß usw.), so wird diese phagocytäre Arbeit auch gleich hervorgerufen. Man findet bei der Einführung von solchen Stoffen durch die zuführenden Lymphgefäße, daß diese zuerst in dem Sinus im Anschluß an die Einmündungsstelle zurückgehalten werden, um dann in das nächstliegende lymphatische Gewebe hineinzukommen. Dasselbe gilt auch für die meisten anderen Fremdkörper (STÜBER 1934, DRINKER, FIELD und DRINKER 1934). Die Strömung folgt also nicht in erster Linie dem Verlauf der Sinus bei ihrem Weg durch den Lymphknoten, sondern es ist deutlich, daß sie durch die Wand des Marginalsinus in das lymphatische Gewebe geht, wobei auch kleine Körperchen und Partikeln mitfolgen (z. B. SAWELSOHN 1930 und SUCHOW 1930). Gewiß können sie auch und vielleicht in großer Ausdehnung von Makrophagen dorthin eingeführt werden. WÄTJEN und EILERS (1931) haben besonders die Kohlenstaubablagerung (Rußablagerung) in den Lymphknoten studiert, wobei sie finden, was auch durch *Tier*versuche bestätigt wurde, daß die Sinusspeicherung die primäre, die Reticulumspeicherung die sekundäre und endgültige Ablagerungsstelle bedeutet. Zu demselben Resultat kamen KUBO (1932) und KETTLER (1936) bei Versuchen mit anderen Substanzen. BAUM und GRAU (1938) geben an, daß die Lymphsinus kein geschlossenes Gefäßrohr bilden. Auf dem ganzen Wege durch den Lymphknoten treten Lymphe und etwa in ihr befindliche Fremdkörper und schädliche Stoffe durch die Öffnungen der Sinuswände ins Parenchym des Lymphknotens über.

Eine Eigentümlichkeit, die schon von RIBBERT, MAXIMOW u. a. hervorgehoben wurde, zeigen die Sekundärknötchen, indem ihre Reticulumzellen, im Gegensatz zu denen des lymphatischen Grundgewebes, bei vitaler Zufuhr von Farbstoffen keine nennenswerte Speicherung zeigen. Auch an dem Fettstoffwechsel nehmen sie in der Regel nicht wesentlich teil (JÄGER, DABELOW). JECKELN (1934/1935) arbeitet mit Carminspeicherung und findet, daß die Reticulumzellen der Sekundärknötchen des *Kaninchens* sich an der Speicherung gewöhnlich nicht beteiligen. Nur bei hochgetriebener Speicherung, sagt er, kann in vereinzelten Zellen eine sehr geringe Carminkörnelung erfolgen. Unter gewissen pathologischen Einflüssen kann die Speicherung dieser Zellen jedoch reichlich werden. In etwa gleicher Richtung äußert sich ASCHOFF (1939). Bei starker Speicherung findet er Farbstoff in den Sekundärknötchen. „Es steht", sagt er, „aber fest, daß sie viel schwächer gespeichert sind als die Reticulumzellen des lymphoiden Gewebes".

Ich war bei meiner vorigen Darstellung über diese Frage (*H. S.* 375) bemüht, Angaben in der Literatur zu finden, welche zeigen könnten, daß die Fremdkörperchen, also auch die Bakterien, von dem peripheren Sinus direkt in die

Rindensubstanz des Lymphknotens eingeführt werden und nicht durch die Lymphsinus weitergeführt werden. Denn hier, wo die Sekundärknötchen in erster Linie auftreten, spielte sich meines Erachtens die hauptsächliche Reaktion des Lymphknotens gegen Giftstoffe ab. Viele Beobachtungen, die für eine solche Einlagerung sprachen, fand ich, aber keine direkt darauf gerichteten Untersuchungen. Die oben referierten Arbeiten scheinen mir jedoch eine recht gute Stütze dafür zu sein, daß man sich einen solchen Transport denken muß, wenn auch die Prozesse, wenn sie Giftstoffen gelten, nicht so einfach vor sich gehen, wie in denselben dargestellt ist.

Was übrigens „die Filtration" der Bakterien durch die Lymphknoten betrifft, die früher so viel diskutiert wurde (*H.* S. 374), so erkennt man jetzt allgemein ihre bedeutende Effektivität. So heben z. B. Drinker, Field und Ward (1934) hervor, daß die normalen Lymphknoten einen so hohen Grad der Filtrationsfähigkeit von Mikroorganismen besitzen, daß, wenn man einen Körperteil mit einer Infektion von Beginn an ruhigstellt, so gut wie keine Mikroorganismen durch die regionären Lymphknoten durchdringen.

Ich stellte also (1919, 1921) die Theorie auf, daß die Sekundärknötchen den morphologischen Ausdruck für die Funktion des lymphatischen Gewebes gegen eindringende entzündliche und toxische Reizstoffe darstellen. Ich brauche hier nicht näher auf diese Theorie einzugehen, denn teils habe ich in *H.* S. 377 die hauptsächlichen Gründe angegeben, auf welche ich dieselbe stütze, teils habe ich hier S. 214 darzustellen versucht, wie und unter welchen Bedingungen die Sekundärknötchen ausgebildet werden.

In diesem letzten Dezennium haben meine Mitarbeiter und ich durch mehrere Arbeiten versucht, diese Theorie weiter aufzubauen und zu stützen. Alle diese Arbeiten folgen einem gemeinsamen Plan, der uns erlauben sollte, das Verhalten der Sekundärknötchen von verschiedenen Gesichtspunkten studieren zu können. Wir wollten einen näheren Einblick in das Auftreten und die Ausbildung dieser Bildungen erhalten, um dadurch auch der Frage über ihre Funktion näherzukommen. Daher will ich hier zuerst über diese unsere Arbeiten im Zusammenhang Bericht erstatten.

Der Grund für unsere späteren experimentellen Forschungen wurde durch eingehende morphologische Studien gelegt. Alle diese habe ich in *H.* erwähnt und in meinem Referat auf der Anatomenversammlung in Leipzig 1938 zusammengefaßt. Schon alle diese morphologischen Untersuchungen scheinen mir ganz bestimmt gegen die Auffassung, daß die Sekundärknötchen Hauptbildungsplätze der Lymphocyten sind, zu sprechen; sie stützen dagegen alle die Auffassung, daß sie Reaktionsherde sind, wo die in das lymphatische Gewebe eingedrungenen Giftstoffe vernichtet werden.

Bei unseren experimentellen Forschungen haben wir zuerst die „Schutzfunktion" des lymphatischen Gewebes, dann auch die hämatopoetische Funktion dieses Gewebes erprobt und die Veränderungen in dem Gewebe hierbei so exakt wie möglich bestimmt. Zuletzt haben wir dieses Gewebe nach totalem Wegfall der antibakteriellen und antibakteriotoxischen Funktion studiert.

Die Erprobung der „Schutzfunktion" des lymphatischen Gewebes gab unmittelbar sehr interessante Resultate. A. und H. Sjövall (1930) spritzen B. pyocyaneus, Rudebeck (1932) Staphylokokken in relativ geringer Menge auf der einen Seite in das tributäre Gebiet des Popliteallymphknotens bei einer Anzahl *Kaninchen* ein, wonach die beiden Popliteallymphknoten nach verschiedenen Zeitintervallen untersucht und die Menge ihrer verschiedenen Gewebsteile mit genauen quantitativen Methoden bestimmt wurden. Auch andere Lymphknoten, wie auch die Milz, wurden in Arbeit genommen. Das Resultat war in beiden Fällen gleichartig und die Hauptergebnisse zeigten, daß die Sekundärknötchen in den Lymphknoten der eingespritzten Seite bei der Höchstleistung die der anderen Seite in der Regel an Anzahl um Hunderte übertrafen; der

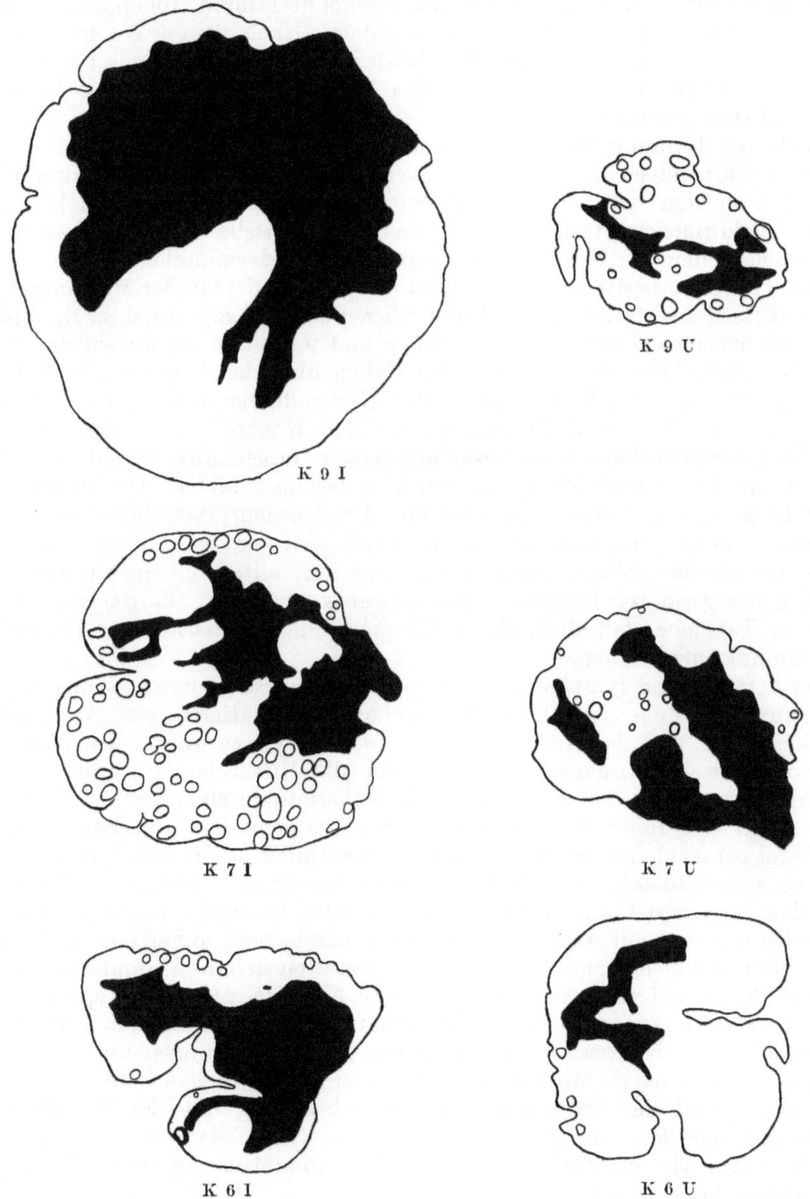

Abb. 18. Konturzeichnungen eines zentralen Schnittes der beiden Popliteallymphknoten nach Einspritzung von B. pyocyaneus in das tributäre Gebiet des einen Lymphknotens. [Nach A. u. H. SJÖVALL (1930), Abb. 9, S. 275.] Erwachsene Tiere (Alter etwa 7 Monate). I infizierter und U uninfizierter Lymphknoten.

K 9. Zeit nach der Infektion 7 Tage. Anzahl der Sekundärknötchen I= 10, U=172.
K 7. „ „ „ „ 18 „ „ „ „ I=939, U=234.
K 6. „ „ „ „ 29 „. „ „ „ I=128, U= 87.

Höhepunkt in dieser Hinsicht wurde erst nach etwa 10 Tagen erreicht. In den ersten Tagen nach der Einspritzung stellte sich aber eine akute Schwellung des Lymphknotens mit Abnahme der Anzahl oder Verschwinden der Sekundärknötchen ein. Dann bildete sich in dem abschwellenden Lymphknoten diese große Menge der Sekundärknötchen aus. Sie konnten ihren Höhepunkt in dieser Hinsicht schon nach etwa 10 Tagen erreichen. Nach etwa 4 Wochen war die Reaktion ausgelöscht (Abb. 18). Die Reaktion war in den Lymphknoten der gespritzten Seite streng lokalisiert; das übrige lymphatische Gewebe wurde nicht merkbar beeinflußt.

Auch bei Immunisierungsversuchen findet man dasselbe. Hellman und White (1930) haben *Kaninchen* intravenös gegen Paratyphus immunisiert. Die *Tiere* wurden teils bei verschiedenen, teils, und zwar hauptsächlich, bei hohen Agglutinationstitern getötet. Das lymphatische Gewebe in den verschiedenen Teilen des Körpers wie auch die Sekundärknötchengewebe wurden quantitativ genau bestimmt. Die Reaktion war besonders in der Milz ausgeprägt und stellt sich am stärksten bei älteren *Tieren* ein. Es zeigte sich z. B., daß bei den immunisierten *Tieren*, die zwischen 8 und 9 Monate alt waren, die Menge des Sekundärknötchengewebes in allen Fällen über das Doppelte, in 3 Fällen über das Dreifache im Verhältnis zu den Kontroll*tieren* ausgebildet war. Und bei *Tieren* zwischen 1—2 Jahren, wo bei den Kontroll*tieren* kein Sekundärknötchengewebe vorhanden war, was übrigens in diesem Alter beinahe die Regel ist, war eine bedeutende Menge solchen Gewebes ausgebildet. Die Menge dieses Sekundärknötchengewebes zeigt sogar ein Mittelgewicht, das über dem Gewicht der ganzen weißen Milzpulpe bei den Kontroll*tieren* lag, was um so bemerkenswerter ist, als das Sekundärknötchengewicht normaliter nur einen unbedeutenden Teil des gesamten lymphatischen Gewebes ausmacht. Es ist ja auch eine bekannte Tatsache, daß ältere *Tiere* sich gewöhnlich am besten zur Herstellung der Immunkörper eignen.

Bei dem übrigen lymphatischen Gewebe war diese Immunisierungsreaktion der Sekundärknötchen aber nicht ganz sicher zu konstatieren, was wohl dadurch zu erklären ist, daß das Antigen intravenös eingespritzt wurde, wodurch unter den lymphatischen Organen in erster Linie die Milz belastet wurde.

Wenn man einem *Tiere* eine Menge Diphtherietoxin einspritzt, die bald zum Tode des *Tieres* führt, was man bei den experimentellen Untersuchungen in der Regel gemacht hat, so findet man hauptsächlich die in dem lymphatischen Gewebe ausgebildeten Sekundärknötchenzentren ganz in Nekrose. Wenn man aber das Diphtherietoxin in kleinen Dosen gibt, besonders nachdem man das Versuchs*tier* zuerst mit Anatoxin allergisch gemacht hat, so daß eine Diphtherietoxinimmunität sich ausbilden kann, dann gestalten sich die Veränderungen ganz anders. Bei derartigen Untersuchungen beim *Kaninchen* fand Österlind (1938), daß die Sekundärknötchen hierbei in lebhafteste Arbeit eintreten. Ihre Menge und Größe wird bedeutend vermehrt, was genaue Zählungen und Messungen zeigten, und zahlreiche Mitosen kamen in den großen, hellen Zentren vor. Die Neubildung und die Größenzunahme derselben ging mit der Zunahme der Immunität parallel. Im großen und ganzen waren die Veränderungen von derselben Art wie die, die ich oben bei der Immunisierung gegen Paratyphus beschrieben habe.

Alle diese Versuche sind also Erprobungsversuche der Schutzfunktion des lymphatischen Gewebes gegen Giftstoffe, und sie haben alle die Auffassung bestätigt, die sich schon durch morphologische Studien mit großer Wahrscheinlichkeit ergab, daß die Sekundärknötchen „Reaktionsherde" gegen Giftstoffe allerlei Art sein müssen.

In diesem Zusammenhang will ich über ein interessantes Resultat meiner morphologischen Untersuchungen berichten. Seit langem ist man darüber klar, daß die Sekundärknötchen gewöhnlich im frühen Alter deutlicher, reichlicher und besser ausgebildet sind als im späteren Alter. Meine quantitativen Untersuchungen über die menschliche Milz (1926) zeigen indessen, daß die Sekundärknötchen sowohl an Zahl wie an Größe schon vor dem 10. Lebensjahre ihren stark ausgeprägten Höhepunkt erreichen, während die weiße Milzpulpe (die lymphatischen Arterienscheiden) erst etwa mit 20 Jahren voll ausgebildet ist. Dies zeigt nochmals, daß die Sekundärknötchen eine bestimmte Sonderstellung in dem lymphatischen Gewebe einnehmen. Dieser Höhepunkt in der Ausbildung der Sekundärknötchen fällt mit der Zeit zusammen, in welcher die Verteidigungsarbeit des Körpers normaliter gegen die gewöhnlichen Giftstoffe am stärksten ist, weshalb während dieser Zeit die hauptsächlichste Immunisierungsarbeit gegen solche Giftstoffe vor sich geht. Auch diese Beobachtung zeigt, daß die Sekundärknötchen im Dienste der Ausbildung der Immunität stehen müssen.

Wie verhalten sich die Sekundärknötchen, wenn die lymphocytenproduzierende Funktion des lymphatischen Gewebes in Anspruch genommen wird? H. SJÖVALL (1936) hat dies durch wiederholte Aderlässe beim *Kaninchen* studiert (S. 233). Die Eingriffe wurden so angepaßt, daß die Wachstumskurven der *Tiere* nicht gestört wurden, was unmittelbar folgen würde, wenn man die Blutentziehung allzu schnell oder allzu kräftig durchführt. Unter letzteren Verhältnissen muß man immer mit einer Gewichtsabnahme des Tieres und mit einer beginnenden akzidentellen Involution des lymphatischen Gewebes rechnen, durch die Resultate der Untersuchung nicht eindeutig und klar hervortreten können. Die Anzahl der Lymphocyten im Blute wurde bei diesen SJÖVALLschen Versuchen um ein Viertel vermindert, der Hämoglobingehalt des Blutes wurde zu etwa 50% herabgesetzt, die Lymphocyten im lymphatischem Gewebe etwas rarifiziert. Trotzdem also eine bedeutende Mehrbelastung der Lymphocytenproduktion zustande gekommen war, waren die Sekundärknötchen unverändert, sowohl quantitativ wie qualitativ. Diese Untersuchung zeigt also, daß die Reaktionszentren nichts mit der Lymphocytenproduktion zu tun haben.

Den ausschlaggebenden Beweis — ich glaube, daß ich so sagen kann — hat GLIMSTEDT (1936) geliefert. Es ist ihm gelungen, nach vieljähriger Arbeit *Meerschweinchen* bakterienfrei aufzuziehen. Bei diesen *Tieren* fällt also die ganze bakterielle und bakteriotoxische Einwirkung weg. In dem lymphatischen Gewebe dieser *Tiere* gibt es im Gegensatz zu den Kontroll*tieren* keine Sekundärknötchen, keine soliden und keine FLEMMINGschen (Abb. 19, 20, 21). Sie verhalten sich also wie die neugeborenen *Tiere*, die noch nicht von den Insulten der Außenwelt getroffen sind.

Die Sekundärknötchen gehören also zu der Funktion des lymphatischen Gewebes, die gegen Stoffe, die in dasselbe eindringen, gerichtet ist.

Sind die Sekundärknötchen also Reaktionsherde gegen in das lymphatische Gewebe eindringende toxische Stoffe, so muß man auch die herdförmigen Bildungen, welche beim Eindringen von Tuberkelbacillen in dem lymphatischen Gewebe entstehen können, als mit den gewöhnlichen Sekundärknötchen analoge Bildungen betrachten.

Die Untersuchungen, die ich über diese Frage angestellt habe, und die ich leider verhindert bin, weiterzuführen, sind in Verh. dtsch. Anat. Ges. in Leipzig 1938 publiziert und ich will hier nur auf das, was ich dort gesagt habe, hinweisen. Es gibt, scheint mir, mehrere Umstände, die darauf hinweisen, daß man die tuberkulösen Knötchen, die in dem lymphatischen Gewebe auftreten, als durch den spezifischen Einfluß des Tuberkelgiftes modifizierte Sekundärknötchen, also Reaktionsherde auffassen kann.

In diesem Zusammenhang will ich auf die interessanten Beobachtungen von z. B. FINKELDAY (1931) und später von WEGELIN (1937) erinnern. Es gibt bei Masern im Prodromalstadium oder bei Ausbruch des Exanthems vor allem „in den Keimzentren der

Lymphfollikel" Riesenzellen, die man als spezifisch für Masern betrachten kann. Nicht weniger als 16 Fälle sind bisher beschrieben worden. Es ist ja möglich, daß wir hier

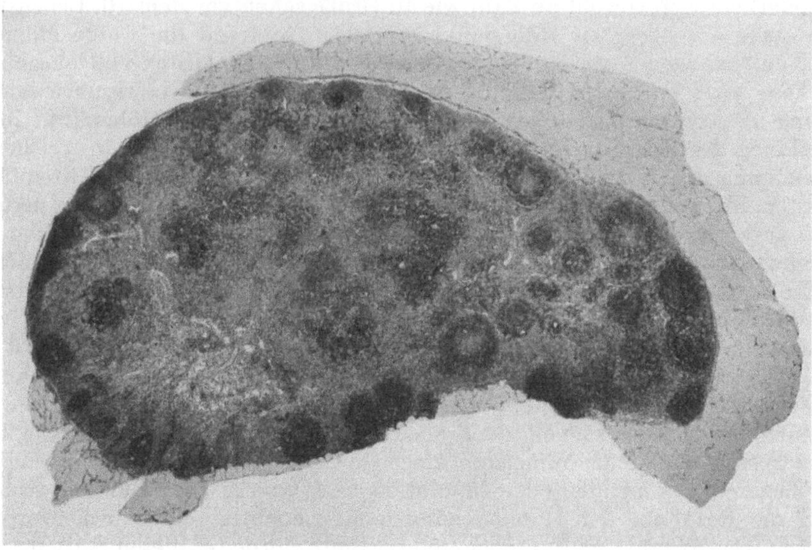

Abb. 19. Cervicaler Lymphknoten eines künstlich mit sterilisierter Nahrung, aber außerhalb des bakterienfreien Käfigs aufgezogenen *Tieres*. Alter 60 Tage. Zahlreiche Sekundärknötchen teils von Flemmingschem Typus, teils von solidem Typus. Färbung nach Kardos-Pappenheim. Vergr. 37/1. [Nach Glimstedt (1936), Fig. 39, S. 233.]

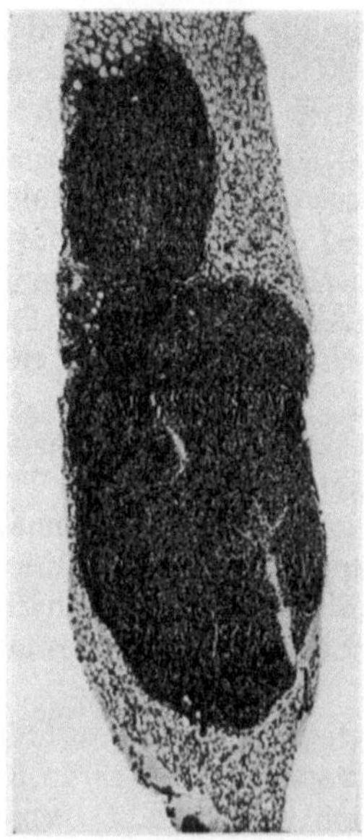

Abb. 20. Cervicaler Lymphknoten eines künstlich mit sterilisierter Nahrung in bakterienfreiem Milieu aufgezogenen *Tieres*. Alter 28 Tage. Keine Sekundärknötchen. Färbung: Azur-Eosin. Vergr. 37/1. [Nach Glimstedt (1936), Abb. 35, S. 229.]

Abb. 21. Cervicaler Lymphknoten eines künstlich mit sterilisierter Nahrung in bakterienfreiem Milieu aufgezogenen *Tieres*. Alter 60 Tage. Keine Sekundärknötchen. Färbung nach Kardos-Pappenheim. Vergr. 37/1. [Nach Glimstedt (1936), Abb. 40, S. 233.]

Sekundärknötchen-Reaktionsherde haben, die durch das spezifische Maserngift modifiziert sind. Solche Reaktionsherde hat man unter anderem in den Tonsillen, im Appendix und in den mesenterialen Lymphknoten gefunden.

Aus allen diesen Untersuchungen geht, scheint es mir, ohne geringsten Zweifel hervor, daß die Sekundärknötchen Reaktionsherde im Dienste der Verteidigung des Körpers gegen Giftstoffe sind. Sie dienen auch als Immunisierungsstätten. Mit der Lymphocytenbildung für den allgemeinen Bedarf des Körpers haben sie nichts zu tun.

Ich bin der bestimmten Auffassung gewesen, daß man in dem lymphatischen Gewebe zwischen zwei Zellensystemen, nämlich dem reticuloendothelialen System und dem Lymphocytensystem, scharf trennen müßte (*H.* S. 311). Die Hauptaufgabe des ersteren war, gegen Stoffe verschiedener Art, die in das lymphatische Gewebe eindringen, in Funktion zu treten; für das letztere war die Hauptaufgabe, für die mannigfachen Bedürfnisse unseres Körpers Lymphocyten zu produzieren. Bei dieser Auffassung war es natürlich, daß ich auch in den jungen, großen, basophilen Zellen der Sekundärknötchen, die im allgemeinen als mittelgroße und große Lymphocyten aufgefaßt werden, hauptsächlich von dem Reticuloendothel stammende Zellen sah. Ich habe aber niemals verneint, daß lymphocytäre Zellen auch in der Mittelpartie des Sekundärknötchens vorkommen; die kleinen Lymphocyten sind ja dort nicht selten auch bei dem Höchststadium der Sekundärknötchenentwicklung zu sehen. Besonders die GLIMSTEDTschen Untersuchungen scheinen uns gelehrt zu haben, daß die Lymphocyten wichtige Teilnehmer in der Verteidigungsfunktion gegen Giftstoffe sind (S. 206). Es besteht daher vielleicht kein Hindernis dagegen, daß auch diese zentralen basophilen Zellen teilweise lymphocytäre Zellen sein können. Ohne weitere eingehende zellenmorphologische Studien (S. 221) kann diese differentialdiagnostische Frage nicht entschieden werden. Wenn es sich aber hier teilweise um lymphocytäre Zellen handelt, so ist es unter allen Umständen sicher, daß sie hier nur im Dienste der Verteidigung arbeiten. Die Lymphocytenproduktion für den Bedarf des Körpers muß außerhalb der Sekundärknötchen vor sich gehen.

Es geht aus diesen Untersuchungen auch hervor, daß die Sekundärknötchen beim Eindringen von Giftstoffen, die durch die Lymphbahnen den Lymphknoten zugeführt werden, entstehen. Und diese Giftstoffe stammen gewiß in der Regel direkt oder indirekt von der Außenwelt. Man kann auch ohne Zweifel sagen, daß die Sekundärknötchen vorzugsweise und im allgemeinen auf diese Weise hervorgerufen werden. Aber ebenso sicher ist, daß sie auch bei der Zufuhr der Giftstoffe zu den Lymphknoten in der Blutbahn entstehen können. Man braucht nur auf die Sekundärknötchen im lymphatischen Gewebe der Milz hinzuweisen. Eine solche Zufuhr kommt aber sicherlich gar nicht in derselben Ausdehnung wie durch die Lymphgefäße vor.

Das wird einem durch folgende Überlegungen ganz klar, die ich in einem Vortrag in Wiesbaden 1935 dargelegt habe. Die Giftstoffe, die uns täglich bedrohen, sind vor allem Bakterien und ihre Toxine. Die Bakterien müssen alle, um für unseren Körper schädlich zu werden, ihren Weg durch unsere Haut und unsere Schleimhäute finden, wo sie in erster Linie subepithelial den Verteidigungskräften des Körpers ausgesetzt sind. Wenn sie von diesen in ihrem Vordringen nicht gehindert werden, nehmen sie mit wenigen Ausnahmen ihren Weg durch die Lymphgefäße zu den regionären Lymphknoten. Wenn sie auch dieses Abwehrorgan überwinden, dringen sie auf den Lymphbahnen noch weiter, wobei aber neue Lymphknoten ihnen etappenweise Widerstand leisten. Erst wenn alle diese Verteidigungswerke überwunden sind, kommen die Bakterien in größerer Menge ins Blut hinein, eine allgemeine Infektion stellt sich ein. Wenn wir von unseren gewöhnlichen allgemeinen Infektionskrankheiten absehen, ist ein solcher Ausgang jedoch selten. In der Regel werden die Bakterien größtenteils innerhalb des Lymphgefäßsystems zurückgehalten und gehen allmählich innerhalb desselben zugrunde.

Dasselbe gilt, nach allem zu urteilen, auch von den Toxinen der Bakterien. Bei lokalen Infektionen, die uns so oft im täglichen Leben treffen, kommt ohne Zweifel in gewisser Ausdehnung ein Toxinübergang ins Blut vor, aber die klinische Erfahrung hat uns gelehrt, daß die toxischen Symptome bei denselben in der Regel nur unbedeutend sind. Die ernsten Intoxikationen, die Toxikämien, sind ungewöhnlich.

Wir müssen annehmen, daß auch endogene Gifte beim Eindringen in das lymphatische Gewebe eine Sekundärknötchenbildung hervorrufen können. Im allgemeinen kommen wohl diese Gifte durch die Blutgefäße hinein. Hierüber wissen wir jedoch wenig. Nur bekannt z. B. ist, daß das lymphatische Gewebe bei gewissen innersekretorischen Krankheiten (z. B. Morbus Basedowi, M. Addisoni) nach allem zu urteilen hypertrophiert. Aber wie sich die Sekundärknötchen hierbei verhalten, ist nicht erforscht.

Die Lehre, daß die Sekundärknötchen nur von eingedrungenen Giftstoffen hervorgerufene Reaktionsherde sind, wird auch in späterer Zeit von einigen Forschern geteilt. Die meisten Forscher nehmen aber die vermittelnde Stellung von Aschoff und Wätjen ein. Sie geben also zu, daß die Sekundärknötchen als Reaktionsherde in meinem Sinne funktionieren können, daß sie jedoch auch lymphocytenproduzierende Herde für den Bedarf des ganzen Körpers sind.

Heilmann (1931) tritt in einer neuen Arbeit wieder ganz für meine Auffassung ein. Dasselbe tut Harangy (1934, 1935), denn „das Keimzentrum besteht aus wuchernden Reticulumzellen, und Zeichen der Lymphocytenbildung fehlen oft gänzlich". Gregoire (1931) findet nach Einverleibung von verschiedenen Antigenen (lebenden und abgetöteten Keimen, Toxinen usw.) eine Vergrößerung und Vermehrung der „Keimzentren" und hebt als ein Resultat seiner Arbeiten hervor: „Diese Ergebnisse erbringen einen Beweis für die Richtigkeit der Hellmanschen Theorie, daß die Keimzentren Reaktionsorte gegen die in das lymphoide Gewebe eindringenden Reizstoffe sind."

In seiner großen konstitutionsanatomischen Arbeit (1932) sagt Hammar: „Es scheint mir.... auf der Hand zu liegen, daß die von Flemming vor bald 50 Jahren auf das Vorkommen zahlreicher Mitosen begründete Lehre von diesen Follikeln als Keimzentren unserem gegenwärtigen Wissen auf dem Gebiete nicht entspricht. Ich brauche hierauf nicht näher einzugehen, sondern kann in dieser Hinsicht auf die von Hellman veröffentlichte Kritik hinweisen. Die vom letzterwähnten Autor vertretene Auffassung von den Sekundärfollikeln als Reaktionsherden gegen infektiöse und toxische Einflüsse hat hingegen durch experimentelle Untersuchungen von ihm und seinen Schülern eine so kräftige Stütze erfahren, daß man zu der Annahme berechtigt scheint, daß die Bedeutung der fraglichen Gebilde in der von ihm angegebenen Richtung zu suchen ist."

Röhlich (1930, 1933) betont, in dem hellen Teil der hellen Mitte der Sekundärknötchen „die morphologische Basis für die Hellmansche Hypothese gefunden zu haben", denn „dieser Teil vergrößert sich unter pathologischen Verhältnissen sehr stark und verdrängt den aus Mesolymphocyten bestehenden Teil vollständig". Die Sekundärknötchen sind „allem Anschein nach Reaktionszentren". In der verschiedenen Verteilung der Zellen der hellen Mitte sieht er, wie früher erwähnt, eine Stütze dafür, daß sie „wenigstens nicht in erster Linie unter dem Einfluß der Lymphe, sondern unter demselben des Blutes" stehen. „Die Veränderungen, welche als Reaktion zu betrachten sind (massenhaftes Auftreten der Reticulumzellen, ihre Vakuolisation und Plasmavergrößerung, Auftreten von verschiedenen acido- und basophilen Körnchen usw.) sind dort am auffälligsten, wo das Zentrum mit Blutgefäßen versorgt ist, d. h. im hellen Teil."

MILLER (1932) studiert eine große Anzahl menschlicher Lymphknoten, die er teils von Sektionen gewann, teils operativ im Anschluß an Ventrikeloperationen für Carcinoma und Ulcus ventriculi erhielt. Er fand in den untersuchten Sektionsfällen, wenn es sich nicht um leichte, chronische Inflammationsprozesse handelte, in den Lymphknoten nach einem Alter von 30 Jahren keine oder nur spärliche „aktive Sekundärknötchen". Diese allgemeine Beobachtung, die er also bei durch Krankheiten gestorbenen Individuen gemacht hat, muß jedoch, wie ich später (S. 251) hervorheben will, mit größter Kritik aufgenommen werden. Bei Cancer und Ulcus ventriculi findet er dagegen in den regionären Lymphknoten des Ventrikels auch bei Fällen im Alter über 30 Jahre beinahe ausnahmslos, in 98,2%, aktive Sekundärknötchen. „Diese Knötchen" sagt er, „müssen also durch den pathologischen Prozeß hervorgerufen sein, was dafür spricht, daß die Sekundärknötchen ‚Reaktionszentren' (in der Meinung HELLMANs) sind". Die Ursache für diese lokale Ausbildung reichlicher Sekundärknötchen muß man unzweifelhaft in den genannten lokalen pathologischen Prozessen suchen.

Bei Untersuchungen über die menschlichen Tonsillen kommt ZÄH (1937) zu dem Schluß, daß „die kleinen Lymphocyten gewöhnlich im lymphatischen Grundgewebe gebildet werden". Nur bei besonders verstärkter Anforderung können die Zentren zu gewissen Zeiten und an bestimmten Stellen die Lymphocyten bilden. „Die Entstehung der Sekundärknötchen .....wird ausgelöst durch von außen wirkende Reize, denen im gewöhnlichen Lebensablauf kein Körper entgeht. Dadurch entstehen zunächst große, helle Zentren, welche im histologischen Schnitt keinerlei Anhalt für eine Lymphzellbildung bieten, und die als besonders für schnelle spezifische Reaktionen geeignete Strukturmodifikationen des lymphatischen Gewebes anzusehen sind. Man muß aus ihrem Verhalten gegen gewisse Gifte und aus ihrem Vorkommen in bestimmten Teilen des lymphatischen Systems schließen, daß sie eine entgiftende Funktion besitzen."

Bei Untersuchungen an 154 Kindern in dem 1. und 2. Lebensjahr, wovon die meisten jedoch an verschiedenen Krankheiten gestorben waren (S. 251), glaubt GRIESHAMMER (1937) herauslesen zu können, daß die Funktion des lymphatischen Gewebes sowohl in der Abwehr von Schädlichkeiten besteht, wie auch weitgehend mit der Ernährung und den mit ihr verbundenen Stoffwechselvorgängen verbunden ist.

Der Forscher, der als Resultat seiner Untersuchungen der Lehre von den Sekundärknötchen als Reaktionsherde am nächsten kommt, ist v. ALBERTINI. Er sieht wie ich in den „FLEMMINGschen Keimzentren", womit er jedoch nur die zentrale Partie des Sekundärknötchens meint, Schutzvorrichtungen gegen Giftstoffe. In anderen Beziehungen gehen aber unsere Meinungen weit auseinander.

v. ALBERTINI ist zu diesen Resultaten gekommen teils durch Untersuchungen über die Einwirkung von Röntgenbestrahlung auf das lymphatische Gewebe in Übereinstimmung mit dem Verfahren von HEINEKE, teils durch Einspritzen von verschiedenen giftigen Substanzen wie Arsenik, Blei und Quecksilber in die Blutbahn.

Bei Röntgenbestrahlung wurde nach v. ALBERTINI der Lymphocytenbestand sowohl der Sekundärknötchen als des lymphatischen Gewebes diffus zur Nekrose gebracht. Beim Wiederaufbau bildeten sich neu entstehende Lymphocyten in dem lymphatischen Gewebe aus, die Sekundärknötchen wurden durch eine Einwanderung von Lymphzellen aus der Umgebung restituiert. Sie nahmen also nicht an der Neubildung der Lymphocyten teil.

Bei der Einspritzung der genannten Giftstoffe ins Blut findet v. Albertini nur die Zentren der Sekundärknötchen in Nekrose. Das lymphatische Gewebe zeigte keine solchen Veränderungen, wenn die Giftdosen nicht allzu stark waren. Die Schlußsätze, zu welchen v. Albertini durch diese seine Experimente kommt, gebe ich am besten in seiner eigenen Zusammenfassung wieder. In einer Arbeit, zusammen mit Gasser und Wuhrmann (1934), hebt er als das Resultat ihrer Untersuchungen folgendes hervor:

1. „Die Hauptbildungsstätte der Verbrauchlymphocyten ist das lymphatische Grundgewebe und nicht die Flemmingschen Keimzentren."

2. „Die Flemmingschen Zentren sind Schutzvorrichtungen des lymphatischen Gewebes gegenüber hämatogen zugeführten, gelösten Lymphocytengiften. Dies aber nicht im Sinne von Hellman zum Schutze des Gesamtorganismus gegen die Vergiftung, sondern zum Schutz des sehr sensiblen lymphatischen Gewebes selbst."

3. „Die funktionelle Hauptleistung der Lymphocyten äußert sich, wie wir vermuten, in der Beseitigung gewisser Gifte. Wird der Körper von solchen überschwemmt, so steigt der Lymphocytenverbrauch. Das lymphatische Gewebe wird darauf mit einer vermehrten Lymphocytenproduktion antworten, sofern es genügend reaktionsfähig ist. Da aber gerade die gesteigerte Lymphocytenbildung durch die toxische Schädigung gefährdet ist, braucht das lymphatische Bildungsgewebe (Grundgewebe) Schutzvorrichtungen, welche wir in den Zentren (Giftschutzzentren, Flemmings Keimzentren, Hellmans Reaktionszentren) erkannt haben."

Im Anschluß an die Untersuchungen v. Albertinis hat Iseli (1932) 6 bis 8 Tage alten *Meerschweinchen*, bei welchen also noch keine Sekundärknötchen ausgebildet sind, reichlich Arsenik eingespritzt, wonach die *Tiere* nach 7 bis 10 Stunden untersucht wurden. Das Resultat war eine ausgedehnte diffuse Schädigung des ganzen Gewebes, was er als eine Stütze für die Auffassung v. Albertinis, daß die Sekundärknötchen Schutzeinrichtungen für das lymphatische Gewebe selbst sind, anführt. Iseli findet bei kleinen, wiederholten Dosen keine Entwicklung von Flemmingschen Sekundärknötchen.

Von Albertini ist so stark an die Auffassung, daß die Abwehrreaktionen der Sekundärknötchen nur gegen durch die Blutbahn hineinkommende Gifte gerichtet sind, gebunden, daß er 1932 sagt: „An zahlreichen Beispielen könnte man die Hellmansche Annahme, daß eindringende Bakterien Reaktionen der Zentren auslösen, als irrtümlich widerlegen", und weiter: „Eine Abwehrreaktion gegen die in den Organismus eindringenden exogenen Schädlichkeiten durch die Zentren kommt nicht in Frage."

Aus den Darstellungen v. Albertinis (1932, 1936) geht weiter hervor, daß er damit rechnet, daß zu jeder Zeit in dem lymphatischen Grundgewebe ausgebildete „Lymphknötchen" an bestimmten Plätzen vorhanden sind. Die Zentren bei den Giftreizungen entstehen also in diesen präformierten Bildungen. Die Zentren zeigen während der Zeit ihres Daseins verschiedene Umwandlungen. Der ganze Umwandlungszyklus von ihrer Entstehung bis zu ihrem Verschwinden kann in relativ kurzer Zeit ablaufen, bei einigen Versuchen in 60 Stunden. Und diese „Zentren" sind bei gesunden Individuen, also normaliter, in der Regel nicht vorhanden. In einem Vortrag 1936 sagt v. Albertini zu seinen Zuhörern: „Sie haben, sofern Sie gesund sind, in Ihrem lymphatischen Apparat keine Flemmingschen Zentren mehr, abgesehen von einigen Stellen chronischer Reizung, wie z. B. in den Tonsillen."

Diese Auffassung v. Albertinis hat, soweit ich in der Literatur gefunden habe, keinen größeren Anklang gefunden. Es gibt nur zwei Verfasser, die in den Sekundärknötchen Reaktionsherde vorzugsweise gegen hämatogen zugeführte Giftstoffe sehen. Der eine ist Rotter (1927), der also diese Meinung äußerte, bevor v. Albertini seine Arbeiten veröffentlicht hatte, der andere ist Röhlich (1933). Der letztere will in der Verteilung der Zellen in der hellen Mitte der „Reaktionszentren" eine Stütze dafür sehen, daß diese,,wenigstens nicht in erster Linie unter dem Einfluß der Lymphe, sondern unter demselben des Blutes stehen" (S. 242).

Was v. Albertini „Lymphknötchen" nennt, ist nur eine Ausbildungsphase der Sekundärknötchen. Diese Sekundärknötchen haben keine präformierten Bildungsplätze, sondern sie können überall in dem lymphatischen Gewebe entstehen (Dabelow 1939, Conway 1938). Bei der Beurteilung seiner Versuche rechnet, soweit ich verstehen kann, v. Albertini damit, daß die „Zentren" sich erst auszubilden beginnen, wenn die Giftstoffe, die er ins Blut hineinspritzt, in das lymphatische Gewebe hineinkommen. In diesem Falle muß also die Ausbildung derselben schnell vor sich gehen, wenn die Zentren eine Zeitlang funktionieren sollen, bevor sie dem Untergang verfallen. Und v. Albertini gibt uns auch ein Schema, das einen sehr schnellen Umwandlungszyklus der Zentren von ihrer Entstehung bis zu ihrer Rückbildung zeigt (S. 215). Jeckeln (1932/33) findet aber z. B., daß beim Einspritzen von Toxinen ins Blut in größerer Menge der Zerfall dieser Zellen gewöhnlich schon nach wenigen Stunden seinen Höhepunkt erreicht hat, was auch ich auf Grund eigener nicht publizierter Experimente mit der für die *Tiere* etwa tödlichen Dosis bestätigen kann.

Weiter scheint der Zellenuntergang beim Zuführen der Giftstoffe durch die Blutgefäße nicht in so hohem Grade auf die Flemmingschen Sekundärknötchen begrenzt zu sein, wie es v. Albertini gefunden hat. Sowohl Ickowicz (1936), der mit Arsenik arbeitete, wie auch Wätjen und Reimann (1937), die Diphtherietoxin bei ihren Experimenten brauchten, bestätigten allerdings im ganzen die Beobachtungen v. Albertinis, finden aber, daß die Abwehrfunktion, die er den Flemmingschen Sekundärknötchen zuschreibt, sehr fakultativ ist, denn auch das lymphatische Grundgewebe zeigt gleichzeitig dieselbe Reaktion wie die Knötchen. Der Unterschied ist, sagt Ickowicz, daß die Flemmingschen Sekundärknötchen schneller und auf kleinere Giftdosen reagieren als der übrige Teil der Rinde und das Mark.

Ickowicz hebt auch gegen eine Behauptung von Iseli (1932) hervor, daß kleine Giftdosen eine Herausbildung von Sekundärknötchen hervorrufen. Kleine Arsendosen haben „eine mitogenetische Wirkung". Daß dies der Fall ist, zeigen auch sehr deutlich die Untersuchungen mit Diphtherietoxin von Österlind (1938), die S. 238 referiert sind. Die Sekundärknötchen bildeten sich in diesem Falle erst allmählich aus. Was schließlich die Behauptung betrifft, daß normaliter keine Flemmingschen Sekundärknötchen in dem lymphatischen Gewebe vorkommen, so kann diese nicht richtig sein. Gewiß können sie manchmal ganz fehlen, und dies besonders bei älteren Individuen, gewöhnlich sind sie jedoch vorhanden, wenn auch in verschiedenen Fällen in verschiedener Menge, was schon v. Ebner deutlich hervorgehoben hat. Ich habe nur einen einzigen Verfasser, Miller (1932), gefunden, der eine andere Auffassung hegt. Er hebt als eine allgemeine Beobachtung hervor, daß, wenn es sich nicht in den untersuchten Sektionsfällen um leichte, chronische Inflammationsprozesse handelt, die „aktiven Sekundärknötchen" im Alter von über 30 Jahren nicht oder nur spärlich in den Lymphknoten vorhanden sind. Es muß jedoch hervorgehoben werden, daß MILLER diese Beobachtungen an gewöhnlichem Sektionsmaterial, also an infolge Krankheiten gestorbenen Individuen, gemacht hat (S. 243 und S. 251).

Die Einwendungen, die ich selbst gegen die Auffassungen von v. ALBERTINI zu machen habe, will ich schließlich hier darlegen. Es ist ohne Zweifel so, daß die „regionären" Lymphknoten eine Hauptaufgabe darin haben, daß sie vielerlei Stoffe, die von ihrem tributären Gebiet in sie hineinkommen, aufnehmen und bearbeiten, was späterhin MOTTURA (1937) hervorhebt. Geben wir dieses zu, so müssen wir auch gestehen, daß die Sekundärknötchen im allgemeinen und in erster Linie als Reaktionsherde gegen auf den Lymphwegen zugeführte Giftstoffe zu betrachten sind. Es liegen auch so viele Beweise für diese Auffassung vor, daß kein Zweifel darüber bestehen kann. Es scheint mir daher kaum nötig zu sein, um die Behauptung von v. ALBERTINI, daß die Sekundärknötchen Reaktionsherde nur gegen hämatogen zugeführte Giftstoffe sind, zu widerlegen, auf mehr Arbeiten als z. B. auf die von A. und H. SJÖVALL (1930), RUDEBECK (1932) und DABELOW (1939) hinzuweisen (S. 236 bzw. 223 und Abb. 12 S. 223). Aus diesen geht mit Deutlichkeit hervor, daß, wenn Giftstoffe in das tributäre Gebiet eines Lymphknotens eingeführt werden, diese in dem regionären Lymphknoten eine große Menge neugebildeter Sekundärknötchen, größtenteils FLEMMINGsche Sekundärknötchen, gegen sich als Abwehr erregen. Und daß die Giftstoffe direkt durch die Lymphgefäße zugeführt werden müssen und nicht durch einen eventuellen Umweg durch die Blutgefäße zu dem Lymphknoten kommen, dafür zeugt genügend die Tatsache, daß die Reaktion nur in dem in Frage stehenden regionären Lymphknoten zu konstatieren ist. A. und H. SJÖVALL und RUDEBECK untersuchten sowohl verschiedene andere Lymphknoten wie auch die Milz, ohne eine Zunahme der Sekundärknötchen irgendwo in dem lymphatischen Gewebe außerhalb des regionären Lymphknotens finden zu können.

Wenn wir nun weiter bedenken, daß Giftstoffe täglich durch unsere Haut und unsere Schleimhäute hineinkommen und durch die Lymphgefäße direkt dem regionären lymphatischen Gewebe zugeführt werden, so muß immer eine kleinere oder größere Anzahl der Sekundärknötchen auf verschiedenen Plätzen in verschiedenen Entwicklungsstadien vorhanden sein. Und oft müssen sie als mehr oder minder wohl ausgebildete FLEMMINGsche Sekundärknötchen auftreten.

Wenn wir jetzt, wie v. ALBERTINI es tut, Metallgifte oder Bakterientoxin in so großer Menge ins Blut eines *Tieres* einspritzen, daß dasselbe in kurzer Zeit stirbt, so finden wir also, daß die Giftstoffe in dem lymphatischen Gewebe einen Zellenuntergang hervorgerufen haben, der in erster Linie die FLEMMING-schen Sekundärknötchen trifft. Es ist dies, meiner Meinung nach, so zu erklären, daß die in dem lymphatischen Gewebe schon früher vorhandenen, gegen andere Giftstoffe ausgebildeten Reaktionsherde, Sekundärknötchen, die nach DABELOW mit einem Knäuel von neugebildeten, feinen Blutcapillaren versehen sind, jetzt in erster Linie von den Giftstoffen angegriffen werden. Hierbei werden die in diesen liegenden zahlreichen, erst vor kurzer Zeit ausgebildeten Zellen leichter geschädigt und zum Zerfall gebracht als die übrigen Zellen. Eine solche Erklärung ist schon von OERTEL im Jahre 1887 gegeben.

Wenn wir also zugeben müssen, daß die Abwehrherde, die Sekundärknötchen, in erster Linie, um nicht in der Regel zu sagen, gegen die durch die Lymph-bahnen eindringenden Giftstoffe ausgebildet werden, so folgt ohne weiteres, daß sie nicht nur „zum Schutz des sehr sensiblen lymphatischen Gewebes selbst" dienen. Denn durch diese Abwehr in dem lymphatischen Gewebe werden die Giftstoffe verhindert, sich auf die Lymphwege weiter auszubreiten, sie werden wenigstens auf einige Zeit aufgehalten. Wir sehen ja, wie eine Infektion schon bei dem regionären Lymphknoten glücklicherweise in der Regel halt macht oder wenn nicht, wie ihr Vordringen erst etappenweise vor sich geht, um auch jetzt im besten Falle stehen zu bleiben und zurückzugehen bevor sie den Weg ins Blut gefunden hat. Es gibt wohl kaum einen Kliniker, der dieser Behauptung widersprechen will. Die Sekundärknötchen müssen wir also in erster Linie als Verteidigungseinrichtungen für unseren ganzen Körper bezeichnen.

Unter mehreren Arbeiten, die zeigen, daß die Lymphknoten, wie andere lymphatische Gewebe, beim Einführen von Antigen in den Körper schnell und in größerer Menge als andere Gewebe Immunkörper bilden, will ich hier nur auf folgende aufmerksam machen (vgl. übrigens *H.* S. 379—380):

McMaster und Huddack (1935) spritzten intracutan verschiedene abgetötete Bakterienkulturen bei *Mäusen* ein und konnten eine Ausbildung von Agglutininen in den regionären Lymphknoten zeigen. Das Antigen wird zu dem regionären Lymphknoten transportiert, sagen sie, und dort zurückgehalten. So nimmt es nicht wunder, „daß da, wo das Antigen selbst bleibt, auch Antikörper in hoher Konzentration gebildet werden können". McMaster und Kidd (1936, 1937) spritzten beim *Kaninchen* Vaccine intradermal ein. Auch dieses Virus wird zu den regionären Lymphknoten geführt, und am 4. Tag kann man eine Antikörperbildung konstatieren. Es zeigt sich auch, daß die Antikörper ohne Zweifel zuerst in den Lymphknoten gebildet werden. Bis zum 7. Tag ist der Lymphknotenextrakt stärker antitoxisch als das Serum. Die Verfasser sind nach ihren Untersuchungen davon überzeugt, daß die der klinischen Vaccination folgende Immunität größtenteils von in den Lymphknoten gebildeten Antikörpern abzuleiten ist.

Murakami (1936) konstatiert, daß bei lokaler Infektion rasch eine Antikörperbildung zuerst in dem regionären Lymphknoten stattfindet und daß „der Antikörpergehalt in der ausfließenden Lymphe vor dem im Blut den Vorrang einnimmt". Eine Entwicklungskurve der Sekundärknötchen der Milz, die mit der Agglutinintiterkurve parallel ging, fanden Ehrich und Voigt (1934) bei intravenösen Staphylokokkeninjektionen (S. 234), und sie fragen sich daher, ob die Sekundärknötchen Antikörper ausbilden. Sie glauben einen solchen Schluß „deshalb nicht ziehen zu dürfen, weil es sich ja möglicherweise um eine Parallelreaktion und nicht um eine Abhängigkeit der Antikörper von den Keimzentren handelt". Ihre Resultate sind jedoch, mit denen von Hellman und White (1930) und Österlind (1938) verglichen, sehr interessant.

Hoepke hat in einer größeren Zahl von Arbeiten die Sekundärknötchen und ihr Verhalten besonders zu der Ernährung studiert.

Was die Funktion der Sekundärknötchen betrifft, so teilte er im Anfang die Auffassung von Aschoff, Wätjen u. a., daß sie normaliter als lymphocytenproduzierende Herde arbeiten, wie sich es Flemming gedacht hat, daß sie aber bei „Reizungen" diese ihre Funktion einstellen und eine Abwehrfunktion im Sinne Hellmans aufnehmen. Seine Untersuchungen haben ihn aber dazu geführt, diese Auffassung im wesentlichen Grade zu modifizieren. Er ist immer mehr zu der Überzeugung gekommen, daß die Sekundärknötchen „überwiegend Keimzentren" sind. Er gibt aber auch jetzt zu, daß es manchmal auch „Reaktionszentren" in der Meinung Hellmans gibt, was jedoch ein „Ausnahmezustand" ist. Auch während dieser Abwehrtätigkeit ist, sagt er, die Keimung selten ganz eingestellt.

Hoepke will zuerst (1931) das lymphatische Gewebe, das sich in Ruhe befindet, untersuchen. Er wählt daher zu diesen Untersuchungen die winterschlafenden *Tiere, Igel* und *Fledermäuse*. Gewiß findet er, daß sich auch während des Winterschlafes eine Reihe von Veränderungen abspielen; von größter Bedeutung ist jedoch seiner Meinung nach, daß diese nicht von Bakterien und Toxinen hervorgerufen werden können. Denn während des Winterschlafes, sagt er in seinen ersten Arbeiten, fehlt der tägliche Kampf gegen diese Giftstoffe. Diese seine Auffassung muß er jedoch später dahin ändern, daß er auch in dem Winterschlaf ein gewisses Eindringen von Giftstoffen zugibt. Es ist ja auch von den Entomologen gezeigt worden, daß wenigstens der *Igel* mit einer ungeheuren Menge blutsaugender Parasiten ausgerüstet ist.

Hoepke studiert gleichzeitig, wie sich das lymphatische Gewebe verhält, wenn das *Tier* geweckt wurde, in Bewegung kam, Ernährung zu sich nahm usw. Diese vorläufige Untersuchung wurde durch einige größere Arbeiten von Hoepke (1933), Peter (1933) und Roemer (1933) durchgeführt.

Das Resultat war, daß man während des Winterschlafes sowohl solide als Flemmingsche Sekundärknötchen fand. Beim Erwachen und bei den nachfolgenden Bewegungen usw. traten in dem lymphatischen Gewebe zahlreiche und große Flemmingsche Sekundärknötchen auf. Dies wurde so gedeutet, daß die beiden Sekundärknötchenformen der Lymphocytenproduktion dienen, die soliden bilden diese Zellen „auf kürzestem Wege", die Flemmingschen Sekundärknötchen in einem ruhigeren Tempo. „Zwischen Reticulum und kleinen Lymphocyten, zwischen Anfangs- und Endstufe, werden Schichten größerer Zellen eingeschaltet, die erst dann in kleine Lymphocyten umgewandelt werden, wenn der Organismus ihrer bedarf. Solide Knötchen decken einen augenblicklichen, dringenden Bedarf an kleinen Lymphocyten. Große Knötchen mit Zentren arbeiten auf lange Sicht." Es gibt hier, was Hoepke eine „Vorratwirtschaft" nennt — also eine Auffassung, die ganz mit der „Reservedepottheorie" von Ehrich übereinstimmt (S. 234).

Nach diesen Untersuchungen ging Hoepke dazu über, das Verhalten des lymphatischen Gewebes bei saurer und basischer Ernährung zu studieren, was er auch zusammen mit einigen Schülern eifrig durchgeführt hat (Hoepke 1935, 1938, Hoepke und Grundies 1935, Hoepke und Peter 1936, Esser 1937 und Hoepke, Hempfling und Desaga 1938). Er teilte *Igel* in zwei Gruppen und fütterte die eine Gruppe „mit überwiegend basischer", die andere „mit überwiegend saurer Nahrung". Die Nahrung war „nicht rein basisch oder rein sauer zusammengesetzt, denn die *Tiere* sollten so natürlich wie nur irgend möglich ernährt werden". So erhielt die basisch ernährte Gruppe „Kartoffeln, Bananen, Feigen und Magermilch, in der Kandiszucker und Na. bicarb. gelöst waren". Die sauer ernährte Gruppe „wurde mit Fleisch, Fett, Butter, Eigelb und Wasser ernährt, dem 1% Ammoniumchlorid zugesetzt war". „Die *Tiere* fraßen das Futter außerordentlich gern, die basisch ernährten *Tiere* geradezu begierig." Die Freßlust war sogar so groß, „daß die *Tiere* in die Milchschale hineinwateten, um mehr zu bekommen". „Nach 3 Wochen stellt sich aber bei den basisch ernährten *Tieren* eine völlige Appetitlosigkeit ein, sogar saure Nahrung wurde verweigert. Die sauer ernährten *Tiere* dagegen fraßen bis zu ihrer Tötung ununterbrochen gut." Die histologische Untersuchung zeigte: Bei den basisch ernährten *Tieren* war Bildung, Ausschüttung und Untergang kleiner Lymphocyten im Anfang außerordentlich stark. Nach dieser „Überanstrengungsperiode" (Hoepke und Grundies 1935) wurde das Gewebe im großen und ganzen lahmgeschlagen. „Bei den sauer ernährten *Tieren* war diese Leistung des Lymphgewebes gering, die Bildung mittelgroßer und großer Lymphocytenformen dagegen äußerst stark."

Dann gehen Hoepke, Hempfling und Desaga (1938) zu Versuchen mit saurer und basischer Ernährung bei der weißen *Maus* über. „Die verfütterte

Nahrung war die gleiche, wie sie von HOEPKE und GRUNDIES an *Igel* verfüttert war", sagen sie, was ich aber nicht finden kann. Die Nahrung der *Igel*
ist oben nach HOEPKE (1933) angegeben (dieselben Angaben, aber in etwas
mehr detaillierter Form, sind bei HOEPKE und GRUNDIES zu finden). Die
basisch ernährten *Mäuse* erhielten dagegen „neben Hafer, den die *Mäuse* als
Nagetiere unbedingt brauchen, Milch, der auf 100 g 1% Na. bicarbon. und
2% brauner Kandiszucker zugesetzt war". Die sauer ernährten *Tiere* „wurden
mit Hafer und Haferflocken, hin und wieder mit Käse und Speck gefüttert.
Dazu Wasser mit 1% Ammoniumchlorid".

Die histologische Untersuchung zeigte so mannigfaltige Bilder, daß die
Deutung „nicht einfach war". Sie glaubten jedoch sagen zu können, „daß
das gesamte Lymphgewebe der basisch ernährten *Mäuse* auf Zurückhaltung
kleiner Lymphocyten aus dem Blut, dasjenige sauer ernährter *Tiere* auf deren
Ausschwemmung eingestellt ist". Es war also hier bei den *Mäusen* ein Resultat
zu verzeichnen, wonach die basische und saure Ernährung eine ganz entgegengesetzte Wirkung zeigte wie bei den *Igeln*.

Die Selbstversuche von ESSER (1937) sagen uns gar nichts über die Funktion
der Sekundärknötchen. Wir dürfen jedoch nicht nur auf Vermutungen bauen.
Wenn die Tonsillen bei „saurer Ernährung" etwas deutlicher im Rachen hervortreten, wie ESSER es findet, so können wir jedoch nicht daraus schließen, daß
dies darauf beruht, daß mittelgroße und große Lymphocyten sich in denselben
ansammeln, auch wenn das Blut gleichzeitig eine mindere Anzahl der Lymphocyten zeigt, und ebensowenig können wir, wenn die Tonsillen bei „basischer
Ernährung" nicht so deutlich als früher im Rachen zu sehen sind, dies auf
eine Ausschwemmung der Lymphocyten aus den Tonsillen zurückführen, auch
wenn wir im Blute eine größere Anzahl Lymphocyten finden. Übrigens ist
die Anzahl der im Blut kreisenden Lymphocyten nicht unbedingt ein Index
für die Arbeit des lymphatischen Gewebes (z. B. WIESEMANN 1931, u. a.).

Gehen wir aber zu den früher erwähnten Säure-Basenversuchen zurück,
so ist es ja möglich, daß die Nahrung, die den basisch ernährten *Igeln* geboten
wurde, „solche Stoffe enthielt, die das *Tier* auch sonst zu sich nimmt". Der
Igel ist aber „überwiegend Fleischfresser, frißt daneben aber Früchte, Samen
und Hühnereier" (HOEPKE und GRUNDIES 1935). Die Nahrung, die sie erhielten, war jedenfalls für sie keine gewöhnliche Nahrung, und man muß sich
fragen, ob dieselbe wirklich eine geeignete und genügende Nahrung war. Zuerst stellte sich das ein, was man als Heißhunger bezeichnen kann, dann eine
völlige Appetitlosigkeit. Die *Tiere* konnten ja mit dieser Nahrung das Leben
überhaupt nicht fristen. Diesen Zustand der *Tiere* kann man daher wahrscheinlich so erklären, daß sie schon von Anfang an die gebotene Nahrung nicht
verwerteten, bis schließlich durch die Appetitlosigkeit ein Hungerzustand ein-
trat. Das Experiment muß daher unphysiologisch gewesen sein. Es liegt
nahe anzunehmen, daß sowohl das lymphatische Gewebe, wie auch der Thymus,
bei diesem Zustand allmählich in eine akzidentelle Involution eingetreten sind,
was Größenabnahme und Zellenuntergang mit sich geführt hat. Die Experiment-
resultate sind daher so kompliziert geworden, daß man nicht feststellen kann,
was von der basischen Nahrung und was von dem Hungerzustand hervorgerufen ist.

Die „saure Ernährung", die mit den gewöhnlichen Lebensbedingungen der
Tiere im ganzen übereinstimmt, scheint dagegen die *Tiere* in guten Ernährungszustand zu bringen, weshalb es nicht wundern kann, daß das lymphatische
Gewebe die ganze Zeit ein gutes Arbeitsvermögen aufweist, und dies gewiß
auch im Dienste der Abwehr gegen die Giftstoffe.

In den *Mäuse*experimenten ist die Ernährung in den beiden Gruppen hauptsächlich auf die für diese *Tiere* gewöhnliche Hafernahrung basiert. Säure-Basen-Einstellung wurde hauptsächlich durch Salze besorgt. Die histologische Untersuchung zeigte große Schwankungen in den Bildern beider Gruppen und ihre Deutung war offenbar schwierig. Die basisch ernährten *Tiere* zeigten aber keinen Zellenuntergang, sondern vielmehr Zellenaufbau.

Daß die Ernährung von der größten Bedeutung für den Zustand des lymphatischen Gewebes ist, darüber braucht man nicht zu diskutieren. Wir wissen, wie z. B. bei Unterernährung das lymphatische Gewebe relativ schnell einer Involution anheimfällt und wie diese Involution beim Hungern hochgradig werden kann. Es ist natürlich, daß ein solches Gewebe allmählich in seiner Funktion im großen und ganzen lahmgelegt wird. Und daß anderseits das lymphatische Gewebe, wie wohl überhaupt alle Gewebe, bei guter Ernährung seine Funktion am besten erfüllen kann, darüber bestehen wohl keine Zweifel. Auch die Funktion der Sekundärknötchen gegen Giftstoffe wird gewiß von dem Ernährungszustand abhängig sein. Bei guter Ernährung wird der Kampf leichter, bei schlechter schwieriger durchgeführt.

Zuletzt hat Lompe (1937) es durch Wägungen verschiedener Lymphknotengruppen bei der *Ratte* sehr wahrscheinlich gemacht, daß sie in der Regel bei gemischter bzw. fleischlicher Nahrung etwas größer sind als bei pflanzlicher Rohkost.

Schließlich muß ich gestehen, daß ich auch in vielen anderen Beziehungen den Auseinandersetzungen Hoepkes nicht folgen kann. Schon bei der Anatomenversammlung in Breslau (1931) sagte ich nach einem Vortrag von Hoepke: „Solche Bilder, wie sie Herr Hoepke hier gezeigt hat, habe auch ich mehrmals gesehen. So weitgehende Schlüsse betreffend die Zellarten, die Bewegungen der Zellen und den Übergang von der einen Zellart in die andere habe ich jedoch nicht zu ziehen gewagt." Und diese meine Einstellung habe ich später keinen Anlaß zu ändern gehabt.

Als ein Beispiel dafür, was Hoepke sich getraut entscheiden zu können, will ich folgendes anführen (Hoepke 1933, S. 446): „Es" (d. h. ein Sekundärknötchen) „enthielt in der innersten Schicht ... 2, in der mittleren 47, im Mantel 25, zusammen 74 Mitosen. In der innersten Schicht waren es Reticulumzellen, die sich mitotisch teilten, in der mittleren Schicht 26mal Reticulumzellen und 20mal Lymphzellen, 1mal ein kleiner Lymphocyt. Im Mantel gehörten die Mitosen 5mal Reticulumzellen, 19mal Lymphzellen und 1mal einem kleinen Lymphocyten zu." Solche Detailangaben sind wohl nicht möglich, nach dem, was die Literatur über die Mitosen des lymphatischen Gewebes (z. B. Ellermann, Heiberg, Petri) uns gelehrt hat.

Hoepke hat unsere „Abwehrtheorie" mehrmals kritisiert, und im großen und ganzen können wir sagen, daß seine Kritik damit endet, daß das, was wir gefunden haben, mit seiner Basen-Säuretheorie erklärt werden kann. So sagt er z. B. (1939): „Wenn nach Einspritzung von Bakterien Reaktionszentren auftreten, so können sie genau so gut durch die bei den meisten Infektionen auftretende Azidose hervorgerufen sein." Dazu will ich nur bemerken, daß diese oft nach Hunderten zählenden neuen Sekundärknötchen, die bei subcutanen Einspritzungen von Bakterien entstehen (Abb. 18, S. 237), nur in den regionären Lymphknoten zu finden sind. Die postulierte Azidose muß also auch auf diese Lymphknoten begrenzt sein, was wohl nicht möglich ist.

Über die Untersuchungen an bakterienfreien *Tieren* von Glimstedt sagt Hoepke gleichzeitig: „Auch Glimstedt hat ... nicht bewiesen, daß Reaktionszentren nur auftreten, wenn schädigende Noxen vorhanden sind. Einmal sind in mehreren Milzen doch Zentren aufgetreten, ohne daß Bakterien da waren. Zweitens war über den Basen-Säuregehalt des Futters nichts bekannt." Und außerdem gibt HOEPKE z. B. 1933 an, daß solide Knötchen in dem lymphatischen Gewebe der bakterienfreien *Tiere* vorhanden waren.

Woher HOEPKE diese Angaben über das Vorhandensein der Sekundärknötchen bei den bakterienfreien *Tieren* GLIMSTEDTs geholt hat, ist mir unverständlich. GLIMSTEDT (1936) gibt jedoch sehr deutlich an, und macht daneben durch Mikrophotographien klar (hier als Abb. 19—21 S. 240 wiedergegeben), daß er bei seinen bakterienfreien *Tieren* überhaupt keine Sekundärknötchen weder in den Lymphknoten noch in den Milzen gefunden hat. Wenn er dabei die soliden Knötchen nicht besonders nennt, kann wohl dies nicht bedeuten, daß solche vorhanden sind.

Gewiß hat GLIMSTEDT keine Angaben über den Basen-Säuregehalt des Futters geliefert. Er hat aber, was besser ist, Kontroll*tiere* gehabt, die durch Kaiserschnitt wie die Experiment*tiere* gewonnen wurden, und die mit ganz derselben sterilen Kost, also mit Futter desselben Basen-Säuregehalts, und unter denselben Bedingungen wie die Experiment*tiere* aufgezogen wurden. Der einzige Unterschied zwischen diesen Kontrollgruppen und den Experiment*tieren* war, daß die *Tiere* in dieser Kontrollgruppe Luft, die nicht sterilisiert war, einatmeten. Und doch fanden sich bei diesen *Tieren* in der Regel reichliche Sekundärknötchen (Abb. 19), bei den bakterienfreien in allen Fällen kein einziges (Abb. 20 u. 21). Dies kann also, nach menschlichem Ermessen, nicht durch Verschiedenheiten in dem Basen-Säuregehalt bedingt sein. Ich glaube also, daß die Arbeit von GLIMSTEDT beweist, daß „Reaktionszentren" nur auftreten, wenn schädigende Noxen vorhanden sind und daß man diese Arbeit also, wie ich es früher getan habe, als ein Experimentum crucis bezeichnen kann.

Was HOEPKE und GRUNDIES (1935) meinen, wenn sie die Vermutung aussprechen, daß, „wenn es GLIMSTEDT gelingen sollte, seine *Tiere* noch längere Zeit", also mehr als 60 Tage, „steril zu ernähren, dann wird er in den Knötchen auch ‚Reaktionszentren' finden", verstehe ich nicht.

HOEPKE hat uns auch in einigen anderen Punkten mißverstanden; darauf kann ich aber hier nicht eingehen.

In meiner Darstellung habe ich ein paarmal hervorgehoben, daß die Schlüsse über normale Verhältnisse, die von einem Material aus an verschiedenen Krankheiten gestorbenen Individuen gezogen werden, mit großer Kritik aufgenommen werden müssen; ich nenne hier z. B. die Arbeiten von NORDMANN (S. 209), GRIESHAMMER (S. 243) und MILLER (S. 243). Es ist klar, daß wir bei solchem pathologischen Leichenmaterial kein Recht haben, das lymphatische Gewebe, oder sagen wir hier die Lymphknoten jemals als „normal" zu betrachten. Denn, wenn auch keine in die Augen fallenden Veränderungen vorhanden sind, so muß doch jede Krankheit, die so ernst ist, daß sie zum Tode führt, mehr oder weniger die Lymphknoten verändern. Die Faktoren, die auf dieselben dabei einwirken können, sind auch so vielerlei, wie Krankheitsdauer, Ernährung, Bakterien, Toxine usw., so daß es ganz unmöglich ist zu unterscheiden, was von dem einen oder dem anderen Faktor abhängig ist. Es bieten sich also sehr große Schwierigkeiten in der Beurteilung der Beobachtungen an einem solchen Material dar und etwas Sicheres können wir daraus niemals herauslesen.

Wann können wir also die Lymphknoten als „normal" ansehen? Wir können es bei Individuen, die in voller Gesundheit plötzlich durch Unfall gestorben sind, und wo die Obduktion keinen Anlaß zum Verdacht anderer pathologischer Veränderungen, die auf das lymphatische Gewebe vielleicht hätten einwirken können, gibt.

Was ich hier gesagt habe, scheint mir so verständlich zu sein, daß man darauf nicht aufmerksam machen brauchte. Wir begegnen jedoch stets

Verfassern, die diese grundsätzlichen Thesen nicht gebührend berücksichtigen. Ich will hier eine Arbeit von Millbourn (1931) referieren, die uns einen guten Einblick in die berührten Verhältnisse gibt und von welcher wir also nicht wenig.zu lernen haben.

Als ich meine Arbeit vor allem über das lymphatische Gewebe der Milz bei 100 durch Unfall in voller Gesundheit getöteten Individuen durchgeführt hatte, wollte ich gern kennenlernen, wie sich dasselbe in diesem Organ bei Krankheiten verhielt. Millbourn übernahm diese Arbeit und untersuchte etwa 100 Milzen von an Krankheiten (hauptsächlich Infektionskrankheiten) gestorbenen *Menschen*, wobei er die Ausbildung der verschiedenen Teile der Milz mit denselben exakten Methoden, die ich angewandt hatte, bestimmte. Durch Studium der Krankheitsgeschichten konnte er auch in jedem Falle eine gute Orientierung über Krankheitsverlauf, Krankheitsdauer, Ernährung usw. erhalten. Ich kann hier vorausschicken, daß bei dieser zeitraubenden Arbeit sehr wenig Sicheres herauskam. Ich lasse ihn hier selbst über seine Resultate die Sekundärknötchen betreffend, berichten.

„Es zeigt sich mit ziemlich großer Sicherheit“, sagt er, „daß der Hunger einen nicht geringen Einfluß auf die Ausbildung der Sekundärknötchen ausübt. Während eines Hungerzustandes können diese reduziert werden bzw. ganz verschwinden oder ihre Neubildung und Entwicklung in größerem oder geringerem Grade verhindert werden.“

„Bei Infektionskrankheiten findet man nicht selten reichliche und große Sekundärknötchen, aber auch das Gegenteil. Dieses letztere tritt so oft ein, daß Fälle ohne oder mit geringer Menge Sekundärknötchen häufiger in meinem pathologischen als in Hellmans normalem Material sind. In gewissen Fällen sieht es aus, als habe ein gleichzeitig vorhandener Hunger oder ein sehr heruntergesetzter Kräftezustand zu der ausgebliebenen oder mäßigen Sekundärknötchenentwicklung beigetragen, in anderen Fällen kann die Sekundärknötchenentwicklung bei einer Infektion sehr reichlich sein, trotz gleichzeitigem, hochgradigem Hunger. In anderen Fällen ist aber die Sekundärknötchenentwicklung eine unbedeutende, trotz kräftiger Infektion und Abwesenheit eines nachweisbaren Hungers. Die Verhältnisse sind so verwickelt, daß irgendwelche allgemeine Schlüsse nicht gezogen werden können, auch wenn man davon ausgeht, daß Hunger und Infektion um ihre Ausbildung kämpfen, wie das in bezug auf das lymphatische Gewebe der Fall ist.“

„Eine andere Erklärung dieser Unregelmäßigkeiten kann man darin suchen, daß der Sekundärknötchenzustand, den wir beim Tode vorfinden, nur einen zufälligen Zustand in der Milz angibt; der Sekundärknötchenbestand kann wenigstens zeitweise während des Verlaufes der zum Tode führenden Krankheit ein ganz anderer gewesen sein, und dann ohne Zweifel als Regel ein bedeutend kräftiger. Wir finden, konnte man sagen, beim Tode am häufigsten einen während des Verlaufes der zum Tode führenden Krankheit stark reduzierten Sekundärknötchenbestand, nurmehr ausnahmsweise den reichlichen Sekundärknötchenbestand, den wir, nach allem zu urteilen, bei einer Infektionskrankheit zu erwarten hätten.“

Die Beteiligung der Lymphknoten an der Fettverdauung ist jetzt eingehender erforscht. Die Auffassung, die sich nach den Untersuchungen von Poulain, Stheemann, Dabelow und Jäger immer mehr geltend machte (*H.* S. 381), daß die Lymphknoten eine größere Bedeutung für den Fettstoffwechsel haben müßten als man früher gedacht hatte, ist durch Untersuchungen von Dabelow (1931), Lommartzsch (1931), Azuma (1931) und

MENNITI (1932) weiter gestützt und bestätigt worden. Man hat zeigen können, daß sie Organe sind zur Vorbereitung der inneren Fettverdauung, daß sie Assimilationsorgane sind, die sowohl dem Nahrungsfett wie dem Gewebefett zu Gebote stehen. Besonders DABELOW (1930, 1931) hat durch seine eingehenden Untersuchungen diese Frage aufgeklärt. Das Fett, welches mit dem Chylus die mesenterialen Lymphknoten passiert, wird in diesen von den Reticulumzellen reichlich gespeichert. Während dieses Vorganges treten, ähnlich wie bei der vitalen Speicherung kolloidaler Farbstoffe, zahlreiche Makrophagen aus dem syncytialen Reticulumverbande heraus, die übrigen schwellen stark an. Das teilweise freie, teilweise von diesen Zellen gespeicherte Fett verschwindet später allmählich wieder. Was das Fett selbst betrifft, so verläßt dieses den Lymphknoten sowohl morphologisch als färberisch verändert. Der Mesenterialknoten zeigt nicht nur in der Verdauung, sondern auch nach langen Hungerpausen einen sehr reichen Fettgehalt und intensive celluläre Speicherung. Sie nehmen auch an dem Abbau des Körperfettes teil. Der periphere Lymphknoten zeigt auch normaliter sowohl freies als intracelluläres Fett. „Im normalen Hunger" (DABELOW) zeigen sie nur in wenigen Fällen eine größere Menge fettspeichernde Zellen als gewöhnlich. Wird dagegen der Fettabbau intensiv gesteigert, werden also wesentlich größere Fettmassen mobilisiert, so treten regelmäßig auch in ihnen mehr fettspeichernde Zellen auf. Die Zellen in den Chylusgefäßen haben nach BAKER (1933) nichts mit dem Fetttransport zu tun.

Die Resultate der Untersuchung von MENNITI (1932) bestätigen in den behandelten Punkten die DABELOWschen. LOMMARTSCH (1931) findet eine Einlagerung von Fett in dem Marginalsinus und in dem Lymphsinus des Markes der Mesenteriallymphknoten des *Schweines* in diffuser emulsionsartiger Form, was er als eine Resorption beim Fettstoffwechsel deutet.

Über die Beteiligung der Lymphknoten an dem Eiweiß- und Kohlenhydratstoffwechsel ist wenig bekannt. FRANZ (1937) fütterte 8 *Igel* sofort nach dem Erwachen aus dem Winterschlaf mit *Hühner*eiweiß, was zu einer fortschreitenden Entfaltung des lymphatischen Gewebes führte. ANDREASEN (1939) will gezeigt haben, daß ein ausgesprochener Abbau und Schwund der Lymphocyten, also eine Rarefizierung des ganzen lymphatischen Gewebes bei Proteininanition eintritt. Er stellt daher die Hypothese auf, daß die Lymphocyten eine nutritive Bedeutung für den Organismus haben; sie stellen ein Eiweißstoffdepot von hoher biologischer Bedeutung dar. SHIMADA (1933) findet, wie früher gesagt, eine wechselnde Glykogeneinlagerung in allen Zellen des Lymphknotens.

Das Verhalten des lymphatischen Gewebes bei Vitaminstoffwechsel ist noch nicht in nennenswerter Ausdehnung studiert und es scheint mir allzu frühzeitig zu sein, auf diese Frage hier einzugehen. Ich will nur auf die Arbeiten von z. B. UOTILA und SIMOLA (1937), HAMMAR (1938), ACKERMANN (1938) und SCHUDY (1939) hinweisen.

Hämolymphknoten, wie bei gewissen *Tieren*, gibt es beim *Menschen* nicht [z. B. KUBO (1932) und ASCHOFF (1939)]. Blutfüllung in dem Lymphsinus und Untergang der roten Blutkörperchen im Lymphknotengewebe hat man dagegen wiederholt konstatiert. CARERE-COMES (1938) findet eine solche Blutfüllung besonders in den prävertebralen und Milzpfortenlymphknoten. Mitunter, sagt er, kann diese vom tributären Gebiet stammen, häufiger muß man aber damit rechnen, daß das Blut aus den Capillaren des Lymphknotens selbst infolge Unterbrechungen der Wand der venösen Capillaren herausgekommen ist. Solche Unterbrechungen kommen schon normaliter in den genannten Lymphknotengruppen vor, wo wir ein offenes Blut-Lymphsystem haben.

Baum und Grau (1938) geben an, daß die „Rotfärbung der Lymphknoten" beim *Schweine* viel häufiger ist als z. B. bei *Rind, Hund, Pferd*. Die roten Blutzellen stammen aus Blutergüssen im Zuflußgebiet des Knotens.

Kubo (1932) hebt hervor, daß schon gewöhnlich die Erythrocyten im tributären Gebiet in die Lymphbahnen hineinkommen, wonach sie in den Lymphsinus der Lymphknoten hineingeführt werden. Dies geschieht besonders in dem paraaortalen Lymphknoten, welcher sehr oft einen Untergang der Erythrocyten aufweist. Er macht in 200 Fällen eine vergleichende Untersuchung zwischen diesen Knoten und den Gekröselymphknoten, wobei er Erythrocyten im Sinus der ersten in 84,5%, bei den letzteren in 19,5% konstatiert. Der Eisengehalt war 49,5% bzw. 3,5%. Auch Lommartzsch (1931) spricht von einem auffallenden Blutgehalt in den Lymphknoten bei dem Brustteil der Aorta.

Erythrocytenabbau in den Lymphknoten des *Igels* findet Roemer (1933). Er will alle Übergänge von mit Erythrocytenresten gefüllten Zellen zu eosinophilgranulierten Zellen gesehen haben. Solche Bilder habe ich auch manchmal, besonders in den tieferen Halslymphknoten des *Meerschweinchens* gesehen. Es war ganz klar, daß ein Abbau der Erythrocyten hier vonstatten ging; mehr wage ich nicht zu sagen. Pozzan (1934) gibt auch an, daß die Lymphknoten eine starke Blutzerstörung ausüben können. Endlich hat Watzka (1936) eine Zerstörung der roten Blutkörperchen in sämtlichen Lymphknoten, insbesondere aber in den pankreointestinalen des ·erwachsenen *Rindes*, gefunden.

Literatur zum Abschnitt II.

(Die mit * bezeichneten Arbeiten sind mir weder im Original noch im Referat zugänglich gewesen.)

Ackermann, G.: Der Einfluß des Vitamin C auf ruhendes und tätiges Lymphgewebe. Z. exper. Med. 102, 747—765 (1938). — **Akaiwa, H.** and **M. Takeschima:** The reaction of lymphoid tissue to Roentgen radiation. Radiology 24, 43 (1930). — **Albertini, A. v.:** (a) Zur funktionellen Bedeutung des lymphatischen Gewebes. Schweiz. med. Wschr. 1932 I, 745—749. (b) Die „Flemmingschen Keimzentren". Beitr. path. Anat. 89, 183—228 (1932). (c) Zur pathologischen Anatomie des lymphatischen Systems unter besonderer Berücksichtigung der experimentellen Patho-Physiologie des lymphatischen Systems. Schweiz. med. Wschr. 1936 I, 305—323. — **Albertini, A. v., E. Gasser** u. **F. Wuhrmann:** (a) Die lymphatische Reaktion nach Schädigung des lymphatischen Gewebes durch Röntgenstrahlen bzw. Arsen. IV. internat. Radiolog.kongr. Zürich, Bd. 2, S. 422—424. 1934. (b) Studien zur lymphatischen Reaktion nach verschiedenartiger exogener Schädigung. Fol. haemat. (Lpz.) 54, 217—247 (1936). — **Altschul, R.:** Das Verhalten lymphatischer Organe bei Goldimprägnierung. Anat. Anz. 70, 379—386 (1930). — **Ando, S.:** (a) Systematische Untersuchungen über die Entwicklung der Lymphdrüsen des *Menschen* und der *Säugetiere*. I. Die Entwicklung der Lymphdrüsen in den *Kaninchen*-Embryonen. Kaibo. Z. (Tokyo) 3, 761—780 (1930). Ref. Jap. J. med. Sci., Anat. 3, 105 (1933). (b) Systematische Untersuchungen über die Entwicklung der Lymphdrüsen des *Menschen* und der *Säugetiere*. II. Die Entwicklung der Lymphdrüsen in den *Katzen*embryonen. Kaibô. Z. (Tokyo) 3, 781—795 (1930). Ref. Jap. J. med. Sci., Anat. 3, 106 (1933). (c) Systematische Untersuchungen über die Entwicklung der Lymphdrüsen des *Menschen* und der *Säugetiere*. III. Die Entwicklung der Lymphdrüsen bei den *Menschen*embryonen. Kaibo. Z. (Tokyo) 3, 979—998 (1930). Ref. Jap. J. med. Sci., Anat. 3, 109 (1933). — **Andreasen, E.:** Zur Funktion der Lymphocyten. Verh. anat. Ges. Leipzig 1938, 226—230. Erg.-H. Anat. Anz. 87 (1939). — **Asada, Y.:** (a) Das Verhalten von transplantiertem Lymphdrüsengewebe zu den Blut- und Lymphgefäßen. Acta med. Rubae Crucis Jap. Hosp. Osakanensis 1, 750—766 (1937). (b) Das Verhalten von transplantiertem Darmwandlymphknoten zu den Blut- und Lymphgefäßen. Acta med. Rubae Crucis jap. Hosp. Osakanensis 1, 766—774 (1937). — **Aschoff, L.:** (a) Zur normalen und pathologischen Anatomie des Greisenalters. 4. Die blutbereitenden und blutzerstörenden Organe und ihre Gerüstsubstanzen im Greisenalter. Med. Klin. 1937 II, 1521, 1522. (b) Über die lymphatischen Organe. Anat. Anz. 86, 423, 424 (1938). (c) Die Monocytenfrage vom anatomischen Standpunkt, besonders ihre Beziehung zum R.E.S. Med. Welt 1938 I, 79—82. (d) Über die lymphatischen Organe. Verh. anat. Ges. Leipzig 1938, 152—179, Erg.-H. Anat. Anz. 87 (1939). — **Auché, J.:** De la nèo-formation des ganglions lymphatiques. Rev. de Chir. 49, 350—376 (1930). — **Azuma, T.:**

Systematisch-histologisches Studium über die Verfettung der menschlichen Lymphdrüsen. Mitt. med. Ges. Tokyo **45**, 554—625 (1931). Zit. Anat. Ber. **23**, 74.

Babes, A.: Etude comparative du système lymphatique ganglionnaire chez la *Lapin* et le *Cobaye*. C. r. Soc. Biol. Paris **103**, 832—834 (1930). — **Bairati, A.:** (a) Concrescenza fra gangli linfatici e canalicoli salivari nel feto *umano*. Boll. Soc. Biol. sper. **6** (1931). (b) Concrescenza fra canalicoli delle ghiandole salivari e noduli linfatici *nell'uomo*. Monit. zool. ital. Suppl. **42**, 46—48 (1932). (c) Constante concrescenza fra noduli linfatici ed adenomeri delle ghiandole salivari *nel'uomo* durante lo sviluppo e nell'adulto. Archives de Biol. **43**, 415—450 (1932). — **Baker, R. D.:** The cellular content of chyle in relation to lymphoid tissue and fat transportation. Anat. Rec. **55**, 207—221 (1933). — **Barthels, C.** u. **K. Voit:** Über den mikrochemischen Nachweis von Kerntrümmeln als echte Kernsubstanz durch die Nuklealreaktion. Virchows Arch. **281**, 499—506 (1931). — **Bauer, E.:** Über künstlich erzeugte Spießfiguren an Lymphozytenkernen. Beitr. path. Anat. **97**, 409—416 (1936). — **Baum, H.:** Ist es berechtigt, von Schaltlymphknoten zu sprechen? Anat. Anz. **74**, 154—166 (1932). — **Baum, H.** u. **H. Grau:** Das Lymphgefäßsystem des *Schweines*. Berlin 1938. — **Berggren, S.** u. **T. Hellman:** Die chronische Tonsillitis. Acta oto-laryng. (Stockh.), Suppl. **12**, (1930). — **Bernardo-Comel, M. C.:** Il tessuto linfoide dell'appendice umana nelle varie eta della vita. Arch. Ist. biochim. ital. **2**, 199 (1937). Zit. Krumbhaar 1938. — **Bertschinger, D.:** Experimentelle Untersuchungen über den Einfluß des Arsens auf den lymphatischen Apparat. Fol. haemat. (Lpz.) **57**, 194—205 (1937). — **Beyer, A.:** Über die Lymphknötchen der Speiseröhre. Z. Zellforsch. **23**, 139—149 (1935). — **Binder, H.:** Über einfache und adenomatöse Epithelbefunde in Lymphknoten. Zbl. Gynäk. **62**, 1581—1585 (1938). — **Bischoff, S.:** Experimentelle Untersuchungen über die Reaktion des lymphatischen Apparates der Milz bei Hunger, bei Infektion mit Paratyphus Breslau und bei Blutverlusten. Beitr. path. Anat. **83**, 31—50 (1930).

Campana, L.: Studio quantitativo dei linfonodi nei primi anni di vita. Atti Soc. ital. Anat., 7. Conv. Mon. zool. ital. Suppl. **48**, 287—289 (1938). Zit. Anat. Ber. **37**, 210. — **Carere-Comes, C.:** (a) Sull'edema dei gangli linfatici. Arch. de Vecchi **1**, 126—160 (1938). (b) Über die menschlichen bluthaltigen Lymphknoten. Fol. haemat. (Lpz.) **59**, 407—433 (1938). — **Chung Chun-Mo:** Über die Kommunikation zwischen den Interzellularlücken des Lymphdrüsenparenchyms und den Lymphsinus sowie den Blutgefäßen. Arch. jap. Chir. **14**, 935—946 (1937). — **Conway, E. A.:** (a) Cyclic changes in lymphatic nodules. Anat. Rec. **69**, 487—513 (1937). (b) Reaktion of lymphatic tissue in early stages of Bacterium monocytogenes infection. Arch. of Path. **25**, 200—227 (1938).

Dabelow, A.: (a) Reaktionsweisen des Lymphknotens beim Fetttransport. Unter besonderer Berücksichtigung des Mesenterialknotens. Z. Zellforsch. **12**, 207—273 (1930). (b) Über histologische Veränderungen der peripheren Lymphknoten unter verschiedenartigen Bedingungen im Gebiete des Stoffwechsels. Verh. anat. Ges. Breslau **1931**, 206—215, Erg.-H. Anat. Anz. **72** (1931). (c) Neue Ergebnisse über das Gefäßsystem des Lymphknotens und anderer lymphatischer Organe. Verh. anat. Ges. Jena **1935**, 187—206. Erg.-H. Anat. Anz. **43** (1936). (d) Das Gefäßsystem der lymphatischen Organe. Anat. Anz. **86**, 424—426 (1938). (e) Die Blutgefäßversorgung der lymphatischen Organe. Verh. anat. Ges. Leipzig **1938**, 179—224. Erg.-H. Anat. Anz. **87** (1939). — **Drinker, C. K., M. E. Field** and **C. E. Drinker:** The cellular response of lymph nodes to suspensions of crystalline silica and to two varieties of sericite introduced through lymphatics. J. industr. Hyg. **16**, 296—299 (1934). — **Drinker, C. K., M. E. Field** and **H. K. Ward:** The filtering capacity of lymph nodes. J. of exper. Med. **59**, 393—405 (1934). — **Drinker, C. K., G. G. Wislocki** and **M. E. Field:** The structure of the sinuses in the lymphnodes. Anat. Rec. **56**, 261—274 (1933).

Ehrich, W.: (a) Studies of the lymphatic tissue. I. The anatomy of the secondary nodules and some remarks on the lymphatic and lymphoid tisse. Amer. J. Anat. **43**, 347—383 (1929). (b) Studies of the lymphatic tissue. II. The first appearance of the secondary nodules in the embryology of the lymphatic tissue. Amer. J. Anat. **43**, 384—401 (1929). (c) Studies of the lymphatic tissue. III. Experimental studies of the relation of the lymphatic tissue to the number of lymphocytes in the blood in subcutaneous infektion with staphylococci. J. of exper. Med. **49**, 347—360 (1929). (d) Studies of the lymphatic tissue. IV. Experimental studies of the effect of the intravenous injection of killed staphylococci on the behavior of lymphatic tissue, thymus, and the vascular connective tissue. J. of exper. Med. **49**, 361—385 (1929). (e) Studien über das lymphatische Gewebe mit besonderer Berücksichtigung der Lymphopoese und der Histogenese der Sekundärknötchen, ihres Schicksals und ihrer Bedeutung. Beitr. path. Anat. **86**, 287—368 (1931). — **Ehrich, W.** u. **W. Voigt:** Über die Reaktion des Gefäßbindegewebsapparates auf intravenöse Staphylokokken-Injektionen. Beitr. path. Anat. **93**, 348—370 (1934). — **Ehrich, W.** u. **R. Wohlrab:** Über die Reaktionen des Gefäßbindegewebsapparates auf intravenöse Staphylokokkeninjektionen und ihre Bedeutung. 1. Mitt. Beitr. path. Anat. **93**, 321—347 (1934). — **Eigler, G.:** Die Funktion des lymphatischen Rachenringes. Arch. Ohr- usw. Heilk. **140**, 1—62

(1936). — **Esser, Fr.:** Der Einfluß saurer und basischer Ernährung auf Blutbild und lymphatisches Gewebe. Ein Selbstversuch. Hippokrates **1937**, 929—937.

Férester, M.: (a) Sur les afférents des ganglions lymphatiques. C. r. Soc. Biol. Paris **104**, 1170—1172 (1930). (b) Sur la greffe des ganglions lymphatiques. C. r. Soc. Biol. Paris **106**, 789—791 (1931). (c) Recherches sur la greffe des ganglions lymphatiques. Archives Anat. microsc. **28**, 399—425 (1932). — **Fernandez, M.:** Sulla neoformazione di follicoli linfoidi nella pelvi renale. Arch. ital. chir. **44**, 122—143 (1936). — **Finkeldey, W.:** Über Riesenzellbefunde in den Gaumenmandeln, zugleich ein Beitrag zur Histopathologie der Mandelveränderungen im Maserninkubationsstadium. Virchows Arch. **281**, 323—329 (1931). — **Fischer, H.:** Die Veränderungen im Bau des Lymphknotens und die Bedeutung seines Gefäßsystems mit Vorschlägen für eine sinngemäße Namengebung. Z. mikrosk.-anat. Forsch. **41**, 229—244 (1937). — **Fischer, W.:** Die blutbildenden Organe. In Aschoff Pathologische Anatomie, 8. Aufl., S. 97—146. Jena 1936. — **Florentin, P.:** Réactions des ganglions lymphatiques à l'intoxication sérique chez le *cobaye*. Bull. Histol. appl. **10**, 116—128 (1933). — **Franz, K.:** Die Beeinflussung des Lymphgewebes durch Eiweiß-Ernährungsversuche an *Igeln*. Diss. Kiel 1937. — **Frisch, A. V. v.:** Über axillare Lymphknoten. Wien. klin. Wschr. **1938** I, 639—641.

Glimstedt, G.: (a) Das Leben ohne Bakterien. Sterile Aufziehung von *Meerschweinchen*. Verh. anat. Ges. Lund **1932**, 79—89. Erg.-H. Anat. Anz. **75** (1932). (b) Några nya rön baserade på jämförelser mellan sterilt uppfödda djur och kontrolldjur. Med. Fören. Tidskr. **11**, 271—277 (1933). (c) Bakterienfreie *Meerschweinchen*. Aufzucht, Lebensfähigkeit und Wachstum nebst Untersuchungen über das lymphatische Gewebe. Acta path. scand. (Københ.) Suppl. **30** (1936). (d) Sekundärfolliklarnas i den lymfatiska vävnaden funktion och denna vävnads byggnad hos bakteriefria marsvin. Nord. med. Tidskr. **14**, 1269—1272 (1937). (e) Diskussionsäußerung. Verh. anat. Ges. Leipzig **1938**, 259—260. Erg.-H. Anat. Anz. **87** (1939). — **Gloor-Meyer, W.:** Das lymphatische System. Klinisch-hämatologischer Teil. Schweiz. med. Wschr. **1936** I, 757—760. — **Grave, H.:** Die Reizzustände der Tonsillen und ihre Bedeutung. Diss. Rostock 1934. — **Grégoire, C.:** Beitrag zur Frage der allergischen Veränderungen des lymphatischen bzw. lymphoiden Gewebes, besonders in den Lymphknoten. Krkh.forsch. **9**, 97—124 (1931). — **Grey, T.:** Status lymphaticus. Brit. med. J. **1931**, 513. — **Grieshammer, W.:** Beitrag zur Kenntnis des Verhaltens des lymphatischen Gewebes im Säuglings- und frühen Kindesalter. Beitr. path. Anat. **99**, 283—304 (1937).

Hamazaki, Y.: Über eine neue, säurefeste Substanz führendes Spindelkörperchen der menschlichen Lymphdrüsen. Virchows Arch. **301**, 490—522 (1938). — **Hammar, J. A.:** (a) Über die Grundlagen der Lehre des sogenannten Status thymico-lymphaticus. The transact. 2. internat. paediatr. Congr. Acta paediatr. (Stockh.) **11**, 241—256 (1930). (b) Zur Frage der Thymusfunktion. Ist es berechtigt, von einem thymo-lymphatischen System zu sprechen und solchenfalls aus welchen Gründen? Z. mikrosk.-anat. Forsch. **25**, 97—114 (1931). (c) Über Wachstum und Rückgang, über Standardisierung, Individualisierung und bauliche Individualtypen im Laufe des normalen Postfetallebens. Z. mikrosk.-anat. Forsch. **29**, 1—540 (1932). (d) Über die Lokalisation des C-Vitamins im Gewebe der Thymus und der Lymphknoten. Z. mikrosk.-anat. Forsch. **43**, 23—33 (1938). — **Hansmann, G. H.** and **J. A. Schenken:** Endometriosis of lymphnodes. Amer. J. Obstetr. **25**, 572—576 (1933). — **Haranghy, L.:** (a) Deutung der Veränderungen der Milz bei Diphtherie auf Grund der Milzveränderungen nach Rizinvergiftung. Zbl. Path. **60**, 161—168 (1934). — (b) Bemerkungen über J. Wätjen: Über reticuläre Reaktionen und Funktionen in den Milzlymphknötchen. Zbl. Path. **63**, 57, 58 (1935). — **Harris, W. H.:** Histo-pathological effects of thoriumdioxide on lymphatic glands of animals visualized by the Menville-Ané method. Proc. Soc. exper. Biol. a. Med. **29**, 1049—1051 (1932). — **Heilmann, P.:** Zur Pathologie der mesenterialen Lymphknoten. Virchows Arch. **281**, 811—820 (1931). — **Hellman, T.:** (a) Untersuchungen über die Funktion des lymphatischen Gewebes. Kungl. Fysiogr. Sällsk. Lund Förh. **1** (1932). (b) Die „Zellenwanderung" durch das Tonsillenepithel. Verh. anat. Ges. Lund **1932**, 144—150. Erg.-Heft Anat. Anz. **75** (1932). (c) Die Einlagerung von Zellen in Schleimhäuten und Epithel. Antwort an J. Sobotta. Anat. Anz. **78**, 65—68 (1934). (d) Akute Bluterkrankungen des myeloischen Systems vom allgemein pathologischem Standpunkt aus. Verh. dtsch. Ges. inn. Med., 47. Kongr. Wiesbaden **1935**, 163—178. (e) Die Reaktionszentren des lymphatischen Gewebes. Anat. Anz. **86**, 421, 422 (1938). (f) Die Reaktionszentren des lymphatischen Gewebes. Verh. anat. Ges. Leipzig **1938**, 132—151. Erg.-Heft Anat. Anz. **87** (1939). — **Hellman, T. u. G. White:** Das Verhalten des lymphatischen Gewebes während eines Immunisierungsprozesses. Virchows Arch. **278**, 221—257 (1930). — **Hett, J.:** Krystalloide im Lymphknoten. Z. mikrosk.-anat. Forsch. **25**, 618—620 (1931). (b) Leukocyten und Reticuloendothel. Verh. anat. Ges. Würzburg **1934**, 120—127. Erg.-Heft Anat. Anz. **78** (1934). — **Hoepke, H.:** (a) Die Milz von *Igel* und *Fledermaus* in und nach dem Winterschlaf. Verh. anat. Ges. Breslau **1931**, 216—228. Erg.-Heft Anat. Anz. **72** (1931). (b) Zur Physiologie und Pathologie der Tonsilla palatina.

Beitr. path. Anat. 88, 207—223 (1931). (c) Beiträge zur Morphologie und Physiologie des Lymphgewebes. I. Die Milz winterschlafender *Tiere*. Z. Anat. 99, 411—476 (1933). (d) Zur Funktion der Gaumenmandeln. Med. Welt 1934 I. (e) Lymphgewebe und Ernährung. Hippokrates 6, 879—883 (1935). (f) Die Stellung des Lymphgewebes im Säure-Basen-Haushalt des Körpers. Klin. Wschr. 1938 II, 1644—1647. (g) Die Bedeutung der Lymphozyten. Verh. anat. Ges. Leipzig 1938, 230—235. Erg.-Heft Anat. Anz. 87 (1939). (h) Diskussionsäußerung. Verh. anat. Ges. Leipzig 1938, 256, 260. Erg.-Heft Anat. Anz. 87 (1939). — **Hoepke, H.** u. **H. J. Grundies:** Die Wirkung basischer und saurer Ernährung auf das Lymphgewebe des *Igels*. Z. Anat. 104, 207—237 (1935). — **Hoepke, H., W. Hempfing** u. **H. Desaga:** Das Lymphgewebe der weißen *Maus* bei saurer und basischer Ernährung. Z. Anat. 108, 644—685 (1938). — **Hoepke, H.** u. **H. Peter:** Das Verhalten des *Igel*thymus bei saurer und basischer Ernährung. Gegenbaurs Jb. 39, 263—314 (1936). — **Hôjô, Y.:** Über die Regeneration des lymphatischen Gewebes, insbesondere der Lymphsinus. Arb. anat. Inst. Kyoto, Ser. D: 7 1938, 107—109. — **Holman, R. L.** and **E. B. Self:** The ability of lymph to maintain viability in „devascularized" lymphnodes. Amer. J. Path. 14, 463—471 (1938). — **Horii, I.:** Dritte intermediäre Zusammenstellung der fortlaufenden Untersuchungen zur Lymphatologie. Über die Zellproduktion der Lymphdrüse. I. Teil. Zellzahl. Arb. anat. Inst. Kyoto, Ser. D: 7 1938, 121—136. — **Horio, I.** u. **T. Sakai:** Über die Regeneration der Lymphdrüse und das Zellbild der von der regenerierten Drüse ausfließenden Lymphe. Arb. anat. Inst. Kyoto 1937, 1,—11. Zit. Anat. Ber. 37, 225. — **Hummel, K. P.:** The structure and development of the lymphatic tissue in the intestine of the albino *rat*. Amer. J. Anat. 57, 351—383 (1935). — **Hwang, J. M. S., S. W. Lippincott** and **E. B. Krumbhaar:** The amaount of splenic lymphatic tissue at different ages. Amer. J. Path. 14, 809—819 (1938).

Ickowicz, M.: Les effects mitogènes et caryoclasiques de l'arsenic sur les organes lymphoides. Ann. d'Anat. path. 13, 857—880 (1936). — **Imai, T.:** *Über das Blutgefäßsystem der *Katzen*milz, insbesondere ihrer MALPIGHIschen Körperchen. Tukuoka-Ikwadaigaku-Zasshi (jap.) 31, 106 (1938). Zit. Zbl. Path. 70, 131. — Investigation Commitees Report. Status lymphaticus. Brit. med. J. 1931, 468, 469. — **Iseli, O.:** Die Arsenschädigung im „keimzentrenlosen" lymphatischen Gewebe. Beitr. path. Anat. 89, 529—541 (1932).

Jaffé, R.: Anatomie und Pathologie der Spontanerkrankungen der kleinen Laboratoriumstiere: *Kaninchen, Meerschweinchen, Ratte, Maus*. Berlin 1931. — **Jeckeln, E.:** (a) Experimentelle Untersuchungen über Umwandlungen und Bedeutung der Lymphknötchen. Mit einem Beitrag über Fluorvergiftung. Beitr. path. Anat. 90, 244—284 (1932/33). (b) Die Retikulumzellen der Lymphknötchen. Studien über ihre Funktion mit Anwendung der vitalen Karminspeicherung. Beitr. path. Anat. 94, 51—80 (1934/35). — **Jordan, H. E.:** (a) The significance of the lymphoid nodule. Amer. J. Anat. 57, 1—37 (1935). (b) The relation of lymphoid tissue to the process of blood production in avian bone marrow. Amer. J. Anat. 59, 249—298 (1936). (c) Microscopical preparations of bone marrow of Turkey showing the relation of lymphoid nodules to blood production. Anat. Rec. 67, (Suppl.) 80 (1937). (d) The relation of lymphoid nodules to blood production in the bone marrow of the turkey. Anat. Rec. 68, 253—258 (1937).

Kampmeier, O.: Ursprung und Entwicklungsgeschichte des Ductus thoracicus nebst Saccus lymphaticus jugularis und Cisterna cbyli beim *Menschen*. Gegenbaurs Jb. 67 II, 157—234 (1931). — **Kettler, L. H.:** Experimentelle Untersuchungen über den Verlauf der Speicherung im Lymphknoten. Virchows Arch. 297, 40—62 (1936). — **Kihara, T.** u. **E. Naito:** Beiträge zur Anatomie des Lymphgefäßsystems der *Wirbeltiere* und des *Menschen*. 19. Über den Einlagerungs- und Verbreitungsmodus des lymphatischen Gewebes im Lymphgefäßsystem der *Ente*. Fol. anat. jap. 11, 405—413 (1933). — **Kindred, J. E.:** (a) An interpretation of the secondary lymphoid nodule in lymphnodes of the albino *rat*. Anat. Rec. 64 (Suppl.), 27 (1936). (b) A quantitativ study of the lymphoid organs of the albino *rat*. Amer. J. Anat. 62, 453—474 (1938). — **Kitabatake, E.** and **H. Kubo:** On the induration of lymph nodules (jap.). Trans. jap. path. Soc. 23, 84 (1933). — **Kondo, M.:** (a) Die lymphatischen Gebilde im Lymphgefäßsystem des *Huhnes*. Okajimas Fol. anat. jap. 15, 309—325 (1937). (b) Die lymphatischen Gebilde im Lymphgefäßsystem der verschiedenen *Vogel*arten. Okajimas Fol. anat. jap. 15, 329—348 (1937). (c) Die Entwicklung der Lymphknötchen am Lymphgefäßsystem des *Huhnes*. Okajimas Fol. anat. jap. 15, 349—355 (1937). — **Kosugi, T.:** *Die Frage über den sog. Status lymphaticus. Trans. jap. path. Soc. Tokyo 19, 386 (1929). — **Krause, G.:** Das lymphatische Gewebe und seine Kerngrößen. Diss. Rostock 1935. — **Krauspe:** Über den Flüssigkeitsstoffwechsel im lymphatischen Gewebe. Verh. dtsch. path. Ges. Rostock 1934, 298—303. — **Krumbhaar, E. B.:** Lymphatic tissue. Problems of ageing. Biol. a. Med. Aspects 1938, 149—197. — **Krumbhaar, E. B.** and **S. W. Lippincott:** The postmortem weight of the „normal" human spleen at different ages. Amer. J. med. Sci. 197, 344—358 (1939). — **Kubo, H.:** (a) *On the functions of the lymph nodes (jap.). Trans. jap. path. Soc. 21, 565 (1931). (b) Beitrag zur Kenntnis der Lymphknotenfunktion. Virchows Arch. 283, 593—610 (1932). — **Kurihara, M.:** *Vergleichende Untersuchung der blutbildenden Gewebe in den verschiedenen Organen im fötalen Leben. Verh. jap. path. Ges. **26**, 237 (1936). — **Kutami, T. u. G. Sone:** Die Entstehung der Nebenlymphbahnen nach Ausschaltung der lokalen Lymphdrüse. Arb. Anat. Inst. Kyoto, Ser. D: 1 **1930**, 19, 20.

Lang, F. J.: Der lymphatische Apparat in seinen Beziehungen zur Blutzellbildung unter physiologischen, pathologischen und Versuchsbedingungen. Handbuch der allgemeinen Hämatologie, Bd. I/2, S. 895—941. Berlin-Wien 1933. — **Levi, G.:** Experimentelle Untersuchungen über die Gitterfasern. Arch. exper. Zellforsch. **11**, 178—188 (1931). — **Lewin, O.:** Die morphologischen Veränderungen in den blutbildenden Organen nach akuten Blutverlusten. Experimentelle Untersuchungen. Beitr. path. Anat. **88**, 349—361 (1932). — **Lommartzsch:** Zur Frage der „Verfettung" der Lymphknoten des *Schweines*, mit besonderer Berücksichtigung der Mesenteriallymphknoten. Tierärztl. Rdsch. **37**, 417—419 (1931). — **Lompe, I.:** Der Entfaltungsgrad der Lymphknoten nach dem Gewicht an *Ratten* bei pflanzlicher, tierischer und gemischter Nahrung. Ein Beitrag zum funktionellen Verhalten der Lymphknoten bei verschiedener Ernährung. Gegenbaurs Jb. **79**, 495—521 (1937). — **Longhitano, A.:** (a) Untersuchungen über das lymphatische Gewebe. 1. Mitt. Über Morphologie und funktionelle Bedeutung der sogenannten Sekundärknötchen in den Lymphknötchen des Darmes und der Milz. Sperimentale **83**, 257 (1929). Ref. Anat. Ber. **25**, 486. (b) Untersuchungen über das lymphatische Gewebe. 2. Mitt. Über Struktur, Funktion und Regeneration der Lymphknoten. Sperimentale **83**, 299 (1929). Ref. Anat. Ber. **25**, 487; **28**, 311. — **Loreti, F.:** La migrazione di cellule linfoidi attraverso gli epiteli. Arch. Ist. biochim. ital. **7**, 407 (1935). Zit. Zbl. Path. **64**, 345. — **Ludwig, E.:** Der lymphatische Apparat. Schweiz. med. Wschr. **1936 I**, 349—353.

Manabe, S.: (a) Studien über das Lymphgefäßsystem der *Vögel*. III. Lymphdrüsen der *Vögel*. Kaibô. Z. (Tokyo) **3**, 349—360 (1930/31). Ref. Jap. J. med. Sci., Anat. **3**, 128 (1933). (b) Über den Bau und die Entwicklung der *Enten*lymphknoten. Kaibogaku Zasshi **3** (1930). Zit. Kihara und Naito. — **Mankin, Z. W.:** Experimentell-histologische Untersuchungen über normale und pathologisch veränderte Lymphknoten des *Menschen*. Beitr. path. Anat. **96**, 248—308 (1935/36). — **McMaster, Ph. D. and St. S. Hudack:** The formation of agglutinins within lymph nodes. J. of exper. Med. **61**, 783—805 (1935). — **McMaster, Ph. D. and J. G. Kidd:** (a) The development of an antiviral principle in lymph nodes. Amer. Assoc. Path.; Amer. J. Path. **12**, 771 (1936). (b) Lymphnodes as a source of neutralizing principle for vaccina. J. of exper. Med. **66**, 73—100 (1937). — **Mathies, W.:** Über die Entwicklung des Waldeyerschen Rachenrings. Beitr. path. Anat. **94**, 389—403 (1934/35). — **Matsuo, H.:** Tissue reaktion of the lymph nodes against poisons (jap.). Trans. jap. path. Soc. **20**, 478 (1930). — **Mautner, H.:** Die Krankheiten der Lymphdrüsen. Wien-Berlin 1932. — **Menniti, M.:** Ricerche sperimentali sull'attivita lipopessica delle linfoglandole mesenteriali. Pathologica (Genova) **24**, 173 (1932). Zit. Anat. Ber. **28**, 328. — **Meyer:** Das Lymphknotenretikulum und seine Kernteilungen. Z. Zellforsch. **19**, 615—635 (1933). — **Millbourn, E.:** Studien über die Ausbildung des lymphatischen Gewebes und der Sekundärknötchen in der menschlichen Milz bei verschiedenen Krankheitszuständen. Z. Konstit.lehre **16**, 147—216 (1931). — **Miller, R. E.:** The secondary nodules of lymphnodes, their relation to cronic inflammatory processes. Arch. of Path. **13**, 367—391 (1932). — **Miyazaki, H.:** (a) Die feinere Verteilung der Lymphgefäße in den Oesophagus des *Menschen*. Fol. anat. jap. **11**, 229—240 (1933). (b) Die feinere Verteilung der Lymphgefäße der Ohrmuschel, des äußeren Gehörganges, der Ohrtrompete und der Rachenmandel. Fol. anat. jap. **11**, 241—246 (1933). (c) Untersuchungen über die Lymphknötchenbildung (2. Mitt.) (jap.). Trans. jap. path. Soc. **28**, 20 (1938). — **Mondry, G.:** Über die Kerngrößen der Lymphocyten in den sog. Keimzentren. Diss. Rostock-Kiel 1937. — **Mottura, G.:** (a) Patogenesi ed evoluzione dell'antracosi linfoglandolare. Arch. ital. Anat. e Istol. path. **7**, 549 (1936). (b) Il significato biologico della linfoglandula di fronte al territorio tributario in condizione normali e patologiche. Arch. Sci. med. **63**, 169—200 (1937). — **Munk, F.:** Über „Lymphatismus" als aliter-immune Konstitution. Dtsch. med. Wschr. **1933 II**, 1453—1458. — **Murakami, J.:** Beitrag zur Kenntnis der Antikörperbildung in der Lymphdrüse. Z. Immun.forsch. **88**, 182—196 (1936). — **Muratori, G.:** (a) Osservazioni sulla vascolarizzazione sanguigna delle placche di Peyer. Arch. ital. Anat. **40**, 491—512 (1938). (b) Vascolarizzazione e circolazione sanguigna nelle placche di Peyer di vari Mammiferi. Monit. zool. ital. **48** (1937). Zit. Dabelow 1939.

Nakagawa, T.: Die gewöhnlichen Formen des sekundären Lymphknötchens (jap.). Trans. jap. path. Soc. **28**, 21 (1938). — **Nemilov, A. W.:** *Einiges über Altersveränderungen in den Lymphknoten der *Säugetiere*. Arch. russ. d'Anat. etc. **16**, 187—204, 327—329 (1937). (Ref. ist jetzt in Anat. Ber. **39**, 307 erschienen.) — **Neumann, H. O.:** Zur Frage des lymphatischen Apparates in der Gebärmutterschleimhaut. Arch. Gynäk. **141**, 425—449 (1930). — **Nishii, R.:** Über die Reaktion der regionären Lymphknoten bei lokaler Infektion und Reinfektion. Krkh.forsch. **7**, 333—356 (1929).

Ogo, M.: Über das Vorkommen von lymphatischem Gewebe unter der Lungenpleura der Menschen. Fol. anat. jap. **13**, 325—331 (1935). — **Oho, K.:** *Über die sog. „Flemmingschen Keimzentren". Takuoka Ikwadeigaku Zasshi **28**, 22 (1935). — **Ohshima, K.:** *Über die Reaktion des Milzgewebes gegen verschiedene bakterielle Gifte, zugleich ein Beitrag zum Kreislauf des Milzkörperchens. Trans. jap. path. Soc. Tokyo **19**, 555 (1929). — **Okubo, M.:** (a) Über die Regeneration der Lymphdrüse. Arb. Anat. Inst. Kyoto, Ser. D **1935/36**, 241, 242. (b) Kleine Mitteilungen über die Lymphzellen. 1. Die Veränderung der Zellzahl nach der Röntgenbestrahlung der Lymphdrüse. Arb. Anat. Inst. Kyoto, Ser. D 7 **1938**, 43—47. — **Österlind, G.:** Die Reaktion des lymphatischen Gewebes während der Ausbildung der Immunität gegen Diphtherietoxin. Experimentelle Untersuchungen, speziell über die Beziehungen der Reaktionszentren zum Immunisierungsmechanismus. Acta path. scand. (Københ.). Suppl. **34** (1938). — **Ottaviani, G.:** (a) Ricerche comparative sulle linfoglandule dell'intestino tenue. Atti Soc. ital. Anat., 2. Congr. Firenze **1930**. Monit. zool. ital. **41** Suppl., 260, 261 (1931). Zit. Anat. Ber. **24**, 18. (b) Ricerche comparative sui linfonodi sui tronchi collettori linfatici e sulle reti linfatiche dell'intestino crasso e ricerche comparative sui tronco mesenteriale. Arch. ital. Anat. **30**, 293—451 (1932). (c) Modalita di decorso della linfa risfetto a linfonodi disposti a catena. Monit. zool. ital. **43** Suppl., 311—316 (1933). Zit. Anat. Ber. **35**, 247. — **Ottaviani, G.** e **M. Cavalli:** (a) Asportazione del linfonodo popliteo fra due ligature e senzo ligature. Effetti di questi interventi. Atti Soc. med.-chir. Padova **1933**, 329—373. Zit. Rouvière u. Valette 1937. (b) Effetti della estirpatione dei linfonodi del colli nel cane. Atti Soc. med.-chir. Padova **1933**, 661—689. Zit. Rouvière u. Valette, 1937.

Papilian, V. u. **J. G. Russu:** Über experimentelle Erzeugung lymphoider Bildungen. Virchows Arch. **297**, 441—444 (1936). — **Patzelt, V.:** Der Darm. Handbuch der mikroskopischen Anatomie des Menschen, Bd. V/3, S. 1—448. Berlin 1936. — **Peter, H.:** Die Gaumenmandeln des *Igels* im Winterschlaf. Z. Anat. **99**, 477—491 (1933). — **Petersen, H.:** Histologie und mikroskopische Anatomie. München 1935. — **Petri, S.:** Die Untersuchungsmethoden der hämatopoetischen Organe. Handbuch der allgemeinen Hämatologie, Bd. II/1, S. 197—228. Berlin-Wien 1933. — **Pfuhl, W.:** Die Lymphknoten als Brutstätte der Monocyten. Verh. anat. Ges. Leipzig **1938**, 435—438. Erg.-Heft Anat. Anz. **87** (1939). — **Pozzan, A.:** (a) Emocateresi fetale. Pathologica (Genova) **25**, 331 (1933). Zit. Zbl. Path. **60**, 173. (b) Linfoghiandole emocateresiche. Haematologica (Palermo) **15**, 355 (1934). Zit. Zbl. Path. **63**, 8.

Ramsay, A. J.: The development of the palatine tonsil (cat). Amer. J. Anat. **57**, 171—204 (1935). — **Reimann, W.:** Zur pathologischen Anatomie der malignen toxischen Diphtherie. Inaug.-Diss. Halle 1933. — **Rodrigues, A.:** (a) Os enxertos auto a homoplásticos dos gânglios linfaticos; suas condições e importância chirurgica. An. Fac. Cienc. Pôrto **22** (1937). Zit. Anat. Ber. **37**, 209, 213. (b) *O problema da transplantabilidade do tecido linfoide; sua importancia na Patologica e na Cirurgia. Med. Contempor. Lisboa **1937**. — **Röhlich, K.:** (a) Beitrag zur Cytologie der Keimzentren der Lymphknoten. Z. mikrosk.-anat. Forsch. **20**, 287—297 (1930). (b) Myelopoese in den Lymphknoten junger *Tiere*. Ärztl. Ges. Pecs, Sitzg. 18. April 1932. Zit. Anat. Ber. **28**, 328. (c) Myelopoese in den Lymphknoten neugeborener *Tiere*. Verh. anat. Ges. Lund **1932**, 193—196. Erg.-Heft Anat. Anz. **41** (1932). (d) Myelopoese in dem Lymphknoten bei neugeborenen *Katzen* und *Hunden*. Z. mikrosk.-anat. Forsch. **33**, 467—484 (1933). (e) Myelopoese in den Lymphknoten neugeborener *Tiere*. Ung. med. Arch. 4 (1933). Zit. Zbl. Path. **61**, 289. (f) Struktur und Blutgefäßversorgung der Keimzentren. Anat. Anz. **76**, 215—222 (1933). — **Roemer, H.:** Untersuchungen an den Lymphknoten des *Igels* im Winterschlaf. Z. Anat. **99**, 492—512 (1933). — **Rotter, W.:** Über die Sekundärknötchen in den Lymphknoten. Virchows Arch. **265**, 596—616 (1927). — **Rouvière** et **G. Valette:** De la régénération des ganglions lymphatiques et du retablissement de la circulation interrompue dans une voue lymphatique. Ann. d'Anat. path. **14**, 79—106 (1937). — **Rudebeck, J.:** Experimentelle Untersuchungen über die Sekundärknötchen in den Kniekehlenlymphknoten des Kaninchens bei Staphylokokkeninfektion. Virchows Arch. **284**, 504—517 (1932).

Sawelsohn, S.: Zur Frage der Speicherung von Vitalfarbstoffen in den Lymphknoten. Z. exper. Med. **74**, 607—615 (1930). — **Schudy, G.:** Beitrag zur Funktion des lymphatischen Gewebes. Verh. anat. Ges. Leipzig **1938**, 89—94. Erg.-Heft Anat. Anz. **87** (1939). — **Schwanen, H.:** Der Entwicklungszustand des lymphatischen Gewebes und die absolute Lymphocytenzahl im Blut, ihr Verhältnis zueinander und ihre Abhängigkeit von der Beschaffenheit der kleinen und kleinsten Gefäße. Klin. Wschr. **1929 II**, 1811—1815. — **Schwarz, E.:** Die lymphatische Reaktion. Erg. Path. **26**, 87—228 (1932). — **Schwermer, W.:** Über die Kerngrößen der Lymphocyten in den soliden und Pseudosekundärknötchen. Inaug.-Diss. Rostock 1935. — **Sciclunoff, N.:** Die Funktion der Tonsillen. Diss. Rostock 1933. — **Shdanow, D. A.:** Zur Anatomie der Lymphoglandulae popliteae profundae des Menschen. Anat. Anz. **68**, 497—501 (1930). — **Shimada, H.:** A study on glykogen in lymphatic glands. Rep. I. On the occurrence of glykogen in the normal lymphatic glands of human bodies. Seiikai Z. (Tokyo) **52**, 546—572 (1933). Ref. Jap. J. med. Sci., Anat. **5**, 133 (1935). — **Shimuzu, S.**: Darmzotten und ihre Gefäße, insbesondere die Chylusgefäße der *Säugetiere* und des *Menschen*. Fol. anat. jap. **10**, 193—227 (1932). — **Sjövall, A. u. H. Sjövall**: Experimentelle Studien über die Sekundärknötchen in den Kniekehlenlymphknoten des *Kaninchens* bei Bacillus pyocyaneus-Infektion. Virchows Arch. **278**, 258—283 (1930). — **Sjövall, H.**: Experimentelle Untersuchungen über das Blut und die blutbildenden Organe — besonders das lymphatische Gewebe — des *Kaninchens* bei wiederholten Aderlässen. Acta path. scand. (Københ.) Suppl., **27** (1936). — **Snook, Th.**: The development of the human pharyngeal tonsils. J. Anat. **55**, 323—335 (1934). — **Sobotta, J.**: Beitrag zur Frage der Epitheldurchwanderung seitens farbloser Blutzellen (Wanderzellen). Anat. Anz. **77**, 184—188 (1933). — **Stefanelli, C.**: L'appendicite acuta nei sogetti de eta nel vecchio. Policlinico, sez. chir. **43**, 644—651 (1936). Zit. Krumbhaar. — **Stenqvist, H.**: Die „Zellenwanderung" durch das Darmepithel. Anat. Anz. **78**, 68—79 (1934). — **Stüber, K.**: The cellular response of lymph nodes to various dust suspensions introduced into lymphatics. J. industr. Hyg. **16**, 282—295 (1934). — **Suchow, W.**: Zur Kenntnis des Filtrationsvermögens der Lymphknoten. Z. exper. Med. **74**, 616—624 (1930). — **Sumita, R.**: Helle Herde in Milzfollikeln. Jusenkai Z., Kanazava **40**, 2588—2601 (1935). Ref. Jap. J. med. Sci., Anat. **6**, 247 (1937). — **Symmers, D.**: Status lymphaticus. Amer. J. Surg., N. s. **26**, 7—14 (1934). — **Szüts, A. v.**: Die Einlagerung von Lymphocyten in das Epithel, in Tonsillen und Papillomen. 5. Tagg. ung. path. Ges. Budapest 1938. Zit. Zbl. Path. **66**, 265 (1936/37).

Takabatake, Y.: (a) Die Erfolge der Lymphdrüsennaht, besonders über die Regeneration des Lymphdrüsensinus. Arb. Anat. Inst. Kyoto, Ser. D. 2 **1932**, 39—44. (b) Untersuchungen über die Physiologie der Lymphbewegung. 10. Wieviel Lymphe ist zur Auffüllung der Lymphdrüse nötig? Fol. anat. jap. **10**, 419—422 (1932). — **Takigawa, K.**: (a) *Über die Schädigung und Regeneration der Lymphdrüsen. Trans. jap. path. Soc. **24**, 258 (1934). (b) Schädigung und Regeneration der Lymphdrüsen, besonders der Flemmingschen Keimzentren, und ihre Beziehung zum Blutbild. Trans. jap. path. Soc. **25**, 344—350 (1935). — **Taliaferro, W. and P. Cannon**: The cellular reactions during primary infections and superinfections of *Plasmodium Brasilianum* in *Panamanian monkeys*. J. inf. Dis. **59**, 72 (1936). Zit. Conway 1937. — **Taliaferro, W. and H. W. Mulligan**: The histopathology of Malaria with special reference to the function and origin of the macrophages in defence. Indian J. med. Res. (Suppl.) **29** (1937). Zit. Conway 1937. — **Teshima, G.**: (a) Glatte Muskelfasern in den Lymphdrüsen des *Menschen*, S. 279—287. Mir im Sonderabdruck zugesandt. Japanisch mit deutsch. Autoref., Druckort und Druckjahr nicht angegeben. (b) Untersuchung über die rote Lymphdrüse. 4. Mitt. Unterbindung der zu- und abführenden Lymphgefäße der Lymphdrüse und ihre Folgen, S. 288—304. Mir im Sonderabdruck zugesandt. Jap. mit deutsch. Autoref., Druckort und Druckjahr nicht angegeben.

Uotila, U. u. P. E. Simola: Über die Beziehungen zwischen den Vitaminen und dem retikuloendothelialen System. Duodecim (Helsingfors) **53**, 635—644 (1937).

Voigt, J.: Vergleichende Untersuchung über das Verhalten der Lymphknoten normaler und „kümmernder" *Schweine*. Diss. vet. med. Leipzig 1933. — **Vorbeck, F.**: Über die Kerngrößen lymphatischen und lymphoiden Gewebes. Diss. Rostock 1935.

Wätjen, J.: Über retikulare Reaktionen und Funktionen in den Milzlymphknötchen. Nach experimentellen Untersuchungen mit Ricinvergiftung. Zbl. Path. **62**, 1—9 (1935). — **Wätjen, J. u. W. Eilers**: Die Orte der Kohlenstaubablagerung in normalen und krankhaft veränderten Lymphknoten mit experimentellen Untersuchungen über resorptive Leistungen der Lymphknoten. Virchows Arch. **280**, 487—518 (1931). — **Wätjen, J. u. W. Reimann**: Über Veränderungen der Halslymphknoten bei banaler und toxischer Diphtherie. Beitr. path. Anat. **99**, 115—130 (1937). — **Waldapfel, R.**: Zur Frage der Bedeutung der Flemmingschen „tingiblen Körper". Z. Hals- usw. Heilk. **28**, 7—14 (1931). — **Wallbach, G.**: Zur Frage über die korrelativen Reaktionen von Lymphknoten und lockerem Bindegewebe an verschiedenen Stellen des Organismus. Fol. haemat. (Lpz.) **44**, 329—354 (1932). — **Wasa, A.**: Eine mikroskopische Untersuchung der Regeneration des Lymphweges, der nach Exstirpation der Lymphdrüse entsteht. Arb. anat. Inst. Kyoto, Ser. D. 2, **1932**, 75, 76. — **Wassermann, F.**: Fettorgan und lymphatisches System. Sitzgsber. Ges. Morph. u. Physiol. Münch. **42**, 43—57 (1933). — **Watzka, M.**: (a) Epithel und Lymphocyt. Verh. anat. Ges. Lund **1932**, 150—158. Erg.-Heft Anat. Anz. **75** (1932). (b) Über Gefäßsperren, arterio-venöse Anastomosen und der Erythrocytenabbau im *Rinder*lymphknoten. Z. mikrosk.-anat. Forsch. **39**, 250—262 (1936). — **Weber, A.**: Développement d'un territoire lymphatique chez le foetus humain. Schweiz. med. Wschr. **1938 I**, 120. — **Wegelin, C.**: Zur histologischen Diagnose der Masern-Riesenzellen in mesenterialen Lymphknoten. Schweiz. med. Wschr. **1937 I**, 1, 2. — **Wessel, O.**: Die Lymphozytendurchwanderung durch das Epithelium der Tonsillen. Diss. Rostock 1933. — **Winkelmann, H.**: Die Lymphknoten des *Meerschweinchens*. 1. Beitrag zur Lymphgefäßsyndrom des meist verwendeten

Versuchs*tieres*: *Cavia porcellus* L. (cobaya). Z. Inf.krkh. Haustiere **52**, 232 (1937). Auch Diss. vet. med. Leipzig. Berlin 1937. — **Wischnewezkaja, L. J.:** Beitrag zur Entwicklungsgeschichte der Lymphdrüsen. Z. mikrosk.-anat. Forsch. **31**, 175—192 (1932). — **Wiseman, B. K.:** Criteria of the age of lymphocytes in the peripheral blood. J. of exper. Med. **54**, 271—294 (1931). — **Wolff, E. K.:** Normale und pathologische Morphologie der Milz. Handbuch der allgemeinen Hämatologie, Bd. I/2, S. 949—1031. Berlin-Wien 1933. — **Wolff-Heidegger, G.:** Zur Frage der Lymphocytenwanderung durch das Darmepithel. Z. mikrosk.-anat. Forsch. **45**, 90—103 (1939).

Yoffey, J. M.: (a) Preliminary note on mammalian lymphoid tissue and its relation to the remainder of the haemopoietic system. J. of Anat. **65**, 333—338 (1931). (b) The problem of lymphoid tissue. Brit. med. J. **1932**, 1052—1054. (c) The quantitative study of lymphocyte production. J. of Anat. **67**, 250—262 (1933). (d) Variation in lymphocytic production. J. of Anat. **70**, 507—514 (1936). — **Young, M.** and **H. M. Turnbull:** An analysis of the data collected by the status lymphaticus investigation committee. J. of Path. **34**, 213—258 (1931).

Zäh, K.: (a) Die Funktion des lymphoepithelialen Rachenringes. II. Das Verhalten des eigentlichen lymphatischen Gewebes bei der Resorption. Hals-Nasen-Ohrenarzt **28**, 101—106 (1937). (b) Die Funktion des lymphoepithelialen Rachenringes. III. Die Sekundärknötchen. Hals-Nasen-Ohrenarzt **28**, 163—173 (1937). (c) Die Funktion des lymphoepithelialen Rachenringes. IV. Die Lymphocyten und das Epithel. Hals-Nasen-Ohrenarzt **28**, 307—320 (1937).

Die Paraganglien.

Von **M. Watzka**, Prag.

Mit 31 Abbildungen.

I. Einführung; Wesen und Einteilung der Paraganglien.

Wenn in diesem Handbuch den Paraganglien ein eigenes Kapitel gewidmet ist, so zeigt dies, daß die unter diesem Namen zusammengefaßten Bildungen heute bereits als morphologisch selbständige Organe anerkannt sind und somit auch eine gesonderte Besprechung verdienen. Sie sind die am jüngsten bekannte Gewebsart, und erst den Arbeiten der letzten Jahre gelang es, unsere Kenntnisse über diese Gebilde zu ergänzen und zu einem gewissen Abschlusse zu bringen. Während vom morphologischen Standpunkt bereits eine befriedigende Klärung erzielt wurde, ist dies in der Physiologie noch nicht der Fall. Dies gilt insbesondere für die nicht adrenalinbereitenden Paraganglien, die bisher kaum noch oder nur ungenügend in das Versuchsgebiet der Physiologen einbezogen wurden.

Die Paraganglien — der Name wurde von A. Kohn (1902), dem Begründer der Lehre vom chromaffinen System, geprägt und in das Schrifttum eingeführt — stellen Nebenorgane des peripherischen Nervensystems dar, die eine Art inkretorischen Charakters besitzen. Dazu wäre erläuternd folgendes zu sagen. Aus der Anlage des Nervensystems, dem Medullarepithel, entwickelt sich neben den eigentlichen reizleitenden Nervenelementen, den Neuronen, welche die Hauptlinie oder Primogenitur des Medullarepithels darstellen, noch eine zweite, vielgliedrige Nebenlinie oder Sekundogenitur, deren Elemente zwar neurogen, jedoch nicht nervöser Natur sind. Dazu gehören die Epithelzellen der Telae und der Plexus chorioidei, die Ependymzellen und Gliazellen, sowie die Randzellen der peripherischen Nervenzellen und Nervenfasern. Auch organartige Bildungen, sog. „neurogene Nebenorgane" gehören hierher, wie z. B. die Neurohypophyse und die Zirbel, also Organe, die zwar ebenfalls dem zentralen Nervensystem entstammen und dauernd angeschlossen bleiben, aber nicht zu nervösen, sondern zu andersartigen (stofflichen) Leistungen berufen erscheinen.

Solche neurogene Organe gibt es nun auch in Vielzahl im Bereiche des peripherischen Nervensystems, und diese Organe werden hier „Paraganglien" genannt. Am verbreitetsten finden sie sich im Bereich des sympathischen Nervensystems, und zwar von den *Knorpelfischen* angefangen bis hinauf zum *Menschen*, wenn auch in wechselnder Form und Ausbildung. Dazu gehört auch „die Marksubstanz der Nebenniere", da auch sie sich in keiner Weise von den übrigen multiplen, sympathogenen Paraganglien unterscheidet, die alle ausnahmslos durch drei Haupteigenschaften gekennzeichnet sind und zwar 1. durch ihre Abstammung vom Sympathicus, 2. durch ihre Chromaffinität, 3. durch ihre Adrenalinbereitung.

Diesen chromaffinen Paraganglien können wir nun eine zweite Art von Paraganglien (Nebenorgane des peripheren Nervensystems) gegenüberstellen, die diese Eigenschaften nicht besitzen. Ihre Zellen sind nicht chromaffin und nicht adrenalinbereitend und doch sind sie ihrem Wesen nach unzweifelhaft als echte Paraganglien zu bezeichnen, denn auch sie gehen aus dem Anlagematerial des peripherischen Nervensystems hervor, allerdings nicht wie die früheren aus dem des Sympathicus, sondern aus dem des Vagus und Glossopharyngicus.

Es gehört zu den wesentlichsten Fortschritten der Paraganglienforschung der letzten Jahre, daß den chromaffinen Sympathicusparaganglien eine zweite Art von Paraganglien gegenübergestellt werden konnte, die genetisch, anatomisch und funktionell nicht dem Sympathicusbereich, sondern Hirnnerven oder einem gemischten Nervengeflecht, an dem insbesondere der Vagus und Glossopharyngicus beteiligt sind, angehören. Demgemäß sind ihre Zellen auch nicht chromaffin und enthalten auch kein Adrenalin. Es ergibt sich somit die Berechtigung, den chromaffinen Sympathicusparaganglien die nicht chromaffinen Paraganglien des Parasympathicus bzw. des Vagus und Glossopharyngicus, zu denen das Paraganglion caroticum und Paraganglion supracardiale gehören, gegenüberzustellen.

Wir teilen daher die Paraganglien, bzw. das paraganglionäre Gewebesystem zweckmäßig folgendermaßen ein:

A. Sympathogene (chromaffin, adrenalingebend):
1. Paraganglion suprarenale (Marksubstanz der Nebenniere),
2. freie Paraganglien (chromaffine Körper),
3. intraneural und intraganglionär eingelagerte chromaffine Einzelzellen oder Zellgruppen.

B. Aus der Anlage des IX. und X. Hirnnerven stammende (nicht chromaffin- und nicht adrenalingebend):
1. Paraganglion caroticum,
2. Paraganglion supracardiale,
3. einzelne, verstreute Zellgruppen in den Nervenstämmchen des Vagus und Glossopharyngicus.

II. Das paraganglionäre Gewebe des Sympathicus. Die chromaffinen Paraganglien (chromaffine Organe) des Menschen.

1. Allgemeine Übersicht.

Eine ausführliche geschichtliche Darstellung der Lehre von den Paraganglien bzw. des chromaffinen Gewebes würde den Rahmen dieses Handbuches überschreiten und es sei daher diesbezüglich auf die grundlegenden Arbeiten von Kohn verwiesen. Henle (1865) stellte fest, daß die Zellen des zentralen Gebietes der Nebenniere sich mit Chromsalzen braun färben. Diese charakteristische Eigenschaft der Zellen gab den Anlaß zu ihrer Benennung. Stilling (1890, 1898) nannte sie „chromophil", Poll (1900) „phaeochrom" und Kohn (1898) „chromaffin". Letztere Bezeichnung hat sich allgemein durchgesetzt. Die französischen Autoren, wie Soulié, sprechen von „cellules parasympathiques" und Bonnamour von „cellules adrénalogenes". Kohn (1903) erbrachte den Nachweis, daß die chromaffinen Zellen und die daraus bestehenden chromaffinen Körper aus der Anlage des Sympathicus hervorgehen und daß die Ausbildung der „Marksubstanz" der Nebenniere erst ein sekundärer Prozeß ist, der in dem Zusammenschluß der getrennt angelegten epithelialen Nebennierenrinde mit einem dem Sympathicus entstammenden chromaffinen Körper besteht. Er erkannte (1898), daß die sog. Marksubstanz ein Gewebe eigener Art ist, das nach Abstammung und Art entgegen der damals herrschenden Meinung nichts mit der eigentlichen Nebennierenrindensubstanz zu tun hat.

Die knotenförmigen Anlagerungen von chromaffinen Zellen im Verlaufe der sympathischen Nervenstämmchen nannte Kohn (1902) „Nebenknoten" oder „Paraganglien". Die zwei größten haben einen eigenen Namen erhalten. Das sind: Das Paraganglion suprarenale, besser bekannt als „Marksubstanz" der Nebenniere, und das Paraganglion (aorticum) abdominale, das beim *Menschen* (Kinde) auch unter dem Namen „Zuckerkandlsches Organ" bekannt ist. Die große Zahl der übrigen kleinen und diffus verstreuten chromaffinen Paraganglien und Einlagerungen haben keine besondere Benennung erfahren. Oft bestehen solche Einlagerungen in sympathischen Nerven und Ganglien nur aus einzelnen oder wenigen Zellen, die auch kleine Zellgruppen bilden können, welche man aber nicht gut schon ein (organartiges) Paraganglion nennen kann. Diese Art des Vorkommens der chromaffinen Zellen ist aber sehr verbreitet und stellt daher einen wichtigen Anteil des chromaffinen Gewebssystems dar.

2. Entwicklung.

Mit der Genese der chromaffinen Paraganglien beschäftigte sich hauptsächlich A. Kohn (1898, 1903), weiters Wiesel (1900, 1902), Soulié (1903), Poll (1904), Alezais und Peyron (1906, 1907), Zuckerkandl (1911), Sh. Kohno (1925), Wrete (1927) u. a., in neuerer Zeit auch Iwanow (1927, 1932). Sie haben mit ihrer Feststellung, die chromaffinen Zellen als Abkömmlinge der Anlage des sympathischen Nervensystems aufzufassen, recht behalten gegenüber der großen Zahl von Forschern, die sie irrtümlich für epitheliales Gewebe hielten und sie vom inneren Keimblatt ableiteten. (Janošik 1883, Gottschau 1883, Valenti 1889, Minot 1894, Aichel 1900, Haller 1901/02, Roud 1903). Goormaghtigh (1914) ließ sie aus dem Mesoderm hervorgehen.

Nach Kohn, Wrete und Iwanow kann man beim *Menschen* die ersten chromaffinen Zellen (Chromaffinoblasten) bei Embryonen von 11,5—20 mm Länge beobachten. Das erste bereits organisierte Paraganglion fand Iwanow bei Embryonen von etwa 30 mm Länge. Das erste Auftreten chromaffiner Zellen kann ausschließlich nur innerhalb der Ganglien des Bauchsympathicus oder in unmittelbarem Zusammenhang damit beobachtet werden. Aus dem dichten undifferenzierten Sympathicusblastem entwickeln sich einige Zellen und Zellhäufchen nicht zu Nervenzellen weiter, sondern bleiben fortsatzlos und rundlich („Nebenzellen" Kohn 1930). Sie erscheinen heller, etwas größer als die Sympathicoblasten, sind scharf umrandet und zeigen einen schwach färbbaren Kern. Die Vermehrung dieser Chromaffinoblasten, die zur Zeit ihres ersten Auftretens noch keine Chromreaktion geben und offenbar auch noch nicht adrenalinerzeugend sind, geschieht einerseits durch fortgesetzte mitotische Teilung dieser Zellen und anderseits durch andauernde Umbildung von Zellen des undifferenzierten Sympathicusblastems in Chromaffinoblasten. Auf diese Weise erfolgt eine rasche Volumzunahme der paraganglionären Knötchen. Die Hauptmasse der Paraganglienanlagen findet man regelmäßig in der Gegend des Paraganglion aorticum abdominale, das selbst am frühesten von allen schon bei Embryonen von etwa 17 mm angelegt erscheint. Dieses entsteht bilateral aus mehreren getrennten Anlagen, die später zu einem einheitlichen Gebilde zusammenfließen. Sperino und Balli (1907) beschreiben in einem Fall eine nur einseitige Anlage und Ausbildung des Paraganglion abdominale, was als eine große Seltenheit anzusehen ist. Bei Embryonen von 27 mm Länge sind chromaffine Zellen bereits in allen Abschnitten des Sympathicus als helle Zellinseln innerhalb der dunkler erscheinenden Ganglienanlagen nachzuweisen. Mit zunehmendem Alter der Embryonen treten immer neue Bildungsstätten von Chromaffinoblasten auf, so daß die Anzahl der Paraganglien und chromaffinen Zellgruppen bis zur Zeit der Geburt noch immer zunimmt. Bei älteren Embryonen treten Chromaffinoblasten dann nicht nur in Verbindung mit Ganglienanlagen, sondern auch inmitten oder in unmittelbarer Nachbarschaft sympathischer Nervenstämmchen auf. Die erste erkennbare Chromreaktion konnte Iwanow an sehr frischem Material schon bei einem 20 mm langen Embryo nachweisen, doch habe ich eine einwandfreie Gelbfärbung erst bei wesentlich älteren Embryonen feststellen können. Nicht selten kann man bei manchen (auch gut fixierten) Embryonen von 100—150 mm Länge bereits wohlorganisierte Paraganglien sehen, deren Zellen aber die spezifischen chromaffinen Granula noch gänzlich fehlen, so daß an ihnen auch bei sorgfältigster Behandlung die Chromreaktion noch nicht in Erscheinung tritt.

Sowohl das Paraganglion aorticum abdominale als auch die zahlreichen kleineren Bauchparaganglien wachsen mit zunehmender Reifung des Fetus und des Kindes und erreichen kurz nach der Geburt oder erst bei Kindern bis zu $1^1/_2$ Jahren die größte Entfaltung. Nach dieser Zeit setzen dann bereits Rückbildungsvorgänge ein, welchen die Organe in der Regel noch vor der Geschlechtsreife völlig anheimfallen.

3. Vorkommen und Lage.

Das größte Paraganglion ist wohl das paarige Paraganglion suprarenale, das zur Marksubstanz der Nebenniere wird. Zur Zeit der größten Entfaltung (beim Kinde) steht ihm aber das am Abgang der Arteria mesenterica caudalis gelegene, in der Regel nur in der Einzahl vorkommende, wenn auch aus mehreren Anlagen hervorgehende Paraganglion aorticum abdominale (lumbale) nicht viel nach. Neben diesen beiden benannten größten Paraganglien, die auch eine konstante Lage besitzen, gibt es eine große Anzahl kleinerer, verstreut im Retroperitonealgebiet, an der Aorta oder richtiger entlang der sympathischen Nerven gelegene paraganglionäre Knötchen, die keinen eigenen Namen führen. Die Zahl dieser kleinen Paraganglien kann bei Neugeborenen bis gegen 40 betragen, die im Bereiche des Retroperitonealraumes von der Gegend der Nebenniere bis hinunter zu den Keimdrüsen gefunden werden. Die Gesamtmasse dieser Gebilde und der zahlreichen mikroskopisch kleinen chromaffinen Zellgruppen ist daher im frühen Kindesalter sehr beträchtlich.

Die Zahl der makroskopisch sichtbaren Paraganglien wechselt außerordentlich nach dem Alter und ist außerdem starken individuellen Schwankungen unterworfen. Ebenso unterliegt ihre Lage individuellen und Altersschwankungen. Was die Verbreitung dieser Paraganglien sowie der chromaffinen Zellhäufchen, die nur mikroskopisches Ausmaß besitzen, beim neugeborenen Kinde anbetrifft, so kann man überall dort, wo sympathische Nervenstämmchen oder deren Ganglien vorhanden sind, auch darauf rechnen, Gruppen von paraganglionären Zellen zu finden. Außer den zahlreichen, in der Umgebung der Nebenniere und entlang der Aorta gelegenen Paraganglien, die dem Plexus aorticus abdominalis, dem Sonnengeflecht und dem Plexus hypogastricus angehören, finden sich in der Literatur noch zahlreiche Paraganglien an besonderen Stellen erwähnt. So sind beim *Menschen* ausdrücklich chromaffine Paraganglien beschrieben worden: Im Bereich des Paroophoron und der Paradydimis (Wiesel 1902, Aschoff 1903), im Ovarium (Varaldo 1904, Debeyre und Riche 1907, Bucura 1907), am Herzen (Wiesel 1906, Trinci 1911), im Ganglion stellatum, im Intercostalraum (Dietrich und Siegmund 1926), in der Submandibularis (Iwanow 1927). Im Plexus prostaticodeferentialis kommen regelmäßig in der Nachbarschaft der Samenblase zwei oder mehrere mikroskopisch kleine bis 3 mm große Paraganglien vor (Watzka 1928, 1932), ebenso finden sich konstante Paraganglien im Plexus uterovaginalis (Penitschka 1932). Außer diesen mehr selbständigen, organartigen chromaffinen Körperchen kommen in den sympathischen Ganglien- und Nervengeflechten dieser Gegend auch noch zahlreiche einzelne oder Gruppen chromaffiner Zellen vor. Bakay (1938) berichtet auch über kleine, mikroskopische Paraganglien in der Muskulatur der menschlichen Harnblase.

Es wurden auch manche Paraganglien beschrieben, die sicher Fehldeutungen darstellen und so fälschlich in die Literatur eingezogen sind. Von Thulin (1914) wurde ein Paraganglion in der Wand des Oesophagus beschrieben, das in der Literatur immer wieder erwähnt wird, trotzdem es sich bei diesem Gebilde zweifellos um ein verlagertes Epithelkörperchen handelt. Epithelkörperchen in der Oesophaguswand sind kein seltener Befund (Trinci 1914, Palme 1934). Noch bedenklicher ist es, wenn im Lehrbuch Szymonowicz-Krause (1930) als größtes Paraganglion das Paraganglion tympanicum angegeben wird. Unter diesem Namen verbirgt sich die sog. Glandula tympanica (W. Krause 1878), die aber auch diesen Namen nicht verdient, sondern lediglich ein zell- und flüssigkeitsreiches Mesenchym darstellt, welches den Canaliculus tympanicus erfüllt (Watzka 1932). Weitere Zweifel hege ich an dem Befund eines chromaffinen Paraganglions in der Submandibularis (Iwanow), denn aus seiner Beschreibung geht keineswegs hervor, daß es sich bei dem fraglichen Gebilde um ein Paraganglion handelt. Die von Iwanow (1927, 1932) als chromaffine Paraganglien angeführten Gebilde im Plexus pampiniformis (d'Ajutolo 1884), im Canalis inguinalis (Lockwood 1899), am Ligamentum latum (Targette 1897, Meyer 1898, Marchand 1904), im Ligamentum sacrouterinum (Kermauner), in der Niere (Cacciola 1886, Pillet 1894, Sonnenberg 1910), im Ligamentum hepatoduodenale (Eggeling 1902), die in der einschlägigen Literatur jetzt immer mitgeführt werden, sind offenbar gar keine Paraganglien, sondern hypernephroide Gewebsinseln, wie dies auch ohne weiteres aus den Originalarbeiten zu ersehen ist. Die zahlreichen Funde von „Paraganglien" oder „chromaffinen Zellgruppen" an den Keimdrüsen des *Menschen* (Bucura 1907, Berger 1923, v. Winiwarter 1924, Neumann 1929, Wallart 1930, 1933, Joachimovits 1931) sind wahrscheinlich darauf zurückzuführen, daß dort die mit braunem Pigment erfüllten Leydigschen Zwischenzellen, die, zufolge eines merkwürdigen Neurotropismus, innerhalb oder entlang von Nerven liegen (sympathicotrope Hiluszellen, Berger), verkannt und als chromaffine Zellen angesehen wurden. Diese Zellen sind aber ebensowenig wie die Zwischenzellen des Hodens neurogen und sind daher auch nicht als paraganglionäre Zellen zu bezeichnen. Bei der *Katze* konnte ich jedoch im Gebiet des Rete ovarii und Rete testis regelmäßig ein gut abgegrenztes, chromaffines Paraganglion, in der Nähe eines sympathischen Ganglions gelegen, beobachten. Die chromgelben Zellen („enterochromaffine" Zellen) im Epithel des Darms (Ciaccio 1907, Hamperl 1925, 1927, 1932, Kull 1925, de Filippi 1929, 1930, Erspamer 1934, 1936) haben ebenfalls gar nichts mit den chromaffinen paraganglionären Zellen zu tun. Man soll sie daher auch nicht „chromaffin" nennen, sondern sie am besten nach Clara (1933) als basalgekörnte Zellen bezeichnen. Sie gehören zweifellos dem Darmepithel an und ihre Aufgabe ist noch unklar.

Bezüglich des Vorkommens der chromaffinen Zellen und Organe läßt sich also im allgemeinen sagen, daß sie beim *Menschen* im Kindesalter lediglich im Bereich des Bauch- und Beckensympathicus reichlich zu finden sind. Im Gebiet des Brust- und Halssympathicus sind chromaffine Körperchen in der Regel nur spärlich und geringgradig ausgebildet und einzelne chromaffine Zellen bilden dort bei jüngeren Individuen auch einen kleinen Bruchteil des Zellbestandes des Paraganglion caroticum und supracardiale.

4. Größe und Form.

Wenn wir vom Paraganglion suprarenale absehen, so bleiben im wesentlichen nur das Paraganglion abdominale und die kleinen zahlreichen, aber unbenannten Paraganglien und Zellgruppen des Bauch- und Beckensympathicus übrig. Diese stellen immerhin in ihrer Gesamtheit beim Kinde und bei *Säugetieren* eine sehr beträchtliche Menge adrenalinliefernden Gewebes dar.

Wenn im folgenden die außerhalb der Nebenniere gelegenen chromaffinen Paraganglien öfters als freie Paraganglien bezeichnet werden, so soll damit nur kurz der Gegensatz zum Paraganglion suprarenale, das kapselartig von der epithelialen Rindensubstanz umschlossen wird, zum Ausdruck gebracht werden.

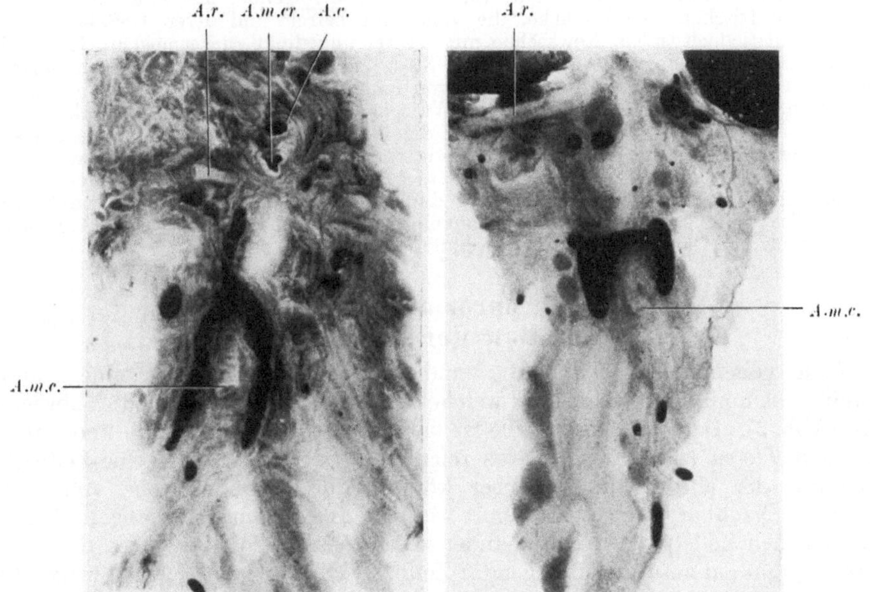

Abb. 1. Retroperitonealgebiet zweier neugeborener Kinder (rechts ♂, links ♀) mit dem Paraganglion aorticum abdominale und zahlreichen kleineren im Ausbreitungsgebiet des Sympathicus verstreuten chromaffinen Paraganglien. Fixiert in Kaliumbichromat-Formol, aufgehellt in Glycerin. Die chromierten Paraganglien erscheinen schwarz. *A.r.* Arteria renalis dextra, *A.m.c.* Arteria mesenterica caudalis, *A.m.cr.* Arteria mesenterica cranialis. *A.c.* Arteria coeliaca. Natürliche Größe.

Das Paraganglion abdominale und die anderen zahlreichen, nach vorheriger Chromierung makroskopisch sichtbaren Körperchen stehen in einem gewissen Abhängigkeitsverhältnis, so daß man im allgemeinen zwei Typen unterscheiden kann (IWANOW). Im ersten Fall finden sich neben einem sehr mächtig entwickelten Paraganglion abdominale nur wenig kleinere Paraganglien im Gebiet des Retroperitonealraums, entlang des Bauchsympathicus, im zweiten besteht dagegen ein verhältnismäßig kleines Paraganglion abdominale, aber dafür eine größere Anzahl kleinerer verstreuter chromaffiner Körper. Nach IWANOW nehmen die kleineren Paraganglien bis zur Zeit der höchsten Ausbildung des Paraganglion abdominale, was ungefähr 1 Jahr nach der Geburt der Fall ist, stetig an Zahl zu, um dann, wenn dessen Rückbildung begonnen hat, wieder abzunehmen. Die äußere Gestalt der kleineren mit freiem Auge noch sichtbaren Paraganglien kann kugel-, linsen- oder walzenförmig sein. Ihre Größe schwankt in sehr weiten Grenzen und kann von mikroskopischer Kleinheit bis zur Größe einer Erbse betragen.

Die Ausdehnung des Paraganglion abdominale kann sich bei Kindern bis über 3 cm erstrecken und ist ein so ansehnliches und eigenartiges Gebilde, daß es von Zuckerkandl (1901) schon durch einfache Präparation als ein besonderes Gebilde entdeckt werden konnte. Es besitzt in den meisten Fällen eine Hufeisenform (Abb. 1). Beim neugeborenen Kind umlagert es den Abgang der Arteria mesenterica caudalis wie ein daran aufgehängtes Hufeisen. In anderen Fällen wiederum besitzt es die Form eines H oder ist nur gestreckt walzenförmig gestaltet. Das äußere Aussehen dieses Paraganglions ist daher sehr wechselnd und steht auch in Beziehung zum Wachstum und seiner frühzeitig einsetzenden Rückbildung. Iwanow (1929) hat in mehreren Arbeiten diese Formvariation des Paraganglion abdominale beim *Menschen* eingehend dargestellt.

Um die chromaffinen Paraganglien makroskopisch in ihrer Zahl und Form gut zur Darstellung zu bringen, verfährt man am besten nach folgender Methode. Man legt die betreffenden frischen Gewebsstücke, die vom Blut befreit und deren Gefäße ebenfalls blutleer sind (jedoch ist ein Abwaschen mit Wasser unbedingt zu vermeiden), für 3 Tage in Kaliumbichromat-Formollösung (95 Teile $3^1/_2$% Kaliumbichromat und 5 Teile Formol). Bei großen Stücken (Retroperitonealgebiet von Kindern) empfiehlt es sich, einen mit der oben angegebenen Flüssigkeit getränkten Wattebausch für einige Tage aufzulegen und feucht zu halten. Nach 3 Tagen gießt man die Fixierungsflüssigkeit ab und legt das zu untersuchende Material nochmals für 2 Tage in reine $3^1/_2$% Kaliumbichromatlösung. Hernach wäscht man in fließendem Wasser gut aus und hellt die Präparate in Glycerin auf. Die chromaffinen Paraganglien erscheinen dann dunkelbraun auf hellem Grund. Blut und gefüllte Blutgefäße sind ebenfalls dunkelbraun dargestellt, so daß Ungeübten leicht Täuschungen unterlaufen können. Lymphknoten erscheinen grau.

5. Aufbau der chromaffinen Paraganglien und feinerer Bau der chromaffinen Zelle.

Nach vollendeter Entwicklung sind die Paraganglien von einer bindegewebigen Umhüllung abgegrenzt, welche von Nerven und Gefäßen durchbrochen wird (Abb. 2). Das Zwischengewebe ist beim *Menschen* sehr spärlich und nur bei manchen *Tieren* (z. B. *Katze*) etwas reichlicher entwickelt. Einzelne Zellballen innerhalb der chromaffinen Körper können durch Bindegewebe vollständig gegen das Nachbargewebe abgetrennt werden. Im allgemeinen hängen aber die chromaffinen Zellstränge untereinander zusammen und bilden durch das ganze Paraganglion ein zusammenhängendes Zellnetz, das von reichlichen Blutgefäßen durchzogen wird (Abb. 3). Diese strangförmige Anordnung lassen aber die mikroskopisch kleinen Einlagerungen von chromaffinen Zellen in sympathischen Nerven und Ganglien vermissen. Oft liegen kleine Gruppen, Zellreihen oder ganz vereinzelte chromaffine Zellen ohne jede Abgrenzung gegen die Nachbarschaft mitten unter den Nervenzellen oder Nervenfasern eines sympathischen Ganglions oder Nerven (Abb. 4). In manchen kleinen Paraganglien, besonders im reiferen Kindesalter, erscheinen wiederum die Zellen und Zellstränge von etwas reichlicherem Zwischengewebe voneinander getrennt (Abb. 5).

Die chromaffinen Zellen sind in der ganzen *Tier*reihe durch eine Anzahl gemeinsamer Merkmale ausgezeichnet. Henle (1865) erkannte zuerst die auffallende Eigenschaft der Zellen der „Marksubstanz" der Nebenniere, sich in Chromsäure und Lösungen chromsaurer Salze zu bräunen. Die Chromreaktion ist der wichtigste Behelf für die Untersuchung des chromaffinen Gewebes. Die Chromfärbung ist an die adrenalinogenen, feinen Granula des Zelleibes gebunden (Hultgren und Andersson 1899, Grynfeltt 1903). Da sich jedoch die Körnchen postmortal und in ungeeigneten Fixierungsflüssigkeiten leicht auflösen, ist oft das ganze Protoplasma diffus gelb bzw. braun gefärbt. Nur Kaliumbichromat-Formolmischungen, wie sie zur Fixierung von Hultgren und Andersson, Kohn, Wiesel, Poll und Sommer empfohlen wurden, erhalten die Granula und bräunen sie. In den meisten Fällen nimmt dabei auch der Kern die Chromfärbung an (Henle 1865, Gottschau 1883, Pfaundler 1892, v. Ebner 1899, Kohn), ja es können sogar mitunter die Kerne stärker gefärbt sein als das

Cytoplasma. Die so fixierten Granula können hernach durch HEIDENHEINSches Eisenhämatoxylin dunkel bis schwarz gefärbt werden. Alle früheren Darstellungsmethoden, ich erwähne nur Grünfärbung durch Eisenchlorid (VULPIAN 1856, GIACOMINI 1902), Schwärzung mit Osmium (SCHULTZE und RUDNEFF 1865), Reduktion von Chlorgold (S. MAYER 1872), vitale Färbung mit Neutralrot (S. MAYER 1896) oder Färbungen mit Kernfarbstoffen sind gegenüber der

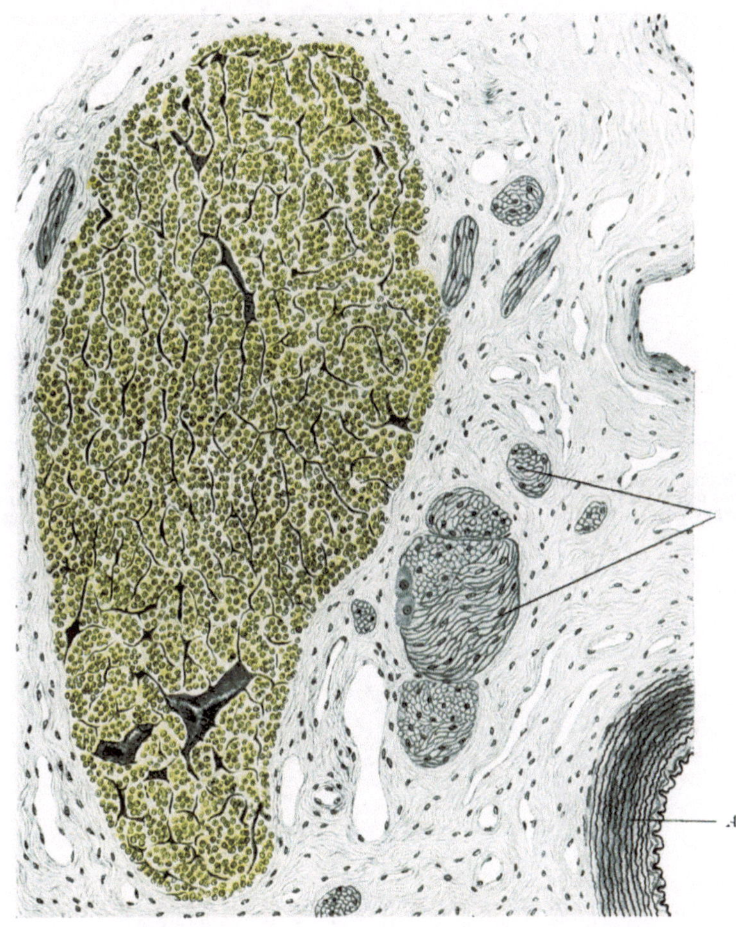

Abb. 2. Chromaffines Paraganglion aus dem Retroperitonealgebiet eines neugeborenen Kindes. Kaliumbichromat-Formol, Paraffin, 8 µ, Cochenille. Durch die Behandlung mit Kaliumbichromat erscheinen die in Strängen angeordneten paraganglionären Zellen gelbbraun. *A.* Aorta abdominalis, *n* sympathische Nervenstämmchen. Vergr. 65.

Chromreaktion in den Hintergrund getreten. Behandlung mit anderen Fixierungsmitteln als Kaliumbichromatlösung löst die Körnchen auf und ist daher zu vermeiden. Wie schon älteren Beobachtern auffiel, werden selten alle Zellen von den Chromatlösungen in gleicher Intensität gefärbt (GOTTSCHAU 1883, DOSTOIEWSKY 1886, FUSARI 1892). Häufig enthalten einige Zellen helle Vakuolen (STILLING 1898, ZUCKERKANDL 1901), welche so groß sein können, daß die Zellen oft verzerrt erscheinen. GRYNFELTT (1903) meint, daß diese Vakuolen keine Kunstprodukte seien, sondern den physiologischen Verbrauch einer gewissen Menge chromaffiner Substanz anzeigen. Daß nicht alle Zellen sich gleich gut bräunen, ist wohl einerseits auf den jeweilig verschiedenen Funktionszustand der Zellen

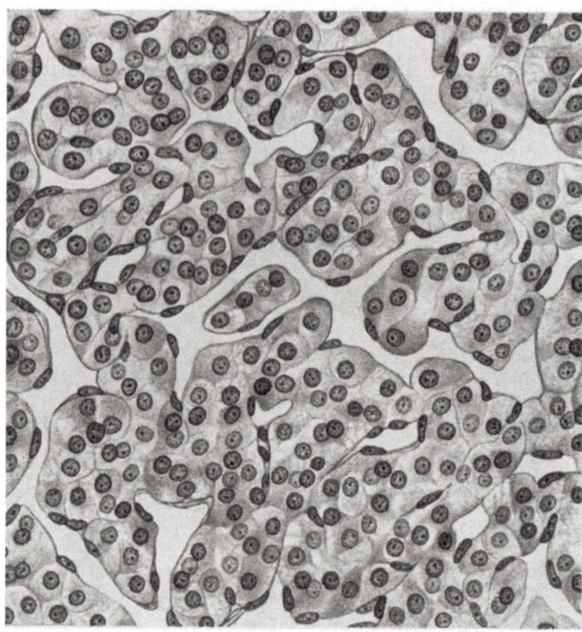

Abb. 3. Chromaffines Paraganglion aus dem Retroperitonealgebiet eines neugeborenen Kindes. Die paraganglionären Zellstränge sind von reichlichen Capillaren durchzogen. Die Zellen erscheinen stellenweise untereinander synzytial verschmolzen und grenzen unmittelbar an das Endothel der Capillaren. Susa, Paraffin, 5 μ, Azanfärbung. Vergr. 3°5.

Abb. 4. Sympathisches Nervenstämmchen mit Ganglienzellen und einer Gruppe chromaffiner Zellen aus dem Plexus uterovaginalis eines 8 Monate alten Fetus. Kaliumbichromat-Formol, Paraffin, 8 μ, Cochenillefärbung. Vergr. 580.

zurückzuführen. Ist eine Zelle gerade adrenalinfrei, so bräunt sie sich nicht, denn nur die adrenalogenen Körnchen sind die Ursache der Bräunung durch Kaliumbichromat oder der Schwärzung durch Osmium. Andererseits gehen schon wenige Stunden nach dem Tode die Granula in Lösung und das Adrenalin diffundiert in die Umgebung hinaus, so daß die Chromreaktion um so schlechter ausfällt, je später nach dem Tode die Präparation vorgenommen wird. Es kann dann auch dahin kommen, daß die chromaffinen Zellen des Nebennierenmarkes z. B. keine Chromreaktion zeigen, wohl aber dafür die von ausgelaugtem Adrenalin durchtränkte Rinde. Sehr stark ausgelaugte Zellen erscheinen hell, zumeist geschrumpft,

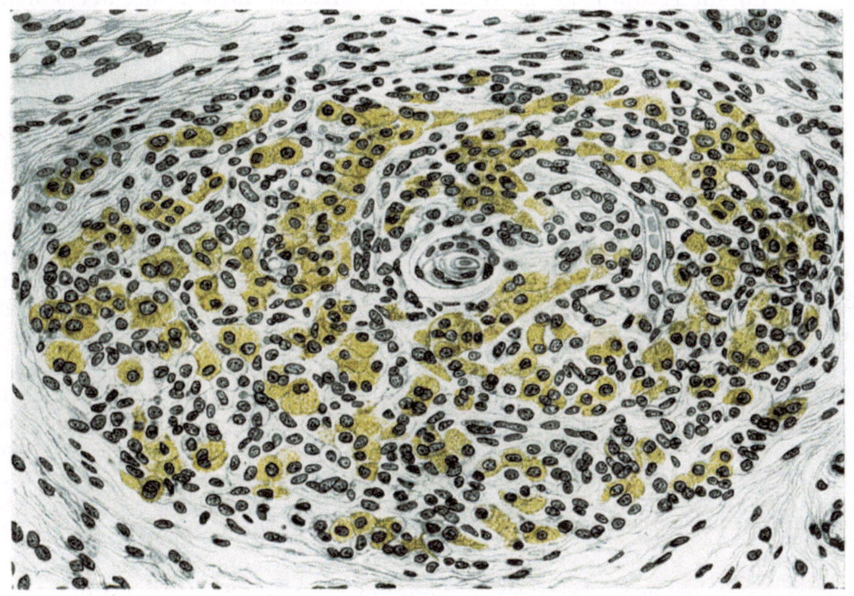

Abb. 5. Mikroskopisch kleines chromiertes Paraganglion aus dem Plexus uterovaginalis eines 2jährigen Kindes. Der Zellbestand erscheint durch reichliches Bindegewebe aufgelockert. Kaliumbichromat-Formol, Paraffin, 8 μ, Cochenillefärbung. Vergr. 300.

unansehnlich und oft bis zur Unkenntlichkeit verändert. Mehreren Untersuchern fiel an den chromaffinen Zellen der freien Paraganglien und des Nebennierenmarkes die Undeutlichkeit der Zellgrenzen auf, so daß man nicht selten den Eindruck eines Syncytiums mit eingestreuten Kernen erhalten konnte (Abb. 3) (Zellnester von S. MAYER 1872, HULTGREN und ANDERSSON 1899). Gut erhaltene chromaffine Zellen sind von rundlicher oder eckig polygonaler Gestalt und erreichen beim *Menschen* eine durchschnittliche Größe von 15—20 μ. Im „Nebennierenmark" sind sie im allgemeinen etwas größer. Sie enthalten in der Regel nur einen Kern, doch kann man auch, insbesondere im Nebennierenmark, zwei- und mehrkernige Zellen antreffen. Die Zellkerne sind rund, chromatinarm, zeigen ein feinnetziges Chromatingerüst mit einem oder selten mehreren deutlichen Kernkörperchen. Mitosen sind nicht nur an Chromaffinoblasten während der Entwicklungszeit, sondern auch an voll differenzierten chromaffinen Zellen ausgereifter Paraganglien keine Seltenheit (RABL 1891, v. EBNER 1899). Bei *Tieren (Katze)* konnte ich einzelne Mitosen in chromaffinen Zellen der freien Paraganglien bis ins späte Alter hinein beobachten. Centrosom und Golginetzapparat sind an den chromaffinen Zellen nachgewiesen worden (CARLIER 1893, PENSA 1899).

6. Beziehungen der chromaffinen Zellen
zum sympathischen Nervensystem.

Alle Paraganglien, insbesondere das Paraganglion suprarenale, sind außerordentlich reich an Nerven. Schon Henle (1866) konnte feststellen, daß der Nervengehalt der Nebenniere größer ist als der irgendeines anderen drüsigen Organs. Koelliker (1894) hat an der rechten Nebenniere des *Menschen* 33 Nervenstämmchen gezählt. Sie stammen hier aus dem Plexus coeliacus, renalis und den Nervi splanchnici. An die Rinde geben sie nur einen geringen Teil ihres Faserbestandes ab, die Hauptmasse zieht zur Marksubstanz, um sich hier in ein dichtes Endgeflecht aufzulösen, von dem die einzelnen chromaffinen Zellen umsponnen

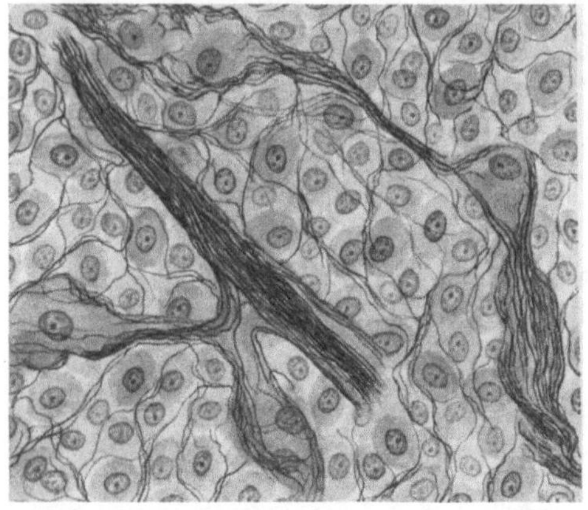

werden (Fusari 1891, Dogiel 1894, Giacomini 1898, Elliott 1913, Kolmer 1918, Pines 1924, Stöhr 1935). Die Nervenfasern innerhalb der freien Paraganglien, insbesondere beim *Menschen*, sind noch schwerer darstellbar als im Nebennierenmark, und das ist vielleicht auch der Grund, warum frühere Untersucher sie nicht auffinden konnten (Zuckerkandl 1901, Wetschtomow 1910, Jachontow 1913, Iwanow 1933). Auch Ciardi-Dupré (1936) hält die chromaffinen Paraganglien für sehr nervenarm. Kohn (1903), Smirnow (1890) und Dowgjallo (1926) gelang es jedoch, schon nach Methylenblaufärbungen Nervennetze innerhalb der freien Para-

Abb. 6. Reichliches Nervenfasernetz zwischen den chromaffinen Zellen des Paraganglion abdominale eines *Kätzchens*. Silberimprägnation nach Bielschowsky-Stöhr. Vergr. 750.

ganglien nachzuweisen. Desgleichen konnten Pines (1924), Handschin (1928), Kofmann (1935), Bakay (1938) einen innigen Kontakt der chromaffinen Zellen der Paraganglien mit sympathischen Nervenfasern feststellen. Mit der Bielschowsky-Stöhrschen Methode läßt sich auch an den freien Paraganglien deutlich erkennen, daß die chromaffinen Zellen in ein ungemein feines und engmaschiges Nervenfasernetz eingebettet sind (Abb. 6). Darin gibt sich wieder ihre nahe Beziehung zum Sympathicus kund. Es ist möglich, daß bei den vergänglichen Paraganglien des *Menschen* die Nervenversorgung in der Weise wechselt, daß zur Zeit der Rückbildung die Nervennetze schon früher dem Untergang anheimfallen, so daß sie später dann nicht mehr darstellbar sind.

Wenn man aber einfach sagen wollte, die Paraganglien sind reich innerviert, so würde damit das besondere Verhältnis der chromaffinen Zellen zum Sympathicus keineswegs entsprechend gekennzeichnet sein, denn diese beiden gehören von allem Anfang an zusammen und bleiben dauernd aneinander angeschlossen. Diese innige Verbindung dürfte offenbar auch für die Wirkungsweise der chromaffinen Zellen von Bedeutung sein.

Ganglienzellen sind innerhalb der Paraganglien nicht sehr häufig (Ciardi-Dupré 1936), jedoch kann man sowohl im Nebennierenmark als auch inmitten der freien Paraganglien bei *Mensch* und *Säugetier* gelegentlich einzelne sympathische Nervenzellen beobachten (Watzka 1928, Handschin 1928, Bakay 1938).

Bei menschlichen Feten und Kindern der ersten Lebensjahre kommen innerhalb der chromaffinen Paraganglien, die dem Nervengeflecht des Plexus prostaticodeferentialis bzw. uterovaginalis angehören, sehr häufig Nervenendorgane vom

Bau der Lamellenkörperchen vor (HANDSCHIN 1928, WATZKA und PENITSCHKA 1932, IWANOW 1932, C. CIARDI-DUPRÉ 1936). Sie treten entweder einzeln auf oder in kleineren und größeren Gruppen, die durch eine gemeinsame Bindegewebshülle zusammengehalten werden (Abb. 7 u. 8). Sowohl die Gesamtzahl

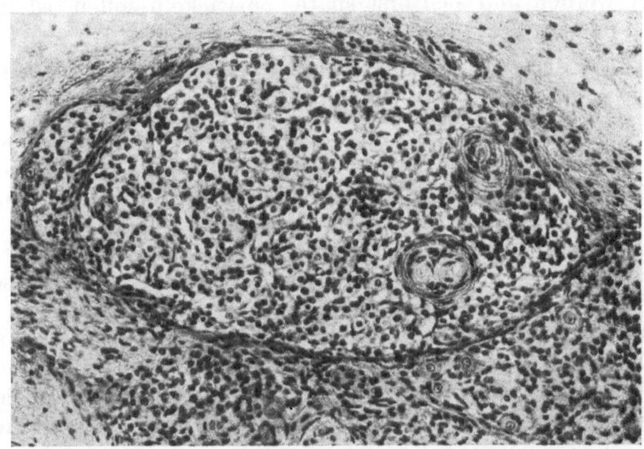

Abb. 7. Chromaffines Paraganglion aus dem Plexus prostatico-deferentialis eines 1 Tag alten Kindes zwei Lamellenkörperchen enthaltend. Kaliumbichromat-Formol, Celloidin, 8 μ, Hämatoxylin-Eosin. Vergr. 175.

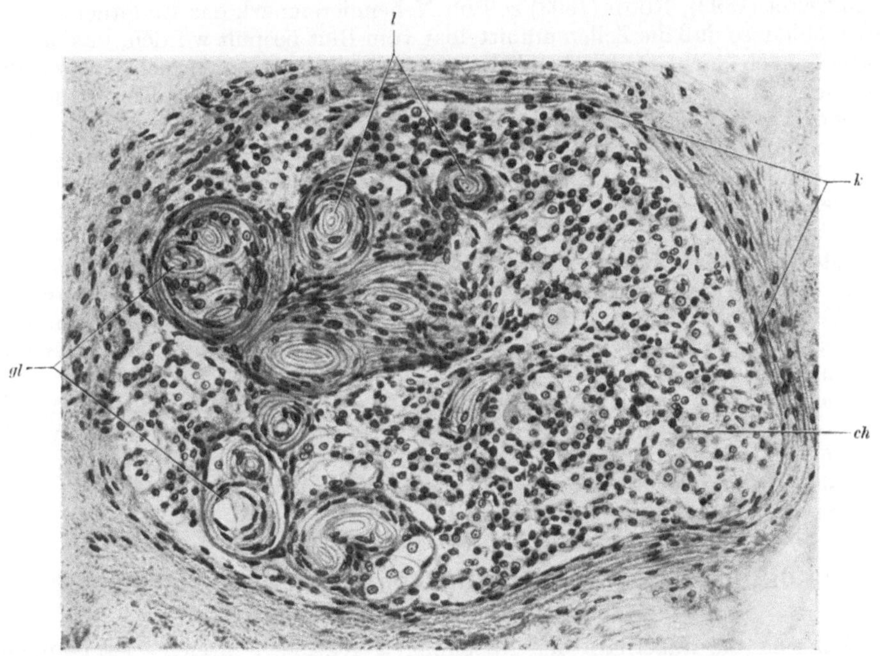

Abb. 8. Chromaffines Paraganglion aus dem Plexus prostatico-deferentialis eines Neugeborenen mit einzelnen (l) und gruppenweise zusammengeschlossenen (gl) Lamellenkörperchen. ch chromaffine Zellen, k Kapsel des Paraganglions. Kaliumbichromat-Formol, Celloidin, 8 μ, Hämatoxylin-Eosin. Vergr. 200.

der Nervenendkörperchen als auch ihre Verteilung in den einzelnen Paraganglien schwankt in weiten Grenzen. Bald sind sie in allen, bald nur in einzelnen anzutreffen. Größere Paraganglien können deren oft bis 10 und mehr einschließen, während sie in anderen gleich großen wieder recht spärlich oder überhaupt nicht vorkommen. Jedenfalls aber ist ihre nahe Beziehung zum Sympathicus und den chromaffinen Paraganglien beachtenswert, um so mehr, als sie — wenigstens teilweise — frühzeitig mit ihrem chromaffinen Gewebslager auch wieder zu vergehen scheinen. Die Annahme Handschins, daß sie mit fortschreitendem Alter häufiger werden und sich erst später entwickeln sollen, ist nicht richtig.

7. Beziehung des chromaffinen Gewebes zum Gefäßsystem.

Die räumliche Beziehung der Paraganglien zu den Gefäßen — alle großen chromaffinen Körper folgen mehr oder weniger dem Verlaufe der großen Blut- gefäße — findet ihre natürliche Erklärung darin, daß die Paraganglien, die gemeinsam mit den sympathischen Ganglien und Nerven entstehen, gleich dem Grenzstrang und seinen größeren Geflechten die Gefäße begleiten. Die Gefäß- versorgung der Paraganglien ist außerordentlich gut. Schon bei Embryonen unterscheiden sich die Paraganglien durch ihre reichliche Blutversorgung sehr frühzeitig von den sympathischen Ganglien. Die Blutgefäße liegen den chrom- affinen Zellsträngen unmittelbar an. Dabei sind die Gefäße weit und nur die zarte Endothelwand trennt das chromaffine Gewebe vom strömenden Blut (Abb. 3) (Pfaundler 1892, Stilling 1898, Giacomini 1902). Die Gefäße in der Marksubstanz der Nebenniere sind so zahlreich, dünnwandig und weit, daß dadurch ein schwammartiges Gebilde (venöses Kavernennetz) entsteht. Die Zellen selbst stehen senkrecht zur Gefäßlichtung und die Kerne liegen in dem vom Gefäße abgekehrten Zellteil. Nach Manasse (1894), Hultgren und Andersson (1899), Roud (1903) soll im Nebennierenmark das Endothel stellen- weise fehlen, so daß die Zellen unmittelbar vom Blut bespült würden, was meiner Ansicht nach nicht wahrscheinlich ist. Ob die starke Vascularisation der chromaffinen Paraganglien allein nur der Ernährung dient oder ob sie auch im Dienste der Abfuhr des Adrenalins steht, ist schwer zu entscheiden. Dafür spräche allerdings der Umstand, daß Kahn (1909) im Venenblut des Paraganglion abdominale des *Hundes* Adrenalin nachweisen konnte. Alle freien Bauchpara- ganglien werden von Gefäßen aus der unmittelbaren Nachbarschaft versorgt. Das Paraganglion abdominale bezieht 4—6 Blutgefäßäste von der Arteria mesenterica caudalis und von der Arteria spermatica (ovarica), seltener kommen einige Ästchen von der Arteria renalis und Arteria mesenterica cranialis. Die Venen dieses Paraganglions münden in die Vena cava caudalis, renalis sinistra oder spermatica (ovarica). Sie verlaufen in der Mehrzahl nicht gemein- sam mit den Arterien.

Über die Lymphgefäße der Paraganglien wurden bisher keine besonderen Untersuchungen angestellt, doch unterliegt es wohl keinem Zweifel, daß Lymph- spalten und Lymphcapillaren in den Paraganglien vorkommen, die mit den nach- gewiesenen Lymphgefäßen im Bindegewebsgerüst und in der Kapsel in Ver- bindung stehen.

8. Rückbildungsvorgänge der außerhalb der Nebenniere gelegenen (freien) chromaffinen Paraganglien.

Während die außerhalb der Nebennieren gelegenen „freien" Paraganglien bei den *Tieren* zeitlebens, wenn auch mit etwas verminderter Chromierbarkeit fortbestehen, fallen sie beim *Menschen* — im auffallenden Gegensatz zur „Mark- substanz der Nebenniere" — nach einer kurzen Wachstumsfrist von ungefähr 18 Monaten nach der Geburt frühzeitig der Rückbildung anheim (Zuckerkandl 1901, Bonnamour und Pinatelle 1902, Kohn 1903, Pellegrini 1906, Iwanow 1925, 1932, Wrete 1927, Handschin 1928, Watzka 1932, Herzog 1938). Sie dürften dem Wettbewerb mit dem chromaffinen Gewebe des Paraganglion suprarenale, welches durch die eigentümliche Gefäßanordnung und innige Verbindung mit der Nebenniere außerordentlich begünstigt zu sein scheint, auf die Dauer nicht gewachsen sein. Die Rückbildungserscheinungen werden schon bei Kindern von 1—1¹/₂ Jahren deutlich. Nach der Ansicht HANDSCHINs soll die Rückbildung schon zur Zeit der Geburt einsetzen. Die Rückbildung betrifft nicht alle Paraganglien gleichmäßig und gleichzeitig. Es können die einen schon weitgehend geschwunden sein, während andere noch in Blüte stehen. So fällt auch der Isthmus des hufeisenförmigen Paraganglion abdominale des Kindes immer am frühesten der Rückbildung anheim. Der Schwund des Paraganglion abdominale vollzieht sich im allgemeinen aber langsamer als der der kleineren Paraganglien. Am Ende des 3. Lebensjahres findet man in der Regel an dessen Stelle 2 Paraganglien vor, die durch Zerteilung des ursprünglichen H- oder hufeisenförmigen Paraganglion abdominale entstanden sind. BONNAMOUR und PINATELLE fanden bei einem sechsjährigen Kinde noch ein Paraganglion abdominale, das nach Größe und Zustand demjenigen eines Neugeborenen gleich war. Wenn auch im allgemeinen bis zur Zeit der Pubertät die Rückbildung sämtlicher außerhalb der Nebenniere gelegenen, chromaffinen Paraganglien vollzogen ist, können doch in manchen Fällen solche bis ins späte Alter hinein bestehen bleiben (IWANOW, WATZKA 1943). Veränderte, unscheinbare, mikroskopische Reste sind auch später sehr häufig anzutreffen und noch bei alten Leuten zu beobachten.

Gleichlaufend mit der makroskopischen Umgestaltung gehen natürlich auch die histologischen Veränderungen einher. Zu Beginn der Rückbildung findet man eine starke Hyperämie. Gleichzeitig kann man stellenweise im Parenchym der Paraganglien oft Gruppen kleiner Lymphocyten antreffen, die sich nach IWANOW später in bindegewebige Elemente umwandeln sollen. HANDSCHIN (1928) schreibt der Lymphocyteninfiltration eine sehr wesentliche Rolle bei der Atrophie der chromaffinen Paraganglien zu. Mit der fortschreitenden Substitution des paraganglionären Gewebes durch Bindegewebe und Fettgewebe gehen auch charakteristische Veränderungen der chromaffinen Zellen vor sich. Sie verlieren ihre Chromierbarkeit, erscheinen körnchenfrei, blasig und hell (Abb. 9 u. 10). Gruppen von solchen atrophischen, leer erscheinenden chromaffinen Zellen, die jedoch keine Chromreaktion mehr geben, können in degenerierten Paraganglien bis ins hohe Alter hinein bestehen bleiben. Besonders regelmäßig und gut erhalten fand ich solche Zellnester in dem ganglionären Nervengeflecht an der Samenblase sowie der Utero-Vaginalgrenze erwachsener *Menschen* vor. Eine Funktion solcher Zellinseln dürfte wohl kaum mehr in Betracht kommen. VINCENT (1910) bemerkt jedoch, daß solche „leere" Zellen nur einen temporären funktionellen Zustand darstellen. Es ist aber bis jetzt noch nicht bewiesen, daß solche „ermüdete" Zellen bei älteren Personen sich wieder zu normalen, mit chromaffinen Körnchen erfüllten Zellen umwandeln können. Dieser Vorgang gilt aller Wahrscheinlichkeit nach nur für die Blütezeit des chromaffinen Gewebes. Ich habe aber auch mehrere Fälle beobachtet, wo bei Knaben im Pubertätsalter die konstant vorkommenden Paraganglien der Samenblasengegend noch sehr wenig degeneriert erschienen und ihre Zellen noch eine intensive Chromreaktion gaben. WIESEL (1904) will im Gegensatz zu anderen Beobachtern bei Individuen verschiedensten Alters sogar bis ins Senium im Sympathicus chromaffine Zellen mit deutlicher Chromfärbung beobachtet haben.

Nur ein chromaffines Paraganglion bleibt in unverminderter Ausbildung zeitlebens bestehen, das ist das Paraganglion suprarenale oder die „Marksubstanz" der Nebenniere. Diese erreicht nicht schon unmittelbar nach der Geburt ihre größte Entfaltung, sondern ihr Wachstum und ihre Ausgestaltung dauert noch während der ganzen Kindheit bis ins Pubertätsalter hinein an (WIESEL 1902).

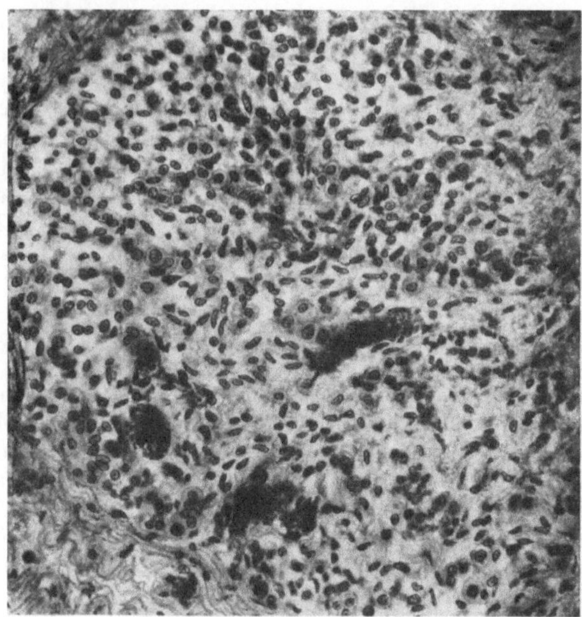

Abb. 9. Kleines chromaffines Paraganglion aus dem Retroperitonealgebiet in Rückbildung. 14 Jahre alter Knabe. Der paraganglionäre Zellbestand ist bis auf wenige Zellen durch ein junges Bindegewebe ersetzt. Kaliumbichromat-Formol, Celloidin, 8 μ, Hämatoxylin-Esoin. Vergr. 240.

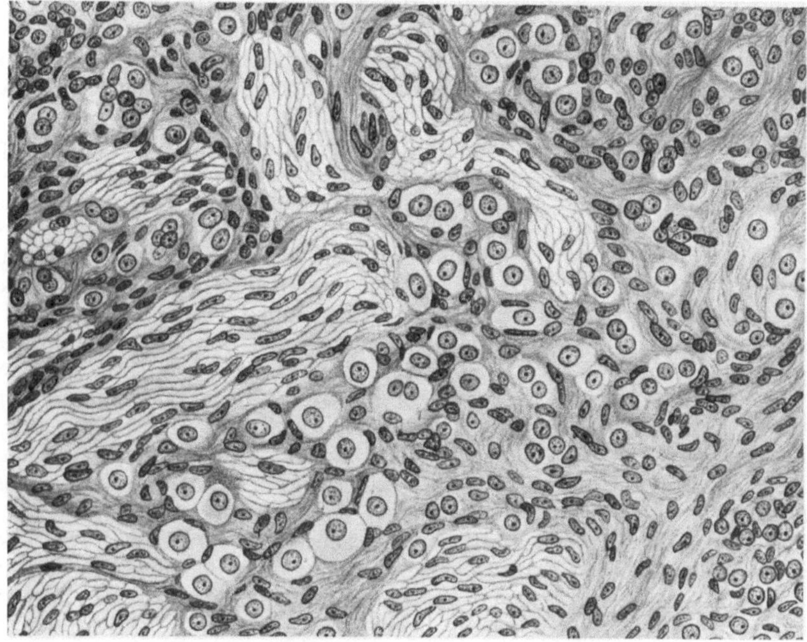

Abb. 10. Reste von atrophischen chromaffinen Zellen im Plexus prostatico-deferentialis eines 21jährigen Mannes. Kaliumbichromat-Formol, Celloidin, 8 μ, Hämatoxylin-Eosin. Vergr. 400.

Der Zusammenschluß von chromaffinen Zellen und der Rindensubstanz der Nebenniere ist am augenfälligsten bei manchen *Nagern* (Kohn 1903, Kolmer 1918) zu beobachten. Beim *Kaninchen* z. B. bleibt die Marksubstanz lange Zeit in deutlicher Verbindung mit dem langgestreckten Paraganglion abdominale, und die Rindensubstanz der Nebenniere umschließt gleichsam kappenartig den kranialsten Abschnitt dieses Paraganglions (Abb. 11 B, 11 C). Die Verbindung von „Rinde" und „Mark" ist der Ausdruck eines bisher noch ungeklärten Neurotropismus der inkretorischen Nebennierendrüse („Rindensubstanz") und wird in der aufsteigenden *Tier*reihe immer inniger. Den Sinn dieses Vorganges zu ergründen, ist schwer. Es liegt nahe, an eine Arbeitsgemeinschaft zu denken, wie sie anscheinend auch zwischen Glandula pituitaria und dem Infundibularorgan besteht

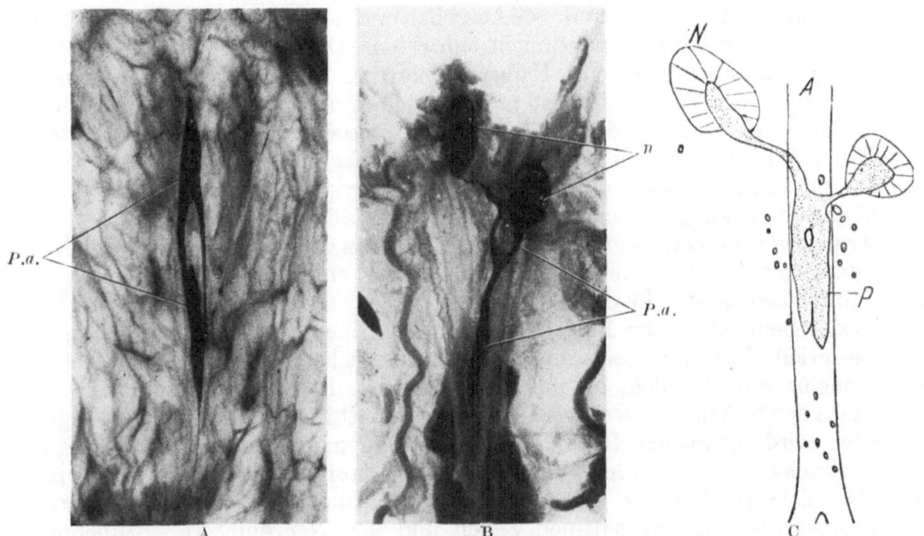

Abb. 11. Paraganglion aorticum abdominale *P.a.*, A vom Hund, B vom jungen Kaninchen in Verbindung mit der Marksubstanz der Nebenniere. *n* Nebenniere. Fixiert in Kaliumbichromat-Formol, aufgehellt in Glycerin. Natürliche Größe. C Halbschematische Darstellung der chromaffinen Paraganglien eines neugeborenen Kaninchens, nach einer Querschnittserie rekonstruiert. *A* Aorta, *N* Nebenniere, das große und die zahlreichen kleinen Paraganglien sind punktiert. Das Paraganglion abdominale *P* bildet mit seinem kranialen Pol die Marksubstanz der Nebenniere.

(KOHN 1930). Die eigenartigen Gefäßverhältnisse bei *Mensch* und *Säugetier* legen auch die Vermutung nahe, daß das aus der Rinde in die Marksubstanz abströmende Venenblut der Tätigkeit der chromaffinen Zellen besonders förderlich sein könnte. Auf jeden Fall scheint durch den Zusammenschluß dieser beiden Gewebsarten das chromaffine Gewebe besonders günstige Lebens- und Arbeitsbedingungen zu erlangen, so daß es allein die gesamte Leistung des chromaffinen Systems übernehmen kann, während die übrigen minder günstig gestellten Paraganglien dahinschwinden. Es wäre auch denkbar, daß die Rindensubstanz durch ihre Gefäßverbindung Stoffe an die nervenreiche Marksubstanz abgibt, die dort zur Wirkung kommen, ähnlich wie etwa auch Inkrete der Orohypophyse auf direktem Wege durch das Infundibularorgan zu den Stoffwechselzentren des Zwischenhirns gelangen.

9. Zur Physiologie und Pathologie der chromaffinen Paraganglien.

WIESEL (1902), KAHN (1912), FULK und McLEOD (1916), CELESTINO DA COSTA (1926) und DANISCH (1926) konnten feststellen, daß auch die freien Paraganglien Adrenalin erzeugen. Bemerkenswert ist dabei der Umstand, daß der Extrakt des Paraganglion abdominale eines Neugeborenen — trotzdem es sich um Leichenmaterial handelte — an Kraft der physiologischen Wirkung den Extrakt der — zur gleichen Zeit allerdings noch wenig entwickelten — Nebennierenmarksubstanz übertrifft (Biedl und Wiesel 1902). Bereits bei 6 Monate alten Feten läßt sich Adrenalinwirkung mit den Paraganglienextrakten erzielen. Die sekretorische Wirksamkeit des Paraganglion abdominale z. B. wächst bis zur Zeit nach der Geburt und fällt dann bei ungefähr einjährigen Kindern wieder ab. In manchen Fällen konnte auch späterhin noch Adrenalin nachgewiesen werden (Danisch). Bei *Tieren*, wo die freien Paraganglien bestehen bleiben, können sie offenbar sogar die Funktion der exstirpierten Nebennierenmarksubstanz ersetzen. Dies behauptet Harley für die *Ratte*, und darin dürfte es auch begründet sein, warum bei Ausschaltung des Nebennierenmarkes beim *Hunde* keine Kreislaufveränderungen eintreten (Dale 1937, Watzka 1937). Ob es eine kompensatorische Hypertrophie der freien Paraganglien beim *Menschen* oder bei *Tieren* gibt, ist nicht entschieden. Im allgemeinen ist über die Bedeutung der Paraganglien und vor allem der kleinen mikroskopischen paraganglionären Einlagerungen noch viel zu wenig bekannt, um darüber ein Urteil abgeben zu können. Daß sie bei verschiedenen physiologischen Vorgängen nicht bedeutungslos sind, geht schon daraus hervor, daß Blotevogel (1925, 1927) im utero-cervicalen Gangliengeflecht der *Maus* ganz gesetzmäßige physiologische Veränderungen, z. B. eine deutliche Zunahme chrombrauner Zellen in der Gravidität, beobachtet hat.

Bei der Beurteilung der Funktion der chromaffinen Zellen darf die genetische und essentielle Zugehörigkeit zum Sympathicus nicht unberücksichtigt bleiben. Es erscheint sehr fraglich, ob man der Eigenart dieses Gewebes, das in und außerhalb der Nebenniere weit verbreitet in sympathischen Nerven und Ganglien gefunden wird, genügend Rechnung trägt, wenn man seine Aufgabe lediglich darin erblickt, Inkrete (Adrenalin) an den Kreislauf abzugeben. Der morphologische Tatbestand würde eher dafür sprechen, auch eine engere funktionelle Beziehung zwischen chromaffinen Zellen und den Nervenfasern anzunehmen, etwa in der Weise, daß die Nerven von den chromaffinen Zellen aus durch bestimmte, unmittelbar auf die Nervenendfasernetze wirkende Reizstoffe beeinflußt werden könnten (Kohn 1914, 1930, Watzka 1931), oder daß spezifische Zellerzeugnisse an die Nervenbahn abgegeben und in dieser weitergeleitet würden (Lichtwitz 1908). Ein solcher Vorgang würde der „Neurokrinie" französischer Autoren entsprechen (Grynfeltt 1903, Masson und Berger 1923, Collin 1929, Celestino da Costa 1927, 1928). Es bleibt jedenfalls zweifelhaft, ob die Funktion des chromaffinen Gewebes ausschließlich darin besteht, Adrenalin an den Kreislauf abzugeben. Bedenkt man, wie häufig, bei *Tieren* wenigstens, chromaffine Zellen vereinzelt oder in kleinen Gruppen in gefäßarmen sympathischen Nerven und Ganglien vorkommen, dann kann man sich des Eindruckes nicht erwehren, daß die Beziehung der chromaffinen Zellen zum Nervensystem beständiger und offenbar auch bedeutsamer ist als zum Blutgefäßsystem. Bogomolez (1927) nimmt an, daß das Adrenalin der intraneuralen chromaffinen Zellen direkt auf die angrenzenden Nerven oder Ganglienzellen, gleichsam als deren Erreger oder Tonisator, einwirken kann. Etwas Ähnliches hat bereits schon Luschka (1862) vermutet, indem er die Nebennierenmarksubstanz als eine „Nervendrüse" bezeichnete.

Über krankhafte Veränderungen der „freien" chromaffinen Paraganglien liegen nur spärliche Angaben vor. So führt Pässler (1936) die Hirschsprungsche Krankheit auf eine Persistenz der freien Bauchparaganglien zurück. Diese Hypothese bedarf allerdings noch einer festeren Grundlage. Paragangliome der freien chromaffinen Organe sind noch viel seltener als solche der Nebennierenmarksubstanz beobachtet worden. Stangl (1902), Alezais und Peyron (1908),

Hausmann und Getzowa (1922), Miller (1924) und Handschin (1928) haben solche beschrieben. Sie können die Größe eines Hühnereies erreichen und gehen mit Herzhypertrophie einher. Die Paragangliome können von Resten der rückgebildeten Paraganglien ausgehen und können daher in jedem Alter vorkommen. Die Zellen dieser Tumoren geben auch Chromreaktion, allerdings sehr ungleich, und ihre Extrakte sind adrenalinhaltig. Die Nebenniere kann dabei unverändert bleiben.

10. Vergleichendes.

Chromaffines Gewebe ist in der ganzen *Wirbeltier*reihe anzutreffen. Bei *Wirbellosen* glauben Poll und Sommer (1902/03) chrombraune Zellen in den abdominalen Ganglien der *Anneliden* den chromaffinen gleichstellen zu können.

Bei den *Fischen* finden sich bereits ganze Organe, deren Zellen mit Chromsalzen braun werden. Bei den niederen *Fischen* sind die chromaffinen Organe metamerisch, bei höheren dismetamerisch angeordnet.

Bei den *Cyclostomen* breitet sich das chromaffine Gewebe nach den Angaben von Giacomini (1902) in Form von Streifen vom 2. Kiemenpaar bis zur Schwanzregion aus.

Bei *Haifischen* ist jedes Ganglion des sympathischen Nervenstrangs nur zum Teil aus Nervenzellen aufgebaut, zum anderen Teil besteht es — wie Kohn (1898) zuerst feststellen konnte — aus einem chromaffinen Paraganglion (Suprarenalkörper). Diese Paraganglien liegen vollständig getrennt von der eigentlichen unpaarigen epithelialen Nebenniere (Interrenalkörper). Zum erstenmal wurden diese eigenartigen Gebilde beim *Rochen* von Leydig (1852) gesehen, und damit fängt eigentlich die Geschichte des chromaffinen Gewebes an.

Bei den *Teleostiern* findet sich bereits eine teilweise Verbindung von chromaffinem Gewebe mit der Nebenniere (Giacomini 1902, Vincent 1910). Diese Verbindung ist bei den *Amphibien* (Bruni 1912) schon viel weiter fortgeschritten und bei den *Urodelen* kommen Nebennieren vor, die aus übereinandergeschichtetem chromaffinem und interrenalem Gewebe zusammengesetzt sind. Bei *Anuren* finden sich echte paarige multiple Nebennieren, wo den epithelialen Körperchen chromaffine Zellen lose angelagert erscheinen.

Bei *Reptilien* und *Vögeln* (Eberth 1871, H. Rabl 1891, Kose 1907) durchsetzen bereits reichliche chromaffine Stränge das epitheliale lipoidreiche Nebennierenorgan. Bei den *Amphibien* und *Reptilien* finden sich chromaffine Zellen außerhalb der Nebenniere noch in Form von kleineren Körperchen und einzelnen Zellgruppen längs des Grenzstranges und der sympathischen Eingeweide- und Herznerven, und bei *Reptilien* auch noch längs der großen Gefäße. Bei den *Vögeln* sind freie Paraganglien in der Nähe der Nebenniere häufig anzutreffen und sind weiter entlang des Bauchgrenzstranges und in der Wand großer Bauchvenen gefunden worden. Chromaffine Zellnester finden sich bei ihnen außerdem auch in den verschiedenen Ganglien des Bauch-, Brust- und Halssympathicus (Kose 1907).

Bei den *Säugetieren* bestehen im wesentlichen die gleichen Verhältnisse wie beim *Menschen*. Kleinere und größere Paraganglien sowie chromaffine intraneurale und intraganglionäre Zellgruppen sind im Bereich des Grenzstranges und an den peripheren, insbesondere in den abdominalen Geflechten des Sympathicus anzutreffen, da das chromaffine Gewebe aller *Wirbeltiere* aus den Anlagen des Sympathicussystems hervorgeht und diesem in Form multipler Gebilde angeschlossen bleibt. Auch bei den *Säugetieren* überragt ähnlich wie beim Kinde ein unpaariger chromaffiner Körper, das Paraganglion aorticum abdominale, alle übrigen freien Paraganglien bedeutend an Ausmaß. Dieses ist bei *Tieren* langgestreckt und erreicht bei der *Katze* und ganz besonders beim

Hund eine beträchtliche Ausdehnung (Abb. 11 A). Noch Botár und Pŕibek (1935) soll sich auch in der Orbita beim erwachsenen *Schimpansen* ein neben dem Ganglion ciliare gelegenes chromaffines Paraganglion befinden.

Während aber die außerhalb der Nebenniere liegenden kleineren und größeren freien Paraganglien beim *Menschen* nach einer kurzen Wachstumszeit einer frühzeitigen Rückbildung anheimfallen, bleiben sie bei den *Tieren* zeitlebens, wenn auch mit etwas verminderter Chromierbarkeit der Zellen, fortbestehen (Kohn 1903, Kahn 1912, 1917, Iwanow 1932).

III. Das paraganglionäre Gewebe des Vagus und Glossopharyngicus. Nicht chromierbare (nicht adrenalinbereitende) Paraganglien.

Die sympathogenen chromaffinen Paraganglien sind schon seit langem bekannt, und so kommt es, daß man, wenn von Paraganglien die Rede ist, fast allgemein nur an diese chromaffinen Körper denkt. Nunmehr wissen wir aber, daß es noch eine zweite Art von Paraganglien gibt, die alle diese Eigenschaften der früher beschriebenen nicht besitzen, deren Zellen nicht chromaffin und nicht adrenalinbereitend sind. Und doch handelt es sich ihrem Wesen nach unzweifelhaft um echte Paraganglien, denn auch sie gehen aus dem Anlagematerial des peripherischen Nervensystems hervor, wenn auch nicht aus dem des Sympathicus, sondern dem der Hirnnerven, und zwar des Vagus und Glossopharyngicus. Sie sind zell- und nervenreiche „Nebenorgane des peripherischen Nervensystems", demnach echte Paraganglien, aber einer zweiten Unterart angehörig. So hat die Verschiedenheit der Abstammung, das verschiedene Verhalten der spezifischen Zellen Chromsalzen gegenüber und die mangelnde Fähigkeit der Adrenalinerzeugung bei letzteren zur Aufstellung von zwei Unterabteilungen innerhalb der Gesamtgruppe der Paraganglien geführt. Den chromaffinen Sympathicusparaganglien stehen die nicht chromierbaren Parasympathicusparaganglien oder besser gesagt die Paraganglien des Vagus und Glossopharyngicus gegenüber, in die wir das Paraganglion caroticum und supracardiale einreihen. Diese gehören also genetisch, anatomisch und funktionell dem Hirnnervengebiet an und unterscheiden sich noch darin grundsätzlich von den freien chromaffinen Paraganglien, daß sie sowohl beim *Menschen* als auch bei *Tieren* zeitlebens in unverminderter Ausbildung bestehen bleiben.

A. Paraganglion caroticum.

Da über die Entstehung und das Wesen dieses Organs lange keine Einigung erzielt werden konnte, hat es zu verschiedenen Zeiten eine verschiedene Deutung erfahren. Erstlich galt es für ein Ganglion (Haller 1748, Andersch 1797). Luschka (1862) sprach von einem drüsenartigen, dem Halssympathicus zugeordneten Organ, rechnete es zu den „Nervendrüsen" und nannte es „Carotisdrüse" oder „Glandula carotica". Demgegenüber hat Arnold (1865) die Luschkaschen Drüsenschläuche für Gefäße gehalten, deren Wand von einer mehrschichtigen Endothellage gebildet werde und deren Dicke von den größeren zu den kleineren Gefäßen zunehme. Wegen der glomerulusartigen Gefäßanordnung hat er geradezu von „Glomeruli arteriosi intercarotici" gesprochen. Auch Ganglion intercaroticum (Andersch), Nodulus caroticus (Marchand), Glomus caroticum (Nomina anat. B.) und noch andere Namen sind in Gebrauch gekommen.

1. Entwicklung.

Die verschiedenen Ansichten über den Aufbau dieses Organs sind eng verknüpft mit den wechselnden Vorstellungen über seine Entwicklung. Durch die entwicklungsgeschichtlichen Untersuchungen von STIEDA (1881), nach dessen Anschauung sich die sog. „Carotisdrüse" aus dem Epithel einer Kiemenspalte entwickeln soll, wurde die epitheliale Natur dieses Organs in den Vordergrund gestellt. Die STIEDAschen Angaben wurden zwar von BORN (1883) bald angezweifelt, von FISCHELIS (1885), C. RABL (1886), PRENANT (1894, 1896), MAURER (1899) und FOX (1908) aber wieder bestätigt. Tatsächlich lag hier aber, wie A. KOHN zeigte, eine Verwechslung mit der Anlage eines Epithelkörperchens vor. Später kam die alte Ansicht ARNOLDS (1865) wieder mehr zur Geltung, daß die „Carotisdrüse" adventitiellen Ursprungs sei, welche Anschauung auch KASTSCHENKO (1887) vertrat. Dieser schlossen sich auch MARCHAND (1891), PALTAUF (1892), JAKOBY (1896), GROSCHUFF (1896), VERDUN (1898), FUSARI (1899) und HEINLETH (1900) an, die zu dem Schlusse kamen, daß die typischen Zellen Abkömmlinge der Gefäße sind. Demgegenüber hat SCHAPER (1892) wieder die Selbständigkeit der Zellen trotz ihrer innigen Beziehungen zu den Capillargefäßen betont. Eine ähnliche Ansicht vertrat auch STILLING (1892), der zum ersten Male neben den typischen Zellen auch solche fand, die sich mit Chromsalzen braun färbten. Erst KOHN (1900) hat in seiner entwicklungsgeschichtlichen Untersuchung eine Klärung in die von so vielen Ansichten umstrittene Vorstellung von der Entwicklung der sog. Carotisdrüse gebracht. Er fand, daß keine der früheren Anschauungen richtig ist, sondern, daß vielmehr das Organ sich aus dem Sympathicus entwickle und daher den Paraganglien zugerechnet werden müsse. Mit dieser Untersuchung schien längere Zeit ein vorläufiges Endergebnis über die Entwicklung der sog. Carotisdrüse erreicht zu sein. In der letzten Zeit wurde die von KOHN begründete Auffassung wiederum angezweifelt. So behaupten neuerdings AGDUHR und HAMMAR (1932), H. RABL (1922), SMITH (1924) sowie PISCHINGER (1934, 1937), daß dieses Organ mesenchymaler Abkunft sei. SZEPSENWOL (1935) läßt es wieder direkt aus dem Ektoderm hervorgehen und hält es für eine echte inkretorische Drüse. ARGAUD (1941) vermutet ebenfalls einen epithelialen Ursprung. Auch DE CASTRO (1926), BENOIT (1928), NONIDEZ (1935), C. DA COSTA (1935), BOYD (1935, 1937), WHITE (1935) und GOSSES (1936) bestreiten die paraganglionäre Natur. MEIJLING (1936, 1938), MARTINEZ (1939) und in gewisser Hinsicht auch DE WINIWARTER (1926, 1934, 1939), C. DA COSTA (1939) kommen wieder auf die ursprüngliche Annahme von HALLER (1743) und ANDERSCH (1797) zurück und halten die spezifischen Zellen für kleine, syncytial zusammenhängende Ganglienzellen. PALUMBI (1940) hält die spezifischen Zellen im Parenchym für undifferenzierte Nervenzellen und erwähnt aber, daß sie niemals wie sympathische Ganglienzellen aussehen. DA COSTA berichtet jedoch in einer neueren Arbeit (1940), daß die Zellen der Carotisdrüse keine Nervenzellen sind, sondern sekretorischer Natur seien. SCHUMACHER (1938) sieht die spezifischen Zellen des Carotisparaganglions und der Herzparaganglien für epitheloid modifizierte Muskelfasern an. Dieser Ansicht scheint sich auch CLARA (1939) anzuschließen. Nach den neuesten Untersuchungen von WATZKA (1937) und GOORMAGHTIGH (1928, 1936, 1939) kann jedoch nicht bezweifelt werden, daß es sich bei den spezifischen Zellen der sog. „Carotisdrüse" um echte paraganglionäre Zellen handelt, also um Zellen, die aus dem Anlagematerial der Nerven, und zwar des IX. und X. Hirnnerven, stammen, deren Aufgabe jedoch nicht in nervösen, sondern in stofflichen Leistungen liegt. Der gleichen Ansicht sind auch zahlreiche andere Autoren, die sich mit diesem Organ näher befaßt haben (WILSON und BILLINGSLEY 1923, RIEGELE 1929, TERNI 1931, MURATORI 1933, PALME 1934, STÖHR 1938). BENOIT, BOYD, WHITE,

De Winiwarter und Gosses glauben zwar auch an eine neurogene Abstammung der Zellen, wollen das Organ aber doch nicht für ein Paraganglion ansehen.

Die Bezeichnung „Paraganglion" allein aus dem Grunde abzulehnen, wie es Hollinshead (1940) und viele andere auch tun, weil dieses Organ nicht aus dem Sympathicus hervorgeht und keine chromaffinen, adrenalinbereitenden Zellen enthält, was übrigens für manche Carotisparaganglien gar nicht zutrifft, hat keine Berechtigung, da unter „Paraganglien" eben alle inkretorischen Neben-organe des peripherischen Nervensystems zu verstehen sind, ganz gleich, ob sie sich aus dem Sympathicus oder aus Hirnnerven entwickeln.

Die Entwicklung des Paraganglion caroticum, die sich bei *Mensch* und *Säugetier* im wesentlichen in der gleichen Weise vollzieht, verläuft nach Watzka

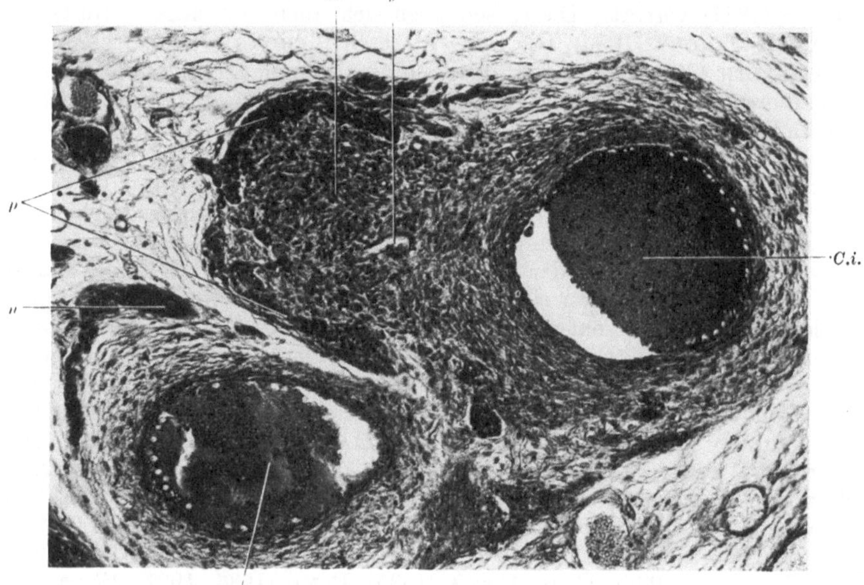

Abb. 12. Paraganglion caroticum, *Pferde*embryo 8 cm. *m* Mesenchymknoten, der sich aus der medialen Wand der Carotis interna (*C.i.*) entwickelt hat. *g* Gefäß, das von der Carotis abgeht und sich im Mesenchymknoten *m* auflöst. *n* Nervenstämmchen, *p* paraganglionäre Zellhaufen, den Mesenchymknoten umgebend. *C.e.* Carotis externa. Pikrinsäure-Sublimat, Paraffin, 8 μ, Azanfärbung. Vergr. 100.

(1937) auf folgende Weise: Als erste Bildung des Organs tritt, wie auch da Costa (1939) feststellen konnte, an der Anlagestelle eine Mesenchymwucherung, vor-wiegend an der medialen Seite der Adventitia der Carotis interna auf, die sich beim *Menschen* (ungefähr 22 mm Scheitelsteißlänge) und vielen *Säugern* zu einer knotenförmigen Bildung entwickelt (Abb. 12). Dieser Mesenchym-knoten löst sich bald von der Gefäßwand los und wird von einem Geflecht reichlicher Nervenstämmchen des Glossopharyngicus, Vagus und Sympathicus umgeben, wobei die Beziehungen zu letzterem erst später auftreten (Watzka 1937, Boissezon 1940). Zu diesem Zeitpunkt — bei menschlichen Embryonen von ungefähr 25 mm Länge (Boyd 1937) — erscheinen auch die ersten para-ganglionären Zellen und Zellgruppen, teils innerhalb der Nervenstämmchen, teils diesen unmittelbar angelagert (Abb. 13). Durch lebhafte Teilung kommt es zur Bildung von Zellballen, die rasch an Zahl und Ausdehnung zunehmen. Auch in einiger Entfernung vom Hauptorgan kann man noch einzelne paraganglionäre Zellgruppen inmitten von Nervenstämmchen liegend antreffen. Die paraganglio-nären Zellen dieses Nervengeflechtes sind in der Mehrzahl oder ausschließlich

nicht chromierbar und — wie physiologische Versuche erweisen — nicht
adrenalinhaltig, was wohl darauf beruht, daß sie nicht oder nur zum geringen
Teile dem Sympathicus, sondern den an den Nervengeflechten vorwiegend
beteiligten Hirnnerven (Vagus, Glossopharyngicus) entstammen und angehören.
Die beim *Menschen* und manchen *Tieren* einzeln vorkommenden und in der
Zahl schwankenden chromaffinen Zellen sind offenbar auf die je nach der Tierart
wechselnde Mitbeteiligung des Sympathicus zurückzuführen, denn die von
ihm gelieferten paraganglionären Zellen sind anscheinend stets chromaffin und
adrenalinbereitend. So wird es auch verständlich, daß die chromaffinen Zellen

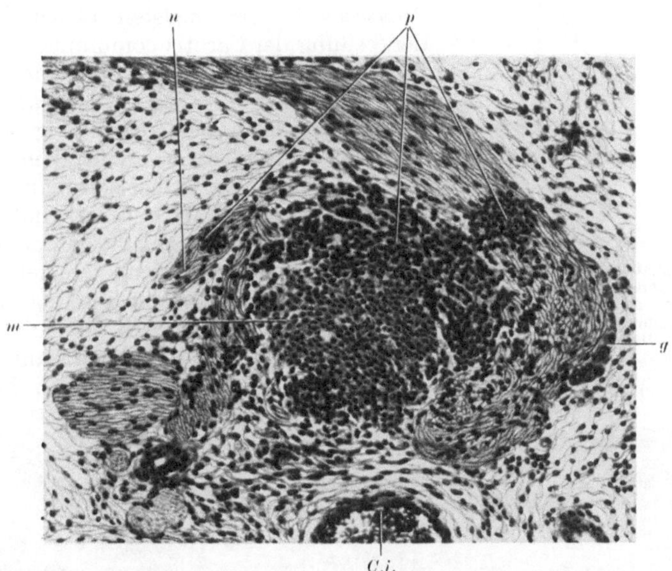

Abb. 13. Oberflächlicher Anschnitt des Paraganglion caroticum eines 5,5 cm langen *Rinder*embryo. Der
Mesenchymknoten *m* ist von reichlichen, vom Glossopharyngeus und Vagus abzweigenden Nervenstämmchen *n*
umgeben, inmitten welcher paraganglionäre Zellgruppen *p* vorkommen. *g* Ganglienzellen, *C.i.* Carotis interna.
Formol, Paraffin, 8 μ, Hämatoxylin-Eosin. Vergr. 130.

in jenen Carotisparaganglien zahlreicher vorhanden sind, in denen der Sympathicus in größerem Ausmaße an der Bildung des dazugehörigen Nervengeflechtes beteiligt ist, was z. B. beim *Schwein* der Fall ist. Mit der geringeren
Beteiligung des Sympathicus sinkt regelmäßig auch die Zahl der chromaffinen
Zellen im Paraganglion caroticum ab. In sympathicusfreien, reinen Hirnnervenstämmchen eingelagerte paraganglionäre Zellen und Zellgruppen gehören stets
der nicht chromierbaren Art an. Solche sind z. B. reichlich bei *Reh, Igel,
Pferd, Hund* und zahlreichen anderen *Säugetieren* sowie auch beim *Menschen*
zu beobachten. Ähnliche, verstreut liegende paraganglionäre Zellgruppen in
Hirnnervenstämmchen, denen sie entstammen, konnten weiters GOORMAGHTIGH
(1935, 1936) bei der *Maus*, C. DA COSTA (1936) im Halsteil des Vagus bei *Fleder-
mäusen*, MEIJLING (1938) beim *Pferd* sowie DE WINIWARTER (1934), TERNI (1931)
und MURATORI (1932) bei anderen *Säugern* und *Vögeln* beobachten. MURATORI
konnte solche Zellgruppen bei *Vögeln* innerhalb des Vagus und des Ganglion
nodosum reichlich auffinden und spricht von intravagalen Paraganglien.

Der zu Beginn der Entwicklung so auffallende Mesenchymknoten trägt
nichts zum spezifischen Zellbestand des Carotisorgans bei, sondern liefert nur
das überaus reichliche Gefäßlabyrinth. Im Laufe der Weiterentwicklung kommt
es zu einer innigen Durchdringung der paraganglionären Zellanlagen durch die
aus dem Mesenchymknoten hervorgehenden Arteriolen. Die eigenartige und

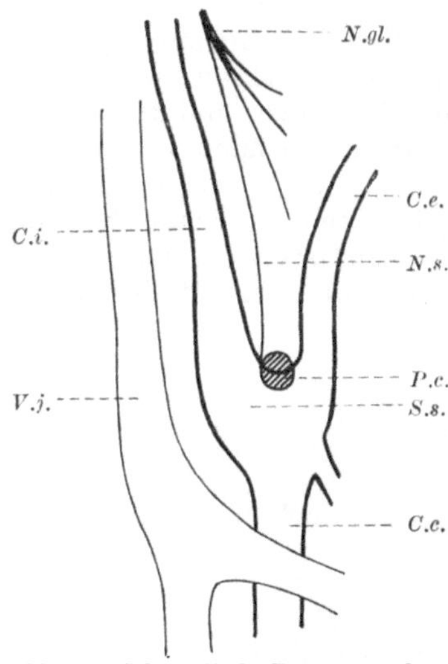

Abb. 14a. Schematische Darstellung der Lage des Paraganglion caroticum zum Sinus caroticus und zum Sinusnerven. *C.c.* Carotis communis, *C.e.* Carotis externa, *C.i.* Carotis interna, *S.c.* Sinus (Bulbus) caroticus, *N.gl.* Nervus glossopharyngicus, *N.s.* Sinusnerv, *P.c.* Paraganglion caroticum, *V.j.* Vena jugularis.

funktionell offenbar bedeutsame Verbindung einer dichten Gefäßauflösung mit dem paraganglionären Gewebe ist für das Carotisparaganglion charakteristisch und nimmt in der aufsteigenden *Tier*reihe immer mehr zu.

2. Form, Größe und Lage des Carotisparaganglions.

Das Paraganglion caroticum liegt beim *Menschen* in den meisten Fällen am Grunde der Teilung der Carotis communis. Gelegentlich liegt es aber der hinteren oder medialen Wand der Carotis communis an (Abb. 14a). Bei vielen *Tieren* befindet es sich regelmäßig tiefer, unterhalb der Teilungsstelle, an der Hinterwand der Carotis communis. Daher soll man die Bezeichnung Paraganglion „inter caroticum" vermeiden, weil sie den Tatsachen nicht entspricht. So gut das Paraganglion caroticum am lebenden *Menschen* infolge der starken Füllung seines Blutlabyrinthes zu präparieren ist, so daß es auch ein Ungeübter leicht erkennen kann, so schwer ist es an der Leiche aufzufinden. Dies kommt

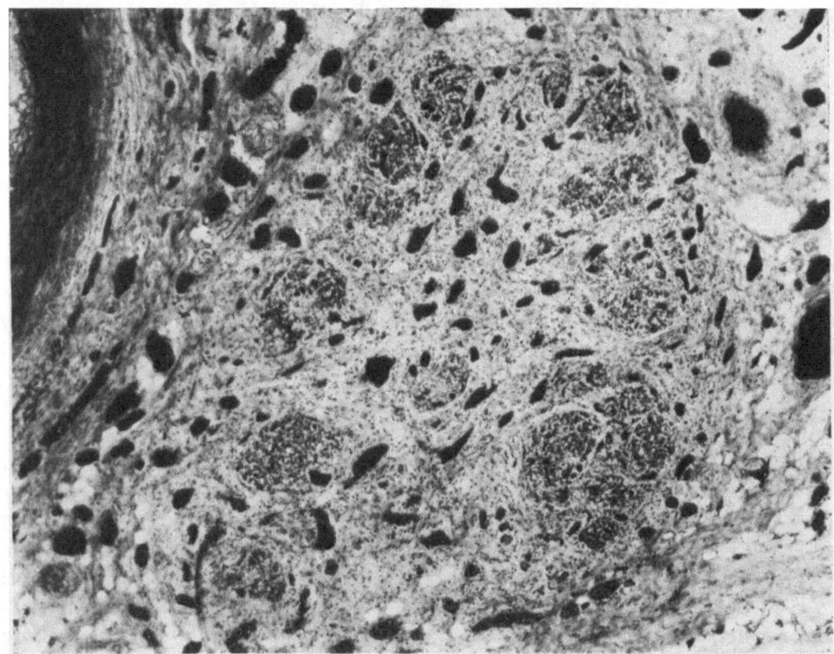

Abb. 14b. Paraganglion caroticum einer 24jährigen Frau. Das Organ erscheint aus größeren und kleineren Knötchen aufgebaut und ist von reichlichen Blutgefäßen durchsetzt (disseminierter Typus). Kaliumbichromat-Formol, Celloidin, 10 µ, Eisenhämatoxylin. Vergr. 30.

vor allem daher, weil das Organ infolge der Blutleere kollabiert und außerdem keine kapselartige Abgrenzung besitzt, sowie beim *Menschen* kein dichtgefügtes geschlossenes Gebilde darstellt. Das Zellparenchym ist in zahlreiche kleine Knötchen zersprengt, die mit den Gefäßen in das Bindegewebe der Carotisadventitia eingelagert erscheinen (Abb. 14 b). Das Ausbreitungsgebiet des Paraganglion caroticum besitzt beim *Menschen* eine Länge bis 8 mm, eine Dicke und Breite von ungefähr 3—5 mm. Bei Kindern ist das Organ noch bedeutend kleiner.

3. Histologischer Aufbau.

Der histologische Aufbau des Carotisparaganglions weist bei den einzelnen *Tier*arten große Verschiedenheiten auf. Sowohl das Aussehen der Zellen selbst als auch ihre Anordnung ist großen Schwankungen unterworfen. Unter den spezifischen Zellen des Carotisorgans des *Menschen* lassen sich bei Kindern und

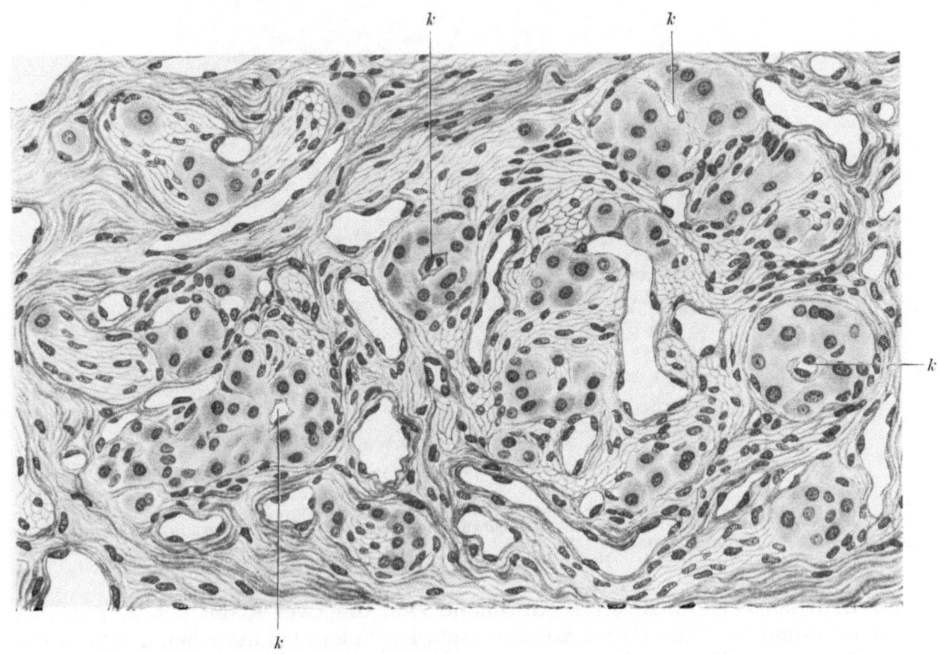

Abb. 15. Knötchen aus dem Paraganglion caroticum eines 42jährigen Mannes. Die gut erhaltenen paraganglionären Zellgruppen erscheinen in ein reichliches Geflecht von Nervenstämmchen, vorwiegend des Vagus und Glossopharyngeus, eingelagert und sind von zahlreichen weitlumigen Blutgefäßen durchzogen. Manche capillare und präcapillare Gefäße *k* sind ringsum von paraganglionären Zellen eingescheidet. Susa, Paraffin, 6 μ, Azanfärbung, Vergr. 490.

Jugendlichen auch einzelne Zellen nachweisen, die eine deutliche Chromfärbung annehmen. Die Mehrzahl aber — bei Erwachsenen zumeist der gesamte Zellbestand — ist ni**c**ht chromaffin und unterscheidet sich von ersteren in vielerlei Hinsicht; sie liegen jedoch gleich den chromaffinen Zellen oft innerhalb der Nervenstämmchen und manchmal in Gesellschaft von Ganglienzellen (Abb. 15 und 20). Sie besitzen beim *Menschen* eine Größe von 15—30 μ, sind gewöhnlich von polygonaler, rundlicher oder mehr länglicher Gestalt und sehr oft unscharf begrenzt. Bei guter Fixierung (Kaliumbichromat-Formol, Zenker und Susa) sind sie fein granuliert und bei schlechter Fixierung (Formol) oder längere Zeit nach dem Tode erscheinen sie leer oder vakuolig. Die Folge davon ist, daß sie leicht einschrumpfen und verzerrt erscheinen. SCHAPER (1892), GOSSES (1936), MEIJLING (1938), MARTINEZ (1939) u. a. halten jedoch dieses netzartige Zellreticulum für kein Kunstprodukt, sondern für die ursprüngliche

Zellform. Demgegenüber möchte ich feststellen, daß beim *Menschen* und bei vielen *Tieren*, insbesondere beim *Affen* und *Igel*, bei zweckmäßig fixiertem frischen Material die einzeln und auch in Ballen liegenden, nicht chromierbaren paraganglionären Zellen unzweifelhaft von rundlicher Gestalt und gut begrenzt sind, in manchen Fällen sogar fast wie Ganglienzellen oder Epithelzellen anmuten (Abb. 15). Nach der Fixierung bleibt in vielen Zellen oft nur ein netzartiges Fadenwerk zurück, so daß man annehmen muß, daß der Zellinhalt herausgelöst wird (Abb. 16). Die Zellen liegen in nervenreiches Bindegewebe, sehr oft jedoch auch in Nerven selbst eingelagert (Abb. 15 u. 17). In den Zellgruppen grenzen sie mit ihrem Zelleib unmittelbar aneinander, so daß Zellgrenzen oftmals nicht

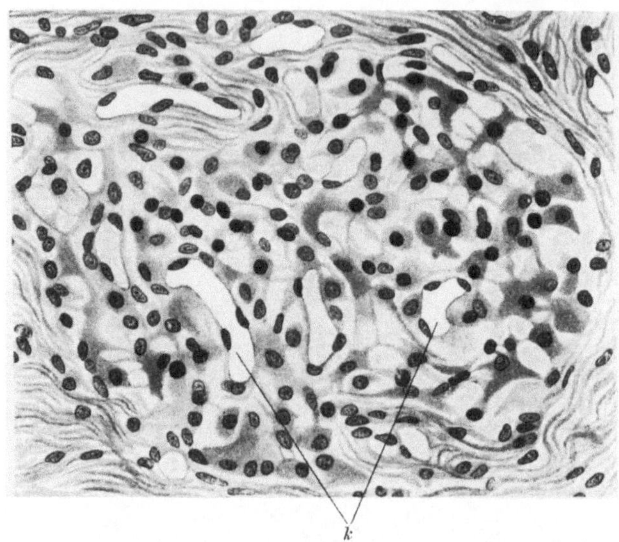

Abb. 16. Knötchen aus dem Paraganglion caroticum einer 24jährigen Frau. Die paraganglionären Zellen sind ausgelaugt und nicht in natürlichem Zustand erhalten. Sie erscheinen vakuolig, sternförmig ausgezogen und gegeneinander schlecht abgrenzbar (häufiges Bild). *b* reichliches Capillarnetz. Kaliumbichromatformol, Celloidin. 10 μ, Eisenhämatoxylin. Vergr. 450.

sehr deutlich erkennbar sind. Auffallend sind die zwei Arten von Kernen, die man an ihnen in vielen Carotisparaganglien besonders bei manchen *Tieren* unterscheiden kann. Es gibt Zellen mit verhältnismäßig großen, rundlichen, chromatinarmen Kernen, die ein oder mehrere deutliche Kernkörperchen enthalten, neben diesen aber auch kleinere, chromatinreiche, dunkelgefärbte Kerne, die zumeist einen pyknotischen Eindruck machen (Abb. 18). Auch das Plasma, das die verschiedenen Kerne umgibt, zeigt Unterschiede in der Färbbarkeit. Während sich das Zellplasma um die dunklen, kleineren Kerne immer intensiv färbt, läßt sich das Plasma um die großen hellen Kerne viel schwerer färben (WHITE 1935). Es handelt sich dabei anscheinend weder um Degenerationserscheinungen noch um postmortale Veränderungen (PAUNZ 1923) oder um genetische Unterschiede (WHITE, SMITH) oder Alterszustände der Zellen (GOSSES 1936, DE BOISSEZON 1936), sondern ich sehe darin vielmehr den Ausdruck eines verschiedenen Funktionszustandes der Zellen. Ähnliche Erscheinungen sind auch an den Zellen und Zellkernen anderer inkretorischer Organe, in besonders schöner Weise bei der Schilddrüse zu beobachten (WATZKA 1934). Die Kerne der paraganglionären Zellen der Hirnnerven sind aber allenthalben kleiner als jene der chromaffinen Zellen (MILCOU 1930). Die paraganglionären Zellen enthalten auch Lipochrom in Form feiner Körnchen, die sich mit Silber schwärzen (PALTAUF 1892, PRENANT 1894, MEIJLING 1938).

Der feinere Bau der vereinzelt vorkommenden chromaffinen Zellen im Paraganglion caroticum des *Menschen* ist der gleiche wie der anderen chromaffinen Zellen, doch ist die Chromreaktion niemals so intensiv. Sie liegen zumeist allein

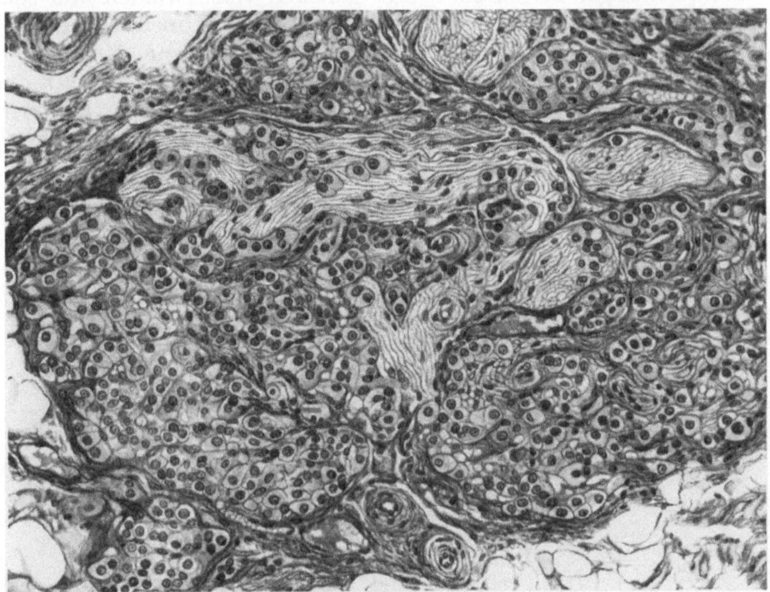

Abb. 17. Paraganglion caroticum vom *Igel (Erinaceus europaeus)*, das ausschließlich nicht chromierbare paraganglionäre Zellen enthält, die häufig auch inmitten markhaltiger Nervenstämmchen gelegen sind. Vergr. 250

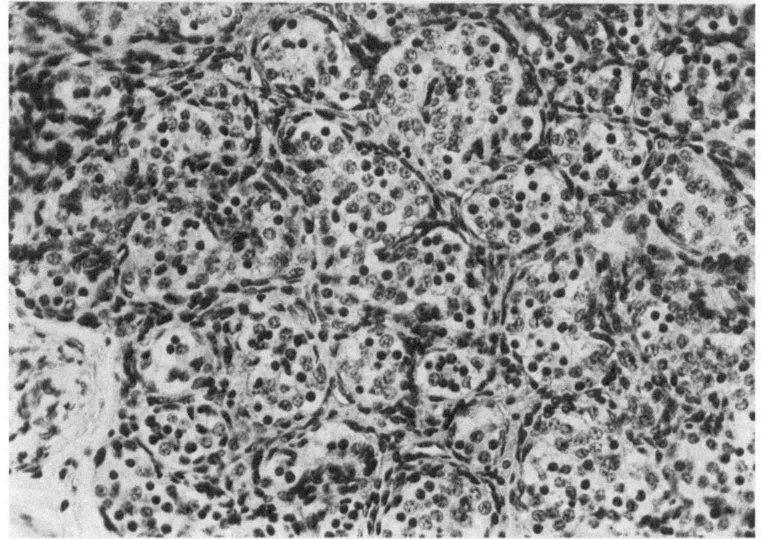

Abb. 18. Zellballen aus dem Paraganglion caroticum (nicht chromierbar) vom *Ziesel (Spermophilus citillus)* mit dunklen und hellen Zellkernen. Kaliumbichromat-Formol, Paraffin, 6 μ, Cochenille. Vergr. 290.

und beim *Menschen* nur bei Feten in kleineren Gruppen beisammen. Ihre Form ist sehr vielgestaltig und scheint sich den Raumverhältnissen anzupassen, so daß sie rundlich, langgestreckt, eckig oder tropfenförmig erscheinen können.

Übergänge von chromaffinen Zellen in nicht chromierbare Zellen konnte ich weder beim *Menschen* noch bei *Tieren* feststellen. Es ist zu beachten, daß sie bei Feten und Kindern reichlicher zu sehen sind als beim Erwachsenen. In vielen Fällen scheint es sogar als ob sie später gänzlich verschwinden und somit das gleiche Schicksal der Vergänglichkeit mit den chromaffinen Zellen der freien sympathogenen Paraganglien teilen würden. Einzelne chromaffine Zellen kann man weiters auch im Carotisorgan vom *Affen, Hund, Katze, Kaninchen* und noch anderen *Säugern* beobachten. Die meisten chromaffinen Zellen kommen beim *Schwein* vor, wo oft ganze Zellballen ausschließlich aus chrombraunen Zellen

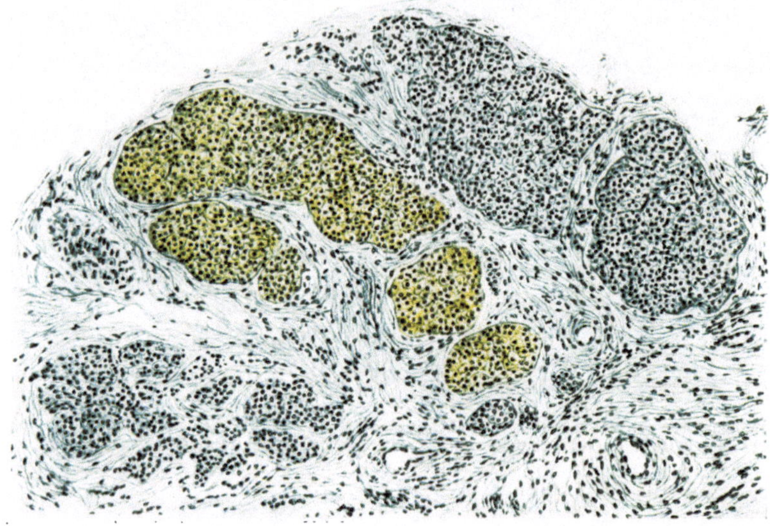

Abb. 19. Paraganglion caroticum vom *Schwein (Sus scrofa)*. Einige Zellballen bestehen ausschließlich aus chromaffinen Zellen, während andere nur aus nicht chromierbaren Zellen aufgebaut sind. Kaliumbichromat-Formol, Paraffin, 6 μ, Cochenille. Vergr. 100.

bestehen (Abb. 19). Bei vielen *Säugern* wiederum (*Igel, Maulwurf, Ratte, Ziesel, Ziege, Reh, Pferd* u. a.) fehlen chromaffine Zellen zeitlebens vollständig (Watzka 1934). Zimmermann (1941) bezeichnet das Paraganglion caroticum des Pferdes als „neurotropes" Organ, das aus „chromaffinen" Zellen besteht. Beides entspricht nicht den Tatsachen.

Die geringe Beteiligung des Sympathicus und die mangelhafte oder fehlende Chromreaktion war es hauptsächlich, die de Castro, Milcou u. a. veranlaßten, die paraganglionäre Natur des Carotisorgans in Abrede zu stellen. Für die Beurteilung der paraganglionären Natur des Organs ist dies jedoch unwesentlich, denn die Hauptsache bleibt, daß seine Zellen aus Elementen des peripherischen Nervensystems hervorgehen, was hier nachweislich der Fall ist.

Es fällt auf, daß jene Carotisparaganglien, welche — wie die des *Schweines* — viele chromaffine Zellen besitzen, auch reichliche sympathische und weniger markhaltige parasympathische Nervenfasern enthalten. Je größer der Anteil der Hirnnerven an dem dazugehörigen Nervengeflecht ist, desto geringer scheint auch die Zahl der chromierbaren Zellen zu werden, so daß sie schließlich in den an Fasern des Glossopharyngicus und Vagus reichsten und an sympathischen Fasern ärmsten Paraganglien gänzlich fehlen. Hierfür bieten die Carotisparaganglien von *Igel* und *Reh*, die ausschließlich aus nicht chromierbaren Zellen bestehen, überzeugende Beispiele (Abb. 17). Beim *Menschen* und den meisten *Tieren* wie *Igel, Hund, Reh, Ziege, Maus, Fledermaus, Eichhörnchen* und *Pferd*

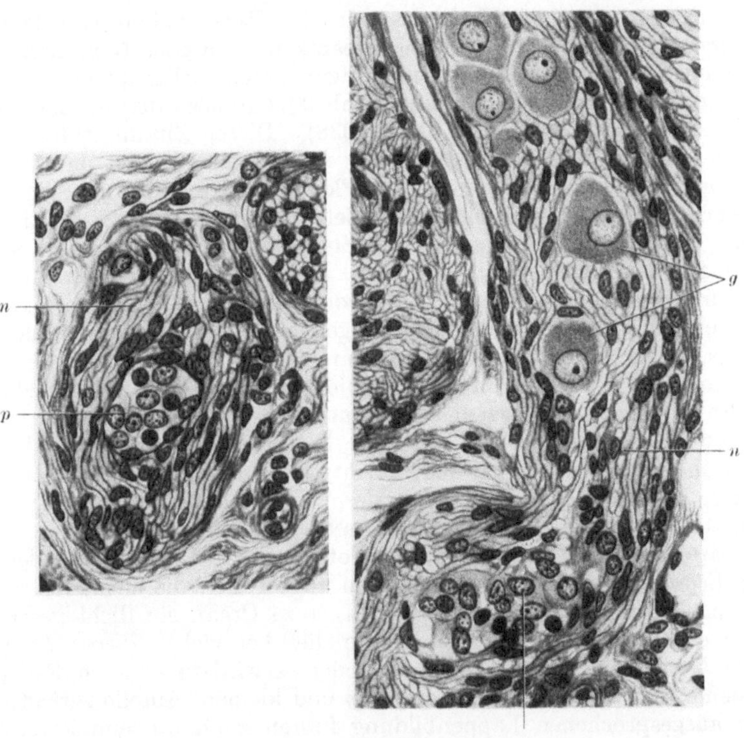

Abb. 20. Paraganglionäre Zellgruppen *p* inmitten markhaltiger Hirnnervenstämmchen *n* aus der Umgebung des Paraganglion caroticum der *Ziege (Capra aegagrus)*. *g* Ganglienzellen. Kaliumbichromat-Formol, Paraffin, 6 µ, Cochenille. Vergr. 405.

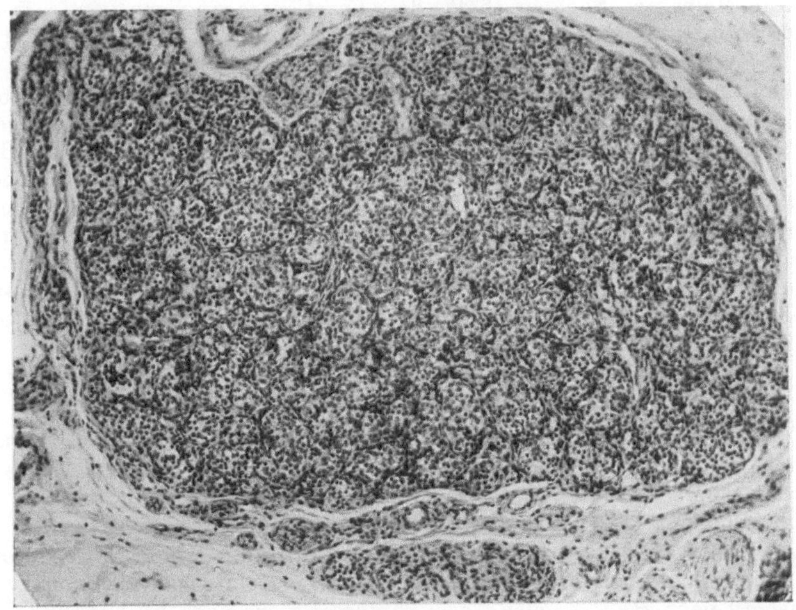

Abb. 21. Paraganglion caroticum vom *Ziesel (Spermophilus citillus)* ein geschlossenes Aussehen darbietend (kompakter Typus). Kaliumbichromat-Formol, Paraffin, 6 µ, Cochenille. Vergr. 95.

findet man ferner in der Nachbarschaft des Paraganglion caroticum nicht
selten verstreut inmitten markhaltiger parasympathischer Nervenstämmchen,
hauptsächlich Vagusstämmchen, kleine paraganglionäre Zellgruppen, die gleichfalls
nie eine Chromreaktion erkennen lassen (Abb. 20) (GOORMAGHTIGH 1936, DA COSTA
1936, WATZKA 1934, 1937, MEIJLING 1938). Dieser Zusammenhang beruht,
wie aus der Entwicklung des Carotisparaganglions hervorgeht, darauf, daß die
nicht chromierbaren Zellen aus den am Plexus intercaroticus beteiligten Hirnnerven hervorgehen, die chromierbaren Zellen dagegen dem Sympathicus entstammen. Zugunsten dieser genetischen Zusammengehörigkeit lassen sich noch
einige bemerkenswerte Umstände anführen. Abgesehen von der auffallenden Übereinstimmung zwischen der Menge der chromaffinen Zellen und dem Anteil des
Sympathicus an dem gemischten Nervengeflecht des Carotisorgans der *Säugetiere*, ist es erwiesen, daß die Carotisparaganglien der *Vögel* und die ihm benachbarten, gleichartigen kleineren paraganglionären Knötchen ausschließlich nur
aus nicht chromierbaren Zellen aufgebaut sind. Dementsprechend tritt auch
in dem zugehörigen Nervengeflecht der Sympathicus gegenüber dem parasympathischen Nerven sehr zurück. Nicht selten findet man bei *Vögeln* paraganglionäre Zellgruppen auch inmitten des Vagus und seiner Äste eingeschlossen
(intravagale Paraganglien) (WATZKA, TERNI, MURATORI).

Die paraganglionären Zellen des Carotisorgans des *Menschen*, der *Säuger*
und der *Vögel* sind allenthalben zu Ballen angeordnet, die entweder sehr dicht
zusammengelagert erscheinen, so daß das ganze Organ ein dicht geschlossenes
Aussehen erhält (kompakter Typus), wie dies bei vielen *Tieren (Ziege, Reh,
Schaf, Seehund)* der Fall ist (Abb. 21), oder es wird in anderen Fällen durch
einstrahlende Bindegewebszüge in größere und kleinere Anteile zerlegt, was bis
zu einer ausgesprochenen Lappenbildung führen kann (disseminierter Typus).
Dieses Aussehen bieten die Carotisparaganglien bei *Mensch, Affe, Schwein, Pferd*
und noch vielen anderen *Säugern* dar (Abb. 14). Außerdem findet sich paraganglionäres Gewebe der Hirnnerven verstreut in Form von kleinen Zellgruppen
bei *Menschen* wie *Säugetieren* und besonders bei *Vögeln* noch außerhalb, in
der unmittelbaren Nachbarschaft des Carotisparaganglions vor. Einzelne
paraganglionäre Knötchen sind stets, in der Regel auch beim kompakten Typus,
noch in weiterer Entfernung vom Hauptorgan anzutreffen.

Beim *Menschen* sollen auch im Ganglion nodosum derartige nicht chromierbare Zellager vorkommen und HOLLINSHEAD (1941) beschreibt solche bei der
weißen *Maus* im peripheren Teil des Vagus und im Plexus coeliacus in der Bauchhöhle. Ebenso sollen bei der *Katze* in der Media der Aorta und Pulmonalis
und zahlreichen anderen Stellen nicht chromierbare paraganglionäre Zellen vorkommen. Viele dieser Angaben sind auf ihre Richtigkeit noch nachzuprüfen
und dürften einer kritischen Betrachtung in dieser Richtung nicht standhalten.
Es gehört eine große Erfahrung dazu, paraganglionäres Gewebe einwandfrei
anzusprechen, so daß weniger Geübte leicht dazu veranlaßt werden, alle schwer
definierbaren Zellen für paraganglionär anzusehen.

4. Nerven- und Gefäßversorgung.

Nach den übereinstimmenden Angaben der meisten Autoren nehmen an der
Bildung des Nervengeflechtes des Paraganglion caroticum mehrere Nerven teil.
Es erhält einerseits sympathische Nervenstämmchen aus dem Ganglion cervicale
craniale und aus dem Grenzstrang, andererseits starke Nervenäste von Hirnnerven. Der wichtigste dieser Nervenstämme, die zum Paraganglion caroticum
und zum Sinus caroticus ziehen, ist ein Zweig des Nervus glossopharyngicus
(Sinusnerv nach HERING oder Nervus intercaroticus nach DE CASTRO). Zuerst
(1926) nahm DE CASTRO an, daß die Fasern dieses Nerven ausschließlich sekre-

torischer Natur seien. In kurz darauf folgenden Arbeiten (1928, 1940) widerruft er dies und hält sie für vorwiegend sensible, zentripetal leitende Axone, da intrakranielle Durchschneidung dieses Nerven auch dann keine Degeneration hervorruft, wenn gleichzeitig der Halssympathicus exstirpiert wurde, während beim *Hund* und der *Katze* eine Durchschneidung des Glossopharyngicus in der Höhe des Foramen jugulare zu einer vollständigen Degeneration der meisten Nervenfasern im Paraganglion caroticum und in der Carotissinusgegend führt. Das trophische Zentrum liegt daher nach DE CASTRO in den peripherischen Ganglienzellen des Glossopharyngicus. Weiters ziehen Äste aus dem Nervus laryngicus cranialis und dem Vagus hinein. Nach SVITZER (1863) und RIJNDERS (1933) soll sich auch noch ein Zweig des Hypoglossus daran beteiligen. Diese Nerven bilden ein sehr dichtes Geflecht, sowohl an der Oberfläche des Organs (peri-glandulärer Plexus nach DE CASTRO) als auch innerhalb der Zellballen selbst (interstitieller Plexus nach DE CASTRO). Es wäre dem Wesen dieses Organs nicht Genüge getan, würde man lediglich sagen, es sei auffallend reich innerviert. Die innige Beziehung der Zellen zu den reichlichen Nerven

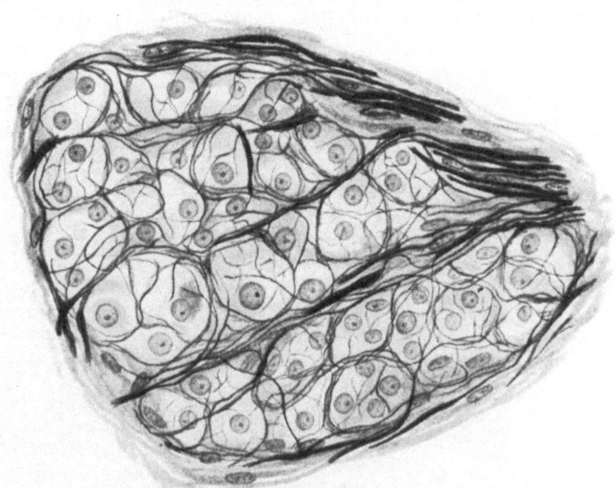

Abb. 22. Ein Zellballen aus dem Paraganglion caroticum der *Katze (Felis pomestica)*. Ein dichtes Nervenfasernetz umspinnt jede einzelne paraganglionäre Zelle. Silberimprägnation nach BIELSCHOWSKY-STÖHR. Vergr. 1200.

geht über das übliche Maß einer Innervation weit hinaus, denn sie ist eine genetische. Die spezifischen Zellen gehen aus dem örtlichen peripherischen Nervengewebe hervor und diese Verbindung bleibt auch dauernd erhalten.

Mit der nervösen Versorgung dieses Organs und der Auflösung der Nerven haben sich in neuerer Zeit viele Autoren beschäftigt (SMITH 1924, DE CASTRO 1926, 1928, 1929, RIEGELE 1928, BENOIT 1928, SUNDER-PLASSMANN 1930, 1933, TERNI 1931, BOEKE 1932, HAMMAR 1932, MURATORI 1933, 1934, WATZKA 1934, PALME 1934, DE WINIWARTER 1934, BOTÀR 1935, C. DA COSTA 1935, 1936, NONIDEZ 1935, STÖHR 1938, MEIJLING 1938) und es steht fest, daß die Neuriten der in das Organ hineinziehenden Nervenstämmchen sich in ein ungemein dichtes Endfasernetz auflösen, von dem jede einzelne Zelle umsponnen wird. Dieses Nervenfasernetz steht mit den Zellen des Paraganglions in unmittelbarer Verbindung (Abb. 22). Nach DE CASTRO, RIEGELE, BOEKE und NONIDEZ sollen feinste terminale Nervenfäserchen unter knopf- und netzartigen Bildungen auf der Oberfläche der versorgten Zellen als sog. Retikularen ein Ende finden. SUNDER-PLASSMANN, STÖHR und WATZKA konnten diese Endigungsweise jedoch nicht bestätigen. Die Fasern aus dem Halssympathicus dringen nach DE CASTRO überhaupt nicht zwischen die Zellen der paraganglionären Knötchen ein, sondern sollen lediglich nur die Gefäße des Paraganglions innervieren. Sekretorisch würden die Parenchymzellen durch ununterbrochene Fasern aus den Oblongatakernen, die im Nervus intercaroticus verlaufen, innerviert. Der Nervus intercaroticus führt aber nicht nur sensible und effektorische Fasern für die Zellen und die Gefäße des Paraganglions, sondern auch solche zum Sinus caroticus. Nach neueren Untersuchungen von DE CASTRO (1940) sollen allerdings sämtliche Fasern dieses Nervem sensibler Natur sein. Der Großteil aller Hirnnervenfasern ist beim *Menschen* und den meisten *Tieren* innerhalb des Paraganglions noch markhaltig und verliert erst kurz vor der Endauflösung die Markscheide. Nur beim *Schwein* scheinen die marklosen sympathischen Fasern den Anteil der Hirnnerven zu übertreffen (WATZKA 1934).

Zuletzt hat MEJLING (1938) das Paraganglion caroticum mit Nervenmethoden studiert und will neben der innigen Verbindung der Zellen mit peripherischen Nervenfasern im Plasma der paraganglionären Zellen, die er allerdings — im Gegensatz zu den meisten neueren Untersuchern — für Nervenzellen hält,

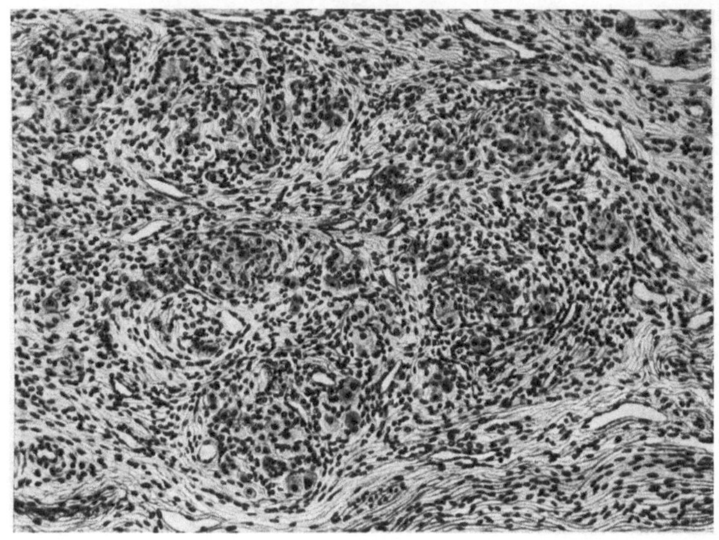

Abb. 23. Paraganglion caroticum eines neugeborenen Kindes. Die zellreichen Knötchen erscheinen dicht zusammengedrängt. Kaliumbichromat-Formol, Paraffin, 6 μ, Hämatoxylin-Eosin. Vergr. 150.

fibrilläre Netzwerke gesehen haben. Das gleiche beschreibt auch MARTINEZ (1939).

Einige wenige Ganglienzellen kommen beim *Menschen* ebenfalls im Paraganglion caroticum, insbesonders an der Oberfläche des Organs vor und sollen sympathischen Charakters sein. Bei *Tieren* sind sie häufiger (besonders beim *Igel*) und können auch dem Vagus oder Glossopharyngeus angehören und lassen dort *(Igel)* ausgesprochen cerebrospinalen Typus erkennen (WATZKA 1934). Ob sich derartige Zellen auch beim *Menschen* finden, ist nicht bekannt.

Um die Eigenart des Paraganglion caroticum vollständig zu erfassen, muß man auch seinen Gefäß- und Capillarreichtum berücksichtigen. Die Blutversorgung geht weit über das übliche Maß hinaus und dürfte daher einem besonderen Zwecke dienen. Bei Feten und Neugeborenen sind die Blutgefäße noch recht spärlich, so daß das Organ ein zellreiches, kompaktes Aussehen darbietet (Abb. 23). Mit fortschreitender Ausgestaltung nimmt aber die Menge der Präcapillaren, Capillaren und sinusartigen Venen derart zu, daß die paraganglionären Zellen geradezu in ein Gefäßlabyrinth eingelagert erscheinen (Abb. 15). Das Hauptgefäß des Paraganglions kommt von der Carotis interna und erschöpft sich zumeist in der Bildung dieses Gefäßlabyrinthes oder setzt sich auch in manchen Fällen nach dem Austritt aus dem Organ als kleine Arterie weiter fort. In der Regel ziehen auch noch 2—3 kleine Ästchen aus der Arteria carotis externa hinein. Beim *Schaf* konnte ich in einer solchen Arterie eine Sperreinrichtung in Form eines starken Längsmuskelpolsters beobachten (WATZKA 1936). Das Netz der Capillaren und Arteriolen geht in weite, venöse Gefäße über, welche vor allem an der Oberfläche gelegen sind. Die Beziehung der spezifischen Zellen zum Gefäßsystem ist außerordentlich innig. Die Zellhaufen umhüllen mantelartig die Capillaren und reichen dabei dicht bis an das Endothelrohr (Abb. 15). Auch an größeren Arterien erscheinen vereinzelt kleine Zellgruppen in die Adventitia eingebettet. Das Arteriolenlabyrinth erfährt in der aufsteigenden *Tier*reihe eine immer mehr zunehmende Ausgestaltung. Es ist bei den *Säugetieren* viel besser ausgebildet als bei den *Vögeln*. Gleichlaufend geht auch eine immer innigere Verbindung der Gefäßschlingen mit den paraganglionären Zellen vor sich. Paraganglionäre Einscheidungen der Capillaren, wie wir sie beim Paraganglion caroticum vieler *Säugetiere* und des *Menschen* sehen, sind im Carotisparaganglion der *Vögel* viel weniger ausgebildet.

5. Zur Physiologie und Pathologie.

Die besondere Lage des Paraganglion caroticum im Endgebiet eines depressorischen Nerven und das Verhältnis zum Sinus caroticus ist bemerkenswert und läßt an die Möglichkeit einer Beziehung zu den blutdruckregelnden Nerven denken (KOHN, WATZKA, PALME, SUNDER-PLASSMANN, STÖHR). Es kann kaum bezweifelt werden, daß sowohl dem außerordentlichen Nervengehalt wie der überaus reichlichen Arteriolenauflösung eine besondere, weit über das Maß der üblichen Versorgung hinausgehende funktionelle Bedeutung zukommen dürfte, für deren Beurteilung der Morphologe nur Grundlagen und Hinweise zu bieten vermag. DRÜNER (1924), WASSERMANN (1925), JACOBOVICI — NITZESCU und POP (1929) und zuletzt auch PALME (1935) sehen im Carotisparaganglion ein wesentliches Hilfsorgan des HERINGschen Sinusreflexes und glauben, daß dieses Organ bei der Erhaltung des normalen Blutdruckes eine Hauptrolle spielt. Nach ihnen ruft faradische oder mechanische Reizung des freigelegten Carotisparaganglions beim *Menschen* regelmäßig einen depressorischen, cardiovasculären Reflex, analog dem HERINGschen Carotissinusreflex, hervor, während die alleinige Reizung des Carotissinus überhaupt keinen Effekt zur Folge haben soll. Ob diese parasympathischen, paraganglionären Zellen entsprechend dem Sympathicusstoff (Adrenalin) der chromaffinen Paraganglien eine bestimmte (parasympathische) Neurosubstanz, die auf Vagus und Glossopharyngicus wirkt (Vagusstoff), Acetylcholin hervorzubringen vermögen, ist bisher unbekannt, wird jedoch von GOORMAGHTIGH (1935, 1936) als wahrscheinlich angenommen. Vieles spricht dafür, daß durch die Stoffe des Carotisparaganglions und der gleichartigen Herzparaganglien die Nerven des Parasympathicus in der gleichen Weise unter einen bestimmten Tonuszustand gehalten werden, wie der Sympathicus durch das Adrenalin der chromaffinen Paraganglien. Der Angriffsort dieser Stoffe ist in beiden Fällen offenbar die ungemein dichte Endauflösung der zugehörigen Nerven zwischen den paraganglionären Zellen.

Der physiologische Nachweis von Adrenalin aus dem Carotisparaganglion ist bisher allen Untersuchern, mit Ausnahme von MULON (1904), weder beim normalen Organ noch an dessen Geschwülsten (ASZODI — PAUNZ 1923) gelungen. Im Gegensatz zu MULON beobachteten jedoch VINCENT (1910), FRUGONI (1913) und KAHN (1929) nach Einspritzung von Extrakten aus dem Paraganglion caroticum ein Sinken des Blutdruckes und Pulsverlangsamung. Nach FRUGONI soll ein Antagonismus zwischen dem Extrakt des Paraganglion caroticum und dem blutdrucksteigernden Adrenalin bestehen. Ebenso konnte Christie (1933) aus einem Tumor dieses Organs beim *Menschen* einen ausgesprochen blutdrucksenkenden Stoff extrahieren, so daß die Ansicht, daß die Zellen des Carotisparaganglions einen Stoff erzeugen, der dem Acetylcholin ähnlich wirkt, eine gewisse Wahrscheinlichkeit erhält (Schumacher 1938). de Castro, Boyd, Nonidez, Heymanns, C. da Costa, Palumbi und Meijling erblicken im Paraganglion caroticum ein spezifisch-sensorisches Organ, das vielleicht der Überwachung einer bestimmten qualitativen (chemischen) Zusammensetzung des Blutes dient (Chemoreceptor nach Heymanns).

Das Paraganglion caroticum samt dem im Aufbau vollkommen übereinstimmenden Paraganglion supracardiale unterscheiden sich von den chromaffinen Paraganglien weiter noch dadurch, daß sie zeitlebens bestehen bleiben, ja erst mit der zunehmenden Reife des Individuums ihre volle endgültige Ausgestaltung erlangen.

In dem Carotisorgan alter *Menschen* sieht man allerdings sehr oft Rückbildungserscheinungen, die sich in Zellschwund und Bindegewebsvermehrung äußern, so daß das gesamte Organ später einen sklerotischen Eindruck macht. Ich habe solche starke Veränderungen auch bei sehr alten *Katzen* beobachten können, wo in einem Fall das linke Carotisorgan nurmehr aus kleinen Resten bestand, während jedoch das rechte beinahe keine Veränderung aufwies. Diese Atrophie des Zellbestandes geht zumeist mit Veränderungen der Gefäße einher, die unter den Begriff der Atherosklerose fallen. Solche Gefäßveränderungen sind bei alten *Menschen* besonders häufig anzutreffen und treten in Form von Intimaverdickungen und schwerer hyaliner Entartung der gesamten Gefäßwand auf.

Von pathologischen Veränderungen des Carotisparaganglions sind die weitaus häufigsten Geschwulstbildungen, die zumeist gutartigen Charakters sind. Solche wurden von zahlreichen Autoren u. a. von Heinleth (1900), Mönckeberg (1905), Kaufmann und Ruppanner (1905), Beitzke (1909), Simmonds (1913), Klose (1914), Schmidt (1917), Christie (1933) eingehend beschrieben. Diese Geschwülste unterscheiden sich erheblich in ihrem Bau und Verhalten von denen des chromaffinen Systems und werden als „Struma der Carotisdrüse" bezeichnet. Herxheimer zählt sie den Paragangliomen, Aschoff den Phäochromocytomen zu, während andere wieder sie als Endotheliome (Kretschmar) oder Peritheliome (Paltauf) bezeichnen. Die meisten Geschwülste gleichen in Aufbau und Zusammensetzung weitgehend dem normalen Organ. Sie sind durch einen starken Gefäßreichtum ausgezeichnet und zeigen durchwegs eine alveoläre Anordnung. Die spezifischen Zellen der Tumoren sind ebenso schwer fixierbar wie die des normalen Organs. Chromaffine Zellen kommen in den Tumoren so gut wie überhaupt nicht vor (Schmidt 1914).

Die Größe der Geschwülste schwankt zwischen der einer Pflaume und eines Gänseeies. Sie kommen mit Ausnahme von Kindern und Jugendlichen bei *Menschen* aller Altersstufen vor und bevorzugen zumeist das weibliche Geschlecht.

6. Vergleichendes. (Sinus caroticus.)

Das Carotislabyrinth (Zimmermann 1887) der *Fische* und *Amphibien* — bei letzteren in neuerer Zeit eingehend von Pischinger (1934) untersucht — hat nichts mit dem eigentlichen Paraganglion caroticum des *Menschen* und der höheren *Tiere* gemein, sondern entspricht allenfalls nur dem Gefäßgeflecht dieses Organs. Vielleicht stellt diese kavernöse Auflösung der Carotiswand an der dem Sinus caroticus entsprechenden Stelle eine einfachere, primitivere Entwicklungsstufe einer blutdruckregelnden Einrichtung dar, die in der aufsteigenden

*Tier*reihe durch den Zutritt paraganglionärer Zellen weiter vervollkommnet wird, so daß bei höheren *Tieren* die paraganglionären Zellen in dem Maße überwiegen, daß ein zellreiches Organ — das Paraganglion caroticum — zustande kommt.

Auch bei den *Reptilien* können wir noch nicht von einem Paraganglion caroticum als einem Organ sprechen, denn die recht spärlichen paraganglionären Zellen und Zellgruppen an den Kiemenbogenarterien zeigen keine besondere Beziehung zu den Capillaren, sondern liegen verstreut in der Media und Adventitia der großen herznahen Arterien (TRINCI 1911, PALME 1934).

Erst beim *Vogel* nehmen die paraganglionären Zellen, die hier schon eine gewisse Zuordnung zu den Gefäßen zeigen, einen organartigen Charakter an. Es zeigt also das paraganglionäre Gewebe an der dem Carotisorgan entsprechenden Stelle in der aufsteigenden *Tier*reihe nicht nur eine Vermehrung und weitere Ausgestaltung, sondern auch eine immer engere Beziehung zu einem reich entwickelten arteriellen Gefäß- und Capillarnetz, welches das Blut aus einem verhältnismäßig starken, kurzen Ast der Carotis interna erhält. Die Carotisparaganglien, welche SCHAPER (1892) sowie in neuerer Zeit auch NIERSTRASZ (1927) bei den *Vögeln* leugneten, wurden hier zuerst von VERDUN (1898) nachgewiesen und von KOSE (1907), TERNI (1931) und MURATORI (1932) eingehender beschrieben. Sie kommen bei allen *Vögeln* vor und sind in der Vierzahl vorhanden. Außerdem liegen noch gleichartige kleine paraganglionäre Zellgruppen in der Nachbarschaft verstreut, die in Verbindung mit parasympathischen Nervenstämmchen stehen oder inmitten des Vagus selbst liegen. Die auf jeder Seite vorhandenen zwei Carotisparaganglien befinden sich nicht in der Nähe der Carotisteilung, wie dies bei *Säugetieren* der Fall ist, sondern liegen ebenso wie Schilddrüse, Epithelkörperchen und ultimobranchialer Körper im Teilungswinkel der Kopfarmarterie. Das Organ besteht aus einem nervenreichen Bindegewebe, an welchem nach TERNI und MURATORI hauptsächlich der Vagus und Recurrens beteiligt sind. In diesem Geflecht liegen Gruppen von paraganglionären Zellen eingestreut, die keine Chromreaktion geben.

Ohne hier näher auf Einzelheiten einzugehen, möchte ich ein merkwürdiges Verhalten des Carotisorgans der *Vögel* hervorheben, das mir für die Beurteilung des Paraganglion caroticum von Bedeutung zu sein scheint. Bei den kleineren *Vogel*arten kommt es regelmäßig zu eng nachbarlichen Lagebeziehungen zwischen dem kranialen Epithelkörperchen und dem Paraganglion caroticum (KOSE 1907, TERNI 1927, WATZKA 1931, 1933), die so weit gehen können, daß dieses vom Epithelkörperchen in gleicher Weise völlig umfaßt wird, wie die Marksubstanz der Nebenniere von der Rinde (Abb. 24 u. 25). Auf der linken Seite ist der Zusammenschluß zumeist inniger als rechts. Dem unteren Epithelkörperchen ist ein zweites gleichartiges Paraganglion gewöhnlich nur dicht angeschlossen (Abb. 26). Bei größeren *Vogel*arten kommt es auch beim kranialen Paraganglion nur zu einer Anlagerung an das obere Epithelkörperchen. Die rechten Carotisparaganglien sind bei *Vögeln* in der Regel minder gut ausgebildet und das caudale kann hier mitunter auch fehlen. Bei vielen *Vogel*arten *(Gans, Huhn)* findet sich auch eine Vermischung von paraganglionären Knötchen des Vagus mit dem Gewebe des ultimobranchialen Körpers (TERNI 1927, WATZKA 1933). Gelegentlich ist auch beim *Menschen* eine solche Aneinanderlagerung von Epithelkörperchen und Carotisorgan beobachtet worden (DIETRICH 1924, WIEDERSHEIM). Auch in diesem Verhalten zu inkretorischen Organen gibt sich eine Übereinstimmung des Paraganglion caroticum mit anderen neurogenen Organen zu erkennen, die man ebenso wie den Zusammenschluß der epithelialen Nebennierendrüse („Rinde") mit dem Paraganglion suprarenale als Folgeerscheinung eines den inkretorischen Organen eigentümlichen Neurotropismus auffassen darf.

Der Sinus caroticus, der sehr eingehend von Sunder-Plassmann (1930), Boyd (1933) und Ask-Uppmark (1935) studiert wurde, scheint eine rudimentäre

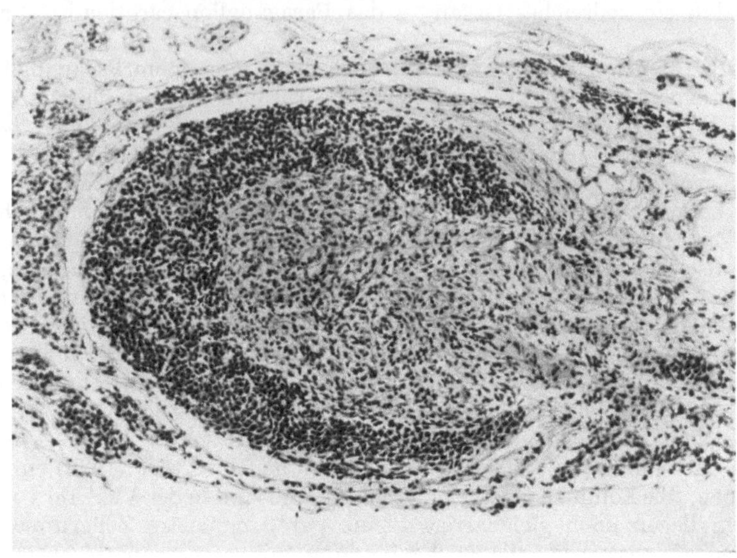

Abb. 24. Zusammenschluß von Epithelkörperchen und Paraganglion caroticum beim *Vogel (Sperling, Passer domesticus)*. Das kraniale Epithelkörperchen schließt gleich einer „Rinde" das obere Carotisparaganglion ein. Kaliumbichromat-Formol, Paraffin, 6 μ, Cochenille. Vergr. 140.

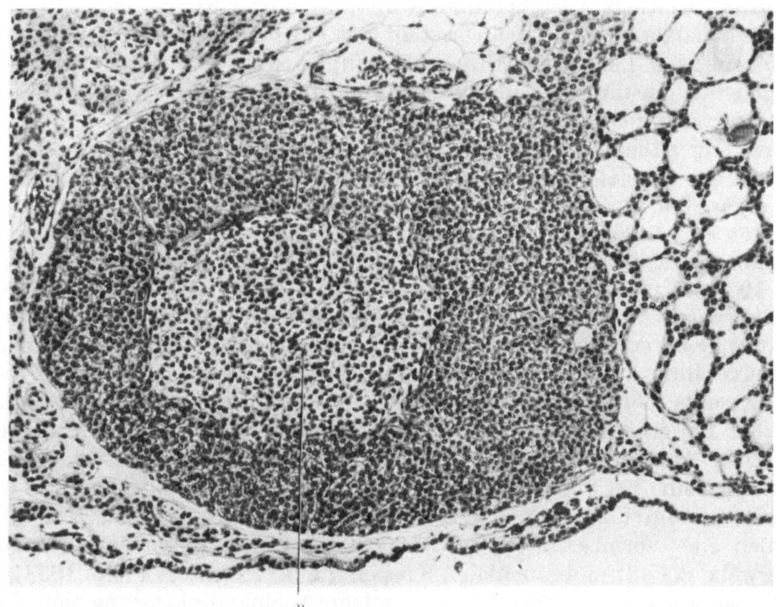

Abb. 25. Oberes Paraganglion caroticum *p* eines *Vogels (Fink, Fringilla coelebs)*, vom Epithelkörperchen vollständig umschlossen. Kaliumbichromat-Formol, Paraffin, 5 μ, Cochenille. Vergr. 200.

Bildung darzustellen. In der aufsteigenden *Tier*reihe ist an der entsprechenden Gefäßstelle eine fortschreitende Rückbildung festzustellen. Bei *Fischen* und *Amphibien* ist zumeist noch an der Carotis communis kurz nach ihrem Abgang vom Truncus arteriosus eine sehr gut entwickelte, kavernöse Gefäßauflösung anzutreffen, bei *Reptilien* ist sie aber bereits viel weniger ausgebildet. Bei *Säugetieren* endlich fand KOHN (1900) sie nur bei Embryonen noch angedeutet, später bildet sie sich wieder zurück. Beim erwachsenen *Säugetier* und beim *Menschen* ist an der gleichen Stelle (Abb. 14a) der Sinus caroticus zur Ausbildung gekommen (KOCH 1931). Die Wand dieser kavernösen Carotisauflösung ist, wie PALME (1934) an *Reptilien* und *Amphibien* nachweisen konnte, reich an Nerven und Nervenendigungen, deren Menge weit über das Maß der üblichen Nervenversorgung hinausgeht. Es ist beachtenswert, daß gleichlaufend mit der Abnahme dieser kavernösen Carotisauflösung die Ausbildung und Ausgestaltung des Paraganglion caroticum eine Steigerung erfährt. Ob beide ganz derselben funktionellen Aufgabe dienen, ist schwer zu beurteilen, aber nicht unwahrscheinlich.

Das Paraganglion caroticum ist mit der Wand des Sinus caroticus durch eine Fülle von Nervenfasern in engsten nervösen Zusammenhang gebracht. In der Wand des Sinus endigen zahlreiche Nervenfasern mit einem Neurofibrillennetz, das mit sog. interstitiellen Zellen in Verbindung steht, die CAJAL (1908), LEEUWE (1937) und MEIJLING (1938) — wohl unzutreffend — für Ganglienzellen ansehen wollen.

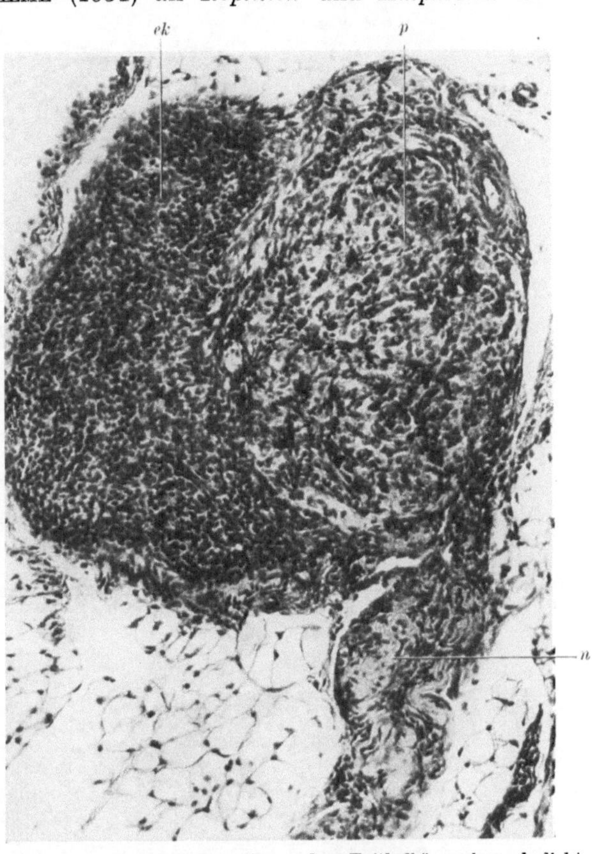

Abb. 26.   Carotisparaganglion *p* dem Epithelkörperchen *ek* dicht angeschlossen *(Star, Sturnus vulgaris) n* Nervenstämmchen. Kaliumbichromat-Formol, Paraffin, 6 μ, Cochenille. Vergr. 180.

B. Paraganglion supracardiale.

Vollkommen übereinstimmend im Aufbau mit dem Paraganglion caroticum erweist sich auch das zweite Paraganglion dieser Art, das Paraganglion supracardiale. Dieses wurde zuerst von TRINCI (1911) und BUSACHI (1912/13) beobachtet, allerdings ist seine Wesensart von ihnen noch nicht richtig erkannt worden, so daß dieser Fund bald wieder in Vergessenheit geriet. Erst dem Wiederentdecker PENITSCHKA (1931) gebührt das Verdienst, die morphologische Eigenart dieses Gebildes aufgeklärt zu haben. Weitere Untersucher wie PALME (1934), SETO (1935), NONIDEZ (1936), GOORMAGHTIGH und PANNIER (1936, 1939) brachten dann noch wertvolle Ergänzungen zur Entwicklungsgeschichte und Nervenversorgung dieses Paraganglions hinzu. Die Herzparaganglien können an Zahl offenbar innerhalb gewisser Grenzen schwanken. PALME unterscheidet

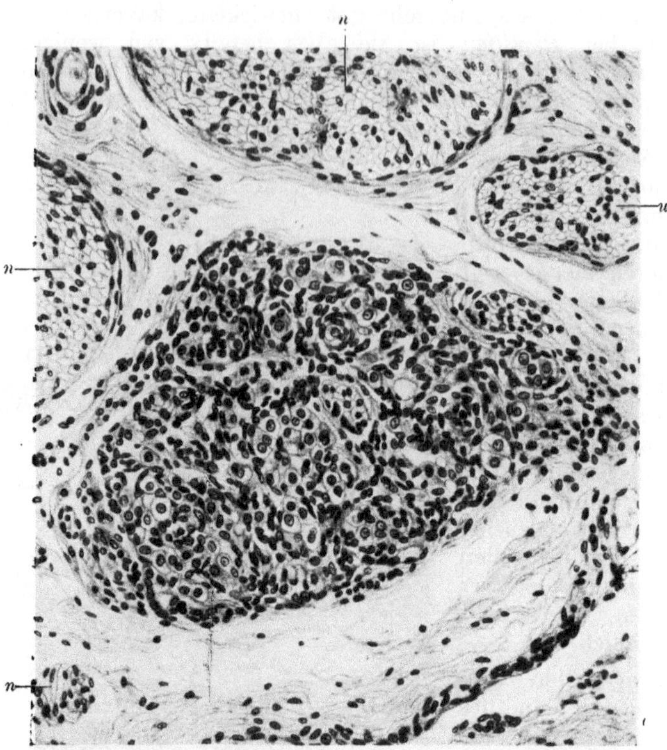

Abb. 27. Paraganglion (aorticum) supracardiale eines menschlichen Fetus von 6 Monaten. *n* reichliche Nerven. Vergr. 200. (Nach Penitschka.)

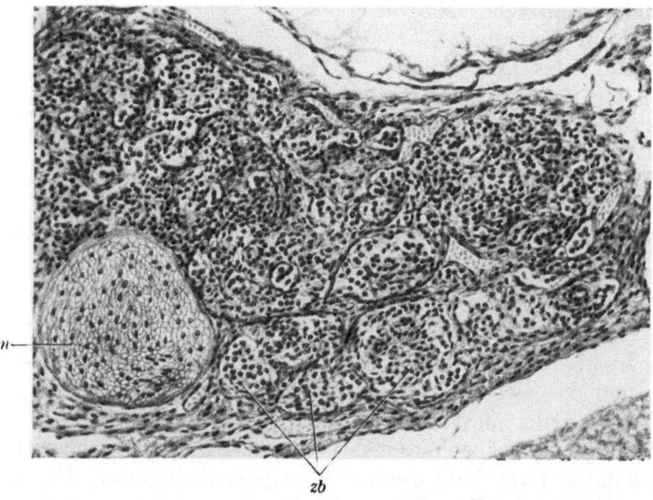

Abb. 28. Paraganglion supracardiale eines neugeborenen Kindes. Einheitlich geschlossene Anordnung und deutliche Gruppierung in Zellballen *zb*, *n* Nerv. Vergr. 103. (Nach Penitschka.)

zwei Gruppen, ein Paraganglion supracardiale superius und inferius. Jenes findet sich im Bindegewebe zwischen Aorta und Pulmonalis knapp unterhalb des Aortenbogens; die untere Gruppe liegt näher dem Herzen am Abgang der

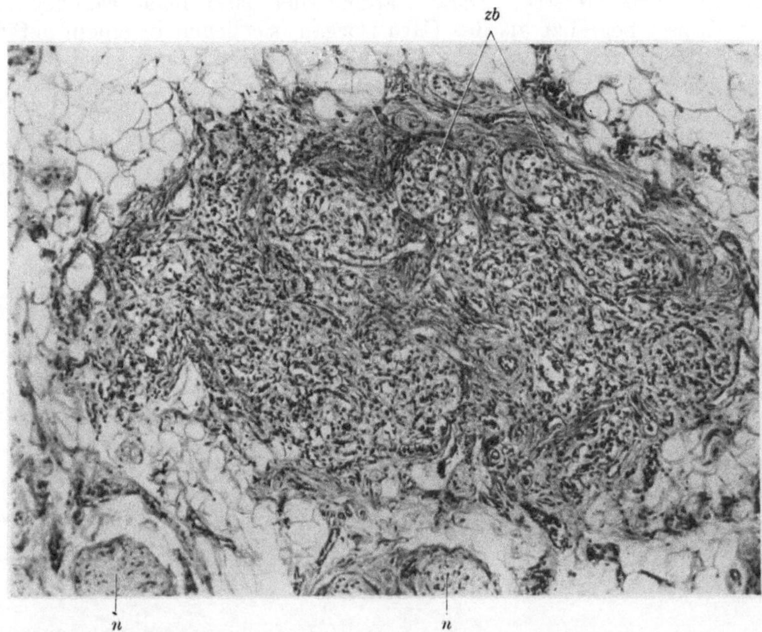

Abb. 29. Paraganglion supracardiale eines 25jährigen Mannes. Gruppierung in Zellballen *zb*, reichliche Gefäße und Nerven *n*. Vergr. 110. (Nach PENITSCHKA.)

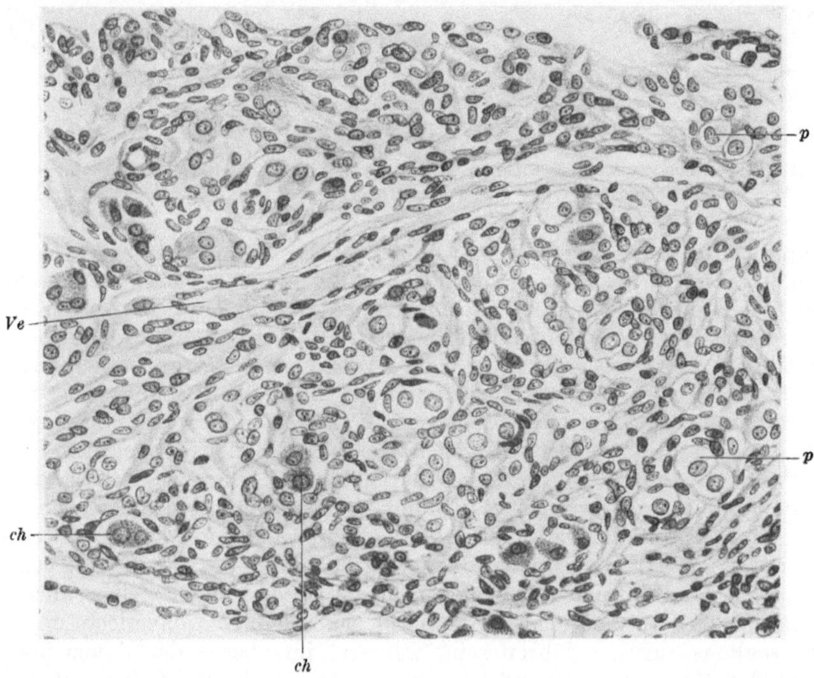

Abb. 30. Paraganglion supracardiale inferius eines Neugeborenen. *ch* spärliche chromaffine Zellen, *p* nicht chromierbare paraganglionäre Zellen, *Ve* Vene. Kaliumbichromat-Formol, Cochenille. Vergr. 405. (Nach PALME.)

Arteria coronaria sinistra. Diese Paraganglien sind noch weniger von einer eigenen Kapsel begrenzt als das Carotisorgan, sie liegen in einem gefäßreichen, lockeren Binde- und Fettgewebe eingelagert. Bei Kindern erscheinen sie zellreicher (Abb. 27, 28), während mit zunehmendem Alter eine fortschreitende Sklerosierung eintritt (Abb. 29).

Der Zellbestand ist im wesentlichen der gleiche wie der des Paraganglion caroticum. Es lassen sich zwei Arten von Zellen unterscheiden. Nach Fixierung mit Kaliumbichromat sieht man solche, die gelblich werden und andere, die

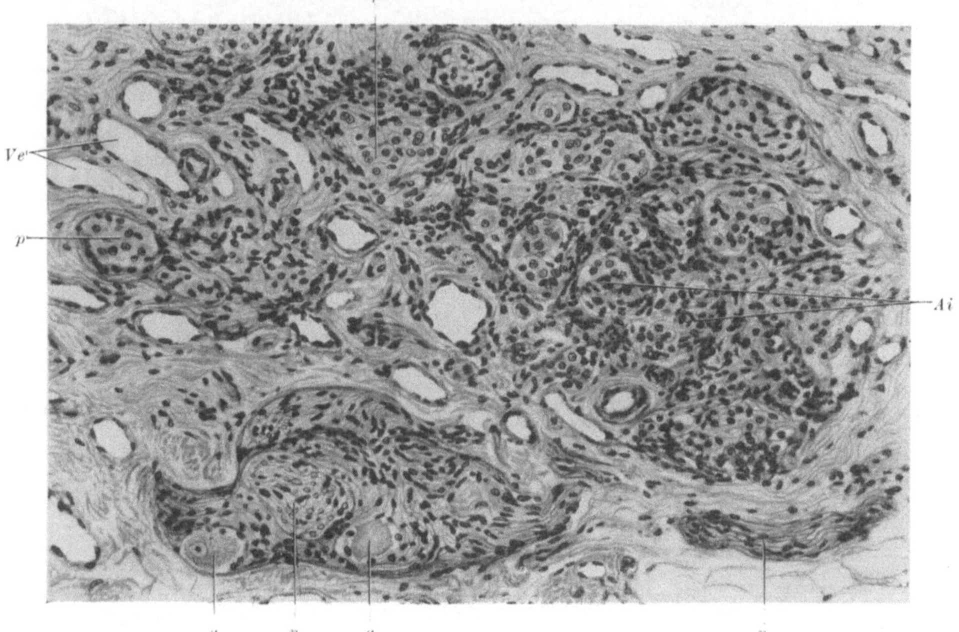

Abb. 31. Paraganglion supracardiale superius eines 8jährigen Knaben. *n* markhaltige Nervenfasern, *p* paraganglionäre Zellen, *g* Ganglienzellen, *Ai* präcapillare Arterien innerhalb der Zellballen, *Ve* Venen. Susa, Eisenhämatoxylin. Vergr. 167. (Nach Palme.)

vollkommen ungefärbt bleiben (Abb. 30). Die Chromreaktion dieser Zellen bleibt aber immer weit hinter der starken Bräunung zurück, die die chromaffinen Zellen der rein sympathogenen Bauchparaganglien bei gleicher Behandlung aufweisen. Das gleiche läßt sich auch an den wenigen chromaffinen Zellen des Paraganglion caroticum feststellen. Während in dem oberen Paraganglion supracardiale beim erwachsenen *Menschen* chromaffine Zellen ebenso wie im Paraganglion caroticum nur selten oder überhaupt nicht vorkommen, sollen sie nach Palme an den tiefer gelegenen Herzparaganglien etwas reichlicher und zeitlebens zu finden sein. Auch bei Feten und Kindern enthält das Paraganglion supracardiale inferius regelmäßig mehr chromaffine Zellen als das obere, und es läßt sich beobachten, daß die chromaffinen Zellen später immer mehr an Zahl abnehmen, um im oberen Paraganglion oft gänzlich zu schwinden (Abb. 31). Der Unterschied in der Zahl der chromaffinen Zellen dürfte wohl auf die stärkere Beteiligung des Sympathicus an dem Nervengeflecht des unteren Paraganglions zurückzuführen sein, während im oberen der Vagus überwiegt. Die in der Mehrzahl vorhandenen, nicht chromierbaren Zellen unterscheiden sich durch nichts von denen im Carotisparaganglion. In die Zellballen selbst dringt mit den Gefäßen reichlich Bindegewebe ein und lockert das in der

Fetalzeit dichte Zellgefüge auf. Ebenso wie im Paraganglion caroticum herrschen hier im Gegensatz zu den chromaffinen Bauchparaganglien mit ihrem reich entwickelten Capillarnetz muskelstarke kleine und präcapillare Arterien inmitten der Zellanhäufungen vor. Oft werden auch die zwischen den kugeligen Zellballen verlaufenden Gefäße auf längeren Strecken von paraganglionären Zellen begleitet.

Gleich dem Paraganglion caroticum bleibt auch das Paraganglion supracardiale im Gegensatz zu den vergänglichen freien chromaffinen Körpern beim *Menschen* dauernd bestehen, wobei sich im Laufe der Entwicklung die Zahl der chromaffinen Zellen immer mehr verringert und immer deutlicher eine eigenartige Gruppierung der nicht chromierbaren Zellen um arterielle Gefäßchen herum zutage tritt.

Das Paraganglion supracardiale kommt auch bei allen *Säugetieren* vor und gleicht in Aufbau, Zellbestand und Nervenversorgung vollkommen dem Paraganglion caroticum der entsprechenden *Tiere*.

Das Paraganglion supracardiale läßt zum Endigungsgebiet des Nervus depressor (KOESTER und TSCHERMAK 1902) am Aortenbogen die gleiche Beziehung erkennen, wie sie das Paraganglion caroticum zum Endgebiet des Sinusnerven vermuten läßt. Die Zellen erhalten ihre Versorgung aus dem zwischen Aorta und Arteria pulmonalis befindlichen, viele Ganglienzellen enthaltenden, aus sympathischen und Vagusstämmchen zusammengesetzten Nervengeflecht. Nach HOLLINSHEAD (1939) sollen die Zellen vieler Fasern im Ganglion nodosum liegen und sensibler Art sein. SETO hat in besonders schöner Weise den gesamten Nervenapparat dargestellt. In Art eines Terminalreticulums sollen alle paraganglionären Zellen umsponnen werden. Wie DE CASTRO an den kleinen Arterien des Carotisorgans, so hat auch SETO in der Adventitia kleinerer Arterien der Herzparaganglien besondere, sensible, wohl dem Vagus angehörende Nervenendigungen beschrieben, eine Beobachtung, die auch NONIDEZ in seinen Untersuchungen über die Herzparaganglien verschiedener kleinerer *Säugetiere* bestätigen konnte. NONIDEZ bezeichnet die Herzparaganglien allerdings als „epitheloid bodies" und ihre Zellen bald als „epitheloid cellcords" und dann wieder als „epithelial cells", was der Berechtigung entbehrt.

In der gleichen Weise wie das Paraganglion caroticum in der Gegend der Endausbreitung des depressorischen Sinusnerven gelegen ist, hat das Paraganglion supracardiale im Endigungsgebiet des Nervus depressor seinen Sitz. Es darf wohl angenommen werden, daß zwischen den paraganglionären Organen und dem dazugehörigen blutdruckregelnden Nerven funktionelle Beziehungen obwalten, die mit größter Wahrscheinlichkeit eine Beteiligung an der Regelung des Blutdruckes vermuten lassen. Der Umstand, daß die beiden parasympathischen Paraganglien ihren Sitz gerade an solchen Gefäßbezirken haben, an denen bestimmte blutdruckregelnde Nerven (Sinus- und Aortennerv) ihre Endausbreitung finden, läßt die Annahme gerechtfertigt erscheinen, daß sie bei der Betätigung dieser Nerven eine Rolle spielen. Soviel steht jedenfalls fest, daß diese beiden Paraganglien in ihrer Zellbeschaffenheit sowie auch in ihrer Wirkung von den übrigen sympathogenen chromaffinen Paraganglien abweichen, ja daß sie sich in der Beeinflussung des Blutdruckes gerade gegensätzlich zu verhalten scheinen. Während die chromaffinen Paraganglien ebenso wie die ihnen gleichwertige Marksubstanz der Nebenniere Adrenalin erzeugen und ihre Extrakte demgemäß pressorisch wirken — also ähnlich der Reizung des Sympathicus, dem sie entstammen und angehören — wirken die Extrakte des Paraganglion caroticum depressorisch, also ebenso wie die Erregung des an ihrer Lagerstätte endigenden Nerven. Diese Gegenüberstellung scheint mir der Beachtung wert, denn es ist kaum anzunehmen, daß diese merkwürdige Übereinstimmung nur einen belanglosen Zufall darstellen sollte. Vielmehr liegt der Gedanke nahe, daß diese beiden parasympathischen Paraganglien vermöge ihrer besonderen Zellelemente die mit ihnen verknüpften Nervenendigungen der Blutdruckregler wirksam beeinflussen könnten.

Das Glomus coccygeum, das gewöhnlich dem „Glomus caroticum" zur Seite gestellt wird, hat nichts mit dieser Organgruppe zu tun, sondern ist ein aus arteriovenösen Anastomosenbildungen bestehendes Körperchen, dessen Besprechung hier nicht am Platze wäre.

Literatur.

Abraham, A.: Receptoren in der Wand des Sinus caroticus des *Menschen*. Allatorv. Közl. (ung.) **38** (1941). — **Agduhr, E.** u. **J. A. Hammar:** Zur Beleuchtung der frühen embryonalen Entwicklung des Glomus carotideum. Verh. anat. Ges. (Vorweisungen), Anat. Anz. **75**, Erg.-H. (1932). — **Aichel, O.:** (a) Vorläufige Mitteilung über die Nebennierenentwicklung der *Säuger* und die Entstehung der akzessorischen Nebennieren des *Menschen*. Anat. Anz. **17** (1900). (b) Eine Antwort auf die Angriffe des Herrn Prof. S. Vincent in London. Anat. Anz. **18** (1900). (c) Vergleichende Entwicklungsgeschichte und Stammesgeschichte der Nebennieren. Über ein neues normales Organ des *Menschen* und der *Säugetiere*. Arch. mikrosk. Anat. **56** (1900). — **d'Ajutolo, G.:** Intorno ad un caso die capsula suprarenale accessoria del corpo pampiniforme in feto. Arch. Sci. med. **8** (1884). — **Alezais et Peyron:** (a) L'organe parasympathique de Zuckerkandl chez le jeune chien. C. r. Soc. Biol. Paris **64** (1906). (b) Un groupe nouveau de tumeurs épithél. les paraganglions. C. r. Soc. Biol. Paris **64** (1907). (c) Aplasie des paraganglions surrénaux et lombaires chez un anencéphale. C. r. Soc. Biol. Paris **67** (1909). — **Argaud, R.:** Considérations sur la signification anatomique du glomus carotidien. Bull. Histol. appl. **18** (1941). — **Argaud, R.** et **P. de Boissezon:** (a) Incertitudes histophysiologiques sur le corpuscule carotidien. Biologie méd. **26** (1936). (b) Les rapports du corpuscule carotidien chez l'embryon de cheval. Bull. Histol. appl. **17** (1940). — **Arnold, J.:** (a) Über die Struktur des Ganglion intercaroticum. Virchows Arch. **32** (1865). (b) Ein Beitrag zu der Struktur der sog. Steißdrüse. Virchows Arch. **33** (1865). — **Aschoff, L.:** Über das Vorkommen chromaffiner Körperchen in der Paradidymis und in dem Paroophoron Neugeborener und ihre Beziehungen zu den Marchandschen Nebennieren. Orth-Festschrift 1903. — **Ask-Uppmark, E.:** The carotid sinus and the cerebral circulation. Lund 1935. — **Aszodi, Z.** u. **L. Paunz:** Chemisches über die Zugehörigkeit der Carotisdrüsen zu dem Adrenalsystem. Biochem. Z. **136** (1923).

Bakay, L. v.: Das chromaffine System der Harnblase des *Menschen*, mit besonderer Berücksichtigung der Innervation. Z. mikrosk.-anat. Forsch. **43** (1938). — **Beitzke, A.:** Zur Biologie des Nebennierensystems. Berl. klin. Wschr. **1909**. — **Benoit, A.:** Recherches sur l'origine et la signification du ganglion carotidien. Archives de Biol. **38** (1928). — **Berger, L.:** (a) La glande sympathicotrope du hile de l'ovaire; ses homologies avec la glande interstitielle du testicule. Les rapports nerveux des deux glandes. Archives d'Anat. **2** (1923). (b) La neurocrinie: considérations histologiques sur le mécanisme de la sécrétion interne. Presse méd. **1930 I**. (c) Cellules sympathicotropes, cellules phéochromes et cellules interstitielles. Bull. Histol. appl. **9** (1932). (d) Coexistence de cellules sympathicotropes et de cellules phéochromes dans un testicule de nouveau-né. Archives Anat. microsc. **31** (1935). — **Berkelbach van der H. Sprenkel:** Nebenniere und Paraganglien. Handbuch der vergleichenden Anatomie der Wirbeltiere, Bd. 2. Berlin: Urban & Schwarzenberg 1934. — **Betke:** Experimentelle Untersuchungen über die physiologische Bedeutung der Glandula carotica. Beitr. klin. Chir. **95** (1915). — **Biedl, A.:** (a) Beiträge zur Physiologie der Nebennieren. Die Innervation der Nebennieren. Pflügers Arch. **67** (1897). (b) Über das Adrenalingewebe bei Wirbellosen. Verh. 7. internat. Zool.-Kongr. Graz **1910**. — **Biedl, A.** u. **J. Wiesel:** Über die funktionelle Bedeutung der Nebenorgane des Sympathikus (Zuckerkandl) und der chromaffinen Zellgruppen. Pflügers Arch. **91** (1902). — **Blotevogel, W.:** (a) Beitrag zur Kenntnis der zyklischen Veränderungen am weiblichen Genitale. Verh. anat. Ges., Anat. Anz. **60**, Erg.-H. (1925). (b) Sympathikus und Sexualzyklus I. Z. mikrosk.-anat. Forsch. **10** (1927). (c) Sympathikus und Sexualzyklus II. Z. mikrosk.-anat. Forsch. **13** (1928). — **Boeke, J.:** Innervationsstudien IV. Die efferente Gefäßinnervation und der sympathische Plexus im Bindegewebe. Z. mikrosk.-anat. Forsch. **33** (1933). — **Bogomolez:** Die Krisis der Endokrinologie (russ.). Moskau 1927. — **Boissezon, P. de:** La bifurcation carotidienne et la corpuscule intercarotidien du cheval. Ann. d'Anat. path. **13** (1936). — **Bonnamour, S.** et **Pinatelle:** Note sur l'organe parasympathique des Zuckerkandl. Bibliogr. anat. **11** (1902). — **Borberg, N. C.:** Das chromaffine Gewebe. Skand. Arch. Physiol. (Berl. u. Lpz.) **28** (1912). — **Botàr, J.:** Sur la structure des nerfs de la glande intercarotidienne (glomus caroticus) chez les singes anthropoides. Arch. mus. nation. Hist. nat. **12** (1935). —

Botàr, J. et **L. Přibèk:** Corpuscule paraganglionnaire dans l'orbite. Ann. d'Anat. path. 12 (1935). — **Bouckaert, J., J. Dautrebande** et **L. Heymans:** Dissociation anatomophysiologique des deux sensibilités du sinus carotidien: sensibilité a la pression et sensibilité chimique. Ann. de Physiol. 7 (1931). — **Boyd, J. D.:** The Development of the Human Carotid Body. Carnegie Inst. Washington 1937, Publ. 479. — **Brown, M. E.:** The morphology of the neurones migrated from the ganglion nodosum of the vagus in *birds*. J. comp. Neur. **63** (1936). — **Bruni, A. C.:** Sullo sviluppo delle formazioni cromaffini in *Rana esculenta*. Anat. Anz. **42** (1912). — **Brunn, A. v.:** Ein Beitrag zur Kenntnis des feineren Baues und der Entwicklungsgeschichte der Nebennieren. Arch. mikrosk. Anat. 8 (1872). — **Bucura, K. J.:** Nachweis von Chromaffingewebe und wirklichen Ganglienzellen im Ovarium. Wien. klin. Wschr. 1907. **Busacchi, P.:** I corpi cromaffini del cuore umano. Arch. ital. Anat. **11** (1912/13).

Cacciola, S.: Un caso di capsula surrenale accessoria aderente al rene. Alcune osservazioni anat. Padova 1885. — **Cajal y D. S. Ramón:** Nouvelles observations sur l'évolution des neuroblastes avec quelques remarques sur l'hypothese neurogénétique de HENSEN-HELD. Anat. Anz. **32** (1908). — **Carlier, E. W.:** Note on the Structure of the Suprarenal Body. Anat. Anz. 8 (1893). — **Castro, F. de:** (a) Sur la structure et l'innervation de la glande inter. carotidienne (glomus caroticum) de *l'homme* et des *mammiferes*, et sur un nouveau systeme d'innervation autonome du nerf glosso-pharyngien. Trav. Labor. Recherch. biol. Univ. Madrid **24** (1926). (b) Sur la structure et l'innervation du sinus carotidien de *l'homme* et des *mammiferes*. Nouvaux faits sur l'innervation et la fonction du glomus caroticum. Trav. Labor. Recherch. biol. Univ. Madrid **25** (1928). (c) Über die Struktur und Innervation des Glomus caroticum beim *Menschen* und bei den *Säugetieren*. Z. Anat. **89** (1929). (d) Nuevas observaciones sobre la inervación de la región carotidea. Los quimio y presso-receptores. Trab. Inst. Cajal invest. biol. **32** (1940). — **Celestino da Costa, A.:** (a) Notes cytologiques sur les cellules des glandes surrénales. C. r. 15. Congr. internat. Méd. Lisbonne 1906. (b) Le tissu paraganglionnaire. Bull. Histol. appl. **3** (1926). (c) Sur le développement comparé du Système paraganglionnaire chez les *Mammifères*. C. r. XII. Congr. internat. Zool. Lisbonne 1935. (d) Sur les rapports entre les ébouches de corpuscule carotidien et du sympathique cervical chez les *Cheiropteres*. C. r. Assoc. Anat. Montpellier **30** (1935). (e) Paraganglia and carotid body. J. of Anat. **69** (1935). (f) Sur les éléments paraganglionnaires des embryons des *mammifères*. C. r. Assoc. Anat. IV. Congr. féd. internat. anat. 31. Réun. Milano 1936. (g) Les paraganglions cervicaux des embryons des *Cheiropteres*. C. r. Soc. Biol. Paris **122** (1936). (h) Signification histologique et embryologique du corpuscule carotidien. Bull. Assoc. Anat. trimestr. 49. Progr. Réun. Budapest 1939. (i) Paraganglions et sympathique. Ann. Endocrin. 1 (1940). — **Christie, R. V.:** The function of the Carotid Gland (Glomus caroticum). I. Action of Extracts of the Carotid Gland Tumor in *Man*. II. The Action of Extracts of the Carotid Gland of the *Elasmobranchs*. Endocrinology 17 (1933). — **Ciardi-Dupré, G.:** Circa la presenca di cellule nervose in paragangli. Monit. zool. ital. **47** (1936). — **Clara, M.:** (a) Die basalgekörnten Zellen im Darmepithel der *Wirbeltiere*. Erg. Anat. **30** (1933). (b) Sulla natura della cosidetta cromoreazione di HENLE („cromaffinite"). Monit. zool. ital. **44** (1933). (c) Die arterio-venösen Anastomosen. Leipzig: Johann Ambrosius Barth 1939.

Dale, H. H.: Chemical Transmission of the effects of the Nerve impulses. Brit. med. J. 1934. — **Dale, H. H., W. Feldberg** and **M. Vogt:** Release of Acetylcholine at Voluntary Motor Nerve Endings. J. of Physiol. 86 (1936). — **Danisch, F.:** Vergleichende Untersuchungen über den Adrenalingehalt von Nebennieren und ZUCKERKANDLschen Organen. Verh. dtsch. path. Ges. **21** (1926). — **Debeyre** et **Riche:** Surrénale accessoire dans l'ovaire. C. r. Soc. Biol. Paris 73 (1907). — **Delamare, G.:** Recherches sur la sénescence des capsules surrénales. C. r. Soc. Biol. Paris 5 (1903). — **Diamare, V.:** (a) Ricerche intorno all' organo interrenale degli Elasmobranchi ed ai corpusculi die STANNIUS del' *teleostei*. Contributo alla morfologia delle capsule surrenali. Mem. Soc. ital. Sci. Roma 10 (1896). (b) Sulla costituzione dei gangli simpatici negli elasmobranchii e sulla morfologia dei nidi cellulari del simpatico in generale. Anat. Anz. **20** (1902). — **Dietrich, H.:** Epithelkörperchen und Carotisdrüse. Beitr. klin. Chir. **131** (1924). — **Dietrich, A. u. H. Siegmund:** Die Nebenniere und das chromaffine System. Handbuch der speziellen pathologischen Anatomie und Histologie, Bd. 8. Berlin: Springer 1926. — **Dogiel, A. S.:** (a) Die Nervenendigungen in den Nebennieren der *Säugetiere*. Arch. f. Anat. **1894**. (b) Zur Frage über den feineren Bau des sympathischen Nervensystems bei den *Säugetieren*. Arch. mikrosk. Anat. u. Entw.mechan. **46** (1895). — **Dowgjallo, N. D.:** (a) Materialien zur Frage der Gefäßinnervation. Anat. Anz. **61** (1926). (b) Beiträge zur Lehre von der Innervation des peripherischen Blutgefäßsystems. Z. Anat. **97** (1932). — **Drüner, L.:** Über die anatomischen Unterlagen der Sinusreflexe HERINGs. Dtsch. med Wschr. **1925** II. — **Dupré, G. C.:** Una osservazione di corpuscoli del Pacini in unione con paragangli. Monit. zool. ital. **46** (1935).

Eberth, J. C.: Die Nebennieren. STRICKERs Handbuch der Lehre von den Geweben des *Menschen* und der *Tiere*, Bd. 1. Leipzig: Wilhelm Engelmann 1871. — **Ebner, V. v.:** A. KOELLIKERs Handbuch der Gewebelehre des *Menschen*, 6. Aufl. Leipzig: Wilhelm Engelmann 1899. — **Eggeling, H. v.:** Eine Nebenniere im Lig. hepato-duodenale. Anat.

Anz. **21** (1902). — **Elliot, T. R.:** The innervation of the adrenal gland. J. of Physiol. **46** (1912). — **Elliot, T. R.** and **R. G. Armour:** Fall von Anencephalus mit intaktem Nebennierenmark und Paraganglien. J. of Path. **15** (1911). — **Elliot, T. R.** and **J. L. Tucket:** Cortex and medulla in the suprarenal gland. J. of Physiol. **34** (1906). — **Erspamer, V.:** (a) Cellule enterochromaffini e cellule argentofile nel pancreas dei *Mammiferi*. Monit. zool. ital. **45** (1934). (b) Die enterochromaffinen Zellen der Gallenwege in normalen und pathologischen Zuständen. Virchows Arch. **298** (1936). (c) Cellule enterochromaffini e cellule argentofile nel pancreas dell'oumo e dei *mammiferi*. Z. Anat. **107** (1937).

Filippi, P. de: Le cellule enterocromaffini degli *Anfibi*. Arch. ital. zool. **36** (1930). — **Fischer, W.:** Über die Function der Carotisdrüse. Z. exper. Med. **39** (1924). — **Friedland, F.:** Über einen Fall von akzessorischen Nebennieren in den beiden Samensträngen. Prag. med. Wschr. **1895** I. — **Frugoni, C.:** Études sur la glande carotidienne de Luschka. Arch. ital. Biol. (Pisa) **59** (1913). — **Fusari, R.:** (a) Osservazioni sulle terminazioni nervose e sullo sviluppo delle capsule surrenali. Rend. Accad. ital. Biol. **16** (1891). (b) De la terminaison des fibres nerveuses dans les capsules surrénals des *mammiferes*. Arch. ital. de Biol. (Pisa) **16** (1891). (c) Contribuzione allo studio dello sviluppo delle capsule surrenali e del simpatico nelle pollo e nei *mammiferi*. Arch. Sci. med. **16** (1892).

Georgopulos, M.: Beziehung zwischen Parathyreoidea und chromaffinen System. Z. klin. Med. **76** (1912). — **Giacomini, E.:** (a) Sulle terminazione nelle capsule surrenali degli *Ucceli*. R. accad. Fisiocritici di Siena **1897**. (b) Contributo alle conoscenza delle capsule surrenali nei *Ciclostomi*. Sulle capsule surrenali dei *Petromizonti*. Monit. zool. ital. **13** (1902). (c) Sulla esistenza della sostanza midollare nelle capsule surrenali dei *Teleostei*. Monit. zool. ital. **13** (1902). (d) Sopra la fine struttura delle capsule surrenali degli *Anfibi* e sopra i nidi cellulari del simpatico die questi *Vertebrati*. Contributo alla morfologia del sistema delle capsule surrenali. R. Accad. Fisiocritici di Siena **1902**. — **Glaser, W.:** Die intramurale Innervation der Kranzgefäße. Z. Anat. **79** (1926). — **Goormaghtigh, N.:** (a) Organogenèse et histogenèse de la capsule surrénale et du plexus coeliaque. Ann. Soc. méd. Gand. **5** (1914). (b) L'évolution du tissu paraganglionnaire après la naissance. C. r. Assoc. Anat. 23. Réun. Prague 1928. (c) La sclérose vasculaire rénale experimentale du lapin (apres énervation du sinus carotidien et section des nerfs dépresseurs aortiques). Ann. d'Anat. path. **8** (1931). (d) Les glandes annexes du système nerveux autonome. Brux. méd. **1935**, No 2. (e) Sur l'existence de paraganglions vagaux. C. r. Soc. Biol. Paris **120** (1935). (f) On the Existence of Abdominal Vagal Paraganglia in the Adulte Mouse. J. of Anat. **71** (1936). — **Goormaghtigh, N.** et **C. Heymans:** Hypertrophie parathyroidienne après énervation du sinus carotidien et de la zone cardio-aortique. C. r. Soc. Biol. Paris **116** (1931). — **Goormaghtigh, N.** et **R. Pannier:** (a) Contribution a la localisation anatomique de la zone vasosensible de la région cardio-aortique. C. r. Soc. Biol. Paris **121** (1936). (b) Le paraganglion épicardique de Penitschka est irrigué par du sang artériel. C. r. Soc. Biol. Paris **123** (1936). (c) Les paraganglions du cœur et des zones vaso-sensibles carotidienne et cardio-aortique chez le Chat adulte. Archives de Biol. **50** (1939). — **Gosses, J.:** Het Glomus Caroticum. Diss. Amsterdam 1936. — **Gottschau, M.:** Struktur und embryonale Entwicklung der Nebennieren bei *Säugetieren*. Arch. f. Anat. **1883**. — **Groschuff, K.:** Bemerkungen zu der vorläufigen Mitteilung von Jakoby „Über die Entwicklung der Nebenschilddrüse und der Carotisdrüse". Anat. Anz. **12** (1896). — **Grynfeltt, E.:** (a) Les organes chromaffines. Montpellier méd. **1903**. (b) Sur la présence de granulations spécifiques dans les cellules „chromaffines" de Kohn. V. Congr. de l'Assoc. Anat. Liège 1903.

Haller: De vera origine nervi intercostalis. Göttingen 1743. — **Hammar, J. A.:** Konstitutionsanatomische Studien über die Neurotisierung des *Menschen*embryos. II. Zur Histogenese der Paraganglien beim *Menschen*. Z. mikrosk.-anat. Forsch. **36** (1934). — **Hamperl, H.:** (a) Über die „gelben" (chromaffinen) Zellen im Epithel des Verdauungstraktes. Z. mikrosk.-anat. Forsch. **2** (1925). (b) Über die gelben (chromaffinen) Zellen im gesunden und kranken Magendarmschlauch. Virchows Arch. **266** (1927). (c) Was sind argentaffine Zellen? Virchows Arch. **286** (1932). — **Handschin, E.:** Zur Kenntnis der Zuckerkandlschen Organe. 1. Rückbildungsvorgänge. 2. Ein Paragangliom des Zuckerkandlschen Organs. Beitr. path. Anat. **79** (1928). — **Harttung:** Carotisdrüsentumor. Beitr. klin. Chir. **131** (1924). — **Hausmann, M.** u. **S. Getzowa:** Ein Paragangliom des Zuckerkandlschen Organs mit gleichzeitiger Herz- und Nierenhypertrophie. Zbl. Path. **33** (1922). — **Hedinger, E.:** Beitrag zur Lehre der Paragangliome. Frankf. Z. Path. **7** (1911). — **Henle, J.:** (a) Über das Gewebe der Nebenniere und der Hypophyse. Z. ration. Med., 3. Reihe **24** (1865). (b) Die Blutgefäßdrüsen. Handbuch der systematischen Anatomie des *Menschen*, Bd. 2. Braunschweig 1866. — **Hering, H. E.:** (a) Die Karotissinusreflexe auf Herz und Gefäße. Dresden: Theodor Steinkopff 1927. (b) Der Blutdruckzüglertonus in seiner Bedeutung für den Parasympathikustonus und Sympathikustonus. Leipzig: Georg Thieme 1932. — **Herzog, E.:** Zur Frage des Pigmentes und einer möglichen Neurosekretion in den sympathischen Ganglien. Beitr. path. Anat. **101** (1938). — **Heymans, C., J. J. Bouckaert, S. Farber** et **F. J. Hsu:** Influence réfléxogene de l'acétylcholine sur les terminaisons nerveuses, chimiosensitives du sinus carotidien. Arch. internat. Pharmacodynamie 54 (1936). — **Heymans, C.,** **J. J. Bouckaert et P. Regniers:** Le sinus carotidien et la zone homologue cardio-aortique. Paris: Ed. Doin et Cie. 1933. — **Hultgren, E. O.** u. **O. A. Andersson:** Studien über die Physiologie und Anatomie der Nebennieren. Skand. Arch. Physiol. (Berl. u. Lpz.) 9 (1899). — **Hollinshead, W. H.:** (a) The origin of the nerve fibers to the glonus aorticum of the cat. J. comp. Neur. 71 (1939). (b) Chromaffin Fissue and paraganglia. Quart. Rev. Biol. 15 (1940). (c) The innervation of the supracardial bodies in the cat. J. comp. Neur. 73 (1940). (d) Chemoreceptores in the abdomen. J. comp. Neur. 74 (1941).

Iwanow, G.: (a) Zur Anatomie und Histologie der Nebenorgane der menschlichen sympathischen Nerven. Z. Anat. 75 (1925). (b) Zur Frage über die Genese und Reduktion der Paraganglien des *Menschen*. Z. Anat. 77 (1925). (c) Über die Lagebeziehungen der Nieren und Nebennieren beim *Menschen*. (Anat. Anz. 64 (1927). (d) Zur Frage über die Topographie der Paraganglien beim *Menschen*. Z. Anat. 84 (1927). (e) Über die Ontogenese des chromaffinen Systms beim *Menschen*. Z. Anat. 84 (1927). (f) Variabilitäten der abdominalen Paraganglien im Kindesalter. Z. Anat. 91 (1929). (g) Das chromaffine und interrenale System des *Menschen*. Erg. Anat. 29 (1932).

Jachontow: Der Bau der akzessorischen Organe des sympathischen Nervensystems beim *Menschen*. Inaug.-Diss. Kasan 1913. — **Jacobovici, J., J. J. Nitzesku et A. Pop:** (a) Sur la fonction de la glande (paraganglion) carotidienne. La glande et le réflexe du sinus carotidien. C. r. Soc. Biol. Paris 98 (1928). (b) Experimentelle Untersuchungen über die Physiologie der Carotisdrüse beim *Menschen*. Z. exper. Med. 66 (1929). — **Jakoby, M.:** Über die mediane Schilddrüsenanlage bei *Säugern*. Anat. Anz. 10 (1895). — **Joachimovits, Z.:** Paraganglienzellen und Neuronen im Eierstockhilus bei *Mensch* und *Affe*. Zbl. Gynäk. 51 (1931).

Kahn, R. H.: (a) Zur Frage der inneren Sekretion des chromaffinen Gewebes. Pflügers Arch. 128 (1909). (b) Über die zentrale Reizung der Nebennieren und der Paraganglien während der Insulinvergiftung. Pflügers Arch. 212 (1926). (c) Die Blutdruckregler. Z. exper. Med. 68 (1929). — **Kastschenko, N.:** Das Schicksal der embryonalen Schlundspalten bei *Säugetieren*. Arch. mikrosk. Anat. 30 (1887). — **Kaufmann, E.** u. **E. Ruppanner:** Über alveoläre Geschwülste der Glandula carotica. Z. Chir. 80 (1905). — **Kermauner, F.:** Sakrouterinligament und Niere. Stud. Path. Entw. 2 (1920). — **Kingsbury, B. F.:** The term „chromaffin system" and the nature of the chromaffin reaction. Anat. Rec. 5 (1911). — **Klose, H.:** Beiträge zur Chirurgie der sog. Karotisdrüse. Arch. klin. Chir. 121 (1922). — **Klug:** Über die Carotisdrüse. Beitr. klin. Chir. 131 (1924). — **Koch, Eb.:** Die reflektorische Selbststeuerung des Kreislaufes. Dresden: Theodor Steinkopff 1931. — **Koelliker, A. v.:** Über die Nerven der Nebenniere. Verh. Ges. dtsch. Naturforsch., 66. Verslg Wien 1894. — **Koester, G.** u. **A. Tschermak:** (a) Über Ursprung und Endigung des N. depressor und N. laryngeus superior beim *Kaninchen*. Arch. f. (Anat. u.) Physiol. 1902. (b) Über den Nervus depressor als Reflexnerv der Aorta. Pflügers Arch. 93 (1903). — **Kofmann, V.:** (a) Die Innervationsstruktur des Paraganglion aorticum abdominale. Anat. Anz. 84 (1937). (b) Zur Innervation des Paraganglion aorticum abdominale bei einigen *Säugetieren*. Z. Anat. 105 (1937). — **Kohn, A.:** (a) Über die Nebenniere. Prag. med. Wschr. 1898 I. (b) Die Nebenniere der *Selachier* nebst Beiträgen zur Kenntnis der *Wirbeltier*nebenniere im allgemeinen. Arch. mikrosk. Anat. u. Entw.-mechan. 53 (1898). (c) Die chromaffinen Zellen des Sympathicus. Anat. Anz. 15 (1899). (d) Über den Bau und die Entwicklung der sog. Carotisdrüse. Arch. mikrosk. Anat. u. Entw.mechan. 56 (1900). (e) Chromaffine Zellen; chromaffine Organe; Paraganglien. Prag. med. Wschr. 1902 II. (f) Die Paraganglien. Arch. mikrosk. Anat. u. Entw.mechan. 62 (1903). (g) Über LEYDIGsche Zwischenzellen im Hilus des menschlichen Eierstockes (extraglanduläre Zwischenzellen). Endokrinol. 1 (1928). (h) Morphologie der inneren Sekretion und der inkretorischen Organe. Handbuch der Physiologie, Bd. 16/I. Berlin: Springer 1930. — **Kohno, S.:** Zur vergleichenden Histologie und Embryologie der Nebenniere der *Säuger* und des *Menschen*. Z. Anat. 77 (1925). — **Kolmer, W.:** Zur vergleichenden Histologie, Zytologie und Entwicklungsgeschichte der *Säugetier*nebenniere. Arch. mikrosk. Anat. 91 (1918). — **Kose, W.:** (a) Über das Vorkommen „chromaffiner Zellen" im Sympathicus des *Menschen* und der *Säugetiere*. Sitzgsber. dtsch. naturwiss.-med. Ver. Böhmen „Lotos" 1898. (b) Über das Vorkommen einer „Carotisdrüse" und der „chromaffinen" Zellen bei *Vögeln*. Anat. Anz. 22 (1902). (c) Paraganglien bei den *Vögeln* I u. II. Arch. mikrosk. Anat. u. Entw.mechan. 69 (1907). — **Krause, W.:** Die glandula tympanica des *Menschen*. Zbl. med. Wiss. 16 (1878). — **Kull, H.:** Die chromaffinen Zellen des Verdauungstraktes. Z. mikrosk.-anat. Forsch. 2 (1924).

Laignel-Lavastine, M.: (a) Structure des cellules nerveuses de la substance medullaire de la surrénale humaine. Bull. Soc. Anat. Paris 1906. (b) Inclusion surrénale d'un ganglion solaire. Bull. Soc. Anat. Paris 1907. — **Landau, E.:** Zur Morphologie der Nebenniere. Internat. Mschr. Anat. u. Physiol. 24 (1908). — **Leeuwe, H.:** Over de interstitieele cel (CAJAL). Een onderzoek van de periphere sympathicus met behulp van de vitale methylenblauwkleuring. Diss. Utrecht 1937. — **Leydig, F.:** (a) Beiträge zur mikroskopischen Anatomie und Entwicklungsgeschichte der *Rochen* und *Haie*. Leipzig 1852. (b) Lehrbuch der Histologie des *Menschen* und der *Tiere*. Frankfurt 1857. — **Lichtwitz, L.**: Über Wanderung des Adrenalins im Nerven. Arch. exper. Path. 58 (1908). — **Lockwood, C. B.**: Upon the presence of adrenal structures in the inguinal canal. J. Anat. a. Physiol. 34 (1899). — **Luschka, H.**: Über die drüsenartige Natur des sog. Ganglion intercaroticum. Arch. Anat., Physiol. u. wiss. Med. 1862. — **Lyssenkov, N. K.**: On the morphology of Hering's sinus nerve. Fiziol. Z. (russ.) 27 (1939).

Manasse, P.: Über die hyperplastischen Tumoren der Nebennieren. Virchows Arch. 133 (1893). — **Marchand, F.**: (a) Über eine eigentümliche Erkrankung des Sympathicus, der Nebennieren und der peripherischen Nerven (ohne Bronzehaut). Virchows Arch. 81 (1880). (b) Über accessorische Nebennieren im Ligamentum latum. Virchows Arch. 92 (1883). (c) Beiträge zur Kenntnis der normalen und pathologischen Anatomie der Glandula carotica und der Nebennieren. Internat. Beitr. wiss. Med., Festschrift f. R. Virchow 1 (1891). — **Martinez, G. M.**: Contribución a la histología normal y patológica del glomo carotideo. Bol. Soc. Biol. Concepción 13 (1939). — **Massaglia, A.**: Über die Funktino der sog. Carotisdrüse. Frankf. Z. Path. 18 (1916). — **Masson, P.**: (a) Appendicite neurogene et carcinoide. Ann. d'Anat. path. 1 (1924). (b) Les glomus neuro-vasculaires. Actual. scient. et industr. No 453. Paris: Ed. Hermann et Cie 1937. — **Maurer, F.**: Schilddrüse, Thymus und Schlundspaltenderivate der *Eidechse*. Morph. Jb. 27 (1899). — **Mayer, S.**: (a) Das sympathische Nervensystem. Strickers Handbuch der Lehre von den Geweben, Bd. 2. 1871. (b) Demonstration und Bemerkungen über die Wirkungen der Farbstoffe Violett B und Neutralrot. Sitzgsber. dtsch. naturwiss.-med. Ver. Böhmen „Lotos" 1896. — **Meijling, H. A.**: (a) The Glomus Caroticum and the Sinus Caroticus of the Horse. Proc. Acad. Wetensch. Amsterd. 39 (1936). (b) Bau und Innervation von Glomus caroticum und Sinus caroticus. Acta neerl. Morph. norm. et path. 1 (1938). — **Milcou, St. M.**: Peut-on classer le ganglion carotidien parmi les paraganglions. C. r. Soc. Biol. Paris 105 (1930). — **Miller, J. W.**: Ein Paragangliom des Brustsympathicus. Zbl. Path. 35 (1924). — **Minot, Ch. S.**: Lehrbuch der Entwicklungsgeschichte des *Menschen*. Deutsche Ausgabe von S. Kästner. Leipzig 1894. — **Mönckeberg, J. G.**: Die Tumoren der Gl. carotica. Beitr. path. Anat. 38 (1905). — **Mulon, P.**: (a) Spécifité de la réaction chromaffine: glandes adrénalogènes. C. r. Soc. Biol. Paris 1 (1904). (b) Les glandes hypertensives ou organes chromaffines. Arch. gén. Méd. 81 II (1904). — **Muratori, G.**: (a) Contributo all' innervazione del tissuto paragangliare annesso al sistema del vago (glomo-carotico, paragangli estravagali e intravagali) e all' innervazione del sino carotidea. Anat. Anz. 75 (1932). (b) Ricerche istologiche sull'innervazione del glomo carotico. Arch. ital. Anat. 30 (1933). (c) Contributo istologica all'innervazione della zona arteriosa glomo-carotidea. Arch. ital. Anat. 33 (1934). (d) Connessioni tra tessuto paraganglionare e zone recettrici aortiche in vari *mammiferi*. Monit. zool. ital. 45 (1935). (e) Contributi morfologici allo studio dei recettori aortico-arterioso dei riflessi cardiopressoregolatori. Arch. ital. Anat. 38 (1937). — **Musio, Z.**: Il glomocarotico. Rass. internaz. Clin. T. 19 (1938).

Neumann, H. O.: (a) Histologische Studien zur Frage der sympathikotropen Zellen (L. Berger) bzw. der Hiluszellen des Ovariums. Arch. Gynäk. 136 (1929). (b) Die Hiluszellen des Eierstocks — die „sympathikotropen Zellen" L. Bergers. Virchows Arch. 273 (1929). — **Nierstrasz, H. F.**: Vergleichende Anatomie der *Wirbeltiere*. Berlin: Springer 1927. — **Nonidez, J. F.**: (a) The Aortic (Depressor) Nerve and its Associated Epitheloid Body, the Glomus Aorticum. Amer. J. Anat. 57 (1935). (b) The Presence of Depressor Nerves in the Aorta and Carotid of *Birds*. Anat. Rec. 62 (1935). (c) Observations on the Bloodsupply and the Innervation of the Aortic Paraganglia of the *Cat*. J. of Anat. 70 (1936). (d) The Nervous „Terminal Reticulum". A Critique. I. Observations on the Innervation of the Blood vessels. Anat. Anz. 82 (1936). (e) Identification of the Receptor Areas in the Venae Cavae and Pulmonary Veins which initiate Reflex Cardiac Acceleration (Brainbridges Reflex). Amer. J. Anat. 61 (1937). (f) Distribution of the aortic nerve fibers and the epithelioid bodies (supracardial paragangli) in the *dog*. Anat. Rec. 69 (1937). (g) II. Obervations on the Autonomie Ganglia and Nerves with special Reference to the Problem of the Neuro-Neuronal Synapses. Anat. Anz. 84 (1937).

Pässler, H. W.: Ätiologie des Megasigmoideum. Arch. klin. Chir. 183 (1936). — **Pagès, M.**: Le paraganglion carotidien et ses tumeurs. Thèse de Montpellier 1911. — **Palme, F.**: (a) Die Paraganglien über dem Herzen und im Endigungsgebiet des Nervus depressor. Z. mikrosk.-anat. Forsch. 36 (1934). (b) Über ein verlagertes Epithelkörperchen des *Menschen* am Paraganglion supracardiale. Anat. Anz. 79 (1935). (c) Der Karotissinus-Blutdruckreflex als Test für Kreislaufschädigungen. Arch. f. exper. Path. 183 (1936). — **Paltauf, R.**: Über Geschwülste der Glandula carotica nebst einem Beitrage zur Histologie und Entwicklungsgeschichte derselben. Beitr. path. Anat. 11 (1892). — **Palumbi, G.**: La fine vascolarizzazione ed innervazione del glomo carotideo del Mammiferi. Comment. pontif. acc. Sci. 4 (1940). — **Pannier, R.**: Données générales sur le systeme ganglionnaire et paraganglionnaire du coeur. C. r. Soc. Biol. Paris 120 (1934). — **Paunz, L.**: Pathologisch-anatomische Veränderungen der Carotisdrüse. Virchows Arch. **241** (1923). — **Penitschka, W.:** (a) Über den Bau des Ganglion cervicale uteri des *Menschen* mit Berücksichtigung der mehrkernigen Ganglienzellen und des chromaffinen Gewebes. Anat. Anz. **66** (1929). (b) Paraganglion aorticum supracardiale. Z. mikrosk.-anat. Forsch. **24** (1931). — **Pfaundler, M.:** Zur Anatomie der Nebenniere. Sitzgsber. Akad. Wiss. Wien, Math.-naturwiss. Kl. III **101** (1892). — **Pines, L.:** Allgemeine Untersuchungen unserer Ergebnisse über die Innervation der innersekretorischen Organe. Pflügers Arch. **228** (1931). — **Pines, L. u. K. Narowtschatowa:** Über die Innervation der Nebennieren. Z. mikrosk.-anat. Forsch. **25** (1931). — **Pischinger, A.:** (a) Über die Entwicklung und das Wesen des Carotislabyrinths bei *Anuren*. Z. Anat. **103** (1934). (b) Kiemenanlagen und ihre Schicksale bei *Amnioten*. Handbuch der vergleichenden Anatomie der *Wirbeltiere*, Bd. 3. Berlin: Urban & Schwarzenberg 1937. — **Poll, H.:** (a) Die Anlage der Zwischenniere bei den *Haifischen*. Arch. mikrosk. Anat. u. Entw.mechan. **62** (1903). (b) Die vergl. Entwicklungsgeschichte der Nebennierensysteme der *Wirbeltiere*. HERTWIGS Handbuch der vergleichenden und experimentellen Entwicklungslehre der *Wirbeltiere*, Bd. 3/I. Jena: Gustav Fischer 1906. — **Poll, H. u. A. Sommer:** Über phaeochrome Zellen im Zentralnervensystems des *Blutegels*. Verh. physiol. Ges. Berlin **1902/03.** — **Prenant, A.:** Contribution a l'étude du développement organique et histologique du thymus, de la glande thyrioide et de la glande carotidienne. Cellule **10** (1894).

Rabl, H.: (a) Die Entwickelung und Struktur der Nebennieren bei den *Vögeln*. Arch. mikrosk. Anat. u. Entw.mechan. **38** (1891). (b) Die Entwicklung der Carotisdrüse beim *Meerschweinchen*. Arch. mikrosk. Anat. **96** (1922). — **Riegele, R.:** Die Nerven des glomus caroticum beim *Menschen* mit kurzer Übersicht über den histologischen Aufbau des Organs. Z. Anat. **86** (1928). — **Rijnders, H.:** Over de Innervatie van de Halsslagaders. Diss. Amsterdam 1933. — **Roud, A.:** Contribution a l'étude du développement de la capsula surrénale de la souris. Bull. Soc. vandoise Sci. natur. **38** (1903).

Schaper, A.: Beiträge zur Histologie der Glandula carotica. Arch. mikrosk. Anat. u. Entw.mechan. **40** (1892). — **Schmidt, C. F. and J. H. Comroe jr.:** Functions of the carotid and aortic bodies. Physiologic. Rev. **20** (1940). — **Schmidt, J. E.:** Beiträge zur Kenntnis der Glandula carotica und ihrer Tumoren. Beitr. klin. Chir. **88** (1914). — **Schumacher, S. v.:** (a) Über den glomus coccygeum des *Menschen* und die Glomeruli caudales der *Säugetiere*. Arch. mikrosk. Anat. **71** (1908). (b) Über die Bedeutung der arteriovenösen Anastomosen und der epitheloiden Muskelzellen. Z. mikrosk.-anat. Forsch. **43** (1938). — **Schur, H. u. J. Wiesel:** (a) Beiträge zur Physiologie und Pathologie des chromaffinen Gewebes. Wien. klin. Wschr. **1907.** (b) Über das Verhalten des chromaffinen Gewebes bei Narkose. Wien. klin. Wschr. **1908.** — **Seto, H.:** Über zwischen Aorta und Arteria pulmonalis gelegene Herzparaganglien. Z. Zellforsch. **21** (1935). — **Sikejeff, V. V.:** Struma der Karotisdrüse. Arch. klin. Chir. **172** (1932). — **Simard, L. C.:** Les complexes neuro-insulaires du pancréas humain (neurocrinie et fonction paraganglionnaire). Archives Anat. microsc. **33** (1937). — **Simmonds, M.:** Weitere Beobachtungen über kompensatorische Hypertrophie der Nebenniere. Zbl. Path. **12** (1902). — **Smirnow, A.:** (a) Die Struktur der Nervenzellen im Sympathicus der *Amphibien*. Arch. mikrosk. Anat. **35** (1890). (b) Über die sensiblen Nervenendigungen im Herzen bei *Amphibien* und *Säugethieren*. Anat. Anz. **10** (1895). — **Smith, Chr.:** The Origin and Development of the Carotid Body. Amer. J. Anat. **34** (1895). — **Soulié, A.:** (a) Sur les premiers stades du développement de la capsule surrénale chez quelques *Mammifères*. C. r. Assoc. Anat. IV. Sess. Montpellier **1902.** (b) Recherches sur le développement des capsules surrénales chez les *Vértébrés supérieurs*. Thèse de Paris **1903.** — **Stangl, E.:** Tumor der chromaffinen Nebenorgane des Sympathicus (ZUCKERKANDL). Wien. klin. Wschr. **1902** I. — **Stieda, L.:** Untersuchungen über die Entwicklung der Glandula Thymus, Glandula thyreoidea und Glandula carotica. Leipzig 1881. — **Stilling, H.:** (a) Zur Anatomie der Nebennieren. Virchows Arch. **109** (1887). (b) Du ganglion intercarotidien. Rec. inaug. l'Univ. Lausanne 1892. (c) Die chromophilen Zellen und Körperchen des Sympathikus. Anat. Anz. **15** (1898/99). (d) Einige Fragen als Antwort auf die Erwiderung von A. KOHN. Anat. Anz. **15** (1899). — **Stöhr, Ph. j.:** (a) Das peripherische Nervensystem. MÖLLENDORFFS Handbuch der mikroskopischen Anatomie des *Menschen*, Bd. 4/I. 1928. (b) Zur Innervation der menschlichen Nebenniere. Z. Anat. **104** (1935). (c) Beobachtungen und Bemerkungen über die Endausbreitung des vegetativen Nervensystems. Z. Anat. **104** (1935). (d) Die mikroskopische Innervation der Blutgefäße. Erg. Anat. **32** (1938). (e) Über „Nebenzellen" und deren Innervation in Ganglien des vegetativen Nervensystems, zugleich ein Beitrag zur Synapsenfrage. Z. Zellforsch. **39** (1939). — **Sunder-Plassmann, P.:** (a) Untersuchungen über den Bulbus carotidis bei *Mensch* und *Tier* im Hinblick auf die „Sinusreflexe" nach HERING; ein Vergleich mit anderen Gefäßstrecken; die Histopathologie des Bulbus carotidis; das Glomus caroticum. Z. Anat. **93** (1930). (b) Über nervöse Receptorenfelder in der Wand der intrapulmonalen Bronchien des *Menschen* und ihre klinische Bedeutung, insbesondere ihre Schockwirkung bei Lungenoperationen. Dtsch. Z. Chir. **240** (1933). — **Svitzer, E.:** Untersuchungen über das Ganglion intercaroticum. Kopenhagen 1863. — **Swinyard, C. A.:** The Innervation of the Suprarenal Gland. Anat. Rec. **68** (1937). — **Szepsenwol, J.:** (a) Sur l'origine du glomus caroticum chez les embryons d'oiseaux (canard). C. r. Assoc. Anat. 30. Réun. Montpellier **1935**. (b) Le développement primitif de la glande carotidienn chez les embryons de *Canard*. C. r. Soc. Biol. Paris **119** (1935). — **Szymonowicz, L. u. R. Krause:** Lehrbuch der Histologie. Leipzig: C. Kabitzsch 1930.

Tello, F.: Développement et terminaison du nerf dépresseur. Trav. Labor. Recherch. biol. Univ. Madrid **22** (1924). — **Terni, T.:** (a) Il corpo ultimobranchiale degli *Uccelli*. Arch. ital. Anat. **24** (1927). (b) Il Simpatico cervicale degli *amnioti* (Ricerche di morfologia comparata). Z. Anat. **96** (1931). — **Thulin, J.:** Beitrag zur Kenntnis des chromaffinen Gewebes beim *Menschen*. Anat. Anz. **46** (1914). — **Trinci, G.:** (a) Cellule cromaffine e „Mastzellen" nella regione cardiaca dei *Mammiferi*. Accad. Sci. dell'Istituto Bologna 1907. b) Sul esistenza di un paraganglio cardiaco etc. Monit. zool. ital. **20** (1909). (c) Il sistema cromaffine cardiaco-cervicale nei *sauri*. Arch. ital. Anat. **10** (1911). (d) Sul reperto di J. Thulin di parganglî (corpi cromaffini) esophagei nell'uomo. Anat. Anz. **47** (1914).

Valenti, G.: Sulo sviluppo delle capsule surrenali nel pollo ed in alcuni *mammiferi*. Arch. ital. de Biol. (Pisa) **11** (1889). — **Verdonk, A.:** Sur les voies anatomique et sur le rôle respectiv des chemo-recepteurs du glomus carotidien et du glomus aortique dans les réactions respiratoire aux substances pharmacologiques. Arch. internat. Pharmacodynamie **65** (1941). — **Verdun, P.:** (a) Dérivés branchiaux chez les *vertebres superieurs*. Toulouse 1898. (b) Contribution à l'étude des dérivés branciaux chez les *Vértébrés supérieurs*. Thèse de Paris **1898**. — **Vincent-Swale:** (a) Contributions to the Comparative Anatomy and Histology of the Suprarenal Capsules. The suprarenal Bodies in *Fishes* and their Relation to the so-called Head-kidney. Trans. zool. Soc. **14**, 3 (1897). (b) The Carotid Gland of Mammalia and its Relation to the Suprarenal Capsula with some Remarks upon Internal Secration and the Phylogeny of the latter Organ. Anat. Anz. **18** (1900).

Wallart, J.: (a) Entfaltung und Rückbildung der paraganglionären Zellen im menschlichen Eierstocke. Arch. Gynäk. **143** (1930). (b) Weiterer Beitrag zur Frage des paraganglionären Gewebes im menschlichen Eierstocke. Arch. Gynäk. **154** (1933). — **Watzka, M.:** (a) Über das Vorkommen vielkerniger Ganglienzellen in den Nervengeflechten der Samenblase des *Menschen*. Anat. Anz. **66** (1928). (b) Über die Verbindungen inkretorischer und neurogener Organe. Verh. anat. Ges., Anat. Anz. **71**, Erg.-H. (1931). (c) Paraganglion tympanicum? Anat. Anz. **74** (1932). (d) Vergleichende Untersuchungen über den ultimobranchialen Körper. Z. mikrosk.-anat. Forsch. **34** (1933). (e) Vom Paraganglion caroticum. Verh. anat. Ges., Anat. Anz. **78**, Erg.-H. (1934). (f) Paraganglien. Verh. dtsch. Ges. Kreislaufforsch. **1937**. (g) Diskussion zum Vortrag H. Dale: Vosodepressorische Stoffe. Verh. dtsch. Ges. Kreislaufforsch **1937**. (h) Über die Entwicklung des Paraganglion caroticum der *Säugetiere*. Z. Anat. **108** (1937). (i) Über freie, chromierbare Paraganglien beim erwachsenen Menschen. Z. mikrosk.-anat. Forsch. **53** (1943). — **Watzka, M. u. W. Penitschka:** Über das Vorkommen von Lamellenkörperchen in chromaffinen Paraganglien des *Menschen*. Z. mikrosk.-anat. Forsch. **30** (1932). — **Wassermann, S.:** Das sympathische Paraganglion am linken Herzen und seine Funktion. Dtsch. med. Wschr. **1925** II. — **Wetschtomow:** Anatomie der akzessorischen Organe des Sympathicus. Neur. J. (russ.) **17** (1910). — **White, E. G.:** Die Struktur des Glomus caroticum, seine Pathologie und Physiologie und seine Beziehungen zum Nervensystem. Beitr. path. Anat. **96** (1935). — **Whitehead, R. H.:** The Histogenesis of the Adrenal in the *Pig*. Amer. J. Anat. **2** (1903). — **Wiesel, J.:** (a) Über die Entwicklung der Nebenniere des *Schweines*, besonders der Marksubstanz. Anat. H. **16**, H. 50 (1900). (b) Beiträge zur Anatomie und Entwickelung der menschlichen Nebenniere. Anat. H. **19**, H. 63 (1902). (c) Chromaffine Zellen in der Gefäßwand bei *Reptilien*. Ref. Wien. klin. Wschr. **1902**. (d) Zur Pathologie des chromaffinen Systems. Virchows Arch. **176** (1904). (e) Über Erkrankungen der Coronararterien im Verlaufe akuter Infektionskrankheiten. Wien. klin. Wschr. **1906**. — **Wiesel, J. u. A. Biedl:** Über die funktionelle Bedeutung der Nebenorgane des Sympathicus und der chromaffinen Zellgruppen. Arch. f. (Anat. u.) Physiol. **91** (1902). — **Wilson, G. M. and P. R. Billingley:** The Innervation of the Carotid Body. Anat. Rec. **25** (1923). — **Winiwarter, H. de:** (a) Contribution à l'étude de l'ovaire humain. Archives de Biol. **25** (1910). (b) Signification du ganglion carotidien. C. r. Soc. Biol. Paris **94** (1926). (c) Réponse à L. Berger. Bull. Histol. appl. **9** (1932). (d) Origine et Signification du ganglion carotidien. C. r. Assoc. Anat. 29. Réun. Bruxelles **1934**. (e) Origine et developpement du ganglion carotidien. Archives de Biol. **50** (1939). — **Wrete, M.:** Beitrag zur Kenntnis von der Entwicklung des chromaffinen Gewebes der Bauchregion beim *Menschen*. Z. mikrosk.-anat. Forsch. **9** (1927).

Zimmermann, A.: Zur vergleichenden Anatomie vom Glomus caroticum. Mat. termeszett. Ertes. **60** (1941). — **Zimmermann, W.:** Über die Carotidendrüse von *Rana esculenta*. Inaug.-Diss. Berlin 1887. — **Zuckerkandl, E.:** (a) Über Nebenorgane des Sympathikus im Retroperitonealraum des *Menschen*. Verh. anat. Ges., 15. Verslg- Bonn 1901; Anat. Anz. **19**, Erg.-H. (b) Die Entwicklung der chromaffinen Organe und der Nebenniere. Handbuch der Entwicklungsgeschichte des *Menschen*, herausgeg. von Keibel und Mall, Bd. 2. 1911.

Die Epiphysis cerebri[1].

Von **W. Bargmann**, Königsberg (Pr.).

Mit 97 Textabbildungen.

I. Einleitung. Die Frage der Funktion der Epiphyse.

„Anatomici de huius usu inter se dissentiunt."
WHARTON 1659.

Die verborgen gelegene Epiphysis cerebri wurde früher als . andere, viel leichter zugängliche Bildungen des Säugetierorganismus entdeckt. GALEN gab dem an einen Pinienzapfen erinnernden Organ den Namen $\varkappa\omega\nu\acute{\alpha}\varrho\iota\upsilon\nu$, dessen latinisierte Form Conarium sich bis in unsere Zeit gehalten hat. Allerdings werden ihm die lateinischen Namen Glandula pinealis und der neutralere Corpus pineale sowie die Bezeichnung Epiphysis cerebri vorgezogen (vgl. hierzu HYRTL 1880). Benennungen wie Virga und Penis cerebri war eine nur kurze Lebenszeit beschieden. Die erste Abbildung der Epiphyse finde ich mit KOOPMAN (1928) in VESALS „De fabrica corporis humani" (1543). VESAL schildert die Epiphyse des Menschen als mit dem Gehirn kaum zusammenhängende Drüse.

Die Frage nach der funktionellen Bedeutung der Epiphyse ist bis zum heutigen Tage unbeantwortet geblieben. Nach GALEN dient die Epiphyse, wie auch andere Drüsen, als Sicherungseinrichtung für Gefäßverzweigungen. VESAL schließt sich dieser Ansicht an, wenn er bemerkt: „Opinor, ut quemadmodum aliae corporis glandulae permultae, firmamentum esset vasi quod tertium cerebri ventriculum accedit . . .". HIGHMORE schreibt der Zirbel die Aufgabe zu, den Aquaeductus Sylvii gegen die übrigen Hirnkammern abzuriegeln und somit vor dem Einströmen schleimiger oder flüchtiger Substanzen zu schützen. RIOLAN und VESLING (1666) sehen in ihr eine Klappe des 3. Ventrikels. Nach Ansicht von VAROLI und WILLIS stellt die Zirbel eine Saugvorrichtung dar, welche den Liquor cerebrospinalis zu speichern vermag oder, wie BURDACH (1826) in seinem Werke „Vom Baue und Leben des Gehirnes" sich ausdrückt, imstande ist, „die exkrementielle Feuchtigkeit" aus dem Hirnstamm aufzunehmen, „damit dieser zu den psychischen Funktionen geschickter werde" (vgl. auch SOURY 1899). Die Aufgabe einer Drüse weisen der Zirbel BAUHIN und SYLVIUS DE LA BOE zu. DÖLLINGER (1814) erblickte in ihr die Drüse des Kleinhirnes, SCHÖNLEIN (1816) brachte sie mit dem Gesichtssinn in unklaren Zusammenhang. BOYLE (zit.

[1] Der vorliegenden Darstellung liegen ausgedehnte Untersuchungen an menschlichen und tierischen Epiphysen bzw. Parietalorganen zugrunde. Die Kürze der zur Verfügung stehenden, durch Wehrdienst unterbrochenen Zeit gestattete freilich nicht, alle Einzelfragen möglichst bis zur Klärung zu verfolgen. Das menschliche Untersuchungsgut umfaßte außer Sektionsmaterial 40 lebensfrisch fixierte Epiphysen von Hingerichteten. Für die Überlassung von Präparaten, Untersuchungsmaterial und Originalvorlagen danke ich den Herren Prof. ACKERKNECHT-Leipzig, Prof. CLARA-München, Dr. FRIEDRICH-FREKSA-Berlin, Prof. HOCHSTETTER-Wien, Prof. v. MÖLLENDORFF-Zürich, Prof. SPATZ-Berlin und Oberstabsarzt Dr. WEYER-Chemnitz. Die Illustration des Beitrages lag zum überwiegenden Teil in den bewährten Händen von Herrn KURT HERSCHEL-Leipzig, dem ich für verständnisvolle Mitarbeit besonderen Dank schulde. Zwei Abbildungen verdanke ich Frau M. WENDLAND-Berlin. Einige wenige Figuren fertigte ich selbst an.

nach Zedler 1735) meinte, „weil dieses Drüsslein ein scharfes saltzigtes Wesen sey, deshalben sondere es das volatilische Saltz von dem Geblüte ab".

Auch Philosophie und Psychologie nahmen sich des Zirbelproblems an. Descartes (1649), der selbst medizinische und besonders anatomische Studien trieb (Lettres, vgl. Sainton und Dagnan-Bouveret 1912), erklärte die Epiphyse für ein Organ des Seelenlebens, übrigens in Parallele zu einem weniger berühmten Kandidaten der Medizin, Jean Cousin, welcher im Jahre 1641 die These „An κωνάριον sensus communis sedes?" verfocht (Soury 1899).

Descartes begründet seine Hypothese über die Bedeutung der Zirbel, welche durch Abb. 1 erläutert wird, für das Seelenleben folgendermaßen (1649):

„La raison qui me persuade que l'âme ne peut avoir en tout le corps aucun autre lieu que cette glande où elle exerce immédiatement ses fonctions est que je considère que les autres parties de notre cerveau sont tout doubles, comme aussi nous avons deux yeux,

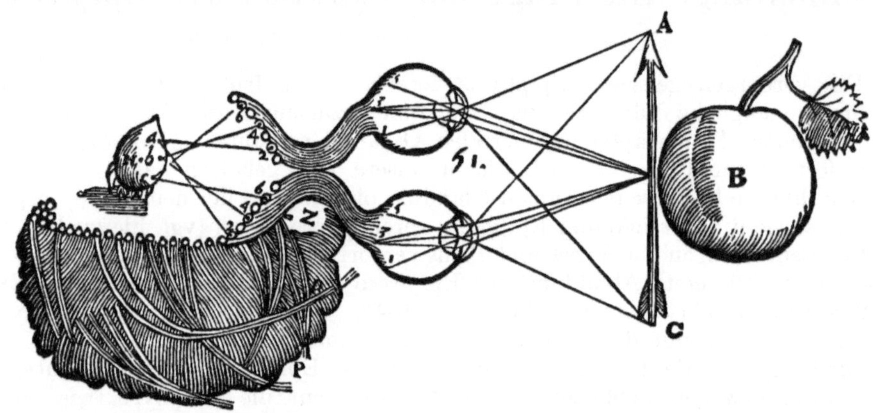

Abb. 1. Darstellung der Beziehungen zwischen Objekt, Auge, Nervus opticus (von Nervenröhren durchsetzt), Ventrikeloberfläche und Epiphyse aus Descartes („Traité de l'homme", 1664, herausgegeben von Clerselier).

deux mains, deux oreilles, et enfin tous les organes de nos sens extérieurs sont doubles; et que, d'autant que nous n'avons qu'une seule et simple pensée d'une même chose en même temps, il faut nécessairement, qu'il y ait quelque lieu où les deux images qui viennent par les deux yeux, ou les deux autres impressions qui viennent d'un seul objet par les doubles organes des autres sens, se puissent assembler en une avant qu'elles parviennent à l'âme, afin qu'elles ne lui représentent pas deux objets au lieu d'un; et on peut aisément concevoir que ces images ou autres impressions se réunissent en cette glande par l'entremise des esprits qui remplissent les cavités du cerveau, mais il n'y a aucun autre endroit dans le corps où elles puissent être unies, sinon ensuite de ce qu'elles le sont en cette glande."

Nach Descartes sollte die bewegliche Zirbel nur durch kleine Blutgefäße in ihrer Lage gehalten werden.

Die Richtigkeit und der Wert der Descartesschen Hypothese wurde — abgesehen von Bartholinus (1631) u. a. Anatomen — schon von Malebranche und Spinoza angezweifelt (vgl. Zedler 1735, Soury 1899, Fuse 1936), welcher sie „hypothesin . . . omni occulta qualitate occultiorem" nennt (Ethica); immerhin stellt Descartes' gelegentlich persiflierte Konzeption, der wir noch in Carlyles „Sartor resartus" (1834) begegnen, einen Versuch der Lokalisation psychischer Vorgänge im Zentralnervensystem dar (vgl. Ziehen 1902). Eschen-mayer (zit. nach Burdach 1826) wie auch Görres (1808) lassen die Zirbel in Fortführung der Theorie von Descartes von dem ätherischen Prinzip, das durch die Hirnhöhlen zieht, umflossen sein. „Sie reguliert die Bewegungen dieses Prinzips, welche die Wechselwirkung von Körper und Seele vermitteln. Da sie im Hirnsand auch ein unorganisches Produkt liefert, so ist sie die höchste In-differenz, welche den Lebensakt des Gehirns regiert; die Zentralsonne des Mikrokosmos". Als Folge der DESCARTES-GÖRRES-ESCHENMAYERschen Lehre hat man den Versuch zu betrachten, Geisteskrankheiten auf Veränderungen der Zirbel zurückzuführen (vgl. BURDACH, FRIEDREICH 1830). BURDACH selbst vermutet, daß die Zirbel nicht sowohl eine eigentümliche Funktion hat, als vielmehr „eine allgemeine Stimmung des Hirnlebens" bewirkt. Nach REICH (1926) soll die Zirbel in der altindischen Literatur eine Rolle als Organ des Hellsehens, der Meditation und der Rückerinnerung an frühere Geburten spielen. Als letzten Ausläufer der spekulativen Physiologie der Zirbel darf man schließlich REICHs eigene Anschauung betrachten, der in der Epiphyse ein Organ der Sexual-mneme erblickt, in dem vielleicht Urkeimzellen gelandet sind, um Keimbahn und Individuum aufs innigste zu verknüpfen.

Neben den psychophysiologischen Theorien der Zirbelfunktion stehen — offenbar ein Ausdruck der Resignation — gänzlich nihilistische Auffassungen einiger Anatomen. „Hypophysis und Zirbel sind zwei physiologisch unbegriffene und unzweifelhaft auch unbedeutende Organe", meint beispielsweise KOELLIKER (1879). GERLACH (1904) bezeichnet die Epiphyse als Hirnanhang ohne jeglichen funktionellen Wert. Die Entstehung derartiger Ansichten wurde zweifelsohne durch den Umstand begünstigt, daß sich die Zirbel des *Menschen* und der *Säuger* auf Grund mikroskopischer Untersuchungen in die bisher bekannten Organsysteme nicht eingliedern ließ. Schon die ältere Anatomie war sich nicht schlüssig, ob die Zirbel ein Ganglion (GALL), Grau des 3. Ventrikels (LUYS 1865), eine Commissur (THIEDEMANN 1816), ein Lymphknoten (HENLE), Bindegewebsbildung (KRAUSHAAR 1885), „une dépendance de la toile chorioïdienne" (CRUVEILHIER, FÖRG 1844), eine Wucherung der Pia mater (REICHERT 1861) oder eine Drüse sei. Sie wurde zwar vielfach als Drüse bezeichnet, ohne jedoch die strukturellen Merkmale einer solchen klar erkennen zu lassen (vgl. hierzu auch HAMMAR 1939, BENDA 1932). Noch zu Beginn unseres Jahrhunderts faßten manche Anatomen die Epiphyse als lymphoides Organ auf (s. DEJERINE 1901, vgl. GODINA 1939).

Eine besondere Rolle spielt die Epiphyse in der phylogenetisch orientierten vergleichenden Anatomie, die ihre sehr dunkle Geschichte zu ermitteln trachtete. Die Frucht der Bemühungen dieser Forschungsrichtung war die Hypothese, die Epiphyse sei ein rudimentäres Organ, das Überbleibsel eines unpaaren Auges oder ein Rest drüsiger Uranlagen (JAKOB 1911), „Urväterhausrat" nach einem Ausdruck BORNs (1890) und GAUPPs (1897). Das Rätsel der Zirbelfunktion wurde freilich durch diese Hypothesen der Lösung nicht näher gebracht. Dies lag im Wesen der vergleichenden Anatomie begründet, wie sie GEGENBAUR vertrat. GEGENBAUR erblickte in rudimentären Organen in erster Linie wichtige Zeugnisse einer vorausgegangenen anderen Organisation, wobei er nicht zögerte, ihnen physiologische Bedeutungslosigkeit zuzuschreiben, wenngleich er auf die Möglichkeit eines Funktionswechsels sich rückbildender Organe hinwies. Es ist reizvoll zu sehen, daß die vergleichende Betrachtungsweise heute — unter Berücksichtigung eben dieser Möglichkeit und unter Heranziehung des Experimentes — vielleicht wieder berufen ist, die Zirbelforschung anzuregen. Zunächst jedoch ging von der vergleichenden Morphologie kein Impuls für die Lösung des Epiphysenrätsels aus, obwohl bereits WHARTON (1659) hinsichtlich der auch bei Tieren vorhandenen Epiphyse bemerkt: „Non est enim naturae mos constanter et in plurimis animalibus eandem partem efformare, nisi fuerit eius usus aliquis eximius."

Die Begründung einer modernen Lehre von der Funktion der Epiphyse als eines innersekretorisch tätigen Organs, das einen Einfluß auf Keimdrüsen und Entwicklung der äußeren Geschlechtsmerkmale ausüben soll, erfolgte durch Klinik und Pathologie. Im Anschluß an kasuistische Mitteilungen von Askanazy (1893), Gutzeit (1896), Ogle (1898), Oestreich und Slawyk (1898) und andere Forscher lenkte Marburg (1908, 1913) die Aufmerksamkeit auf den Umstand, daß Teratome der Zirbel (vgl. hierzu Berblinger, 1926, Bochner und Scarff 1938) — seiner Meinung nach von der Anlage des Parietalauges ausgehend — bei Kindern vorzeitige Geschlechtsentwicklung bei geistiger Frühreife und Steigerung des Körperwachstums (Macrogenitosomia praecox Pellizzi) hervorrufen. Die an den Keimdrüsen und äußeren Geschlechtsorganen sich abspielenden Veränderungen faßte Marburg als Ausdruck einer Verminderung des funktionstüchtigen Zirbeldrüsengewebes auf. Der Zirbeldrüse kommt — wie auch Biedl, Berblinger (1926, 1932) und neuerdings wieder Parhon (1938) vermuten — normalerweise also ein bremsender Einfluß auf die Entwicklung der Geschlechtsorgane und -merkmale zu, den sie nach Marburg auf dem Blutwege, wohl durch Vermittlung der Keimdrüsen (Demel 1927) zur Geltung bringt. Dem Hypopinealismus stellte Marburg (1908) den Hyperpinealismus gegenüber, der sich in einer durch krankhafte Vermehrung der Zirbelzellen bedingten allgemeinen Adipositas bemerkbar machen sollte, einer Adipositas, deren Auslösung auf dem Umwege über andere, mit der Zirbel funktionell verknüpfte Organe, vielleicht über die Keimdrüsen, erfolgen mag (Marburg 1913, 1920). Eine Zunahme funktionierenden Zirbelgewebes wird von Marburg bei zusammengesetzten Epiphysentumoren angenommen, einer der Zirbel eigentümlichen Geschwulstart. Als Apinealismus möchte Marburg (1908) mit Vernichtung des Corpus pineale verbundene trophische, zu Decubitus und Kachexie führende Störungen bezeichnen. Fünf Jahre später allerdings (Marburg 1913) finden wir die Bemerkung, daß neuere Beobachtungen nichts erbracht hätten, „was die Beziehung schwerer Kachexie auf Zirbelschädigung stützen würde". Schließlich glaubt Marburg (1920) im Hinblick auf von klinischer Seite festgestellte vasomotorische Störungen der Haut, ferner auf die geringfügige Entwicklung der Zirbel bei Dickhäutern sowie die starke Ausbildung der Zirbeldrüse beim Pferde, dessen Integument sich durch vasculäre Empfindlichkeit auszeichnet, daß dem Corpus pineale ein Einfluß auf das Hautgefäßsystem und damit den Wärmehaushalt zukomme (vgl. hierzu auch Creutzfeld 1912). Eine Ansicht, die man jedoch mit Fuse (1936) als nicht stichhaltig auffassen muß; die dickhäutigen, wasserbewohnenden *Säuger* besitzen vielfach stark ausgebildete Epiphysen und zeichnen sich gleichzeitig durch hervorragend entwickelte Wundernetze aus, die im Dienste der Wärmeregulation stehen.

Die von Marburg vorgenommene Herausschälung pinealer Krankheitsbilder, der eine die Forschung anregende Wirkung zugebilligt werden muß, hat sich in ihrer ursprünglichen Form als nicht dauerhaft erwiesen. Dies gilt zunächst für die angeblich durch die Überfunktion des Corpus pineale hervorgerufene allgemeine Fettsucht, die zwar als cerebrogen bezeichnet werden kann, nicht aber als pineal bezeichnet werden muß. Für ihre Entstehung kann theoretisch nach Luce (1921) u. a. einmal eine durch Zirbeltumoren verursachte Störung der Keimdrüsenfunktion verantwortlich gemacht werden; in diesem Falle läge immerhin eine indirekte Zirbeldrüsenwirkung vor. Wahrscheinlicher ist jedoch eine mechanische oder toxische Beeinflussung im Zwischenhirn gelegener vegetativer Stoffwechselzentren oder der Hypophyse seitens des Epiphysentumors, die auch bei andersartigen raumbeengenden Prozessen im Schädelinneren zu Adipositas führen kann (Luce 1921, Berblinger 1921, 1926, 1932, Altmann 1930). Hetherington und Ranson (1940) gelang sogar die Erzeugung von Fettsucht bei der *Ratte* durch elektrische Schädigung des Hypothalamus. In einer späteren Darstellung räumt Marburg (1930) denn auch die Möglichkeit einer Beeinflussung des Zwischenhirnes oder der Hypophyse ein. Auf den mit Marburgs These nicht in Einklang zu bringenden Tatbestand, daß eine über mäßige Fettgewebsentwicklung auch mit Verminderung des Zirbelgewebes verbunden sein kann und somit nicht das Ergebnis eines Hyperpinealismus darstellen muß, hat BIEDL (1913) längst hingewiesen.

Auch das sonderbarerweise das männliche Geschlecht bevorzugende Krankheitsbild der Pubertas praecox (Makrogenitosomia) läßt sich, wie wir heute wissen, keineswegs regelmäßig (vgl. HALDEMAN 1927) und ausschließlich auf eine anatomisch nachweisbare Veränderung des Corpus pineale zurückführen. Neben den auf krankhafte Veränderungen endokriner Organe wie Nebenniere und Keimdrüsen (vgl. HALBAN 1925) beruhenden Formen der Pubertas praecox steht nach BERBLINGER (1932) die pineale Frühreife, welche bei Zirbelmangel — beispielsweise infolge destruierender Prozesse — angetroffen wird. Freilich gibt es, wie BERBLINGER hervorhebt, außerdem eine geschlechtliche Frühreife auch bei Erkrankungen des Zwischenhirnes (vgl. die Zusammenstellung von Fällen bei DRIGGS und SPATZ 1939), ein Umstand, der BERBLINGER zu Unterscheidung einer pinealen und einer diencephalen oder hypothalamischen Unterform der cerebrogenen Pubertas praecox veranlaßte.

Von besonderem Interesse sind jene durch Störung des Wachstums und der Geschlechtsentwicklung gekennzeichneten Krankheitsfälle, welche — wie DRIGGS und SPATZ (1939) hervorheben — sich durch Läsion des Hypothalamus bei intaktem Corpus pineale auszeichnen, da sie den eindeutigen Beweis dafür erbringen, daß der Hypothalamus ein Zentrum für die Regulierung von Wachstum und Sexualentwicklung beherbergt (SCHMALZ 1925, Tumor, HORRAX und BAILEY 1928, Ganglioneurom, HELLNER 1936, Tuberkulöse Encephalitis, SAAR 1936, Gliom, HEILMANN und RÜCKART 1932, Mischtumor der Stammganglien- u a.). Es wäre von höchstem Werte, kennten wir umgekehrt isolierte Zirbeltumoren, bei denen eine Beeinflussung des Hypothalamus, etwa durch Druck, ausgeschlossen werden könnte. Indessen verkörpern die bisher geschilderten Fälle von Epiphysentumoren keine kleinen, nur auf die Zirbel beschränkten Neubildungen. Dies gilt auch bezüglich der Zirbelteratome, deren Häufigkeit bei der Makrogenitosomie — sie stehen unter den 113 Fällen von HALDEMAN zusammengetragener Zirbeltumoren zahlenmäßig an erster Stelle — ASKANAZY (1909, 1910) zur Aufstellung der wohl mit Recht verlassenen onkogenen Theorie veranlaßte, der zufolge der embryonale Charakter der Geschwulst für das Auftreten der genitalen Frühreife ausschlaggebend sein sollte. Die Zirbeltumoren rufen in der Regel vielmehr einen Hydrocephalus internus hervor (KRABBE 1911, MARBURG 1913, M. FRANK 1922, WIRTH 1931, CUSHING 1935, DRIGGS und SPATZ 1939, STRAUB 1931 u. a.), dessen Druckwirkung auf die Wandung des dritten Ventrikels die klinischen Erscheinungen verständlich macht. Fälle von Pubertas praecox bei Hydrocephalus internus ohne Bestehen einer Neubildung sind bekannt (KWINT 1929, A. THOMAS und SCHAEFFER 1931, FANCONI 1934 u. a.). Die Möglichkeit der Reizung des grobanatomisch nicht veränderten Zwischenhirnes durch Zirbeltumoren wird auch durch die gelegentlich zu beobachtende Kombination von Epiphysengeschwulst und Diabetes insipidus beleuchtet (vgl. hierzu SAAR 1936). Die von Fall zu Fall wechselnde Intensität des Druckes mag die Tatsache erklären, daß keineswegs jeder Zirbeltumor mit Pubertas praecox einhergehen muß; HALDEMAN (1926) weist darauf hin, daß unter den 113 von ihm zusammengestellten Fällen von Epiphysengeschwulst nur 16 die Symptome der Pubertas praecox zeigten. Ebenso befinden sich unter den von KÖBCKE (1936) berücksichtigten Fällen nur 2 von Pubertas praecox (vgl. auch BENECKE 1936, BAGGENSTOSS und GRAFTON LOVE 1939). Möglicherweise beruht auch das Auftreten von Pubertas praecox nach Encephalitis (FORD und GUILD 1937) bei intakter Zirbel auf einer Affektion der hypothalamischen Region. In besonders klarer Weise wird die Bedeutung des Hypothalamus für den Ablauf des Wachstums und der Geschlechtsentwicklung durch einen von Driggs und Spatz (1939) eingehend analysierten Fall von Pubertas praecox infolge einer am Boden des dritten Ventrikels befindlichen hyperplastischen Mißbildung beleuchtet, eines kirschkerngroßen Hamartoms des Tuber cinereum, welches keinerlei Verdrängungserscheinungen hervorgerufen hatte. Diese Fehlbildung wurde bei einem $3^1/_2$ Jahre alten Knaben mit völlig normalem Corpus pineale festgestellt, dessen somatische, insbesondere geschlechtliche Entwicklung derjenigen eines 15—16jährigen Knaben entsprach. Driggs und Spatz glauben die Pubertas praecox im vorliegenden Falle auf eine gesteigerte Neurosekretion der Ganglienzellen der Mißbildung im Sinne Scharrers (1932, 1933, 1936, 1937, vgl. auch Gaupp jr. 1941) zurückführen zu dürfen. Neue experimentelle, von Bustamante, Spatz und Weisschedel (1942) an *Kaninchen* vorgenommene Untersuchungen (Elektrokoagulation des Tuber cinereum, Bustamante 1943) erwiesen die Richtigkeit der Annahme von Driggs und Spatz, daß dem Tuber cinereum ein fördernder Einfluß auf die Geschlechtsreifung zukommt. Die Ausschaltung des diencephalen Geschlechtszentrums im Tuber cinereum bei infantilen Tieren verhindert den Eintritt der Geschlechtsreife und bedingt Rückbildung der Keimdrüsen (s. auch Spatz 1942). Beim erwachsenen Tier ruft die Zerstörung des Tuber cinereum Schwund des Keimepithels hervor. Wachstumsstörungen wurden nach Tuberausschaltung nicht beobachtet. Spatz und seine Mitarbeiter dachten zunächst an eine Beeinflussung der Gonaden durch das Tuber über den Vorderlappen der Hypophyse. Weitere Mitteilungen von Weisschedel und Spatz (1942) besagen, daß durch Einpflanzung von Zwischenhirnsubstanz aus der Gegend des Tuber cinereum in infantile *Ratten* und *Mäuse* sowie eine Extraktinjektion eine vorzeitige Reifung der Ovarien erzielt wird, welche als Folge der Zufuhr eines spezifisch gonadotropen Wirkstoffs gedeutet werden darf. Der morphologische Ausdruck der Bildung der gonadotropen Substanz ist vielleicht in dem Vorkommen kolloidhaltiger Zellen im Tuber zu erblicken, ferner in dem Vorhandensein zahlreicher Kernkugeln, welche mein Schüler Ziesche (noch unveröffentlicht) im Tuber cinereum von Hingerichteten nachweisen konnte. Diese Kernkugeln gleichen durchaus den für die *menschliche* Zirbel bekannten Kerneinschlüssen (vgl. S. 391).

Die pathologische Anatomie liefert, wie dargelegt, keine sichere Stütze der Lehre von der unmittelbar pinealen Genese der Pubertas praecox, ja es ist vielleicht gerechtfertigt, den Verdacht zu äußern, daß die cerebrogene Pubertas praecox schlechthin eine hypothalamische sei. Allerdings scheint eine Reihe experimentell gewonnener Befunde dennoch zugunsten der Annahme einer hormonalen oder nervösen Beeinflussung der geschlechtlichen Entwicklung bzw. der Entwicklung der Keimdrüsen und des Wachstums seitens des Corpus pineale zu sprechen (vgl. auch Parhon 1938). Während die Exstirpation der Zirbel bei *Säugern*, übrigens ein wegen der Blutung aus der Vena cerebri magna und den Gefäßen des Plexus chorioideus außerordentlich schwerer Eingriff, bzw. die Kauterisierung des Organs nach den Angaben von Biedl (1913), Sarteschi (1910), Renton und Rusbridge (1933), Kolmer und Löwy (1922), Del Castillo (1928), ferner von Dandy (1915), Exner und Boese (1910), Anderson und Wolf (1934) keinerlei spezifische Ausfallserscheinungen oder Enthemmung zeitigte, sah Sarteschi (1913) die Epiphysektomie bei männlichen *Hunden* und *Kaninchen* von einer beschleunigten Entwicklung der Hoden gefolgt. Desgleichen führte die Exstirpation der Epiphyse bei jungen *Ratten* — von 8 *Tieren* überlebten 3 Männchen und 1 Weibchen — nach den Angaben von Foá (1914) zu einer Beschleunigung der Entwicklung der männlichen *Tiere* (vgl. auch die Befunde von Horrax 1916, Davis und Martin 1940). An den Weibchen ließen sich keine wesentlichen Veränderungen feststellen. Dagegen konnten Izawa und Akiyama (1929) nicht nur bei männlichen, sondern auch bei weiblichen *Ratten* eine Steigerung von Gewicht und Größe nach Epiphysenentfernung beobachten. Nach Demel (1926, 1929) trat bei *Schafen*, deren Zirbel operativ entfernt wurde, eine deutliche Zunahme des Hodengewichtes in Erscheinung. Die Hörner der zirbellosen Tiere blieben jedoch im Wachstum zurück. Eine Beschleunigung des Eintrittes der Geschlechtsreife bei infantilen weiblichen *Mäusen* nach Zirbelentfernung sah Mesaki (1939). Die Oestrusdauer soll nach seinen Angaben bei geschlechtsreifen *Mäusen* durch Exstirpation des Corpus pineale verlängert werden; del Castillo (1928) konnte indessen bei der *Ratte* keine Beeinflussung des östrischen Zyklus durch Zirbelentfernung erzielen.

Bei jungen *Hähnen* ruft die Zirbelentfernung nach Foá eine Beschleunigung der Sexualentwicklung hervor. Foá entfernte bei 63 *Hühnern* die Zirbeldrüse durch Ausreißen mit der Pinzette; bei der gleichen Zahl von Kontrolltieren wurde das Gehirn in gleicher Weise freigelegt, das Corpus pineale jedoch nicht abgetragen. Zwölf der überlebenden Tiere waren *Hennen*, bei denen indessen keinerlei Veränderung gegenüber den Kontrolltieren auftraten. Dagegen zeigte sich bei den 3 männlichen Tieren 8—11 Monate nach dem Eingriff eine deutliche Hypertrophie vom Hoden und Kamm. In einer späteren Versuchsreihe konnte Foá (1914) dieselben Resultate an einer geringeren Zahl von Tieren erzielen. Zoia (1914) und Izawa (1923), von dessen 36 Tieren 5 überlebten, bestätigten Foás Angaben; 182—220 Tage nach der Operation konnte Izawa eine bedeutende Zunahme des Hodengewichtes nachweisen. Die Eierstöcke des einen weiblichen Tieres zeichneten sich durch große Follikel aus. Clementes (1923) Angaben über die Beschleunigung der geschlechtlichen und körperlichen Entwicklung der Nachkommen zirbelloser *Hühner* darf man wohl mit einem Fragezeichen versehen. Davis und Martin (1940) bezeichnen die von zirbellosen *Katzen* stammenden jungen Tiere als schwächlich. Auch Yokoh (1927) stellte nach Entfernung der Zirbel beim *Hähnchen* ein abnorm frühzeitiges Einsetzen des Körperwachstums sowie eine beschleunigte Entwicklung von Kamm und Hoden fest. Dagegen berichtet Badertscher (1925) über völlig negativ verlaufende Versuche, die Entwicklung des *Hühnchens* durch Zirbelentfernung in charakteristischer Weise zu beeinflussen.

Die bisher an *Amphibien*larven vorgenommenen Untersuchungen haben keinen Beitrag zur Lösung des Zirbelproblems geliefert. Hoskins und Hoskins (1919) sahen bei *Rana sylvatica* nach Entfernung der Zirbel keine Wachstumsstörungen auftreten, das Organ regenerierte. Von den 850 *Kaulquappen (Rana temporaria)*, deren Epiphysengegend Adler (1914) mit dem Galvanokauter zerstörte, überstanden 9 zur Weiterbeobachtung verwertbare Tiere die Operation. Die *Kaulquappen* entwickelten sich ungleichmäßig, ohne jedoch die Metamorphose zu erreichen.

Trotz der zahlreichen negativ verlaufenen Versuche, durch Zirbelentfernung der Pubertas praecox vergleichbare Zustände zu erzielen — nach Andersons und Wolfs kritischer Betrachtung (1934) ist die Mortalität bei Zirbelentfernung so hoch, daß kein Forscher eine zur statistischen Auswertung hinreichende Zahl überlebender Tiere erhielt — darf man sich dennoch, wie ich glaube, mit Berblinger (1926) der Tatsache nicht verschließen, daß von einer Reihe von Autoren übereinstimmend über eine **Beschleunigung des Wachstums und der geschlechtlichen Entwicklung durch Zirbelentfernung**, gewissermaßen über eine Enthemmung, berichtet wird. In diesem Zusammenhang dürfen wohl auch die — allerdings der Nachprüfung harrenden — Angaben Hofmanns (1925) erwähnt werden, der bei zirbellosen *Ratten* zwar keine sicheren Zeichen verfrühter geschlechtlicher Reife, wohl aber eine auffällige Vergrößerung der

Samenblasen feststellen konnte. Es fragt sich indessen, wie die kurz geschilderten Versuchsergebnisse zu beurteilen sind.

Zunächst ist die Frage völlig ungeklärt, welche geweblichen Veränderungen sich nach der Exstirpation oder Zerstörung der Zirbel im Dachbereich des dritten Ventrikels abspielen. Die Nachbarschaft von Corpus pineale und Plexus chorioideus läßt eine Störung der Liquorproduktion oder des Liquorabflusses durch den operativen Eingriff bzw. seine Folgen (entzündliche Reaktion, Narbenbildung) — damit eine Beeinflussung des Zwischenhirnes — denkbar erscheinen. Mit Recht machen Parhon und Cahane (1940), die nach Kauterisierung der Epiphyse des *Huhnes* bald eine Steigerung, bald Herabsetzung des Glykogengehaltes der Leber feststellen, auf die Möglichkeit der Verletzung zirbelnaher nervöser Zentren aufmerksam. Die ansehnliche Reihe negativ verlaufener, sorgfältig durchgeführter (Anderson und Wolf) Pinealektomien, deren Vollständigkeit durch die histologische Untersuchung bezeugt wurde (z. B. Badertscher), könnte ihre Erklärung im Ausbleiben derartiger Störungen finden. Aber auch dann, wenn die hier geäußerten Bedenken sich als unberechtigt erweisen sollten, besteht kein zwingender Grund zur Annahme einer hormonalen, die Wachstums- und Geschlechtsentwicklung unmittelbar regulierenden Leistung der Zirbel. Es ist nicht ausgeschlossen, daß von der Zirbel aus eine Steuerung des Hypothalamus erfolgt, deren Fortfall eine mithin nur mittelbare pineal bedingte Wachstums- und Entwicklungsstörung bedeutet. Freilich muß diese hypothetische Zirbel-Hypothalamuskorrelation keineswegs auf einer inkretorischen Funktion der Zirbel beruhen. Sie könnte auch nervöser Natur sein. Roussy und Mosinger (1938) behaupten z. B. das Bestehen nervöser Verbindungen zwischen Zirbel, Hypothalamus, Grau der Seitenventrikel und des vierten Ventrikels. Die Angaben von Roussy und Mosinger lauten im Sinne der bereits von Münzer (1926) und Benda (1932) vertretenen, von Berblinger (1932) unterstützten Ansicht, der zufolge Epiphyse, Zwischenhirn und Hypophyse ein funktionelles System verkörpern, welches Keimdrüsen und Wachstum von einem dem dritten Ventrikel benachbarten Zentrum aus steuert. Benda und Berblinger neigen zur Annahme einer nervösen Verbindung zwischen diesem vermuteten Zentrum und dem Corpus pineale. Die Zirbel darf nach Berblinger vielleicht als nervöses Regulationsorgan aufgefaßt werden, welches vegetative Zentren des Zwischenhirnes bremsend beeinflußt, während die Hypophyse die gleichen Zentren inkretorisch anregt. Das Zwischenhirn wäre somit als Angriffsstelle der Antagonisten Hypophyse und Epiphyse aufzufassen.

Diese Anschauungen tragen zwar den Charakter einer Arbeitshypothese. Immerhin zeigen sie, daß die Annahme einer inkretorischen, die Sexualentwicklung direkt steuernden Tätigkeit der Zirbel durchaus nicht den Anspruch auf alleinige Gültigkeit stellen kann.

Auch die nunmehr ins Auge zu fassenden Ergebnisse von Verfütterungsversuchen haben keine wirklich überzeugenden Anhaltspunkte für die Richtigkeit der Lehre von der Wachstum und geschlechtliche Entwicklung steuernden inneren Sekretion der Zirbeldrüse zu erbringen vermocht. Romeis (1920) konnte durch Verfütterung von Zirbeldrüsensubstanz an *Kaulquappen* neben einer Wachstumsförderung, die auch Kato (1936) durch Verfütterung trockener Zirbelsubstanz an *Anuren*larven hervorrief, eine mäßige Beschleunigung der Entwicklung erzielen. Addair und Chidester (1928) beobachteten eine Beschleunigung der Metamorphose von *Bufo*larven infolge Fütterung von trockener Epiphyse mit Milchzuckerzugabe. Die Tiere nahmen an Gewicht ab. Kato stellte ein früheres Einsetzen der Metamorphose bei *Rana japonica* fest, während die Beschleunigung der Umwandlung bei *Bufo vulgaris jap.* kaum erkennbar war, was auf ungenügender Dosierung beruhen mag. Diese Wirkungen müssen keineswegs hormonale sein, sie könnten auch auf den Reichtum des Zirbelgewebes an Nucleoproteiden, also an unspezifischen Substanzen, zurückgeführt werden. Denselben Einwand lassen GROEBBELS und KUHN (1923) bezüglich ihrer eigenen Versuche gelten, in welchen sie durch Verfütterung von *Rinder*epiphysen an *Frosch*larven Wachstumssteigerung und Entwicklungsbeschleunigung erreichten. REMY (1921) bestreitet die Wirksamkeit der Epiphysenverfütterung auf die Metamorphose. Die Angaben von KROCKERT (1936) über die entwicklungshemmende Wirkung der Verfütterung von *Bullen-* und *Kalbs*zirbel an *Zahnkarpfen (Lebistes reticulatus)* haben keine Beweiskraft, da keine Kontrollversuche mit Hirnverfütterung vorgenommen wurden. Die Verfütterung von Epiphysen an junge *Ratten* ruft nach HOSKINS (1916) keine charakteristischen Veränderungen an den Versuchstieren hervor. Dagegen hat BERKELEY (DANA und Mitarbeiter 1913) bei Zirbelverfütterung an junge *Katzen* eine Wachstumsbeschleunigung und Zunahme der Intelligenz beobachtet, McCORD (1917) eine Gewichtszunahme bei *Meerschweinchen*, die *Kälber*epiphysen erhalten hatten. Diese Befunde sagen jedoch nichts über die mutmaßliche Rolle der Zirbel bei der Sexualentwicklung aus. Regelrechte sexuelle Frühreife und Wachstumssteigerung bei *Vögeln* haben lediglich KIDD (1910) und HORRAX (1916) durch Epiphysenverfütterung hervorgerufen. Verfütterung von *Säuger*epiphysen an *Insekten (Tenebrio molitor, Lucilia Caesar)* ließ keine spezifische Wirkung des Organs erkennen (ROUX, in CALVET 1934).

Auch die Versuche der Implantation des Corpus pineale haben das Zirbelproblem bisher nicht wesentlich gefördert. HÖLLDOBLER (1926) konnte durch Überpflanzung von *Rinderzirbel* auf *Rana fusca-* und *Bombinator*larven eine harmonische Entwicklungsbeschleunigung, bei jungen *Bombinator*larven eine Wachstumsbeschleunigung erzielen. Die Implantation männlicher und weiblicher Zirbeldrüsen von *Kaninchen* und *Kälbern* bei infantilen *Mäusen* hat nach NORLIN und WELIN (1934) keine charakteristischen Veränderungen des Wachstums und der sexuellen Reifung zur Folge (vgl. dagegen DOHRN und HOHLWEG 1929). Die Implantation *menschlicher* Epiphysen ruft nach SAPHIR (1934) bei der *Maus* keine Zyklusänderungen hervor (vgl. hierzu auch TARKHAN 1937). Ferner betont SHAFIK ABDEL-MALEK (1939) gegenüber FLEISCHMANN und GOLDHAMMER (1934) die Ergebnislosigkeit seiner Implantationsversuche; der Oestrus von *Ratten*weibchen wird durch die Implantation jugendlicher Epiphysen nicht beeinflußt. Wirkungslos blieben auch die Implantationen von Epiphysen, die von KOZELKA (1933) bei *Hühnern* verschiedenen Alters vorgenommen wurden. CALVET (1933) jedoch verzeichnete eine Hodenatrophie und Wachstumseinschränkung bei *Ratten* und *Meerschweinchen* nach Implantation von *Pferde-* und *Kalbs*epiphysen; diese Befunde faßt er als indirekte Bestätigung der Ansichten von FOÁ und anderen Forschern über die hemmende Wirkung der Zirbel auf. Ebenso sahen JOHNSON und LAHR (1932) bei der *Ratte* nach Epiphysenimplantation bei beiden Geschlechtern eine Verzögerung der Geschlechtsreife. Neuerdings berichten MONNIER (1940) sowie MONNIER und DEVRIENT (1941) über eine Hemmung der sexuellen Entwicklung junger *Ratten* beiderlei Geschlechts nach wiederholten Implantationen von *Rinder*epiphysen; dagegen wird die somatische Entwicklung nicht beeinflußt.

Schließlich brachte auch die Zufuhr von Epiphysenextrakten keinerlei entscheidende Aufschlüsse über die Frage der spezifischen Wirksamkeit des Zirbelgewebes. Wie TRENDELENBURG (1934) bemerkt, sind angesichts der ungenügenden Beachtung der Frage der Ernährung der Versuchstiere und der wechselnden Zusammensetzung der Organauszüge, die bald unter der Verwendung von Aceton, Alkohol, Glycerin, bald von Kochsalzlösung, verdünnter Salzsäure oder anderen Stoffen hergestellt wurden, keine einheitlichen Ergebnisse zu erwarten. Wie weit Verschiedenheiten der funktionellen Wertigkeit des jeweils verarbeiteten Organmaterials für die Widersprüche der Versuchsergebnisse verantwortlich zu machen sind, ist nicht bekannt. Dana (1913) sowie Berkeley (Dana 1913) wollen bei *Kindern* nach Zufuhr von Zirbelextrakt eine Assimilationssteigerung bzw. bei *Katzen* eine Wachstumsbeschleunigung gesehen haben. Nach McCord zeichnen sich mit wäßrigem Zirbelauszug behandelte *Meerschweinchen* durch deutliche Gewichtszunahme aus. Frada (1939) behauptet, bei der *Ratte* durch Injektion hoher Dosen von Epiphysenextrakt eine Entwicklungsbeschleunigung hervorgerufen zu haben, welche 60 bis 80 Tage nach Versuchsbeginn deutlich zutage treten soll. Hellhammer (1939) hat durch tägliche Verabfolgung von 0,1 g Epiphysan bei einem (!) männlichen *Hund* eine Gewichtsverminderung, bei einem (!) weiblichen dagegen eine bedeutende Gewichtszunahme erzielt. Nach Del Priore (1915) dagegen ist die Injektion von Glycerinextrakt der Zirbel beim jungen *Kaninchen* von Entwicklungsverzögerung gefolgt. Burger (1933) erreichte durch Injektion eines wäßrigen Zirbelextraktes eine Hemmung der Gewichtszunahme infantiler *Mäuse* und eine Störung ihres Zyklus. Die Wirkung des Follikelhormons auf das Scheidenepithel kastrierter *Mäuse* wird durch diesen Extrakt aufgehoben. Nach Mesaki (1939) verzögert die Injektion von Zirbelextrakten bei infantilen *Mäusen* angeblich den Beginn des Zyklus, während sie bei geschlechtsreifen Tieren die Dauer des Oestrus verkürzt. Engel (1934) fand das Wachstum junger *Ratten* nach Verabfolgung von Zirbelextrakt in hohem Maße gehemmt. Eine Entwicklungsstörung wurde indessen nicht beobachtet. Auch sprachen die Samenblasen kastrierter *Mäuse*männchen auf menschlichen Zirbelextrakt nicht an. Nach Engel kommt der Zirbelsubstanz eine schädigende Wirkung zu: der größte Teil der behandelten Jungtiere starb. Auch Weinberg und Doyle (1930) sowie Weinberg und Fletcher (1930) sahen Schädigungen der Versuchstiere, welche alle Zeichen der Kachexie aufwiesen. Trautmann (1934) stellte nach enteraler und parenteraler Zufuhr von Epiphysan eine Entwicklungshemmung der sekundären Geschlechtsmerkmale und der Entwicklung der Hoden infantiler *Hähne* fest. „Erhebliche Unterschiede" im Körpergewicht bestanden nach Trautmann nicht. Die Angabe Engels (1934, 1935), die *menschliche* Epiphyse enthalte wie diejenige vom *Stier* und *Kalb* (Silberstein und Engel 1933) eine östrogene Substanz, wird von Tarkhan (1937), einem Schüler von Romeis, bestritten. Weder die subcutane noch die intraperitoneale Implantation von *Kalbs*- oder *Stier*epiphysen noch die Injektion von Epiphysenextrakten ruft an der Vagina der kastrierten *Maus* Brunstveränderungen oder Kolpokeratose hervor. Eine hemmende Wirkung von Epiphysenextrakt auf Brunstcyklus und Befruchtung bei *Ratte* und *Hund* wurde von Tomorug (1942) nicht beobachtet. Vinals (1935) schreibt der Zirbel eine gonadotrope Wirkung zu, da die Vermehrung und Vergrößerung hämorrhagischer Follikel im *Kaninchen*ovar unter dem Einfluß von Schwangerenharn nach Zusatz von Zirbelextrakt angeblich in verstärktem Maße vonstatten geht. Demgegenüber berichten Engel und Bruno (1936) über eine Verhinderung der durch Luteoantin erzeugten Follikelblutungen beim *Kaninchen* durch Epiphysan (Richter). Die Luteinisierung soll gleichfalls durch Epiphysan gebremst werden. Nach Milco (1941) steigert Epiphysenextrakt Dauer und Häufigkeit der Oestrusblutungen bei der *Ratte*. Das Extrakt soll durch Einfluß auf das Ovar oder den Hypophysenvorderlappen die östrogene Wirkung des Follikelhormons anregen. Die Angabe Rowntrees und seiner Mitarbeiter (1935, 1936, Einhorn und Rowntree 1939) über Wachstumsverzögerung bis zum Zwergwuchs und Beschleunigung der somatischen und sexuellen Entwicklung von *Ratten*, die durch mehrere Generationen hindurch täglich Injektionen von Zirbelextrakten erhielten, bedürfen der Nachprüfung. Nach Angaben HAMMARs konnten gleichsinnige Befunde ROWNTREEs über die Wirkung der Thymuszufuhr nicht bestätigt werden (HAMMAR 1939). Die bei aufeinander folgenden Generationen von *Ratten* vorgenommene operative Entfernung der Zirbel ruft nach SULLENS und OVERHOLSER (1941) bei keiner Generation irgendwelche Verschiedenheiten bezüglich Körpergröße, Termin der Geschlechtsreife oder Feinbau der endokrinen Organe hervor. Nach MILCU und PITIS (1941) bedingt Epiphysenextrakt bei der *Ratte* eine Hemmung der spontan oder durch Testosteron provozierten Erektion.

Der Nachweis einer galaktogogen Wirkung von Zirbelextrakt ist, wie BERBLINGER (1936) richtig einwendet, kein Beweis einer hormonalen Beeinflussung des weiblichen Genitalsystems seitens der Epiphyse, da es sich durchaus um eine Leistungssteigerung durch körperfremdes Eiweiß handeln kann.

Unser Überblick über die Ergebnisse der experimentellen Zirbelforschung zeigt ebenso wie die Betrachtung der Befunde aus Pathologie und Klinik, daß der über Zweifel erhabene Nachweis kausaler unmittelbar humoraler oder nervöser Beziehungen zwischen Epiphysentätigkeit und sexueller wie somatischer Entwicklung noch aussteht. Er ist unter anderem durch das Fehlen eines Testobjektes erschwert (LAQUER 1934).

Auch die auf der Beurteilung verschiedener Zustandsbilder der normalen Zirbel fußende mikroskopische Anatomie hat — eben wegen des Fehlens verläßlicher Hinweise auf die Art der Epiphysenfunktion — der Zirbelforschung keine Angriffspunkte erschließen können. Man hat sich bemüht, der Pubertätsinvolution des Thymus vergleichbare morphologische Veränderungen, geschlechtliche Unterschiede, ferner Schwangerschaftsveränderungen der Zirbeldrüse zu ermitteln. Auch die Frage der Abhängigkeit der Epiphysengröße und -struktur von den Wirkstoffen der Keimdrüse wurde geprüft.

Die Frage, ob die Zirbel wie der Thymus einer Involution unterworfen ist, welche nach der eingangs dargelegten Ansicht MARBURGs und anderer Forscher in oder vor die Zeit der geschlechtlichen Reife fallen müßte, wird verschieden beantwortet. MARBURG (1909) selbst spricht von einer schweren Involution des Organs bereits vor der Pubertät, die seine geringe Bedeutung für das spätere Leben beleuchtet. ASCHOFF (1938) glaubt für die Epiphyse ähnliche Verhältnisse wie für den Thymus annehmen zu können, weist aber, wie übrigens auch MARBURG, SCHLESINGER (1919) und UEMURA (1917) auf das Vorhandensein funktionstüchtigen Zirbelgewebes noch im höchsten Alter hin. Wer Gelegenheit hat, zahlreiche normale *menschliche* Zirbeldrüsen verschiedener Altersstufen zu untersuchen, wird den tatsächlichen Ablauf einer physiologischen Epiphyseninvolution zwar zugeben müssen. Die Zirbel des Erwachsenen auch später Jahrzehnte pflegt jedoch noch ansehnliche Mengen spezifischen Gewebes zu enthalten, so saß die Epiphyseninvolution eine partielle genannt werden kann. Diese Feststellung gilt auch für die Epiphysen von *Säugern* (GODINA 1938).

Geschlechtliche Unterschiede wurden an der Zirbel des *Menschen* nicht beobachtet. Nach vergleichenden Untersuchungen von ISHIKAWA (1926, 1927) an den Epiphysen männlicher und weiblicher *Hunde* soll die Zirbel der männlichen Tiere größer sein. Die von ISHIKAWA vorgenommenen Messungen erstrecken sich jedoch auf ein sehr geringes Vergleichsmaterial, nämlich 5 Tierpaare, welche von verschiedenen Müttern stammten. In Anbetracht der stärkeren körperlichen Entwicklung männlicher *Hunde* ist es nicht erstaunlich, daß auch ihre Epiphyse etwas umfangreicher ausgebildet ist.

Schwangerschaftsveränderungen der *menschlichen* und *tierischen* Zirbel konnten bisher nicht überzeugend nachgewiesen werden. ASCHNERs (1913) Angaben über die kugelige Gestalt der Epiphysen Schwangerer fanden BERBLINGER (1926) und JAFFÉ (1928) nicht bestätigt. Nach BRANDENBURGs (1929)

Untersuchungen der Epiphysen von *Mensch* und *Schwein* kommen kugelige und längliche Epiphysen bei beiden Geschlechtern vor; kugelige Epiphysen finden sich bei Schwangeren keineswegs besonders häufig (vgl. dagegen GÜNTHER 1942 sowie S. 348). Die Untersuchungen von EUFINGER und UHING (1932) über die Wirkung der Gravidität auf die Zirbel des *Meerschweinchens* führten zwar zu der Feststellung von Schwangerschaftsveränderungen des Organs; indessen lassen die von den Autoren vorgelegten Abbildungen Zweifel an der Qualität der histologischen Methodik aufkommen. GODINA (1939) konnte an der Zirbel gravider *Kühe* keine charakteristischen Strukturveränderungen nachweisen (vgl. ferner S. 480).

Morphologisch faßbare Korrelationen zwischen Zirbel und Keimdrüsen glauben einige Forscher aus dem strukturellen Verhalten der Epiphyse kastrierter Tiere ablesen zu dürfen. So berichten, um nur einige Beispiele zu nennen, BIACH und HULLES (1912), ASCHNER (1920) sowie ANDRIANI (1925) und SAI (1939, Kastration nach der Pubertät, *Kaninchen*) über eine Atrophie der Zirbelzellen bei kastrierten Tieren. PELLEGRINI (1914) will bei der *Katze* nach Kastration eine vorübergehende Zirbelhypertrophie gefunden haben (vgl. ferner SAI 1939, Kastration vor der Pubertät). Dagegen vermißten SARTESCHI (1910) und GERLACH (1917) Gewebsveränderungen der Epiphysen kastrierter Haustiere gänzlich. In der Tat jedoch sind die Epiphysen kastrierter *Rinder* durch eine Abnahme des Parenchyms und Vermehrung der Neuroglia gekennzeichnet, wie neueren zuverlässigen Untersuchungen von GODINA (1939) zu entnehmen ist. Der Nachweis spezifischer Beziehungen innersekretorischen Charakters zwischen den Keimdrüsen und der Zirbel wird aber, so führt GODINA mit vollem Recht aus, durch die Feststellung derartiger Epiphysenveränderungen keineswegs erbracht. Man darf nicht vergessen, daß der Ausfall von Wirkstoffen der Keimdrüsen tiefgreifende somatische Veränderungen bedingt, welche sich wie auf andere Organe, so auch auf die Zirbel erstrecken dürften. Neuere Untersuchungen meiner Schülerin COLLIER haben keine Anhaltspunkte für den Ablauf charakteristischer Kastrationsveränderungen der *Ratten*epiphyse ergeben.

Die Lehre von der unmittelbaren Steuerung der Sexualentwicklung durch das Corpus pineale steht vorerst auf tönernen Füßen. Auch der Versuch, eine Beeinflussung des Stoffwechsels und des Kreislaufes seitens der Zirbel nachzuweisen, ist von recht bescheidenen Erfolgen gekrönt worden. Wie eingangs schon erwähnt, hat sich MARBURGs Hypothese der Lenkung des Fettstoffwechsels durch die Epiphyse nicht als tragfähig erwiesen. Ob die von BERKELEY (1914), DANA und BERKELEY (1914), McCORD (1914) und anderen Autoren nach Epiphysenzufuhr beobachtete Gewichtszunahme der Versuchstiere als Beweis für das Vorhandensein zirbelspezifischer Stoffe gelten kann, ist fraglich. Möglicherweise läßt sich eine Gewichtsvermehrung auch durch Verabfolgung von Gehirnsubstanz bzw. von Gehirnextrakten erzielen. Schwankungen im Glykogengehalt der Lebern von *Hühnern* nach Kauterisierung der Epiphyse, wie sie durch PARHON und CAHANE (1940) geschildert werden, sind vielleicht auf die Verletzung der Zirbel benachbarter Zentren zurückzuführen. DRESEL (1914) vermißte eine Beeinflussung des Blutzuckers durch Epiglandolzufuhr. Der Phosphorgehalt des Blutes wird durch die Kauterisierung der Epiphyse nicht in typischer Weise beeinflußt (PARHON und CAHANE 1940). Die Ergebnisse von Untersuchungen über die Wirkung von Epiphysenextrakten auf den Kreislauf, deren Bedeutungslosigkeit für die Frage der inneren Sekretion bereits GUDERNATSCH (1926) betonte, sind großenteils nicht vergleichbar (MARBURG 1930), da sie an verschiedenen Tierarten oder verschieden alten Versuchstieren und mit recht unterschiedlich zusammengesetzten Extrakten vorgenommen wurden. Die älteren Untersuchungen von Howell(1898), Dixon und Halliburton (1909), Fraenkel (1911) und anderen Forschern über die Wirkung injizierter Zirbelextrakte enthalten keine genauen Angaben über das Alter der Tiere, aus deren Epiphysen Auszüge hergestellt wurden (Spiegel und Saito 1924, Marburg 1930). Im allgemeinen berichten die Untersucher über eine Senkung des Blutdruckes nach Extraktzufuhr (Jordan und Eipter 1911/12, Ott und Scott 1911, 1912, Batelli und Stern 1922, Horrax 1916, Spiegel und Saito 1934). Fraenkel (1914) verzeichnet Erweiterung der Kopfgefäße nach Injektion von Epiglandol in die Jugularvene des *Kaninchens*. Jordan und Eipter (1911/12) erwähnen eine Erweiterung der Eingeweidegefäße nach Injektion von Zirbelextrakt *(Schaf)*. Nach Bergmann (1940) enthält das Extrakt der Zirbeldrüse des *Rindes* ein anticonstrictorisches Prinzip, das die vasoconstrictorische Wirkung des Adrenalins am Trendelenburg-Froschpräparat aufhebt. Marburg (1920) stellt sich vor, die Zirbel nehme infolge ihrer gefäßerschlaffenden Wirkung einen wesentlichen Einfluß auf die Wärmeregulierung. Von einer ganz anderen Seite beleuchtet neuerdings Ito (1940) die Rolle der Epiphyse im Wärmehaushalt. Die Zufuhr von Kalium- oder Magnesiumchlorid ruft beim *Kaninchen* ein Ansteigen der Körpertemperatur hervor. Dieser Anstieg bleibt nach Zirbelentfernung jedoch aus. Kochsalzinjektion führt beim Kontrolltier zu keiner Steigerung der Wärmeregulation, bewirkt aber bei operierten *Kaninchen* eine Temperatursenkung. Zufuhr von Epiphysenextrakt oder Zirbelimplantation in die Hirnrinde verhindern nach Ito bei den Versuchstieren angeblich das Auftreten von Temperaturschwankungen. Lorenzone und Leone (1941) stellten nach Zufuhr von Epiphysenextrakt zunächst Temperaturherabsetzung, anschließend geringe Hyperthermie fest. Es fragt sich, ob diese Erscheinungen der Wirkung eines spezifischen Zirbelstoffes zur Last zu legen sind.

Während die Mehrzahl der Forscher in der Epiphyse einen Regler der somatischen und sexuellen Entwicklung, des Stoffwechsels und Kreislaufes erblickt, glauben Jacobj (1921), v. Cyon (1903, 1907) und Herring (1927) in ihr ein Regulationsorgan für die Liquorverteilung vermuten zu sollen. Jacobj stützt seine Vermutung auf keinerlei mitgeteilte Beobachtungen oder Befunde, dagegen fühlt sich v. Cyon durch den Nachweis von Epiphysenkontraktionen nach elektrischer Reizung — er spricht von einem „geringen Zusammenschrumpfen" — zu der Annahme berechtigt, der Zu- und Abfluß des Liquors im dritten Ventrikel werde durch die Verschiebung der Zirbel beeinflußt. Das Substrat der Zirbelverkürzung erblickt v. Cyon in den durch Dimitrowa (1901) und Nicolas (1900) in der *Kalbs*epiphyse entdeckten quergestreiften Muskelfasern. Wir wissen heute, daß diese Elemente nicht zu den regelmäßig anzutreffenden Bauelementen der Zirbel zählen. Außerdem, so bemerkt Bechterew (1909), kann der über den Vierhügeln liegenden Zirbel schon aus topographischen Erwägungen heraus kein mechanischer Einfluß auf die Liquorregulation zuerkannt werden. Die grobmechanischen Vorstellungen v. Cyons über die Funktion des Corpus pineale sind lediglich von historischem Interesse. Dagegen hat Hoff (1923), ein Mitarbeiter Marburgs, den Hirndruck durch Injektionen von Epiglandol beträchtlich herabsetzen können. Hoff läßt die Frage offen, ob die Senkung des Liquordruckes auf einer Verbesserung der Resorption oder Verminderung der Liquorbildung beruht. Marburg (1930) hält es nicht für ausgeschlossen, daß die günstige Wirkung von Epiglandolgaben bei schweren Anfällen von Epilepsie auf einer Herabsetzung des Hirndruckes beruht. Diesen Beobachtungen kommt aber nicht die geringste Beweiskraft für das Bestehen einer hormonalen Regelung der Liquorverhältnisse seitens der Epiphyse zu. Wie gerade Untersuchungen von Hoff zeigten, sind wir heute imstande, eine Senkung des

Liquordruckes durch die heterogensten Substanzen zu erreichen, eine Senkung, die zum großen Teil auf einer Beeinflussung des Kreislaufes, d. h. Blutdrucksenkung, beruhen, wie sie u. a. auch durch Epiglandol erzielt werden kann. An eine qualitative Beeinflussung des Liquor cerebrospinalis seitens der Zirbel denkt auch Bechterew (1909). Er betrachtet die Epiphyse als Schutzorgan, das in den Liquor gelangte Nebenstoffe des Hirnstoffwechsels vielleicht neutralisiert. Neben der Regulierung des Liquor cerebrospinalis soll die Epiphyse nach Herring (1927) einen Einfluß auf die Pigmentierung der Haut ausüben. Unter der Wirkung einer von der Zirbel produzierten Substanz kann eine Zusammenziehung der Chromatophoren der Haut erfolgen. — Nach Pastori (1929) steht die Epiphyse im Dienste der intrakraniellen Durchblutung, da sie — wie auch die Vena cerebri magna — mit einem sympathischen Ganglion verbunden ist.

Schließlich sei noch auf neuere Versuche hingewiesen, die darauf abzielen, eine etwaige Beteiligung des Corpus pineale am Vitaminhaushalt zu ermitteln, in welchem der mit der Zirbel so oft verglichene Thymus eine wichtige Rolle zu spielen scheint. Giroud und Leblond (1936), Glick und Biskind (1936) sowie Calcinai (1939) haben einen nennenswerten Gehalt der Zirbel an Vitamin C nachweisen können, der mit steigendem Lebensalter abnimmt (Glick und Biskind). Das vom Standpunkte des Histologen als funktionstüchtig zu betrachtende Zirbelgewebe erwachsener *Menschen* enthält nach den histochemischen, von Clara (1942) inzwischen bestätigten Untersuchungen meines Schülers G. Leopold (1941), der sich der histotopochemischen Silbernitratmethode von Giroud und Leblond bediente, nur spärliche, vielleicht als Vitamin C-Orte deutbare Granula im Cytoplasma von Pinealzellen, gliösen und bindegewebigen Elementen. Möglicherweise liegen diesen Granulis auch Pigmenteinschlüsse zugrunde (s. a. Pfuhl 1941). Claras (1942) Angabe, die Zirbeldrüse eines Individuums, welches die letzten 5 Tage vor der Hinrichtung dreimal täglich eine Tablette Cebion erhalten hatte, zeichne sich durch größeren Reichtum an Silberkörnchen aus, läßt sich vorerst mit den Beobachtungen meiner Schülerin Collier an *Rattenzirbeln* nicht in Einklang bringen: Ascorbinsäuregaben führten bei der *Ratte* zu keiner positiven Vitamin C-Reaktion in der Zirbel. Es ist somit wenig wahrscheinlich, daß der Zirbel eine besondere Rolle im Vitaminhaushalt zufällt.

Die kritische Betrachtung der im Schrifttum niedergelegten Angaben über die Funktion der Zirbel muß mithin, besonders soweit es sich um die Zirbel der *Säuger* und *Vögel* handelt, mit einem Ignoramus schließen. Möglicherweise ist die moderne physiologische Methodik der Hirnforschung — ich denke hierbei an das von W. R. Hess geübte, rohen operativen Maßnahmen vorzuziehende Verfahren der Elektrokoagulation (vgl. hierzu Weisschedel und Jung 1937, Spatz 1942, Bustamante 1943) — imstande, uns neue Einblicke und Erkenntnisse zu schenken.

Das Dunkel, welches die Frage der Zirbelfunktion kennzeichnet, macht eine vergleichend-morphologische Darstellung der Epiphyse unerläßlich. Vielleicht ist die vergleichende Morphologie eines Tages doch in der Lage, der Zirbelforschung wenigstens in großen Zügen die Richtung zu weisen. In diesem Zusammenhang sei in betontem Gegensatz zu Benda (1932), welcher der vergleichenden Morphologie eher eine verschleiernde als aufklärende Bedeutung für das Zirbelproblem beimißt, darauf aufmerksam gemacht, daß wir die einzigen, wenngleich spärlichen Anhaltspunkte für die Art der funktionellen Bedeutung der Epiphyse bestimmter Wirbeltierklassen bisher der vergleichenden, durch das Experiment unterstützten Morphologie verdanken: Die Befunde der vergleichenden Morphologie berechtigen zu der Annahme, daß sich die Zirbel aus einem photoreceptorischen Organ zu einem sezernierenden umgestaltet (Holmgren, Friedrich-Freksa), das bei niederen Wirbeltieren offenbar noch die Fähigkeit der Lichtempfindlichkeit besitzt (v. FRISCH, SCHARRER); HOLMGREN (1918, 1920) faßt die sezernierenden Sinneszellen der Epiphyse als den Stäbchenzellen der Seitenaugen homologe Elemente auf. Die Ergebnisse der Versuche v. FRISCHs, der durch Epiphysenzerstörung bei *Phoxinus* eine Einschränkung der von der Belichtung abhängigen Melanophorenreaktion erzielen konnte, legen den Gedanken an Beziehungen zwischen Epiphyse, Integument und dem Faktor des Lichtreizes nahe, der nach neueren Untersuchungen die Sekretion des Antipoden der Zirbel im Zwischenhirn, der Hypophyse bzw. vegetative Zwischenhirnzentren, beeinflußt (vgl. hierzu SCHARRER 1937, FILL 1942). Vielleicht stellt der bisher unter dem Eindruck von Befunden der Pathologie beschrittene, den Nachweis direkter Beziehungen zwischen körperlicher und geschlechtlicher Entwicklung und der Epiphyse anstrebende Wege der Forschung einen Irr- oder Nebenweg dar.

II. Die Stellung der Epiphyse
unter den Organen der Parietalgegend.

Die Epiphysis cerebri gehört jener Gruppe rätselhafter, unpaarer medianer Bildungen des Zwischenhirndaches an (Abb. 2), welche man als Parietalorgane bezeichnet (STUDNIČKA). Sie stellt nach STUDNIČKA das caudale Parietalorgan (Pinealorgan) dar, das nur den *Myxinoiden,* den *Zitterrochen,* angeblich auch den *Krokodiliern* und einigen *Säugern* fehlt. Das rostrale,

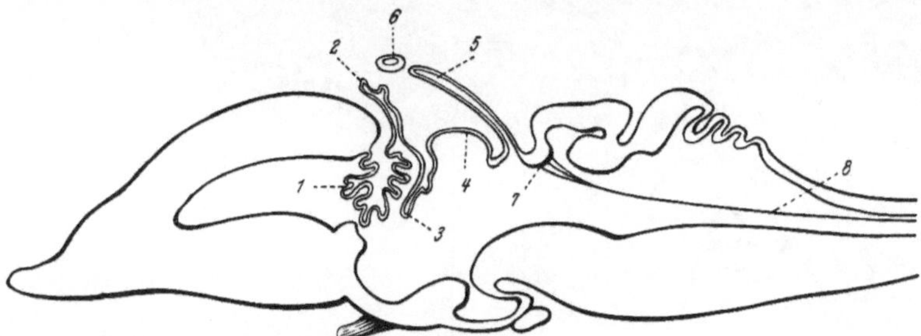

Abb. 2. Sagittalschnitt durch ein Wirbeltiergehirn. Schematisch. *1* Plexus chorioideus; *2* Paraphyse; *3* Velum transversum; *4* Epiphysenpolster; *5* Epiphyse; *6* Parietalorgan; *7* Subcommisuralorgan; *8* REISSNERscher Faden.

gewöhnlich die linke Seite bevorzugende Parietalorgan, tritt als Parapinealorgan bei *Petromyzon,* einigen *Ganoiden* und *Teleostiern* auf (HILL 1894, FRIEDRICH-FREKSA 1932, RUNNSTRÖM 1925 u. a.). Bei den *Reptilien* wird das rostrale Organ nach STUDNIČKAs Auffassung durch das Parietalauge verkörpert (Abb. 4).

Die Parietalorgane im engeren Sinne treten in innige Nachbarbeziehungen zu anderen, bei den verschiedenen Klassen recht ungleich ausgebildeten Differenzierungen der Parietalgegend des Kraniotengehirnes, welche sich von der Comisura caudalis bis zur Paraphyse erstreckt, nämlich zu letzterer, ferner dem Dorsalsack, dem Velum transversum und dem Subcommisuralorgan. Zwischen der Zirbel und dem Subcommisuralorgan werden auch funktionelle Beziehungen angenommen. Es erscheint mir daher zweckmäßig, im folgenden einen kurzen Überblick über das morphologische und, soweit bekannt, funktionelle Verhalten der Organe der Parietalgegend zu vermitteln. Dabei ergibt sich die Notwendigkeit, die Frage der genetischen Beziehungen zwischen rostralem und caudalem Parietalorgan, zwischen Parietalauge und Zirbel zu beleuchten (vgl. hierzu GAUPP 1898, STUDNIČKA 1905) und zu der systematischen Ordnung der

Parietalorgane kritisch Stellung zu nehmen, welcher ich zunächst im Anschluß an STUDNIČKA sowie HALLER V. HALLERSTEIN folge.

Das rostrale Parietalorgan kommt bei *Petromyzonten, Rhynchocephalen* und *Sauriern* vor. Bei *Petromyzon* erscheint es später als das caudale, ebenfalls aus der Zwischenhirndecke sich ausstülpende Organ, von dem es schließlich überlagert wird (hinteres Bläschen der Epiphyse, AHLBORN 1883, viscerales Bläschen, OWSJANNIKOW 1898), unmittelbar vor den Ganglia habenulae als selbständige Aussackung. Das zu einem Bläschen sich entwickelnde Organ verliert

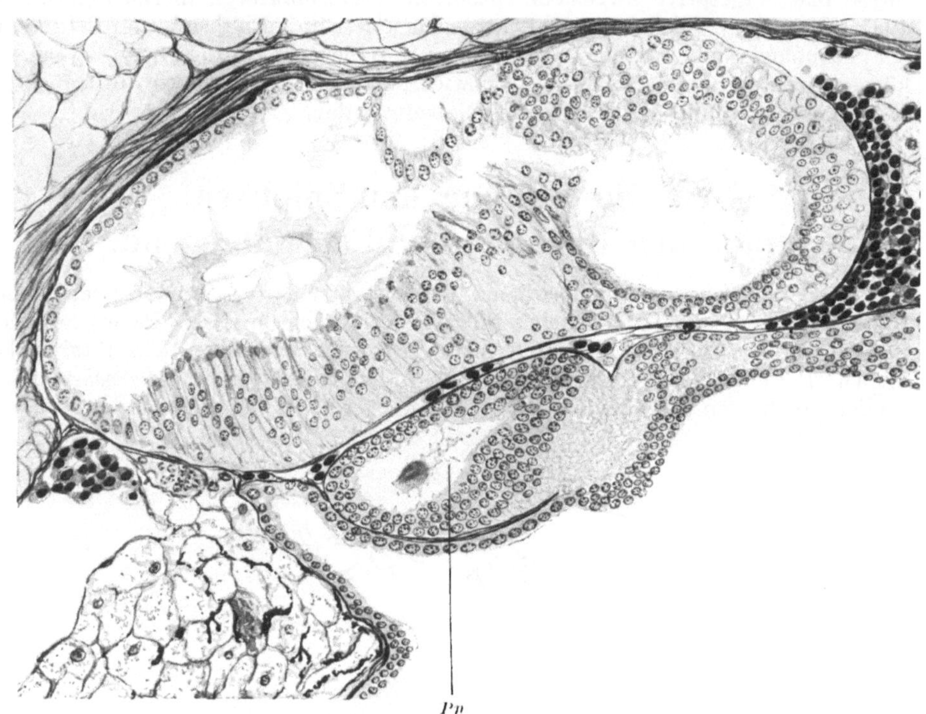

Abb. 3. Pineal- und Parapinealorgan *(Pp)* von *Petromyzon fluviatilis* im Sagittalschnitt (Fixation BOUIN, Schnittdicke 10 μ, Azanfärbung, Ok. 2, Zeiß DD, auf ²/₃ verkl.; gez. K. HERSCHEL, Leipzig).

die Kommunikation seiner Lichtung mit dem Zwischenhirn durch Obliteration des Verbindungsschlauches. Wegen der dichten Zusammenlagerung mit dem Pinealorgan wird es als Parapinealorgan (STUDNIČKA 1893, 1899, 1905) bezeichnet. Die Berechtigung, das Parapinealorgan von *Petromyzon* als besonderes, rostral vom Pinealorgan gelegenes Parietalorgan aufzufassen, ist übrigens auch dann gegeben, wenn die von RUNNSTRÖM (1925) nachgewiesene Entstehung von Parapineal- und Pinealorgan aus einer einheitlichen Ausstülpung des Hirndaches für die *Petromyzonten* generell gelten sollte. Denn auch die von RUNNSTRÖM geschilderten Entwicklungsstadien lassen die rostral-caudale Reihenfolge erkennen. Das Parapinealorgan stellt im endgültigen Differenzierungszustande ein dem Pinealorgan nach Form und Feinbau ähnelndes Bläschen mit dünner oberer und polsterartig verdickter unterer Wand dar, das mit dem linken Ganglion habenulae verbunden ist (STUDNIČKA 1905, KUHLENBECK 1925, vgl. Abb. 3). Die Verbindung des Ganglions und des Bläschenbodens erfolgt durch Ausläufer schmaler Sinneszellen (R. KRAUSE 1921, s. a. S. 469). Wegen dieser Verbindung mit dem Ganglion habenulae betrachtet STUDNIČKA das Parapinealorgan von

Petromyzon im Gegensatz zu v. KUPFFER (1934) nicht als Paraphyse, sondern als Homologon des Parietalauges der *Reptilien*. R. KRAUSE (1921) stellt sich jedoch auf den Standpunkt v. KUPFFERs, wenn er von dem Parapinealorgan oder der Paraphyse spricht (vgl. dagegen RUNNSTRÖM 1925).

Strukturell ähnelt das parapineale Organ von *Petromyzon*, wie erwähnt, dem Pinealbläschen. Seine obere Wand („Pellucida") besteht aus dünnem, einschichtigem Epithel, die untere Wand erinnert weitgehend an eine Retina, in deren Mitte eine mehr oder weniger tiefe Einziehung nachzuweisen ist. Das sog. weiße Pigment (s. u.), wie es in Gestalt rundlicher Körperchen in den Retinazellen des Pinealorgans auftritt, ist in nur geringfügiger Menge in der Pellucida anzutreffen (AHLBORN, OWSJANNIKOW). Die Größe des Organs erreicht beim erwachsenen *Petromyzon* nach STUDNIČKA (1893) den Durchmesser von 0,25 mm. Angaben über den Feinbau und die Entwicklung des Parapinealorgans enthalten die Arbeiten von AHLBORN (1883), OWSJANNIKOW (1888), STUDNIČKA (1893, 1899, 1905), RETZIUS (1895), LEYDIG (1896), TRETJAKOFF (1915), RUNNSTRÖM (1925) (vgl. ferner S. 469).

Ein vorderes, bei Embryonen hohles, später solides Parietalorgan kommt bei einigen *Ganoiden* oder *Teleostiern* (z. B. *Salmo*, HILL 1894, EYCLESHYMER und DAVIS 1897) vor. Nach den eingehenden Untersuchungen von FRIEDRICH-FREKSA (932) an *Coregonus* dagegen ist die Lumenbildung beim Parapinealorgan nicht so ausgesprochen wie bei dem Pinealorgan. An dem Organ, das zu starken Lageveränderungen neigt, spielen sich Degenerationsvorgänge ab, welche das schon von HILL festgestellte Fehlen des Organs bei älteren Exemplaren von *Salmo* verständlich machen. In der epithelialen Wandung des blasigen Gebildes fallen Sinneszellen auf, welche einen kolbigen Fortsatz in das Lumen hinein erstrecken. Von der Basis der Zellen nimmt der Neurit seinen Ausgang. Die nervöse Verbindung mit dem linken Ganglion habenulae geht im Zusammenhang mit der erwähnten Degeneration der Wandzellen verloren. Die Anlage des Parapinealorgans bildet sich median unmittelbar vor dem Pinealorgan in Gestalt einer Zwischenhirnausstülpung. Im Verlaufe der Entwicklung erfährt die Organanlage eine Linksverlagerung.

Das rostrale Parietalorgan erreicht — nach STUDNIČKAs Darstellung — den höchsten Grad der Differenzierung in Gestalt des Parietalauges der Reptilien, der Reminiszenz eines höchstwahrscheinlich bei fossilen Tierformen *(Stegocephalen, Reptilien)* verbreiteten unpaaren Sehorgans, welches unter dem auch rezenten Formen noch eigenen Foramen parietale (v. KLINCKOWSTRÖM 1883) gelegen war (vgl. hierzu v. ROHON 1899, T. EDINGER 1934). LEYDIG (1896) dachte an eine Homologie von Parietalauge und Stirnauge der *Arthropoden*. AYERS sowie HESCHELER und BOVERI (1923) leiten das Parietalauge theoretisch vom Pigmentauge des *Amphioxus* ab.

Die Geschichte der Erforschung des Parietalauges (Abb. 4, 92) nimmt ihren Ausgang von dem Nachweis der Stirndrüse unterhalb des Stirnflecks am Kopf des *Frosches* (STIEDA 1865). Der Stirnfleck stellt einen medianen, von Drüsen und Pigment freien Bezirk in der Kopfhaut zwischen den Augen dar, unter welchem sich das manchmal kompakte, manchmal mit einem Lumen versehene Stirnorgan (vgl. R. KRAUSE 1926, KLEINE 1929, WINTERHALTER 1931) befindet, STIEDAs subcutane Stirndrüse (vgl. hierzu GAUPPs historische Darstellung 1898). LEYDIG (1868), der die Innervation dieses Organs nachwies, vermutete in der Stirndrüse ein Organ des sechsten Sinnes. Bei *Anguis* und *Lacerta* konnte LEYDIG ein ähnliches homologes, blasig gebautes Organ in der Scheitelregion (LEYDIGsches Organ) feststellen. Den Augencharakter des LEYDIGschen Organs betonten besonders DE GRAAF (1886), SPENCER (1886, *Hatteria*) und LEYDIG (1896). Gemessen am Hirnvolumen kann das Scheitelauge ansehnliche Größe erreichen: das Parietalauge von *Lacerta*, innerhalb des Foramen parietale des Os parietale gelegen, stellt ein halbkugeliges Gebilde von etwa 500 μ Durchmesser dar (R. KRAUSE 1936), dessen Konvexität hirnwärts gerichtet ist. Das Lumen des

Bläschens weist im Sagittalschnitt vielfach infolge der Vorwölbung der dorsalen Wandung etwa sichelförmige Kontur auf (z. B. bei *Lacerta*). Die dorsale, aus zylindrischen Zellen bestehende Wandung läßt sich der Linse vergleichen, die ventrale der Retina. An dem Aufbau des retinalen Wandabschnittes sind mehrere Zellagen beteiligt, die Schicht der Stäbchen, deren feine stiftartige Fortsätze in das Organlumen hineinragen, eine innere Zellschicht mit runden Kernen, eine Molekularschicht, schließlich eine äußere Zellschicht, welche der Membrana

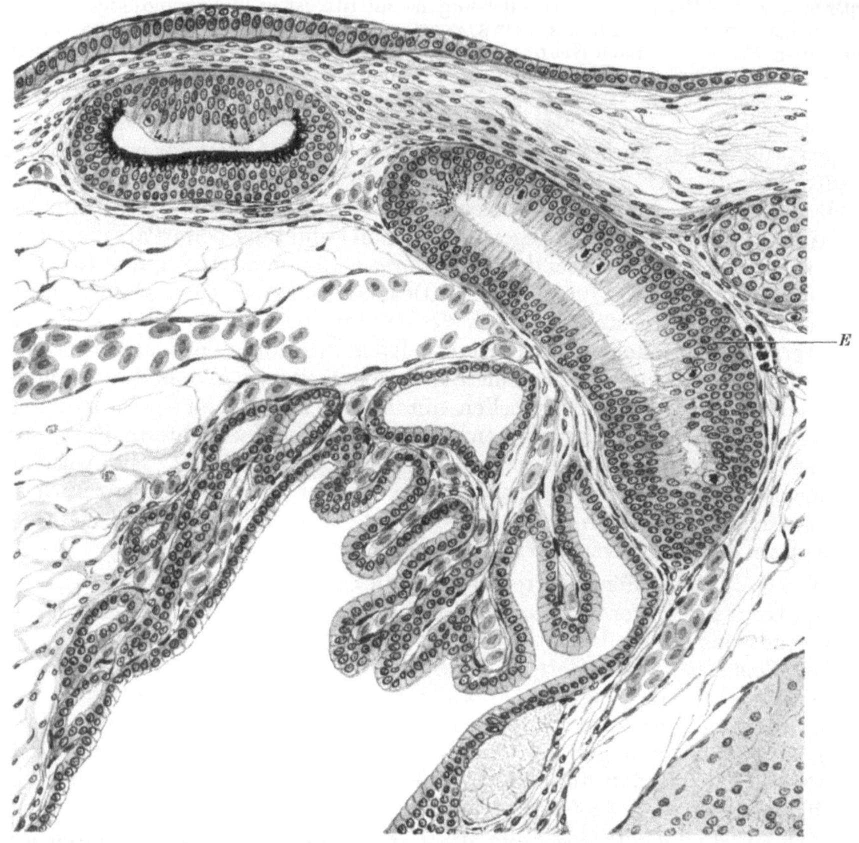

Abb. 4. Parietalorgan, Epiphyse *(E)* und Paraphyse von *Anguis fragilis* (Embryo, 8 cm lang). Sagittalschnitt, Zusammenhang von Epiphyse und Zwischenhirn nicht getroffen. Fixation Bouin, Schnittdicke 8 μ, Azanfärbung Ok. 2, Zeiß Obj. DD, auf $^2/_3$ verkl.; gez. H. Herschel, Leipzig).

limitans externa anliegt. Pigment kann offenbar in allen Höhenlagen der Retina vorkommen; pigmentfrei sind die Stäbchenzellen der Retina. Nach R. Krause entsenden die äußeren Zellen pigmentierte Fortsätze lumenwärts. Verzweigte horizontale Elemente sollen assoziative Zellen darstellen. Das Lumen des Parietalauges erscheint im Schnittpräparat von einem Gerinnsel ausgefüllt, welches Krause als Glaskörpernetzwerk auffaßt. Der Nervus parietalis (Leydig 1896) tritt an die Konvexität des Stirnauges heran. Als Cornea kann man die im Organbereich durch Fehlen cutanen Pigmentes ausgezeichnete Epidermiszone auffassen, deren Bindegewebsfasern senkrecht zur Hautoberfläche verlaufen. Studnička (1905) berichtet über die Umwandlung des Bindegewebes der Parietal-cornea „in eine Art von Schleimgebilde". Bei Embryonen von *Anguis* sehe ich eine besonders im Azanpräparat deutliche Verdickung der subepithelialen Schicht

von Bindegewebsfasern (Abb. 92). Die Lage des Parietalauges wird durch
einen Scheitelfleck innerhalb der Cornealschuppe gekennzeichnet; der helle
Scheitelfleck entspricht dem oben erwähnten Stirnfleck der *Anuren* und *Fische*
(Abb. 21). — Eine ins einzelne gehende Schilderung des Feinbaues des Parietalauges kann hier nicht gegeben werden. Ich verweise auf die Veröffentlichungen
von SPENCER (1886), FRANCOTTE (1887, 1896), STUDNIČKA (1905), NOWIKOFF
(1910) sowie auf S. 452.

Die Frage nach der **Funktionstüchtigkeit des Parietalauges** bedarf
weiterer experimenteller Bearbeitung. Immerhin konnte NOWIKOFF (1910)
bereits nachweisen, daß die Pigmentkörnchen in der Retina des Parietalauges
belichteter Exemplare von *Lacerta* und *Anguis* die distalen Enden der Sehzellen
umhüllen, während die distalen Enden der Pigmentzellen bei Dunkeltieren fast
pigmentfrei sind (Abb. 93). CLAUSEN und MOFSHIN (1939) haben versucht,
Anhaltspunkte für die Lichtempfindlichkeit des Parietalauges von *Anolis
carolinensis* durch die vergleichende Untersuchung des Sauerstoffverbrauches
von Tieren zu gewinnen, die teils im Hellen, teils im Dunklen gehalten wurden,
deren Augen und Parietalauge, Parietalauge und Haut, schließlich Augen und
Haut ausgestaltet wurden. Aus den erhaltenen Differenzwerten wird eine ziemlich geringe Photorezeption des Parietalauges gefolgert (vgl. hierzu v. STUDNITZ).
Die von RABL-RÜCKHARD (1886) geäußerte Hypothese, das Parietalauge der
fossilen Formen sei ein Organ des Wärmesinnes gewesen, ,,dazu bestimmt,
seine Träger vor der zu intensiven Einwirkung der tropischen Sonnenstrahlen
zu warnen, wenn sie in träger Ruh, nach Art ihrer noch lebenden Vettern, der
Krokodile, sich am Strande und auf den Sandbänken der Liassee sonnten'', hat
nach NOWIKOFF (1910) wenig Wahrscheinlichkeit für sich. Einmal besitzen gerade
die tropischen *Krokodile* keine Parietalaugen mehr, zweitens wäre zu erwarten,
daß in erster Linie die Sinneszellen eines Wärmereceptors das die Wärme-
strahlen absorbierende Pigment enthielten. In der Tat aber beherbergen die Stützzellen das Pigment, von dem mithin ebenfalls Wärme absorbiert werden kann.

Während ältere Untersucher in dem Parietalauge der Reptilien ganz allgemein eine Abgliederung der Epiphysis cerebri, des caudalen Parietalorgans
erblickten (vgl. hierzu STRAHL 1884, LEYDIG 1896, GAUPP 1897), erklärte STUD-
NIČKA das Parapinealorgan für ein Homologon des Parietalauges, Zirbel und
Parietalauge im Anschluß an BERANECK (1892, 1893) und DENDY (1899 *Spheno-
don*) für voneinander unabhängige Bildungen des Zwischenhirndaches. Nach
DENDY (1899) sollte der Zirbelstiel von *Sphenodon* einem rechten Parietalauge
entsprechen, während er bei *Lacertiliern* angeblich dem rechten oder linken
Parietalauge gleichzusetzen ist. Diese Anschauung STUDNIČKAs — auf DENDYs
Hypothese wird an anderer Stelle eingegangen — läßt sich einmal durch die
schon angedeuteten gemeinsamen Züge im Feinbau von Parapinealorgan von
Petromyzon, *Teleostiern* und *Sauriern* stützen, ferner durch den Nachweis der
gleichen nervösen Verbindung mit dem linken Ganglion habenulae. Dagegen
spricht meines Erachtens das entwicklungsgeschichtliche Verhalten der Parietalorgane nicht zugunsten der Formulierung
STUDNIČKAs (1905), der zufolge ,,die Ansicht, nach welcher das Parietalauge uns
das abgeschnürte Epiphysenende vorstellen sollte, irrtümlich ist''. Über die
wichtigsten embryologischen Daten, welche Zweifel an der Richtigkeit dieser
Meinung aufkommen lassen, sei in Kürze berichtet.

Wie die auf *Lacerta vivipara* und *Anguis fragilis* bezugnehmenden Angaben
von FRANCOTTE (1896) erkennen lassen, kann sich die Entwicklung des Parietalorgans bei ein und derselben Tierart verschieden abspielen. FRANCOTTE unterscheidet einen sog. Normaltypus der Entwicklung, bei welchem am Zwischenhirndach örtlich und zeitlich hintereinander zwei Ausstülpungen entstehen,

deren hintere die Zirbel, deren vordere das Parietalauge liefert, ferner einen zweiten Typus, bei welchem sich beide Organe auf einer gemeinsamen Ausstülpung des Zwischenhirndaches differenzieren. Die von Francotte geschilderten beiden Typen der Organentwicklung sind bei 16—18 mm langen Keimlingen von *Lacerta vivipara* zu beobachten. Verläuft die Entwicklung der Organe nach dem Muster des Typus II, so darf man in der Tat von einer Abschnürung des Parietalauges (vgl. auch v. Kupffer 1906) von der Epiphysenanlage sprechen. Infolge ungleichmäßig stark sich vollziehender Dickenzunahme der Wandung des der Anlage von Epiphyse und Parietalauge gemeinsamen Hohlraumes kommt es zur Einschnürung der Organanlage mit Verengung des Lumens. Die Einschnürung entspricht der Trennungsstelle von Zirbel und rostral von ihr liegendem Parietalauge. Nach der an dieser Enge erfolgten Obliteration des Lumens bleiben Zirbelschlauch und Parietalauge noch eine Zeitlang im Zusammenhang.

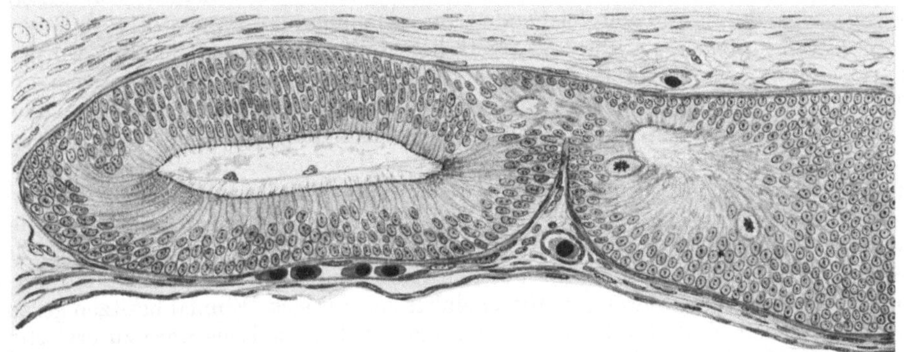

Abb. 5. *Calotes versicolor*, Embryo, Kopflänge 7 mm. Parietalauge und distales Ende des Epiphysenschlauches in kontinuierlichem Zusammenhang. (Fixation Formol 10%, 8 µ, Molybdänhämatoxylin nach Held, Ok. 2, Zeiß Ölimmersion H.I. 100, etwa auf ½ verkl.; gez. K. Herschel, Leipzig.) [Aus Preisler (1942).]

Ebenso hat v. Klinckowström (1893) die Entstehung des Parietalauges von *Iguana, Anguis* und *Lacerta* aus dem Ende der Epiphyse einwandfrei nachgewiesen. Den kontinuierlichen Zusammenhang von Parietalauge und Epiphysenschlauch vermittels eines soliden Zellstranges bei einem Keimling von *Lacerta vivipara* bildet v. Kupffer (1906, S. 245) ab, ebenso zeigt Abb. 7 (Tafel II) bei Dendy (1899) Parietalauge und Zirbelstiel in kontinuierlichem Zusammenhang; trotzdem bestreitet Dendy die einheitliche Entstehung beider Organe. Preissler konnte kürzlich auch bei *Calotes* die Kontinuität von Parietalauge und Epiphyse feststellen. Der genetischen Zusammengehörigkeit von Epiphyse und Parietalauge, wie sie sich im Falle des Bildungsmodus II von Francotte darstellt, entspricht auch die frappante Ähnlichkeit im Feinbau der Retina und des distalen Epiphysenendes von *Anguis* und *Calotes*, die im Anschluß an ältere Untersuchungen (vgl. hierzu Studnička 1905), neuerdings durch meinen Schüler O. Preissler (1942) wieder betont wurde; das distale, mit einem Lumen versehene Ende der schlauchförmigen Epiphyse zeichnet sich z. B. vielfach durch die gleiche Pigmentierung wie der retinale Teil des Parietalauges aus.

Wir sind auf Grund der mitgeteilten Befunde berechtigt, das Parietalauge der *Reptilien* zwar nicht generell, wohl aber in zahlreichen Fällen als Abgliederung der Epiphyse, also des caudalen Parietalorgans zu betrachten (vgl. hierzu Chiodi, Krabbe 1935). Mit dieser Anschauung stehende folgende Befunde in bestem Einklang: Das Pinealorgan von *Petromyzon* entwickelt eine Endblase, deren Ähnlichkeit mit einem Parietalauge unverkennbar ist

s. S. 469). Offenbar ist dieses Organ, dessen bezeichnende Sinneszellen TRET-
JAKOFF (1915) beschreibt, tatsächlich lichtempfindlich, da es unter der Einwirkung von Licht zu Veränderungen in der Anordnung des Pigmentes und der
Lage vom Zellkern kommt (KNOWLES 1939). Weiterhin haben die Untersuchungen von FRIEDRICH-FREKSA (1932) sowie HOLMGREN (1917, 1918, 1920)
gezeigt, daß sich in der weniger augenähnlichen Epiphyse von *Squalus*, verschiedenen *Teleostiern* und *Rana* Sinneszellen differenzieren, deren Basen Neuriten entsenden. Außer diesen Elementen enthält die *Teleostier*epiphyse Ganglienzellen. In Analogie zu dem Stirnfleck der *Anuren* und dem pigmentfreien
Bezirk über dem Parietalauge der *Reptilien* ist die Lage der Epiphyse bei manchen
Teleostiern (z. B. *Cypriniden, Arius, Gobius Panizzae*) durch einen hellen Fleck
gekennzeichnet (SCHARRER 1928, FRIEDRICH-FREKSA 1932, weitere Einzelheiten
s. S. 358, Abb. 21).

Die Lichtempfindlichkeit blinder *Elritzen (Phoxinus laevis)* ist vielleicht teilweise
auf die Beeinflussung der Zirbel durch Lichtstrahlen zurückzuführen (v. FRISCH 1911,
SCHARRER 1928). Nach v. FRISCH ruft die Belichtung blinder *Elritzen* eine Ausbreitung der
Melanophoren hervor; bei Verdunkelung dagegen kommt es zur Kontraktion der Melanophoren. Diese Melanophorenreaktion vollzieht sich auch dann, wenn allein der Stirnfleck
über dem Zwischenhirn belichtet wird. Epiphysenzerstörung führt zu einem partiellen Ausfall der Reaktion; durch Zwischenhirnbeleuchtung oder -verdunkelung ließ sich auch noch
nach Epiphysenzerstörung eine Melanophorenreaktion erzielen (vgl. auch SCHARRER 1928).
SCHARRER gelang die Dressur blinder *Elritzen* auf Licht; nach seinen Feststellungen kann die
Lichtempfindlichkeit auf das Zwischenhirn lokalisiert werden. Möglicherweise liegen der
Pigmentreaktion inkretorische Vorgänge zugrunde (SCHARRER).

Man darf wohl vermuten, daß ursprünglich sowohl das caudale als auch
das rostrale Parietalorgan die Potenz zur Differenzierung lichtempfind-
licher Sinnesorgane besitzen (vgl. hierzu auch KAPPERS 1921). Bezüglich der
Reptilien denkt KRABBE (1934) in einer phylogenetischen Betrachtung an einen
Wettstreit zwischen rostralem und caudalem Parietalorgan, da bald ein Parietalauge von dem rostralen *(Sphenodon)*, bald vom caudalen Organ geliefert wird
(Chamäleon-Vorläufer).

Pineal- und Parapinealorgan sind — das ist die zwanglose Folgerung — als
ein Paar ursprünglich morphologisch und funktionell gleichwertiger Organe zu
betrachten. Allerdings nicht in dem Sinne von GASKELLS (1890) Hypothese der
korrespondierenden Paarigkeit, nach dessen Behauptung das rechte Ganglion
habenulae mit dem Pinealorgan, das linke Ganglion mit dem Parapinealorgan
verbunden sein sollte. Das Pinealorgan sollte das Relikt eines rechten, das
parapineale Organ dasjenige eines linken Auges verkörpern (vgl. hierzu auch
HILL 1891, 1894, DENDY 1897), wofür auch die erwähnte Linksverlagerung
dieser Gebilde sprechen sollte (z. B. CAMERON 1903); die Stammformen der
Vertebraten haben also nach GASKELLS Hypothese ein Paar nebeneinander-
liegender dorsaler Augen besessen. Die genauere Untersuchung der Innervationsverhältnisse der beiden Parietalorgane bei *Petromyzon* zeigt, daß zwar das
parapineale Organ in nervösem Zusammenhang mit dem linken Ganglion habenulae steht, das Pinealorgan aber nicht mit dem rechten Ganglion, sondern
mit der Commissura caudalis (HOLMGREN 1919). Das sorgfältige Studium der
Organentwicklung hat ferner keinen Anhaltspunkt für eine rechtsseitige Lage
und Entstehung der Zirbel ergeben (FRIEDRICH-FREKSA 1932). Beide Parietalorgane entstehen von Anfang an hintereinander in der Mediane des Zwischenhirns. Sie sind serialhomologe Organe. Sekundär kann es zur Verlagerung des
Parapinealorgans nach links kommen, wie die Lebendbeobachtungen von
FRIEDRICH-FREKSA an *Coregonus macrophthalmus* einwandfrei ergaben (weitere
Einzelheiten bei FRIEDRICH-FREKSA).

Von der Vorstellung ausgehend, das Parietalauge werde von dem vorderen
Parietalorgan geliefert, versuchte MARBURG im Gehirn von *Mensch* und *Säugern*

ein Rudiment dieses Sehorgans nachzuweisen. Marburg (1909, 1921) fand beim *Menschen* zwischen Zirbel und Recessus suprapinealis ein Ganglion, bei der *Antilope* „ein mächtiges Nervenbündel aus der Gegend des Ganglion habenulae zwischen Zirbel und Dorsalsack", das weit hinter der Zirbel in einem „eigenartigen Bindegewebe" verschwand. Dieses Faserbündel war nach Marburg von einem mit niedrigen kubischen Zellen ausgekleideten Schlauch begleitet. „Aus all dem" — so sagt Marburg — „ergibt sich, daß bei den Säugern Verhältnisse vorliegen, die für eine Anlage des Parietalauges auch bei diesen sprechen". Das erwähnte Ganglion läßt nur beim Neugeborenen Ganglienzellen erkennen; beim Erwachsenen enthält das fragliche Gebilde nur Glia. Der Nervus parietalis ferner befindet sich bereits in „bindegewebiger Umwandlung". Hochstetter (1921) allerdings konnte Marburgs Angaben nicht bestätigen. Es besteht jedoch die Möglichkeit, daß Ganglion und Nerv bei den von Hochstetter bearbeiteten Embryonen, deren größter eine Scheitelsteißlänge von 200 mm hatte, noch nicht ausgebildet waren, wie Alexander (1932) bemerkt. Auch Krabbe (1929), der bei einer Reihe von *Säugern (Didelphys virginiana, Phalangistes vulpina, Talpa europaea, Lepus cuniculus, Equus caballus)* — bei *Talpa, Lepus* und *Equus* nur in Embryonalstadien — ein Corpusculum parietale in Gestalt eines Zellknötchens an der Commissura habenularum feststellte, betrachtet Marburgs Angaben offenbar skeptisch. Er schreibt: «Il faut dont supposer que l'observation de Marburg d'oeil pariétal rudimentaire devant la glande pinéal chez l'homme représente une exception». Krabbe fand bei *menschlichen* Embryonen bzw. Feten des 3.—8. Monats keine Spur eines Corpusculum parietale. Anschließend an Krabbes Untersuchung bemühte sich Alexander (1932) nochmals um den Nachweis dieses Corpusculum bei *menschlichen* Embryonen, Feten und Neugeborenen: Er stellte bei 25% der untersuchten Embryonen ein median innerhalb der Commissura habenularum gelegenes Knötchen fest, welche Krabbes Corpusculum parietale entsprechen soll. Die helle Grundsubstanz des Körperchens enthält locker strukturierte Zellkerne, „an denen kein Protoplasmaleib nachzuweisen ist", Zellen mit kleinen pyknotischen Kernen, und schmalem Cytoplasmasaum (gliöse Elemente?) und solche mit größeren pyknotischen Kernen, die von reichlich entwickeltem Cytoplasma umgeben sind (Plasmazellen?). Ein Ganglion parietale im Sinne Marburgs vermißte auch Alexander. Vereinzelte Ganglienzellen konnten nur in einem einzigen Falle in dem *menschlichen* Corpusculum parietale ermittelt werden. Ob das Corpusculum des Menschen wirklich das Rudiment eines Parietalauges verkörpert, läßt sich nach Alexander nicht entscheiden. Soweit die Mikrophotographien Alexanders ein Urteil gestatten — ich verweise auf Abb. 5 bei Alexander — liegt die Annahme nahe, daß die von ihm beschriebene Bildung in die Commissura habenularum verlagertes Zirbelgewebe darstellt. Das Ergebnis weiterer Untersuchungen bleibt jedenfalls abzuwarten.

Die Epiphysis cerebri hat, wie die vergleichende Morphologie lehrt, ihren ursprünglichen Charakter als parietales Sinnesorgan bzw. Stiel eines solchen weitgehend verloren und tiefgreifende, mit einem Funktionswechsel verbundene, strukturelle Wandlungen mit der Verlagerung in die Tiefe (vgl. Abb. 4 und 18) erfahren. Bei zahlreichen *Reptilien* kommt es gar nicht mehr zur Differenzierung eines Parietalauges seitens der caudalen Organanlage, sondern zur Bildung einer Endblase, welche durch einen schlauchförmigen Stiel mit dem Zwischenhirn verbunden ist. Der epithelialen Wandung dieser Blase wie des Schlauches obliegt offenbar die Bildung eines Sekretes, das in die Ventrikel abfließt oder von Capillaren an der Epiphysenaußenfläche aufgenommen wird. Die Epiphyse der *Ophidier* stellt ein stark vascularisiertes kompaktes Organ dar, das eine gewisse Ähnlichkeit mit einem Epithelkörper besitzt. Die Sinneszellen der Epiphyse sind, nach dem morphologischen Bilde zu urteilen, **sekretorisch tätige Elemente** geworden, wie besonders die Untersuchungen von HOLMGREN (1917/18) an *Squalus*, *Rana* und *Osmerus*, ferner von FRIEDRICH-FREKSA an *Teleostiern* zeigen. FRIEDRICH-FREKSA schildert sogar die Bildung eines kolloidalen Sekretes seitens der Epiphysenzellen von *Dermogenys*, das an die Blutbahn abgegeben wird (vgl. hierzu S. 465). Vielleicht sind die Pinealzellen des *Menschen* und der *Säuger* den sezernierenden Sinneszellen der niederen Wirbeltiere zu vergleichen; beide Zellformen verkörpern Abkömmlinge des Ependyms, dessen sekretorische Potenzen bekannt sind (vgl. hierzu PAPOUSCHEK 1937). Die Umwandlung der Sinneszellen zu sekretorisch tätigen Elementen erinnert übrigens lebhaft an die von SCHARRER (1933, 1934, 1936) eingehend beschriebenen, zu Drüsennervenzellen umgestalteten Ganglienzellen. Drüsensinneszellen und Drüsennervenzellen könnte man als Vertreter eines **neurokrinen Systems** zusammenfassen.

Epiphyse und Parietalauge wurden, wie GAUPPs (1898) historische Darstellung lehrt, verschiedentlich mit einem dritten, eng benachbarten Organ der Parietalgegend verwechselt, nämlich der **Paraphyse** („vordere Zirbel", LEYDIG 1896, Abb. 2, 4). Dieses von SELENKA (1890) ins Licht gerückte und benannte, mit dem sog. Gehörorgan der *Ascidien* verglichene Organ, das schon von GOETTE (1875), CH. HOFFMANN (1886) und FRANCOTTE (1887, 1888) beschrieben wurde, entwickelt sich gleichfalls aus einer median gelegenen unpaaren Ausstülpung des Hirndaches, kranial von rostralem und caudalem Parietalorgan. Die bei den meisten Vertebraten vorkommende, den *Teleostiern* fehlende Paraphyse wird wie die Parietalorgane als Differenzierung des Zwischenhirnes angesprochen (EDINGER 1900), während GAUPP und STUDNIČKA sie noch als Erzeugnis des sekundären Vorderhirnes, des Telencephalon (HIS) auffassen (vgl. auch v. KUPFFER 1908). HOCHSTETTER (1929) rechnet die bei *menschlichen* Embryonen vorkommende, sich später offenbar zu einem Plexus chorioideus entwickelnde Paraphyse ebenfalls dem Endhirn zu. Sie stellt eine dorsalwärts gerichtete, vielfach recht kompliziert anmutende, mit schlauchartigen Aussackungen versehene Ausstülpung der Zwischenhirndecke dar, die infolge reichlicher, nach ROOFE (1936) nur durch Venen erfolgender Gefäßversorgung (*Amblystoma*) häufig schon mit unbewaffnetem Auge als rötliches Knötchen („Adergeflechtsknoten") wahrgenommen werden kann. Die Gefäße der Paraphyse von *Necturus* sind sinusuösen Charakters (WARREN 1906). Zu besonders starker Entfaltung gelangt die Paraphyse bei den *Amphibien*, vorzugsweise bei *Ichthyophis* (BURCKARDT 1890) und *Cryptobranchus japonicus* (HALLER V. HALLERSTEIN), ferner bei den *Krokodiliern* (KRABBE 1935), bei denen es weder zur Bildung eines Parietalauges noch einer Epiphyse kommen soll. Der *Alligator* besitzt nach KRABBE (1932, 1933) nur während der Embryonalzeit eine echte Paraphyse. Wie erwähnt, entwickelt sich auch bei Embryonen des *Menschen* die Anlage einer der Paraphyse der niederen *Wirbeltiere* homologen Ausstülpung im Bereiche des Überganges der Wandung des Telencephalon in die Wand des Zwischenhirndaches (HOCHSTETTER 1929). Vielleicht können paraphysäre **Kolloidcysten** des 3. Ventrikels (O. FOERSTER 1939, JEFFERSON und JACKSON 1939, PERO und PLATANIA 1942) von diesen Gebilden ihren Ausgang nehmen. Das Epithel der extradural gelegenen Paraphyse niederer *Wirbeltiere* besteht aus schmalen, den Ependymzellen entsprechenden granulierten Elementen, welche zahlreiche Mitochondrien, gelegentlich auch krystalloide Einschlüsse enthalten (ROOFE, *Amblystoma*); die Zellen des benachbarten Plexus chorioideus des 3. Ventrikels sind größer und cytoplasmareicher. Ihre Oberfläche trägt Flimmerhärchen (RIECH 1925, vgl. dazu COLLIN und BAUDOT 1920). HALLER V. HALLERSTEIN findet Ähnlichkeiten zwischen der mächtig entwickelten Paraphyse der *Amphibien* und der Schilddrüse. Die Paraphyse von *Cryptobranchus* *japonicus* z. B. soll aus geschlossenen Epithelbläschen bestehen, die durch gefäßhaltiges Bindegewebe zusammengefaßt werden. Zwischen den Bläschen liegen angeblich Epithelhaufen, welche auch in der Paraphyse des *Frosches* vorkommen. Ventrikelnahe Bläschen münden in den Ventrikel ein. Ich vermute, daß die von HALLER geschilderten Bläschen Querschnitten von Tubuli entsprechen, wie sie von WARREN (1906) und ROOFE (1936) bei *Necturus* bzw. *Amblystoma* nachgewiesen wurden. Die Tubuli der Paraphyse von *Amblystoma* besitzen eine gemeinsame, in den 3. Ventrikel sich öffnende Mündung. Eingehende Untersuchungen des Feinbaues der Paraphyse sind wünschenswert.

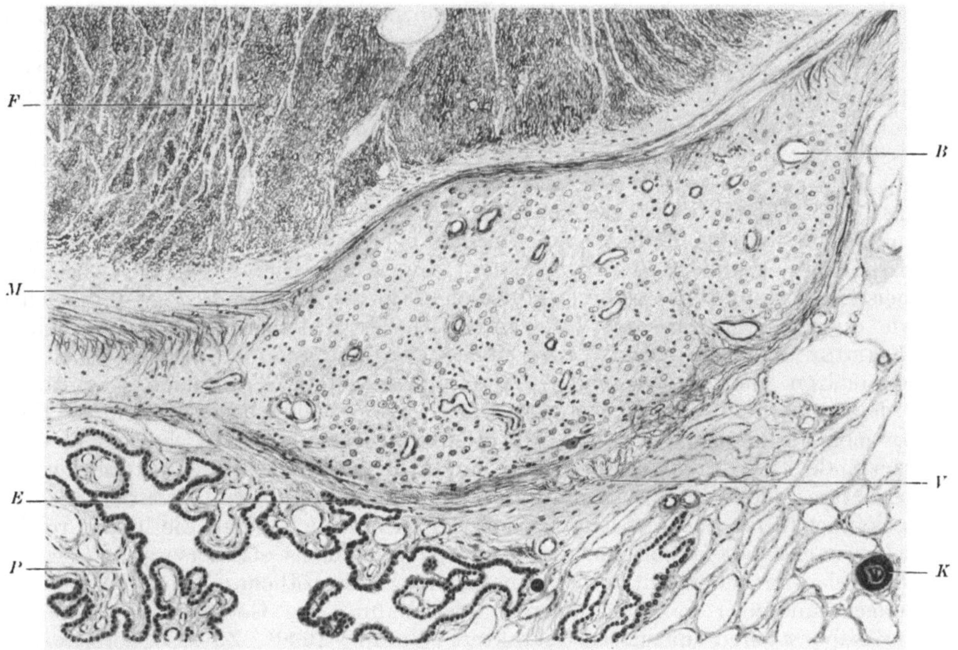

Abb. 6. Subfornikalorgan des erwachsenen *Menschen* im Frontalschnitt. (Ok. 4, Obj. 10 Seibert, auf $^{11}/_{20}$ verkl.; gez. K. HERSCHEL, Leipzig.) *F* Fornix; *E* Ependymüberzug; *P* Plexus chorioideus; *M* markhaltige Fasern; *B* Blutgefäß; *V* Verwachsungsstelle von Plexus chorioideus und Subfornikalorgan; *K* Konkrement. [AUS CLARA (1942).]

Die funktionelle Bedeutung der Paraphyse ist unklar. STUDNIČKA (1900, 1905) vermutet in ihr einen nach außen vorgestülpten Plexus chorioideus. Eine inkretorische Tätigkeit des Organs, die HALLER v. HALLERSTEIN meint annehmen zu müssen, glaubt RIECH (1925) wegen des Fehlens jahreszyklischer Veränderungen ablehnen zu können. Neuerdings hat SCHARRER (1935) im Bereiche der Paraphyse von *Kröte* und *Salamander* Retikulumzellen nachgewiesen, welche dem Abbau von Erythrocyten obliegen, um dann als Meningocyten (CUSHING 1925) auf die Oberfläche der inneren Duralamellen auszuwandern. SCHARRER möchte daher der Paraphyse wenigstens teilweise die Bedeutung eines Blutabbauorgans zuschreiben. Freilich ist mit dem Nachweis phagocytierender mesodermaler Zellen, die, wie auch Mastzellen, nicht nur in der Nähe der Paraphyse, sondern auch des Plexus vorkommen, nichts über die Funktion der spezifischen ektodermalen Epithelelemente der Paraphyse ausgesagt (Lit. bei SCHARRER 1935). KRABBE (1935) spricht mit aller Vorsicht die Vermutung aus, die Paraphyse sei ein Perzeptionsorgan für Vibration, Druck und Schall.

Die *Entwicklung* der Paraphyse behandeln die Untersuchungen von KERR (1903, *Lepidosiren*), MELCHERS (1900, *Gecko*), LIVINI (1906, *Salamandrina perspicillata*), WARREN (1906, *Necturus maculosus*), HALLER (1922, *Fische, Amphibien, Sauropsiden*), KUDEO (1926, *Megalobatrachus*). Mit den Beziehungen der Paraphyse von *Amblystoma tigrinum* zu den intrakraniellen Blutgefäßen beschäftigen sich die Veröffentlichungen von ROOFE (1935) und HERRICK (1935).

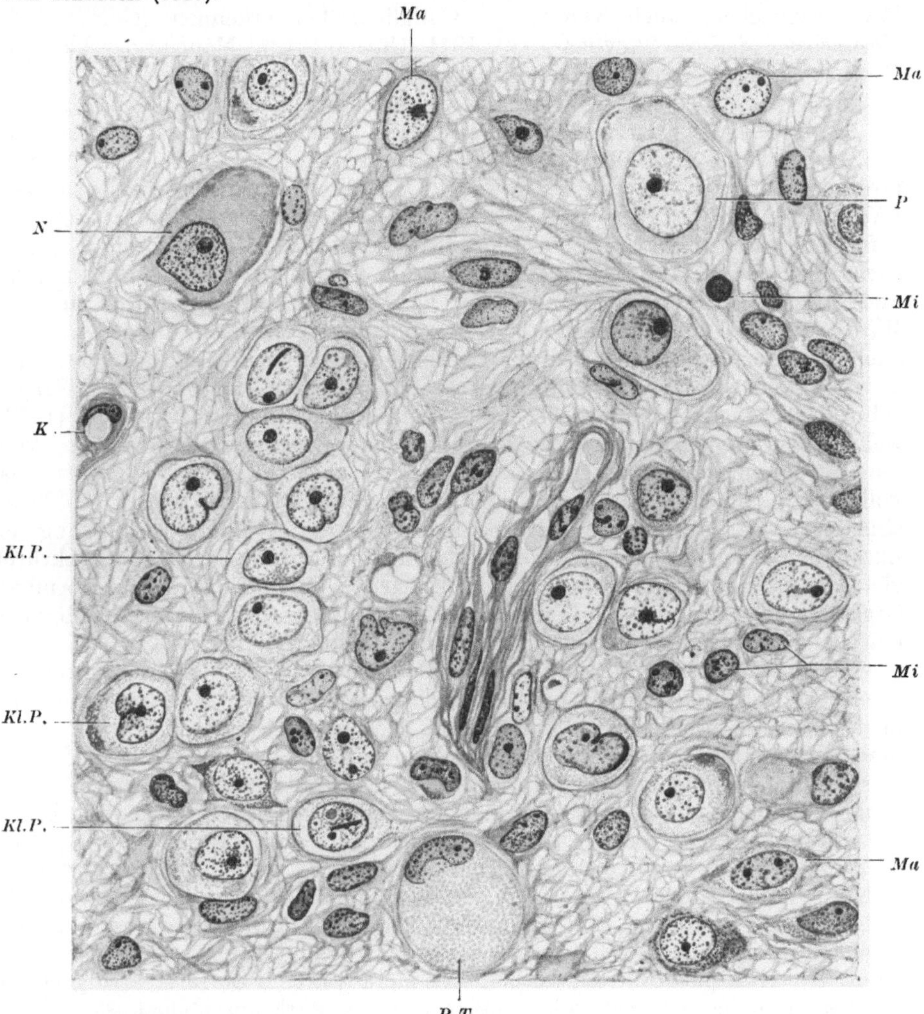

Abb. 7. Subfornikales Organ des erwachsenen *Menschen* (Hingerichteter, Fixation Formol, 10%ige Eisen-hämatoxylinfärbung, Vergr. etwa 600fach.) *P* Parenchymzelle; *Kl.P.* kleine Parenchymzellen; *Ma* Makroglia; *Mi* Mikroglia; *N* Nervenzelle; *P.T.* Parenchymzelle mit tropfigen Einschlüssen; *K* Kapillare. [Aus CLARA (1942).]

Das Gehirn der erwachsenen *Säuger* besitzt kein der Paraphyse homologes Organ. Allerdings glauben PINES und SCHEFTEL (1929) in dem schon von SPIEGEL (1918, 1927) als Ganglion psalterii beschriebenen, dann durch PINES (1926) untersuchten, mitunter zirbelähnlichen subfornikalen Organ des 3. Ventrikels der *Säuger* ein der Paraphyse entsprechendes Gebilde vor sich zu haben (vgl. hierzu PUTNAM (1922, „Intercolumnar tubercle", PINES und MAIMANN 1928). Das subfornikale Organ (Abb. 6, 7) liegt als halbkugeliges *(Säuger)* oder abgeplattetes *(Mensch)*, in den Ventrikel vorspringendes Gebilde am

Übergang des Daches des 3. Ventrikels in seine Vorderwand; bei niederen *Säugern* findet es sich unter der Commissura hippocampi. Das Schnittpräparat läßt als Zellbestandteile des gefäßreichen, bei *Didelphys* (Wislocki 1940) im Gegensatz zu anderen Hirnbezirken Gefäßanastomosen (Plexus) enthaltenden Organs gliöse Elemente und protoplasmareiche granulierte, zum Teil Fortsätze entsendende Parenchymzellen, auch vereinzelte Ganglienzellen erkennen (Cohrs 1937, *Kaninchen, Mensch,* Scevola 1939, 1941, Clara 1942). Manche der kleineren Parenchymzellen besitzenZellkerne mit tropfigen oder krystallartigen Einschlüssen (Clara), welche vielleicht — wie auch die nabelartigen Einziehungen der Kerne — als Anzeichen einer Kernsekretion aufgefaßt werden dürfen (s. a. Reichold 1942). Scevola hat innerhalb des Subfornikalorgans zarte marklose Nervenfasern nachweisen können. Pastori (1927) will am dorsalen Ende des Organs *(Kalb, Pferd, Ziege, Hund)* bzw. in seiner Tiefe *(Pferd)* epiphysäres Gewebe gefunden haben. Nach den embryologischen und histogenetischen Untersuchungen von v. Knobloch (1936, vgl. auch Cohrs 1937, Dannheimer 1939) und Scevola (1941) besteht zwischen der Paraphyse der *Vögel* und niederen *Wirbeltiere* und dem subfornikalen Organ keine Übereinstimmung, wenn es auch etwa dort auftritt, wo sich die Paraphyse zu entwickeln pflegt. Cohrs und v. Knobloch sehen in dem subfornikalen Organ einen Neuerwerb des *Säuger*gehirnes. Demgegenüber jedoch stehen neuere Befunde von Reichold (1942), welcher das subfornikale Organ auch bei *Vögeln* festzustellen vermochte, während es bei *Reptilien* nicht nachgewiesen werden konnte. Seine Funktion ist völlig unbekannt. Pines denkt an eine sekretorische, Heidrich (1931) an eine resorptive Tätigkeit des Körperchens, Cohrs an eine Beeinflussung der Zusammensetzung und des Druckes des Liquor cerebrospinalis. Da die strukturell gleichartige Area postrema der Rautengrube ebenso wie das subfornikale Organ an einem Engpaß des Ventrikelsystems liegt, glaubt Clara an die Möglichkeit einer Kontrolle des Liquor durch diese beiden Bildungen.

Der caudale basale Abschnitt der Paraphyse leitet bei manchen Formen zu einer zarten, in den Ventrikelraum hineinhängenden, stark vascularisierten Falte über, dem Velum transversum (Abb. 2), dessen Vergleich mit der Fossa praediencephalica des *Säuger*gehirnes nach Ziehen (1908) nicht einwandfrei ist. Das Velum — es fehlt z. B. bei *Petromyzon* — stellt einen Plexus chorioideus dar, der als Grenze von Zwischen- und Vorderhirn angesehen wurde (vgl. hierzu Studnička 1905, v. Kupffer 1906). Es trennt Paraphyse und Zirbelpolster oder Dorsalsack voneinander (Goronowitsch 1888, Burckardt 1892, v. Kupffer 1892 u. a.). Letzterer, von Marburg dem Recessus suprapinealis gleichgesetzt, verkörpert eine dorsalwärts gerichtete Aussackung des Zwischenhirndaches, die mit der Paraphyse oder Parietalorganen verwechselt werden kann. Auf Hirnquerschnitten erscheint die Epiphyse dem Dorsalsack aufgelagert, welcher besonders bei *Teleostiern* und *Selachiern* stark ausgebildet ist.

Die unter den Organen der Parietalgegend am weitesten caudal gelegene rätselhafte Bildung des Subkommissuralorgans (Abb. 2) wurde von Berblinger (1926) und Ishikawa (1926, 1927) hypothetisch in funktionelle, von Turkewitsch (1936) in genetische Beziehung zur Epiphysis cerebri gesetzt. Auf Grund der Feststellung, daß es beim *Rinde* nicht zur Ausbildung eines dem Hinterlappen der menschlichen Epiphyse gleichzusetzenden Zirbelabschnittes kommt, folgert Turkewitsch eine Homologie von Zirbelhinterlappen und sog. Hypendym des subkommissuralen Organs, dem unter letzterem gelegenen, locker gebauten gliösen Gewebe. Die schwache Entwicklung des subkommissuralen Organs beim *Menschen* soll damit zusammenhängen, daß sein Hypendym „fast ganz der Zirbel selbst in Gestalt ihres hinteren Lappens einverleibt ist". Das Subkommissuralorgan stellt einen reich vascularisierten, mitunter wulstartig vorspringenden

Komplex zylindrischer geißeltragender Ependymzellen bzw. mit hohem Epithel besetzter Falten und Zotten dar (DENDY und NICHOLLS 1910, NICHOLLS 1912, BAUER-JOKL 1917, KRABBE 1933, TURKEWITSCH 1936, 1937, FUSE 1936, SUZUKI 1938, YAMADA 1938, PESONEN 1940). Besonders stark springen die Falten des Subkommissuralorgans beim *Hunde* in das Ventrikellumen hinein (ISHIKAWA). Das Epithel des Subkommissuralorgans setzt sich in den bei den meisten Wirbeltieren vorhandenen, beim erwachsenen *Menschen* nur in Resten nachweisbaren Recessus mesocoelicus fort, eine oft an eine tubulöse Drüse erinnernde Ausbuchtung des Daches des Aquaeductus Sylvii (PESONEN). Nach

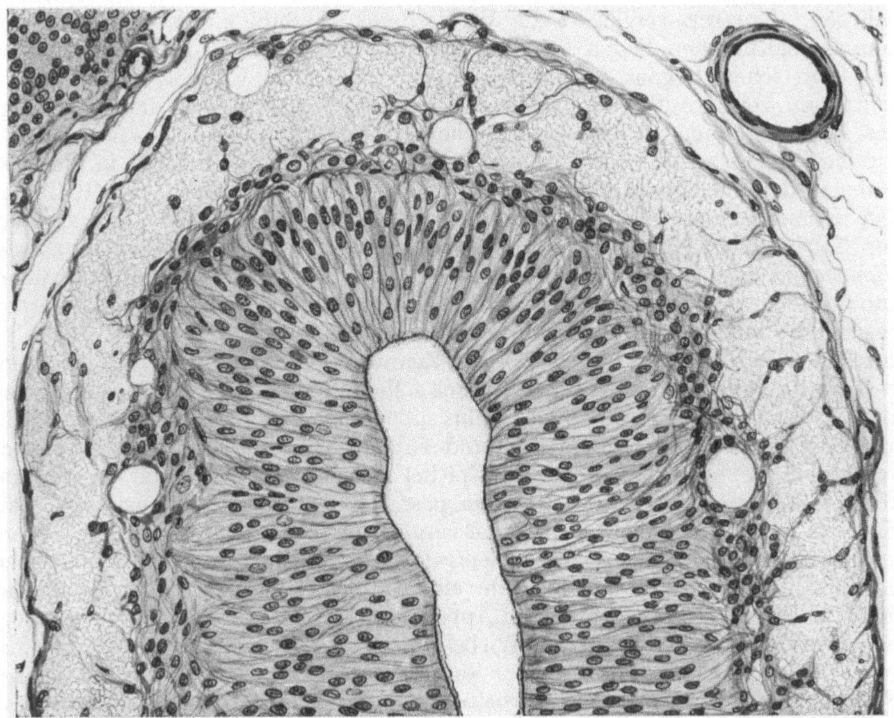

Abb. 8. Ausschnitt aus einer Falte des subcommisuralen Organs eines 4 Wochen alten *Hundes*. (Fixation BOUIN, Schnittdicke 8 μ, Duroechtrot-Mallory, Ok. 4, Zeiß DD, auf ²/₃ verkl.; gez. K. HERSCHEL, Leipzig.)

PASTORI (1927) sollen die Ependymzellen bei *Pferd, Rind* und *Ziege* wie die Epiphysenzellen Kernkugeln enthalten, wenngleich in geringerer Häufigkeit. Nach PUUSEPP und VOSS zeichnen sich die Ependymzellen des subkommissuralen Organs durch Granulierung ihres Cytoplasmas aus. Im subkommissuralen Organ des *Pferdes* sind angeblich kleine Inseln von Epiphysengewebe eingeschlossen (PASTORI). Außerdem kommt am dorsalen Ende des Organs einer Reihe von *Säugern (Rind, Ziege, Pferd, Hund)* ein Bezirk epiphysären Gewebes vor (PASTORI). Über eine rätselhafte, mit dem Subkommissuralorgan zusammenhängende Zellanhäufung im Dache des Aquaeductus, die ihre endgültige Größe bei 136 mm langen *menschlichen* Feten erreicht, berichten PESONEN und SETÄLÄ (1940). Beim Erwachsenen sind nur noch geringfügige Reste dieses anscheinend aus Neuroblasten und Glia bestehenden Komplexes vorhanden.

   Das subkommissurale Organ hängt in der Gegend der hinteren Commissur mit dem Anfangsabschnitt des anscheinend fibrillär gebauten REISSNERschen Fadens (Abb. 2, 9) zusammen (KOLMER 1921, PESONEN 1940, Lit. REICHOLD

1942), welcher sich durch den Aquae ductus Sylvii und die Fossa rhomboidea in den Zentralkanal des Rückenmarkes bis in dessen Endabschnitt erstreckt (Studnička 1899, Kolmer 1921, Mathis 1931, 1929, Agduhr 1922), ja bis in die Amnionflüssigkeit (Kux 1929, *Enten*embryonen) hineinreicht. Nach meinen Beobachtungen tritt der Reissnersche Faden besonders in Azanpräparaten — in hellblauer Farbe — deutlich hervor (bezüglich Struktur und Entwicklung des Reissnerschen Fadens vgl. Sargent 1900, Nicholls 1912, Kolmer 1921, Agduhr 1922, Mathis 1929, 1931, Pesonen). Der Faden soll an der Oberfläche des subkommissuralen Organs bald in einen zarten strukturlosen Belag übergehen, bald soll er sich in Fädchen aufspalten, welche den Epithelzellen anliegen. Kolmer vergleicht die Verbindung des Subkommissuralorgans mit dem Reissnerschen Faden mit den Beziehungen zwischen der Deckmembran des Cortischen Organs und dem darunterliegenden Epithel. Nach Beobachtungen von Agduhr an Embryonen von *Bos taurus* jedoch sind die Zweige des Reissnerschen Fadens bis zwischen die Ependymzellen des subkommissuralen Organs zu verfolgen, in einem Falle sogar sah sie Agduhr in die Ausläufer in der Ependymschicht liegender Zellen übergehen. Reichold (1942) hat den Reissnerschen Faden in deutlichem Zusammenhang mit den Geißeln der Epithelzellen gefunden. Der Reissnersche Faden — bei *Macacus rhesus*, *Cynomolgus* und *M. sinicus* vorhanden — wird beim *Menschen* offenbar überhaupt nicht angelegt (Kolmer). Ob *Amphioxus* einen Reissnerschen Faden besitzt, ist unentschieden; Agduhr vermißte ihn, nach R. Krause (1926) ist der Faden auf Querschnitten durch den Zentralkanal nachweisbar. Die Nervenversorgung des subkommissuralen Organs soll nach Marburg (1922) „bei nahezu allen Tierklassen" durch einen Fasciculus subcommissuralis erfolgen, dessen markhaltige Fasern hintere Commissur und subkommissurales Organ miteinander verbinden. Fuse (1936) stellte im Epithel des subkommissuralen Organs von *Wassersäugetieren* aus der Commissura posterior stammende Nervenfasern fest. Kolmer erblickt in dem Subkommissuralorgan, dem Reissnerschen Faden, und den Sinneszellen innerhalb des Zentralkanales (s. Agduhr 1922), mit welchen der Faden in Kontakt treten kann, einen einheitlichen, in der Sagittalachse des Wirbeltierkörpers angebrachten Apparat, das Sagittalorgan, welches möglicherweise reflektorisch auf die Wirbelsäulen- und damit Körperlage einwirkt (vgl. hierzu Agduhr 1922, Lit.). Subkommissuralorgan und Reissnerscher Faden kommen in der ganzen Wirbeltierreihe vor (s. a. Sargent 1900, Kolmer 1925, Krabbe 1933, Reichold 1942), fehlen indessen u. a. anscheinend beim erwachsenen *Menschen*, bei *Sorex*, *Crossopus* und *Igel*, bzw. Nichtvorhandensein des Fadens soll mit Rückbildung des subkommissuralen Organs verbunden sein. Reichold vermißte das Organ bei *Nattern*; die Frage der Kombination von Subkommissuralorgan und Reissnerschem Faden bei *Nattern* (vgl. hierzu Abb. 9) bedarf der Prüfung. Beim *Schimpansen* konnten Dendy und Nicholls (1910) ein gut entwickeltes Subkommissuralorgan nachweisen. Suzuki (1938) stellte es einwandfrei bei 29 *Affen*arten, darunter beim *Orang* in einer Sagittallänge von 4,23 mm fest. Über das Vorkommen des subkommissuralen Organs bei *Wassersäugetieren* berichtet Fuse (1936), bei *Echidna* (Yamada 1938). (Bezüglich des Vorkommens des Organs bei einer Reihe weiterer *Säuger* vgl. Saitta 1930, Chiarugi 1932, *Beutler*). Noch beim *Neugeborenen* läßt sich das Organ als 2 mm langer, aus Geißelepithel bestehender Ependymbezirk erkennen. Nach Puusepp und Voss (1934) soll es bis zum 4. Lebensjahr gut entwickelt sein. Beim *Erwachsenen* konnte Kolmer keine Spuren des Subkommissuralorgans mehr feststellen, während Puusepp und Voss deutliche inselartige Organreste noch bis zum 27. Lebensjahre beobachteten. Auch Pesonen (1940) fand beim erwachsenen *Menschen* Reste von Subkommisuralepithel.

Die erwähnten, von BERBLINGER (1926) angenommenen Beziehungen zwischen Zirbel und Subkommissuralorgan könnten darin gegeben sein, daß dieses Organ sekretorisch „vielleicht ähnliche Leistungen verrichtet, wie sie als Teilfunktionen der Zirbel angenommen werden". ISHIKAWA (1926, 1927) gründet seine Ansicht, das subkommissurale Organ stehe der Epiphyse funktionell nahe, auf die Tatsache seiner stärkeren Entfaltung bei weiblichen als bei männlichen *Hunden*, deren Zirbel schwächer als die der Männchen ausgebildet sein soll (s. S. 353). MARBURG (1922) glaubt, dem subkommissuralen Organ eine Bedeutung für die Sekretion des Liquor cerebrospinalis zuschreiben zu dürfen.

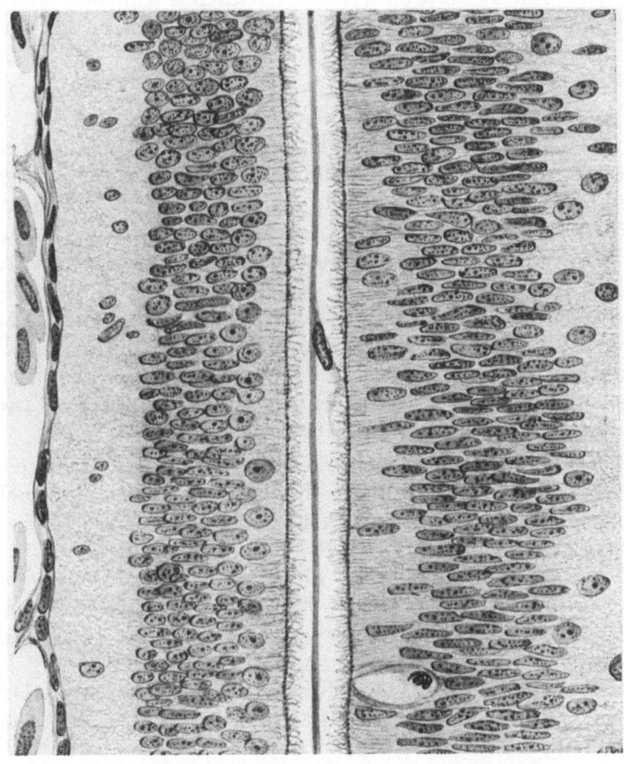

Abb. 9. REISSNERscher Faden im Zentralkanal des Rückenmarkes eines Embryos von *Tropidonotus natrix* (8 cm lang) mit anhaftender Zelle. (Fixation BOUIN, 8 μ, Azanfärbung nach M. HEIDENHAIN, Ok. 2, Ölimmersion. Zeiß H. I. 100, auf ²/₃ verkl.; gez. K. HERSCHEL, Leipzig).

Der REISSNERsche Faden könnte nach seiner Auffassung die Druckschwankungen des Liquor auf das Subkommissuralorgan übertragen. PUUSEPP und VOSS (1924) denken an den Übertritt eines vielleicht das Gehirnwachstum beeinflussenden Sekrets in den Liquor, REICHOLD (1942) an eine osmoregulatorische Tätigkeit des Subkommissural- und Subfornikalorgans durch Sekretion und Resorption. Die Abgabe tropfigen Sekrets in den Ventrikel seitens des subkommissuralen Epithels beschreibt PESONEN (1940) für das subkommissurale Organ des *Meerschweinchens*. Nach REICHOLD sondern einzelne Zellen des subkommissuralen Organs von *Säugern* und *Reptilien* ein körnig-schleimiges Sekret in die Ventrikelhöhle ab.

Das die ventrale Wandung der Epiphysenhöhle *(Wassersäugetiere)* auskleidende zylindrische, mitunter Falten überziehende Epithel faßt FUSE (1936) als ein besonderes suprakommissurales, d. h. oberhalb der Commissura posterior gelegenes Epithelorgan auf. Dieser Epithelkomplex gleicht dem subkommissuralen Organ in seinem feineren Aufbau. Nach Yamada (1938) scheint sein Epithel bei *Echidna* mit Flimmerhärchen und Cutikularsaum versehen zu sein. Ein besonders großes suprakommissurales Organ (2 mm Sagittallänge) besitzt der *Wauwau (Hylobates leuciscus)*. Die innerhalb oder unter seiner Epithelschicht gelegenen Nervenfasern entstammen der Commissura intermedia. Suzuki (1938) konnte das von Fuse entdeckte Organ auch bei einer Reihe von *Primaten* beobachten, bei denen es durch ein lineares oder halbmondförmiges Epithelband verkörpert wird. Bezüglich weiterer morphologisch auffallender Ependymbezirke vgl. Reichold (1942, reichliches Epithel kaudal vom Subkommissuralorgan bei *Vögeln*, Ependymwulst oberhalb des Foramen interventriculare bei *Sauriern*).

Akzessorische Pinealorgane (Nebenzirbeln) wurden von Kolmer (1925, 1926) bei *Affe (Cynoscephalus babuin)*, *Hund* und *Kaninchen*, von Chiarugi beim *Meerschweinchen* beobachtet. Das von Cutore beim *Rinde* gefundene präpineale Organ dürfte ebenfalls den Nebenzirbeln zuzurechnen sein. Polvani (1913) bezeichnet Ansammlungen von Pinealzellen zwischen den Nervenfasern der Lamina quadrigemina des *Menschen* als „akzessorisches Epiphysengewebe" oder „Nuclei parapineales". Vielleicht darf man auch die zwischen dem hinteren Blatte des Zirbelpolsters und der Vorderfläche der Zirbel des *Rindes* gelegene, 1—6 mm lange Diaphyse Favaros (1904) als Nebenzirbel auffassen. Die Läppchen der Diaphyse bestehen aus rundlichen Zellen mit granuliertem Cytoplasma und Gliafasern. Die Fasern finden sich besonders zahlreich am Läppchenrande, wo sie sich dem Bindegewebe beigesellen. Die Anlage einer Diaphyse wurde bei einem *Schaf*sembryo beobachtet.

Abschließend sei kurz auf die sog. Nebenparietalorgane (Carriere 1890, Leydig 1896), niederer *Wirbeltiere* hingewiesen, wie sie nach Studnička (1905) nur bei *Sauriern* vorkommen sollen (Francotte 1896, Ritter 1894, v. Klinckowström 1894, Prenant 1894, Nowikoff 1910 u. a.). Indessen hat Friedrich-Freksa (1932) auch bei einem *Teleostier (Coregonus)* ein Nebenparietalorgan gefunden. Diese meist bläschenartigen Organe sind als Abspaltungen aus den Parietalorganen oder der Epiphyse zu betrachten (Nowikoff 1910). In dem von Friedrich-Freksa geschilderten Fall z. B. handelt es sich um ein Nebenparapinealorgan. Die Neigung der Epiphyse zu Doppelbildungen wird durch den Nachweis von Doppelepiphysen bei *Emys europaea* durch Nowikoff beleuchtet (vgl. S. 345). Möglicherweise stellt auch das von Ritter (1894) bei *Phrynosoma coronatum* gefundene Parapinealorgan ein Nebenparietalorgan dar. Die Kenntnis solcher überzähligen Bildungen kann unter Umständen für die Beurteilung des Ausfalles von Experimenten von Bedeutung sein.

Ein *zirbelähnliches Organ* im Dache des *Rhombencephalon*, in Höhe der Gehörbläschen befindlich, wurde von Holmdahl (1928) bei einem 5 mm langen *Katzenembryo* gefunden. Die Wandung dieses bläschenartigen Gebildes, welches durch einen Stiel mit der Deckplatte verbunden zu sein scheint, besteht aus großen, radiär gestellten Zellen.

III. Die Entwicklung der Epiphyse.

1. Mensch, Säugetiere.

Die Epiphysis cerebri stellt bei allen *Wirbeltier*klassen eine unpaare mediane Ausstülpung des Zwischenhirndaches dar. Untersuchungen Spemanns (1912) über die Entwicklung umgedrehter Hirnteile bei *Amphibien*embryonen, in welchen er über die Bildung von zwei Epiphysen berichtet, zeigen, daß die Anlage der Epiphyse in dem Material rechts und links am Rande der Medullarplatte schon vor Schluß des Medullarrohres vorhanden ist.

Die Entwicklung der Epiphyse des *Menschen*, über die ältere Autoren wie BIZZOZERO (1868), HIS (1892, 1893), FRANCOTTE (1888), D'ERCHIA (1896) und MARBURG (1907) an Hand unzureichenden Materials nur kurze Aussagen machen, wurde erstmalig von KRABBE (1911, 1915, 1916) eingehend untersucht. Nach KRABBE tritt die Anlage der Zirbeldrüse am Anfang des zweiten Fetalmonats in Erscheinung. KRABBE unterscheidet zwei Teile der Zirbelanlage, nämlich eine Ausstülpung des Hirndaches vor der hinteren Commissur und eine unmittelbar vor dieser Ausstülpung liegende Zellmasse. Ausstülpung und Zellhaufen verschmelzen im Verlaufe der fetalen Entwicklung zu einer Einheit. Die Wand der Ausstülpung, aus welcher der hintere Teil

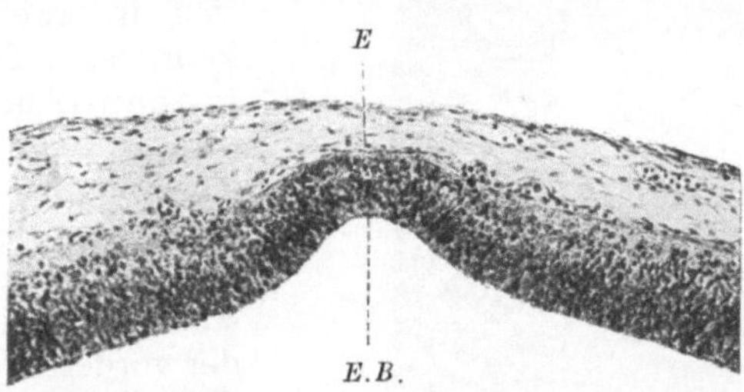

Abb. 10. Frontalschnitt durch das Zwischenhirndach eines *menschlichen* Embryos von 14,8 cm Sch.-St.-L. in der Gegend der Zirbelanlage (Vergr. 100fach). *E* Epiphysenanlage, *E.B.* Epiphysenbucht. Aus HOCHSTETTER 1929.

der Zirbelanlage hervorgehen soll, wird von KRABBE als hintere Pinealanlage, die Ausstülpung selbst als Diverticulum pineale und die Zellmasse schließlich als vordere Pinealanlage bezeichnet. Aus ihr geht angeblich der vordere Abschnitt des Corpus pineale hervor. Die vordere Anlage, beiderseits der Medianebene mit der Divertikelwand zusammenhängend, in der Mediane aber durch eine „protoplasmatische Masse" von ihr getrennt, stellt eine Verdickung der Gehirnwandung dar. Das Diverticulum pineale wird im 6. Fetalmonat ganz oder im mittleren Bereiche geschlossen. Die Differenzierung verschiedener Zelltypen aus den rundlichen Zellen beider Anlagen setzt im 6. Fetalmonat ein. Während der Entwicklung des Corpus pineale sind in beiden Anlagen stets zahlreiche Mitosen nachzuweisen.

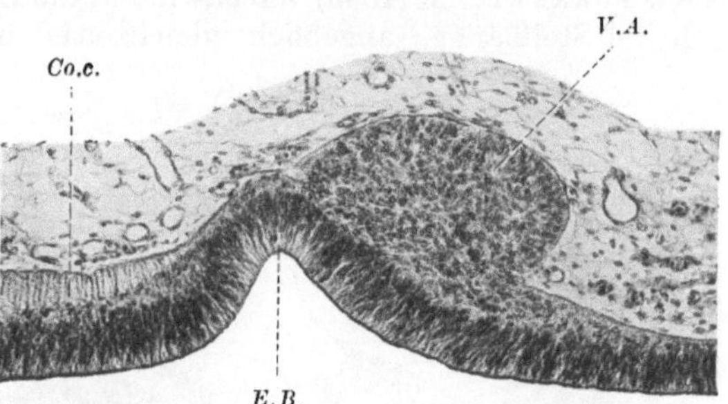

Abb. 11. Medianschnitt durch die Zirbelanlage eines *menschlichen* Embryos von 20,9 mm Sch.-St.-L. Vergr. 100fach. *Co.c.* Commissura caudalis, *V.A.* Vordere Anlage der Epiphyse. Sonstige Bezeichnungen wie bei Abb. 10.

KRABBEs Angaben über die Organentwicklung der Zirbeldrüse des *Menschen* haben durch eingehende, auf ein weit größeres Untersuchungsgut sich stützende Studien HOCHSTETTERs (1923) Korrekturen erfahren (Abb. 10—13). Schon bei Keimlingen von etwa 7,8 mm größter Länge ist die Zirbelanlage als kaum merkliche Ausbuchtung des Zwischenhirndaches an jener Stelle zu erkennen, an welcher die Zwischenhirndecke in die dünnere Wand des Mittelhirnes übergeht. KEIBEL und ELZE (1908) verzeichnen das Auftreten einer frühen Epiphysenanlage bereits bei einem Keimling von 6,25 mm größter Länge (in fixiertem Zustande gemessen), TURKEWITSCH (1933) bei einem Embryo von 5,6 mm Scheitel-Steißlänge und 2,6 mm Frontooccipitallänge. Eine hinter der Zirbelbucht gelegene dünne Stelle im Dach des Zwischenhirnes (HOCHSTETTER) kann das Auffinden der Epiphysenanlage erleichtern (TURKEWITSCH), solange die Commissura caudalis nicht ausgebildet ist. Die Ausbuchtung der Zwischenhirndecke stellt die Anlage der Wandung des Ventriculus pinealis dar (Abb. 10). Ein kleiner, frontal und lateral an diese Ausbuchtung sich anschließender Teil der Decke läßt durch mitotische Zellvermehrung (vgl. auch Turkewitsch) eine der frontalen Wand der Zirbelbucht und der Decke des Zwischenhirnes anliegende Zellmasse entstehen, welche der vorderen Zirbelanlage Krabbes entspricht. Die Anlage des Organs ist jedoch völlig einheitlich. Hochstetter bezeichnet die erwähnte Zellmasse, welche sich in zwei verschieden große Ballen gliedern kann (s. a. Turkewitsch), als vorderen Zirbellappen (Abb. 11, 13). Der vordere Zirbellappen wächst teils durch Teilung der ihm eigenen Zellelemente, die nach Turkewitschs unglücklicher Bezeichnung in der „peripheren protoplasmatischen Zone" der Epiphysenanlage liegen, teils — wenigstens eine Zeitlang — durch Zuzug von Zellen aus der vorderen Wand der Zirbelbucht, deren Elemente der Grundschicht der Zirbelanlage entsprechen (Hochstetter, Turkewitsch). Zwischen Vorderlappen und Wand der Zirbelbucht kann sich ein Bindegewebsseptum entwickeln. Die Zellen des Vorderlappens 16—24 mm langer, gelegentlich auch etwas größerer Keimlinge, ordnen sich stellenweise radiär um kleine Lichtungen von etwa 0,015 mm Durchmesser (s. a. Turkewitschs Abb. 7). Später sind diese an Drüsenbläschen erinnernden Bildungen nicht mehr nachzuweisen (vgl. hierzu S. 364). Nach Turkewitsch (1933) verschwinden die Lumina bei Keimlingen von 20 mm Scheitel-Steißlänge, angeblich gleichzeitig mit den Kernteilungsfiguren (?);

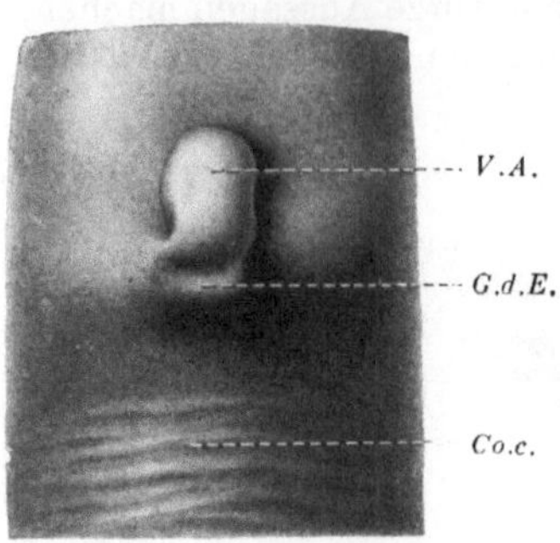

Abb. 12. Dorsale Oberflächenansicht der Zirbelanlage eines menschlichen Embryos von 20,9 mm Sch.-St.-L. Nach einem Plattenmodell, Vergr. 30fach. Aus Hochstetter 1929. *V.A.* Vorderlappen-Anlage, *G.d.E.* Gipfel der Epiphysenanlage, *Co.c.* Commissura caudalis.

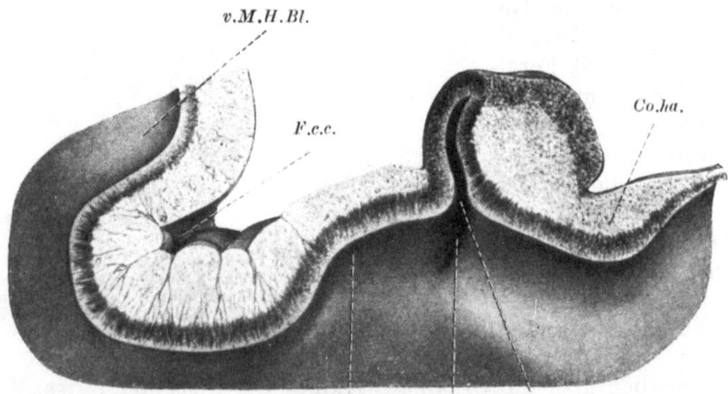

Abb. 13. Medianschnitt durch die Zirbelanlage eines menschlichen Embryos von 43 mm Sch.-St.-L. Nach einem Plattenmodell, Vergr. 40fach. Aus Hochstetter 1929. *v.M.H.Bl.* vorderer Mittelhirnblindsack, *F.c.c.* Fossa commissurae caudalis, *R.i.p.co.c.* Recessus infrapinealis commissurae caudalis, *R.i.p.l.* Rec. infrapinealis lateralis, *E.B.* Epiphysenbucht, *Co.ha.* Commissura habenularum.

überall sollen Zellen „mit gigantischem Protoplasma" auftreten, die nach Meinung von Turkewitsch „in irgendeiner Verbindung" mit der Zellvermehrung stehen.

Während Keimlinge bis zu 30 mm Scheitel-Steißlänge einen aus Zirbelgewebe bestehenden Vorderlappen besitzen, sowie einen Hinterlappen, der nur durch die epitheliale Wandung des Divertikels verkörpert wird, sehen wir bei älteren Embryonen die Produktion neuen Zirbelgewebes seitens dieses Hinterlappens einsetzen, welcher den gleichen Bau wie der Vorderlappen aufweist. Mit der Bildung des Hinterlappens, welcher durch das Aussprossen kolbiger Zellmassen aus der Ependymwand des Ventriculus pinealis eingeleitet wird — besonders im basalen Bereiche der Zirbelhöhle — beginnt nach HOCH-STETTER eine zweite Etappe der Zirbelentstehung, in deren Verlauf der Ventri-culus pinealis verödet; sein Wandepithel verwandelt sich offenbar in Zirbel-zellen. Die Obliteration der Zirbelhöhle erfolgt nach HOCHSTETTERs Beob-achtungen zu recht verschiedenen Zeitpunkten; in der Regel dürfte sie erst bei Keimlingen von mehr als 100 mm Scheitel-Steißlänge beginnen, kann aber auch sehr viel später einsetzen. Die Natur der im Hinterlappen 60—100 mm langer (Scheitel-Steißlänge) Keimlinge auftretenden Höhlenbildungen, welche TURKEWITSCH (1933) beschreibt, ist durchaus unklar; möglicherweise handelt es sich um falsch interpretierte, auf schlechten Erhaltungszustand des Materials zurückzuführende Höhlungen (vgl. hierzu S. 365).

Die grundlegenden Untersuchungen HOCHSTETTERs zeigen, daß die Ent-wicklung von Vorder- und Hinterlappen der Zirbel zwar zu verschiedenen Zeit-punkten einsetzt. Beide Organabschnitte entstammen jedoch dem gleichen Mutterboden und gleichen einander schließlich strukturell völlig. Es bestehen somit nur wenig Anhaltspunkte für die Richtigkeit der Annahme von TURKE-WITSCH (1933), die Epiphyse gehe aus verschiedenen, „von den Vorfahren des Menschen stammenden Bildungen" hervor.

Aplasie der Epiphyse des *Menschen* ist ungemein selten (BERBLINGER 1926, WURM 1929); sie kann durch eine Druckatrophie bei Hydrocephalus internus vorgetäuscht werden. Über das völlige Fehlen der Zirbel bei einem infantilen $16^{1}/_{2}$jährigen *Menschen* berichtet ZANDRÉN (1921). Unter rund 185000 Autopsien der Universität Mailand wurde kein Fall von Zirbelaplasie beobachtet (FARINA 1941). Bezüglich der Hypo- und Hyperplasie der Epiphyse vgl. BERBLINGER (1926) und WURM (1929).

Die Entwicklung der Zirbel der *Säuger* nimmt gleichfalls von der sog. Zirbel-platte (HOCHSTETTER, s. a. BOZZA 1927, FAZZARI 1927) des Zwischenhirndaches ihren Ausgang, die sich zwischen Commissura habenularum und Commissura caudalis befindet. Den Normentafeln zur Entwicklungsgeschichte der *Wirbel-tiere* lassen sich nach HENNEBERG (1937) Daten über den Zeitpunkt des Auf-tretens der Epiphysenanlage bei verschiedenen *Säugern* entnehmen, welche ich durch Befunde von HOCHSTETTER (1923), TANDLER und FLEISSIG (1915), CHIARUGI (1913), WARREN (1917) und TURKEWITSCH (1936, 1937) ergänze (s. Ta-belle 1, S. 342).

Auffallend sind die Unterschiede in der mengenmäßigen Entfaltung des Organs bei den verschiedenen Arten. Zwar wird eine Zirbelplatte bei allen *Säugern* angelegt (HOCHSTETTER), doch kommt es nicht immer zur Ausbildung eines makroskopisch sichtbaren Corpus pineale. KRABBE macht darauf aufmerk-sam, daß die Epiphyse bei *Walen* und *Edentaten* während der Embryonalzeit deutlich entwickelt sein kann, später jedoch einer Rückbildung unterworfen ist. Während der *Mensch*, die *Wiederkäuer*, ferner besonders das *Pferd* und die *Nagetiere* eine verhältnismäßig große Zirbel besitzen, ist das Organ bei anderen Tierformen, z. B. beim *Igel* (GRÖNBERG 1901, HOCHSTETTER 1921), *Elefanten* und *Rhinozeros* (CREUTZFELD 1912, KRABBE 1932, 1933) auffallend klein. Bei *Dasypus villosus* und *novemcinctus*, *Phocaena communis*, *Manis javanensis*, *Bradypus*, *Tamandua tetradactyla*, *Myrmecophaga jubata* (CREUTZFELD 1912, JELGERSMA, KRABBE 1932, 1933), *Delphinus longirostris*, *Lagenorhynchus obliqui-dens* und *Balaenoptera borealis* (FUSE 1936) fehlt die Epiphyse überhaupt. Mit der Möglichkeit erheblicher individueller Schwankungen ist offenbar zu rechnen. So findet CREUTZFELD (1912) die Epiphyse von *Didelphys virginiana* auffal-lend klein, während JORDAN (1911/12) beim gleichen Tier bald ein sehr kleines

Tabelle 1.

Spezies	Länge des Keimlings	Alter	Verhalten der Epiphysenanlage
Nycticebus	15 mm		Deutliche Epiphyse
Tarsius	Stadium V., Normentafel 13,2 mm		Kleine knopfartige Anlage (Tandler und Fleissig) Epiphyse
Schaf	10—20 mm		Auftreten der Epiphysenaustülpung (Turkewitsch)
Schaf	14,0 mm		Epiphysenanlage vorhanden (Warren)
Reh	10,5 mm		Epiphyse angelegt
Rind	20—30 mm Sch.-St.-L.		Epiphysenanlage vorhanden (Turkewitsch)
Wanderratte . . .	9 mm	15 Tage	Epiphyse als kleine Ausbuchtung angelegt
Wanderratte . . .	9,2 mm	16 Tage, 14 Std.	Epiphyse als kleine Ausbuchtung angelegt
Wanderratte . . .	9,6 mm	15 Tage, 12 Std.	Epiphyse als kleine Ausbuchtung angelegt
Wanderratte . . .	10,0 mm	14 Tage, 12 Std.	Epiphyse als kleine Ausbuchtung angelegt
Weiße Ratte . . .	11,0 Sch.-St.-L.		Epiphysenanlage ansehnlich ausgebildet (Hochstetter)
Maus	8,5 mm gr. L.		Epiphysenanlage ansehnlich ausgebildet (Hochstetter)
Kaninchen . . .	8,1 mm 10,0 mm	14 Tage	} Beginn der Ausstülpung (Hochstetter)
Ziesel	7,4 mm		Kaum merkliche Ausstülpung
Meerschweinchen .	8,5 mm		Anlage als seichte Rinne vorhanden (Chiarugi)
Meerschweinchen .	11,5 mm gr. L.		Anlage vorhanden (Hochstetter)
Igel	10,1 mm gr. L.		Anlage vorhanden (Hochstetter)
Maulwurf	9,4 mm gr. L.		Anlage gerade wahrnehmbar (Hochstetter)
Fledermaus (Vespertilio murinus)	7,46 mm gr. L.		Anlage deutlich (Hochstetter)
Katze	15 mm Sch.-St.-L.		Anlage angedeutet (Hochstetter)

Organ, bald überhaupt keine Zirbel nachweisen konnte (vgl. hierzu Hochstetter 1923). Bodian (1939) bildet eine kleine, aber deutlich entwickelte Zirbel von *Didelphys* ab. Aplasie der Zirbel bei einem *Schimpansen* wurde von Möller (1890) beschrieben.

Auch die Art der Epiphysenentwicklung ist bei den *Säugern* unterschiedlich. Die Anlage der Zirbel tritt nach Hochstetter bei *Wiederkäuern (Schaf, Rind, Hirsch)* als rundliche Ausbuchtung auf, die sich zu einem Zirbelsack umgestaltet. Durch Zellvermehrung in der Wand des Zirbelsackes und Obliteration dieses Hohlgebildes entsteht die kompakte Epiphyse. Bei *Rind* und *Schaf* kommt es nach den Untersuchungen von Turkewitsch (1936, 1937) nicht zur Ausbildung eines dem Hinterlappen der menschlichen Zirbel vergleichbaren Epiphysenteiles; dem Hinterlappen soll das Hypendym des subkommissuralen Organs entsprechen, mit anderen Worten: die Epiphyse von *Schaf* und *Rind* ist nur dem Vorderlappen der menschlichen Epiphyse gleichzusetzen. Bei *Kaninchen*, *Meerschweinchen* und weißer *Maus* vollzieht sich die Zirbelbildung nach Hochstetter so verschieden, als wären diese Tiere einander nicht näher verwandt. Beim *Kaninchen* geht aus der Zirbelbucht ein schlauchförmiges Gebilde hervor (vgl. auch Neumayer 1899, Warren 1917, Turkewitsch 1937), von dessen Lumen sekundäre Ausbuchtungen ausgehen, welche sich zu Drüsenschläuchen mit engen Lichtungen entwickeln. Offenbar schnüren sich diese sekundären

Schläuche von dem Hauptschlauch ab (MIHALCOWICZ 1877). Die Epiphyse des *Kaninchens* zeichnet sich durch besonders reichliche Entwicklung von Knospen aus (FUNKQUIST 1912). Nach TURKEWITSCH geht sie wie die Epiphyse des *Menschen* aus zwei Lappen hervor (s. S. 340). Die Zirbelanlage des *Meerschweinchens* entwickelt sich zu einer soliden Knospe, der eine nur schwache Ausbuchtung der Hirnwandung entspricht. Durch zahlreiche Mitosen kommt es zur Entstehung eines zapfenförmigen Organs, das keinerlei drüsige Strukturen erkennen läßt. Bei der *Maus* schließlich bildet sich eine taschenförmige Epiphysenanlage, aus deren Wand drüsenschlauchartige Sprossen hervorgehen. Die zapfenförmigen Zirbelanlagen älterer Keimlinge erinnern in ihrer Struktur an Drüsen, jedoch sind in ihnen keine Lumina mehr nachzuweisen. Die Zirbelbucht nimmt im Verlaufe der Entwicklung erheblich an Tiefe ab. HOCHSTETTER läßt im Hinblick auf eine Abbildung von SORENSEN (1894), welche einen verhältnismäßig tiefen Ventriculus pinealis einer erwachsenen *Maus* wiedergibt, die Möglichkeit stark variablen Verhaltens offen. Die Epiphysenanlage des 10,8 mm langen Keimlings der *Ratte* besteht nach FUNKQUIST (1912) aus einem an der Spitze eingedellten Bläschen. Beim 20 mm langen Keimling erscheint das Organ durch Vertiefung der Delle geradezu zwiegeteilt. Auch die *Ratten*epiphyse entwickelt hohle Knospen, welche ihre Lumina teilweise behalten. Bezüglich weiterer Einzelheiten der Organentwicklung verweise ich auf HOCHSTETTERs Darstellung, die auch die Zirbelentwicklung der *Katze*, ferner verschiedener *Insektivoren* berücksichtigt (vgl. ferner FUNKQUIST 1912, CHIARUGI 1919).

2. Vögel.

Über die Organentwicklung der Epiphysis cerebri der *Vögel* liegen verhältnismäßig wenige Untersuchungen vor. Bereits beim 63 Stunden alten *Hühnchen* (32—33 Urwirbel) ist nach KEIBEL und ABRAHAM (1900) eine „ganz frühe Epiphysenanlage" vorhanden; beim *Kiebitz* fanden GROSSER und TANDLER (1909) die erste Anlage der Zirbel bei einem 5,75 mm langen Keimling von 26 Ursegmenten. Die Epiphysenanlage des 72 Stunden alten *Hühnchens* von 14 Ursegmenten stellt sich als verhältnismäßig seichte, schon von REISSNER (1851) und REICHERT (1859) gesehene Ausstülpung des Zwischenhirndaches dar (v.KUPFFER 1906); sie entwickelt sich zu einem schräg in rostrale Richtung weisenden Schlauch, der schon bei $4^1/_2$ Tage alten Keimlingen eine ansehnliche Länge aufweist (vgl. KAZIMOTO 1931). Nach CHIODI (1930) sollen sich zwischen Commissura caudalis und C. habenularum zwei Ausstülpungen entwickeln, eine hintere, dem Pinealorgan entsprechende, und eine vordere, welche dem Parietalauge homolog ist. Das hintere Divertikel wird in die Hinterwand des vorderen Bläschens aufgenommen. Später vereinigen sich beide Ausstülpungen angeblich zu einer einheitlichen Anlage. Aus dem distalen Ende der Epiphysenanlage (Epiphysenstiel) sprossen bei einigen Formen hohle Schläuche und Bläschen (MIHALCOWICZ 1874, 1877, JULLIEN 1942, *Huhn;* v. KLINCKOWSTRÖM 1892, *Sterna hirundo;* HIS 1892, SORENSEN 1893, *Huhn;* HECKSHER 1890, *Ente* u. a.; vgl. STUDNIČKA 1905), welche sich von dem Stiel abgliedern und als Ansammlung von Bläschen den drüsigen Epiphysenkörper bilden (*Huhn, Ente, Podiceps cristata,* FUNKQUIST 1912). Nach MIHALCOWICZ (1874, 1877) nimmt die Zahl dieser 20—30 μ großen Bläschen beim *Huhn* bis zum 12. Tage zu. An der Epiphysenanlage des *Haussperlings* dagegen kommt es nicht zur Abschnürung von Follikeln; auch das erwachsene Tier besitzt eine schlauchförmige Epiphyse (FUNKQUIST 1912). Die Zirbelanlagen von *Serinus canaria* entwickeln nach FUNKQUIST nur wenige Bläschen mit oder ohne Lumen. KAZIMOTO (1931) führt die Follikelbildung beim *Leghornhühnchen* nicht auf Einsenkung der Lumenwandung sondern auf Zellvermehrung in der Wandung des Hohlorgans zurück; die Follikel ordnen sich zunächst radiär um die Zirbelanlage an. Wie diese pflegen sie dunkelbraune Pigmentgranula zu enthalten. Vordere Wandung des Epiphysenstiels, dessen Lumen in der Regel verschwindet, und Epiphysenkörper lagern sich der Außenfläche des Dorsalsackes im caudalen Bereiche eng an. Im Zusammenhang mit der caudalwärts gerichteten Verlagerung der Hemisphären werden Epiphyse und Dorsalsack in dem engen Raum zwischen Hemisphären und Kleinhirn eingeschlossen (HALLER 1922). Die Epiphyse verwächst später mit einem zwischen Kleinhirn und Hemisphären sich einsenkenden Blatt der Dura mater (HALLER, vgl. hierzu S. 356). Bei manchen Arten *(Taucher)* verliert das Organ oft den Zusammenhang mit dem Gehirn (FUNKQUIST 1912). Bei chondrodystrophischen *Hühner*embryonen will LANDAUER (1929) eine Verzögerung der Epiphysendifferenzierung festgestellt haben. Die Zirbelzellen dieser Organe sollen abnorm kleine Kerne besitzen und sich durch stärkere Basophilie ihres Cytoplasmas auszeichnen. Auch enthalten die Drüsen angeblich weniger „retikuläres Bindegewebe" als normale Epiphysen.

3. Reptilien.

Die Anlage der Epiphyse wächst bei den *Reptilien* zu einem meist langen, gekrümmten, in rostraler oder caudaler Richtung sich erstreckendem Schlauch oder keulenartigen Gebilde aus, das beim *Mauergecko (Platydactylus,* 4,5 mm Gesamtlänge) seinen Ausgang von einer Verdickung des Zwischenhirndaches nimmt (MELCHERS 1900). Junge Entwicklungsstadien der Epiphyse ein und derselben Tierart können, wie schon erwähnt (s. S. 327), unterschiedlich gestaltet sein. Bei 1,2—1,6 mm langen Keimlingen von *Lacerta vivipara* sowie bei *Anguis*-embryonen tritt die Epiphysenanlage nach FRANCOTTE entweder als selbständige, unmittelbar hinter der Aussackung für das Parietalorgan gelegene Ausstülpung, oder als Teilausbuchtung einer gemeinsamen Anlage von Zirbel und Parietalauge in Erscheinung. Im letzteren Falle, der auch von NOWIKOFF (1910) für *Lacerta vivipara* beschrieben wird, kommt es zur Abschnürung des Parietalauges von der Zirbelanlage (s. a. C. K. HOFFMANN 1886, *Lacerta*; PREISLER 1942, *Calotes),* die von STUDNIČKA (1905) zu Unrecht angezweifelt wird (vgl. hierzu S. 328). Die auch von v. KLINCKOWSTRÖM (1893) bei 9 Tage alten Keimlingen von *Iguana* beobachtete Abschnürung erfolgt am rostralen Ende des Zirbelschlauches unmittelbar über der Decke des Zwischenhirnes. Noch während des Zusammenhängens der Anlagen von Parietalauge und Zirbel nimmt die dorsale Wandung des Parietalbläschens an Dicke zu, wobei sie konvexe Form annimmt (v. KLINCKOWSTRÖM 1893, *Iguana;* NOWIKOFF 1910, *Lacerta vivipara).* Aus ihr geht der Linsenabschnitt des Parietalauges hervor. Bei manchen Formen *(Platydactylus,* MELCHERS 1900, *Hemidactylus* u. a., vgl. STUDNIČKA 1905) unterbleibt die Bildung eines Parietalauges. Das Auswachsen der schlauchförmigen, von hohem Ependym ausgekleideten Zirbelanlage kann in rostraler *(Anguis)* oder in caudaler Richtung *(Lacerta vivipara)* erfolgen. Während dieses Wachstums pflegt sich der Epiphysenschlauch horizontal einzustellen (vgl. z. B. MELCHERS 1900, *Platydactylus facetanus),* wobei er vielfach mit seiner unteren Wandung die Hirndecke berührt. Die obere Wand, dem durchscheinenden Integument zugekehrt, ist nach MELCHERS Beobachtungen an *Platydactylus*keimlingen dicker als die untere. Bei *Platydactylus,* aber auch bei anderen Formen, kommt es — wie auch für die *Vogel*epiphyse geschildert — schließlich zur Vertikalstellung der Zirbel. Während dieser Aufrichtung obliteriert die mehr und mehr sich verjüngende stielartige Verbindung des Organs mit dem Zwischenhirn. Die ursprünglich glatte Innenfläche der blasigen Epiphyse wandelt sich in eine mit Buckeln versehene Zellschicht um. Ferner treten am unteren Ende der Epiphyse (*Platydactylus*, 55 mm lang) Aussackungen auf. Die Dickenzunahme der Epiphysenwand, an der mehrere Zellschichten zu erkennen sind, ist mit einer starken Streckung der Zellelemente verbunden. Zahlreiche Blutcapillaren durchsetzen schließlich das Zirbelepithel (MELCHERS, *Platydactylus*, 124 mm lang). — Über die Entwicklungsgeschichte der Epiphyse der *Ophidier* sind wir nach STUDNIČKA (1905) insofern mangelhaft unterrichtet, als Einzelheiten über die Differenzierung der Epiphysenausstülpung zu der für die *Ophidier* eigentümlichen, anscheinend kompakten, drüsigen Zirbel mit ihrer starken Vascularisierung nicht beschrieben wurden. Es ist anzunehmen, daß der massive Drüsenkörper durch Obliteration der Lichtungen der Organanlage bei gleichzeitiger Zellvermehrung entsteht. Winzige Lumina hat PREISLER (1942) in der Epiphyse von *Tropidonotus* nachweisen können.

Anschließend an Untersuchungen von SORENSEN (1893) und VOELTZKOW (1903), die beim *Alligator* eine Epiphyse vermißten, macht HALLER (1922) darauf aufmerksam, daß in der Tat bei *Alligator (spec.?)* und *Elephantopus planiceps* keine Epiphysen angelegt werden; nach KRABBE (1932/33) läßt sich auch bei Embryonen vom *Alligator* keine Epiphyse feststellen. Vielleicht tritt an ihre Stelle eine stark entwickelte „hintere Aussackung", welche sich vor der Commissura caudalis befindet. HALLER möchte die hintere Aussackung der *Riesenschildkröte*, an der sich angeblich Sekretionsvorgänge nachweisen lassen, als „präkommissurale Epiphyse" bezeichnen.

Über die Entstehung von Doppelepiphysen bei zwei Keimlingen von *Emys europaea* berichtet NOWIKOFF (1910). In einem Falle konnte eine Gabelung des Epiphysenschlauches, im anderen eine Teilung der Epiphyse in zwei Zipfel bereits an der Abgangsstelle von der Hirnwand festgestellt werden. Die Epiphyse von *Emys lutaria* ist bereits bei Keimlingen von 26—27 Ursegmenten als dorsal gerichtete knopfförmige Ausstülpung zu erkennen (NEUMAYER 1911).

4. Amphibien.

Auch die Epiphyse der *Amphibien* entwickelt sich aus einer fingerförmigen Ausstülpung des Zwischenhirndaches (KUDO 1926, *Megalobatrachus japonicus*). Ihre Anlage tritt bei 10 mm langen Embryonen von *Necturus maculosus* (WARREN 1906) als kleines Divertikel in Erscheinung, dessen Wandungen in der Folge an Dicke zunehmen. Das Organ bleibt nach WARREN mit dem Gehirn durch einen kurzen soliden Stiel verbunden, sein Lumen erfährt eine Unterteilung durch Septenbildung. Die Epiphyse von *Salamandra* und *Triton* nimmt die Gestalt eines kurzstieligen Pilzes an (DE GRAAF 1885, BÉRANECK 1893, vgl. GAUPP 1898, v. KUPFFER 1906); ihr Binnenraum wird gleichfalls durch epitheliale Septen weitgehend unterteilt. Nach LIVINIs (1906) Beobachtungen zeichnet sich die Organentwicklung der Epiphyse von *Salamandrina perspicillata* durch große Variabilität aus. Bei 6,2 mm langen Larven fand LIVINI ein völlig geschlossenes, dorso-ventral abgeplattetes Bläschen, bei 9,1 cm langen Tieren Zirbelanlagen, welche noch in Kommunikation mit dem Ventrikel standen.

Die Epiphyse der *Anuren* geht aus der flachen Zirbelbucht hervor, die bereits bei 2,3 mm langen Embryonen von *Rana fusca* sichtbar wird (v. KUPFFER 1906). Bei 7 mm langen *Larven* stellt die Zirbelanlage einen in rostraler Richtung sich erstreckenden Zapfen oder Schlauch dar, dessen dorsale Wandung dicker ist als die ventrale, der Hirndecke dicht angeschmiegte, ursprünglich vordere Wand des Hohlorgans. Dagegen ist die Zirbelanlage bei den von ONISHI (1932) untersuchten japanischen *Kröten* zunächst solide; ein Lumen entsteht erst sekundär durch Zellzerfall. Die sich in die Länge streckende Epiphyse von

Rana, deren Lumen meist verschwindet, gliedert sich nach den Untersuchungen von Béraneck in einen proximalen, mit dem Gehirn in Zusammenhang bleibenden Abschnitt („definitive Epiphyse", Braehm 1898) und eine distale Endblase (Epithelbläschen, Onishi 1932), die nach ihrer Loslösung von dem proximalen Epiphysenanteil als Stirnanteil (Stiedas „subcutane Stirndrüse") isoliert unter dem Stirnfleck der Kopfhaut liegt. Einer Abbildung von Braehm (1898) zufolge kann der Zusammenhang der proximalen Epiphyse und der Endblase in Form eines Stranges (Tractus pinealis?) noch bei älteren Kaulquappen von *Rana temporaria* gewahrt sein. Im Verlaufe der Entwicklung erfolgt die Differenzierung weiterer Epithelbläschen. Das Stirnorgan über dessen Feinbau auf S. 459 berichtet wird, darf wohl als Homologon des Pinealauges angesprochen werden. Seine Ausbildung unterbleibt unter anderen bei den *Hyliden* (de Graaf 1886, Leydig 1891, Kleine 1930). Nach den Untersuchungen von Onishi (1932) jedoch entwickeln sich Zirbeldrüse und Stirnorgan japanischer *Kröten* gänzlich unabhängig voneinander. Die Zirbelanlage soll zugleich mit derjenigen des Plexus chorioideus ventriculi III auftreten, zu einem Zeitpunkt, in welchem das Stirnorgan angeblich schon gut entwickelt ist.

5. Fische.

a) Dipnoer. Eine eingehende Bearbeitung der Entwicklungsgeschichte der Epiphyse der *Dipnoer* liegt offenbar nicht vor. Nach Kerrs (1903) Angaben weicht die Zirbelbildung bei *Lepidosiren paradoxa* von dem bisher geschilderten Bildungsmodus nicht grundsätzlich ab. Auf Kerrs Abbildung der Parietalregion des Gehirnes eines älteren *Lepidosiren*-Keimlings wird die Epiphyse als ein in rostraler Richtung umgebogenes, keulenförmiges Organ wiedergegeben.

b) Teleostier. Die Epiphyse des *Teleostier*gehirnes — nach v. Kupffer (1906) nirgends fehlend — tritt bei *Salmo* als breiter, rostralwärts sich krümmender, unmittelbar vor der Commissura posterior entspringender Schlauch in Erscheinung (Rabl-Rückhard 1882, C. K. Hoffmann 1884, vgl. Studnička 1905); bei *Clupea harengus* geht sie angeblich aus einer soliden Knospe hervor (Holt 1891). Das Pinealorgan entsteht unmittelbar hinter dem Parapinealorgan (Abb. 14), das sich nach den Lebendbeobachtungen von Friedrich-Freksa (1932) bei *Coregonus macrophthalmus* später als das Pinealorgan aus dem Hirndach entwickelt. Die Zirbelanlage gestaltet sich zu einem blasigen Gebilde, an dem bei *Coregonus* etwa 2 Wochen vor dem Schlüpfen infolge Streckung ein Stiel zur Ausbildung gelangt. Infolge des Einwachsens zahlreicher Capillaren in die Blasenwandung nach dem Schlüpfen kommt es zur Lappung des distalen Teiles der Epiphyse, die nun eine drüsige Struktur erhält. Die Wachstumsrichtung des Organs, das vertikal *(Gobius, Dermogenys, Cyprinodonten)* oder rostral *(Ophidium, Salmoniden, Plotosus)* eingestellt sein kann, wird nach Friedrich-Freksa durch die Beziehungen zwischen Schädelwachstum und Gehirn bestimmt. Bei *Plotosus anguillaris* z. B. wird die Längsstreckung der Epiphyse durch die Rostralverschiebung des mit der Zirbel verbundenen Schädeldaches, also auf passivem Wege, bewerkstelligt.

Die von Hill (1891, 1894) bei *Coregonus*, *Salmo* und anderen Formen nachgewiesene, unmittelbar vor der Anlage der Zirbel sich ausstülpende, etwas nach links verschobene blasige Ausstülpung eines zweiten Parietalorganes ist wohl dem von Friedrich-Freksa (1932) eingehend geschilderten Parapinealorgan von *Coregonus* gleichzusetzen. Studnička (1905) hält es für nicht ausgeschlossen, daß die vordere Blase ein Homologon des Parietalauges der *Saurier* verkörpert. Das von Haller (1922) als vordere Epiphyse von *Salmo fario* beschriebene, nach links verschobene Parietalorgan darf man wohl ohne Bedenken als Parapinealorgan auffassen, zumal es nach HALLERs Darlegungen mit dem linken Ganglion habenularum verbunden ist. Über die Beziehung der Zirbel zu einem Foramen parietale (*Callichthys*, Foramen pineale s. frontale, GAUPP 1898) vgl. v. KLINCKOWSTRÖM sowie FRIEDRICH-FREKSA.

c) Ganoiden. Die Entwicklung der Epiphysis cerebri vollzieht sich bei den *Ganoiden* in grundsätzlich gleicher Weise wie bei den *Teleostiern*. Wie die Angaben und Abbildungen v. KUPFFERs (1893, 1906) erkennen lassen, stellt die Epiphysenanlage des 57 und 70 Stunden alten *Acipenser sturio* eine caudal gerichtete Ausfaltung des Zwischenhirndaches dar (vgl. auch DEANs Untersuchungen an *Amia calva*), die sich über ein pilzförmiges Stadium zu einer

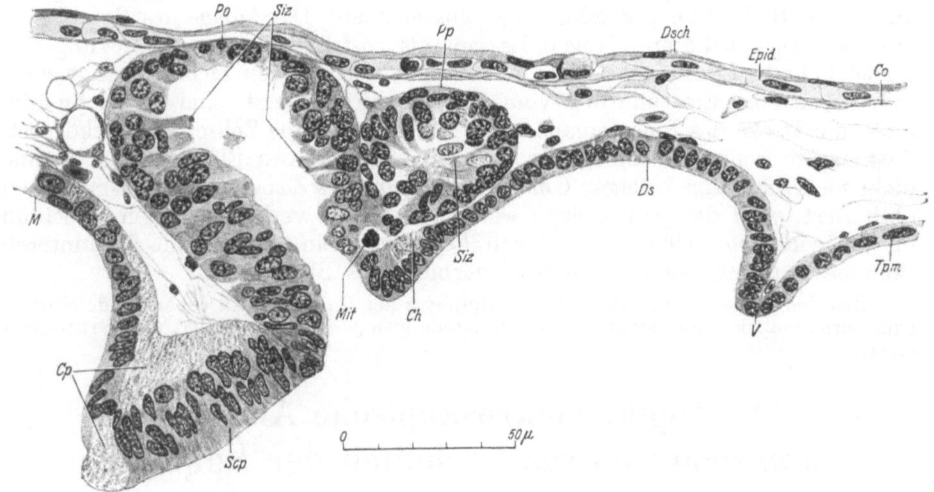

Abb. 14. Sagittalschnitt durch Pineal- und Parapinealorgan von *Coregonus* (Stadium 5 Wochen alt, 2 Wochen vor dem Schlüpfen). Parapinealorgan in Degeneration. *M* Mittelhirn, *Po* Pinealorgan, *Siz* Sinneszellen, *Dsch* Deckschicht, *Co* Corium, *Cp* Commissura posterior, *Pp* Parapinealorgan, *Ch* Commissura habenularis, *V* Velum transversum, *Tpm* Tela parietalis membranosa. *Scp* Subcommissuralplatte, *Mit* Mitose, *Ds* Dorsalsack, *Epid* Epidermis. Aus FRIEDRICH-FREKSA (1932).

schließlich vertikal gestellten, keulenförmigen Blase (4 Wochen altes Tier) entwickelt. Ähnliche Befunde erhob HILL (1893) bei *Amia calva*. *Amia* besitzt nach HILL sowie EYCLESHYMER und DAVIS (1897) außerdem ein vorderes Pinealorgan. Das ältere Schrifttum ist in STUDNIČKAs Monographie angeführt.

d) Elasmobranchier. Die Bildung der Epiphyse wird bei *Acanthias* (10 mm lang, 65 Urwirbel, vgl. v. KUPFFER 1906) wie bei anderen *Selachiern* mit der Entwicklung einer dorsalwärts gerichteten, zunächst seichten Ausstülpung des Zwischenhirndaches vor der Commissura caudalis eingeleitet, aus der schließlich ein langes keulenförmiges Organ hervorgeht (EHLERS 1878). Beim *Acanthias*keimling von 35 mm Länge stellt die Epiphyse einen in dorsaler Richtung leicht umgebogenen Schlauch dar (HALLER 1922), der sich im Laufe der Entwicklung immer mehr in rostraler Richtung verlängert und fast das Ektoderm erreicht (vgl. MINOT 1901). Bei *Torpedo* wird offenbar keine Epiphyse angelegt (vgl. hierzu die Abbildung bei D'ERCHIA 1896, ferner HALLER 1922).

Die soeben wiedergegebenen Befunde über die Epiphysenentwicklung von *Acanthias* werden durch grundsätzlich wichtige Angaben von LOCY (1894, 1925) über die frühe Entwicklung des Pinealorgans ergänzt, welche noch immer umstritten sind (vgl. FRIEDRICH-FREKSA 1932, WINTERHALTER 1931). Nach LOCY treten die Anlagen der Augen („Optic vesicles") bei *Acanthias* schon vor Bildung der Medullarrinne als ringförmige Vertiefungen in Erscheinung. Hinter ihnen sollen zwei Paar „cirkular pockets" — als „accessory optic vesicles" bezeichnet — entstehen, deren vorderes angeblich an der Bildung der Zirbelbucht beteiligt ist. Die von Locy vorgelegten Zeichnungen sind allerdings so mangelhaft, daß man sich von den wirklichen Gegebenheiten des Präparates kein Bild machen kann.

    e) Cyclostomen. Die Entwicklung der Epiphyse von *Petromyzon* weist insofern eine Besonderheit auf, als sie mit der Entstehung des Parapinealorgans engstens verknüpft ist (vgl. hierzu S. 324). Während noch Studnička (1893, 1905) und v. Kupffer (1894, 1906) eine getrennte Entstehung von Pineal- und Parapinealorgan annahmen, zeigte Runnström (1925), daß beide Organe einer gemeinsamen Ausstülpung der Hirndecke entstammen, deren Zellen sich anfangs durch den Besitz von Dotterkörnchen auszeichnen. Die Anlage des Parapinealorgans tritt bei 4,5 mm langen Larven als rostral gelegene Aussackung der Zirbelbucht in Erscheinung. Die Wandungen der blasigen Zirbelanlage, welche sich durch eine Einschnürung vom Zwischenhirn absetzt, sind ungleichmäßig dick; die Decke des Pinealorgans wird durch eine dünne Zellschicht verkörpert, der dem Zwischenhirn anliegende caudale Abschnitt des Bläschens durch eine dicke mehrschichtige Zellage. Unter Verdünnung des Zirbelstieles, dessen Lumen obliteriert, wird die Organanlage weit nach rostral verlagert. Nach Abschluß der Entwicklung stellt die Zirbel von *Petromyzon* ein ovoides, mit der hinteren Commissur durch einen feinen Stiel verbundenes Bläschen dar.

    Über das ältere, die Entwicklung der Epiphyse der *Petromyzonten* behandelnde Schrifttum berichten die zusammenfassenden Darstellungen von Gaupp (1898) und Studnička (1905).

IV. Topik, makroskopische Anatomie und quantitatives Verhalten der Epiphyse.
1. Säugetiere.

Die Epiphyse des *Menschen* stellt einen dorsales Anhangsorgan des Zwischenhirnes etwa von der Gestalt eines Pinienzapfens dar, dessen Spitze in dorsal-caudale Schrägrichtung weist. Der Epiphyse des neugeborenen Kleinkindes schreiben Uemura (1917) und Peter (1936) eine mehr kugelige Gestalt zu (Abb. 15b). Die Epiphyse verdeckt das Tal zwischen den Colliculi rostrales der Vierhügelplatte. In ihre breite Basis ragt eine durch die sog. obere und untere Lamelle begrenzte Ausstülpung des 3. Ventrikels, der Recessus pinealis, hinein. Die Zirbelbasis ist mit dem Zwischenhirndach durch die erwähnte obere, in die Habenula übergehende Lamelle und die untere Lamelle verbunden, welche sich in die Commissura caudalis fortsetzt. Die Lamina tectoria ventriculi III ist der Dorsalfläche der Epiphyse angeheftet (Abb. 59); sie begrenzt die über der Epiphyse gelegene Aussackung des Recessus suprapinealis („cul de sac suspineal"). Über die Beziehungen der Epiphyse zur Cysterna fissurae transversae (Cysterna ambiens) unterrichtet die Abb. 16 aus Spatz und Stroescu (1934).

    Typische, funktionell bedingte Formveränderungen der menschlichen Epiphyse kennen wir nicht mit Sicherheit. Aschners (1913) Angabe, die Zirbel Schwangerer zeichne sich durch kugelige Form aus, wird von Berblinger (1926) und Brandenburg (1929) nicht bestätigt. Männliche und weibliche Epiphysen zeigen keinerlei Formunterschiede (Brandenburg 1929). Runde und längliche Zirbeln kommen bei beiden Geschlechtern vor. Günther (1942), der Brandenburgs Längen-Breiten-Indices der Zirbeln von 157 *Menschen* unter Auslassung der Zahlen für Kinder bis zu 10 Jahren genauer prüfte, gelangt allerdings zu der Feststellung, daß eine rundliche Zirbelform bei Nulliparae häufiger als bei Männern zu finden ist und daß die Rundform bei Müttern unzweifelhaft überwiegt. Es bleibt abzuwarten, ob GÜNTHERS Feststellungen

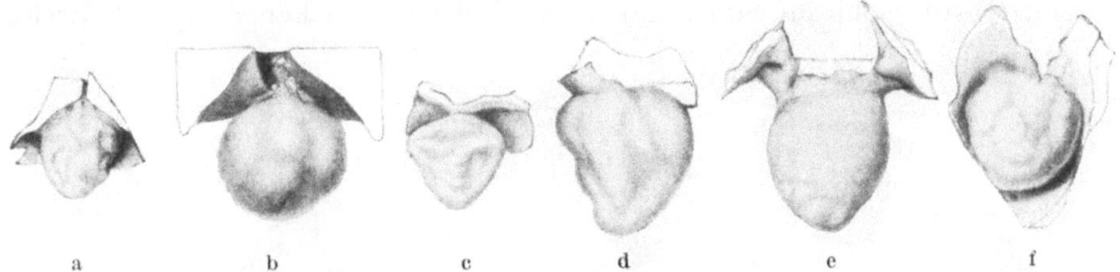

Abb. 15. Epiphysen von Kindern in 2,5facher Vergrößerung (a) Neugeborener, (b) 3 Monate alt, (c) 6 Monate, (d) 10 Jahre, (e) 12 Jahre, (f) 14 Jahre. Aus K. PETER (1936).

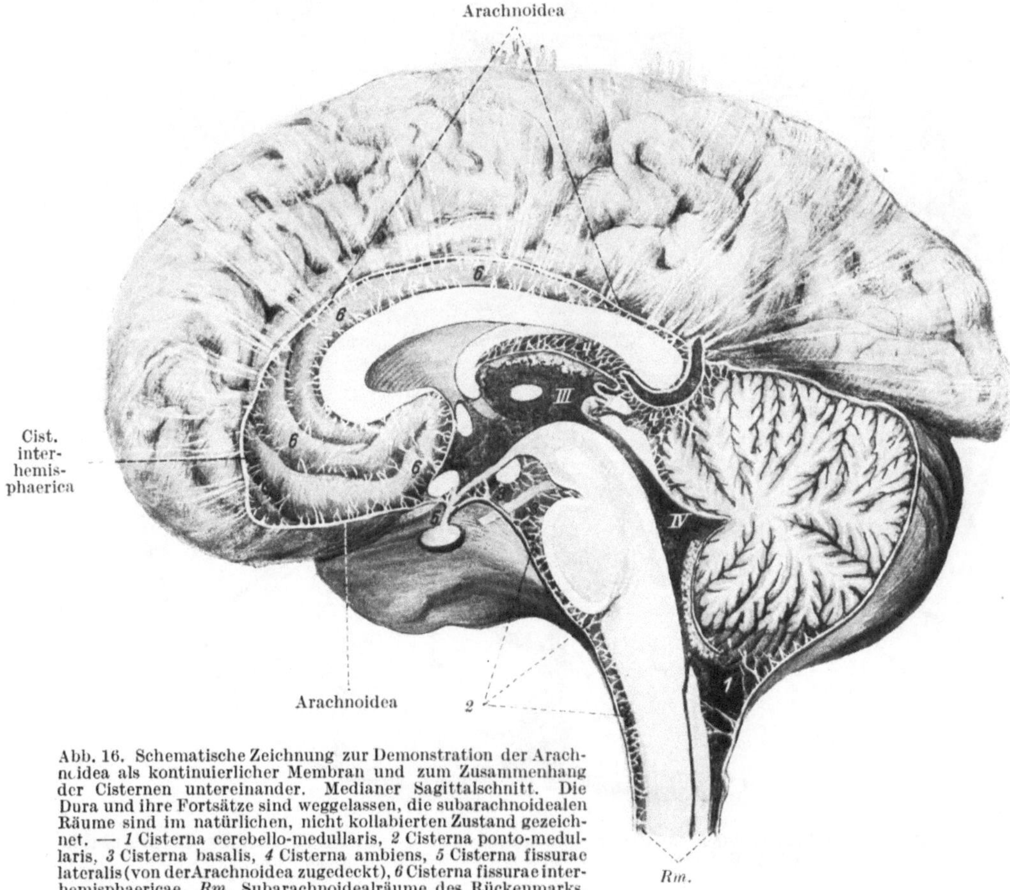

Abb. 16. Schematische Zeichnung zur Demonstration der Arachnoidea als kontinuierlicher Membran und zum Zusammenhang der Cisternen untereinander. Medianer Sagittalschnitt. Die Dura und ihre Fortsätze sind weggelassen, die subarachnoidealen Räume sind im natürlichen, nicht kollabierten Zustand gezeichnet. — 1 Cisterna cerebello-medullaris, 2 Cisterna ponto-medullaris, 3 Cisterna basalis, 4 Cisterna ambiens, 5 Cisterna fissurae lateralis (von der Arachnoidea zugedeckt), 6 Cisterna fissurae interhemisphaericae, Rm. Subarachnoidealräume des Rückenmarks. (Aus H. SPATZ und G. J. STROESCU 1934.)

auch für ein umfangreicheres Untersuchungsgut als dasjenige BRANDENBURGs gelten. Die Farbe des Organs ist grau-weiß oder gelblich, seine Oberfläche ist fein gebuckelt — besonders bei Vorhandensein zahlreicher Konkremente — oder mit vereinzelten Furchen versehen. Die Konsistenz der Zirbel kann bei starker Ablagerung von Kalkkonkrementen unter Umständen diejenige des Knorpels erreichen.

Als Durchschnittsmasse der Zirbel gibt Henle (1879) einen Sagittaldurchmesser von 8 mm, einen Transversaldurchmesser von 6 mm, Rauber-Kopsch (1940), wohl auf Schwalbe (1881) fußend, eine Länge von 12, Breite

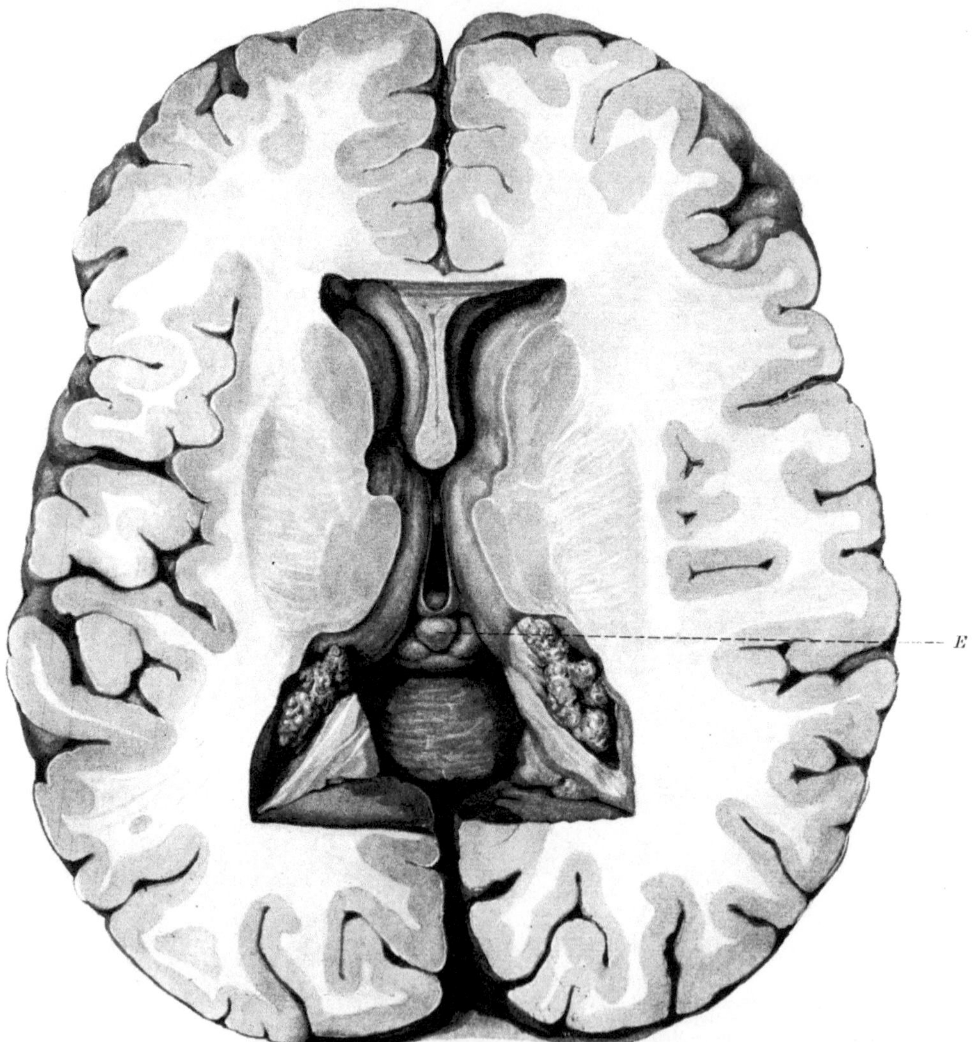

Abb. 17. Horizontalschnitt durch das Gehirn eines 30jährigen Hingerichteten mit Epiphyse (*E*) in Aufsicht. (Präp. G. Schäffner, Leipzig, gez. M. Wendland, Berlin, verkl.)

von 8 und Dicke von 4 mm an, Déjérine (1901) entsprechende Werte von 10, 5 und 5 mm. Nach Lord (1899, zit. nach Studnička 1905) mißt das Organ 5—9 mm in der Länge, 3—8 mm in der Breite, 2—4 mm in der Dicke. Die von Uemura (1917) ermittelten entsprechenden Werte betragen 0,84: 0,63:0,42 cm. Die Epiphyse des Neugeborenen ist 3—4 mm lang, etwa 2,5 mm breit und 2—2,5 mm hoch (vgl. Peter 1936). Weitere Masse kindlicher

Epiphysen sind der Tabelle PETERS im Handbuch der Anatomie des Kindes zu entnehmen.

Schon im 3.—4. Lebensjahre kann die Zirbel ihre endgültige Größe erreicht haben (PETER). Ein konstanter Unterschied der Größe der männlichen und weiblichen Epiphyse besteht nicht. BURDACH (1819) schrieb dem weiblichen Gehirn eine größere Epiphyse als dem männlichen zu.

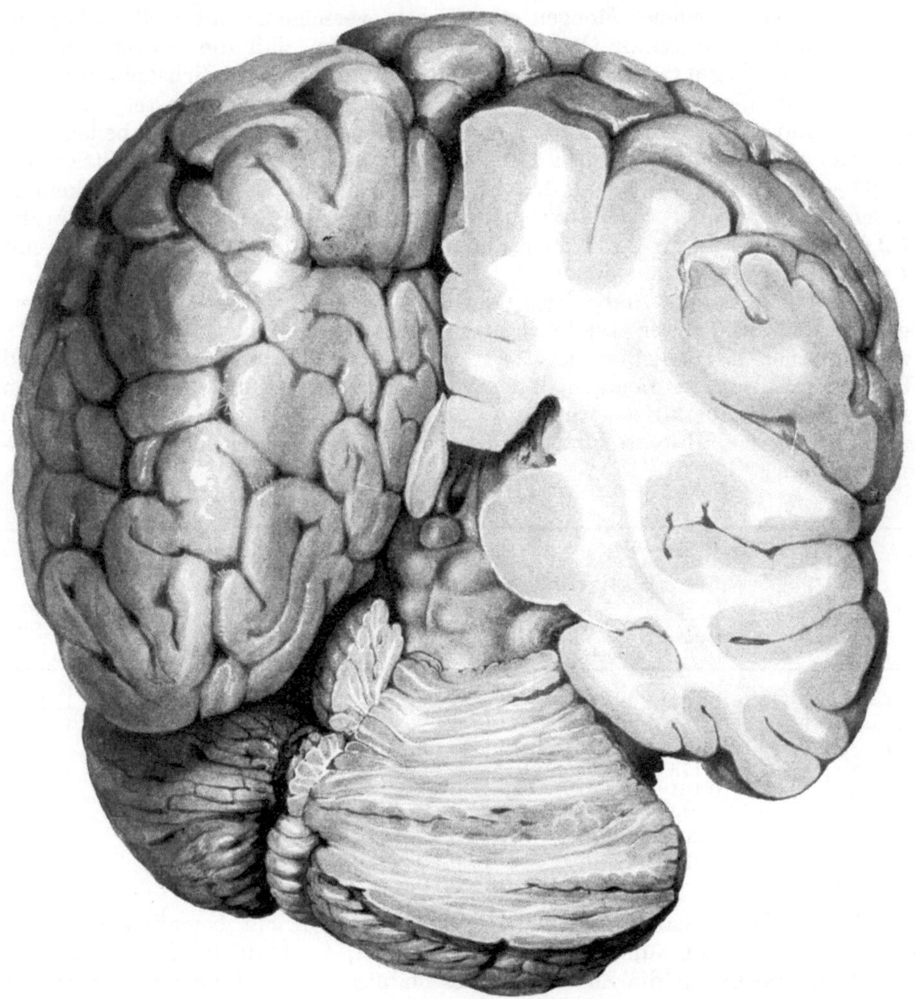

Abb. 18. Gehirn eines 36jährigen Hingerichteten. Epiphyse und Vierhügelregion in Aufsicht nach Abtragung von Teilen des Groß- und Kleinhirnes (Präp. G. SCHÄFFNER, Leipzig, gez. M. WENDLAND, Berlin, etwas verkl.) Steilstellung der Epiphyse.

Das Gewicht der menschlichen Epiphyse, dessen Feststellung wegen des schwankenden Gehaltes der Zirbel an Kalkkonkrementen und Cysten (BENDA 1932) von nur beschränktem Werte ist, beträgt für beide Geschlechter im Mittelwert 0,157 g (UEMURA 1917, BERBLINGER 1920, 1926), nach AGEITSCHENKO (zit. nach ROMODANOWSKAJA 1936) 0,152 g. AGEITSCHENKO (zit. nach ROMODANOWSKAJA 1936) stellte als Minimum ein Zirbelgewicht von 0,08 g, als Maximum ein Gewicht von 0,305 g fest. WEINBERG (1926) fand einen Mittelwert von

0,075 g. Die auffällige Differenz dieses Wertes und des von Berblinger angegebenen Gewichtes ist nach Weinberg auf die Wägung fixierter Organe — in seinem Falle — zurückzuführen. Die männliche Epiphyse wiegt nach Uemura im Durchschnitt 0,160 g, nach Berblinger 0,1565 g, nach Benda 0,1838 g (39 Fälle), die weibliche 0,151 g bzw. 0,1575 g bzw. 0,151 g (53 Fälle). Diesen — einander widersprechenden — Angaben kommt jedoch keinerlei Bedeutung für die Frage der Geschlechtsunterschiede der Epiphyse zu, da ihnen Wägungen verschiedener Mengen von Zirbeln verschieden alter *Menschen* zugrunde liegen. Günther (1942) weist darauf hin, daß die Statistiken von Uemura und Berblinger infolge der Berücksichtigung der Zirbelgewichte von Kindern mit einem statistischen und methodischen Fehler belastet sind. Bei Untersuchung der Variabilität der Gewichte an Hand der Tabellen von Uemura und Berblinger gelangt Günther zur Ermittlung der Mittelwerte ♀ 167 ± 9 und ♂ 171 ± 9 mg, welche keinen Geschlechtsunterschied erkennen lassen. Nach grober Schätzung beträgt das relative Epiphysengewicht ♂ 2,62 und ♀ 3,10 mg je Kilogramm; das Körpergewicht wird dabei mit ♂ 65 und ♀ 54 kg angenommen.

Die von Uemura und Berblinger an einem ziemlich kleinen Untersuchungsgut ermittelten Durchschnittsgewichte der Epiphysen von *Menschen* verschiedener Altersklassen sind der folgenden Tabelle aus Rössle und Roulet (1932) zu entnehmen, einer vereinfachten Fassung der tabellarischen Aufstellung Berblingers (1926), welche ich durch die von Polvani (1913) gewonnenen, das absolute und spezifische Gewicht berücksichtigenden Werte ergänzt habe.

Tabelle 2.

| Alter in Jahre | Berblinger | | | | Uemura | | Polvani | | |
| | Durchschnittliches Gewicht in g | | M für | Zahl der Fälle | Durchschnittliches Gewicht in g | Zahl der Fälle | Alter | Absolutes Gewicht | Spezifisches Gewicht |
	♂	♀	♂ und ♀					in g	in g
1—10	0,110	0,164	0,137	16	0,136	5	Neugeb.	0,075	1,038
11—20	0,162	0,162	0,162	26	0,158	9	20	0,235	1,042
21—30	0,166	0,158	0,162	22	0,146	7			
31—40	0,203	0,175	0,189	21	0,145	7	40	0,240	1,045
41—50	0,178	0,101	0,139	13	0,209	8			
51—60	0,162	0,214	0,188	25	0,159	5	60—80	0,280	1,053
61—70	0,147	0,200	0,173	12	0,215	7			
71—80	0,116	0,123	0,116	4	0,129	17			
81—90	—	—	—	—	0,136	6			

Nach Uemura kann man folgende, das Zirbelgewicht betreffende fallende Reihe der Dezennien aufstellen: 7., 5., 6., 2., 3., 4., 1., 9., 8. Jahrzehnt. Die von Berblinger für die Zirbeldrüse des Mannes aufgestellten Gewichtskurven lassen einen Anstieg bis zum 4. Jahrzehnt erkennen. Die in späteren Jahrzehnten zu beobachtende Verringerung des Organgewichtes beruht nach Berblinger auf einer Abnahme des Parenchyms. Die weibliche Zirbel erreicht ihr Höchstgewicht im 6. Jahrzehnt. Ein Zirbelgewicht von mehr als 0,3 g soll nach Uemura ausschließlich jenseits des 40. Lebensjahres anzutreffen sein. Epiphysen mit einem Gewicht von über 0,4 g betrachtet Berblinger im Einklang mit Uemura als krankhaft verändert. Eine Epiphyse von 1 g Gewicht fand Benda bei einem 75jährigen Manne.

Die Epiphyse auch der übrigen *Säugetiere* kann im großen und ganzen als zapfenähnlich oder kegelförmig bezeichnet werden. Bei einem jungen *Schimpansen* (♂) von 72 cm Standhöhe fand Möller (1890) eine 2 mm lange und

3 mm breite abgeflachte Zirbel. FLATAU und JACOBSOHN (1899) bezeichnen das Organ als birnenförmig. SUZUKI (1938) gibt für die Epiphyse eines *Orang* einen Sagittaldurchmesser von 4,59 mm, Transversaldurchmesser von 3,3 und Vertikaldurchmesser von 1,35 mm an, für die eines *Gibbon* entsprechende Werte von 2,1 mm, 2,4 mm und 1,4 mm. Bezüglich weiterer Maßangaben über die Zirbel von *Primaten* sei auf CUTORES (1912, *Makaken*) und SUZUKIs Veröffentlichungen verwiesen. Der *Esel* besitzt eine etwa 13—16 mm lange, schlanke Epiphyse (ILLING 1910). UEMURA schildert die Epiphyse des *Pferdes* (Längendurchmesser nach UEMURA durchschnittlich 10,5 mm, Breite 5,4 mm, Höhe 5,8 mm, nach ILLING 10—13 mm, 5—8 mm, 5—8 mm) als langgestrecktes Ovoid (s. a. ILLING 1910) oder länglichen Zapfen, die der *Kuh* (Sagittaldurchmesser nach UEMURA 16,8 mm, frontal 5,3 mm, transversal 5,2 mm, nach ILLING 12—19 mm, 5 bis 8 mm, 5—8 mm) als erdnußähnliches Gebilde, dessen proximaler Abschnitt eine geringfügige Verjüngung aufweist, während das freie Ende in eine Spitze übergeht. Das *Schaf* (Durchmesser der Zirbel nach eigenen Beobachtungen 7—8 mm, nach ILLING 7—9 mm, größte Breite 5,5—8 mm, größte Höhe 4 bis 6 mm) besitzt eine annähernd kugelige oder erbsenförmige Epiphyse, ebenso die *Ziege* (nach ILLING 4,5—5 mm Längsdurchmesser, quer 3—5 mm, Höhe 3 mm). Die Zirbel des *Schweines* (Sagittaldurchmesser nach UEMURA 8,3 mm, transversal 3,5 mm, vertikal 4,1 mm, nach ILLING Länge 6—9 mm, größte Breite 2,5—4 mm, größte Höhe 3,5—5 mm) wird von UEMURA mit einem Roggenkorn verglichen. Die Epiphyse des *Elefanten* stellt sich nach CREUTZFELD (1912) als dünnes pyramidenförmiges Körperchen von 6,5 mm Höhe und 3,5 mm Breite dar; die birnförmige Epiphyse des *Nashorns* ist nur 6 mm hoch und 4 mm breit, die des *Tapirs (T. Indicus)* weist eine Länge von 3,5 mm auf. Die Zirbel der *Klippschliefer*arten ist nur rudimentär ausgebildet (KRABBE 1941). Durch besondere Formvariabilität zeichnet sich die nach UEMURA 1,5—4 mm lange, nach ILLING 1,5—2 mm lange Epiphyse des *Hundes* aus, die bald rundlich, bald langgestreckt angetroffen wird. Manche abgeplatteten *Hunde*epiphysen sind „papierdünn" (s. a. ILLING). Der *Seeotter* besitzt nach FUSE (1936) eine in Aufsicht etwa rhombisch konturierte, der *Seehund* eine birnförmige Epiphyse. Die Epiphyse der *Ringelrobbe* erinnert an eine Tonne, diejenige des *Seebären* an eine Spindel (bezüglich weiterer Angaben über die *Robben*epiphyse vgl. TUMA 1888, FUSE). Bei der *Katze* (UEMURA) findet man bald eine etwa kastanienförmige, 2—3 mm breite, bald eine lanzettförmige (ILLING) Zirbel von 1,5 bis 2 mm Länge (ILLING), beim *Kaninchen* (Längsdurchmesser nach UEMURA 8 mm, Breite 1,2 mm, nach R. KRAUSE 6—7 mm lang) ein annähernd stäbchenförmiges Organ, dessen Ende kolbig verdickt ist (STADERINI 1897). Die Epiphyse der *Ratte* ist wie diejenige der *Maus* ungefähr kugelig gestaltet; ihr Durchmesser beträgt rund 1 mm. Bezüglich der Epiphyse von *Beuteltieren* vgl. KANEKO (1937), von *Echidna* YAMADA (1938, Lit.) Einen ausgeprägten Recessus pinealis besitzt die Epiphyse des *Orang* (SUZUKI 1938, dort Angaben über andere *Primaten*) und des *Schafes* (ILLING). Der Recessus pinealis der *Rinder*epiphyse stellt eine nur kleine Ausbuchtung des 3. Ventrikels dar.

Geschlechtsunterschiede kommen in der Form der Epiphyse offenbar nicht zum Ausdruck. Bei männlichen und weiblichen *Schweinen* z. B. sind sowohl runde als auch längliche Zirbeln zu beobachten (BRANDENBURG). Auffallende geschlechtsbedingte Größenunterschiede der Epiphyse bestehen nicht, wie die folgende, auf Messungen der Zirbel von 300 *Pferden* und 386 *Rindern* fußende Tabelle GERLACHs (1918) zeigt. (S. Tabelle 3, S. 354.) Die von ISHIKAWA an Hand eines unzureichenden Materials festgestellten Größenunterschiede der Epiphysen männlicher und weiblicher *Hunde* sind wohl auf die stärkere körperliche Entwicklung der Männchen zu beziehen (vgl. S. 337).

Zwischen Körpergröße und Zirbelgröße sollen allerdings keine Beziehungen bestehen (Gerlach 1918). Die von der Pia bzw. Tela chorioidea überzogene Oberfläche der Zirbel der *Säugetiere* ist bald mehr oder weniger regelmäßig gefeldert *(Pferd, Kuh, Ziege, Schwein)*, bald glatt *(Kaninchen*, gelegentlich *Schaf)*. In den oberflächlichen Furchen verlaufen Blutgefäße. Uemura beobachtete bei der *Katze* eine durch eine Längsfurche und Einkerbung des caudalen Organabschnittes in Hälften geteilte Epiphyse. Zwei Epiphysen nebeneinander, ferner eine dreigeteilte Epiphyse fand Illing (1910) bei der *Katze*. László (1935) erwähnt die Aufspaltung einer *Schweine*zirbel durch eine tiefe Furche. Die Konsistenz der Zirbel ist nach Uemuras und meinen eigenen Feststellungen im allgemeinen etwas derber als diejenige des benachbarten Hirngewebes. Die Epiphyse des *Schweines* kann gelegentlich geradezu „knorpelhart" (Uemura) sein, ebenso diejenige des *Pferdes* (Tiedemann 1816, Illing 1910). Auch Lanz (1941) bezeichnet die Zirbel des *Pferdes* als hart. Besondere Härte kann durch die Einlagerung von Kalkkonkrementen bedingt sein (*Rind*, Illing 1910, Gerlach 1918; *Ziege*, Malacarne 1795). Beim *Hunde* fanden Uemura sowie Illing ausgesprochen weiche, mitunter fast sulzige Epiphysen. Die Farbe der Zirbel hängt von dem Ausmaße der Durchblutung und der Menge des Pigmentes ab, das durch den Piaüberzug hindurchschimmert. So zeichnet sich die Epiphyse des *Pferdes* und des *Esels* durch mitunter fleckige bräunliche Pigmentierung aus (Illing, Uemura), die vielfach auch auf der Schnittfläche des Organs in Erscheinung tritt. Auch die Epiphyse des *Rindes* fällt häufig durch dunkelbraune Pigmentierung auf, besonders diejenige älterer Tiere (Martin und Schauder 1938). Das freie Ende des Organs wird nicht selten von der Pigmentablagerung bevorzugt. Gelblich-bräunlich gefärbte Epiphysen kann man bei *Schaf* und *Kaninchen* antreffen. In der Regel jedoch ist der Säugerepiphyse ein grauweißer Farbton eigen.

Über das Gewicht der Epiphysen verschiedener *Säuger* gibt folgende Tabelle der Wägungen von Cutore, Uemura, Martin und Schauder, Illing sowie Calvet und Blanchard einige Anhaltspunkte.

Tabelle 3.

Art	Länge mm	Breite mm	Dicke mm
Hengst	12,0	6,7	6,2
Stute	10,9	6,9	6,1
Wallach . . .	11,2	6,7	6,1
Stier	16,7	7,0	6,5
Kuh	16,1	6,9	6,0
Ochse	17,2	7,0	6,4
Büffelkuh . .	8,8	9,3	7,1
Büffelochse . .	9,0	9,1	7,2

Tabelle 4.

Art	Illing (Wägung ohne Hüllen und Zirbelstiele) g	Cutore g	Uemura g	Martin und Schauder g	Calvet und Blanchard g
Rind	0,24 —0,29	0,350	0,22	etwa 0,3	
Schaf	0,035, 0,085	—	0,07		
Ziege	0,01 —0,015	0,075	0,05—0,08		
Schwein	0,025—0,04	0,040	0,03—0,075		
Pferd	0,14 —0,18	0,440	0,15—0,28		0,056—0,440 (Mittelwert: 0,175)
Esel		0,520			
Maulesel		0,860			
Kaninchen		0,010			
Ratte		0,002			
Hund		0,080			

Die Beziehungen des Zirbelgewichtes zum Lebensalter stellen sich nach den Untersuchungen von LANZ (1941) an der Epiphyse des *Pferdes* folgendermaßen dar: Das Gewicht der Epiphysen zweier neugeborener Tiere, eines 3- und eines 5monatigen Fohlen schwankte zwischen 0,04 und 0,2 g (0,000196% des Körpergewichtes). Bei einem 3jährigen *Pferd* wog das Organ 0,09 g, bei einem 7jährigen Tier 0,2 g (0,000026% des Körpergewichtes), bei vier *Pferden* von etwa 9—13 Jahren durchschnittlich 0,25 g (0,000043% des Körpergewichtes). In einem Falle wurde bei derselben Altersklasse eine Zirbel von 0,68 g Gewicht festgestellt. Die Epiphysengewichte von 8, etwa 14—18 Jahre alten *Pferden* betrugen 0,17—0,3 g (durchschnittlich 0,24 g), von 4 über 20 Jahre alten Tieren 0,09—0,16 g, von 2 etwa 20jährigen *Pferden* 0,25 und 0,35 g. Das absolute Organgewicht ist nach den Feststellungen von LANZ bereits im ersten Lebensjahre relativ hoch; es steigt bis etwa zum 15. Jahre an, um dann langsamer geringer zu werden. Das relative Gewicht der Epiphyse fällt vom Werte des ersten Lebensjahres bis zum Abschluß des Wachstums, um dann bis zum 13. Jahre wieder anzusteigen. Anschließend sinken die Werte allmählich. Die Epiphyse des *Hundes* soll mit zunehmendem Alter nicht an Größe abnehmen (PRENE 1939).

Zwischen dem Gewichte der Zirbel des *Pferdes* und dem Geschlecht lassen sich nach LANZ Beziehungen nachweisen, welche auf eine verschiedene Funktionsstärke der Zirbel zu deuten scheinen. Die Epiphysen der männlichen *Tiere* sind nämlich durchschnittlich leichter als diejenigen der weiblichen. Es muß jedoch darauf hingewiesen werden, daß die von LANZ angeführten Werte auf *Wallache*, d. h. auf Kastraten Bezug nehmen. Für beide Geschlechter gibt LANZ folgende Werte: *Stute* (523 kg) Zirbelgewicht 0,27 g, d. h. 0,000051% des Körpergewichtes, *Wallach* (504 kg) Zirbelgewicht 0,21 g, d. h. 0,000041% des Körpergewichtes.

Die Blutgefäße der Epiphyse des *Menschen* sind teils Ästchen der A. cerebellaris superior (VICQU'D'AZYR 1786), bzw. der aus ihr hervorgehenden A. chorioidea medialis (POIRIER und CHARPY 1899, TESTUT 1891, „a. chor. post. et med."). Außerdem erhält die Zirbel nach meinen Feststellungen arteriellen Zustrom durch Ästchen der A. cerebralis posterior. Der venöse Abfluß erfolgt nach POIRIER und CHARPY durch eine „azygos de l'épiphyse" zu den „Veines jumelles", die vielfach in die Vena cerebellaris superior einmünden. In der Hauptsache dürfte das venöse Blut der Zirbel in die Vena cerebri magna und die Gabel der Vv. cerebrales internae einströmen, welche sich dem dorsalen Umfang der Epiphyse eng anschmiegen. LUSCHKA (1855) z. B. erwähnt kleine Zirbelvenen, welche in die Unterfläche der Vv. cerebri internae münden.

Über die Gefäßversorgung der Epiphyse der *Säuger* ist recht wenig bekannt. Nach den Angaben von MARTIN und SCHAUDER (1938), welche auf die Verhältnisse bei den *Haustieren* Bezug nehmen, enthalten Zirbelkapsel und interstitielles Gewebe stark gewundene Arterien und Venen in wechselnder Zahl und Stärke. Die Zirbelgefäße stammen nach HAGEMANN (1872) aus der Tela chorioidea. Der Abfluß des Venenblutes erfolgt nach FUSES (1936) Untersuchungen am Gehirn von *Seeotter* und *Seehund* in die Vena cerebri magna, welche der Dorsalfläche der Epiphyse — auch des *Kaninchens* (STADERINI 1897) — eng angelagert ist. Bezüglich der Innervation der Zirbel vgl. S. 428.

Auf die Tatsache, daß die Epiphyse bei einer Reihe von *Säugern* fehlt, wurde bereits hingewiesen (s. S. 341).

2. Vögel.

Die Epiphyse der *Vögel* stellt ein meist keulenförmiges, in den engen Raum zwischen Großhirnhemisphären und Kleinhirn eingeschlossenes Organ dar, das durch einen dünnen Stiel mit der Zwischenhirndecke verbunden ist. In der

Regel ist die Zirbel vertikal eingestellt. Die schlauchähnliche Epiphyse der *Taube* biegt an der Hirnoberfläche in rostraler Richtung um (R. Krause 1926). Der distale kolbige Abschnitt der Epiphyse sowie die den Hemispären zugekehrte Oberfläche des Organs sind mit der Dura verwachsen (Haller 1922). Die Epiphyse des *Huhnes* ist etwa 2,5 mm lang, 1,5 mm breit (Stieda 1869), diejenige von *Meleagris gallopavo* 5 mm lang und 2,5 mm breit (Mihalkowics 1877). Bei *Strix* fand Studnička 1905) eine etwa 6 mm lange Epiphyse.

3. Reptilien.

Die Epiphyse der *Reptilien* bildet wegen ihrer geringen Größe keinen Gegenstand der makroskopischen Anatomie. Studnička (1905) unterscheidet an der Epiphyse der *Reptilien* drei, jedoch nicht bei allen Formen in ihrer Gesamtheit vorhandene Abschnitte: eine sackförmige Proximalpartie („Epiphyse sensu

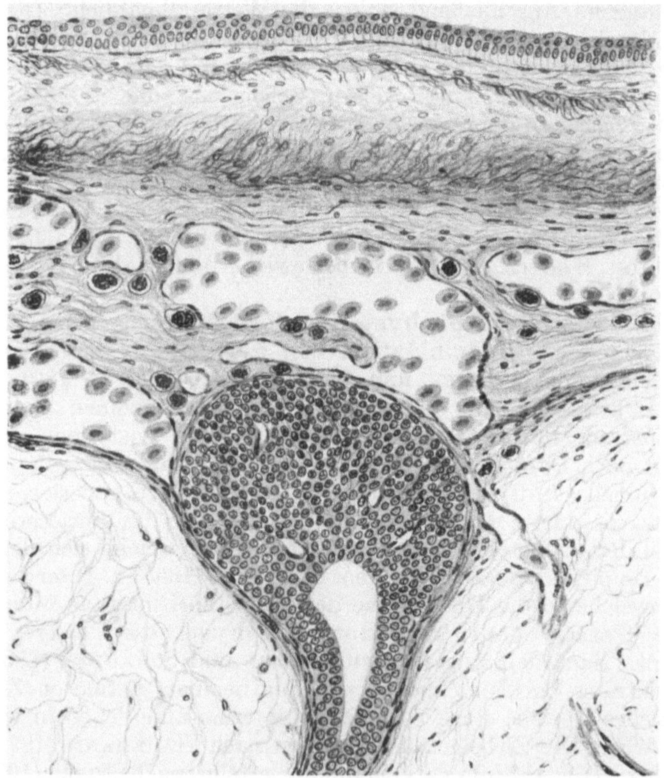

Abb. 19. Epiphyse von *Tropidonotus natrix*, Embryo 13 cm lang. (Fixation Bouin, Schnittdicke 8 μ, Azanfärbung nach Heidenhain Ok. 2, Obj. Zeiß DD, auf ²/₃ verkl., gez. K. Herschel, Leipzig.) Epiphyse in den Sinus sagittalis superior hineinragend. Epiphysenstiel hohl. In der Sinuswandung sog. Meningocyten.

strictiori"), eine mittlere Strecke (Stiel der Endblase) und die Endblase, den am häufigsten fehlenden Abschnitt der Epiphyse. Als sekundärer Stiel wird das bald hohle, bald solide Verbindungsstück zwischen Hirndecke und proximalem Epiphysenanteil bezeichnet. Die genannten Epiphysenabschnitte sind z. B. bei *Pseudopus Pallasii* deutlich differenziert. Bei *Anguis fragilis* dagegen fehlt die Endblase. Der Endblasenstiel — bei Formen ohne Endblase den sog. Endzipfel der Epiphyse verkörpernd — biegt am Ende des verdickten proximalen

Epiphysenteiles fast rechtwinklig in rostraler Richtung um. Das Ende des Zipfels kann durch einen Bindegewebsstrang mit dem Parietalauge verbunden sein *(Anguis fragilis)*. NOWIKOFF (1910) macht auf das Vorkommen erheblicher Unterschiede der Epiphysengestalt bei ein und derselben Art aufmerksam. So fand NOWIKOFF bei *Lacerta agilis* in einem Falle eine Epiphyse in Form eines annähernd dreieckigen Sackes mit gefalteten Wänden, durch einen soliden Stiel mit dem Zwischenhirn verbunden. Das distale Ende des Sackes war weit

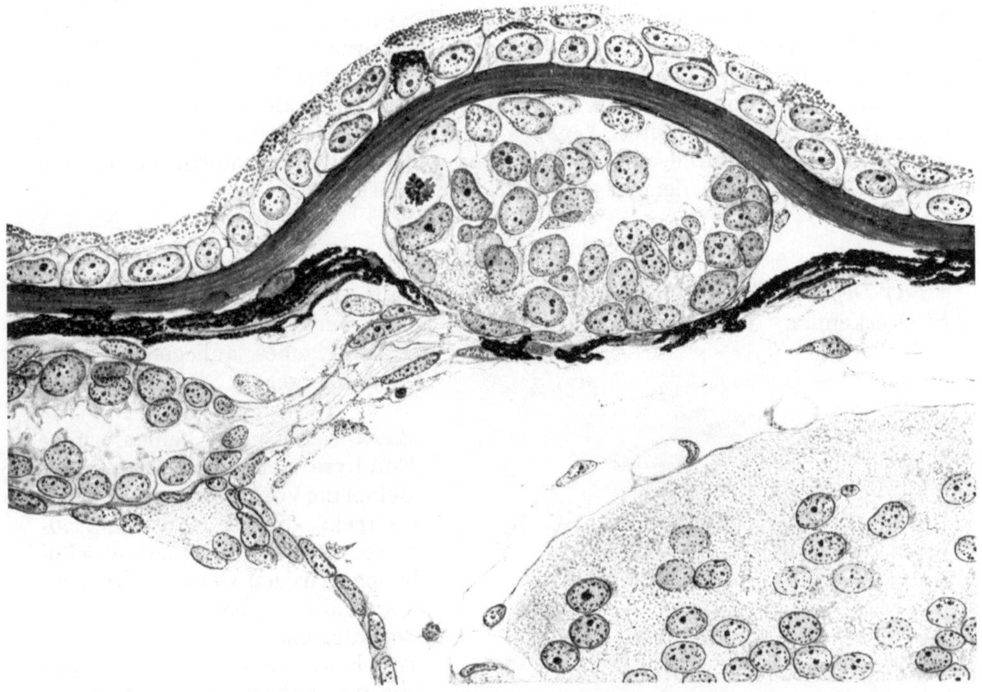

Abb. 20. Epiphyse (in Höhe des *) und Stirnorgan einer Kaulquappe von *Rana esculenta* im Sagittalschnitt (Fixation BOUIN, Schnittdicke 10 μ, Azanfärbung, Ok. 2, Ölimmersion. Zeiß H. I. 100, auf $^6/_{10}$ verkl., Präparat cand. med. W. TEICHMANN, gez. K. HERSCHEL, Leipzig).

vom Parietalauge entfernt. In einem anderen Falle setzte sich der erweiterte Epiphysenabschnitt in einen langen, das Parietalauge fast erreichenden Zipfel fort.

Die Epiphyse der *Ophidier* stellt ein kugeliges, kompaktes, durch einen zarten Stiel mit dem Zwischenhirndach verbundenes Körperchen dar. Wie Abb. 19 zeigt, wird die Zirbel von *Tropidonotus* von dem venenreichen duralen Bindegewebe umschlossen (vgl. hierzu S. 452). Bei anderen Formen ist das Organ mit der Schädeldecke verlötet (STUDNIČKA).

Das Corpus pineale der *Chelonier* tritt als ein schlauchartiges oder kolbiges Hohlorgan mit gebuckelter Oberfläche in Erscheinung, das bei *Cistudo europaea* die Länge von 4 mm erreichen soll (FAIVRE 1877, Abbildung bei B. HALLER 1900). Der Zirbelstiel — dem sekundären Stiel der Saurierzirbel entsprechend — ist außerordentlich dünn. *Elephantopus planiceps* besitzt nach HALLER V. HALLERSTEIN (1922) keine Epiphyse.

Den *Krokodiliern* fehlt das Corpus pineale (SORENSEN 1894, STUDNIČKA 1905, CREUTZFELD 1912, VOELTZKOW 1903, HALLER 1922).

4. Amphibien.

Die der Schädeldecke benachbarte Epiphyse der *Amphibien* stellt ein an einen kurzstieligen Pilz (zahlreiche *Urodelen*), in anderen Fällen an eine kleine Birne *(Proteus anguineus, Ichthyophis glutinosa)* erinnerndes, vielfach auch schlauchartiges Organ *(Anuren)* dar, bei den *Anuren* durch einen dünnen Strang (Tractus pinealis) mit dem im Corium der Kopfhaut gelegenen Stirnorgan verbunden (Abb. 20), dessen Lage vielfach der zwischen den Augen sichtbare Scheitelfleck verrät. Das Stirnorgan wird von einer Bindegewebskapsel umhüllt. Sein Durchmesser beträgt nach Stieda bei *Rana* (spez. ?) 0,12—0,15 mm; nach Lessoner (1880, zit. nach Studnička) liegt er etwas unter 1 mm. de Graaf (1886) gibt für das Stirnorgan von *Rana esculenta* eine Breite von 0,126 mm und eine Länge von 0,145 mm an. Ein Foramen parietale für den Durchtritt des Tractus pinealis besitzt *Xenopus laevis* (Winterhalter 1932). Im allgemeinen jedoch durchsetzt der Tractus pinealis die Schädeldecke in den Fontanellen zwischen den Nasalia und Frontoparietalia.

5. Fische.

a) Dipnoer. Das Pinealorgan der *Dipnoer* läßt einen dünnen, meist hohlen Stiel erkennen, dessen distales Ende in ein gekammertes, der Unterfläche des Schädeldaches anliegendes Bläschen übergeht.

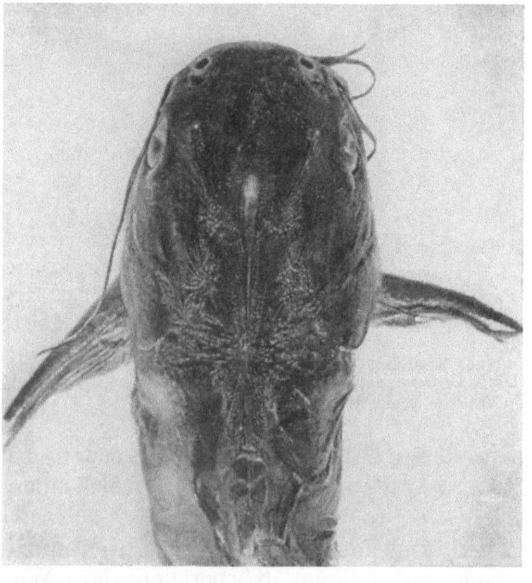

b) Teleostier. Bei den *Teleostiern*, deren meist keulenförmige Epiphyse sich rostral bis in das Gebiet der Vorderhirnhemisphären erstreckt, findet man die Endblase meistens zu einem ansehnlichen drüsigen Organ entwickelt. Die Endblase, besonders aber der bogenförmig verlaufende Stiel der Epiphyse, sind dem Dorsalsack eng benachbart bzw. vielfach angelagert (z. B. *Anguilla fluviatilis, Salmo*). Ein sehr langes röhrenförmiges Pinealorgan besitzt *Lophius piscatorius*. Nach Studnička (1905) liegt die Epiphyse mancher *Teleostier* der Innenfläche der Schädelwandung an *(Tinca vulgaris, Leuciscus rutilus)*. Ein Foramen parietale kommt offenbar selten vor (vgl. hierzu Dean

Abb. 21. Kopf von *Arius coelatus* mit weißem Frontalfleck. Phot. 1:1,3, verkl. Aus Friedrich-Freksa 1932.

1888, v. Klinckowström 1893, *Callichthys*; Studnička 1905, *Argyropelecus*). Bei *Arius* und *Marones* tritt die Epiphyse durch das Foramen parietale (pineale) hindurch, um sich am Corium unter dem Frontalfleck (Abb. 21) anzulegen (Friedrich-Freksa 1932). Die Blutversorgung der Epiphyse erfolgt nach Friedrich-Freksas (1932) Untersuchungen am Gehirn von *Gobius Panizzae* durch zwei in rostral-kaudaler Richtung verlaufende Arterien, die vor dem Eintritt in die Epiphyse je einen Ast für ein auf dem Mittelhirn befindliches Capillarnetz abgegeben. Innerhalb der Epiphyse vereinigen sich die Arteriae pineales zu einem Capillarnetz, dessen Blut von einer einzigen, in den Plexus chorioideus führenden Vene gesammelt wird, welche am Stiel der Epiphyse abwärts verläuft

(Abb. 22). Auch bei *Periophthalmus, Blennius, Xiphophorus* und anderen Arten wurde eine derartige Gefäßverbindung zwischen Epiphyse und Plexus chorioideus nachgewiesen, die möglicherweise im Dienste der Blutdruckregulation

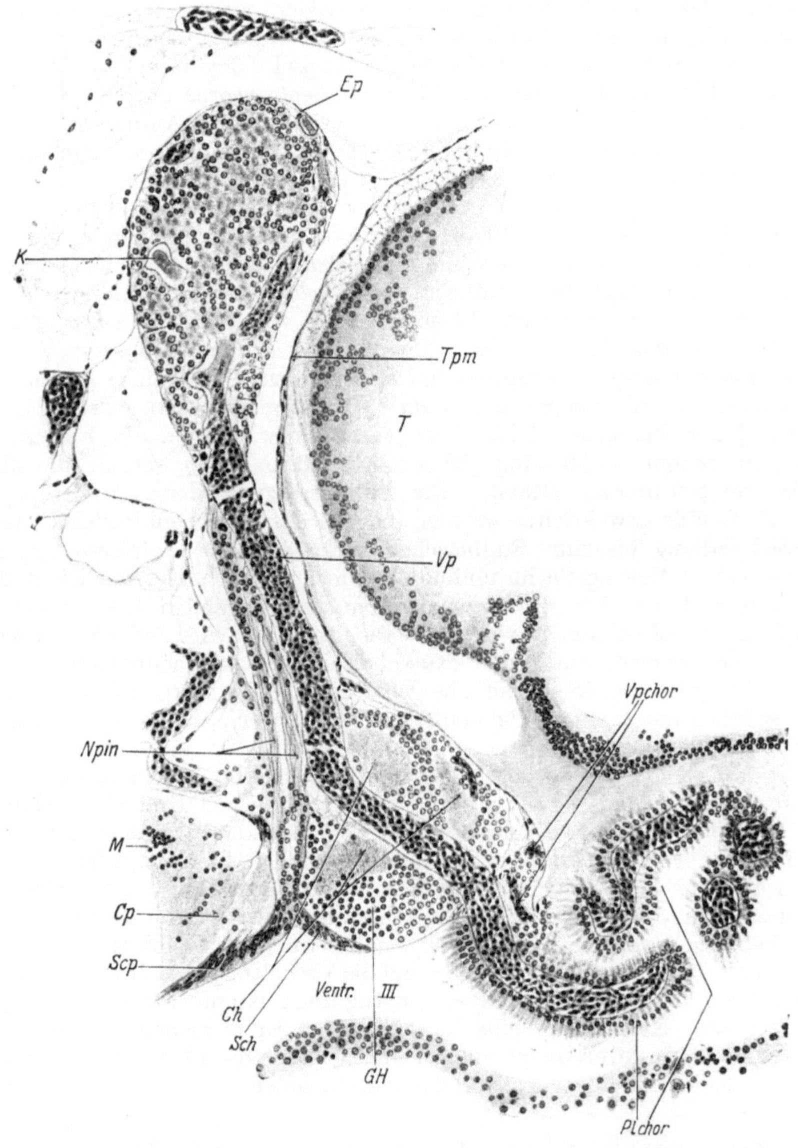

Abb. 22. Epiphyse (*Ep*), Plexus chorioideus (*Pl chor*) und ihre Gefäßverknüpfung bei *Gobius Panizzae* (Ok. 1, Obj. Leitz 6, verkl.). *K* Kapillare, *Tpm* Tela parietalis membranosa, *T* Telencephalon, *Vp* Vena pinealis, *Vpchor* Vena pinealis chorioidea, *Npin* Nervus pinealis, *M* Mittelhirn, *Cp* Commissura posterior (caudalis), *Scp* Subcommissuralplatte, *Ch* Commissura habenularum, *GH* Ganglion habenulae. Aus Friedrich-Freksa 1932.

im Gehirn steht (Friedrich-Freksa, vgl. hierzu S. 322). Bei anderen *Teleostiern (Squalius cephalus, Mugil, Marones)* sind von der Seite kommende Zirbelarterien anzutreffen, welche am Stiel der Epiphyse heraufziehen (Arteriae pineales laterales). Bei Formen, die ein Foramen parietale besitzen, erfolgt der

Durchtritt von Gefäßen durch diese Öffnung hindurch. Bezüglich weiterer Einzelheiten sei auf die Arbeit von Friedrich-Freksa (1932) verwiesen (vgl. auch S. 466).

c) Ganoiden, Elasmobranchier. Die Epiphyse der *Ganoiden* (Lit. bei Studnička 1905) ähnelt derjenigen der *Selachier*, welche durch ein keulenförmiges, d. h. mit einer Endblase versehenes Organ verkörpert wird. Die Endblase liegt der Innenfläche der Schädelkapsel *(Scyllium)* an oder ist in diese eingeschlossen. Bei manchen Formen *(Centrophorus granulosus, Spinax niger)* weist das Schädeldach eine grubige Vertiefung zur Aufnahme der Endblase auf. Schließlich kann die Epiphyse auch innerhalb eines von Perichondrium überdachten Foramen parietale gelegen sein *(Galeus canis, Mustelus laevis, Acanthias vulgaris)*. *Torpedo marmorata* und *ocellata* besitzen keine Epiphyse (d'Erchia 1896, Studnička 1905, Creutzfeld 1912, Haller 1922). Die Länge der Epiphyse von *Mustelus laevis* beträgt bei einer Gehirnlänge von 37 mm 14,5 mm (vgl. Studnička), von *Scyllium* (0,50 m lang) 15 bzw. 8 mm bei einer Körperlänge von 19 cm (Cattie), von *Acanthias vulgaris* 20 mm (Gehirnlänge 40 mm, Ehlers) bzw. 15,5 mm (Gehirnlänge 19,5 mm, Cattie). Die Endblase der *Acanthias*epiphyse hat nach Ehlers (1878) einen Durchmesser von 1,7 mm. Für die Epiphyse von *Raja clavata* gibt Cattie eine Länge von 48 bzw. 51 mm bei einer Gehirnlänge von 44 bzw. 45 mm an, Ehlers eine Länge von 22 mm (Gehirnlänge 28 mm). Weitere Daten enthält die Monographie von Studnička (1905). Die Blutversorgung der *Selachier*epiphyse soll durch Gefäße gewährleitet werden, die von der Zwischenhirndecke aus am Zirbelstiel entlang bis zum Endbläschen verlaufen. Die Epiphyse von *Raja* wird von einem Venengeflecht umhüllt, in dem sie nach Ehlers leicht übersehen werden kann; bei *Acanthias* dagegen sind angeblich keine derartigen Venenplexus in Zirbelnähe vorhanden. Die Epiphyse wird jedoch von Venen begleitet, die einerseits mit dem Plexus chorioideus zusammenhängen, andererseits in Venen der Schädeldecke übergehen sollen (Ehlers). Die Zirbelgefäße von *Raja* fallen durch starke Pigmentierung auf, welche das Organ als dunklen Faden erscheinen läßt.

d) Cyclostomen. Das Pinealorgan der *Cyclostomen* (Abb. 3), ein bläschenartiges Gebilde, ist durch den Nervus pinealis mit dem Zwischenhirndache verbunden. Seine Dorsalfläche berührt bei *Ammocoetes* das Schädeldach, an dem eine grubige Vertiefung zur Aufnahme der Endblase vorhanden ist. Der ventralen Wandung des Pinealorgans lagert sich die Paraphyse an. Nach Tretjakoff (1915) ist das Pinealorgan von *Ammocoetes* schwächer als dasjenige von *Petromyzon* mit dem Schädeldach verbunden. *Bdellostoma* besitzt keine Epiphyse (Studnička 1898, 1905, v. Kupffer 1900). Unklar sind die Verhältnisse bei *Myxine glutinosa*, der nach Studnička keine Epiphysenausstülpung zukommt, während Edinger (1906) bei zwei Exemplaren eine bläschenartige Epiphysenausstülpung nachweisen konnte. Edinger meint, diese Blindsäcke könnten bei einem Tier mehr, bei einem anderen weniger vollständig verschwinden.

V. Die mikroskopische Anatomie der Epiphyse.

1. Untersuchungsmethoden.

Die Art der präparatorischen Gewinnung der Epiphyse richtet sich nach der Größe des Organs bzw. nach den Absichten des Untersuchers. Große Epiphysen wie z. B. diejenigen vom *Mensch*, *Pferd* und *Wiederkäuern* werden nach Durchtrennung des Balkens von dorsal her samt den sie bedeckenden weichen Hirnhäuten exstirpiert, falls man nicht vorzieht, das Organ — etwa zum Studium der Innervation — in einem Blocke des umgebenden Gewebes herauszunehmen. Die zarten, keulenförmigen Epiphysen der *Vögel*, *Reptilien* und anderer niederer *Wirbeltiere* beläßt man in situ, um Verletzungen zu vermeiden; sie werden an Schnittserien durch das in toto fixierte Gehirn untersucht. Bei Formen, deren Endblase der Epiphyse mit dem Schädeldach bzw. mit der Falx cerebri verbunden ist, empfiehlt es sich, die Schädeldecke bis auf eine sagittal verlaufende Spange des Schädeldaches zu entfernen und das Gehirn samt dieser Spange zu fixieren und weiter zu verarbeiten (Entkalkung). Kleinere Köpfe werden am besten als Ganzes fixiert, eingebettet und geschnitten. Das Eindringen der Fixierungsflüssigkeit wird durch die Abtrennung seitlicher Kopfpartien mit einem Rasiermesser erleichtert. Die Anfertigung von Schnittserien ist selbstverständlich bei jenen Arten unerläßlich, deren Tractus pinealis die Schädeldecke durchsetzt. Die Entkalkung kleinerer Köpfe von *Teleostiern* läßt sich nach FRIEDRICH-FREKSA (1932) schon durch öfteren Wechsel des Fixierungsgemisches Susa (M. HEIDENHAIN) bzw. durch einen Überschuß von Eisessig erreichen. Für die Entkalkung von *Saurierköpfen* bedient sich NOWIKOFF (1910) einer 0,5—1%igen Lösung von Salzsäure oder Salpetersäure in Alkohol 70%. Die Parietalorgane von *Petromyzon* präpariert TRETJAKOFF (1915) durch Abschneiden eines parietalen Stückes des Kopfes mit einem scharfen Rasiermesser; die Organe lagern der Unterfläche des abgetrennten Stückes an.

Die Wahl des Fixationsmittels wird durch die Frage bestimmt, ob die herzustellenden Epiphysenpräparate lediglich Übersichtsbilder ergeben sollen oder ob der Untersucher bestimmte Formelemente besonders hervorzuheben bzw. elektiv zu erfassen wünscht. Gute Übersichtspräparate, an denen aber auch Form und Struktur der Pineal- und Gliazellen studiert werden können, liefert die Fixierung mit Formol 10%, Formolalkohol, Susa, BOUINscher, HELLYscher oder ZENKERscher Flüssigkeit. HOLMGREN (1920) benutzte für die Untersuchung des Feinbaues der *Teleostier*zirbel, insbesondere ihrer Sinneszellen, die Fixierungsflüssigkeiten nach FLEMMING, CARNOY und GILSON.

Die Färbung der Schnitte erfolgt am besten mit Azan (M. HEIDENHAIN), der von CLARA (1936) angegebenen Kombination Eisenhämatoxylin (M. HEIDENHAIN)—Säurefuchsin—Mallory oder mit Molybdänhämatoxylin nach HELD. Nach meinen Erfahrungen ist auch die Kombination Duroechtrot—Mallory zu empfehlen. Diese Färbemethoden liefern sowohl gute Übersichts- als auch Detailbilder (vgl. hierzu Abb. 27, 30, 34). KRABBE (1916) empfiehlt für Übersichtspräparate die Färbung mit HANSENS Eisentrioxyhämatein und Pikrofuchsin. Die Kernexkretion läßt sich gut an Methylgrün-Pyroninpräparaten (KRABBE 1916, ROMEIS 1932, R. MEYER 1936) studieren, ferner an Schnitten, welche mit Eosin-Methylblau nach MANN gefärbt wurden. Die Kernkugeln werden durch beide Methoden rot gefärbt. Im Azanpräparat treten sie als hellblau tingierte Gebilde in Erscheinung. POLVANI (1913) bediente sich der Färbung mit Carbolfuchsin-Jodgrün (RUSSELL), Brillantkresylblau und polychromem Methylenblau. Für die Untersuchung von Cytoplasmastrukturen eignet sich die Säurefuchsin-Lichtgrünfärbung nach ALZHEIMER (KRABBE, ROMEIS), ferner die HELDsche Molybdän-Hämatoxylinfärbung wie auch Eisenhämatoxylinfärbungen. Intraplasmatische Granula werden durch die Äthylviolett-Orange G-Färbung (HORRAX und BAILEY 1928, Pinealom), ferner durch die Färbungen nach BENDA und ALTMANN sichtbar gemacht (v. VOLKMANN 1923, 1928, „Drüsengranula"); wahrscheinlich stellen diese Granula teilweise Mitochondrien dar. UEMURA hebt die basophilen Körnchen der Pinealzellen durch polychromes Methylenblau hervor. CALVET (1933, 1934) stellte die Mitochondrien der Pinealzellen durch Supravitalfärbung mit Janusgrün dar, ferner mit der von MARQUEZ angegebenen Methode. Das sog. „Vakuom" (vgl. hierzu S. 384) wird von CALVET durch Supravitalfärbung mit Neutralrot sichtbar gemacht. Die Darstellung der Sinneszellen in der Epiphyse von *Fischen* gelingt nach HOLMGREN durch Färbung mit Eisenhämatoxylin-Säurefuchsin (Fixation nach FLEMMING) oder durch die Mitochondrienfärbung von BENDA.

Eine Methode zur elektiven Darstellung von Pinealzellen gibt WALTER (1913) an (vgl. auch BENOIT 1935): in Formol 10% oder Alkohol 96% fixierte Epiphysen werden in Paraffin eingebettet. Die 5—10 μ dicken Schnitte kommen in eine 1,5—2%ige Protargollösung in den Brutschrank (35°) für 2—4 Tage. Nach Abspülen in Aqua dest. erfolgt die Reduktion in Aqua dest. 100,0, Formol 5,0, Hydrochinon 2,0 (10 Minuten lang) bis zur Bräunung der Schnitte. Die in Aqua dest. abgespülten Schnitte werden für $\frac{1}{2}$—2 Stunden mit Goldchloridlösung 1% überschichtet. Die Goldchloridlösung wird anschließend mit Aqua dest. abgespült und durch Eisessig 100,0, Glycerin 10,0 zur Differenzierung ersetzt (mindestens 1 Stunde lang). Nach der Differenzierung wird das Präparat durch die steigende Alkoholreihe in Xylol überführt und in Kanadabalsam eingeschlossen. Die Protargollösung stellt man durch Aufschütten des Pulvers auf kaltes Aqua dest. her (stehenlassen bis zur Auflösung). Gelungene Präparate zeigen die Pinealzellen in rötlich-braunen Tönen, ihre Ausläufer teilweise geschwärzt. Besonders die Randgeflechte sind deutlich sichtbar.

Für die Darstellung der Parenchymzellen, der gliösen Elemente und des Bindegewebes der Zirbel hat DEL RIO-HORTEGA (1923) eine in ihren Resultaten (Abb. 29, 33) bisher unübertroffene Silbercarbonatmethode ausgearbeitet — sie wird von BENOIT (1935) irrigerweise unter den Methoden zur Gliadarstellung aufgeführt — deren Vorschrift folgendermaßen lautet (vgl. auch Romeis 1932, Benoit 1935, Bratiano und Giugariu 1933): 1. Fixierung in Formol 10% mindestens 48 Stunden lang. 2. Auswaschen der Gefrierschnitte in mehrfach gewechseltem Aqua dest. 3. Einlegen der Schnitte in Silbernitratlösung 2%, der auf 10 ccm 3 Tropfen reines Pyridin zugesetzt wurden. 4. Erwärmen der Schnitte in dieser Lösung auf 50° für 5—10 Minuten, Stehenlassen im Brutschrank für einige Stunden oder bei Zimmertemperatur für 24 Stunden. Die Schnitte färben sich dunkel ockerbraun. 5. Auswaschen in Aqua dest., dem auf 10 ccm 2 Tropfen Pyridin zugesetzt wurden. 6. Imprägnieren in Silbercarbonatlösung (10 ccm) + 3 Tropfen Pyridin unter Erwärmen bis zu 50°. Die Schnitte sollen sepiabraun werden. 7. Auswaschen in Leitungswasser. 8. Reduktion in Formol 10%. 9. Vergolden in Goldchloridlösung 0,2% unter Erwärmen zur Erzielung einer violetten Tönung der Schnitte. 10. Fixiernatron 5%. 11. Aqua dest. 12. Steigende Alkoholreihe, einschließen in Kanadabalsam. — Die Silbercarbonatlösung stellt man durch Zusatz von 20 ccm Natriumcarbonatlösung 5% zu 5 ccm Silbernitratlösung 10% her. Dann wird Ammoniak eben bis zur Lösung des gelblichen Niederschlages zugesetzt. Zufügen von Aqua dest. 15 ccm.

Die granuläre Struktur des Cytoplasmas der Pinealzellen macht Hortega (1929) durch folgende Methode nach Fixation in Formol 10% oder Bromformol sichtbar: 1. Erwärmen der Schnitte in Silbernitratlösung 2% bis zur Gelbfärbung. 2. Auswaschen in Aqua dest. 3. Erwärmen in Silbercarbonat-Pyridin (10 ccm + 3 Tropfen) auf 50°. 4. Abspülen in Aqua dest. 5. Alkohol 95% 1 Minute. 6. Reduktion in Formol 1%. 7. Goldchloridlösung 1:500, langsam erwärmen bis zur Dunkelfärbung. 8. Natriumhyposulfit.

Die Imprägnation der Gliazellen erfolgt in erster Linie vermittels der bekannten Goldsublimatmethode von Cajal, welche besonders die protoplasmatischen Astrocyten erfaßt (Hortega 1929), ferner mit der Tanninsilbermethode von Achúcarro. Krabbe, ferner Dimitrowa (1901) bedienten sich der Methode Golgis. Auch mit Hilfe der Heldschen Molybdän-Hämatoxylinfärbung — sowie der Azanfärbung — lassen sich Gliazellen und -fasern darstellen. Für die färberische Erfassung der Gliafasern eignen sich neben Hortegas Imprägnation (4. Modifikation) Eisenhämatoxylin- und Molybdänhämatoxylinmethoden, die Färbung mit Säurefuchsin-Lichtgrün (Alzheimer) und die Weigertsche Methode zur Darstellung der Faserglia (vgl. Dimitrowa 1901). Bezüglich weiterer Methoden sei auf das Taschenbuch von Romeis (1932) verwiesen.

Die Darstellung des Bindegewebes der Zirbel erfolgt in der üblichen Weise durch die Mallory- und Azanfärbung, ferner durch die van Gieson-Färbung sowie die Imprägnationsverfahren nach Bielschowsky-Foot-Maresch, Achúcarro-del Rio Hortega (Amprino 1935), Tibor Pap (vgl. Abb. 85) und die Methode von Urechia-Nagy (vgl. Godina 1939). Für die Sichtbarmachung der Nervenfasern im Schnitt gelten gleichfalls die auch sonst gebräuchlichen Vorschriften (s. Romeis 1932). Nowikoff (1910) empfiehlt für die Darstellung der Nervenfasern in den Parietalorganen von *Sauriern* die Blochmannsche Farbe (0,01%ige Lösung von triphenylrosanilintrisulfosaurem Natron in gesättigter wässeriger Pikrinsäure). Die Supravitalfärbung von Nervenfasern der Parietalorgane von *Petromyzon fluviatilis, Selachiern, Teleostiern* und *Anuren* mit Methylenblau gelang Tretjakoff (1915, methodische Angaben) bzw. Holmgren (1917) und Winterhalter (1931). Die Ganglienzellen der *Teleostier*epiphyse stellte Holmgren (1917) mit derselben Methode dar.

Fette und Lipoide werden durch Färbung mit Sudan III, Scharlachrot oder Osmierung hervorgehoben. Untersuchungen im polarisierten Licht zum Nachweise doppelbrechender Substanzen erfolgen an Gefrierschnitten. — Dem histotopochemischen Nachweis von Vitamin C in der Epiphyse dient die von Giroud und Leblond angegebene Methode des Einlegens kleiner Gewebsstücke in mit Essigsäure versetzte 10%ige Silbernitratlösung (vgl. Leopold 1940), die auch zu einer Schwärzung der Kalkkonkremente führt. Mit der Möglichkeit der Schwärzung von Pigmentkörnchen muß gerechnet werden. Die Untersuchung des Zirbelgewebes auf Pigmente darf sich nicht auf die Bearbeitung fixierten Materials (Alkohol, Formol-Alkohol) beschränken (Quast 1931); sie ist durch Heranziehung von Gefrierschnitten unfixierter Organe zu ergänzen. Säurehaltige Fixierungsflüssigkeiten sind nach Quast zur Darstellung der Pigmente ungeeignet. Die Verwendung von Formol oder formolhaltigen Fixierungsmitteln ist wegen der Gefahr des Auftretens von Formalinpigmenten nicht zu empfehlen (weitere Einzelheiten bei Quast 1931, Romeis 1932). Baginski (1927) untersuchte die Zirbelpigmente mit Hilfe der Mikroveraschung.

Die Schichtung der Konkremente und deren wechselnder Kalkgehalt treten ausgezeichnet an Hämatoxylin-Eosin- sowie Azanpräparaten zutage. Auch die Silberimprägnation nach Gros-Schultze läßt den Schichtenbau der Konkremente gut hervortreten (Ferner 1940). Bezüglich der polarisationsoptischen Untersuchung der Konkremente vgl. Lignac (1924). Das Schichtungsbild wird durch eine vorhergehende Entkalkung nicht beeinflußt.

Die Lebendbeobachtung der Zirkulation der Epiphyse und der Organentwicklung der Zirbel kann an Objekten mit durchsichtiger Schädeldecke vorgenommen werden. Nach Holmgren (1920) ist der Kopf des *Teleostiers Osmerus eperlanus* durch besondere Durchsichtigkeit ausgezeichnet. Die Entwicklung der Epiphyse wie des Parapinealorgans läßt sich nach Hills (1891) und Friedrich-Freksas (1932) Angaben an *Jungfischen* von *Coregonus albus* bzw. *Coregonus macrophthalmus* Nüsslin *(Gangfisch)* gut vornehmen (technische Angaben bei Friedrich-Freksa 1932). Methodische Einzelheiten über Gewebekulturen von Epiphysen sind nur von Kasahara und Nágai (1933) mitgeteilt worden, nach deren Erfahrungen Epiphysengewebe vom *Kaninchen* (Embryonen, erwachsene *Tiere*) sich durch besseres Wachstum als *Ratten*epiphyse auszeichnet. Kasahara und Nagai züchteten in hängenden Tropfen eines Gemisches von Heparinplasma und homologen Extrakten von Hypophyse und Milz 1:1. Die Autoren erwähnen das Auswachsen epithelialer Membranen unklarer Herkunft.

2. Die Architektur der Epiphyse.

a) Mensch.

Das im wesentlichen aus den sog. Pinealzellen und gliösen Elementen bestehende Zirbelgewebe wird durch ein Maschenwerk von Bindegewebe gegliedert, dem stellenweise Gliafasern beigesellt sind. Die Zirbel des erwachsenen *Menschen*, der die ältere Anatomie (z. B. Luschka 1867) vielfach keine spezifische Architektur zuerkannte, wird nach der Darstellung Koellikers (1896) durch Bindegewebssepten, welche mit der Hülle des Organs zusammenhängen, „unvollständig in kugelige Abteilungen von sehr wechselnder Größe (0,06—0,8 mm Henle)" gegliedert. Diese rundlichen Gewebsbezirke werden meist als Follikel bezeichnet (Abb. 29, 89, Hagemann 1872, W. Krause 1876, Schaffer 1933, Amprino 1935 u. a.); Henle (1879) nennt sie Azini. Im älteren Schrifttum werden die Follikel vielfach als Hohlräume aufgefaßt („Cavités folliculaires"), welche von einer Epithelschicht ausgekleidet werden, die stellenweise in Desaggregation übergeht (vgl. Poirier und Charpy (1899). Die Follikel stellen indessen kein konstantes Formelement der Epiphyse dar. In vielen Fällen erscheint das Corpus pineale im Schnittpräparat in breite, gewundene Bänder (cords of cells, Maximow-Bloom) oder größere Läppchen von Zirbelgewebe (massifs cellulaires, Bouin 1932) aufgeteilt, die bald durch mehr oder weniger breite Bindegewebszüge voneinander gesondert werden, bald in kontinuierlichem Zusammenhange stehen. In ein und demselben Organ können follikulär gebaute Bezirke neben solchen angetroffen werden, welche die erwähnte Gliederung in zusammenhängende Läppchen oder Bänder aufweisen (Schlesinger 1917). Die Angaben von Uemura (1917) und Hortega (1922), der Läppchenbau trete besonders im Zentrum der Epiphyse deutlich hervor, während er in der Peripherie unscharf sei, finde ich gelegentlich bestätigt. Benda (1932) macht mit Recht auf die vom übrigen Zirbelgewebe abweichende Struktur der Epiphysenbasis aufmerksam, deren Zellager eine säulen- oder streifenartige Anordnung der Zellgruppen erkennen läßt. Die Zellsäulen, zwischen welchen Nerven- und Gliafasern verlaufen, sind senkrecht oder radiär zu der Commissur orientiert.

Im großen und ganzen zeichnen sich die Epiphysen jugendlicher *Menschen* durch etwas geringere Neigung zur Follikelbildung aus (homogener Typ, Krabbe 1917, Typus der zerstreuten Zellhaufen, Schlesinger 1917, juveniler Typ, Okamoto und Ikuta 1933), während man bei älteren *Menschen* infolge der Massenzunahme des Stromas (Algranati Mondolfo 1933 u. a.) im allgemeinen vorwiegend follikulär gegliederte Zirbeln antrifft (pseudoalveolärer Typ, Krabbe 1917, Schlesinger 1917, Amprino 1935, Adultentyp, Okamoto und Ikuta); allerdings ist, wie ich mit Krabbe betonen möchte, mit erheblichen individuellen Schwankungen zu rechnen (vgl. auch Uemura 1917). Der Übergang vom homogenen zum pseudoalveolären Bautyp kann nach Krabbes Angaben bereits im 6.—8. Lebensjahr erfolgen, nach Okamoto und Ikuta um das 13. Jahr herum. In Epiphysen älterer *Menschen* wird die follikuläre oder lappige Struktur vielfach durch die Entwicklung von Gliaflecken und von Cysten, ferner durch die Ausbildung größerer Konkremente verwischt. Okamoto und Ikuta behaupten, die Epiphyse des *Weibes* neige weniger zur Follikelbildung als die des *Mannes*.

Unsere Kenntnisse über die Entstehung der Follikel und Läppchen der Epiphyse — schon die Zirbel des Neugeborenen weist eine Läppchengliederung auf (Marburg 1908) — sind unbefriedigend und lückenhaft. Vermutlich gehen die Follikel aus den kolbig verdickten Zellsträngen hervor, welche der Wandung der Zirbelhöhle entsprossen (vgl. hierzu Hochstetter sowie S. 338 f.) und sich zu den soliden anastomosierenden Zellsträngen entwickeln, wie sie Uemura (1917) als charakteristisch für die fetale Epiphyse beschreibt (Feten von 23 und mehr Zentimeter Kopf-Fersenlänge, vgl. auch Farina 1941). Offenbar hängt die Bildung pseudoalveolärer oder pseudotubulärer Strukturen mit der Vascularisation der Epiphysenanlage zusammen (Amprino 1935). Krabbe (1917) findet die Zellen in der Epiphysenanlage eines 7monatigen Fetus stellenweise in Reihen an den Gefäßen angeordnet, wodurch die Anlage in einzelnen Partien pseudoalveolären Bau erhält. Denselben Befund erhob Amprino an der Epiphysenanlage eines 5 Monate alten Fetus. Die auf einen Keimling von 102 mm Scheitel-Steißlänge sich beziehenden Angaben Hochstetters (1929) lassen erkennen, daß eine radiäre, dem pseudoalveolären Bau zugrunde liegende Anordnung von Zirbelzellen um Capillaren herum bereits wesentlich früher einsetzt. An der Oberfläche der Organanlage jedoch vollzieht sich die Aufteilung des Zirbelgewebes in Zellnester nach Amprino unabhängig vom Gefäßnetz durch das Eindringen argyrophiler Fibrillen und Fibrillenbündel, welche mit der Organkapsel zusammenhängen. Die Gliederung des vorderen und hinteren Abschnittes der Epiphysenanlagen erfolgt nicht gleichmäßig. Während der vordere Abschnitt im 5. Fetalmonat noch an ein Blastem erinnert (Amprino), zeigt der hintere Anteil bereits eine pseudoalveoläre Struktur. Die Epiphyse des Neugeborenen besteht nach Uemura in ihrem Basalteil vorzugsweise aus etwa fächerförmig angeordneten Zellsträngen, im distalen Abschnitt enthält sie unregelmäßig angeordnete Zellen, während das Zentrum einen follikulären Bau aufweist. Eine Aufteilung des Organs in große Läppchen wiesen Marburg (1908), Uemura (1917) u. a. schon bei Epiphysen von Neugeborenen bzw. $1^1/_2$—4 Monate alten Kindern nach.

In dem vorderen Abschnitt der Epiphysenanlagen junger *menschlicher* Keimlinge (14,8 mm, 16,0 mm, 20,9 mm Scheitel-Steißlänge) stellte Hochstetter kleine Lumina fest, um welche sich die Zirbelzellen in charakteristischer Weise gruppieren, so daß an Drüsenbläschen erinnernde Bildungen zustande kommen. Mitunter fehlt auch das Lumen inmitten der vermeintlichen Bläschen. Ausnahmsweise sind diese Gebilde auch noch bei Keimlingen von 32 mm Scheitel-Steißlänge anzutreffen. Bei älteren Stadien dagegen werden sie vermißt; es handelt sich nach Hochstetter um nur vorübergehend auftretende Strukturen. Im 7. Fetalmonat kommen jedoch nach Farina (1941) noch von niedrigen, kubischen oder abgerundeten Zellen ausgekleidete „Tubuli" vor. Seltener begegnet man kleinen Hohlräumen, deren Wandungen von zylindrischen Elementen gebildet werden. Das Cytoplasma dieser Zellen enthält kleine Granula und Stäbchen, welche an Blepharoblasten erinnern (Farina). In einer dieser Hohlraumbildungen stellte Farina in den apikalen Zellabschnitten gelegene gelbbraune Pigmentkörnchen fest.

Unklar ist die Natur der von Turkewitsch (1933) im Hinterlappen der Epiphysenanlage gefundenen Höhlenbildungen, welche bei Keimlingen von 125 mm Scheitel-Steißlänge und bei noch älteren Stadien vorkommen sollen. Angeblich treten in diese 20—30 μ im Durchmesser erreichenden Lichtungen Blutgefäße ein, doch schreibt Turkewitsch, er wolle nicht behaupten, „daß die Höhlchen des Hinterlappens nur für den Durchgang der Blutgefäße bestimmt sind". Wie weit das Aussehen dieser Höhlenbildungen durch den Erhaltungszustand des untersuchten Materials bestimmt wurde, läßt sich den etwas unklaren Zeichnungen von TURKEWITSCH nicht entnehmen. Daß Skepsis am Platze ist, geht aus der Angabe von TURKEWITSCH hervor, nach welcher die Zirbel eines 350 mm messenden Keimlings Höhlchen von 300 μ enthält, „die das Gewebe des Organs gewissermaßen zerrissen haben und stellenweise Faserfetzen und Formelemente sehen lassen. Die Wände der Höhlen sind ganz unbekleidet."

Der Recessus pinealis dringt im allgemeinen nicht tief in die Epiphyse ein. Nach MARBURG (1908) kann die Zirbel mitunter „einem langen dünnen Schaltstück . . . angesetzt sein", dessen dorsales Ende mit der dorso-oralen Ecke der Zirbel zusammenstößt. In solchen Fällen befindet sich der Recessus zwischen Habenula und dem genannten Schaltstück. Im caudalen Bereich des Recessus pinealis finde ich gelegentlich langgestreckte, von Ependym ausgekleidete, mit enger Lichtung versehene Aussackungen des Ventriculus pinealis.

Bezüglich des Recessus suprapinealis vgl. S. 399.

b) Säugetiere.

Die beim *Menschen* vollzogene scharfe Abgrenzung des Zirbelgewebes gegenüber dem Organbindegewebe in Gestalt von Follikeln oder Läppchen hat nach bisher vorliegenden Kenntnissen kein Beispiel in der Reihe der übrigen *Säugetiere*; vergleichende Untersuchungen über die Epiphyse der *Primaten* fehlen noch. Durch deutliche Läppchenstruktur scheint sich die Epiphyse der *Pelzrobbe* auszuzeichnen (FUSE 1936). Bei einer Reihe von wasserbewohnenden *Säugern (Seeotter, Seehund, Ringelrobbe)* dagegen ist die Lappung nur wenig ausgesprochen. FUSE unterscheidet an der Zirbel der wasserbewohnenden *Säuger* eine Mark- und Rindenschicht; die Rinde enthält dichte Ansammlungen von „Epiphysenzellen", während das Mark eine Geflechtanordnung von Zellsträngen aufweist. In der Epiphyse des *Pferdes* ist mitunter stellenweise Läppchenbau zu beobachten (Abb. 23); daneben bemerkt man unregelmäßig geformte, verwaschen konturierte Zellhaufen bzw. untereinander zusammenhängende Balken von Zirbelgewebe (ILLING 1910). Gelegentlich treten die Läppchen infolge der Anlagerung von Pigmentzellen an ihre Oberfläche etwas deutlicher hervor (Abb. 23). ILLING, ferner TRAUTMANN (1911) finden die Läppchenbildung besonders in der Organperipherie ausgeprägt. Die Zirbel des *Rindes* weist — wenn man von gelegentlicher Läppchenbildung an der Zirbelspitze absieht (ILLING) — infolge der geringfügigen Bindegewebsentwicklung eine nur schwache Aufgliederung ihres spezifischen Gewebes auf (ILLING), ebenso diejenige von *Schaf* (Abb. 77) und *Ziege*, bei denen ich die Zirbelzellen nicht zu charakteristisch gestalteten Formationen zusammengefaßt finde. Nur beim *Kalbe* ist, besonders im Zentrum, eine etwas deutlichere Gruppen- und Follikel- bzw. Strangbildung der Zirbelzellen nachzuweisen; hier konnte ILLING auch von Ependym ausgekleidete kleine Hohlräume feststellen. In der Epiphyse des *Schweines* können neben zentral gelegenen Zellgruppen verschiedener Größe und Gestalt an der Zirbelspitze befindliche Follikel nachgewiesen werden. Die Zirbel des *Kaninchens* wird durch Bindegewebssepten in Stränge „polyedrischer" Zellen aufgeteilt (KRAUSE 1921). Nicht selten findet man in der Epiphyse des *Kaninchens* Drüsenlumina („Rosetten", PELLEGRINI 1911, CHIODI 1939, CASTIGLI 1941), d. h. Querschnitte durch Tubuli, welche besonders bei jüngeren Tieren gut entwickelt zu sein pflegen. Auch die rudimentär entwickelte Epiphyse von *Didelphys virginiana* soll Tubuli enthalten (JORDAN 1911/12). Ein sehr regelmäßiger, geschlossener, nur geringe individuelle Schwankungen aufweisender Bau kennzeichnet die Epiphyse von *Ratte* und *Maus*, die ziemlich gleichmäßig von Capillaren durchsetzt wird, welche von wenigen zarten Bindegewebsfäserchen bekleidet werden. Die Zirbelzellen sind zu dichten Epithelsträngen und -nestern

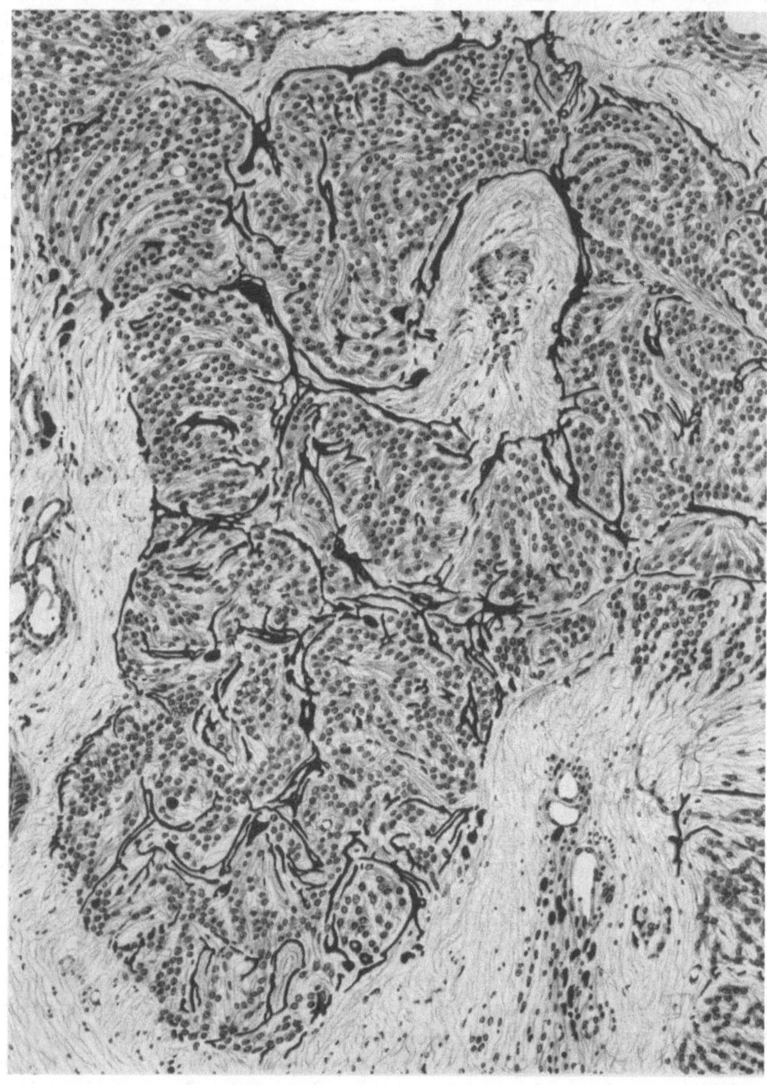

Abb. 23. Verästelte Pigmentzellen am Rande der Läppchen der Epiphyse eines *Pferdes*. (12 μ, Hämatoxylin-Eosin, Ok. 4, Zeiß Obj. B, auf ²/₃ verkl., gez. K. Herschel-Leipzig, Präp. des Veterinär-Anatomischen Institutes der Universität Leipzig.)

zusammengefügt; gelegentlich gruppieren sie sich um ein kleines Lumen. Das Gesamtbild der *Ratten*epiphyse erinnert stark an dasjenige des Epithelkörperchens (Collier, bisher unveröffentlicht). Die Epiphyse des *Hundes* zeichnet sich durch strang- und inselartige Anordnung der Zirbelzellen aus, für die Zirbel der *Katze* gibt Illing eine Follikel- oder Läppchenbildung an; die Zirbel junger Tiere weist eine homogene Bauweise auf (Abb. 24).

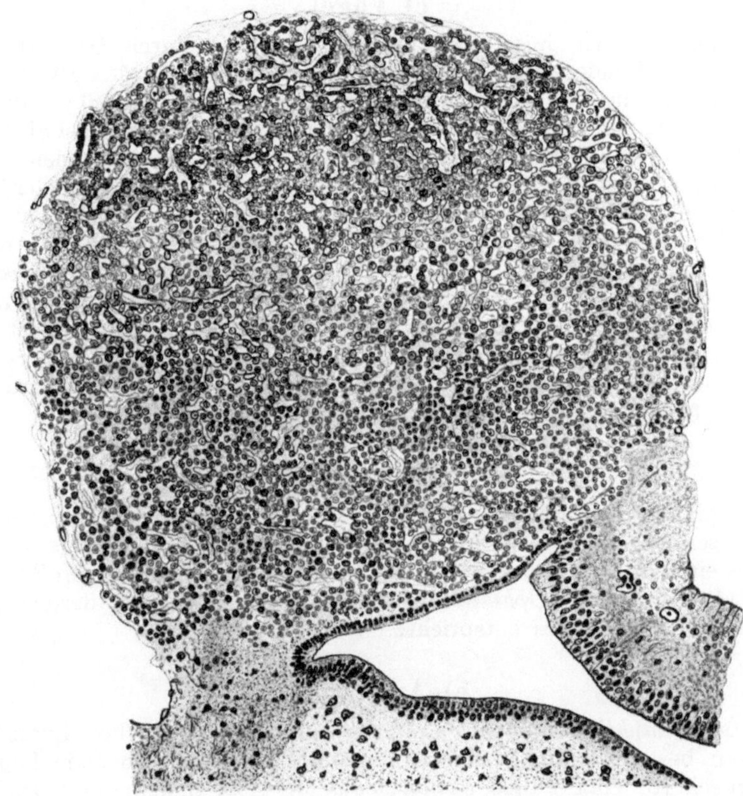

Abb. 24. Epiphyse eines 4 Wochen alten *Hundes* im Sagittalschnitt. Beispiel für den sog. homogenen Bautypus, Übersicht. (Fixation BOUIN, Schnittdicke 8 μ, Hämatoxylin-Eosin-Färbung, Vergr. etwa 20fach, auf $^2/_3$ verkl. gez. W. BARGMANN.)

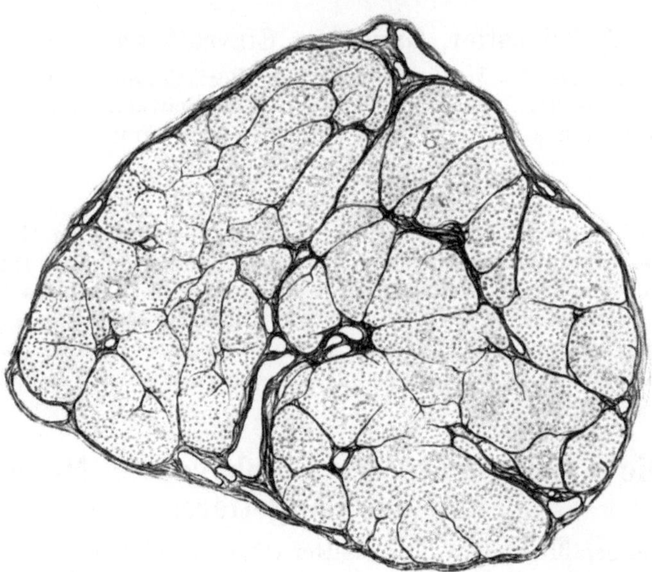

Abb. 25. Epiphyse des erwachsenen *Huhnes* im Querschnitt. (Fixation BOUIN, Schnittdicke 8 μ, Azanfärbung Ok. 2, Obj. Seibert 10, auf $^1/_2$ verkl., gez. K. HERSCHEL, Leipzig.)

c) Vögel.

Die Epiphyse der *Vögel* tritt in drei, allerdings durch Übergangsformen miteinander verbundenen Bautypen in Erscheinung (STUDNIČKA 1905). Als einfachste Form ist die sack- oder schlauchförmige Epiphyse *(Passer)* zu betrachten, deren Wandung nur wenige Ausbuchtungen aufweist. In der Regel aber besteht die Epiphyse aus völlig isolierten oder miteinander verbundenen Bläschen (Follikel) und kurzen Schläuchen, die im hirnnahen Abschnitt des keulenförmigen Organs mit einem langen Kanal kommunizieren (tubulo-follikulärer Bau, CHIODI 1939). Der Stiel der Zirbel pflegt solide zu sein. Als Beispiel einer follikulär gebauten Epiphyse schildert STUDNIČKA die Zirbel von *Meleagris gallopavo* (vgl. auch MIHALCOWICZ 1874). Den dritten Typus verkörpern die soliden, in Läppchen verschiedener Größe gegliederten Epiphysen (z. B. *Gallus dom.*), deren durch Bindegewebe voneinander getrennte Läppchen (Abb. 25) teilweise durch Obliteration ursprünglich hohler Follikel entstanden. Merkmale aller drei Bautypen trägt die Epiphyse von *Strix* (STUDNIČKA 1905).

d) Reptilien.

Die Epiphyse der *Reptilien* stellt teils ein Hohlorgan dar *(Saurier, Chelonier)*, dessen Wandung durch Aussackungen kompliziert sein kann (z. B. *Pseudopus*, teils ein kompaktes, durch Bindegewebszüge und Capillaren in Zellgruppen aufgegliedertes Organ *(Ophidier, Abb. 19)*, dessen Bauweise derjenigen eines endokrin tätigen Organes entspricht.

e) Amphibien.

Bei den *Amphibien* hat die Epiphyse ihren ursprünglichen Charakter als Hohlorgan bewahrt. Ihr Binnenraum kann durch vorspringende Septen gekammert sein (DE GRAAF 1886, *Triton taeniatus*). Auch in dem durch den Tractus pinealis mit dem proximalen Epiphysenanteil verbundenen Stirnorgan der *Anuren* läßt sich meistens eine wenn auch kleine Lichtung nachweisen (Abb. 20).

f) Teleostier, Ganoiden, Elasmobranchier.

Die Epiphyse der *Fische* ähnelt trotz aller Variationen der Form der Zirbel der *Amphibien* insofern, als sie wie diese ein Hohlorgan darstellt, dessen Lumen durch Epithelfalten kompliziert und eingeengt sein kann.

g) Cyclostomen.

Das Pinealorgan der *Cyclostomen* verkörpert gleichfalls ein Hohlorgan, an welchem zwei Abschnitte unterschieden werden, nämlich eine Endblase und ein Atrium, d. h. eine Kammerbildung im distalen Abschnitt des Tractus pinealis. Die dorsale pigmentarme Wandung des Pinealbläschens wird als Pellucida, die ventrale stark pigmentierte Wand als Retina bezeichnet. Diese Namengebung soll die Ähnlichkeit des Pinealorgans mit dem Parietalauge der *Reptilien* betonen (vgl. hierzu STUDNIČKA 1905).

3. Die Bauelemente der Epiphyse der Menschen und der Säugetiere.

Das in ein gefäßführendes Stromagitter eingelassene Zirbelgewebe des *Menschen* und zahlreicher anderer *Säugetiere* besteht aus den vielfach granulierten Pinealzellen, deren Kerne sich bei einigen Formen durch den Besitz von

Kernkugeln auszeichnen, aus Gliazellen verschiedener Typen und Gliafasern, welche sich zum Teil mit Bindegewebsfasern innig verflechten. Ferner wird die Epiphyse von marklosen und markhaltigen Nervenfasern durchsetzt; Ganglienzellen kommen verhältnismäßig selten vor. In den Epiphysen mancher *Säuger* (z. B. *Pferd*, Abb. 23) sind zahlreiche verästelte Pigmentzellen zu beobachten. In geringem Umfange nimmt das Ependym am Aufbau der Zirbel teil. Gelegentlich werden quergestreifte Muskelfasern inmitten des Zirbelgewebes angetroffen. Sowohl das eigentliche Zirbelgewebe als auch das Stroma der Epiphyse können geschichtete Kalkkonkremente enthalten.

Die genauere Analyse des Zirbelgewebes verdanken wir der Entwicklung der Färbemethodik, insbesondere der Imprägnationsverfahren (GOLGI, CAJAL, HORTEGA), welche eine Ausfärbung bzw. Imprägnation des gesamten Zelleibes der Pineal- und Gliazellen sowie eine Darstellung der Gliafasern ermöglichten. Die Erforschung der Morphologie der Epiphyse ist im wesentlichen die Frucht der modernen mikroskopischen Erforschung des Nervensystems.

Auf die Angaben älterer Autoren über den Feinbau der menschlichen Zirbel sei nur kurz eingegangen. Nach LUSCHKA (1867) besteht die Epiphyse des *Menschen* „aus einer fein molekulären, in longitudinaler und in transversaler Richtung von schmalen Nervenfasern durchzogenen Bindesubstanz", die rundliche Kerne und mit Fortsätzen versehene Zellen „ohne bestimmte Ordnung" enthält. Noch HENLE (1871) betrachtet die

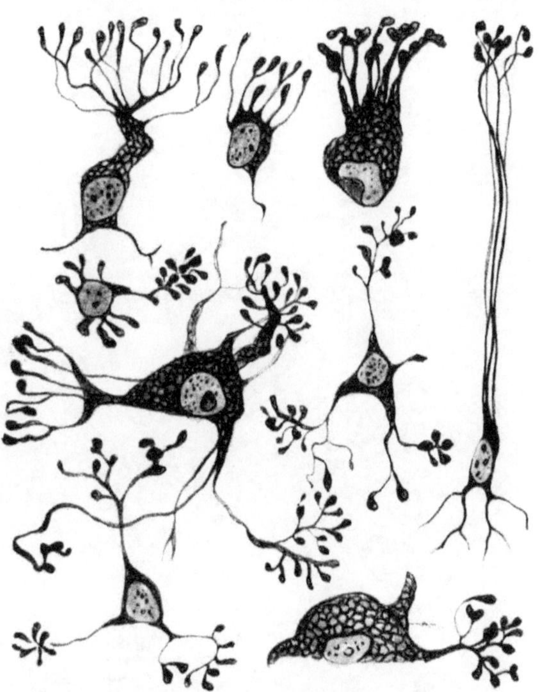

Abb. 26. Verschiedene Typen von Pinealzellen der *menschlichen* Epiphyse. Enden der Zellfortsätze kolbig verdickt. Imprägnation nach HORTEGA. (Aus HORTEGA 1922.)

Zirbel als rückgebildete Lymphdrüse, da sie nach seinen Beobachtungen aus sternförmigen Bindegewebszellen und lymphocytenähnlichen Zellen besteht. Die lymphocytenähnlichen Elemente HENLES dürften unvollständig erfaßten Pineal- und Gliazellen entsprechen. Immerhin ist in HENLES Darstellung bereits von zwei verschiedenen Zelltypen der Zirbel die Rede. KOELLIKER (1896) schildert das Zirbelgewebe als „eine dem adenoiden Gewebe ähnliche Substanz mit feinen Fasernetzen und zelligen Elementen", die teils rundlich, teils sternförmig gestaltet sind. Die Frage nach der Natur der verschiedenen Formbestandteile der Zirbel ließ KOELLIKER offen, wie schon vor ihm KRAUSE (1876), der im Inneren der Follikel zwei Zelltypen findet, „die spindelförmigen Zellen" und „die rundlichen Zellen", denen sich hier und da „die multipolaren Zellen" beigesellen. Lediglich Gestalt, Bau und Wesen des in der Epiphyse zu findenden Hirnsandes wurden verhältnismäßig frühzeitig zutreffend geschildert (vgl. hierzu S. 434). Seiner Erforschung standen ja nur geringfügige technische Schwierigkeiten im Wege.

a) Die Pinealzellen.

Die für das Zirbelgewebe spezifischen, seine Hauptmasse ausmachenden Zellelemente werden als Pinealzellen (KRABBE) bezeichnet. Manche Autoren nennen sie auch Drüsenzellen (UEMURA 1917), SCHLESINGER (1917), Parenchymzellen (MARBURG, HORTEGA) oder Pineocyten (FARINA 1941). DIMITROWA (1901) schildert die Epiphysenzellen als gut abgrenzbare, bald länglich, bald konisch oder polygonal gestaltete, in seltenen Fällen abgerundete Elemente mit zart granuliertem Cytoplasma, das manchmal auch gröbere unregelmäßige Einschlüsse aufweist. Der ziemlich große, helle, exzentrisch gelagerte Kern der Zirbelzellen ist nach Dimitrowa meist rundlich oder länglich gestaltet. Daneben kommen hufeisenförmige Kerne vor. Nach Krabbe (1916) zeichnen sich die Pinealzellen durch einen chromatinarmen Kern und spärliches, keine Ausläufer

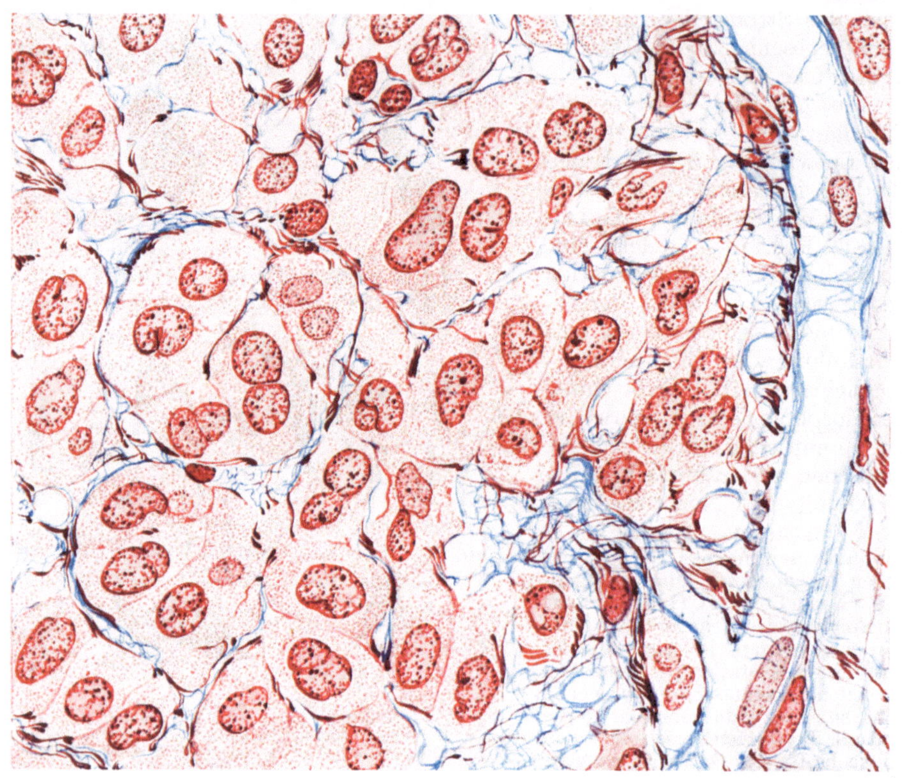

Abb. 27. Randzone der Epiphyse eines 28jährigen Mannes mit epitheloiden Gruppen von Pinealzellen. (Hingerichteter, Fixation Susa, Schnittdicke 8 μ, Azanfärbung nach M. Heidenhain. Ok. 4fach, Zeiß Ölimmersion H. I. 100, auf ²/₃ verkl.; gez. K. Herschel-Leipzig.)

entsendendes Cytoplasma aus. Josephy (1920) und Askanazy (1920) sprechen den Pinealzellen ebenfalls Fortsätze ab. Auch Berblinger (1926) hebt die Armut der Pinealzellen an Cytoplasma hervor, ebenso Godina (1938, *Haustiere*). Bratiano und Giugariu (1933) bezeichnen die fortsatzlosen Parenchymzellen der menschlichen Zirbel als epitheloide Elemente.

Die Angabe, die Pinealzellen seien fortsatzlose Elemente, trifft indessen nur ausnahmsweise zu. In manchen Epiphysen des *Menschen* findet man besonders nahe dem Piaüberzug Gruppen dicht beisammenliegender großer, offenbar fortsatzloser Pinealzellen mit hellem granuliertem Cytoplasma, die sich zu epithelähnlichen, mitunter anscheinend syncytialen Formationen zusammenfügen (Abb. 27). Zwischen diesen Zellen lassen sich keine Zellausläufer, sondern nur Gliafasern nachweisen. Nicht verästelt sind ferner die meisten Pinealzellen der *Ratten*epiphyse (Kohler). Auch in der Epiphyse des *Esels*, *Rindes* und *Schweines* (ILLING 1910), ferner des *Schafes* (eigene Beobachtung) kommen abgerundete Zellen vor, jedoch sind sie — wie ich ausdrücklich betonen möchte — zahlenmäßig äußerst spärlich vertreten. Auch weist keineswegs jede Epiphyse abgerundete Zellen auf.

Die Mehrzahl der Zirbelzellen des *Menschen* (s. a. BENDA) und der *Säuger*, ausgenommen anscheinend die *Ratte*, zeichnet sich nach HORTEGAs und meinen Feststellungen durch den Besitz zahlreicher Fortsätze aus, welche allerdings

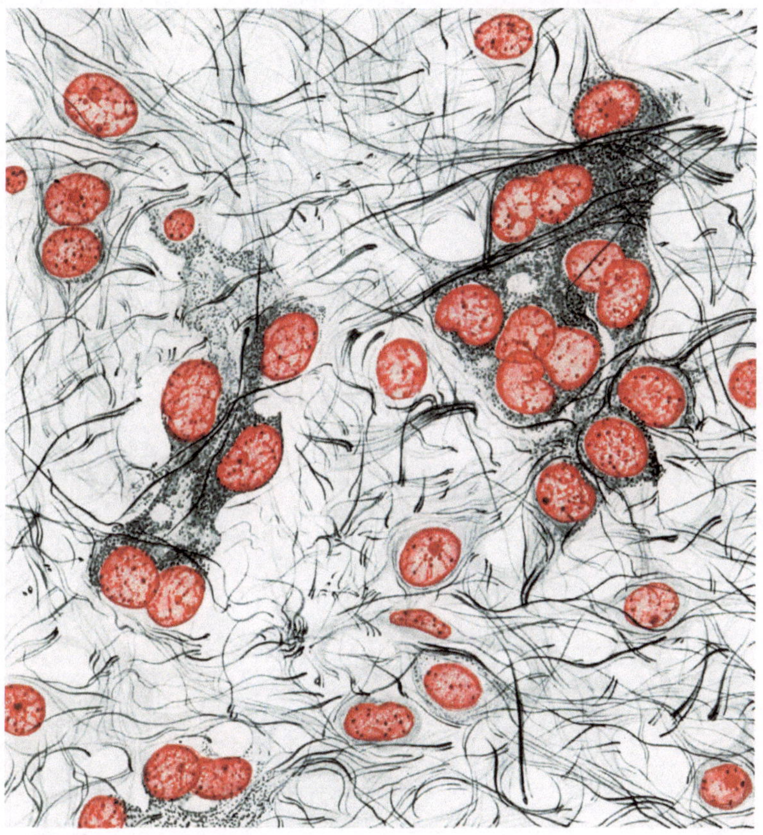

Abb. 28. Epiphyse des erwachsenen *Menschen* (Hingerichteter). Gruppen von granulierten Pinealzellen in anscheinend syncytialem Zusammenhang. (Eosin-Methylblau-Färbung, 10 μ, Ok. 4, Ölimm. Zeiß H.I. 100, auf $^2/_3$ verkl.; gez. K. HERSCHEL, Leipzig; Präp. Prof. Dr. W. v. MÖLLENDORFF-Zürich.)

nur bei weitgehender Ausfärbung des Cytoplasmas bzw. Imprägnation (HORTEGA) oder im Isolationspräparat sichtbar werden. Schon HASSALL (1852) weist darauf hin, daß die Hauptmasse des frisch untersuchten Zirbelgewebes aus geschwänzten Zellen besteht. Die im Schrifttum niedergelegten Behauptungen über die Fortsatzlosigkeit der Pinealzellen des *Menschen* beruhen auf mangelhafter Beherrschung der Silbermethoden bzw. Heranziehung ungenügender Färbeverfahren. Dies gilt besonders für die Veröffentlichung von JOSEPHI (1920, vgl. hierzu S. 378), der die Zellausläufer nur teilweise und zusammen mit Gliafasern imprägnierte (BIELSCHOWSKY), ihren Zusammenhang mit den dazugehörigen Zelleibern aber nicht darzustellen vermochte. Die Meinung ILLINGs, die unregelmäßigen Zellumrisse, wie dieser Autor sie in der Epiphyse des *Pferdes* beobachtete, seien durch Schrumpfung ursprünglich kugeliger Zellen entstanden, ist sicherlich unrichtig, da die Anwendung der verschiedensten Fixierungsmittel stets zu grundsätzlich gleichartigen Zellbildern führt. Auch das gelegentliche Vorhandensein fortsatzloser Zellen gerade im Randgebiet der *menschlichen*

Abb. 29. Epiphyse des *Menschen*. Pinealzellen an den Rändern von Follikeln, mit ihren Endkolben ein Septum erreichend. Links oben quergetroffenes Blutgefäß mit radiär gestellten Endkolben. (Aus Hortega 1922.)

Epiphyse, in dem doch gleichartige Schrumpfungen zu erwarten wären, spricht ebenfalls nicht zugunsten der Anschauung Illings.

Den Pinealzellen des *Menschen* wie der übrigen *Säuger* sind teilweise außerordentlich lange und dünne Ausläufer eigen, welche aus dem kernnahen Cyto-

plasma ziemlich unvermittelt hervorgehen. Sie entgehen dem Auge des Untersuchers bei ungenügender Färbung des Cytoplasmas um so mehr, als die Pinealzellen engstens an ein Gliafilzwerk angeschlossen sind, das von dem Ausläuferwerk der Zellen nur schwierig abgegrenzt werden kann. Die Darstellung der
Pinealzellen wird überdies, wie schon UEMURA (1917) angibt, durch die geringe
Farbstoffaffinität ihres Cytoplasmas erschwert; die von WEINBERG (1926)
erwähnten Pinealzellen mit kleinen dunklen Kernen und mit Eosin färbbarem
Cytoplasma möchte ich als Astrocyten ansprechen. Wie WALTER (1923) mit

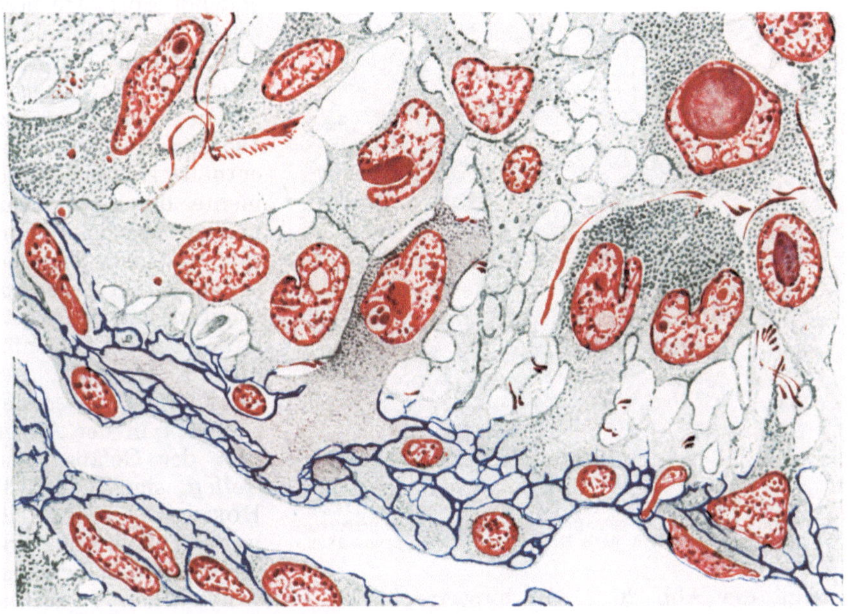

Abb. 30. Randpartie eines Follikels der Epiphyse eines 48jährigen Mannes mit Zellfortsätzen, welche von
Gitterfasern der Adventitia eines Gefäßes umsponnen werden. (Hingerichteter, Fixation ZENKER, Schnittdicke 8 μ, Färbung Duroechtrot-Mallory, Ok. 4fach, Zeiß-Ölimmersion H. I. 100, auf ⁹/₁₀ verkl.;
gez. K. HERSCHEL-Leipzig.)

Recht bemerkt, ist die Zahl der fortsatzlosen Zellen in der Epiphyse weitgehend
von der Färbetechnik abhängig. In vollem Umfange wurden Gestalt und Ausdehnung der Pinealzellen erstmalig durch P. DEL RIO-HORTEGA (1922, 1923, 1928)
ermittelt, der eine Spezialmethode (s. S. 361) entwickelte, welche die Pinealzellen elektiv hervortreten läßt (Abb. 29). Es ist, wie HORTEGA ausführt, angesichts der erstaunlichen Vielgestaltigkeit der Pinealzellen des *Menschen*
schwierig, eine Klassifizierung dieser Elemente vorzunehmen. Legt man die
Zellgröße als Einteilungsmerkmal zugrunde, so ergibt sich nach HORTEGA
folgende Ordnung der Pinealzellen: 1. große Zellen mit geschwollen erscheinen-
dem Cytoplasma, die lange knollige Ausläufer entsenden, 2. mittelgroße Zellen
mit abgerundetem Zelleibe und feinen, teilweise kolbig endenden Fortsätzen,
3. kleine Zellelemente mit spärlich entwickeltem, hellem Cytoplasma, welche
breite, dünne Ausläufer besitzen. Werden die Pinealzellen auf Grund des Verhaltens ihrer Fortsätze gruppiert, dann kann man mono-, bi- und multipolare Elemente mit langen oder kurzen, dicken oder feinen Ausläufern unterscheiden. Die in den Zentren der Epiphysenläppchen liegenden Zellen entsenden meist nach allen Seiten Fortsätze, während sich die randständigen

Elemente, die Zellen des Randgeflechtes („plessi marginali“, „palizzate“, Orlandi) im allgemeinen durch Orientierung ihrer Ausläufer gegen die Peripherie auszeichnen (vgl. auch Walter 1923). Manche dieser am Läppchenrande liegenden Zellen lassen indes sowohl der Peripherie als dem Zentrum zustrebende Cytoplasmaarme erkennen.

Das Aussehen der Pinealzellen jugendlicher, erwachsener und alter *Menschen* ist nach Hortegas Beobachtungen unterschiedlich. In der Epiphyse junger *Menschen* findet Hortega häufig Zellen mit exzentrisch gelegenem, rundlichem oder nierenförmigem Kern, die außerordentlich viele dünne, gewellte, spitz endende Fortsätze besitzen („tipo medusoide“). Die Kernseite der Zellen trägt in den meisten Fällen keine Fortsätze. Die Zirbel Erwachsener enthält zahlreiche Elemente, deren verhältnismäßig spärliche Fortsätze in einem Knötchen enden, ferner Zellen mit wenigen langen Ausläufern, deren keulenförmige Enden (s. a. Liebert 1929) besonders zahlreich in der Adventitia der Gefäße anzutreffen sind (Abb. 31, Hortega). Eine Reihe weiterer Zellformen der Epiphyse des Erwachsenen zeigt die Abb. 26. Als hypertrophische Parenchymzellen bezeichnet Hortega jene Pinealzellen, die sich durch einen angeschwollenen Zelleib mit plumpen, kolbigen oder lappigen Fortsätzen auszeichnen (Abb. 86); ihr Cytoplasma weist eine netzige Struktur auf. In den Netzmaschen kommt mitunter schwarzes Pigment vor. Der einer hellen Blase vergleichbare Kern dieser Zellen nimmt häufig eine oberflächliche Lage ein.

Abb. 31. Pinealzellen mit Endkolben aus der Epiphyse des erwachsenen *Menschen*. Rechts längs getroffene Blutkapillare mit perivasculären Endkolben. Imprägation nach Hortega. (Aus Hortega 1922.)

Die Epiphyse des *Menschen* fällt durch besondere Vielgestaltigkeit ihrer Pinealzellen auf. Ob hierin eine Eigentümlichkeit der Epiphyse der *Primaten* erblickt werden darf, wissen wir mangels einschlägiger Untersuchungen noch nicht. In der Zirbel des *Rindes* finde ich nur einen Typus der Pinealzellen, durch lange lappige Fortsätze gekennzeichnet, die jedoch weit weniger zahlreich als die Ausläufer der menschlichen Zirbelzellen sind (Abb. 68). Beim *Hunde* gelangen Pinealzellen mit zipfelartigen Fortsätzen zur Beobachtung. Die Angabe von Godina (1938), die Pinealzellen der Epiphyse der *Haustiere (Rind, Schaf, Schwein, Ziege, Pferd, Esel)* entbehrten der Fortsätze, entspricht, wie bereits erwähnt, nicht den Tatsachen. Godinas Behauptung, das Bild der fortsatzreichen Zellelemente sei ein durch Silbermethoden erzeugbares Trugbild, wird dadurch widerlegt, daß auch das einwandfrei fixierte und beispielsweise mit Azan oder Molybdänhämatoxylin gefärbte Schnittpräparat die Ausläufer der Pinealzellen deutlich hervortreten läßt.

Das Verhalten der Zellfortsätze, mit welchen die Pinealzellen zum Gliagewebe sowie zum Gefäßbindegewebe und Acervulus in Beziehung treten, verdient besondere Aufmerksamkeit. Wie die Abb. 29 und 30 erkennen lassen, tauchen die Fortsätze der Pinealzellen des *Menschen* mit ihren kolbig geschwollenen oder spindelig verdickten Enden — teilweise sehr tief — in das perivasculäre Bindegewebe ein (HORTEGA 1922, 1928, OKAMOTO und IKUTA 1933), wo sie von dünnen, in Azan- oder Silberpräparaten als äußerst feinmaschiges Gitterwerk erscheinenden Bindegewebsfibrillen umsponnen werden (Abb. 30). Die in den Imprägnationspräparaten HORTEGAs (Abb. 29, 31) und WALTERs (1913) leer erscheinenden Räume zwischen den Enden der Fortsätze hat man sich von Bindegewebsfasern ausgefüllt zu denken. Das Imprägnationspräparat allein vermittelt kein vollständiges Bild der Beziehungen zwischen Zellausläufern und interfollikulärem Bindegewebe; es ist durch das entsprechend gefärbte Präparat,

z. B. Azanpräparat, oder durch Kombination von Färbung (z. B. Azocarminüberfärbung) und Silberimprägnation (T. PAP) zu ergänzen. Die bis in die zentralen Bezirke der interfollikulären Septen hineinreichenden Zellfortsätze (s. Abb. 29, 52 aus HORTEGA) treten stellenweise durch kanalähnliche Einsenkungen der Septen in Begleitung von Gliafasern

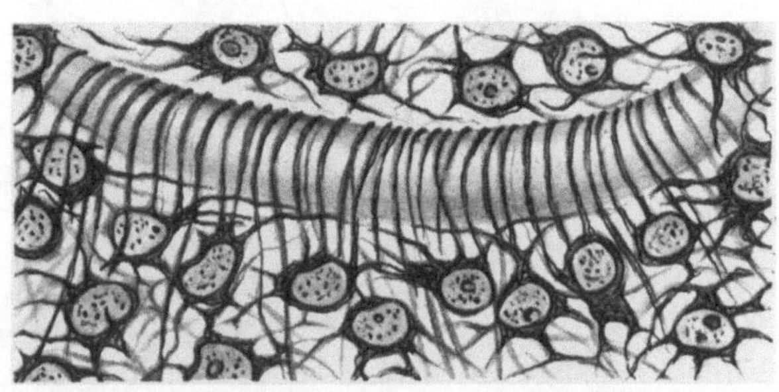

Abb. 32. Blutkapillare aus der Epiphyse des erwachsenen *Menschen*, von Fortsätzen der Pinealzellen umfaßt. Imprägnation nach HORTEGA. (Aus HORTEGA 1922.)

gebündelt in das Bindegewebe ein (Abb. 34). Querschnitte durch kleinere, von nur wenig Bindegewebe begleitete Blutgefäße zeigen eine ziemlich gleichmäßige radiäre Anordnung der Endkeulen (Abb. 31), die in dem adventitiellen Bindegewebe enden. Bei distinkter Färbung der Gitterfäserchen kann man erkennen, daß einzelne Fibrillen aus der Oberfläche der Adventitia herausragen und sich der Endstrecke der Cytoplasmafortsätze bereits vor ihrem Übergang in den Endkolben engstens anschmiegen. Die perivasculären Endkolben stehen außerordentlich eng zusammengedrängt, so daß Einzelfortsätze vielfach nur mühsam ausgemacht werden können. Manche der Endkolben weisen eine netzige Struktur des Cytoplasmas auf (HORTEGA). Gelegentlich sah ich Endkolben mit zarter konzentrischer Schichtung. Vielfach tragen die einzelnen Zellausläufer mehrere Kölbchen, die teils rosettenartig am Ende des Fortsatzes angeordnet sind (Abb. 26), teils als seitenständige knötchenartige Ästchen aus dem Endabschnitt des Ausläufers hervorgehen (Abb. 26). In den Epiphysen anderer *Säuger* scheinen nach GODINAs und meinen eigenen Wahrnehmungen Pinealzellen mit Endkolben vom Typus der für den *Menschen* beschriebenen nicht vozukommen. Beim *Hunde* konnte ich lediglich schmale langgestreckte Pinealzellen in der Nähe der Capillaren beobachten, welche mit ihren dünnen Zelleibern in dem pericapillären Bindegewebe stecken (Abb. 35).

Die im gefäßarmen Randgebiet der *menschlichen* Zirbel gelegenen Pinealzellen bilden durch die Verflechtung ihrer spitz auslaufenden Fortsätze ein dichtes Netzwerk. In die Randglia entsenden sie lange, an Neuriten erinnernde Fortsätze (HORTEGA, „prolongaciones axonoides") (Abb. 33). Ihre spindelig verdickten Enden sind in der Randglia anzutreffen. Schließlich fand HORTEGA in der Epiphyse des Kindes, in einigen Fällen auch in derjenigen des Erwachsenen, dünne lange Zellfortsätze, welche die Wandungen von Blutcapillaren schlingenartig umgreifen (Abb. 32).

Die der Oberfläche der interfollikulären Septen und der Adventitia der Gefäße in der Epiphyse des *Menschen* benachbarten, vielfach Kerne mit Kernkugeln

aufweisenden Pinealzellen, bilden, wie erwähnt, das sog. Randgeflecht
(WALTER 1913, 1922, 1923). Das Randgeflecht besteht aus Fortsätzen von
Pinealzellen, die im großen und ganzen senkrecht zu Septen und Gefäßwandungen
gerichtet sind, an denen sie — wie übrigens auch stellenweise an der Intima

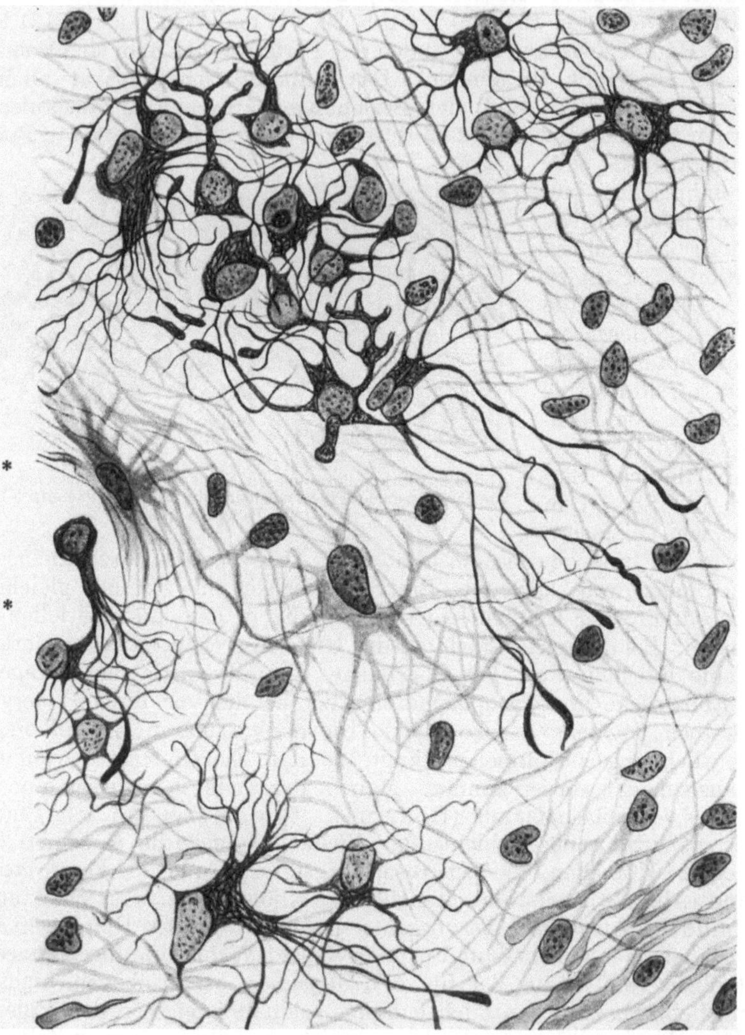

Abb. 33. Pinealzellen in der oberflächennahen Zone einer *menschlichen* Epiphyse, im Gliagerüst gelegen. In
Höhe von * je ein Astrocyt. Imprägnation nach HORTEGA. (Aus HORTEGA 1922.)

piae — mit kolbigen oder spindeligen Anschwellungen enden (s. unten, FRIED-
MAN und SCHEINKER 1934). Die zwischen den Fortsätzen der Randgeflechtszellen
befindlichen Lücken fallen schon bei der Untersuchung des Zirbelgewebes mit
schwacher Vergrößerung als helle, an die Maschen eines Gitterwerks erinnernde
Räume auf (Abb. 34). Am Aufbau des Randgeflechtes nehmen außer Gliafasern,
welche mit den Zellfortsätzen in Septen und Gefäßbindegewebe eindringen, vereinzelte Gliazellen teil (s. S. 303f.). Es besteht kein Anlaß, die Randgeflechtszellen den übrigen Pinealzellen als eine besondere Zellart gegenüberzustellen;

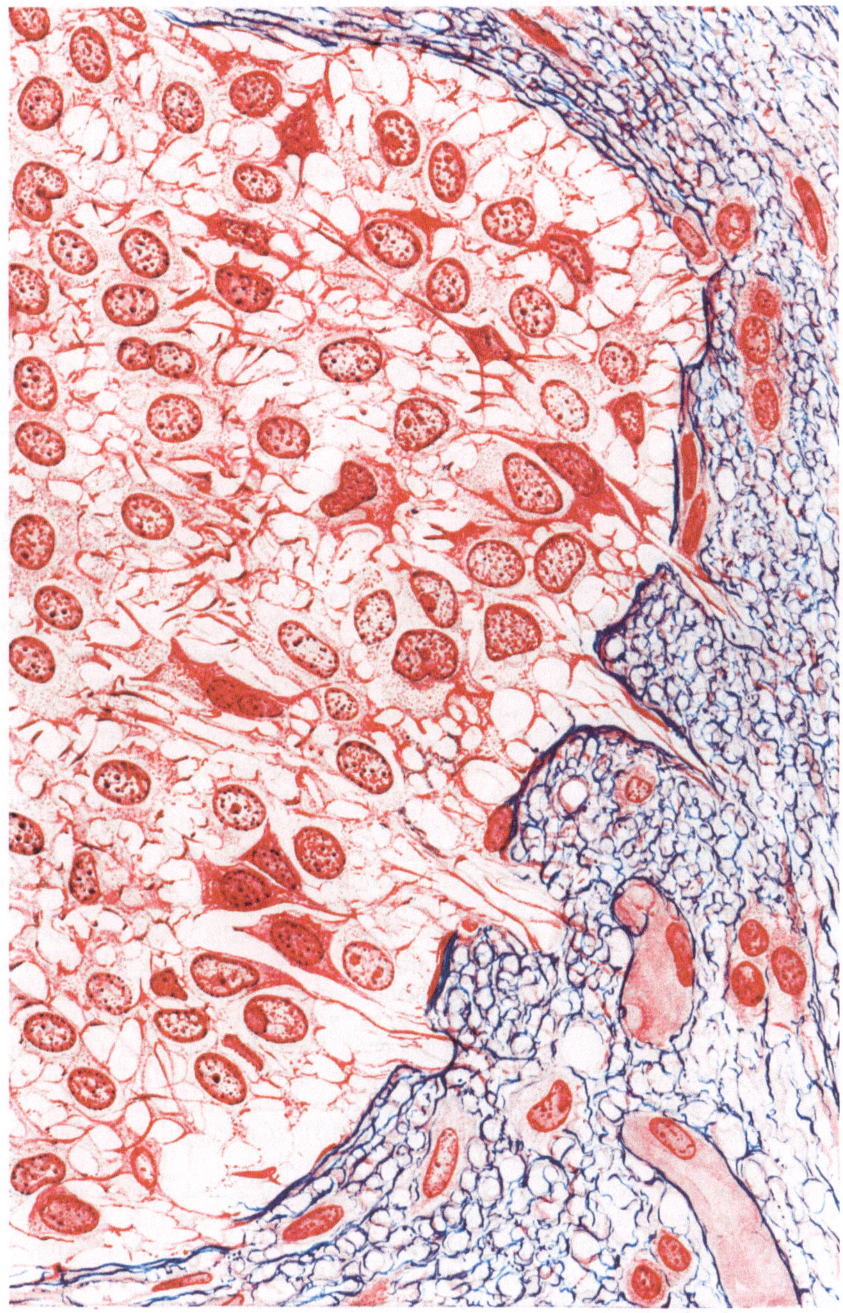

Abb. 34. Randpartie eines Follikels der Epiphyse eines 35jährigen Mannes. Zellfortsätze und Gliafasern strahlen in das interfollikuläre Gewebe ein. Im Gitterfasergerüst vereinzelte Pinealzellen. (Hingerichteter, Fixation Susa, Schnittdicke 8 μ, Azanfärbung nach HEIDENHAIN, Ok. 4fach, Zeiß-Ölimmersion H. I. 100, auf ²/₃ verkl.; gez. K. HERSCHEL-Leipzig.)

sie sind am Follikelrande gelegene Pinealzellen, deren Ausläufer in der Mehrzahl dem gleichen Ziel, nämlich dem perifollikulären Stroma, zustreben. Das Kaliber der Ausläufer der Randgeflechtszellen schwankt erheblich, wie ein Vergleich der Abb. 30 und 34) lehrt. Schon Weinberg (1926) macht auf diese Tatsache aufmerksam. Ob die Unterschiede in der Entwicklung der Zellausläufer auf verschieden starke Schrumpfung des Untersuchungsgutes zurückzuführen sind, ist unklar. Ich möchte sie für den Ausdruck verschiedener Funktionszustände der Randzellen halten. Manche der perivasalen Fortsätze erreichen im Querschnitt den Umfang eines Zellkernes. Ich halte es jedoch gegenüber Weinberg (1926) und Walter für unrichtig, bei kräftiger Entwicklung der Cytoplasmafortsätze von Hypertrophie zu sprechen, da man Zellformen mit massigen Ausläufern nicht nur bei Steigerung des intrakraniellen Druckes (Weinberg) nachweisen kann, sondern auch an den Epiphysen organisch nicht veränderter Gehirne.

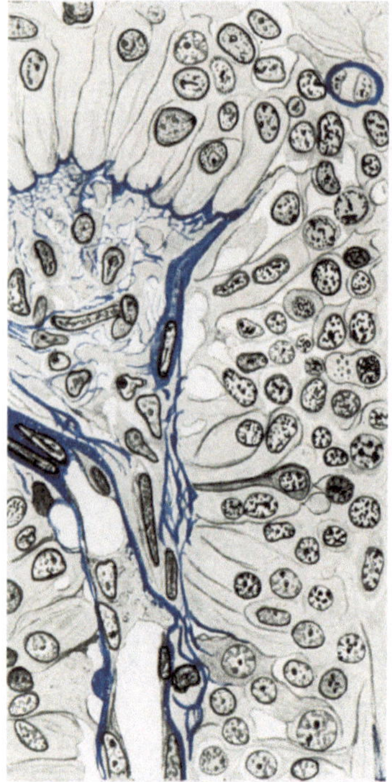

Abb. 35. Palisadenartig angeordnete Pinealzellen an der Oberfläche eines Septums der Epiphyse eines 4 Wochen alten *Hundes* (Fixation Susa, Schnittdicke 8 μ. Färbung mit Duroechtrot, Mallory, Ok. 5, Ölimmersion Zeiß H. I. 100, auf ⁹/₁₀ verkl.; gez. W. Bargmann).

Die Endkolben wie die schmäleren Fortsätze der das Randgeflecht aufbauenden Zellen wurden von Achúcarro und Sacristán (1913), Krabbe (1916) und Josephy (1920) irrtümlicherweise für nervöse Gebilde, nämlich Achsenzylinder gehalten. Josephy erklärt Walters Ansicht, die Pinealzellen besäßen Fortsätze, sogar für falsch. Josephys Untersuchungen sind ein typisches Beispiel dafür, daß die Bevorzugung der Silberimprägnationsmethode, insbesondere der Bielschowsky-Imprägnation, das Entstehen von Trugschlüssen begünstigt. Die Angabe von Josephy, die „Fasern" des Randgeflechtes zeichneten sich durch gleichmäßigen Durchmesser aus, ferner Josephys Abb. 4 berechtigen zu dem Verdachte, daß der Autor mitimprägnierte Gliafasern für Achsenzylinder hielt. Die von Josephy abgebildeten „bündelförmig angeordneten Achsenzylinder" gleichen sogar völlig den in meiner Abb. 34 wiedergegebenen Bündeln azanroter Gliafasern!

Die Imprägnationsmethode Hortegas, aber auch das gefärbte Schnittpräparat zeigen meines Erachtens, daß die Pinealzellen entgegen einer Vermutung von Decio (1924, 1925) selbständige Individuen sind, d.h. nicht syncytial untereinander verbundene Elemente darstellen, wie bereits Krabbe erwähnt. Auch Polvani neigt zur Annahme der Kontiguität der Pinealzellen. Gelegentlich im Randgebiet der menschlichen Epiphyse auftretende Zellgruppen erwecken im gefärbten Präparat den Eindruck syncytialer Komplexe (Abb. 28). Man muß jedoch an die Möglichkeit einer durch die Fixation bedingten Verwischung ursprünglich bestehender Zellgrenzen denken.

Die bizarren Gestalten der Pinealzellen sind in das Filz- und Gitterwerk der Glia eingelassen, deren Fasern sich der Oberfläche von Zelleib und Ausläufern innig anschmiegen. Eine intracelluläre Lagerung der Gliafasern oder ein Übergang von Pinealzellfortsätzen in Gliafasern läßt sich nicht beobachten, eine Tatsache, die für die Frage der verwandtschaftlichen Beziehungen zwischen Pineal- und Gliazellen von Interesse ist (s. S. 389).

Der locker strukturierte Zellkern der Pinealzellen ist meist rundlich oder nierenförmig gestaltet, nicht selten auch stark eingebuchtet („noyaux en fer à cheval", DIMITROWA). Die stark eingekerbten (Abb. 53) oder gelappten Kernformen sind, wie KRABBE bemerkt, keine Kunstprodukte, da sie auch an Zupfpräparaten

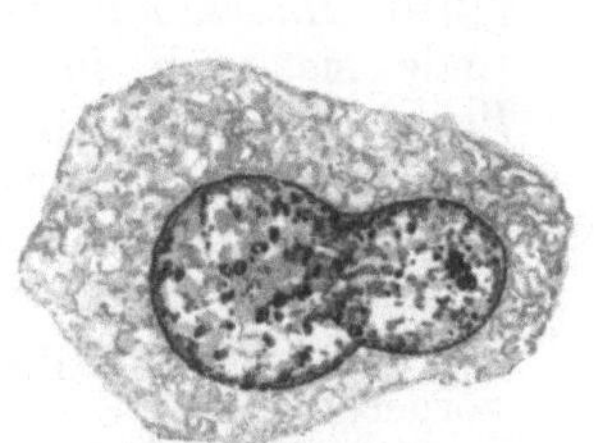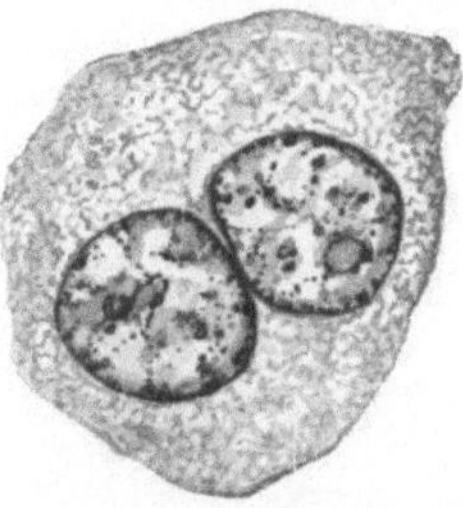

Abb. 36. Pinealzellen des *Menschen* in amitotischer Teilung. (Hingerichteter ♂, 32jährig, Fixation ZENKER Schnittdicke 8 μ, Azanfärbung, Ok. H. H. I. 100, auf ⁹/₁₀ verkl.; gez. K. HERSCHEL-Leipzig).

frischen Untersuchungsgutes wahrgenommen werden können. Die langgestreckten, wurstförmigen Kerne (Abb. 64), welche man verhältnismäßig selten in der Epiphyse von *Mensch* und *Rind* antrifft, gehören Astrocyten an. Der Kern der Pinealzellen enthält in der Regel ein oder zwei gut entwickelte Nukleolen. R. R. MEYER (1936) hat bis zu 12 Nukleolen im Kern der Zirbelzellen gefunden. Die Verteilung des Chromatins ist insofern vielfach eigenartig, als sich der Innenfläche der Kernmembran kleine Chromatinkörnchen und -bröckel anlagern, so daß das Kernzentrum weitgehend aufgehellt erscheint. Die Intensität der Färbung der Kerne im histologischen Präparat ist verschieden. UEMURA (1917) unterscheidet kleinere „trachychromatische" oder chromophile und größere hellere, amblyochromatische Kernformen (vgl. auch ILLING 1910, R. MEYER 1936). Kleine dunkle Kerne sollen besonders den Pinealzellen junger *Haustiere* eigen sein (GODINA 1938). Die Größe der *menschlichen* Pinealzellkerne wechselt zwischen Kernen mit einem größten Durchmesser von 10—12 μ, Riesenformen (s. a. CALVET 1934) mit Durchmessern

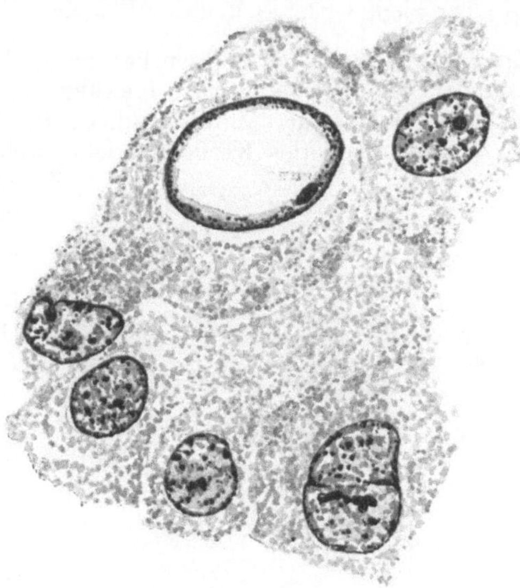

Abb. 37. Pinealzelle mit großer Kernvakuole aus der Epiphyse eines 48jährigen Hingerichteten (Fixation ZENKER, Schnittdicke 8 μ, Eisenhämatoxylin-Säurefuchsin-Mallory nach CLARA, Ok. 4, Ölimmersion H. I. 100, auf ⁹/₁₀ verkleinert, gez. K. HERSCHEL-Leipzig.)

von 15—18 μ und Zwergformen von 4—5 μ Durchmesser (KRABBE). WEINBERG (1926) gibt den Durchmesser der Pinealzellkerne mit 0,0075—0,01 mm im Durchschnitt an, POLVANI (1913) mit 9,48 μ, LÁSZLÓ (1935) mit 5,6—8,4 μ. Beim *Rinde* beträgt der Durchmesser der Pinealzellkerne etwa 8—8,5 μ (GODINA 1938), das Kernvolumen 581—609 μ³. Die von KRABBE den Pinealzellen zugesprochenen kleinen Kerne dürften wenigstens teilweise Gliazellen angehören (vgl. hierzu S. 403). Die von PELLEGRINI (1941) beschriebene, nach Kastration auftretende Anisocytose in der Epiphyse des *Kaninchens* möchte ich gleichfalls auf die Verwechslung von Gliazellen mit kleinen dunklen Kernen mit großkernigen Pinealzellen zurückführen (vgl. die Abb. des Autors). Als charakteristisches Merkmal des Kernes der Pinealzellen sind die aus Nukleolen entstandenen (R. Meyer) Kernkugeln zu betrachten, welche an das Cytoplasma abgegeben werden können („Kernexkretion", s. S. 391). Vakuolen innerhalb des

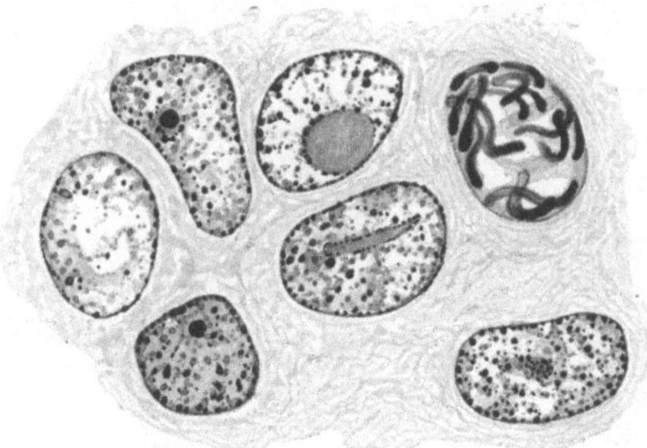

Kernes beobachtete Illing (1910, Haussäugetiere). Ich finde sie auch in *menschlichen* Pinealzellen (Abb. 37). Das Bild der Kernvakuolen wird gelegentlich durch das Ausfallen von Kernkugeln aus dem Schnittpräparat hervorgerufen.

Die Vermehrung der Zirbelzellen des Erwachsenen erfolgt anscheinend fast ausschließlich auf dem Wege der Amitose (J. Verne 1914, 1915, eigene Befunde). Dafür spricht das häufige Vorkommen von Bildern der Kerndurchschnürung (Abb. 36).

Abb. 38. Mitosestadium in einer Gruppe von Pinealzellen. Epiphyse eines 33jährigen Mannes (Hingerichteter); Fixation Susa, 8 μ, Hämatoxylin-Eosin-Färbung. Ok. 10, Ölimm. Zeiß H.I. 100, auf ⁹/₁₀ verkl.; gez. K. Herschel-Leipzig.

Mit Krabbe finde ich gelegentlich zwei, durch eine fadenförmige Brücke miteinander verbundene Kerne. Krabbe deutet auch einen Teil der stark eingekerbten Kerne als Amitosestadien; in vielen Fällen dürfte es sich jedoch um Einfaltungen der Kerne handeln, welche im Verlaufe der Kernexkretion

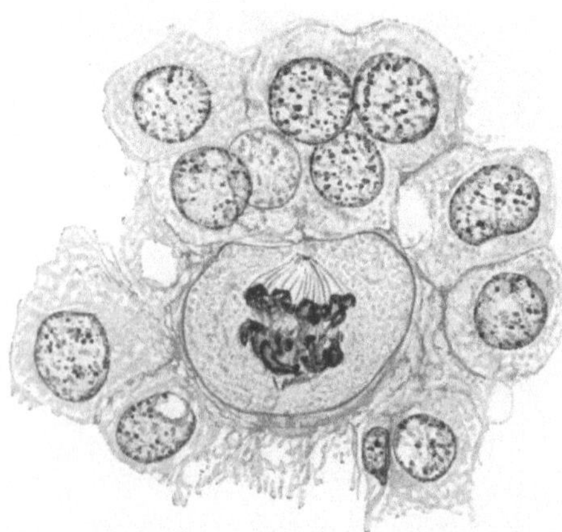

auftreten. Zweikernige Zellen fand ich ziemlich häufig in der Epiphyse von *Mensch* und *Rind* (Abb. 36). Sie wurden bereits von Jordan (1921) in der Zirbel des *Schafes*, von Godina (1938) in der Epiphyse verschiedener *Haustiere* nachgewiesen. Nach der Ansicht Illings (1910) gehen die Pinealzellen der *Haussäuger*, die sich durch kleinere dunkle Kerne auszeichnen, auf dem Wege der direkten Teilung aus den hellkernigen Elementen hervor. Ebenso wie J. Verne (1914, 1915) habe ich ein Stadium einer Mitose in der *menschlichen* Epiphyse nur ein einziges Mal beobachtet (Abb. 38). Krabbe dagegen stellte in den Epiphysen von Kindern und Erwachsenen niemals Mitosen fest. Jedoch finde ich in der Epiphyse eines vier Wochen

Abb. 39. Mitose einer Pinealzelle in der Epiphyse eines 4 Wochen alten *Hundes*. (Fixation Susa, Schnittdicke 8 μ. Duroechtrot-Mallory-Färbung, Ok. 10, Ölimmersion. Zeiß H.I. 100, auf ²/₃ verkl., gez. K. Herschel-Leipzig.)

alten *Hundes* zahlreiche Mitosen (Abb. 39). Jordan fand auch in der Epiphyse junger *Schafe* noch Mitosen. Das Vorkommen von Mitosen in den Pinealzellen eines Pinealoms erwähnen Horrax und Bailey (1928).

Anschließend an Untersuchungen von Ditlevsen (1911), der im Plattenepithel der Haut, Zunge und Speiseröhre des *Meerschweinchens* verschiedentlich das auch von anderen Autoren beschriebene Phänomen der Kernknospung beobachtete, berichtet Krabbe, er habe an den Kernen der Pinealzellen keine

Knospungsprozesse feststellen können. Demgegenüber finde ich in den Zirbeldrüsen Erwachsener nicht selten Pinealzellen, deren Kerne kleine hörnchenförmige, knopf- oder sproßartige Auswüchse tragen (Abb. 40). Die Bedeutung dieser Knospenbildung ist unbekannt. Vermutlich erfolgt sie im Verlaufe der Kernsekretion. Für die Anschauung, es handele sich um regressive Kernveränderungen, ergeben sich keine Anhaltspunkte.

Das Cytoplasma der Pinealzellen der *Menschen* (Abb. 41, 42) zeichnet sich durch eine sehr zarte, mitunter unscharfe Granulation aus (DIMITROWA, ORLANDI u. a.), vielfach auch durch feinwabige Struktur. UEMURA (1917) sah nur an mit Alkohol fixiertem, nach der FRÄNKELschen Bakterienfärbung behandelten Untersuchungsgut basophile Granula im Zelleibe.

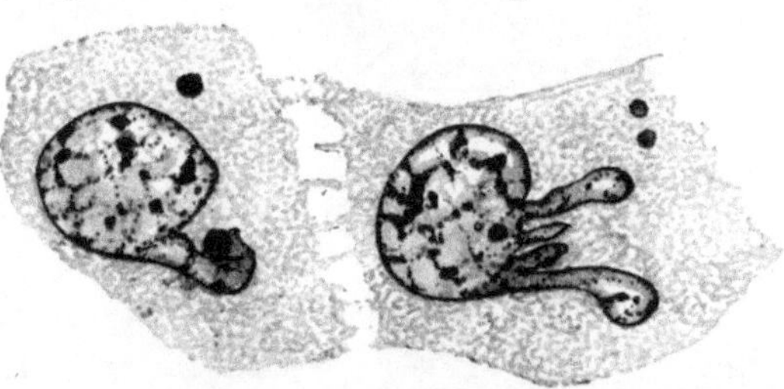

Abb. 40. Pinealzellen des *Menschen*. (Hingerichteter ♂, 32jährig, Fixation ZENKER, Schnittdicke 8 μ, Azan, Ok. 4, H. I. 100, auf ⁹/₁₀ verkl.; gez. K. HERSCHEL-Leipzig.) Kernfortsätze.

Im Cytoplasma *menschlicher* Epiphysen, welche mit ZENKERscher Flüssigkeit fixiert wurden, lassen sich jedoch auch vermittels der Eisenhämatoxylinfärbung feine Granula nachweisen. Etwas gröbere, kugelige Einschlüsse in den Pinealzellen des *Menschen* (Abb. 42) spricht HORTEGA (1922, s. a. FRIGERIO 1914, 1915) zum Teil als Lipoidkörnchen vielleicht degenerativen Ursprunges an. Dieselbe Ansicht vertritt JORDAN (1921) bezüglich der osmiophilen Granulation der Pinealzellen des *Schafes*, welche sich aus den Mitochondrien zu entwickeln scheinen. Die Richtigkeit der Angabe QUASTs (1928, 1929), nur Elemente der Stützsubstanzen des Zirbelgewebes enthielten Lipoide, darf man wohl bezweifeln. Deutlich granulierte Zellen fanden DIMITROWA sowie COSTANTINI (1910) in der Epiphyse des *Rindes*; die Granula sind teilweise gleichmäßig im Zelleibe verteilt, teilweise werden sie von einem homogenen, peripheren Cytoplasmaring umgeben. Beim *Kalbe* sollen granulierte Zellen nach DIMITROWA seltener vorkommen. Ich selbst habe granulierte Pinealzellen (Abb. 45) in der *Rinder*epiphyse nur vereinzelt gesehen. Pinealzellen mit homogenisiertem Zelleibe fallen

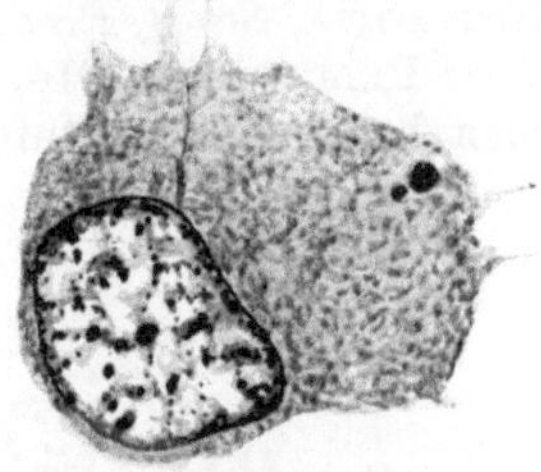

Abb. 41. Pinealzelle des *Menschen.* (Hingerichteter, ♂, 32jährig, Fixation ZENKERs, Schnittdicke 8 μ, Azanfärbung, Ok. 4, H./H. I. 100; gez. K. HERSCHEL-Leipzig.) Zarte Granulation des Cytoplasmas.

im gefärbten Schnittpräparat als dunkle Zellen auf. Ich halte es jedoch nicht für gerechtfertigt, eine Trennung in einen hellen und einen dunklen Zelltyp vorzunehmen, da sich nach meinen Feststellungen keine weiteren morphologischen Unterschiede der hellen und dunklen Formen ermitteln lassen.

Als „Drüsengranula" bezeichnet v. VOLKMANN (1928) meist in Kernnähe gruppen- oder häufchenweise beisammenliegende, durchschnittlich etwa 0,7 bis 1,0 μ messende Körnchen, die in den Pinealzellen des *Menschen* bei beiden Geschlechtern nach Fixierung mit dem BENDAschen oder ALTMANNschen Gemisch und nach BENDA- oder ALTMANN-Färbung sichtbar werden. Ob sie auch vor der Pubertät nachgewiesen werden können, ist nach v. VOLKMANN fraglich. Die durch v. VOLKMANN dargestellten Granula dürften mit den von GODINA (1938, Methode ALTMANN-KULL) in den Zirbelzellen von *Haustieren* gefundenen Körnchen identisch sein. Es ist mehr als fraglich, ob diese Granula — wie v. VOLKMANN meint — „Drüsengranula" verkörpern. Man kann sie auch als granuläre Mitochondrien auffassen. Ob die „Drüsengranula" v. VOLKMANNs mit HORTEGAs

„granos de zimógeno" im Cytoplasma der Pinealzellen identisch sind, ist unklar. Hortega spricht von rundlichen oder eiförmigen Sekretkörnchen in Zelleib
und Fortsätzen der Pinealzellen von *Mensch, Hammel* und *Stier.* Die größten

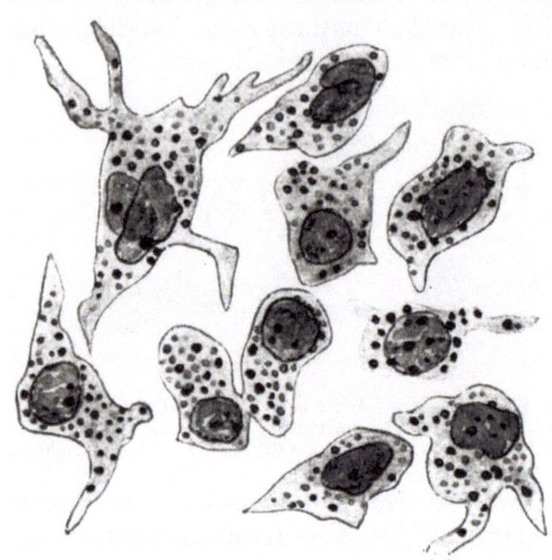

Abb. 42. Granulierte Parenchymzellen aus der Epiphyse
des *Menschen*. (Aus Hortega, III.)

dieser durch Silberimprägnation dar-
stellbaren Granula erreichen einen
Durchmesser von 3—5 μ. In involu-
tiv veränderten Organen treten sie in
geringer Zahl auf. Ich selbst habe
in den Pinealzellen von 20 lebensfrisch fixierten Epiphysen zwar zarte
Granula, jedoch keine den Sekretkörnchen anderer drüsiger Organe völlig gleichenden Strukturen gefunden.
Die Bedeutung der von Dimitrowa
für die Pinealzellen des *Schafes* beschriebenen groben kugeligen Granulationen, die sich färberisch wie das
Kernchromatin verhalten, ist unbekannt, ebenso diejenige der ver-
waschenen, die Zellperipherie frei-
lassenden Körnung, welche ich sehr
selten in Pinealzellen des Menschen
feststellte (Abb. 46).

Nicht selten enthält das Cytoplasma der Zirbelzellen größere Vakuolen
(Dimitrowa, *Schaf, Rind, Mensch;* Marburg 1908, *Mensch;* Jordan 1911, 1921,
Schaf; Pellegrini 1914, *Kaninchen).* Besonders häufig finde ich vakuolisierte
Zellen beim *Schafe.* Infolge exzentrischer Lagerung des Kernes erinnert das

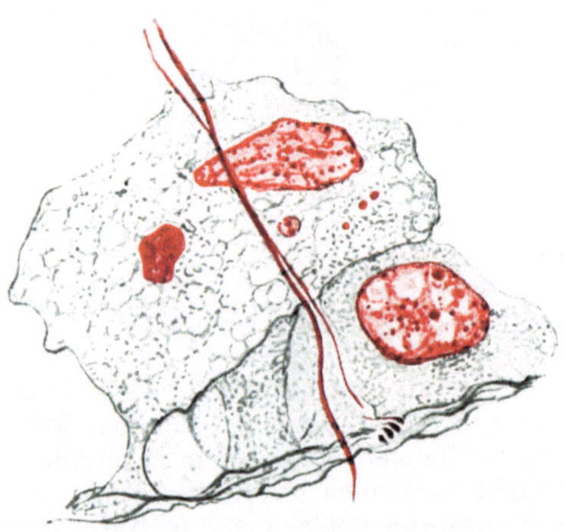

Abb. 43. Degenerierende Zelle mit abgesprengten Kern-
teilen aus der Epiphyse eines 48jährigen Mannes. (Hingerichteter, Fixation Zenker, Schnittdicke 8 μ, Färbung
mit Duroechtrot-Mallory, Ok. 4fach, Zeiß-Ölimmersion H. I. 100, auf ⁹/₁₀ verkl.; gez. K. Herschel-
Leipzig.) Gliafasern rot.

Bild der Zelle an einen Siegelring
(Abb. 47). Meistens erscheinen die
Vakuolen optisch leer. Dimitrowa
stellte jedoch in van Gieson-Präpa-
raten einen homogenen gelb-roten, in
Eisenhämatoxylinpräparaten einen
granulären Inhalt der Vakuolen fest.
Die Vakuolen der Siegelringzellen
des *Schafes* beherbergen nach meinen
Beobachtungen häufig ein oder zwei
kräftige, dem Cytoplasma anliegende
Granula (Abb. 47). Es ist anzu-
nehmen, daß die Vakuolen dieser
Zellen Lipoidtröpfchen enthielten
(Jordan).

Dem Cytoplasma der von Achú-
carro und Sacristán fälschlich als
Ganglienzellen angesprochenen Pi-
nealzellen des *Menschen* wird von
Achúcarro und Sacristán sowie
Hortega (1922) eine fibrilläre

Struktur zugeschrieben, welche besonders bei großen Zellelementen deutlich
hervortreten soll. Die sehr zarten Fibrillen bilden nach Hortegas Angaben
ein kontinuierliches, bis in die Enden der Ausläufer zu verfolgendes Netzwerk
(Abb. 26). Bisher wurde diese Struktur des Cytoplasmas nur von den genannten
Forschern dargestellt. Bei Anwendung von Eisenhämatoxylinmethoden konnte

ich das intracelluläre Netzwerk in den Zellen lebensfrisch fixierter menschlicher Zirbeldrüsen niemals zu Gesicht bekommen. Ich halte es für möglich, daß durch Imprägnation der Oberflächen von Granulis oder der Wandungen kleiner Vakuolen eine netzige Cytoplasmastruktur vorgetäuscht wird. Das Cytoplasma degenerierender Pinealzellen zeichnet sich durch geringe Farbstoffaffinität aus; der schaumig strukturierte Zelleib zugrunde gehender Zellen erscheint vergrößert (Abb. 43).

Über den GOLGI-Apparat der Pinealzellen liegen keine eingehenden Untersuchungen vor. Die Mitochondrien sind, wie JORDAN (1921, *Schaf*), HORTEGA (1922) und CALVET (1933, 1934) zeigten, in Gestalt kleiner kurzer Stäbchen und Körnchen gleichmäßig im Cytoplasma verteilt. Sie erstrecken sich bis in die Zellfortsätze hinein. Mitochondrien wurden auch von HORRAX und BAILEY (1925) in den Pinealzellen *menschlicher* Zirbeltumoren nachgewiesen. Zwischen Mitochondrien und Lipoideinschlüssen bestehen angeblich fließende Übergänge (JORDAN). Außerdem enthält der Zelleib der *menschlichen* Pinealzellen dem Kern benachbarte Gruppen weniger, stäbchenförmiger Gebilde („bastoncitos" HORTEGA), welche vielleicht den Blepharoplasten der primitiven Ependymzellen entsprechen. Diese in den Pineal-

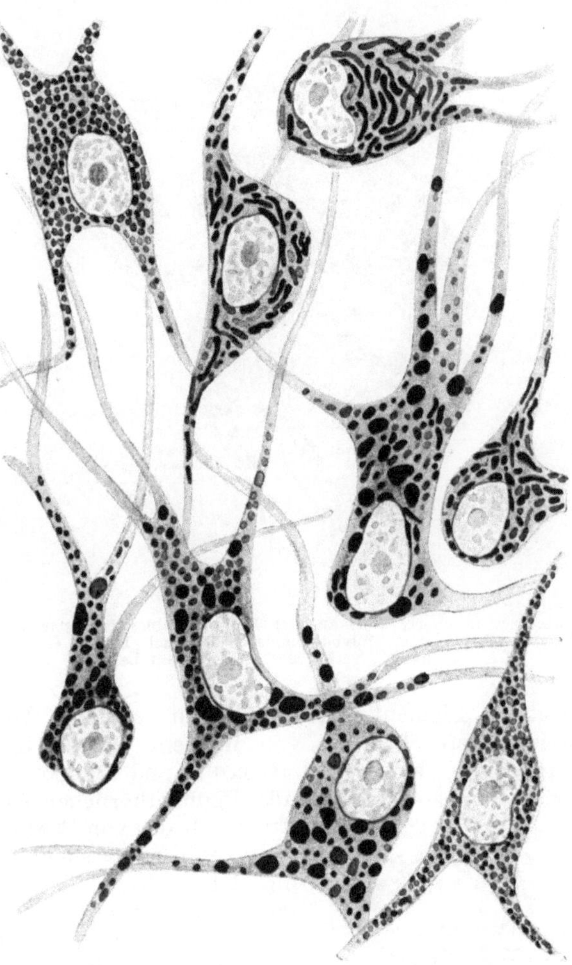

Abb. 44. Granulierte Pinealzellen des *Lammes*. (Aus HORTEGA, III.)

zellen des Kindes noch kurzen, geraden Stäbchen gewinnen mit zunehmendem Alter an Länge und Dicke, während gleichzeitig Kernkugeln, ferner Pigmentablagerungen im Cytoplasma auftreten. Gleichartige Stäbchen wies HORTEGA auch in den Parenchymzellen der Epiphyse des *Stieres* nach. HORRAX und BAILEY (1928) fanden Blepharoplasten in den Zellen eines *Pinealoms*. Randständige Diplosomen konnten in den Pinealzellen von *Stier*, *Ziege* und *Schaf* festgestellt werden (HORTEGA, CALVET). HORTEGA bildet Diplosomen mit Zentralgeißel in den Zirbelzellen der *Ziege* ab. Im Eisenhämatoxylinpräparat der *menschlichen* Epiphyse finde ich meist in Kernnähe befindliche, mitunter als Doppelpaar (s. a. CALVET, *Rind*) auftretende Diplosomen. Über den Nachweis von Diplosomen in den Pinealzellen von Zirbeltumoren berichten HORRAX und

BAILEY (1925). Als **Vakuom** bezeichnet CALVET (1934) die wenigen, um die Centrosomen sich gruppierenden mit Neutralrot anfärbbaren Granula.

Das Cytoplasma der Pinealzellen der *Menschen* wie auch der übrigen *Säuger* enthält nicht selten Ablagerungen von **Pigment** (Abb. 48), auf die bereits HAGEMANN (1872), FLESCH 1887, 1888), GALEOTTI (1896), DIMITROWA (1901), MARBURG (1909), ILLING (1910), JORDAN (1911, 1921), KRABBE (1916), UEMURA (1917), HORTEGA (1922), LIGNAC (1925), STEFKO (1929), BAILEY (1932, OKA-MOTO und IKUTA (1933), FARINA (1940, 1941) und andere Untersucher aufmerksam machen (vgl. die Literaturübersicht bei QUAST (1931). Das bräunliche oder gelbliche bzw. gelblich-grüne, wie andere körpereigenen Farbstoffe argentophile Pigment der Epiphyse tritt in Gestalt teilweise sehr kleiner, vielfach zu Gruppen vereinigter Granula in Erscheinung, seltener in Form größerer Schollen. Ein Teil der Pigmentkörnchen läßt sich mit Sudan III und Nilblau färben. Nach QUAST (1931)

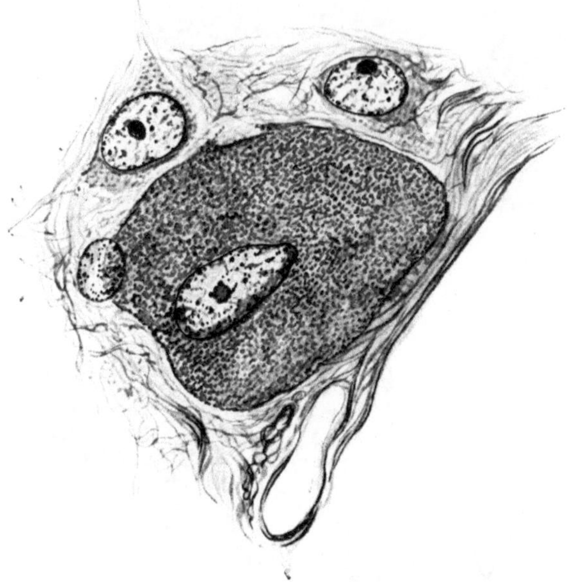

Abb. 45. Granulierte Zelle aus der Epiphyse eines *Rindes* (erw., Fixation BOUIN, 8 μ, Molybdänhämatoxylin nach HELD. Ok. 4, H.I. 100, auf 9/10 verkl.; gez. K. HERSCHEL-Leipzig.)

liegt das Pigment in Kernnähe im zentralen Abschnitt der Zelle. Möglicherweise entsprechen die von meinem Schüler LEOPOLD (1941) vermittels der Vitamin C-Reaktion (GIROUD und LEBLOND) in der *menschlichen* Zirbeldrüse dargestellten Granula Pigmentkörnchen (Abb. 49). Untersuchungen der Frage, ob das von CLARA (1942) in einem Falle festgestellte stärkere Ausmaß der Reaktion nach Cebionzufuhr mit dem individuell schwankenden Ausmaße der Pigmentierung zusammenhängt, stehen noch aus; nach noch unveröffentlichten Beobachtungen meiner Schülerin COLLIER fällt die Vitamin C-Reaktion nach Askorbinsäurebehandlung an der *Ratten*zirbel negativ aus (vgl. S. 322). — Trotz starker individueller Schwankungen des Pigmentgehaltes kann nach den Untersuchungen von QUAST (1931) von einem gesetzmäßigen Verhalten der Ablagerungen insofern gesprochen werden, als eine **Proportionalität zwischen Lebensalter und Pigmentreichtum** besteht. Während QUAST in

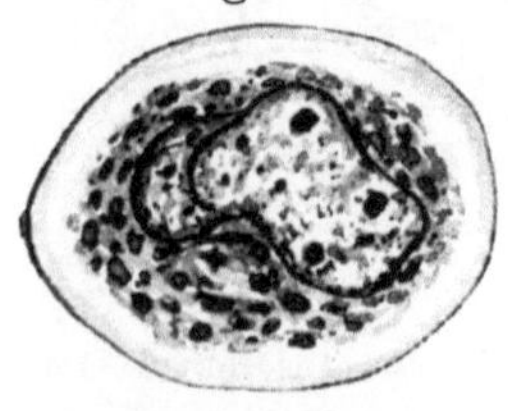

Abb. 46. Grob granulierte Pinealzelle des *Menschen*. (Hingerichteter, 32jährig, Fixation ZENKER, Schnittdicke 8 μ, Azanfärbung, Ok. 4, H. I. 100, auf 9/10 verkl.; gez. K. HERSCHEL-Leipzig.)

den Epiphysen des Neugeborenen, des 3-, 5- und 7¹/₂jährigen Kindes keine Pigmentspuren entdeckte, fand er in der Zirbel eines 14jährigen Mädchens bereits vereinzelte Granula. AMPRINO (1935) will eine Zunahme des Pigmentes beim *Menschen* vom 25. Jahre an festgestellt haben. Ganz vereinzelt fand UEMURA pigmenthaltige Zellen in der Epiphyse eines 23 cm langen Feten. Nach FARINA (1914) setzt das Auftreten des Pigmentes mit der Pubertät ein. In mittleren

Lebensjahren sollen nach QUAST im Durchschnitt alle Pinealzellen — unter ihnen besonders die Zellen des Randgeflechtes — Pigmentkörnchen enthalten. Ebenso behauptete HORTEGA, in den Parenchymzellen *menschlicher* Epiphysen fehlten die Pigmentkörnchen nie. Dieser Angabe von QUAST und HORTEGA vermag ich nicht beizupflichten. In den von mir untersuchten Epiphysen Hingerichteter

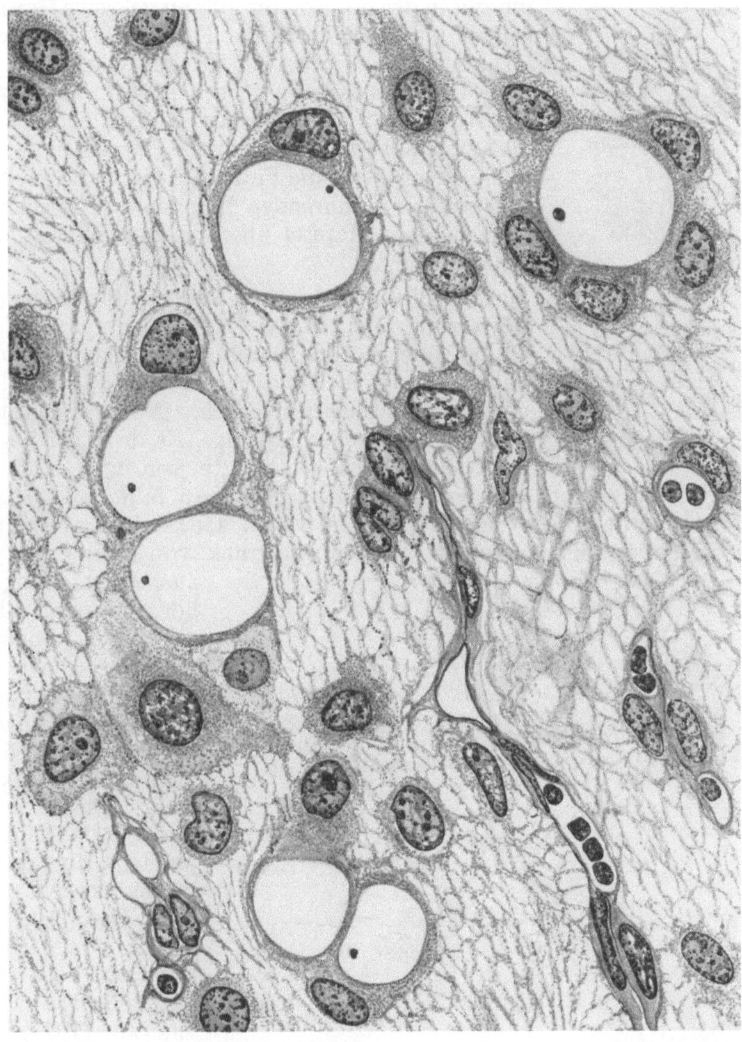

Abb. 47. Vakuolisierte Pinealzellen (Siegelringformen) in der Epiphyse des *Schafes*. (Fixierung Formol 10%, Schnittdicke 8 μ, Molybdän-Hämatoxylin-Färbung, nach HELD, Ok. 4, Zeiß Ölimmersion H.I. 100, auf ²/₃ verkl., gez. K. HERSCHEL-Leipzig.)

vom 23.—50. Lebensjahre fand ich nur vereinzelte pigmenthaltige Pinealzellen. Häufig waren dagegen pigmentierte Pinealzellen in den Epiphysen erwachsener *Pferde* und *Rinder* anzutreffen.

Auch innerhalb des Zellkernes vorkommendes Pigment wurde verschiedentlich beschrieben (GALEOTTI 1896, *Kaninchen;* LIGNAC 1924, *Mensch;* R. MEYER 1936, *Mensch*) oder vermutet (UEMURA 1917, *Mensch, Katze;* FARINA

1940, 1941, *Mensch*). Quast (1931) dagegen konnte sich von der Anwesenheit von Pigment im Kern der Pinealzellen des *Menschen* nicht überzeugen; auch ich habe in Epiphysen von *Menschen* verschiedener Altersstufen sowie von *Rindern*

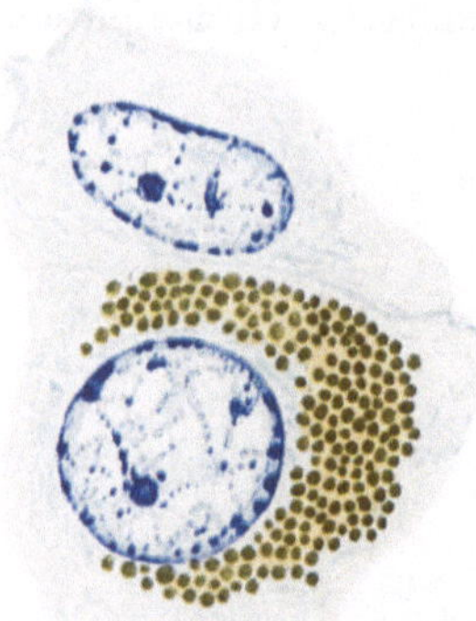

und *Schafen* niemals intranukleäres Pigment nachweisen können. Indessen beobachtete R. Meyer (1936) in den Kernen von Pinealzellen frei im Kernraum sowie innerhalb der nukleolären Blasen gelegene Granula von gelber bis dunkelbrauner Farbe, die vielleicht aus farblosen, stark lichtbrechenden Körnchen in den nukleolären Blasen hervorgehen; Lignac (1924) vermutet in den pyroninophilen Kernteilchen (Krabbe) die Muttersubstanz des braunen Pigmentes der Pinealzellen. Auf diese, die Frage des Kernstoffwechsels der Pinealzellen berührenden Befunde und Anschauungen wird in dem Kapitel über die Kernexcretion näher eingegangen.

Abb. 48. Pigmentkörnchen in einer Pinealzelle der Epiphyse eines 35jährigen Mannes. (Hingerichteter, Fixation Bouin, Schnittdicke 8 μ, Methylblaufärbung, Ok. 4 fach. Zeiß-Ölimmersion, auf ⁹/₁₀ verkl., gez. K. Herschel-Leipzig.)

Das Pigment der Pinealzellen dürfte vorwiegend Abnutzungspigment darstellen. Es zeichnet sich nach Quast und Farina durch Säureresistenz und Basophilie aus, ist in Alkalien gar nicht, in Fettlösungsmitteln nur teilweise löslich. Nur gelegentlich läßt sich ein schwacher Lipoidgehalt des Zirbelpigmentes nachweisen. Eisen konnte von Quast im Zirbelpigment nicht dargestellt werden. Die Dopareaktion fällt nach Quast und Farina (1941) an den Pinealzellen stets negativ aus. Quast hält es für möglich, daß das Epiphysenpigment nicht nur den Ausdruck von Alters- und Abnutzungserscheinungen verkörpert, ohne allerdings sagen zu können, von welchen Faktoren die Bildung dieses Pigmentes abhängt. Die Angabe von Lignac (1924), das dunkelbraune Epiphysenpigment stimme histochemisch mit dem Hautpigment überein, wurde bisher nicht bestätigt (vgl. Quast).

Die Frage nach dem Schicksal des Epiphysenpigmentes wird von Lignac (1924) vermutungsweise dahingehend beantwortet, daß einmal ein Pigmenttransport nach der Pia mater hin erfolgen könnte. Möglicherweise werden die Pigmentkörnchen auch auf dem Wege der Oxydation in farblose Teilchen umgewandelt. Wie Quast mit Recht bemerkt, lassen sich zugunsten dieser Vorstellungen keine Anhaltspunkte erbringen. Man kann daher mit Quast zunächst annehmen, daß das Pigment der Pinealzellen zeitlebens an seinem Bildungsort liegen bleibt.

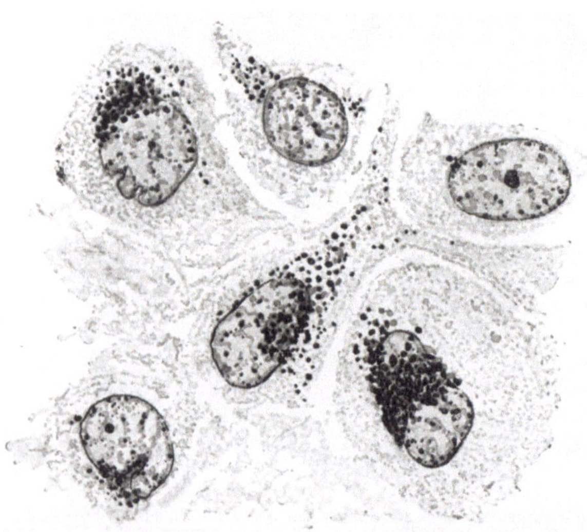

Abb. 49. Vitamin C-Reaktion (Giroud-Leblond) in den Pinealzellen der Epiphyse eines 41jährigen Hingerichteten (Ok. 4, Ölimmersion. Zeiss H. I. 100, auf ⁹/₁₀ verkl., gez. K. Herschel-Leipzig.)

In selteneren Fällen finde ich vom Cytoplasma der Pinealzellen umschlossene rundliche Körperchen in der Epiphyse von *Mensch* und *Rind,* die vielleicht mit den von LIGNAC als Grundlage der Konkremente (vgl. hierzu S. 442) betrachteten Kolloidkugeln oder ausgestoßenen Kernkugeln (s. S. 391) identisch sind.

Eisen und Glykogen kommen in den Pinealzellen des *Menschen* angeblich nicht vor (QUAST 1938, 1939). Vermittels der Plasmalreaktion lassen sich nach meinen Feststellungen keine verschiedenen Zelltypen differenzieren; das Cytoplasma der Pinealzellen gibt eine gleichmäßig schwache Plasmalreaktion. Die Anwendung der Einschlußfärbung in einem Weinsteinsäure-Thioningemisch (Formolfixation) gestattet nach FEYRTER (1942) den Nachweis chromatotroper Lipoide, welche das Cytoplasma der Pinealzellen diffus durchtränken oder als Körnchen auftreten. Nach PISCHINGERS (1943) kriti-scher Untersuchung ist jedoch die bei der Einschluß-färbung auftretende Metachromasie für Lipoproteide nicht spezifisch. Es handelt sich um eine Reaktion des Formaldehyds mit dem Thionin (Formolmeta-chromasie).

Regressive Veränderungen der Pinealzellen des *Menschen* sollen nach FARINA (1941) außerordent-lich rasch schon in Zirbeln von Kindern auftreten können. Sie beginnen mit Aufblähung der Zellkerne und Hyperchromatose der Kernmembran. Anschlie-ßend kommt es zu Kernschrumpfung. Schließlich wandeln sich die abgerundeten Zellen in hyaline Gebilde um, welche chromophile Schollen enthalten. Diese homogenisierten Körper fallen dem Abbau in den Gewebsspalten anheim. In der Mehrzahl der

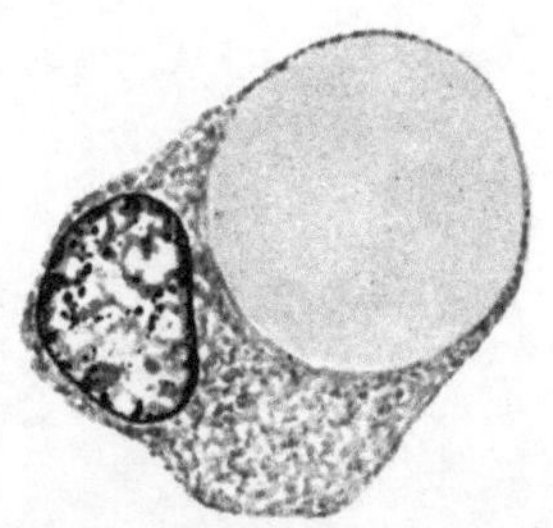

Abb. 50. Pinealzelle des *Menschen* mit homogenem Einschluß. (Hingerichteter ♂, 32jährig, Fixation ZENKER, Schnittdicke 8 μ, Azanfärbung, Ok. 4, Zeiß-Ölimmersion. H. I. 100, auf ⁹/₁₀ verkl., gez. K. HERSCHEL-Leipzig.)

Fälle werden nur einzelne Pinealzellen oder Zellgruppen von der Rückbildung ergriffen. FARINA denkt an die Möglichkeit, daß diese regressiven, auf andere Gewebselemente nicht übergreifenden Prozesse den Ausdruck holokrin-sekre-torischer Vorgänge darstellen.

b) Die Entwicklung der Pinealzellen.

Das Ependym im Dache des Zwischenhirnes bildet den Mutterboden des Zirbelgewebes. Die Zellen der Epiphysenanlage werden zunächst durch aus dem Ependym ausgewanderte Elemente verkörpert. Später führt ihre mitotische Vermehrung zur Vergrößerung der Organanlage. Nach den Angaben KRABBES (1916) bestehen die Pinealanlagen *menschlicher* Feten während der ersten 6 Monate aus rundlichen, wenig Cytoplasma besitzenden Zellen neben Ependymzellen mit Cuticularsaum und Härchenbesatz. Im 6. Monat treten vereinzelte Zellen mit eckigen Kernen auf, welche KRABBE als Ausgangsformen von Nervenzellen auffaßt. Zum gleichen Zeitpunkt setzt die Differenzierung des Gewebes der Epiphysenanlage zu Zirbelgewebe ein, ein Vorgang, der von KRABBE überflüssigerweise als „Metamorphose" bezeichnet wird. Während die Epiphysenanlage von 6monatigen und jüngeren *menschlichen* Feten durch die Dunkelfärbung ihres Gewebes, „KRABBEs Proparenchym", auffällt, treten später inmitten des Proparenchyms hellere, allmählich an Umfang zunehmende fleckenhafte Bezirke auf („Mosaikstruktur", FARINA 1941). Das nach FARINA in Strängen angeordnete dunkle Proparenchym (Abb. 51), in dem bereits Pinealzellen, Glia- und Nervenzellen unterschieden werden können, wandelt sich in das helle Parenchym um, in welchem die dichter gelagerten kleineren Zellen mit chromatinreichen Kernen in größere Elemente mit chromatinärmeren Zellkernen übergehen. Die

Metamorphose soll nach Krabbe im Laufe des ersten Lebensjahres ihren Abschluß erreichen. Fetale Zellgruppen können nach Krabbes Behauptung auch noch in der Epiphyse des Erwachsenen gefunden werden. Krabbes Untersuchungen sind insofern lückenhaft, als sie keinen Aufschluß darüber bringen, wie sich die Differenzierung der bereits im Proparenchym enthaltenen Pineal- und Gliazellen vollzieht. Die Frage nach der Entstehung der Pinealzellen erfährt auch durch die histogenetischen Untersuchungen von Funkquist (1912) an den Epiphysen von *Säugern* keine Klärung, da sie sich lediglich mit der Entstehung der Gliazellen aus dem Ependym befassen (s. S. 338 f.).

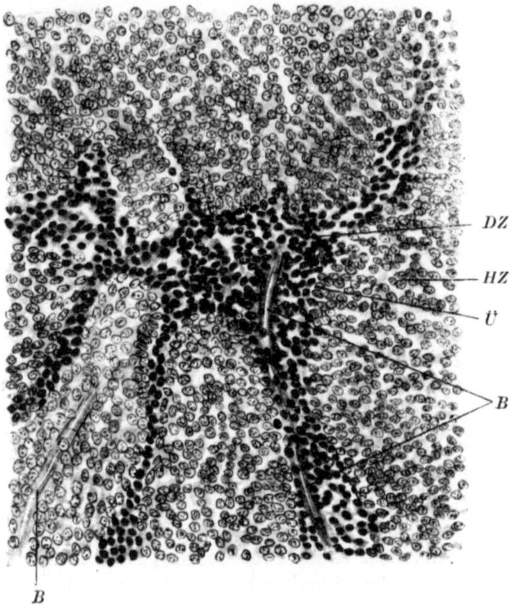

Die Entwicklung der Pinealzellen beginnt nach der Darstellung v. Medunas (1925) sehr viel später, als Krabbe angibt, nämlich im 4. Lebensmonat im Anschluß an die von Krabbe beschriebene Metamorphose, mit welcher die Differenzierung der Zellelemente noch nicht beendet ist. Zu diesem Zeitpunkte differenzieren sich aus den „neutralen Grundzellen" der Epiphyse die Gliazellen (s. S. 403), deren Kerne sich durch ihr dunkles Chromatingerüst von den Zellkernen der noch nicht differenzierten Elemente unterscheiden. Die Grundzellen entsprechen wohl den „Stammzellen" der *Ratten*epiphyse von Sugiura (1937), aus welchen Drüsen- und Gliazellen hervorgehen. Die noch nicht-differenzierten Zellen bezeichnet v. Meduna als „primordiale Pinealzellen", Farina als Pineoblasten. Im 3.—5. Monat soll das bisher homogene Cytoplasma dieser Zellen eine typische Granulierung erhalten, die sich in die Zellfortsätze hinein erstreckt. Die Fortsetzung des „körnigen Zustandes" der Vorstufen der Pinealzellen ist der „faserige Zustand". In den sich nun besonders in die Länge erstreckenden Zellausläufern wie im kernnahen Cytoplasma treten nämlich an Stelle der Granula Fibrillenbündel auf. Die Bildung der Endkolben an den Ausläufern der Pinealzellen (Hortega) erfolgt dann, wenn der betreffende Zellfortsatz das perivasale Bindegewebe erreicht hat. Der Endkolben kann einmal durch Anschwellen des ursprünglich fadenartigen Endes eines Ausläufers entstehen. In anderen Fällen soll sich das Ende des Zellfortsatzes in mehrere, pinselartig aufgesplitterte Ästchen auflösen. Die Pinselfasern verschmelzen angeblich zu 4—5 birnen- oder apfelförmigen Kolben. Die Differenzierung der Pinealzellen kann nach v. Meduna bis zum 7. Lebensjahr vonstatten gehen. Orlandi (1928) dagegen behauptet, das erstmalige Auftreten ausgereifter Pinealzellen mit Endkolben falle in das 8.—10. Lebensjahr, um merkwürdigerweise gleichzeitig darauf hinzuweisen, daß er bei einer Reihe jüngerer, teils an Lues hereditaria, teils an Rachitis erkrankter Kinder (2—2¹/₂ Jahre alt) bereits Zellen mit Endkolben feststellen konnte! Randgeflechte sind nach Orlandi nach dem ersten Lebensjahre stets anzutreffen.

Abb. 51. Epiphyse eines 2 Wochen alten Kindes. *DZ* Streifen dunkler embryonaler Zellen, *HZ* helle umgewandelte Zellen, *Ü*. Übergangsformen, *B* Blutgefäße. 225fache Vergr. (Aus K. Peter 1936).

Die Untersuchungen v. Medunas können keineswegs als befriedigend angesprochen werden. Es ist zu hoffen, daß die Frage der Histogenese des Zirbelgewebes des *Menschen* erneut in Angriff genommen wird. Zunächst bleibt noch zu klären, ob nicht doch, wie Krabbe behauptet, im sog. Proparenchym bereits verschiedene Zelltypen vorhanden sind. Ferner ist zu prüfen, ob die durch v. Meduna wiedergegebenen „Pinealzellen" in feinfibrillärem Zustande (vgl. Abb. 4d bei v. Meduna) nicht in Wirklichkeit Gliazellen mit Gliafasern darstellen. Die „entwickelte Pinealzelle" in Abb. 4b bei v. Meduna erinnert lebhaft an eine Gliazelle mit angelagerten Gliafasern.

c) Die Natur der Pinealzellen.

Die Frage nach der Natur der Pinealzellen wird unterschiedlich beantwortet. Eine Reihe von Forschern hält die Pinealzellen für spezifische, nur der Zirbel eigene Elemente, mit besonderer, allerdings unbekannter Funktion, andere rechnen sie zu den Gliazellen, eine dritte Gruppe von Autoren hält die Pinealzellen für Nervenzellen. Besonders bezüglich der Zellen des Randgeflechtes wurden einander widersprechende Meinungen geäußert.

Die These vom gliösen Charakter der Zirbelzellen geht in erster Linie auf die klassische Untersuchung von Dimitrowa (1901) zurück, welche die engen Nachbarbeziehungen zwischen den Parenchymzellen und den Gliafasern betont. Der bereits von Cionini (1886, 1889) und Weigert (1898) erbrachte Nachweis der reichlichen Entwicklung von Gliagewebe in der *menschlichen* Epiphyse hat Dimitrowa in ihrer Auffassung offensichtlich bestärkt, ebenso die Angabe Edingers (1889), die Epiphyse bestehe im wesentlichen aus Gliazellen. Jene Parenchymzellen, die nirgends mit dem Glianetz in Berührung stehen, betrachtet Dimitrowa als nicht ausdifferenzierte epitheloide Elemente, „frères des elements névrogliques". Zwischen granulierten Zellen und typischen Gliazellen bestehen fließende Übergänge. Studnička (1905) macht sich die Anschauung Dimitrowas zu eigen, ebenso Marburg (1908). Algranati Mondolfo (1933) hält die Pinealzellen für eine besondere Form der Gliazellen; J. Verne (1914, 1915) bildet Pinealzellen mit der Bezeichnung Gliazellen ab.

Auch die Elemente des sog. Randgeflechtes (Walter 1913, 1922, 1923) wurden als der Glia zugehörig gedeutet (Marburg 1920). Wie bereits dargelegt, wird das Randgeflecht durch teils dünnere, teils massige Fortsätze von Pinealzellen an der Grenze von Zirbelparenchym und Bindegewebssepten sowie Gefäßadventitia gebildet, deren kolbig verdickte Enden in ein Gitterwerk von Bindegewebsfäserchen eingelassen sind (Abb. 30, 34, 52). Zwischen den senkrecht auf die Gefäßwände bzw. die Septen gerichteten Zellfortsätzen verlaufen Gliafasern zum Inneren der Septen bzw. in die Adventitia hinein (Abb. 34). Die Existenz der Fortsätze dieses Randgeflechtes wurde von Josephy (1920) irrigerweise bestritten (vgl. hierzu auch S. 378), der in dem Randgeflecht selbst die Endigungen von Nervenfasern aus den Commissuren und der Tela chorioidea erblickte. Josephy hielt die Pinealzellen für fortsatzlose Elemente. Die von Josephy für Nervenfasern erklärten Strukturen sind in Wirklichkeit aber die Ausläufer von Pinealzellen! Während Walter nun die Randgeflechtszellen für spezifische Zellen der Epiphyse hält, glaubt Marburg (1922) sie als Gliazellen ansprechen zu sollen, die eine „Schutzhülle" um die Gefäße herum bilden, wie wir sie auch sonst im Zentralnervensystem anzutreffen pflegen.

Gegen die Deutung der Pinealzellen als Elemente der Glia lassen sich verschiedene Einwände erheben. Einmal sind zwischen den Gliafasern und den Pinealzellen lediglich nachbarliche Beziehungen festzustellen; das Cytoplasma der Pinealzellen enthält keine Einlagerungen gliöser Fibrillen. Ferner zeichnet sich der Kern der Pinealzellen durch die sog. Kernkugeln aus, wie sie bei den bekannten Typen von Gliazellen nicht vorkommen. Im übrigen weicht auch die Gestalt der Pinealzellen insofern erheblich von derjenigen der Gliazellen ab als ihr Cytoplasma vielfach außerordentlich massig entwickelt ist (Abb. 30). Man könnte die Pinealzellen höchstens als eine besondere, den Pituicyten (vgl. Romeis) vergleichbare, nur der Epiphyse eigentümliche Spezialform von Gliazellen auffassen. Ihrer Gleichstellung mit den Elementen der klassischen Glia steht jedenfalls die Tatsache entgegen, daß die Pinealzellen in der *menschlichen* Epiphyse gerade an jenen Stellen verschwinden, an denen es zu einer Vermehrung des Gliafilzwerkes sowie der Astrocyten und anderer Gliazellen kommt, z. B. in den Wandungen von Cysten oder in den Gliaflecken (Orlandi 1923 u. a.). Soweit Untersuchungen über die Histogenese des Zirbelgewebes vorliegen (Krabbe, v. Meduna), sprechen sie gleichfalls nicht zugunsten der Annahme von Dimitrowa und Marburg.

Die Meinung, die Pinealzellen seien mindestens teilweise nervösen Charakters, wird von Achúcarro und Sacristán (1913), Orlandi (1928), Orlandi und Guardini (1929), Pastori (1928, 1929), Benda (1932). sowie Okamoto und Ikuta (1933) vertreten. Krabbe betrachtet die Pinealzellen zwar als besondere, weder der Glia noch den Nervenzellen zuzurechnende Zellformen, schildert jedoch die Endkolben der — als solcher nicht erkannten — Pinealzellen als Endigungen der Fortsätze von Nervenzellen. Achúcarro und Sacristán unterscheiden zwei Formen verästelter Pinealzellen: 1. verhältnismäßig kleine, mit feinen Fortsätzen versehene, inmitten des Parenchyms gelegene Elemente mit dickem Zelleibe, 2. Zellen mit kolbigen Anschwellungen, deren blasige Kerne einen deutlichen Nucleolus enthalten. Diese beiden

Abb. 52. Eindringen langer Fortsätze von Pinealzellen in ein Septum einer *menschlichen* Epiphyse. Randgeflecht in Höhe des ←. Zwischen den * erstreckt sich eine Nervenfaser. Imprägnation nach Hortega. (Aus Hortega 1922.)

Zellformen, deren erste das Bindegewebe teilweise mit ihren Ausläufern durchsetzen, erklären ACHÚCARRO und SACRISTÁN für sympathische Nervenzellen. In einer späteren Arbeit gibt SACRISTÁN (1921) zwar zu, sie wichen morphologisch von den bekannten Ganglienzelltypen ab, seien jedoch nervöse Elemente. Die Endkolben erinnern ACHÚCARRO und SACRISTÁN an die kolbigen Auswüchse von Spinalganglienzellen und Ganglienzellen des sympathischen Systems, wie man sie bei Erkrankungen (Lyssa) oder in Gewebekulturen und Transplantaten antrifft. Die dicken Endkeulen wie die zahlreichen andersartig gestalteten Endfortsätze betrachten ACHÚCARRO und SACRISTÁN als reaktive Anpassungen des Cytoplasmas der Ganglienzellen an die Rückbildungserscheinungen der *menschlichen* Zirbel. BENDA (1932) findet Ähnlichkeiten zwischen den Endkolben und den von BOEKE beschriebenen Nervenendigungen. Das Verschwinden der Pinealzellen an den Stellen von Gliawucherungen läßt ihm „die Beweiskette nahezu geschlossen" erscheinen, „um die nervöse Natur des Zirbelorgans darzutun", welches BENDA für ein sensibles Organ hält. Die verästelten Pinealzellen könnten nach seiner Ansicht „Reize" aus Gefäßen und Gewebsflüssigkeit aufnehmen, welche sie durch Vermittlung der Nerven auf andere Zentren übertragen. ORLANDI (1928) gibt keine nähere Begründung seiner Ansicht; er beschränkt sich auf die Feststellung, daß die Entwicklung der Pinealzellen, welche keine gliösen Elemente darstellen, mehr an diejenigen der Neuroblasten als der Glioblasten erinnert. OKAMOTO und IKUTA schreiben den Pinealzellen des *Menschen* wegen des Vorkommens „neurofibrillenartiger Fasern" im Cytoplasma nervösen Charakter zu.

Folgende Tatsachen widersprechen der soeben skizzierten Auffassung: 1. die Gestalt der Pinealzellen weicht weitgehend von jener der bisher bekannten Nervenzellen ab, 2. in den Pinealzellen lassen sich weder NISSL-Schollen noch Neurofibrillen nachweisen. Die von ACHÚCARRO und SACRISTÁN sowie HORTEGA dargestellten Fibrillen im Cytoplasma sind offenbar nicht nervöser Natur, soweit sich dies an Hand der Abbildungen der Autoren beurteilen läßt. 3. Da sich dicke Endkolben und fortsatzreiche Zellen in jeder Zirbeldrüse nachweisen lassen, gelangt man auf dem Boden der Anschauungen von ACHÚCARRO und SACRISTÁN zu der Folgerung, daß abnorm veränderte Ganglienzellen zum normalen Bilde der Zirbel gehören. Diese Folgerung ist indessen widersinnig. Die Pinealzelle ist ein so charakteristisch geformtes und strukturiertes Element, daß man an ihrer Sonderstellung nicht zweifeln kann. Die Abb. 34 läßt den Unterschied zwischen Pineal- und Ganglienzellen deutlich erkennen.

d) Kernkugeln und Kernexcretion.

Die Zellkerne vieler Pinealzellen des *Menschen* enthalten, wie DIMITROWA (1901) erstmalig zeigte, teils rundliche, teils unregelmäßig geformte blasige Einschlüsse verschiedener Größe, die sich nicht selten der Kernmembran eng anschmiegen (Abb. 57). Manche Pinealzellen weisen 2 und mehr derartige Kerneinschlüsse auf. Diese Einschlüsse färben sich grau mit WEIGERTs Hämatoxylin, rosa mit Saffranin, braunrot mit VAN GIESON. DIMITROWA erblickt in den Kerneinschlüssen ein Sekretionsprodukt, das aus dem Kernraum in den Zelleib übertreten soll. Die stark eingefalteten Zellkerne (Abb. 53) sind möglicherweise jene, die ihren Inhalt bereits ausgestoßen haben. Die Einschlüsse, welche nach DIMITROWA besonders bei *Mensch* und *Pferd* deutlich ausgebildet sind, kommen vorzugsweise in Epiphysen erwachsener Individuen, recht selten in denjenigen jüngerer vor. DIMITROWA bezweifelt eine direkte Beziehung zwischen Nucleolus und Einschlüssen, da die Nukleolen häufig weit von den Kerneinschlüssen entfernt im Kernraum liegen und angeblich keine charakteristischen, mit den

Veränderungen der Einschlüsse im Zusammenhang stehenden Gestalt- und Strukturwandlungen durchmachen. Die von Dimitrowa beschriebenen Kerneinschlüsse der Pinealzellen werden seit der Untersuchung von Krabbe (1916), der die Angaben von Dimitrowa bestätigte, im Schrifttum meist als Kernkugeln bezeichnet, obwohl sich unter ihnen auch nicht kugelige Gebilde befinden. Die Kernkugeln lassen sich auch an unfixierten frischen Objekten nachweisen (Krabbe). R. Meyer (1936) nennt sie nukleoläre Blasen (s. u.).

Nach den Angaben Krabbes beginnen die mit Lichtgrün und Kongorot (Josephy) leicht anfärbbaren Kernkugeln bei Kindern von 13—15 Jahren aufzutreten, um bis zum Greisenalter konstant angetroffen zu werden, nach Okamoto und Okuta (1933) sowie Farina (1941) erscheinen sie meistens um das 8. bzw. 10. Lebensjahr herum. Polvani (1913) findet sie besonders zahlreich vor der Pubertät ausgebildet. Nach Uemura (1917) sind die Kerneinschlüsse

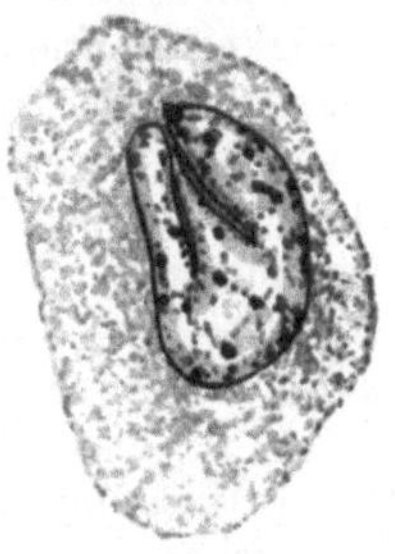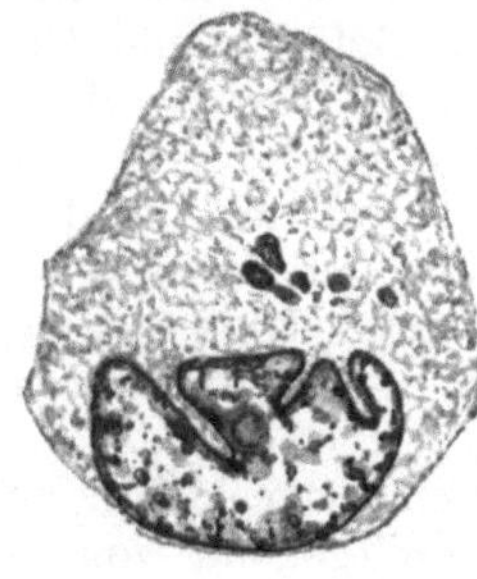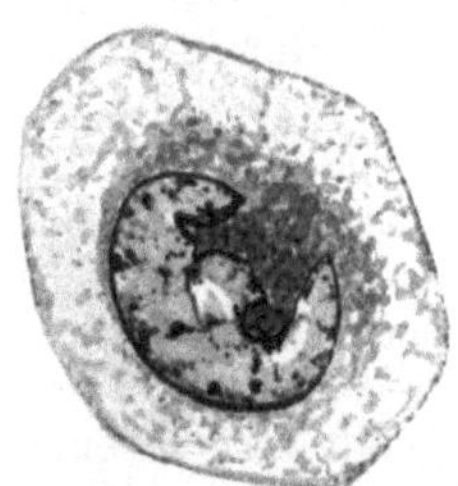

Abb. 53. Pinealzellen des *Menschen*. (Hingerichteter, 32jährig, Fixation Zenker, Schnittdicke 8 μ. Azanfärbung, Ok. 4, Zeiß-Ölimmersion. H. I. 100, auf $^9/_{10}$ verkl., gez. K. Herschel-Leipzig.) Kernfalten.

besonders im Pubertäts- und Mannesalter zu beobachten. Später sollen sie entgegen den Angaben Krabbes seltener vorkommen; bei über 50 Jahre alten *Menschen* hat László (1935) nur gelegentlich Kernkugeln festgestellt. v. Volkmann (1923) findet im Einklang mit Krabbe eine Zunahme der Kernkugelzahl mit steigendem Lebensalter. Es besteht jedoch kein Anlaß, die Kernkugeln mit Achúcarro und Sacristán (1913) als Rückbildungserscheinungen zu werten. Nur in einem Falle fand Krabbe Kernkugeln in den Pinealzellen eines $1^1/_2$ Jahre alten, an tuberkulöser Meningitis gestorbenen Kindes. Krabbe hält es für möglich, daß dieser Befund etwas mit der Erkrankung zu tun hat. Es sei jedoch betont, daß breit angelegte Untersuchungen an einem alle Altersklassen umfassenden Material noch ausstehen.

Wie angedeutet, fand Dimitrowa auch in tierischen Pinealzellen Kernkugeln, wenngleich seltener *(Pferd, Rind, Hammel)*. Illing (1910) und Uemura (1917) erwähnen das Vorkommen von Kernkugeln in den Pinealzellen verschiedener *Haussäugetiere* (*Pferd, Rind, Schaf, Ziege* usw.) nicht, wohl aber das Vorhandensein gut entwickelter Nukleolen. In den Epiphysen von *Rind* (s. a. László 1935) und *Schaf* konnte ich gleichfalls keine Kernkugeln feststellen. Die Kerne der Zirbelzellen des *Schweines* sind nach László (1935) frei von Kerneinschlüssen. Trautmann (1911) sah homogene, von Granulation eingefaßte Kerneinschlüsse in der Epiphyse von *Pferd* und *Esel* „undeutlich" und nur vereinzelt, Pellegrinis (1914) Angabe über das Vorkommen von Kernkugeln in der Epiphyse des *Kaninchens* wurde bisher nicht bestätigt. Sehr große Kernkugeln kommen nach den Beobachtungen meiner Schülerin Collier in der Epiphyse der weißen *Maus* vor. Eingehende Untersuchungen oder das Auftreten der Kerneinschlüsse bei den *Primaten* liegen noch nicht vor. In der Zirbel eines

Orangkindes (60 cm Sitzhöhe) fand ich vereinzelte Kernkugeln (Abb. 54). STEFKO verzeichnet Kerneinschlüsse in den Pinealzellen von *Cebiden* in verschiedenen Phasen der Ausstoßung.

Die Größe der Kernkugeln der *menschlichen* Pinealzellen beträgt im Durchmesser etwa 4—5 μ (POLVANI 1913, KRABBE 1916, LÁSZLÓ 1935, R. MEYER 1936). Vereinzelte Kernkugeln erreichen jedoch weit größere Ausmaße (vgl. auch R. MEYER 1936). Nicht selten enthalten die Kerne mancher Pinealzellen zwei oder mehr nukleoläre Blasen (JOSEPHY, v. VOLKMANN, eigene Beobachtungen). In einem Falle sah v. VOLKMANN 5 Kernkugeln innerhalb eines Zellkernes. Die Verteilung der Kernkugeln innerhalb des Zirbelgewebes ist nach v. VOLKMANN ungleichmäßig. Man findet kernkugelarme Gebiete neben solchen, in denen kernkugelhaltige Zellen gruppenweise beisammenliegen. Auch die Zellen des Randgeflechtes besitzen, wie ich mit v. VOLKMANN feststellen kann, vielfach Kerne mit Kernkugeln. FARINA (1940) beobachtete Kernkugeln in den Zellen eines Zirbeltumors (vgl. hierzu auch BERBLINGER 1920), LÁSZLÓ (1940) homogene

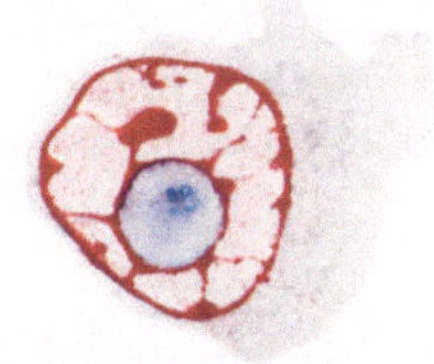

Abb. 54. Kernkugel im Pinealzellkern der Epiphyse eines *Orangkindes* (Fixation Formol 10 %, Schnittdicke 8 μ, Azanfärbung nach M. HEIDENHAIN, Ok. 20fach, Zeiß-Ölimmersion H. I. 100, auf ⁸/₁₀ verkl., gez. W. BARGMANN).

Kerneinschlüsse in den Zirbelzellen eines Pinealoms vom *Pferde*, dessen Pinealzellen normalerweise keine Kernkugeln enthalten (LÁSZLÓ 1935).

Die Struktur der Kernkugeln wird von DIMITROWA als homogen bezeichnet. Diese Anschauung ist insofern richtig, als eine Unterscheidung von Kugelmantel und Kugelinhalt nicht der Wirklichkeit entspricht. Schrumpfungsbilder der Kernkugeln (Abb. 55) lassen erkennen, daß die Existenz einer besonderen Kugelmembran durch die Anlagerung von Chromatinpartkelchen an die Oberfläche des Kerneinschlusses vorgetäuscht werden kann (vgl. hierzu v. VOLKMANN). Das Nichtvorhandensein einer Kugelmembran ist besonders klar an jenen selten anzutreffenden Kernkugeln festzustellen, welche gänzlich intakt an das Cytoplasma abgegeben wurden (Abb. 57, OKAMOTO und IKUTA 1933, eigene Beobachtungen.) Die Kugelsubstanz jedoch kann körnig oder schollig strukturiert sein (KRABBE, R. MEYER, OKAMOTO und IKUTA) und Pigmentkörnchen enthalten (LIGNAC, R. MEYER, FARINA). Vielfach weist sie nach meinen Beobachtungen eine gerade eben noch sichtbare konzentrische Schichtung auf (Abb. 56), in deren Zentrum ein oder mehrere gröbere Schollen und Granula

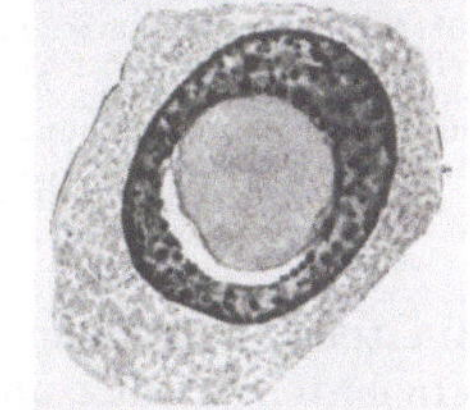

Abb. 55. Pinealzelle aus der Epiphyse eines 36jährigen Hingerichteten mit etwas geschrumpfter Kernkugel (Fixation Formol 10 %, Schnittdicke 10 μ, Hämatoxylin-Eosin, Ok. 4, Ölimmersion. H. I. 100, auf ⁹/₁₀ verkl., gez. K. HERSCHEL-Leipzig).

gelegen sein können. KRABBE wirft die Frage auf, ob die Granula innerhalb der Kernkugeln durch Alkoholfixation entstandene Koagulationsprodukte darstellen, eine Ansicht, der v. VOLKMANN sich anschließt. v. VOLKMANN begründet seinen Zweifel an der vitalen Präformation der Granula mit dem Hinweise darauf, daß sie sich nicht in allen Kernkugeln beobachten lassen, keine drehrunden Granula nach Art der Drüsengranula darstellen und schließlich auffallend oft eine periphere Lage einnehmen. Diese Einwendungen sind wenig stichhaltig. Erstens kann man neben bröckeligen Einschlüssen tatsächlich auch runde Granula finden, und zwar an Material gleicher Herkunft, das mit verschiedenen Fixationsmitteln behandelt wurde. Der Umstand, daß nicht alle Kernkugeln Granula beherbergen, läßt sich zwanglos mit der Annahme verschiedener Funktionszustände der Pinealzellkerne erklären. Dem dritten, die

Fixierung mit Alkohol betreffenden Einwand muß man entgegenhalten, daß Fällungsprodukte bei Alkoholfixierung in einer Zelle nicht peripher, sondern — entsprechend der bekannten Flucht vor dem Alkohol — zentral zu liegen pflegen.

Die Kernkugeln lassen sich nicht nur strukturell, sondern auch färberisch gut differenzieren. In Azanpräparaten erscheinen die Kugeln in blauer Farbe, ebenso in nach Mann mit Eosin-Methylblau gefärbten Präparaten. Die im Inneren der Kernkugeln vorkommenden Granula färben sich ausgezeichnet mit Methylgrünpyronin (Krabbe, B. Meyer, Berblinger, v. Volkmann). Größere Granula treten in den Kernkugeln mit Osmiumsäure fixierter Epiphysen als schwarze Einschlüsse in Erscheinung (eigene Beobachtung).

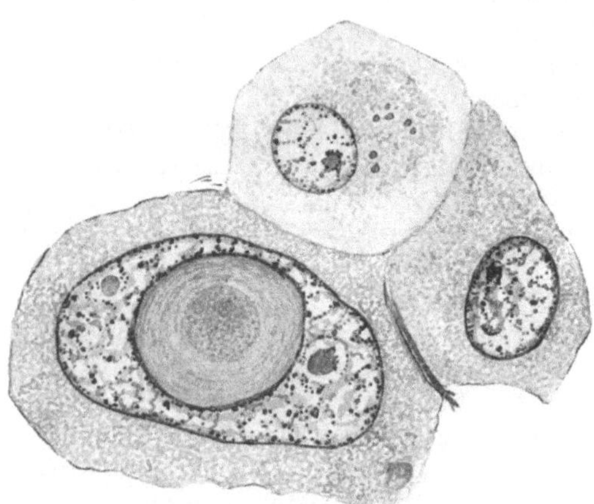

Abb. 56. Große, im Zentrum granulierte, peripher konzentrisch gestreifte Kernkugel in der Pinealzelle einer *menschlichen* Epiphyse (Hingerichteter, 35jährig, Fixation Zenker, Schnittdicke 8 μ, Azanfärbung nach M. Heidenhain, Ok. 4fach, Zeiß-Ölimmersion H. I. 100, auf 9/10 verkl., gez. K. Herschel-Leipzig).

Die Frage, ob die Kernkugeln mit den Nukleolen in genetischem Zusammenhange stehen, wurde, wie bereits erwähnt, schon von Dimitrowa angeschnitten und ablehnend beurteilt. Krabbes Angabe, Dimitrowa neige dazu, Kernkugeln und Nukleolen zueinander in Beziehung zu setzen, beruht wohl auf einem Mißverständnis. Nach Krabbes eigener Anschauung kann bezüglich der Genese der Kernkugeln lediglich gesagt werden, daß sie im Kerninneren entstehen dürften (vgl. auch Josephy). Dagegen glauben Achúcarro und Sacristán (1921) die Kernkugeln als in den Kernraum einbezogene Cytoplasmateile ansprechen zu müssen (vgl. dagegen die mathematischen, Oberflächenkoeffizienten, Druck und Radius der nukleolären Blasen betreffenden Ableitungen Meyers 1936). Auch Walter (1923) neigt dieser Auffassung zu, da der Inhalt der Kugeln „weitgehend dem Zellplasma ähnelt". In eingehenden Untersuchungen machte indessen R. Meyer (1936) zumindesten wahrscheinlich, daß die Kernkugeln tatsächlich aus den Nukleolen hervorgehen, welche sich in den Pinealzellkernen des *Menschen* in wechselnder Anzahl (1—12) befinden. Meyer faßt alle diejenigen rundlichen Körperchen als Nukleolen auf, welche sich mit Methylgrün-Pyronin und Hämatoxylin-Eosin rot anfärben lassen. Die Nukleolen entwickeln sich unter Größenzunahme zu den nukleolären Blasen. Ihr Inhalt zerfällt schollig. Zwischen den Schollen sammelt sich eine optisch weniger dichte Substanz an. In anderen Fällen nimmt der homogene Blaseninhalt eine periphere Lage ein, während zentral eine mit Methylgrün-Pyronin schwach oder gar nicht färbbare Masse auftritt, die Schollen enthalten kann. Aus der nukleolären Blase entwickelt sich durch Aufnahme von Stoffen, die sich mit Lichtgrün, nicht aber mit Methylgrün-Pyronin oder Eosin färben lassen, ein kugeliges, durchschnittlich einen Durchmesser von 4 μ erreichendes Gebilde, dessen „Membran" sich die erwähnten, nun weniger zahlreichen Schollen anlagern. Offenbar werden die endonukleolären Schollen abgebaut. Sie verschwinden allmählich, wobei der Blaseninhalt eine homogene Struktur erhält. Er färbt sich mit Methylgrün-Pyronin sowie Hämatoxylin-Eosin nicht an, wohl aber mit Lichtgrün. Ich möchte nicht unerwähnt lassen, daß zwischen den Kernkugeln und den Nukleolen pflanzlicher Zellen eine gewisse Ähnlichkeit besteht.

Das Schicksal der nukleolären, keineswegs immer kugeligen Blasen, besteht nach POLVANI, KRABBE, v. VOLKMANN, MEYER und anderen Untersuchern in der Ausstoßung ihres Inhaltes in das Cytoplasma (Kernexcretion). UEMURA (1917) vermutete, daß die Kerneinschlüsse durch „Kernruptur" ausgestoßen werden. Eigene Beobachtungen lassen den Schluß zu, daß die Kernkugeln gelegentlich als Ganzes an das Cytoplasma abgegeben werden (Abb. 57). Der Vorgang der Kernexcretion wurde wohl mit Recht aus dem Schnittbilde erschlossen. Es wäre jedoch wünschenswert, wenn die Lebendbeobachtung, z. B. in der Gewebekultur, die Bestätigung des tatsächlichen Ablaufes dieses Geschehens erbringen würde. Nach KRABBE findet man die Kernkugeln mitunter der Kernmembran angelagert, die Kernmembran selbst geborsten. Das benachbarte Cytoplasma enthält ebenso wie die Kernkugel pyroninophile Granula. MEYER (1936) spricht von einer Verklebung der zur Kernmembran

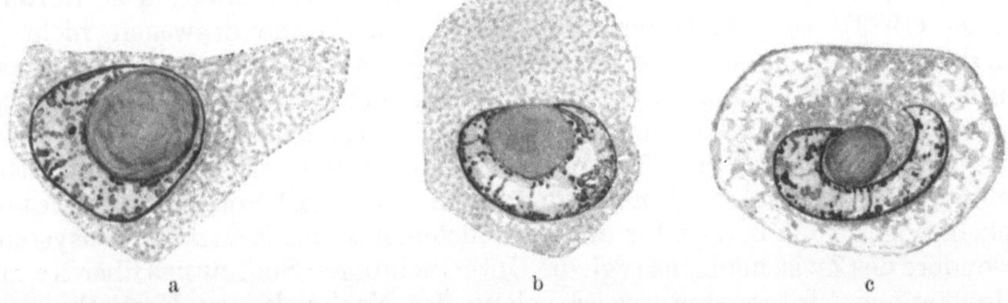

Abb. 57. Pinealzellen des *Menschen*. Kernkugeln, der Kernmembran stark genähert (a). bereits an das Cytoplasma angrenzend (b), frei im Cytoplasma liegend (c), (Hingerichteter, 32jährig. Fixation ZENKER. Schnittdicke 8 μ, Azanfärbung, Ok. 4, Zeiß-Ölimmerson H. I. 100, auf ⁹/₁₀ verkl., gez. K. HERSCHEL-Leipzig).

wandernden nukleolären Blase mit der Kernmembran. Die Verklebungsstelle ist vielfach, wie ich bestätigen kann (Abb. 71), in das Cytoplasma vorgewölbt. An der kernwärts gelegenen Fläche der Blasenmembran kommt es zur Ansammlung von Chromatin. Nach Auflösung der Verschmelzungsstelle ergießt sich der Inhalt der nukleolären Blase in das Cytoplasma, in welchem sich eine pyroninophile Granulation (KRABBE, v. VOLKMANN) nachweisen läßt, die jedoch nicht die Deutlichkeit der Körnung echter Drüsenzellen erreicht (v. VOLKMANN). Die Eröffnungsstelle des Kernes und der Blase wird zunächst von einem scharfen, dann von einem stumpfen und schließlich einem abgerundeten Saum umgeben. Das Vorhandensein eines scharfen Saumes soll für die Ausstoßung des Blaseninhaltes beweisend sein und nicht für die Aufnahme vom Cytoplasma in den Kern, da in seinem Auftreten gesetzmäßige Beziehungen zwischen Oberflächenspannungskoeffizient, Druck und Radius der Blase zum Ausdruck kommen (R. MEYER). Nach MEYERs wie meinen eigenen Untersuchungen kann die Kernexcretion bereits aus kleinen nukleolären Blasen erfolgen. Sie ist jedoch am häufigsten an mittelgroßen Blasen festzustellen. Auch besteht offenbar keine Beziehung zwischen einem bestimmten Zustandsbild des Blaseninhaltes und dem Ausstoßungsvorgang. Die Entleerung der Blase — bei Vorhandensein mehrerer Blasen innerhalb eines Kernes pflegt die Entleerung etwa gleichzeitig zu erfolgen — kann in jedem ihrer Entwicklungsstadien vonstatten gehen. Nach der Ausstoßung sinkt die nukleoläre Blase zu einem Schlauch zusammen, dessen weiteres Zusammenfallen nach MEYER zum Bilde einer stiftförmigen, mit Chromatin besetzten Narbe führt, welche in das Kerninnere hineinragt. Nach dem Verschwinden dieser Narbe ist die Kernkontur wieder ausgeglichen. Miteinander sich vereinigende Blasen können ihren Inhalt ineinander ergießen. Manche nukleolären Blasen geben ihre Stoffe durch Vermittlung einer sich öffnenden anderen Blase an den Zelleib ab. Die gerade bei den Pinealzellen häufig zu beobachtenden Kernfalten treten nach Meyer bei der Ausstoßung des Blaseninhaltes infolge örtlich verschiedener Spannungen in der Kernmembran auf, welche auch für die Entstehung bruchsackartiger Vorbuchtungen der Kernmembran verantwortlich sein dürften. Schon Josephy sowie v. Volkmann hielten die Entstehung gelappter bzw. gekerbter Kerne durch die Kernexcretion für möglich. Es sei jedoch betont, daß auch die Amitose als Ursache der Entstehung unregelmäßig geformter Zellkerne in Betracht gezogen werden muß.

Über die funktionelle Bedeutung der Ausstoßung von Kernsubstanzen in das Cytoplasma der Pinealzellen sind wir völlig im unklaren. Daß es sich um einen degenerativen, mit der Involution der Zirbel zusammenhängenden Vorgang handelt, wie Uemura und Marburg meinen, halte ich für wenig wahrscheinlich, da er nach meinen Beobachtungen in reifem Zirbelgewebe jeder Altersstufe festzustellen ist, welches keinerlei Spuren einer Involution trägt. Der Einwand Walters (1923), das Auftreten der Kernkugeln könne deswegen nicht als degenerative Erscheinung gewertet werden, weil sie in „ausgesprochen hypertrophischen Zellen" vorkommen, ist allerdings nicht stichhaltig, da Walters hypertrophische Pinealzellen in Wirklichkeit völlig normale, in jeder Zirbel anzutreffende Elemente verkörpern. Vielleicht dürfen wir in der Entleerung der nukleolären Blasen der Pinealzellen einen Sonderfall von Kernsekretion erblicken, wie wir sie bereits für andere Zellelemente des Zentralnervensystems, insbesondere des Zwischenhirns (vgl. die Untersuchungen Scharrers über Neurokrinie) kennen. Interessanterweise gelang der Nachweis von Kernsekretionsbildern, welche eine sehr weitgehende Ähnlichkeit mit dem Verhalten der Pinealzellkerne aufweisen, auch in den Pituicyten der Neurohypophyse des *Menschen* (Bargmann 1943), ebenso an Ganglienzellen des Tuber cinereum des *Menschen* (Ziesche, noch unveröffentlicht), dem nach den Versuchen von Weisschedel und Spatz (1942) gonadotrope Wirksamkeit zukommt. Bildung und Abgabe von Kernkugeln stellen mithin einen im Zwischenhirn des *Menschen* verbreiteten Vorgang dar.

Über die Beschaffenheit der den Pinealzellkern verlassenden Substanzen liegen freilich zu wenige und zu allgemein gehaltene Angaben vor, als daß eine Entscheidung darüber getroffen werden könnte, ob die Abgabe der Kernsubstanzen an das Cytoplasma eine Excretion, d. h. eine Abgabe von Schlacken, oder eine Sekretion darstellt. Wenn die Kernkugeln wirklich, wie Meyer darlegt, als umgestaltete Nukleolen aufgefaßt werden müssen, so ist zu vermuten, daß sie wie Nukleolen von Zellkernen anderer Organe „stoffliche oder energetische Reserven" (M. Gersch 1940) verkörpern.

Über den Chemismus der Kernkugeln suchten Krabbe und Polvani als erste Aufschluß zu erhalten. Die Amyloidreaktion fällt an den Kernkugeln negativ aus (Polvani). Unter Berücksichtigung der Möglichkeit, die Kernkugeln könnten phosphorhaltige Abkömmlinge des Nucleolus sein, stellte Krabbe an einigen Präparaten die Phosphorsäurereaktion von Lilienfeld-Monti an, jedoch ohne Erfolg. Nach Polvani (1913) und Josephy (1920) bestehen die Kernkugeln weder aus Fett noch aus Glykogen. Auch Meyer (1936) fand die nukleolären Blasen frei von Fett, ebenso von Eisen. Die Blasen werden nach Josephy weder von destilliertem Wasser, Kochsalzlösung (1%, 10% konz.), Kupfersulfat (2%), Magnesiumsulfat (1%, konz.) und Gerbsäure (1 $^0/_{00}$ und stärker) angegriffen, noch lösen sie sich in normaler Natronlauge und Salzsäure (5%). Nach meinen Beobachtungen enthalten die Kernkugeln osmierbare

Substanzen; unter Einwirkung der Osmiumsäure nimmt die Grundmasse der Kugeln einen schwärzlichen Ton an. Daneben enthält sie einzelne größere osmiophile Einschlüsse. Bei Ausführung der Nuklealreaktion nach Feulgen erscheinen nach Meyer kleinere Nukleolen stark rot gefärbt. Mit der Größenzunahme der Nukleolen nimmt die Farbstärke ab. Der kernseitigen Oberfläche der Blasen lagern sich nukleale Substanzen an. Es wäre wünschenswert, wenn der chemische Aufbau der Kernkugeln der Pinealzellen, welche Polvani ohne Grund dem Kolloid der Schilddrüse und Hypophyse vergleicht, einer genaueren Untersuchung unterzogen würde (vgl. hierzu Gersch, 1940), die über das Epiphysenproblem hinaus für die allgemein wichtige Frage nach der Bedeutung der Nukleolen Interesse beansprucht. Vielleicht könnte die Schnittveraschung einige Anhaltspunkte erbringen.

Eine Reihe von Beobachtungen scheint dafür zu sprechen, daß die nukleolären Blasen etwas mit der Entstehung des in den Pinealzellen vorkommenden Pigmentes zu tun haben, welches nach den Feststellungen Meyers kein Eisen enthält (Turnbulls Reaktion) und sich nicht in Alkohol, Chloroform, Xylol, Ammoniak und Ammoniakalkohol löst (s. a. Quast sowie S. 386). Lignac (1925), Meyer (1936) und Farina (1940, 1941) berichten übereinstimmend über das Vorkommen von Pigment in den Kernkugeln der *menschlichen* Pinealzellen. Nach Lignac werden die dunkelbraunen Körnchen innerhalb der Blasen von einem hellen Hof umgeben. Ist der Blaseninhalt entleert, dann findet man die Körnchen in den entstandenen Kernnischen bzw. in nächster Nähe des Zellkernes im Cytoplasma. Die von Krabbe nachgewiesene pyroninophile Substanz der Kernkugeln betrachtet Lignac als Ausgangsmaterial für die Entstehung des Pigmentes, obwohl er nach seinen eigenen Angaben einen Übergang dieser Substanz in braunes Pigment nicht festzustellen vermochte. Meyer (1930) hält die Ableitung der Pigmentgranula aus den pyroninophilen Körnchen der Kernkugeln mit Recht für fragwürdig, da die Färbung mit Methylgrün-Pyronin nicht spezifisch ist. Überdies verschwinden nach Meyer die pyroninophilen Schollen in vielen nukleolären Blasen, ohne durch Pigment ersetzt zu werden. Nach Meyers Vorstellungen dringt das im Kern gebildete Pigment durch die Membran der nukleolären Blasen in helle, stark lichtbrechende Körnchen innerhalb der Blase ein, die zunächst einen hellgelben Farbton annehmen, um sich dann allmählich zu bräunen. Innerhalb der Blasen liegen die meist drehrunden, durchschnittlich 0,8 μ großen Pigmentkörnchen peripher. Sie werden mit dem übrigen Blaseninhalt in das Cytoplasma ausgeschleust, wo sie noch an Größe, vielleicht durch Quellung, zunehmen. Die Angabe Farinas (1940), die Pigmentkörnchen pflegten in den nukleolären Blasen erst dann aufzutreten, wenn sich diese in das Cytoplasma entleeren, bedarf der Bestätigung.

Es ist anzunehmen, daß sich der Vorgang der Kernexcretion an ein und demselben Zellkern des öfteren wiederholen kann. Uemura (1917) meint zwar, ein Teil der betreffenden Zellen gehe nach der Ausstoßung zugrunde. Angesichts der Häufigkeit der Kerneinschlüsse wäre in diesem Falle zu erwarten, daß zahlreiche Zellen die Merkmale des Zelltodes tragen. Das ist jedoch nicht der Fall. Ich finde, abgesehen von Plaques und Cysten, nur selten zugrunde gehende Pinealzellen, deren Zelleib sich meist durch auffallende Größenzunahme auszeichnet. Für das wiederholte Auftreten einer Entleerung der nukleolären Blasen spricht schon der erwähnte Umstand, daß ein Zellkern mehrere Blasen verschiedenen Kalibers enthalten kann.

Wie erwähnt, wurden die ihren Inhalt an das Cytoplasma abgebenden Kernkugeln oder nukleolären Blasen bisher mit Sicherheit nur in den Epiphysen von *Mensch, Orang, Cebiden* und *Maus* festgestellt (s. S. 392), nicht aber in denen anderer *Säuger*. Da nicht anzunehmen ist, daß sich nur die Pinealzellen weniger Tierformen durch eine starke „sekretorische" Aktivität ihrer Zellkerne auszeichnen, lag es nahe, die Epiphysen anderer *Säuger* auf den — vielleicht weniger auffälligen — morphologischen Ausdruck kernsekretorischer Vorgänge hin zu untersuchen. Das Verhalten der Nukleolen in den Pinealzellen des *Rindes* stellt nach meinen Beobachtungen eine Parallele zu der Kernexcretion in der *menschlichen* Zirbeldrüse dar. Die Kerne der Pinealzellen des *Rindes* enthalten große, meist inmitten des Kernraumes gelegene Kernkörperchen, welche vielfach durch eine Brücke mit der Kernmembran verbunden sind. Manche Kerne besitzen tiefe Einkerbungen, in deren Tiefe sich der Nucleolus befindet. In einer ganzen Reihe von Fällen stellte sich das in Abb. 58 wiedergegebene Bild einer Kernruptur mit Ausstoßung des Nucleolus in das Cytoplasma dar. J. Verne (1914, 1915) bildet verschiedentlich extranukleär gelegene Kernkörperchen ab. Ähnliche Befunde sind bekanntlich an den Zellen anderer

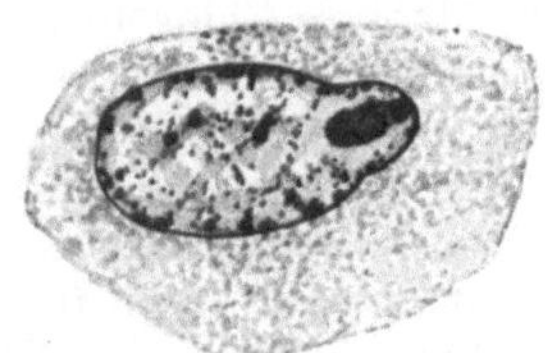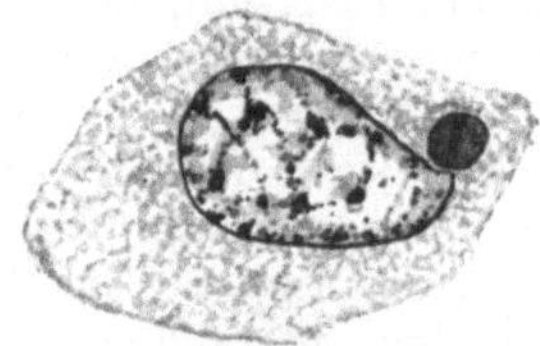

Abb. 58. Pinealzellen des *Rindes*. (Fixation Bouin, Schnittdicke 8 μ, Azanfärbung, Ok. 4, H. I. 100, auf $^9/_{10}$ verkl., gez. K. Herschel-Leipzig.) Sogenannte Nukleolenausstoßung.

Organe bereits erhoben worden (Heberer 1930, Hett 1937). Ob die eigentümlichen dünnen, mitunter verästelten endonukleären Röhrchen, welche an der Kernoberfläche ausmünden, etwas mit der Abgabe von Kern- oder Nukleolensubstanz zu tun haben, konnte ich nicht entscheiden.

e) Ependymzellen.

Das Ependym, der Mutterboden des Zirbelgewebes, ist am Aufbau der reifen Epiphyse in nur geringem Maße beteiligt. Ependymzellen bilden die Auskleidung des Recessus pinealis bzw. den Überzug der dem Ventrikel benachbarten Partien der Zirbelbasis, von Hohlräumen im Inneren der Epiphyse (Ependymrosetten), die teilweise Reste oder Abschnürungen tiefer Recessus bzw. Überbleibsel von Follikeln (s. S. 338 f.) darstellen dürften (Marburg 1908). Sie finden sich ferner bei manchen *Säugern* auf der an den Recessus suprapinealis grenzenden Dorsalfläche des Organs (Illing 1910, Trautmann 1911, Dimitrowa 1901). Die Oberfläche der Epiphyse des *Menschen* ist nach meinen Wahrnehmungen nirgends unmittelbar von Ependym überzogen; die aus kubischen oder stellenweise stark abgeplatteten Zellen bestehende Auskleidung des Recessus suprapinealis, dessen Wandung mit der Dorsalfläche der Epiphyse verschmilzt, ist durch eine ziemlich kräftige Schicht gefäßhaltigen Bindegewebes, stellenweise durch Gliafasern vom Zirbelgewebe getrennt (Abb. 59).

Anscheinend neigt das gesamte Dachgebiet des 3. Ventrikels zur Bildung mit Ependym ausgekleideter röhren- oder bläschenförmiger Hohlräume, zu welchen auch das Organon praecommissurale rechnet (Turkewitsch 1932, 1933). Dieses bei menschlichen Embryonen beobachtete Organ besteht aus Epithelröhrchen, welche auf einer vor der Commissura habenularum befindlichen Höckerbildung in den 3. Ventrikel einmünden.

Die Ependymzellen des Recessus pinealis des Neugeborenen werden von Marburg (1908) als vorwiegend kubisch geschildert, während an der Habenula und am Schaltstück (s. S. 365) kubische und zylindrische Zellen miteinander abwechseln. In das Zylinderepithel des Schaltstückes sind nach MARBURG vielleicht den MÜLLERschen Stützzellen vergleichbare „becherzellenähnliche" Elemente eingelassen. Am Ependym des Schaltstückes treten zahlreiche, zur Bildung von Zellhaufen führende Mitosen auf. Das Ependym des Recessus pinealis des Erwachsenen soll eine geringere Anzahl von Zylinderzellen aufweisen. Die innerhalb der Epiphyse vorkommenden Cysten tragen nach MARBURG eine unvollständige Ependymauskleidung.

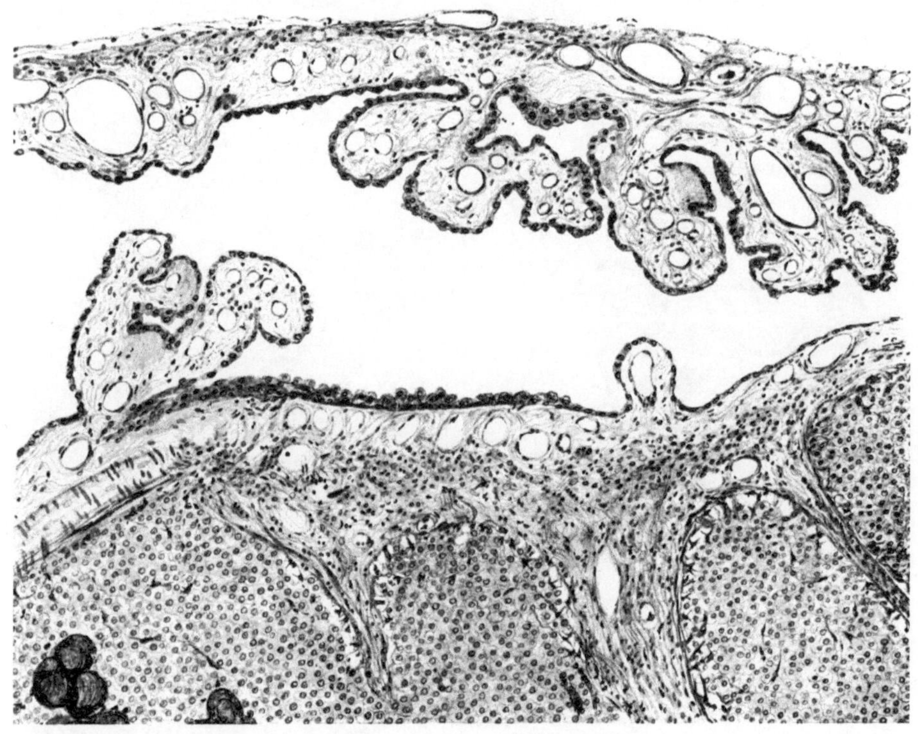

Abb. 59. Recessus suprapinealis, sagittal getroffen. * Epithelauskleidung der Epiphysenoberfläche angelagert. (♂, Hingerichteter, 32 Jahre alt, Formol 10%, 10 μ, Hämatoxylin-Eosin, Ok. 4, Obj. Zeiß D, auf ²/₃ verkl., gez. K. HERSCHEL-Leipzig.)

Die pinealen Ependymzellen stellen langgestreckte, mit ovalen, in mehreren Reihen angeordneten Kernen versehene Zellen dar. Ihre Kerne sind teilweise recht chromatinarm (KRABBE 1916). Manche von ihnen weisen Einkerbungen auf. Das Cytoplasma der Ependymzellen wird von KRABBE als „längsgestreift" geschildert. Die apikalen Zellabschnitte tragen Kittleisten, Cuticula und Flimmerhaare, die basalen Abschnitte gehen in zarte, fädige, verzweigte Fortsätze über (s. a. DIMITROWA 1901). In den Kernen der Ependymzellen der Commissura habenularum beobachtete KRABBE schon bei 4 Monate alten Feten Kernkugeln wie sie den Pinealzellen eigen sind. Diplosomen in Ependymzellen gibt unsere Abb. 60 und 61 wieder. Der Ependymüberzug der Commissura habenularum ist stellenweise niedriger als derjenige des Recessus; seine häufig recht unregelmäßig gestalteten Kerne bilden nach KRABBE vielfach nur 1—2 Reihen.

Mit zunehmendem Alter fällt das Ependym, besonders an der Commissura habenularum, einer Rückbildung anheim, in deren Verlauf sich die Zellen

stark abflachen. Bei älteren *Menschen* soll die Ependymbekleidung auf der
der Habenula zugewandten Seite fast verschwinden (Krabbe).

Die Ependymzellen auf der Oberfläche der Zirbel der *Haussäugetiere*
(s. o.) bilden ein zylindrisches, seltener kubisches Epithel verschiedener Höhe
(Illing), das nach meinen Beobachtungen an der *Rinder*epiphyse häufig

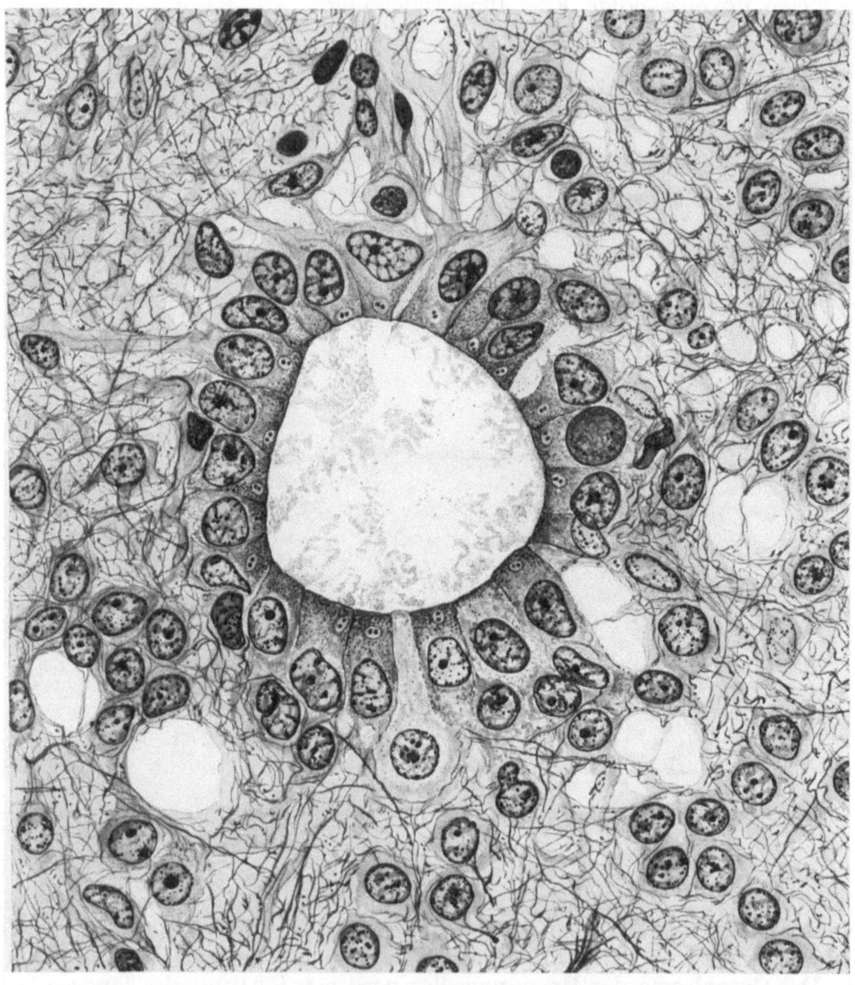

Abb. 60. Kleine Cyste in der Epiphyse einer *Ziege*. Diplosomen in den Wandzellen. (Eisenhämatoxylin nach
Heidenhain, Ok. 4, Ölimm. H. I. 100, Zeiß, auf ²/₃ verkl., gez. K. Herschel-Leipzig, Präparat des Veterinär-
Anatomischen Institutes der Universität Leipzig.)

stellenweise unterbrochen ist. Die Oberfläche der Ependymzellen ist mit Flimmerhärchen besetzt, die Zellbasis setzt sich in dünne, vielfach verästelte Ausläufer
fort, welche in das Zirbelgewebe hineinragen. Dem Ependym fehlt somit eine
deutliche basale Begrenzung. Das Aussehen von Zellkern und Zelleib wechselt
außerordentlich. Neben kleineren dunkelkernigen Elementen findet man
größere mit stark vakuolisiertem oder fein fibrillär strukturiertem Cytoplasma
und hellen ovoiden oder unregelmäßig geformten Kernen, deren Nucleolus demjenigen der Pinealzellen völlig entspricht. Manche der Ependymzellen zeichnen

sich durch einen stark aufgehellten, gequollen anmutenden Zelleib aus. Andere mit dunklem Cytoplasma versehene Zellen weisen eine geradezu fadenförmige Gestalt auf. An manchen Stellen weichen die Ependymzellen ziemlich weit auseinander, wobei ihre apikalen Abschnitte sich fußartig verbreitern. Basalwärts erfährt der Zelleib eine starke Verjüngung. Diplosomen fand ich in Ependymzellen der Ziegenepiphyse (Abb. 60). Über das Wesen der zwischen die Zellbasen der zylindrischen Ependymzellen sich einschiebenden Elemente ist ILLING im unklaren; nach seiner Ansicht handelt es sich um Leukocyten oder um „Spongioblastenabkömmlinge". Es besteht jedoch kein Zweifel darüber, daß diese Zellen Übergangsformen zwischen Ependym- und Pinealzellen verkörpern. Sie besitzen zwar vorwiegend in die Länge sich erstreckende Zelleiber, wie sie den Ependymzellen eigen sind, ihre Fortsätze sind aber von der Plumpheit der Ausläufer der Pinealzellen. Bei ungenügender Ausfärbung des Zelleibes können diese Zellen den Eindruck von Rundzellen erwecken.

Wie eingangs erwähnt, besteht auch die Auskleidung von Hohlräumen im Inneren der Epiphyse (Abb. 61), deren kleinste erst bei Untersuchung des Schnittpräparates mit starken Systemen als Zentren von Ependymrosetten in Erscheinung treten, aus Ependymzellen, die oft in einigem Abstande voneinander liegen. Nach meinen Beobachtungen kommen Ependymrosetten besonders in der Grenzzone zwischen hinterem Umfang der Zirbel und der zur Commissura caudalis überleitenden Lamelle vor, wo sie inmitten

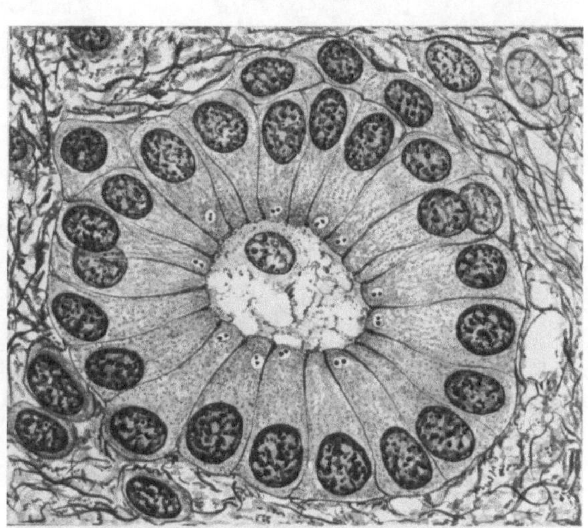

Abb. 61. Von Ependym ausgekleidete Cyste in der Epiphyse eines erwachsenen *Menschen.* (Hingerichteter, 43jährig, Fixation ZENKER, Schnittdicke 8 μ, Azanfärbung, Ok. 4, Zeiß-Ölimmersion, H.I.100, auf ²/₃ verkl.; gez. K. HERSCHEL-Leipzig.)

langgestreckter Balken nicht ausdifferenzierter Zellen liegen können. Häufig sind kleine, von Ependymzellen begrenzte Lumina, wie ich in Bestätigung der Angaben von DIMITROWA feststellen kann, in der Epiphyse des *Rindes* anzutreffen. Nach FUNKQUIST (1912) kommen bereits in der fetalen *Rinder*zirbel (Fetus von 480 mm Länge) Ependymcysten vor. Zwischen den Zellen, die sich vielfach etwas in die Lichtung vorwölben, liegen Gliafasern. Mit FUNKQUIST finde ich einen cuticulaähnlichen Abschluß der Zellen gegen den Hohlraum. Flimmerhärchen, die nach FUNKQUIST den cuticularen Rand durchsetzen sollen, konnte ich nicht beobachten. Jedoch erwähnt auch SUGIURA das Vorkommen „zylindrischer Drüsenzellen" als Begrenzung eines spaltförmigen Hohlraumes im distalen Epiphysenteil der *Ratte*, welche mit feinen Härchen und Schlußleisten versehen sind. Vielfach stößt man auf Zellen, welche kleine Kuppen in das Lumen abzustoßen scheinen. Nach den Angaben von FUNKQUIST wird der cuticulare Zellrand der Ependymelemente durch Ausläufer von „hinter den Ependymzellen" gelegenen Zellen durchbohrt. Infolge Verdickung des lumenwärtigen Endes dieser Ausläufer scheint die Lichtung stellenweise von kleinen Knöpfchen begrenzt zu sein. Ich vermute, daß es sich um die apikalen Teile der schon geschilderten fadenförmigen Ependymzellen handelt, welche in das Cystenlumen hineinragen. Die in den Epiphysen des *Kaninchens* vorkommenden, etwa am 27. Tage der Fetalzeit das Entwicklungsmaximum erreichenden Rosetten (s. S. 401, 422) werden allmählich durch Gliaflecken ersetzt (Castigli 1941). Mit ihrem Verschwinden erlischt angeblich auch die sekretorische Aktivität der Zirbel.

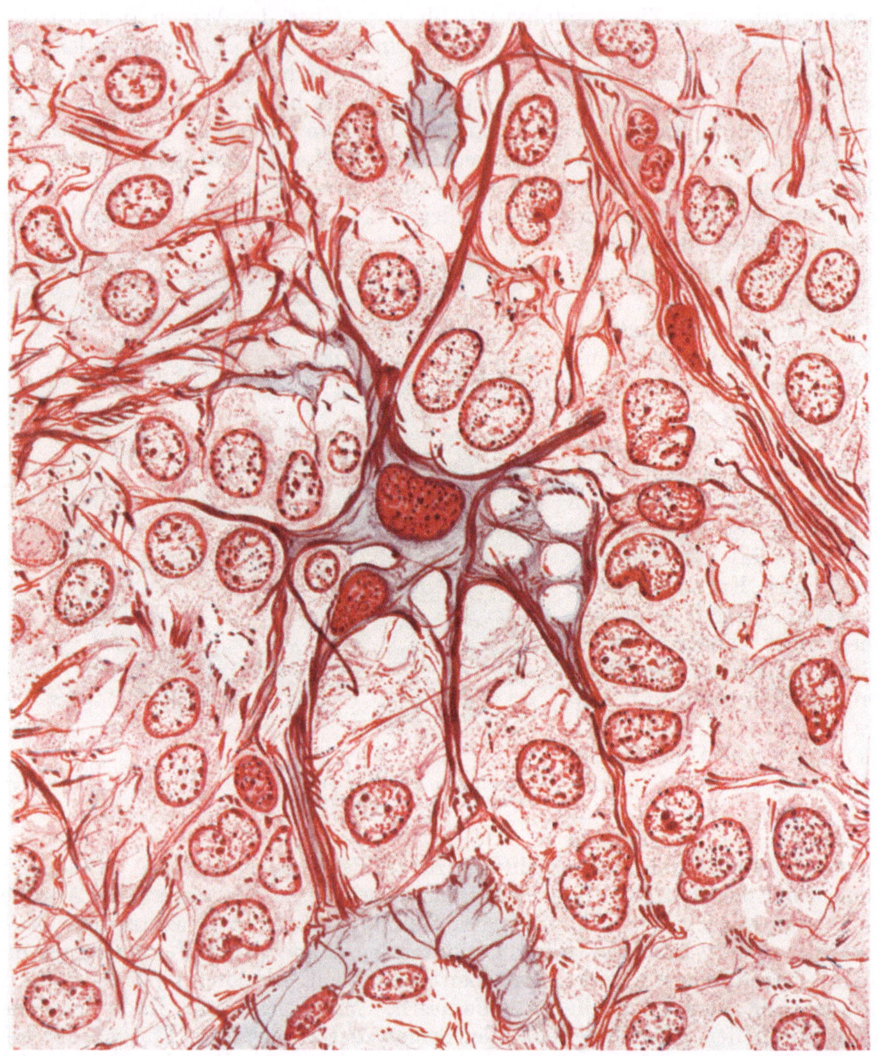

Abb. 62. Faseriger Astrocyt in der Randzone der Epiphyse eines 35jährigen Mannes (Hingerichteter). Pinealzellen von Gliafasern umgeben. In der Mitte unten Capillare mit Gliafaserhülle. (Fixation Susa, Schnittdicke 10 μ, Azanfärbung, Ok. 4, Zeiß-Ölimmersion H.I. 100, auf ⁴/₅ verkl., gez. K. Herschel-Leipzig.)

Gegen die Ansicht von Funkquist, zwischen Ependymzellen und Astrocyten bestünden Übergangsformen, lassen sich keine grundsätzlichen Einwände erheben. Die von Funkquist abgebildeten abgerundeten oder spindeligen Zwischenstadien aus der Epiphyse des *Ochsen* jedoch stellen typische Pinealzellen dar.

Bezüglich der nicht von Ependym ausgekleideten, auf Degenerationsprozesse zurückzuführenden Cysten im Zirbelgewebe vgl. S. 445.

f) Glia.

Die Pinealzellen sind in ein ungemein dichtes, aus Zellen und Fasern aufgebautes Gliagerüst eingelagert, das besonders deutlich in den oberflächennahen Organpartien zutage tritt, ferner dort, wo die spezifischen Zirbelzellen geschwunden sind, beispielsweise in der Nachbarschaft von Cysten (Abb. 69).

In der Epiphyse sind — wenn man von den granulierten Gliocyten HORTEGAS (Abb. 67) absieht (s. u.) — dieselben Gliazelltypen wie in anderen Abschnitten des Zentralnervensystems anzutreffen. Von einer eingehenden Schilderung dieser Zellen kann daher Abstand genommen werden. Das Vorhandensein von

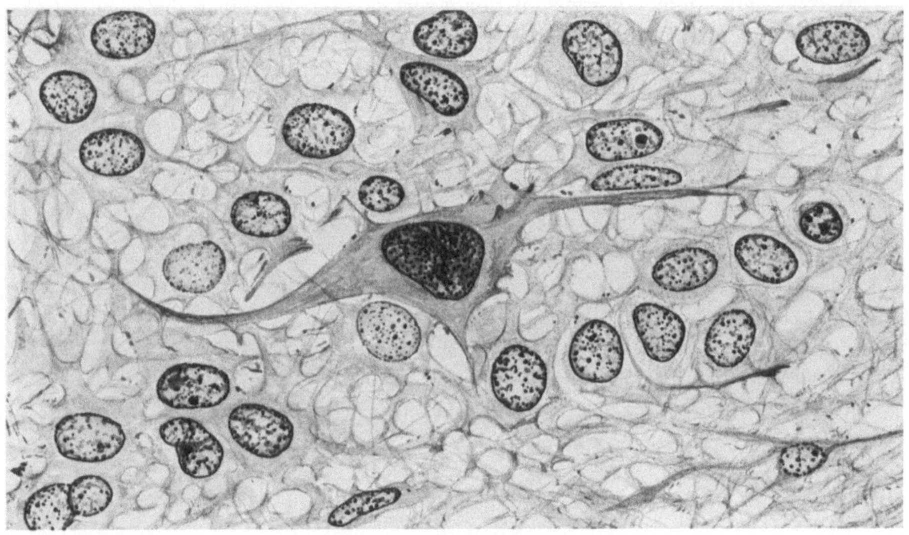

Abb. 63. Großkerniger Astrocyt in der Peripherie der Epiphyse eines erwachsenen *Menschen*. Hingerichteter, 23 Jahre, ♂, Susa, 10 μ, Eosin-Methylblau. Ok. 4, Ölimm. H.I. 100, etwa auf ⁴/₅ verkl., gez. K. HERSCHEL-Leipzig.

Übergangsformen zwischen Pineal- und Gliazellen muß ich gegenüber CALVET (1934) in Abrede stellen. Besonders häufig sind die bereits von DIMITROWA (1901) und KRABBE (1916) abgebildeten, von letzterem allerdings als Nervenzellen bezeichneten Astrocyten in der Zirbel des *Menschen* vertreten (Abb. 62, 63, vgl. auch HORTEGA 1928, ORLANDI 1922, 1928, ORLANDI und GUARDINI 1929, COOPER 1933), welche in der Zirbel ein Gerüstwerk nach Art des Reticulums lymphatischer Organe bilden. Unter ihnen stehen die faserbildenden Astrocyten an erster Stelle (ORLANDI 1928, BRATIANO und GIUGARIU 1933), deren Fasern teils der Zelloberfläche angelagert sind (Randversteifungen), teils im Cytoplasma liegen (vgl. Abb. bei DIMITROWA). Größe, Form und färberisches Verhalten der Astrocytenkerne wechseln. Neben hellen, locker strukturierten Zellkernen von Ovoid- oder Nierenform, welche die Pinealzellkerne mitunter an Größe übertreffen (Abb. 63), stehen kleine pyknotische Kerne, die im Schnittpräparat besonders in den peripheren Abschnitten der Follikel ins Auge fallen. Die dunkelkernigen Astrocyten zeichnen sich durch spärliche Entwicklung des Cytoplasmas und dichte Lage ihrer Gliafasern aus; man darf sie wohl als Zellformen im Zustande regressiver Umwandlung betrachten (vgl. hierzu SPIELMEYER 1922). Die größeren hellkernigen Zellen stellen zweifelsohne

Übergangsformen zwischen protoplasmatischen und faserigen Astrocyten dar. Hortega (1928) erwähnt bereits das besonders häufige Vorkommen von Übergangszellen in der Epiphyse. Vereinzelte protoplasmatische Astrocyten möchte ich im Einklang mit Bratiano und Giugariu 1933) als Riesenformen bezeichnen.

Die Astrocyten erreichen mit ihren langen Fortsätzen Gefäßwände und Oberflächen der Bindegewebs-Gliasepten. Vereinzelte Astrocyten schmiegen sich der Oberfläche der spärlich anzutreffenden Ganglienzellen an (Abb. 72). Besonders zahlreiche Astrocyten finde ich in den Randpartien oberflächennaher Follikel der *menschlichen* Epiphyse. Bezüglich der Beziehungen der Gliazellen zur Gliagrenzmembran s. S. 417.

Entsprechend dem Überwiegen der faserigen Astrocyten in der *menschlichen* Epiphyse sieht man im Golgi-Präparat Gliazellen vom langstrahligen Typus

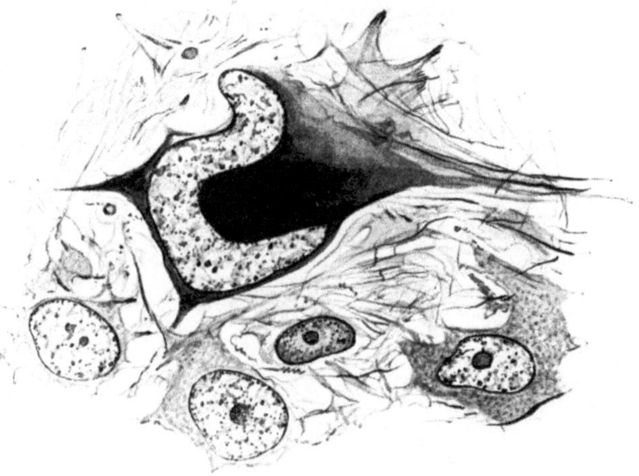

Abb. 64. Gliazelle mit wurstförmigem Kern in der Epiphyse des *Rindes*. (Bouin, 8 μ, Azan, Ok. 4, H.I. 100, auf ⁹/₁₀, gez. K. Herschel-Leipzig.)

vorherrschen (Dimitrowa, Krabbe, Orlandi). Kurzstrahler kommen selten vor (Dimitrowa, Orlandi). Krabbe (1916) hat überhaupt keine Kurzstrahler beobachtet.

Auch in der Epiphyse der *Säuger* stehen die faserigen, vielfach dunkelkernigen Astrocyten mengenmäßig im Vordergrunde, wie aus den Untersuchungen von Dimitrowa (1901), Illing (1910) sowie Uemura (1917), Antonov (1926) und Hortega ersichtlich *(Pferd, Schaf, Ziege, Schwein, Katze)*, welche vermittels der Golgi-Methode fortsatzreiche Langsternstrahler zur Darstellung brachten. Während die meisten Gliazellen in der Epiphyse von *Schaf, Ziege* und *Schwein* typische, d. h. sternförmige Gestalt besitzen (Illing), zeichnen sich die Gliazellen der *Pferde*epiphyse nach Illing durch erstaunliche Unregelmäßigkeit in Form und Größe des Zelleibes aus. Neben sternförmigen Elementen kommen Zellen mit annähernd wurmförmigem Zelleibe vor, von dessen mittleren Partien spärlichere und kürzere, von dessen Enden lange Fortsätze auszugehen pflegen. Während Illing die Neurogliazellen in der *Pferde*epiphyse im allgemeinen als Kurzsternstrahler auffaßt, bezeichnet Uemura nur die eben erwähnten Zellformen mit langgestrecktem Zelleib als Kurzsternstrahler. Sie kommen nach seinen Ermittlungen in der Minderzahl vor. Die Abbildungen Illings geben jedoch Zellen mit außerordentlich dünnen, teils fein verzweigten, größtenteils fädigen Fortsätzen wieder, wie sie die faserigen Astrocyten im GOLGI-Präparat aufweisen. Ich vermute daher, daß die von ILLING als Kurzstrahler bezeichneten Gliazellen kleine, unregelmäßig gestaltete faserige Astrocyten darstellen. Nach HORTEGA ist den Gliocyten des *Pferdes* eine fibrilläre Struktur des Cytoplasmas eigen. Eine Besonderheit weisen nach meinen Beobachtungen die Gliazellen der Epiphyse des *Rindes* auf, deren verhältnismäßig große,

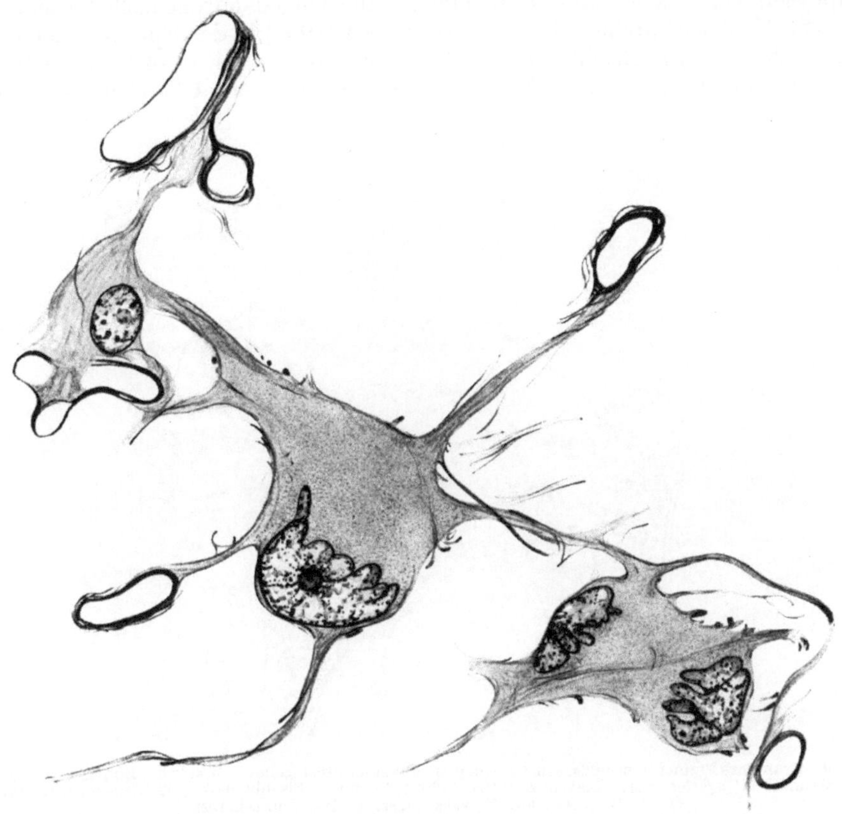

Abb. 65. Astrocyten in der Epiphyse des *Rindes* (erw.) mit Kernfortsätzen. Die Zellfortsätze fußen auf Kapillarwänden. (BOUIN, 8 μ, Azan. Ok. 4, H. I. 100, auf ⁴/₃ verkl., gez. K. HERSCHEL-Leipzig.)

mit langen Cytoplasmafortsätzen an den Capillarwänden fußen (s. a. HORTEGA 1929). Ihre Zellkerne zeichnen sich vielfach durch ausgesprochen langgestreckte, teilweise geradezu wurmförmige Gestalt aus (Abb. 64). An anderen Kernen beobachtet man fingerförmige Fortsätze (Abb. 65). Auch diese Zellen dürften den Astrocyten zuzurechnen sein, ebenso die kleinen Elemente mit dunklen, vielfach pyknotischen Kernen und spärlichem dunklem Cytoplasma, die selten in zentralen Organbezirken, häufig dagegen im subcapsulären Bereich auftreten. Stark gekrümmte, mitunter hufeisenförmige Zelleiber kennzeichnen die Gliazellen der *Katzen*epiphyse; UEMURA betrachtet diese Elemente als Langsternstrahler. Der Nachweis von Gliazellen in der Epiphyse des *Hundes* vermittels der GOLGI-Methode bereitet nach ILLINGs und UEMURAs Angaben Schwierigkeiten. Während ILLING die Zelldarstellung mißlang, konnte UEMURA in der subcapsulären Zone der *Hunde*zirbel wenige, mit spärlichen Fortsätzen versehene Zellen festsetzen, die er als Langstrahler auffaßt. Auch die Epiphyse der *Ratte* enthält wenige sternförmige Gliazellen (Sugiura 1937, Collier, bisher unveröffentlicht) mit dunklen Kernen. Zwischen den sog. epitheloiden Formationen der Zirbelzellen (s. S. 470), insbesondere in der Nähe der Organoberfläche liegen als Astrocyten anzusprechende Elemente.

Der Nachweis von Oligodendrogliazellen in der Epiphyse des *Menschen* und anderer *Säuger* wurde bisher nicht erbracht. Ich selbst habe in zahlreichen Epiphysen von Hingerichteten ebenfalls keine Oligodendrogliazellen feststellen können. Vielleicht können die von Dimitrowa (1901) in der Epiphyse der *Katze* (Golgi-Präparat) beobachteten kleinen, abgerundeten, mit 3—4 Fortsätzen versehenen Elemente, welche sich Blutgefäßen anlagern, als Oligodendrogliazellen

Abb. 66. Granuläre Pigmenteinschlüsse in 2 Astrocyten aus einer Pinealzelle (rechts) in der Epiphyse eines 40jährigen Mannes. (Hingerichteter, Fixation Zenker, Schnittdicke 8 μ, Eisenhämatoxylin-Säurerfuchsin-Mallory, Ok. 4, H. I. 100, auf ²/₃ verkl., gez. K. Herschel-Leipzig.)

gelten. Illing hat ähnliche Zellformen mit 1—2 Fortsätzen in der *Katzen*-epiphyse gesehen, hält sie indessen nicht für Gliazellen.

Das Vorkommen von Mikrogliazellen in der menschlichen Epiphyse kann ich mit Hortega, Orlandi (1928), Orlandi und Guardini (1929) und Farina (1941) bestätigen. Allerdings sind die Mikrogliazellen in meinen Präparaten in nur geringer Zahl anzutreffen. Orlandi und Farina wollen sie besonders entlang den Blutgefäßen beobachtet haben. Mikrogliazellen treten vereinzelt unter den Zellen der Randgeflechte auf. Hortega fand Mikrogliazellen mit phagocytierten granulären Einschlüssen in endolobären Gliaherden. Die Angabe von Orlandi, die Mikrogliazellen seien in den an Pinealzellen verarmten Wandungen von Cysten, ferner in Zirbeln alter Individuen in Gestalt hypertrophierter Elemente häufiger anzutreffen, verdient wohl mit Vorsicht aufgenommen zu werden. Orlandi schildert die hypertrophierten Zellen als dreizipfelige Gebilde mit großem, rundem, locker strukturiertem Kerne. Es ist nicht ausgeschlossen, daß es sich in Wirklichkeit um Astrocyten handelt, wie sie gerade in der Wandung von Cysten häufig vorkommen. Nach Hortegas

Schilderung zeichnen sich nämlich die pinealen Mikrogliazellen innerhalb von Gliaplaques durch längliche dunkle Zellkerne aus. Daß HORTEGA auch diese Zellen für mesodermale Elemente hält, sei nur beiläufig bemerkt. Über die Natur jener Gliazellen, in deren Füßchen BRATIANO und GIUGARIU (1933) erhebliche Mengen von Eisen in homogener Verteilung gefunden haben wollen, ist nichts bekannt.

QUAST (1928, 1929) erwähnt das Vorhandensein von Körnchen im Cytoplasma von Astrocyten, welche eine positive Eisenreaktion geben. Er will außerdem im Gliakammerraum gelegentlich perivasculäres Eisen gefunden haben. Die

Abb. 67. Granulierte Gliazellen aus der Epiphyse des *Menschen*. (Aus HORTEGA, III.)

Astrocyten enthalten ferner nach QUAST geringe Mengen von Lipoiden in feinkörniger Form; die Lipoide zeigen keine Doppelbrechung. Nicht selten beobachtete ich einen positiven, vielleicht durch Pigmentkörnchen verursachten Ausfall der sog. Vitamin C-Reaktion im Cytoplasma von Astrocyten, welches zahlreiche schwarze Granula enthalten kann; die Astrocyten der Zirbel zeichnen sich verhältnismäßig häufig durch Lipofuscinablagerungen aus.

Die Gliazellen der Epiphyse beherbergen wie diejenigen des Gehirnes Gliosomen (HORTEGA 1928, 1929). Besonders stark granulierte, meist am Rande der Lobuli gelegene oder um kleine Cysten sich gruppierende Gliazellen hält HORTEGA im Sinne von NAGEOTTE (1910), der in der Neuroglia eine „interstitielle Drüse" erblickte, für sekretorisch tätige Elemente. Die verhältnismäßig groben Granula dieser Gliocyten, welche durch reichlich entwickeltes, vielfach lappiges Cytoplasma auffallen, lassen sich durch die Silbercarbonatmethode HORTEGAS darstellen (Abb. 67). HORTEGA denkt an die Möglichkeit einer Beeinflussung der Epiphysenfunktion durch die Sekretion der Glia. JORDAN stellte zahlreiche Mitochondrien in den Gliazellen des *Schafes* dar.

Die in der Zirbel des *Menschen* enthaltenen, schon im ersten Lebensjahre auftretenden (Krabbe, Amprino 1935) Gliafasern werden teils innerhalb des Cytoplasmas der Astrocyten angetroffen, teils sind sie den Ausläufern dieser Zellen eng angeschmiegt. Die von Koelliker (1896) erwähnten feinen Fasernetze im Zirbelgewebe dürften mit den Gliafasern identisch sein. Hortega (1929) schreibt allen Astrocytenfasern einen cytoplasmatischen Überzug zu. Nach meinen Beobachtungen erstreckt sich das Cytoplasma der Astrocyten nicht über die gesamte Faserlänge (vgl. hierzu Fieandt 1910 gegen Held 1903). Überall, auch in der Zirbel der *Säuger* (Dimitrowa) findet man unverzweigte nackte, meistens der Oberfläche auch der Pinealzellen sich anlagernde Fasern. Regelrechte Fasersträhnen dringen aus dem Zirbelparenchym in die gefäßhaltigen Bindegewebssepten ein (Abb. 34), häufig in Begleitung von Fortsätzen der Randgeflechtszellen, die Bratiano und Giugariu irrtümlicherweise den Ausläufern von Gliazellen gleichsetzen. Mitunter bestehen die Septen des Stützgerüstes der Zirbel zum überwiegenden Teile aus Gliafasern (Amprino 1938). Einzelne Fasern verlaufen senkrecht zu den Zellausläufern des Randgeflechtes. Parallel verlaufende, bügelartig gekrümmte Fasern findet man der Oberfläche von Capillaren angelagert; in anderen Fällen sind die Fasern parallel zur Längsachse der Blutgefäße ausgerichtet (Hortega). Marburg (1922) spricht von einem luxurierenden Wachstum der perivasalen Glia besonders in höherem Alter; seine Angabe nimmt jedoch auf die Randgeflechte Walters Bezug, deren nichtgliöser Charakter als erwiesen gelten muß (s. S. 389). Besonders dichte Fasergeflechte sind in den basalen Partien der Epiphyse (vgl. auch Weigert 1896, Krabbe), in der Wandung des Recessus pinealis, ferner unter der Bindegewebshülle der Organoberfläche entwickelt (Barratt 1903, Pastori 1927, Hortega 1929, Abb. 59). Die Zirbelspitze besitzt nach Krabbe nicht immer eine Gliakappe, während die Epiphyse des *Pferdes* gänzlich von einem Glialager umhüllt ist, welches die Ependymzellen überziehen. Nach Krabbe ruhen die Parenchymmassen der Zirbel in der Regel wie ein Ei im Eierbecher in einem Glialager, dessen Fasern vorzugsweise parallel zur Längsachse der Zirbel verlaufen, wie bereits Dimitrowa (1901) bemerkte. Die Gliafasern umhüllen schließlich als dichtes, an Pinealzellen verarmtes Filzwerk, in welchem die zirkuläre Verlaufsrichtung vorherrscht, die häufig vorkommenden Cysten (Abb. 89) und Konkremente (Dimitrowa 1901, Bratiano und Giugariu 1934).

Von der Existenz des Heldschen Gliaretikulums wie überhaupt eines feinmaschigen Netzwerkes in der Epiphyse des *Menschen* konnte ich mich nur stellenweise überzeugen. In der Zirbel des *Rindes* dagegen gelingt die Darstellung eines feinen, ziemlich gleichmäßig entwickelten Wabenwerkes regelmäßig, das in den Randzonen der Epiphyse sowie in der näheren Umgebung der Blutgefäße besonders deutlich ausgebildet ist (Abb. 68). Die Übereinstimmung dieses Gerüstes mit dem von Held beschriebenen Gliaretikulum ist unverkennbar. Die Bemerkung Spielmeyers (1922), die Methode der Histologie erlaube keine Entscheidung der Frage, ob das Wabenwerk Helds cytoplasmatischer Natur oder ein Cytoplasmaprodukt sei, kann auch auf die in Rede stehenden netzigen Strukturen in der Epiphyse bezogen werden.

Mit steigendem Lebensalter wächst die Menge des faserigen Gliagewebes der Zirbel (Schlesinger 1919 u. a.), nach Amprino insbesondere nach dem 25. Jahre, doch ·bestehen zwischen Alterung und Gliazunahme keine derart klaren Beziehungen, daß aus dem Verhalten der Fasern im Schnittpräparat auch nur annähernd zutreffende Rückschlüsse auf das Lebensalter gezogen werden könnten (vgl. auch Hortega 1929). Die Zunahme des Bindegewebes erfolgt nach Amprino (1935) derjenigen der Glia nicht parallel. Während das Bindegewebe seine höchste Entfaltung am Ende des 4. Jahrzehnts erreicht, vermehrt sich die Glia noch nach dem 60. Lebensjahre. Im Verlaufe der Alterung gewinnen die Gliafasern an Dicke.

Die Vermehrung der Gliafasern kann, wie HORTEGA gezeigt hat, zu den charakteristischen, die Organarchitektur widerspiegelnden Bildern der lobulären, perilobulären, endolobulären und exolobulären Gliose führen. Die lobuläre Gliose tritt als umschriebene oder diffuse Gliose in Erscheinung. Bei der

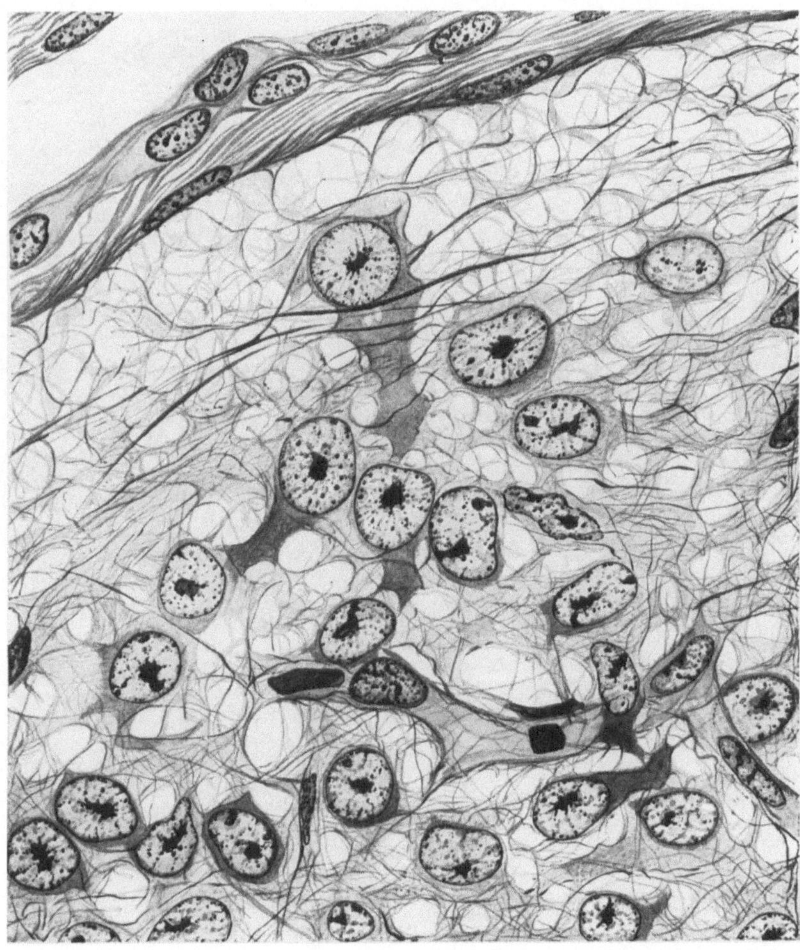

Abb. 68. Pinealzellen im oberflächennahen Gliaretikulum der Epiphyse des *Rindes*. (Fixation BOUIN, Schnittdicke 8 μ, Färbung mit Molybdänhämatoxylin nach HELD, Ok. 10, Ölimmersion Zeiß, H. I. 100, auf $^2/_3$ verkl., gez. K. HERSCHEL-Leipzig.)

erstgenannten Form der lobulären Gliose bevorzugen die Gliafasern im allgemeinen die Ränder der Läppchen. Die diffuse lobuläre Gliose erstreckt sich über die Läppchengrenzen hinaus in die Septen zwischen den Follikeln hinein. Bei der perilobulären Gliose findet man inmitten der Follikel nur verhältnismäßig wenige Gliafasern, zahlreiche Faserbündel dagegen in den perifollikulären Septen. Endolobuläre Glioseherde bestehen aus Gliafasern, mittelgroßen Astrocyten, granulierten Gliocyten und Mikrogliazellen. Die exolobuläre Gliose entspricht dem am meisten bekannten Bilde der Gliaflecken. Die von HORTEGA geschilderten Erscheinungsformen gehen ineinander über; sie alle können zur Entstehung der Gliaflecken führen.

Gliaflecken (Gliaplaques) treten besonders in Epiphysen älterer *Menschen* in Erscheinung, wurden jedoch schon in kindlichen Zirbeln beobachtet (ORLANDI 1928, ORLANDI und GUARDINI 1929, vier Monate altes Kind, FARINA 1941). Nach COOPER (1933) sollen sie mit der Pubertät auftreten. Sie bestehen aus dichten, von faserigen Astrocyten durchsetzten Faserfilzen, welche keine oder

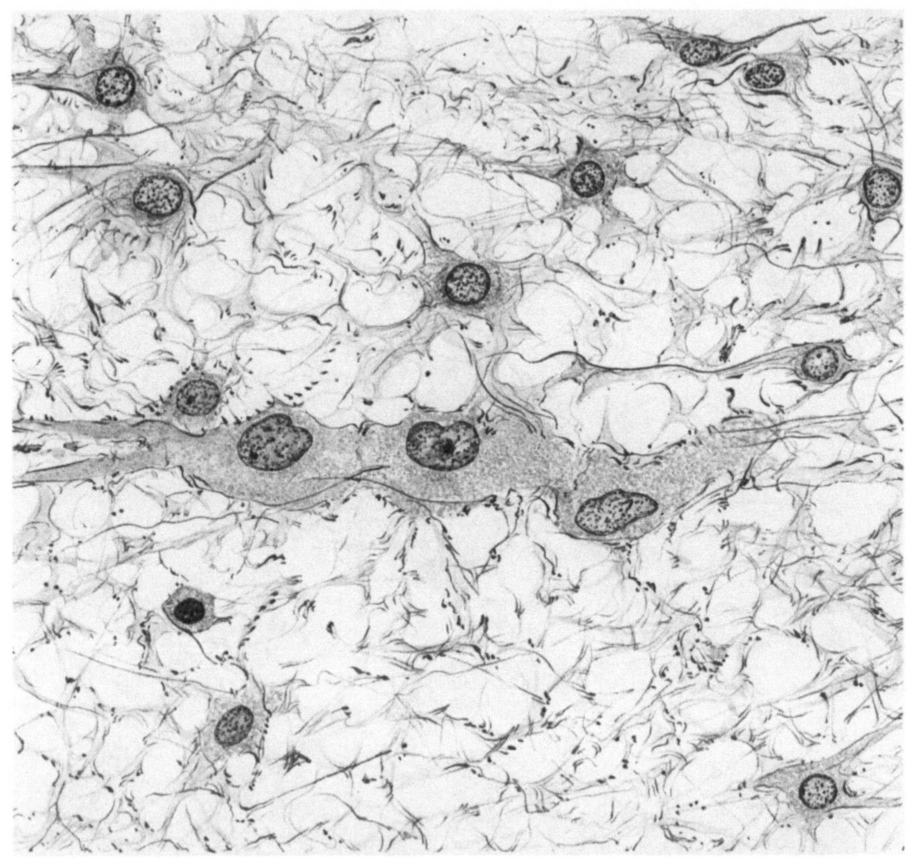

Abb. 69. Gliafleck mit Gruppe von drei Pinealzellen und Astrocyten in der Epiphyse eines 46jährigen Hingerichteten. (ZENKER. Eisenhämat. (HEIDENHAIN) — Säurefuchsin-Mallory. Ok. 4, H.I. 100, auf ⁶/₁₀ verkl., gez. K. HERSCHEL-Leipzig.)

nur wenige Pinealzellen beherbergen. HORTEGA wies in den Gliaflecken Mikrogliazellen nach. Nach ORLANDI enthalten die Flecken außer Mikroglia- auch Abräumzellen. Die Randpartien der Flecken zeichnen sich gelegentlich durch Reichtum an Astrocyten aus (Astrocytengliose, ORLANDI), die zentralen Bezirke durch Faservermehrung (fibrilläre Gliose, ORLANDI). Die wenigen Gefäße innerhalb der Flecken werden nach meinen Feststellungen von besonders dichten Geflechten verdickter Fasern begleitet (perivasculäre Gliose); JOSEPHY erwähnt die starke Entwicklung faseriger Glia um die Blutgefäße der Epiphyse von *Cervus dama*. In der Zirbel des *Rindes* pflegen die Gliaflecken in Gestalt heller, gegen das angrenzende Gewebe unscharf begrenzter Straßen aufzutreten, in welchen man Konkremente, außerdem Gruppen von Mastzellen antrifft. LÁSZLÓ (1935) bezeichnet die Flecken der *Rinderzirbel* als „Formatio reticularis". Unter den Bedingungen von Allgemeinerkrankungen scheinen die Gliaflecken nach FARINAs (1941) Untersuchungen an *menschlichen* Epiphysen an Zahl zuzunehmen.

Die Entstehung der Gliaflecken ist nach KRABBEs Annahme auf einen allmählichen Verschluß von Höhlen im Parenchym durch Gliagewebe zurückzuführen. Diese Höhlen sollen Reste des Recessus pinealis darstellen. KRABBEs Ansicht, die auch COOPER (1933) sich zu zeigen macht, muß man entgegenhalten, daß Zahl und Verteilung der Gliaflecken im Zirbelgewebe einen Zusammenhang zwischen ihnen und dem Recessus pinealis als ausgeschlossen erscheinen lassen. Die Flecken in der Epiphyse des *Menschen* entstehen durch Rückbildung der Pinealzellen und gleichzeitige oder anschließende Vermehrung der Gliafasern. Damit soll nicht in Abrede gestellt werden, daß die Ansicht KRABBEs für die Zirbeln anderer Spezies zutreffen könnte. So führt CASTIGLI (1941) das Auftreten von Gliaflecken in der Epiphyse des *Kaninchens* auf die Ausfüllung von Tubuli (s. S. 402) durch Gliagewebe zurück.

Die schon von ORLANDI betonte Ähnlichkeit im Aufbau von Gliaflecken und jenem Gliagewebe, welches die Zirbelcysten umgibt, ferner das Vorkommen von Degenerationsherden deuten darauf hin, daß durch den Zerfall von Gliagewebe Epiphysencysten entstehen können (s. a. MARBURG, SCHLESINGER, BERBLINGER). KRABBE glaubt allerdings diese Möglichkeit der Cystenbildung als nur selten verwirklicht betrachten zu müssen, jedoch zu Unrecht.

Die degenerativen Veränderungen der Gliabestehen nach HORTEGA zunächst in einer Pigmentierung, nach ORLANDI und GUARDINI (1929) in Homogenisierung des Cytoplasmas der Gliazellen. Später treten im Zelleibe körnige Einschlüsse verschiedener Größe auf (vgl. auch BRATIANO und GIUGARIU (1933), schließlich Fetttröpfchen. HORTEGA bildet ferner abgerundete Gliazellen mit perinukleären Fibrillenbündeln ab. Als degenerative Zellformen möchte ich auch die auffallend schmalen, durch homogenes Cytoplasma ausgezeichneten gliösen Elemente ansprechen, welche ich gelegentlich in Verbindung mit dem Randgeflecht finde (Abb. 70). Die degenerierenden Gliazellen des *Pferdes* zeichnen sich nach HORTEGA durch Hypertrophie der Attraktionssphäre und Vergrößerung der stäbchenförmig gewundenen Centriolen aus. Die degenerativen Veränderungen der Gliafasern bestehen nach HORTEGA (1929) entweder in Hyalinisierung und Dickenzunahme und

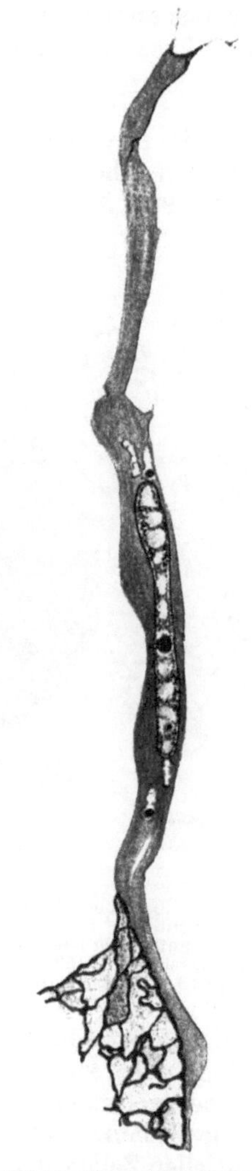

Abb. 70. Gliazelle aus der Epiphyse des *Menschen* in Berührung mit dem Randgeflecht. (Hingerichteter, 18jährig, Fixation ZENKER, Schnittdicke 8 μ, Azanfärbung, Ok. 7, Ölimmersion Zeiß H. I. 90, auf ⁹/₁₀ verkl., gez. W. BARGMANN.)

Bündelung der Fasern oder in körnigem Zerfall der verdünnten Gliafasern. Bruchstücke von Gliafasern kann man besonders im Lumen von Gliacysten beobachten (vgl. hierzu S. 445). In den Faserfragmenten lagern sich nach ORLANDI unter Umständen Kalksalze ab; sie stellen jedoch kein Material für die Bildung von Konkrementen dar. Über die Verkalkung degenerierter Gliazellen der *menschlichen* Zirbel berichten BRATIANO und GIUGARIU (1933).

Corpora amylacea, deren Bildung offenbar an das Vorhandensein von Gliagewebe gebunden ist (vgl. hierzu Obersteiner, Spielmeyer), treten in Gliaflecken, besonders in den den Cysten benachbarten Partien der Zirbelglia vielfach in großer Zahl in Erscheinung. Gerlach (1917) will beim *Pferde* ein großes Corpus amylaceum gefunden haben, welche fast die gesamte Proximalpartie der Epiphyse einnahm.

g) Nervenzellen.

Die Angaben über das Vorkommen von Ganglienzellen in der Epiphyse weichen erheblich voneinander ab. Während Dimitrowa (1901, *Mensch*), Josephy (1920, *Mensch*), Pines (1927, *Hund*) und Greving (1931, *Hund*) die Anwesenheit von Nervenzellen im Zirbelgewebe bestreiten — Josephy meint allerdings, Nervenzellen könnten „heterotopisch" im Corpus pineale des *Menschen* auftreten (s. u.) — beschreiben Achúcarro und Sacristán (1913) zahlreich anzutreffende, mit kolbig verdickten Ausläufern versehene pineale Ganglienzellen. Die Abbildungen beider Autoren lassen indessen klar erkennen, daß die von ihnen für Ganglienzellen gehaltenen Elemente typische Pinealzellen, insbesondere Randgeflechtszellen darstellen, welche sich bekanntlich durch Endkeulen ihrer Fortsätze auszeichnen. Achúcarro und Sacristán geben sogar perivasale Endkeulen, wie unsere Abbildung 30 sie zeigt, als hypertrophierte knollige Fortsätze von Ganglienzellen wieder. Die Angaben der Autoren, das Kernkörperchen der vermeintlichen Nervenzellen bestehe aus kleinen argentophilen

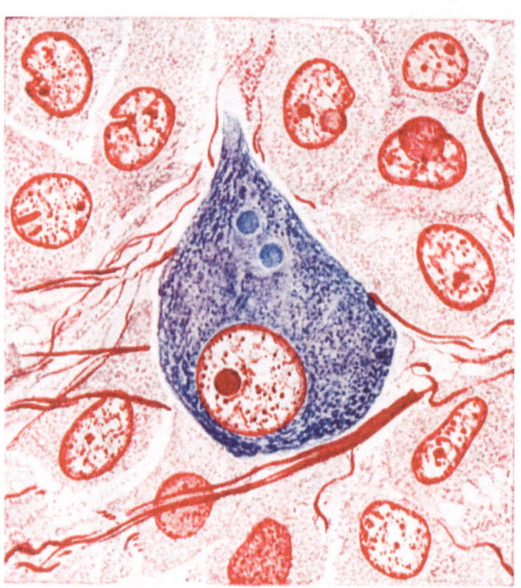

Abb. 71. Ganglienzelle in der Epiphyse eines 35jährigen Hingerichteten. (Fixation Formol-Alkohol, Schnittdicke 8 μ, Azanfärbung nach M. Heidenhain, Ok. 4fach, Zeiß-Ölimmersion H. I. 100, auf ⁸/₁₀ verkl.; gez. K. Herschel-Leipzig.) Gliafasern dunkelrot, rechts oben Kernkugeln.

Kugeln, ist wohl auf den Nachweis von Granulis in verkannten Kernkugeln der Pinealzellen zu beziehen. Vermutlich verkörpern auch die von Cajal (1904) in der Zirbel gefundenen kleinen Zellen mit wenigen, verdickt endenden Fortsätzen Pinealzellen. Cajal vermutete in ihnen allerdings gleichfalls nervöse, den interstitiellen Zellen der Drüsen entsprechende Elemente. An dem tatsächlichen Vorkommen weniger Ganglienzellen in der Zirbel des *Menschen* ist allerdings nicht zu zweifeln (s. a. Orlandi 1932, Calvet 1934, Okamoto und Ikuta 1933); Schlesingers (1917) Meinung, die Zirbel enthalte eine erhebliche Zahl von Nervenzellen, stützt sich auf Aussagen von Untersuchern wie Achúcarro und Sacristán, denen eine Verwechslung von Ganglienzellen mit Pineal- oder Gliazellen (Krabbe 1916) unterlaufen ist. Hortega (1922) fand in einer großen Anzahl von Schnittpräparaten drei, Pastori (1924) in Präparaten von 100 Zirbeln nur eine Ganglienzelle, Farina (1941) unter 60 Fällen zwei, ich selbst in Schnitten von 10 Epiphysen zweimal Nervenzellen inmitten des Epiphysenparenchyms (Abb. 71). Die Ganglienzellen, nach meinen Wahrnehmungen am Rande der Follikel gelegen, sind umfangreicher als die Pineal- und Gliazellen; ich konnte dieselbe Zelle unschwer durch drei Schnitte von 8 μ

Dicke hindurch verfolgen. Ihr Cytoplasma nimmt bei Azanfärbung bläulichen Ton an. Dem Zelleibe der Ganglienzellen lagern sich mitunter Astrocyten eng an (Abb. 72). NISSL-Schollen beobachtete JOSEPHY in „heterotopen" Ganglienzellen einer 30jährigen Frau. Der Nachweis von Neurofibrillen glückte HORTEGA.

Über die Darstellung von Nervenzellen in den Epiphysen von *Säugetieren* liegen nur spärliche Mitteilungen vor. KOLMER (1929) stellte in den Epiphysen von 7 *Rhesusaffen (Macacus rhesus)* Nervenzellen mit NISSL-Schollen (s. a. CALVET) und Neuriten fest; die Neuriten werden nach seinen Wahrnehmungen in einigem Abstande vom Zelleib von einer Markscheide umgeben. Über fortsatzreiche Ganglienzellen in den zentralen Partien der Epiphyse von *Macacus rhesus* berichtet ferner CLARK (1940). Ferner haben KURUZU (1932), OKAMOTO und KATAYAMA (zit. nach FUSE 1936) und SUZUKI (1938) in der Zirbel von *Javaneraffen* Ganglienzellen gesehen. In der Epiphyse von *Haussäugetieren* vermochte TRAUTMANN (1911) keine Ganglienzellen zu finden.

Ob JOSEPHY, HORTEGA sowie OKAMOTO und IKUTA (1933) im Rechte sind, wenn sie die pinealen Ganglienzellen als „heterotop" bezeichnen, erscheint mir fraglich, da anzunehmen ist, daß diese Zellen der Steuerung der Tätigkeit des Epiphysengewebes dienen und ebenso wenig am falschen Orte liegen wie die in anderen Organen anzutreffenden vegetativen, nicht streng lokalisierten Nervenzellen.

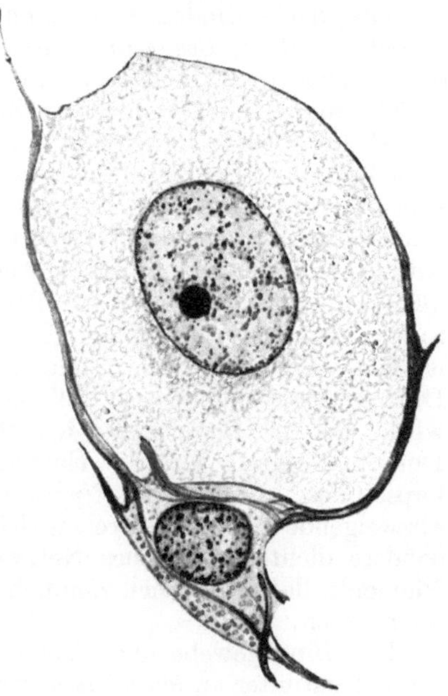

Abb. 72. Ganglienzelle, von den Fortsätzen eines Astrocyten umfaßt (Epiphyse eines 46jährigen Hingerichteten, Fixation ZENKER, Schnittdicke 8 μ, Färbung mit Azan nach M. HEIDENHAIN, Ok. 4, Ölimmersion Zeiß H. I. 100, auf ⁹/₁₀ verkl., gez. K. HERSCHEL-Leipzig).

h) Der Gefäß- und Bindegewebsapparat der Epiphyse.

α) Die Bindegewebshülle und das ekto-mesodermale Stützgerüst der Epiphyse.

Die freie Oberfläche der Zirbel des *Menschen* wird von einer zarten pialen Bindegewebshülle überzogen. Die im älteren Schrifttum fast regelmäßig erwähnte Piahülle (z. B. VERHEYEN 1718, WILLIS 1695) dürfte auch die Arachnoides mit umfassen. Besonders an der Zirbelbasis ist der Bindegewebsüberzug schwach ausgebildet. DIMITROWA (1901) findet das Kapselbindegewebe an der Zirbelspitze kräftig entwickelt. UEMURA (1917) dagegen sieht nur in seltenen Fällen reichlich entwickeltes, straffes, zellarmes Bindegewebe an der Spitze der Zirbel. Die Verschiedenheit dieser Angaben ist auf starke individuelle Schwankungen der Bindegewebsentwicklung und auf Altersdifferenzen (s. u.) zurückzuführen. Im Bereiche des Recessus suprapinealis schiebt sich das Bindegewebe in wechselnder Stärke zwischen das Epiphysenparenchym und die epitheliale Auskleidung des Recessus (Abb. 59). Die Zirbelhülle besteht aus gefäßreichem, lockerem, auch elastische Fasern enthaltendem Bindegewebe (UEMURA 1917), in welchem Nervenfasern, Mastzellen, ferner Konkremente (Abb. 83) angetroffen werden. An dem Bindegewebsmantel der Epiphyse kann eine oberflächennahe Lage mit kräftigen, nach DIMITROWA longitudinale Richtung

bevorzugenden Kollagenfasern und eine tiefere, dem Parenchym benachbarte
Schicht mit größerem Reichtum an argyrophilen Fibrillen unterschieden werden,
welche die Oberflächen der peripheren Follikel mit der Membrana intima piae
umgibt.

Bei *Säugern*, deren Epiphyse mit ihrem caudalen Teil dem Kleinhirnober-
wurm angelagert ist *(Ringel-* und *Pelzrobben)*, werden Kleinhirn und Zirbel
von einer gemeinsamen Bindegewebshülle umgeben (Fuse 1936). Kräftig entwickelte, derbe Bindegewebshüllen besitzen *Pferd* und *Esel*, während die Zirbelkapsel bei *Rind*, *Schaf* und *Ziege* ziemlich dünn ist (Gerlach, Illing). Die
für die Zirbel des *Menschen* beschriebene Sonderung in eine äußere Zone derberen
straffen und eine innere lockeren Bindegewebes läßt sich auch an der Epiphysenkapsel des *Pferdes* vornehmen (Uemura), in welcher reichlich elastische Fasern
enthalten sind. Die Zirbelhülle des *Schweines* zeichnet sich durch starke regionäre
Dickenunterschiede aus. Besonders kräftig ist die Kapsel an der freien Spitze
des Organs ausgebildet (Uemura 1917). Der Epiphyse des *Hundes* und der
Katze schmiegt sich eine zarte, stellenweise dickere bzw. dünnere Bindegewebshülle an (Illing, Uemura). Beim *Kaninchen*, mitunter auch bei der *Ratte*
findet man eine verhältnismäßig dicke Zirbelkapsel. Nach Staderini (1897)
ist das verdickte distale Ende der langen Epiphyse des *Kaninchens* mit der
Dura mater verbunden, so daß sie bei Freilegung des Gehirnes leicht abgerissen
wird. Bei der *Ratte* stellte ich ebenfalls eine Verbindung von Epiphyse und
Dura mater fest. Kräftige elastische Fasern sind besonders in der Epiphysenkapsel des erwachsenen *Rindes* entwickelt (Illing, Uemura). Rechtwinklig
abzweigende feinere Fäserchen dringen in das Organbindegewebe ein. Ein besonders dichtes elastisches Netzwerk ist nahe der Zirbelbasis zu beobachten.
Pigmentzellen lassen sich ziemlich regelmäßig in der Kapsel der *Pferde*epiphyse
nachweisen.

Das Bindegewebe der Zirbelkapsel setzt sich in Gestalt gefäßhaltiger, die
Kapsel mitunter an Masse übertreffender Septen in das Organinnere fort, welche
das Parenchym in bald mehr, bald weniger scharf voneinander geschiedene
Zellgruppen sondern (Pseudofollikel); eigentliche „logettes folliculaires" gibt es
nicht (Dimitrowa 1901). In manchen Fällen sehen wir die in die Zirbel eindringenden Blutgefäße von einer nur spärlich ausgebildeten Adventitia begleitet,
die sich erst in den zentralen Organpartien zu Septen verbreitert. Durch Vermehrung des adventitiellen Bindegewebes der peripheren Gefäße mit steigendem
Lebensalter können die zentral gelegenen Septen an das Kapselbindegewebe
angeschlossen werden (vgl. hierzu Krabbe 1916). Neben derberen kollagenen
und vereinzelten elastischen, die Gefäße begleitenden Fasern (Okamoto und
Ikuta 1933) enthalten die Septen ein äußerst zierliches Gitterwerk argyrophiler Fibrillen, in dessen Maschen verschiedenartige Zellelemente lagern
(Abb. 75) Nicht selten beobachtet man einzelne Pinealzellen oder ganze Zellgruppen inmitten dieses Fibrillengitters (Abb. 75). Vermutlich handelt es sich
um zugrunde gehende Zellelemente, die bekanntlich auch in anderen Organen
von Gitterfäserchen umsponnen werden (Plenk 1927, Bachmann 1937
Clara 1939, Teichmann 1942). Das Zirbelparenchym scheint von den verbreiterten Septen aus durch einsprossende argyrophile Fibrillen aufgeteilt zu
werden. Die vielfach innerhalb der Septen anzutreffenden Kalkkonkremente
werden von einer dichten Gitterfaserhülle umschlossen (Krüger-Ebert 1941,
Abb. 85).

Wie bereits dargelegt, umflechten die argyrophilen Fibrillen auch die in die
Septen eintauchenden verdickten Ausläufer der Pinealzellen und legen sich viel-
fach ihrer Oberfläche schon vor dem Eintreten in die Septen an (Abb. 74). Die
Parenchymbindegewebsgrenze ist somit, worauf schon Krabbe (1916)

hinwies, nicht scharf zu ziehen, wie auch das Verhalten der durch ACHÚCARRO und
SACRISTÁN (1913) erstmalig beschriebenen eigentümlich geringelten, stark argyrophilen Fasern zeigt („Fibras ensortijadas"), die zwischen den Parenchymzellen
angetroffen werden (Abb. 73); das Vorkommen von intercellulären Fasern wurde
noch von DIMITROWA (1901) bestritten. Diese verschieden langen Fäserchen,
welche auch durch Anilinblaufärbung (Azan) gut hervorgehoben werden, bilden
vielfach Knoten und Ösen. Manche von ihnen erinnern in ihrer Form an auf-
gerollte elastische Fäserchen. Nach AMPRINO (1935) hat man mitunter den Eindruck, als seien diese schon bei 6jährigen Kindern beobachteten, nach meinen
Beobachtungen ein dickeres Kaliber als die septalen Gitterfasern besitzenden

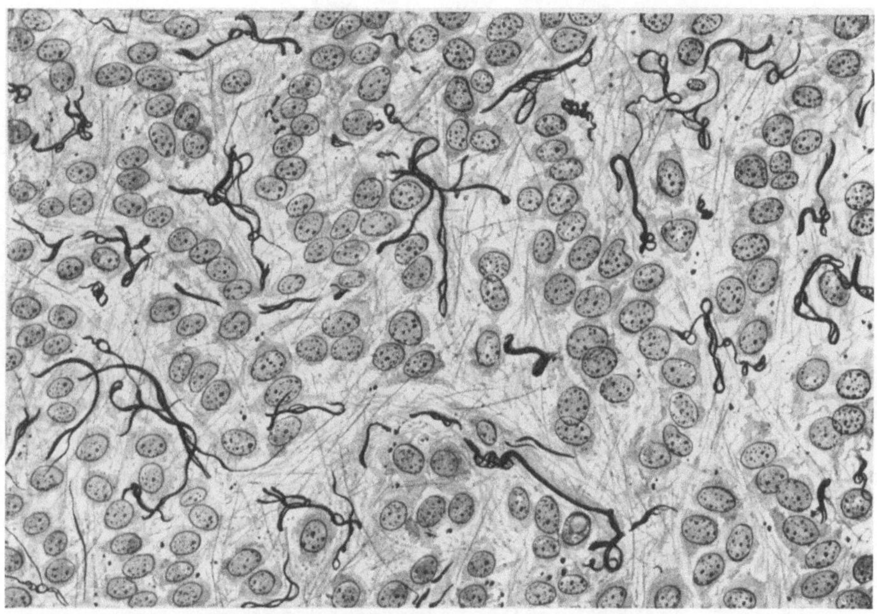

Abb. 73. Intrafollikuläre argyrophile Bindegewebsfäserchen („Fibras ensortijadas") in der Epiphyse eines
Erwachsenen. Gliafasern grau (Hingerichteter, 36jährig, Formol 10%, Schnittdicke 8 μ, Silberimprägnation
nach PAP, Kernechtrotfärbung, Ok. 2, Zeiß-Ölimmersion H. I. 100, auf ²/₃ verkl., gez. K. HERSCHEL-Leipzig).

Fäserchen in situ, d. h. zwischen den Pinealzellen entstanden, da sie mit dem
Stroma der Septen nicht in Zusammenhang zu stehen scheinen. Demgegenüber
muß ich allerdings bemerken, daß die Fibras ensortijadas keineswegs nur im
Parenchym, sondern auch dicht gedrängt im Inneren der Septen vorkommen
(s. a. QUAST), daß sich ferner ihr kontinuierlicher Zusammenhang mit diesen
septalen Fasern gelegentlich nachweisen läßt. UEMURA (1917) und QUAST
(1931) bilden solche gekräuselten „intercellulären Fibrillen" im Zusammenhang
mit der Adventitia septaler Blutgefäße ab. Die gewundenen Fäserchen sind
wohl aus dem Bindegewebe der Septen heraus in das Zirbelparenchym vor-
gedrungen. Ob man sich dieses „Vordringen" nach Art eines Krystallisations-
prozesses vorstellen darf, sei dahingestellt (vgl. hierzu HUZELLA 1941). Zugunsten
der Annahme von QUAST (1931), diese Fasern seien verkalkte Bindegewebsfasern, lassen sich keine Befunde anführen. Der Eindruck ihrer Selbständigkeit
wird durch Fragmentierung der ursprünglich langen Fasern erweckt, soweit er
nicht durch das Nichtgetroffensein der Fäserchen in ganzer Länge in dem gerade
vorliegenden Schnittpräparat erklärt werden kann. In *tierischen* Epiphysen
wurden die gewundenen Fäserchen bisher nicht beobachtet.

Die Verteilung der Bindegewebsfasern und Fibrillen innerhalb der Septen ist unterschiedlich. Das die Ausläufer der Pinealzellen umhüllende Gitterfasernetz weist seine größte Dichte am Rande der Septen auf, wie schon Okamoto und Ikuta (1933) beobachteten. In den mehr zentral gelegenen, den Gefäßen

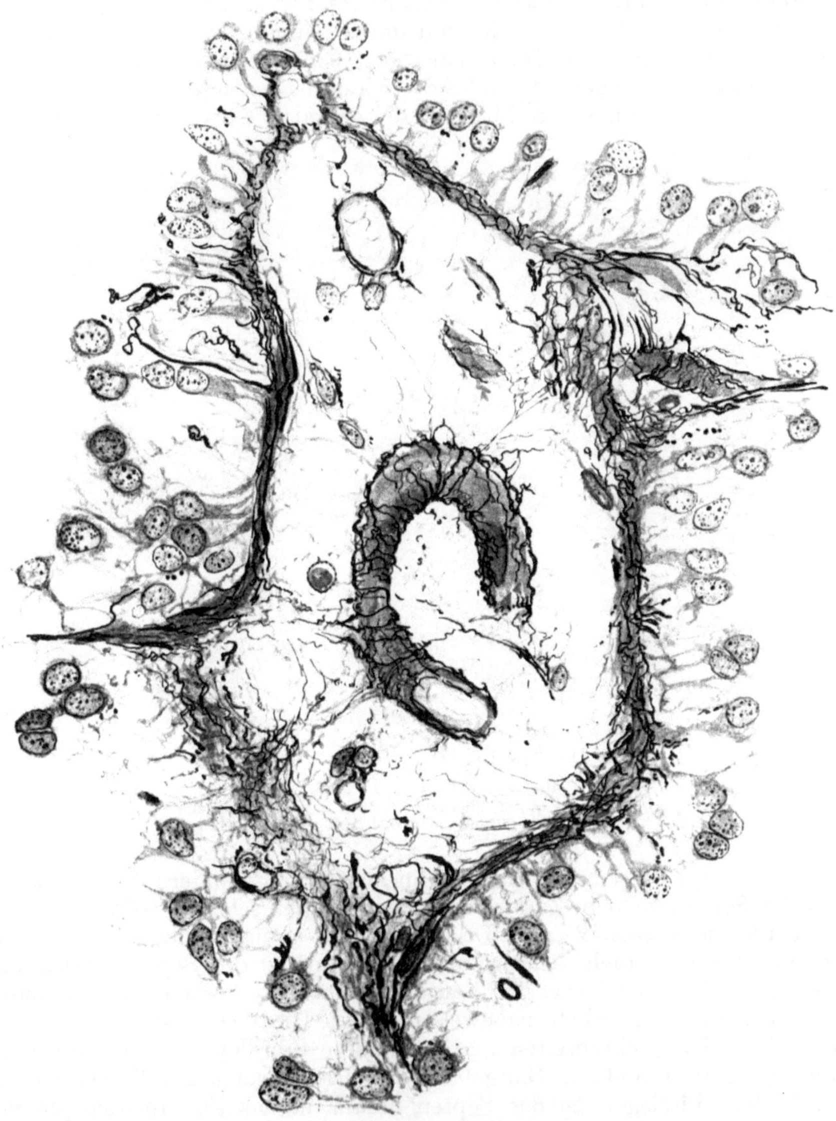

Abb. 74. Quergetroffenes Septum aus der Epiphyse eines 36jährigen Hingerichteten. An der Peripherie des Septums besonders zahlreiche argyrophile Fibrillen. Beachte das Randgeflecht. (Fixation Formol 10%, Schnittdicke 8 μ, Imprägnation nach T. Pap, Kernfärbung mit Kernechtrot, Ok. 2, Ölimmersion Zeiß H. I. 100, auf ²/₃ verkl., gez. K. Herschel-Leipzig.)

benachbarten Bezirken der Scheidewände überwiegt ein weitmaschiges Netzwerk gröberer Fasern, zwischen denen sich auch eine größere Anzahl von Zellelementen (Fibrocyten, Mastzellen, Lymphocyten) zu befinden pflegt. Krabbe nimmt an, die verhältnismäßig weiten, zentralen Maschen seien wohl keine

Schrumpfräume, sondern mit seröser Flüssigkeit gefüllte Spalten. Nach JOSEPHY gehören sie dem VIRCHOW-ROBINschen Raum an. Dieser Anschauung schließe ich mich an, betone aber, daß das locker gebaute Maschenwerk (Abb. 74) durch Schrumpfung und Zerreißung leicht zum Trugbild perivasaler Lymphräume erweitert werden kann. In den verbreiterten Septen der Epiphysen alter *Menschen* durchsetzt nicht selten das Schwammwerk der Gitterfasern die gesamte Dicke der Septen.

Das Vorkommen von Fettgewebe im Stroma der Zirbel wurde bisher nur für die Epiphyse zweier *Beuteltiere*, des *Streifen-* und des *Nasenbeuteldachses*, beschrieben. KANEKO (1937) fand aus plurivakuolären Zellen bestehendes Fettgewebe an der lateralen und dorsomedianen Oberfläche des Organs. Die Kerne der Fettzellen enthalten Fetttröpfchen. Das pineale Fettgewebe liegt in dem Bindegewebsmantel der in die Epiphyse eindringenden Blutgefäße. Seine Zellen sind nach KANEKO von den intraepiphysealen Fettzellen abzugrenzen, welche in die Randzone des Parenchyms eingelagert sind und angeblich ohne scharfe Grenze in vakuolisierte und aufgeblähte „Epiphysendrüsenzellen" übergehen. — Das Vorkommen freien Fettes unbekannter Herkunft nahe den Blutgefäßen der Zirbel des *Menschen* erwähnt POLVANI (1913). FARINA (1941) macht auf Lipoidkörnchen und -schollen zwischen den Bindegewebsfasern der *menschlichen* Epiphyse aufmerksam.

Wie das mesodermale Stützgerüst durch Vermittlung der Gitterfasern und besonders der erwähnten argyrophilen geringelten Fasern vielfach weit in das spezifische ektodermale Gewebe der Epiphyse vorstößt, so gesellen sich andererseits die ektodermalen, durch künstliche Verdauung entfernbaren Gliafasern den bindegewebigen Septen bei (DIMITROWA 1901, POLVANI 1913, KRABBE 1916, AMPRINO 1935), wie gegenüber älteren Darstellungen zu betonen ist, denen zufolge die Septen nur aus Bindegewebe (W. KRAUSE 1876, HAGEMANN 1872) oder nur aus Glia (HAGEMANN 1872, ANGLADE und DUCOS 1909) aufgebaut sein sollen. AMPRINO (1935) gelangt auf Grund eingehender Untersuchungen zu der Feststellung eines antagonistischen Verhaltens beider Stützgewebe insofern, als die Glia nach seinen Beobachtungen besonders dann gut entwickelt ist, wenn nur spärliches Bindegewebe vorhanden und umgekehrt. Die Gliafasern dringen teils einzeln in die Oberfläche der Septen ein, mit deren Bindegewebsfasern sie sich verflechten, teils in Gestalt dicker Strähnen (Abb. 34). Im Azanpräparat imponieren die Querschnitte der Gliafasern als rote Pünktchen. In den tieferen Lagen der Septen sind verhältnismäßig wenige, vereinzelte Giafasern zu beobachten. Die in anderen Bezirken des Zentralnervensystems festzustellende scharfe Abgrenzung des meso- und ektodermalen Gewebes durch eine Gliagrenzmembran ist also, wie KRABBE (1916) zutreffend bemerkt, im Bereiche der Zirbelsepten durchbrochen. In den Epiphysen anderer *Säuger* habe ich eine wechselseitige Durchdringung des ekto- und mesodermalen Stützgewebes, wie sie beim *Menschen* stattfindet, nicht nachweisen können. Das Gliaretikulum der *Rinder-* und *Pferde*epiphyse z. B. legt sich der schwach entwickelten, mitunter fast ganz fehlenden Adventitia der Blutgefäße glatt an (Abb. 68).

Das Gewebe der Zirbelsepten beherbergt, wie erwähnt, neben Fibrocyten zahlreiche, verschiedenartige Zellelemente, deren Menge individuell und gemäß dem Lebensalter schwankt: Mastzellen, eosinophile Elemente, Pigmentzellen und Pinealzellen. Sie werden im einzelnen in den anschließenden Kapiteln besprochen, mit Ausnahme der im folgenden erwähnten septalen Pinealzellen, die besonders häufig im Verlaufe der Altersveränderungen des Stützgerüstes der *menschlichen* Zirbel anzutreffen sind.

Das Stroma der Epiphyse des Neugeborenen beschränkt sich auf die Adventitia der Blutgefäße und wenige, von ihr ausgehende Bindegewebsbündel. Die Septumbildung beginnt nach Krabbe (1916) gelegentlich schon im 6. bis 8. Lebensjahre, doch sind auch bei älteren Altersstufen nicht selten noch Zirbeln vom sog. homogenen Typ (s. S. 363) anzutreffen bzw. Organe, in welchen das Parenchym nur herdweise durch Septen gegliedert ist. Nach Okamoto und Ikuta (1933) dagegen kann die Septierung schon im 6. Monat einsetzen. Die Septenbildung ist häufig in den zentralen Organpartien besonders deutlich ausgesprochen (Krabbe, Uemura, eigene Beobachtungen). Mit zunehmendem Lebensalter beginnt das Stroma vielfach bedeutend an Masse, so daß der Vergleich mit einer Cirrhose (Lord 1899) naheliegt. Nach Polvani (1913) setzt die Bindegewebsvermehrung etwa mit dem 20. Lebensjahre ein. Die Kollagenfasern wie argyrophile Fibrillen (Gitterfasern, Ringelfasern) betreffende Bindegewebsvermehrung, welche auch mit einer Zunahme des gliösen Anteiles der Septen verbunden ist, tritt jedoch normalerweise auf. Somit ist der Vergleich mit einem abnormen Prozeß, wie Krabbe richtig einwendet, nicht zutreffend. Der von Schlesinger (1917) beschriebene Zustand der bindegewebigen Atrophie der Epiphyse eines 73jährigen Mannes dürfte einen Ausnahmefall darstellen (vgl. Berblinger 1926). In der Regel bleiben Reste funktionstüchtigen Gewebes erhalten. Eine Fragmentierung, Verdickung und starke Schlängelung der argyrophilen Fibrillen, wie sie auch in sklerosierendem Bindegewebe anderer Organe auftritt, wurde von Uemura besonders in Epiphysen alter *Menschen*, ausnahmsweise bei jüngeren Individuen (4jähriges Kind) beobachtet. Nach Amprino (1935) erreicht die Bindegewebsentwicklung ihren Höhepunkt im allgemeinen am Ende des 4. Jahrzehnts, während die Neuroglia noch nach dem 60. Lebensjahre beträchtlich an Masse zunimmt.

Die wie die Kapsel verbreiterten Septen der Epiphysen älterer *Menschen* zeichnen sich durch starke Entwicklung eines feinmaschigen Gitterfasergerüstes aus, in welches nicht selten Pinealzellen einzeln oder in Gruppen eingebettet sind (Abb. 75). Das Gitterwerk ist gegen das angrenzende Parenchym unscharf abgesetzt. Aus ihm hervortretende argyrophile Fibrillen umspinnen nach meinen Beobachtungen die nächstgelegenen Pinealzellen und beziehen sie offenbar in das an Umfang gewinnende Septum ein. Krabbe (1916) erwähnt bereits das Vorkommen von Pinealzellen innerhalb dickerer Septen. Da die dem follikulären Verbande entrückten Pinealzellen nur in seltenen Fällen Kerne mit Kernkugeln enthalten, ist wohl der Schluß erlaubt, daß die im argyrophilen Schwammwerk gewissermaßen versinkenden Elemente Zellen mit herabgeminderter Funktion darstellen. Um so eher, als wir Parallelen aus anderen Organen kennen, deren in Rückbildung begriffene Elemente von Gitterfasern umsponnen werden (Plenk 1927, Bachmann 1937, Clara 1939 u. a.). Das Eindringen kollagener Fibrillen in das Zirbelparenchym einer alten Frau bildet Schlesinger (1917) ab. Dieser Befund läßt sich nach Schlesinger nur manchmal erheben.

In manchen Epiphysen alter *Menschen* kommt es nach Beobachtungen von Marburg (1908) und Schlesinger (1917) zur hyalinen Degeneration des Bindegewebes (s. a. Berblinger 1926). Die Fasern und Zellen erfassende Homogenisierung befällt nach Schlesinger meist die kräftigsten Septen und die Knotenpunkte des Bindegewebsgerüstes. Hyaline bandartige Massen können sich in das Zirbelparenchym hinein erstrecken, dessen Läppchen unter Umständen völlig hyalin umgewandelt werden. Die hyaline Degeneration des Zirbelbindegewebes geht oft mit Kalkablagerung einher (Marburg 1908, Lord 1899, W. Krause 1876, Berblinger 1926, s. a. S. 434 f.). Wie weit die von Krabbe (1916) beschriebene angebliche Ödembildung in den zentralen Partien des Zirbelstromas als degenerative Erscheinung zu werten ist, bleibt unklar. Krabbe findet mitunter schon in Epiphysen von Kindern größere, von seröser Flüssigkeit erfüllte Spalträume innerhalb der Septen. Nach der Beschreibung des Autors könnte es sich um die in den Zentren der Septen gelegenen VIRCHOW-ROBINschen Räume handeln. KRABBE rechnet mit der Möglichkeit, das Ödem sei ein „agonales Phänomen".

Wie in der Epiphyse des *Menschen*, so spielen sich auch in der derjenigen der übrigen *Säugetiere* am Stützgerüst mehr oder weniger deutliche Altersveränderungen ab. Sie bestehen im wesentlichen in einer Vermehrung der Bindegewebsfasern der Kapsel und der Adventitia der das Organ durchsetzenden,

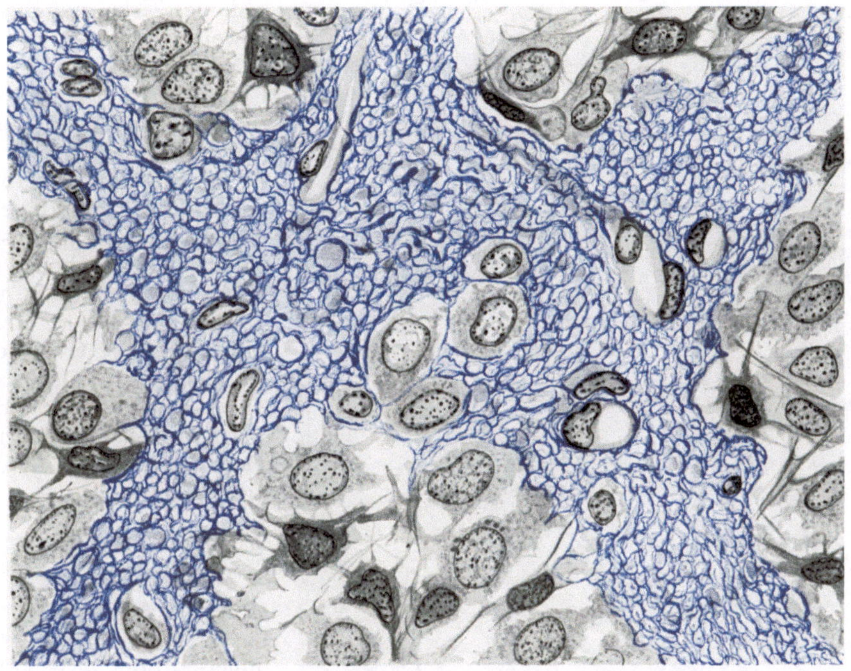

Abb. 75. Einschluß von Pinealzellen im Gitterfasernetzwerk einer *menschlichen* Epiphyse; Astrocyten dunkel. (Hingerichteter, ♂, 43jährig, Fixation ZENKER, Schnittdicke 8 μ, Azanfärbung [M. HEIDENHAIN], Ok. 4, Ölimmersion Zeiß H. I. 100, auf ²/₃ verkl., gez. K. HERSCHEL-Leipzig.)

mit dem Alter an Zahl und Kaliber zunehmenden Blutgefäße (ILLING, *Rind;* AMPRINO, *Schaf, Rind, Pferd;* GODINA, *Equiden, Schwein, Wiederkäuer*), ohne jedoch die für die Zirbel des *Menschen* bezeichnenden Ausmaße zu erreichen. Es ist allerdings zu bedenken, daß unsere *Haustiere* im allgemeinen eines vorzeitigen Todes sterben, so daß wir Altersveränderungen der Organe normaler Tiere nicht zu Gesicht bekommen.

Nach den bisher vorliegenden Beobachtungen über die Altersveränderungen des Epiphysenstromas ist es wohl gerechtfertigt, wenn man von einer Altersinvolution der Zirbel spricht. UEMURA (1917) stützt seine Klassifizierung der Epiphysentypen des *Menschen* in erster Linie auf das Verhalten des Stromas: Die Pubertätsform ist durch mäßige Bindegewebsentwicklung (und Kalkablagerung) gekennzeichnet, die Greisenform durch starke Vermehrung des Bindegewebes und der Konkremente. Freilich erreichen die involutiven Vorgänge bei weitem nicht das Ausmaß der Thymusinvolution. Auch setzen sie nicht regelmäßig, wie UEMURAS Klassifizierung glauben lassen könnte, in einer bestimmten Lebensperiode, etwa zur Pubertätszeit ein. Epiphysen jugendlicher *Menschen* sind unter Umständen reicher an Bindegewebe als solche von Greisen, die mitunter noch ansehnliche Mengen von Zirbelgewebe enthalten. Ob die Involutionserscheinungen der Epiphyse durch das Auftreten von Erkrankungen ausgelöst oder beschleunigt werden können, ob es eine akzidentelle Involution der Zirbel gibt, wissen wir nicht (vgl. hierzu S. 483). Erwähnt sei, daß Walter (1923) in drei Fällen von hochgradigem Marasmus bei einer 50jähri-

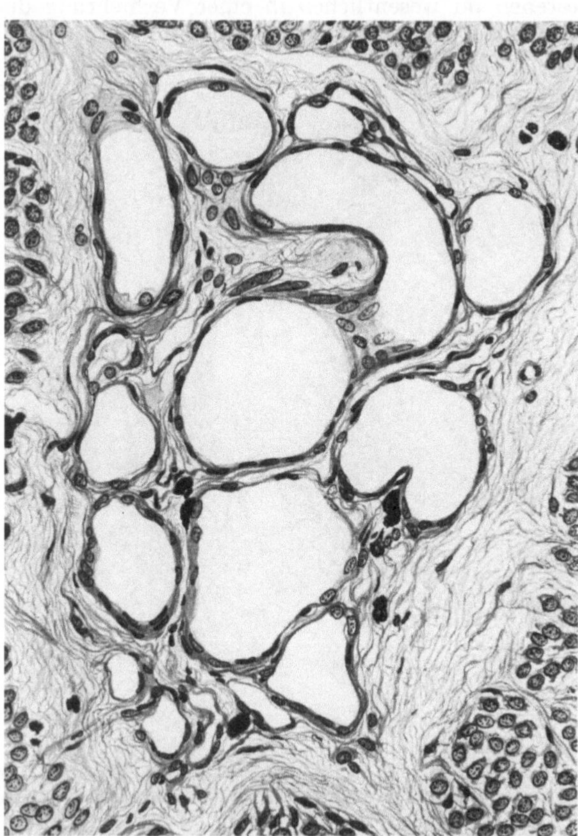

gen Frau sowie zwei Männern von 72 bzw. 75 Jahren eine erhebliche Atrophie der Zirbel mit Bindegewebsvermehrung beobachtete. Ferner meint Clemente (1923), chronische Krankheiten, insbesondere solche, die zu Störungen am Gefäßsystem führen, könnten eine Cirrhose des Epiphysenstromas verursachen. Vielleicht darf man die von Farina (1941) festgestellte hohe Zahl der Gliaflekken (s. S. 416) in Zirbeln an Krankheit verstorbener *Menschen* als Ausdruck einer akzidentellen Involution bewerten.

β) Die Blut- und Lymphgefäße der Epiphyse.

Die Arterien der Epiphyse breiten sich innerhalb der Zirbelkapsel aus, um mit den Septen in das Organinnere einzudringen. Nach Hagemann (1872) beträgt die Dicke der eintretenden Gefäße — es handelt sich meist um Arteriolen — etwa

Abb. 76. Venenknäuel im Interstitium der Epiphyse eines erwachsenen *Pferdes* (Fixation 10%, Hämatoxylin-Eosin-Färbung, Ok. 4, Obj. Zeiß DD, auf ⁴/₇ verkl., gez. K. Herschel-Leipzig, Präparat des Veterinäranatomischen Instituts Leipzig).

0,035 mm. Besonders reichlich finde ich mit Illing und Uemura die größeren stark geschlängelten Blutgefäße in der Epiphyse des *Pferdes* entwickelt, deren kräftige Septen durch den Besitz von Venenknäueln charakterisiert sind (Abb. 76). Auffallend zahlreiche Gefäße enthält die an der Zirbelspitze befindliche Bindegewebsverdickung (Illing, Uemura). Der Abfluß der septalen Venen soll durch Vermittlung der Kapselvenen zum Plexus chorioideus hin erfolgen (Hagemann). Die größeren, innerhalb der Septen der Epiphyse des *Menschen* verlaufenden Blutgefäße findet man oft von einem weitmaschigen, lockeren, leicht zerreißenden und schrumpfenden Schwammwerk von Bindegewebe umhüllt, dessen umfangreiche, vereinzelte Rundzellen enthaltende Spalten (Lymphräume, Polvani) dem sog. Virchow-Robinschen Raum entsprechen dürften (vgl. auch S. 416). In mancher *menschlichen* Epiphyse gelang mir übrigens der Nachweis VIRCHOW-ROBINScher Räume nicht. In der nächsten Umgebung der Zirbelgefäße treten nicht selten Ansammlungen von Mastzellen, eosinophilen Myelocyten, Lymphocyten, Plasmazellen und pigmenthaltigen Makrophagen auf. Die adventitielle Bindegewebshülle der Epiphysengefäße mancher *Säuger (Rind, Schaf, Ziege)* ist verhältnismäßig schwach entwickelt und

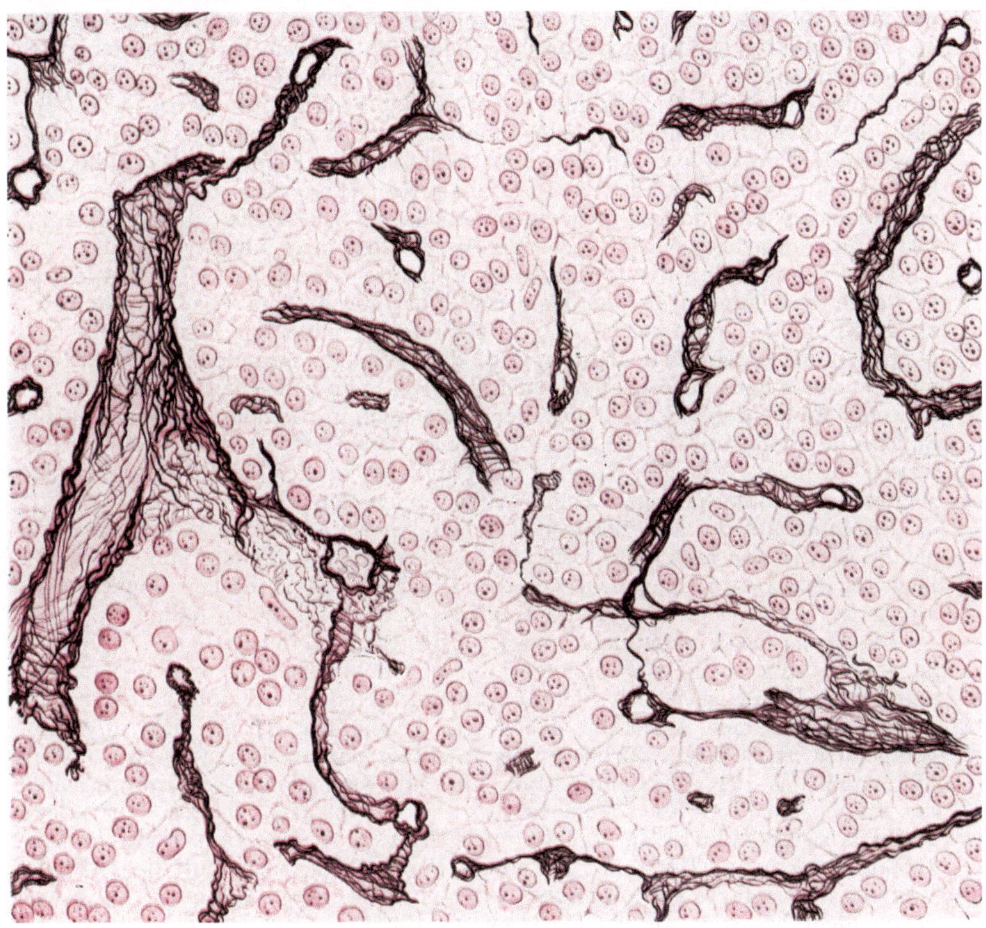

Abb. 77. Gitterfaserstrukturen in den Gefäßwandungen der Epiphyse vom *Hammel*. (Fixierung Formol 10%, Gefrierschnitt 15 μ, Imprägnation nach T. PAP, Kernechtrotfärbung, Ok. 4, Obj. Zeiß DD, auf ³/₄ verkl., gez. K. HERSCHEL-Leipzig.)

besteht aus wenigen, der Gefäßwand eng angeschmiegten, meist längsverlaufenden Kollagenfasern, welche kontinuierlich in ein Netzwerk argyrophiler Fibrillen übergehen. Das Gliagrundnetz grenzt unmittelbar an die Gefäßadventitia an.

Die Aufsplitterung der Zirbelgefäße des *Menschen* in Capillaren erfolgt bereits innerhalb der Septen. Es erscheint HAGEMANN fraglich, ob die Capillaren in das Parenchym eindringen, da er innerhalb der Follikel niemals einen Gefäßquerschnitt sah. Auch POLVANI konnte inmitten der Läppchen keine Capillaren beobachten. Tatsächlich sind intrafollikuläre Capillaren nach meinen Wahrnehmungen sehr selten. Dagegen finde ich häufig in Organen älterer *Menschen,* deren pseudofollikulärer Bau infolge der Entwicklung von Cysten und

Gliaflecken verwischt wurde, zwischen den Pinealzellen verlaufende Haargefäße. Ganz anders sind die Blutcapillaren innerhalb der nicht follikulär gebauten Epiphysen von *Rind, Schaf* und *Ziege* angeordnet. Hier finden wir gleichmäßig über die Schnittfläche des Präparates verteilte Capillarnetze (Abb. 77), die allseits von Pinealzellen umgeben werden. Die pralle Füllung der Zirbelcapillaren Neugeborener dürfte der Ausdruck eines Stauungszustandes sein, wie man ihn auch in anderen Organen von Neugeborenen zu sehen gewohnt ist.

Die Capillaren der Epiphyse unterscheiden sich in ihrem Feinbau nicht von denjenigen anderer Körperregionen. Das dem niedrigen Endothel anliegende Grundhäutchen zeigt den bekannten Aufbau aus zarten Gitterfasern (Abb. 77); einzelne argyrophile Fibrillen erstrecken sich bei *Rind* und *Ziege* frei in das umgebende Parenchym. An den Blutcapillaren der Epiphyse des *Menschen* konnte ich verschiedentlich Adventitialzellen (Pericyten) beobachten. Mit zunehmendem Alter kommt es zu einer Vermehrung der Zirbelcapillaren (Godina 1938, *Haussäugetiere*) bei gleichzeitiger Verdickung ihrer fibrillären Hülle.

Die Pinealzellen der *menschlichen* Epiphyse treten, wie schon dargelegt, in innige Beziehungen zu den kleineren Blutgefäßen schmalerer Septen bzw. zu den Blutcapillaren, welche — von einer locker gebauten Fibrillenhülle begleitet — im allgemeinen nicht weit in die follikulär zusammengefaßten Zellmassen vordringen (s. o.); die keulenförmigen, von einzelnen Gliafasern begleiteten Enden der Pinealzellausläufer senken sich in das den Gefäßwandungen anliegende Bindegewebe ein; ob zum Zwecke der Stoffaufnahme und -abgabe wissen wir nicht (Abb. 30). Manche der Capillaren werden, wie Hortega (1922) zeigte, von schlingenartigen Zellfortsätzen umgriffen.

Die innerhalb der an Pinealzellen verarmten Gliaflecken gelegenen Blutgefäße werden von teils längs, teils quer ausgerichteten Bündeln von Gliafasern begleitet (Orlandi 1928, welche sich dem spärlichen adventitiellen Bindegewebe anlagern. Letzteres pflegt Corpora amylacea (s. a. S. 412) zu enthalten.

Die Frage des Vorkommens von Lymphgefäßen innerhalb der Epiphyse ist strittig. Da es im Gehirn keine Lymphgefäße gibt (vgl. hierzu M. Bielschowsky 1935), ist jedoch nicht anzunehmen, daß die Epiphysis cerebri in diesem Punkte eine Ausnahme bildet. Es gelang Hagemann nicht, Lymphgefäße der *menschlichen* Zirbel durch Injektion darzustellen. Loewy (1912) hat vermittels der Einstichinjektion ein Netzwerk von Kanälen innerhalb der Epiphyse nachgewiesen, welche er als „Sekretcapillaren" deutet. Mit vollem Recht faßt Krabbe (1916), der, wie auch Orlandi und Guardini, gleichartige Injektionsversuche (1929) mit Gerotas Berlinerblau vornahm, die Befunde Loewys als Artefakte auf. Auch für die Epiphyse der *Ziege* konnten Loewys Angaben nicht bestätigt werden (Trautmann 1924).

Wie in anderen innersekretorischen Drüsen, so wurde auch in der Zirbel nach einem an die Blutbahn abgegebenen histologisch faßbaren Sekret gefahndet. Illing (1910) stellte in den Blutgefäßen einiger Epiphysen von *Pferd, Schaf, Ziege, Hund* und *Katze* eine an das Schilddrüsen- und Hypophysenkolloid erinnernde Masse fest. Gerlach (1917, 1918) bestätigt Illings Befunde für die Epiphyse von *Pferd* und *Rind*, findet die hyaline Substanz jedoch sehr viel häufiger, so daß er ihr Fehlen für einen Ausnahmefall hält. Am Rande des kolloidartigen, an Stelle des Blutes anzutreffenden Gefäßinhaltes, aber auch in seiner Mitte kommen nach Gerlach vakuolenähnliche Bildungen vor. Das Kolloid ist weiterhin in der Nachbarschaft von Blutgefäßen, ferner im Inneren mit Ependym ausgekleideter Hohlräume zu beobachten. Gerlach möchte annehmen, dieses Kolloid verkörpere das Sekretionsprodukt der Pinealzellen und werde durch die Blutbahn abgeleitet. Ebenso berichtet Sugiura (1937) über die Resorption eines lipoidhaltigen Sekrets aus den Gewebsspalten durch die Blutcapillaren. PELLEGRINI (1914) erwähnt kolloidale, intercellulär gelegene Massen in der Epiphyse des *Kaninchens*. Es besteht wohl kein Zweifel darüber, daß das vermeintliche Sekret geronnenes Blutplasma und koagulierte Gewebsflüssigkeit darstellt, wie sie jeder Histologe aus Schnittpräparaten der verschiedensten Organe kennt.

Die Altersveränderungen der Epiphysengefäße gleichen den an Blutgefäßen anderer Organe zu beobachtenden (POLVANI, SCHLESINGER, ORLANDI und GUARDINI, OKAMOTO und IKUTA). SCHLESINGER berichtet über einen Fall (72jährige Frau) von ausgedehnten Thrombosierungen der Zirbelgefäße. In der Adventitia der Blutgefäße, besonders in regressiv veränderten Zirbeln, treten körnige und schollige Ablagerungen von Lipoiden in Erscheinung (FARINA 1941). ORLANDI und GUARDINI fanden innerhalb der Gefäßlumina amorphe sudanophile Massen. Verkalkungen der Gefäße (W. KRAUSE 1876) bzw. der Gefäßwände sah TRAUTMANN (1924) in den Epiphysen thyroepriver *Ziegen*. Es handelt sich wohl, soweit nicht Einlagerungen von „Pseudokalk" vorliegen (SPATZ 1922), um eine Parallele zu den im *menschlichen* Gehirn beobachteten Verkalkungen der Adventitia und Media von Arterien (vgl. SPIELMEYER, SCHMINCKE 1920 u. a.).

γ) Die Zellelemente im Stroma der Epiphyse.

Kapsel und Septen der *menschlichen* Epiphyse enthalten wie allgemein die Plexus und Bindegewebshüllen des Gehirns (vgl. hierzu SUNDWALL 1917 u. a., SCHARRER 1935, Lit.) — von Fibrocyten abgesehen — vielfach gruppenweise beisammenliegende mesenchymale Elemente, unter welchen die histiogenen Mastzellen zahlenmäßig im Vordergrunde stehen, welche besonders in nächster Nähe der Blutgefäße anzutreffen sind (POLVANI 1913, KRABBE 1916, SCHLESINGER 1919, JOSEPHY 1920, M. FRANK 1920, BERBLINGER 1926, ORLANDI 1929, BRATIANO und GIUGARIU 1933, FARINA 1941). KRABBE sah Mastzellenansammlungen bereits im Corpus pineale von Kleinkindern. Manche Mastzellen besitzen nach KRABBE einen Radspeichenkern. Bei krankhaften Prozessen (Dementia paralytica, Meningitis) soll die Zahl der Mastzellen vermehrt sein (KRABBE, FARINA). Manche der pinealen Mastzellen geben eine sog. positive Vitamin C-Reaktion nach GIROUD und LEBLOND. Ihr Cytoplasma beherbergt gelegentlich Lipoideinschlüsse (FARINA). Auch das Bindegewebe der Epiphyse der übrigen *Säuger* beherbergt unter Umständen zahlreiche Mastzellen (COSTANTINI 1910, *Rind;* PENDE 1920, VERCELLANA 1932, GODINA 1938, TRAUTMANN 1924, *Ziege;* ferner eigene Beobachtungen). Nicht selten beobachtet man auch in der Nähe der Blutgefäße Herde von azidophil granulierten Elementen, deren Kerne häufig durch die starke Granulation verdeckt sind (GALASESCU und URECHIA 1910, POLVANI 1913, KRABBE 1916, SCHLESINGER 1917, M. FRANK 1920, QUAST 1931). Vermutlich handelt es sich ebenfalls um Bindegewebsmastzellen, deren Granula sich bekanntlich unter Umständen auch mit sauren Farbstoffen tingieren lassen (vgl. hierzu LEHNER 1924, MAXIMOW 1927). Eosinophile Myelocyten wollen BRATIANO und GIUGARIU (1933) im Zirbelbindegewebe des *Menschen* gesehen haben.

Lymphocyten und Plasmazellen treten besonders im Stroma der Epiphysen alter *Menschen* auf (KRABBE, QUAST, OKAMOTO und IKUTA 1933). Vereinzelt finde ich sie auch in den Maschenräumen der Gliaflecken. Nach KRABBE und JOSEPHY werden die Plasmazellen in der Epiphyse besonders häufig bei Dementia paralytica beobachtet. Kleinzellige Infiltrationen um einzelne Blutgefäße herum führt SCHLESINGER auf Erkrankungen zurück (vgl. auch FARINA).

Das Vorkommen mesodermaler Elemente mit sudanophiler Granulation in der *menschlichen* Epiphyse erwähnen Polvani (1913), Orlandi und Guardini (1929), Quast (1931), Bratiano und Giugariu (1933), Kawamura und Hosono (1933), sowie Farina (1941). Nach Quast (1928, 1929) zeichnen sich die mesodermalen Elemente gegenüber den fetthaltigen Gliazellen durch das gröbere Kaliber der Einschlüsse aus. Unter ihnen fallen besonders die „multivacuolären Abräumzellen" in der Umgebung der Blutgefäße auf. Die von Orlandi und Guardini abgebildeten sudanophilen Zellen erinnern an Mastzellen; nach der von Quast gegebenen bildlichen Darstellung könnte es sich um verfettete Fibrocyten handeln, zu denen wohl auch die von Amprino (1935) erwähnten perivasculären, Fetttröpfchen enthaltenden Elemente (2. und 3. Dezennium und höhere Altersstufen) gehören. Anisotrope Lipoideinschlüsse fand Quast (1928, 1929) in mesodermalen Zellen des perivasculären Bindegewebes. Sicherlich verbergen sich unter den sudanophilen Zellen teilweise Pigmentzellen mit Lipochromeinschlüssen (vgl. Baginski 1927, Quast 1928, 1929, Farina). Krabbe erwähnt die rötliche Tönung der Granula von Pigmentzellen in Gefrierschnitten, welche mit Sudan gefärbt wurden, ferner das Vorkommen von vermutlich fetthaltigen Vakuolen in Zellen, welche den Pigmentzellen morphologisch völlig gleichen. Das Vorhandensein von Zellen mit acidophilen und basophilen Granulis, welche sich teilweise mit Osmiumsäure schwärzen lassen, verzeichnet Krabbe.

Den positiven Ausfall der Berlinerblaureaktion an Makrophagen der *menschlichen* Zirbel erwähnen Bratiano und Giugariu (1933). Außerdem enthält die Zirbel Zellen mit länglichen Kernen, deren Cytoplasma schollige oder körnig kugelige Einschlüsse birgt, welche eine positive Eisen- bzw. Glykogenreaktion geben (Quast). Quast (1928, 1929) konnte in den Bindegewebszellen der Epiphyse jüngerer *Menschen* öfter Glykogen als in den Zirbeln älterer Individuen nachweisen. Im übrigen schwankt der geringe Glykogengehalt der *menschlichen* Epiphyse von Fall zu Fall außerordentlich. Die eisenhaltigen Zellen dürften nach Baginskis (1927) Untersuchungen den Pigmentzellen zuzurechnen sein (s. a. Farina 1941). Nach Quasts Vorstellungen vollzieht sich in der Epiphyse ein Transport des Eisens von den Gliazellen zu den perivasalen Bindegewebszellen und schließlich zur Blutbahn.

Pigmentzellen begegnet man im Stroma der Epiphyse des *Menschen*, besonders aber derjenigen des *Pferdes* und *Esels*, dann des *Rindes* häufig; auch in der Zirbel anderer *Säuger (Affen, Ziege, Schaf, Hund, Kaninchen, Katze)* wurden Pigmentzellen beobachtet (Valentin 1841, Hagemann, Krabbe, Illing, Gerlach, Uemura, Hortega, Orlandi und Guardini, Marburg, Schlesinger, Baginski, Quast, Cutore, Godina, Decio, Amprino u. a.). Mitunter muß man allerdings zahlreiche Schnittpräparate eines Organs durchmustern, um auf vereinzelte Pigmentzellen zu stoßen. Die Epiphysen gleichaltriger *Menschen* pflegen sich in ihrem Gehalt an Pigmentzellen weitgehend voneinander zu unterscheiden. Im allgemeinen zeichnen sich die Epiphysen älterer Individuen durch größeren Reichtum an Pigmentzellen aus (vgl. hierzu Baginski 1927), doch gelangen auch pigmentarme oder -freie Epiphysen von Greisen zur Beobachtung (Schlesinger, s. a. Farina). Nach Gerlach können die Zirbeln von *Pferd* und *Rind* derartige Mengen von Pigment enthalten, daß die Parenchymzellen geradezu verdeckt werden.

Die pinealen Pigmentzellen — nicht zu verwechseln mit den pigmenthaltigen Pinealzellen (s. S. 386) — sind bindegewebige, die Umgebung der Blutgefäße bevorzugende Chromatophoren, deren mitunter sehr lange, an den Enden verdickte Fortsätze (*Pferd, Rind*, Abb. 78) wechselnde Mengen granulären, gelblichen bis dunkelbraunen, fast schwärzlichen Pigmentes enthalten. Ihre Granula geben teilweise positive Eisenreaktion (BAGINSKI, FARINA 1941). Eine diffuse Durchtränkung des Cytoplasmas mit Pigment habe ich, wie schon QUAST, nicht feststellen können. QUAST vermutet, daß die Pigmentzellen durch ihre Fortsätze in syncytialen Zusammenhang treten können. Die Angabe von QUAST, die Zirbelmelanophoren lägen niemals im Bereiche des ektodermalen Parenchyms, kann ich für die Epiphyse des *Menschen* bestätigen, während ich — wie schon ROUSSY und MOSINGER (1938) — beim *Pferde* die in Begleitung von Capillaren

zu beobachtenden Pigmentzellen ihre Ausläufer in das von Pinealzellen durchsetzte Gliagerüst erstrecken sehe (Abb. 78). Frei im Parenchym liegende Chromatophoren wies GODINA in Epiphysen älterer *Haussäugetiere* nach. Die Natur der von KRABBE (1916) in Gliaflecken *menschlicher* Epiphysen festgestellten Pigmentzellen läßt sich nach seiner Darstellung nicht klar beurteilen; vielleicht handelt es sich um pigmentierte Gliazellen.

Neben reich verästelten Zellformen finde ich in der Epiphyse des *Pferdes* und seltener des *Rindes* abgerundete, mit Pigmentkörnchen vollgepfropfte Zellen, deren Kerne durch die Granula gänzlich verdeckt zu sein pflegen. Die abgerundeten Pigmentzellen, in denen neben eisenpositiven vereinzelten Granulis große Lipoidkörnchen liegen, welche durch Sudan III dunkelbraun gefärbt werden, betrachtet BAGINSKI (1927) wohl zu Recht als Makrophagen (Epiphysen verschiedener *Säuger*). Der Zerfall solcher überladener Zellen dürfte für die Entstehung der frei im Bindegewebe liegenden Pigmentballen, Bröckelchen und Granula (GERLACH) verantwortlich sein, die von POLVANI (1913), VERCELLANA (1932) und DECIO (1924, 1925) be-

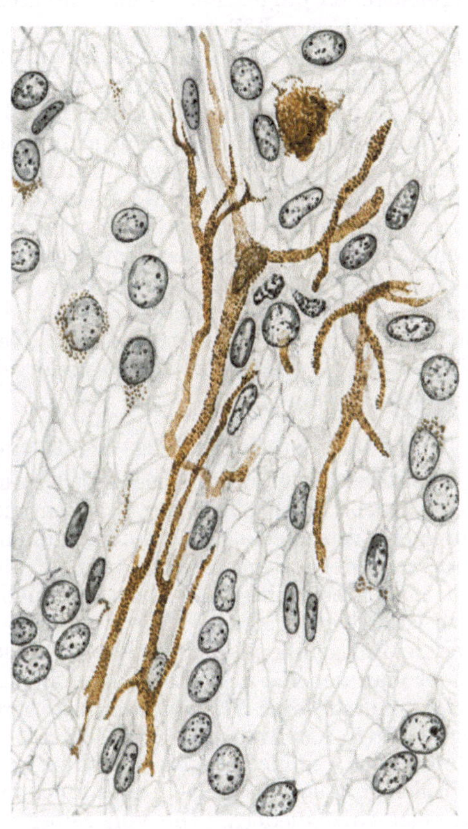

Abb. 78. Verästelte Chromatophoren in der Epiphyse des *Pferdes*. (Hämatoxylin-Eosin-Färbung, 12 μ, Präparat des Veterinär-Anatomischen Institutes der Universität Leipzig. Okular 4×, Zeiß H.I. 100, gez. K. HERSCHEL-Leipzig, auf ³/₅ verkleinert.)

obachtet wurden. Beim *Menschen* soll das Pigment nach QUAST und FARINA ausschließlich intracellulär vorkommen, während ORLANDI und GUARDINI in seltenen Fällen freie Pigmentkörnchen fanden. Außer den geschilderten Pigmentzellen kommen in der Epiphyse von *Säugern* nach BAGINSKI verzweigte Riesenzellen mit Melanineinschlüssen vor, welche angeblich für die Zirbel spezifisch sind.

Die Chromatophoren des Zirbelstromas werden von QUAST den von Abnutzungspigment durchsetzten Zellen des Parenchyms als melaninhaltige Pigmentzellen scharf gegenübergestellt. Diese Darstellung QUASTs wird jedoch, wie aus dem bisher Gesagten hervorgeht, den Tatsachen nicht gerecht: die pigmentierten Bindegewebszellen enthalten sowohl Abnutzungspigment (BERBLINGER, BAGINSKI, eigene Beobachtungen) als auch Eisenpigment (BAGINSKI), schließlich Melanin (Orlandi und Guardini, Okamoto und Ikuta), welches in der Epiphyse des *Menschen* allerdings recht selten zu sein scheint. Eine besonders intensive Ablagerung eisenhaltigen Pigmentes in der Zirbel des *Menschen* stellten Orlandi und Guardini in einem Falle von Bronzediabetes fest. In der Zirbel des *Pferdes* überwiegen die melaninhaltigen Chromatophoren. Zwischen Lebensalter und Art des Pigmentes in den Chromatophoren bestehen nach Baginskis Beobachtungen an *Säuger*epiphysen insofern Beziehungen als die Pigmentzellen junger *Tiere* keine Eisenreaktion (Melanin?) geben. Diese Zellen nehmen mit dem Lebensalter an Zahl ab. Dagegen steigt die Menge der Lipopigmentzellen — als Ausdruck degenerativer Vorgänge — mit dem Alter.

Reichliche Pigmentablagerung in der Nebenzirbel von *Papio*, besonders in der Kapsel, erwähnen Kolmer und Loewy (1922).

Ob die endonukleären Pigmentkörnchen der Pinealzellen (Farina u. a.) und die bindegewebigen Pigmentzellen in irgendeinem funktionellen Zusammenhange stehen, ist unbekannt. Nach der ungenügend begründeten Hypothese von Roussy und Mosinger (1938, Untersuchungen an der Epiphyse des *Pferdes*) dienen die Melanocyten der Stoffabgabe seitens der Epiphyse an die Blut- und Nervenbahn, da sie nicht nur mit den Gefäßen und Gefäßnerven, sondern auch mit den Nervenzügen zwischen Zirbel und Regio habenularum, in deren Bündel sie eindringen, in Kontakt treten („Neurocrinie épiphysaire", „Neurocrinie pigmentaire"). Baginski (1937) meint, die Zirbel sei am Pigmentstoffwechsel beteiligt.

δ) Die Entwicklung des Gefäß- und Stützapparates der Epiphyse.

Vorderer und hinterer Abschnitt der Zirbelanlage des *Menschen* unterscheiden sich während der Frühzeit der Organentwicklung, wie schon dargelegt (s. S. 338), durch den verschiedenen Grad der Differenzierung. Auch der Gefäßbindegewebsapparat beider Anlagen — man kann ihn als in das Epiphyseninnere vorgetriebene Pia mater betrachten — weist anfänglich deutliche Unterschiede auf. Die Zirbelanlage des 5 Monate alten Fetus enthält im hinteren Abschnitt zahlreichere, weitere Blutgefäße als im vorderen (Amprino 1935). In Begleitung der Gefäße findet man neben Fibrocyten (Uemura) eine zarte, fibrillär gebaute Adventitia, welche durch feine Bündelchen mit benachbarten Capillaren in Verbindung tritt. Nach Amprino dringt das Bindegewebe nicht nur zusammen mit den Blutgefäßen, sondern auch unabhängig von ihnen, in Gestalt argyrophiler Fibrillen in das Organ ein, um es zunächst im Bereiche der Oberfläche in Zellgruppen aufzugliedern. Die von Silberfibrillen umsponnenen Zellgruppen entwickeln sich durch Zellvermehrung zu Follikeln, die sie umhüllenden Bindegewebsfäserchen sind gewissermaßen die Vorposten der Blutcapillaren. In einem Falle (6. Fetalmonat) sah Krabbe (1916) kräftigere Bindegewebssepten in das Innere der Zirbelanlage hineinziehen. Er hält es für möglich, daß sich die bindegewebsreichen Epiphysen Erwachsener aus derart strukturierten Anlagen entwickeln. Im 6.—7. Fetalmonat gleicht sich die Struktur des vorderen Anlageteiles und damit seine Bindegewebsarchitektur derjenigen des hinteren Bereiches an. Die septalen Gliafasern erscheinen erst sehr spät; gegen Ende des 1. Lebensjahres treten nach Amprino die ersten Gliafasern im Parenchym auf, so daß frühestens von diesem Zeitpunkte an mit der Beimengung ektodermaler Stützfasern zum mesodermalen Stroma der Zirbel zu rechnen ist. Die individuelle Variation ist offensichtlich sehr groß.

i) Quergestreifte Muskelfasern.

Das Vorkommen quergestreifter Muskelfasern in der Zirbel wurde erstmalig von Nicolas (1900) an *Rinder*epiphysen festgestellt. Dimitrowa (1901), Businco

(1928), A. KOHN (1930), CALVET (1934) und GODINA (1939) bestätigen die Angabe
NICOLAS' für die Epiphyse des *Rindes;* DEL VECCHIO (1934, 1939) fand ferner
in der Epiphyse eines 60jährigen *Menschen* quergestreifte Muskelfasern. Offenbar
ist ihr Vorkommen beim *Menschen* außerordentlich selten (s. a. BUSINCO).
KRABBE konnte weder in den Epiphysen von Kindern noch von Erwachsenen
Muskelfasern entdecken. Auch das von mir bearbeitete Untersuchungsgut von
40 Zirbeln enthielt keine quergestreiften Fasern. Beim *Rinde* sind sie somit
häufiger anzutreffen, wenngleich auch ILLING (1910) über negative Befunde
berichtet.

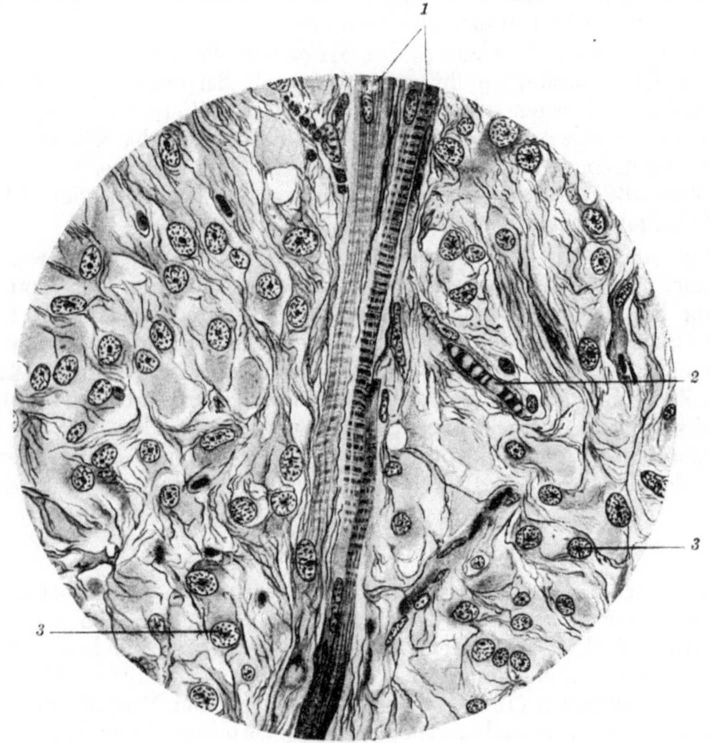

Abb. 79. Quergestreifte Muskelfasern (*1*) in der Epiphyse des *Rindes* (Vergr. 650fach). *2* Capillare, *3* Pinealzellen.
(Aus A. KOHN 1930.)

In der Regel liegen die quergestreiften Elemente vereinzelt zwischen den
Pinealzellen, doch werden auch Faserbündel angetroffen. Im Bindegewebe
befindliche Fasern sind nach DIMITROWA selten. Mit den Blutgefäßen stehen sie
nicht in Zusammenhang, doch folgen sie nach CALVET und GODINA im großen
und ganzen deren Verlauf. Nach NICOLAS und DIMITROWA bevorzugen die
Muskelfasern den distalen Abschnitt des Corpus pineale. Meist nehmen sie
eine oberflächliche Lage ein. Die Form der pinealen Muskelzellen ist langgestreckt.
Ihre Enden sind verjüngt. Sie erreichen nach NICOLAS *(Rind)* eine Länge von
66 bzw. 100 μ bei einer Breite von 6 bzw. 4 μ; GODINA beobachtete Fasern von
etwa 200 μ Länge. Die schlanksten Muskelfasern haben einen Durchmesser von 2,
die dicksten einen solchen von 10 μ. Die Zellkerne liegen meist oberflächlich.
Das Querstreifungsbild entspricht völlig jenem der Skeletmuskelfasern: im
Q-Streifen wurde der H-Streifen (HENSEN), im I-Streifen die Z-Linie nachgewiesen (DIMITROWA, CALVET, GODINA). Manche Fasern tragen nach NICOLAS
die Merkmale jugendlicher Muskelfasern. Ihr reichlich entwickeltes Sarkoplasma

enthält einen vielfach axial gelegenen Zellkern und eine etwas geringere Anzahl infolgedessen als Individuen klar hervortretender Myofibrillen. Anscheinend hat auch Dimitrowa derartige Elemente gesehen, denn sie schildert Muskelfasern, welche von einer „substance conjonctife ou sarcoplasmique" anscheinend „umhüllt" werden. Vermutlich handelt es sich um die peripheren fibrillenarmen Faserabschnitte. Ob die Muskelfasern der Zirbel ein Sarkolemm besitzen, ist unbekannt. Nach Nicolas werden sie von Gliafasern begleitet. Stellenweise sollen sie von einer hüllenartigen „substance granuleuse (conjonctife ?)" umgeben werden (Nicolas). Calvet konnte in den pinealen Muskelfasern des *Rindes* Centrosomen darstellen.

Die Frage nach der Herkunft der pinealen Muskelfasern ist ungeklärt. Das völlige Übereinstimmen ihrer Struktur mit derjenigen der Skeletmuskelfasern spricht wohl gegen die Annahme, sie seien Differenzierungsprodukte der ektodermalen Pinealzellen wie etwa die myoiden Zellen des Thymus Abkömmlinge der entodermalen Retikulumzellen darstellen. Die perivasale Lage der Fasern veranlaßt Godina zu der Vermutung, sie seien mit den Blutgefäßen in das Zirbelgewebe eingewandert.

Es ist nicht wahrscheinlich, daß die pinealen Muskelfasern, deren Kontraktilität bisher nicht nachgewiesen wurde, für die Funktion der Epiphyse eine Bedeutung besitzen, da sie kein konstant vorkommendes Bauelement dieses Organs verkörpern. Wieweit sie etwas mit den in der Epiphyse recht häufigen Teratomen zu tun haben, entzieht sich unserer Kenntnis. Krabbe (1916) macht in diesem Zusammenhange bereits auf einen von Pappenheimer (1910) beschriebenen, teilweise aus quergestreifter Muskulatur bestehenden, von der Epiphyse ausgehenden Tumor aufmerksam. Nach Businco können die pinealen Muskelfasern zu der Diagnose Teratom verleiten.

k) Glatte Muskelzellen.

Das gelegentliche Vorkommen glatter Muskulatur in der Zirbel des erwachsenen *Rindes*, niemals des *Kalbes*, erwähnt Illing (1910). Neben teilweise langen Zügen glatter Muskulatur, welche die Epiphyse in verschiedenen Richtungen durchsetzen, treten auch vereinzelte Muskelzellen mit dunklem Cytoplasma in Erscheinung. Gerlach (1917) beobachtete die glatten Muskelzellen besonders in den basalen Teilen mancher *Rinder*zirbeln, vermißte sie dagegen in der Epiphyse des *Pferdes*. Krabbe (1916) und Godina (1938) fanden in den Epiphysen von *Rind* und *Mensch* gleichfalls keine glatten Muskelzellen. Auch in dem mir vorliegenden umfangreichen Untersuchungsgut *(Mensch, Rind)* ließen sich keine glatten Muskelzellen feststellen.

l) Die Innervation der Epiphyse.

Das Vorhandensein von Nervenfasern in allerdings spärlicher Menge innerhalb der Epiphyse wurde erstmalig durch Koelliker (1850) festgestellt. „Doppelt konturierte", d. h. markhaltige Nervenfasern innerhalb der Zirbelsepten des *Menschen* erwähnt Krause (1868, 1876). Hagemann (1872) spricht auf Grund von Beobachtungen an Osmiumsäurepräparaten menschlicher und tierischer *(Pferd, Schwein, Schaf, Rind)* Epiphysen von „doppelt konturierten Fasern mit zahlreichen varikösen Anschwellungen", ferner von „hellen Nervenröhren, die der Varicositäten ebenfalls nicht entbehren". Er vermutet, daß diese Fasern im Gefäßbindegewebe verlaufen. Den Nachweis markhaltiger Nervenfasern in der Zirbel von *Säugern* und *menschlichen* Feten vermittels der Weigertschen Markscheidenfärbung erbrachte Darkschewitsch (1886). Sie wurden

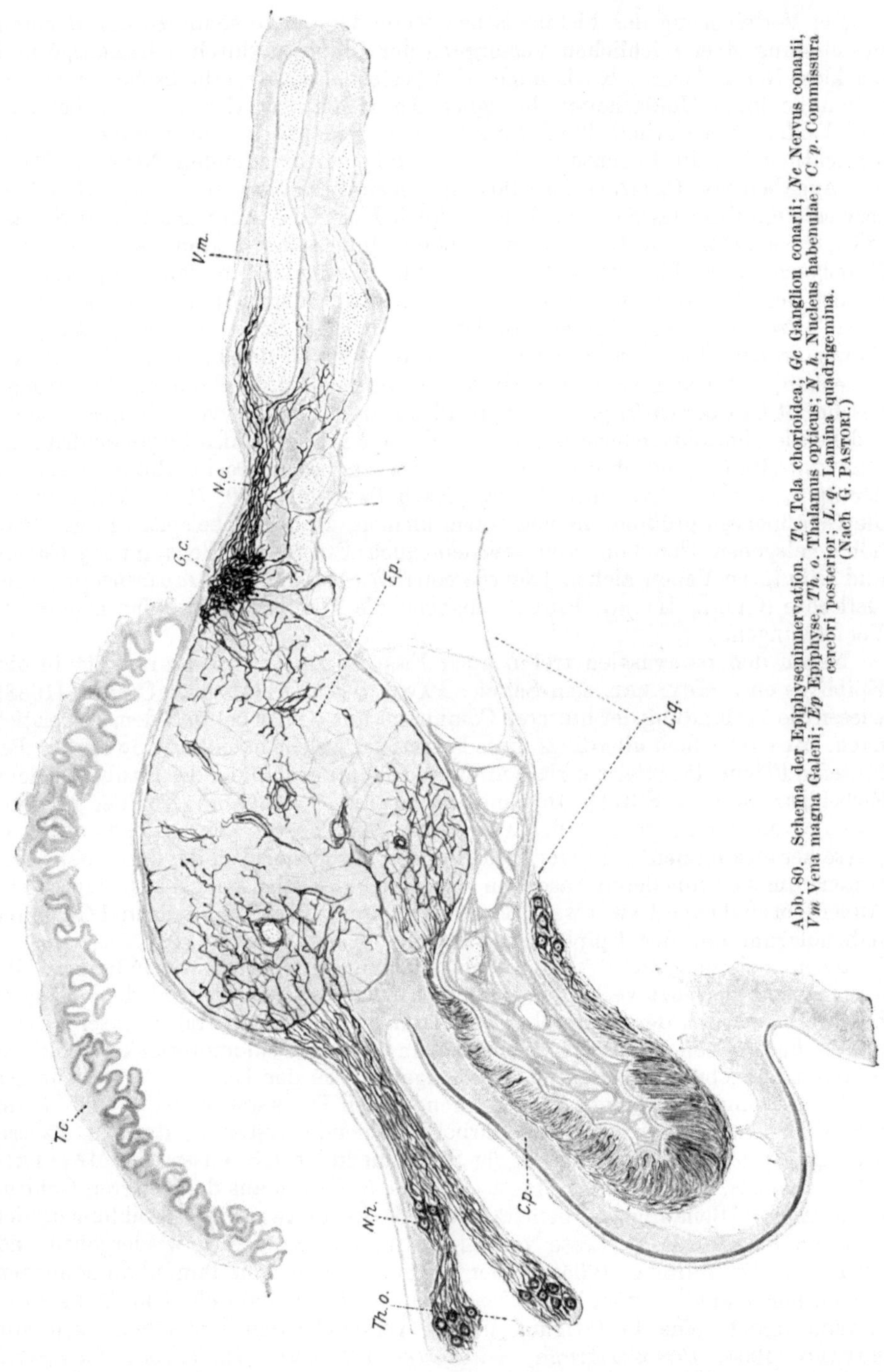

Abb. 80. Schema der Epiphyseninnervation. *Te* Tela chorioidea; *Ge* Ganglion conarii; *Ne* Nervus conarii, *Vm* Vena magna Galeni; *Ep* Epiphyse, *Th. o.* Thalamus opticus; *N. h.* Nucleus habenulae; *C. p.* Commissura cerebri posterior; *L. q.* Lamina quadrigemina. (Nach G. PASTORI.)

seitdem von anderen Forschern wiederholt nachgewiesen (FRIGERIO u. a.). Durch Imprägnation nach GOLGI stellte CAJAL (1904) ausgedehnte sympathische Nervennetze innerhalb der Epiphyse von *Ratte* und *Kaninchen* dar (s. a. FAVARO).

Die Verfeinerung der histologischen Methodik führte somit zu der sicheren Feststellung einer reichlichen Versorgung der Epiphyse durch markhaltige und marklose Nervenfasern. Noch immer aber bestehen durch methodische Schwierigkeiten bedingte Unklarheiten bezüglich der Herkunft der in die Zirbel einstrahlenden Fasern und ihrer funktionellen Bedeutung, am wenigsten noch hinsichtlich der in Begleitung der Blutgefäße anzutreffenden Nerven. Nach den Angaben von CAJAL (1895, 1904) stammen diese Nerven aus dem Ganglion cervicale craniale des Sympathicus. Auch HORTEGA, ACHÚCARRO und SACRISTÁN, PINES, ORLANDI, GREVING und andere Untersucher halten die paravasalen Epiphysennerven für sympathischer Natur. Besonders in dem Kapselbindegewebe der Epiphyse von *Mensch* (eigene Beobachtungen) und *Säugern* (*Pferd, Schaf, Rind* usf., vgl. ILLING) findet man in der Nähe der Blutgefäße unschwer größere Nervenstämmchen, deren Äste sich in das interstitielle Gewebe einsenken, von wo aus sie in das Parenchym verfolgt werden können. Neuerdings beschreibt CLARK (1940) perivasculäre Plexus der Epiphyse von *Macacus rhesus*, welche die Chorioidalarterie begleiten und von der Seite in das Organ eindringen. GREVING (1931) beobachtete paravasale Nerven besonders im Bindegewebe an der Spitze der Epiphyse des *Hundes*. Nach PASTORI (1919, *Hund*) entspringen die Gefäßnerven größtenteils von einem kleinen, an der Zirbelspitze in der Piahöhle gelegenen Ganglion, von welchem auch Fasern zur Vena magna Galeni und tributären Venen ziehen (Nervus conarii) (Abb. 80). Intraparenchymatöse Geflechte (CAJAL, ILLING, PINES) umgeben die Pinealzellen mit ihren feinsten Verästelungen.

Neben den paravasalen treten auch Fasern zentraler Herkunft in die Epiphyse ein. MEYNERT, sein Schüler PAWLOWSKY (1874) sowie CIONINI (1888) wiesen die Verbindung der hinteren Commissur mit der Zirbel und dem Zirbelstiel nach. MEYNERT hielt allerdings diese Faserzüge, welche nach PAWLOWSKY an der hinteren Fläche des Stieles verlaufen, für die Ursprungsbündel der Haube aus dem Zirbel„ganglion" (s. S. 311). Im Einklang mit dieser Auffassung von der ganglionären Natur der Epiphyse läßt PAWLOWSKY diese Fasern gekreuzt aus der Epiphyse herauskommen und divergierend in den vordersten Teil der Commissur eintreten, um sich mit deren Fasern in die Haube des Hirnschenkels fortzusetzen. Außerdem sind nach PAWLOWSKY Faserverbindungen des Thalamus und Ganglion habenularum mit der Epiphyse vorhanden. Nach GANSER (1882, *Maulwurf*) bestehen zwischen Zirbel und Taenia thalami optici Faserverbindungen, die anscheinend gekreuzt verlaufen. DARKSCHEWITSCH (1886, verschiedene *Säuger*) beschreibt ein in der hinteren Commissur gelegenes ventrales Fasersystem, dessen Fasern von der Epiphyse nach dem oberen Oculomotoriuskern und im hinteren Längsbündel verlaufen. Die Angabe „von der Epiphyse" versieht der Autor allerdings mit einem Fragezeichen. Nach DARKSCHEWITSCH (1886) kann man die markhaltigen Fasern der Zirbel in folgende Systeme ordnen: 1. Fasern aus der Capsula interna, 2. Fasern der Striae medullares, 3. Fasern des MEYNERTschen Bündels, 4. Fasern des Tractus opticus, 5. Fasern aus der hinteren Gehirncommissur. [Beiläufig sei bemerkt, daß DARKSCHEWITSCH' Abbildungen der pinealen Faserzüge Präparate vom *Affen-* und *Hunde*gehirn wiedergeben und nicht, wie STUDNIČKA (1905) in der Legende dieser von ihm übernommenen Abbildungen angibt, vom *Menschen*.] Ein Teil der Befunde von DARKSCHEWITSCH findet seine Bestätigung in den vergleichenden Untersuchungen von FAVARO (1904, *Periossodactyla, Artiodactyla, Rodentia, Insectivora, Carnivora, Chiroptera, Primaten* einschließlich *Mensch*, Markscheidenfärbung), PASTORI (1928, 1929), GREVING (1931) und CLARK (1940), welche als die bisher gründlichsten anzusehen sind. FAVARO faßt seine Ergebnisse in folgendem, hier in Tabellenform gebrachtem Schema der Epiphyseninnervation zusammen:

Tabelle 5.

Fibrae praepineales		Fibrae pineales			
	propriae (Fasciculus praepinealis	commissurales		propriae	
commissurales		superiores	posteriores (diagonales ?)	superi- ores	posteri- ores
trans- versales	obliquae	trans- versae	obliquae	trans- versae	obliquae		

Die Fibrae praepineales stammen aus den Striae medullares und Ganglia habenularum. Sie begeben sich direkt oder durch Vermittlung der Commissura superior zum Zirbelpolster (Pulvinar pineale). Der Fasciculus praepinealis ist beim *Menschen* schwach ausgebildet. Seine Fasern enden im Pulvinar pineale, im Plexus chorioideus des 3. Ventrikels, beim *Rind* in der sog. Diaphyse (s. S. 338).

Die auch von MARBURG (1908) gesehenen Fibrae pineales, deren Hauptmasse im Markscheidenpräparat in den vorderen und hinteren, der Oberfläche nahen Partien der Zirbelbasis in Erscheinung tritt (*Mensch*, FUSE 1936, aquatile *Säuger;* CUTORE 1912, *Affen;* UEMURA 1917, *Mensch, Haussäugetiere;* PINES 1927, *Hund;* PASTORI 1929, GREVING 1931, *Hund;* ROUSSY und MOSINGER 1935, 1938, *Hund;* KANEKO 1937, *Gibbon;* SUZUKI 1938, *Affen;* YAMADA 1938. *Echidna*) ziehen in die Epiphyse, teils durch die Commissura superior (Fibrae pineales superiores, dorsales), teils durch den Tractus intermedius aus der hinteren Commissur (Fibrae pineales posteriores, ventrales, s. a. PINES, vgl. dagegen HONEGGER 1892). Erstere kommen gleichfalls aus den Striae medullares (s. a. LOTHEISEN 1894, PINES 1927) und Ganglia habenulae (s. a. GREVING, PASTORI, epithalamo-epiphysäres Bündel, ROUSSY und MOSINGER), selten aus dem Thalamus opticus. Fraglich ist ihr Zusammenhang mit dem Fasciculus retroflexus (MEYNERT); FLECHSIG (1883) erwähnt die Faserverbindungen zwischen MEYNERTschem Bündel und Epiphyse kurz. MARBURGs (1908) Beobachtungen stimmen mit denjenigen FAVAROs insofern überein, als auch nach ihm die Fibrae pineales „hauptsächlich aus oral gelegenen Partien stammen", von denen „das Ganglion habenulae und die angrenzenden Thalamuspartien am meisten in Frage kommen". Die Fibrae pineales posteriores verbinden die Zirbel mit dem Thalamus und in geringerem Ausmaße mit dem Mittelhirn. Beziehungen zwischen den pinealen Nervenfasern von *Wassersäugern* und der oralen Gegend des Mittelhirndaches durch die Commissura intermedia (Tractus intermedius) in der Ventrallippe der Epiphysenhöhle bestehen auch nach FUSE. Der größte Teil der Fibrae commissurales zieht nach FAVARO durch die Basis des Pulvinar pineale und die Epiphyse zur gegenüberliegenden Seite hindurch. Die feinen Bündelchen der Fibrae propriae nehmen direkten und gekreuzten Verlauf. GREVING bezeichnet die aus der Commissura caudalis stammenden, die Hauptmasse des unteren Epiphysenstieles ausmachenden Fasern als Nervus intercalaris.

Nach CLARK (1940), welcher die Innervationsverhältnisse der Zirbel von *Macacus rhesus* untersuchte, treten von den Habenulae und hinteren Commissuren Fasern durch die Pedunculi ein (zum Teil aberrierende Commissurenfasern). Fasern der hinteren Commissur enden an der Auskleidung des Recessus pinealis mit Endkolben.

Die Enden der Fibrae pineales sind teils an den Blutgefäßen, teils frei zwischen den Parenchymzellen gelegen (FUSE, PINES, Endverdickungen). Nach FAVARO treten die Endigungen der aus der Commissura cranialis (habenularum) stammenden Fasern mit varikösen Ästchen an die Pinealzellen und die Neurogliaelemente heran *(Schaf)*. Es ist nach Favaro außerordentlich schwierig, eine Trennung der von Cajal beschriebenen sympathischen und der zentralen Fasern vorzunehmen. Greving faßt das von den Capillaren unabhängige Netzwerk als Parenchymnerven zur Regulierung der Hormonbildung auf. Ein Netzwerk dieser Dichte kommt nach seinen Angaben unter den inkretorischen Organen nur dem Hinterlappen der Hypophyse zu.

Über quantitative Verschiedenheiten in der Entwicklung der ventralen und dorsalen Epiphysenfasern bei einer Reihe von *Säugern* unterrichten die Veröffentlichungen von Uemura (1917), Fuse (1936) und Suzuki (1938). Nach Uemura enthält die Epiphyse des *Menschen* eine geringere Zahl von Nerven als die der anderen *Säugetiere*. Zufolge den Angaben Suzukis fehlen bei einer Reihe von *Affen*epiphysen (z. B. *Hulman, Langur*) die markhaltigen Fasern völlig, während bei anderen die Fasern aus der Commissura intermedia nicht ausgebildet sein sollen *(Papio papio, Leontopithecus rosalia)*. Vielleicht sind Altersveränderungen der Zirbel oder auch technisches Versagen für die Befunde Suzukis verantwortlich zu machen. Dieser Verdacht liegt nahe, da Suzuki von vakuolisierten Parenchymzellen und dem „gesunden Rest" der Epiphyse des *Hulman* spricht. In diesem Zusammenhange sei auch die Angabe Uemuras erwähnt, der in der Epiphyse eines 3jährigen Kindes eine diffuse Verteilung der Nerven innerhalb der Organe beobachtete, während die Epiphysen Erwachsener in den zentralen Teilen nur vereinzelte Fasern aufweisen; die Hauptmasse der Nervenfasern ist beim erwachsenen *Menschen* im Basisteil der Epiphyse anzutreffen. Die Frage, welchem Fasersystem der von Suzuki für die Epiphyse von *Semnopithecus coronatus* beschriebene Plexus zugehört, welcher nicht mit der Commissura habenularum oder intermedia zusammenhängt, bedarf der Klärung.

Unter der Bezeichnung Nervus parietalis beschreibt Marburg (1909) einen Faserzug, der aus einem im kapsulären Bindegewebe gelegenen Ganglion (Ganglion parietale) hervorgeht. Dieser Nerv läßt sich „ziemlich weit nach hinten" verfolgen. Nach Marburg stellt das Ganglion parietale kein sympathisches Ganglion dar. Einen Nervus parietalis fand Marburg nicht nur beim *Menschen*, sondern auch bei *Antilope dorcas*, wo er zwischen Zirbel und Dorsalsack verläuft, um hinter der Zirbel „in einem eigenartigen Bindegewebe" zu verschwinden. Das Faserbündel ist von einem Schlauch begleitet, der von kubischem Epithel ausgekleidet wird. Diesen Schlauch und den Nervus parietalis hält Marburg für Rudimente der Parietalaugenanlage. Die recht mangelhaften Abbildungen Marburgs nähren den Verdacht, daß es sich trotz Marburgs gegenteiliger Versicherung um einen sympathischen Nerven handelt, wie man sie im Zirbelbindegewebe und in der Nähe des Plexus chorioideus häufig antrifft, welcher übrigens auf Marburgs Abbildung zu erkennen ist. So meint denn auch Greving (1931), der sog. Nervus parietalis diene der Innervation des Plexus chorioideus. Greving identifiziert diesen Nerven mit jenen über die Dorsalfläche der Zirbel des *Hundes* ziehenden Fasern, welche aus der Commissura habenularum, dem Ganglion habenulae und der Taenia thalami stammen. Diese Faserung wird von ihm als Tractus dorsalis conarii bezeichnet. Benda (1932) konnte die Existenz des Ganglion parietale und Nervus parietalis nicht bestätigen. Der Nervus parietalis ist mit dem von Kolmer und Loewy (1922, *Ziege, Pavian*) gefundenen, als Nervus conarii bezeichneten Nerven nach Angabe der Autoren nicht identisch. Es handelt sich um ein aus markhaltigen und marklosen Fasern bestehendes Stämmchen, welches aus dem hinteren Zirbelpol austritt, sich der Wurzel der Vena cerebri magna anschließt und zum Tentorium zu verfolgen ist. Nach Clark (1940) entspringt der auch bei *Mensch* und *Rhesusaffe* vorhandene Zirbelnerv an der Spitze der Epiphyse, durchzieht die Dura am Tentorium und

verteilt sich schließlich subendothelial in der Wand des Sinus rectus. KOL-
MER und LOEWY meinen, der Nervus conarii stelle vielleicht einen weit-
verbreiteten dorsalen Hirnnerven dar, der infolge seiner Verbindung mit den
Venen des Plexus chorioideus die Produktion des Liquor cerebrospinalis beein-
flussen könnte. Ich vermute jedoch, daß der Nervus conarii zu den sympathi-
schen Zirbelnerven gehört. Nach PASTORI entsprechen dickere, von einem
Ganglion conarii zur Vena cerebri magna zu verfolgende Nervenfasern dem
Nervus conarii von KOLMER und LOEWY. Vom Ganglion conarii ziehen dünnere
Fasern zur Zirbelspitze, um zusammen mit Blutgefäßen in das Epiphysen-
parenchym einzudringen. Diese Fasern hält PASTORI für sympathischer Natur.
Die Zellen des Ganglion, von dessen Existenz GREVING sowie CLARK (1940,
Macacus rhesus, Mensch) sich allerdings nicht überzeugen konnten, sollen
meistens multipolare Ganglienzellen sein.

Die an einer großen Zahl der verschiedensten Objekte vorgenommenen
Untersuchungen lassen übereinstimmend erkennen, daß die Epiphyse der *Säuger*
mit der Commissura habenularum sowie mit der Commissura caudalis in nervösem Zusammenhange steht (s. a. PASTORI). Es muß allerdings betont werden,
daß wir über wirklich genaue Angaben bezüglich der Art dieses Zusammenhanges
bisher nicht verfügen. Auf Grund vergleichend-anatomischer Untersuchungen
kann als wahrscheinlich angenommen werden, daß ein Teil der dorsalen Pineal-
fasern auch bei den *Säugern* im Ganglion habenularum entspringt (s. hierzu
S. 327). In welchen Kernen außer dem Ganglion habenulae entspringen die
Fibrae pineales der *Säuger*epiphyse? Gibt es afferente und efferente Fasern?
Fragen, die für experimentelle Untersuchungen von außerordentlicher Wichtigkeit sind. Das Verhalten der pinealen Nerven nach Zirbelexstirpation scheint
bisher nur POLVANI (1913) beachtet zu haben. Nach seinen Angaben lassen sich
jedoch sekundäre Faserdegenerationen in den Habenulae (MARCHI-Methode) nach
Entfernung der Epiphyse beim *Kaninchen* nicht feststellen. POLVANI folgert
hieraus, daß die zur Habenula ziehenden Fasern ihren Ursprung nicht in der
Epiphyse haben können.

Die funktionelle Bedeutung der pinealen Fasersysteme kennen wir
gleichfalls nicht. DARKSCHEWITSCHs Annahme, die zur Commissura caudalis
führenden Fasern seien Pupillenfasern, d. h. der Reflexbogen der Pupillarreaktion
passiere die Zirbel, hat schon BECHTEREW widersprochen, da die Abschwächung
der Pupillarreaktion, welche man bei Durchtrennung des vorderen Abschnittes
des Daches des Aquaeductus Sylvii und der Fasern der Commissura caudalis
beobachtet, auf eine Unterbrechung der vom vorderen Vierhügel zu den vorderen
Oculomotoriuskernen der anderen Seite verlaufenden Fasern zurückgeführt
werden kann. Die Ansicht von DARKSCHEWITSCH ist überdies auf dem Boden
der Vorstellung von der ganglionären Natur der Epiphyse (MEYNERT, s. a.
GANSER 1882) entstanden. Vielleicht enthält sie trotz dieser falschen Voraussetzung wenigstens insofern einen richtigen Kern, als sie — wie auch die Hypothese von LOTHEISEN (1894) — die Zirbel zum Sehapparat in Beziehung setzt.
LOTHEISEN, der Verbindungen zwischen Stria medullaris thalami optici und
Zirbel *(Säugetiere)* nachwies, meint, die Stria habe die Aufgabe, „Geruchs-
und Gesichtszentrum zu verknüpfen", da sie mit dem Ganglion habenularum
verbunden sei, welches mit dem Tractus opticus in Verbindung stehe und außerdem nach EDINGER „zum Mechanismus des Riechapparates" gehöre.

In der Tat ist der Gedanke an eine Verbindung der Epiphyse zum Riech-
organ im Hinblick auf den Ursprung des Fasciculus retroflexus aus dem Ganglion
habenulae nicht gänzlich von der Hand zu weisen; nach ANTONOV (1924)
stammt ein Teil der Epiphysennerven vielleicht sogar aus dem Fasciculus retroflexus *(Hund, Katze, Kaninchen, Rind)*. Die Frage freilich, welche Rolle

der Stria-Zirbelverbindung innerhalb dieses Systems im einzelnen zukommen soll, läßt Lotheisen offen.

In neueren Veröffentlichungen von Roussy und Mosinger (1935, 1938) werden die in die Epiphyse hinein zu verfolgenden Nervenfasern zu den mutmaßlichen innersekretorischen Aufgaben dieses Organs in Beziehung gesetzt. Den aus dem Epithalamus kommenden Fasern schreiben Roussy und Mosinger eine sekretionsanregende Rolle zu. Experimentell erbrachte Belege für die Richtigkeit dieser Angabe stehen jedoch noch aus, ebenso für die Berechtigung der Behauptung, es bestünden funktionell bedeutsame Korrelationen zwischen „complexe épithalomo-épiphysaire" und „complexe hypothalamo-hypophysaire".

m) Konkremente.

Seitdem die Epiphyse des *Menschen* den Gegenstand anatomischer Untersuchungen und Betrachtungen bildet, wird über das Vorkommen harter, als Acervulus, Arena, Corpora arenacea, Granula, Calculi, Lapilli, Sabulum, auch Ossicula bezeichneter Konkremente in ihrem Inneren berichtet (z. B. Galen, Vieussens 1690, Morgagni 1719, Ruysch 1701, Franciscus de la Boe Sylvius, Meibom, de Graaf, siehe hierzu Günz 1753). Ruysch bildet bereits an Haaren aufgehängte Calculi — er hält sie für Knochenbildungen — in natürlicher Größe ab. Eine genauere Abbildung der Konkremente verdanken wir Sömmerring (1785).

Die Tatsache, daß die Konkremente der Epiphyse nicht in jedem *menschlichen* Gehirn gefunden wurden und außerdem nach Zahl und Größe außerordentlich wechseln, macht es verständlich, daß man sie zu verschiedenen Funktionszuständen des Zentralnervensystems, zu Geisteskrankheiten, in Beziehung setzte. Günz (1753) z. B. veröffentlichte eine Schrift des Titels „De lapillis glandulae pinealis in quinque mente alienatis" (vgl. auch Friedreich 1830). Es ist das Verdienst von Sömmerring, in seiner „Dissertatio de acervulo cerebri" falsche Vorstellungen über die Verteilung und das Vorkommen des Zirbelsandes bei gesunden und normalen *Menschen*, bei beiden Geschlechtern und verschiedenen Rassen auf Grund eingehender Untersuchungen beseitigt zu haben. Sömmerrings Feststellungen besitzen im großen und ganzen noch heute Gültigkeit: Acervulus kommt, wie auch A. v. Haller (1762) bemerkt, in den Epiphysen gesunder *Menschen* beider Geschlechter und aller Altersklassen vor. Sömmerring findet ihn sogar regelmäßig und meint, Angaben über das Fehlen der Konkremente seien auf mangelnde Sorgfalt der Untersucher zurückzuführen. Es ist ihm somit nicht erstaunlich, wenn auch die Epiphysen Geisteskranker Acervulus enthalten. Die Zirbelsteinchen, welche nach de Graaf (zit. nach Diemerbroeck 1685) in Frankreich häufiger vorkommen sollten als in den Niederlanden, sind in Gehirnen aus allen Teilen Europas, auch in Afrikanergehirnen, nachzuweisen. Sie sind weder mit Knochen noch mit irgendwelchen anderen Steinbildungen zu verwechseln. Vom Knochengewebe unterscheiden sich die Lapilli conarii durch ihre Brüchigkeit. Schon Morgagni wies darauf hin, daß sie zwischen den Fingern zerbröckelt werden können. Ähnliche Steinbildungen fand Sömmerring im Plexus chorioideus des *Esels*. Außer in der Epiphyse des *Menschen* wurde Acervulus in der Zirbel verschiedener *Säugetiere* beobachtet (*Rind*, Illing, Hagemann, Cutore, Calvet, Godina, Gerlach, Funkquist, Trautmann, Lásló; *Pferd*, G. H. Bergmann 1831, Funkquist; *Schaf*, Jordan, Funkquist; *Ziege*, Malacarne 1795; *Damhirsch*, Sömmerring 1788; *Schwein*, Trautmann). Suzuki (1938) hat in den Epiphysen von 31 verschiedenen *Affen*arten keinen Acervulus nachweisen können.

Die kalkhaltigen Zirbelkonkremente sind häufig so zahlreich oder so groß —
sie erreichen nicht selten den Durchmesser einer kleinen Erbse — daß sie röntgenologisch erfaßt werden können (Abb. 81). POLVANI erwähnt den Fund
eines 5 mg schweren Konkrementes. Verlagerungen des Konkrementschattens
gestatten mitunter Rückschlüsse auf Sitz und Größe raumbeengender Prozesse
(SCHÜLLER 1913, BOAS und SCHOLZ 1918, LUCE 1921, 1922, HEUER und DANDY 1916,
STRÖM 1919—1921, NAFFZIGER 1925, BRONNER 1926, ALAJOUANIN, LAGRANGE
und BARUK 1925, ALBRECHT 1928, ULRICH 1928, ROTHMANN 1929, VASTINE

*

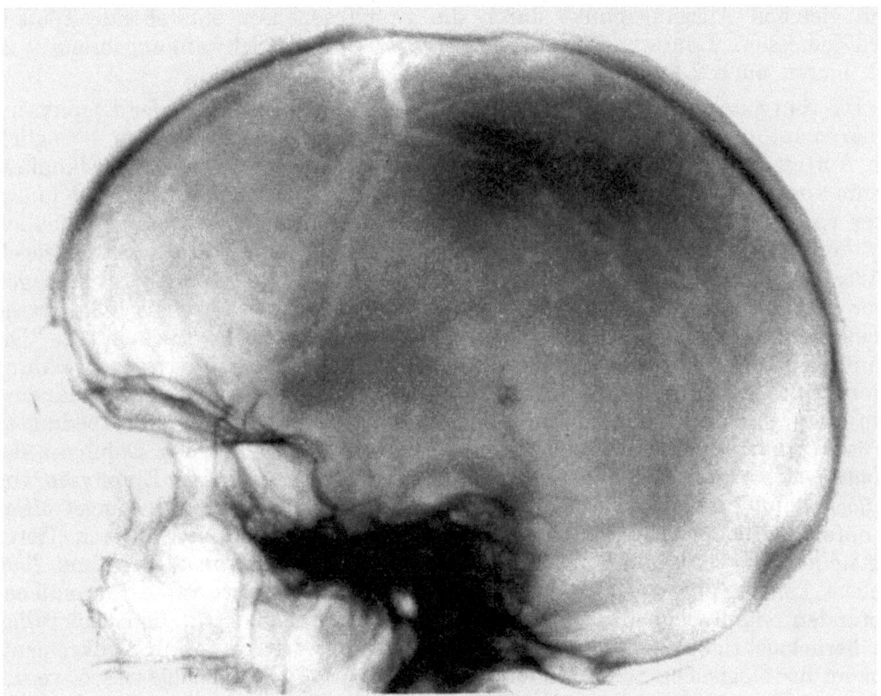

Abb. 81. Zirbelschatten (auf der Verbindungslinie der *) im Röntgenbilde des Kopfes einer 78jährigen Frau.
(Röntgenaufnahme von Doz. Dr. med. habil. A. HEINRICH-Leipzig.)

und KINNEY 1927, 1933, CIGNOLINI 1927, LO GIUDICE 1927, GREFSTAD 1933,
LILJA 1934, O. FOERSTER 1939, DE CRINIS und RÜSKEN 1939, SCHINZ, BAENSCH
und FRIEDL 1939, WÖRNER 1934, 1935, CAMP 1930, FAELLI 1930, DYKE 1930,
FRAY 1938, LORENZ 1940, FRADA und MICALE 1941, A. HEINRICH 1941). Je
nach Zahl und Größe der Konkremente findet man im Röntgenbilde kleinere
oder größere, multiple oder Einzelschatten. Zweiteilung des Schattens beruht
nicht, wie BRONNER (1927) meint, auf Höhlenbildung im Inneren der Epiphyse,
sondern auf dem Vorhandensein zweier Konkrementmassen.

Da Kalkkonkremente im Plexus chorioideus — nach VASTINE und KINNEY
pflegen sie größer zu sein — und in den Meningen einen Zirbelschatten vortäuschen
können, ergibt sich die Notwendigkeit einer genauen Lagebestimmung des
Acervulus innerhalb des Schädels bzw. des pinealen Kalkschattens im Röntgenbilde. Nach SCHÜLLER (1913) liegt der Zirbelsand 4,5 cm dorsal von der deutschen
Horizontale und 1 cm hinter der Frontalebene durch den äußeren Gehörgang
in der Mittellinie. Nach REICH (1926, 1927) und BRONNER soll die Zirbel und damit

der pineale Acervulus im Goldenen Schnitt des Gehirnes liegen. Zufolge den Angaben Bronners (1927) ist der Epiphysenschatten im seitlichen Schädelbilde leichter als im fronto-occipitalen zu erkennen (Verdeckung durch die Stirnhöhle). Vastine und Kinney finden den Schatten normalerweise im a.-p. oder p.-a.-Bilde genau in der Mitte des Schädels. Er wird meist, bei in der deutschen Horizontale liegendem Zielstrahl, oberhalb des Planum sphenoidale in die Stirnhöhle hineinprojiziert. Lorenz (1940) bestimmt die Beziehung der Epiphyse zur Schädelbasis folgendermaßen: auf der Frontalaufnahme wird eine Gerade von der Stelle, an welcher Schädelbasis und Tabula interna ossis frontalis zusammenstoßen, über die obere Kante der Ossa petrosa gelegt, eine zweite Gerade vom gleichen Ausgangspunkt durch die Epiphyse. Der entstehende Winkel wird gemessen. Lorenz gibt als Normalwinkel 15° an (Schwankungsbreite ±2, vgl. hierzu auch Lilja 1934).

Die röntgenologischen Untersuchungen über das Vorkommen der Epiphysenkonkremente bestätigen und ergänzen die Befunde der Anatomen bezüglich des Auftretens des Acervulus in verschiedenen Lebensaltern. Zirbelkonkremente kommen ausnahmsweise, wie Krabbe feststellte, schon im frühen Kindesalter vor, etwas häufiger im 7.—14. Lebensjahre, vom 16. Jahre an schließlich fast konstant. Berblinger (1926) gibt an, Konkremente seien „überaus regelmäßig selbst in der Epiphyse Jugendlicher", ohne jedoch genauere Aussagen über das von ihm bearbeitete Material zu machen. Nach Cooper (1933) treten kleine Konkremente in großer Zahl in der Pubertätszeit in Erscheinung. Die Häufigkeit des Auftretens der Konkremente wie ihre quantitative Entwicklung nimmt mit dem Alter zu. J. B. Fischer (1754) erwähnt bereits das Vorhandensein von „materia calcarea" in der Zirbel als Beispiel einer altersbedingten Drüsenverhärtung. Auch die Menge der Konkremente in der Epiphyse des *Rindes* wächst mit dem Lebensalter. Trautmann (1934) hat in Epiphysen von *Kälbern* und jungen *Rindern* überhaupt keine Kalkablagerungen angetroffen, konnte sie jedoch häufiger bei erwachsenen und insbesondere älteren Tieren feststellen. Es gibt indessen Epiphysen alter Individuen von *Mensch* und *Tier*, welche keine Spur von Acervulus enthalten. Diesen autoptisch gewonnenen Befunden entsprechen die Beobachtungen der Röntgenologen. Es ist allerdings zu berücksichtigen, daß sehr kleine oder ganz schwach verkalkte Konkremente nur im histologischen Schnitt, nicht aber im Röntgenbilde nachgewiesen werden können. Demgemäß gelingt die röntgenologische Darstellung der Epiphyse des *Menschen* nach Vastine und Kinney sowie Wörner in nur etwa 50%, nach Lorenz in 72,1%, Lilja sowie Bronner in 40%, nach Ulrich in 39%, nach Naffziger in 45% der untersuchten Fälle. Die prozentuale Häufigkeit der Epiphysenverkalkung in den verschiedenen Altersstufen ist der folgenden, auf Röntgenuntersuchungen fußenden Tabelle von Lorenz zu entnehmen.

Tabelle 6.

Jahre								
1—5	6—10	11—15	16—18	19	20	20—50	50—60	über 60
6,9%	17,1%	34,8%	44,1%	57,9%	68,8%	72,1%	78%	78,8%

Im Einklang mit den Feststellungen der Anatomen zeigt sie, wie auch die neuere Veröffentlichung von A. Heinrich (1941), eine Häufigkeitszunahme der Zirbelverkalkung mit steigendem Alter, sie läßt ferner erkennen, daß Zirbelkonkremente bei Kindern öfter vorkommen als die Angaben im anatomischen

Schrifttum vermuten lassen. Diese Tatsache dürfte auf die relative Seltenheit von Obduktionsgut aus dem Kindesalter zurückzuführen sein.

Auch die Art der Zirbelverkalkung läßt, wie HEINRICH (1941) ausführt, röntgenologisch faßbare Unterschiede bei jugendlichen und alten *Menschen* erkennen. Der Zirbelschatten gesunder Jugendlicher stellt sich meistens als einheitlicher, mehr oder weniger abgerundeter Bezirk dar, während er sich bei alten *Menschen* aus mehreren Schatten zusammensetzt.

Die Form der Konkremente der *menschlichen* Epiphyse erinnert häufig an eine Maulbeere (Abb. 82). Daneben stößt man auf größere, unregelmäßig gestaltete Konkremente mit gleichfalls höckeriger Oberfläche, ferner auf zierliche, bäumchenartig verästelte Kon-kremente (Abb. 87, HAGEMANN, AMPRINO, „concrementi coralliformi", eigene Beob-achtungen), schließlich auf allerfeinste rund-liche Gebilde, welche dem Hämatoxylin-präparat geradezu ein gesprenkeltes Aus-sehen verleihen können. Die genannten Erscheinungsformen des Acervulus sind viel-fach kontinuierlich miteinander verbunden. Die Konkremente in der Zirbel des *Rindes* weisen keine derart scharf ausgeprägte Höckerung ihrer Oberfläche wie der Acer-vulus des *Menschen* auf.

Konkremente kommen innerhalb des Bindegewebsgerüstes und der Kapsel der Epiphyse (Abb. 83, s. a. BARRATT 1903), weiterhin inmitten des Parenchyms vor. Der Acervulus findet sich beim *Menschen* vorzugsweise in der Spitze des Organs (HAGEMANN), in den zentralen Zirbelpartien, in dem ventrikelreichen Glialager sowie in

Abb. 82. Acervulus, aus der Epiphyse eines 75jährigen Mannes, isoliert. (Vergr. etwa 25fach, auf ⁴/₅ verkl., gez. K. HERSCHEL-Leipzig.)

auffälliger Menge an der Commissura habenularum. Beim *Rinde* tritt er nach TRAUTMANN (1934) zuerst im Spitzenteil der Epiphyse auf, um sich von hier aus zentralwärts zu erstrecken. Die Zirbelbasis ist meist frei von Konkremen-ten. Starke Acervulusentwicklung kann Höckerbildungen und Asymmetrien der Epiphyse hervorrufen. Mitunter werden die Follikel der *menschlichen* Epi-physe geradezu von einem innerhalb der Septen befindlichen Kalkgerüst um-geben (Abb. 87).

Die Konsistenz der Konkremente ist unterschiedlich. Gelegentlich können die Steinchen unter Zerbröckeln mit dem Messer durchtrennt werden. Auch lassen sie sich vielfach leicht zwischen den Fingern zerkrümeln. Ihre Farbe schwankt zwischen gelblich-weiß und hellem Kaffeebraun. SÖMMERRING berichtet über das Vorkommen schwarzen Zirbelsandes. Zur Entkalkung in Säure ein-gelegte Konkremente werden in ihren oberflächlichen Zonen rasch aufgehellt. Die Struktur der pinealen Konkremente ist durch eine konzentrische Schichtung gekennzeichnet, welche besonders nach der Entkalkung deutlich zutage tritt. Neben lamellär strukturierten Konkrementen kann man solche beobachten, deren Inneres von einer feinkörnigen Masse eingenommen wird. Nach LIGNAC (1925) zählen die geschichteten Konkremente der Zirbel zu den Sphärolithen (vgl. hierzu E. J. KRAUS 1913, Sphärolithen in Schilddrüsentumor). Im polari-sierten Lichte zeigen sie das Phänomen des schwarzen Kreuzes, das nach meinen Beobachtungen besonders an kleinen und kleinsten Konkrementen festgestellt werden kann (vgl. dagegen CALVET 1934).

Die chemische Analyse des Acervulus, die schon Münch und Molitor auf Sömmerrings Veranlassung vornahmen, läßt das Vorhandensein von Kalksalzen (Calciumphosphat, Calciumcarbonat), Magnesiumsalzen und einem orga-

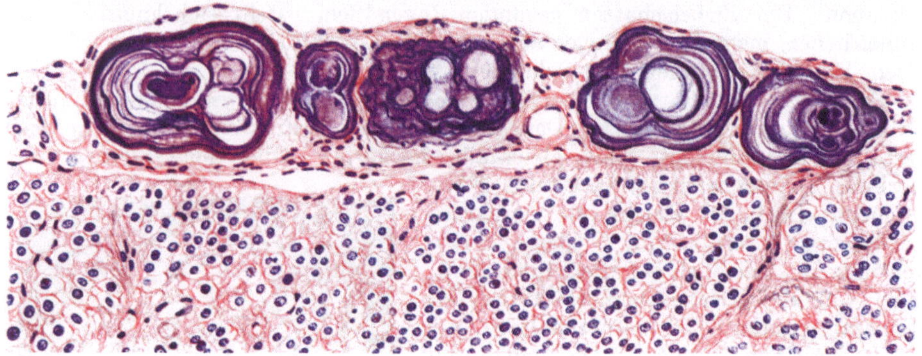

Abb. 83. Geschichtete Konkremente im Piaüberzug der Epiphyse eines 28jährigen *Menschen*. (Hingerichteter. Formol 10%, Celloidin, 10 μ. Häm.-Eosin. Obj. Zeiß DD, Ok. 2, auf ½ verkl., gez. K. Herschel-Leipzig.)

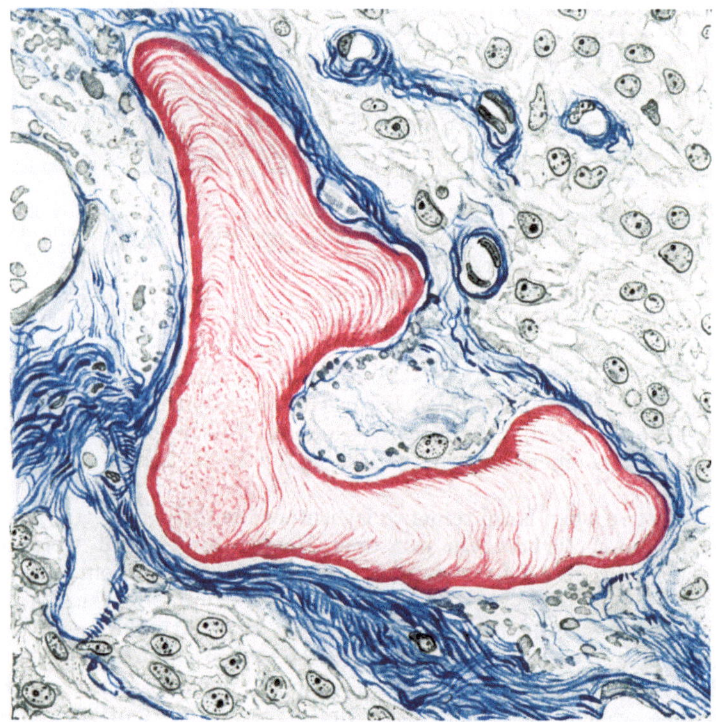

Abb. 84. Geschichtetes Konkrement in einem Septum der Epiphyse des erwachsenen *Rindes*. (Fixation Bouin, Schnittdicke 8 μ, Färbung mit Azan nach M. Heidenhain, Ok. 2, Ölimmersion Zeiß H. I. 100, auf ⅔ verkl., gez. K. Herschel-Leipzig.)

nischen Substrat erkennen, Hassalls (1852) „membranösem, elastischem Gewebe". Letzteres dürfte dem „acidum saccharinum et phlogisticum" Münchs entsprechen. Die Entkalkung des Acervulus erfolgt gelegentlich sehr rasch, so daß man die Sphärolithen schon nach ¼—½stündigem Aufenthalt in 2,5%iger

Salpetersäure auf eine Nadel spießen kann. Das organische Gerüst der Sphärolithen reduziert Osmiumtetroxyd: nach Entkalkung mit schwacher Salzsäurelösung treten die Schichten der in wässerige Osmiumtetroxydlösung überführten Konkremente als hellere oder dunklere, geschwärzte Bänder in Erscheinung. LIGNAC faßt die organische, von HAGEMANN für einen Eiweißkörper gehaltene Komponente des Acervulus als gelifiziertes Kolloid auf, eine Anschauung, welche mit unseren Vorstellungen über die Konkrementbildung im allgemeinen im

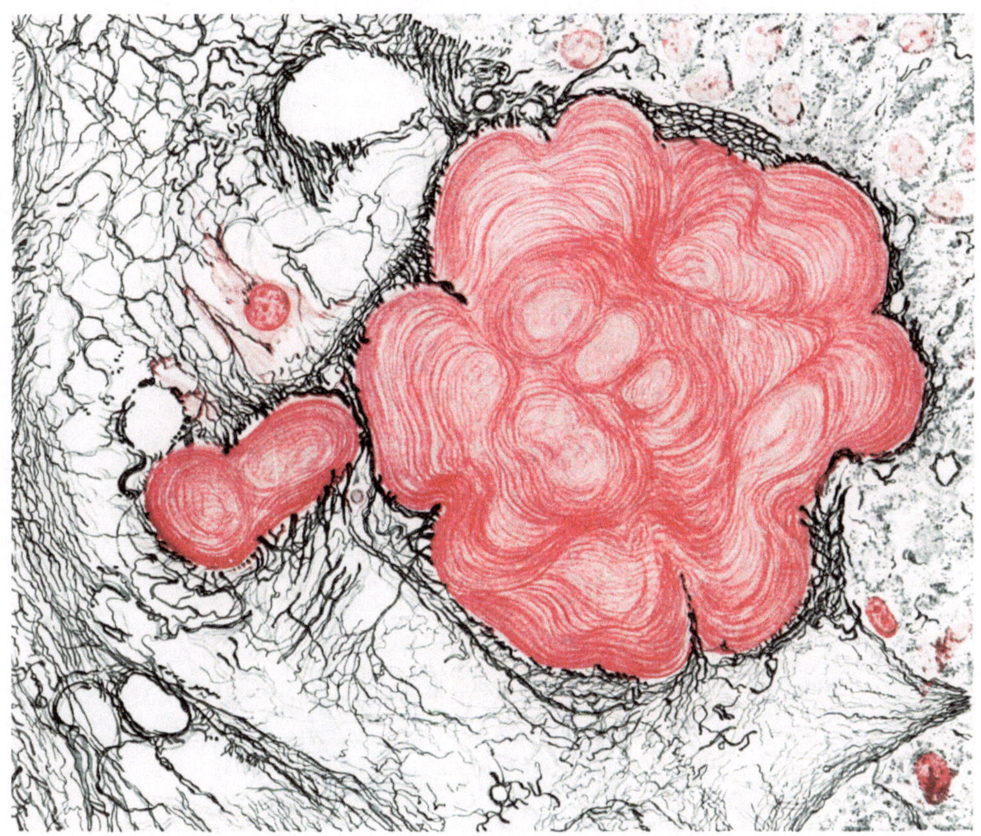

Abb. 85. Im Bindegewebe gelegene, von Gitterfasern umsponnene Konkremente in der Epiphyse eines 35jährigen *Menschen*. (Hingerichtete. Formol 10% Paraffinschnitt 12 μ. Imprägnation nach T. PAP, Kernechtrotfärbung. Ok. 5, Obj. Zeiß H. I. 100, auf ²/₃ verkl., gez. K. HERSCHEL-Leipzig.)

Einklang steht (SCHADE 1921, LICHTWITZ 1929). Das Kolloid gelangt nach LIGNAC gleichzeitig mit den Krystalloiden zur Ausfällung. Nach ORLANDI und GUARDINI geben die Konkremente häufig eine ganz schwach positive Turnbulblaureaktion; die Neigung verkalkter Gewebe, sich mit Eisen zu imprägnieren, ist bekanntlich verbreitet (vgl. hierzu H. SPATZ 1922, Lit.). In einem einzigen Falle (Broncediabetes) wurde eine Inkrustierung mit Hämosiderin festgestellt.

Die Konkremente der Epiphyse treten je nach ihrer Lage im Bindegewebe oder ektodermalen Parenchym in charakteristische Beziehung zu dem umgebenden Gewebe. Der Oberfläche der im Parenchym eingeschlossenen Sphäroliten schmiegen sich, wie HORTEGA (1922) zeigen konnte, lange Ausläufer der Pinealzellen an, als umhüllten sie das Konkrement (Abb. 86). An kleineren Konkrementen innerhalb des Randgeflechtes konnte ich gelegentlich eine radiäre Anordnung der sie berührenden Endkolben beobachten. In an Pinealzellen armen Bezirken treten Verdichtungen des Gliafasernetzes nahe der Oberfläche der Konkremente deutlich hervor (Amprino, eigene Beobachtungen), welche wohl der von J. Fr. Meckel (1817) erwähnten sackförmigen Hülle der Steinchen entsprechen.

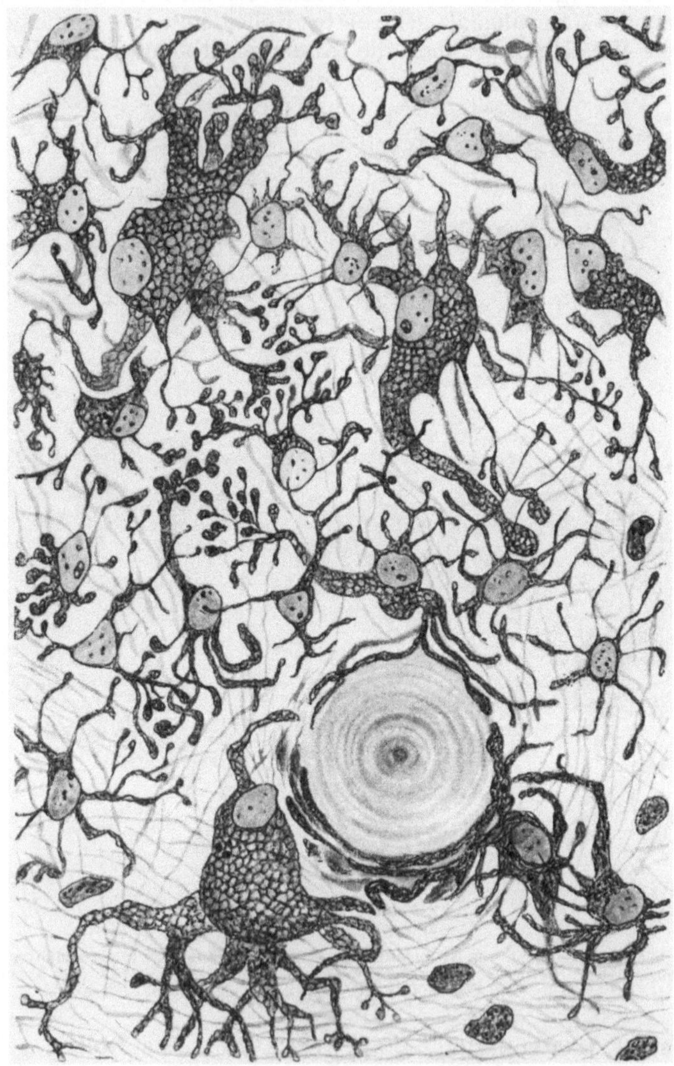

Abb. 86. Hypertrophische Pinealzellen, darunter Riesenformen, in der Epiphyse eines erwachsenen *Menschen*. Zellausläufer an der Oberfläche eines Konkrements. Imprägnation nach Hortega. (Aus Hortega 1922.)

Im Stroma befindliche Konkremente werden von einem dichten Netzwerk argyrophiler Fibrillen umsponnen (Krüger-Ebert 1941, Abb. 85).

Die Frage nach der Entstehung der Zirbelkonkremente, deren Beantwortung für die Problematik der „Mikrogeologie" (v. Hemsbach 1856) des Warmblüterorganismus überhaupt Bedeutung besitzt, ist nicht geklärt, auch bestehen Zweifel darüber, ob die Konkremente einheitliche Bildungen darstellen. Folgende Möglichkeiten der Konkremententstehung sind zu erwägen: 1. Konkrementbildung um einen durch Zellarbeit gelieferten organischen Kern oder um ursprünglich intracellulär gelegene Kalkablagerungen, 2. um abgestorbene verkalkte Gewebselemente bzw. deren Fragmente, 3. Verkalkung des Stromas, 4. Kalkablagerung in organischen, extracellulär auftretenden Fällungsprodukten.

Die Bildung der organischen Grundlage des Acervulus durch Zellen glaubt DIMITROWA annehmen zu müssen. Sie findet nach FLEMMING-Fixation und Saffraninfärbung im Kern und Cytoplasma von Zellelementen, welche im Bindegewebe, seltener im Parenchym liegen, rote Kügelchen, die vermutlich kleine Konkretionen darstellen. Gleichartige Körperchen sind auch außerhalb der Zellen zu beobachten. BENDA (1932) hält die intracelluläre, wenn auch nicht intranukleäre Entstehung der ersten Ablagerungen von Kalk ebenfalls für erwiesen; nach J. VERNE (1914, 1915) liegt der Konkrementbildung eine Nukleolenausstoßung zugrunde. Nukleolen sollen die Zentren der Konkremente bilden. CALVET (1934) denkt gleichfalls an einen Zusammenhang von Zellkern und Konkrementbildung, ohne sich jedoch näher über dessen Wesen zu äußern. Gegen DIMITROWAs Deutung des Präparates ist einzuwenden, daß durch Fixierung mit FLEMMINGs Gemisch und Färbung mit Saffranin alle möglichen Zelleinschlüsse sowie Nukleolen und Kernkugeln dargestellt werden können. Ich finde zwar im Cytoplasma der Pinealzellen des *Rindes* kleine Korpuskel, die auf Grund ihres strukturellen und färberischen Verhaltens als Konkremente angesprochen werden müssen (s. a. CALVET). Ihre intracelluläre Lage ist jedoch, wie vorausgeschickt sei, sicherlich eine sekundäre (s. u.). Dies gilt wohl auch für die von LIGNAC in Gliazellen beobachteten Kolloidkugeln, ferner für die von COOPER (1933) beschriebenen, im Cytoplasma von Pinealzellen des *Menschen* vorkommenden Kalkablagerungen, welche durch Zerfall der Zellen in Freiheit gesetzt werden sollen. Die Kernsekretion dürfte meines Erachtens mit der Konkrementbildung deswegen nichts zu tun haben, weil die Mehrzahl der Konkremente innerhalb des Epiphysenstromas liegt. Auch BERBLINGER (1926) verneint das Bestehen von Beziehungen zwischen Kernexcretion und Konkrementbildung.

Der an zweiter Stelle genannten Anschauung neigen MARBURG (1908), GERLACH (1918), ORLANDI und GUARDINI (1929), BRATIANO und GIUGARIU (1933), sowie FARINA (1941) zu, nachdem bereits HAECKEL (1879) die Grundlage der Verkalkungen der Plexus chorioides in abgestorbenem Zellmaterial, obliterierten Gefäßen und Blutelementen erblickt hatte. MARBURG (1908) findet in den Septen der *menschlichen* Epiphyse, ferner innerhalb der Follikel homogene rote Schollen, welche Kalksalze in sich aufnehmen. Das Ausgangsmaterial dieser Schollen sollen celluläre Elemente sein, doch bringt MARBURG leider keine Abbildung, aus der die celluläre Entstehung des Acervulus ersichtlich wäre. Nach GERLACH liegen im Zentrum von Zirbelsandkörnern des *Rindes* mitunter Zellelemente bzw. Blutkörperchen; in der Nähe der Konkremente befindliche Zelltrümmer lassen sich zuweilen in die Sandkörner hinein verfolgen. Nach ORLANDI und GUARDINI kommt es zu Kalkinkrustation von Fragmenten der Neurogliafasern, vermutlich auch zur Kalkablagerung in degenerierten Zellelementen. BRATIANO und GIUGARIU (1933) meinen, die Calcosphäriten entstünden durch rhythmische Ausfällung des Blutkalkes um die „boules terminales" von Gliazellen. Wenngleich die Möglichkeit derartiger Inkrustationen, die aus anderen Organen bekannt sind, grundsätzlich zuzugeben ist (vgl. FERNER 1940), so kann doch der von ORLANDI und GUARDINI angenommene Mechanismus der Verkalkung nicht als typisch für die Entstehung des Zirbelsandes gelten, da Acervulus auch in gliafreien Abschnitten des Epiphysenstromas, z. B. in der Kapsel, auftritt. Auch wäre zu erwarten, daß Konkremente besonders häufig dort vorkommen, wo ein Zerfall von Gliafasern in größerem Ausmaße erfolgt, nämlich in den

Wandschichten von Epiphysencysten. Ferner konnte der histologische Nachweis der Verkalkung degenerierten Zellmaterials durch Orlandi und Guardini tatsächlich ja nicht erbracht werden. Zugrunde gehende Zellen müßten gerade in der unmittelbaren Umgebung der stetig an Größe zunehmenden und mit kleineren Konkrementen verschmelzenden Sphärolithen häufig gefunden werden (Amprino).

Über eine Verkalkung der Septen bzw. des Bindegewebes der Epiphyse des *Menschen* berichten Hagemann, Lord (1899) und Obersteiner (1912). Nach Loewenthal (1904) sollen die Zirbelkonkremente „den Gefäßen entlang und auf Kosten desselben" entstehen. Die Frage, ob die Verkalkung des Zirbelstromas bei der Bildung des Acervulus eine Rolle spielt, wird anschließend erörtert.

In Untersuchungen an Epiphysen von *Mensch, Rind* und *Schaf* bemühte ich mich, die kleinsten Vorstufen der Konkremente und ihre Lagebeziehungen zu den Formbestandteilen des Zirbelgewebes zu ermitteln. Sie treten in Gestalt homogener, mit Orange G, Acocarmin und Hämatoxylin gut färbbarer Tröpfchen etwa von Nukleolengröße (Kolloidkugeln, Lignac) einzeln oder gehäuft in erster Linie im Stroma der Epiphyse, insbesondere in der Adventitia von Blutgefäßen in Erscheinung (s. a. Funkquist 1918), in geringerer Menge zwischen den Pinealzellen und Gliaelementen. Gelegentlich beobachtet man einzelne Kügelchen im Cytoplasma von Pinealzellen bzw. teilweise von diesen umfaßt. Lignac fand die Kolloidkugeln nur in Gliazellen. Wie erwähnt, ist diese intracelluläre Lage wohl als sekundär zu betrachten, d. h. die Pinealzellen haben die ursprünglich intercellulär gelegenen Tröpfchen in sich aufgenommen. Andernfalls wäre das Vorkommen der Konkrementvorstufen in dem von Pineal- und Gliazellen freien perivasculären Bindegewebe nicht zu verstehen. Daß die Tröpfchen tatsächlich das Ausgangsmaterial für die Bildung des Acervulus darstellen, läßt sich an dem Auftreten weniger schmaler konzentrischer Schichten verschiedener Färbungsintensität an den umfangreichsten der kleinen Gebilde erkennen. Von den kleinsten intercellulär bzw. interfibrillär gelegenen Kügelchen führt eine kontinuierliche Reihe zu den großen Konkrementen. Die Nichtanfärbbarkeit mancher der kleinsten Kolloidkugeln mit Hämatoxylin deutet auf ihren verschiedenen Verkalkungsgrad. Lignac stellte fest, daß sie vielfach keine positive Calciumreaktion (v. Kossa, Poehl) geben. Bezüglich des Chemismus der Konkrementvorstufen, welche sich durch Doppelbrechung auszeichnen, kann nach Lignac lediglich ausgesagt werden, daß sie Osmiumtetroxyd reduzierende Körper enthalten, sich nicht in $CHCl_3$, Xylol, Alkohol und Alkoholäther lösen. Nach Lignacs Meinung sind sie vielleicht den Myelinen zuzurechnen. Die Größenzunahme der Kolloidkugeln bzw. Sphärolithe erfolgt durch appositionelles Wachstum. Benachbarte Konkremente können miteinander versintern.

Die erwähnten Beobachtungen berechtigen zu der Vorstellung einer primär extracellulären Genese des Acervulus in Form einer in den Gewebsspalten sich vollziehenden Ausfällung von Kolloiden; übrigens dachte sich schon Luschka (1855) die Zirbelkonkremente durch Imprägnation einer kolloiden Masse entstanden. Fraglich erscheint jedoch, ob sämtliche innerhalb der Epiphyse anzutreffenden Konkrementbildungen in der geschilderten Weise entstehen. So wäre es denkbar, daß die vielfach bäumchenartig verzweigten Konkremente (concrementi coralliformi, Amprino) sich auf der Grundlage bindegewebiger Strukturen entwickeln, zumal sie nicht selten die räumliche Gliederung des Stromas widerspiegeln (Abb. 87). Ferner ist die Möglichkeit der Konkremententstehung aus den auch in der Epiphyse vorkommenden Corpora amylacea des Nervengewebes (Polvani) in Betracht zu ziehen, in denen schon HAECKEL (1859) eine wenngleich seltene Quelle der Konkremente der Plexus chorioidei erblickte.

Die Untersuchung des Schnittpräparates zeigt einwandfrei, daß auch die coralliformen Konkremente aus kleinen, vielfach staubartig feinen Kügelchen

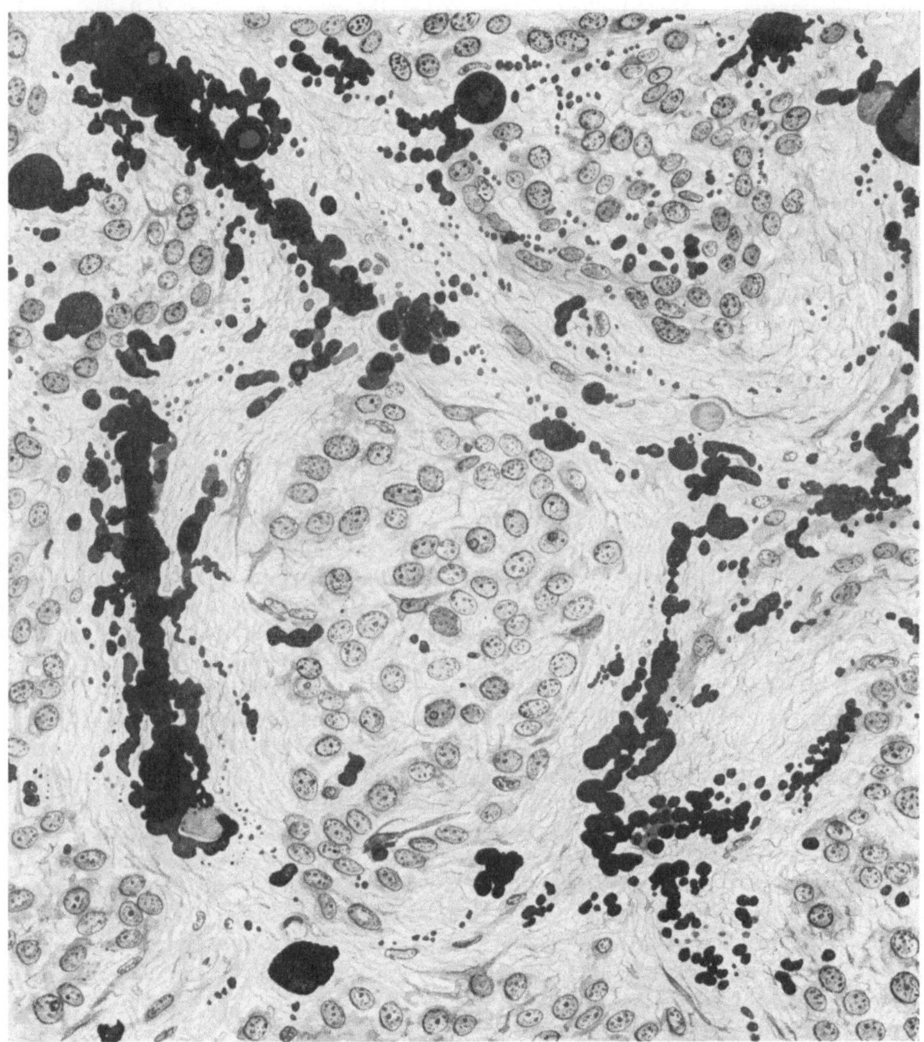

Abb. 87. Kalkkonkremente, darunter sog. koralliforme, in Septen und Follikeln der Epiphyse eines 35jährigen Hingerichteten. (Fixation Formol 10%, Schnittdicke 8 μ, Hämatoxylin-Eosin-Färbung, Ok. 4, Obj. Zeiß D.D. auf $^4/_5$ verkl., gez. K. HERSCHEL-Leipzig.)

hervorgehen, die — in Gewebsspalten gelegen — sich untereinander vereinigen, wobei sie nicht selten mit größeren, maulbeerförmigen Konkrementen verschmelzen. Die Aneinanderreihung kleinster Kalkkügelchen beschreibt bereits SCHLESINGER (1917). Die Form der Gewebsspalten kommt übrigens auch in der Gestalt des Kalkgerüstes zum Ausdruck: die bizarrsten, am ehesten die Bezeichnung „coralliform" verdienenden Konkremente findet man in den unregelmäßigen Intercellularräumen der Follikel, während die innerhalb der

Bindegewebsspalten im Stroma liegenden Kalkablagerungen weniger stark und nicht so zierlich verästelt sind. Die Möglichkeit der Einbeziehung von Bindegewebs- und Gliafasern in diese sich ausbreitenden Hartsubstanzbildungen ist grundsätzlich nicht von der Hand zu weisen, doch konnte ich mich von der tatsächlichen Existenz in dem Kalkgerüst eingebackenen Fasermaterials bisher nicht überzeugen. Abschließend kann jedenfalls gesagt werden, daß die maulbeerförmigen Sphärolithen und coralliformen Konkremente der Epiphyse in grundsätzlich gleicher Weise entstehen. Dagegen ist unklar, ob die Konkremente der Zirbel und die in anderen Abschnitten des Gehirnes, in den Hirnhäuten, den Plexus chorioidei vorkommenden Kalkkörperchen ihrer Entstehung nach gleichwertig sind. Letztere werden ziemlich allgemein von degenerativ veränderten Gefäßen abgeleitet (Finlay 1898, H. Schmid 1929). Auersperg (1929) hält es für möglich, daß ein Teil des Corpora arenacea des Plexus chorioideus auf der Grundlage obliterierter Blutgefäße entsteht, konnte jedoch keine „geschlossene Beobachtungskette verschiedener Umformungsstufen von der Capillare zum Corpus arenaceum" erbringen (vgl. ferner Becker 1939). Sakai (1911) läßt die Kalkablagerung der Arachnoides aus konzentrisch geschichteten Endothelperlen und Bindegewebsfasern entstehen. Nach den Untersuchungen von Ferner gehen die Kalkkugeln in den Meningen des *Menschen* aus hyalin degenerierten „zelligen Knötchen" der Arachnoides hervor. Diese Kalkkörper unterscheiden sich vom Acervulus der Epiphyse durch ihre glatten Konturen, sie sind meist regelrechte Kügelchen, während die Zirbelsteinchen eine höckerige Oberfläche aufweisen.

Wir wissen nicht, unter welchen Bedingungen es zur Entstehung der Zirbelkonkremente kommt. Trautmann (1925) beobachtete in der Epiphyse thyreoidektomierter *Ziegen* vielfach sehr ausgedehnte Kalkherde im Bindegewebe, während normalerweise Kalkablagerungen in der Epiphyse der *Ziege* zu den Seltenheiten zählen. Nach Trautmanns Meinung ist es nicht zu gewagt, diese Kalkbildungen auf die Exstirpation der Schilddrüse zu beziehen, zumal sie gerade bei Tieren mit starken Ausfallserscheinungen vorkommen. Die Frage, warum es im Anschluß an die Exstirpation zu solch erheblicher Kalkablagerung kommt, wird von Trautmann nicht näher erörtert. Vielleicht darf man sie der dem Gesamtorganismus aufgezwungenen Herabsetzung des Gewebsstoffwechsels zur Last legen. Trautmann (1934) hält es ferner für nicht ausgeschlossen, daß mehrfache Gravidität *(Kuh)* einen fördernden Einfluß auf die Bildung von Konkrementen ausübt (vgl. auch Frada und Micale 1941 sowie S. 477). Beim *Menschen* konnte Brandenburg (1929) jedoch keine Beziehung zwischen Acervulusreichtum in der Epiphyse und Kinderzahl ermitteln. Stärkere Acervulusbildung will Algranati Mondolfo (1933) bei Steigerung des Liquordruckes sowie bei Neoplasien festgestellt haben. Bei Luetikern sollen Zirbelkonkremente selten vorkommen. Diese Angaben muß man wohl mit Skepsis aufnehmen.

Die Bedeutung der Konkrementbildung in der Epiphyse ist unbekannt. Die Ansicht von Cyons (1907), die Einlagerung von Kalkkonkrementen befähige die Zirbel besonders zu ihrer Pförtnerrolle im Aquaeductus Sylvii (s. S. 321), sei nur aus historischen Gründen erwähnt. Lignac meint, die den Capillaren vielfach eng benachbarten Kolloidkugeln seien vielleicht Sekrete der Zirbel, „welche auf dem Blutwege wenigstens zu einem gewissen Teil fortgeführt werden". Es ist jedoch kaum anzunehmen, daß die Sekretbildung sich nur bei einigen wenigen Säugerformen in Gestalt der Kolloidausfüllung vollzieht. Überdies erscheint die Produktion eines Sekretes, welches gleichzeitig Kalkfänger ist, wenig sinnvoll.

Trotz der Häufigkeit der mitunter sehr ausgedehnten Ablagerung von Konkrementen in der Epiphyse des *Menschen* sind auf diese zurückzuführende, in gleicher Häufigkeit auftretende Ausfallserscheinungen nicht bekannt geworden. Cignolini (1927) findet einen Zusammenhang zwischen Konkrementen und dem Auftreten von Merkmalen des Hypogenitalismus. Orlandi und Guardini dagegen lehnen Cignolinis Behauptung als unrichtig ab, da sie bei 31 Patienten mit reichlicher Acervulusbildung keinerlei Anzeichen von Hypogenitalismus beobachteten. Auf Grund eigener Feststellungen kann ich mich dieser Ablehnung anschließen. Ich fand bei konstitutionell völlig Normalen sehr konkrementreiche Epiphysen (8 Fälle).

n) Cysten.

Epiphysencysten werden ausgesprochen häufig beobachtet. Barratt fand in 47% unter 19 Organen meistens multiple Cystem. Eine Beziehung zwischen Cystenbildung, Alter, Geschlecht und bestimmten Erkrankungen scheint nicht zu bestehen (Barratt). Die Psychiatrie des 19. Jahrhunderts nahm einen Zusammenhang zwischen Geisteskrankheiten und Zirbelcysten an (Friedreich 1830).

Die in der Epiphyse des *Menschen* und der *Säugetiere* vorkommenden, unbestimmt lokalisierten Cysten sind verschiedener Herkunft (Marburg, Laignel-Lavastine, Berblinger, Orlandi und Guardini). Zum kleineren Teil handelt es sich um Abgliederungen des Recessus pinealis bzw. um Hohlraumbildungen, welche vermutlich aus versprengtem Epiphysenmaterial hervorgegangen sind. Die Auskleidung dieser Hohlräume, welche nach Marburg eine zentrale Lage einzunehmen pflegen, besteht dementsprechend aus einer Schicht von Ependymzellen (vgl. hierzu S. 400 und 401. Barratt (1903) bestreitet allerdings das Vorkommen von Cysten, welche aus dem Recessus pinealis hervorgehen sollen. Die kleinen, infolge der radiären Anordnung der länglichen Pinealzellen um eine Lichtung an Rosetten erinnernden Hohlraumbildungen in der Epiphyse *(Rind, Ratte,* Clemente 1923, *Mensch, Kaninchen, Meerschweinchen,* Chiodi 1939, Castigli 1941, *Kaninchen)* werden nicht zu den Cysten im engeren Sinne gerechnet.

Die Mehrzahl der Epiphysencysten ist auf degenerative Veränderungen des Parenchyms zurückzuführen. Diese Cysten können sehr zahlreich auftreten — nach Barratt (1903) sind sie meistens sogar multipel ausgebildet — und eine ansehnliche Größe erreichen. Gefächerte Cysten kommen in der Epiphyse des *Schweines* vor (László 1935). Das funktiontüchtige Zirbelgewebe ist in solchen Fällen auf eine schmale Zone an der Oberfläche des Organs beschränkt. Der Inhalt der Hohlräume besteht aus einer wasserhellen oder gelblichen, fadenziehenden Flüssigkeit. Virchow spricht von Hydrops cysticus der Epiphyse; schon Albrecht v. Haller (1762) bezeichnete manche Epiphysen als „hydatidi similis". Zirbelcysten findet man vorzugsweise in den Epiphysen älterer Individuen, doch werden sie auch bei Kindern und jungen *Rindern* gelegentlich angetroffen (Krabbe, Orlandi, Trautmann 1934). Die Cysten verhalten sich bezüglich ihrer Häufigkeit in den verschiedenen Altersstufen wie die Konkrementbildungen.

Die Wandungen der Cysten zeigen einen charakteristischen Aufbau. Das die Lichtung umgebende Gewebe besteht stets aus Glia, zwischen deren Fasern Astrocyten, granulierte Gliocyten (Hortega), Mikrogliazellen (Hortega), vereinzelte sudanophile Elemente (Orlandi und Guardini) und Pinealzellen liegen. Die innerhalb der Glia verlaufenden Blutcapillaren werden häufig von zahlreichen Corpora amylacea begleitet, welche auch in das entferntere Gliagewebe zu verfolgen sind. An den größeren Cysten lassen sich meist zwei Gliazonen unterscheiden: das dem Lumen am nächsten gelegene gliöse Gewebe, welches ich Verdichtungszone nenne, zeichnet sich durch besonders dichte Lagerung der die Lichtung meist konzentrisch umgebenden verdickten, Gliafasern aus (Barratt 1903, Cooper 1933), während das zwischen dieser Zone und dem Gebiet der Pinealzellen gelegenen Gewebe meist locker strukturiert ist (Abb. 88) und im allgemeinen eine etwas größere Zahl von pinealen Gliazellen — teilweise von Pinealzellnestern (Abb. 69) — enthält. Orlandis und Guardinis Behauptung, die Gliaverdichtung sei besonders in den vom Lumen entfernten Bezirken ausgesprochen, stimmt mit meinen Beobachtungen nicht überein. Die Wandungen anscheinend jüngerer Cysten bestehen im Gegensatz zu den obenerwähnten aus einer nur schmalen Schicht von Gliafasern, von der

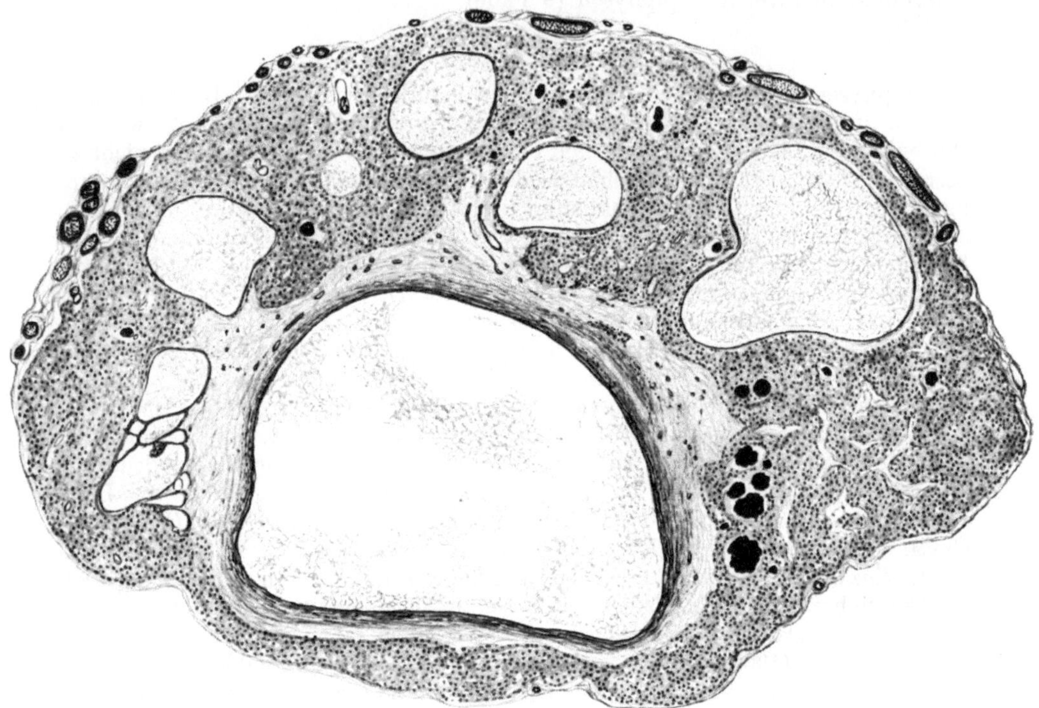

Abb. 88. Cystenreiche Epiphyse eines 45jährigen Hingerichteten im Querschnitt. (Fixation Zenker, Schnittdicke 8 μ, Färbung mit Molybdänhämatoxylin nach Held, 23fache Vergr., auf ²/₃ verkl., gez. K. Herschel-Leipzig.)

aus radiär gestellte Bündel von Fasern in ziemlich regelmäßigen Abständen in das Zirbelgewebe zu verfolgen sind. In der unmittelbar an das Cystenlumen angrenzenden Lage der Verdichtungszone vollzieht sich eine stete Fragmentierung von Gliafasern, welche zu einer allmählichen Größenzunahme des Hohlraums führt; die lumenwärts liegenden Fasern zerfallen in kleine Bruchstücke, welche in die Lichtung abgestoßen werden. Man findet diese Faserfragmente in großer Zahl in den peripheren Bezirken des Cysteninhaltes. Orlandi und Guardini machen bereits auf das Vorhandensein von Gliafasern im Cystenlumen aufmerksam. Der Faserzerfall ist offenbar mit einer Abgabe von Flüssigkeitstropfen in die Höhle verbunden, welche im Schnittpräparat als Blasen und Kuppen in Erscheinung treten, deren Oberfläche vielfach kleine Faserbruchstücke anhaften. Vermutlich ist diese Abgabe von Gewebsflüssigkeit in Verbindung mit der durch sie hervorgerufenen Drucksteigerung im Cysteninneren für die dichte Lagerung der Fasern in der Randzone verantwortlich. Außer den Faserteilchen treten Zellelemente in die Höhlen über, in welchen man ihren Zerfall feststellen kann. Stellenweise sieht man einzelne Pineal- und Gliazellen, die bereits in das Lumen hineinragen; mit einem Teil ihres Zelleibes hängen sie noch im Gliafilz. Die gleiche Beobachtung gelang auch KRABBE (1916). Diese Zellen entsprechen wohl den „pseudo-ependymal cells", welche nach COOPER (1933) die Cystenwände überziehen. Nach HORTEGA stammen die innerhalb der Cystenlumina liegenden Zellen von Mikrogliazellen ab. Die Angabe von ORLANDI und GUARDINI, in der Gliawand der Cysten fehlten die Pinealzellen

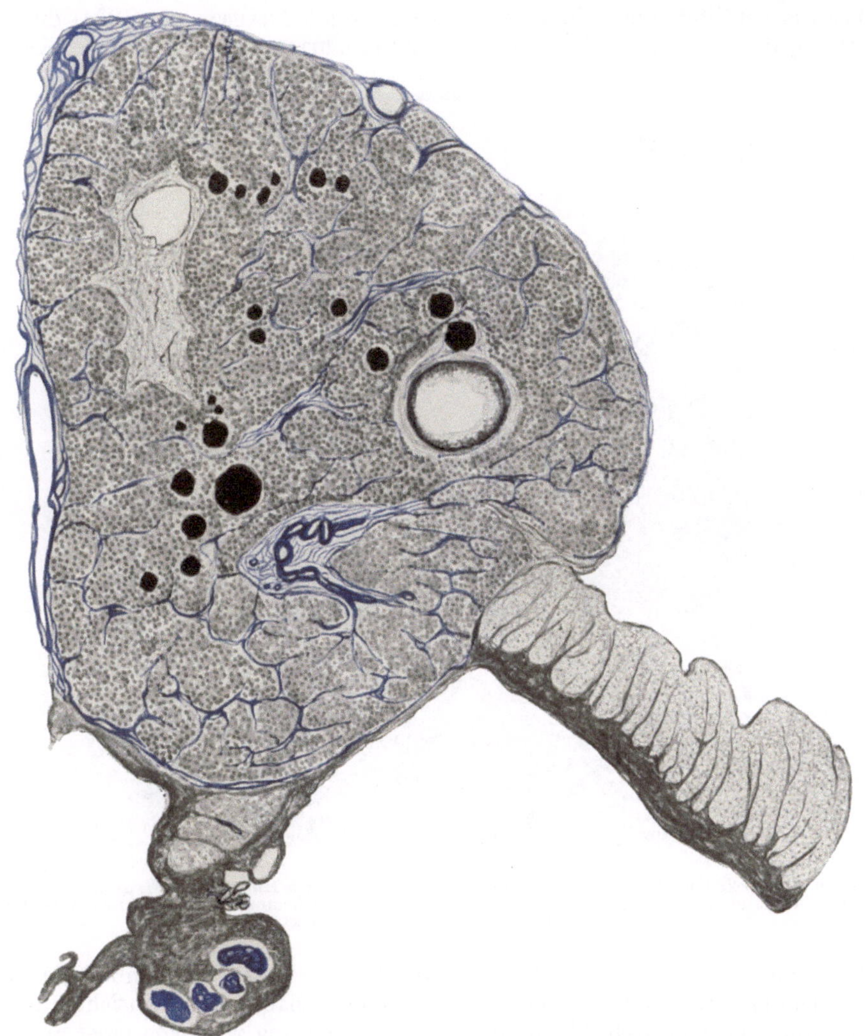

Abb. 89. Epiphyse eines 43jährigen Hingerichteten (Paramedianschnitt) mit Gliaflecken, Cysten und Konkrementen (schwarz). Septen blau. (Fixation ZENKER, Schnittdicke 8 μ, Lupenvergrößerung, gez. K. HERSCHEL-Leipzig.)

stets, ist nicht zutreffend. Das Vorkommen eisenhaltiger, teils extra-, teils intracellulär gelegener Pigmente (Gliazellen) in der Cystenwandung erwähnen BERBLINGER sowie ORLANDI und GUARDINI. In der Verdichtungszone, aber auch in tieferen Lagen der Cystenwände werden vielfach Corpora amylacea beobachtet.

Der leicht koagulierende Inhalt der Cysten, eine klare gelbliche Flüssigkeit, enthält nach LIBER (1939) kein Muzin und Fibrin. Auf die Beimischung von Faserfragmenten und absterbenden Zellen wurde bereits hingewiesen.

Die Entstehungsweise der Cysten wird verschieden geschildert. Nach Marburg (1908), Polvani (1913) und Schlesinger (1917) gehen die Cysten aus Gliaflecken hervor, deren Zentren infolge mangelhafter Vascularisierung (Gefäßobliteration) erweichen und zerfallen, so daß es zur Bildung eines mit Detritus gefüllten, scharfrandig begrenzten Hohlraumes kommt. Auch für die in der Epiphyse des *Rindes*, besonders des weiblichen Tieres vorkommenden, mit Detritus gefüllten unregelmäßigen Cysten nimmt Trautmann (1934) die Entstehung durch Einschmelzung mangelhaft ernährten Gliagewebes an. Krabbe

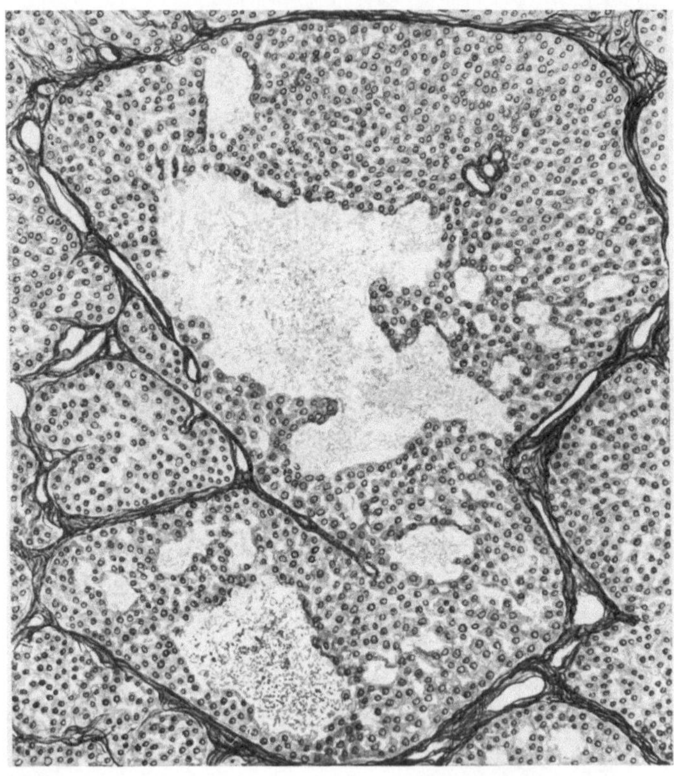

Abb. 90. Auflockerung des Gewebes der Epiphyse einer 26jährigen Hingerichteten. Beginn der Cystenbildung. (Fixation Zenker, Schnittdicke 8 μ, Färbung mit Eisenhämatoxylin nach Heidenhain-Mallory, Ok. 5, Obj., Zeiß B, auf ^{2}/$_3$ verkl., gez. K. Herschel-Leipzig.)

(1916) meint dagegen, es komme nur ausnahmsweise zur Höhlenbildung durch Erweichung. Die Mehrzahl der Cysten entsteht nach seiner Ansicht aus dem Recessus pinealis durch Abschnürung. Ihre Wandung wird von einer an Dicke zunehmenden Gliaschicht umgeben, so daß die Cysten bei Erwachsenen innerhalb von Gliaflecken liegen. Allmählich sollen sich die Hohlräume schließen, so daß die Epiphysencysten älterer *Menschen* eine geringere Ausdehnung als diejenigen junger Individuen aufweisen. Der Auffassung Krabbes liegt indessen eine irrige Vorstellung von der Häufigkeit der Ependymcysten zugrunde. Außerdem berücksichtigt Krabbe die Unterschiede in der Struktur der Wandung ependymärer und degenerativer Cysten nicht. Damit soll indessen der alleinigen Richtigkeit der Marburgschen Auffassung nicht das Wort geredet sein. Nach meinen Beobachtungen können Hohlräume in der Zirbel des *Menschen* durch netzige, mit Zellzerfall einhergehende Auflockerung des follikulären

Gewebes infolge intercellulärer Flüssigkeitsansammlung (Abb. 90) gebildet werden, die in ausgedehnten Gebieten der Epiphyse auftritt. Mit dem Anwachsen der Flüssigkeitsmenge wird das Parenchym auf eine mehr oder weniger schmale, den Septen angelagerte Gewebszone beschränkt. Auch LÁSZLÓ (1935) führt die Zirbelcysten des *Schweines*, dessen Epiphyse in 4,7% der Fälle cystisch verändert gefunden wurde, auf die Bildung zwischenzelliger Lücken und Degeneration der Pinealzellen zurück. BARRATT faßt die Flüssigkeitsbildung als „aktiven" Transsudationsvorgang auf, der von einem Verschwinden der Pinealzellen begleitet ist, ohne jedoch erklären zu können, wie sich das Verschwinden der Zellen im einzelnen vollzieht. Nach seiner Feststellung geht der Transsudation eine Flüssigkeitsansammlung in den perivasculären Lymphräumen parallel. In atrophischen Gehirnen, deren Zirbeln cystisch verändert sind, zeichnen sich die Lymphräume nach BARRATT durch Flüssigkeitsreichtum aus.

Über einen ursächlichen Zusammenhang von Epiphysencysten und Blutungen in das Zirbelgewebe (vgl. hierzu BERBLINGER 1926) wissen wir nichts. Die kleinen frischen Blutungen, welche man nach SCHLESINGER (1917) und WEINBERG (1926) häufig frei im Epiphysengewebe feststellen kann, sind nach meinen Erfahrungen sicherlich teilweise präparatorisch bedingt, ebensowohl auch das Auftreten von Erythrocyten im Cystenlumen (WEINBERG 1926, *Mensch;* LÁSZLÓ 1935, *Schwein*). MÜNZER (1926) fand in einem Falle von Suicid durch Erhängen eine kleine frische Blutung „an der vorderen Grenze der Epiphyse". Diese Blutung dürfte auf die durch Strangulation hervorgerufene Stauung zurückzuführen sein. BERBLINGER (1926) erwähnt die Kombination von cystischer Umwandlung großer Organteile und älteren Extravasaten.

Irgendwelche auf das Vorhandensein von Cysten der Epiphyse zu beziehenden typischen Symptome sind — wenn man von cystisch abnorm vergrößerten, auf benachbarte Hirnteile komprimierend wirkenden Organen absieht — nicht bekannt (vgl. hierzu GARROD 1899, RUSSELL 1899, BERBLINGER 1926, BALADO und CARRILLO 1929, s. a. KUP 1935). Bei einer völlig gesunden 20jährigen Frau fand ich eine fast durchsichtige Epiphysencyste mit dem Durchmesser 2,5:2:1,8 cm (vgl. auch die Fälle von LIBER 1939, SATO 1938). KUP (1935) ist der Ansicht, die Symptomlosigkeit der Epiphysencysten sei darauf zurückzuführen, daß die cystisch veränderte Zirbel immer noch genügend funktionstüchtiges Gewebe enthalte. In Fällen von frühzeitigem Altern (ein Fall von CUSHINGscher Krankheit) fand KUP (1935, 1937) als einzig anatomisch nachweisbare Veränderung eine völlige Vernichtung des Epiphysengewebes durch eine Cyste. Das außerordentlich häufige Vorkommen von Zirbelcysten verbietet jedoch meines Erachtens die Annahme ursächlicher Beziehungen zwischen dem Hydrops der Zirbel und bestimmten Krankheitsbildern (vgl. hierzu auch S. 444). Die Richtigkeit der Behauptung von ALGRANATI MONDOLFO (1933), bei akuten Infektionen sei eine Vermehrung der Cysten und Gliaflecken zu verzeichnen, bei Erkrankungen des Gefäß- und Excretionssystems dagegen eine zahlenmäßige Herabsetzung, ist aus demselben Grunde mehr als zweifelhaft.

4. Der Feinbau der Epiphyse der Vögel.

Über den Feinbau der *Vogel*epiphyse liegen nur wenige, meist auf die Epiphyse des *Huhnes* Bezug nehmende Angaben vor (vgl. hierzu S. 368). Sie lassen aber bereits erkennen, daß die Epiphysen der *Vögel* und *Säuger* nur wenige gemeinsame Züge aufweisen. Nach GALEOTTI (1897) sind in den Alveolen und **Tubuli** der Zirbel von *Hühner*keimlingen zwei Zelltypen zu unterscheiden. Neben 20—22 μ langen, von der Basalmembran bis zum Lumen sich erstreckenden Zellen mit basal gelegenem Kern findet man zwischen ihnen gelegene kleinere Elemente mit hyalinen Körnchen im Cytoplasma, welche anscheinend in die Lichtung abgegeben werden, wo sie frei anzutreffen sind. Biondi (1912) findet die durch Bindegewebssepten abgegrenzten Lobuli der Epiphyse des *Huhnes* aus sternförmig verästelten Gliazellen mit hellen Kernen aufgebaut, in deren Maschenwerk sich von zylindrischen Zellen begrenzte Hohlräume befinden. Dieses

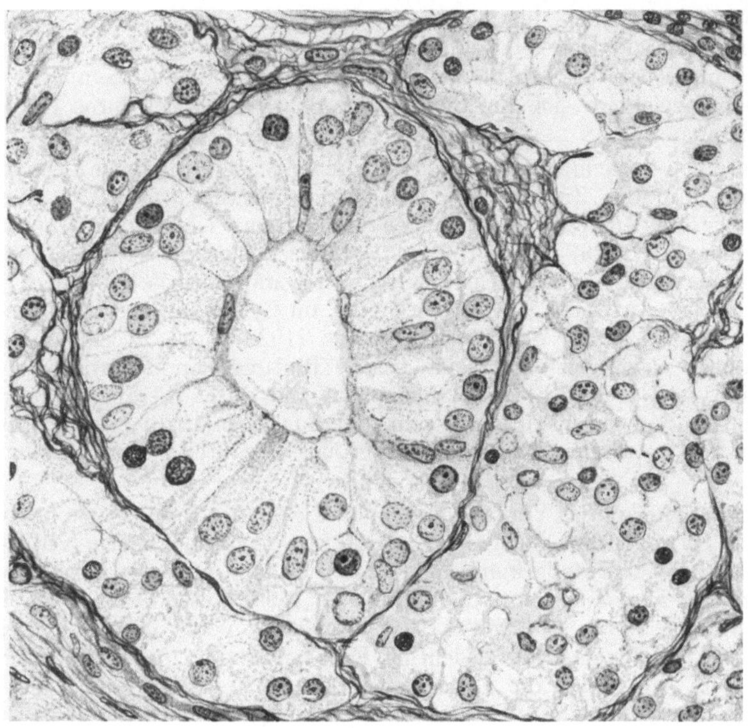

Abb. 91. Follikel in der Epiphyse eines erwachsenen *Huhnes*. (Fixation Susa, Schnittdicke 8 μ, Färbung mit Azan nach M. Heidenhain, Ok. 2, Ölimmersion. Zeiß H. I. 100, auf ⁴/₅ verkl., gez. K. Herschel-Leipzig.)

Epithel zeichnet sich nach meinen Beobachtungen durch den Besitz von Schlußleisten aus. Mitunter läßt sich ein von der Zellbasis ausgehender feiner Faden beobachten; er dürfte den bekannten basalen Fortsätzen der Ependymzellen entsprechen. Die apikalen Zellteile enthalten zahlreiche, mit der Regaudschen Methode zum Mitochondriennachweis darstellbare Granula. Desogus (1928) erwähnt den Reichtum der Epiphysenzellen des *Huhnes* an sudanophilen Lipoidtröpfen während der Ovulationsperiode. Studnička (1905) und Clemente (1923) haben den Ependymcharakter der Zellauskleidung in den Epiphysenbläschen und -schläuchen, welche nach R. Krause (1921) von Capillaren umsponnen werden, hervorgehoben. Zwischen die langgestreckten Elemente sind hier und da dünnere spindelförmige Zellen eingelassen. Bei *Meleagris* fand Studnička an Sinneszellen erinnernde Elemente, an deren apikalen Abschnitten Fädchen oder Sekretballen zu beobachten sind. In den meisten Fällen ruht die ependymähnliche Schicht nicht auf einer Basalmembran („membrana limitans externa" Studnička), sondern das Bindegewebe dringt mit seinen Fäserchen,

wie z. B. bei *Strix*, zwischen die basalen, stark verjüngten fadenförmig auslaufenden Enden der Wandzellen. Nach HORTEGA (1922), der die Epiphyse
vom *Pfau* untersuchte, liegen zwischen den sehr langen und schmalen, Diplosomen enthaltenden Wandzellen („celulas epiteliales") verästelte Zellen vom
„tipo neuroglico", außerdem bildet HORTEGA eine inmitten der Ependymzellen
gelegene Ganglienzelle ab. Sie entspricht vielleicht den von STUDNIČKA *(Meleagris)* erwähnten „sehr großen Zellen mit klaren Zellkörpern", wie sie in ähnlicher
Form bei *Acipenser* und *Petromyzon* gefunden und für Ganglienzellen gehalten
wurden. Ob die nach DELÉTRA, CHAVAZ und CURTET (1941) in der Epiphyse von
*Hühner*embryonen entstehenden zahlreichen Neurone, deren Ähnlichkeit mit
den Pinealzellen WALTERs betont wird, wirklich Nervenzellen verkörpern, sei
noch dahingestellt.

Die Lumina der Epiphysenbläschen oder -schläuche pflegen geronnenes,
homogenes oder körniges (CLEMENTE) Sekret und freie Zellen bzw. deren Zer-
fallsprodukte zu enthalten (GALEOTTI, BIONDI, STUDNIČKA, DESOGUS). Nach
STUDNIČKA können die Lichtungen durch Eindringen der Ependymzellen in
das Lumen obliterieren; dabei sollen sich die Ependymzellen zu Gliazellen
differenzieren, zwischen denen Gliafasern verlaufen. Die Anwesenheit von Gliafasern zwischen den gliösen Elementen der Epiphyse des *Huhnes* wird auch von
BIONDI erwähnt. Auch R. KRAUSE (1921) erwähnt eine Einengung und schließ-
liches Verschwinden der Lumina der Epiphysenschläuche durch „Lagen kubischer
Zellen", welche sich der Zellauskleidung außen anschmiegen. FUNKQUIST (1912)
will eine Ausfüllung der Lichtung durch Astrocyten festgestellt haben *(Huhn)*.
DESOGUS (1926, 1935) sieht in dem Verschwinden der Lichtungen das Zeichen
einer Funktionsminderung.

Über den Bau des Epiphysenstieles, welcher Epiphyse und Gehirn miteinander verbindet, sind wir mangelhaft unterrichtet. Nach STUDNIČKA enthält
der Epiphysenstiel des *Huhnes* keine Nervenfasern, sondern nur von Gefäßen
begleitete Bindegewebsfäserchen. R. KRAUSE schildert den Epiphysenschlauch
der sich an der Hirnoberfläche in kleinere, ein Konvolut bildende Äste aufteilt,
als ein von Capillaren umgebenes Rohr mit epithelialer Auskleidung.

Das Stroma der *Vogel*epiphyse besteht aus einer Bindegewebshülle, deren
Fortsetzung zusammen mit den Blutgefäßen zwischen die Bläschen bzw. Lobuli
eindringt (STIEDA 1869, BIONDI, eigene Beobachtungen, vgl. Abb. 91). Diese
Hülle setzt sich einerseits auf dem Epiphysenstiel fort, auf der anderen Seite
verbindet sie die Epiphyse mit der Dura mater (s. auch S. 356). Aus diesem
Grunde empfiehlt es sich, bei der Exstirpation des Organs zur histologischen
Untersuchung die Dura samt der an ihr hängenden Epiphyse herauszupräpa-
rieren. Nach STUDNIČKA beherbergt die Epiphysenkapsel selten Pigment.
STUDNIČKA macht auf das Vorkommen verkalkter Bindegewebsfasern in
den Epiphysenhüllen von *Strix* aufmerksam. Acervulus scheint in der Vogelepiphyse nicht enthalten zu sein (FUNKQUIST 1912). Nur G. H. BERGMANN (1831)
erwähnt das Vorkommen von Konkrementen in der Zirbel eines bejahrten
Kolkraben. Im perivasculären Bindegewebe der Epiphyse des *Huhnes* finde ich
nicht selten größere Herde von Lymphocyten. Untersuchungen über die
Innervation der *Vogel*epiphyse stehen noch aus.

Soweit die verhältnismäßig geringe Zahl der Untersuchungen über die
Histologie der *Vogel*epiphyse ein Urteil zuläßt, bestehen offenbar starke Unterschiede in der Ausbildung von Lichtungen. Genauere Angaben über den Vorgang der Obliteration des Lumens, der bei Einschränkung der Zirbelfunktion
einsetzen soll (DESOGUS 1924, 1926, 1935, vgl. hierzu DE MENNATO 1934) und
den Zeitpunkt seines Beginnes fehlen.

5. Der Feinbau der Epiphyse und des Parietalauges der Reptilien.

Die Epiphysen der *Saurier* und *Chelonier* stellen Hohlorgane mit ependymartiger Wandung dar, während die Epiphyse der *Ophidier*, wie bereits erwähnt (s. S. 356), in ihrem Feinbau an ein inkretorisches Organ vom Epithelkörpertypus erinnert. Endblase bzw. Endzipfel und Epiphysenstiel der *Reptilienepiphyse* unterscheiden sich in ihrem feineren Aufbau grundsätzlich nicht; daß sie nicht bei allen Formen entwickelt sind, wurde bereits dargelegt. Mitunter findet man den Epiphysenhohlraum durch mehr oder weniger tiefe Aussackungen kompliziert.

Zunächst sei die Epiphyse vom Hohlorgantypus einer summarischen Betrachtung unterzogen; bezüglich des morphologischen Verhaltens der Epiphyse einzelner Arten verweise ich auf Studničkas (1905) Darstellung. Studnička (1905) schildert zwei typische Bauweisen der Epiphysenwandung an den Beispielen von *Pseudopus Pallasii* und *Anguis fragilis*. Die stark gefaltete Wandung der Epiphyse von *Pseudopus* wird nur von langen, an der Basis in dünne Fortsätze übergehenden Ependymzellen gebildet, zwischen denen sich hier und da kleinere, angeblich Gliazellen darstellende Elemente befinden. Die Kerne der Ependymzellen liegen in verschiedenen Höhen innerhalb der Epiphysenwandung. An der Lumenseite der Ependymzellen lassen sich Sekretballen nachweisen. In der Epiphyse von *Anguis* kommen neben Ependymzellen lange stäbchenförmige, mit ihren apikalen Teilen in die Lichtung hineinragende Zellen vor. Von ihrer Oberfläche ziehen acidophile Fädchen — von Studnička für umgewandeltes Cytoplasma gehalten — in das Lumen, um sich mit denen der gegenüberliegenden Seite zu einem Netzwerk zu verbinden. Dieses auch von Melchers beobachtete Netzwerk entspricht nach Preisler geronnenem Sekret. Zwischen den verjüngten Abschnitten der Epiphysenwandzellen von *Anguis* sind verästelte sog. Neurogliazellen eingeschlossen. Die distalen Abschnitte der Epiphyse enthalten häufig im apikalen Cytoplasma der Wandzellen gelegenes gelbliches oder braunes Pigment (*Anguis, Lacerta, Hatteria* u. a. Formen, Studnička, Leydig 1891, Preissler) in granulärer oder feinscholliger Form. Außer geronnenem Sekret enthält das Lumen der Epiphyse vielfach vereinzelte, in Zerfall begriffene Zellen — es handelt es meist um abgestoßene Wandzellen — oder ganze Zellballen. Studnička bezeichnet sie unrichtigerweise als Syncytien (vgl. Preissler). Faivre (1857) behauptet, in der Epiphyse von *Cistudo europaea* kleine, aus Calciumphosphat bestehende Körnchen gefunden zu haben. Nach Leydig (1891, *Lacerta muralis, Varanus nebulosus*) können auch in der Umgebung der Epiphyse Kalkkonkremente vorkommen. Die Umhüllung der Epiphyse der *Reptilien* besteht nach Studnička aus einer feinen „Limitans externa" und einer Bindegewebsschicht, welche mit dem Endost des Schädeldaches und den Meningen zusammenhängt. Bei manchen Formen stehen Parietalauge und Epiphyse durch einen Bindegewebsstrang miteinander in Verbindung (*Lacerta vivipara, L. agilis,* vgl. Leydig 1921). Die Bindegewebshülle der Epiphyse enthält neben zahlreichen Blutcapillaren nicht selten verästelte Pigmentzellen (z. B. *Lacerta viridis, Varanus,* Studnička) sowie Mastzellen (Preissler), welche auch in der Umgebung des Parietalauges, überhaupt in der Parietalgegend (Scharrer 1935, Lit.) vielfach anzutreffen sind. Die an der Oberfläche der Epiphyse befindlichen zahlreichen dünnwandigen Blutgefäße stehen mit jenen des Zwischenhirndaches (Paraphyse) in Verbindung (Studnička).

Die Nervenversorgung der *Saurier*epiphyse übernehmen aus dem Schaltstück zum hinteren Umfang der Epiphyse aufsteigende Fasern (Tractus pinealis,

v. KLINCKOWSTRÖM 1893, STUDNIČKA 1905). Einen Zusammenhang der Fasern des Tractus pinealis mit den Epiphysenzellen konnte STUDNIČKA nicht feststellen. Im Hinblick auf die an anderen *Wirbeltieren* erhobenen Befunde ist jedoch anzunehmen, daß auch die Fasern des Tractus pinealis der *Saurier* centripetale, aus dem Pinealorgan stammende Neuriten verkörpern.

Die Morphologie der Wandzellen der *Reptilien*epiphyse beansprucht im Hinblick auf HOLMGRENs Beobachtungen eines Sekretionszyklus der epiphysären Sinneszellen in den Epiphysen anderer niederer Wirbeltiere besonderes Interesse. Diese Zellen sind mit den Stäbchenzellen der Seitenaugen zu homologisieren (HOLMGREN 1918, 1920, *Haie, Teleostier, Anuren,* vgl. hierzu STUDNIČKA 1905). Dieses Interesse ist um so gerechtfertigter, als zwischen Epiphyse und Parietalauge gerade bei den *Reptilien* engste Beziehungen bestehen. Unter Sinneszellen sind jene Wandelemente der Epiphyse zu verstehen, welche mit einem peripheren Fortsatz in das Organlumen hineinragen, den HOLMGREN als Endstück bezeichnet. Am Endstück läßt sich ein Innenglied und ein Außenglied unterscheiden. Die am peripheren Fortsatz sich abspielenden Sekretionsvorgänge, an welche an anderer Stelle näher eingegangen wird (s. S. 461, 466), gipfeln in erster Linie in einer Abstoßung des Außengliedes, das sich dann in Bläschen oder Tröpfchen auflöst. Der zentrale Fortsatz der Sinneszellen läuft in verzweigte Nervenfasern aus.

Von der Vermutung ausgehend, die von HOLMGREN beschriebenen sog. Endstücke der Sinneszellen entsprächen den von v. KLINCKOWSTRÖM (1893) bei *Iguana*embryonen beobachteten Cilien, den Zähnchen BERANECKs (1887) und den in das Epiphysenlumen vorspringenden Zellenden STUDNIČKAs (1905), untersuchte mein Schüler PREISSLER (1942) den Feinbau der Epiphyse von *Lacerta serpa, L. muralis, L. agilis, Anguis fragilis* und von *Calotes*embryonen. Die Wandung der schlauchförmigen Epiphyse von *Calotes* besteht aus mehreren Lagen meist spindelförmiger Elemente, welche sich von der zarten Basalmembran bis zum Lumen erstrecken. Deutlich ausgebildete Schlußleisten dichten die Epithelschicht gegen das Lumen ab. In das Epiphysenlumen ragen die schmalen Fortsätze jener langgestreckten Wandzellen, welche sich durch die Dunkelfärbung ihres Zelleibes auszeichnen. Das Aussehen dieser Fortsätze wechselt außerordentlich: in vielen Fällen enthält ihr proximaler Abschnitt einzelne Granula oder kleine Vakuolen — mitunter beides — während der distale Abschnitt zu einer großen prallen Blase aufgetrieben erscheint. Vakuolen treten auch in dem apikalen kernnahen Cytoplasma auf, so daß eine Wanderung dieser Bläschen bis zum Ende des Fortsatzes vermutet werden kann. Durch enge Zusammenlagerung dieser Blasen entsteht an manchen Stellen des Schlauchlumens ein Wabenwerk, an jenes erinnernd, welche wir aus den Nierenkanälchen kennen. Andere Fortsätze enden in einer zusammengefallenen, lumenwärts aufgeplatzten Blase, wieder andere stellen sich als langgestreckte dunkle, wie Halme zu Boden gedrückte Bildungen dar. An den Epiphysenzellen von *Lacerta serpa, L. agilis, L. muralis* und *Anguis* sind ebenfalls den Endstücken HOLMGRENs entsprechende Fortsätze vorhanden, deren freie Enden in Blasen mit teilweise feinkörnigem Inhalt übergehen. Bei *Lacerta serpa* und *agilis* findet PREISSLER ein kuppenartiges, von Granulis erfülltes Innenglied, dessen Granulation mit den im kernnahen Cytoplasma befindlichen Körnchenmassen kontinuierlich zusammenhängt. Diese Granula sind wohl mit den von R. KRAUSE (1921) erwähnten Körnchen identisch *(Lacerta)*, die nach Ausstoßung in das Epiphysenlumen zu einer homogenen Masse zusammenfließen sollen. Ein Vergleich der Abbildungen PREISSLERs mit denjenigen HOLMGRENs läßt die Übereinstimmung der sezernierenden Wandzellen in der Epiphyse der *Reptilien,* besonders von *Calotes,* mit den sezernierenden Sinneszellen in der Epiphyse von *Squalus, Rana* und anderen Formen erkennen (vgl. hierzu S. 466). Ein Spiralfaden im Außenglied wurde von Preissler nicht beobachtet.

Die außerordentliche Formvariabilität der Zellfortsätze, welche unzweifelhaft verschiedenen Funktionsstadien entspricht, liegt vielleicht auch der obenerwähnten, von Studnička getroffenen Unterscheidung zweier Bautypen der Epiphyse zugrunde. Möglicherweise befanden sich die von Studnička untersuchten *Pseudopus*epiphysen gerade in einem Stadium eingeschränkter Sekretion, in welchem die Zellfortsätze nicht deutlich hervortreten. In manchen Epiphysen von *Lacerta agilis* z. B. fand Preissler nur geringe Spuren einer mit Blasenbildung einhergehenden Sekretion

Den Feinbau der Epiphyse von *Cheloniern (Emys orbicularis, Testudo iberica)* untersuchte Scatizzi (1933). Auch bei diesen Formen können die von Holmgren geschilderten Zelltypen beobachtet werden. Die chromophile Substanz der Sinneszellen besteht aus Körnchen verschiedener Größe; ein Spiralfaden soll nicht vorhanden sein. Die Sinnes- und Stützzellen vermögen — wie die mesenchymalen Elemente des Epiphysenbindegewebes — Trypanblau in feinkörniger Form zu speichern. Scatizzi meint auf Grund dieser Feststellung, die Epiphysenzellen gehörten wie das Epithel der Plexus chorioidei der Blut-Gehirnschranke an.

Trotz der gegenteiligen Auffassung von Studnička (vgl. hierzu S. 327) muß es als ausgemacht gelten, daß das Parietalauge zumindest einer ganzen Reihe von Arten eine Abgliederung des distalen Epiphysenendes darstellt (Strahl 1884, C. K. Hoffmann 1886 u. a.), wie auch neuerdings Preissler hervorhebt, dem der Nachweis des kontinuierlichen Zusammenhanges von Parietalauge und Epiphysenschlauch beim Embryo von *Calotes* gelang. Diese Tatsache macht die weitgehende Ähnlichkeit im Feinbau von Epiphysenende und Parietalauge erklärlich (s. a. Nowikoff 1910); es sei nur unter anderem an das Auftreten von Pigment in gleicher Verteilung in beiden erinnert. Angesichts der engen Zusammengehörigkeit von Epiphyse und Parietalauge, der auch die gemeinsame Nervenversorgung aus dem Ganglion habenulae entspricht (Nowikoff 1910) ist eine kurze Darstellung des Feinbaues des dritten Auges an dieser Stelle angebracht, zumal von neurologischer Seite nach den Homologa des Parietalauges und seiner Nerven im Gehirn des *Menschen* und der *Säuger* gefahndet wurde (Marburg, vgl. hierzu S. 329 f.).

An der epithelialen, bald kugeligen, ovoiden, kegelförmigen oder abgeflachten Blase des Parietalauges, dessen Fehlen bei *Geckoniden*, einigen *Agamiden*, *Tupinambis* und *Cyclodus* Studnička (1905) erwähnt, wird die dorsale, gar nicht oder nur schwach pigmentierte Wand als Linse, die ventrale pigmentierte, dickere Wandung als Retina unterschieden (Abb. 92). Die Angaben über das Vorhandensein eines Glaskörpers im Lumen des Parietalauges lauten sehr widersprechend. Das Lumen des Parietalauges soll eine bald hyaline (Beraneck), bald körnige Masse (Hoffmann) vom Charakter eines Koagulums (Leydig, v. Klinckowström) enthalten, in welchem Zellelemente eingeschlossen sind. Studnička (1905) schildert dagegen einen syncytial gebauten Glaskörper, Nowikoff (1910) ein Zellnetz sowie Fortsätze der Linsen- und Sehzellen. Die Frage der Glaskörperstruktur wird anläßlich der Schilderung des Feinbaues der Augenwandung näher erörtert (s. u.). Eine Basalmembran umhüllt das Parietalauge allseitig (Abb. Nowikoff, eigene Beobachtungen). Ihr schließt sich eine als Sklera bezeichnete, in ihrer Ausbildung bei den verschiedenen Arten wechselnde Bindegewebskapsel an, in welcher unterhalb der Retina Pigmentzellen liegen. Das pigmentarme oder -freie Bindegewebe dorsal vom Parietalauge (vgl. Leydig 1890, 1896), die sog. Parietalcornea kann gelegentlich „in eine Art von Schleimgewebe" (Studnička 1905, *Lacerta agilis*) umgewandelt sein, welches die Lichtstrahlen ungehindert hindurchtreten läßt. Nach meinen Beobachtungen zeichnet sich die Basalmembran des Hautepithels im Bereiche des Parietalauges von *Anguis*embryonen durch Auflockerung und Dickenzunahme aus (Abb. 92). Nach LEYDIG wird das Parietalauge vom Blute des Sinus sagittalis superior umspült (s. a. S. 356). Bei *Lacerta viridis* soll das Parietalorgan von einem Lymphraum umgeben werden, „dessen Begrenzung nach vorne in das Corium übergeht" (S. 473), ebenso bei *Anguis*. LEYDIG behauptet sogar das Vorkommen von Lymphräumen innerhalb des Parietalauges (s. a. LEYDIG 1896). Ich vermute jedoch, daß es sich um mikrotechnisch bedingte Schrumpfräume handelt. Retina und Gehirn werden durch den von SPENCER (1886)

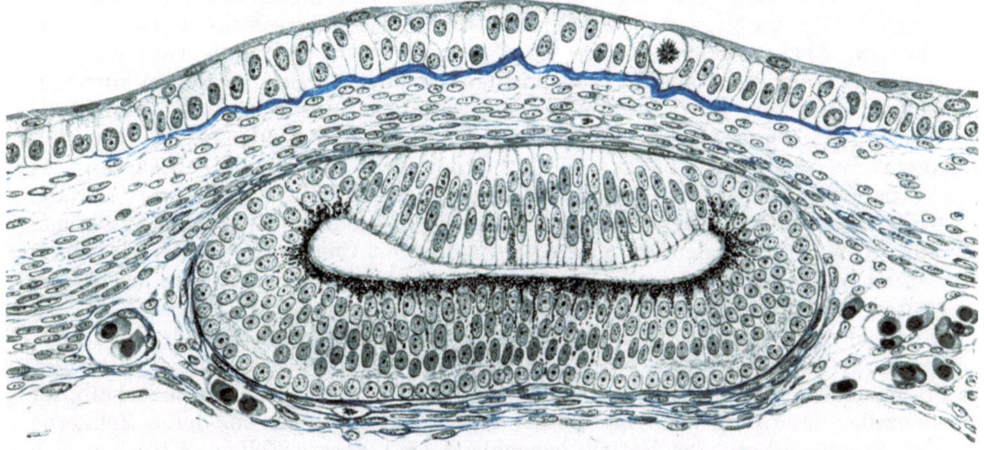

Abb. 92. Parietalauge eines Embryos (5 cm lang) von *Anguis fragilis* im Sagittalschnitt. (Fixation Susa, Schnittdicke 8 μ, Azanfärbung nach M. HEIDENHAIN, Ok. 2, Ölimmersion Zeiß H. I. 100, auf $^1/_2$ verkl., gez. K. HERSCHEL-Leipzig.)

entdeckten, aus dem rechten Ganglion habenulae entspringenden Nervus parietalis miteinander verbunden (vgl. hierzu STUDNIČKA 1893, 1905, v. KLINCKOWSTRÖM 1894, LEYDIG 1896, STRAHL und MARTIN 1888, BERANECK 1892, NOWIKOFF 1910, HOFFMANN 1890, DENDY 1899), der bei einigen Formen später (z. B. *Lacerta agilis*, LEYDIG 1891), bei anderen früher *(Anguis)* verschwinden soll. An die Stelle des sich rückbildenden Nerven tritt angeblich ein Bindegewebsstrang (FRANCOTTE 1888, LEYDIG 1896), nach v. KLINCKOWSTRÖM (1894) bleibt nur das Perineurium des Parietalnerven erhalten. Wie STUDNIČKA (1905) jedoch auf Grund seiner Beobachtungen an *Pseudopus* mit Recht folgert, dürfte wenigstens ein Teil der Fasern innerhalb des Bindegewebsstranges erhalten bleiben; die hohe Differenzierung, welche manche Parietalaugen auszeichnet, ist mit einer Entnervung wohl nicht vereinbar. Die Fragwürdigkeit der Behauptungen von FRANCOTTE, LEYDIG und v. KLINCKOWSTRÖM wird durch SPENCERs sowie NOWIKOFFs (1910) Angaben beleuchtet, denen zufolge bei erwachsenen *Hatteria*-, *Varanus*- und *Lacerta*exemplaren der Nervus parietalis festgestellt werden konnte. Wie NOWIKOFF allerdings bemerkt, ist der Nervennachweis methodisch schwierig; er muß durch Rekonstruktion von Schnittserien erfolgen. Diese technischen Schwierigkeiten sind wohl für die Behauptungen von FRANCOTTE, LEYDIG und v. KLINCKOWSTRÖM verantwortlich zu machen. Eine Ausnahme bilden natürlich die wohl seltenen Fälle einer Rückbildung des normalerweise gut entwickelten Parietalauges (STUDNIČKA 1905, Lit.), welche mit einer Rückbildung auch des Nervus parietalis einhergehen dürften. Einen zweiten, auf dem linken Ganglion habenulae entspringenden Parietalnerven will v. KLINCKOWSTRÖM (1894) in einigen Fällen bei *Iguana* festgestellt haben. Weitere, die Innervation des Parietalauges betreffende Angaben enthält Studničkas Monographie.

Die bald konvexe, bald konkave **Retina des Parietalauges** wird nach Nowikoff von drei konstant anzutreffenden, in Schichten angeordneten Zelltypen aufgebaut, den Sehzellen, Pigmentzellen (Stützzellen) und Ganglienzellen. Als **Sehzellen** bezeichnet Nowikoff meist lange, pigmentlose Elemente von polygonalem Querschnitt mit dunklem Cytoplasma, deren basale, birnenförmig angeschwollene Abschnitte den ovoiden oder kugeligen Kern enthalten. Die Sehzellen, deren Kerne in annähernd gleicher Höhe innerhalb der Retina liegen, sind die dem Lumen der Augenkammer zunächst benachbarten Elemente. Ihr basaler Zellabschnitt setzt sich in je einen Nervenfortsatz fort, welcher — rechtwinklig umbiegend — innerhalb der Nervenfaserschicht (Strahl und Martin, Spencer, „molekuläre Lage") zum Nervus parietalis verläuft. Die apikalen Enden der Sehzellen tragen in den zentralen Partien der Retina kurze, an deren Rande sehr lange, in den Glaskörper hineinragende Fortsätze von fibrillärem Bau; schon de Graaf (1886, *Anguis*), Leydig (1891, *Anguis, Lacerta*), Galeotti (1897), Studnička (1905) und andere Forscher machten auf das Vorhandensein stäbchenartiger Fortsätze der Retinazellen aufmerksam. Nach Nowikoff gehen die zarten Fibrillen der Fortsätze von spindeligen Basalknötchen aus; Nowikoff vergleicht die Fibrillen daher mit Cilien. Die Enden der Fortsätze hängen mit dem sog. Glaskörper zusammen. Zufolge den Angaben älterer Autoren (vgl. die Zusammenfassung bei Studnička (1905) sollen die Sehzellen Pigment enthalten. Horizontalschnitte durch die Retina lassen nach Nowikoff, dessen Beobachtungen ich für das Parietalauge von *Anguis*embryonen bestätigen kann, jedoch keinen Zweifel darüber, daß die Pigmentkörnchen außerhalb der Sehzellen im Cytoplasma besonderer **Pigmentzellen** liegen, deren Zellkerne der Basalmembran der Retina benachbart sind. Diese Zellen erstrecken sich bis zur Lichtung des Parietalauges. Ihr kolbig verdickter, kernhaltiger, unter der Nervenfaserschicht befindlicher Basalabschnitt birgt nur selten Pigmentgranula. Der Kern der Pigmentzellen ist kleiner und weniger stark anfärbbar als derjenige der Sehzellen. Der apikale, je nach der Menge der von ihm umschlossenen Pigmentkörnchen verdickte oder abgeplattete Zellfortsatz liegt zwischen den Sehzellen. Nach Nowikoff entbehrt er der Cilien bzw. trägt „kaum sichtbare Reste" von cilienartigen Fortsätzen. Gelegentlich läßt sich eine Verlagerung des Kernes der Pigmentzellen in apikaler Richtung beobachten. Wie Nowikoff (1910) feststellen konnte, kommt es unter dem **Einfluß des Lichtes** zu einer Verschiebung des Pigmentes innerhalb der Pigmentzellen: in der Retina von *Lacerta* und *Anguis* sammeln sich die Pigmentgranula in den apikalen Zellteilen und umhüllen somit die lumennahen Teile der Sehzellen. In der Retina von Dunkeltieren nimmt das Pigment die basalen und mittleren Partien der Pigmentzellen ein (Abb. 93).

Die **Ganglienzellen** der Retina, welche sich durch die Größe des Kernes und stärkere Anfärbbarkeit ihres Zelleibes von Seh- und Pigmentzellen unterscheiden, nehmen die zwischen den Zellkernen der letztgenannten befindliche Retinazone ein. Ihr Neurit verläuft innerhalb der Nervenfaserschicht, in welcher gelegentlich auch Dendriten zur Beobachtung gelangen. Die Stelle des Durchtrittes der Ganglienzellfortsätze durch die Wand des Parietalauges zur Bildung des **Nervus parietalis** liegt exzentrisch, und zwar im basalen Bereich des Blasenbodens. Die Frage, ob die ebenfalls in die Nervenfaserschicht eintretenden Fortsätze der Sehzellen mit den Neuriten der Ganglienzellen zusammen in den Nervus parietalis gelangen, ist nach Nowikoff unentschieden. Nowikoff, nach dessen Vermutung die Fortsätze der Sehzellen auf das Gebiet der Retina beschränkt bleiben, erblickt in den Sehzellen das erste Neuron des Parietalauges, wenn er meint, die Neuriten mehrerer Sehzellen stünden mit den Dendriten einer Ganglienzelle in Kontakt, der Neurit dieser Zelle leite die Erregung dem Gehirn zu. Da die Retina des Parietalauges wenige Ganglienzellen und zahlreiche Sehzellen enthält, ist nach Nowikoff eine Einteilung der Sehzellen in Gruppen in einer der Anzahl der Ganglienzellen entsprechenden Menge anzunehmen.

Möglicherweise enthält die Retina des Parietalauges außer den genannten Zellformen auch noch Gliazellen. Studnička (1905) erwähnt jedenfalls ihre Anwesenheit. Vielleicht sind auch die von Nowikoff (1910) im Parietalauge von *Lacerta* und *Anguis* beobachteten, mit kleinen Kernen versehenen Bindegewebszellen als Neurogliazellen anzusprechen (vgl. hierzu auch Spencer 1887).

Die beiderseits plane, bikonvexe, plankonvexe oder konkavkonvexe dorsale Wand des Parietalauges, als Linse oder Pellucida bezeichnet, besteht aus einem pigmentfreien oder nur an einzelnen Stellen pigmenthaltigen mehrreihigen Epithel, dessen Elemente durch zylindrische oder fadenförmige Zellen mit dünnen, in das Blasenlumen hineinragenden Fortsätzen verkörpert werden. Die apikalen Zellteile finde ich von einem zarten Schlußleistennetz umgeben. Die Zellfortsätze sind nach Nowikoff mit Basalknötchen versehen. Diese Angabe Nowikoffs kann ich indessen nicht bestätigen. Das Cytoplasma der Linsenzellen zeichnet sich durch geringe Farbstoffaffinität aus, ihre Kerne sind meistens in Schichten angeordnet. Das Linsen-

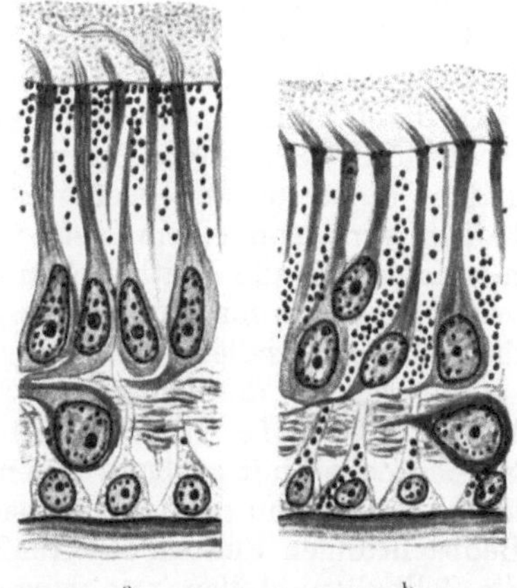

Abb. 93. Retina des Parietalauges von *Lacerta agilis*; a belichtet, b Retina eines im Dunkeln gehaltenen Tieres. (Fixation Sublimat-Eisessig, Färbung mit Borax-karmin-Mallory, Ok. 8, Apochr. 2 mm.) (Aus Nowikoff 1910.)

epithel geht an seinen Rändern kontinuierlich in die Retina über, mit deren Pigment- oder Stützzellen die Linsenzellen identisch sein sollen (Nowikoff 1910). In den basalen Schichten des Linsenepithels lagern vereinzelte abgerundete Zellelemente. Nach Studnička (1905) ist dem Gewebe der Linse angeblich eine besondere Härte eigen (bezüglich weiterer Angaben vgl. Studnička 1905).

Der Glaskörper des Parietalauges (s. o.) besteht nach Nowikoff (1910) aus den Fortsätzen der Retina- und Linsenzellen sowie aus verästelten, ein Netzwerk bildenden Zellelementen innerhalb des Bläschenlumens (vgl. hierzu Studnička). Diese Glaskörperzellen, deren Ähnlichkeit mit mesodermalen Zellen Nowikoff betont, hängen vermittels ihrer Ausläufer mit den Fortsätzen der Retina- und Linsenzellen zusammen. Sie sind unzweifelhaft mit dem von Studnička bei *Pseudopus* nachgewiesenen plasmatischen Netzwerk im Parietalauge identisch, in welches stellenweise Zellkerne eingelassen sind („Syncytium", Studnička). Während die Lichtung der Augenblase bei *Anguis* gänzlich von den verästelten Zellen und den Fortsätzen des Wandepithels eingenommen wird, findet man den zentralen Bezirk des Lumens bei *Lacerta* nur von körnigem Gerinnsel erfüllt. Die Richtigkeit der Annahme von Nowikoff, die sog. Glaskörperzellen entstammten dem Mesoderm, ist nicht bewiesen. Da vereinzelte Retina- und Linsenzellen nicht selten ihren Verband verlassen, um in die Lichtung der Augenblase überzutreten, nehme ich an, daß die Glaskörperzellen solchen ausgebreiteten Elementen entsprechen, mithin ektodermaler Herkunft sind. Auch im Lumen des Epiphysenschlauches lassen sich den sog. Glaskörperzellen völlig gleichende abgestoßene Ependymzellen beobachten. Ob der Glaskörper

des Parietalauges das Homologon oder Analogon des Corpus vitreum der Seitenaugen verkörpert, ist durchaus fraglich.

Die verschiedentlich beobachteten kleinen Nebenparietalorgane (Studnička 1905, Lit.; Preissler, s. S. 338) spiegeln im wesentlichen den Bau des
benachbarten Parietalauges wieder. Sie gehen aus dem Parietalauge oder dem
Ende des Pinealorgans hervor. Der Satz Studničkas, sie könnten ihren Ursprung
aus dem Pinealorgan nehmen, und „trotzdem das Aussehen eines Pinealauges"
besitzen, ist aus der eigentümlichen Einstellung Studničkas zur Frage der Entstehung des Parietalauges heraus zu begreifen (vgl. S. 327).

Im Gegensatz zur Epiphyse der *Saurier*, welche ein mit dem Ventrikelsystem kommunizierendes Hohlorgan verkörpert, sowie der Endblase der
Chelonier, trägt diejenige der *Ophidier* — wie schon an anderer Stelle erwähnt —
eher die Charakterzüge einer endokrinen Drüse (vgl. hierzu Herrick 1893,
Studnička 1893, 1905, Leydig 1897). Sie besteht aus kräftigen, gewundenen
Balken dicht zusammengefügter verästelter Zellen. Das Maschenwerk der Zellbalken wird von einem Netz von Blutcapillaren eingenommen, deren Basalmembran sich die Epithelzellen eng anschließen. In Begleitung der Capillaren
verlaufen meist longitudinal ausgerichtete Retikulinfäserchen (Citterio 1932);
die Adventitialzellen der Haargefäße, welche nach der Abbildung Citterios
sporenartig in das Epiphysengewebe hineinragen, sind imstande, ausgiebig
Vitalfarbstoffe zu speichern. Studnička unterscheidet im Epiphysengewebe Zellen mit großen runden hellen Kernen und solche mit kleineren dunkleren Kernen, unter welchen sich vielleicht Neurogliazellen befinden. Nach
Beobachtungen Preisslers (1942) an der Epiphyse von *Tropidonotus* enthalten
die Zellbalken stellenweise winzige Lumina, in welche sich helle knollige Fortsätze von Zirbelzellen hineinerstrecken, wie wir sie von den epiphysären Sinneszellen anderer niederer *Vertebraten* her kennen. Sollte sich dieser Befund auch
an den Epiphysen anderer *Ophidier* erheben lassen — Leydig beobachtete in
der Epiphyse von *Tropidonotus natrix* (jung) „Reste von Hohlraumgängen" —
so könnte man die Epiphyse der *Schlangen* als ein Bindeglied zwischen der
Schlauchepiphyse der *Saurier* und *Vogel*epiphyse betrachten, bei welcher innerhalb der kompakten Zellmassen der sog. Lobuli gleichfalls Lumina auftreten.
In der *Vogel-* und *Schlangen*epiphyse haben wir offenbar eine Entwicklungsstufe
zwischen dem Bautyp „Hohlorgan" und dem Bautyp „Blutgefäßdrüse" vor uns.
Der Stiel der *Ophidier*epiphyse pflegt bei älteren *Tieren* in seinem distalen
Abschnitt ein kleines Lumen zu enthalten. Der dorsale Umfang des Organs
ist in die Dura mater eingebettet. Nach Preisslers (1942) Beobachtungen an
Embryonen von *Tropidonotus natrix* ragt die Epiphyse geradezu in den Blutleiter hinein; das Epiphysengewebe wird stellenweise nur durch eine dünne,
Meningocyten (vgl. hierzu auch Scharrer 1935, Scatizzi 1933, *Chelonier*)
enthaltende Bindegewebsschicht vom Blutstrom getrennt. In gleicher Weise
wird bekanntlich auch das Parietalauge allseitig vom erweiterten Sinus longitudinalis superior umgeben (Leydig 1890). Die Blutgefäße der Epiphyse stehen
mit denen des Zwischenhirndaches in Zusammenhang.

6. Der Feinbau der Epiphyse und des Stirnorgans der Amphibien.

Die Epiphyse der *Amphibien* tritt in zwei Formen in Erscheinung: bei den
Urodelen wird sie durch ein pilzförmiges oder handschuhfingerähnliches, mit
ganz kurzem hohlen Stiel dem Zwischenhirndach verbundenes Hohlorgan verkörpert, bei den *Anuren* durch einen zunächst schlauch- oder sackartigen, später

größtenteils obliterierenden Stiel, von dessen Ende sich das meist hohle sog. Stirnorgan abgliedert (Abb. 20, 94). Bei manchen Formen liegt das scheibenförmige, abgeflachte Organ der Hirnoberfläche so eng an, daß von einem Stiel kaum gesprochen werden kann. Stirnorgan und Epiphysenstiel sind durch den Strang des Nervus pinealis miteinander verbunden. STUDNIČKA (1905) bezeichnet nur den proximalen, auch bei erwachsenen Tieren eine Lichtung aufweisenden Stiel als Epiphyse. Es besteht jedoch, wie ich noch ausführen werde, kein triftiger Grund, nicht auch das Stirnorgan ("Endblase") der Epiphysis zuzurechnen (vgl. hierzu VIALLI 1929, auch WINTERHALTER 1931).

a) Urodelen, Apoda.

Die Wandung der Epiphyse der *Urodelen* ist häufig von ungleicher Dicke; der Boden des Bläschens besteht meist aus mehreren Zellagen (z. B. *Amblystoma*), die Decke wird von nur einer Zellschicht gebildet. Gelegentlich wird die Lichtung der Blase durch vorspringende Wandabschnitte gekammert (DE GRAAF 1886, *Triton*larve; GALEOTTI 1897, *Spelerpes fuscus;* BURCKHARDT 1890, 1891, *Ichthyophis glutinosus;* WARREN, *Necturus* (1906). Der kurze Epiphysenstiel ist meistens solide (WARREN). Bei erwachsenen Formen kann das Lumen völlig verschwunden sein (FISH 1895, *Desmognathus*). Die Zellelemente der Epiphysenwandungen, in denen Pigmentgranula vorkommen können (GALEOTTI 1897, *Proteus anguineus*) entsprechen nach den Untersuchungen von VIALLI und W. TEICHMANN (unveröffentlicht) an den Epiphysen von *Amblystoma* und *Triton*larven völlig den im Stirnorgan der *Anuren* anzutreffenden Zellen (Sinneszellen, Stützzellen). Die dem Lumen benachbarten Zellen entsenden wie die von HOLMGREN (1917, 1918) beschriebenen Sinneszellen von *Rana* glasige, kolbige Fortsätze in die Lichtung. Der apikale Abschnitt ihres Zelleibes enthält vielfach eine kleine Vakuole. VIALLI (1929) gelang der Nachweis von Ellipsoid- und Spiralfaden in den Außengliedern der Sinneszellen. Sinnes- und Stützzellen enthalten Einschlüsse von Fetten und Lipoiden in Gestalt feiner Granula und Tröpfchen.

b) Anuren.

Bei fast allen *Anuren* kommt ein Stirnorgan (Stirndrüse, STIEDA 1865, Endblase des Pinealorgans, STUDNIČKA 1905) vor. Es fehlt den *Hyliden* (DE GRAAF 1886, LEYDIG 1891, KLEINE 1929/30, LESSONA 1880) sowie einigen anderen exotischen *Anuren* (KLEINE). WINTERHALTER (1931) konnte bei *Hyla arborea* jedoch ein deutliches Stirnorgan bis nach der Metamorphose feststellen. Die Angabe berechtigt zu der Vermutung, daß die von KLEINE erwähnten Arten vielleicht während der Entwicklungszeit ein Stirnorgan besaßen. Bezüglich der Größe des Stirnorgans und Lage (s. S. 358).

Das meist kugelige oder ovoide, bei *Bombinator* eine Einschnürung aufweisende (LEYDIG) Stirnorgan der *Anuren* ist bei jugendlichen Tieren hohl. Das Körperchen wird von einer zarten Bindegewebshülle umgeben. Bei älteren *Tieren* kann das Lumen des Organs bis auf wenige Spalten zurückgebildet sein. Nach OSTROUMOFF (1987), STUDNIČKA (1905, ältere Larven von *Bufo*) und KLEINE (1929/30, *Bufo vulgaris, Pelobates fuscus, Bombinator igneus*) zeichnet sich der Boden mancher Stirnorgane gegenüber der einschichtigen dorsalen Wandung durch Mehrschichtigkeit aus. Pigment ist nach STUDNIČKA in den Stirnorganen angeblich nicht vorhanden; eine Ausnahme bilden die Stirnorgane von *Bufo* (LEYDIG). HOLMGREN (s. u.) berichtet jedoch über die Bildung bräunlichen Pigmentes im Stirnorgan von *Rana*, ferner erwähnen LEYDIG (1890) und KLEINE

(1929/30) das Auftreten von Pigmentkörnchen in der Nähe der Zellkerne (s. a.
Vialli, *Bufo, Rana, Pelobates*). Leydig (1890) fand in den Zellen des Stirnorgans
größere und kleinere Fetttröpfchen. Nach de Graaf (1886) und Leydig (1891)
sollen Degenerationen des Stirnorgans vorkommen. Die Blutversorgung des
Stirnorgans wird nach Leydig (1890) durch einen das Körperchen umgebenden
Gefäßring gewährleistet. Blutgefäße in der Wandung des Stirnorgans von
Rana temporaria wurden von Kleine nachgewiesen. Goette (1875) will in der
Epiphyse von *Bombinator igneus* „eine schneeweiße, beinahe silberglänzende
Masse", dem Acervulus höherer Wirbeltiere vergleichbar, festgestellt haben.

Die in kranialer Richtung sich erstreckende, der Hirnoberfläche angeschmiegte
Epiphyse der *Anuren* ist meistens in ganzer Länge hohl. Nach Rabl-Rückhard (1880) und Studnička (1905) scheint ihr proximaler Abschnitt gelegentlich

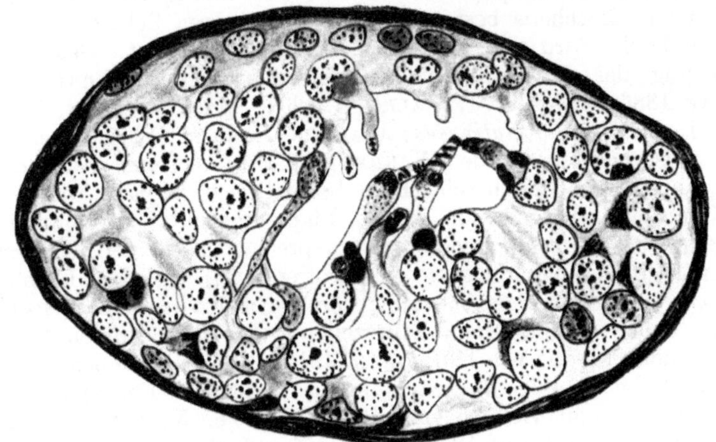

Abb. 94. Stirnorgan von *Rana temporaria*. Beachte das Vorspringen der Fortsätze von Sinneszellen in die
Lichtung. (Aus Holmgren 1917/18.)

solid zu sein. Divertikelbildungen der Wand erwähnen Braem (1898) und
Kleine. Die Auskleidung des Epiphysenschlauches besteht aus Lagen überein-
andergeschichteter Zellen. Nach Studnička handelt es sich um hohe zylindrische
und unter ihnen gelegene rundliche Elemente.

Nach den sorgfältigen, durch Riech (1924), Vialli (1929), Kleine (1929/30)
und Winterhalter (1931) zum Teil bestätigten Untersuchungen von Holmgren (1917/18) sind am Aufbau des Stirnorgans und der Epiphyse von
Rana temporaria folgende Zellformen beteiligt: 1. Sinneszellen, 2. Epithelzellen,
3. Ganglienzellen. Gliazellen und -fasern kommen in der *Amphibien*epiphyse
nicht vor (Vialli 1929). Die meist bläschenförmige Kerne besitzenden Sinneszellen des Stirnorgans von *Rana* stimmen in ihrem Bau mit den Sinneszellen
und der Epiphyse von *Squalus* grundsätzlich überein. Sie entsenden mehr
oder weniger kolbige, von Galeotti noch für Sekrettropfen gehaltene Fortsätze
(„Endstücke") in das Lumen des Bläschens, an welchen ein Außenglied
und ein Innenglied unterschieden werden kann. Der basale Abschnitt des
Zelleibes verbreitert sich fußartig. Das Außenglied verhält sich außerordentlich
verschieden. Bald erscheint es dick, zylindrisch, mit abgestumpftem Ende,
bald fadenförmig, zugespitzt, mitunter fehlt es gänzlich. Fadenförmige Außenglieder können die ganze Lichtung des Stirnorgans durchsetzen und die gegenüberliegende Wandfläche erreichen. Mit Eisenhämatoxylin läßt sich innerhalb
des Außengliedes ein feiner Spiralfaden darstellen (Abb. 95); nicht selten
ist dieser Faden fragmentiert oder seine Windungen sind einander so genähert,

daß das Außenglied völlig von einer schwarzen Substanz erfüllt zu sein scheint, welche vermutlich den von KLEINE (1929/30, *Rana temporaria*) beobachteten, wie Chromatin färbbaren Körnchen innerhalb der Fortsätze entspricht. Der Spiralfaden kann in fädigen Außengliedern fehlen. VIALLI fand bei *Rana esculenta* an Stelle des Spiralfadens im Außenglied chromophile Scheibchen. Eine Auflösung des Fadens in Pigmentkörnchen wurde von HOLMGREN gelegentlich beobachtet.

Das kolbenförmige Innenglied enthält das sog. Ellipsoid (vgl. S. 468), aus zwei nebeneinander gelegenen, mit Eisenhämatoxylin färbbaren Teilkörpern bestehend, welches in basaler Richtung Fortsätze entsendet, die sich gelegentlich mit dem sog. Ersatzellipsoid (s. u.) vereinigen. Teile des Ellipsoids wandeln sich mitunter anscheinend in einen Fetttropfen um. Nach VIALLI sind an Stelle des Ellipsoids gelegentlich fädige und körnige Strukturen zu beobachten. Das supranukleär gelegene Ersatzellipsoid (Abb. 95) ist ein ring- oder bogenförmiges Gebilde von wechselnder Größe; es besteht aus miteinander vereinigten Kügelchen, welche sich mit Eisenhämatoxylin bald mehr, bald weniger intensiv färben lassen. Das Ersatzellipsoid ist besonders klein, wenn das Ellipsoid groß und die Sinneszellen klein sind. Mitunter stellte HOLMGREN eine Umwandlung des Ersatzellipsoids in bräunliches Pigment fest. HOLMGREN meint, die Bildung des Ersatzellipsoids erfolge durch den Zellkern, welcher eine dunkle, mitunter in einer Nische an der Kernoberfläche zu findende Körnchenmasse produziere, die sich allmählich zum Ersatzellipsoid verdichtet. Die Natur des Ersatzellipsoids ist ebenso unklar wie diejenige des

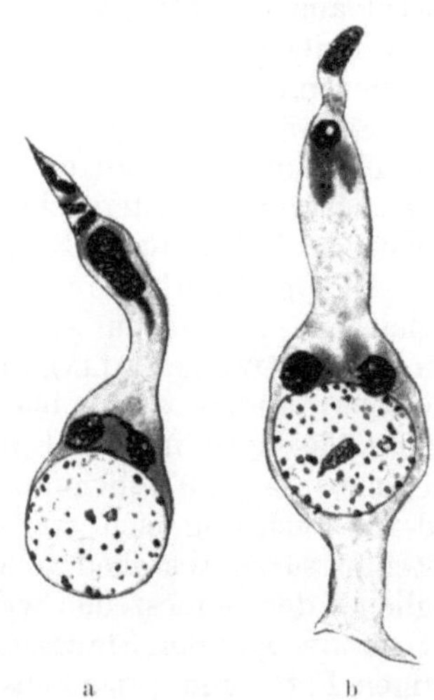

Abb. 95. Sinneszellen von *Rana temporaria* mit Ellipsoid, Ersatzellipsoid und Spiralfaden (a) im Außenglied. (Aus HOLMGREN 1917/18.)

Ellipsoids und des Spiralfadens. Vielleicht können uns vergleichend-cytologische Untersuchungen über die Sinneszellen und die Zapfen- und Stäbchenzellen der Seitenaugen, deren Außen- und Innenglieder bekanntlich Fadenstrukturen enthalten — POLICE (1932) z. B. bildet den Faden des Außengliedes der Stäbchen in Form eines Spiralfadens ab (vgl. auch M. L. JOHNSON 1935) — weitere Aufschlüsse bringen. Bekanntlich hält KOLMER (vgl. hierzu dieses Handbuch III, 2, 1936) den Außenfaden für das Homologon einer aus einem Diplosom hervorgegangenen Geißel. Es wäre denkbar, daß zwischen den fädigen Strukturen in den apikalen Fortsätzen der epiphysären Sinneszellen und den Diplosomen gleichfalls Beziehungen bestehen. Das Ersatzellipsoid erinnert nach Lage und Form an den GOLGI-Apparat. Stäbchenförmige Mitochondrien wies VIALLI (1929) im Cytoplasma der Sinneszellen von *Bufo vulgaris* nach. Die Sinneszellen enthalten, wie übrigens auch die Stützzellen granuläre Fetteinschlüsse (VIALLI).

HOLMGREN reiht die verschiedenen Zustandsbilder, in denen nach seiner Vorstellung Phasen eines Sekretions- oder Regenerationsvorganges zu erblicken sind, folgendermaßen aneinander: 1. der Zellkern einer Sinneszelle gibt chromatische Granula an das Cytoplasma ab, welche das Ersatzellipsoid bilden. 2. an der Zelloberfläche entsteht das Innenglied. 3. aus dem Ersatzellipsoid strömt dunkel anfärbbare Substanz (Eisenhämatoxylin) in zwei getrennten Partien in das Innenglied und bildet somit das Ellipsoid; die Verbindung mit dem Ersatzellipsoid reißt ab. 4. Am Innengliede differenziert sich eine hyaline Spitze. Sie nimmt Fadenform an und stellt dann das Außenglied dar. 5. Im Außenglied treten chromophile, vermutlich vom Ellipsoid stammende Fädchen auf, welche sich zum Spiralfaden ordnen. Das Außenglied gewinnt an Umfang. 6. Mit der Größenzunahme des Spiralfadens schwindet die Färbbarkeit des Ellipsoids. Seine Degeneration ist mit dem Auftreten von Ölkugeln verbunden. 7. Der Spiralfaden nimmt infolge Annäherung seiner Touren kompaktes Aussehen an. Teile des Fadens können Tropfenform annehmen. 8. Der Spiralfaden löst sich in Pigmentgranula auf, welche anscheinend in die Lichtung des Stirnorgans gelangen. 9. Durch Umwandlung des Ersatzellipsoids in Pigment wird aus der Sinneszelle eine Pigmentzelle. Die funktionelle Bedeutung des geschilderten Prozesses ist unbekannt. WINTERHALTER ist es übrigens nicht gelungen, den von HOLMGREN geschilderten Sekretionszyklus nachzuweisen.

Es wäre zu begrüßen, wenn der feinere Bau des Stirnorgans von Tieren, welche unter verschiedenen Bedingungen der Belichtung gehalten wurden, gründlich untersucht würde. Die Entfernung des Organs sowie seine Belichtung haben nach KLEINE keinerlei Einfluß auf das Verhalten von *Rana*.

Die im Epiphysenstiel (Epiphyse) von *Rana* vorkommenden Sinneszellen gleichen, wie schon angedeutet, denjenigen des Stirnorgans (s. a. WINTERHALTER, RIECH, VIALLI), doch verhalten sich ihre Außenglieder nach HOLMGREN insofern anders, als sie bläschenartig anschwellen und ihren Inhalt durch Platzen des Bläschens in das Epiphysenlumen entleeren. Diese Angabe erinnert an GALEOTTIs (1897) Schilderung einer Sekretion in der Epiphyse von *Rana*, in deren Lichtung sich die mit Säurefuchsin färbbaren, abgerundeten apikalen Zellfortsätze abstoßen sollen. Nach RIECH sehen die abgeschnittenen Außenglieder der Sinneszellen wie Sekrettröpfchen aus. Pigmentbildung kommt nach HOLMGREN in den Sinneszellen der Epiphyse nicht vor. Die granulären und tropfigen Fett- und Lipoideinschlüsse sollen in der Epiphyse stärker als im Stirnorgan entwickelt sein (VIALLI). Möglicherweise kommt ihnen eine Bedeutung für die Differenzierung der chromophilen Zellstrukturen zu (VIALLI). Das Lumen der Epiphyse enthält meistens vereinzelte von der Wandung abgestoßene Zellelemente. VIALLIs Annahme, es handele sich um Bindegewebszellen, ist wohl irrig. Die in das Epiphysenlumen hineinragenden Fortsätze der Sinneszellen (HOLMGRENs Endstücke) wurden bereits von GAUPP beschrieben, jedoch als Wimpern gedeutet. STUDNIČKA (1905) bildet lange stiftartige, ins Epiphysenlumen hineinragende Fortsätze der Wandzellen *(Bufo)* ab. Er betrachtet die mit solchen Fortsätzen versehenen Elemente als Sinneszellen und kann sich daher nicht entschließen, in ihnen sekretorisch tätige Zellen zu erblicken. Hierzu sei bemerkt, daß wir den Begriff der sezernierenden Sinnes- oder Nervenzellen zu Beginn des Jahrhunderts noch nicht kannten.

Die Epiphyse wird allseitig von Blutcapillaren umgeben, welche sich ihrer Oberfläche eng anlegen. KLEINE bildet eine in das Epiphysenlumen von *Rana temporaria* hineinragende Capillarschlinge ab.

Die oben an zweiter Stelle genannten, zu den Bauelementen des Stirnorgans und Epiphysenstieles gehörigen hellkernigen, Fetteinschlüsse und ein Chondriom enthaltenden (VIALLI) Epithelzellen (Stützzellen), deren Morphologie HOLMGREN keine weitere Aufmerksamkeit schenkt, dürfen wohl als indifferente Elemente betrachtet werden, welche sich unter Verlagerung zu den mit Fortsätzen versehenen Sinneszellen differenzieren. KLEINE bezeichnet diese mutmaßlichen Reservezellen als Gliazellen. VIALLI meint allerdings, die Stützzellen seien vielleicht Nährzellen der Sinneszellen oder inkretorisch tätige Elemente.

Ganglienzellen sind nach HOLMGREN sowohl in der Wandung des Stirnorgans (s. a. KLEINE) als auch in der Epiphyse von *Rana* mit Hilfe der Methylenblaufärbung nachzuweisen. Die Nervenzellen des Stirnorgans, welche nach KLEINE eine periphere Lage bevorzugen, besitzen einen etwa birnenförmigen Zelleib. Ihre Neuriten vereinigen sich im Tractus pinealis, an dessen Aufbau sich auch Kollateralen beteiligen. Derselbe kegelförmige Fortsatz, aus welchem der Neurit hervorgeht, gibt zahlreiche, in Endbäumchen sich auflösende Dendriten ab. In anderen Fällen entspringen die Dendriten unmittelbar aus dem Zelleibe. Durch das Lumen des Stirnorgans hindurchziehende Zellfortsätze sollen nach HOLMGREN das Bild der von OSTROUMOFF (1887) beobachteten Plasmafäden wenigstens teilweise bedingen. Die in der Regel unipolaren Ganglienzellen des Epiphysenstieles bilden mit ihren Dendriten einen Plexus. HOLMGREN hebt die Schwierigkeit der Darstellung dieses Plexus hervor, da die oft varikösen Dendriten sich den Neuriten anderer Ganglienzellen eng anlegen und sie weithin begleiten. In einigen Fällen konnte sich HOLMGREN davon überzeugen, daß die Enden des dendritischen Geflechtes die Füßchen der Sinneszellen berühren. Die pinealen Achsenzylinder gesellen sich teilweise dem Tractus pinealis bei, andere vereinigen sich zu kleinen selbständigen Bündelchen. Nach LEYDIGS (1890) Angaben sind auch an dem Stirnorgan mehrere mit diesen zusammenhängende Nerven — LEYDIG spricht allerdings nur von Nervenfasern — zu beobachten.

Der schon von CIACCIO (1887), LESSONA (1887) und anderen Forschern gesehene Tractus pinealis enthält nach HOLMGREN, dessen Auffassung KLEINE (1929/30) sich anschließt, nur zentripetale Fasern. Die das Schädeldach durchsetzenden, das Stirnorgan an der Ventralseite verlassenden Fasern vereinigen sich auf der dorsalen Wandung des Epiphysenstieles mit den aus letzterem stammenden Bündelchen. Auf Epiphysenquerschnitten werden dementsprechend der Dorsalwandung anliegende Nervenquerschnitte festgestellt (KLEINE, RIECH). Der zwischen Stirnorgan und Epiphyse sich erstreckende Abschnitt des Tractus pinealis wird im älteren Schrifttum als Nervus pinealis bezeichnet (s. STUDNIČKA 1905). Nach KLEINE besteht der Tractus pinealis aus markhaltigen, von einer Bindegewebshülle umgebenen Nervenfasern. HOLMGREN konnte den Tractus bis in die Commissura caudalis verfolgen, wo seine Fasern seitlich ausstrahlen. Ihr Ende vermochte er indessen nicht zu ermitteln. Manche aus der Epiphyse kommenden Achsenzylinder treten zu lateralen, unmittelbar ins Tectum opticum ziehenden Bündelchen zusammen. Nach KLEINE sieht man bei höckerig gebauten Stirnorganen verschiedene Nervenäste das Stirnorgan verlassen, um sich dann zum Tractus pinealis zu vereinen. Nach den im älteren Schrifttum niedergelegten Angaben stellt der Tractus pinealis eine zentrifugale Verbindung von Zwischenhirn und Epiphyse dar. Seine Fasern entspringen z. B. nach BRAEM (1898, *Rana*) aus Ganglienzellen in der Tiefe der Commissura caudalis, von wo sie zur Zirbelbasis emporsteigen. HALLER (1898) läßt den Tractus mit zwei Wurzeln aus dem ventral von der Commissur befindlichen Abschnitt des Thalamus hervorgehen (vgl. hierzu STUDNIČKA 1905).

Das Stirnorgan und die Epiphyse — hier stellenweise schon als Epiphysenstiel bezeichnet — weisen bezüglich Feinbau und Innervation weitgehende Übereinstimmung auf (VIALLI u. a.). Sie sind außerdem Differenzierungen ein und derselben Anlage. Man kann sich daher der Anschauung WINTERHALTERs rückhaltlos anschließen, welcher die Einheitlichkeit und Zusammengehörigkeit von Stirnorgan und Epiphyse hervorhebt.

Jahreszyklische Veränderungen kommen nach RIECH (1924) im Bau des Stirnorgans und im strukturellen Verhalten der Sinneszellen nicht zum Ausdruck.

Der über dem Stirnorgan gelegene, in seiner Ausbildung wechselnde Stirnfleck (Cornea) zeichnet sich durch Pigmentarmut des Coriums und Fehlen bzw. geringe Entwicklung der Hautdrüsen aus (Leydig 1868, 1890, Studnička 1905, Lit.). Auch ist ein Stratum spongiosum nicht entwickelt. Nach Riech (1924) kann man aber mitunter über dem Stirnorgan zahlreiche Pigmentzellen und Hautdrüsen sowie ein Stratum spongiosum feststellen. Winterhalter (1931) macht darauf aufmerksam, daß der Stirn- und der Scheitelfleck nicht durch eine „Cornea" hervorgerufen sein muß, sondern mitunter durch eine Ansammlung von Leukophoren um das Stirnorgan bedingt ist.

7. Der Feinbau der Epiphyse der Fische.

a) Dipnoer.

Eingehende Untersuchungen über den Feinbau der aus einem langen Stiele und einer Endblase bestehenden Epiphyse der *Dipnoer* fehlen (vgl. Studnička). Die Endblase der Epiphyse von *Protopterus annectens* weist infolge starker Faltenbildung ihrer Wandung ein enges Lumen auf. In einigen ihrer Zellen fand Studnička braunes Pigment. Nach Burckardt (1890, 1892) ist das Endbläschen angeblich „bisweilen mit Grieß erfüllt".

b) Teleostier.

Die Epiphyse der *Teleostier* zeichnet sich im allgemeinen durch Kürze ihres hohlen Stieles und ansehnliche Entwicklung der Endblase aus. Langstielige, eine kleine Endblase besitzende Epiphysenformen sind seltener (*Ophidium*, Studnička 1905). Ihre Wände sind bald glatt, bald durch vorspringende Falten bzw. seitliche Aussprossungen kompliziert (z. B. *Salmo purpuratus, Anguilla vulgaris*, Hill 1894, Leydig 1896, s. a. Friedrich-Freksa 1932). Solide Organe scheinen nicht vorzukommen (Studnička). Das die Epiphyse umhüllende Blutgefäßnetz dringt auch in Einbuchtungen an ihrer Oberfläche ein.

Wie in der Epiphyse von *Rana*, so findet man in derjenigen der *Teleostier* drei Zelltypen, 1. die Sinneszellen (Studnička 1905, Holmgren 1920), 2. Stützzellen, 3. Ganglienzellen (Hill 1894, Holmgren), aus welchen der Tractus pinealis hervorgeht.

Die Sinneszellen ragen nach Studničkas Untersuchungen an *Lophius* und *Belone* mit keulenförmigen, dunkel anfärbbaren Enden in die Lichtung des Organs hinein. Nach Holmgren *(Clupea, Osmerus)* sind diese Zellen insofern einfacher als die Sinneszellen der Epiphyse von *Rana* und der *Selachier* (s. S. 466) gebaut, als ihnen ein typisches Innenglied fehlt. Dieses wird durch den ganzen apikalen, den ovoiden Kern enthaltenden Zellteil ersetzt (Spitzenteil), dessen Cytoplasma sich durch feinkörnige Struktur auszeichnet. Vom schmalen Basalteil der Sinneszellen bis zu ihrer Spitze erstreckt sich ein zarter Faden, welcher sich durch Eisenhämatoxylin oder durch Bendas Mitochondrienfärbung hervorheben läßt. Holmgren meint, dieser Faden sei mitochondrialer Natur. Im übrigen wechselt das Aussehen der Sinneszellen außerordentlich, wie auch den Angaben von Friedrich-Freksa (1932, *Arius, Plotosus, Salmo, Xiphophorus, Gobius, Hemiramphus, Dermogenys*) zu entnehmen ist. So kann der Spitzenteil mancher Zellen in einen schmalen Fortsatz auslaufe, welcher nicht selten mitochondriale Fädchen, Tropfen oder Querringe enthält. Fädige Mitochondrien nehmen unter Umständen das Spitzenstück völlig ein. Die Mitochondrienmasse des Spitzenstückes hängt mit dem erwähnten, die Zelle durchsetzenden Faden zusammen. Dieser Faden scheint Holmgren im Spitzenstück zu einem Knäuel aufgewunden zu sein. Vielfach ist das Spitzenstück kugelig aufgetrieben. Anscheinend entleert es seinen Inhalt durch Platzen in das Epiphysenlumen. Die epiphysären Sinneszellen anderer *Teleostier* (z. B. *Dermogenys, Arius*) zeichnen sich nach FRIEDRICH-FREKSA (1932) durch den Besitz deutlich gegeneinander abgesetzter Außen- und Innenglieder aus. Im Außengliede konnte FRIEDRICH-FREKSA einen Spiralfaden nachweisen. Bei *Dermogenys* werden vielfach mehrere Außenglieder an einer Sinneszelle beobachtet.

Den verschiedenen Erscheinungsformen der Sinneszellen entsprechen Phasen eines Sekretionsprozesses, welcher sich nach HOLMGREN folgendermaßen abspielen soll: aus den Zellen ohne Spitzenstück entwickeln sich solche mit Spitzenstück ohne Mitochondrien. Dann treten im Spitzenstück Mitochondrien in Erscheinung. Das Mitochondrienmaterial wird verflüssigt. Die verflüssigte Masse entleert sich infolge Platzens des Spitzenstückes in die Epiphysenlichtung. Schließlich regeneriert die Zelle zu einem Element ohne Spitzenstück.

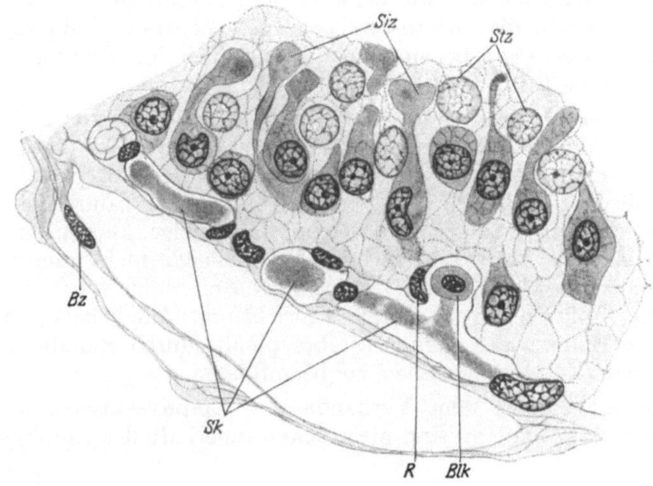

Abb. 96. Epiphysenzellen von *Dermogenys pusillus*, einer Blutcapillare (*SK* „Sekretcapillare„) angelagert. *Siz* Sinneszellen, *Stz* Stützzellen, *Blk* Blutkörperchen, *R* ROUGET-Zelle, *Bz* Bindegewebszelle. (Fixation Susa, Hämatoxylin, DELAFIELD-Säurefuchsin, komp. Ok. Leitz 15fach, Ölimm. Zeiß ¹/₁₂ verkl.) (Aus FRIEDRICH-FREKSA 1932.)

FRIEDRICH-FREKSA findet die Sekretionsbilder der Sinneszellen besonders klar bei *Dermogenys* ausgeprägt. An den Sinneszellen dieses *Teleostiers* treten Kappen — modifizierte Außenglieder — in Erscheinung, welche sich im Azanpräparat als blaue Gebilde von den violett getönten Innengliedern abheben. Im Inneren der Kappen ist eine blaue Granulation zu bemerken, wie man sie auch im Epiphysenlumen antrifft. Nach FRIEDRICH-FREKSA werden die Außenglieder im Verlaufe einer apokrinen Sekretion abgestoßen. Nach Ansicht dieses Autors gelangt das Sekret der Sinneszellen in die Blutbahn: es ist im Lumen von „Sekretcapillaren" als kolloide Masse anzutreffen (Abb. 96). Es unterliegt nach meinem Dafürhalten wohl keinem Zweifel, daß dieses sog. Sekret geronnenem Blutplasma entspricht, welches ja schon so oft mit kolloidalem Sekret verwechselt worden ist. GALEOTTIs (1897, *Leuciscus*) Angaben über den Austritt fuchsinophiler Granula und der Nukleolen aus dem Zellkern, ihren Zerfall im Cytoplasma und ihre Absonderung in das Lumen der Epiphyse wurden bisher noch nicht nachgeprüft.

Die Stützzellen unterscheiden sich von den Sinneszellen durch die Chromatinarmut ihrer Kerne und die schwache Anfärbbarkeit des Cytoplasmas (Abb. 96, FRIEDRICH-FREKSA).

Basal von den Sinneszellen gelegene Ganglienzellen wurden von HOLMGREN (1917/18, 1920) und FRIEDRICH-FREKSA (1932) bei *Clupea, Osmerus*,

Arius und anderen Arten festgestellt. Hill (1894) bildet charakteristische, die gesamte Wandung der Epiphyse von *Salmo purpuratus* durchsetzende Zellgruppen ab, welche er für Ganglienzellen hält. Ihre Neuriten vereinigen sich zu dem auf der Dorsalseite der Epiphyse verlaufenden Tractus pinealis, welcher sich bei *Clupea sprattus* und *harengus* bis zur Mitte der Commissura caudalis verfolgen läßt, wo er sich in vier symmetrisch gelagerte Äste teilt. Schon Hill (1894) stellte die Verbindung der Epiphyse mit der Commissura caudalis fest *(Salmo, Catostomus)*. Die beiden mittleren Äste setzen sich nach Holmgren in die Commissur fort, die beiden lateralen biegen im rechten Winkel um, ziehen lateralwärts und treten in die Ganglia posthabenularia hinein. Dort biegen sie nach vorn um, erstrecken sich in die Habenularganglien, kehren nach hinten um und scheinen sich wie bei *Osmerus* (Holmgren 1917) zum Kerne des Fasciculus longitudinalis dorsalis zu begeben. Zentrale Endigungen des Epiphysennerven *(Osmerus)* liegen zum anderen Teil im Tectum opticum (vgl. hierzu Holmgren 1917, 1917/18, 1920).

Eine genauere Untersuchung der Blutgefäßversorgung der *Teleostier*-epiphyse verdanken wir Friedrich-Freksa. Die Endblase der Epiphyse wird von einem Capillarnetz umsponnen, welches aus den Aa. pineales hervorgeht (vgl. hierzu S. 360, Abb. 22). Der venöse Abfluß erfolgt durch eine große, den Epiphysenstiel begleitende Vene, welche die einzige Blutzufuhr des Plexus chorioideus darstellt. In der sehr verbreiteten, vielleicht nicht immer vorhandenen Gefäßverbindung zwischen Epiphyse und Plexus chorioideus erblickt Friedrich-Freksa eine funktionell bedeutsame Einrichtung. Möglicherweise vermag die Epiphyse die Bildung des Liquor cerebrospinalis durch Regulierung des Blutdruckes in den Epiphysengefäßen zu beeinflussen.

Degenerierte, aus dem Verbande der Epiphysenzellen ausgeschiedene Sinnes- und Stützzellen sind nicht selten innerhalb des Epiphysenlumens zu beobachten.

c) Ganoiden.

Die Wandung der *Ganoiden*epiphyse, deren Stiel eine birnenförmige Endblase trägt *(Acipenser, Polyodon)*, enthält ebenfalls die drei Zelltypen Sinneszellen, Stütz- und Ganglienzellen (s. a. Hill 1894, *Amia*), wie aus Studničkas Untersuchungen an der Epiphyse von *Acipenser sturio* hervorgeht. Die dunklen Sinneszellen ragen mit kolbigen Verdickungen, welche sich von dem apikalen Zellteil durch eine Einziehung absetzen, in das Lumen des Organs, ihre basalen Abschnitte gehen in lange dünne Ausläufer über. Im Inneren der Endkolben lassen sich ein bis zwei Körperchen nachweisen, in welche zarte Fädchen aus dem Zellkörper hineinführen (vgl. hierzu Holmgrens Angaben über das Ellipsoid bei *Rana*). Studnička ist der Meinung, die Bilder der geplatzten und deformierten Endkeulen, aus denen Sekretballen austreten, seien auf mangelhafte Fixation zurückzuführen. Kleine, in den basalen Wandteilen gelegene, cytoplasmaarme Elemente mit dunklen Kernen und zarten Ausläufern betrachtet Studnička als Neurogliazellen.

d) Elasmobranchier.

Die Epiphyse der *Elasmobranchier* besteht aus einem langen dünnen, hohlen Stiel, und einer keulenförmigen oder abgeflachten *(Raja, Myliobatis)* Endblase. Die Anfangsstrecke des Stieles pflegt eine Erweiterung des Lumens aufzuweisen (Ehlers 1878, Studnička 1905, Holmgren 1917/18, „cerebrale Strecke", „Proximalpartie"). Meist ragen Verdickungen des Epithels oder Faltenbildungen in die Lichtung von Stiel und Endblase hinein.

Die Zellauskleidung der *Selachie*repiphyse wird von STUDNIČKA (1905) als Ependym bezeichnet. An den apikalen Zellteilen sind Schlußleisten nachzuweisen. Zahlreiche, zwischen den Ependymzellen gelegene Elemente ragen mit Fortsätzen — wohl mit den von CARRINGTON (1890, *Lamna cornubica*) beschriebenen Cilien identisch — in die Lichtung der Endblase. Es handelt sich um die erst von HOLMGREN (1917/18) genauer untersuchten Sinneszellen. Nach HOLMGREN sind die von STUDNIČKA Ependymzellen genannten Elemente nicht als solche zu betrachten, sondern als gewöhnliche Epithelzellen, da das Ependym erst an der Grenze von Hirnventrikel und Epiphysenabgangsstelle beginnt. In den basalen Wandschichten kommen ferner Ganglienzellen vor (STUDNIČKA, HOLMGREN) angeblich auch Neurogliazellen sowie Gliafasern (STUDNIČKA). Nach STUDNIČKA verlaufen die ein dichtes Netzwerk bildenden Gliafasern parallel zur Oberfläche der Epiphysenwandung, doch sollen

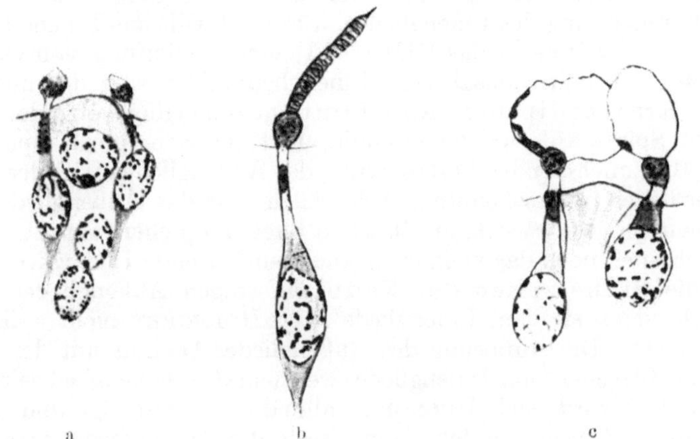

Abb. 97. Sinneszellen aus Epiphysenstiel und Epiphysenblase (c) von *Squalus acanthias*.
(Aus HOLMGREN 1917/18.)

einzelne Fasern zwischen die Ependym-(Stütz-)Zellen und in die Lichtung der Epiphyse zu verfolgen sein. STUDNIČKAs Abb. 20 läßt jedoch vermuten, daß die von ihm beschriebenen Neurogliafasern teils Nervenfasern teils Gerinnungsprodukten entsprechen. HOLMGREN konnte sich denn auch von dem Vorhandensein gliöser Zellen und Fasern in der Epiphyse von *Squalus* nicht überzeugen. Nach seiner Ansicht hat STUDNIČKA die schmalen basalen Fortsätze von Sinneszellen, welche in das Epiphysenlumen übertreten, mit Gliafasern verwechselt.

Die Sinneszellen der *Selachie*repiphyse ähneln den in der Epiphyse von *Rana*, ferner von *Teleostiern* anzutreffenden Sinneszellen weitgehend, wie HOLMGRENs Untersuchungen an *Squalus acanthias* ergeben (Abb. 97). Der apikale Zellfortsatz (HOLMGRENs peripherer Fortsatz) ragt mit seinem Endstück in das Epiphysenlumen hinein, der basale Fortsatz (HOLMGRENs zentraler Fortsatz) geht in eine mehr oder weniger verzweigte Nervenfaser über. Das Endstück läßt ein stielartiges Innenglied und ein knopfähnliches Außenglied erkennen.

Den Stadien der sekretorischen Tätigkeit der Sinneszellen entsprechen sehr verschiedene Zellbilder. Die Sekretion der Zellen im Stiel der Epiphyse soll sich von derjenigen innerhalb der Endblase morphologisch unterscheiden. HOLMGREN beobachtete zwei Erscheinungsformen der Sekretion im Epiphysenstiel. HOLMGRENs „erster Vorgang" der Sekretion vollzieht sich folgendermaßen: im Endstück der Sinneszelle, welches als Kügelchen in das Epiphysenlumen vorspringt, tritt eine kleine apikale Vakuole auf, in der sich Granula und Fädchen bilden. Die Fädchen werden breiter und stellen sich quer; dabei nimmt der zunächst kugelige Fortsatz Kegelform an. Anschließend kommt es zum Auswachsen eines schlauchartigen Außengliedes aus den in das Lumen vorspringenden Kügelchen. Das Außenglied enthält einen spiralig gewundenen Faden, welcher bei Verwendung schwächerer Optik als Querbänderung imponiert. Die zwischen den Spiraltouren liegenden Cytoplasmabezirke quellen blasig auf, der Spiralfaden schwindet. Vom Außenglied schnüren sich helle Bläschen ab, welche sich innerhalb des Epiphysenlumens zu einem Wabenwerk vereinigen. Nach Auflösung des Außengliedes scheint sich das Innenglied, sofern es nicht stark vakuolisiert wird, in ein tropfenförmiges Gebilde zu verwandeln, welches sich mit Eisenhämatoxylin anfärben läßt. Ist das Innenglied zugrunde gegangen, so treten wahrscheinlich die im intraepithelialen apikalen Zellabschnitt gelegenen Granula an seine Stelle. Sie vereinen sich jedenfalls zu Gebilden von der Struktur und dem färberischen Verhalten des Innengliedes. Der „zweite Vorgang" gleicht dem ersten bis zur Differenzierung des Innengliedes. Dann schwillt das Innenglied zu einem Kolben an, dessen Inneres das Ellipsoid, eine Anhäufung von Granulis (vgl. hierzu S. 461) enthält. Basal vom Innenglied bildet sich das aus Körnchen bestehende Ersatzellipsoid. Apikal tritt am Innengliede eine das Außenglied vertretende Spitze auf, welche Granula, Fädchen oder einen Spiralfaden beherbergt. Mit zunehmender Verlängerung des Außengliedes tritt der Spiralfaden immer deutlicher in Erscheinung. Schließlich fällt das Außenglied in das Epiphysenlumen ab, wo es sich in Bläschen oder Tröpfchen auflöst. Vermutlich wird endlich auch noch das vielfach Granula enthaltende Innenglied abgestoßen.

Auch die Sinneszellen der Endblase tragen Außenglieder mit Spiralfaden, doch sitzen sie dem Innengliede nach Holmgren nicht apikal, sondern eher lateral auf. Die Auflösung des Außengliedes beginnt mit der Entstehung eines großen Bläschens am Innengliede, welchem das Außenglied seitlich anliegt. Das Außenglied wird nach Holmgren allmählich verflüssigt und in die Blase aufgenommen. Bläschen, welche keine Reste des Außengliedes mehr enthalten, scheinen ihren Inhalt durch Platzen an das Epiphysenlumen abzugeben. Vermutlich lösen sich auch die Innenglieder auf. Der oben geschilderte sog. zweite Vorgang der Sekretion gelangt in der Endblase nur selten zur Beobachtung. Grundsätzlich gleichartige, d. h. mit Abstoßung des Außengliedes einhergehende Sekretionserscheinungen konnte Holmgren im Proximalabschnitt der Epiphyse von *Squalus* feststellen.

Eine Abstoßung von zugrunde gehenden Sinneszellen in das Lumen der Epiphyse findet wie bei anderen *Vertebraten* so auch bei *Squalu sacanthias* statt (Holmgren). Studnička bezeichnet die im Lumen gelegenen Zellmassen irrigerweise als „Syncytium" (vgl. auch S. 457).

Die Fortsätze der in der gesamten Epiphyse von *Squalus* reichlich vorhandenen Ganglienzellen lassen sich, wie Holmgren hervorhebt, wegen des dichten bündelweisen Zusammenlagerns von Dendriten und Neuriten nur schwer auf größere Strecken hin verfolgen. In wenigen Fällen gelang Holmgren die Feststellung, daß die Nervenzellen 1—3 lange, vielfach stark variköse Dendriten besitzen, welche sich in Endbäumchen auflösen. Kürzere Dendriten umgeben die Nachbarzellen. Der Neurit geht unmittelbar aus dem Zelleibe oder einem großen Dendriten hervor. Bipolare Zellen kommen besonders häufig im Stiel und Proximalabschnitt der Epiphyse vor. Die meist varikösen Neuriten der Ganglienzellen aller Epiphysenabschnitte vereinigen sich zum Tractus pinealis, soweit sie nicht schon im Epiphysenstiele ihre Endigung finden. Daß basale Fortsätze der Sinneszellen ihren Weg innerhalb des Tractus nehmen, ist nach Holmgren im Hinblick auf die Verhältnisse bei *Petromyzon* nicht sehr wahrscheinlich. Der zentrale Verlauf des Epiphysennerven ist nach

HOLMGREN folgender: Neuriten der im Proximalteil der Epiphyse liegenden Ganglienzellen treten in das Ganglion habenulae ein. Andere Fasern passieren lediglich das Ganglion. Die Hauptmasse des Nerven zieht an der Habenula vorbei. Nach im Proximalabschnitt erfolgter Teilung in zwei Äste begeben sich seine Fasern zu den Seitenteilen des Mittelhirns in die Ventrikelwandung. Andere Fasern teilen sich am Hinterrande des Proximalabschnittes in nach rechts und links verlaufende Äste (T-Fasern). Ferner beobachtete HOLMGREN eine Kreuzung der rechts bzw. links verlaufenden Fasern zur gegenüberliegenden Seite des Proximalteiles, welche zusammen mit den T-Fasern die sog. Decussatio epiphysis bildet, deren Fasern zum Teil zur Commissura caudalis ziehen. Zur Gruppe der „Commissura posterior-Fasern" zählt HOLMGREN weiterhin die Hauptmasse der zur Gegend des Haubenwulstes oder zum Ganglion posthabenulare sich begebenden Nervenfasern. Die nervöse Verbindung von Epiphyse und Commissura caudalis war bereits STUDNIČKA (1905) bekannt, der sie allerdings für zentrifugal hielt.

Die Hülle der Epiphyse besteht aus einer Basalmembran (STUDNIČKAs Membrana limitans externa), welche mit dem angrenzenden meningealen Bindegewebe kontinuierlich zusammenhängt. Stiel und Endblase können durch Bindegewebsfasern mit der Innenfläche des Schädeldaches verbunden sein. Eine aus konzentrisch angeordneten Bindegewebsfasern bestehende Hülle des Epiphysenstieles, in welcher sich Blutgefäße befinden, bildet STUDNIČKA (1905, *Notidanus cinereus*) ab. Genauere Untersuchungen über die Gefäßversorgung der *Selachie*repiphyse fehlen.

e) Der Feinbau der Epiphyse und des Parapinealorgans der Cyclostomen.

Die Epiphyse der *Petromyzonten* (STUDNIČKA 1893, 1899, 1905), ferner von *Mordacia mordax* (SPENCER 1890) besteht wie diejenige der *Selachier* aus Stiel und Endblase. Die Endstrecke des Epiphysenstieles ist zu einem als Atrium (AHLBORN) bezeichneten, von der Endblase durch eine Einschnürung abgesetzten, nach Umfang und Gestalt wechselnden Hohlraum erweitert (s. a. Abb. 3). NOWIKOFF (1935) betrachtet das variable Verhalten des Atriums als eines der Kennzeichen des „degenerativen" Charakters des Pinealorgans. *Myxine* (STUDNIČKA 1898, 1905) und *Bdellostoma* (v. KUPFFER 1900) besitzen keine Epiphyse.

Der Komplex Epiphyse — Parapinealorgan wurde bereits von älteren Untersuchern (SERRES 1824, JOHANNES MÜLLER 1839, W. MÜLLER 1871 u. a.) gesehen, jedoch schlechthin als Epiphyse bezeichnet. Erst AHLBORN (1883) erkannte seine Zusammensetzung aus zwei übereinander gelagerten Bläschen, deren oberes durch einen fadenförmigen Stiel mit der Decke des Gehirnes verbunden ist (s. a. WHITWELL 1888). STUDNIČKA (1893, 1905) und v. KUPFFER (1894) betrachteten das obere Organ als Epiphyse oder Pinealorgan, das untere Bläschen wurde von STUDNIČKA Parapinealorgan getauft und als Homologon des Parietalauges der *Reptilien* aufgefaßt, während v. KUPFFER in ihm eine Paraphyse erblickte. Die Deutung v. KUPFFERs hat zu Recht keine Anerkennung gefunden. Bezüglich der Auffassung von STUDNIČKA vgl. S. 327f.

Die untere verdickte pigmentierte Wandpartie der meist dorsoventral abgeflachten Endblase wird als Retina, die dünnere obere Wand als Pellucida bezeichnet. Das Übergangsgebiet zwischen Retina und Pellucida, eine niedrige Zellschicht, welche eine Randrinne („Randsinus") begrenzt, betrachtet TRETJAKOFF (1915) als besondere Zone mit eigener Bedeutung (s. u.). In eingehenden, an die Veröffentlichungen von AHLBORN (1883), BEARD (1887, 1889), OWSJANNIKOW (1898), GASKELL (1890), RETZIUS (1895) und LEYDIG (1896) anschließenden

Untersuchungen haben Studnička (1893, 1899, 1905), Tretjakoff (1917) und Nowikoff (1935) wertvolle Aufschlüsse über den Feinbau der Retina und Pellucida erbringen können. Die epithelial gebaute Retina der Epiphyse von *Ammocoetes* und *Petromyzon* besteht aus folgenden, in Schichten angeordneten Zellelementen: 1. Sinneszellen, 2. Stützzellen, 3. Ganglienzellen. Die ventrale Wandung des Atriums stimmt strukturell grundsätzlich mit der Retina überein. Nach Tretjakoff läßt die untere Wandung der Endblase eine Dreischichtung erkennen (vgl. auch Beard); 1. die untere Faserschicht mit großkernigen Zellen, 2. die mittlere Schicht der Kerne der Stütz- und Sinneszellen; 3. die obere Schicht der pigmentierten Stützzellenkörper.

Die mit schmalen ovoiden Kernen ausgestatteten, schon von Beard als Zapfen beschriebenen, von Retzius imprägnierten, jedoch verkannten Sinneszellen zeichnen sich durch fädige Gestalt aus. Ihr basaler Abschnitt verjüngt sich zu einem Neuriten (Tretjakoffs zentraler Fortsatz), die apikalen, am Ende kolbig angeschwollenen Partien („rods", Gaskell, „Sekretfäden", Leydig) ragen mehr oder weniger weit in die Lichtung der Endblase hinein (peripherer Fortsatz Tretjakoffs). Das Cytoplasma der Sinneszellen färbt sich intensiv mit Eisenhämatoxylin. Die Endabschnitte der Zellen („extraretinale Partie", Studnička) nehmen kaum Carmin an. Ihnen ist eine starke Lichtbrechung eigen bzw. der körnigen Substanz innerhalb der Endknöpfe (Nowikoff 1935), welche Nowikoff den *Phaosomen* in den Sehzellen Wirbelloser vergleicht. Da jede Sinneszelle ihren Lichtbrechungsapparat besitzt, kann das Pinealorgan von *Petromyzon* nach Studnička (1899) in gewissem Sinne als „zusammengesetztes Auge" gelten. An der kolbigen Anschwellung glaubt Studnička eine besondere feine mehrschichtige Hülle feststellen zu können, welche nur nach Flemming-Fixation zutage treten soll. Das Innere der Endstücke enthält „einen festeren Kern". Die Angaben Studničkas werden durch Tretjakoff und Nowikoff im wesentlichen bestätigt und erweitert. Nach Tretjakoffs Beobachtungen färben sich die knopfförmigen Anschwellungen der Sinneszellen, welche in das Epiphysenlumen hineinragen, mit Methylenblau metachromatisch violett. Apikal oder auch seitlich tragen sie eine nach Methylenblaufärbung dunkel hervortretende Endkappe mit granulärer Struktur, welche Tretjakoff jedoch als infolge Schrumpfung abgerissenes Ende der Verbindungsstücke der Pellucidazellen betrachtet. Diese Enden sind an den Endknöpfen der retinalen Sinneszellen hängengeblieben (vgl. hierzu S. 473). Innerhalb der Endanschwellungen lassen sich zarte, in Neurofibrillen übergehende Fibrillen nachweisen; sie verlaufen in der Peripherie des Knopfes, um sich im Stiele des Endknopfes zu einem Bündel zu vereinigen. An mit Osmiumsäure fixiertem Material sind dem Endstück hutartig aufsitzende, aus zahlreichen zarten Lamellen zusammengesetzte, auch von Nowikoff beobachtete Hüllen zu erkennen. Die zwischen den Lamellen befindlichen Räume werden von einer homogenen Masse eingenommen. Die lamellär strukturierten Hüllen erinnern an die geschichteten Sekretkuppen, welche ich in der Niere der *Selachier* nachweisen konnte (Bargmann 1937). Tretjakoff betont die Abhängigkeit der Struktur der Sinneszellen von der Wahl des Fixierungsmittels. So zeigen Präparate mit anderen Fixierungsflüssigkeiten behandelter Epiphysen an Stelle der erwähnten lamellär strukturierten Anschwellungen völlig homogene Kolben. Nowikoff meint, die lamellär gebauten Endknöpfe dienten als cuticulare Linsen, welche die Lichtbrechung der granulären Masse im Endknopf verstärken sollen.

Auch die Struktur des Cytoplasmas der Sinneszellen stellt sich je nach Fixierung verschieden dar, in Flemming-Präparaten granulär, nach Fixierung in Formol-Alkohol vacuolär. Auf die weitgehende Übereinstimmung im strukturellen Verhalten des apikalen Teiles der Sinneszellen von *Petromyzon* und

Squalus hat HOLMGREN (1917/18) bereits hingewiesen. TRETJAKOFF schreibt allerdings den Sinneszellen keinerlei sekretorische, sondern nur photoreceptorische Funktion zu. Nach seiner Ansicht sind die Stützzellen die sezernierenden Elemente der Epiphyse von *Petromyzon*.

Die basalen Abschnitte der Sinneszellen sind nach TRETJAKOFF außerordentlich verschieden gestaltet. Der Neurit der Sinneszellen verläßt den Zelleib unvermittelt oder allmählich, um in der Schicht der Endbäumchen der Ganglienzellen mit einer Endplatte, mit Varicositäten oder mit einer großen sternförmigen Platte zu enden. Andere Zellen sind mit verzweigten Nervenfortsätzen ausgestattet, deren Endbäumchen Endplatten und Varicositäten tragen. Die langen unverästelten und von Varicositäten freien Neuriten anderer Sinneszellen treffen in sternförmigen Knotenpunkten zusammen, in welchen die Neuriten durch eine mit Methylenblau darstellbare Kittsubstanz verbunden werden sollen. Aus den Sternen austretende Fasern stellen die Verbindung zu anderen Sternen her. TRETJAKOFF erblickt in den Sternen für die Assoziation der Lichtreize bestimmte Einrichtungen. Die Endbäumchen der Ganglienzellen und Endigungen der Sinneszellen verflechten sich miteinander. Nach TRETJAKOFF verbindet sich eine Ganglienzelle mit mehreren Sinneszellen.

Die Stützzellen treten nach TRETJAKOFF und NOWIKOFF (1935) in zwei Formen, den Pigmentzellen und den basalen Zellen in Erscheinung. Die langgestreckten, mit etwa kugeligen Kernen versehenen Pigmentzellen ragen mit ihren abgerundeten Oberflächen ein wenig über das Niveau der Schlußleisten hinaus, ihre basalen Enden gehen in einen oder mehrere verästelte Fortsätze über. Das Trugbild eines Stäbchensaumes kann angeblich durch die Einwirkung von FLEMMINGscher Flüssigkeit hervorgerufen werden. Die Endfüßchen der Zellen heften sich an die Basalmembran, die seitlichen Zellausläufer treten miteinander in Verbindung. Die apikalen Zellabschnitte enthalten Pigmentkörnchen verschiedener Art, das „weiße Pigment" (AHLBORN) und braunes Pigment (LEYDIG 1896, STUDNIČKA 1893, 1905, TRETJAKOFF). Das sog. weiße Pigment besteht aus säurelöslichen (GASKELL 1890) runden oder ovalen Körperchen, welche in durchfallendem Lichte schwarz, in auffallendem kreidigweiß erscheinen. Schon durch säurehaltige Fixierungsmittel wird das weiße Pigment zum Schwinden gebracht. Nach STUDNIČKA (1905) fehlt dieses Pigment bei *Ammocoeten*, die kleiner als 50 mm sind. Eine genauere Untersuchung dieser Substanz, welche kaum die Bezeichnung Pigment verdienen dürfte, wäre am Platze. Die braune Farbe des zweiten, nicht selten bis in die Endfüßchen zu verfolgenden Pigmentes, soll nach TRETJAKOFF durch „einige Reagenzien" bedingt sein. TRETJAKOFF findet die Pigmentkörnchen bei *Petromyzon fluviatilis* durchsichtig und von hellgelber Farbe. Pigmentklumpen kommen in den erwähnten basalen Zellen vor. Eine extracelluläre Lage der Pigmentgranula ist auf die Wirkung des Mikrotommessers zurückzuführen. Verlagerung der Pigmentkörnchen unter dem Einfluß des Lichtes wurde von TRETJAKOFF (vgl. dagegen S. 457) nicht beobachtet. Der Ersatz degenerierter Pigmentzellen erfolgt auf dem Wege der Mitose.

Das Cytoplasma der Pigmentzellen enthält nach TRETJAKOFF 2—4 lange, mit Eisenhämatoxylin stark anfärbbare „Halbmondkörperchen", die besonders deutlich in den Endfüßchen der Zellen zutage treten. Als ihre Vorstufen sind sehr kleine homogene Körperchen zu betrachten. Aus ihnen entwickeln sich zunächst kugelige Gebilde mit hellerem Zentrum und dunkler mondsichelähnlicher Kapuze („Doppelkörnchen"). Aus ihnen spaltet sich der Halbmond ab. TRETJAKOFF hält diese Körperchen im Hinblick auf Untersuchungen von HEIDENHAIN, HIRSCHLER, FAURÉ-FREMIET u. a. für im Dienste der Sekretion stehende Organellen der Pigmentzellen, die angeblich in keinen Beziehungen zu den Pigmentkörnchen stehen. Da diese Körperchen besonders zahlreich in den Endfüßchen der Pigmentzellen vorkommen, kann an eine Abgabe von Sekret an das Capillarnetz an der Oberfläche des Pinealorgans gedacht werden. Tretjakoff weist auf die Übereinstimmung im Verhalten der Halbmondkörperchen und ihrer Vorstufen und der von M. Heidenhain beschriebenen Entwicklungsreihe der Granula in der Beckendrüse der *Tritonen* hin. Er vermutet, daß sich auch an den pinealen Halbmondkörperchen Rückbildungserscheinungen abspielen. Nowikoff (1935) gelang der Nachweis der Halbmondkörperchen nicht, Nach seiner Meinung nehmen die Pigment- und Basalzellen an der Bildung der flüssigen bzw. gallertigen Bestandteile des Glaskörpers teil.

Die sog. basalen Stützzellen, große cytoplasmaarme, den Ganglienzellen ähnelnde Elemente mit rundlichen Kernen liegen mit den kernhaltigen Abschnitten des Zelleibes etwa in Höhe der Kerne von Pigment- und Sinneszellen. Ihr Cytoplasma umschließt, wie Tretjakoff feststellte, einen sog. Nebenkörper. eine klumpige oder kugelige Masse, die in Osmiumsäurepräparaten homogen erscheint, nach Fixierung mit Chromsäure-Formol-Eisessig jedoch ein fädiges Aussehen besitzt. Die Maschen des Fadenwerkes enthalten „Reste der Grundsubstanz" und Vakuolen. Nach Fixierung mit Sublimat und Formol-Alkohol bleiben nach Tretjakoff nur wenige Basalkörper erhalten. Die Färbbarkeit der Nebenkörper wechselt. Tretjakoff denkt an Beziehungen dieser Gebilde zur Sekretion der Basalzellen. Nach Nowikoff (1935), welcher die Nebenkörper auch in Pigmentzellen beobachtete, gehören diese Gebilde nicht zu den integrierenden Bestandteilen der Basalzellen.

Die Ganglienzellen der Epiphyse von *Petromyzon* — an Zahl geringer als die Sinneszellen — zeichnen sich durch ihre Größe aus (Studnička 1905, vgl. auch Mayer 1897). Ihre Form ist so unterschiedlich, daß eine Aufstellung von Zelltypen kaum gelingt. Wie Tretjakoffs Abbildungen zeigen, stellen die pinealen Nervenzellen Elemente mit vorwiegend langen, meist fern vom Zelleibe verzweigten Ausläufern dar. Fast stets handelt es sich um bipolare Zellen. Ihre Dendriten tragen Endbäumchen mit Verdickungen und Plättchen. Die Endbäumchen der Dendriten bilden eine zusammenhängende Lage inmitten der faserigen Schicht der Endblase. Zellen mit Dendriten, welche sich in zwei divergierende Zweige gabeln, deren jeder ein Endbäumchen trägt, nennt Tretjakoff biterminale Ganglienzellen, solche mit einem Endbäumchen uniterminal. Die Neuriten der pinealen Ganglienzellen verlaufen zum Atrium, um dann zur Bildung des Pinealnerven zusammenzutreten.

Die prismatischen Zellen des Randgebietes, d. h. der Übergangszone zwischen oberer und unterer Wandung des Pinealorgans, zeichnen sich nach Tretjakoff durch ihre geringe Höhe und geradlinige Konturierung ihrer lumenwärts gerichteten Abschnitte aus. Nicht immer ist der sog. Randsinus (s. o.) entwickelt. In solchen Fällen sind die Randzellen schwer zu erkennen. An dem mir vorliegenden Material konnte ich einen Randsinus nicht beobachten (Abb. 3).

Das nach Beards (1887) und meinen Beobachtungen unregelmäßig gefaltete zylindrische Epithel der oberen Wand des Pinealorgans, der sog. Pellucida, besteht aus Sinnes- und Stützzellen. Die Sinneszellen der Pellucida unterscheiden sich von denjenigen der unteren Wandung nicht wesentlich. Ihre langen Neuriten vereinigen sich zu Strängen, welche in die untere Wandung einbiegen und in deren Geflecht eintreten. Die länglichen Stützzellen fallen durch den Besitz kurzer knolliger seitlicher Fortsätze auf, welchen Vertiefungen an der Oberfläche benachbarter Zellen entsprechen. Das Cytoplasma der Stützzellen enthält gewellte Fibrillen und Granula. Die apikalen, in das Epiphysenlumen hineinragenden Fortsätze betrachtet Tretjakoff als Artefakte der histologischen Methodik. TRETJAKOFF schreibt den Stützzellen der Pellucida — zweifelsohne zu Unrecht — „einen gewissen Grad von Kontraktilität" zu.

Das Atrium (Abb. 3) stimmt in seinem Feinbau, wie bereits erwähnt, weitgehend mit der eigentlichen Endblase überein (STUDNIČKA, TRETJAKOFF). Auch seine Wandung, an der TRETJAKOFF einen proximalen unpigmentierten und einen distalen pigmentierten Abschnitt unterscheidet, enthält Sinnes- und Stützzellen. Zwischen den Füßen der Stützzellen liegen kleinere rundliche, den basalen Zellen (s. o.) vergleichbare Elemente, deren Cytoplasma den Nebenkörpern ähnelnde Einschlüsse enthält. Diese Zellen dürfte STUDNIČKA mit Neurogliazellen verwechselt haben.

Ein epiphysärer Glaskörper im Lumen der Endblase existiert, wie TRETJAKOFF gegen STUDNIČKA hervorhebt, nicht. Der Inhalt des Pinealorgans besteht aus geronnenem Sekret der Wandzellen (s. a. NOWIKOFF 1935) und in die Lichtung übergetretenen degenerierenden Sinnes- und Stützzellen bzw. den apikalen Zellabschnitten, welche durch Schrumpfung vom Zelleibe abgerissen wurden (bezüglich des älteren Schrifttums vgl. STUDNIČKA 1905).

Die ursprünglich hohle strangartige, bis zu 1 cm lange Verbindung der Zirbel mit dem Zwischenhirn wird allgemein als Pinealnerv bezeichnet (HOLMGREN 1918, TRETJAKOFF), obwohl sie keineswegs nur Nervenfasern enthält und überdies eine hinter dem Atrium gelegene Höhlenbildung aufweist (GASKELL 1890, TRETJAKOFF, *Petromyzon*), deren Wandung durch Stützzellen und helle Basalzellen gebildet wird. Letztere lassen sich auch im distalen Abschnitt des „Nerven" in großer Zahl nachweisen, im proximalen Teil dagegen fehlen sie. Die Stützzellen sind vorzugsweise so angeordnet, daß ihre Kerne parallel zur Längsachse des Nerven liegen. TRETJAKOFF konnte sie in geringer Menge bis zum Gehirn hin verfolgen. In dem von ihnen gebildeten Netzwerk liegen die Basalzellen. Die von STUDNIČKA für Neurogliafasern gehaltenen basalen Zellabschnitte stehen mehr oder weniger senkrecht zur Nervenoberfläche. Zwischen ihnen verlaufen Nervenfasern, welche auf der Oberfläche des Pinealnerven eine kontinuierliche Faserschicht bilden. Im proximalen Anteil des Nerven schwinden die Basalzellen, dagegen begleiten wenige Stützzellen die Nervenfasern bis zum Gehirn (TRETJAKOFF). Nach TRETJAKOFFs Ansicht sind die Stützzellen den Pigmentzellen, die Basalzellen denjenigen der Endblase homolog. Innerhalb des Nervus pinealis, besonders in seinem distalen Abschnitt, soll bei älteren Tieren *(Petromyzon Planeri)* „weißes Pigment" (s. o.) vorkommen (AHLBORN, STUDNIČKA). Der Aufbau des sog. Pinealnerven aus Elementen, wie sie auch dem Atrium und der Endblase eigen sind, berechtigt meines Erachtens dazu, der Bezeichnung Epiphysenstiel den Vorzug vor dem Namen Pinealnerv zu geben. Die von STUDNIČKA (1905), TRETJAKOFF (1915) und HOLMGREN (1918) beobachtete Aufteilung des Epiphysennerven in mehrere, von Chromatophoren begleitete Stränge ist dahingehend zu interpretieren, daß die Neuriten der pinealen Ganglienzellen nicht nur den Zirbelstiel als Leitbahn benutzen, um zum Gehirn zu gelangen, sondern auch zu echten Nerven zusammengefaßt zentralwärts ziehen.

Die Nervenfasern des Zirbelstieles, deren Darstellung durch Imprägnation bereits RETZIUS (1895), MAYER (1897) und SCHILLING (1907) im Anschluß an WHITWELL (1888) und OWSJANNIKOW (1888) gelang, lassen sich bis zur Commissura caudalis verfolgen (AHLBORN, GASKELL, STUDNIČKA, MAYER, TRETJAKOFF). Nach HOLMGREN (1918) enden die Pinealnervenfasern von *Petromyzon fluviatilis* nicht in der hinteren Commissur, sondern dringen in das Mittelhirn ein. Wahrscheinlich verbinden sie sich mit motorischen Zentren der Medulla. Während GASKELL einen Zusammenhang des Pinealnerven mit dem rechten Ganglion habenulae annimmt und STUDNIČKA das Bestehen dieser Verbindung für möglich hält, konnte TRETJAKOFF sich von der Richtigkeit dieser Anschauung nicht überzeugen. Auch HOLMGREN bestreitet die Beziehungen zwischen Nervus pinealis und Habenularganglien.

An dem kugeligen oder halbkugeligen Parapinealorgan ist wie am Epiphysenbläschen eine obere dünne und eine untere verdickte Wandung zu unterscheiden (Pellucida, Retina). Letztere steht mit dem Gehirndach in Zusammenhang. Owsjannikow (1888) und Studnička (1893, 1905) berichten über das Vorkommen stäbchenförmiger, mit langen Fortsätzen versehener Zellen in der sog. Retina; sie werden von Retzius (1895) als bipolare Zellen bezeichnet und mit Riechzellen oder inneren Retinazellen verglichen. Studnička (1905) vermutet in ihnen Sinneszellen. Diese Vermutung findet in Tretjakoffs Beobachtungen ihre Bestätigung. Die dunkel färbbaren, schlanken Zellen ragen mit einem acidophilen Endknöpfchen in die Lichtung des Parapinealorgans herein, ihre basalen Fortsätze biegen parallel zur Bläschenoberfläche um und bilden ein Geflecht, aus welchem Neuriten zum Parapinealganglion hinziehen. Auch die sog. Pellucida, deren kranialer Abschnitt meistens pigmentiert ist, enthält Sinneszellen. Da außer den Sinneszellen auch Ganglienzellen (Studnička, vgl. Tretjakoff) — nach Tretjakoff soll es sich allerdings um Neurogliazellen handeln — und Stützzellen zu den Bauelementen des unteren Wandabschnittes zählen, ergibt sich eine grundsätzliche Übereinstimmung im strukturellen Verhalten beider Parietalorgane. Auch die hellen basalen, durch Nebenkörper ausgezeichneten Zellen (s. o.) wurden von Tretjakoff nachgewiesen. Ihre Lage in der Pellucida, in der Nähe von Blutcapillaren im Bindegewebe zwischen den beiden Parietalorganen, läßt Tretjakoff an eine Sekretion seitens der Basalzellen in die Blutbahn denken. Das photoreceptorische Organ ist nach seiner Ansicht „nicht nur als Sinnesorgan, sondern ... als Drüse mit innerer Sekretion tätig". Der retinale Wandabschnitt besitzt nur ausnahmsweise eine Gruppe von Basalzellen. Das Lumen des Parapinealorgans beherbergt nicht selten Gerinnsel mit abgestoßenen Wandzellen.

Anschließend an Untersuchungen von Ahlborn (1883), Owsjannikow (1888), Studnička (1893, 1905), Retzius (1895), Leydig (1896), Schilling (1907), Dendy (1907) und Tretjakoff (1909, 1915), die eine nervöse Verbindung des Parapinealorgans mit dem linken Ganglion habenulae aufzeigten, hat sich Holmgren (1918) eingehend mit der Innervation des Parapinealorgans von *Petromyzon* befaßt (Methylenblaufärbung). Nach seinen Feststellungen gehen aus dem Organ drei verschiedene Faserbündel hervor; 1. ein bis zur Mitte des linken Ganglion habenulae ziehendes, den Tractus habenulae durchsetzendes Bündel; 2. ein flaches, nicht durch den Tractus habenulae sich begebendes Bündel, welches in die linke Habenula eindringt, von wo aus Fasern zum rechten und linken Nucleus subhabenularis und zur Commissura caudalis verlaufen; 3. ein schwaches Bündel zur rechten Habenula. Von dem an erster Stelle genannten Bündel nehmen die Fasern ihren Weg a) durch das rechte Ganglion habenularum, um im oberflächlichen Plexus des Nucleus subhabenularis zu enden, b) zum linken Nucleus subhabenularis, c) zur Commissura posterior, teilweise zum Tectum opticum.

Bezüglich weiterer, Feinbau und Innervation des Parapinealorgans betreffende Einzelheiten verweise ich auf die Veröffentlichungen von Studnička (1905), Tretjakoff (1909, 1915) und Holmgren (1918).

Als Cornea der Parietalorgane werden die über ihnen gelegenen durchscheinenden Partien des Kopfes bezeichnet, welchen der etwa dreieckige pigmentfreie Scheitelfleck entspricht. Ihr charakteristischster Anteil ist ein aus Bindegewebe bestehender Conus, dessen vertikal ausgerichtete Bindegewebszüge, zwischen welchen sich eine homogene Grundsubstanz befindet, die verdünnte Schädeldecke mit dem an dieser Stelle durchsichtigen, von Pigmentzellen freien Corium verbinden. Bei *Petromyzon marinus* trägt dieses Bindegewebe angeblich die Kennzeichen eines Schleimgewebes (STUDNIČKA). TRETJAKOFF (1915), der das sog. Schleimgewebe auch bei *Petromyzon fluviatilis* fand, betrachtet es als Chondroidgewebe, bestehend aus spindeligen cytoplasmareichen Zellen, acidophilen Strängen und einer basophilen Substanz, welche die Zellen in der Regel von letzteren trennt. Die Grundsubstanz enthält feinste acidophile Fibrillen, welche in den gröberen Strängen meistens parallel verlaufen.

VI. Der Feinbau der Epiphyse in seiner Abhängigkeit von inneren und äußeren Faktoren.

1. Altersveränderungen.

Die Epiphyse des *Menschen* ist mit steigendem Lebensalter regressiven Veränderungen unterworfen, welche in der Regel zwar nicht zu einer völligen Rückbildung des Organs, wohl aber einer Verringerung seines Bestandes an spezifischem Gewebe führen. Die sog. Rückbildung der Epiphyse kann als partielle Involution bezeichnet werden. In seltenen Fällen, anscheinend aber doch häufiger als in anderen Organen, leitet die Bindegewebsvermehrung in der Epiphyse des *Menschen* zur Sklerose und Atrophie über (vgl. WALTER 1923). Die von JOSEPHY abgebildete Epiphyse eines *Kamels*, die zum überwiegenden Teil aus Bindegewebe besteht, ist wohl als sklerotisch verändert zu betrachten. Soweit die bisher vorliegenden Untersuchungen ein Urteil gestatten, sind die Altersveränderungen der Epiphyse des *Menschen* stärker ausgeprägt als diejenigen der *Haussäugetiere*. TRAUTMANN (1934) beispielsweise macht darauf aufmerksam, daß die sog. Involution der Zirbel gesunder *Ziegen* in nicht so intensiver Weise wie beim *Menschen* verläuft; bis ins höchste Alter ist funktionstüchtiges Parenchym vorhanden.

Der Zeitpunkt des Einsetzens und das Ausmaß der Rückbildungsvorgänge sind individuell sehr verschieden. Es ist bisher nicht gelungen, die regressiven Veränderungen der Zirbel den Phasen der postnatalen Entwicklung, etwa des Wachstums und der Reifung zuzuordnen. Von einer Blütezeit der Epiphyse bis zum 6. Jahre kann nicht die Rede sein, wie gegenüber TRIVUS-KATZ (1927) betont sei, auch nicht vom Beginn der Rückbildung in der Pubertätsperiode (vgl. dagegen ORLANDI 1922, COOPER). Man könnte zwar einwenden, zu dieser Aussage berechtigende, histologische, insbesondere quantitative histologische Untersuchungen eines großen, die ersten beiden Jahrzehnte umfassenden Materials *menschlicher* Epiphysen stünden noch aus. Indessen lassen die an *tierischen* Zirbeln erhobenen Befunde keine Beziehungen zwischen Epiphysenbau und Beginn der Geschlechtsreife oder Abschluß der Wachstumsperiode erkennen. Denkbar wäre immerhin eine Korrelation zwischen erlöschender Keimdrüsentätigkeit und Bau und Funktion der Epiphyse, während der beim *Menschen* wechselnde Termin die individuellen Verschiedenheiten der Struktur des Corpus pineale verständlich machen könnte. POLVANI (1913) behauptet, die Rückbildungsvorgänge setzten in der Zirbel der Frau — dem früheren Ende der Geschlechtsperiode entsprechend — früher als beim Manne ein. ORLANDI und GUARDINI (1929) können diese Angabe freilich nicht bestätigen.

Die Altersveränderungen der einzelnen Formelemente der Epiphyse wie das mit steigendem Lebensalter zu beobachtende Auftreten von Kalkablagerungen und Cysten wurden bereits in den vorangehenden Kapiteln geschildert, so daß ich mich auf eine kurze Zusammenfassung der Alterungsvorgänge innerhalb der Zirbel beschränken kann.

In erster Linie kommt die Alterung des Organs in einer Bindegewebsvermehrung zum Ausdruck (Marburg, Schlesinger, Trautmann, Amprino, Uemura, Brandenburg u. a.). Die verbreiterten Septen enthalten ein dichtes Gitterwerk argyrophiler Fibrillen, in dessen Maschen zahlreiche Mastzellen liegen können. Nach Krabbe treten im Bindegewebe der Epiphyse sehr alter *Menschen* Plasmazellen auf. Schlesinger findet die Zahl der Bindegewebszellen im Stroma im Alter vermehrt. Die Grenze von Bindegewebe und Parenchym ist in der Zirbel alter *Menschen* vielfach verwischt. Geringelte argyrophile Fäserchen sind in größerer Zahl aus dem Stroma zwischen die Pinealzellen zu verfolgen. Die Gitterfasern in den verbreiterten Septen umspinnen Einzelindividuen oder Gruppen von Pinealzellen (Abb. 75). Hyaline Degeneration des Bindegewebes und die Ablagerung von Konkrementen im Stroma lassen sich besonders in Epiphysen alter Individuen beobachten. Die Blutgefäße weisen die auch in anderen Organen bekannten Altersveränderungen auf.

Die Pinealzellen der Epiphyse von *Mensch* und *Säugern* unterliegen keinen charakteristischen Altersveränderungen. Die Angabe von Algranati Mondolfo (1933), die Pinealzellen jugendlicher *Menschen* zeichneten sich im allgemeinen durch große Kerne und zahlreiche Fortsätze aus, während sie in höherem Alter pyknotische Kerne und weniger Ausläufer besitzen, vermag ich nicht zu bestätigen. Die Kernexcretion läßt sich auch in der Zirbel greiser Individuen nachweisen. Der häufig festzustellenden zahlenmäßigen Abnahme der Pinealzellen (Algranati Mondolfo u. a.) entspricht eine Vermehrung des Gliagewebes. Für die Zirbel des *Rindes* wird sie allerdings von Trautmann bestritten. Gliaflecken sind nach meinen Beobachtungen besonders regelmäßig in der Epiphyse von *Rindern* anzutreffen, während Trautmann die Entstehung ausgedehnter Gliaplatten für die Epiphyse des *Rindes* in Abrede stellt. Mit steigendem Alter nehmen die Gliafasern an Dicke zu. Konkrementbildungen und Cysten sind in den Epiphysen älterer *Menschen* häufiger als in denjenigen jüngerer Individuen vorhanden (Uemura, Brandenburg u. a., eigene Beobachtungen).

Die geschilderten Gewebsveränderungen führen je nach ihrem Umfange zu mehr oder weniger auffälligen Umgestaltungen der Architektur der Epiphyse, welche infolge Zunahme des Bindegewebes in erster Linie zunächst in der Aufteilung des Parenchyms in scharf begrenzte Follikel bzw. kleine Zellinseln zum Ausdruck kommt, bis später die Stroma-Parenchymgrenzen durch die Ausbreitung der argyrophilen Fibrillen mehr und mehr verwischt wird. Da die Bindegewebsvermehrung in der Epiphyse nicht in allen Abschnitten gleichmäßig erfolgt, gewinnt das Schnittbild des Organs häufig ein unruhiges Aussehen. Dies ist natürlich besonders dann der Fall, wenn sich Konkremente und Cysten entwickeln. In der Zirbel des *Rindes* machen sich die Altersveränderungen besonders in den mittleren Organabschnitten bemerkbar. Mit Trautmann (1934) finde ich beim *Rinde* unregelmäßig gestaltete, untereinander verbundene Zellhaufen, während beim nicht erwachsenen Tier nach Trautmann mehr kugelig geformte, nicht anastomosierende Zellhaufen zu finden sind. Eine Störung des Organaufbaues durch Konkremente ist besonders in den zentralen Teilen der Rinderepiphyse zu beobachten.

Die Ursache der degenerativen Veränderungen der Epiphyse erblickt de Menato (1928) in Schwankungen des Blutdruckes im Plexus chorioides bei der Regulation des Liquordruckes. Es ist nicht recht einzusehen, warum es dann nicht auch an anderen Stellen des Zentralnervensystems zu derartigen Veränderungen kommt.

2. Die Beeinflussung der Epiphyse durch das endokrine System.

a) Keimdrüsen und Epiphyse.

MARBURGs Lehre von der pinealen Genese der Pubertas praecox gab den Anstoß zu zahlreichen morphologischen Untersuchungen, welche sich mit den angeblich bestehenden Beziehungen zwischen Epiphyse und Keimdrüsen befassen. Wie eingangs bereits erwähnt (s. S. 319), wurde die Frage etwaiger Geschlechtsunterschiede der Epiphyse, der Wirkung des Sexualzyklus und der Schwangerschaft, ferner der Kastration auf den Feinbau der Zirbel verschiedentlich einer Prüfung unterzogen.

Während der Periode der Ovulation treten nach DESOGUS (1924, 1926) im Cytoplasma der Zirbelzellen, ferner im Interstitium der Epiphyse des *Huhnes* große Mengen feiner sudanophiler Granula auf, während die Epiphyse in der Ruheperiode des Ovars nur sehr wenige Lipoidgranula enthalten soll. Eine Nachprüfung dieser Angaben ist dringend erwünscht (s. S. 450). Die Behauptung POLVANIs (1913), die Zirbel des Weibes falle der Involution früher als diejenige des Mannes anheim, wurde bisher nicht bestätigt.

Die Angaben von ASCHNER (1913) über die rundliche Gestalt der Zirbel Gravider gegenüber der mehr kegelförmigen der Epiphyse der Nullipara, welche durch Untersuchungen an Epiphysen trächtiger und nichtträchtiger *Tiere* gleicher Herkunft ergänzt wurden, haben sich — wie angesichts der individuellen Variabilität der Zirbel zu erwarten war — nicht bestätigen lassen (BERBLINGER, BRANDENBURG, DECIO, s. S. 319). BRANDENBURG (1929) hat 157 *menschliche* und 82 *Schweine*epiphysen auf das Vorhandensein irgendwelcher Formunterschiede bei beiden Geschlechtern, ferner bei Graviden, Nulliparae und Frauen, welche mehrere oder eine Geburt hinter sich hatten, untersucht. BRANDENBURG fand rundliche Epiphysen bei beiden Geschlechtern häufiger als längliche; bei Graviden ist nach seinen Beobachtungen die runde Form keineswegs typisch für die Zirbel. Überdies kann man, worauf BRANDENBURG mit Recht aufmerksam macht, nie wissen, ob eine bei einer Schwangeren bzw. Multipara gefundene rundlich gestaltete Epiphyse vor der Gravidität eine andere Form besaß. Nach DECIO (1924/25) besitzen die Epiphysen trächtiger und nichtträchtiger *Schafe* gleiche Durchmesser.

Auch bezüglich des Feinbaues der Epiphyse bestehen bei beiden Geschlechtern bzw. bei Graviden und Nichtgraviden keine deutlich greifbaren Unterschiede, wie den Untersuchungen von ORLANDI und GUARDINI (1929, *Mensch*), DECIO (1925, *Schaf*) und GODINA (1939, *Rind*) zu entnehmen ist. TRAUTMANN (1934) verzeichnet dagegen „eine gewisse Regelmäßigkeit in der Ablagerung von Hirnsand" bei *Kühen*, die getragen hatten und meint, mehrmalige Graviditäten begünstigten die Bildung von Konkrementen. Ferner wollen FRADA und MICALE (1941) den Epiphysenschatten bei Müttern und Graviden häufiger als bei Nichtgraviden röntgenologisch nachgewiesen haben. Da die Konkrementbildung im allgemeinen mit dem Lebensalter zunimmt, ist es schwierig, die Frage ihrer etwaigen Abhängigkeit vom Geschehen der Schwangerschaft befriedigend zu beantworten. Außerdem würde der tatsächliche Nachweis eines derartigen Zusammenhanges keineswegs das Bestehen einer Epiphysen-Keimdrüsenrelation erhärten, da die Möglichkeit besteht, daß die den Gesamtorganismus im Sinne einer Alterung in Anspruch nehmende Gravidität sich unter anderem auch an der Zirbeldrüse manifestiert.

Im übrigen darf nicht übersehen werden, daß die in ihrer Bedeutung problematischen Befunde TRAUTMANNs Folgezustände der Gravidität darstellen und daher wenig geeignet erscheinen, die Frage nach den Epiphysen-Keimdrüsenrelationen zu beantworten. Eufinger und Uhing (1932), Scaglione (s. Desogus, Godina), ferner Viana (s. Desogus) und Desogus (1935) berichten in allerdings widerspruchsvoller Weise über Veränderungen der Epiphysenstruktur während der Schwangerschaft. Viana sowie Desogus wollen in der Epiphyse schwangerer *Tiere (Hündin)* involutive Prozesse festgestellt haben, die ihren Höhepunkt zur Zeit des Wurfes erreichen, gekennzeichnet unter anderem durch zahlreiche Pyknosen der Pinealzellen und Capillararmut. Nach Scaglione sowie Eufinger und Uhing dagegen treten in der Epiphyse gravider *Meerschweinchen* und *Kaninchen* Zeichen einer Funktionssteigerung in Erscheinung. Scaglione findet zahlreiche vakuolisierte, Lipoidtröpfchen enthaltende Zellen, ferner eine erhöhte Blutzufuhr. Auch will Scaglione reichliche Mengen einer kolloidartigen Substanz in den Intercellularräumen wahrgenommen haben. Nach Desogus soll diese Substanz gerade in den Zirbeln gravider *Tiere* recht spärlich vorhanden sein. Die Zirbel des virginellen *Meerschweinchens* zeichnet sich nach Eufinger und Uhing durch Zellreichtum, ein dichtes Glianetz und geringe Vascularisation aus; die chromatinreichen Kerne der Pinealzellen erreichen Durchmesser von 8—9 μ. In dem Corpus pineale des trächtigen *Meerschweinchens* läßt sich eine zur Bildung von Lücken und Spalten führende Auflockerung des Gliagerüstes feststellen, ferner das Vorhandensein von Pinealzellen mit chromatinarmen, 10—11 μ im Durchmesser großen Kernen. Die Blutgefäße der Epiphyse sind stark gefüllt (s. a. Scaglione, *Meerschweinchen, Kaninchen*). Ferner ist in der Schwangerenepiphyse eine Verringerung an offenbar intercellulär gelegenen doppelbrechenden Lipoiden (vgl. hierzu Scaglione) zu verzeichnen, welche beim nichtschwangeren Tier besonders die basalen Organabschnitte einnehmen. Die Auflockerung der Glia ist auch nach der Gravidität noch vorhanden, während die Vascularisation abgenommen hat. Die Pinealzellkerne besitzen wieder chromatinreichere Kerne. Eufinger und Uhing deuten ihre Befunde dahingehend, daß für die „physiologische Wirkungsänderung" der Epiphyse während der Schwangerschaft „stichhaltige Anhaltspunkte" gegeben sind. Leider sind die Abbildungen der Autoren nicht als befriedigende Belege ihrer Ausführungen zu betrachten, so daß eine Nachprüfung ihrer Angaben einmal aus diesem Grunde, dann im Hinblick auf die Angaben von Viana sowie Desogus über Involutionsvorgänge in der Schwangerenzirbel dringend geboten erschien. Dabei war besonders auf das Verhalten der Kerne der Pinealzellen und die Struktur des Cytoplasmas zu achten; im Falle einer Funktionssteigerung der Zirbelzellen, auf welche die verschiedentlich angegebene Zunahme der Durchblutung hinzuweisen scheint, müßten gerade an den spezifischen Zirbelelementen Veränderungen auftreten. Untersuchungen meines Schülers Kohler (noch nicht veröffentlicht) an den Epiphysen virgineller und schwangerer *Ratten* zeitigten folgende Ergebnisse: Kohlers Befunde schließen sich den negativen Untersuchungsresultaten von Orlandi und Guardini, Decio und Godina an, den Darlegungen von Viana und Desogus insofern, als auch nach ihnen die Epiphyse trächtiger *Tiere* keinerlei Anzeichen gesteigerter Tätigkeit verrät.

Man müßte im Hinblick auf die von Marburg angenommene Entstehungsweise der Pubertas praecox, welche vorzugsweise das männliche Geschlecht befällt, annehmen, daß zwischen Epiphyse und männlichen Keimdrüsen Beziehungen bestehen, welche morphologisch eher als die Ovar-Epiphysenbeziehungen erfaßt werden können. Bisher sind indessen keine charakteristischen Veränderungen der Zirbel bei der Brunst männlicher *Tiere* bekanntgeworden. Die Frage der Epiphysen-Hodenbeziehungen wäre durch Untersuchungen eines umfangreichen Materials zu klären. Den Angaben Stefkos (1929) über ein „antagonistisches Verhältnis zwischen der Beschaffenheit der Geschlechtsdrüsen und dem Aufbau der Zirbeldrüse" von *Affen* kommt ein Wert kaum zu, da sie sich auf die Analyse von Epiphysen und Keimdrüsen einiger weniger, in Gefangenschaft gehaltener Exemplare verschiedener *Affen*arten stützen. Nach STEFKO entsprechen regressive Zirbelveränderungen und Funktionssteigerung der Keimdrüsen einander. Einen Zusammenhang zwischen Hodenentwicklung und Zirbeldrüse nimmt auch v. KUP (1936) an, wobei er auf einen Fall von Makrorchie (28jähriger Mann, Hodengewicht ohne Nebenhoden 53 g) bei Zirbelhypoplasie (Epiphysengewicht 0,05 g) aufmerksam macht. Auch diesem Fall kann man für das in Rede stehende Problem keine große Bedeutung beimessen, da das Sektionsprotokoll ein pfefferkorngroßes, auf das umgebende Gewebe einen Druck ausübendes eosinophiles Adenom im Hypophysenvorderlappen verzeichnet. Die Angaben von DORN und HOHLWEG (1929) über Hodenvergrößerung bei infantilen *Tieren* unter der Wirkung von Epiphysensubstanz wurden bisher nicht bestätigt. Nach DEN HARTOG JAGER und HEIL (1935) wird das Gewicht der Keimdrüsen der *Ratte* durch die Epiphysenentfernung nicht beeinflußt. CLEMENTE (1923) will bei jungen *Hähnen*, welchen die Epiphyse entfernt wurde, eine Beschleunigung des Hodenwachstums bzw. Gewichtszunahme der Hoden festgestellt haben. DAVIS und MARTIN (1940) erwähnen die auffallende Größe der Hoden von *Katzen*, deren Epiphyse exstirpiert worden war.

Ob der durch Kastration bedingte Fortfall der Wirkstoffe der Keimdrüsen die Struktur der Epiphyse elektiv beeinflußt, ist mehr als zweifelhaft. Die an *menschlichem* Untersuchungsgut erhobenen Befunde sind aus naheliegenden Gründen überaus spärlich. ORLANDI und GUARDINI (1929) hatten Gelegenheit, die Epiphyse eines 55jährigen, an Nierentuberkulose gestorbenen Mannes histologisch zu untersuchen, bei dem die Kastration wegen Hodentuberkulose vor 30 Jahren durchgeführt worden war. Das Organ zeichnete sich durch Armut an Pinealzellen, reichen Konkrementgehalt, Gliose und Cysten aus. Derartige Veränderungen kann man aber auch an Epiphysen gesunder Männer dieser Altersstufe nachweisen. BIACH und HULLES (1912) wollen an den Epiphysen kastrierter junger *Katzen* (7 Männchen, 2 Weibchen) ausgesprochen atrophische Veränderungen festgestellt haben, in deren Verlauf die Zahl, ferner die Masse des Zelleibes und Größe des Kernes der Pinealzellen abnehmen. Die Intercellularräume sollen größer als bei den Kontrolltieren sein. VERCELLANA (1932) findet in den Epiphysen kastrierter *Rinder* häufig an Pinealzellen verarmte Zonen; ihre Gefäßversorgung ist schwächer als diejenige der Zirbel des *Stieres* (vgl. ferner ANDRIANI, ASCHNER, PENDE und CALVET). Die Epiphyse des *Stieres* soll eine deutlichere lobuläre Architektur aufweisen und Tubuli mit einer Auskleidung von ependymären Elementen besitzen. Dagegen spricht PELLEGRINI (1914) von einer Hypertrophie der Epiphyse beim kastrierten *Kaninchen*, gekennzeichnet durch Größenzunahme der Zirbelzellen und ihrer Kerne, Granulierung und Vakuolisierung des Cytoplasmas und reichliches Vorhandensein einer kolloidartigen Substanz in den Intercellularräumen. Nach dem 7. Monat post operationem soll diese Hypertrophie jedoch nicht mehr nachweisbar sein. Auch RUGGERI (1914) beobachtete in den Epiphysen kastrierter *Ratten* Erscheinungen gesteigerter Aktivität (Zunahme der Mitochondrien, Lipoidreichtum). SAI (1934) spricht von Zellwucherungen in den Epiphysen vor der Pubertät kastrierter *Kaninchen*. Den erwähnten Angaben stehen völlig negative Untersuchungsresultate von GERLACH (1917, 1918) und SARTESCHI (1910) gegenüber. SARTESCHI vermißt eine Beeinflussung des Strukturbildes der Epiphysen von *Kaninchen, Rindern, Schweinen* und *Widdern* durch die Kastration. GERLACH findet sowohl das Gesamtbild der Epiphyse als auch das Aussehen der Pinealzellen von *Wallachen* und *Ochsen* sowie nichtkastrierten Tieren in völliger Übereinstimmung.

Neuerdings hat Godina (1939) die Frage der Kastrationsveränderungen der Epiphyse erneut einer Prüfung an *Rinder*zirbeln unterzogen. Nach seinen Angaben bestehen zwischen den Epiphysen kastrierter und nichtkastrierter *Tiere* in der Tat strukturelle Unterschiede allerdings geringen Ausmaßes: die Kastratenzirbel ist, wie bereits Calvet (1934) bemerkt, durch geringere Zelldichte gekennzeichnet, ferner durch größeren Reichtum an Gliagewebe. Kothmann (1939) verzeichnet zwar gleichfalls eine Verringerung der Pinealzellen des *Hundes* nach der Kastration, doch liegt seinen Angaben eine unzureichende Zahl von Versuchstieren zugrunde (vgl. auch S. 481). Das Capillarnetz ist beim Kastraten ein wenig weitmaschiger. Die Pinealzellen beider Tiergruppen unterscheiden sich jedoch weder strukturell noch bezüglich der Größe voneinander. Kernmessungen ergeben für die Pinealzellkerne von Kastraten und Nichtkastraten gleiche Mittelwerte. Der mittlere Kerndurchmesser beträgt für den 2jährigen *Stier* bzw. *Ochsen* 8,38 bzw. 8,42 μ, für den 5jährigen *Stier* bzw. *Ochsen* 8,48 bzw. 8,47 μ. Diese Befunde berechtigen allenfalls zur Annahme einer Herabsetzung der Aktivität der Epiphyse bei Kastraten. Godina wirft jedoch mit Recht die Frage auf, ob die verhältnismäßig geringfügigen Organveränderungen zugunsten der Hypothese einer spezifischen funktionellen Korrelation zwischen Epiphyse und Keimdrüse ausgelegt werden dürfen. Die Kastration, d. h. die Ausschaltung der Sexualhormone ist ein Eingriff, der am Gesamtorganismus zur Auswirkung kommt und somit seine Spuren auch in der Epiphyse hinterläßt. Bei einem Rückblick auf die bis jetzt im Schrifttum niedergelegten Beobachtungen über die Kastrationsveränderungen der Epiphyse gelangt man zu der Feststellung, daß die Schilderung einer „Kastrationsepiphyse" in Analogie zum Bilde der Kastrationshypophyse nicht möglich ist. Insbesondere fehlen Anzeichen für das Auftreten charakteristischer Veränderungen an den spezifischen Epiphysenzellen nach der Kastration. Wieweit diese Tatsache durch die bisher getroffene Wahl des Untersuchungsmaterials bedingt ist, sei dahingestellt. Es wäre denkbar, daß Kastrationsveränderungen an den Epiphysen anderer Tiere, z. B. der *Ratte* („Kastrationshypophyse") auffälliger zutage treten und uns den Blick für strukturelle Abweichungen vom Normalbilde in Zirbeln anderer Arten schärfen.

Überblicken wir die Gesamtheit der die Beziehungen zwischen Keimdrüsen und Epiphyse behandelnden morphologischen Untersuchungen, so müssen wir feststellen, daß sie bezüglich Uneinheitlichkeit und Fragwürdigkeit ihrer Ergebnisse den das gleiche Problem behandelnden Arbeiten aus dem Lager der Pathologen, Kliniker und Physiologen nicht nachstehen (vgl. hierzu P. Trendelenburg 1934).

b) Nebenniere und Epiphyse.

Über das Bestehen unmittelbarer oder mittelbarer funktioneller Beziehungen zwischen Epiphyse und Nebenniere lassen sich kaum Vermutungen äußern. Die Entfernung eines dieser Organe scheint den hypothetischen Partner nicht zu beeinflussen (Lehmann, Demel, Kohn, den Hartog Jager und Heil 1935). Beim Morbus Addison wurden keine auffälligen Zirbelveränderungen beobachtet (Berblinger, Orlandi und Guardini). Uemura erwähnt zwar eine starke Atrophie der Epiphyse eines Addisonkranken, v. Kup (1937) die schwache Entwicklung der Zirbel eines $3^{1}/_{2}$ Jahre alten Knaben, der infolge eines malignen Nebennierenrindenadenoms an Pubertas praecox litt. Das Vorkommen gleichartiger Epiphysenveränderungen bei Hyper- und Hypofunktion der Nebenniere spricht durchaus gegen die Richtigkeit der Hypothese ihrer spezifischen funk-

tionellen Verknüpfung. v. KUP (1936) meint allerdings, zwischen Nebennierenrinde und Epiphyse bestehe ein Antagonismus (vgl. auch ATKINSON 1939);
bei Nebennierenrindengeschwülsten, welche mit Pubertas praecox einhergehen,
wird nach seiner Auffassung „die Funktion der antagonistischen Zirbel in den
Hintergrund gedrängt, wodurch das Wachstumshormon der Adenohypophyse
in gesteigertem Maße zur Geltung gelangt". Tatsachen, die zugunsten dieser
Anschauung sprechen, hat v. KUP bisher aber nicht mitteilen können.

Der Mitteilung von URECHIA und ELEKES (1924) über die günstige Wirkung
des Epiglandols auf die Asthenie eines Addisonkranken kommt keine Bedeutung
für die Frage der Nebennierenepiphysenbeziehungen zu, ebenso der Angabe
von KOTHMANN (1939), der durch Verfütterung von Epiphysen eine Gewichtsverminderung und geringeren Umfang der Zona fasciculata der Nebenniere des
Hundes erzielt haben will. KOTHMANNs Angaben basieren auf einem zu geringen
Untersuchungsgut.

c) Hypophyse und Epiphyse.

Wie bereits ZONDEK und KOEHLER (1930) bemerken, sind Wechselbeziehungen
zwischen Hypo- und Epiphyse, wie sie z. B. von ORLANDI (1932) angenommen
werden, nicht bekannt. Auch die Morphologie kennt keine für eine solche Korrelation sprechenden Tatsachen, wenn man von den Angaben von DORN und
HOHLWEG absieht, nach denen es unter der Wirkung von Zirbelsubstanz zu einer
Anreicherung von Eosinophilen im Hypophysenvorderlappen infantiler männlicher und weiblicher Tiere kommen soll, ferner von den einer Nachprüfung
bedürfenden Mitteilungen DESOGUS' (1928, 1926), nach denen die Epiphyse des
Huhnes sich während der Ovulationsperiode durch hohen Lipoidgehalt, die Hypophyse durch Fehlen von Lipoidtröpfchen auszeichnen soll. Während der Ruhe-
zeit des Ovars verhalten sich beide Organe angeblich umgekehrt. DESOGUS
folgert hieraus den Antagonismus von Epiphyse und Hypophyse. Die gesteigerte
Tätigkeit der Epiphyse kommt in dem Vorhandensein weiter sekretgefüllter
Follikel zum Ausdruck, die Herabsetzung ihrer Funktion im Verschluß der ver-
kleinerten Tubuli (1928, 1935). Den Angaben von DORN und HOHLWEG steht
die Behauptung von YOKOH (1927) gegenüber, die Hypophyse des *Hahnes* hyper-
trophiere nach Zirbelentfernung mäßig, wobei es angeblich zu einer Zunahme
der acidophilen Zellen kommt. Nach DAVIS und MARTIN (1940) sollen sich die
Hypophysen männlicher *Katzen*, denen die Epiphyse entfernt wurde, durch ihre
Größe auszeichnen. v. KUP (1936) glaubt, wie auch OLIVETTI (1938), an einen
Antagonismus von Epiphyse und Adenohypophyse. Er gründet seinen Glauben
auf die Ergebnisse von Versuchen CALVETs und ENGELs sowie eigener Experimente. CALVET stellte bei *Ratten*, denen *Pferde*epiphysen implantiert worden
waren, einen Wachstumsstillstand fest, welcher durch Zufuhr von Hypophysen-
extrakten aufgehoben werden konnte. ENGEL erzielte bei *Ratten* durch Injektion
von Hypophysenextrakt eine Zunahme des Körpergewichtes, die bei gleichzeitiger
Zufuhr von Epiphysenextrakt nicht einsetzt. v. KUP selbst beobachtete bei
Kaninchen und jungen *Hähnen*, welchen täglich die einem Viertel einer *Rinder*-
epiphyse entsprechende Menge von Zirbelextrakt injiziert wurde, eine Abnahme
des Körpergewichtes.

d) Schilddrüse und Epiphyse.

Die Entfernung der Epiphyse macht sich im Strukturbilde der Schild-
drüse nicht bemerkbar (FOÁ, AKIYAMA 1927, RENTON und RUSBRIDGE, DANDY,
DEMEL). Nach IZAWA soll zwar das Gewicht der Schilddrüse epiphysektomierter
Tiere größer sein als dasjenige normaler Tiere (IZAWA 1928). Dieser Behauptung

steht die Angabe von den Hartog Jager und Heil (1935) gegenüber, welche bei epiphysenlosen männlichen und weiblichen *Ratten* keine Gewichtsveränderung der Schilddrüse feststellen konnten; auch nach Akiyama (1927) läßt die Epiphysektomie das Schilddrüsengewicht unverändert. Charakteristische morphologische Veränderungen der Epiphyse bei Basedow und Kretinismus sind ebenfalls nicht bekannt geworden (Wegelin). v. Kup (1937) meint jedoch, das klinische Bild des Morbus Basedow und der Thyreotoxikose gäben einen Hinweis auf das Bestehen allerdings indirekter Schilddrüsen-Epiphysenbeziehungen. Bei diesen Erkrankungen ist nach v. Kup, von anfänglichen vorübergehenden Steigerungen des Triebes abgesehen, eine Senkung der Libido zu bemerken, deren Zustandekommen v. Kup folgendermaßen erklärt: infolge der Überfunktion der Schilddrüse kommt es zu einer durch Wägung erfaßbaren Abnahme des Parenchyms des Hypophysenvorderlappens, die ihrerseits eine Überfunktion der Epiphyse — auch bei normalem Massenbestande letzterer — nach sich zieht. Die Überfunktion der Zirbel ruft nach v. Kup eine Herabsetzung der Libido hervor. Da dieses Symptom unter Umständen auch bei anderen Erkrankungen auftritt, kann v. Kups Darstellung nur als Hypothese zweifelhaften Wertes, nicht als Nachweis von Korrelationen eingeschätzt werden.

Die einzigen Befunde, welche für eine Beeinflußbarkeit der Epiphyse durch die Schilddrüse zu sprechen scheinen, verdanken wir Trautmann (1925), der die Wirkung der Schilddrüsenexstirpation auf die Zirbel nichterwachsener und erwachsener *Ziegen* studierte. Nach Trautmann führt die Thyreoidektomie besonders bei nichterwachsenen Tieren zu deutlichen Strukturveränderungen der Epiphyse: das Bindegewebsgerüst des Corpus pineale nimmt an Masse zu, die Differenzierung der jugendlichen Pinealzellen (Krabbes Metamorphose) zu reifen Elementen wird gehemmt, ferner kommt es zu einem Zerfall von Pinealzellen, an deren Stelle Gliagewebe tritt. Die so entstandenen Gliainseln unterliegen einer zur Bildung von Hohlräumen führenden Einschmelzung. In stark veränderten Epiphysen sind gelegentlich Gefäßobliterationen festzustellen. Zwischen dem Verhalten der Epiphysen nichterwachsener und erwachsener thyreoidektomierter *Ziegen* besteht nach Trautmann insofern ein Unterschied, als die in den Zirbeln ersterer ablaufenden regressiven Prozesse degenerativer Natur sind, während die Veränderungen in den Organen der älteren Tiere lediglich eine Verstärkung der auch normalerweise auftretenden involutiven Vorgänge darstellen, unter denen besonders die Zunahme der sonst seltenen Kalkablagerungen auffällt. Außerdem verzeichnet Trautmann das Auftreten besonderer Zellen unbekannter Herkunft mit großem chromatinarmem Kern und gering entwickeltem, schwach anfärbbarem Cytoplasma. Besonders tiefgreifende Veränderungen ließen sich in den Epiphysen jener Tiere nachweisen, bei welchen die Kachexie am weitesten fortgeschritten war.

Die Deutung der interessanten Befunde Trautmanns stößt auf Schwierigkeiten. Trautmann selbst ist der Ansicht, die geschilderten Epiphysenveränderungen wiesen darauf hin, „daß die Zirbeldrüse eine Stellung im inkretorischen System einnimmt" und zur Schilddrüse in Beziehungen steht, welche „besonders im jugendlichen Alter, also während der Zeit des Wachstums bzw. vor der Pubertät, besonders innige sein müssen". Nach meiner Ansicht ist jedoch mit der Möglichkeit zu rechnen, daß die nach Schilddrüsenexstirpation einsetzenden Epiphysenveränderungen nur Ausdruck der den Gesamtorganismus ergreifenden Umwälzung darstellen, um so mehr, als die Entfernung der Schilddrüse zu schweren degenerativen Veränderungen auch anderer Abschnitte des Zentralnervensystems führt (Rasdolsky 1926)! Ein spurloses Vorübergehen der thyreopriven Kachexie an einem ohnehin zur Rückbildung neigenden Organ ist kaum anzunehmen.

e) Epithelkörper und Epiphyse.

Morphologische Untersuchungen über die Beziehungen zwischen Epithelkörperchen und Epiphyse liegen meines Wissens nicht vor (s. a. ZONDEK und KOEHLER 1930).

f) Thymus und Epiphyse.

LINDEBERG (1924) will bei jungen *Hunden* eine mit einer Schrumpfung an der Organperipherie beginnende Verkleinerung der Epiphyse nach Thymektomie gesehen haben. IZAWA (1928) behauptet, eine Zunahme des Thymusgewichtes nach Epiphysenentfernung festgestellt zu haben. Worauf v. KUP (1936) die Vermutung eines Synergismus zwischen Thymus und Epiphyse gründet, ist nicht ersichtlich. KOTHMANN (1939) erwähnt „eine schnellere Rückbildung des männlichen und eine langsamere Rückbildung des weiblichen Organs, sowie eine Vermehrung der HASSALLschen Körperchen beim *Hunde*. KOTHMANNs Angaben stützen sich auf die Untersuchung eines *Hunde*paares!

g) Pankreasinseln und Epiphyse.

Nach PAPESCU-INOTESTI (1924) hemmt Epiphysenextrakt die Insulinbildung. Epiphysenentfernung ruft am Inselapparat des *Widders* keine histologischen Veränderungen hervor (DEMEL). Nach IZAWA (1928) nimmt das Gesamtgewicht des Pankreas nach Epiphysektomie zu. Es ist fraglich, ob die von E. J. KRAUS (1921) beschriebenen atrophischen, nach totaler oder partieller Pankreasexstirpation festgestellten Veränderungen der *Katzen*epiphyse überhaupt der Organentfernung zur Last zu legen sind (Altersveränderungen?). KRAUS spricht vom Auftreten „verkleinerter, undurchsichtiger Zellkerne" in der Epiphyse. Beim Diabetes mellitus fanden ORLANDI und GUARDINI (1929, 9 Fälle) keine Abweichungen der Epiphysenstruktur vom normalen Bilde. Die Mehrzahl der Zirbeln zeichnete sich durch Reichtum an Mastzellen aus. Die Angabe von YOKOH (1927) über Vermehrung der LANGERHANSschen Inseln des *Hahnes* nach Exstirpation von Epiphyse und Keimdrüsen läßt sich eben wegen der Doppelexstirpation für die Frage der Pankreas-Zirbelbeziehungen nicht verwerten.

3. Die Beeinflussung der Epiphyse durch äußere Faktoren.

Äußere Faktoren wie beispielsweise Ernährung, Temperatur und Licht können das Strukturbild endokriner Organe (Schilddrüse, Pankreasinseln, Hypophyse, Nebennieren) bekanntlich weitgehend beeinflussen. Ob die Einwirkung dieser Faktoren auf den Organismus vom Zirbelgewebe mit strukturellen Veränderungen beantwortet wird, wissen wir nicht. Im Hinblick auf die phylogenetisch alten Beziehungen der Epiphyse zum Sehapparat (vgl. hierzu S. 322f.), insbesondere auf die nervöse Verbindung des Organs mit dem Thalamus und den Sinneszellcharakter der spezifischen Elemente in den Epiphysen niederer *Wirbeltiere* erscheint die Durchführung breit angelegter Untersuchungen über den Einfluß des Lichtes auf die Epiphyse sehr wünschenswert.

VII. Schlußbetrachtung.

„Eine Hypothese ist nie nachteilig, solange man sich des
Grades ihrer Zuverlässigkeit und der Gründe bewußt bleibt,
auf der sie beruht." SCHWANN.

Die Formenreihe der Epiphysis cerebri der *Wirbeltiere* spiegelt einerseits einen Prozeß tiefgreifender Umgestaltung dieses Organs wieder, sie läßt andererseits allen Entwicklungsetappen gemeinsame, den Charakter des cellulären Aufbaues und die — in ihrem Grundplan zäh festgehaltene — Innervation betreffende Wesenszüge erkennen.

Der Umwandlungsprozeß kann in Kürze folgendermaßen umrissen werden: die ursprünglich schlauchförmige Epiphyse, von deren Endabschnitt sich ein lichtempfindliches Sinnesorgan, das Parietalauge abgliedert, verliert ihre offene Kommunikation mit dem Ventrikelsystem des Gehirns durch Verschluß der Lichtung im Epiphysenstiel. Das bläschenartige Endstück des Organs erfährt durch die Bildung von taschenähnlichen Vertiefungen, später durch das Aussprossen englumiger Schläuche und Follikel eine Vergrößerung seiner inneren Oberfläche. Diese Hohlraumbildungen geben die offene Verbindung mit dem Lumen der Endblase ebenfalls auf. Mit dem Verschwinden auch ihrer Lichtungen, das wir bei den *Sauropsiden* angebahnt sehen, hat der Umbau der Epiphyse zu einem völlig kompakten Organ seinen Abschluß gefunden. Mit diesem Umbau ändern sich auch die Beziehungen der Zirbel zu ihrer Nachbarschaft. Das bei niederen Formen der unmittelbaren Beeinflussung durch Lichtstrahlen ausgesetzte, teilweise im Integument liegende Organ (Stirndrüse der *Anuren*, Epiphyse der *Fische*) rückt in die Tiefe, d. h. die mächtig sich entfaltenden Endhirnhemisphären schließen es zwischen sich ein (vgl. Abb. 4 mit Abb. 18).

Mit der Änderung der Architektur des Organs und seinem Abrücken von der dem Lichte ausgesetzten Körperoberfläche ist eine Umstellung des Mechanismus seiner Funktion verbunden. Bei den phylogenetisch ältesten Stufen erfolgt die Stoffabsonderung in einen Hohlraum, nämlich in die Hirnventrikel hinein. Das kompakt gewordene, von Capillaren durchsetzte und umsponnene Organ jüngerer Formen dagegen gibt das Produkt seiner spezifischen Zellelemente an die Blutbahn ab. Eine ähnliche Umgestaltung vollzieht sich bekanntlich an der Schilddrüse, welche sich aus der Hypobranchialrinne entwickelt.

Die spezifischen Zellelemente der Epiphyse der niederen Wirbeltiere tragen den Charakter von Sinneszellen. Ihr morphologisches Verhalten läßt vermuten, daß ihnen sekretorische Funktionen zukommen. Die Fähigkeit der Stoffbildung darf man diesen, den Nervenzellen genetisch und funktionell zur Seite zu stellenden Elementen wohl auch im Hinblick auf die besonders im Zwischenhirn stattfindende Sekretion von Nervenzellen (Neurokrinie) zuschreiben. Es ist anzunehmen, daß die Sekretion der epiphysären Sinneszellen in den oberflächennahen Epiphysen niederer Formen unter dem unmittelbaren Einfluß des Lichtes vonstatten geht. Mit der Umgestaltung der Epiphyse zu einem kompakten, von Capillaren durchsetzten Organ wandelt sich auch die Struktur der Epiphysenzellen: die Sinneszellen werden unter Verlust ihrer receptorischen Abschnitte zu den Pinealzellen der Säuger. Sie verlieren ihre polare Struktur. Aufgabe der experimentellen Forschung ist es, die Frage zu klären, ob den Pinealzellen — nicht mehr der unmittelbaren Beeinflussung durch Lichtstrahlen zugänglich, durch Vermittlung an das optische System angeschlossener Bahnen des Zentralnervensystems Impulse zur Stoffbildung zugeführt werden. Die vergleichende Betrachtungsweise mündet somit in eine Arbeitshypothese, die vielleicht für die Erkenntnis der Epiphysenfunktion nicht unfruchtbar ist.

Literatur.

Achúcarro, N.: La estructura secretora de la glándula pineal *humana*. Bol. Soc. españ. Biol. **1913**. — **Achúcarro, N.** u. **J. D. Sacristán:** (a) Investigaciones histológicas e histopatológicas sobre la glandula pineal *humana*. Trab. Labor. Invest. biol. Univ. Madrid **1912**. (b) Zur Kenntnis der Ganglienzellen der *menschlichen* Zirbeldrüse. Trab. Labor. Invest. biol. Univ. Madrid **11**, 1—10 (1913). — **Addair, J.** and **F. E. Chidester:** Pineal and Metamorphosis. The influence of pineal feeding upon the rate of metamorphosis in *frogs*. Endocrinology **12**, 791—796 (1928). — **Adie:** Pineal syndrome. Brain **1929**. — **Adler, L.:** Metamorphosestudien an *Batrachier*larven. I. Exstirpation endokriner Drüsen. C. Exstirpation der Epiphyse. Arch. Entw.mechan. 40, 18—32 (1914). — **Agduhr, E.**: Über ein zentrales Sinnesorgan (?) bei den *Vertebraten*. Z. Anat. 66, 223—360 (1922). — **Ahlborn, F.**: (a) Untersuchungen über das Gehirn der *Petromyconten*. Z. Zool. 39, 191—294 (1883). (b) Über die Bedeutung der Zirbeldrüse (Glandula pinealis, Commissur, Epiphysis cerebri). Z. Zool. 40, 331—337 (1884). — **Akiyama, S.**: Studies on the pineal body. The effects of pinealectomy on the growth of thyroid gland and some observation on its histology. Fol. endocrin. jap. 3, 43—45 (1927). — **Alajouanine, Lagrange** et **Baruk**: Tumeur de la glande pinéale diagnostiquée chez l'adulte (constatations radiographiques). Bull. Soc. méd. Hôp. Paris 41, 1309—1314 (1925). — **Albrecht, K.**: Röntgenbefunde bei cerebralen Kalkherden mit einer Bemerkung zur röntgenologischen Hirndiagnostik mit aufsteigenden Jodölen. Mschr. Psychiatr. 68, 1—20 (1928). — **Alexander, A.**: Zur Frage der Existenz eines Parietalorganrudimentes. Arb. neur. Inst. Wien 34, 252—265 (1932). — **Algranati Mondolfo, A.**: Di alcune ricerche sulla pineale. Arch. ital. Anat. e Istol. pat. 4, 149—189 (1933). — **Almeida Dias, A.**: Über einen Pinealtumor mit multiplen Gliomen. Mschr. Psychiatr. 76, 9—37 (1930). — **Altmann, F.**: Über ein Dermoid der Zirbeldrüse. Wien. klin. Wschr. 1930 I, 108—111. — **Amprino, R.**: (a) Trasformazioni della struttura della ghiandola pineale in rapporto all'età. Monit. zool. ital. 43, Suppl., 147—149 (1933). (b) Trasformazioni della ghiandola pineale dell'*uomo* e degli animali nell'accrescimento e nella seneszenza. Arch. ital. Anat. 34, 446—485 (1935). — **Anderson, D. H.** and **A. Wolf**: Pinealectomy in *rats*, with a critical survey of the literature. J. of Physiol. 81, 49—62 (1934). — **Anglade** et **Ducos**: Note préliminaire sur l'anatomie et la physiologie de la glande pinéale. Présentation de préparations. J. Méd. Bordeaux 39, 152, 153 (1909). — **Antonov, A.**: The structure of gl. pinealis in *man* and *animals*. Rev. Russk. zool. 6, 129—138 (1926). Ref. Anat. Ber. 10, 324 (1927). — **Aschner, B.**: (a) Schwangerschaftsveränderungen der Zirbeldrüse. Zbl. Gynäk. 1913 I, 774. (b) Die Erkrankungen der Zirbeldrüse. In Handbuch der inneren Sekretion, herausgeg. von M. HIRSCH, Bd. III/1. 1928. (c) Physiologie der Zirbeldrüse. In Handbuch der inneren Sekretion, herausgeg. von M. HIRSCH, Bd. II/1. 1925. (d) Technik der experimentellen Untersuchungen an der Hypophyse und am Zwischenhirn. In Handbuch der biologischen Arbeitsmethoden, herausgeg. von E. ABDERHALDEN, Abt. 5, Teil 3 B. 1938. — **Aschoff, L.**: Zur normalen und pathologischen Anatomie des Greisenalters. Berlin und Wien 1938. — **Askanazy, M.**: (a) Teratom und Chorionepitheliom der Zirbel. Verh. dtsch. path. Ges. 1906, 58. (b) Die Zirbel und ihre Tumoren in ihrem funktionellen Einfluß. Frankf. Z. Path. 24, 58—77 (1920). — **Askanazy, M.** u. **W. Brack**: Sexuelle Frühreife bei einer Idiotin mit Hypoplasie der Zirbel. Virchows Arch. 234, 1—11 (1921). — **Atkinson, F. R. B.**: The hormones of the pineal gland. Bull. Soc. roum. Endocrin. 5, 119—125 (1939). — **Atwell, Wayne J.**: Further observations on the pigment changes following removal of the epithelial hypophysis and the pineal gland in the *frog* tadpole. Endocrinology 5, 221—232 (1921). — **Auersperg, A.**: Beobachtungen am *menschlichen* Plexus chorioideus der Seitenventrikel. Arb. neur. Inst. Wien 31, 55—95 (1929). — **Ayers**: Concerning *Vertebrate* cephalogenesis. I. J. Morph. a. Physiol. 4, 221—245 (1891).

Baar, H.: Makrogenitosomia praecox-Zirbeltumor. Z. Kinderheilk. 27, 143—152 (1920). — **Bachmann, R.**: Über die Bedeutung des argyrophilen Bindegewebes (Gitterfasern) in der Nebennierenrinde und im Corpus luteum. Z. mikrosk.-anat. Forsch. 41, 433—446 (1937). — **Badertscher, F. A.**: Results following the extirpation of the pineal gland in newly hatched *chicks*. Anat. Rec. 28, 177—197 (1925). — **Baggenstoss** and **Grafton Love**: Pinealomas. Arch. of Neur. 41, 1187 (1939). — **Baginski, S.**: Sur la nature des cellules lipopigmentaires dites de „Ciaccio". Bull. Histol. appl. 4, 173—179 (1927). — **Bailey, P.**: The pineal body. In: Special Cytology. New York: E. V. Cowdry 1932. — **Baladó, M.** y **Ramón Carrillo**: Rigidez decerebrada por quiste de epífisis. Bol. Inst. Clín. quir. 1929, 171—207. — **Balfour, F. M.** and **Parker**: On the structure and development of *Lepidosteus osseus*. Phil. Trans. roy. Soc. Lond. 1, 142 (1878). — **Bargmann, W.**: (a) Untersuchungen über Histologie und Histophysiologie der *Fisch*niere. II. Z. Zellforsch. 26, 765—788 (1937). (b) Kolloidbildung im Inselgewebe des Pankreas von *Scorpaena porcus*. Z. Zellforsch. 27, 450—454 (1937). (c) Die LANGERHANSschen Inseln des Pankreas. In Handbuch der mikroskopischen Anatomie des Menschen, Bd. VI/2. 1939. (d) Über Kernsekretion in der Neurohypophyse des *Menschen*. Z. Zellforsch. 32, 394—401 (1943). — **Barratt, J. O. Wakelin**: Cystformation in the pineal gland. J. of Path. 8, 213—227 (1903). — **Bashford, Dean**: The pineal fontanelle of *Placodermata* and *Catfish*. 19. Rep. Comm. of Fish. New York 1888. — **Batelli, F.** et **L. Stern**: Effets produits par les extraits de la glande pinéale, des capsules surrénales, du foie, du testicule et de l'ovaire injectés dans les ventricules latéraux du cerveau. C. r. Soc. Biol. Paris 86, 755, 756 (1922). — **Baudelot, E.**: Etude sur l'anatomie comparée de l'encéphale des *Poissons*. Mém. Soc. Sci. nat. Strasbourg 6 (1878). — **Baudoin, J.**: La glande pinéale et le troisième oeil des *Vertébrés*. Progrès méd. 1887, No 50—51. — **Bauer, J.**: Innere Sekretion. Berlin-Wien: Springer 1927. — **Bauer-Jokl**: Über das sogenannte Subkommissuralorgan. Arb. neur. Inst. Wien 1917. — **Beard, J.**: The parietal eye in *fishes*. Nature (Lond.) 36, 246—248, 340, 341 (1887). — **Bechterew, W.**: Die Funktionen der Nervencentra. Jena: Gustav Fischer

1909. — **Becker, G.**: Beiträge zur Orthologie und Pathologie der Plexus chorioidei und des Ependyms. Beitr. path. Anat. **103**, 457—478 (1939). — **Belluzzi:** (a) Pineal gland pathology. Med. prat. **3**, 10—17 (1928). (b) Pineal gland physiology. Med. prat. **3**, 10—17 (1928). — **Benda, C.**: Die Zirbeldrüse (Epiphysis cerebri, Glandula pinealis). In Handbuch der inneren Sekretion, herausgeg. von M. Hirsch, Bd. I. Leipzig 1932. — **Benecke, E.**: Über die funktionelle Bedeutung der Zirbelgeschwülste. Virchows Arch. **297**, 26—39 (1936). — **Benoit, W.**: Über die histologischen Färbemethoden der Zirbel. In Handbuch der biologischen Arbeitsmethoden, Bd. 8, Teil 1, 2. Hälfte. 1935. — **Béraneck, E.**: (a) Über das Parietalauge der *Reptilien*. Jena. Z. Naturwiss. **21** (1887). (b) Sur le nerf de l'oeil pariétal. Arch. Sci. physique natur., III. s., **26** (1891). (c) Sur le nerf pariétale et la morphologie du troisième oeil des *vertébrés*. Anat. Anz. **7**, 674—689 (1892). (d) Contribution a l'embryogénie de la glande pinéale des *Amphibiens*. Rev. suisse Zool. Genève **1893**. (e) L'individualité de l'oeil pariétal. Réponse à M. de Klinckowström. Anat. Anz. **8**, 669—677 (1893). — **Berblinger, W.**: (a) Zur Frage der genitalen Hypertrophie bei Tumoren der Zirbeldrüse und dem Einfluß embryonalen Geschwulstgewebes auf die Drüsen mit innerer Sekretion. Virchows Arch. **227** (Beiheft), 38—81 (1920). (b) Zur Frage der Zirbelfunktion. Virchows Arch. **237**, 144 bis 153 (1922). (c) Zur Kenntnis der Zirbelgeschwülste. Z. Neur. **95**, 741—761 (1925). (d) Die Glandula pinealis. Handbuch der speziellen pathologischen Anatomie und Histologie, Bd. 8. 1926. (e) Bemerkungen über die Zirbelgeschwülste, zur Arbeit von P. Kutscherenko, „Tumor glandulae pinealis", im 37. Bande des Zentralblattes. Zbl. Path. **38**. 1—6 (1926). (f) Physiologie und Pathologie der Zirbel. Erg. ges. Med. **14** (1929). (g) Zur Frage der pinealen Frühreife. Dtsch. med. Wschr. **1929 II**, 1956—1959. (h) Zirbel (Epiphysis cerebri) und Frühreife. Neue Deutsche Klinik, Bd. 10, S. 790—797. 1932. — **Bergmann, G. H.**: Neue Untersuchungen über die innere Organisation des Gehirns. Hannover 1831. — **Bergmann, W.**: Wirkung von Pinealisextrakten auf das Gefäßsystem des *Frosches*. Arch. néerl. Physiol. **24**, 391—397 (1940). — **Berner, Ole**: Hermaphroditismus und sexuelle Umstimmung. Zur Lehre vom Zwittertum. Leipzig 1938. — **Beutlurus, J. W.**: De glandulae pinealis statu naturali et praeternaturali. Marburg 1680. — **Biedl, A.**: Innere Sekretion. Wien-Berlin 1922. — **Bielschowsky, N.**: Allgemeine Histologie und Histopathologie des Nervensystems. In Handbuch der Neurologie, Bd. I/1. Berlin: Springer 1935. — **Bienstock:** Über einen Tumor der Zirbeldrüse. Schweiz. med. Wschr. **1926 I**, 502—505. — **Biondi, I.**: (a) Histologische Beobachtungen an der Zirbeldrüse. Z. Neur. **9**, 43—50 (1912). (b) Studi sulla ghiandola pineale. Riv. ital. Neuropat. etc. **1916**. — **Bizzozero, G.**: (a) Sul parenchima della ghiandola pineale. Rend. Ist. Lombardo Sci. Lettre Milano **1868**. (b) Beitrag zur Kenntnis des Baues der Zirbeldrüse. Vorl. Mitt. Zbl. med. Wiss. **9**, Nr 46 (1871). (c) Sulla struttura del parenchima della ghiandola pineale *umana*. Rend. Ist. Lombardo Sci. Lettre Milano 1871. — **Boas, Ernst P.** and **Thomas Scholz:** Calcification in the pineal gland. Arch. int. Med. **21**, 66—72 (1918). — **Bochner, S. J.** and **J. E. Scarff:** Teratoma of the pineal body. Arch. Surg. **36**, 303 (1938). — **Bodian, D.**: Studies on the diencephalon of the *virginia opossum*. Pt. I. J. comp. Neur. **71**, 259—312 (1939). — **Borchardt, L.**: Pubertas praecox epiphysären Ursprungs ohne Teratombildung. Dtsch. med. Wschr. **1928 II**, 1252—1253. — **Born, G.**: Über das Scheitelauge. Jber. schles. Ges. vaterl. Kultur **65**, 14—17 (1890). — **Borsch:** Pathologie und Operabilität der Tumoren der Zirbeldrüse. Berl. klin. Wschr. **1913 I**, 451. — **Bouin, P.**: Éléments d'histologie. Paris 1932. — **Bozza, G.**: Contributo alla conoscenza dello sviluppo della regione epifisaria in alcuni *mammiferi* compreso l'*uomo*. Arch. ital. Anat. **24**, 532—626 (1927). — **Braem, F.**: Epiphysis und Hypophysis von *Rana*. Z. Zool. **63**, 433—439 (1898). — **Brandenburg, E.**: Morphologische Beiträge zur Frage der endokrinen Funktion der Epiphyse. Endokrinol. **4**, 81—96 (1929). — **Bratiano, S.** et **D. Giugariu:** Les processus histophysiologiques d'involution de l'épiphyse *humaine* adulte. Archives Anat. microsc. **29**, 261—284 (1933). — **Bronner, H.**: Die Verkalkung des Corpus pineale im Röntgenbild. Fortschr. Röntgenstr. **35**, 277—281 (1927). — **Brookover, Ch.**: The olfactory nerve, the nervus terminalis and the preoptic sympathetic system in *Amia calva*. J. comp. Neur. **20** (1910). — **Brusa, P.**: Contributo allo studio dei tumori del corpo pineale. Riv. Clin. pediatr. **22**, 73—96 (1924). — **Bugnion, E.**: Recherches sur le développement de l'épiphyse et de l'organ pariétal chez les *reptiles (Iguana, Lacerta, Calotes)*. C. r. Trav., 80. Sess. Soc. helvet. Sci. natur. **1897**, 56. — **Burdach, K. F.**: Vom Baue und Leben des Gehirns. Leipzig 1819—1826. — **Burckhardt, R.**: (a) Die Zirbel von *Ichthyophis glutinosus* und *Protopterus annectens*. Anat. Anz. **6**, 348, 349 (1890). (b) Untersuchungen am Hirn und Geruchsorgan von *Triton* und *Ichthyophis*. Z. Zool. **52** (1891). (c) Das Zentralnervensystem von *Protopterus annectens*. Berlin 1892. (d) Die Homologien des Zwischenhirndaches und ihre Bedeutung für die Morphologie des Hirns bei niederen *Vertebraten*. Anat. Anz. **9**, 152—155 (1894). (e) Die Homologien des Zwischenhirndaches bei *Reptilien* und *Vögeln*. Anat. Anz. **9**, 320—324 (1894). (f) Der Bauplan des *Wirbeltiergehirns*. Morph. Arb. **4** (1894). — **Burger, K.**: Über mit Zirbeldrüsenextrakten ausgeführte experimentelle Untersuchungen und deren therapeutische Möglichkeiten. Zbl. Gynäk. **57**, 634—638 (1933). — **Businco, A.**: Neuroglioma cistico della pineale. Considerazioni sui tumori epifisari. Tumori

7, 173—199 (1920). — **Bustamante, M.:** Experimentelle Untersuchungen über die Leistungen des Hypothalamus, besonders bezüglich der Geschlechtsreifung. Arch. f. Psychiatr. **115**, 419—468 (1943). — **Bustamante, M., H. Spatz** u. **E. Weisschedel:** Die Bedeutung des Tuber cinereum des Zwischenhirns für das Zustandekommen der Geschlechtsreife. Dtsch. med. Wschr. **1942 I**, 289.

Cajal, S. R.: Textura del sistema nervioso del *hombre* y de los *vertebrados*. Madrid 1904. — **Calcinai, M.:** L'acido ascorbico nei tessuti. Arch. Pat. e Clin. med. **19**, 515—576 (1939). — **Calvet, J.:** (a) De l'action de l'épiphyse sur les *rats* et les *cobayes* impubères. C. r. Assoc. Anat., 25ème Réun. Lisbonne **1933**, 118—120. (b) Injections d'extrait épiphysaire (Epiglandol) et leur influence sur l'organisme chez les jeunes *rats*. Soc. Anat.-Clin. Toulouse 1933. (c) Étude histologique de la vascularisation de l'épiphyse. C. r. Soc. Biol. Paris **1933**. (d) Étude du chondriome dans les cellules épiphysaires de quelques *mammifères* C. r. Soc. Biol. Paris **113**, 300, 301 (1933). (e) Influence sur les tumeurs des greffes épiphysaires. Soc. Med. Toulouse **1933**. (f) Des cultures de tissu épiphysaires de divers animaux et des conclusions que l'on peu en tirer. C. r. Soc. Biol. Paris **1933**. (g) A propos des greffes épiphysaires et de leur action sur la croissance et la glande génitale mâle. Soc. Méd. Toulouse **1933**. (h) Des resultats précoces obtenus par l'épiphysectomie. (Nach Calvet 1934 „sous presse".) (i) L'épiphyse (glande pinéale). Etude embryologique, histophysiologique et anatomo-clinique. Préface par Chr. Champy. Paris: J. B. Baillère & Fils 1934. — **Cameron, J.:** (a) On the origin of the pineal as an amesial structure. Anat. Anz. **23**, 394, 395 (1903). — Proc. Roy. Soc. Edinburgh **1903**. (b) On the presence and significance of the superior commissure througout the *vertebrata*. J. Anat. a. Physiol. **38** (1904). — **Camp, J. D.:** Intracranial calcification and its röntgenologic significance. Amer. J. Roentgenol. **23**, 615 (1930). — **de Candia, S.:** Action de l'extrait pinéal sur la calcémie. Rev. franç. Endocrin. **9**, 23—32 (1931). — **Carrière, J.:** (a) Die Sehorgane der *Tiere*, vergleichend anatomisch dargestellt. München 1885. (b) Neue Untersuchungen über das Parietalorgan. Biol. Zbl. **9** (1890). — **Carrington, P. G.:** On the pineal eye of *Lamna cornubica* or *Porbeagle Shark*. Proc. roy. physic. Soc., 90.—91. Sess. **1890**. — **Cartesius:** Traité des passions de l'âme, 1649. — **del Castillo, E.-B.:** Action de la splénectomie et de l'épiphysectomie sur le cycle oestral du *rat* blanc. C. r. Soc. Biol. Paris **99**, 1404, 1405 (1928). — **Castigli, Gr.:** Osservazioni sopra le particolari formazioni a „Rosetta" nella epifisi del *coniglio*. Riv. Biol. **31**, 164—185 (1941). — **Catalan:** Las ideas de Descartes sobre la glandula pineal. Rev. Criminología etc. **1925**, 406. — **Cattie, J. Th.:** (a) Recherches sur la glande pinéale des *Plagiostomes*, des *Ganoïdes* et des *Téléostiens*. Archives de Biol. **3**, 101 (1882). (b) Über das Gewebe der Epiphyse von *Plagiostomen, Ganoiden* und *Teleostiern*. Zur Verteidigung. Z. Zool. **39**, 720—722 (1883). (c) De betrekenis der epiphyse bij de Glevervelde dicren. Handl. v. h. I. Nederl. nat. Geneesk.-Congr. Haarlem 1888. — **Chiarugi, G.:** (a) Di un organo proepifisario nella *cavia*. Monit. zool. ital. **30** 34—42 (1919). (b) L'organo subcommissurale in un embryone di *marsupiale petrogale (Macropus) penicillata*. Monit. zool. ital. **42**, Suppl., 66—70 (1932). — **Chiodi, V.:** (a) Sullo sviluppo dell'epifisi del *pollo*. Monit. zool. ital. **40**, 334—385 (1929). — Fol. clin. biol. (São Paulo) **2**, 33—38 (1930). (b) Sviluppo, struttura e topografia dell'epifisi (Rivista sintetica ed osservazioni personali). Riv. Biol. Suppl. A **1939**, 1—32. — **Ciaccio:** Intorno alla minuta fabbrica della pelle della *Rana esculenta*. Palermo 1867. — **Cignolini, P.:** (a) Étude radiologique et clinique sur les concrétion calcaires de la pinéale et leurs rapports avec les états hypogénitaux. Rev. franç. Endocrin. **5**, 324—338 (1927). (b) Le concrezioni della pineale ed i loro rapporti cogli stadi ipogenitali. Endocrinologia **2**, 317—319 (1927). — **Cionini:** (a) Sulla struttura della glandula pineale. Riv. sper. Freniatr. **12**, 182 (1886). (b) La ghiandola pineale e il terzo occhio dei *vertebrati*. Riv. sper. Freniatr. **14** (1888). — **Citterio, V.:** Sulla fine struttura dell'epifisi degli *Ofidi*. Arch. Zool. ital. **17**, 29—38 (1932). — **le Gros Clark, W. E.:** The nervous and vascular relations of the pineal gland. J. Anat. **74**, 471—492 (1940). — **Clarke:** Structure of the pineal gland. Proc. roy. Soc. Lond. **11** (1860—1862). — **Clara, M.:** (a) Begrüßungsansprache (Verh. anat. Ges. 47. Tagg). Anat. Anz. **28** (Erg.-H.), 7—24 (1939). (b) Das Nervensystem des *Menschen*. Leipzig 1942. (c) Beiträge zur Histotopochemie des Vitamin C im Nervensystem des *Menschen*. Z. mikrosk.-anat. Forsch. **52**, 359—392 (1942). — **Clausen, H. J.** and **P. Mofshin:** The pineal eye of the *lizard (Anolis Carolinensis)*, a photoreceptor as revealed by oxygen consumption studies. J. cellul. a. comp. Physiol. **14**, 29—41 (1939). — **Clemente, G.:** (a) Contributo allo studio della glandola pineale nell'*uomo* e in alcuni *animali*. Endocrinologia **2**, 44 (1923). (b) Contributo allo studio della glandola pineale nell'*uomo* e in alcuni *animali*. Giorn. Biol. e Med. sper. **1**, 76—80 (1923). (c) Contributo allo studio della glandola pineale nell'*uomo* e in alcuni *animali*. Atti Accad. naz. Lincei **32**, 47—51 (1923). — **Cohrs, P.:** Das subfornikale Organ des dritten Hirnventrikels und seine Ontogenese. Anat. Anz. **83**, Erg.-H., 109—115 (1937). — **Cohrs, P.** u. **D. v. Knobloch:** Das subfornikale Organ des 3. Ventrikels. Z. Anat. **105**, 491—518 (1936). — **Cooper, Eugenia R. A.:** The *human* pineal gland and pineal cysts. J. of Anat. **67**, 28—46 (1933). — **Costantini, G.:** Intorno ad alcune particularità di struttura della glandola pineale. Pathologica

(Genova) 2, 439—441 (1910). — **Creutzfeldt, H. G.:** Über das Fehlen der Epiphysis cerebri bei einigen *Säugern*. Anat. Anz. 42, 517—521 (1912). — **de Crinis, M. u. W. Rüsken:** Bestimmung und diagnostische Verwertung der Lageveränderungen des Epiphysen- (Zirbeldrüsen-) Schattens im seitlichen Röntgenbild. Fortschr. Röntgenstr. 59, 401 bis 406 (1939). — **Cruveilhier, J.:** Anatomie descriptive. Paris 1836. — **Cushing, H.:** (a) Studies in intracranial physiology and surgery, p. 28. Oxford 1925. (b) Cameron lecture. 1. The third circulation and its channels. Lancet 1925 I, 851—857. (c) Intrakranielle Tumoren. Berlin: Springer 1935. — **Cutore, G.:** (a) Alcune notizie sul corpo pineale del *Macacus sinicus* L. e del *Cercopithecus griseus viridis* L. Fol. neurobiol. 6, 267—276 (1912). (b) A proposito del corpo pineale dei *mammiferi*. Risposta a G. Favaro. Anat. Anz. 40, 657—662 (1912). — **Cyon, E. v.:** (a) Zur Physiologie der Zirbeldrüse. Pflügers Arch. 98, 327—346 (1903). (b) Les fonctions de l'hypophyse et de la glande pinéale. C. r. Acad. Sci. Paris 144, 868—869 (1907).

D'Armour, M. C. and F. E. D'Armour: Effets of Pinealectomy over several generations. Proc. Soc. exper. Biol. a. Med. 37, 244—246 (1937). — **Dana, Berkeley, Goddard and Cornell:** The functions of the pineal gland with report of feeding experiments. Med. Rec. 1913. Ref. Zbl. Path. 25, 658—659 (1914). — **Dandy, W. E.:** Extirpation of the Pineal Body. J. of exper. Med. 22, 237—247 (1915). — **Dannheimer, W.:** Über das subfornikale Organ des dritten Ventrikels beim *Menschen*. Anat. Anz. 88, 351—358 (1939). — **Darkschewitsch, L.:** (a) Zur Anatomie der Glandula pinealis. Neur. Zbl. 5, 29—30 (1886). (b) Einige Bemerkungen über den Faserverlauf in der hinteren Commissur des Gehirns. Neur. Zbl. 5, 99—103 (1886). — **Davis, Loyal and John Martin:** Results of experimental removal of Pineal gland in young *mammals*. (Div. of Surg., Northwestern Univ. Med. School, Chicago.) Arch. of Neur. 43, 23—45 (1940). — **Dean, B.:** The pineal fontanelle of *Placodermata* and *Catfish*. 19. Rep. Comm. Fish. New York. — **Decio, C.:** Sulla struttura della ghiandola pineale durante la gravidanza. Riv. ital. Ginec. 3, 760—775 (1924/25). — **Deery, E. M.:** Note on calcification in pituitary adenomas. Endocrinology 13, 455—458 (1929). — **Dejerine, J.:** Anatomie des Centres nerveux, Tome II. Paris 1901. — **Delétra, J., G. Chavaz et W. Curtet:** Les premières traces d'innervation dans l'organe pinéal chez les embryons de *poulet*. C. r. Soc. Physique Genève (Suppl. Arch. Sci. Physique) 58, 51—54 (1941). — **Delfini, Corrado:** (a) Ricerche sugli „acervuli" della gliandola pineale coi metodi del Donaggio. I. Boll. Soc. Biol. sper. 9, 525, 526 (1934). (b) Ricerche sulla ghiandola pineale con i metodi del Donaggio per il connettivo. Boll. Soc. Biol. sper. 9, 762, 763 (1934). — **Demel, R.:** (a) Experimentelle Studie zur Funktion der Zirbeldrüse. I. Mitt. Grenzgeb. Med. u. Chir. 40, 302—312 (1926). (b) Experimentelle Studie zur Funktion der Zirbeldrüse. II. Arb. neur. Inst. Wien 30, 13—26 (1927). (c) Klinisches und Experimentelles zur Funktion der Zirbeldrüse. Bruns' Beitr. 147, 66—70 (1929). — **Dendy, A.:** (a) On the Development of the parietal eye and adjacent Organs in *Sphenodon (Hatteria)*. Quart. J. microsc. Sci. 42, 111—154 (1899). (b) On the structure, development, and morphological interpretation of the pineal organs and adjacent parts of the brain in the *Tuatara (Sphenodon punctatus)*. Anat. Anz. 37, 453—462 (1910). — **Dendy, A. and G. E. Nicholls:** On the occurrence of a mesocoelic recess in the *human* brain, and its relation to the subcommissural organ of lower *vertebrates*; with special reference to the distribution of Reissners fibre in the *vertebrate* Series and its possible Function. Anat. Anz. 37, 496—508 (1910). — **Derman, G. L. u. M. A. Kopelowitsch:** Zur Kenntnis der Zirbeldrüsengewächse. (Ein seltener Fall von Neuroglioma ependymale embryonale gl. pinealis.) Virchows Arch. 273, 657—662 (1929). — **Descartes: Siehe Cartesius.** — **Desogus, V.:** (a) La pineale negli *uccelli* normali e cerebrolesionati. (Ricerche sperimentali.) Riv. Biol. 6, 495—504 (1924). Ref. Kongreßzbl. inn. Med. 40, 131 (1926). (b) Contributo allo studio della pineale e dell'ipofisi degli *uccelli* in stato di maternità. Monit. zool. ital. 37, 273—282 (1926). (c) I lipoidi della pineale e dell'ipofisi negli *uccelli* in rapporto al ciclo di ovulazione. Atti Soc. Cult. Sci. med. e natur. Cagliari 30, 97—102 (1928). (d) Aspetti istologici della pineale in rapporto allo stato gravidico. Riv. Pat. nerv. 45, 555—590 (1935). — **Dimitrowa, Z.:** (a) Recherches sur la structure de la glande pinéale chez quelques *mammifères*. Nevraxe 2, 259—321 (1901). (b) Recherches sur la structure de la glande pinéale chez quelques *mammifères*. C. r. Soc. Biol. Paris 68 (1910). — **Ditlevsen, Chr.:** Über Kernknospung in verhorntem Plattenepithel beim *Meerschweinchen*. Anat. Anz. 38, 208—217 (1911). — **Dohrn, M. u. W. Hohlweg:** Die Stellung der Zirbeldrüse im endokrinen System. Naturwiss. 17, 920 (1929). — **Dresel, K.:** Über den Einfluß von Extrakten aus Drüsen mit innerer Sekretion auf den Blutzucker. Z. exper. Path. u. Ther. 16, 365—368 (1914). — **Driggs, M. u. H. Spatz:** Pubertas praecox bei einer hyperplastischen Mißbildung des Tuber cinereum. Virchows Arch. 305, 567—592 (1939). — **Duval, M. et Kalt:** Des yeux pinéaux multiples chez l'*orvet*. C. r. Soc. Biol. Paris 1889, 85, 86. — **Dyke, C. G.:** Indirect signs of brain tumour as noted brain-ill roentgen examination, displacement of the pineal shadow. Amer. J. Roentgenol. 23 (1930).

Ecker u. Wiedersheim: Anatomie des *Frosches*. Braunschweig 1904. — **Edinger, L.:** (a) Vorlesungen über den Bau der nervösen Zentralorgane. Leipzig 1900. (b) Über das

Gehirn von *Myxine glutinosa*. Abh. preuß. Akad. Wiss. 1908, Physik. Abh. 1 bis 36. — **Edinger, T.:** (a) Die fossilen Gehirne. Berlin 1929. (b) Die Foramina parietalia der *Säugetiere*. Z. Anat. **102**, 266—289 (1934). — **Edwards, Milne-A.:** Recherches zoologiques pour servir à l'histoire des *lézards*. Ann. des Sci. natur. **16**, 50 (1829). — **Ehlers, E.:** Die Epiphyse am Gehirn der *Plagiostomen*. Z. Zool. **30** (Suppl., Festschr. v. SIEBOLD), 607—634 (1878). — **Eletto, L.:** Per la migliore conoscenza della fine struttura della epifisi dell'*uomo*. I lipoidi. Osp. magg. (Milano) **26**, 389—391 (1938). — **Einhorn, N. H. and L. G. Rowntree:** Experimental phases of the pineal problem. Endocrinology **24**, 221—229 (1939). — Ist. Anat. Umana Normale, Univ. Milano. Ref. Kongreßbl. inn. Med. **98**, 610 (1939). — **Engel, P.:** (a) Zirbeldrüse und hypophysäres Wachstum. Klin. Wschr. 1934 II, 1248, 1249. (b) Über den Einfluß von Hypophysenvorderlappenhormon und Epiphysenhormon auf das Wachstum von Impftumoren. Z. Krebsforsch. **41**, 281—291 (1934). (c) Untersuchungen über die Wirkung der Zirbeldrüse. Z. exper. Med. **93**, 69—78 (1934). (d) Zirbeldrüse und gonadotropes Hormon. Z. exper. Med. **94**, 333—345 (1934). (e) Über die Veränderung der *Nager*scheide durch Zirbelextrakte. Klin. Wschr. 1935 I, 830, 831. (f) Gegenhormone und Zirbeldrüse. Klin. Wschr. 1935 I, 970, 971. (g) Die physiologische und pathologische Bedeutung der Zirbeldrüse. Erg. inn. Med. **50**, 116—171 (1936). — **Engel, P. u. W. Buño:** Zur Wirkung des antigonadotropen Hormons der Zirbeldrüse beim *Kaninchen*. Wien. klin. Wschr. 1936 I, 1018. — **d'Erchia, F.:** Contributo allo studio della volta del cervello intermedio e della regione parafisaria in embrioni di *Pesci* e di *Mammiferi*. Monit. zool. ital. **7**, 75—80, 118—122, 201—212 (1896). — **Ernst, M.:** Die diagnostische Bedeutung der Zirbeldrüsenverlagerung bei intrakraniellen Druckänderungen. Dtsch. Z. Chir. **250**, 224—233 (1938). — **Eufinger, H. u. H. Uhing:** Untersuchungen über den Einfluß der Gravidität auf den morphologischen Bau des Corpus pineale beim *Meerschweinchen*. Arch. Gynäk. **151**, 168—181 (1932). — **Eycleshymer, A. C.:** Paraphysis and Epiphysis in *Amblystoma*. Anat. Anz. **7**, 215—217 (1892). — **Eycleshymer, A. C. and B. M. Davis:** The early development of the epiphysis and Paraphysis in *Amia*. J. comp. Neur. **7**, 45—70 (1897). — **Exner, A. u. J. Boese:** Über experimentelle Exstirpation der Glandula pinealis. Neur. Zbl. **29**, 754 (1910). — Dtsch. Z. Chir. **107**, 182 (1910). — Münch. med. Wschr. 1911 I, 154.

Faelli, C.: Das Zirbeldrüsensymptom bei Hypogenitalismus unter besonderer Berücksichtigung der sogenannten Sexualneurasthenie. Endokrinol. **7**, 189—198 (1930). — **Faivre, E.:** (a) Observations sur le Conarium. C. r. Soc. Biol. Paris 1855. (b) Études sur le conarium et les plexus choroïdes chez l'*homme* et les *animaux*. Ann. des Sci. natur., IV. s. Zool. **7**, 52—90 (1857). — **Fanconi, G.:** Zur Diagnose und Therapie hydrocephalischer und verwandter Zustände. Schweiz. med. Wschr. 1934 I. — **Farina, C.:** (a) Pinealoma associato a carcinoma uterino. L'Ateneo Parmense **12**, 315—322 (1940). (b) Sopra gli inclusi nucleari e sulla natura e genesi dei pigmenti della pineale *umana*. Boll. Soc. Biol. sper. **15**, 1219—1221 (1940). (c) La Pineale. L'Ateneo Parmeme (Suppl.) **13**, 207 (1941). — **Favaro, G.:** (a) Intorno al sacco dorsale del Pulvinar pineale nell'encefalo dei *mammiferi*. Monit. zool. ital. **14**, 275—277 (1903). (b) Di un organo speciale della volta diencefalica in *Bos taurus* L. Contributo alla morfologia comparata ed allo sviluppo del diencefalo. Monit. zool. ital. **15**, 111—120 (1904). (c) Intorno ad un anormalo abbozzo di Diaphysis cerebri in *Ovis aries* L. Monit. zool. ital. **15**, 395, 396 (1904). (d) Le fibre nervose prepineali e pineali nell'encefalo de *mammiferi*. Arch. ital. Anat. **3**, 750—789 (1904). — **Fazzari, I.:** Lo sviluppo della volta del diencefalo in „*Ovis*" ed in „*Vesperugo*". Monit. zool. ital. **38**, 181—187 (1927). — **Feilchenfeld:** Ein Fall von Tumor cerebri (Gliosarkom der Zirbeldrüse). Neur. Zbl. 1885, 409. — **Ferner, H.:** (a) Untersuchungen über die „zelligen Knötchen" („Epithelgranulationen") und die Kalkkugeln in den Hirnhäuten der *Menschen*. Z. mikrosk.-anat. Forsch. **48**, 592—606 (1940). (b) Über den Bau des Ganglion semilunare (Gasseri) und der Trigeminuswurzel beim *Menschen*. Z. Anat. **110**, 391 bis 404 (1940). — **Feyrter, F.:** Über chromotrope Lipoide und Lipoproteide. Z. mikrosk.-anat. Frosch. **51**, 610—635 (1942). — **Fieandt, H. v.:** Eine neue Methode zur Darstellung des Gliagewebes nebst Beiträgen zur Kenntnis des Baues und der Anordnung der Neuroglia des *Hunde*hirnes. Arch. mikrosk. Anat. **76**, 125—209 (1910). — **Fill, W.:** Der Einfluß des Lichtes auf Stoffwechsel und Geschlechtsreife bei Warmblütern. Z. Zool. **155**, 343—395 (1942). — **Finlay, John W. M. D.:** Observations on the normal and pathological histology of the chorioid plexus of the lateral ventricles of the brains. J. ment. Sci. **46** (1898). — **Fischer, Joh. Bernh.:** De senio eiusque gradibus et morbis. Erfordiae 1754. — **Flatau, E. u. L. Jacobsohn:** Handbuch der Anatomie und vergleichenden Anatomie des Zentralnervensystems der *Säugetiere*, Bd. 1. Berlin 1899. — **Flechsig, P.:** Plan des *menschlichen* Gehirns. Leipzig 1883. — **Fleischmann, W. u. H. Goldhammer:** Nachweis einer oestrushemmenden Substanz in der Zirbeldrüse junger *Ratten*weibchen. Klin. Wschr. 1934 I, 415. — **Flesch, M.:** (a) Über das Scheitelauge der *Wirbeltiere*. Mitt. naturforsch. Ges. Bern 1867, Nr 1169—1194. (b) Struktur des zentralen Nervensystems. In ELLENBERGER: Vergleichende Histologie der *Haussäugetiere*. Berlin 1887. (c) Über die Deutung der Zirbel bei den *Säugetieren*. Anat. Anz. **3**, 173—176 (1888). — **Foà, C.:** (a) Nouvelles recherches sur la fonction de la glande pinéale. Arch. ital. Biol. **61**, 78—92 (1914). (b) Meine Versuche über die Physiologie der Zirbeldrüse. Wien. med. Wschr. 1934 II,

1149—1153. — **Foerster, O.**: Die Hirntumoren und ihre moderne Diagnostik und Therapie. Neue Deutsche Klinik, Bd. 16, S. 449—468. 1939. — **Ford, F. R.** and **H. Guild**: Precocious puberty following encephalitis. Bull. Hopkins Hosp. 60, 192 (1937). — **Förg, A.**: Beiträge zur Kenntnis vom inneren Bau des menschlichen Gehirns. Stuttgart 1844. — **Frada, Giovanni**: Influenza di alcuni estratti di pineale sull'accrescimento e sullo sviluppo sessuale del *ratto*. Ormoni 1, 673—690 (1939). — **Frada, G.** e **G. Micale**: Studio clinico-radiologico sulle calcificazioni pineali in gravidanza. Ormoni 3, 111—112 (1941). — **Fraenkel, L.**: Wirkung von Extrakten endokriner Drüsen auf die Kopfgefäße. Z. exper. Path. u. Ther. 16, 177—185 (1914). — **Francotte, P.**: (a) Contribution à l'étude du développement de l'épiphyse et du troisième oeil des *reptiles*. Bull. Acad. roy. Belg. 1887, No 12. (b) Recherches sur le développement de l'épiphyse. Archives de Biol. 8, 757—821 (1888). (c) Note sur l'oeil pariétal, l'épiphyse, la paraphyse et les plexus choroïdes du troisième ventricule. Bull. Acad. roy. Belg. 1894, No 1. (d) Contribution à l'étude de l'oeil pariétal de l'épiphyse et de la paraphyse chez les *Lacertiliens*. Mém. cour. Acad. roy. Belg. 55 (1896). — **Frank, M.**: (a) Veränderungen an den endokrinen Drüsen bei Dementia praecox. Z. Konstit.lehre 5, 23—46 (1920). (b) Ein Beitrag zu den Mischtumoren der Zirbeldrüse. Z. Konstit.lehre 8, 65—78 (1922). — **Frankl-Hochwart, L. v.**: Zur Diagnostik der Hypophysentumoren. Wien. med. Wschr. 1909 I, 684. — **Fray, W. W.**: A roentgenological study of pineal orientation. II. A comparison of the graphic and propertional methods in proven cases of brain tumor. Radiology 30, 579—587 (1938). — **Friedmann, R.** u. **F. Scheinker**: Ein Fall von Neuroepitheliom der Zirbeldrüse. Mschr. Psychiatr. 89, 81—96 (1934). — **Friedreich, B.**: Versuch einer Literärgeschichte der Pathologie und Therapie der psychischen Krankheiten. Würzburg 1830. — **Friedrich-Freksa, H.**: Entwicklung, Bau und Bedeutung der Parietalgegend bei *Teleostiern*. Z. Zool. 141, 52—142 (1932). — **Frigerio, A.**: Contributo alla conoscenza della ghiandola pineale. Riv. Pat. nerv. 19, 499—501 (1914). — **v. Frisch**: Das Parietalorgan der *Fische* als funktionierendes Organ. Sitzgsber. Ges. Morph. u. Physiol. München 1911. — **Fukuo, J.**: Über die Teratome der Glandula pinealis. Diss. München 1914. — **Funkquist, H.**: Zur Morphogenie und Histogenese des Pinealorgans bei den *Vögeln* und *Säugetieren*. Anat. Anz. 42, 111—123 (1912). — **Fuse, G.**: Über die Epiphyse bei einigen wasserbewohnenden *Säugetieren*. Arb. anat. Inst. Sendai 18, 241—341 (1936).

Galasescu et **Urechia**: Les cellules acidophiles de la glande pinéale. C. r. Soc. Biol. Paris 68, 623, 624 (1910). — **Galeotti, G.**: Studio morfologico e citologico della volta del diencefalo in alcuni *vertebrati*. Riv. Pat. nerv. 2, 481—517 (1897). — **Ganser, S.**: Vergleichend-anatomische Studien über das Gehirn des *Maulwurfs*. Gegenbaurs Jb. 7, 591 bis 725 (1882). — **Gargano**: Lo sviluppo dell'occhio pineale. Giorn. internaz. Sci. med. Napoli 31, 505—508 (1909). — **Garrod, A. E.**: Pineal cyst. Trans. path. Soc. Lond. 50, 14, 15 (1899). — **Gaskell, W. H.**: On the origin of *vertebrates* from a crustaceanlike ancestor. Quart. J. microsc. Sci. 31 (1890). — **Gaupp, E.** (a) Zirbel, Parietalorgan und Paraphysis. Erg. Anat. 7, 208—285 (1897). (b) Lehre vom Nervensystem. In Ecker und Wiedersheim: Anatomie des *Frosches*. Braunschweig 1899. (c) Lehre vom Integument und von den Sinnesorganen. In Ecker und Wiedersheim: Anatomie des *Frosches*. Braunschweig 1899. — **Gaupp, R.** jr.: Die Beziehungen von Zwischenhirn zu Hypophyse in der morphologischen und experimentellen Forschung. Fortschr. Neur. 13, 257—280 (1941). — **Gerlach, F.**: Untersuchungen an der Epiphysis cerebri von *Pferd* und *Rind*. Anat. Anz. 50, 49—65 (1917). — **Gerlach, L.**: Die anatomisch-histologische Technik des 19. Jahrhunderts und ihre Bedeutung für die Morphologie. Rede beim Antritt des Prorektorats. Erlangen 1904. — **Gersch, M.**: Untersuchungen über die Bedeutung der Nukleolen im Zellkern. Z. Zellforsch. 30, 483—528 (1940). — **Gianferrari, Luisa**: Influence de l'alimentation avec les capsules surrénales, l'hypophyse et l'épiphyse sur la pigmentation cutanée et sur le rythme respiratoire du *Salmo fario*. Ann. Biol. 1922/23, 60. — **Giebel, W.**: Über primäre Tumoren der Zirbeldrüse. Frankf. Z. Path. 25, 176—190 (1921). — **Giroud** et **Leblond**: L'acide ascorbique dans les tissues et sa détection. Arch. Sci. ind. 435 (Paris 1936). — **Lo Giudice, P.**: La calcificazione della pineale sulle radiografie del cranio. Arch. di Radiol. 3, 944—962 (1927). — **Glick, D.** and **G. R. Biskind**: Studies in histochemistry. VIII. Relationship between concentration of Vitamin C and Development of Pineal gland. Proc. Soc. exper. Biol. a. Med. 34, 866—870 (1936). — **Globus, J. H.** and **Silbert**: Pinealomas. Arch. of Neur. 25, 937—985 (1931). — **Godina, Giovanni**: (a) Sulla fine struttura dell'epiphysis cerebri di alcuni *mammiferi domestici*. Arch. ital. Anat. 40, 459—490 (1938). (b) Sulla presenza di fibre musculari striati nell',,epiphysis cerebri'' dei *bovini*. Monit. zool. ital. 50, 39—44 (1939). (c) La struttura dell'epiphysis cerebri in rapporto alla castrazione ed alla gravidanza. Riv. Pat. nerv. 54, 74—102 (1939). (d) Il quadro istologico dell'epiphysis cerebri in seguito alla castrazione e durante la gravidanza. Ormoni 2, 177—182 (1940). — **Goette, A.**: Die Entwicklungsgeschichte der *Unke (Bombinator igneus)*. Leipzig 1875. — **Goldzieher, M.**: Über eine Zirbeldrüsengeschwulst. Virchows Arch. 213 (1913). — **de Graaf, H. W.**: (a) Zur Anatomie und Entwicklung der Epiphyse bei *Amphibien* und *Reptilien*. Zool. Anz. 9, 191—194 (1886). (b) Bijdrage tot de Kennis van den Bouw en de ontwikkeling der Epiphyse bij *Amphibien* en *Reptilien*. Leyden 1886. — **Gravenhorst:** *Reptilia* musei zoologici Vratislaviensis. Leipzig 1829. — **Greving, R.:** Die Innervation der Epiphyse. In L. R. MÜLLER: Lebensnerven und Lebenstriebe, 3. Aufl. Berlin: Springer 1931. — **Grevstad, J.:** Der Zirbeldrüsenschatten bei Röntgenaufnahme des Schädels. Med. Rev. 50, 551—554 (1933). Ref. Kongreßzbl. inn. Med. 76 (1934). — **Groebbels, F. u. E. Kuhn:** Unzureichende Ernährung und Hormonwirkung. IV. Mitt. Der Einfluß der Zirbeldrüsen- und Hodensubstanz auf Wachstum und Entwicklung von *Froschlarven*. Z. Biol. 78, 1—6 (1923). — **Grosser, O. u. J. Tandler:** Normentafel zur Entwicklungsgeschichte des *Kiebitzes* (*Vanellus cristatus* MEYER). Jena 1909. — **Gudernatsch, F.:** Die Spielweite der inneren Sekretion. Z. Anat. 80, 750—776 (1926). — **Günther, H.:** Die Geschlechtsunterschiede der endokrinen Organe. Endokrinol. 24, 290—306 (1942). — **Günz:** De lapillis glandulae pinealis in quinque mente alienatis. Lipsiae 1753. — **Gutzeit, R.:** Ein Teratom der Zirbeldrüse. Inaug.-Diss. Königsberg 1896.

Hadnitsch, R.: On the pineal eye of the young and adult *Anguis fragilis*. Proc. Liverpool biol. Soc. 3, 87—95 (1888/89). — **Haeckel, E.:** Beiträge zur normalen und pathologischen Anatomie des Plexus choroides. Virchows Arch. 16, 253—289 (1859). — **Hagemann:** Der Bau des Conarium. Diss. Göttingen 1872 [s. a. Arch. f. (Anat. u.) Physiol. 1872]. — **Halban, J.:** Tumoren und Geschlechtscharaktere. Z. Konstit.lehre 11, 294—326 (1925). — **Haldeman, K. O.:** Tumors of the pineal gland. Arch. of Neur. 18, 724—754 (1927). — **Haller, Albrecht v.:** Elementa physiologiae corporis humani, Tome IV. Lausannae 1762. — **Haller, B.:** Vom Bau des Wirbeltiergehirns. Gegenbaurs Jb. 28, 252—346 (1900). — **Haller v. Hallerstein, V.:** (a) Die epithelialen Gebilde am Gehirn der *Wirbeltiere*. I. Z. Anat. 63, 118—202 (1922). (b) Cerebrospinales Nervensystem. In Handbuch der vergleichenden Anatomie der *Wirbeltiere*, Bd. II/1. 1934. — **Hammar, F. A.:** Neues und Altes über die Thymusdrüse. Uppsala Läk. för Förh. N. F. 44, 319—348 (1939). — **Hart:** Ein Fall von Angiosarkom der Glandula pinealis. Berl. klin. Wschr. 1909 I, 298. — **den Hartog Jager, W. A. u. J. F. Heil:** Über die Epiphysenfrage. Acta brevia neerl. Physiol. 5, 32—34 (1935). — **Hassall, A. H.:** Mikroskopische Anatomie des menschlichen Körpers. Leipzig 1852. — **Heberer, G.:** Die Struktur der Oocyten von *Eucalanus elongatus* Dana mit Bemerkungen über den Bau des weiblichen Genitalapparates. (Cytologische Mitteilungen I.) Z. Zool. 136, 155—194 (1930). — **Heide, C. van der:** Tumor der Glandula pinealis s. epiphysis cerebri. Nederl. Tijdschr. Geneesk. 58, 1021 (1914). — **Heilmann, P. u. F. Rückart:** Beitrag zur Frage der körperlichen und geistigen Frühreife bei Geschwülsten in der Schädelhöhle. Beitr. path. Anat. 89, 237—241 (1932). — **Heinrich, A.:** Alternsvorgänge im Röntgenbild. Leipzig: Georg Thieme 1941. — **Held, H.:** Über den Bau der Neuroglia und über die Wand der Lymphgefäße in Haut und Schleimhaut. Abh. sächs. Ges. Wiss., Math.-physik. Kl. 28, 201—318 (1903). — **Hellhammer, H.:** Der Einfluß von Epiphysan, der Kastration und von männlichem Sexualhormon bei weiblichen *Tieren* und von weiblichen Sexualhormonen bei männlichen *Tieren* auf die Körperentwicklung und den Knorpel bei jungen *Hunden*. Vet.-med. Diss. Hannover 1939. — **Hellner, H.:** Über Pubertas praecox, im besonderen die hypothalamische Form. Med. Klin. 1936 II, 1619—1621. — **Hempel, R.:** Ein Beitrag zur Pathologie der Glandula pinealis. Diss. Leipzig 1901. — **v. Hemsbach:** Mikrogeologie. Berlin 1856. — **Henle, J.:** Nervenlehre. In Handbuch der Anatomie, Bd. III/2. Braunschweig 1871. — **Henneberg, B.:** Normentafel zur Entwicklungsgeschichte der *Wanderratte* (*Rattus norvegicus* ERXLEBEN). In Normentafeln zur Entwicklungsgeschichte der *Wirbeltiere*, Erg.-H. 15. Jena 1937. — **Herdmann:** Recent discoveries in connection with the pineal and pituitary bodies of the brain. Proc. Liverpool biol. Soc. 1886/87, 1825. — **Herrick, C. J.:** The membranous parts of the brain, meninges and their blood vessels in *Amblystoma*. J. comp. Neur. 61, 297—346 (1935). — **Herring, P. T.:** The pineal region on the *mammalian* brain: its morphology and histology in relation to function. Quart. J. exper. Physiol. 17, 125—147 (1927). — **Hescheler, K. u. V. Boveri:** Zur Beurteilung des Parietalauges der *Wirbeltiere*. Vjschr. naturforsch. Ges. Zürich 87, 398 (1923). — **Hetherington, A. W. and S. W. Ranson:** Hypothalamic lesions and adiposity in the *rat*. Anat. Rec. 78, 149—172 (1940). — **Hett, J.:** Über den Austritt von Kernsubstanzen in das Protoplasma. Z. Zellforsch. 26, 239—248 (1937). — **Heubner:** Tumor der Glandula pinealis. Dtsch. med. Wschr. 1898, Ver.-Beil. 29. — **Heuer and Dandy:** (a) Röntgenography in the localization of brain tumor. Bull. Hopkins Hosp. 1916, 311. (b) A report of seven cases of brain tumor. Bull. Hopkins Hosp. 1916, 224. — **Hill, Ch.:** (a) Development of the Epiphysis in *Coregonus albus*. J. Morph. a. Physiol. 5, 503 (1891). (b) The epiphysis of *teleosts* and *amia*. J. Morph. a. Physiol. 9, 237—268 (1894). (c) Two epiphysis in a fourday *chick*. Bull. Northwest. Univ. Med. School Chicago 1900. — **His, W.:** (a) Zur allgemeinen Morphologie des Gehirns. Arch. f. (Anat. u.) Physiol. 1892. — (b) Vorschläge zur Entwicklung des Gehirns. Arch. f. (Anat. u.) Physiol. 1893. — **Hochstetter, F.:** (a) Über die Entwicklung der Zirbeldrüse des *Menschen*. Anat. Anz. 54 (Erg.-Bd.), 193—198 (1921). (b) Beiträge zur Entwicklungsgeschichte des *menschlichen* Gehirns. Wien u. Leipzig 1929. — **Hölldobler, K.:** Die Zirbeldrüse, ein inkretorisches Organ mit morphogenetischer Bedeutung. Roux' Arch. 107, 605 bis 624 (1926). —

Hösslin: Tumor der Epiphysis cerebri. Münch. med. Wschr. 1899. — Hoff, H.: Versuche über die Beeinflussung des Hirndruckes. Arb. neur. Inst. Wien 25, 397—407 (1923). — Hoffmann, C. K.: (a) Weitere Untersuchungen zur Entwicklungsgeschichte der *Reptilien*. Gegenbaurs Jb. 11, 176—219 (1886). (b) Epiphyse und Parietalauge. In BRONNs Klassen und Ordnungen des Tierreiches, Bd. VI/3, S. 1981. 1890. — Hofmann, E.: Zur Frage der inneren Sekretion der Zirbeldrüse bei der *Ratte*. Pflügers Arch. 209, 685—692 (1925). — Holmdahl, D. E.: Ein rätselhaftes, zirbelähnliches, embryonales Organ im mittleren Teil des Daches des Rhombencephalon. Anat. Anz. 65, 428—433 (1928). — Holmgren, N.: (a) Zur Kenntnis der Parietalorgane von *Rana*. Ark. Zool. (schwed.) 2 (1917/18). (b) Zum Bau der Epiphyse von *Squalus acanthias*. Ark. Zool. (schwed.) 2 (1917/18). (c) Über die Epiphysennerven von *Clupea sprattus* und *harengus*. Ark. Zool. (schwed.) 2 (1917/18). (d) Zur Frage der Epiphysennerven bei *Teleostiern*. Fol. neurobiol. 2 (1918). (e) Zur Innervation der Parietalorgane von *Petromyzon fluviatilis*. Zool. Anat. 50, 91—100 (1919. (f) Zur Anatomie und Histologie des Vorder- und Zwischenhirns der *Knochenfische*. Acta zool. (Stockh.) 1, 137—315 (1920). — Holt, E. W. L.: Observations on the development of the *teleosteen brain*, with special reference to that of *clupea harengus*. Zool. Jb., Anat. u. Ontol. 4 (1891). — Honegger, J.: Über den Fornix des *Menschen*. Rec. zool. Suisse I 5. 201—310 (1892). — Horrax, G.: (a) Studies on the Pineal Gland. I. Experimental Observations. Arch. int. Med. 17, 607—626 (1917). (b) Studies in the Pineal gland. II. Clinical Observations. Arch. int. Med. 17, 627—645 (1916). (c) Differential diagnosis of tumors primarly pineal and primarly pontile. Arch. of Neur. 17, 179—192 (1927). — Horrax, G. and P. Bailey: (a) Tumors of the pineal Body. Arch. of Neur. 13, 423—470 (1925). (b) Pineal Pathology. Further studies. Arch. of Neur. 19, 394—414 (1928). — Hortega, P. del Rio: (a) Sobre la naturaleza de las células epifisarias. Bol. Soc. españ. Biol. 1916. (b) Constitución histológica de la glándula pineal. Arch. de Neurobiol. 3, 359—389 (1922). (c) Constitutión histológica de la glándula pineal. I. Celulas parenquimatosas. Trab. Labor. Invest. biol. Univ. Madrid 1923. (d) Anatomía microscópica del cuerpo pineal. Conferencias y reseñas científicas de la Soc. españ. de Hist. Nat. 1926. (e) Constitución histologica de la glandula pineal. Il substrato nevroglico. Progr. Clínica 36 (1928). (f) Medic. latina 1, No 2 (1928). (Revista de Colaboración Ibero-Americana, Madrid). Ref. in Ber. Biol. 9, 570 (1929). (g) Constitución histológica de la glándula pineal. II. Substratum neuróglico. Arch. de Neurobiol. 9, 28—68 (1929). (h) Constitución histológica de la glándula pineal. III. Actividad secretora de las células parenquimatosas y neuróglicas. Arch. de Neurobiol. 9, 139—167 (1929). Constitución histológica de la glándula pineal. III. Medic. latina 1, No 2 (1929). — (i) The pineal gland. In W. PENFIELD: Cytology and cellular pathology of the nervous system, Vol. II. New York 1932. — Hoskins, E. R. and M. M. Hoskins: Experiments with the thyroid, hypophysis and pineal glands of *Rana sylvatica*. Anat. Rec. 16, 151 (1919). Proc. — Hückel, R.: Ein Fall von Sarkom der Zirbeldrüse. Virchows Arch. 269, 76—82 (1928). — Hutton: The pineal gland and its function. Med. J. a. Rec. 1924, 476. — Huzella, Th.: Die zwischenzellige Organisation. Jena: Gustav Fischer 1941. — Hymans van den Berg en van Hasselt: Nederl. Tijdschr. Geneesk. 1913. — Hyrtl, J.: Onomatologia anatomica. Wien 1880.

Illing, P.: Vergleichende anatomische Untersuchungen über die Epiphysis cerebri einiger *Säuger*. Vet.-med. Diss. Leipzig 1910. — Ishikawa, Eisuke: Vergleichende Untersuchungen der Zirbeldrüse bei männlichen und weiblichen Tieren. Arb. neur. Inst. Wien 29, 337—347 (1927). — Ito, Komas, J.: Chosen med. Assoc. 30, 108, 171 (1940). Ref. Kongreßzbl. inn. Med. 105, 321, 322 (1940). — Izawa, Yositame: (a) A contribution to the physiology of the pineal body. Amer. J. med. Sci. 2 (1923). (b) On some anatomical changes which follow removal of the pineal body from both sexes of the immature albino *rat*. Amer. J. Physiol. 77, 126—139 (1926). (c) Studies on the pineal body. III—VI. Trans. jap. path. Soc. 16, 60—86 (1928). — Izawa, Yoshitame and Seiroku Akiyama: Studies on the pineal body. On some anatomical changes which follow pinealectomy at 20 days of age in both sexes of the albino *rat*. Trans. jap. path. Soc. 17, 320—324 (1929).

Jacobi, W.: Beitrag zur Kenntnis der Epiphysentumoren. Dtsch. Z. Nervenheilk. 71, 350—357 (1921). — Jaffé: Über Größe und Form der Epiphyse. Klin. Wschr. 1928 II, 1663. — Jakob, Chr.: Das *Menschenhirn* I. Teil. München 1911. — Jefferson, G. and H. Jackson: Tumours of·the lateral and of the 3rd ventricles. Proc. roy. Soc. Med. 32, 1105—1137 (1939). — Jellife, S. T.: The pineal body: its structure, function and diseases. N. Y. med. J. a. med. Rec. 111, 235, 265 (1928). — Johnson, G. E. and E. L. Lahr: Pineal implants in *rats*. Anat. Rec. 54 (Abstr.), 28 (1932). — Johnson, M. L.: Visual cells of the *amphibian* retina in the absence of the epithelial pigment lager. Anat. Rec. 63, 53—72 (1935). — Jordan, H. E.: (a) The microscopie anatomy of epiphysis of the *opossum*. Anat. Rec. 5, 325—338 (1911). (b) The histogenesis of the pineal body of the *sheep*. Amer J. Anat. 12, 249—276 (1911/12). (c) A note on the cytology of the pineal body of the *sheep*. Anat. Rec. 22, 275—285 (1921). — Jordan, H. E. and I. A. E. Eipter: The physiological action of extracts of the pineal body. Amer. J. Physiol. 29, 115—123 (1911/12). — Josephy, X.:

Die feinere Histologie der Epiphyse. Z. Neur. **62**, 91—119 (1920). — **Jullien, G.**: Sur l'origine et la formation des vésicules closes dans l'épiphyse des *gallinacés* C. r. Soc. Biol. Paris **136**, 243—244 (1942).

Kaneko, K.: (a) Über das Vorkommen eines Fettgewebes an der Epiphyse einiger *Beuteltiere*. Arb. Inst. Sendai **20**, 79, 86 (1927). (b) Über einige Entwicklungseigenheiten der Epiphyse beim buntfarbigen *Gibbon, Hylobates variegatus* s. *agilis* Desm. Arb. anat. Inst. Sendai **20**, 87—96 (1937). — **Kappers, A.**: Die vergleichende Anatomie des Nervensystems der *Wirbeltiere* und des *Menschen*. Haarlem 1921. — **Karcher, J. B.**: De glandulae pinealis lapidibus. Argentor. 1733. — **Kasahara, Sh.** and **M. Nagai**: On the cultivation of the pineal gland. Trans. jap. path. Soc. **23**, 455, 456 (1933). — **Kato, Shin'ichi**: Fütterungsversuch mit dem Zirbelpräparat an *Anurenlarven*. Fol. anat. jap. **14**, 413—420 (1936). — **Kawamura, R.** u. **H. Hosono**: Fettbefunde der innersekretorischen Organe. Trans. jap. path. Soc. **23**, 232—234 (1933). — **Kazimoto, N.**: Über die Entwicklung der Pinealdrüse beim *Huhn*. Kumamoto-Igakkai-Zasshi **7**, 1347—1375 (1931). Ref. Jap. J. med. Sci., Anat. 4 (1934). — **Keibel, F.** u. **K. Abraham**: Normentafel zur Entwicklungsgeschichte des *Huhnes (Gallus domesticus)*. Jena 1900. — **Keibel, F.** u. **C. Elze**: Normentafel zur Entwicklungsgeschichte des *Menschen*. Jena: Gustav Fischer 1908. — **Kehrer**: Die Allgemeinerscheinungen der Hirngeschwülste. Leipzig: Georg Thieme 1931. — **Kerr, Gr.**: The development of *Lepidosiren paradoxa*. III. Quart. J. microsc. Sci. **46** (1903). — **Kidd, L. J.**: (a) Pineal experimentation. Brit. med. J. **1910 II**, 2002, 2003. (b) Glande pinéale, revue. Rev. of Neur. a. Psychiatr. **1913**, 1—24, 51—75. — **King**: A stone in the glandula pinealis. Philos. Trans. roy. Soc. Lond. **3**, 157 (1700). — **Klapproth, W.**: Teratome der Zirbel, kombiniert mit Adenom. Zbl. Path. **32**, 617—630 (1922). — **Kleine, A.**: Über die Parietalorgane bei einheimischen und ausländischen *Anuren*. Jena. Z. Naturwiss. **64**, 338—376 (1930). — **Klinckowström, A. v.**: (a) Untersuchungen über den Scheitelfleck bei Embryonen einiger *Schwimmvögel*. Zool. Jb. Anat. **5** (1892). (b) Le premier développement de l'oeil pineal, l'épiphyse et le nerf parietal chez *Iguana tuberculata*. Anat. Anz. **8**, 289—299 (1893). (c) Die Zirbel und das Foramen parietale bei *Callichthys* (*asper* und *littoralis*). Anat. Anz. **8**, 561—564 (1893). (d) Beiträge zur Kenntnis des Parietalauges. Zool. Jb., Anat. **1894**. — **Knobloch, D. v.**: Das subfornikale Organ des dritten Hirnventrikels in seiner embryonalen und postembryonalen Entwicklung beim *Hausschwein (Sus scrofa domesticus)*. Z. Anat. **106**, 379—397 (1936). — **Knowles, P. G. W.**: Photomechanical changes in the pineal of *Lampreys*. J. of exper. Biol. **16**, 524 bis 529 (1939). — **Kny**: Fall von isoliertem Tumor der Zirbeldrüse. Neur. Zbl. **1885**, 281. — **Koelliker, A. v.**: (a) Entwicklungsgeschichte des *Menschen* und der höheren *Thiere*. Leipzig 1879. (b) Über das Zirbel- oder Scheitelauge. Sitzgsber. physik.-med. Ges. Würzburg **1887**, 210. (c) Handbuch der Gewebelehre, Bd. III, herausgeg. von V. v. EBNER. Leipzig 1902. — **Kohn, A.**: Morphologie der inneren Sekretion und der inkretorischen Organe. In Handbuch der normalen und pathologischen Physiologie, Bd. 16. 1930. — **Kolmer** u. **Lauber**: Auge. In Handbuch der mikroskopischen Anatomie des Menschen, Bd. III/2. Berlin: Springer 1936. — **Kolmer, W.**: (a) Das Sagittalorgan der *Wirbeltiere*. Z. Anat. **60**, 562—717 (1921). (b) Über Nebenzirbeln. Anat. Anz. **60** (Erg.-Bd.), 250—252 (1925/26). (c) Weitere Beiträge zur Kenntnis des Sagittalorgans der *Wirbeltiere*. Anat. Anz. **60** (Erg.-Bd.), 252—257 (1925/26). (d) Technik der experimentellen Untersuchungen über die Zirbeldrüse. In Handbuch der biologischen Arbeitsmethoden, herausgeg. von E. ABDERHALDEN, Abt. V, Teil 3 B. 1938. — **Kolmer, W.** u. **R. Löwy**: Beiträge zur Physiologie der Zirbeldrüse. Pflügers Arch. **196**, 1—14 (1922). — **Koopman, J.**: Bijdragen tot de geschiedenis der ontwikkeling van de endocrinologie. II. De pijnappelklier. Bijdr. Gesch. Geneesk. (holl.) **8**, 96—100 (1928). — **Kothmann, K.**: Beitrag zur Frage der Beeinflussung der endokrinen Drüsen durch Kastration und Verabfolgung von Hormonpräparaten aus Zirbel und Keimdrüsen. Vet.-med. Diss. Hannover 1939. — **Kozelka, A. W.**: Implantation of Pineal Glands in the *Leghorn Fowl*. Proc. Soc. exper. Biol. a. Med. **30**, 842—844 (1933). — **Krabbe, Knud H.**: (a) Corpus pineale. Augeskr. Laeg. (dän.) **73**, 1617 (1911). (b) Glande pinéale chez l'*homme*. Nouv. iconogr. Salpêtrière **1911**, 257. (c) Recherches histologiques sur la glande pinéale. Thèse de Paris **1915**. (d) Contributions of the knowledge of the pineal gland in *mammals*. Biol. Medd. **2** (1920). (e) Histologie, développement et fonctions de la glande pinéale chez les *mammifères*. Danske Vidensk. Selskab., Biol. midd. **1920**. (f) Nouvelles recherches sur la glande pinéale des *mammifères*. Danske Vidensk. Selskab., Biol. midd. **1921**. (g) Développement et fonction de la glande pinéale chez les *mammifères*. Biol. Medd. **2**, 499 (1921). (h) Fortsatte undersogelser over Corpus pineale hos *pattedyrene*. Biol. Medd. **3**, 29 (1921). (i) Valeur réciproque des syndromes hypophysaires et épiphysaires. Revue neur. **19**, 698 bis 702 (1922). Ref. Kongreßzbl. inn. Med. **26**, 84 (1923). (k) Pineal and sexual development. Endocrinology **7**, 3 (1923). (l) La glande pinéale spécialement en relation avec le problème de la signification dans le développement sexual. Endocrinology **1923**, 379. (m) The pineal gland, especially in relation to the problem on its supposed significance in sexual development. Endocrinology **7**, 379—414 (1923). (n) Recherches sur l'existence d'un oeil pariétal rudimentaire. Det. Danske Vidensk. Selskab., Biol. medd. **8**, 3 (1929). (o) Embryologische

Untersuchungen des Hirndaches bei *Tieren* mit fehlender oder unentwickelter Zirbeldrüse. Anat. Anz. **75** (Erg.-Bd.), 160—170 (1932/33). (p) L'organe sous-commissural du cerveau. Presse méd. **1933 II**, 1750—1752. (q) Embryonal development of parietal organs in *Chamaeleo bitaeniatus* Fischer. Psychiatr. Bl. (holl.) **38**, 750—760 (1934). Ref. Ber. Biol. **31** (1934/35). (r) Recherches embryologiques sur les organes pariétaux chez certains *reptiles*. Danske Vidensk. Selskab., Biol. medd. **12**, 1—111 (1935). (s) Pineal body in *Procavia*. Acta psychiatr. (Københ.) **16**, 183—190 (1941). — **Kraus, E. J.:** (a) Zur Kenntnis der Sphärolithe in der Schilddrüse. Virchows Arch. **212**, 367—377 (1913). (b) Pankreas und Hypophyse. Beitr. path. Anat. **68**, 258—277 (1921). — **Krause, R.:** Mikroskopische Anatomie der *Wirbeltiere* in Einzeldarstellungen. Berlin: de Gruyter & Co. 1926. — **Krause, W.:** Allgemeine und microscopische Anatomie. In Handbuch der menschlichen Anatomie, Bd. 1. 1876. — **Kraushaar, R.:** Entwicklung der Hypophysis und Epiphysis bei *Nagetieren*. Z. Zool. **41**, 79 (1885). — **Krockert, G.:** Die Wirkung der Verfütterung von Schilddrüsen und Zirbeldrüsen-substanz an *Lebistes reticulatus (Zahnkarpfen)*. Z. exper. Med. **98**, 214 bis 220 (1936). — **Krueger-Ebert, R.:** Über die Basalmembran der Schilddrüsenfollikel. (Ein Beitrag zur Frage der Gitterfaserentstehung.) Z. Zellforsch. **31**, 491—501 (1941). — **Kudoo, T.:** Über Entwicklung des japanischen *Riesensalamanders*. II. Mitt. 2. Abschn. Über die Entwicklung der Hypophysis, Epiphysis und Paraphysis. Tokyo Jj. Shsh. **2485**, 1926. Ref. Jap. J. med. Sci., Anat. **1** (1928). — **Kuhlenbeck, H.:** Über die Grundbestandteile des Zwischenhirnbau-planes der *Anamnier*. Morph. Jb. **63**, 50—95 (1929). — **Kup, J. v.:** (a) Frühzeitiges Altern als Folge einer Epiphysencyste. Frankf. Z. Path. **48**, 318—322 (1935). (b) Beiträge zum Zusammenhang zwischen Epiphyse und Eierstöcken. Frankf. Z. Path. **50**, 20—25 (1936). (c) Der Zusammenhang zwischen der Zirbel und den anderen endokrinen Drüsen. Frankf. Z. Path. **50**, 152—189 (1936). (d)Wirkung der Kastrierung auf die Zirbeldrüse. Wien. klin. Wschr. **1936 I**, 65. (e) Ein Beitrag zur Kenntnis der konstitutionellen Veränderungen des endokrinen Drüsensystems bei Tuberkulösen. Beitr. Klin. Tbk. **88**, 533—538 (1936). (f) Zusammenhang zwischen Makrorchie und Zirbeldrüsenhypoplasie. Beitr. path. Anat. **97**, 385—390 (1936). (g) Ein Beitrag zur Funktion der Zirbel bei Cushingscher Krankheit, in einem Falle von basophilem Adenom der Hypophyse. Münch. med. Wschr. **1937 II**. 1542. (h) Die Häufigkeit der Erscheinungen von seiten der Zirbel bei Basedow und Thyreotoxikose. Dtsch. med. Wschr. **1937 II**, 1587. (i) Zur Frage der Funktion der Zirbel (Beobachtungen bei einem Fall von Makrogenitosomia praecox). Frankf. Z. Path. **51**, 12—17 (1937). (k) Ein neuer Beitrag zur Frage des Zusammenhanges zwischen Zirbel und Nebennierenrinde. Beitr. path. Anat. **100**, 137—148 (1937). (l) Der Zusammenhang zwischen Zirbelfunktion, Vererbungsvorgängen und Rassenanlagen. Frankf. Z. Path. **52**. 427—432 (1938). (m) Die Wirkung psychischer Reize auf das Zirbel-Hypophysen-Gleich-gewicht. Frankf. Z. Path. **53**, 101—104 (1939). (n) Über den Angriffspunkt der antigo-nadotropen Epiphysenwirkung. Frankf. Z. Path. **54**, 336—412 (1940). — **Kupffer, C. v.:** (a) Über die Zirbeldrüse des Gehirns. Münch. med. Wschr. **1887 I**, 205. (b) Die Ent-wicklung des Kopfes von *Acipenser sturio*. Studien zur vergleichenden Entwicklungs-geschichte des Kopfes der *Kranioten*, Heft 1. München 1893. (c) Die Entwicklung des Kopfes von *Ammocoetes Planeri*. Studien zur vergleichenden Entwicklungsgeschichte des Kopfes der *Kranioten*, Heft 2. München 1894. (d) Zur Kopfentwicklung von *Bdellostoma*. Studien zur vergleichenden Entwicklungsgeschichte der *Kranioten*, Heft 4. München 1900. (e) Die Morphogenie des Zentralnervensystems. In Handbuch der vergleichenden und experi-mentellen Entwicklungslehre der *Wirbeltiere*, Bd. II/3. Jena 1906. — **Kutscherenko, P.:** Tumor glandulae pinealis. Zbl. Path. **37**, 490—495 (1926). — **Kux, E.:** (a) Der sekundäre Neuroporus und der Reissnersche Faden bei *Entenembryonen*. Z. mikrosk.-anat. Forsch. **16**, 141—174 (1929). (b) Über ein bösartiges Pinealom und ein bösartiges fetales Adenom der Hypophyse. Beitr. path. Anat. **87**, 59—70 (1931). — **Kwint, L. A.:** Makrogenitosomia praecox bei cerebraler Kinderlähmung. Dtsch. Z. Nervenheilk. **108**, 117—127 (1929).

Laignel-Lavastine, M.: Anatomie pathologique de la glande pinéale. Encéphale **16**, 225—231, 289—296, 361—367, 437—449 (1921). Ref. Kongreßzbl. inn. Med. **26**, 85 (1923). — **Landauer, W.:** Untersuchungen über Chondrodystrophie. III. Die Histologie der Drüsen mit innerer Sekretion von chondrodystrophischen *Hühnerembryonen*. Virchows Arch. **271**, 534—545 (1929). — **Lanz, A.:** Über das Gewicht der Zirbeldrüse des *Pferdes*. Berl. u. Münch. tierärztl. Wschr. **1941 I**, 6, 7. — **Laquer, F.:** Hormone und innere Sekretion, 2. Aufl. Dresden u. Leipzig 1934. — **László, F.:** (a) Beiträge zur pathologischen Anatomie und Histologie der Zirbel. Dtsch. tierärztl. Wschr. **1934 I**, 685—689. (b) Weitere Bei-träge zur vergleichenden pathologischen Anatomie der Zirbel. Dtsch. tierärztl. Wschr. **1935 I**, 245—247. (c) Pinealom im *Pferde*. Közlemenyek az összehasalitó élet-és Kórtan Köröbäl. (ung.) **27**, 13 (1940). — **Lawrence, T. W. P.:** Tumour of the pineal body. Trans. path. Soc. Lond. **50**, 12—14 (1899). — **Lehner, J.:** Das Mastzellenproblem und die Meta-chromasiefrage. Erg. Anat. **25**, 67—184 (1924). — **Leiner, J. H.:** Pubertas praecox with especial attention to mentality. Endocrinology **4**, 361—380 (1920). — **Leopold, G.:** Über den histotopochemischen Nachweis von Vitamin C im Zentralnervensystem (mit Berücksichtigung der Epiphysis cerebri). Zugleich ein Beitrag zur Frage der Spezifität der Vitamin C-Reaktion. Z. Zellforsch. **31**, 502—512 (1941). — **Lereboullet, P., Maillet** et **Brizard:** Un cas de tumeur de l'épiphyse. Bull. Soc. Pédiatr. Paris **19**, 116—120 (1921). — **Leschke, E.:** (a) Beiträge zur klinischen Pathologie des Zwischenhirns. I. Mitt. Klinische und experimentelle Untersuchungen über Diabetes insipidus, seine Beziehungen zur Hypophyse und zum Zwischenhirn. Z. klin. Med. **87**, 201—279 (1916). (b) Zur klinischen Pathologie des Zwischenhirns. Dtsch. med. Wschr. **1920 I**, 959—961, 996, 997. — **Lessona, M.:** Sulla ghiandola frontale degli *anfibi anuri*. Atti Acad. Sci. Torino **15** (1880). Zit. nach KLEINE. — **Levi** et **Layani:** Sur la calcification de la glande pinéale. Bull. Soc. méd. Hôp. Paris **1925.** — **Levin, P. M.:** A nervous structure in the pineal body of the *monkey*. J. comp. Neur. **68**, 405—409 (1938). — **Leydig, F.:** (a) Das Parietalorgan. Biol. Zbl. **10**, 278—285 (1891). (b) Zur Kenntnis der Zirbel und Parietalorgane. Abh. Senckenberg. naturforsch. Ges. **1896.** (c) Das Parietalorgan der *Amphibien* und *Reptilien*. Anatomisch-histologische Untersuchung. Abh. Senckenberg. naturforsch. Ges. **16**, 441—552 (1901). — **Liber, A. F.:** Cystic hydrops of the pineal gland. J. nerv. Dis. **89**, 782—794 (1939). — **Lichtwitz, L.:** Prinzipien der Konkrement-bildung. Handbuch der normalen und pathologischen Physiologie, Bd. IV. 1929. — **Lieber-kühn:** Über die Zirbeldrüse. Sitzgsber. Ges. Naturwiss. Marburg **1871.** — **Liebert:** Über Epiphysentumoren. Dtsch. Z. Nervenheilk. **108**, 101—116 (1929). — **Lignac, G. O. E.:** Über die Entstehung von Sandkörnern und Pigment in der Zirbeldrüse. Beitr. path. Anat. **73**, 366—376 (1925). — **Lilja, Bengt:** On the localization of calcified pineal bodies under normal and pathological conditions. Acta radiol. (Stockh.) **15**, 659—667 (1934). — **Lindeberg, W.:** Über den Einfluß der Thymektomie auf den Gesamtorganismus und auf die Drüsen mit innerer Sekretion, insbesondere auf die Epiphyse und Hypophyse. Fol. neuropath. eston. **2**, 42—108 (1924). — **Livini, F.:** (a) Formazioni della volta del proencefalo in Embrioni di *ucelli*. Anal. ital. Anat. **5** (1906). (b) Formazioni della volta del proencefalo in „*Sala-mandrina perspicillata*" Monit. Zool. ital. **17**, 177—193 (1906). — **Locy, W. A.:** (a) The derivation of the pineal eye. Anat. Anz. **9**, 169—180 (1894). Nachtrag zu dem Aufsatze von LOCY in Nr. 5 und 6, p. 169. Anat. Anz. **9**, 231, 232 (1894). (b) The midbrain and the accessory optic vesicles. Anat. Anz. **9**, 486—488 (1894). (c) The optic vesicles of *elasmobranches* and their serial relation to other structures on the cephalic plate. Amer. J. Anat. **9**, 115—122 (1894). — **Loewenthal, N.:** Atlas zur vergleichenden Histologie der *Wirbeltiere*. Berlin 1904. — **Longet, F. A.:** Anatomie und Physiologie des Nervensystems. Leipzig 1847. — **Lord, J. R.:** The pineal gland; its normal structure; some general remarks on its pathology etc. Trans. path. Soc. Lond. **50**, 18—21 (1891). — **Lorenzone, C. e V. Leone:** Ormone epifisario e Ipertermia passiva. Ormoni **3**, 561—576 (1941). — **Lotheisen, G.:** Über die Stria medullaris thalami optici und ihre Verbindungen. Anat. H. **4**, 225—260 (1894). — **Luce, H.:** (a) Zur Diagnostik der Zirbelgeschwülste und zur Kritik der cerebralen Adiposi-tas. Dtsch. Z. Nervenheilk. **68/69**, 187—210 (1921). (b) Weiterer Beitrag zur Pathologie der Zirbeldrüse. Dtsch. Z. Nervenheilk. **75**, 356—369 (1922). — **Luys, J.:** Recherches sur le système nerveux cérébrospinal. Paris 1865. — **Luschka, H. v.:** (a) Die Adergeflechte des *menschlichen* Gehirnes. Berlin 1855. (b) Die Anatomie des menschlichen Kopfes. In: Die Anatomie des *Menschen*, Bd. III/2. Tübingen 1867.

Maeda, M.: Über Einwirkungen von Pineal (Präparat aus der Zirbeldrüse des *Rindes*), *Oophormin* (Präparat aus dem das Corpus luteum entfernten *Rinds*ovarium (so im Ref.!) und Thyroid (Präparat aus der Schilddrüse des *Schäfchens*) auf die Zellen des Hypophysenvorder-lappens beim *Kaninchen*. Okayama-Igakkai-Zasshi (jap.) **44**, 2837—2848 (1932). Ref. Jap. J. med. Sci., Anat. **5** (1935). — **Maiman, R.:** Über das subfornikale Organ von Pines. J. ärztl. Fortbildg, 4. April 1927 (russ.), zit. nach PINES und MAIMAN 1928. — **Malfino, F.:** Fisiopatologia della ghiandola pineale. Rom 1935. — **Malméjac** et **Desanti:** (a) Extraits épi-physaires et adrénalino-sécrétion. C. r. Soc. Biol. Paris **125**, 1077—1078 (1937). (b) Sur les propriétés cardio-vasculaires des extraits épiphysaires. C.r. Soc. Biol. Paris **125**, 475, 476 (1937). — **Malmejac** et **Donnet:** Sur l'action vaso-motrice centrale des extraits épiphysaires. C. r. Soc. Biol. Paris **126**, 370—372 (1937). — **Mankowsky, B. N. u. L. J. Smirnow:** Ein Beitrag zur Klinik und pathologischen Anatomie der Geschwülste der Zirbeldrüse. Z. Neur. **121**, 641—681 (1929). — **Marburg, O.:** (a) Zur Kenntnis der normalen und pathologischen Histologie der Zirbeldrüse. Die Adipositas cerebralis. Arb. Wien. neur. Inst. **17**, 217—249 (1907). (b) Die Adipositas cerebralis. Wien. med. Wschr. **1908 II**, 2617—2622. (c) Die Klinik der Zirbeldrüsenerkrankung. Erg. inn. Med. **10**, 146—166 (1913). (d) Neue Studien über die Zirbeldrüse. Arb. neur. Inst. Wien **23**, 1—35 (1920). (e) Die Physiologie der Zirbeldrüse (Glandula pinealis, Epiphyse). Handbuch der normalen und pathologischen Physiologie. Bd. 13, S. 493—590. 1930. — **Martin, P.:** Deux cas de tumeur de la région épiphysaire. J. de Neur. **23**, 141—147 (1923). — **Martin, P. u. W. Schauder:** Lehrbuch der Anatomie der *Haustiere*, 3. Aufl. Stuttgart 1938. — **Mathis, J.:** (a) Über Bildungs- und Rück-bildungserscheinungen am Schwanzende des Rückenmarksrohres bei älteren *Gans*keimlingen. Z. mikrosk.-anat. Forsch. **16**, 331—382 (1929). (b) Über Rückbildungserscheinungen am Schwanzende des Rückenmarksrohres bei älteren *Enten*keimlingen (Epidermisbucht, „kaudale

Rückenmarksreste", tertiärer hinterer Neuroporus, „extraembryonale Rückenmarksreste", „Endpfropf", Reissnerscher Faden). Z. mikrosk.-anat. Forsch. **27**, 56—105 (1931). — **Mayer, F.:** Das Zentralnervensystem von *Ammocoetes*. I. Vorder-, Zwischen- und Mittelhirn. (Vorl. Mitt.) Anat. Anz. **13**, 649—657 (1897). — **Mayer, J. C. A.:** Beschreibung des ganzen menschlichen Körpers, Bd. 6. Berlin 1794. — **Mayer, W.:** Über hypophysäre und epiphysäre Störungen bei Hydrocephalus internus. Z. Neur. **44**, 101 —105 (1919). — **Maximow, A.:** Bindegewebe und blutbildende Gewebe. In Handbuch der mikroskopischen Anatomie des Menschen, Bd. II/1. 1927. — **McCartney, J. L.:** Dementia precox as an endocrinopathy with clinical and autopsy reports. Endocrinology **13**, 73—87 (1929). — **McCord, C. R.:** The pineal gland. The influence of the pineal gland upon growth and differentiation with particular reference to its influence upon prenatal development. Surg. etc. **25**, (1917). — **McCord, C. P.** and **F. P. Allen:** Evidences associating pineal gland function with alterations in pigmentation. J. of exper. Zool. **23**, 207—224 (1917). — **Meckel, Joh. Fr.:** Handbuch der menschlichen Anatomie. III. Halle u. Berlin 1817. — **Meduna, L. v.:** Die Entwicklung der Zirbeldrüse im Säuglingsalter. Z. Anat. **76**, 534—547 (1925). — **Melchers, F.:** Über rudimentäre Hirnanhangsgebilde beim *Gecko* (Epi-, Para- und Hypophyse). Z. Zool. **67**, 138—166 (1900). — **Mennato, M. de:** (a) Ancora sulla genesi delle alterazioni degenerative del corpo pineale e dei plessi coroidei. Rass. Studi psichiatr. **17**, 648—654 (1928). (b) Grassi e lipoidi nell'epifisi cerebrale. Modificazioni strutturali in rapporto a stati funzionali. Nuova Riv. Clin., Assist. Psich. Terap. appl. **11**, 3—27 (1934). — **Mesaki, T.:** (a) An experimental study on the effect of the pineal function on the sexual cycle and sexual hormones. Pt. I. Jap. J. Obstetr. **22**, 26—30 (1939). (b) An experimental study on the effect of the pineal function on the sexual cycle and sexual hormones. Pt. II. The effect of the pineal on the acceleration of ovarial-follicular hormones and anterior hypophysical hormones on the sexual cycle. Jap. J. Obstetr. **22**, 30—37 (1939). — **Meyer, R.:** (a) Über den morphologisch faßbaren Kernstoffwechsel der Parenchymzellen der Epiphysis cerebri des *Menschen*. Z. Zellforsch. **25**, 83—98 (1936). (b) Das Verhalten mehrerer nukleolärer Blasen im Kernstoffwechsel der Pinealzellen des *Menschen* und die Entstehung der Kernfalten. Z. Zellforsch. **25**, 173 bis 180 (1936). (c) Die Entstehung des Parenchympigmentes in der *menschlichen* Epiphysis cerebri. Z. Zellforsch. **25**, 605—613 (1936). (d) Theoretische Bemerkungen zur Ausstoßung des Inhalts, zur Form nukleolärer Blasen und zur Entstehung der Kernfalten. Z. Zellforsch. **25**, 614—621 (1936). — **Micale, G.:** Sui rapporti intercorrenti tra ghiandola pineale, funzioni genitali e sviluppo corporeo femminile. Riv. ital. Ginec. **19**, 471—504 (1936). Ref. Zool. Ber. **46** (1938). — **Mihalkovicz, V. v.:** (a) Entwicklung der Zirbeldrüse. (Vorl. Mitt.) Zbl. med. Wiss. **1874**, Nr 17. (b) Entwicklungsgeschichte des Gehirns. Leipzig 1894. — **Milco, St.-M.:** L'action de l'etrait épiphysaire sur le cycle oestral de la *rate*. Bull. Soc roum. Neur. **7**, 86—92 (1941). — **Milcu, M.** e **M. Pitis:** Inibizione con l'ormone antisessuale pineale dell'erezione spontanea o provocata. Ormoni **3**, 609—616 (1941). — **Minot, Ch. S.:** On the morphology of the pineal regions based upon its development in *Acanthias*. Amer. J. Anat. **1**, 81—98 (1901). — **Möller, J. v.:** (a) Einiges über die Zirbeldrüse des *Chimpansen*. Verh. naturforsch. Ges. Basel **1890**. Zit. nach Studnička 1905. (b) Zur Anatomie des *Chimpansengehirns*. Arch. f. Anthrop. **17**, 173—187 (1890). — **Monchy, de:** Les maladies de la glande pinéale. Nederl. Tijdschr. Geneesk. **67** (1923). — **Moniz, E.:** Aspect arteriographique . . . caso de tumor da glandula pineale et tuberculos quadrigemeos. Lisboa méd. **1930**, No 7. — **Monnier, M.:** Les fonctions de la glande pinéale. (Étude critique et expérimentale.) Rev. méd. Suisse rom. **60**, 1178—1194 (1940). — **Monnier, M.** et **T. Devrient:** Les effets d'implantation répétées de glande pinéale bovine chez le jeune *Rat*. C. r. Soc. phys. e hist. nat. Genève **58**, 159—163 (1941). — **Morgagni, J. B.:** Adversaria anatomica omnia. Patavii 1719. — **Mozejko, B.:** *Cyclostomen*. In Bronns Klassen und Ordnungen des *Tierreichs*, Bd. 6. 1924. — **Müller, Joh.:** (a) Vergleichende Neurologie der *Myxinoiden*. Verh. Akad. Wiss. Berlin **1839**. — **Müller, W.:** Über Entwicklung und Bau der Hypophysis und des Processus infundibuli cerebri. Jena. Z. Naturwiss. **6**, 354—425 (1871). — **Münzer, F. Th.:** Beiträge zur Pathologie und Pathogenese der Dementia praecox (Schizophrenie). Z. Neur. **103**, 73—132 (1926).

Naffziger, H. C.: A method for localization of braintumours, the pineal shift. Surg. etc. **40**, 481 (1925). — **Nageotte, J.:** Phénomènes de sécrétion dans le protoplasma des cellules névrogliques de la substance grise. C. r. Soc. Biol. Paris **68**, 1068, 1069 (1910). — **Neumann, M.:** Zur Kenntnis der Zirbeldrüsengeschwülste. Mschr. Psychiatr. **9**, 337 (1901). — **Neumayer, L.:** Die Entwicklung des Zentralnervensystems der *Chelonier* und *Crocodilier*. Anat. Anz. (Erg.-Bd.) **38**, 202—209 (1911). — **Nicholls, G. E.:** (a) Reissners Fibre in the *frog*. Nature (Lond.) **82** (1908). (b) An experimental investigation on the function of Reissners fibre. Anat. Anz. **40**, 409—433 (1912). — **Nicolas, M.:** Note sur la présence des fibres musculaires strieés dans la glande pinéale de quelque *mammifères* C. r. Soc. Biol. Paris **1900**. — **Noorden, C. v.:** Epiphysenpräparate bei Mastkuren und Hypophysenpräparate bei Entfettungskuren. Klin. Wschr. **1922 II**, 1391. — **Norlin, G.** u. **G. Welin:** Über die Einwirkung der Zirbel auf körperliche und geschlechtliche Entwicklung. Skand.

Arch. Physiol. (Berl. u. Lpz.) **69**, 293—299 (1934). — **Nowikoff, M.**: Untersuchungen über den Bau, die Entwicklung und die Bedeutung des Parietalauges von *Sauriern*. Z. Zool. **69**, 118—208 (1910).

Obersteiner, H.: Anleitung beim Studium des Baues der nervösen Zentralorgane. Leipzig u. Wien 1912. — **Odermatt, W.**: Die epiphysäre Frühreife. Schweiz. med. Wschr. **1925 I**, 474—478. Ref. Kongreßzbl. inn. Med. **40**, 883 (1926). — **Oestreich** u. **Slawyk**: Riesenwuchs und Zirbeldrüsengeschwulst. Virchows Arch. **157**, 475 (1899). — **Ohniski, Kaname**: Ein Beitrag zur Entwicklung der Zirbeldrüse von japanischen *Lachsen*. Ref. Jap. J. med. Sci., Anat. **5**, 358 (1933). — **Okamoto, Ryozo** u. **Hideo Ikuta**: Histopathologie der *menschlichen* Zirbeldrüse. I. Mitt. Trans. Soc. path. jap. **23**, 145—152 (1933). — **Olivetti, R.**: Recenti acquisizioni a proposito della funzione ormonica epifisaria. Rassegna sintetica. Arch. ital. Med. sper. **2**, 349—359 (1933). — **Onishi, K.**: (a) Über die Entwicklung der Zirbeldrüse bei unseren einheimischen *Kröten (B. formosus)*. Kaibô Z. Tokyo **5**, 813—833 (1932). (b) Über die weitere Entwicklung der Zirbeldrüsen der japanischen *Kröten (B. formosus)*. Kaibô Z. Tokyo **5**, 873—892 (1932). (c) Über die Entwicklung der Zirbeldrüse bei dem koreanischen *Hynobius*. Kaibô Z. Tokyo **5**, 898—907 (1932). Ref. Jap. med. Sci., Anat. **5** (1935). — **Orlandi, N.**: (a) Sulla struttura della pineale nella prima infanzia. Rev. Sud-Amer. Endocrinologia, Immunol. y Quimioter. **11**, 1—28 (1928). (b) Lo stato attuale delle nostre conoscenze sulla glandula pineale. Osp. magg. **10**, 223—233 (1932). — **Orlandi, N.** e **G. Guardini**: Sulla struttura della pineali. Rev. Sud-Amer. Endocrinologia, Immunol. y Quimioter. **12**, 1—33 (1929). — **Osborn**: A pineal eye in the mesozoic *mammalia*. Science (N. Y.) 1887, 92. — **Owen, R.**: On the anatomy of *vertebrates*, Vol. I. 1866. — **Owsjannikow, Ph.**: (a) Über das dritte Auge bei *Petromyzon fluviatilis*, nebst einigen Bemerkungen über dasselbe Organ bei anderen *Tieren*. Mèm. Acad. imper. St. Petersbourg, VII. s. **36** (1888). Zit. nach STUDNIČKA 1905. (b) Über das Parietalauge von *Petromyzon* (russ.). Trav. Soc. Naturalistes St. Petersbourg, sect. zool. **15**, Nr 1 (1890). Zit. nach STUDNIČKA 1905. (c) Übersicht der Untersuchungen über das Parietalauge bei *Amphibien, Reptilien* und *Fischen*. Rev. Sci. natur. Soc. Naturalistes St. Petersbourg **2**, Nr 2 (1890). Zit. nach STUDNIČKA 1905.

Pässler, H. W.: Beitrag zu den Erkrankungen der Epiphyse. Diss. Königsberg i. Pr. 1928. — **Pappenheimer, Alwin M.**: Über Geschwülste des Corpus pineale. Virchows Arch. **200**, 122 (1910). — **Papouschek, K.**: Untersuchung am Ependym von *Amphibien*. Zur Frage der Kernsekretion. Z. mikrosk.-anat. Forsch. **42**, 148—164 (1937). — **Parhon, C. J.**: L'épiphyse au point de vue endocrinologique. Bull. Sect. Endocrin. Soc. roum. Neur. etc. **4**, 349—403 (1938). — **Parhon, C. J.** et **M. G. Cahane**: (a) Recherches sur le glycogène hepatique chez les *oiseaux* apres la cauterisation de l'épiphyse. Bull. Soc. roum. Endocrin. **6**, 96—98 (1940). (b) Recherches sur le phosphore sanguin chez les *oiseaux* après la cautérisation de l'épiphyse. Bull. Soc. roum. Endocrin. **6**, 147—149 (1940). — **Parker, J.**: Observations on the anatomy and development of *Apteryx*. Phil. Trans. roy. Soc. Lond. **182** (1892). — **Pastori, G.**: (a) Sull'anatomia della epiphysis cerebri. Contrib. Labor. Psicol. e Biol. S. I. Milano **1924**. (b) Sull'anatomia macro-microscopica della „Epiphysis cerebri". Contrib. Labor. Psicol. e Biol. S. I. Milano **1924**. (c) Studi sulla epiphysis cerebri. Endocrinologia **2**, 13 (1927). (d) Pineali accessorie e relazioni tra gli organi pineale e subcommessurale. Cervello **6**, 1—16 (1927). (e) Contribution a l'étude de l'épiphysis cerebri. (Corps pinéal.) Arch. ital. Biol. (Pisa) **78**, 1—17 (1927). (f) Über Nervenfasern und Nervenzellen in der „Epiphysis cerebri". Z. Neur. **117**, 202—211 (1928). (g) Alcuni reperti riguardanti l'innervazione della epiphysis cerebri. Monit. zool. ital. **40**, 518—521 (1929). Ref. Z. Neur. **123** (1929). — **Pawlowsky, A.**: Über den Faserverlauf in der hinteren Gehirncommissur. Z. Zool. **24**, 284—289 (1874). — **Pellegrini, R.**: Gli effetti della castrazione sulla ghiandola pineale. Arch. Sci. med. **38**, 121—145 (1914). — **Pende, N.**: Endocrinologia **1920**. — **Pero, C.** e S. **Platania**: Le cisti colloidee del terzo ventricolo (1). Riv. Pat. nerv. **59**, 17—91 (1942). — **Pesonen, N.**: (a) Über das Subkommissuralorgan beim *Meerschweinchen*. Acta Soc. Medic. fenn. Duodecim, Ser. A **22**, 53—78 (1940). Ref. Anat. Ber. **42**, 22 (1941). (b) Über das Subkommissuralorgan beim *Menschen*. Acta Soc. Medic. fenn. Duodecim, Ser. A. **22**, 79—114 (1940). — **Pesonen, N.** u. **K. Setälä**: Über die mit dem Subkommissuralorgan zusammenhängende Zellanhäufung. Acta Soc. Medic. fenn. Duodecim, Ser. A. **23**, 46—58 (1940). — **Peter, K.**: Paraganglien, Nebennieren, Zirbeldrüse und Hirnanhang. In Handbuch der Anatomie des Kindes, Bd. II/4. München 1936. — **Pfuhl, W.**: Die histologisch nachweisbaren Beziehungen des Abnutzungspigmentes (Lipofuscins) zum Vitamin C-Stoffwechsel. Klin. Wschr. **1941 I**, 1137—1139. — **Pines, L.**: (a) Über ein bisher unbeachtetes Gebilde im Gehirn einiger *Säugetiere*: das subfornikale Organ des 3. Ventrikels. J. Psychol. u. Neur. **34** (1926). (b) Über die Innervation der Epiphyse. Z. Neur. **111**, 356—369 (1927). — **Pines, L.** u. **R. Maiman**: Weitere Beobachtungen über das subfornikale Organ des dritten Ventrikels der *Säugetiere*. Anat. Anz. **64**, 424—437 (1928). — **Pischinger, A.**: Der Formaldehyd als Ursache für die besonderen Erscheinungen bei der Einschlußfärbung (FEYRTER). Z. mikrosk.-anat. Forsch. **53**, 46—65 (1943). — **Plenk, H.**: Über argyrophile Fasern und ihre Bildungszellen.

Erg. Anat. **27**, 302—412 (1927). — **Poirier, P.** et **A. Charpy:** Traité d'Anatomie *humaine,* Tome III. Paris 1899. — **Police, G.:** Sull'interpretazione morfologica delle fibre radiali nella retina dei *Vertebrati.* Arch. Zool. ital. **17**, 449—494 (1932). — **Polvani, F.:** Studio anatomico della glandola pineale *umana.* Fol. Neurobiol. **7**, 655—695 (1913). — **Preisler, O.:** Zur Kenntnis der Entwicklung des Parietalauges und des Feinbaues der Epiphyse der *Reptilien.* Z. Zellforsch. **32**, 207, 216 (1942). — **Prenant, A.:** (a) Sur l'oeil pariétal accessoire. Anat. Anz. **9**, 103—112 (1893). (b) Les yeux pariétaux accessoires d'*Anguis fragilis* sous le rapport de leur situation, de leur nombre et de leur fréquence. Bibliogr. Anat. **2**, 223—229 (1894). — (c) Éléments d'Embryologie de l'hormone et des vertébrés, Tome 2. Paris 1896. (d) L'appareil pinéal de *Scincus officinalis* et de *Agama librani.* Bull. Soc. Sci. Nancy 1896. — **Prene, E. A.:** Findet eine Involution der Zirbeldrüse beim *Haushund* statt? (Beitrag zur Altersanatomie des *Haushundes.*) Vet.-med. Diss. Hannover 1939. — **Del Priore, N.:** Modifications dans la pression sanguine et dans l'accroissement somatique des *lapins,* a la suite d'injections d'extrait de glande pinéale. Arch. ital. Biol. (Pisa) **63**, 122—128 (1915). — **Putman, Tr. J.:** The intercolumnar tubercle, an undescribed area in the anterior wall of the third ventricle. Hopkins Hosp. Bull. **1922**. — **Puusepp, L. u. H. E. V. Voss:** Studien über das Subcommissuralorgan. I. Das Subcommissuralorgan beim *Menschen.* Fol. neuropath. eston. **2**, 13—21 (1924).

Quast, P.: (a) Zur Histologie der Zirbeldrüse des *Menschen.* Anat. Anz. **66** (Erg.-Bd.), 65—70 (1928/29). (b) Beiträge zur Histologie und Cytologie der normalen Zirbeldrüse des *Menschen.* I. Das Parenchympigment der Zirbeldrüse. Zugleich ein Beitrag zur Morphologie und Mikrochemie der Abnutzungspigmente. Z. mikrosk.-anat. Forsch. **23**, 335—434 (1930). (c) Beiträge zur Histologie und Cytologie der normalen Zirbeldrüse des *Menschen.* II. Zellen und Pigment des interstitiellen Gewebes der Zirbeldrüse. Z. mikrosk.-anat. Forsch. **24**, 38—100 (1931).

Rabl-Rüchard, H.: Zur Deutung der Zirbeldrüse (Epiphyse). Zool. Anz. **9**, 536—547 (1886). — **Rasdolsky, J.:** Histologische Veränderungen in dem zentralen und peripherischen Nervensystem der *Tiere* mit exstirpierten Schild- und Nebenschilddrüsen. Z. Neur. **106**, 96—113 (1926). — **Raymond, F.** et **H. Claude:** Les tumeurs de la glande pinéale de l'enfant. Bull. Acad. Méd. Paris **63**, 265 (1910). — **Reich, H.:** (a) Über die anatomische Lage der Zirbeldrüse nebst einer Bemerkung zu ihrer Funktion. Z. Neur. **104**, 818—820 (1926). (b) Studien über die Lage von Epiphyse und Hypophyse. Z. Neur. **109**, 1—14 (1927). — **Reichert, K. B.:** Der Bau des menschlichen Gehirns. Leipzig 1859—1861. — **Reichold, S.:** Untersuchungen über die Morphologie des subfornikalen und des subkommissuralen Organs bei *Säugetieren* und *Sauropsiden.* Z. mikrosk.-anat. Forsch. **52**, 455—479 (1942). — **Reissner:** Der Bau des Zentralnervensystems der ungeschwänzten *Batrachier.* Dorpat 1864. — **Remy, P.:** Les secrétions internes et les metamorphoses. Ann. des Sci. natur. **7**, 41—82 (1924). — **Renton, A. D.** and **H. W. Rusbridge:** Late effects of pinealectomy in *rats.* Proc. Soc. exper. Biol. a. Med. **30**, 766 (1933). — **Retzius, G.:** Über den Bau des sogenannten Parietalauges von *Ammocoetes.* Biol. Unters., N. F. **7** (1895). — **Riech, F.:** Epiphyse und Paraphyse im Lebenszyklus der *Anuren.* Z. vergl. Physiol. **2**, 524—570 (1925). — **Ritter, W. E.:** On the presence of a parapineal organ in *Phrynosoma coronata.* Anat. Anz. **9**, 766—772 (1894). — **Roessle, R.** u. **P. Roulet:** Maß und Zahl in der Pathologie. Berlin u. Wien: Springer 1932. — **Rohon, J. v.:** Über Parietalorgane und Paraphysen. Sitzgsber. böhm. Ges. Wiss., Math.-naturwiss. Kl. Prag 1855, 155. — **Romeis, B.:** Der Einfluß innersekretorischer Organe auf Wachstum und Entwicklung von *Froschlarven.* Naturwiss. **8**, 860—866 (1920). — **Romodanowskaja, S. A.:** Das Gewicht der innersekretorischen Drüsen des *Menschen* und ihre wechselseitigen Gewichtskorrelationen. Arch. russ. d'Anat. etc. **15**, 149—154 (1936). — **Roofe, P. G.:** (a) The endocranial blood vessels of *Amblystoma tigrinum.* J. comp. Neur. **61**, 257—293 (1935). (b) The histology of the paraphysis of *Amblystoma.* J. Morph. a. Physiol. **59**, 1—10 (1936). — **Rorschach:** Die Pathologie und Operabilität der Tumoren der Zirbeldrüse. Beitr. klin. Chir. **83**, 481 (1913). — **Rose, M.:** Anatomie des Großhirns. In Handbuch der Neurologie, Bd. I/1. Berlin: Springer 1935. — **Rothmann, H.:** Die Häufigkeit des röntgenologischen Nachweises der Zirbeldrüse und seine diagnostische Bedeutung. Med. Klin. **1929** II, 1205, 1206. — **Roussy, G.** et **M. Mosinger:** (a) Le complexe épithalamo-épiphysaire. Les corrélations avec le complexe hypothalamo-hypophysaire. Le système neuro-endocrinien du diencéphale. Revue neur. **69**, 459—470 (1938). Ref. Kongreßzbl. inn. Med. **98**, 477 (1939). (b) La neurocrinie épiphysaire et le complexe neuro-endocrinien épithalamo-épiphysaire. C. r. Soc. Biol. Paris **127**, 655—657 (1938). — **Roux, P.:** La glande pinéale ou épiphyse. These Sciences Paris 1937. — **Rowntree, Clark, Steinberg, Einhorn** and **Hanson:** Further studies on the thymus and pineal glands. Pennsylvania med. J. **39**, 603 (1936). — **Rowntree, Clark, Steinberg, Hanson, Einhorn** and **Shannon:** Further studies on the thymus and pineal glands. Ann. int. Med. **9**, 359 (1935). — **Rückart, F.:** Zur Röntgendiagnose des Krankheitsbildes der allgemeinen Frühreife bei Hirngeschwülsten. Röntgenprax. **4**, 718—720 (1932). — **Ruggeri, E.:** Modificazioni del contenuto lipo-mitocondriale delle cellule della pineale dopo ablazione completa degli organi genitali. Riv. Pat. nerv. **19**, 649—659 (1914). — **Runnström, J.:** Über die Anlage des Parapinealorgans bei *Petromyzon.* Z. mikrosk.-anat. Forsch.

3, 281—294 (1925). — **Russell, A. E.:** Cysts of the pineal body. Trans. path. Soc. Lond. 50, 15 (1899). — **Ruysch, F.:** Thesaurus anatomicus. Amstelodami 1701.

Saar, H.: Pubertas praecox bei Gliom des Zwischenhirnes. Ein Beitrag zur Frage der innersekretorischen Funktion der Zirbeldrüse. Frankf. Z. Path. 50, 451—461 (1936). — **Sacristán, J. M.:** Einige Bemerkungen zu H. JOSEPHYS Artikel: „Die feinere Histologie der Epiphyse". Z. Neur. 69, 142—157 (1921). — **Sai, Seisyo:** Über die Veränderungen der endokrinen Organe durch Kastration am männlichen *Kaninchen*. III. Über die Veränderungen durch Kastration. Ref. J. Chosen med. Assoc. (jap.) 29, Nr 1, dtsch. Zusammenfass. 197, 198 (1939). — **Saint Remy, G.:** Notes teratologiques. I. Ebauches épiphysaires et paraphysaires paires chez un embryon de *poulet* monstrueux. Bibliogr. Anat. 5 (1897). — **Sainton, P.** et **Dagnan-Bouveret:** Descartes et la psychophysiologie de la glande pinéale. Nouv. iconogr. Salpêtrière 25, 171—192 (1912). — **Saitta, S.:** Osservazioni sull'organo subcommessurale in alcuni *mammiferi*. Scritti biol. 5, 419—428 (1930). — **Sakai, S.:** Untersuchungen zur Pathologie der Arachnoidea cerebralis. Arb. neur. Inst. Wien 19, 405—435 (1911). — **Saphir, W.:** Concerning the function of the pineal body. Endocrinology 18, 625 bis 628 (1934). — **Sargent, P. E.:** REISSNERS fibre in the canalis centralis of *vertebrates*. Anat. Anz. 17, 33—44 (1900). — **Sato, Tadao:** On the two cases of cystoma of the pineal gland. J. med. Assoc. Formosa 37, 1112—1126 (1938). — **Scaglione:** Glande pinéale et gestation. Riv. Obstetr. 1922. — **Scatizzi, J.:** Ricerche sulla fine costituzione dell'epifisi dei *Cheloni*. Arch. Zool. ital. 18, 407—420 (1933). — **Scevola, D.:** (a) Ricerche istologiche sull'organo sottofornicale del terzo ventricolo. Monit. zool. ital. 49 (Suppl.), 146—150 (1939). (b) Ulteriori indagini sulla struttura e morfogenesi dell'organo sotto-fornicale. Arch. ital. Anat. 45, 195—205 (1941). — **Schade, H.:** Die physikalische Chemie in der inneren Medizin. Dresden u. Leipzig 1921. — **Schaffer, J.:** Lehrbuch der Histologie und Histogenese. Leipzig 1933. — **Scharrer, E.:** (a) Die Lichtempfindlichkeit blinder *Elritzen*. (Untersuchungen über das Zwischenhirn der *Fische*. I.) Z. vergl. Physiol. 7, 1—38 (1928). (b) Ein inkretorisches Organ im Hypothalamus der *Erdkröte, Bufo vulgaris* Laur. Z. Zool. 144, 1—11 (1933). (c) Über die Zwischenhirndrüse der *Säugetiere*. Sitzgsber. Ges. Morph. u. Physiol. Münch. 42 (1933). (d) Über die Beteiligung des Zellkerns an sekretorischen Vorgängen in Nervenzellen. Frankf. Z. Path. 47, 143—151 (1934). — (e) Die Bildung von Meningocyten und der Abbau von Erythrocyten in der Paraphyse der *Amphibien*. Z. Zellforsch. 23, 244—252 (1935). (f) Vergleichende Untersuchungen über die centralen Anteile des vegetativen Systems. Z. Anat. 106, 169—192 (1936). (g) Über ein vegetatives optisches System. Klin. Wschr. 1937 II, 1521—1523. — **Schilling, K.:** Über das Gehirn von *Petromyzon fluviatilis*. Abh. Senckenberg. naturforsch. Ges. 30 (1907). — **Schinz, Baensch** u. **Friedl:** Lehrbuch der Röntgendiagnostik, 4. Aufl. Leipzig 1939. — **Schlesinger, H.:** Über die Zirbeldrüse im Alter. Arb. neur. Inst. Wien 22, 18 (1919). — **Schmalz, A.:** Über einen Fall von Hirntumor mit Pubertas praecox. Beitr. path. Anat. 73, 168—172 (1925). — **Schmid, H.:** Anatomischer Bau und Entwicklung der Plexus chorioides in der *Wirbeltier*reihe und beim *Menschen*. Z. mikrosk.-anat. Forsch. 16, 413—498 (1929). — **Schmincke, A.:** (a) Encephalitis interstitialis Virchow mit Gliose und Verkalkung. Z. Neur. 60, 290—311 (1920). (b) Zur Kenntnis der Zirbelgeschwülste. Ein Ganglioglioneurom der Zirbel. Beitr. path. Anat. 83, 279—288 (1929). — **Schüller:** Über intrakranielle Verkalkungsherde. Wien. klin. Wschr. 1913 I, 642. — **Schulz:** Tumor der Zirbeldrüse. Neur. Zbl. 1886, 439. — **Scott, W. B.:** Beiträge zur Entwicklungsgeschichte der *Petromyzonten*. Gegenbaurs Jb. 7, 101—172 (1882). — **Selenka, E.:** Das Stirnorgan der *Wirbeltiere*. Biol. Zbl. 10 (1890). — **Serres:** Anatomie comparée du cerveau dans les quatre classes des *animaux vertébrés*. Paris 1824—1928. — **Shafik Abd-el-Malek:** On the relationship between the epiphysis cerebri and the reproductive System. J. of Anat. 73, 419—423 (1939). — **Shioya, H.:** Die Zirbeldrüse und ihre Silberreaktion bei den Funktionsstörungen der unteren endokrinen Organe. Hokkaido Igaku-Zasshi, Sapporo (jap.) 7, 1097—1107 (1929). Ref. Jap. J. med. Sci., Anat. 3 (1933). — **Silberstein, F.** u. **P. Engel:** Über das Vorkommen einer oestrogenen Substanz in der Epiphyse. Klin. Wschr. 1933 I, 908—910. **Simon:** Hémorragie de la glande pinéale. Bull. Soc. Anat. Paris 39, 306 (1859). — **Sisson, W.** and **J. Finney:** Effect of feeding the pineal body upon the development of the albino *rat*. J. of exper. Med. 31, 335 (1920). — **Sömmering, S. Th. v.:** (a) Vom Hirn und Rückenmark. Mainz 1758. — (b) De acervulo cerebri. Mainz 1785. — (c) De acervulo cerebri. In Scriptores Neurologici minores selecti sive opera minora etc., Tome III. Lipsiae: Chr. Fr. Ludwig 1793. **Sorensen, A. D.:** (a) The pineal and parietal organ in *Phrynosoma coronata*. J. comp. Neur. 3 (1893). (b) The roof of the Diencephalon. J. comp. Neur. 3 (1893). (c) Comparative study of the epiphysis and roof of the Diencephalon. J. comp. Neur. 4 (1894). — **Soury, J.:** Système nerveux central. Paris 1899. — **Spatz, H.:** (a) Über den Eisennachweis im Gehirn, besonders in Zentren des extrapyramidal-motorischen Systems. Z. Neur. 77, 261—390 (1922). (b) Pathologisch-anatomische Beobachtungen im Gebiet des Tuber cinereum und über experimentelle Untersuchungen über ein Geschlechtszentrum im Gehirn. Klin. Wschr. 1942 I, 355—356. Ref. eines Vortrags. — **Spatz, H.** u. **G. J. Stroescu:** Zur Anatomie und Pathologie der äußeren Liquorräume des Gehirns. Nervenarzt 7, 425—437, 481—498 (1934).

Spemann, H.: Über die Entwicklung umgedrehter Hirnteile bei *Amphibienembryonen*. Zool. Jb. (Suppl.) **15**, 1—48 (1912). — **Spencer, W. Baldwin:** (a) The parietal eye of *Hatteria*. Nature (Lond.) **34** (1886). (b) Preliminary communication on the structure and presence in *sphenodon* and other *Lizards* of the median eye, described by von Graaf in *anguis fragilis*. Proc. roy. Soc. Lond. 1886. (c) On the presence and structure of the pineal eye in *Lacertilia*. Quart. J. microsc. Sci. **27** (1886). (d) The pineal eye of *mordacia mordax*. Roy. Soc. of Victoria 1890. — **Spiegel, E. A.:** (a) Das Ganglion psalterii. Anat. Anz. **51**, 454—462 (1918/19). (b) Zur Frage der Identität von Ganglion psalterii, Intercolumnar Tubercle und subfornikalem Organ des dritten Ventrikels. Z. Anat. **107**, 154 (1927). — **Spiegel, E. A. u. S. Saito:** Beiträge zum Studium des vegetativen Nervensystems. IV. Mitt. Über die hormonale Erregbarkeit vegetativer Zentren. Arb. neur. Inst. Wien **26**, 247—260 (1924). **Spielmeyer, W.:** Histopathologie des Zentralnervensystems. Berlin 1922. — **Spigelius, A.:** De humani corporis fabrica libri X. Venetiis 1627. — **Staderini, R.:** Studio morfologico della ghiandola pineale dei *mammiferi*. Sperimentale **51**, No 16 (1897). Ref. Monit. zool. ital. **8**, 77 (1897). — **Stalpart van den Wiel, C.:** Steen in de pynappelklier en Saad-vaten gloon. Handb. Seldz. aasnmerk. Amsterdam 1682. — **Stefko, W.:** Die vergleichende mikroskopische Anatomie der endokrinen Drüsen einiger *Affengattungen* und die Bedeutung des inkretorischen Systems in der Evolution der *Primaten*. Z. mikrosk.-anat. Forsch. **16**, 295—330 (1929). — **Stieda, L.:** (a) Über den Bau der Haut des *Frosches (Rana temporaria)*. Arch. Anat., Physiol. u. wiss. Med. 1865, 52. (b) Studien über das zentrale Nervensystem der *Vögel* und *Säugetiere*. Z. Zool. **19**, 1—94 (1869). (c) Studien über das zentrale Nervensystem der *Wirbeltiere (Frosch, Kaninchen, Hund)*. Z. Zool. **20** (1870). (d) Über die Deutung der einzelnen Teile des *Fischgehirns*. Z. Zool. **23** (1873). (e) Über den Bau des zentralen Nervensystems der *Amphibien* und *Reptilien*, 1875. (f) Über den Bau des zentralen Nervensystems der *Schildkröte*. Z. Zool. **25** (1875). — **Strahl, H.:** Das Leydigsche Organ bei *Eidechsen*. Sitzgsber. Ges. Naturwiss. Marburg 1884, 81—83. — **Strahl, H. u. E. Martin:** Die Entwicklungsgeschichte des Parietalauges bei *Anguis fragilis* und *Lacerta vivipara*. Arch. f. Anat. 1888. — **Straub, H.:** Zur Kenntnis der Zirbeldrüsengeschwülste (der sog. „Pinealome"). Frankf. Z. Path. **42**, 250 bis 260 (1931). — **Ström, S.:** Über die Röntgendiagnostik intrakranieller Verkalkungen. Fortschr. Röntgenstr. **27**, 577—601 (1919—1921). — **Studnička, F. K.:** (a) Sur les organes pariétaux de *Petromyzon Planeri*. Sitzgsber. Ges. Wiss. Prag 1893. (b) Zur Morphologie der Parietalorgane der *Kranioten*. Sitzgsber. Ges. Wiss. Prag 1883. Ref. Zool. Zbl. **1** (1883). (c) Zur Anatomie der sogenannten Paraphyse des *Wirbeltiergehirns*. Sitzgsber. Ges. Wiss. Prag 1895. (d) Beiträge zur Anatomie und Entwicklungsgeschichte des Vorderhirns der *Kranioten*. Sitzgsber. Ges. Wiss. Prag, Abt. I 1895, Abt. II 1896. (e) Zur Kritik einiger Angaben über die Existenz eines Parietalauges bei *Myxine glutinosa*. Sitzgsber. Ges. Wiss. Prag 1898. (f) Der Reissnersche Faden aus dem Centralkanal des Rückenmarkes. Sitzgsber. ges. Wiss. Prag 1899, 10. (g) Über den feineren Bau der Parietalorgane von *Petromyzon marinus*. Sitzgsber. Ges. Wiss. Prag 1899, 175. (h) Zur Kenntnis der Parietalorgane und der sog. Paraphyse der niederen *Wirbeltiere*. Verh. anat. Ges. 1900. (i) Untersuchungen über das Ependym der nervösen Zentralorgane. Anat. H. **15** (1900). (k) Die Parietalorgane. In Lehrbuch der vergleichenden mikroskopischen Anatomie der Wirbeltiere, herausgeg. von Oppel, Bd. 5. Jena 1905. — **Studnitz, G. v.:** Ref. Ber. Biol. **52**, 545, 546 (1940). — **Sugiura, Reisaku:** Morphogenetische und histologische Untersuchungen über die Epiphyse (Corpus pineale) der *Ratte*. Kaibô Zasshi (jap.) **9**, 409—448 (1937). Ref. Anat. Ber. **39**, 348 (1939). — **Sullens, W. S. and M. O. Overholser:** Pinealectomy in successive generations of *rats*. Endocrinology **28**, 835—839 (1941). — **Sundwall, J.:** The choroid plexus with special reference to interstitial granular cells. Anat. Rec. **12**, 221—254 (1917). — **Suzuki, Y.:** Beiträge zur Anatomie des Epithalamus, besonders der Epiphyse, bei den *Primaten*. Arb. anat. Inst. Sendai **21**, 45—141 (1938).

Tandler, J. u. J. Fleissig: Die Entwicklungsgeschichte des *Tarsius*gehirns. Anat. H. **52**, 85—144 (1915). — **Tarkhan, A. A.:** Zur Frage der hormonalen Wirkung der Zirbeldrüse. Endokrinol. **18**, 234—242 (1937). — **Taubenhaus, M.:** Über einen Fall von multipler Blutdrüsenerkrankung mit Beteiligung der Zirbeldrüse. Endokrinol. **11**, 324—334 (1932). — **Teichmann, W.:** Über die myoiden Zellen des Thymus (Untersuchungen am Thymus von *Schlangen*). Z. Zellforsch. **32**, 194—208 (1942). — **Terry, J. R.:** The morphology of the pineal region in *Teleosts*. J. Morph. a. Physiol. **21** (1910). — **Testut, L.:** Traité d'Anatomie humaine, Tome II. Paris 1891. — **Tiedemann, F.:** Anatomie und Bildungsgeschichte des Gehirns. Nürnberg 1816. — **Tilney, F.:** The Pineal gland. In Cowdry: Special Cytology. New York 1928. — **Tilney, F. and L. F. Warren:** A contribution to the study of the Epiphysis cerebri with an Interpretation of the morphological, physiological, and clinical evidence. Amer. Anat. Memoir, Philadelphia, Wistar Inst. of Anat. a. Biol. 1919. — **Tomorug, E.:** Die Zirbeldrüse und die Keimdrüsen. 1. Der Einfluß des Zirbeldrüsenextraktes auf den Brunsteinfluß bei *Ratten* und die Befruchtung bei *Ratten* und *Hunden*. Acta Endocrinol. **8**, 27—37 (1942). — **Toussaint:** Deux cas de calcification de la glande Pinéale. Arch. méd. belges **83**, 462, 463 (1930). — **Trautmann, A.:** (a) Die Zirbel, Corpus pineale. In

Handbuch der vergleichenden mikroskopischen Anatomie der *Haustiere*, Bd. 2. Berlin 1911. (b) Anatomie und Histologie der Epiphysis cerebri thyreopriver *Ziegen*. Zugleich ein Beitrag zur gegenseitigen Beeinflussung bzw. Abhängigkeit der Drüsen mit innerer Sekretion. Z. Neur. **94**, 742—780 (1925). (c) Zur Frage der physiologischen Involution der Epiphysis cerebri. Dtsch. tierärztl. Wschr. **1934 I**, 599—602. (d) Die Wirkung des Zirbeldrüsenpräparates „Epiphysan" auf die germinalen und akzidentellen Geschlechtsmerkmale juveniler *Tiere*. Dtsch. tierärztl. Wschr. **1937 I**, 669—671. — **Trendelenburg, P.:** Die Hormone, 2. Bd. Berlin: Springer 1934. **Tretjakoff, D.:** Die Parietalorgane von *Petromyzon fluviatilis*. Z. Zool. **113**, 1—112 (1915). — **Trivus-Katz, F.:** Der Zahnwechsel in Verbindung mit der Funktion der endokrinen Drüsen. Vopr. Izuč. i Vespit. Ličnosti (russ.) **1927**, Nr 3/4, 35—53. Ref. Anat. Ber. **18**, 279 (1930). — **Turkewitsch, N.:** (a) Zur Entwicklung des Zwischenhirndaches beim *Menschen*. „Organon praecommissurale". Anat. Anz. **75**, 463—468 (1932 u. 1933). (b) Die Entwicklung der Zirbeldrüse des *Menschen*. Gegenbaurs Jb. **72**, 379—445 (1933). (c) Die Entwicklung der Zirbeldrüse beim *Rind* (*Bos taurus* L.). Gegenbaurs Jb. **77**, 326—356 (1936). (d) Die Entwicklung des subkommissuralen Organs beim *Rind* (*Bos taurus* L.). Gegenbaurs Jb. **77**, 573—586 (1936). (e) Eigentümlichkeiten der embryologischen Entwicklung des Epiphysengebietes des *Schafes* (*Ovis aries* L.). Gegenbaurs Jb. **79**, 305—330 (1937). (f) Eigentümlichkeiten in der Entwicklung des Epiphysengebietes des *Kaninchens* (*Lepus cuniculus* L.). Gegenbaurs Jb. **79**, 634—649 (1937). — **Turner, W.:** The pineal body (Epiphysis cerebri) in the brains of the *walrus* and *seals*. J. Anat. a. Physiol. **22**, 300—303 (1888).

Uemura, Sh.: Zur normalen und pathologischen Anatomie der Glandula pinealis des *Menschen* und einiger *Haustiere*. Frankf. Z. Path. **20**, 381—488 (1917). — **Ulrich:** Verkalkung der Glandula pinealis im Röntgenbild. Klin. Wschr. **1928 II**, 2130. — **Urechia, C. I.** et **N. Elekes:** L'epiglandol dans un cas de maladie d'Addison. Rev. franç. Endocrin. **2**, 281 bis 283 (1924). — **Urechia, C. I.** et **Chr. Grigoriu:** L'extirpation de la glande pinéale et son influence sur l'hypophyse. C. r. Soc. Biol. Paris **87**, 815, 816 (1922). — **Urechia, C. I.** et **I. Groza:** L'influence des injections d'extraits hypophysaire et épiphysaire sur la formule leucocytaire. C. r. Soc. Biol. Paris **96**, 1462 (1927). — **Utsu, M.:** Zytologische Studien über die Zirbeldrüse japanischer *Kröten* mit besonderer Berücksichtigung der Histogenese. Kaibô Zasshi (Tokyo) **8**, 719—743 (1933). Ref. Jap. J. med. Sci., Anat. **5** (1935).

Valentin, G.: Hirn- und Nervenlehre v. S. Th. v. SÖMMERING. Leipzig 1841. — **del Vecchio, G.:** (a) Sulle conseguenze dell'estirpazione della epifisi cerebrale nei *ratti albini*. Arch. Sci. med. **56**, 309—340 (1932). Ref. Kongreßzbl. inn. Med. **68**, 797 (1932/33). (b) Sul reperto di fibre muscolari striate nell' „Epiphysis cerebri" umana. Osp. psichiatr. **2**, 1—11 (1934). (c) Sui reperti di fibre muscolari striate nell'epifisi cerebrale. Qualche osservazione in rapporto alla nota del Dr. GODINA. Monit. zool. ital. **50**, 182—184 (1939). — **Vercellana, G.:** (a) L'epifisi ed i suoi rapporti con le ghiandole sessuali. Rivista sintetica es osservazioni personali sulle epifisi di *bovini* interi e castrati. Ateneo parm. II **4**, 593—680 (1932). (b) Ricerche istologiche sulla epiphysis cerebri di *animali* interi e castrati. Boll. Soc. Biol. sper. **7**, 1244 (1932). — **Verheyen, Ph.:** Corporis humani anatomiae liber primus. Lipsiae 1718. — **Vermeulen, H. A.:** Hypophysis tumours in *domestic animals*. Endocrinology **5**, 174—176 (1921). — **Verne, J.:** Contribution a l'étude des cellules névrogliques specialement au point de vue de leur activité formatrice. Archives Anat. microsc. **16**, 149—192 (1914/15). — **Vesalius, A.:** De humani corporis fabrica libri septem, 2. Aufl. Basel 1555. — **Vesling, J.:** Syntagma anatomicum. Amsterdam 1666. — **Vialli, M.:** L'apparato epifisario degli *Anfibi*. Arch. Zool. ital. **13**, 423—451 (1929). — **Vieussens, R.:** Neurographia universalis. Francofurti 1690. — **Vinals, E.:** Renforcement de l'action gonadotrope de l'urine de la femme gravide, par association avec la glande épiphysaire. C. r. Soc. Biol. Paris **119**, 259 (1935). — **Vicq d'Azyr:** Planches anatomiques du Cerveau de l'*homme* 1786. — **Voeltzkow, A.:** Epiphyse und Paraphyse bei *Krokodilen* und *Schildkröten*. Abh. Senckenberg. naturforsch. Ges. **27** (1903). — **Volkmann, R. v.:** (a) Histologische Untersuchungen zur Frage der Sekretionsfunktion der Zirbeldrüse. Z. Neur. **84**, 593—616 (1923). (b) Drüsengranula in der Hirnepiphyse. Anat. Anz. **66** (Erg.-Bd.), 290, 291 (1938).

Walter, F. K.: (a) Über die normale und pathologische Histologie der Zirbeldrüse. Ref. eines Vortrags in Z. Neur. **10**, 269 (1914). (b) Zur Histologie und Physiologie der menschlichen Zirbeldrüse. Z. Neur. **74**, 314—330 (1922). (c) Weitere Untersuchungen zur Pathologie und Physiologie der Zirbeldrüse. Z. Neur. **83**, 411—463 (1923). — **Warren, J.:** The development of the paraphysis and the pineal region in *Necturus maculatus*. Amer. J. Anat. **5**, 1—28 (1906). — **Weigert, C.:** (a) Zur Lehre von den Tumoren der Hirnanhänge. Teratom der Zirbeldrüse. Virchows Arch. **65**, 212—226 (1875). (b) Kenntnis der normalen *menschlichen* Neuroglia. Abh. senckenberg. naturforsch. Ges. **19**, 65—216 (1896). — **Weinberg, E.:** Untersuchungen über die Veränderungen der *menschlichen* Epiphyse in Abhängigkeit vom Alter und einigen pathologischen Prozessen. Fol. neuropath. eston. **6**, 57—82 (1926). — **Weinberg, S. J.** and **A. F. Doyle:** Effects of injected extracts of fresh pineal glands of the cow on growth of immature white *mice*. I. Proc. Soc. exper. Biol. a. Med. **28**, 322, 323

(1930). — **Weinberg, S. J.** and **R. V. Fletcher:** Effects of injected extracts of fresh pineal glands of the young *calf* on growth of immature white *mice*. Effects on sexual apparatus. II. Proc. Soc. exper. Biol. a. Med. **28**, 323 (1930). Ref. Kongreßzbl. inn. Med. **63**, 53 (1931). — **Weisschedel, E. u. R. Jung:** Die anatomische Auswertung und das Studium der sekundären Faserdegeneration nach lokalisierter subcorticaler Ausschaltung durch Elektrokoagulation. Z. Anat. **109**, 374—395 (1939). — **Weisschedel, E. u. H. Spatz:** Über die gonadotrope Wirksamkeit des Tuber cinereum bei *Ratten*. Dtsch. med. Wschr. **1942 II**, 1221—1222. — **Westhoff, F.:** Neues über das sog. 3. Auge der *Wirbeltiere*. Jb. Naturwiss. Freiburg **1890**, 317—319. — **Wharton, Th.:** Adenographia. Amstelodami 1659. — **Whitwell, J. R.:** Epiphysis cerebri in *Petromyzon fluviatilis*. J. Anat. a. Physiol **22**, 502—505 (1828). — **Wiedersheim, R.:** Über das Parietalauge der *Saurier*. Anat. Anz. **1**, 148—149 (1886). — **Willis, Th.:** Opera omnia, Tome I. Genevae 1695. — **Winterhalter, W. P.:** Untersuchungen über das Stirnorgan der *Anuren*. Acta Zool. (Stockh.) **12**, 1—68 (1931). — **Wirth, W.:** Über sexuelle Frühreife. Z. Konstit.lehre **15**, 477—491 (1931). — **Wislocki, G. B.:** Peculiarities of the cerebral blood vessels of the *opossum*: Diencephalon, area postrema and retina. Anat. Rec. **78**, 119—131 (1940). — **Wörner, E.:** (a) Die Bedeutung der Verlagerung der verkalkten Glandula pinealis, insbesondere in Hinsicht auf die röntgenologische Diagnostik der Hirntumoren. Fortschr. Röntgenstr. **49**, 499—512 (1934). (b) Die Bedeutung der Verlagerung der verkalkten Glandula pinealis für die Diagnostik der Hirntumoren. Fortschr. Röntgenstr. **52** (Kongr.-Heft Bd. 28), 28, 29 (1935). — **Wurm, H.:** Die Mißbildungen der Epiphyse des Gehirns. In: Die Morphologie der Mißbildungen des *Menschen* und der *Tiere*, Bd. III, 14. Lief. Jena 1929. — **Wyman:** Anatomy of the nervous system of *Rana pipiens*. Contrib. to Knowledge **5** (1853).

Yamada, H.: Beiträge zur Anatomie des Epithalamus, und zwar der Epiphyse bei der *Echidna*. Arb. anat. Inst. Sendai **21**, 149—171 (1938). — **Yokoh, A.:** Experimentelle Untersuchungen über die Doppelexstirpation der Epiphyse und der Keimdrüse. Z. exper. Med. **55**, 349—370 (1927).

Zancla: Sulla fine struttura del conario *humano*. Arch. anat. Path. **11** (1906). — **Zedler, Joh. H.:** Großes vollständiges Universal-Lexikon. Halle u. Leipzig 1735. — **Zendrén, Sven:** A contribution to the study of the function of glandula pinealis. Acta med. scand. (Stockh.) **54**, 323—325 (1921). — **Ziehen, Th.:** (a) Über die allgemeinen Beziehungen zwischen Gehirn und Seelenleben. Leipzig: Johann Ambrosius Barth 1902. (b) Die Morphogenie des Zentralnervensystems der *Säugetiere*. In Handbuch der vergleichenden und experimentellen Entwicklungslehre der *Wirbeltiere*, Bd. II/3. Jena 1906. — **Zoia, C.:** Demonstration von *Tieren*, denen die Zirbeldrüse entfernt wurde. Zbl. Path. **25**, 789 (1914). — **Zondek, H. u. G. Koehler:** Korrelationen der Hormonorgane untereinander. In Handbuch der normalen und pathologischen Physiologie, Bd. II/1. 1930.

Nachtrag.

Andriani: Contributo alla conoscenza delle alterazioni istologiche della ipofisi e della epifisi nella castrazione. Riv. Pat. nerv. **1925**, 313—320. — **Biach u. Hulles:** Über Beziehungen der Zirbeldrüse zum Genitale. Wien. klin. Wschr. **1912 I**, 373. — **Dixon u. Halliburton:** Biochem. Zbl. **1909**. — **Goronowitsch, N.:** Das Gehirn und die Cranialnerven von *Acipenser ruthenus*. Morph. Jb. **13**, 515—574 (1888). — **Grönberg, G.:** Die Ontogenese eines niederen *Säugergehirns*. Zool. Jb. Anat. u. Ontog. **15** (1906). — **Heckscher, W.:** Bidrag til Kundskaben om Epiphysis cerebri udviklings historie. København 1890. — **Heidrich, L.:** Beitrag zu der Entstehung des Hydrocephalus internus und den ventrikulären Liquor-Resorptionsstellen. Bruns' Beitr. **151**, 607—612 (1931). — **Howell:** Tumors of the pineal body. Proc. roy. Soc. Med. **3**, 65, 77 (1910). — **Lehmann, J.:** Die Struktur des Hirnanhanges nebennierenloser *Ratten*. Z. exper. Med. **65**, 129—140 (1929). — **Ostroumoff, A. v.:** Zur Frage über das dritte Auge der *Wirbeltiere*. 96. Beilage zu dem Protokoll der naturf. Ges. a. d. Kaiserl. Universität zu Kasan 1887, zit. nach **Studnička** 1905. — **Ott** and **Scott:** Monthly cyclopedia med. bull. **15**, 4 (1912). — **Pines, L. u. M. Scheftel:** Ist bei den niederen *Vertebraten* ein Homologon des subfornikalen Organes der *Säugetiere* festzustellen? Anat. Anz. **67**, 203—216 (1929). — **Rauber-Kopsch:** Lehrbuch und Atlas der Anatomie, 16. Aufl. Leipzig 1940. — **Sarteschi:** (a) Ricerche istologiche sulla ghisandola pineale. Fol. neurobiol. **4** (1910). (b) La sindrome epifisaria macrogenitosomia precoce ottenuta sperimentalmente nei *mammiferi*. Pathologica (Genova) **122**, 707 (1913). — **Thomas** et **Schaeffer:** Revue neur. **1931**, 595. — **Vastine** and **Kinney:** The pineal shadows as an aid in the localisation of braintumours. Amer. J. Roentgenol. **17** (1927). — **Wegelin:** Schilddrüse. In Handbuch der speziellen pathologischen Anatomie und Histologie, Bd. 8. 1926.

Namenverzeichnis.

Die *kursiven* Zahlen weisen auf die Literaturverzeichnisse hin.

AAGAARD 188.
ABBATE, R. *145.*
ABDERHALDEN, E. 3, *145.*
— und T. KASHIWADO *145.*
ABRAHAM A. *302.*
ABRABAHAM K. 443, *493.*
ACHÚCARRO, N. 362, *484.*
— und J. D. SACRISTÁN 378, 382, 390, 391, 392, 394, 412, 415, 430, 484.
ACKERKNECHT, E. 105, *145.*
ACKERMANN, G. 253, *254.*
ADACHI, B. 10, *145.*
ADDAIR, J. und F. E. CHIDESTER 316, *484.*
ADERMANN, N. 80, 134, *148.*
ADIE *484.*
ADLER, L. *145,* 315, 484.
AFANASSIEW, B. 10, 73, 115, 116, *145.*
AGAFONOW, F. D. *145.*
AGDUHR, E. 5. 120, 336, *485.*
— und J. A. HAMMAR 281, *302.*
AGEITSCHENKO 351.
AHLBORN, F. 324, 325, 469, 471, 473, 474, *485.*
AICHEL, O. 264, *302.*
AIMÉ, P. *145.*
D'AJUTOLO, G. 266, *302.*
AKAIWA, H. und M. TAKE-SCHIMA *254.*
AKIYAMA, S. 315, 481, 482, *485, 492.*
ALAJOUANINE, LAGRANGE und BARUK 435, *485.*
ALBERTINI, A. v. 138, *145* 201, 215, 217, 243, 244, 245, 246, *254.*
— E. GASSER und F. WUHR-MANN *254.*
ALBRECHT, K. 435, *485.*
ALEXANDER, A. 330, *485.*
ALGRANATI MONDOLFO, A. 363, 389, 444, 449, 476, *485.*
ALLEN, CH. M. VAN 12, 43, *143, 145.*
— F. P. *496.*
— G. M. 137, 142, *145, 146.*
— L. 184, 185, *195.*
ALLODI, F. 174, *195.*
ALMEIDA DIAS, A. *485.*

ALTEN, H. v. *145.*
ALTMANN, F. 312, 361, 381, *485.*
ALTSCHUL, R. *254.*
ALZAIS und PEYRON 264, 278, *302.*
ALZHEIMER 361, 362.
AMATO, A. *145.*
AMBO, H. und H. NAKAMURA *146.*
AMMON, A. 72, *146.*
AMPRINO, R. 362, 363, 364, 384, 408, 415, 417, 418, 419, 424, 426, 437, 440, 442, 476, *485.*
ANDERSCH 280, 281.
ANDERSEN und H. DOROTHY *146.*
— und L. ETHEL *146.*
ANDERSON 22.
— D. H. und A. WOLF 314, 315, 316, *485.*
— O. A. 268, 271, 274. *305.*
ANDO S. 174, 190, 192, *195,* 226, *254.*
ANDREASEN, E. 141, *146,* 253, *254.*
ANDREWS, V. L. *146.*
ANDRIANI 320, 479, *502.*
ANÉ, J. N. 174, *198.*
ANGELO, S. A. D. 3, *154.*
ANGLADE und DUCOS 417, *485.*
ANGLAS, J. 97, *146.*
ANKARSVÄRD, G. 27, *146.*
— und J. A. HAMMAR 16, 36, 37, *146.*
ANSELMINO, K. J. 2, *146.*
— und FR. HOFFMANN 2. *146.*
— und M. LOTZ 2, *146.*
D'ANTONA, L. *146.*
ANTONOV, A. 404, 433, *485.*
ARGAUD, R. 281, *302.*
— und P. DE BOISSEZON *302.*
— und M. PESQUÉ 101, *146.*
ARMOUR, R. G. *304.*
ARNOLD, F. 7, 46, 47, *146.*
— J. 280, 281, *302.*
ARVIN, G. C. und H. E. ALLEN 137, 142, *146.*
ASADA, T. 137, *146.*
— Y. 177, *195,* 229, *254.*
ASCHNER 319, 320, 348, 477, 479, *485.*

ASCHOFF L. 6, 50, 62, 99, 103, 112, 113, 133, *146,* 184, 200, 201, 206, 208, 209, 211, 212, 213, 217, 228, 230, 235, 242, 247, 253, *254,* 265, 294, *302,* 319, *485.*
ASCOLI und LEGNANI 142, *172.*
ASHER, D. 2, 3, *146.*
— L. 2, 3, *146.*
— und E. LANDOLT *146.*
— und V. W. NOWINSKE *146.*
— und P. RATTI *146.*
— und N. SCHEINFINKEL *146.*
ASKANAZY, M. 312, 313, 370, *485.*
— und W. BRACK *485.*
ASK-UPPMARK, E. 296, *302.*
ASZODI, Z. und L. PAUNZ 293, *302.*
ATKINSON, F. R. B. 481, 485.
ATWELL, WAYNE J. *485.*
AUBERTIN, CH. und E. BORDET 97, *146.*
AUCHÉ, J. 229, *254.*
AUERSPERG, A. 444, *485.*
AYERS 325, *485.*
AZUMA, T. 228, 252, *254.*

BAAR, H. *485.*
BABES, A. 138, *146, 255.*
BACHMANN, H. *146.*
— R. 61 *146.* 414, 418, *435.*
BACKMAN, A. 112, 133, 134, *168.*
BADERTSCHER, F. A. 315, 316, *485.*
— J. A. 23, 34, 35, *147.*
BAENSCH 435, *499.*
BAGGENSTOSS und GRAFTON LOVE 313, *485.*
BAGINSKI, S. 362, 424, 425, 426, *485.*
— und J. BORSUK 62, 77, *147.*
BAILEY, D. *149.*
— P. 313, 361, 380, 383, 384, *485, 492.*
BAILLEZ 39. 65, 66, *152.*
BAIRATI, A. 211, *255.*
BAKAY, L. v. 266, 272, *302.*
BAKER, R. D. 253, *255.*
BALADÓ, M. y RAMÓN CARRILLO 449, *485.*

BALÁZSY, J. L. 192, *195*.
BALDWIN, F. M. 25, *147*.
BALFOUR, F. M. und PARKER *485*.
BANG, I. 98, *147*.
BAPTISTA, B., A. P. FILHO und J. GUILHERME *195*.
BARBANO, C. 51, 54, 59, 60, 100, *147*.
BARBÀRA, M. *147*.
BARBAROSSA, A. 73, *147*.
BARBIER, H. *147*.
BARGMANN, W. 1, 12, 53, 59, 63, 72, 77, 91, 98, 122, 132, 142, *147*, 309, 396, 470, *485*.
BARRATT, J. O. WAKELIN 408, 437, 445, 449, *485*.
BARTELS 173, 175, 189.
— und KOPSCH 178.
— P. 10, *147*.
BARTHELS, C. und K. VOIT 222, *255*.
BARTHOLINUS 310.
BARUK 435.
BASCH, K. 2, 31, *147*.
BASHFORD, DEAN *485*.
BASTENIÉ, P. *147*.
BATAILLE, A. *164*.
BATELLI, F. und L. STERN 321, *485*.
BAUDELOT, E. *485*.
BAUDOIN, J. *485*.
BAUDOT 311, *487*.
BAUER, E. 212, *255*.
— J. *485*.
BAUER-JOKL 335, *485*.
BAUHINUS 309.
BAUM, H. 11, 12, *147*, 175, 180, 192, *195*, *200*, 208, 231, *255*.
— und H. GRAU 174, 175 181 183, 189, 191, 192, *195*, 224, 228, 235, 254, *255*.
— und KIHARA 191.
— und A. TRAUTMANN 186, 188, 192, *195*.
BAUSCH, S. *148*.
BAUTZMANN, H. *147*.
BEARD, J. 30, 31, 39, 71, 73, 86, *147*, 469, 472, *485*.
BECHER, H. *195*, 209.
— und E. FISCHER 174, *195*.
BECHTEREW W. 321, 322, *485*.
BECKER, G. 444, *486*.
BECKERT, H. 42, 77, *171*.
BÉCLÈRE, H. und R. PIGACHE 73, *147*, *165*.
BEDDARD, F. E. 27, *147*.
BEITZKE, A. 294, *302*.
BELL, E. T. 54, 77, 105, *147*.
BELLUZZI *486*.
BEMMELEN, V. 14, 24, 25, 30, *147*.

BENDA 311, 316, 322, 351, 352, 361, 363, 371, 381, 390, 391, 432, 441, 464, *486*.
BENECKE, E. 313, *486*.
BENJAMIN, E. L. 122, *147*.
BENNINGHOFF 184, 210.
BENOIT, A. 281, 291, *302*.
— W. 361, 362, *486*.
BENTIVOGLIO, G. C. 144, *147*.
— und C. FIUMI 144, *147*.
BÉRANECK, E. 327, 345, 346, 453, 454, 455, *486*.
BERBLINGER, W. 141, 143, *147*, 312, 313, 315, 316, 319, 334, 337, 341, 348, 351, 352, 370, 394, 411, 418, 423, 425, 436, 441, 445, 446, 477, 480, *486*.
BERGEL, S. 98, *147*.
BERGER, L. 266, *302*.
BERGFELD, F. 11, *147*.
BERGGRÈN, S. und T. HELL-MAN 211, 212, *255*.
BERGMANN, W. 321, 434, 451, *486*.
BERGSTRAND, H. *147*.
BERKELBACH VAN DER H. SPRENKEL *302*.
BERKELEY 317, 320, 318, *488*.
BERLIN, W. 47, 72, *147*.
BERNARDO-COMEL, M. C. 207, *255*.
BERNER, OLE *486*.
BERTELSEN, A. 101, 103, *147*.
BERTSCHINGER, D. 95, *147*, *255*.
BETKE *302*.
BEUTLURUS, J. W. *486*.
BEYER, A. 207, *255*.
BIACH und HULLES 320, 479.
BIEDL, A. 2, 87, 141, 143, *148*, *302*, *308*, 312, 313, 314, *486*.
— und J. WIESEL 278, *302*.
BIEHLER, W., G. HANISCH und H. WOLLSCHITT 2, *148*.
BIELSCHOWSKY 108.
— N. 362, 371, 422, *486*.
BIEN, G. 22, *148*.
BIENERT, H. 122, *148*.
BIENSTOCK *486*.
BILLINGLEY, P. R. 281, *308*.
BINDER, H. 211, 212, *255*.
BINET, L. 4, *148*.
BINOTTO, A. 142, *148*.
BIONDI, I. 450, 451, *486*.
BIRCHNER, E. *148*.
BISCHOFF, S. *255*.
BISKIND, G. R. *153*, 322, *490*.
BIZZOZERO, G. 339, *486*.
BJURE, A. *148*.
BLANCHARD 354.
BLOM, T. und N. ADERMAN 80, 134, *148*.

BLOOM, W. 41, 103, *148*.
— und R. H. SANDSTROM 109, *148*.
BLOTEVOGEL, W. 278, *302*.
BOAS, E. P. und T. SCHOLZ *486*.
BOBROWAKIJ, N. A. und W. A. TSCHUDNOSSOWJETOW 188, *195*.
BOCHNER, S. J. und J. E. SCARFF 312, *486*.
BODIAN, D. 342, *486*.
BOEKE 391.
— J. 291, *302*.
BOESE, J. 314, *489*.
BOE SYLVIUS, F. DE LA 434.
BOGOMOLEZ 278, *302*.
BOINET 143.
BOISSEZON, P. DE 282, 286, *302*.
BOLAU, H. 63, *148*.
BOMPIANI, G. 139, 140, *148*.
BOMSKOV, CH. 1, 2, 5, 13, 24, 98, 137, 140, 143, 144, 145, *148*.
— und F. BAUSCH *148*.
— und F. BRACHAT *148*.
— und B. HÖLSCHER 2, 13, *148*.
— — und J. HARTMANN 1, *148*.
— und K. N. V. KAULLA *148*.
— — und J. MAURATH *148*.
— und K.-H. KREFT *148*.
— und G. KÜCKES 3, *148*.
— und H.-G. LIPPS *148*.
— und MILZNER 145.
— und E. SCHWEIGER *148*.
— und L. SLADOVIC 98, *148*.
— und R. SPIEGEL *148*.
— und K. STEIN *148*.
BONNAMOUR, S. und PINA-TELLE 263, 274, 275, *302*.
BORBERG, N. C. *302*.
BORCHARDT, L. *486*.
BORDET, E. 97, *146*.
BORN 281, *302*.
BORN, G. *148*, 311, *486*.
BORSCH *486*.
BORSUK, J. 62, 77, *147*.
BOTÀR, J. 291, *302*.
— und L. PŘIBÈK 280, *303*.
BOUCKAERT, J. 294, *304*, *305*.
— J. DAUTREBANDE und L. HEYMANS *303*.
BOUIN, P. 361, 363, *486*.
BOURGERY, F. M. und N. H. JACOB *148*.
BOVERO, A. 10, 119, 120, *148*.
BOWMAN, E. J. 140, *162*.
BOYD, E. 136, *148*.
— J. D. 281, 282, 294, 296, *303*.
BOYLE 309.
BOZZA, G. 341, *486*.
BRACHAT, S. *148*.

BRACHET, J. *148.*
BRACK, W. *485.*
BRAEM, F. 346, 460, *486.*
BRAEUCKER, W. 10, 119, *148.*
BRANDENBURG, E. 319, 348, 349, 353, 444, 476, 477, *486.*
BRATIANO, S. und D. GIUGARIU 362, 370, 403, 404, 407, 408, 411, 423, 424, 441, *486.*
BRATTON, A. B. 7, *149.*
BRAUS 209, 213.
BRÊCHET, J. 19, 21 *149.*
BREWER L. A. *149.*
BRODERSEN, J. 93, *149.*
BRONNER, H. 453, 436, *486.*
BROOKOVER, CH. *486.*
BROUHA, L. und R. COLLIN 139, 140, *149.*
BROWN, M. E. *303.*
— W. H., L. PEARCE und CH. M. v. ALLEN 12, 43, 143.
BRUNI, A. C. 24, 25, *149,* 279, *303.*
BRUNN, A. v. *303.*
BRUSA, P. *486.*
BRYCE 26.
BUCURA, K. J. 265, *303.*
BÜHLER, F. 137, *149.*
BUGNION, E. *486.*
BUJARD 62, *149.*
— und ICKOWICZ 95, *149.*
BUÑO, W. 319, *489.*
BURCHARDT 459.
BURCKHARDT, R. 331, 334, 464, *486.*
BURDACH, K. F. 309, 310, 311, 351, *486.*
BURGER, K. 318, *486.*
BURNE, R. H. *149.*
BURROWS, R. B. *149.*
BUSACCHI, P. 297, *303.*
BUSINCO, A. 426, 427, 428, *486.*
BUSTAMANTE, M. 314, 322, *487.*
— H. SPATZ und E. WEISSCHEDEL 314, *487.*
BUTCHER, EARL O. und E. C. PERSIKE 137, 142, *149.*
BUTTURINI, L. 178, *195.*

CABANAC, J. 10, *149.*
CACCIOLA, S. 266, *303.*
CAJAL 68, 69, 119, 297, 303.
— S. R. 362, 369, 412, 429, 430, 432, *487.*
CAHANE, C. 316, 320, *497.*
— M. *164.*
— T. *164.*
CALCINAI, M. 322, *487.*
CALVERT 224.

CALVET, J. 317, 361, 379, 383, 384, 403, 412, 413, 427, 428, 434, 437, 441, 479, 480, 481, *487.*
— und BLANCHARD 354.
CALVIN und D. BAILEY *149.*
CALZOLARI, A. 137, *149.*
CAMBRELIN, G. *152.*
CAMERON, J. 329, *487.*
CAMP, J. D. 435, *487.*
CAMPANA, L. 207, 227, *255.*
DE CANDIA, S. *487.*
CANELLI, A. F. 40, 107, *149.*
CAPOBIANCO, F. 73, 91, *149.*
CARERE-COMES, C. 253, *255.*
CARLIER, E. W. 271, *303.*
CARLYLE 310.
CARNOY 361.
CARRIÈRE, J. 338, *487.*
— G., J. MOREL und R.-J. GINETTE 141, 142, *149.*
CARRILLO, R. 449, *485.*
CARRINGTON, P. G. 467, *487.*
CARRISON und ROBERT *149.*
CARTESIUS *487.*
CARVALHO, R. 177, *199.*
CASTALDI, L. *149.*
CASTELLANETA, V. 18, 27, 36, 37, *149.*
CASTIGLI, GR. 365, 402, 411, 445, *487.*
DEL CASTILLO, E.-B. 314, *487.*
CASTRO, F. DE 281, 288, 290, 291, 292, 294, 301, *303.*
CATALAN *487.*
CATTIE, J. TH. 360, *487.*
CAVALLI, M. 176, 177, *195,* *198,* 229.
CAYLOR, H. D., C. F. SCHLOTTHAUER und J. PEMBERTON 10, *149, 162.*
CELESTINO DA COSTA 277, 278, 281, 282, 283, 290, 291, 294, *303.*
CHAPEAUVILLE, J. MLLE. *152.*
CHARIPPER, H. A. 3, *154.*
CHARLETON, W. 125 *149.*
CHARPY, A. 355, 363, *498.*
CHEVAL. M. 31, 91, *149.*
CHÈVREMONT, M. und J. FIRKET 95, *149, 153, 169.*
CHIARI, H. 80, 81, 122, *149.*
CHIARUGI, G. 336, 338, 341, 343, *487.*
CHIODI, H. 5, 137, 141, *149.*
— V. 328, 343, 365, 445, *487.*
CHODKOWSKI, K. 95, 96, 138, *149.*
CHOH, H. *195.*
CHOI, M. H. 28, 30, *149.*
CHOUKE, K. S., R. W. WHITEHEAD und E. PARKER 10, *150.*
CHRISTIANSEN, HJ. *195.*
CHRISTIE, R. V. 294.

CHUNG CHUN-MO 185, *196,* 222, *255.*
CHVOSTEK, F. 1, 140, 141, 145. *150.*
CIACCIO 463, *487.*
— C. 87, *150,* 266.
CIARDI-DUPRÉ 272, 273, *303.*
CIGNOLINI, P. 435, 445, *487.*
CIONINI 389, 340, *487.*
CIRENEI, A. *161.*
CITTERIO, V. 458, *487.*
CLARA, M. 65, 115, 117, *150,* 266, 281, *303,* 309, 322, 334, 361, 384, 414, 418, *487.*
CLARK 176, 186, *196.*
— G. A. *150.*
— H. J. *167.*
LE GROS CLARK, W. E. *487.*
CLARKE 430, 431, 432, 433, *487,* 318, *498.*
CLAUDE, H. *498.*
CLAUSEN, H. J. und P. MOFSHIN 327, *487.*
CLEMENTE, G. 420, 445, 450, *497.*
CLURE, MC. 2, *164.*
COBAN, B. *164.*
COHRS, P. *196,* 334, *487.*
— und D. v. KNOBLOCH *487.*
COILAUD, E. 141, *163.*
COLLIN 278.
— und BAUDOT 331, *487.*
— R. und M. LUCIEN *150.*
— P. L. DROUET, J. WATRIN und P. FLORENTIN 143, *150.*
COMÇA. J. 2, *150.*
COMROE, H. J. jun. *307.*
CONINX-GIRARDET, B. 12, 59, 85, 112, 140, *150.*
CONWAY, E. A. 201, 217, 220 245, *255.*
COOPER, ASTLEY 10, *150.*
— EUGENIA R. A. 403, 410, 411. 436, 441, 445, 447, 475, *487.*
CORDIER, P. und COULOUMA 10, *150.*
CORNELL 317, 318, 320, 488.
CORTIVO, B. 115, 116, *150.*
COSTA, C. DA 97, *150.*
COSTANTINI, G. 381, 423, *487.*
COULOUMA 10, *150.*
COURRIER, R. 141, *150.*
COUSIN 310.
COWDRY, E. V. 114, *150.*
CRÉMIEU, R. 140, *150, 165.*
CREUTZFELDT, H. G. 312, 341, 357, 360, *488.*
CRINIS, M. DE und W. RÜSKEN 435, *488.*
CRIŠAN. C. 18, 23, 24, *150.*
CRUVEILHIER, J. 311, *488.*
CUÉNOT 13, *172.*
CUSHING, H. 313, 332, *488.*

CUTORE. G. *150*, 338, 353, 354, 424, 431, *488*.
CYON, E. v. 321, 444, *488*.

DABELOW 116, *150*.
— A. 207, 209, 214, 217, 219, 222, 223, 224, 225, 226, 235, 245, 246, 252, 253, *255*.
DAGNAN-BOUVERET 310, *499*.
DALE, H. H. 278, *303*.
— W. FELDBERG und M. VOGT *303*.
DANA, BERKELEY, GODDARD und CORNELL 317, 318, 320, *488*.
DANELON 40, 41, 106, 109, 111, *172*.
DANDY, W. E. 314, 481, *488*.
DANISCH, F. 277, 278, *303*.
DANNHEIMER, W. 334, *488*.
DANTSCHAKOFF, WERA 32, 35, 95, 97, 101, 103, *150*.
DARKSCHEWITSCH, L. 428, 430, 433, *488*.
D'ARMOUR, M. C und F. E. D'ARMOUR *488*.
DAVIS 347, *489*, 325.
— LOYAL und J. MARTIN 144, *150*, 314, 315, 479, 481, *488*.
DEAN, B. 347, 358, *488*.
DEANESLEY, R. 27, 34, 54, 77, 136, *150*.
DEARTH, O. A. 73, 80, *150*.
DEBEYRE und RICHE 265, *303*.
DEBIASI, E. *198*.
DECIO, C. 378, 424, 425, 477, 478, *488*.
DEERY, E. M. *488*.
DÉERINE, J. 311, 350, *488*.
DELAMARE, G. *303*.
DELÉTRA, J., G. CHAVAZ und W. CURTEL 451, *488*.
DELFINI, CORRADO *488*.
DEMEL, R. 312, 315, 480, 481, 483, *488*.
DENDY, A. 327, 328, 329, 455, 474, *488*.
— und G. E. NICHOLLS 335, 336, *488*.
DERMAN, G. L. und M. A. KOPELOWITSCH *488*.
DESAGA, H. 231, 248.
DESANTI *495*.
DESCARTES 310, 311, *488*.
DESOGUS 450, 451, 478, 481, *488*.
DESSY, G. 2, *150*.
DEVRIENT, T. 317, *496*.
DIAMARE, V. *303*.
DIEMERBOECK 434.
DIETRICH, A. und H. SIEGMUND 265, *303*.
— H. 295, *303*.

DIMITROWA, Z. 321, 362, 369, 370, 379, 381, 382, 384, 389, 390, 391, 392, 393, 394, 298, 399, 401, 403, 404, 406, 408, 412, 413, 414, 451, 417, 426, 427, 441, *488*.
DINGEMANSE, E. 2, *161*.
DITLEVSEN, CHR. 380, *488*.
DIXON und HALLIBURTON 321.
DMITRIEVA, H. W. *150*.
DÖLLINGER 309.
DOGIEL, A. S. 272, *303*.
DOHRN, A. 27, 30, *150*.
— M. und W. HOHLWEG 317, 479, 481, *488*.
DONALDSON, H. H. 135, *150*.
DONNET *495*.
DOROTHY, H. *146*.
DOSTOIEWSKY 269.
DOTTI, E. 174, *196*.
DOWGJALLO, N. D. 272, *303*.
DOWNEY 103.
DOWNS, A. W. und N. B. EDDY *150*.
DOYLE, A. F. 318, *501*.
DRESEL, K. 320, *488*.
DRIGGS, M. und H. SPATZ 313, 314, *488*.
DRINKER, C. E. 235, *255*.
— C. K. *196*.
— und M. E. FIELD 183, 184, 193, *196*.
— — und C. E. DRINKER 235, 255.
— — und H. K. WARD 236, *255*.
— G. G. WISLOCKI und M. E. FIELD 213, *255*.
DROUET, P. L. 143, *150*.
DRÜNER, L. 25, *150*, 293, *303*.
DUBREUIL, G. *150*.
DUCOS 417, *485*.
DUPÉRIÉ, R. 12, *150*.
DUPRÉ, G. C. *303*.
DUSTIN, A. P. 2, 26, 28, 31, 39, 65, 66, 67, 84, 87, 88, 95, 96, 97, 100, 101, 108, 138, 140, *150*, *151*.
— und G. BAILLEZ *152*.
— und G. GAMBRELIN *152*.
— und J. MLLE. CHAPEAUVILLE *152*.
— und P. GÉRARD *152*.
— und CH. GRÉGOIRE *152*.
— und LEROY 95, *152*.
— und R. PITON *152*.
— — und P. ROCMANS *152*.
— und E. ZUNZ *152*.
— und S. ZYLBERZAC *152*.
DUVAL, M. und KALT *488*.
DYKE, C. G. 435, *488*.
VAN DYKE und J. HOWARD 7, 22, 24, *152*.

EBERLE 123.
EBERTH, J. C. 279. *303*.
EBNER 209, 245.
— V. v. 105, 106, 114, *152*, 268, 271, *303*.
ECKER, A. 13, 46, 72, 112, 138, *152*.
— und WIEDERSHEIM *488*.
EDDY, N. B. *150*.
EDINGER, L. 325, 331, 360. 389, *488*.
— T. *489*.
EDWARDS MILNO-A. *489*.
EGEHÖJ, J. 192, *196*.
EGGELING, H. v. 266, *304*.
EGGERS, H. 140, *152*.
EGGERT, B. 15, 89, 136, *160*.
EHLERS. E. 347, 360, 466, *489*.
EHRICH, W. 202, 203, 215, 216, 217, 218, 219, 221, 222, 223, 230, 234, 248, *255*.
— und W. VOIGT *255*.
— und R. WOHLRAB *255*.
EHRLICH, P. 101.
EIGLER, G. 206, *255*.
EILERS, W. 235.
EINHORN, H. NATHAN und L. G. ROWNTREE *152*, 167.
— N. H. und L. G. ROWNTREE *489*.
EIPTER, I. A. 321, *492*.
EJIMA, S. H. *152*.
ELEKES, N. 481, *501*.
ELETTO, L. *489*.
ELLENBERGER und BAUM 11, 12, *172*.
ELLERMANN 250.
ELLIOT, T. R. 272, *304*.
— und R. G. ARMOUR *304*.
— und J. L. TUCKET *304*.
ELZE, C. 1, *152*, 339, *493*.
EMMART, E. W. 76, 94, *152*.
ENGEL, P. 318, 481, *489*, *499*.
— und W. BUÑO 318, *489*.
ENOMOTO, H. *197*.
D'ERCHIA, F. 339, 347, 360, *489*.
ERDHEIM, J. 12, 19, 21, 87, 91, 141, *452*.
ERNST, M. *489*.
ERSPAMER, V. 266. *304*.
ESCHENMAYER 310, 311.
ESIMA *152*.
ESSER, FR. 248, 249, *256*.
ETHEL, L. *146*.
EUFINGER, H. und H. UHING 320, 478, *489*.
EULER, H. v. 5, *152*.
EVANS, E. M. *152*.
— H. M., H. D. MOON, M. E. SIMPSON und W. R. LYONS 143, *152*.
EXNER, A. und J. BOESE 314, *489*.
EYCLESHYMER, A. C. *489*.

EYCLESHYMER, A. C. und B. M. DAVIS 325, 347, *489.*
EZIMA, SHIMPEI 135, *152.*

FADDA, A. 144, *152.*
FAELLI, C. 435, *489.*
FAIVRE, E. 357, 452, *489.*
FALTA, W. 4, 145, *152.*
FANCONI, G. 313, *489.*
FARBER, S. 294. *304.*
FARINA, C. 341, 364, 369, 384, 385, 386, 387, 388, 392, 393, 397, 406, 410, 411, 412, 417, 420, 423, 424, 425, 426, 441, *489.*
FAURÉ-FRÉMIET 471.
FAVARO, G. 338, 429, 430, 431, 432, *489.*
FAZZARI, I. 341, *489.*
FEDOLFI, N. 22, *152.*
FEILCHENFELD *489.*
FELDBERG, W. *303.*
FELS, S. S. 142, *168.*
FÉRESTER, M. 94, *159,* 212, 229, *256.*
FERNANDEZ, M. 207, *256.*
FERNER, H. 362, 441, 444, *489.*
FERROUX, R. 135, *159.*
FEULGEN 397.
FEYRTER, F. 387, *489.*
FICHELIS, PH. *152.*
FIEANDT, H. v. 408, *489.*
FIEBIGER, I. 181, 192, 199.
FIELD, M. E. 183, 184, 193, *196,* 213, 235, 236, *255.*
FILHO, A. P. *195.*
FILIPPI, P. DE 266, *304.*
FILL, W. 323, *489.*
FINAN, S. *158.*
FINKELDEY, W. 239, *256.*
FINLAY, J. W. M. D. 444, *489.*
FINNEY, I. *499.*
FIORE, G. *152.*
— und U. FRANCHETTI 137, *152.*
FIRKET, J. *149, 153.*
— und M. CHÈVREMONT *153.*
— und C. LINHOFF *153.*
FISCHELIS 281.
FISCHER, E. 174, *195, 196,* 209, 226,.
— J. B. 436, *489.*
— H. 183, 190, 219, *256.*
— M. 3, *171.*
— W. 186, 191, 224, 230, *256, 304.*
FISCHL, R. *153.*
FIUMI, C. 144, *147.*
FLATAU, E. und L. JACOBSOHN 253, *489.*
FLECHSIG, P. 431; *489.*
FLEISCHMANN, W. und H GODLHAMMER 317, *489.*
FLEISSIG, J. 341, 348, *500.*

FLEMMING 200, 202, 203, 214, 225, 234, 242, 247, 361, 441, 470, 471.
— W. 98, 99, *153.*
FLESCH, M. 384, *489.*
FLETSCHER, R. V. 318, *502.*
FLORENTIN, P. 12, 24, 91, 142, *153, 171. 256.*
— und M. WEIS 143, *150, 153.*
FLOREY, H. W. 176, 194, *199.*
FOÀ 144, *153.*
— C. 314, 481, *489.*
FOERSTER, O. 331, 435, *490.*
FÖRG, A. 311, *490.*
FORD, F. R. und H. GUILD 313, *490.*
FOOT 362.
FOX 281.
— H. *153.*
FRADA, G. 318, *490.*
— und G. MICALE 435, 444, 477, *490.*
FRAENKEL, L. 321, *490.*
FRANCHETTI, U. 137, *152.*
FRANCOTTE, P. 327, 328, 331, 338, 339, 344, 455, *490.*
FRANK, J. D. *153.*
— M. 313, 423, *490.*
FRANKL-HOCHWART, L. v. *490.*
FRANZ, K. 253, *256.*
FRASER, E. A. *153.*
— und J. P. HILL 24, *153.*
FRAY, W. W. 435, *490.*
FREY, P. 136, *166.*
FRIEDL 435, *499.*
FRIEDLAND, F. *304.*
FRIEDLÄNDER, A. *153.*
FRIEDLEBEN, A. 2, 6, 46, 72, 125, *153.*
FRIEDMANN, R. und F. SCHEINKER 376, *490.*
FRIEDRICH, B. 311, 445, *490.*
FRIEDRICH-FRESKA, H. 309, 322, 323, 325, 329, 331, 338, 346, 347, 358, 359, 360, 361, 363, 464, 465, 466, *490.*
FRIGERIO, A. 381, 429, *490.*
FRISCH, V. 323, 329, *490.*
— A. V. v. *256.*
FRITSCHE, E. 27, *153.*
FRUGONI, C. 293, *304.*
FUJITA, S. 174, 193, *196.*
FUKUCHI, K. 111, *153.*
FUKUO, J. *490.*
FULCI, F. 139, 140, *153.*
FULK und MCLEOD 277.
FULTON, J. C. *158.*
FUNAOKA, S. 174, 176, 177, 193, *196.*
— und S. SHIRAKAWA 174, 177, *196.*
— R. TACHIKAWA, O. YAMAGUCHI und S. FUJITA 174, 193, *196.*

FUNKQUIST, H. 343, 344, 388, 401, 402, 434, 442, 451, *490.*
FUSARI, R. 269, 272, 281, *304.*
FUSE, G. 310, 312, 335, 336, 337, 341, 353, 355, 365, 413, 414, 431, 432, *490.*

GABRIELLE 177, *197.*
GALASESCU und URECHIA 423, *490.*
GALEN 309, 434.
GALEOTTI, G. 384, 385, 449, 451, 456, 459, 460, 462, 465, *490.*
GALKIN, W. S. 188, 189, *196.*
GALL 311.
GALUSTIAN, SH. D. 34, *153.*
GAMBURZEW 66, *153.*
GANSER, S. 430, 433, *490.*
GARGANO *490.*
GARROD, A. E. 449, *490.*
GASKELL, W. H. 329, 469, 470, 473, *490.*
GASSER, E. *254.*
— und WUHRMANN 244.
GAUPP 14, 15, *172.*
— E. 314, 323, 327, 331, 345, 347, 348, 462, *490.*
— R. 311, *490.*
GEBELE *153.*
GEDDA, E. 134, *153.*
GEGENBAUER 311.
GELLIN, O. 134, 137, *153.*
GEORGE, A. *161.*
GEORGOPULOS, M. *304.*
GÉRARD, P. *152, 153.*
GERLACH, F. 311, 412, 414, 422, 424, 425, 428, 434, 441, 479, *490.*
— L. 311, 320, 353, 354, *490.*
GERSCH, H. *153.*
— M. 396, 397, *490.*
GERSHON-COHEN, H. F. 142, *168.*
GETZOWA, S. 279, *304.*
GHIKA, CH. 100, 105, *153, 166.*
GIACOMINI. E. 269, 272, 274, 279, *304.*
GIANFERRARI, L. *490.*
GIEBEL, W. *490.*
GIESON 362, 382, 391.
GINESTE, P.-J. 138, *153.*
GINETTE, R.-J. 141, 142, *149.*
GINSBURG, A. S. *153.*
GIROUD und LEBLOND 322, 362, 384, 423, *490.*
LO GIUDICE, P. 435, *490.*
GIUGARIU, D. 362, 370, 403, 404, 407, 408, 411, 423, 424, 441, *486.*
GLANZMANN, E. 4, *153.*
GLASER, G. 192, *196.*
— M. *153.*
— W. *304.*

GLEY 141.
GLICK, D. und G. R. BISKIND 153, 322, *490*.
GLIMSTEDT, G. 4, 5, 6, 59, 86, *153*, 204, 216, 239, 250, 251 *256*.
GLOBUS, J. H. und SILBERT *490*.
GLOOR-MEYER, W. 230, *253*.
GODALI 112, *154*.
GODARD, H. *154*.
GODDARD 317, 318, 320, *488*.
GODINA, G. 311, 319, 320, 362, 370, 374, 375, 379, 380, 419, 422, 423, 424 425, 427, 428, 434, 477, 478, 480, *490*.
GODWIN, M. C. 12, 18, 23, 24, 31, 35, 37, 78, *154*.
GÖRRES 310, 311.
GOETTE, A. 26, *154*, 331, 460, *490*.
GOLDHAMMER, H. 317, *489*.
GOLDNER, J. 72, 86, *154*.
GOLDZIEHER, M. *490*.
GOLGI 362, 369, 383, 404, 405, 406, 429.
GOODALE, H. D. *164*.
GOODALL, A. 100, *154*.
GOORMAGHTIGH, N. 264, 281, 283, 290, 293, 297, *304*.
— und C. HEYMANS *304*.
— und R. PANNIER 297, *304*.
GORDON, A. S., S. A. D'ANGELO und H. A. CHARIPPER 3, *154*.
GORONOWITSCH 334.
GOSSES, J. 281, 282, 285, 286, *304*.
GOTTESMANN, J. M. und H. L. JAFFE 43, 63, 154.
GOTTSCHAU, M. 264, 268, 269, *304*.
DE GRAAF, H. W. 325, 345, 346, 358, 368, 434, 456, 459, 460, *490*.
GRÄPER, L. 1, 10, *154*.
GRÄVINGHOFF, W. 10, *154*.
GRAFTON, LOVE 313, *485*.
GRANEL, F. 33, *154*.
GRAU, H. 174, 175, 181, 183, 189, 191, 192, *195*, *196*, 224, 228, 235, 254, *255*.
GRAVE, H. *256*.
GRAVENHORST *491*.
GRAY, J. H. 176, *196*, 230.
GREENWOOD, A. W. 137, *154*.
GRÉGOIRE, C. 220, 242, *256*.
— CH. 4, 43, 54, 71, 73, 77, 94, 103, 140, 141, 142, 143, *152*, *154*.
— P. E. und CH. GRÉGOIRE *154*.
GREIL 25, 26, *154*.
GREVING, R. 412, 430, 431, 432, 433, *491*.

GREVSTAD, J. 435, *491*.
GRIESHAMMER, W. 243, 251, 256.
GRIGORIU, CHR. *501*.
GRIMANI 43, *154*.
GRODZINSKI, Z. 192, *196*.
GROEBBELS, F. und E. KUHN 317, *491*.
GRÖNBERG 341.
GROLL und KRAMPF 223.
GROSCHUFF, K. 18, 24, *154*, 281, *304*.
GROSS, S. *169*.
GROS-SCHULTZE 362.
GROSSER, O. und J. TANDLER 343, *491*.
— P. 7, *154*.
GROZA, I. *501*.
GRUBER, G. B. 7, 10, 18, 21, 22, 71, 91, *154*.
— W. 10, *154*.
GRUNDIES, H. I. 248, 249, 251.
GRYNFELTT, E. 268, 269, 278, *304*.
GUARDINI, G. 390, 403, 406, 410, 411, 422, 423, 424, 426, 439, 441, 442, 445, 446, 447, 475, 477, 478, 479, 480, 483, *497*.
GUDERNATSCH, F. 1, 2, *154*, 320, *491*.
GÜNTHER, H. 1, 7, *154*, 320, 348, 349, 352, *491*.
GÜNZ 434, *491*.
GUTHERD, H. *165*, *167*.
GÜTHERT, H., E. SCHAIRER und I. RECHENBERGER 2, 155.
GUIBAL, J. 10, *161*.
GUILD, H. 313, *490*.
GUILHERM 195.
GULLAND, G. L. 30, *155*.
GUTTMANN, P. H. 143, *155*.
GUTZEIT, R. 312, *491*.

HABERER, H. 141, *155*.
HADNITSCH, R. *491*.
HAECKEL, E. 441, 443, *491*.
HAGEMANN 355, 363, 384, 417, 420, 421, 422, 424, 428, 437, 439, 442, *491*.
HAGEN, F. v. 15, 32, 38, 64, 65, 71, 89, 112, 136, 140, 155.
HAGSTRÖM, M. 22, *155*.
HALASS, G. 4, *155*.
HALBAN, J. 313, *491*.
HALDEMAN, K. O. 313, *491*.
HALLER 264, 280, 281, *304*.
— A. v. 133, *155*, 434, 445, *491*.
— B. 332, 333, 344, 345, 346, 347, 356, 357, 360, 463, *491*.

HALLER, B., GRAF V. 189, *196*,
— v. HALLERSTEIN, V. 324, 331, 332, 357, *491*.
HALLIBURTON 321.
HALLION, L. und L. MOREL 122, *155*.
HALNAN, E. T. und F. H. A. MARSHALL 137, *155*.
HALPERN, N. *166*.
HALSTED, W. ST. 140, *155*.
HAMAZAKI, Y. 212, *256*.
HAMILTON, B. 24, *155*.
HAMMAR, J. A. 2, 4, 5, 6, 7, 10, 15, 16, 17, 18, 19, 20, 21, 22, 24, 25, 26, 27, 28, 29, 30, 31, 32, 33, 34, 35, 36, 37, 38, 39, 40, 41, 42, 43, 47, 48, 49, 52, 54, 55, 57, 58, 59, 61, 62, 63, 64, 65, 66, 67, 68, 69, 70, 71, 72, 73, 75, 77, 79, 80, 81, 82, 83, 84, 85, 86, 87, 88, 89, 90, 91, 92, 93, 94, 95, 96, 97, 99, 100, 101, 104, 105, 106, 107, 112, 113, 117, 118, 119, 120, 121, 122, 124, 125, 126, 129, 131, 132, 133, 134, 135, 136, 137, 138, 139, 141, 142, 143, 144, 145, *146*, *155*, 156, 160, 221, 230, 242, 253, *256*, 281, 291, *302*, *304*, 311, 319, *491*.
HAMMET, F. S. *156*.
HAMPERL, H. 29, 59, *156*, 266, *304*.
HANISCH, G. 2, *148*.
HANDSCHIN, E. 272, 273, 274, 275, 279, *304*.
HANN, F. 18, 19, 20, 21, 22, *165*.
HANSMANN, G. H. und J. A. SCHENKER 212, *256*.
HANSON 318, *498*.
— A. M. 5, *156*, *167*.
— E. R. 3, *156*.
HARA, M. 174, *196*.
HARANGHY, L. 221, 242, *256*.
HARLAND, M. 23, 36, 37, *156*.
HARLEY 278.
HARMS, J. W. 2, *156*.
HARRALSON, R. T. *169*.
HARRIS, W. H. *256*.
HART 230, *491*.
— C. 3, 54, 59, 60, 61, 75, 82, 99, 101, 112, 113, 117, 118, 122, *156*.
— und O. NORDMANN 2, *156*.
HARTMANN, ADELE 34, 37, 38, 39, 108, *156*.
— J. 1, *148*.
DEN HARTOG JAGER, W. A. und J. F. HEIL 479, 480, 482, *491*.
HARVIER, P. und L. MOREL 12, *156*.

HASS, H. 191, *196*.
HASSALL, A. H. 71, 93, *156*, 371, 438, *491*.
HATAI, S. 135, *156*.
HATTORI, H. 26, *156*.
HAUGSTED, F. C. 6, *156*.
HAUSMANN, M. und S. GETZOWA 279, *304*.
HEBERER, G. 398, *491*.
HECKSCHER 343.
HEDIN, S. G. *156*.
HEDINGER, E. 143, *156*, *304*.
HEIBERG 250.
HEIDE, C. VAN DER *491*.
HEIDENHAIN 361, 471, 472.
HEIDREICH 334.
HEIL, J. F. 479, 480, 482, *491*.
HEILMANN, P. 217, 220, 221, 223, 242, *256*.
— und F. RÜCKART 313, *491*.
HEINEKE 243.
HEINEMANN, K. 46, *156*.
HEINLETH 281, 294.
HEINRICH, A. 435, 436, 437, *491*.
HEISTER, L. 46, *156*.
HELD, H. 188, *196*, 361, 408, *491*.
HELGESSON, C. 24, *156*.
HELLER, C. G. *161*.
HELLHAMMER, H. 318, *491*.
HELLMAN, T. 99, *156*, 204, 207, 210, 221, 228, 231, 233, 234, 242, 243, 244, 247, 252, *256*.
— und G. WHITE 5, 86, *157*, 238, 247, *256*.
HELLNER, H. 313, *491*.
HEMMETER, J. C. 72, 77, *157*.
HEMPEL, R. *491*.
HEMPFING, W. 231, 248.
v. HEMSBACH 440, *491*.
HENDERSON, J. *157*.
HENLE, J. 1, 47, 71, 72, 105, *157*, 263, 268, 272, *304*, 311, 350, 363, 369, *491*.
HENNEBERG, B. 23, *157*, 341, *491*.
HENRY, C. 185, *196*.
HENSEN 427.
HERDMANN *491*.
HERING 321.
— H. E. 290, *304*.
HERMANN, G. 30, *170*.
HERRICK, C. J. 333, 458, *491*.
HERRING, P. T. 322, *391*.
HERRMANN, T. *157*.
HERXHEIMER 113, 117, 118, *157*, 294.
HERZOG, E. 274, *304*.
HESCHELER und BOVERI 325, *491*.
HESS, W. R. 322.

HESSDÖRFER, E. 135, *157*.
HETHERINGTON, A. W. und S. W. RANSON 312, *491*.
HETT, J. 89, 91, *157*, 212, *256*. 398, *491*.
HEUBNER *491*.
HEUDORFFER 201, 223.
HEUER und DANDY 435, *491*.
HEYMANNS, C. *304*.
HEYMANS, L. *303*.
— C., J. J. BOUCKAERT und P. REGNIERS 294, *305*.
— — S. FARBER und F. J. HSU 294, *304*.
HEWER, E. E. 84, *157*.
HILAIRE, ST. 46.
HILL, B. H. 27, 29, 35, 37, 54, *157*.
— CH. 323, 325, 329 346, 347, 363, 464, 466, *491*.
— J. B. 24, *153*.
HIMSEL, H. *157*.
HIROTA, O. 5, *157*.
HIRSCH, G. CHR. 56, *157*.
HIRSCHFELD, H. *196*.
HIRSCHLER 471.
HIS, W. 47, 72, 73, 77, 97, 112, 113, 138, *157*, 339 343. *491*.
HOCHSTETTER, F. 309, 330, 331, 339, 340, 341, 342, 343, 364, *491*.
HOEHL, E. *157*.
HÖLSCHER, B. 1, 2, 13, *148*.
HOEPKE, H. 4, *157*, 212, 217, 221, 223, 234, 247, 248, 250, 251, *256*.
— und H. J. GRUNDIES 248, 249, 251, *257*.
— W. HEMPFING und H. DESAGA 231, 248, *257*.
— und H. PETER 91, 93, 97, 100, 101, 112, 119, *157*, 248, *257*.
— und TH. SPANIER 119, 138, *157*.
HÖLLDOBLER, K. 317, *491*.
HÖSSLIN *492*.
HOFF 321, *492*.
HOFFMANN, C. K. 331, 344, 346, 454, 455, *492*.
— FR. 2, *146*.
HOFMANN, E. 315, *492*.
— S. 144, *157*.
HOHLFELD, M. *157*.
HOHLWEG, W. 317, 479, 481, *488*.
HÔJÔ, Y. *257*.
HOLLINSHEAD, W. H. 282, 290, 301, *305*.
HOLMAN, R. L. und E. B. SELF 213, *257*.
HOLMDAHL, D. E. 338, *492*.
HOLMES *166*.

HOLMGREN, N. 322, 323, 329, 331, 361, 362, 363, 453, 459. 460, 461, 462, 463, 464, 465, 466, 467, 468, 469, 471, 473, 474, *492*.
HOLT, E. W. L. 346, *492*.
HOLMSTRÖM, R. *157*.
HONDA, I. 59, 79, 80, 139, *157*.
HONEGGER, J. 431, *492*.
HORII, I. 233, *257*.
HORIO, I. und T. SAKAI 229, *257*.
HORRAX, G. 314, 317, 321, 361, *492*.
— und P. BAILEY 313, 380, 383, *492*.
HORSLEY, G. W. 73, *159*.
HORTEGA, P. DEL RIO 361, 362, 363, 369, 371, 373 374, 375, 378, 381, 382, 383, 384, 385, 388, 403, 404, 405. 406, 407, 408, 410, 411, 412, 413, 422. 424, 430, 439, 445, 447, 451, *492*.
HOSKINS, E. R. *157*, 317.
— und M. M. HOSKINS *157*, 315, *492*.
HOSONO, H. 424, *493*.
— S. 112, *157*.
HOUCKE, E. 101, 109, *157*.
HOWARD, J. *152*.
HOWE, J. 62, *157*.
HOWELL 321.
HOYER, H. 192, *197*.
HSU, F. J. 294, *304*.
HUDACH, S. S. und PH. D. MCMASTER 183, 184, *197*.
HUDACK, ST. S. 176, 183, 186, *197*, 247.
HÜCKEL, R. *492*.
HUECK, W. 60, *157*.
HUETER, C. *157*.
HUF, E. und O. RIPKA 2, *157*.
HUGUENIN, B. 91, *157*.
HULLES 320, 479.
HULTGREN, E. O. und O. A. ANDERSSON 268, 271, 274, *305*.
HUMMEL, K. P. 207, *257*.
HUNTINGTON und MCCLURE 190.
HUTTON *492*.
HUZELLA, TH. 109, *157*, 210, 415, *492*.
HWANG, J. M. S., S. W. LIPPINCOT und E. B. KRUMBHAAR 228, *257*.
HYMANS VAN DEN BERG und VAN HASSELT *492*.
HYRTL 309.
ICKOWICZ, M. 95, 138, *158*, 245, *257*.

Ikuta Hideo 363, 364, 375, 384, 390, 391, 392, 393, 412, 413, 414, 416, 418, 423, 426, *497*.
Illing, P. 353, 354, 365, 366, 371, 372, 379, 380, 384, 392, 398, 400, 401, 404, 405, 406, 414, 419, 420, 422, 424, 428, 430, 434, *492*.
Imai, T. *257*.
Inaba, E. *197*.
Inay 11, *158*.
— Meliha, Th. C. Ruch, S. Finan und J. F. Fulton *158*.
Ireland, L. M. *168*.
Iseli, O. 244, 245, *257*.
Ishikawa, Eisuke 319, 334, 335, 337, *492*, 353.
Ito, Komas, J. 321, *492*.
Iwanow, G. 264, 265, 266, 267, 268, 272, 273, 274, 275, 280, *305*.
Izawa, Yositame 315, 481, 483. *492*.
— und Seiroku Akiyama 315, *492*.

Jachontow 272, *305*.
Jackson, C. M. 134, *158*.
— und C. A. Stewart *158*.
— H. 331, *492*.
Jacob, N. H. 148.
— W. 46, 51, 52, *158*.
Jacobi, W. 321, *492*.
Jacobomici, J., J. J. Nitzesku und A. Pop 293, *305*.
Jacobson, L. *158*, 353, *489*.
Jäger 235, 252.
Jaffé 319, *492*.
— H. L. und H. Sternberg *158*.
— R. 231, *257*.
Jaffe, H. L. 43, 63, 140, 143, *154*, *158*.
— und A. Plavska 63, *158*.
Jagt, E. R. van der 190, *197*.
Jakob, Chr. *492*.
Jakoby, M. 281, *305*.
James, Emory S. 14, 54, 56, 58, *158*.
Janošik 264.
Jeckeln, E. 215, 217, 219, 220, 235, 245, *257*.
Jedlicka, V. 18, 22, *158*.
Jefferson, G. und H. Jackson 331, *492*.
Jelgersma 341.
Jellife, S. T. *492*.
Jendrássik, A. 46, 72, *158*.
Joachimovits, Z. 266, *305*.
Jörg, M. E. *158*.
Joest, E. 145, *158*.

Johnson, Ch. E. 25, *158*, 103.
— G. E. und E. L. Lahr *492*, 317.
— M. L. 461, *492*.
Jolly, J. 6, 94, 95, 113, 135, *158*.
— und M. Férester 94, *159*.
— und R. Ferroux 135, *159*.
— und A. Lacassagne *159*.
— und S. Levin 80, *159*.
— und C. Lievre 134, 137, 139, *159*, 192, *197*.
— und A. Pézard *159*.
— und Th. Saragea *159*.
— und de C. Tannenberg 99, *159*.
Jones, W. *159*.
Jonson, A. 52, 97, 140, *159*.
Jordan, H. E. 67, 71, 108, *159*, 207, *257*, 341, 365, 380, 381, 382, 383, 384, 407, 434, *492*.
— und I. A. Eipter 321, *492*,
— und G. W. Horsley 73, *159*.
— und J. B. Looper 96, 97, *159*.
Josephy, X. 370, 371, 378, 389, 392, 393, 394, 396, 410, 412, 413, 417, 423, 475, *492*.
Jossifoff, J. M. 180, 192, *197*.
Jossifow, G. 10, *159*.
— G. M. 173, 175, *178*, 179, 180, 183, 184, 185, 188, 192, 193, *197*.
— W. G. *197*, 231.
Juba, A. und P. v. Mihàlik 73, 74, *159*.
Jullien, G. 343, *493*.
Jung, R. 322, *502*.

Kahn, R. H. 274, 277, 280, 293, *305*.
Kalt *488*.
Kampmeier, O. 179, 190, 191, *197*, 226, *257*.
Kaneko, K. 353, 417, 431, *493*.
Kaplan, L. 10, 142, *159*.
Kappers, A. 329, *493*.
Kapran, S. *159*.
Karcher, J. B. *493*.
Karras, W. 3, *159*.
Kasahara, Sh. und M. Nagai 363, *493*.
Kashiwado, T. *145*.
Kastschenko 23, *172*, 281, *305*.
Katayama 413.
Katsura, H. *159*.
Kato, Shin'ichi 316, *493*.

Kaufmann, E. und E. Ruppanner 294, *305*.
Kaulla, K. N. v. *148*.
Kawamura, R. 59, 113, *159*.
— und H. Hosono 424, *493*.
Kazimoto 343, *493*.
Kehrer *493*.
Keibel, F. und K. Abraham 343, *493*.
— und C. Elze 339, *493*.
Kent G. C. jr., 73, 75, *159*.
Kermauner, F. 266, *305*.
Kerr, Gr. v. 333, 346, *493*.
Kettler, L. H. 235, *257*.
Key-Retzius 188.
Kidd, J. G. 247.
Kihara, T. und E. Naito 174, 231, *257*.
— und Z. Nosé 174, 186, 193, *197*.
Kikuti, Noboru 25, *159*.
Kindred, J. E. 208, 222, *257*.
King *493*.
Kingsbury, B. F. 12, 15, 18, 20, 21, 24, 31, 39, *159*, *305*.
Kinney 435.
Kinugása, S. 134, 135. *159*.
Kishi, S. 175, 177, *197*.
Kitabatake, E. und H. Kubo *257*.
Kiyonari, Y. 137, 143, *159*.
Kiyono, K. 62, *160*.
Kiyotani, Hisashi *160*.
Klapproth, W. *493*.
Klein, E. 105, 140, *160*.
— F. *160*.
Kleine, A. 325, 346, 459, 460, 461, 462, 463, *493*.
Kleinschmidt, A. 72, 80, *160*.
Kling 207, 213, *226*.
Klinckowström, A. v 325, 328, 338, 343, 344, 347, 358, 453, 454, 455, *493*.
Kliwanskaja-Kroll, E. 84, 141.
Klose, H. 2, 12, 51, 135, *160*, 294, 305.
— und H. Vogt 2, *160*.
— W. 2, 12, 51, 58, 135, 160.
Klug *305*.
Klumpp, W. und B. Eggert 15, 89, 136, *160*.
Klussman 5.
Knipping, H. W. und W. Rieder 137, *160*.
Knobloch, D. v. 334, *487*, *493*.
Knowels, P. G. W. 329, *493*,
Kny *493*.
Koana, Akira 142, *160*.
Koch, Eb. 297, *305*.
Köbcke, 313.
Koehler 141.
— G. 481, 483, *502*.

KOELLIKER, A. 30, 46, 47, 48, 49, 51, 72, 105, 116, *160*.
— A. v. 272, *305*, 311, 363, 369, 408, 428, *493*.
KOESTER, G. u. A. TSCHERMAK 301, *305*.
KOFMANN, V. 272, *305*.
KOHN, A. 12, 24, 80, *160*, 262, 263, 264, 266, 268, 272, 274, 276, 277, 278, 279, 280, 281, 292, 297, *305*, 427, 480, *493*.
KOHNO, S. 264, *305*.
KOLMER und LAUBER *493*.
— W. 272, 276, *305*, 335, 336, 338, 413, 461, *493*.
— und R. LÖWY 426, 432, 433, *493*.
KOMOCKI, W. 93, *160*.
KOMURA, E. *160*.
KONDO, M. 231, *257*.
KOOPMAN, J. 309, *493*.
KOPAČ, Z. 54, 91, 117, 122, *160*.
KOPELOWITSCH M. A. *488*.
KOPP, J. H. 1, *160*.
KOSE, W. 279, 295, *305*.
KOSEKI, T. 24, *160*.
v. KOSSA, 442.
KOSTIC, A. und B. VLATKOVIC 4, *160*.
KOSTOWIECKI, M. 41, 43. 73. 75, 119, 120, *160*.
KOSUGI, T. *257*.
KOTHMANN, K. 480, 481, 483, *493*.
KOZELKA, A. W. *493*.
KRABBE, KNUD H. 313, 328, 329, 330, 331, 332, 335, 336, 339, 340, 341, 345. 353, 361, 362, 363, 364 369, 370, 378, 379, 380, 384, 386, 387, 388, 390, 392, 393, 394, 395, 396, 397, 399, 400, 403, 404, 408, 411, 412, 414, 416, 417, 418, 419, 422, 423, 424, 425, 426, 427, 428, 436, 445, 447, 448, 476, 482, *493*.
KRAMPF 223.
KRAUS, E. J. 59, 141, *160*, 437, 483, *494*.
KRAUSE 13, 14, 15, 18, 63, 71, 88, 100, 106, 118, *160*.
— G. 222, *257*.
— R. *160*, 266, *308*, 324, 325, 326, 336, 353, 356, 365, 369, 450, 451, 453, *494*.
— W. 266, *305*, 363, 417, 418, 423, 428, *494*.
KRAUSHAAR, R. 311, *494*.
KRAUSPE *257*.
KREFT, K. H. *148*.
KRETSCHMAR 294.
KRIŽENICKY, J. 140, *160*.

KROCKERT, G. 317, *494*.
KRUEGER-EBERT, R. 414, 440. *494*.
KRUMBHAAR, E. B. 228, *257*.
— und S. W. LIPPINCOTT 228, *257*.
KRUPSKI 11, 135, 138, *160*.
KUBO, H. 235, 253, 254, *257*.
KUDEO, T. 333, 345, *494*.
KÜCKES, G. 3, *148*.
KÜRSTEINER, W. 91, *160*.
KUHLENBECK, H. 324, *494*.
KUHN, E. 317, *491*.
KULL, H. 266, *305*.
KUP, J. v. 449, 479, 480. 481, 482, 483, *494*.
KUPFFER, C. v. 325, 328, 331, 334, 343, 345, 346, 347, 348, 360, 469, *494*.
KURIHARA, M. *257*.
KURUZU 413.
KUTAMI, T. und G. SONE 174, 177, *197*, 229, *258*.
KUTSCHERENKO, P. *494*.
KUTSUNA, M. 190, *197*.
— und H. ENOMOTO *197*.
KUX, E. 336, *494*.
KWINT, L. A. 313, *494*.
KYRILOW, A. 72, 77, 79, 80, 84, 101, 113, 139, *160*.

LACASSAGNE, A. *159*.
LAGERGREN, K. A. und J. A, HAMMAR 85, *160*.
LAGRANGE 345, *485*.
LAGUESSE, E. *160*.
LAIGNEL-LAVASTINE, M. *305*. 445, *494*.
LAMPÉ, A. *160*.
LANDAU, E. *305*.
LANDAUER, W. 72, *160*, 344, *494*.
LANDOLT, E. *146*.
LANG, F. J. 201, 211, 221, *258*.
LANGE, D. DE jr. *161*.
— S. *161*.
LANZ, A. 354, 355, *494*.
LAQUER, F. 6, *161*, 319, *494*.
LÁSZLÓ, F. 354, 379, 392, 393, 410, 434, 445, 449, *494*.
LATARJET und GABRIELLE 147, *197*.
— A. und J. MURARD 10, *161*.
LATIMER, H. B. *161*.
— und ROSENBAUM *161*.
LATTA und JOHNSON 103.
LAUBER *493*.
LAURELL, H. 93, 94, 97, *161*.
LAUSON, H. D., C. G HELLER und E. L. SEVERINGHAUS *161*.
LAWRENCE, T. W. P. *494*.
LAYNAI *495*.
LEBLOND 322, 362, 384, 423, 490.

LEBLOND C.-P. und G. SEGAL 95, 138, 161.
LEEUWE, H. 297, *305*.
LEGNANI 142.
LEHMANN 480, *502*.
LEHNEŘ, J. 423, *494*.
LEINER, J. H. *494*.
LELIÈVRE, A. *166*.
LENART, G. 2, 4, 140, *161*.
LENTINI, S. 142, *161*.
— und A. CIRENEI *161*.
LEONE, P. *161*.
— V. 321, *495*.
LEOPOLD, P. G. 77, *161*, 362, 384, *494*.
LEPORI, N. G. *161*.
LEREBOULLET, P., MAILLET und BRIZARD *495*.
LEROY 95, *152*.
LESCHKE, E. *495*.
LESSONA, M. 358, 459, 463, *495*.
LEUPOLD, E. *161*.
LEVI, G. 210, *258*.
— und LAYNAI *495*.
LEVIE, L. H., I. E. UYLDERT und E. DINGEMANSE 2, *161*.
LEVIN, P. M. *495*.
— S. 80, 100, *159*, *161*.
LEWIN, J. E. 54, 103, *161*.
— O. *258*.
LEWIS, F. T. 100, 101, *161*.
— TH. 87, 100, 161.
LEYDIG, F. 15, 46, 64, 71, 161, 279, *305*, 325. 326, 327, 331, 338, 346, 452, 454, 455, 456. 458. 459. 460, 463, 464, 469, 470, 471, 474, *495*.
LIBER, A. F. 447, 449, *495*.
LICHTWITZ, L. 278, *306*, 439, *495*.
LIEBERKÜHN *495*.
LIEBERT 374, *495*.
LIEURE, C. 134, 137, 192, *197*.
LIGNAC, G. O. E. 362, 384, 385, 386, 387, 393, 397, 437, 439, 441, 442, 444, *495*.
LILIENFELD-MONTI 396.
LILJA, BENGT 435, 436, *495*.
LINDBERG, G. 134, *161*.
LINDEBERG, W. 144, *161*, 483, *495*.
LINHOFF, C. *153*.
LIPPINCOT, S. W. 228.
LIPPS, F. *161*.
— H.-G. *148*.
LIVINI, F. 25, *161*, 333, 345, *495*.
LLORCA, F. O. 178, *197*.
LOCATELLI, L. 101, 105, *170*.
LOCY, W. A. 347, 348, *495*.
LOCHTE *161*.
LOCKWOOD, C. B. 266, *306*.

LOELE, W. 42, *161.*
LOESCHCKE, H. 186, 189, *197.*
LOESCHKE, H. und E. 117, *166.*
LOEWENTHAL, N. 442, *495.*
LÖW, J. 101, *161.*
LÖWENTHAL, K. 2, 60, 142, 143, *161.*
LÖWY, R. 422, 426, 432, 433, *493.*
LOMMARTZSCH 252, 253, 254, *258.*
LOMPE, I. 250 *258.*
LONGHITANO, A. *258.*
LONGET, F. A. *495.*
LOOPER 65, 67, 72, 96, 97, *159.*
LORD, J. R. 350. 418. 442, *495.*
LORENCONE, C. und V. LEONE 321, *495.*
LORENZ 435, 436.
LORETI, F. 206, *258.*
LOTHEISEN, G. 431, 433, 434, *495.*
LOYAL 144, *150.*
LUBARSCH und HART 230.
— O. 59, 60, 61, 62, *161.*
LUCE, H. 312, 435, *495.*
LUCAE 6, 46, *161.*
LUCIEN *150.*
— M. und A. GEORGE *161.*
— und J. GUIBAL 10, *161.*
— und J. PARISOT 141, *162.*
— — und G. RICHARD *162.*
LUDWIG, E. 188, *197,* 217, 221, *258.*
LUNA 111.
LUNGHETTI, B. 106, 107, *162.*
LUYS, J. 311, *495.*
LUSCHKA, H. 278, 280, *306.*
— v. 355, 363, 369, 442, *495.*
LYONS, W. R. 143, *152.*
LYSSENKOV, N. K. *306.*

MACČARRISON, R. *162.*
MCCARTNEY, J. L. *496.*
MACCIOTTA, G. 4, *162.*
MACHOWSKI 92.
MCCLURE 190.
MCCORD, C. P. und F. P. ALLEN *496.*
— C. R. 317, 318, 320, *496.*
MCMASTER, PH. D. 194, 183, *197.*
— und ST. S. HUDACK 176, 183, 186, *197,* 247, *258.*
— und J. G. KIDD 247, *258.*
MASUI, K. und Y. TAMURA 135, *162.*
MADRUZZA, G. 137, *162.*
MAEDA, M. *495.*
MÄRK, W. *162.*
MAGNI, S. 86, *162.*
MAGNUS 174.

MAHORNER, H. R., D. CAY-LOR, C. F. SCHLOTTHAUER und J. DE J. PEMBERTON 10, *162.*
MAIMAN, K. 120, *165.*
— R. 333, *495, 497.*
MALACARNE 354, 434.
MALFINO, F. *495.*
MALL, G. D. 180, 181, 183, 193, 194, *197, 198.*
MALMÉJAC und DESANTI *495.*
— und DONNET *495.*
MANABE, S. 192, *197,* 231, *258,* 306.
MANDELSTAMM, M. 62, 77, *162.*
MANLEY, O. T. 140. *162.*
MANKIN, Z. W. *258.*
MANKOWSKY B. N. und L. J. SMIRNOW *495.*
MANN 361. 394.
— F. C. *162.*
MARBURG, O. 312. 313, 319, 320, 321, 329, 330, 334, 336, 337, 339, 364, 366, 369, 382, 389, 390, 395, 398, 399, 408, 411, 418, 424, 431, 432, 441, 454, 448, 454, 477, 476, 478, *495.*
MARCHAND, F. 1, *162,* 266, 280, 281, 306.
MARCUS, H. 26, 31, 93, *162.*
MARESCH 362.
MARGOLIS, H. M. 93, *162.*
MARINE, D. 73, 141, 143, *162.*
— und O. T. MANLEY *162.*
— — und E. J. BOWMAN 140, *162.*
MARK 117.
MAROTTA, R. *162.*
MARSHALL, F. H. A. 137, *155.*
MARTIN, C. *197.*
— E. 455, 456, *500.*
— J. 144, *150.*
— JOHN 314, 315, 479, 481, *488.*
— P. *495.*
— und W. SCHAUDER 11, 12, *162,* 354, 355, *495.*
MARTINEAU 46.
MARTINEZ, G. M. 281, 285, 292, *306.*
MARX, H. 142, *162.*
MASON, V. A. 24, *162.*
MASSAGLIA, A. *306.*
MASSART, C. 11, 18, 23, 40, 73, *162.*
MASSON, P. 278, *306.*
MATHIES, W. *258.*
MATHIS, J. 112, *162,* 336, *495.*
MATSUBA, S. *162.*
MATSUNAGA 77, 119, *162.*
MATSUNO, G. *162.*
MATSUO, H. *258.*
MATTI, H. 2, 143, 144, *162.*
MATUKURA 5.

MAUCLAIRES 43, *162.*
MAURATH *148.*
MAURER, F. 14. 25, 26, 30, 31, 71, 72, 88, 92, 136, *162,* 281, *306.*
MAUTNER, H. 230, *258.*
MAXIMOW 210, 211, 220, 235.
— -BLOOM 363.
— und HEUDORFER 201.
— A. 25, 26, 27, 28, 29, 30, 31, 32, 33, 34, 35, 36, 38, 39, 40, 42, 53, 93, 94, 95, 96, 97, 100, 101, 103, 105, 109, *162, 163,* 363, 423, *496.*
MAY, R. M. 2, 5. *170,*
MAYER, F. 472, *496.*
— J. C. A. 473, *496.*
— S. 63, *163,* 271, *306.*
— W. *496.*
MAYR, T. *163.*
MAZZESCHI, A. 26, 28, *163.*
MECKEL, J. F. 47, *163,* 440, *496.*
MEDUNA, L. v. 388, 389, 390, *496.*
MEE, J. LE 10, *166.*
MEIBOM 434.
MEIJLING, H. A. 281, 283, 285, 286, 290, 291, 292, 294, 297, *306.*
MELIHA *158.*
MELCHERS, F. 333, 344, 345, 452, *496.*
MELLER, A. 174, *198.*
MENNATO, M. DE 451, 476, *496.*
MENNITI, M. 253, *258.*
MENSI, E. 103, *163.*
MENVILLE, L. J. und J. N. ANÉ 174, *198.*
MERANZE, D. R. 142, *168.*
— TH. 142, *168.*
MERLAND *166.*
MESAKI, T. 315, 318, *496.*
MESSERLI, FR. M. und E. COILAUD 141, *167.*
MEURON, P. DE 26, 27, *163.*
MEYER 222, *258,* 266.
— R. 361. 379, 380, 385, 386, 392, 393, 394, 396, 397, *496.*
MEYNERT 430, 431, 433.
MICALE, G. 435, 444, 477, *490, 496.*
MIETENS 103.
— H. 34, 105, 112, 132, *163.*
MIETZSCH, F. 63, *163.*
MIHÀLIK, P. v. 73, 74, *159.*
MIHALKOVICZ, V. v. 343, 356, 368, *496.*
MILCO, ST.-M. 318, *496.*
MILCOU, ST. M. 286, 288, *306.*
MILCU, M. und M. PITIS 219, *496.*

MILLBOURN, E. 209, 221, 252, 258.
MILLER, J. W. 279, *306*.
— R. E. 243, 245, 246, 251, 258.
MILZNER 145.
MINOT, CH. S. 264, *306*, 347. *496*.
MINZ 121.
MIWA 4, *163*.
— TARO *163*.
MIYAGAWA, Y. und K. WADA *163*.
MIYAZAKI, H. 188, *198*, 213, 258.
— N. 3, *163*.
MIZOGUCHI, H. 25, *163*.
v. MÖLLENDORFF, 42, 61, *169*, 309, 210.
MÖLLER, J. v. 342, 352, *496*.
MÖNCKEBERG, J. G. 294, *306*.
MOFSHIN, P. 327, *487*.
MOLITOR 438.
MOLLIER, S. 72, *163*.
MONCHY, DE *496*.
MONDRY, G. 222, *258*.
MONIZ, E. *496*.
MONNIER M. 317, *496*.
— und T. DEVRIENT 317, *496*.
MONROY, A. 51, 106, 107, 111, 113, 114, 115, 116, 117, 132, *163*.
MONZARDO, E. 135, *163*.
MOON, H. D. 143, *152*,
MOREL, J. 141, 142, *149*.
— L. 122, *155*.
MORGAGNI, J. B. 434, *496*.
MORTENSEN, O. A. und W. E. SULLIVAN 174, 187, *198*.
MOSCHIN, R. I. und B. A. TSCHUDNOSSOWJETOW 188, *198*.
MOSINGER, M. 316, 425, 426. 431, 434, *498*.
MOSONYI 5.
MOTTURA, G. 246, *258*.
MOUCHET, A. 177, 178, *198*.
MOZEJKO, B. *496*.
MÜLLER, JOH. 469, *496*.
— W. 469, *496*.
MÜNCH und MOLITOR 438.
MÜNZER, F. TH. 316, 449, *496*.
MULON, P. 213, *306*.
MUNK, F. 230, *258*.
MURAKAMI, J. 247, *258*.
MURARD, J. 10, *161*.
MURATORI, G. 119, *169*, 207, 258, 281, 283, 290, 291, 295, *306*.
MUSIO, Z. *306*.
MUSOTTO, G. und CARMELO DI QUATTRO 52, 54, 95, *163*.
MUTO, C. *163*.

NAEGELI 220, 221.
— O. 99, *163*.
NAFFZIGER, H. C. 435, 436, *496*.
NAGAI, M. 363, *493*.
NAGEOTTE, J. 407, *496*.
NAITO, E. 174, 175, 177, *198*, 231.
NAKAGAWA, T. *258*.
NAKAMURA, H. *146*.
NAROWTSCHATOWA, K. *307*.
NATHAN, H. *152*.
NATUCCI, J. und E. MONZARDO 135, *163*.
NAVEZ, O. *198*.
NELSON, W. O. 143, *168*.
NEMILOV, A. W. *258*.
NENCEVA, N. 85, 94, *163*, *165*.
— und P. REDAELLI *163*.
NEUBERT, K. und MALL *198*.
NEUMANN, H. O. 207, *258*, 266, *306*.
— M. *496*.
NEUMAYER, L. 342, 345, *496*.
NICHOLLS, G. E. 335, 336, *488*, *496*.
NICOLAS, A. 91, *163*.
— M. 321, 426, 427, 428, *496*.
NICOLESCO J. *198*.
NIERSTRASZ, H. F. 23 *163* 295 *306*.
NIKOLAEFF, L. 139, *163*.
NISHII, R. 213, *258*.
NITSCHKE, A. 2, 4, *164*.
NITZEYU, J. J. 293, *305*.
NOBACK, G. J. *164*.
NONIDEZ, J. F. 291, 294, 297, 301, *306*.
— und H. D. GOODALE *164*.
NOORDEN, G. v. *496*.
NORDMANN 209, 251.
— O. 2, *156*, *164*.
NORIOKA, E. 195, *198*.
NORLIN, G. und G. WELIN 317, *496*.
NORRIS 18, 20. 21, 22. 28, 31, 32, 35, 39, 40, 73, 107, *172*.
NOSÉ, Z. 174, 177, 178, 186, 192, 193, *197*, *198*.
NOWIKOFF, M. 327, 338, 344, 345, 357, 361, 362, 454, 455, 456, 457, 470, 471, 472, 473, *497*.
NOWINSKE, V. W. *146*.
NUSSBAUM 26.
— und MACHOWSKI 92.
— und PPYMAK *172*.

OBERDISSE, K. 2, *164*.
OBERSTEINER, H. 412, 442, *497*.
ODERMATT, W. *497*.
OERTEL 246.
OESTERLIND, G. 238, 245, 247, *259*.

OESTREICH und SLAWYK 312, *497*.
OGLE 312.
OGO, M. 181, *198*, *259*.
OHMURA, T. 139, 140, *164*.
OHNISKI, KANAME 345, 346, *497*.
OHO, K. *259*.
OHSHIMA, K. *259*.
OKAMOTO und KATAYAMA 413.
— K. 177, *198*.
— RYOZO und HIDEO IKUTA 363, 364, 375, 384, 390, 391, 392, 393, 412, 413, 414, 416, 418, 423, 426, *497*.
OKAMURO, T. 73, 80, *164*.
ØKLAND, FRIDTHJOF 94, *164*.
OKUBO, M. 229, *259*.
OLIVETTI, R. 481, *497*.
OLIVIER, E. 10, *164*.
— und A. BATAILLE *164*.
OLKON, D. M. 2, *164*.
ONISHI, K. *497*.
ORLANDI, N. 374, 381, 388. 390, 391, 403, 404, 406, 410, 411, 412, 423, 430, 445, 475, 481, *497*.
— und G. GUARDINI 390, 403, 406, 410, 411, 422, 423, 424, 426, 439, 441, 442, 445, 446, 447, 475, 477, 478, 479, 480, 483, *497*.
ORTOLANI, M. 144, *164*.
OSBORN *497*.
OSCHKADEROW, W. I. 189, *198*.
OSTROUMOFF 459, 463, *502*.
OTT und SCOTT 321, *502*.
OTTAVIANI, G. 174, 191, 192, *198*, 228, 231, *259*.
— und M. CAVALLI 177, *198*, 229, *259*.
— und E. DEBIASI *198*.
— und P. ROMUSSI 177, *198*.
OTTO 11, *172*.
OVERHOLSER, M. O. 319, 500.
OWEN, R. *497*.
OWSJANNIKOW, PH. 324, 325, 469, 473, 474, *497*.

PÄSSLER, H. W. 278, *306*, 497.
PAGÈS, M. *306*.
PALME, F. 266, 281, 291, 292, 295, 297, 300, *306*.
PALTAUF, R. 281, 286, 294. *306*.
PALUMBI, G. 281, 294, *306*.
PANNIER, R. 297, *304*, *306*.
PANSINI, G. 105, *164*.
PAPESCU-INOTESTI 483.
PAPILIAN, V. und J. G. RUSSU *198*, 229, *259*.
PAPOUSCHEK, K. 331, *497*.

PAPPENHEIMER, A. M. 42, 61, 66, 34, *164*, 428, *497*.
PARABUTSCHEW, A. 126, *164*.
PARHON, C. I. 98, *164*.
— und B. COBAN *164*.
— C. J. 312, *497*.
— und M. G. CAHANE *164*, 316, 320, *497*.
— und T. CAHANE *164*.
PARISOT, J. 141, *162*.
PARK 2, *164*.
— E. A. und R. D. MCCLURE 2, *164*.
PARKEN, J. *497*.
PARKER *485*.
— C. A. *164*.
— E. 10, *150*.
PASTORI, G. 322, 334, 335, 390, 408, 412, 430, 431, 433, *497*.
PATON, D. N. *164*.
PATZELT, V. 204, *259*.
PAULITZKY, A. 72, *164*.
PAUNZ, L. 286, *306*, 293, *302*.
PAWLOWSKY, A. 439, *497*.
PEARCE, L. 12, 43, 143.
PEARSE, I. H. 10, *171*.
PEATANIA, S. 331, *497*.
PELLEGRINI 274.
— R. 320, 365, 379, 382, 392, 423, 479, *497*.
PELLER, S. 4, *164*.
PEMBERTON 10, *149*, *162*.
PENDE, N. 423, 479, *497*.
PENITSCHKA, W. 266, 297, 273, *307*, 308.
PENSA, A. 13, 63, 64, 67, 87, 92, *164*.
PENZA, A. *198*.
PEREIA 177, 178, *199*.
PERRI 117, *172*.
PERSIKE, E. C. jr. 137, 142, *149*, *164*.
PESONEN, N. 335, 336, 337, *497*.
— und K. SETÄLÄ 335, *497*.
PESQUÉ, M. 101, *146*.
PETER, H. 91, 93, 97, 100, 101, 112, 119, *157*, *165*, 248, *259*.
— K. 25, 93, 101, 112, 113, 119, 140, *165*, 348, 350, 351, *497*.
PETERSEN, H. 6, 72, 97, 100, 101, 102, *165*, 181, 183, 185, 186, *198*, 206, 207, 210, 212, 213, *259*.
PETRI, S. 250, *259*.
PEW, C. und S. PEATANIA 331, *497*.
PEYRON 264, 278, *302*.
PÉZARD, A. *159*.
PFAUNDLER, M. 268, 274, *307*.
PFLÜCKE, M. 54, 87, 100, 119, 132, *165*.

PFUHL, W. 77, *165*, 184, 189, *198*, 210, *259*, 322, *497*.
PICCHIO, T. S. 136, *165*.
PIERSOL, G. A. *165*.
PIGACHE, R. 73, *147*.
— und H. BÉCLÈRE *165*.
— und G. WORMS 73, 115, 119, 141, *165*.
PILLET 266.
PINATELLE 263, 274, 275, *302*.
PINES, L. 119, 120, *165*, 272, *307*, 334, 412, 430, 431, *497*.
— und R. MAIMAN 120, *165*, 333, *497*.
— und K. NAROWTSCHATOWA *307*.
— und SCHEFTEL *502*.
PINNER, M. 42, 93, 101, *165*.
PIROCCHI, L. 24, 40, *165*.
PISCHINGER, A. 11, 13, 14, 15, *165*, 281, 294, *307*, 387, *497*.
PITIS, M. 319, *496*.
PITON, R. *152*, *165*.
PLAGGE, J. C. 12, 134, 135, 137, 142, *165*.
PLANSKA, A. 63, 158.
PLENK 210.
— H. 107, 108, 109, 113, 132, *165*, 414, 418, *497*.
POEHL 442.
POIRIER P. und A. CHARPY 355. 363, *498*.
POLICARD, A. 6, 49, *165*.
POLICE, G. 461, *498*.
POLITZER, G. und F. HANN 18, 19, 20, 21, 22, *165*.
POLL, H. 263, 264, 268, *307*.
— und A. SOMMER 279, *307*.
POLONSKAJA, R. 175, *198*.
POLVANI, F. 338, 352, 361, 378, 379, 392, 393, 395, 396, 397. 417, 418, 420, 421, 423, 424, 425, 433, 435, 442, 448, 475, 477, *498*.
POP, A. 293, *305*.
POPOFF, M. 73, *165*.
— N. W. 62 *165*.
POULAIN 252.
POZZAN A. 254, *259*.
PREISLER, O. 328, 344, 345, 452, 453, 454, 458, *498*.
PRENANT, A. 25, 30, 35, 54, 95, 96, 99, 105, *165*, *167* 281, 286, *307*, 338, *498*.
PRENE, E. A. 355, *498*.
PŘIBĚK, L. 280, *303*.
DEL PRIORE, N. 318, *498*.
PRYMAK 26, 31, 88.
PULLINGER B. D. und H. W. FLOREY 176, 194, *199*.
PUTNAM, TR. J. 333, *498*.
PUUSEPP, L. und H. E. V. VOSS 336, 337, *498*.

QUAST, P. 362, 381, 384, 385, 386, 387, 397, 407, 415, 423, 424, 425, *498*.
QUATTRO, CARMELO DI 52, 54, 95, *163*.

RABL, H. 18, 23, 24, 40, 100, *165*, *167*, 271, 279, 281, *307*.
RABL-RÜCKHARD, H. 327, 346, 460, *498*.
RAMSAY, A. J. 217, *259*.
RANSOM 312, *491*.
RANZI 2.
RASDOLSKY, J. 482, *498*.
RASO, M. *165*.
RATHCKE, L. 141, *165*.
RATTI, P. *146*.
RAUBER-KOPSCH 49, *165*, 350, *502*.
RAYMOND, F. und H. CLAUDE *498*.
REBER 59, *165*.
RECHENBERGER 2, *155*, *167*.
— J. H. GÜTHERT und E. SCHAIRER 2, *165*.
RECKLINGHAUSEN 185.
REDAELLI *163*.
— P. und N. NENCEVA 94, *165*.
REESE, A. M. *165*.
REGAUD, C. und CRÉMIEU *165*.
REGNIERS, P. 294, *305*.
REICH, H. 311, 435, *498*.
REICHERT, K. B. 311, 343, *498*.
REICHOLD, S. 334, 335, 336, 337, 338, *498*.
REIMANN, W. *259*, 245.
REINHARDT, W. O. 2, *166*.
— und R. O. HOLMES *166*.
REISS, M. 2, 4, 140, *166*.
— M. K. A. WINTER und N. HALPERN *166*.
REISSNER *498*.
REMAK, R. 91, *166*.
REMY, P. 317. *498*.
RENAUD, J. 91, 113, *166*.
RENTON, A. D. und H. W. RUSBRIDGE 314, 481, *498*.
RESTELLI 2, *166*.
RETTERER, E. 30.
— und A. LELIÈVRE *166*.
RETZIUS, G. 325, 469, 470, 473, 474, *498*.
REYHER, P. 10, *166*.
RIBBERT 235.
— H. *166*.
RICHARD, G. *162*.
RICHE 265, *303*.
RICHTER 318.
— C. P. und G. B. WISLOCKI 142, 166.
RIDDLE, O. *166*.
— und P. FREY 136, *166*.

RIECH, F. 331, 332, 460, 462, 463, 464, 498.
RIEDER, W. 137, 160.
RIEFFEL, H. und J. LE MÉE 10, 166.
RIEGELE, L. 12, 119, 166.
— R. 281, 291, 307.
RIES, E. 166.
RIGOLETTI, L. 166.
RIJNDERS, H. 291, 307.
RIPKA, O. 2, 157.
RITTER, W. E. 338, 498.
ROBERT 149.
ROBERTSON, T. B. 166.
ROCMANS, P. 152.
RODRIQUES, A. 177, 199, 259.
— R. CARVALHO und S. PEREIA 177, 199.
— und S. PEREIA 178, 199.
ROEMER, H. 222, 231, 248, 254, 259.
ROESSLE und ROULET 7, 166.
— R. 166.
— und P. ROULET 498.
RÖHLICH, K. 211, 214, 221, 222, 224, 242, 245, 259.
RÖSSLE 7, 141.
— R. 176, 199.
ROGER, H. und C. GHIKA 166.
ROHON, J. v. 325, 498.
ROMANOW, F. 77, 166.
ROMEIS, B. 2, 3, 42, 143, 166. 316, 318, 361, 362, 390, 498.
ROMIEU, M. 72, 166.
— und A. MERLAND 166.
ROMODANOWSKAJA, S. A. 351, 498.
ROMUSSI, P. 177, 198.
RONCONI, T. L. 100, 166.
RONSISVALLE, A. 139, 166.
ROOFE, P. G. 331, 332, 333, 498.
RORSCHACH 498.
ROSE, M. 498.
ROSENBAUM 161.
ROSSI, R. P. 11, 12, 135. 166.
ROTHMANN, H. 435, 498.
ROTTER, W. 245, 259.
ROUD 18, 23, 172.
— A. 264, 274, 307.
ROULET 7, 166.
— P. 498.
ROUSSY, G. und M. MOSINGER 316, 425, 426, 431, 434, 498.
ROUVIÈRE, H. 7, 9, 10, 166, 173, 175, 176, 177, 178, 179, 183, 199.
— und G. VALETTE 176, 177, 183, 184, 193. 194, 195, 199, 229, 259.
ROUX, P. 317, 498.
ROWNTREE 319, 489.

ROWNTREE, CLARK, STEINBERG, EINHORN und HANSON 318, 498.
— — — HANSON, EINHORN, SHANNON 498.
— L. G. 4, 5, 152, 167.
— H. J. CLARK und A. M. HANSON 167.
— und A. STEINBERG 167.
— — A. M. HANSON, N. H. EINHORN und W. A. SHANNON 167.
RUBEN, R. 23, 167.
RUCH, TH. C. 158.
RUDBERG, H. 31, 52, 54, 61, 95, 105, 122, 138, 140, 167.
RUDEBECK. J. 214, 216, 223. 236, 246, 259.
RUDNEFF 269.
RÜCKART, F. 313, 498.
RÜSKEN, W. 435, 488.
RUGGERI, E. 479, 498.
RUNNSTRÖM, J. 323, 324 325. 348, 498.
RUPANNER, E. 294, 305.
RUSBRIDGE 314, 481, 498.
RUSCA 59, 167.
RUSSELL, A. E. 361, 449, 499.
RUSSU, J. G. 198, 229.
RUYSCH, F. 434, 499.

SAAR, H. 313, 499.
SACRISTÁN, J. M. 378, 382, 390, 391, 392, 394, 412, 415, 430, 484, 499.
SAI, SEISYO 137, 167, 320, 479, 499.
SAINT, Remy, G. 499.
— und A. PRENANT 25, 167.
SAINTON, P. und DAGNAN-BOUVERET 310, 499.
SAITO, H. 60, 61, 167.
— S. 321. 500.
SAITTA, S. 336, 499.
SAKATA, H. 174, 177, 199.
SAKAI, S. 444, 499.
— T. 229.
SAKAMOTO, S. 192, 199.
SALKIND, J. 18, 22, 24, 26, 31, 54, 66, 90, 94, 100, 107. 115, 119, 120, 135, 136, 138, 140, 167.
SAMPSON, J. A. 176, 199.
SANCHEZ-RODRIGUEZ, J. und F. M. SARDA 5, 167.
SANDEGREN, B. 80, 167.
SANDSTRÖM, H. 109, 148.
SANT'ELIA, R. 73, 167.
SAPHIR, W. 317, 499.
SARAGEA, TH. 159.
SARDA, F. M. 5, 167.
SARGENT, P. E. 336, 499.
SARTESCHI 314, 320, 479, 502.
SARTORI, E. 144, 167.

SATO, SHIGERU 2, 167.
— TADAO 449, 499.
SAWELSOHN, S. 235, 259.
SCAGLIONE 478, 499.
SCAMMON, R. E. 167.
SCAPATICCI. R. 144. 167.
SCARFF 312, 486.
SCATIZZI, J. 454, 458 499.
SCEVOLA D. 334. 499.
SCICLUNOFF, N. 259.
SCOTT 321.
— W. B. 499.
SCHADE, H. 439, 499.
SCHAFFER 18, 27, 30, 52, 54, 59, 63, 87, 89, 91, 100, 103, 105, 140, 167.
— J. 313, 363, 499.
— und MIETENS 103.
— und H. RABL 18, 23, 40, 100, 167.
— N. K., W. M. ZIEGLER und L. G. ROWNTREE 5, 167.
SCHAIRER, E. 7, 155, 165.
— H. GÜTHERT und I. RECHENBERGER 167,
SCHAMBACHER, A. 73. 91, 167.
SCHAPER, A. 281, 285, 295, 307.
SCHARRER, E. 314, 323, 329, 331, 332, 396, 423, 452, 458, 499.
SCHAUDER, W. 11, 12, 162, 354, 355, 495.
SCHEDEL, J. 95, 97, 167.
SCHEFTEL 333.
SCHEINFINKEL, N. 146.
SCHEINKER, F. 376, 490.
SCHENKER, J. A. 212, 256.
SCHILDER 141.
SCHILLING, K. 473, 474, 499.
SCHINZ, BAENSCH und FRIEDL 435, 499.
SCHIRBER, A. 12, 112, 135, 167.
SCHLESINGER, H. 319, 363, 369, 408, 411, 412, 418, 423, 424, 443, 448, 476, 499.
SCHLOTTHAUER, C. F. 10, 149, 162.
SCHMALZ, A. 313, 499.
SCHMID, H. 444, 499.
SCHMIDT, C. F. und J. H. COMROE jr. 307.
— J. E. 294, 307.
SCHMINCKE, A. 10, 22, 60, 79, 91, 105, 123, 145, 167, 423, 499.
SCHNEIDER, H. J. 60, 62, 63, 77, 118, 132, 167.
SCHOCKAERT, J. 142, 167.
SCHOLZ T. 486.
SCHOPPER, W. 42, 54, 61, 63, 76, 94, 168.
SCHREIBER, G. 168.

SCHRIDDE 211.
— H. 31, 54, 93, 99, 103, 131, 168.
SCHUDY, G. 5, 42, 59, 61, 87, 168, 253, 259.
SCHÜLLER 435, 499.
SCHULZ 499.
SCHULTE, ELSE-MARIE 2, 168.
SCHULTZE und RUDNEFF 269.
SCHULZE, O. 30, 141, 168.
SCHUMACHER, S. v. 71, 172, 281, 294, 307.
SCHUR, H. und J. WIESEL 307.
SCHWALBE 359.
SCHWANEN, H. 228, 259.
SCHWARZ, E. 3, 168. 230, 259.
SCHWEIGER, E. 148.
SCHWERMER, W. 222, 259.
SEEMANN, G. 56, 93, 94, 168.
SEGAL, G. 95, 138, 161.
SEGALOFF, A. und W. O. NELSON 143, 168.
SEITZ, L. 140, 168.
SELENKA, E. 331, 499.
SELF, E. B. 213.
SELLE, R. M. L. 22, 168.
SERRES 469, 499.
SETÄLÄ, K. 335, 497.
SETO, H. 297, 301, 307.
SEVEREANU, G. 10, 168.
SEVERINGHAUS, E. L. 161.
SHAFIK, ABD-EL-MALEK 499.
SHANER, R. F. 25, 168.
SHANNON 318, 498.
— W. A. 167.
SHAY, H., F. GERSHON-COHEN, S. S. FELS, D. R. MERANZE und TH. MERANZE 142, 168.
SHDANOW, D. A. 174, 177, 182, 188, 199, 208, 259.
SHIMADA, H. 212, 253, 259.
SHIMPEI, E. 112, 135, 168.
SHIMUZU, S. 176, 199, 213, 260.
SHIOYA, H. 499.
SHIRAKAWA, S. 174, 177, 196.
SICHER, L. 13, 24, 168.
SIEGLBAUER, F. 51, 168.
SIEGMUND, H. 265, 303.
SIKEJEFF, V. V. 307.
SILBERSTEIN, F. und P. ENGEL 318, 499.
SILBERT 490.
SIMARD, L. C. 307.
SIMMONDS, M. 294, 307.
SIMOLA, P. E. 253.
SIMON 499.
— J. 11, 13, 14, 71, 136, 168.
SIMPSON, M. E. 143, 152.
SISSON, W. und J. FINNEY 499.
SJÖLANDER, A. und A. STRANDBERG 10, 168.
SJÖVALL, A. und H. SJÖVALL 214, 216, 260.

SJÖVALL, H. 223, 233, 236, 239, 246, 216, 260, 214.
SKLOWER, A. 26, 28, 140, 168.
SLADOVIC, L. 98, 148.
SLAWYK 312, 497.
SMIRNOW, A. 272, 307.
— L. J. 495.
SMITH, CHR. 281, 286, 291, 307.
— und L. M. IRELAND 168.
— P. E. 109, 111, 117, 132, 142, 168.
SNOOK, TH. 217, 260.
SOBOTTA, J. 7, 10, 11, 47, 114, 116, 118 168.
SÖDERLUND, G. und A. BACKMAN 112, 133, 134, 168.
SÖMMERING, S. TH. v. 434, 437, 438, 499.
SOKOLOFF, A. S. 168.
SOLI, U. 2, 168.
SOMMER, A. 268, 279, 307.
SONE, G. 174, 177, 197, 227.
SONNENBERG 266.
SORENSEN, A. D. 343, 357, 499.
SOULIÉ, A. 264, 307.
— und P. VERDUN 168.
SOURY, J. 310, 499.
SPANIER, TH. 119. 138, 157.
SPATZ, H. 309, 313, 314. 322, 396, 423. 439, 487, 488, 499, 502.
— und G. J. STROESCU 348, 499.
SPEMANN, 26, 168, 338, 500.
SPENCE, A. W. 168.
SPENCER, W. BALDWIN 325, 327, 455, 456, 457, 500.
SPERINO und BALLI 264.
SPIEGEL, E. A. 333, 500.
— und S. SAITO 321, 500.
SPIELMEYER, W. 403, 408, 412, 423, 500.
SPIGELIUS, A. 500.
SPRETER, TH. v. 13, 168.
SQUADRINI, G. 11, 135, 137, 139, 168.
SSIPOWSKY, P. W. 59, 100, 168.
SSYSGANOW, A. N. 177, 199.
SSYSSOEW, F. 168.
SSYSSOJEW, T. 54. 61. 104, 168.
STADERINI, R. 353, 355, 500.
STAHR 208.
STALPART VAN DEN WIEL, C. 500.
STANNIUS, H. 136, 168.
STEFANELLI, C. 207, 260.
STEFKO 139.
— W. 384, 393, 478, 479, 500.
STEIN, K. 148.
STEINBERG 318, 498.
— A. 167.

STENQVIST, H. 204, 260.
STERN, L. 321, 485.
STERNBERG, H. 158.
STEWART, C. A. 158.
— F. W. 169.
STHEEMANN 252.
STIEDA, L. 30, 73, 80, 85, 169. 325, 346, 356, 358, 451. 459, 500.
STILLING, H. 263, 269, 274, 281, 307.
STOCKARD, CHR. R. 18, 27, 169.
STÖHR, PH. 26, 28, 30, 31, 35, 92, 169.
— -v. MÖLLENDORFF 42, 169.
— jr. 272, 281, 291, 293, 307.
STOLZ-PICCHIO, T. 169.
STRAHL, H. 327, 454, 500.
— und E. MARTIN 455, 456, 500.
STRANDBERG, A. 10, 40, 105, 107, 108, 109, 168, 169.
STRAUB, H. 313, 500.
STRAUSS, O. 169.
STROESCU, G. J. 348, 499.
STRÖM, S. 435, 500.
STUDNIČKA, F. K. 323, 324, 325, 326, 327, 328, 331, 332, 334, 336, 338, 343, 344, 345, 346, 347, 348. 350, 356, 357, 358, 360, 368, 389, 430, 450, 451. 452, 453, 454, 455, 456, 457, 458, 459, 460, 462, 463, 464, 466, 467, 468, 469, 470, 471, 472, 473, 474, 475, 500.
STUDNITZ, G. v. 327, 500.
STÜBER, K. 235, 260.
SUCHOW, W. 235, 260.
SUGIURA, REISAKU 388, 401, 406, 422, 500.
SULLENS, W. S. und M. O. OVERHOLSER 319, 500.
SULLIVAN, W. E. 174, 187, 198.
SULTAN, G. 91, 169.
SUMITA, R. 260.
SUNDER-PLASSMANN, P. 10, 21, 98, 121, 122, 141, 142, 169, 291, 293, 296, 307.
SUNDWALL, J. 423, 500.
SURE, B. 169.
— R. M. THEIS und R. T. HARRALSON 5, 138, 169.
SUZUKI, Y. 335, 336, 352, 413, 431, 432, 434, 500.
SYK, I. 36, 134, 169.
SYLVIUS 46.
SYMMERS, D. 230, 260.
SVITZER, E. 291, 307.
SWINGLE, W. W. 3, 169.
SWINYARD, C. A. 307.
SZARSKI, H. 169.

Szepsenwol, J. 281, *307*.
Szüts, A. v. 206, *200*.
Szymonowicz, L. und R. Krause 266, *308*.

Tachikawa, R. 174, *199, 260*.
Taibel, Alula M. *169*.
Takabatake, Y. 174, 177. *199, 229, 260*.
Takashima, T. 97, 101, *169*.
Takeschima *254*.
Takigawa, K. 174. 193, *196*.
Taliaferro, W. und H. W. Mulligan *260*.
— W. und P. Cannon *260*.
Tamemori, Y. 112, 133, *169*.
Tamura, Y. 135, *162*.
Tandler, J. 2, 137, *169*.
— und J. Fleissig 341, 342, *500*.
— und S. Gross *169*.
Tang, Y. Z. 137, *169*.
Tannenberg, C. 99, *159*.
Tarazzi 91.
Targette 266.
Tarkhan, A. A. 317, 318, *500*.
Tatum 141.
Taubenhaus, M. *500*.
Taylor, M. 26, *169*.
Teichmann, W. 41, 42, 59, 62, 63, 64, 65, 66, 67, 68, 70, 91, 100, 107, 108, 109, 111, 117, 132, 133, 136, 140, *169*. 414, 459, *500*.
Tello, F. *308*.
Tendeloo 193.
Teploff, J. *169*.
Terni, T. 281, 283, 290, 291, 295, 308.
Terni, T. 52, 65. 66, 67, 68, 69, 87, 119, 135, 137, *169*, 281, 283, 290, 291, 295, *308*.
— und G. Muatori 119, *169*.
Terry, J. R. *500*.
Terui, K. 53, 107, *169*.
Teshima, G. 175, 178, 179, 182, 192, *199*, 212, 213, *260*.
Testori, E. *169*.
Testut, L. 354, *500*.
Thede, K. 177, *169*.
Theis, K. M. *169*.
Thomas und Schaeffer 313.
— E. 2, 140, *169, 502*.
— J.-A. u. M. Chévremont 95, *169*.
Thomsen, O. 122, *169*.
Thulin, J. 266, *308*.
Tiedemann, F. 311, 354, *500*.
Tilney, F. *500*.
— und L. F. Warren 500.
Tobari, Ko. 7, 31, *169*.
Tobin, Ch. E. 143, *169*.
Toldt 71, 73.

Tomaschek, K. 138, *170*.
Tomorug, E. 318, *500*.
Tondo, M. 113, 114, 115, 116, 117, *170*.
Tonutti, E. 5, 42, 59, 77, 87, *170*.
Tourneux, F. und P. Verdun 21, 91, *170*.
— und G. Herrmann 30, *170*.
Toussaint *500*.
Toyofuku, T. 119, *170*.
Trautmann 186, 188, 192, *195, 200*, 228, 231.
— A. 318, 365, 392, 398, 413, 422, 423, 434, 436, 437, 444, 445, 448, 475, 476, 477, 482, *500*.
— und J. Fiebiger 181, 192, *199*.
Trendelenburg, P. 317, 480, *501*.
Tretjakoff, D. 325, 328, 360, 361, 362, 469, 470, 471, 472, 473, 474, 475, *501*.
Trinci, G. 265, 266, 295, 297, *308*.
Trivus-Katz, F. 475, *501*.
Tronchetti, F. 1, *170*.
Tschassownikow, N. 54, 55, 56, 61, 62, 63, 76, 94, 95, 107, 111, 118, 140, *170*.
Tschermak, A. 301, *305*.
Tschudnossowjetow, W. A. 188, *195, 198*.
Tucket, L. J. *304*.
Türck 22.
Tuma 353.
Turkewitsch, N. 334, 335, 339, 340, 341, 342, 343, 364, 365, 398, *501*.
Turnbull 397.
— H. E. 230.
— H. M. *172*.
Turner, W. *501*.
Turpin, R. und R. M. May 2, *170*.
— — und J. Valletta 5, *170*.
Tuve, E. 122, *170*.

Uchino, Kôsaku 137, *170*.
Uemura, Sh. 319, 348, 350, 351, 352, 353, 354, 361, 363, 364, 369, 373, 379, 381, 384, 385, 392, 395, 396, 397, 404, 405, 413, 414, 415, 418, 419, 420, 424, 426, 431, 442, 476, 480, *501*.
Uhlenhuth, E. 3, 4, 142, *170*.
Uhing, H. 320, 478, *489*.
Uljanow, P. N. 189, *199*.
Ulrich 435, 436, *501*.
Uno, Z. 56, *170*.
Uotila, U. und P. E. Simola 253, *260*.

Urechia, C. I. und N. Elekes 481, *501*.
— und Chr. Grigoriu *501*.
— und I. Groza *501*.
Urechia-Nagy 362.
Uskow, B. N. 10, *170*.
Utsu M. *501*.
Utterström, E. 134, 141, *170*.
Uyldert, I. E. 2, *161*.

Vacirca, F. 142, *170*.
Valenti, G. 264, *308*.
Valentin, G. 424, *501*
Valetta, J. 5, *170*.
Valette, G. 176, 177, 183, 184, 193, 194, 195, *199*, 229.
Varaldo 265.
Varičak, Th. D. 24, 72, 75, 87, *170*.
Vasjutockin 91, 92.
Vastine und Kinney 435, 436, *502*.
Vathauer 12, *172*.
Vecchi 144.
del Vecchio, G. 427. *501*.
Vercellana, G. 423, 425, 479, *501*.
Verdonk, A. *308*.
Verdun 21, 24, 31, 91, *168, 170*.
— P. 281. 295, *308*.
Ver Eecke, A. 30, 71, 105, 140, *170*.
Verheyen, V. 46.
— Ph. 413, *501*.
Vermeulen, H. A. *501*.
Verne, J. 380, 389, 398, 441, *501*.
Versari, R. 10, 91, *170*.
Vesalius, A. *501*.
Vesling, J. *501*.
Vialleton, L. *170*.
Vialli, M. 459, 460, 461, 462. 463, *501*.
Viana 478.
Vicari, E. M. *170*.
Vidari, E. und L. Locatelli 101, 105, *170*.
Vieussens, R. 434, *501*.
Vinals, E. 318, *501*.
Vincent, S. *170*.
— -Swale 275, 279, 293, *308*.
Viq d'Azyr 355, *501*.
Virchow, R. 75, 85, 170.
Voeltzkow, A. 345, 357, *501*.
Vogt 2.
— M. *303*.
Voigt, J. 209, 230, *260*.
— W. *255*.
Voit 222, *255*.
Volkmann, R. v. 361, 381, 382, 393, 394, 395, 396, *501*.

VORBECK, F. 222, *260.*
VOSS, H. 59, *170.*
— H. E. V. 336, 337, *498.*
VLATKOVIC, B. 4, *160.*
VULPIAN 269.

WÄTJEN, J. *171,* 242, 247, *260.*
— und W. EILERS 235, *260.*
— und W. REIMANN 245, *260.*
WAHEED, A. 7, 10, 22, *171.*
WALDAPFEL, R. 222, *260.*
WALDEYER 113, 132.
WALLART, J. 266, *308.*
WALLBACH 62, *171.*
— G. *260.*
WALLIN, I. E. 18, *171.*
WALLRAFF J. und
   H. BECKERT 42 77 *171.*
WALTER, F. K. 361, 373, 374,
   375, 376, 378, 389, 394,
   408, 420, 475, *501.*
WANSER, R. 141, *171.*
WARD, K. H. 236, *255.*
WARREN, J. 331, 332, 333,
   341, 342, 345, 459, *501.*
— L. F. *500.*
WASA, A. 177, *199, 260.*
WASCHINSKY, G. 135, *171.*
WASSÉN, A. L. 42, 54, 59, 61,
   67, 70, 94, *171.*
WASSERMANN, F. 226, 228,
   260.
— S. 293, *308.*
WASSJUTOTSCHKIN, A. 66, 67,
   171.
WASTENSON 143.
WATANABE, T. 97, 100, 112,
   135, *171.*
WATNEY, H. 54, 87, 91, 93,
   97, 115, *171.*
WATRIN, J. und P. FLOREN-
   TIN 142, 143, 150, *171.*
WATZKA. M. 99, *171,* 222, 226,
   254, *260,* 266, 272, 274,
   275, 278, 281, 282, 286,
   288, 290, 291, 292, 293,
   295, *308.*
— und W. PENITSCHKA 273,
   308.
WEBB, R. I. 194, *199.*
WEBER, A. 226, *260.*
WEBSTER, W. D. *171.*
WEGELIN *482.*
— C. 99, 140, 141, *171,* 239,
   260, 502.
— und M. FISCHER 3, *171.*

WEIDENREICH, FR, 183, 186,
   187, 194, *199.*
WEIGERT, C. 389, *501.*
WEILL, P. 31, 35, 42, 43, 95,
   96, 97, 98, 100, 101, 102,
   103, *711.*
WEINBERG, E. 351, 352, 373,
   378, 379, 449, *501.*
— S. J. und A. F. DOYLE 318,
   501.
— und R. V. FLETCHER 318
   502.
WEIS. M. 25, *153, 171.*
WEISE, W. 2, 11, 51, 77, 91,
   119, 122, 132, 145, *171.*
WEISSCHEDEL, E. und R.
   JUNG 322, *502.*
— und H. SPATZ 314, 396,
   502.
WEISSENBERG, R. 13, 65, *171.*
WELLER, G. L. 18, 19, 20, 21,
   22, 28, 32, 35, *171.*
WERTHEIM 91.
WESSEL, O. 206, *260.*
WESTHOFF, F. *502.*
WETSCHTOMOW 272, *308.*
WETZEL, G. 53, 171, *200.*
WHARTON, TH. 311, 502.
WHITE, E. G. 281, 286, *308.*
— G. 5, 86, *157,* 238, 247,
   256.
WHITEHEAD, R. H. *308.*
— W. 10, *150.*
WHITWELL, J. R. 469, 473,
   502.
WICKSELL, S. D. *171.*
WIEDERSHEIM 295.
— R. *171, 488, 502.*
WIESEL, J. *171,* 264, 265, 268,
   275, 277, 278, *302, 307,*
   308.
— und A. BIEDL *308.*
WIJHE, J. W. VAN 27, *171.*
WILLIAMS, L. *171.*
WILLIAMSON, G. S. *171.*
— und I. H. PEARSE 10, *171.*
WILLIS, TH. 413, *502.*
WILLSTÄDT 5.
WILSON, G. M. und P. R.
   BILLINGLEY 281,. *308.*
WINIWARTER, H DE 12, 24,
   39, 73, *171.* 266, 281, 282,
   283 291. *308.*
WINKELMANN, H. 231, *260.*
WINKLER, K. 174, 185, *200.*
WINTER, E. 112, 134, *172.*
— M. K. H. *166.*

WINTERHALTER, W. P. 325,
   347, 358, 362, 459, 460,
   462, 463, 464, *502.*
WIRTH, W. 313, *502.*
WISCHNEWEZKAJA, L. J. 227,
   261.
WIESEMAN, B. K. 249, *261.*
WISLOCKI, G. B. 142, *166.*
   324, *502.*
— G. G. 213, *255.*
WÖRNER, E. 435, *502.*
WOHLRAB, R. *255.*
WOLF, A. 314, 315, 316, *485.*
WOLFF, E. K. 201, 215, 221,
   261.
— -HEIDEGGER, G. 206. *260.*
WOLLSCHITT, H. 2, *148.*
WORMS und KLOTZ 73, 115,
   119. 141, *165, 172.*
WRETE, M. 264, 274, *308.*
WUHRMANN, F. *254,* 244.
WURM, H. 341, *502.*
WYMAN *502.*

YAMADA, H. 335, 336, 338,
   353, 431, *502.*
— SUSUMU 10, *172.*
YAMAGUCHI, O. 174. 193, *196.*
YAMANCI, S. *172.*
YAMAO, O. 176, *200.*
YOFFEY, J. M. 233, *260.*
YOKOH, A. 144, *172, 502.*
YOKOYAMA, Y. *172.*
YOUNG, M. und H. M. TURN-
   BULL 13, *172,* 230, *260.*

ZÄH, K. 206, 243, *260.*
ZANCLA *502.*
ZEDLER, J. H. 310, *502.*
ZENDRÉN, S. 341, *502*
ZIEGLER, W. M. 5, *167.*
ZIEHEN, TH. 334, 310, *502.*
ZIMMERMANN, A. 190, *200,*
   288, *308.*
— W. 294, *308.*
ZOIA, A. 314, *502.*
ZONDEK, H. und G. KOEHLER
   141, *172,* 481, 483, *502.*
ZOTTERMAN, A. 23, *172.*
ZSCHAU 186, 200.
ZUCKERKANDL, E. 264, 268,
   269, 272, 274. *308.*
— R. 18, 24, *172.*
ZUNZ, E. *152.*
ZYLBERSZACK, S. *152, 172.*

Sachverzeichnis.

Aal, Epiphyse 358, 464.
— Thymus 15, 38, 64 65, 71, 89, 112, 136, 140.
Abnutzungspigment in der Epiphyse 425.
— im Lymphknoten 212.
Acanthias vulgaris Epiphyse 3, 47, 360.
— —, Thymus 18, 27, 55, 64, 136.
Acervulus s. Konkremente.
Acipenser sturio, Epiphyse 347, 451, 466.
ADDISONsche Erkrankung 481.
Adenohypophyse und Epiphyse 481.
Adrenalin und Epiphyse 321.
— und Paraganglien 277.
Adventitialzellen in der Epiphyse 422, 458.
— Vitalspeicherung 458.
— im Thymus 35, 117. — —
Affen, Epiphyse 424, 430, 431, 434 479.
—, Lymphsystem 212, 213.
—, Paraganglien 284, 288, 290.
Agamiden, Epiphyse 454.
Agkistrodon blomhoffii, Thymus 25.
Akzidentelle Involution der Epiphyse 420.
— — des Thymus 45, 59, 62. 95, 97, 111, 112, 116, 122, 125, 138.
— — und Bindegewebe 139.
— — und Blutgefäße 116.
— — und Colchizin 138.
— — und Dissoziationsherde 125.
— — Erzeugung 45.
— — des fetalen Thymus 139.
— — und Fettgewebe 112.
— — und Gitterfasern 111.
— — und HASSALLsche Körperchen 80, 84 f., 139.
— —, Hungertypus 45, 139.
— —, Infektionstypus 139.
— — und Jahreszyklus 140.
— — und Lymphocyten 95, 97, 138.
— — und Marksubstanz 139.
— — und myoide Zellen 68.
— — und Regeneration 140.
— — und Reticulumzellen 138.

Akzidentelle Involution nach Röntgenbestrahlung 122, 140.
— — und Säugung 140.
— — und Schilddrüse 139.
— — und Schwangerschaft 139.
— — und Vitalfärbung 62.
— — und Winterschlaf 140.
Alligator mississippensis, Epiphyse 3, 31, 345.
— —, Thymus 25, 35.
Alopias vulpes, Thymus 72, 77.
Altersinvolution der Epiphyse 419, 420.
— des Thymus 97, 109, 112, 116, 117, 122, 124, 125, 126, 132, 135, 136.
— der Amphibien 136.
— und Blutgefäße 116, 117.
— und Bursa Fabricii 135.
— und Desaggregation 124.
— und Fettgewebe 112.
— der Fische 136.
— und Geschlechtsreife 134.
— und Gitterfasern 109.
— und HASSALLsche Körperchen 126.
— und Kastration 136, 137.
— und Keimdrüsen 136, 137.
— und Lymphocyten 97.
— und myoide Zellen 135, 136.
— und Primitivkörper 132.
— und Pubertät 136.
— der Reptilien 136.
— der Säuger 133.
— und Sequester 122.
— und Spermiogenese 134.
— der Vögel 135.
ALTMANN-Granula 221.
Amblystoma, Epiphyse 459.
—, Paraphyse 331, 332, 333.
Alveolen, Vogelepiphyse 449.
Amia calva, Epiphyse 347, 466.
— —, Thymus 16, 27, 29, 35, 36, 37.
Amitose 380.
Ammocoetes, Parietalorgane 360, 470, 471.
Amphibien, Epiphyse 315, 331, 333, 338, 345, 358, 368, 458, 460.
—, Paraganglien 279, 294, 296.
—, Thymus 2, 3, 4, 5, 14 f., 25, 28, 31, 32, 34, 35, 36, 38, 40, 51, 56, 58, 61, 64, 65,

66, 68, 70, 71, 73, 75 87 88, 89, 90 92 106 115, 120, 136, 138, 140.
Amphioxus 325, 336.
Amsel, Thymus 13.
Anas domestica, Lymphsystem 192.
— —, Thymus 13.
Anguilla fluviatilis, Epiphyse 358.
— *vulgaris*, Epiphyse 464.
— —, Thymus 15, 38, 64, 65. 71, 89, 112, 136, 140.
Anguis fragilis, Epiphyse 325, 326, 327, 328, 344, 356, 357, 452, 453, 455, 456, 457.
— —, Thymus 14, 25, 67.
Angulus venosus 175.
Anisocytose 379.
Anneliden, chrombraune Zellen 279.
Anolis carolinensis, Epiphyse 327.
Anser domesticus, Thymus 13.
Antilope, Epiphyse 330, 432.
Anuren, Epiphyse 316, 327, 329, 345, 358, 362 368, 453, 458, 459, 460, 484.
—, Lymphsystem 192.
—, Thymus 18, 32, 64, 65, 68.
Aperturkrümmung des Thymus 22.
Apinealismus 312.
Apoda, Epiphyse 459.
Arctomys marmotta, Thymus 12.
Area postrema 334.
Arena 434.
Argyropelecus, Epiphyse 358.
Argyrophile Fibrillen s. a. Gitterfasern.
— der Epiphyse 414, 415, 416, 418.
— des Thymus 40, 66, 107 f., 108, 109, 110, 111, 117, 132.
Arius, Epiphyse 329, 358, 464, 466.
Arteriovenöse Anastomosen in Lymphknoten 225, 226.
— im Thymus 114, 117.
Arthropoden 325.
Artiodactyla, Epiphyse 430.
Ascidien, sog. Gehörorgane 331.
Astrocyten 403, 404, 405, 445.

Astrocyten, Kerne 405.
—, Lipofuscin 407.
—, Lipoide 407.
—, Pigment 407.
—, Riesenformen 404.
—, Vitamin C 407.
Asymmetrien des Thymus 22.
Atrium 469, 473.
Axolotl, Thymus 35.

Bakterienfreie Meerschwein-
    chen 13, 239, 250, 251.
Balaena, Thymus 11.
Balaenoptera borealis, Epi-
    physe 341.
Basale Lymphpforten 188.
Basalgekörnte Zellen 266.
Basalmembran der Thymus-
    anlage 29, 33.
— der Thymuscysten 91, 106,
    111.
Basophile Granulocyten im
    Thymus 101.
Bdellostoma, Parietalorgane
    360, 469.
—, Thymus 18, 27.
Belone, Epiphyse 464.
Beuteltiere, Epiphyse 353, 417.
—, Thymus 24.
Bindegewebe der Epiphyse
    413—420.
—, acidophile Elemente 423.
—, Altersveränderungen 419.
—, Berlinerblaureaktion 424.
—, Eisen 424.
—, Entwicklung 13.
—, eosinophile Myelocyten
    423.
—, Fett 417.
—, Fibrocyten 416, 426.
—, Glykogen 424.
—, histiogene Mastzellen 423.
—, hyaline Degeneration 418.
—, Kalkablagerungen 418,
    451.
—, Lymphocyten 416, 423.
— Makrophagen 424.
—. Mastzellen 416, 423.
—, Ödembildung 418.
—, Plasmazellen 423.
—, sudanophil granulierte
    Zellen 424.
—, Verkalkung 451.
—, Vitamin C 423.
—, Zellen 417, 423.
— des Thymus 37, 40f., 43,
    105f., 106, 107, 108, 109,
    110, 111, 112, 113, 126,
    129, 132, 133, 134, 135,
    136, 139.
— und akzidentelle Involu-
    tion 139.
—, circummedulläres 40, 51,
    107, 132.

Bindegewebe, Darstellung 43.
—, Entwicklung des 40.
—, interlobuläres 105.
—, Ödem des 139.
—, retikuläres 107, 112, 133.
—, Vermehrung 107.
Blennius, Epiphyse 359.
Blepharoplasten 364, 383.
— von Pinealzellen 383.
Blindschleiche s. *Anguis fra-
    gilis.*
Blutbildung im Lymph-
    knoten 211.
— und Thymus 6, 35, 95, 96,
    100, 105.
Blutgefäße der Epiphyse 355,
    420, 421.
—, Altersveränderungen 422.
—, Auftreten der 40.
—, Darstellung der 43.
—, epitheloide Muskelzellen
    107, 117.
—, Feinbau der 116f.
—, Fettkörnchen in Wandung
    der 117.
— und Gitterfasern 107.
— und Involution 116.
— der Kapsel des Thymus
    116.
—, Lipoide 423.
— der Lymphknoten 223f.,
    224 225 226.
—, Manschetten 117.
— und Nerven 119, 120, 121.
—, Pericyten 117.
—, Quellzellen 117.
—, sudanophile Massen 423.
— des Thymus 10 12, 113f.
—, Verkalkung 423.
—, Vitalspeicherung 117, 118.
Blutleiter 458.
Bombinator, Parietalorgane
    317, 459, 460.
Bos taurus, Epiphyse 336.
—, Thymus 11.
Bradypus, Epiphyse 341.
Branchiogene Cysten 19, 20,
    21, 91, 92.
Brunst 3.
Brustthymus 10, 11.
Büffel, Epiphyse 354.
Bufo vulgaris, Epiphyse, Parie-
    talorgane 316, 459, 460,
    461, 462.
Bulle, Epiphyse 317.
Bursa Fabricii 6, 112, 135.
—, Gitterfasern der 112.
— und Involution 135.
Bürstensaum der Thymus-
    zellen 90, 92.

Calculi 434.
Callichthys, Parietalorgane
    347, 358.

Calotes, Epiphyse 328, 344,
    453, 454.
Cancroidperlen 75.
Canis familiaris, Thymus 11.
Capillaren der Epiphyse 421.
— des Thymus 413.
Carnivora, Epiphyse 430.
Carotisdrüse 280, 281.
Carotissinusreflex (HERING)
    293.
Catostomus, Epiphyse 466.
Cavia cobaya, Thymus 11.
Cebiden, Epiphyse 393, 398.
Centriolen in Plasmazellen
    100.
Centrophorus granulosus, Epi-
    physe 360.
Centrosomen in Pinealzellen
    384.
Cervicalthymus 9, 10, 11, 21,
    73.
Ceratodus forsteri, Thymus 26.
Cercocebus, Thymus 11.
Cervus capreolus, Thymus 11.
— *dama*, Epiphyse 410.
Chamäleon, Epiphyse 329.
Chelonier, Parietalorgane 357,
    368, 452, 454, 458.
Chimaera monstrosa, Thymus
    18, 64, 136.
Chiroptera, Epiphyse 430.
Chondriokonten im Thymus-
    reticulum 56.
Chondriom 462.
Chromaffine Einzelzellen 263.
— Organe 263f.
Chromaffine Paraganglien
    262, 263f., 264.
—, Adrenalinbildung 277.
—, Aufbau 268.
—, Canalis inguinalis 266.
—, Darstellung 268.
—, Entwicklung 264, 265.
—, Form 267.
—, Funktion 278.
—, Ganglienzellen 272.
— und Gefäßsystem 274, 277.
—, Größe 267.
—, HIRSCHSPRUNGsche
    Krankheit 278.
— und hypernephroide Ge-
    websinseln 266.
—, Lage 265.
—. Lamellenkörperchen 272,
    273.
—, Ligamentum hepatoduo-
    denale 266.
—, — latum 266.
—, — sacrouterinum 266.
—, Lymphgefäße 274.
—, Nerven 272.
—, Nervenendorgane 272, 273.
—, Neurokrinie 278.
—, Niere 266.
—, Pathologie 277f.
—, Physiologie 277f.

Chromaffine Paraganglien, Rete ovarii 266.
—, — testis 266.
—, Rückbildung 274 275.
—, vergleichende Anatomie 279.
—, Vorkommen 265.
Chromaffine Zellen 268, 269, 270, 271.
— und Blutgefäßsystem 274.
—, Centrosomen 271.
—, Golgi-Apparat 271.
— und Nebennierenrinde 276, 277.
— und Nervensystem 272.
—, Paraganglion caroticum 285, 286, 287, 288.
—, — supracardiale 299.
—, — 301.
Chromaffinoblasten 264, 265, 271.
—, Mitosen 271.
Chromatophoren in der Epiphyse 424, 425.
Chromophile Zellen 263.
Chrysemys marginata, picta, Thymus 25.
Circummedulläres Bindegewebe des Thymus 40, 51, 107, 122, 132.
— und akzidentelle Involution des Thymus 138.
— und Reticulumzellen des Thymus 55.
Cistudo europaea, Epiphyse 357, 452.
Clupea. Parietalorgane 346, 464, 465, 466.
Colchizin, Wirkung auf den Thymus 55, 95, 138.
Coregonus, Parietalorgane 325, 329, 338, 346, 363.
Cornea 463, 469.
Coronella laevis, Thymus 14, 107, 117.
Corpora amylacea 412, 447.
— arenacea 434.
— thymica 7.
Corpus cervicale 23.
— pineale s. Epiphyse.
Corpusculum parietale 330.
Cortical layer der Thymusanlage 28.
Corvus corax, Thymus 13.
Crise caryoclasique 95.
Crocodilus porosus Thymus 25.
Crossopus, Epiphyse 336.
Cryptobranchus japonicus, Parietalorgane 331, 332.
„Cul de sac pineal" 348.
Cushing-Syndrom und Epiphyse 449.
— und Thymuscarcinome 142.
Cuticularsaum, Epiphyse 387.
— an Thymuszellen 90, 92.

Cyclodus Epiphyse 454.
Cyclostomen Epiphyse, Parietalorgane 348, 360, 368, 469f.
—, Paraganglien 279.
—, Thymus 18, 27.
Cyn scephalus babuin, Epiphyse 338.
Cynomolgus, Epiphyse 336.
Cyprinodonten 346.
Cyprinus carassius, Epiphyse 329.
—, Thymus 15.
Cysten der Epiphysis cerebri 402, 445—449.
— — und Blutungen 449.
— —, Entstehung 445, 448.
— —, Inhalt 447.
— — und Krankheitsbilder 449.
— —, Verdichtungszone 445.
— des Thymus 19, 20, 21, 39, 91f., 92.
— —, autochthone 91.
— —, Basalmembran der 91, 106, 111.
— —, branchiogene 19, 20, 21, 91, 92.
— — und Gefäßobliteration 122.
— — und Hassallsche Körperchen 80, 81.
— —, Pigment in 91.
— —, Sekretion der 92.
— — und Sequesterbildung 91, 122.
Cysterna chyli 193.

Damhirsch, Epiphyse 434.
Dasypus novemcinctus, Epiphyse 41.
— *villosus,* Epiphyse 341.
Decussatio epiphysis 469.
Delphinus delphis, Thymus 11.
—, *longirostris,* Epiphyse 341.
Dermogenys, Parietalorgane 331, 346, 464, 465.
Dermoidcysten im Thymus 91.
Desaggregation des Thymus 80, 122.
Descensus cordis 21.
— des Thymus 21.
Desmognathus, Epiphyse 454.
Diabetes mellitus und Epiphyse 483.
Diaphyse 338.
Didelphys virginiana, Epiphyse 330, 334, 341, 342, 365.
—, Thymus 11, 12, 24.
Diplosomen im Ependym 399, 401.
— in Pinealzellen 383.
— in Reticulumzellen des Thymus 55.

Dipnoer, Parietalorgane 346, 358, 464.
—, Thymus 26.
Dissoziationsherde im Thymus 59, 124f.
— und Reticulumzellen 59.
Diverticulum pineale 339.
Dopareaktion 386.
Doppelepiphysen 338, 345.
Dorsalsack 323.
Dressur blinder Elritzen 329.
Drüsengranula in Pinealzellen 381, 382.
Drüsennervenzellen 331.
Drüsensinneszellen 331.
Ductus branchialis 20.
— praecervicalis 23.
— thoracicus 175, 177, 178, 193, 199, 226, 227.
— thymopharyngeus 19.

Echidna, Epiphyse 338, 353.
Edentaten, Epiphyse 341.
Eichhörnchen, Paraganglien 288.
Eidechse, Lymphsystem 192.
—, Thymus 71, 106.
Eisenreaktion in der Epiphyse 386, 387, 424, 425.
— in Hassallschen Körperchen 77, 78, 79.
— und Kalk 79.
— des Thymusreticulums 60, 61.
Eiweißstoffwechsel und Lymphsystem 253.
Eisen 406, 439.
„Ektodermal zone" der Thymusanlage 35.
Elasmobranchier, Parietalorgane 347, 360, 368, 466.
Elastische Fasern im Thymus 40, 105, 117.
— des Keimlings 40.
Elefant, Epiphyse 341, 353.
Elephantopus planiceps, Parietalorgane 345, 357.
Ellipsoid 461, 462.
Elritze, Parietalorgane 329.
Emys, Epiphyse 338, 345, 454.
—, Thymus 14.
Encephalitis, tuberkulöse 313.
Endblase 356, 459.
Endonukleäres Pigment 426.
Ente, Epiphyse 336, 343.
— Lymphsystem 190, 193, 231.
—, Thymus 24, 142.
Enterochromaffine Zellen 266.
Eosinophile Granulocyten im Thymus 96, 100f.
Eosinophile Zellen des Hypophysenvorderlappens und Epiphyse 481.

Ependym 331, 335, 369, 387,
398, 399, 400, 401, 402.
—, Astrocyten 402.
—, Diplosomen 399, 401.
—, Flimmerhärchen 400.
—, Kernkugeln 399.
—, Rosetten 401, 402.
—, Rückbildung 399, 400.
Epiglandol 481.
Epiphysan 318.
Epiphysenstiel 462, 473.
Epiphysis cerebri, Abnut-
zungspigment 425.
— und Adenohypophyse 481.
— und Adrenalin 321.
—, Adventitialzellen 422.
—, akzidentelle Involution
420.
—, Altersinvolution 419, 420,
475 f.
—, Altersunterschiede 352,
355.
—, Altersveränderungen 419,
420.
— in altindischer Literatur
311.
—, Aplasie 342.
—, Architektur 363, 364.
—, argyrophile Fibrillen 414,
415, 416, 418, 476.
— und äußere Faktoren 475,
483.
— und Belichtung 323, 329,
483.
—, Bindegewebe 413—420
s. d.
—, Blutgefäße 355, 420, 421,
466.
—, Capillaren 421.
—, Chromatophoren 424, 425.
—, Cysten 364, s. a. d.
—, Degeneration 475, 476.
— und Diabetes mellitus 483.
—, Doppelbildungen 338.
—, Eisen 424, 425.
—, Entdeckung 309.
—, Entfernung 481.
— Entwicklung bei Amphi-
bien 345, 346.
— — bei Fischen 346, 347,
348.
— — bei Mensch 339, 340,
341.
—, — bei Reptilien 344, 345.
—, — bei Säugern 341.
—, — bei Vögeln 343, 344.
—, Entwicklungsphysiologie
338.
—, eosinophile Myelocyten
421.
— und Epithalamus 434.
— und Epithelkörper 483.
— und Erektion 319.
—, Exstirpation 314f., 315,
316.

Epiphysis, Extrakte 317, 318,
320, 481.
—, Farbe 341, 354.
—, Fett 417.
—, Fettgewebe 417.
— und Fettstoffwechsel 312,
320.
—, Fettzellen 417.
—, Fibras ensortijadas 415.
—, Fibrocyten 416.
—, Follikel 364, 366, 368, 481.
—, —, Entstehung 364.
—, —, bei Vögeln 368.
—, Form 348, 349, 352, 353.
—, Ganglienzelle 451.
—, Gefäße 355, 359, 360.
—, Gefäßobliteration 482.
—, Geschlechtsunterschiede
319, 353, 355.
—, Gewicht 351, 352, 354, 355.
—, Gestalt 319, 320.
—, Gliaflecken 364, 482 s. a. d.
— und Glykogengehalt der
Leber 316.
—, Größe 348, 349, 350, 351,
353, 354.
—, Historisches 309f.
—, Höhlenbildungen 341, 342,
343.
—, Hohlorgantypus 452.
—, homogener Typ 363.
—, Hyperplasie 341.
— und Hypophyse 481.
—, Hypoplasie 341.
— und Hypothalamus 313,
316, 434.
—, Innervation 355, 428 bis
434, 452.
—, —, zentrale 430.
— und Insulin 483.
—, Involution 319.
— und Kastration 479f., 480.
— und Keimdrüsen 477.
— und Kreislauf 320.
— und Kretinismus 482.
—, Kalkablagerungen 482.
— von Kastraten 355.
— und Kastration 320.
—, Kauterisierung 316.
—, Kachexie 312.
— und Keimdrüsen 312, 315,
317, 318, 319, 320, 483.
— und Kolpokeratose 318.
—, Konkremente 434—445.
—, Konsistenz 349, 350, 354.
—, Kontraktionen 321.
—, Läppchen 364, 366.
—, —, Entstehung 364.
— und Libido 482.
— und Lichtreiz 323, 483.
— und Liquor cerebrospinalis
321, 322.
— und Lokalisationslehre
310.
—, Lumina 364, 365, 451.

Epiphysis, Lymphgefäße 420,
421, 422.
—, Lymphocyten 416, 421,
451.
— und Macrogenitosomia
312, 313.
—, Makrophagen 421, 425.
—, Masse 350.
—, Mastzellen 416, 421.
—, Melanin 425, 426.
— und Metamorphose 316,
482.
—, Mitochondrien 450.
— und Morbus Basedow 482.
—, Muskelzellen, glatte 428.
— und Nebenniere 480, 481.
— des Neugeborenen 350,
364.
—, Oberfläche 349, 354.
— und Pankreasinseln 483.
— und Parietalauge 312, s. d.
—, Parietalorgane 323.
—, Pericyten 422.
—, Philosophie 310.
— und Phosphorgehalt des
Blutes 320.
— und Photoreception 322.
—, Pigment 366, 384, 421.
—, Pigmentzellen 424, 425,
452.
—, Pinealzellen 368f. s. d.
—, Plasmazellen 421.
— und Plexus chorioideus
466.
—, pseudoalveolärer Typ 303.
—, Psychologie 310.
—, Pubertas praecox 313.
— und Pubertät 319, 475.
—, Riesenzellen 425.
—, Ringelfasern 415.
— und Schilddrüse 481, 482.
—, Schwangerschaftsverände-
rungen 319, 320, 477f.,
478.
—, Seele 310.
—, Sekret 422.
—, Sekretion 331.
—, — innere 331.
—, Sekretcapillaren 422.
—, Sklerose 420, 475.
—, Stiel 451, 462, 473.
— und Stoffwechsel 320.
—, Stützgerüst 413—420.
— und subkommissurales
Organ 237.
—, sudanophile Massen 423.
—, Teratome 312.
— und Thymus 483.
— und Thyreotoxikose 483.
—, Topik 348.
—, Tubuli 364, 365, 450, 481.
—, Tumoren 312f.
—, Untersuchungsmethodik
360.
—, Vascularisierung 364.
—, Venenknäuel 420.

Epiphysis, Verfütterung 316, 481.
— und vergleichende Anatomie 311.
—, Verkalkung der Fasern 415.
—. VIRCHOW-ROBINscher Raum 417, 419, 421.
— und Vitamin C 322.
— der Vögel, Feinbau 449 bis 451.
— und Wachstum 312, 314, 317, 318.
— und Wärmeregulation 312.
— und Wundernetze 312.
— und Zwischenhirn 313, 316.
Epithalamus und Epiphyse 434.
Epithelkörper und Epiphyse 438.
— und Paraganglien 295.
— und Thymus 12, 19, 24, 85, 142.
Epitheloide Muskelzellen im Thymus 107, 117.
Equiden, Epiphyse 419.
Equus caballus, Epiphyse 330.
—, Thymus 11.
Erektion und Epiphyse 319.
Erinaceus europaeus, Thymus 11.
Ernährung und Thymus 138f.
Ersatzellipsoid 461, 462.
Erythrocyten, Abbau in Lymphknoten 254.
Erythropoese im Thymus 105.
Esel, Epiphyse 354, 371, 374, 392, 414, 424.
Esox lucius, Thymus 15.

Fasciculus retroflexus 433.
Feldmaus, Thymus 18, 24.
Felis domestica, Thymus 11.
Fett der Epiphyse 417.
— des Thymus 129.
Fettgewebe der Epiphyse 417.
— und akzidentelle Involution 112.
—, Atrophie 139.
—, Chemismus 113.
— und Involution 126f.
—, quantitative Bestimmung 43f.
— und Reticulumzellen 113.
— des Thymus 7, 106, 109, 112f., 126, 139.
— und Winterschlafdrüse 112.
Fettkörnchenzellen und Reticulumzellen 59.
— im Thymus 59.
Fettstoffe des Thymus 113.
Fettstoffwechsel und Epiphyse 312.

Fetttransport im Thymus 113.
Fettverdauung und Lymphsystem 252, 253.
Fettzellen im Thymus 106, 112 s. a. Fettgewebe.
Fibrae pineales 431.
— praepineales 431.
Fibras ensortijadas 415.
Fibrin in Epiphysencysten 443.
Fibrocyten der Epiphyse 416.
—. erstes Auftreten 129.
—, fetthaltige 113.
— im Thymus 106, 112, 129, 133.
Fische, Epiphyse, Parietalorgane 327, 333, 346, 358, 361, 363, 368, 484.
—, Lymphsystem 192.
—, Paraganglien 279, 294, 296.
—, Thymus 15, 18, 26, 28, 36, 40, 41, 66, 72, 106.
Fledermaus, Epiphyse 342.
—, Lymphsystem 223, 24.
—, Paraganglien 283, 288.
—, Thymus 18, 22, 24.
Flimmercysten im Thymus 90, 91.
Flimmerhärchen, Ependym 400.
Flimmerkrater im Thymus 90.
Flimmerzellen im Thymus 78, 90, 124.
— in Sequestercysten der 124.
Foramen, parietale 325, 347, 358, 359.
—, pineale 358.
Forelle, Thymus 26.
Frosch, Parietalorgane 317, 325, 331.
—, Lymphsystem 186, 192.
—, Thymus 2, 5, 31, 61, 68, 70, 87, 88, 89, 90, 136. 138.

Galeopithecus volans, Thymus 11.
Galeus, Parietalorgane 360.
—, Thymus 13.
Gallertgewebe im Thymus 136.
Gallus domesticus, Epiphyse 368.
Ganglienzellen s. Nervenzellen.
Ganglion ciliare, Paraganglien 280.
— parietale 330, 432.
— psalterii 333.
— stellatum 265.
Ganglioneurome 313.
Ganoiden, Epiphyse, Parietalorgane 323, 325, 347, 360, 368, 466.
—, Thymus 16, 18, 27, 35, 37.
Gans, Paraganglien 295.

Gaumensegel, Thymus im 24.
Gecko, Parietalorgane 333, 344, 454.
Gefäßarchitektur des Thymus 107, 113f., 116, 117.
—, und Involution 116, 117.
Geschlechtshormone und Thymus 5, 134, 137, 140.
Geschlechtsreife und Thymus 5, 134f., 135, 136, 137.
Gewebekultur des Thymus 41, 42, 54, 70, 76, 77, 78, 79, 94.
Gibbon, Epiphyse 353, 431.
Gitterfasern und Altersinvolution 109, 132.
— und Blutgefäße des 107, 117.
— der Bursa Fabricii 112.
— und Cysten 111.
—, Darstellung der 42.
—, Entstehung der 40, 41, 112.
— in der Epiphysis cerebri 414. 415, 416, 418.
— und Gefäßarchitektur 107.
— und HASSALLsche Körperchen 107f., 108.
— in Lymphknoten 83.
— und myoide Zellen 68, 70, 108.
— und retikuläres Bindegewebe 108.
— im Thymus 40, 41, 68, 70, 106, 107f., 108, 109, 110, 111, 112, 117, 132.
—, Veränderungen der 111.
Glandula pinealis s. Epiphyse.
— submandibularis 265, 266.
— tympanica 266.
Glasaal, Thymus 15.
Glia 412—413.
Gliafasern 369, 378, 408, 417, 426.
— und Cysten 445, 446.
— Entstehung 426.
— und Lebensalter 408, 409.
Gliaflecken 409. 410, 411, 420, 422, 482.
—, Degeneration 411.
—, Entstehung 411.
Gliagrenzmembran 403.
Gliareticulum 408, 409, 421.
Gliazellen 369, 378, 389, 390, 403f.
—, Fibrillen 405.
—, Kerne 405.
—, Sekretion 407.
Gliocyten 405, 445.
Gliose 409, 410.
Gliosomen 407.
Glomus coccygeum 302.
Glykogengehalt der Leber und Epiphyse 316.
Glykogenreaktion 65, 212, 387.
— der myoiden Zellen 65.
— der Pinealzellen 387.

Gobius, Parietalorgane 329, 346, 358, 464.
—, Thymus 92.
Golgi-Apparat in Reticulumzellen des Thymus 55, 56.
Gongylus ocellatus, Thymus 25.
Gorilla, Thymus 80.
Granulccyten im Thymus 51, 96, 100f.
— —, basophile 96, 101.
— — und Bindegewebsmastzellen 101.
— —, eosinophile 96, 100f.
— — und Hassallsche Körperchen 103.
— — und histiogene Mastzellen 101.
— —, intracapillare Bildung 104.
— — und Leukämie 104.
— —, lokale Entstehung 100f.
— —, neutrophile 96, 101.
— — und Myelocyten 101, 127.

Habitus hypoplasticus 230.
Hahn, Epiphyse 315, 318, 481, 483, 479.
—, Thymus 144.
Haifische, Epiphyse, Parietalorgane 453.
—, Paraganglien 279.
—, Thymus 27.
Halbmondkörperchen 471, 472.
Halsthymus 9, 10, 11, 21, 73.
Hammel, Epiphyse 382, 392.
Hämolymphknoten 253, 254.
Hämosiderinpigment in der Epiphyse 439.
— im Thymus 60.
Harnblase 266.
Hassallsche Körperchen 20, 39, 40, 43, 51, 71f., 72, 73, 74, 75, 76, 77, 78, 79, 80, 81, 82, 83, 84, 85, 86, 87, 88, 103, 107, 108, 119, 126, 127, 129, 131, 132, 133, 134, 135, 139.
—, und akzidentelle Involution 139.
— und Altersinvolution 126f.
— und Blutgefäße 73, 77, 114.
—, Cysten 39, 78.
—, degenerative Veränderungen 77.
—, Depression 85.
—, Desaggregation 80, 122 s. a. d.
—, einzellige 74.
—, Eisenreaktion 77.

Hassallsche Körperchen, ektodermale Entstehung 40, 73.
— bei Embryonen 39f.
—, Entstehung 20, 39, 40, 72f., 75.
— und eosinophile Granulocyten 103.
— und Erkrankungen 84.
—, Excitation 85.
—, extrathymische 72, 75.
—, Fette 79.
—, Flimmerhärchen in 78.
—, funktionelle Bedeutung 85f.
—, Gewebekultur 76.
— und Gitterfasern 107, 108.
—, Größe 82, 83, 84.
—, Herkunft 72.
— und Hunger 85.
—, Innervation 41, 75, 120.
— und Involution 126f.
— beim Keimling 126.
—, Kephaline 77.
— des Kindes 129.
—, leukocyteninvadierte 81, 139.
—, Lipoide 79.
— und Lymphgefäße 77, 119.
— in der Milz 72.
— und Morbus Basedow 85.
—, Polysaccharidreaktion 77.
—, progressive 80.
—, quantitatives Verhalten 82f., 126f.
—, regressive Formen 80.
— und Reticulumzellen 73, 74, 75, 76.
— und Sequestercysten 78, 122.
— in Tonsillen 72, 75, 80.
—, Vakuolen 39.
—, vasogene Entstehung 73.
—, Verhornung der 80.
—, Verkalkung 78, 79, 81.
—, Vermehrung 84.
—, Verminderung 84.
—, Vitalfärbung 77.
—, Vitamin C in 77.
— der Vögel 40.
— und Winterschlaf 85.
—, Zahl, 79, 82, 83, 84, 85, 86, 126f., 129, 131, 132, 133, 139.
— —, Bestimmung der 43, 44.
— im Zungenbalg 72.
—, zusammengesetzte 75.
Hatteria, Paritealorgane 452, 455.
Haustiere, Lymphsystem 181.
—, Thymus 11, 12.
Haussperling, Epiphyse 343.
Hemidactylus, Epiphyse 344.
Hemiramphus, Parietalorgane 464.
Hengst, Epiphyse 334.

Heptanchus cinereus, Thymus 27.
Hilusbindegewebe des Thymus 106.
Hirnsand s. Konkremente.
Hirsch, Epiphyse 343.
Histiogene Mastzellen im Thymus 101.
Homodynamie des Schlundtaschenepithels 24.
Huhn, Epiphyse 315, 316, 317, 320, 343, 344, 356, 449, 450, 451, 481, 477.
—. Lymphsystem 192, 231, 253.
—, Paraganglien 295.
—, Thymus 13, 24, 35, 40, 66, 67, 70, 71, 72, 87, 90, 97, 122, 135, 137, 142.
Hulman, Epiphyse, Parietalorgane 432.
Hund, Epiphyse, Parietalorgane 314, 318. 319, 334, 335, 337, 338, 353, 354, 355, 366, 367, 374, 375, 380, 405, 412, 414, 422, 424, 430, 431, 432, 433, 481, 483, 478, 480.
—, Lymphsystem 175, 180, 182, 187, 191, 204, 211, 212, 213, 222, 229, 254.
—, Paraganglien 274, 278, 280, 283, 288, 291.
—, Thymus 11, 12, 18, 22, 24, 35, 37, 48, 61, 66, 72, 75, 78, 80, 87, 90, 91, 92, 115, 122, 135, 139, 142, 143, 144.
Hydrocephalus internus 313.
Hyla, Thymus 31.
Hyliden, Parietalorgane 346, 459.
Hylobates leuciscus, Epiphyse, Parietalorgane 338.
Hypendym 334, 343.
Hyperpinealismus 312.
Hyperthymie 145.
Hypernephroide Gewebsinseln 266.
Hypophyse und Epiphyse 316, 318, 481.
— und Thymus 137, 142, 143.
Hypophysenhormon, gonadotropes 142.
—, und Thymusinvolution 137.
Hypopinealismus 312.
Hypothalamus 313, 316.
— und Epiphyse 434.
— und Pubertas praecox 313.

Igel, Epiphyse 336, 341, 342.
—, Lymphsystem 222, 223, 231, 248, 249, 253.

Igel, Paraganglien 283, 284, 288, 292.
—, Thymus 12, 41, 59, 92, 93, 97, 112, 113, 117, 119, 140.
Ichthyophis glutinosus, Parietalorgane 331, 358, 459.
— —, Thymus 89, 136.
Iguana, Parietalorgane 328. 344, 453, 456.
Immigrationslehre, Thymus 30, 31f.
Inkretorische Organe und Epiphyse 477.
— — und Thymus 140f.
Innervation der Epiphyse 355, 428—434, 452.
— des Thymus 10, 12f., 14, 41, 119, 120.
—, Grundplan der 120.
—, zentrale 430.
Inselapparat des Pankreas und Epiphyse 483.
— — und Thymus 143, 144.
Insulin und Epiphyse 483.
— und Thymus 143, 144.
Insekten 317.
Insektivoren, Epiphyse 343, 430.
Intercolumnar tubercle 333.
Intercostalräume, Paraganglien in 265.
Interrenalkörper 279.
Interstitielle Zellen des Hodens 137.
— — im Thymus 69.
Involution der Epiphyse 475.
— des Thymus 125, 134f., 138f.
—, akzidentelle 125, 138f., s. a. d.
— und Alter 125, s. a. d.
—, Ausbleiben der 126.
—, — und Avitaminosen 138.
—, — und Bindegewebe 139.
—, — und Blutgefäße 116.
—, — und Cysten 92, 136.
— und Ernährung 138.
— beim Fetus 139.
— — und Gallertgewebe 136.
— — und Geschlechtshormone 137.
— und Geschlechtsreife 134f., 136.
— und Hypophyse 137.
— und HASSALLsche Körperchen 126, 139.
— und Infektionen 139.
— und Jahreszyklus 125.
— und Kastration 137.
— und Lymphocyten 138, s. a. d.
— und Marksubstanz 139.
— und myoide Zellen 135, 136.
— und Pubertät 125, 137.

Involution und Rasse 138.
— und Regeneration 140.
— und Reticulumzellen 138.
— und Rinde 138.
— und Röntgenbestrahlung 122, 138, 140.
— und Schilddrüse 139.
— und Schwangerschaft 125.
— und Spermiogenese 134f.
— des Thymus 122, 125f., 126, 131, 132, 133, 134, 135, 136, 137, 138, 139, 140.
— und Vergiftungen 85, 138, 139.
Irreguläre Zellgruppen im Thymusmark 87f.

Javaneraffe, Epiphyse 413.

Kachexie 312.
Kalb, Epiphyse 317, 318, 321, 337, 365, 381, 428, 436.
—, Thymus 5, 24, 39, 48, 100, 112, 113, 119, 138.
Kalkkonkremente 369 s. Konkremente.
Kamel, Epiphyse 475.
Kaninchen, Epiphyse 314, 318, 320, 321, 334, 338, 342, 343, 353, 354, 355, 363, 365, 379, 382, 385, 392, 402, 411, 414, 423, 424, 429, 433, 445, 481, 478, 479.
— Lymphsystem 176, 182, 191, 192, 207, 211, 212, 226, 229, 233, 235, 236, 238, 239, 247.
—, Paraganglien 277, 288.
—, Thymus 2, 5, 12, 13, 18, 24, 32, 34, 35, 37, 38, 39, 43, 45, 48, 55, 56, 59, 61, 62, 63, 76, 80, 83, 84, 85, 86, 93, 94, 96, 101, 103, 105, 109, 112, 115, 118, 119, 133, 134, 137, 138, 139, 142, 144.
Katze, Epiphyse 317, 318, 320, 338, 342, 353, 354, 385, 404, 405, 406, 422, 424, 433, 479, 481, 483.
—, Lymphsystem 182, 183, 192, 211, 212, 217, 221, 222, 226.
—, Paraganglien 266, 268, 271, 288, 290, 291.
—, Thymus 12, 24, 31, 35, 39, 40, 65, 66, 80, 91, 93, 105, 113, 114, 115, 139, 144.
Kastration und Epiphyse 320, 355, 479, 480.
— und Thymus 136, 137.

Kaulquappe, Epiphyse, Parietalorgane 315, 316.
—, Lymphsystem 192.
—, Thymus 2, 3, 71.
Keimdrüsen 2, 3, 125, 134, 136, 137, 140, 477—488.
Keimzentren im Thymus 99.
Kephaline in HASSALLschen Körperchen 77.
Kernexkretion 380, 381, 391, 396, 397.
Kernknospen in der Epiphyse 381.
— der Thymuslymphocyten 97.
Kernkugeln 375, 380, 391, 392, 393f.
—, Ausstoßung 395, 396.
—, Chemismus 396, 397.
—, Ependym 399.
—, Färbung 361, 394.
—, Genese 394.
—, Größe 393.
—, Kernruptur 395.
—, Nukleolen 394.
—, Pigment in 397.
—, Randgeflecht 393.
—, Struktur 393, 394.
Kernruptur 395.
Kernsekretion 381, 396, 397.
Kiebitz, Epiphyse 343.
—, Thymus 24.
Klippschliefer, Epiphyse 353.
Knorpeleinschlüsse im Thymus 119.
Knorpelfische, Paraganglien 262.
Kohlenstaub in Lymphknoten 212.
Kohlehydratstoffwechsel und Lymphsystem 253.
Kolkrabe, Epiphyse 451.
Kolloidcysten, paraphysäre 331.
Kolpokeratose 318.
Κωνάριον 309.
Konkremente der Epiphyse 434—445; s. a. d.
—, Ausfallserscheinungen 445.
—, Bedeutung 444.
—, Chemismus 438.
—, Eisen 439.
—, Entstehung 440, 441, 442.
—, Farbe 437.
—, Form 437.
—, Hämosiderin 439.
—, Konsistenz 437.
—, korallenförmige 442, 443.
—, Lagebestimmung 435.
—, Lebensalter und 436, 437.
—, und Pinealzellen 439.
— im Plexus chorioideus 435.
—, Röntgendarstellung 435, 436, 437.
—, Struktur 437.
—, Vorstufen 442.

Konservendosentheorie 98.
Kontraktion der Epiphyse 321.
— der myoiden Zellen 70.
Krähe, Thymus 57.
Kreislauf und Epiphyse 320.
Kretinismus und Epiphyse 482.
Krokodil, Parietalorgane 323, 327, 331, 357.
Kröte. Epiphyse 459 f.
—, Lymphsystem 186, 192.
— Parietalorgane 332, 345, 364.
—, Thymus 35, 120.
Kuh, Epiphyse 320, 353, 354, 444, 477.
Kurzstrahler 404.

Labrus, Thymus 92, 119.
Lacerta, Parietalorgane 325, 326, 327, 328, 344, 357, 432, 453, 454, 455, 456, 457.
—, Thymus 14, 25, 31.
Lachs, Thymus 527.
Lagenorhynchus obliquidens, Epiphyse 341.
Lamellenkörperchen in Paraganglien 272, 273.
Lamellirostren, Lymphsystem 232.
Lamna cornubica, Epiphyse 467.
Langstrahler 404, 405.
Langur, Epiphyse 432.
Lapilli 434.
Lemuren, Lymphsystem 192.
—, Thymus 11.
Leontopithecus rosalia, Epiphyse 432.
Lepidosiren paradoxa, Parietalorgane 333, 340.
—, Thymus 26.
Lepidosteus osseus, Thymus 16, 27, 33, 37.
Lepus cuniculus, Epiphyse 330.
—, Thymus 11.
Leuciscus rutilus, Parietalorgane 358, 465.
Leukämie und Thymus 104, 105.
Leukocyteninvadierte HASSALLsche Körperchen 81, 139.
LEYDIGsche Zwischenzellen 266.
LEYDIGsches Organ 325.
Libido 482.
Lichtreiz und Epiphyse 323, 483, 484.
Ligamentum sternopericardiacum 9.
Lipofuscin 407.

Lipoide in Pinealzellen 387.
Liquor cerebrospinalis 186, 187, 188, 189.
— und Epiphyse 321, 322, 466.
— und Parietalorgane 321, 334, 337, 466.
LOESCHKEsche Scheiden 189, 190.
Lophius piscatorius, Parietalorgane 358.
Lucilia Caesar 317.
Luteoantin 318.
Lymph-Liquor-Barriere 188.
Lymphatisches Gewebe 200, 201, 204f.
—, Grundgewebe 201.
—, myeloische Zellen im 211.
Lymphcapillaren 182, 183f., 186.
—, Darm 183, 195.
—, Darstellung 183.
—, Durchlässigkeit 185.
—, Endothel 183.
—, Gitterfasern 183.
—, intralymphatische 213.
—. Lymphsäcke 186.
—, Mesothel 185.
—, Muskelzellen 184.
—, offene 183.
—, PACCHIONIsche Granulationen 185, 188.
—, Phagocytose 185.
—, Pleuroperitonealepithel 185, 186.
—, Sinus subscapularis 186.
—, — subvertebralis 186.
—, Stigmata 184, 185, 186.
—, Stomata 184, 185, 186.
—, Wasserstoffsuperoxyd 185.
Lymphgefäße 173, 174f., 178, 179f.
—, Altersanatomie 191, 192.
—, Angulus venosus 175.
—, Anordnung 174.
—. Augenkammer 187.
—, Bauchhöhle 182, 185, 186, 193.
—, Bindegewebe 176.
— und Blutgefäße 174, 175, 193.
—, Cerebrospinalflüssigkeit 186, 187, 188, 189.
—, Cölom 187.
—, Cysterna chyli 193.
—, Darstellung 174, 180, 181.
—, — Röntgen- 174.
—, Ductus thoracicus 175, 177, 178, 193, 194, 226, 227.
—, Dura mater 185.
—, Durchlässigkeit 182, 184, 185.
—, Elastica 178, 182, 191.
—, Embryologie 190, 191.

Lymphgefäße, Endothel 176, 181, 182, 183, 184.
— der Epiphyse 420, 421, 422.
—, Gehirn 188, 189.
—, Gehörgang 187.
—, Gelenkhöhlen 187.
— des Halses 177, 193.
— und HASSALLsche Körperchen 77, 119.
—, Haut 176.
—, interlobuläre 119.
—, interfollikuläre 119.
—, Klappen 177, 178, 179, 180, 181, 186, 191, 194.
—, —, Entwicklung 190, 191.
—, Kollateralen 177.
—, Labyrinth 187.
—, Lebendbeobachtung 186.
—, Leber 176.
—, lumbale 175.
—, Mediastinum 182.
—, Morphologie 178.
—, Muskulatur 178, 180, 181, 182, 183, 191, 194, 195.
—, Nervensystem 186, 187, 188, 189.
—, Nierenhilus 176.
—, Parabioseratten 176.
—, Physiologie 193, 194, 195.
—, Regeneration 176, 177.
— und retikuloendotheliales System 183.
—, Schaltungsgesetz 175.
—, Schilddrüse 10, 175.
—, Schleimhäute 176.
—, Sprossung 176, 177.
—, Subduralhöhle 185.
—, Sympathektomie 177.
—, Thorotrast 187.
—, Thorax 193.
— des Thymus 10, 38, 77, 97, 118f., 119.
—, Trichterklappen 181, 186, 192, 193.
—, Tumoren 176.
—, Unterbindung 177, 178.
— und Venen 175, 176.
—, vergleichende Anatomie 192, 193.
—, Wasserstoffsuperoxyd 185.
—, Zwerchfell 185, 193.
Lymphherzen 192, 194.
—, Exstirpation 192.
Lymphknoten 4, 173, 175, 176, 200f.
—, Achsel 208, 227.
—, Altersanatomie 227f.
—, allgemeines 207.
—, Aorta 208.
—, Arterien 223.
—, arteriovenöse Anastomosen 225, 226.
—, Bau 208.
—, Blutbildung 211.
—, Blutgefäße 223f., 224, 225.

Lymphknoten, Eiweißstoffwechsel 253.
—, Embryologie 226.
—, Erythrocyten im 254.
—, —, Abbau 254.
—, Fettverdauung 252, 253.
—, Follikel 200, 201, 203, 204.
—, Form 208.
—, Fremdkörper 234, 235.
—, Gefäßarchitektur 223 f.
—, Gefäßknäuel 224.
—, Größe 208.
—, Hals 208, 227.
—, inguinale 208.
—, inkonstante 208.
—, Kapsel 212.
—, Keimzentren 200, 201,202.
—, Klappen 212.
—. Kohlehydrate 253.
—, Läppchen 209.
—, Lobuli 209.
—, Leisten 227.
—, Lunge 208.
— und Lymphgefäße 175.
—, Lymphocytenbildung
    233f., 234, 241.
—, Mesenterium 208.
—, Morphologie 209, 210.
—, Muskelzellen 212, 213.
—, Neubildung 176, 228, 229.
—, Phagocytose 235.
—, Physiologie 233—254.
—, Plasmazellen 211, 213.
—, popliteale 182.
—, Pseudosekundärknötchen
    203.
—, Reaktionsherde 203.
—, Reaktionsknötchen 203.
—, Reaktionszentren 202,203.
—, Reizung 209.
—, Rinde 209.
—, Sekundärknötchen 200,
    201, 202, 203, 209, 210,
    211.
—, Sinus 212.
—, Sinusendothel 183.
— und Thymus 228.
—, Transplantation 229.
—, Trachea 208.
—, Typen 207.
—, Übergangssekundärknötchen 203.
—, Vasa afferentia 182.
—, — efferentia 175, 181,182.
—, Venen 223.
—, vergleichende Anatomie
    231, 232.
—, Vitamine 253.
—, Zahl 208.
Lymphknötchen 173, 200f.,
    204f.
—, Appendix 207.
—, Darm 204, 207.
—, Knochenmark 207.
—, Schilddrüse 204.

Lymhpknötchen, Schleimhäute 204.
—, Speicheldrüsen 204.
—, Uterus 207.
Lymphoblasten 220.
Lymphocyten und bakterienfreie Meerschweinchen
    204.
— im Darm 205, 206.
—, Abwandlung 97.
— bei akzidenteller Involution 125, 138.
— bei Altersinvolution 97.
—, amöboide Beweglichkeit
    93.
—, Chemismus 98.
—, Cytoplasma 32, 35, 93.
—, Differenzierungsvermögen
    96, 103.
—, Einwanderung 31, 32, 33,
    34, 35, 36, 37, 93.
— in der Epiphyse 416, 421,
    451.
—, Fettablagerungen 93, 94.
—, Fettpunktierung 94.
—, funktionelles Verhalten
    der 94 f.
—, in der Gewebekultur 94,
    103.
—, große 32, 33, 35.
—, Immigration 30, 31, 32f.
—, Kerne 93.
—, Kernvakuolen 93.
—, Kurloffkörper in 94.
—. Lipoidtröpfchen 94.
— im Lymphknoten 201,203,
    204, 205, 206.
—. Mitochondrien 93.
—. Mitosen der 34, 95.
—, Neutralrotgranula 94.
—, Nucleolen 93.
—, Oxydasereaktion 93f.
—, Schicksal der 97.
—, serologisches Verhalten 99.
—. Supravitalfärbung 41, 94.
— im Thymus 30, 31, 32, 33,
    34, 35, 36, 37, 38, 42,
    92f., 93, 94, 96, 97, 98,
    103, 125, 138.
— und tingible Körperchen
    97.
—, Überinfiltration 97, 132.
—, Vitamin C 94.
Lymphoepitheliale Organe 6.
Lymphoides Gewebe 200.
Lymphsäcke 186.
Lymphscheiden 189f.
Lymphsinus 212.
—, Endothel 212.
—, Lymphoblasten 213.
—, Lymphocyten 213.
—, marginaler 212.
—, Monocyten 213.
—, Plasmazellen 213.
—, V. afferentia 212.
Lymphstrom 177, 184, 193f.

Macacus rhesus, Epiphyse 336,
    353, 413, 430, 431, 433.
— —, Lymphsystem 192.
— —, Thymus 11.
Macrogenitosomia praecox
    (PELLIZZI) 312, 313.
Makrophagen in Lymphknoten 221, 222.
— in der Epiphyse 421, 425.
— im Thymus 59.
Manis javanensis, Epiphyse
    341.
Markbaum des Thymus 47f.,
    48.
Marksubstanz der Nebenniere
    s. Paraganglion suprarenale.
Markzone der Thymusanlage
    35, 36.
Marones, Parietalorgane 358,
    359.
Marsupialier, Thymus 18.
Mastzellen in der Epiphyse
    416, 421.
— im Thymus 100f.
— —, Jugendformen 102.
Mauergecko, Epiphyse 344.
Maulwurf, Epiphyse 342, 430.
—, Paraganglien 288.
—, Thymus 18, 23, 40, 140.
Maus, Epiphyse 314, 315, 317,
    318, 342, 343, 353, 366,
    392, 398.
—, Lymphsystem 212, 226,
    231, 247, 248, 249, 250.
—, Paraganglien 278, 283,288,
    290.
—, Thymus 3, 23, 31, 32, 38,
    54, 60, 62, 63, 80, 89, 91,
    93, 120, 135, 138, 139.
Meerschweinchen, Epiphyse,
    Parietalorgane 317, 318,
    320, 337, 338, 342, 343,
    380, 445, 478.
—, Lymphsystem 194, 204,
    212, 226, 229, 231, 244,
    254.
—, Thymus 5, 12, 13, 23, 24,
    31, 35, 39, 40, 61, 62,
    77, 80, 85, 87, 93, 94,
    96, 101, 109, 112, 113,
    114, 115, 117, 134, 137,
    138, 139, 140, 143, 144.
Megalobatrachus, Parietalorgane 333, 345.
Melanin in der Epiphyse 425,
    426.
Melanocyten 426.
Meleagris gallopavo, Epiphyse
    356, 368, 450, 451.
Mesenchymzellen 210, 211.
Mesothel 185.
Metamorphose und Epiphyse
    316, 482.
— des Epiphysengewebes
    387, 388.

Mikrozentren in Reticulumzellen des Thymus 55.
Mikroglia 406, 445, 447.
—, Eisen 407.
—, Phagocytose 406.
Milvus ater, Lymphsystem
232.
Milz 4, 7, 221, 236, 238, 241,
252, 253.
—, Entfernung 4.
—, Hassallsche Körperchen
in 72.
—, innere Sekretion der 4.
Milzpulpa 200.
Mitochondrien in Lympho-
cyten des Thymus 93.
— der Pinealzellen 383.
— in Reticulumzellen des
Thymus 55, 56.
— von Sinneszellen 461 464.
Mitosen in der Epiphysis cerebri 380.
— von Lymphocyten 34, 95,
216.
— von Myelocyten 101.
— von Reticulumzellen des
Thymus 54.
Monocyten 213.
Morbus Basedow und Epi-
physe 482.
— — und Status lymphati-
cus 230.
— — und Thymus 85, 141,
144.
— — — — und Hassall-
sche Körper-
chen 85.
Mordacia mordax, Parietalorgane 469.
Mugil, Epiphyse 359.
Murmeltier, Thymus 85, 112,
140.
Mus decumanus, Thymus 11.
Muskelfasern, quergestreift, in
der Epiphyse 369, 426 bis
428.
Muskelzellen, glatte, in der
Epiphyse 428.
Mustelus, Parietalorgane 360.
—, Thymus 27.
Muzin in Epiphysencysten
343.
Myasthenie 1, 145.
Myelocyten der Epiphyse
421.
— im Thymus 35, 101, 127.
— —, basophile 101.
— —, eosinophile 35, 101.
— —, Mitosen 101.
— —, neutrophile 102.
— —, pseudoeosinophile 101.
Myeloische Zellen in lympha-
tischem Gewebe 211.
Myliobatis, Epiphyse 466.
Myoide Zellen 38, 51, 57, 63f.

Myoide Zellen und akzidentelle Involution 68.
— — und Altersverände-
rungen des Thy-
mus 135, 136.
— —, elektrische Reizung 70.
— —, funktionelle Bedeu-
tung der 70.
— —, Gewebekultur 70.
— —, Gitterfasern und 68,
70, 108.
— —, Glykogenreaktion 65.
— —, Hypertrophie der 135.
— —, Innervation 68.
— — und interstitielle Zellen
697.
— —, Jugendformen 38.
— —, Kerne 66.
— —, Kontraktion der 70.
— —, Nervenendigungen an
68.
— —, regressive Verände-
rungen der 67.
— —, Sarkolemm 66.
— —, Schleimreaktion 65.
— —, Vitamin C in 65.
Myrmecophaga jubata, Epi-
physe 341.
Myxine glutinosa, Parietal-
organe 360, 469.
Myxinoiden, Parietalorgane
323, 360, 469.
—, Thymus 27.

Nager, Epiphyse 341.
—, Lymphsystem 192, 226,
249.
—, Paraganglien 275.
—, Thymus 115.
Nasenabflußbahn 189.
Nasenbeuteldachs, Epiphyse
417.
Nashorn, Epiphyse 353.
Nattern, Parietalorgane 336.
Nebenkörper 472.
Nebennieren und Epiphyse
481.
— und Thymus 140, 143.
— — und Vitamine 143.
Nebennierenentfernung und
Regeneration des Thy-
mus 140, 143.
Nebenparietalorgane 338, 458.
Nebenzellen 264.
Nebenzirbel 426.
Necturus maculosus, Parietal-
organe 331, 332, 333,
345, 459.
— —, Thymus 56, 58.
Nerven des Thymus 10, 12f.,
101, 119, 120, 121, 122.
Nervenendigungen an myo-
iden Zellen 68.
— im Thymus 120.
Nervenfasern 369.

Nervenzellen in der Epiphyse
369, 412, 413, 451, 456,
465, 466, 467, 468, 470,
472, 473.
— —, Heteropie 413.
— des Parietalauges 456.
— im Thymus 119, 120.
Nervus conarii 432, 433.
— intercalaris 431.
— parietalis 326, 432, 455,
456.
— pinealis 360, 463.
„Neurohormonale Zellen" im
Thymus 21, 127, 141.
Neurokrines System 331.
Neurotropismus 295.
Neutrophile Granulocyten im
Thymus 101.
Niemann-Picksche Erkran-
kung und Thymus 60.
Noduli lymphatici solitarii
204f.
Notidanus cinereus, Parietal-
organ 469.
Nukleoläre Blasen 392, 393.
Nukleolenausstoßung 398.
Nycticebus, Epiphyse 342.

Ochse, Epiphyse 354, 402, 480.
—, Thymus 112.
Ödem des Thymusbinde-
gewebe 139.
Oesophagus 266.
Oestrus und Epiphyse 317, 318.
Oligodendroglia 406.
Onkocyten im Thymus 29.
Ophidier, Parietalorgane 330,
345, 346, 357, 368, 452,
458, 464.
Opossum, Epiphyse 330, 334,
341, 342, 365.
—. Lymphsystem 190.
Orang, Epiphyse, Parietal-
organe 336, 353, 393, 398.
—, Thymus 12.
Orbita, Paraganglien 280.
Ossicula 434.
Osmerus, Parietalorgane 331,
363, 464, 465, 466.
Oxydasereaktion 43, 93.

Pacchionische Granulationen
185, 188.
Palisadenzellen im Thymus
28, 36.
Pan, Thymus 11.
Pankreas und Epiphyse 483.
— und Thymus 143, 144.
Papio, Epiphyse 426, 432.
Parabioseratten 176.
Paradidymis 265.
Paraganglien 262f., 264.
—, chromaffine 262, 263f.,
264 s. a. d.

Paraganglien, Einteilung 262, 263, 280.
—, freie 263.
—, sympathicogene 263.
Paragangliome 279.
Paraganglion aorticum abdominale 265, 274.
— caroticum 263, 266, 280.
— —, Adrenalinnachweis 293.
— —, Capillaren 292, 293.
— —, Entwicklung 281, 282, 283.
— — und Epithelkörper 295.
— —, Feinbau 285, 286 287, 288, 289, 290.
— —, Form 284, 285.
— —, Gefäße 290, 291, 292.
— —, Größe 284, 285.
— —, Lage 284, 285.
— —, Nerven 290f., 291, 292.
— —, Pathologie 293f., 294.
— —, Physiologie 293f., 294.
— —, Tumoren 294.
— — und Ultimobranchialkörper 295.
— —, vergleichendes 294.
—, Altersveränderungen 300.
—, Gefäße 300, 301.
—, Nervus depressor 301.
—, Terminalreticulum 301.
— supracardiale 297, 298, 299, 300, 301, 302.
— suprarenale 263, 264, 265, 272, 275, 277.
— tympanicum 266.
— —, Zellen 300.
Paraganglionäres Gewebe des N. glossopharyngicus 280.
— — des N. vagus 280.
Parasympathicusparaganglien 280.
—, nichtchromierbare 280.
Paraphyse 323, 325, 331, 332, 333, 360.
—, Blutabbau 332.
—, Entwicklung 333.
—, Kolloidcysten 331.
—, Reticulumzellen 332.
Parapinealorgan 323, 324, 325, 327, 346, 347, 469f., 474.
— und Ganglion habenulae 324, 329.
—, Innervation 474.
—, Lebendbeobachtung 329.
Parathymus 19.
Parathyreoidea s. Epithelkörper.
Parenchymstrang des Thymus 48.
Parietalauge 312, 323, 325, 326, 327, 328, 357, 368, 454, 455, 456, 457, 458.

Parietalauge, Basalmembran 454.
—, Belichtung 457.
—, Blutleiter 458.
—, Entwicklung 327, 328.
—, Feinbau 454.
—, Funktion 327.
—, Ganglienzellen 456.
—, Glaskörper 454, 457, 458.
—, Glia ellen 457.
—, Linse 454, 457.
—, Lymphraum 455.
—. Mensch 330.
—, Pigmentzellen 456.
—, Retina 456.
—, Sehzellen 456, 457.
—, Sklera 454.
—, Teratome 13.
Parietalorgane 323f., 346, 452, 469f.
—, caudales 323, 328, 329.
—, Phylogenese 329.
—, Cornea 474.
—, Entwicklung 327.
—, rostrales 323, 324, 325, 329.
Paroophoron 265.
Passer domesticus, Epiphyse 368.
—, Thymus 13.
Pavian, Epiphyse 426, 432.
Pelecanus. Lymphsystem 232.
Pellucida 368, 469, 472, 474.
Pelobates fuscus 459, 460.
Pelzrobbe, Epiphyse 365, 414.
Penis cerebri 304, 309.
Petromyzon, Parietalorgane 323, 324, 325, 327, 328, 329, 348, 360, 361, 362, 451, 468, 469, 470, 471, 472, 473, 474, 475.
—, Thymus 18.
Pericyten in der Epiphyse 422.
— im Thymus 117.
„Perihassalian cells" 135.
Periophthalmus, Parietalorgane 359.
Periossodactyla, Epiphyse 430.
Peritonealepithel 186.
PEYERsche Platten 204.
Pfau, Epiphyse 451.
Pferd, Epiphyse 334, 335, 341, 353, 354, 355, 360, 365, 369, 371, 374, 385. 391, 392, 393, 404, 405, 408, 411, 412, 414, 417, 419, 420, 422, 425, 426, 428, 430, 434, 481.
—, Lymphsystem 254.
—. Paraganglien 283, 288, 290.
—, Thymus 100, 112, 135.
Phaeochrome Zellen 263.
Phagocytose im Lymphknoten 185, 235.

Phagocytose der Reticulumzellen des Thymus 53, 58, 61, 138.
Phalacrocorax capillatus, Lymphsystem 232.
Phascolarctes, Thymus 11.
Phascolomys, Thymus 11.
Phocaena communis 341.
Phosphorgehalt des Blutes und Epiphyse 320.
Photorezeption und Epiphyse 232.
Phoxinus laevis, Parietalorgane 329.
Phrynosoma coronata, Epiphyse 338.
Pigment und Belichtung 13, 471.
— in Parietalorganen der Cyclostomen 471.
— in Pinealzellen 374, 384, 385, 386, 387.
— im Stirnorgan 439.
Pigmentstoffwechsel 426.
Pigmentzellen in der Epiphyse 369, 424, 425, 456.
— im Thymus 106.
Pinealanlage, hintere 339.
—, vordere 339.
Pinealnerv 473.
Pinealorgane 323f., 340f., 358, 360, 368.
—, akzessorische 338.
Pinealzellen 361, 369, 370f.
—, Amitose 380.
—, Anisocytose 379.
—, argyrophile Fibrillen 375.
—, bastoncitos 383.
—, Blepharoplasten 383.
— und Blutgefäße 422.
—, Centrosomen 384.
—, Cytoplasma 381.
—, Darstellung 301.
—, Diplosomen 383.
—, Dopareaktion 383.
—, Drüsengranula 381, 382.
—, Eisen 386, 387.
—, Endkolben 374, 375, 378.
—, Entwicklung 387, 388, 389.
—, Fibrillen 382, 383.
—, Form 369, 370—378.
—, Fortsätze 370, 371, 372, 373—378.
— und Glia 378.
—, Glykogen 387.
—, GOLGI-Apparat 383.
—, Granula 381, 382.
—, Kernknospung 380, 381.
—, Kernkugeln 375, 380, 391f. s. a. d.
— und Konkremente 439.
—, Lipoide 387.
—, Mitochondrien 383.
—, Mitosen 380.

Pinealzellen, Natur der 389.
—, nervöser Charakter 390, 391.
—, Nukleolen 379, 391.
—, Pigment 374, 384, 385, 386, 387.
— Plasmalreaktion 387.
—. Randgeflecht 376, 377, 378, 389 s. a. d.
—, regressive Veränderungen 387.
—, Syncytium 378.
—, Vakuolen 382.
—, Vakuom 384.
—, Vermehrung 380.
—, Vitamin C 384.
—, Zellkern 379.
—, zweikernige 380.
Pineocyten s. Pinealzellen.
Pituicyten 390.
Plasmazellen 211, 213, 216.
— in der Epiphyse 421.
— im Thymus 52, 100.
Plasmalreaktion 387.
Platydactylus, Parietalorgane 344, 345.
Plexus aorticus abdominalis 265.
— hypogastricus 265.
— pampiniformis 266.
— prostatico-deferentialis 265.
Plotosus, Parietalorgane 346, 464.
Podiceps cristata, Epiphyse 343.
Polyodon, Parietalorgane 466.
Polysaccharidreaktion (BAUER) an HASSALL-schen Körperchen 77.
— — an myoiden Zellen 65.
Präpineales Organ 338.
Primärläppchen des Thymus 39, 49.
Primaten, Parietalorgane 338, 353, 365, 374, 392, 430.
—, Thymus 11.
„Primitivkörper" des Thymus 119, 132.
Pristiurus, Thymus 27.
Proparenchym 387.
Proteus anguineus, Parietalorgane 358, 459.
—, Thymus 51, 58.
Protopterus annectens, Parietalorgane 464.
Protozoenartige Zellen im Thymus 91.
Pseudoeosinophile Granulocyten im Thymus 60f.
Pseudomorphose des Thymus 30.
Pseudopus, Parietalorgane 356, 368, 452, 454, 455, 457.

Pseudotransformation des Thymus 30, 31.
Pteropus edulis, Thymus 11.
Pubertas praecox 313, 315.
Pubertätsinvolution des Thymus 125, 137.

Quantitative Untersuchung der Epiphyse des Thymus 43f., 350f.

Raja batis, Thymus 30.
— *clavata*, Epiphyse 360, 466.
— —, Thymus 16, 27, 28, 34, 54, 64, 122, 136.
— *radiata*, Thymus 16, 64, 89, 136.
Rana, Parietalorgane 329, 331. 346, 358, 453, 459, 460, 462, 464, 466.
— *esculent ι* 358, 461.
— *fusca*, Parietalorgane 317, 345.
— —, Thymus 2, 71.
— *japonica* 316.
— *pipi n ?*, Thymus 3.
— *temporaria* 346, 460, 461, 462.
— —, Thymus 70, 136, 138.
Randgeflecht 376, 377, 378, 389.
Randglia 375.
Randzone der Thymusanlage 35.
Rasse und Thymus 7, 138.
Ratte, Epiphyse 312, 314, 315, 318, 319, 320, 322, 342, 343, 353, 354, 363, 366, 370, 384, 388, 401, 406, 414, 429, 445, 478, 479, 480, 481, 482.
—, Lymphsystem 194, 204, 207, 208, 212, 222, 226, 250.
—, Paraganglien 278, 288.
—, Thymus 5, 12, 13, 18, 23, 32, 37, 38, 40, 41, 45, 54, 60, 62, 80, 84, 85, 91, 93, 94, 95, 97, 100, 101, 111, 112, 113, 115, 118, 119, 134, 135, 137, 138, 140, 141, 142, 143, 144.
Reaktionsherde 214, 215.
Recessus pinealis 348, 353, 365, 398, 399, 408.
— suprapinealis 334, 348, 398.
Regeneration des Thymus 24, 140.
Reh, Epiphyse 342.
—, Paraganglien 283, 288, 290.
REISSNERscher Faden 335, 336.

Reptilien, Epiphyse, Parietalorgane 323, 325, 328, 329, 330, 334, 337, 344, 356, 360, 368, 452, 453, 469.
—, Lymphsystem 192.
—, Paraganglien 279, 295, 296, 297.
—, Thymus 13, 18, 25, 40, 41, 87, 88, 101, 136, 140.
Rete ovarii 266.
— testis 266.
Reticuläres Bindegewebe im Thymus 107, 108.
Reticuloendotheliales System 183, 206, 213.
— und Thymus 51, 61, 62.
Reticulumzellen, entodermale, des Thymus 36, 37, 38, 42, 51, 52, 53, 54, 55, 56, 57, 58, 59, 60, 61, 62, 63, 73, 74, 75, 76, 113, 132.
— und akzidentelle Involution 138.
—, Colchizinwirkung auf 55.
—, Cytoplasma 55.
—, Darstellung 42.
—, Diplosomen 55.
— und Dissoziationsherde 59.
— und Fettgewebe 112.
—, Fetteinlagerungen in 59.
— und Fettkörnchenzellen 59.
— und Fettzellen 60, 113.
—, Fibrillen 57.
—, Gewebskultur 61, 63.
—, GOLGI-Apparat 55.
—, Granula 58.
—, Hämosiderinpigment in 60.
— und HASSALLsche Körperchen 73, 74, 75, 76.
—, Krystalle in 59.
—, Lipoide in 59, 60, 61.
—, Lipoidgehalt 53f..
—, mesodermale 37.
— Mikrocentren 55.
—, Mitochondrien 55f., 56.
—, Mitosen 54.
— und Morbus Gaucher 59.
— und myoide Zellen 57.
— bei NIEMANN-PICKscher Erkrankung 60.
—, Phagocyten 53, 61.
—, Querstreifung 57f.
—, Reduktionsorte 63.
— und reticuloendotheliales System 61f., 62.
—, Riesenphagocyten in 59.
— und Riesenzellen 54.
—, Schleim in 58.
—, verschleimte 88f.

Reticulumzellen und Vitalfarbstoffe 61, 62. 63.
—. Vitamin C in 59.
—, zweikernige 54.
Retina, 456.
—, Parapinealorgan 474.
Rhesusaffe, Epiphyse 413, 432 s. a. *Macacu* rhesus.
Rhinoceros, Epiphyse 341.
Rhombencephalon, zirbelähnliches Organ 338.
Rhynchocephalus, Parietalorgane 324.
Riesenphagocyten im Thymus 59.
Riesenschildkröte, Epiphyse 345.
Riesenzellen in der Epiphyse 425.
— im Lymphknoten 240.
Rindenfollikel des Thymus 39, 49, 126, 131.
Rind, Epiphyse, Paritealorgane 317, 320, 321, 334, 335, 338, 342, 353, 354, 365, 371, 374, 379, 380, 381, 482, 383, 385, 386, 387, 392, 398, 400, 401, 405, 408, 410, 411, 414, 417, 419, 421, 422, 424, 425, 426, 427, 428, 430, 431, 433, 434, 436, 437. 441, 442, 445, 448, 451, 476, 477, 479, 480.
—, Lymphsystem 254.
—, Thymus 11, 12, 22, 31, 66, 72, 135, 139.
Ringelfasern der Epiphyse 415.
Ringelnatter, Thymus 32, 35, 95, 103.
Ringelrobbe, Epiphyse, Parietalorgane 353, 365, 414.
Rochen, Thymus 27, 88, 106.
Rodentia, Epiphyse 430 s. a. *Nager*.
Röntgenbestrahlung des Thymus 45, 61, 95, 138, 140.
Rosetten, Ependym 365, 401, 402.
Ruß im Lymphknoten 212.

Sabulum 434.
Saccus submaxillaris 190.
Sagittalorgan 336.
Saisoninvolution des Thymus 125, 140.
Salamandrina perspicillata, Epiphyse 333, 345.
Salamandra, Parietalorgane 332, 345.
—, Thymus 4.

Salmo, Parietalorgane 325, 346, 358, 464, 465.
—, —, Thymus 34.
— *fario*, Thymus 27, 34.
— *salar*, Thymus 15, 26, 28.
Sargus, Thymus 32, 33, 89.
Sarkolemm der myoiden Zellen 66.
Säugetiere, Epiphyse, Parietalorgane 311, 312, 314, 317, 319, 322, 323, 329, 330, 331, 333, 334, 335, 336, 337, 338, 341, 342, 348, 352, 354, 355, 365, 368, 369, 371, 375, 380, 384, 388, 392, 398, 400, 404, 406, 408, 413, 414, 417, 419, 421, 422, 423, 424, 425, 426, 428, 430, 431, 432, 433, 434, 445, 449, 454, 475, 476.
—, Lymphsystem 175.
—, Paraganglien 272, 277, 279, 282, 289, 290, 293, 295, 297, 301.
—, Thymus 3, 4, 10, 15, 18, 22, 23, 28, 29, 31, 32 34, 35, 36, 37, 41, 46 48, 53, 59, 66, 72, 73, 74, 84, 87, 92, 95, 97, 99, 100, 101, 103, 105, 106, 107, 115, 120, 122, 133, 138.
Säugung und Thymus 140.
Saurier, Parietalorgane 324, 327, 338, 346, 361, 362, 368, 452, 453, 458.
—, Thymus 14.
Sauropsiden, Parietalorgane 333, 484.
—, Thymus 28, 43, 51, 64, 66, 68, 70, 71, 106, 115, 119.
Schaf, Epiphyse 315, 321, 338, 342, 353, 354, 365, 371, 374. 380, 381, 382, 383, 386, 392, 404, 407, 414, 419, 421, 422, 424, 428, 430, 432, 434, 442, 477.
—, Paraganglien 290, 293.
—, Thymus 18, 31, 35.
Schaltstück 365.
Scheitelfleck 327, 346, 474f.
—, Chondroidgewebe 475.
—, Conus 474.
Schilddrüse und Epiphyse 481, 482.
— und Thymus 12, 35, 140f., 141, 142.
Schilddrüsenexstirpation und Epiphyse 482.
Schildkröte, Thymus 72, 96, 97.
Schimpanse, Epiphyse 336, 342, 352.

Schimpanse, Lymphsystem 192.
Schlangen, Epiphyse 458.
—, Thymus 25, 62, 64, 65, 66, 68, 97, 107, 108, 136, 140.
Schleimzellen des Thymus 88.
Schwangerschaftsinvolution des Thymus 125, 139, 140.
Schwein, Epiphyse 320, 353, 354, 365, 371, 374, 392, 404, 414, 419, 428, 434, 445, 449, 477, 479.
—, Lymphsystem 175, 191, 192, 224, 228, 254.
—, Paraganglien 283, 288, 290, 292.
—, Thymus 11, 18, 23, 29. 31, 34, 35, 66, 135.
Scyllium, Parietalorgane 360.
—, Thymus 27, 29, 34.
Seebär, Epiphyse 353.
Seehund, Epiphyse 353, 355, 365.
—, Paraganglien 290.
Seeotter, Epiphyse 353, 355, 365.
Sekretcapillaren in der Epiphyse 422, 465.
Sekundärfollikel von Lymphknoten 86.
Sekundärknötchen 214f., 215.
—, ALTMANN-Granula 221.
—, Ausbildung 225.
—, Capillaren 222, 223, 224.
—. Degeneration 216.
— und Entzündung 236f.
—. Ernährung 247, 248, 249.
—, Gefäße 223f., 224, 225, 226.
—, Gefäßknäuel 224f.
—, Gifte 215, 240, 241.
—, Hyalin 222.
—, Infektionen 252.
—, Immunisierung 238, 247.
—, Involution 223, 224.
—, Kerngröße 222.
—, Leukocyten 216.
—, Lymphoblasten 220.
—, Lymphocyten 218, 222.
—, Makrophagen 221, 222.
—, Mitosen 216.
—, Plasmazellen 216.
—, postcapillare Venen 222.
—, Pseudo- 217, 218, 219, 223.
—, Reaktionsherde 241f.
—, Reizung 236.
—, Riesenzellen 240.
—, Röntgenbestrahlung 215, 243f., 244, 245.
—, Schutzfunktion 236, 237f.
—, solide 218.
—, tingible Körperchen 222.
—, Übergangs- 218.
—, Winterschlaf 223, 247, 248.

Sekundärknötchen, Zellen 220. 221.
Sekundärläppchen des Thymus 49.
Selachier, Parietalorgane 334, 347, 360, 362, 464, 467, 469, 470.
—, Thymus 16, 18, 27, 32, 33, 34, 36, 38, 55, 57, 58, 59, 64, 71, 88, 89, 90, 106, 124, 132, 136.
Semnopithecus coronatus, Epiphyse 432.
Sequester des Thymus 78, 122, 135.
— — und Altersinvolution 122.
— — und Blutungen 122.
— — und DuBoissche Abscesse 123.
— — und Gefäßobliteration 122.
— — und Involution 135.
— — und Lues congenita 123.
— — und Röntgenschädigung 122.
Serinus canaria, Epiphyse 343.
Sinneszellen 453, 456, 458, 459, 460, 461, 462, 464, 465, 466, 467, 470.
—, Amphibien 458f.
—, Außenglied 453, 460, 461, 462, 465.
—, Endstücke 453, 460, 461, 462.
—, Ellipsoid 461, 462.
—, Ersatzellipsoid 461.
—, Fetteinschlüsse 461.
—, Fische 469f.
—, Innenglied 453, 460.
—, Mitochondrien 461.
—, Sekretionszyklus 453, 462, 465, 467.
—, Spiralfaden 454, 460, 461, 462.
Sinus caroticus 294, 295, 296.
— cervicalis 18, 20, 23.
— rectus 433.
— sagittalis superior 455.
— subscapularis 186.
— subvertebralis 186.
Siphonostoma typhle, Thymus 26, 27, 28, 34, 38.
Siredon, Thymus 32.
Sklerose des Thymusbindegewebes 132.
Skleroretikuläres Gewebe 111.
Skopzen, Thymus 169.
Sorex vulgaris, Epiphyse 336.
— —, Thymus 11.
Spelerpes fuscus, Epiphyse 459.
Sperling, Thymus 24.
Spermiogenese und Thymus 134f., 136.

Sphenodon, Parietalorgane 327, 329.
Spinax niger, Parietalorgane 360.
—, Thymus 18, 27, 64.
Spiralfaden 454, 465.
Spiralleiste der Thymusanlage 21.
Squalius cephalus, Epiphyse 359.
Squalus, Parietalorgane 329, 331, 453, 460, 467, 468, 471.
Star, Thymus 57.
Status hypoplasticus 229, 230.
— lymphaticus 229, 230, 231.
— thymico-lymphaticus 229, 230.
— thymicus 126.
Sterna hirundo, Epiphyse 343.
Stier, Epiphyse 318, 354, 382, 383, 479, 480.
Stirndrüse, subcutane 335, 346.
Stirnfleck 463.
Stirnorgan 346, 358, 458, 459, 460, 461, 462, 463.
—, Ganglienzellen 462.
—, Jahreszyklus 463.
—, Pigment im 459.
Stoffwechsel und Epiphyse 320.
Streifenbeuteldachs, Epiphyse 417.
Stria medullaris thalami 433.
Strix, Epiphyse 368, 451.
Stützzellen 454, 459, 462, 465, 466, 467, 470.
Sturnus vulgaris, Thymus 11.
Subcommissuralorgan 323, 334, 335, 336, 337, 342.
Subduralhöhle 185.
Subfornikales Organ 323, 334.
— und Liquor cerebrospinalis 334.
Supracommissurales Organ 337, 338.
Suprarenalkörper 279.
Sus scrofa s. a. Schwein.
—, Thymus 11.
Symbranchus marmoratus, Thymus 26.
Sympathicotrope Hiluszellen 266.
Sympathicus und Epiphyse 430, 433.
— und paraganglionäres Gewebe 263f.

Talpa europaea, Epiphyse 330.
— —, Thymus 11, 13.
Tamandua tetradactyla, Epiphyse 341.
Tapir, Epiphyse 353.

Tarsius, Epiphyse 342.
—, Thymus 23.
Taube, Lymphsystem 192.
—, Thymus 13. 24, 71, 135.
Taucher, Epiphyse 344.
Teleostier, Epiphyse, Parietalorgane 323, 325, 327, 329, 331, 334, 338, 346, 347, 358, 359, 361, 362, 368, 453, 464, 465, 466, 467.
—, Paraganglien 279.
—, Thymus 6, 15, 16, 18, 26, 27, 28, 31, 32, 33, 34, 37, 38, 57, 64, 67, 71, 88, 89, 90, 92, 106, 113, 122, 136, 139.
Tenebrio molitor 317.
Teratome der Epiphyse 312.
Testudo iberica, Epiphyse 454.
— —, Thymus 25.
Thymektomie 2, 13, 137.
— und Epiphyse 144.
— und Hypophyse 142.
—, Methodik 13.
— und Nebennieren 140, 143.
— und Pankreas 143.
— und Schilddrüse 140f.
Thymotropes Hormon der Hypophyse 143.
Thymus, akzessorischer 7, 12, 22.
—, akzidentelle Involution des 125. 138 s. H. a. d.
—, Altersinvolution 97, 109, 112, 116, 117, 122, 124, 125, 126, 132, 135, 136.
— der Amphibien 14f.
—, Aperturkrümmung 22.
—, Aplasie 18.
—, Architektur 46.
—, argyrophile Fibrillen 40, 66, 107f., 108, 109, 110, 111, 117, 132.
—, Arterien 10, 12, 14. 15, 113, 116, 117.
—, arteriovenöse Anastomosen 114, 117.
—, Asymmetrie 22.
—, Ausfallserscheinungen 2f. s. a. Thymektomie.
—, Ausführungsgang 46.
— — der Anlage 27.
—, Bindegewebe des 40f., 105, s. a. d.
— und Blutbildung 6, 35, 95, 96, 100, 105.
— und Brunst 3.
—, Cervicalthymus 9, 10, 11, 21, 73.
—, circummedulläres Bindegewebe 40, 51, 107, 122, 132.
— und Cushing-Syndrom 142.

Thymus der Cyclostomen 18.
—, Cysten 19, 20, 21, 39, 91 f.
—, degenerierende Zellen im 29.
—, Dissoziation 124 f.
—, Dotterkörnchen in Anlage des 28.
—, Drüse, verschleimte in der Rinde 89.
—, ectodermalis 18, 22 f., 23, 28, 40.
—, ecto-entodermale 18, 23.
—, elastische Fasern 40, 105, 117; s. a. d.
—, Entfernung des 2 f., 13, 123, 140, 142, 143, 144 s. a. Thymektomie.
—, Entwicklung des bei Amphibien 25.
— — bei Cyclostomen 27.
— — bei Fischen 26 f.
— — beim Menschen 18 f.
— — bei Myxinoiden 27.
— — bei Reptilien 28.
— — bei Vögeln 24.
— und Epiphyse 144, 483.
— und Epithelkörper 12, 19, 24, 85, 142.
—, epitheloide Muskelzellen 107. 113 f.
— und Ernährung 4, 138, 139.
—, Erythroblasten 35, 105.
—, Erythropoese im 105.
—, Exstirpation 140.
—, Extrakt 2, 3, 4, 5.
—, Farbe 7.
—, Feinbau 41 f.
—, Fettgewebe 112, 129 s. a. d.
—, Fettkörper 112.
—, Fettstoffe des 113.
—, Fetttransport 113.
—, Fettzellen 106, 112.
— des Fetus 9, 126, 127, 128, 129.
—, Fibrocyten 106, 112, 113.
— der Fische 15 f.
—, Flimmercysten 90.
—, Flimmerkrater 90.
—, Flimmerzellen 78, 90, 124.
—, Follikel 49.
—, Form 7 f.
—, Gallertgewebe 136.
— der Ganoiden 16.
— im Gaumensegel 24.
—, Gefäßarchitektur 107, 113 f., 116, 117 s. a. d.
—, gemischter 23.
—, Geschichte der Erforschung 6.
— und Geschlechtshormone 5, 134, 137, 140.
— und Geschlechtsreife 5, 134, 135, 136, 137.
—, Geschlechtsunterschiede 7.
—, Gewebekultur 41, 42, 70, 76, 77, 78, 79, 94.

Thymus, Gewicht 7, 43, 44, 45.
—, Gitterfasern 40, 41, 68, 70, 106, 107, 108, 109, 110, 111, 112, 117, 132.
—, Glykogen 65.
—, Granulocyten im 96, 100.
— des Greisenalters 132.
—, Größe 7.
—, Hämosiderinpigment 60.
—, HASSALLsche Körperchen 71 f. s. a. d.
—, Hilusbindegewebe 106.
—, histiogene Mastzellen 101.
—, Histogenese 28 f.
—, Hormon 2 f., 3.
—, Hyperplasie 114 f., 140, 143.
— — und Schilddrüse 140 f., 141.
—, Hyperthymie 145.
— und Hypophyse 137, 142, 143.
— und Hypophysenhormon 137, 142, 143.
—, Immigration 30, 31, 328.
— und Immunisierung 4, 86, 87.
— und inkretorische Organe 140 f. s. a. d.
— und innere Sekretion 4 f.
—, Innervation 10, 12 f., 14, 41, 119, 120.
— und Inselapparat 143, 144.
— und Insulin 143, 144.
—, intrathorakaler 10 f.
— inversus 138.
—, invertierter 138.
—, Involutionsveränderungen 125 s. a. d.
—, irreguläre Zellgruppen im Marke 87 f.
— des Jünglingsalters 131.
— und Kalkhaushalt 2 f.
—, Kapsel 105.
—, —, Gefäße der 116.
— und Kastration 136, 137.
— und Keimdrüsen 2 f., 3, 125, 134, 136, 137, 140.
—, Keimzentren 99.
— des Kindes 129.
—, Knorpeleinschlüsse 119.
—, Konservendosentheorie 98.
—, Konsistenz 7.
—, Lage 8 f.
— — bei Amphibien 14, 15.
— — bei Cyclostomen 18.
— — bei Fischen 15.
— — bei Ganoiden 16.
— — beim Menschen 8, 9.
— — bei Myxinoiden 18.
— — bei Reptilien 13, 14.
— — bei Säugern 10, 11, 12.
— — bei Selachiern 16, 17, 18.

Thymus, Lage bei Teleostiern 15.
— — bei Vögeln 13.
—, Läppchengliederung 21, 49.
—, Lymphgefäße 10, 38, 77, 97, 113, 118, 119.
—, Lymphocyten des 35, 42, 92 f. .s. a d.
— und lymphoepitheliale Organe 6.
—, lymphoide Hämocytoblasten 35.
—, makroskopische Anatomie 7 f.
— des Mannesalters 131.
—, Markbaum 47.
—, Markentwicklung 36, 38.
—, Marksubstanz 47, 51.
—, Markzone der Anlage 35.
—, Mastzellen im 100 s. a. d.
— des Menschen 7, 8, 9, 10.
— und Morbus Basedow 85, 141, 144.
— und Myasthenie 1, 145.
—, Myelocyten 35, 101, 127.
— im Myokard von Testudo 25.
—, myoide Zellen 63 f. s. a. d.
— und Nebennieren 140, 143.
—, Nerven 10, 12 f., 41, 119 f., 120, 121, 122.
—, Nervenzellen im 119.
— des Neugeborenen 9, 129.
—, neurohormonale Zellen im 21, 122, 141.
—, Onkocyten 29.
—, Organentwicklung 18.
— — bei Amphibien 25.
— — bei Fischen 26, 27.
— — beim Menschen 18 f., 126, 127, 128, 129.
— — bei Reptilien 25.
— — bei Säugern 18 f., 22.
— — bei Vögeln 24.
— und Ovarien s. a. Keimdrüsen.
—, Oxydasereaktion 43, 93.
— und Pankreas 143, 144.
—, Parathyreoidea s. Epithelkörper.
—, Parenchymstrang 48.
—, Persistenz des 133.
—, Pigment in der Anlage des 26, 28.
— — in Cysten 91.
—, Pigmentzellen 106.
—, Plasmazellen 52, 100.
—, Präparation des 41 f.
—, Primärläppchen 39, 49.
—, primitive Rindenzone 20.
—, Pseudomorphose 30.
—, Pseudotransformationstheorie 30, 31.
— Pubertätsinvolution 125.

Thymus, quantitative Untersuchung 43f.
—, Randzone der Anlage 35.
— und Rasse 7, 138.
—, Regeneration 24, 140.
— der Reptilien 13f.
—, retikuläre Kapsel 106.
—, Reticulumbildung 36.
—, Reticulumzellen 51f. s. a. d.
—, Rinde 51.
— —, Entstehung der 38.
—, Rindenfollikel 39, 49, 126, 131.
—, Röntgenanatomie 10.
—, Röntgenbestrahlung 45, 61, 95, 138, 140.
—, Saisoninvolution 125.
— der Säugetiere 7, 10, 133, 134, 135.
— und Säugung 140.
— und Schilddrüse 12, 39, 140f., 141, 142.
—, Schleimzellen 88.
— und Schwangerschaft 125, 139.
—, Sekundärfollikel 99 s. a. d. Keimzentren.
—, Sekundärläppchen 49.
— der Selachier 16.
— und Sinus cervicalis 20, 23.
— und Skeletentwicklung 2f., 3.
— und Spermiogenese 134.
—, spezifisches Gewicht 45.
— superficialis 23.
—, Syncytien in Anlage des 29.
— der Teleostier 15.
— und thyreotropes Hormon 142.
—, tingible Körperchen 97.
— und Tonsillen 4, 6, 15, 27, 72, 75, 80.
—, Tractus centralis 39.
—, Transformation 30.
—, Transplantation 45, 140.
—, Tumoren 142, 145.
—, Überinfiltration 129.
— und Ultimobranchialkörper 24.
—, Untersuchungsmethodik 41f.
—, Varietäten 7.
—, Venen 10, 12, 113f., 114.
—, Verfütterung 2f.
— und Vesicula cervicalis 20, 40.
— und Vitamine 5, 59, 65, 77, 121.
— der Vögel 13.
— und Wachstum 2, 3.
— und Wachstumshormon 143.

Thymus und Winterschlafdrüse 12, 109.
— von Zwillingen 7.
—, Zwischenzone der Anlage 35.
Thymus I 18, 24, 25.
Thymus II 18, 24, 25, 26, 27.
Thymus III 18f., 23, 25, 26, 27.
Thymus IV 18, 22, 24, 25, 26, 27.
Thymus V 18, 25, 26, 27.
Thymus VI 26.
Thymusaplasie 18.
Thymushormon 2, 3.
Thymushörner 7, 9, 10.
Thymushyperplasie 140, 145.
— und Schilddrüse 140f.
Thymusknospe 18.
Thymusläppchen 49, 50f.
—, Gefäßversorgung 51.
Thymusmark s. a. Thymus.
— irreguläre Zellgruppen 87f.
Thymuspersistenz 133.
Thymusplakode 27, 28, 29.
Thymusreticulum s. a. Thymus, Reticulumzelle.
— Entstehung 35.
Thymustod 1.
Thyreotoxikose und Epiphyse 483.
Thyreotropes Vorderlappenhormon und Thymus 142.
Teleostier, Thymus 15, 26.
Tinca vulgaris, Parietalorgane 358.
Tingible Körperchen in Lymphknoten 222.
— — im Thymus 97.
Tonsille 4, 6, 16, 27, 72, 75, 80, 200, 205, 214, 215, 217, 222, 240, 249.
Torpedo, Epiphyse, Parietalorgane 347, 360.
—, Thymus 17, 27.
Tractus centralis 39, 132.
— — der Thymusanlage 39.
— — des Thymus, Epithelialisierung 132.
— pinealis 358, 463, 466, 468.
Transformation des Thymus 30.
Transplantation von Thymus 45, 140.
Trichosurus vulpecula, Thymus 24.
Trichterklappen 181, 186, 192, 193.
Trionyx japonicus, Thymus 25.
Triton, Parietalorgane 345, 368, 459, 472.
Triturus, Thymus 73.
Troglodytes niger, Thymus 10.
Tropidonotus natrix, Parietalorgane 345, 357, 458.

Tropidonotns natrix, Thymus 14, 107, 117.
— tesselatus, Thymus 117.
Truncus lymphaticus cervicalis 193.
— — subclavius 193.
Tuber cinereum 314.
Tumoren der Epiphyse 312f.
— des Thymus 145.
Tupinambis, Epiphyse 454.

Überinfiltration des Zentralstranges im Thymus 132.
Uferzellen 213.
Ultimobranchialkörper und Paraganglien 295.
— und Thymus 24.
Urodelen, Epiphyse, Parietalorgane 358, 458, 459.
—, Paraganglien 279.
—, Thymus 2, 18.

Vagusstoff und Thymus 120.
Vakuom der Pinealzellen 384.
Varanus nebulosus, Epiphyse 452, 455.
Velum transversum 323, 334.
Venen des Thymus 10, 12, 113, 114.
Venenknäuel der Epiphyse 420.
Ventriculus pinealis 339, 341.
Vergiftungen und Thymusstruktur 138.
Verhornung der HASSALLschen Körperchen 80.
Vertebraten s. Wirbeltiere.
Vesicula cervicalis 20, 40.
Vespertilio, Thymus 11.
Vesperugo pipistrellus, Thymus 11, 23, 40, 73.
Vipera aspis, Thymus 117.
— berus, Thymus 117.
VIRCHOW-ROBINscher Raum 417, 419, 421.
Virga cerebri 309.
Vitalfärbung des Thymus 61, 62, 118.
— bei akzidenteller Involution 62.
— in Endothelzellen 118.
— und Reduktionsorte 63.
Vitamin A 5.
Vitamin B 5, 121. 122.
— und Innervation des Thymus 121.
Vitamin C 5, 59, 65, 77, 322.
Vitamine und Epiphyse 322.
— und Lymphknoten 253.
— und Thymus 5.
Vögel, Epiphyse und Parietalorgane 317, 322, 334. 338, 343, 344, 355, 363, 368, 449, 451, 458.

Vögel, Lymphsystem 231, 232.
—, Paraganglien 279, 283, 289, 295.
—, Thymus 13, 18, 24, 40, 65, 87, 101, 135, 140.

Wachstumshormon der Hypophyse 143.
Wal, Epiphyse 341.
Wanderratte, Thymus 23.
Wanderzellen, lymphocytoide 32.
Wärmeregulation und Epiphyse 312.
Wasservögel, Lymphsystem 231, 232.
Wauwau, Epiphyse 338.
Widder, Epiphyse 483, 479.
Wiederkäuer, Epiphyse 341, 342, 369, 419.
Winterschlaf 223, 247, 248.
Winterschlafdrüse 12, 109.

Wirbellose, chrombraune Zellen 279.
Wirbeltiere, Epiphyse 458, 468.
—, Lymphsystem 175, 193.
— Paraganglien 279.
—, Thymus 1.
Wundernetze 312.

Xenopus laevis, Epiphyse 358.
Xiphophorus, Epiphyse 359, 464.

Zahnkarpfen, Epiphyse 317.
Zamenis gemonensis, Thymus 117.
Ziege, Epiphyse 334, 335, 353, 354, 365, 374, 383, 392, 404, 414, 421, 422, 423, 424, 432, 434, 444, 475, 482.
—, Paraganglien 288, 290.
—, Thymus 12, 24, 66, 112, 135.

Ziesel, Epiphyse 342.
—, Paraganglien 288.
Zirbelähnliches Organ, Rhombencephalon 338.
Zirbeldrüse s. Epiphysis cerebri.
Zirbellappen, hinterer 340, 364.
—, Höhlen im 364, 365.
—, vorderer 340.
Zirbelstiel 356, 357.
Zisternenpunktion 187.
Zitterrochen, Parietalorgane 323.
ZUCKERKANDLsche Organe 264, 268.
Zungenbalg, HASSALLsche Körperchen in 72.
Zwillinge, Thymus der 7.
Zwischenhirn 313, 316.
— und Pubertas praecox 313.
Zwischenzone der Thymusanlage 35.
Zyklus und Epiphyse 317.